電路學 第八版

Engineering Circuit Analysis, 8e

William H. Hayt, Jr. (deceased)

Purdue University

Jack E. Kemmerly (deceased)

California State University

Steven M. Durbin

University at Buffalo

The State University of New York

著

歐勝源

譯

Mc Graw Hill Education

國家圖書館出版品預行編目資料

電路學 / William H. Hayt, Jr., Jack E. Kemmerly, Steven M. Durbin
著；歐勝源譯. -- 初版. -- 臺北市：麥格羅希爾, 2014.1
面；　公分. -- (電子/電機工程叢書；EE031)
譯自：Engineering circuit analysis, 8th ed.
ISBN 978-986-341-037-9(平裝)

1.電路 2.電網路

448.62　　102024586

電子／電機工程叢書　EE031

電路學 第八版

作　　者　William H. Hayt, Jr., Jack E. Kemmerly, Steven M. Durbin
譯　　者　歐勝源
特約編輯　余欣怡
企劃編輯　陳佩狄
業務行銷　李本鈞 陳佩狄
業務副理　黃永傑
出 版 者　美商麥格羅・希爾國際股份有限公司台灣分公司
地　　址　台北市 10044 中正區博愛路 53 號 7 樓
網　　址　http://www.mcgraw-hill.com.tw
讀者服務　E-mail: tw_edu_service@mheducation.com
　　　　　TEL: (02) 2311-3000　FAX: (02) 2388-8822
法律顧問　惇安法律事務所盧偉銘律師、蔡嘉政律師
總經銷(台灣)　臺灣東華書局股份有限公司
地　　址　10045 台北市重慶南路一段 147 號 3 樓
　　　　　TEL: (02) 2311-4027　FAX: (02) 2311-6615
　　　　　郵撥帳號：00064813
網　　址　http://www.tunghua.com.tw
門 市 一　10045 台北市重慶南路一段 77 號 1 樓　TEL: (02) 2371-9311
門 市 二　10045 台北市重慶南路一段 147 號 1 樓　TEL: (02) 2382-1762
出版日期　2014 年 1 月（初版一刷）

Original title: Engineering Circuit Analysis, 8e　ISBN: 978-0-07-352957-8

ISBN：978-986-341-037-9

譯者序

本書所講述的電路學為電機電子工程領域的基礎學科，是跨足應用學科的重要一環。本書內容涵蓋整個電路分析之理論，文篇十分全面而充實，且能夠結合工程上的電路運作原理與設計實務，使電路學不再讓學習者感到枯燥而抽象。

全書共分十八章，深刻且詳盡地描述電路之分析理論、技巧與設計等。前面兩章主要講述電路的基本概念，包含電路分析的種類以及解決問題之策略等；其中的電路解析程序提供有系統的解題步驟，可循序得到問題的解答，並驗證所得解答之正確與否。之後的章節則是闡明各種基本且常用的電路分析技巧；從克西荷夫電流與電壓定律擴展至節點及網目分析方法，其中並闡述多種在電路分析中相當簡便的分析技巧，例如應用線性原理的重疊定理、戴維寧與諾頓定理，以及各類型的電路變換等等，藉以簡化電路架構及相關的分析程序。接著，作者別出心裁地敘述電路實務中所常見的各種運算放大器電路，以及由電容器與電感器所構成的電路與相關特性，藉此體現實際電路之運作。之後在本書中段，則將電路分析技巧延伸至交流電路，並介紹及說明各種在交流電路中常用的分析技巧，以及頻域分析與頻率響應的各種重要觀念。本書最後介紹雙埠網路參數之意義與分析方式，以及傅立葉電路分析方法，分別為電機電子領域未來所要學習的進階應用學科埋下伏筆。

全書文句淺顯易懂，特別是結合內容所闡述的圖示清晰切題，讀者更能從中體會且理解各種定律及分析技巧。章節的編排與鋪陳得宜、循序漸進，對初學者而言，簡明而文理清楚；對於因實務工程上的需要，而要回顧電路理論或分析方法之工程師而言，亦非常簡便。本書已獲得國際間許多著名大學採用為教學用書，足見本書的學術與實務應用價值。

撰寫本書譯文時用字遣詞雖盡可能小心謹慎，亦難免有訛誤與疏漏，尚祈各界先進不吝指正賜教。

感謝陳佩狄小姐在譯文校訂、彙整與溝通上的協助，使此譯本得以順利完成。

特別感謝在撰寫譯文過程中陪伴我一路走來的人。

歐婷珮 謹識

前　言

讀者是書本內容的主要取向因素。所以，重要的是，本書作者是要將此書寫給**學生**，而非教師。我們的基本理念是，儘管研讀時必須融入技術細節的層次，然而閱讀本書應該是愉悅的。回顧《電路學》第一版，相較於墨守成規的一套基本主題之枯燥、單調論述，顯然是要專門開發一種對話式的描述。為了維持其會話性，我們已努力更新本書的內容，以致持續對全世界使用本書而日益多元的學生族群闡明電路學之理論。

雖然在許多工程課程中，物理學導論的課程在入門的電路學課程之前或者並列；而在物理學導論的課程中，介紹電學與磁學 (典型經由場的角度) 並不需要使用本書。在讀完了本課程之後，許多學生將會驚訝地發現如此廣泛的一套分析工具**僅得自三個簡單的科學定律**——歐姆定律以及克西荷夫電壓與電流定律。本書前面六章僅假設已熟悉了代數學與聯立方程組；其後的章節則同步採用微積分 (導數與積分) 課程。除此之外，我們試圖合併更充分的細節以提供本書的可讀性。

所以，在本書中已針對學生所需而設計了何種主要觀念？首先，將個別的章節組織成相對較為簡短的小節，每小節皆具有單一個主題。其中並已更新了所使用的語言，保持日常使用與流暢的言語。版面內留白空間可記下簡短的筆記與問題。在介紹專有名詞的同時，亦闡明其定義；而且策略性地設置範例，不僅可闡述基本的觀念，也說明問題解決之方式。與實務問題適切的範例，使學生能夠在練習章末習題之前，便可先測試自己的技巧。習題難易程度廣泛，一般從簡單至複雜排序，並且根據適當的章節加以分類。

工程是一門需密集研讀的課程，而且學生通常會發現自己面臨最後期限與大量的工作。然而，此並不意謂教科書必是枯燥與不切實際或者絕不會包含任何有趣的成分。事實上，成功地解決問題是相當愉悅的，而學習如何解題也是很有趣的。而判斷如何以最佳方式實現於教科書的內容中則是一種持續的處理過程。作者一直仰賴從自己的學生所接收而通常極為坦率之反應，包含在普渡大學、富勒頓的加州州立大學、杜蘭戈州的露易斯堡學院、佛羅里達州 A&M 大學和佛羅里達州立大學的聯合工程學程、坎特伯雷大學 (新西蘭) 以及布法羅大學之學生。我們也仰賴來自世界各地的教師與學生之評論、訂正以及建議，並且在此一版本中，也已經考慮了新的評論之來源，亦即所謂的各種網站上之半匿名公告。

《電路學》第一版由 Bill Hayt 與 Jack Kemmerly 所著，兩位工程教授非常熱愛教學、與學生互動，以及訓練新世代的工程師。本書深受喜愛乃是由於內容緊湊、“中肯與恰當”的寫作風格，以及合乎邏輯的組織。本書極有自信地提出涉及相關特定主題的理論，並且謹慎推導數學的表示式。然而，全書皆經過精心設計，以協助學生學習、以直觀的方式表達，並且將理論的源由保留給其他書籍作說明。作者在寫作本書時清楚地提供大量的思想，並且將對於主題的熱情呈獻給讀者。

第八版的主要特點

我們已經非常謹慎保留第七版的主要特點，顯然第七版的內容相當好；包括：總體佈局和章節順序、兩者的文本和線條圖的基本風格、大量精微實例與相關實踐問題，以及依各節的主題分類各章末尾的練習題。變壓器仍值得自成一章，而複數頻率則是透過相量技巧的延伸，使學生易懂，進而簡要介紹之，而不是間接僅藉由描述拉普拉斯變換積分。

第八版的具體修改包含：

- 修訂後的章末習題
- 新理念之章末習題，每節皆提供與範例與實務相似的問題，在進行更複雜的問題之前，先測試讀者的技巧。
- 許多新的相片，提供與真實世界之連結。
- 更新了螢幕擷取及電腦輔助分析軟體之文字描述。
- 新的工作實例與實務問題。
- 精簡的文字，特別是在工作實例中的描述，以便讀者能更快速地獲得要點。

我在 1999 年即參與此書的著作，雖然我仍是普渡大學的學生時自認很幸運地修習過 Bill Hayt 的電路課程，但很難過的是，已經無法告知 Bill 或 Jack 有關此書的修訂過程。擔任電路學的合著作者是難得的殊榮，我在撰寫本書時，以本書的基本理念及指標性的讀者群為優先考量。我非常感謝許多人給予先前版本的反映意見——不論是正面與負面的意見，也歡迎其他讀者透過出版者 (McGraw-Hill Higher Education) 或者直接對我 (durbin@ieee.org) 提供反映意見。

當然，如同每一本現代化的教科書一般，本書的專案企劃與完成乃是得自一個團隊的努力。我要特別感謝 Raghu Srinivasan (全球發行人)、Peter Massar (主編)、Curt Reynolds (營銷部經理)、Jane Mohr (專案經理)、Brittney-Corrigan-McElroy (專案經理)、Brenda Rolwes (設計師)、Tammy Juran (媒體專案經理)，以及最重要的開發編輯 Darlene Schueller，協助我許許多多的細節、發行、期限與問題。她確實是最好的工作人員，我也非常感謝 McGraw-Hill 團隊所給予的所有支持。我也要感謝每位 McGraw-Hill的代表，特別是 Nazier Hassan，只是在校園無意地打個招呼並且詢問事情進行得如何。也特別感謝一直保持聯繫的前編輯 Catherine Shultz 與 Michael Hackett。非常感謝 Cadence® 以及 The MathWorks 親切地提供軟體輔助之分析軟體。幾位慷慨協助或者提供圖片與技術細節的同事也一併感謝：早稻田大學的 Masakazu Kobayashi 教授；砍特伯雷大學的 Wade Enright 博士、Pat Bodger 教授、Rick Millane 教授、Gary Turner 先生與 Richard Blaikie 教授；以及佛羅里達州 A&M 大學和佛羅里達州立大學的 Reginald Perry 教授與 Jim Zheng 教授。對於第八版而言，以下撥出時間來審查各種版本稿件的人們也值得致謝與感恩：

Chong Koo An，蔚山大學
Mark S. Andersland，愛荷華大學
Marc Cahay，辛辛那提大學
Claudio Canizares，滑鐵盧大學
Teerapon Dachokiatawan，北曼谷的蒙庫國王科技大學
John Durkin，阿克倫大學
Lauren M. Fuentes，達勒姆大學
Lalit Goel，南洋理工大學
Rudy Hofer，康耐斯託加學院 ITAL
Mark Jerabek，西維吉尼亞大學
Michael Kelley，康乃爾大學
Hua Lee，加州大學聖巴巴拉分校
Georges Livanos，漢博理工學院
Ahmad Nafisi，卡爾波利州立大學
Arnost Neugroschel，佛羅里達大學
Pravin Patel，達勒姆大學
Jamie Phillips，密西根大學
Daryl Reynolds，西維吉尼亞大學
G. V. K. R. Sastry，安德拉大學
Michael Scordilis，邁阿密大學
Yu Sun，加拿大的多倫多大學
Chanchana Tangwongsan，朱拉隆功大學
Edward Wheeler，羅斯-豪曼理工學院
Xiao-Bang Xu，克萊姆森大學
Tianyu Yang，安柏瑞德航空大學
Zivan Zabar，紐約大學理工學院

我還想感謝聖地牙哥大學的 Susan Lord、維吉尼亞大學的 Archie L. Holmes、佛羅里達大學的 Arnost Neugroschel，以及邁阿密大學的 Michael Scordilis，協助章末習題的解答。

最後，我想藉此機會簡短地感謝對第八版有直接或間接貢獻的其他人。首先也是最重要的，我的太太 Kristi 以及兒子 Sean，感謝他們的耐心、理解、支持、適時的娛樂以及有用的建議。整天都很高興地與朋友和同事交談，談論應該教什麼、應該如何教學以及如何衡量學習。特別是 Martin Allen、Richard Blaikie、Alex Cartwright、Peter Cottrell、Wade Enright、Jeff Gray、Mike Hayes、Bill Kennedy、Susan Lord、Philippa Martin、Theresa Mayer、Chris McConville、Reginald Perry、Joan Redwing、Roger Reeves、Dick Schwartz、Leonard Tung、Jim Zheng，以及許多其他給我很多有用的見解，包括我的父親 Jesse Durbin，他是印第安那理工學院電機工程的畢業生。

Steven M. Durbin

紐約州布法羅市

CONTENTS

目錄

CHAPTER 1
簡　介　1

前言　1
1.1　本書內容之概觀　2
1.2　電路分析與工程之關係　5
1.3　分析與設計　5
1.4　成功的問題解決策略　6
延伸閱讀　7

CHAPTER 2
基本電路元件與電路　9

簡介　9
2.1　單位與進制　9
2.2　電荷、電流、電壓與功率　11
- 電荷　11
- 電流　12
- 電壓　14
- 功率　15

2.3　電壓源與電流源　18
- 獨立電壓源　19
- 獨立電流源　20
- 相依電源　20
- 網路與電路　22

2.4　歐姆定律　23
- 功率之吸收　24
- 電導　26

總結與回顧　27
延伸閱讀　27
習題　28

CHAPTER 3
電壓與電流定律　33

簡介　33
3.1　節點、路徑、迴路與分支　33
3.2　克西荷夫電流定律　34
3.3　克西荷夫電壓定律　37
3.4　單迴路電路　41
3.5　單節點對電路　44
3.6　串聯與並聯連接之電源　46
3.7　串聯與並聯之電阻器　49
3.8　分壓與分流定理　54
總結與回顧　57
延伸閱讀　57
習題　58

CHAPTER 4
基本節點與網目分析　65

簡介　65
4.1　節點分析　66
4.2　超節點分析　74
4.3　網目分析　77
4.4　超網目分析　83
4.5　節點分析與網目分析之比較　86
總結與回顧　88
延伸閱讀　89
習題　89

CHAPTER 5
簡便的電路分析技巧 95

簡介 95
5.1 線性與重疊定理 95
- 線性元件與線性電路 96
- 重疊定理 96

5.2 電源變換 102
- 實際的電壓源 102
- 實際的電流源 104
- 等效的實際電源 105
- 關鍵觀點 108

5.3 戴維寧與諾頓等效電路 109
- 戴維寧定理 111
- 關鍵觀點 112
- 諾頓定理 113
- 電路中存在相依電源之狀況 115
- 分析程序之重點快速回顧 117

5.4 最大功率傳輸 118
5.5 Δ-Y 轉換 121
5.6 方法之選用：各種技巧之總結 123
總結與回顧 124
延伸閱讀 125
習題 125

CHAPTER 6
運算放大器 131

簡介 131
6.1 背景 131
6.2 理想的運算放大器介紹 132
6.3 串接級之運算放大器電路 139
6.4 電壓與電流源電路 143
- 可靠的電壓源 143
- 可靠的電流源 145

6.5 實際的考量 147
- 更詳細的運算放大器模型 147
- 理想運算放大器規則之推導 149
- 共模拒斥 150
- 負回授 151
- 飽和 152
- 輸入抵補電壓 153
- 轉換率 153
- 封裝 154

6.6 比較器與儀錶放大器 155
- 比較器 155
- 儀錶放大器 156

總結與回顧 158
延伸閱讀 159
習題 159

CHAPTER 7
電容器與電感器 163

簡介 163
7.1 電容器 163
- 理想電容器之模型 163
- 積分的電壓-電流關係 166
- 能量之儲存 168

7.2 電感器 171
- 理想電感器之模型 171
- 積分的電壓-電流關係 175
- 能量的儲存 177

7.3 電感與電容之組合 179
- 串聯的電感器 180
- 並聯的電感器 181
- 串聯的電容器 181
- 並聯的電容器 182

7.4 線性之推論 183
7.5 具有電容器的簡單運算放大器電路 185
7.6 對偶性質 187
總結與回顧 191

延伸閱讀 192
習題 192

CHAPTER 8
基本 *RL* 與 *RC* 電路 197

簡介 197
8.1 無源 *RL* 電路 197
■直接的求解方式 199
■另一種求解的方式 200
■較一般的求解方式 (通解) 200
■直接的方式：特徵方程式 201
■計算能量 204
8.2 指數響應之特性 204
8.3 無源 *RC* 電路 206
8.4 更全面的觀點 209
■一般的 *RL* 電路 209
■詳細的時間切割：0^+ 與 0^- 之間的區別 209
■一般的 *RC* 電路 212
8.5 單位步階函數 216
■實際的電源與單位步階函數 217
■方形脈波函數 218
8.6 驅動的 *RL* 電路 219
■更直接的處理程序 221
■拓展直覺式的理解 222
8.7 自然與強制響應 223
■自然響應 224
■強制響應 224
■完整響應之計算 225
8.8 驅動的 *RC* 電路 229
8.9 預測循序開關切換電路之響應 234
■狀況 I：時間足以完全充電與完全放電 236
■狀況 II：時間足以完全充電但不足以完全放電 236
■狀況 III：時間不足以完全充電但足以完全放電 237
■狀況 IV：時間不足以完全充電或完全放電 237
總結與回顧 239
延伸閱讀 240
習題 240

CHAPTER 9
RLC 電路 245

簡介 245
9.1 無源並聯 *RLC* 電路 245
■得到並聯 *RLC* 電路之微分方程式 246
■微分方程式的解答 247
■頻率項的定義 248
9.2 過阻尼之並聯 *RLC* 電路 250
■求解 A_1 與 A_2 之數值 251
■過阻尼之圖形表示 255
9.3 臨界阻尼 258
■臨界阻尼響應之型式 258
■求解 A_1 與 A_2 之數值 259
■臨界阻尼之圖形表示 260
9.4 欠阻尼之並聯 *RLC* 電路 262
■欠阻尼響應之型式 262
■求解 B_1 與 B_2 之數值 263
■欠阻尼之圖形表示 264
■有限電阻的角色 264
9.5 無源串聯 *RLC* 電路 268
■串聯電路響應之簡略分析過程 269
9.6 *RLC* 電路之完整響應 273
■簡易的部分 274
■另一部分 274
■求解過程的快速彙整 279
9.7 無損失之 *LC* 電路 280

總結與回顧 283
延伸閱讀 284
習題 284

CHAPTER 10
弦波穩態分析 289

簡介 289
10.1 **弦波之特性 290**
■落後與超前 290
■正弦與餘弦之轉換 291
10.2 **弦波函數之強制響應 292**
■穩態響應 292
■更簡易之型式 293
10.3 **複數強制函數 296**
■虛數電源導致虛數響應 297
■應用複數強制響應 297
■微分方程式之代數表示式 298
10.4 **相量 301**
■電阻器 303
■電感器 304
■電容器 305
■使用相量之克西荷夫定律 306
10.5 **阻抗與導納 307**
■串聯阻抗之組合 308
■並聯阻抗之組合 308
■電抗 309
■導納 312
10.6 **節點與網目分析 312**
10.7 **重疊定理、電源變換，以及戴維寧定理 315**
10.8 **相量圖 319**
總結與回顧 322
延伸閱讀 323
習題 324

CHAPTER 11
交流電路之功率分析 329

簡介 329
11.1 **瞬時功率 330**
■弦波激勵所產生的功率 331
11.2 **平均功率 332**
■週期性波形之平均功率 333
■弦波穩態之平均功率 334
■理想電阻器所吸收的平均功率 336
■純電抗元件所吸收的平均功率 336
■最大功率轉移 338
■非週期性函數之平均功率 340
11.3 **電流與電壓之有效值 342**
■週期性波形之有效值 342
■弦波波形之有效 (RMS) 值 343
■使用 RMS 值計算平均功率 344
■多頻率電路之有效值 344
11.4 **視在功率與功率因數 345**
11.5 **複數功率 348**
■功率三角形 350
■功率之量測 350
總結與回顧 352
延伸閱讀 354
習題 354

CHAPTER 12
多相電路 359

簡介 359
12.1 **多相系統 360**
■雙下標符號 361
12.2 **單相三線系統 362**
■有限導線阻抗之效應 363
12.3 **三相 Y-Y 連接 366**

■線對線電壓 367
12.4 Δ 連接 372
■Δ-連接之電源 375
12.5 三相系統之功率量測 376
■瓦特計之使用 376
■三相系統的瓦特計 378
■二瓦特計法 381
總結與回顧 384
延伸閱讀 385
習題 385

CHAPTER 13 磁耦合電路 389

簡介 389
13.1 互感 390
■互感係數 390
■標點慣例 391
■互感與自感電壓之組合 392
■標點慣例之物理基礎 393
13.2 能量之考量 398
■M_{12} 與 M_{21} 之恆等 398
■建立 M 之上限 399
■耦合係數 400
13.3 線性變壓器 401
■反射的阻抗 402
■T 與 Π 等效網路 403
13.4 理想變壓器 407
■理想變壓器之匝數比 407
■使用變壓器之阻抗匹配 409
■使用變壓器之電流調整 410
■使用變壓器之電壓準位調整 410
■時域之電壓關係 412
■等效電路 413
總結與回顧 415
延伸閱讀 416
習題 416

CHAPTER 14 複數頻率與拉普拉斯變換 419

簡介 419
14.1 複數頻率 420
■通式 420
■直流特例 421
■指數特例 421
■弦波特例 421
■指數阻尼弦波特例 422
■s 對實際性質之關係 422
14.2 阻尼弦波強制函數 424
14.3 拉普拉斯變換之定義 427
■雙邊拉普拉斯變換 427
■雙邊拉普拉斯逆變換 428
■單邊拉普拉斯變換 428
14.4 簡單時間函數之拉普拉斯變換 430
■單位步階函數 $u(t)$ 430
■單位脈衝函數 $\delta(t-t_0)$ 431
■指數函數 $e^{-\alpha t}$ 431
■斜坡函數 $tu(t)$ 432
14.5 逆變換技巧 432
■線性定理 432
■有理函數之逆變換技巧 434
■相異極點與殘餘數方法 435
■重複極點 437
14.6 拉普拉斯變換之基本定理 439
■時間微分定理 439
■時間積分定理 441
■弦波之拉普拉斯變換 443
■時間平移定理 444
14.7 初值與終值定理 446
■初值定理 446
■終值定理 447
總結與回顧 449

延伸閱讀 450
習題 450

CHAPTER 15
s 域之電路分析 453

簡介 453
15.1 Z(s) 與 Y(s) 453
■頻域之電阻器 454
■頻域之電感器 454
■建立 s 域之電感器模型 455
■建立 s 域之電容器模型 457
15.2 s 域之節點與網目分析 459
15.3 其他電路分析技巧 464
15.4 極點、零點以及轉移函數 467
15.5 摺積 468
■脈衝響應 469
■摺積 470
■摺積與可實現系統 471
■摺積的圖解法 471
■摺積與拉普拉斯變換 474
■轉移函數之其他註釋 476
15.6 複數頻率平面 478
■極零點之座標 480
15.7 自然響應與 s 平面 481
■更全面的觀點 483
■特例 483
15.8 合成電壓比值 $H(s) = V_{out}/V_{in}$ 之技巧 485
總結與回顧 487
延伸閱讀 488
習題 489

CHAPTER 16
頻率響應 493

簡介 493
16.1 並聯諧振 494
■諧振 494
■諧振與電壓響應 496
■品質因數 497
■*Q* 的其他詮釋 499
■阻尼因數 500
16.2 頻寬與高 *Q* 值電路 502
■頻寬 502
■高 Q 值電路之近似 503
16.3 串聯諧振 508
16.4 其他的諧振型式 510
■等效串聯與並聯組合 513
16.5 定標 518
16.6 波德圖 522
■分貝 (dB) 刻度 522
■漸近線之確定 523
■波德圖之平滑處理 524
■多重項 524
■相位響應 526
■波德圖之其他考量 527
■高階項 530
■共軛複數對 531
16.7 基本濾波器設計 534
■被動式低通與高通濾波器 535
■帶通濾波器 537
■主動式濾波器 539
總結與回顧 541
延伸閱讀 542
習題 542

CHAPTER 17
雙埠網路 545

簡介 545
17.1 單埠網路 545
17.2 導納參數 550

17.3　等效網路　556
17.4　阻抗參數　565
17.5　混合參數　570
17.6　傳輸參數　572
總結與回顧　575
延伸閱讀　576
習題　576

CHAPTER 18
傅立葉電路分析　581

　　簡介　581
18.1　傅立葉級數之三角型式　582
　　■ 諧波　582
　　■ 傅立葉級數　584
　　■ 某些實用的三角積分　584
　　■ 傅立葉係數之計算　585
　　■ 線頻譜與相頻譜　590
18.2　對稱性質之應用　591
　　■ 奇偶對稱　591
　　■ 對稱性質與傅立葉級數項　591
　　■ 半波對稱　593
18.3　週期性強制函數之完整響應　596

18.4　傅立葉級數之複數型式　598
　　■ 取樣函數　602
18.5　傅立葉變換之定義　604
18.6　傅立葉變換之特性　608
　　■ 傅立葉變換之物理意義　609
18.7　簡單時間函數之傅立葉變換對　612
　　■ 單位脈衝函數　612
　　■ 常數強制函數　614
　　■ 正負號函數　614
　　■ 單位步階函數　615
18.8　一般週期性時間函數之傅立葉變換　617
18.9　頻域之系統函數與響應　618
18.10　系統函數之物理意義　622
　　■ 結語　624
總結與回顧　625
延伸閱讀　626
習題　626

附錄：積分簡表、
　　　三角恆等式簡表　630
索引　632

Chapter 1

簡　介

主要觀念

- 線性與非線性電路
- 電路分析的四種主要分類：
  - DC 分析
  - 暫態分析
  - 弦波分析
  - 頻率響應
- 超越電路的電路分析
- 分析與設計
- 解決問題之策略

前言

儘管在工程領域內各有相當清楚的特色與專長，但所有的工程師皆僅共用大量的共同觀念，特別是在解決問題的時候。實際上，隨著各種技術通常可轉移至其他環境，許多執業的工程師會發現在許多各式各樣的設施中工作時，其中的技術甚至超出傳統專長。現今的工程畢業人士受聘於執行廣泛的工作，從設計個別的組件與系統到協助解決社會經濟問題，例如空氣與水污染、城市規劃、通訊、大眾運輸、發電與配電，以及自然資源的有效使用與保存。

從工程的角度，對**解決問題的技術**而言，電路分析早已成為傳統的入門書籍，甚至對於興趣並非電機工程者亦是如此。其中有諸多原因，而主因則是現今世界中，任何一位工程師皆不太可能遇到一個全然不具有電路的系統。隨著電路變得越來越小，且需要更低的電力，以及電源變得越小與便宜，嵌入式電路似乎已無所不在。由於大多數的工程在某一層面上需要一個團隊的努力，所以具有可行的電路分析之知識能夠協助提供大家在計畫上

並非所有的電氣工程師皆會使用電路分析，其通常也需要先前經歷中所學得的分析與解決問題之技巧。電路分析的過程為第一批揭露如此概念的其中一個。*(Solar Mirrors: © Corbis; Skyline: © Getty Images/PhotoLink; Oil Rig: © Getty Images; Dish: © Getty Images/J. Luke/PhotoLink)*

有效溝通所需要的背景。

由於解決問題的技巧可應用於工程師可能遭遇的情況，因此本書不僅有關於從工程角度切入的"電路分析"，同樣也有關於發展基本解決問題的技巧。基於此一部分，同樣也發現發展一種在一般水準下的直觀闡述方式，並且通常能夠藉由對電路的描述，而了解更複雜的系統。然而，在開始進入本書之前，將先快速地預覽本書的各標題，暫時停止思考分析與設計之間的差異。

1.1 本書內容之概觀

本書的基本主題為**線性電路分析** (Linear Circuit Analysis)，此暗示了某些讀者提問

"什麼是**非線性**電路分析？"

是的，我們每天都會遭遇到非線性電路：這些非線性電路擷取電視與收音機的訊號並且將之解碼，在微處理器內一秒鐘執行數百萬次的計算，將語音轉換成為電氣訊號，傳輸於電線上，並且執行諸多我們視野之外的其他功能。在設計、測試以及實現如此的非線性電路上，詳細的分析不可避免。讀者仍有可能會問

"那麼為何要研讀**線性**電路分析？"

這是一個相當好的問題。此問題簡明的事實是沒有任何實際系統 (包含電路) 始終是絕對線性的，但對我們而言，有許多系統的行為會在受限的範圍內以合理的線性方式呈現——若能銘記此範圍之限制，便允許我們建立如此系統之模型為線性系統。

例如，考量某一常見的函數

$$f(x) = e^x$$

此一函數的線性近似方程式為

$$f(x) \approx 1 + x$$

可進行某些數值測試，表 1.1 顯示對應於某一範圍內的 x，該函數 $f(x)$ 的精確值與近似值。有趣的是，在 $x = 0.1$ 以內，線性近似方程式非常準確，其相對的誤差仍小於 1%。儘管許多工程師會使用計算機進行相當快速的運算，但仍難以爭辯有任何比只加 1 的方式更快之運算。

表 1.1　e^x 的線性模型與精確值之比較

x	$f(x)^*$	$1+x$	相對誤差**
0.0001	1.0001	1.0001	0.0000005%
0.001	1.0010	1.001	0.00005%
0.01	1.0101	1.01	0.005%
0.1	1.1052	1.1	0.5%
1.0	2.7183	2.0	26%

* 僅擷取四位有效數字。

** 相對誤差 $\triangleq \left|100 \times \dfrac{e^x - (1+x)}{e^x}\right|$

相較於非線性問題，線性問題本質上較為容易解決。因此，我們通常會針對實際的情況，尋找合理準確的線性趨近式 (或者模型)。再者，線性模型在操作與理解上更為簡易——使設計的過程更為簡單直接而明確。

之後的章節中將會遇到的電路全部皆是表示實際電路的線性近似，其中會提供這些模型潛在的不準確性或者限制適當、簡要的探討，但一般而言，可發現對大多數的應用而言，這些模型相當準確。實際上當需要更優異的準確度時，則需要非線性模型，但須考慮到解答複雜度的增加。構成線性電路的詳細探討可在第二章得知。

能夠將線性電路分析分成四大類：(1) *dc* 分析 (dc Analysis)，其中的能量來源不會隨著時間改變；(2) 暫態分析 (Transient

Analysis)，其中的物理量通常會快速改變；(3) 弦波分析 (Sinusoidal Analysis)，應用於 ac 電源與訊號；(4) 頻率響應 (Frequency Response)，為四類中最普遍的，但通常假設其中的物理量會隨著時間改變。本書以電阻電路的標題開始，可能包含簡單的範例，諸如手電筒或烤箱。本書提供絕好的機會學習數種非常有用的工程電路分析技術，例如：節點分析 (Nodal Analysis)、網目分析 (Mesh Analysis)、重疊定理 (Superposition)、電源變換 (Source Transformation)、戴維寧定理 (Thévenin's Theorem)、諾頓定理 (Norton's Theorem)，以及數種串並聯元件所組成的網路之簡化方法。電阻電路最單純的特性為任何關注的物理量即使會隨時間變化，仍不會影響分析的過程。換言之，若要在某些時間瞬間上求得電阻電路其中一個物理量，僅需要分析該電路一次即可。所以，本書先將大部分的篇幅用在僅考慮 dc 電路——電氣參數不會隨時間改變的電路。

現代化的火車以電動馬達為動力，其中的電力系統使用ac或相量分析技巧來分析為最佳。(允許使用圖片版權，© *2010 M. Kobayashi.* 保留所有權利)

雖然手電筒或汽車後窗除霧器之 dc 電路在日常生活中非常重要，但當發生突發事件時，通常會更為有趣。在電路分析的語言中，常提及**暫態分析**為一套技術，用來研讀突然通電或斷電之電路。為使如此電路變得有趣，需要增加一些對電氣物理量的變化率會產生響應的元件，引導出包含微分與積分的電路方程式。使用在本書的第一部份所學得的簡單技巧，恰可得到如此的方程式。

不過，並非所有的時變電路皆可突然啟動與關斷，空調系統、風扇以及螢光燈僅是一些日常見到的範例。在如此的實例中，對每次皆以微積分為基礎的分析方式就會變得乏味與費時。針對這些狀況恰好有較佳的取代方式，其中若設備運轉夠長的時間，而暫態效應已經消失，此種技巧通常稱為 ac 或弦波分析，或者有時稱為**相量分析** (Phasor Analysis)。

頻率相關電路位於許多電子裝置之心臟，其可以是非常有趣的設計。(© *The McGraw-Hill Companies, Inc.*)

本書最後一個部分則是探討稱為**頻率響應**的主題，直接以時域分析中所得到的微分方程式輔助直觀理解具有儲能元件 (例如，電容器與電感器) 的電路操作。然而，如同在本書之後所得知的，即使分析僅具有相對少數元件的電路，仍可能會有些麻煩，因此才會發展出如此之多的明確方法，包含拉普拉斯 (Laplace) 以及傅立葉 (Fourier) 分析等方法可將微分方程式變換成為代數方程式。這些方法同樣也可設計電路以特定的方式進行特別頻率之響應。每天當我們撥電話、選擇喜愛的收音機電台、或者上網時，皆是使用與頻率相關的電路。

1.2 電路分析與工程之關係

在本課程完成時，不論是否追求進一步的電路分析，值得注意的是，該學科的觀念具有數種層面，在電路分析技巧的基本要素之外的是發展得以解決問題的有條理方法、判斷特定問題的目標之能力、蒐集得到解答所需的資訊之技能，以及或許同樣重要的是，練習驗證解答準確性的契機。

熟悉諸如流體流動、汽車懸架系統、橋樑設計、供應鏈管理，或者程序控制等其他工程主題學科的學生將會認識許多用來描述各種不同電路行為所產生的方程式之通式。我們僅需要簡單地學習如何“轉譯”適切的變數 (例如，以力來取代電壓，以距離取代電荷，以摩擦係數取代電阻等等)，藉以發現如何解決新型的問題。若已經具有解決相似或者相關問題的經驗，則直覺經常能夠引導我們解決全新的問題。

分子束磊晶之晶體生長設施，決定其操作的方程式與用來描述簡單線性電路之方程式極為相像。

我們學習線性電路分析乃是建構許多隨後的電機工程學科之基礎。電子學的研讀有賴於具有稱為二極體與電晶體的電路之分析，這些元件可用來建構電源供應器、放大器以及數位電路。在此將闡述的技巧典型可應用於電子工程之快速條理分析方式，有時能夠分析某一複雜的電路，甚至不需、或僅使用鉛筆！本書的時域與頻域之章節會直接引導進入探討訊號處理、電力傳輸、控制理論，以及通訊系統，其中特別會發現頻域分析為一種極為強大的技術，可簡易地應用於任何一個受時變激勵之實際系統，且頻域分析特別有助於濾波器之設計。

機器手臂之範例，可使用線性電路元件建立回授控制系統之模型，藉以判斷當時有可能變為不穩定之狀況。(*NASA Marshall Space Flight Center.*)

1.3 分析與設計

工程師得到科學理論之基本理解，將之與通常以數學方程式表示的實際知識相結合，並且 (經常是以相當的創造力) 解決所給定的問題。**分析** (Analysis) 為一種處理過程，透過分析可判斷問題的範疇得到用以了解該問題所需的資訊，並且計算所關注的參數。**設計** (Design) 亦是一種處理過程，藉由設計可以合成新事物成為問題解答的一部分。一般而言，期望需要進行設計的問題

已提出的兩種下一代太空梭設計。雖然兩者皆具有相似的元件，但每一艘皆是獨一無二的。(*NASA Dryden Flight Research Center.*)

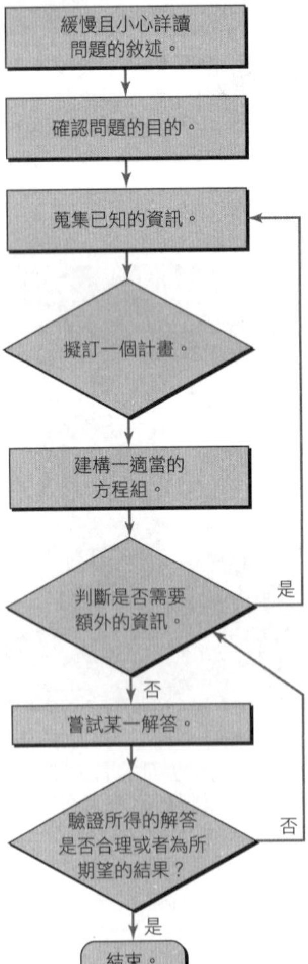

不具有唯一解，反之在分析階段則希望問題具有唯一解。因此，設計的最後一個步驟皆是分析所得到的結果是否符合規格。

本書主要針對問題擴展分析以及解決之能力，此為每一種工程境遇的起點。本書的哲理為讀者需要清晰的解釋、適當且得宜的範例，以及大量的練習，方能擴展此一能力。因此，將設計元素整合於各章之後的問題以及其後的章節，使之合宜而不會分散注意力。

1.4 成功的問題解決策略

如同讀者可能已經得知的，本書大多是有關於解決電路分析的問題。因此，期望在當一位工程學生的期間內，能夠學習如何解決問題——所以此時尚未完全詳盡闡述各種技巧。當持續研習相關課程，將會取得可以運用的技術，繼續不斷研習則很可能成為一位執業的工程師。在此一階段，則是應該用幾分鐘來探討某些基本觀念。

第一個觀念為迄今工程學生所遭遇最一般的困難點乃是*不知道如何開始*解決問題，此會因經驗而有所改善，但在修習的早期並無幫助。本書能夠給予的最好建議為採用有系統的方法，以緩慢且小心詳讀問題的敘述開始 (若有需要，可以閱讀兩次以上)。由於經驗通常會帶給我們如何處理特定問題某些型式的洞察能力，處理過的範例會出現在整本書中。不僅要研讀這些範例，透過筆紙的運算會相當有幫助。

在研讀問題並且覺得自己可能擁有某些有用的經驗之後，下一個步驟便是確認問題的目的——也許是計算某一電壓或功率，或者挑選某一元件的數值。知道未來的目標極為有用。再下一個步驟則是盡可能蒐集更多的資訊，並且以某種方式將蒐集到的資訊加以組織。

此時*仍未準備去拿計算機*。最好先擬訂一個計畫，也許是基於經驗，也許是簡單基於直覺，而有時所擬訂的計畫有效果，有時卻無效。以初始計畫開始，建構一初始方程組。若該方程組完整，便能夠求得其解答。若不完整，則需要再找到更多的資訊、修改計畫或者兩者皆進行。

一旦找到有效用的解答，仍不應停止，即使精疲力盡、準備休息。**沒有任何工程的問題得以解決，除非以某種方式測試該解答**。可能會以執行電腦模擬來進行測試，或者以不同的方式來求解，也許甚至只是評估怎樣的答案可能是合理的。

由於並非每一個人皆喜歡以閱讀進行學習，因此將這些步驟總結於旁邊的流程圖。這僅是其中一種特別的問題解決策略，讀者當然應依照自己所需而隨意修改。然而，真正關鍵在輕鬆、低壓力而無雜念的環境中嘗試與學習。經驗是最好的老師，從自己的錯誤中學習總是成為執業工程師的必經過程。

延伸閱讀

相對較便宜、最暢銷的書籍且會教導讀者面對似乎不可能解決的問題時如何拓展致勝之策：

G. Polya, *How to Solve It*. Princeton, N.J.: Princeton University Press, 1971.

Chapter **2**

基本電路元件與電路

主要觀念

- 基本電氣量與相關單位：電荷、電流、電壓以及功率
- 電流方向與電壓極性
- 計算功率之被動符號慣例
- 理想電壓與電流源
- 相依電源 (Dependent Sources)
- 電阻與歐姆定律 (Ohm's Law)

簡介

在處理電路分析時，通常會探求特定的*電流*、*電壓*或*功率*，因此本章將以這些物理量的簡單描述開始著手。有鑑於能夠用來建立電路的元件，可以選擇的很少，所以一開始先將焦點放在電阻器，*電阻器*為簡單的被動元件，另一焦點則為一系列的理想主動電壓與電流源。隨後再增加某些新的電路元件，藉以認識與分析所需要考量之更複雜 (或者有用) 電路。

在開始說明電路分析之前，首先要注意的是，在標示電路中的電壓時所使用之“+”與“−”符號，以及定義電流方向的箭號意義，這些符號常會影響解答的正確與否。

2.1 單位與進制

必須給定某些可測量的物理量之*數字*以及*單位*，藉以說明該物理量之數值，例如“3 公尺”，所幸一般皆使用相同的數字系統，但單位則不然，可能需要花些時間熟習適用的單位系統。在

電路中需使用一致的標準單位，並且確保其不變性以及普遍的容許性。例如，不應依據某一橡皮筋上兩個記號之間的距離來定義長度的標準單位，此並非不變的，而且其他人也能使用其他的標準。

最常使用的單位系統為美國國家標準局 (National Bureau of Standards) 在 1964 年所採用之系統，為較多的專業工程協會使用，且為目前教科書在書寫時之表示方式。此即為國際度量衡委員會 (General Conference on Weights and Measures) 在 1960 年所採用的國際單位系統 (International System of Units)，在所有的表示方式中簡稱為 ***SI***。幾經修改之後，SI 建立了七種基本單位：**公尺、公斤、秒、安培、凱文、摩爾**，以及**燭光** (詳見表 2.1)。此稱為“公制系統”，目前世界各國已普遍應用其中的某些度量型式，但在美國尚未廣泛使用。其他諸如體積、力以及能量等物理量皆可由此七種基本單位推導得到。

表 2.1 SI 基本單位

基本物理量	名稱	符號
長度	公尺	m
質量	公斤	kg
時間	秒	s
電流	安培	A
熱力學溫度	凱文	K
本質量	摩爾	mol
流明強度	燭光	cd

功或能量的基本單位為**焦耳** (Joule, J)。一焦耳 (SI 基本單位中為 kg m^2 s^{-2}) 等於 0.7376 呎磅力 (ft·lbf)。其他的能量單位包含卡路里 (Calorie, cal)，等於 4.187 kJ，而千瓦小時 (kWh) 則等於 3.6×10^6 J。功率之定義為作功或者能量擴張的速率，功率的基本單位為**瓦特** (Watt, W)，定義為 1 J/s。一瓦特等於 0.7376 ft·lbf/s，或者等效於 1/745.7 馬力 (Horsepower, hp)。

用於食品、飲料及運動的“卡路里”確為一大卡，4.187 kJ。

SI 一般使用十進制系統藉以聯結基本單位及較大與較小單位之關係，並利用各個 10 次方級數的名稱前綴字來表示之。表 2.2 為前綴字與符號之列表，其中某些在工程上常見的符號相當重要。

此類的前綴字在工程應用上值得記憶，因這些前綴字將常見於本書以及其他的科技著作中。要注意的是，不可將多個前綴字加以組合，例如 millimicrosecond；就距離而言，常見“micron

表 2.2 SI 前綴字

因數	名稱	符號	因數	名稱	符號
10^{-24}	yocto	y	10^{24}	yotta	Y
10^{-21}	zepto	z	10^{21}	zetta	Z
10^{-18}	atto	a	10^{18}	exa	E
10^{-15}	femto	f	10^{15}	peta	P
10^{-12}	pico	p	10^{12}	tera	T
10^{-9}	nano	n	10^{9}	giga	G
10^{-6}	micro	μ	10^{6}	mega	M
10^{-3}	milli	m	10^{3}	kilo	k
10^{-2}	centi	c	10^{2}	hecto	h
10^{-1}	deci	d	10^{1}	deka	da

(μm)”，而非“micrometer”，且通常使用埃 (Angstrom, Å) 來代替 10^{-10} 公尺。同樣的是，在電路分析與工程上，時常見到稱為“工程單位”的數字。在工程記號中，使用 3 的倍數之次方，並以 1 和 999 之間的數字以及適當的公制單位來表示某一物理量。所以，例如，表示物理量 0.048 W 的較好方式是 48 mW，而不是 4.8 cW、4.8×10^{-2} W 或者 48,000 μW。

練習題

2.1 某一種氖氟化物雷射會放射出具有 248 nm 波長的光線。此數值相同於：(a) 0.0248 mm；(b) 2.48 μm；(c) 0.248 μm；(d) 24,800 Å。

2.2 已知標準積體電路中的單一邏輯閘能夠在 12 ps 內從“導通”狀態切換至“截止”狀態。此相應於：(a) 1.2 ns；(b) 120 ns；(c) 1200 ns；(d) 12,000 ns。

2.3 某一典型的白熾燈檯燈為 60 W 操作。若一直保持操作狀態，則每天消耗多少能量 (J)？若每千瓦小時收取的能量費率為 12.5 美分，則每週的費用為何？

解答：2.1 (c)；2.2 (d)；2.3 5.18 MJ、1.26 美元。

2.2 電荷、電流、電壓與功率

電荷

電路分析其中一個最基本的觀念就是電荷守恆。已知在基礎物理中，具有兩種型式的電荷：正電荷 (相應於質子) 以及負電荷 (相應於電子)。在本書大部分的內容中，所涉及的電路僅與電如表 2.1 所列，SI 系統之基本單位並不是經由基本物理量所推得，而是以歷史上之一致性測量來替代之，導致其定義似乎已有所落後，例如基於電子電荷來定義安培更具實際的意義。

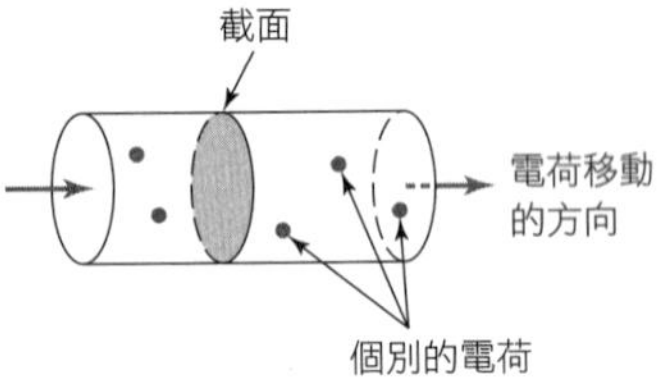

◆ **圖 2.1** 使用流經導線的電荷來闡述電流之定義；一安培相應於一庫倫的電荷在一秒內經過任意選擇的截面。

子流有關。對於了解許多的元件 (例如電池、二極體以及電晶體) 之內部動作而言，重要的是正電荷的移動，而於元件外部一般則是較關心流經接線的電子。雖然會在電路的不同部分之間持續地轉移電荷，但總電荷量並未改變。換言之，在電路中傳導之電子 (或者質子) 不生不滅。[1] 移動中的電荷即代表**電流**。

在 SI 系統中，電荷的基本單位為**庫倫** (Coulomb, C)，**安培** (Ampere) 定義為一秒鐘通過導線任意截面的總電荷量，亦即一庫倫為測量導線每秒承載一安培之電流 (參見圖 2.1)。在此種單位系統中，單一個電子具有 -1.602×10^{-19} C 的電荷量，而質子則具有 $+1.602\times10^{-19}$ C 的電荷量。

不隨時間而變化的電荷量通常以 Q 來表示之，而瞬時的電荷量則通常以 $q(t)$ 表示之，或者簡化為 q，本書全文皆使用此一慣例，其中大寫字母為常數 (非時變) 量所專用，而小寫字母則代表更一般性的物理量。因此，固定的電荷可以 Q 或 q 表示之，但隨時間改變的電荷量則**必須**以小寫字母 q 表示之。

■電流

由於對兩處之間移動某一電荷而言，同樣也可以將能量從某一點轉移至另一點，因此“電荷遷移”或者“移動中的電荷”之觀念對研討電路學相當重要。常見的跨國電力傳輸線為轉移能量之一種實例。同樣重要的是，改變電荷因通訊或轉移能量所需的轉移速率之可能性。此類之處理為通訊系統之基礎，例如無線電廣播、電視，以及遙測裝置。

在例如金屬電線之離散路徑上所呈現的電流具有**數值**以及相關之**方向**；電流為電荷以特定方向移動通過某一已知參考點的速率之測量值。

一但已經指定了參考方向，之後便可令 $q(t)$ 為從任意時間 $t=0$ 開始，以所定義的方向通過該參考點之總電荷。若是負電荷以參考方向移動，或者若是正電荷以反向移動，則對此一總電荷之貢獻為負。例如，圖 2.2 顯示總電荷 $q(t)$ 已經通過電線上已給定的參考點之歷程 (例如圖 2.1 所示之其中一者)。

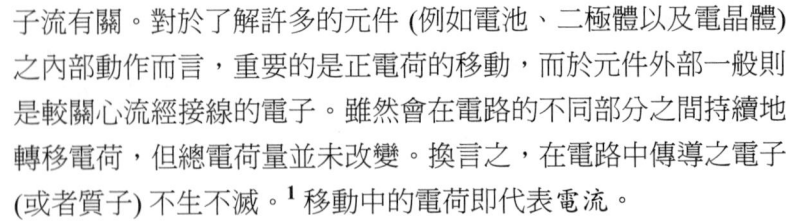

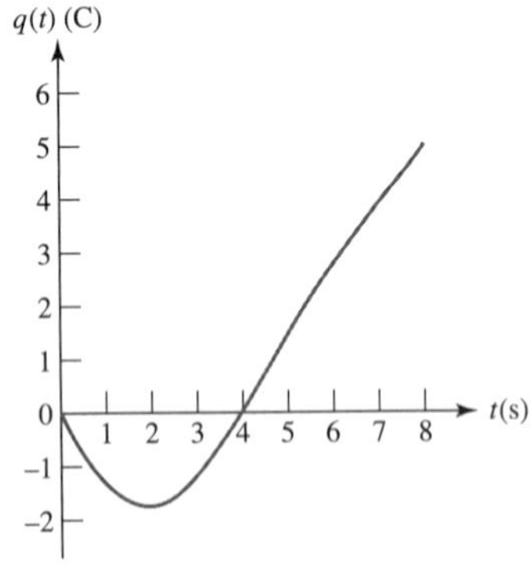

◆ **圖 2.2** 從 $t=0$ 開始，通過已知參考點之總電荷 $q(t)$ 瞬時值之曲線圖。

定義在特定參考點上並且以特定方向流動的電流為淨正電荷以特定方向移動通過該參考點之瞬時速率。但是此為歷史上的定義，在體會電線中的電流實際上乃是由負電荷移動而非正電荷移動所致之前已普遍使用。電流的符號為 I 或 i，因此

1 雖然偶爾以煙霧出現，然而似乎可以其他方式建議之……

$$i = \frac{dq}{dt} \qquad [1]$$

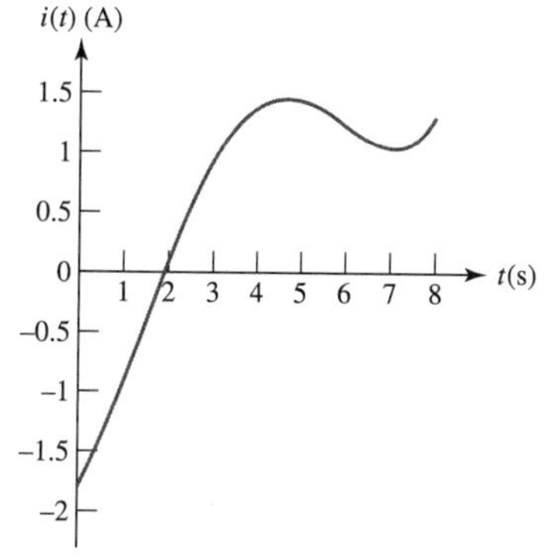

◆圖 2.3 瞬時電流 $i = dq/dt$，其中 q 已給定於圖 2.2。

電流的單位為安培 (A)，以法國物理學家 A. M. Ampère 命名。通常縮寫為“amp”，儘管此為非正式且有點非正規。一安培等於每秒 1 庫倫之電荷量。

使用方程式 [1]，計算瞬時電流並且得到圖 2.3。再次強調小寫字母 i 表示瞬時值；大寫 I 則表示固定 (亦即，非時變) 之物理量。

在時間 t_0 與 t 之間所轉移的電荷可以表示為有限的積分式：

$$\int_{q(t_0)}^{q(t)} dq = \int_{t_0}^{t} i\, dt'$$

在所有時間上所轉移的總電荷因此給定為

$$q(t) = \int_{t_0}^{t} i\, dt' + q(t_0) \qquad [2]$$

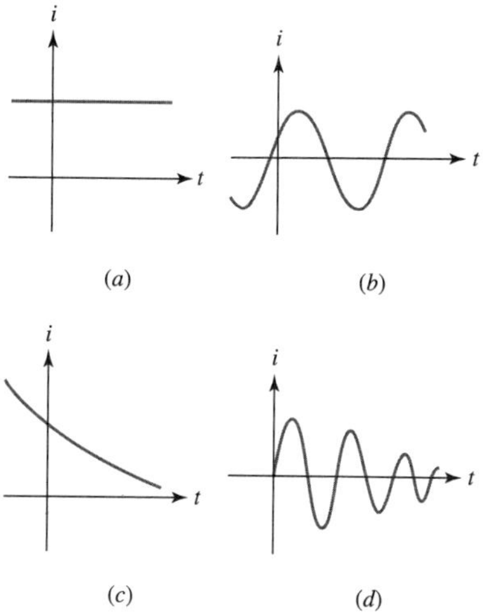

◆圖 2.4 數種型態的電流：(a) 直流 (dc)；(b) 弦波電流 (ac)；(c) 指數電流；(d) 具阻尼的弦波電流。

數種不同型態的電流闡述於圖 2.4。在時間上為固定的電流稱為直流 (Direct Current)，或者簡寫為 dc，闡述於圖 2.4a。將可發現諸多實際的電流範例，例如以正弦波型態之時變電流 (圖 2.4b)，此種型態之電流出現在一般家電用品之電路中。此種電流通常稱為交流 (Alternating Current)，或者 ac。指數型電流與具阻尼正弦波電流 (圖 2.4c 與 d) 之後同樣也會見到。

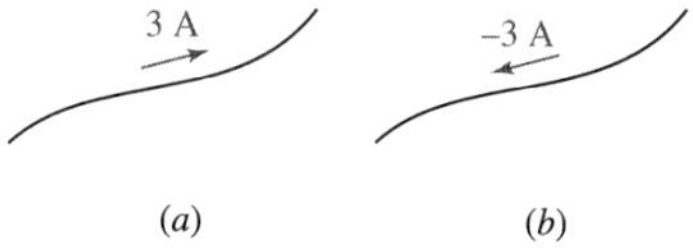

◆圖 2.5 完全相同的電流之兩種表示方法。

藉由將箭號置於導線來產生電流圖解的符號。因此，在圖 2.5a 中，箭號的方向以及數值 3 A 指示每秒淨正電荷 3 C/s 移至右邊，或者每秒淨負電荷 −3 C/s 移至左邊。在圖 2.5b 中，亦有兩種可能：−3 A 流至左邊，或者 +3 A 流至右邊。四種描述以及兩圖示在電氣效應上皆表示等效的意義，而且可以說是相等的。可以簡單想像的非電氣比擬為將之想像成個人的存款帳目，例如可將其中的某一筆存款視為負現金流出帳戶，或者可以視為正現金流入帳戶。

將電流想像為正電荷的移動相當方便，即使已知金屬導線中的電流源自於電子的移動。然而在離子化氣體內、在電解溶劑內，以及在某些半導體材質內，移動中的正電荷會構成部分或者全部的電流。因此，電流的任何一種定義皆能夠與傳導的物理自然性質一致，本書所採用的定義與符號皆為電流之標準定義與符號。

在本質上，可知電流的箭號並非指示電流流動“實際”的方向，而是允許學習者以較為清楚的方式闡述“電線中的電流”之簡單慣例。該箭號為電流定義之基本部分！因此，若提及電流 $i_1(t)$ 之數值而無特定的箭號，則為一種不明確實體之論述。例如，圖 2.6a 與 b 為 $i_1(t)$ 無意義的表示方式，而圖 2.6c 則是完整的表示方式。

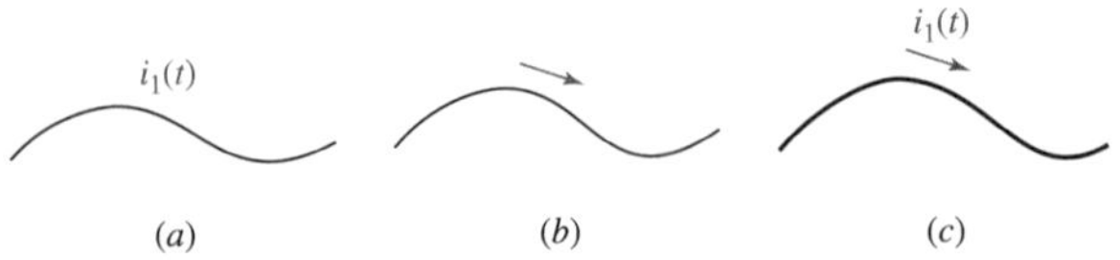

◆ **圖 2.6** (a) 與 (b) 電流不完整、不適當且不正確之定義；(c) $i_1(t)$ 之正確定義。

練習題

2.4 在圖 2.7 之電線中，電子從*左邊*移至*右邊*，藉以產生 1 mA 之電流。試求 I_1 與 I_2。

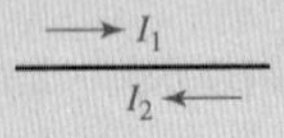

◆ **圖 2.7**

解答：$I_1 = -1$ mA；$I_2 = +1$ mA。

■ 電壓

此時將開始探討電路元件，並以最佳的定義方式來描述之。如此的電氣元件諸如保險絲、電燈泡、電阻器、電池、電容器、發電機，以及電花線圈，能夠以簡單電路元件之組合來表示之。一開始先將相當普遍的電路元件以無形狀的物件來顯示之，具有可連接至其他元件的兩個終端。

其中電流有兩條路徑可以進入或者離開該元件。在之後的論述中，將藉由說明元件終端上可觀測得到的電氣特性來定義特殊的電路元件。

在圖 2.8 中，假設 dc 電流送進終端 A，經過該通用元件，並且離開終端 B 而返回。同樣也假設將電荷推進該元件之行為需要消耗能量。則可說某一電壓 (或者某一*電位差*) 存在於兩終端之間，或者具有一“跨於”該元件上的電壓。因此，跨於終端對之上的電壓為將電荷移動經過該元件所需的功之其中一種計量。電壓的單位為伏特 (Volt)，[2] 1 伏特等於 1 J/C。電壓的表示符號

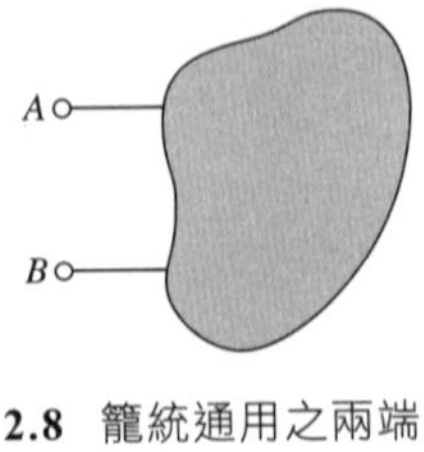

◆ **圖 2.8** 籠統通用之兩端電路元件。

2 *我們可能感到幸運的是，電位差的單位並非使用 18 世紀義大利物理學家的全名，Alessandro Giuseppe Antonio Anastasio Volta。*

為 V 或者 v。

不論是否有電流流動，電壓皆可存在於電氣終端之間。例如，即使沒有任何其他物件連接至汽車電池的終端，跨於終端上仍為 12 V 電壓。

根據能量守恆原理，迫使電荷經過元件所消耗的能量必須在其他某處出現。之後再見到特定的電路元件時，將提及能量是否以某種簡易有效的電能型式儲存，或者不可逆地改變成為熱、聲音能量，或某種其他的非電氣型式。

此時必須建立能夠藉以區分供給元件的能量以及元件本身所提供的能量之慣例，此取決於終端 A 相對於終端 B 的電壓所選擇的符號。若正電流進入元件的終端 A，而且外部電源便必須耗費能量藉以建立此一電流，則相對於終端 B，終端 A 為正端。(換言之，相對於終端 A，終端 B 可謂負端。)

藉由代數符號之正負來表示電壓的觀念。例如，在圖 2.9a 中，終端 A 上＋號的設置代表終端 A 相對於終端 B 為正 v 伏特。若之後得知 v 為 -5 V 之數值，則可說相對於 B，A 為正 -5 V，或者相對於 A，B 為正 5 V。其他的實例闡述於圖 2.9b、c 與 d。

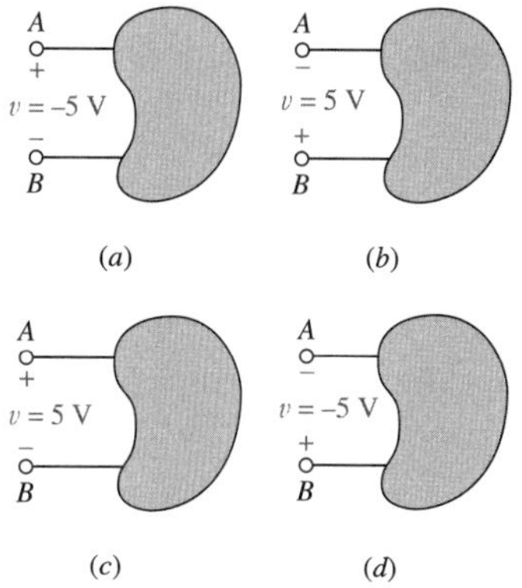

◆ **圖 2.9** (a) 與 (b) 相對於終端 A，終端 B 為正 5 V；(c) 與 (d) 相對於終端 B，終端 A 為正 5 V。

如以上所提及之電流定義，需要了解的是代數符號的正負並不是指定電壓“實際”的極性，但為清楚闡述“跨於終端對的電壓”之簡單慣例。**任何電壓的定義必包含正負符號！**使用沒有指定正負號位置之物理量 $v_1(t)$，即為未定義項。圖 2.10a 與 b 並非 $v_1(t)$ 之定義，圖 2.10c 方為 $v_1(t)$ 定義。

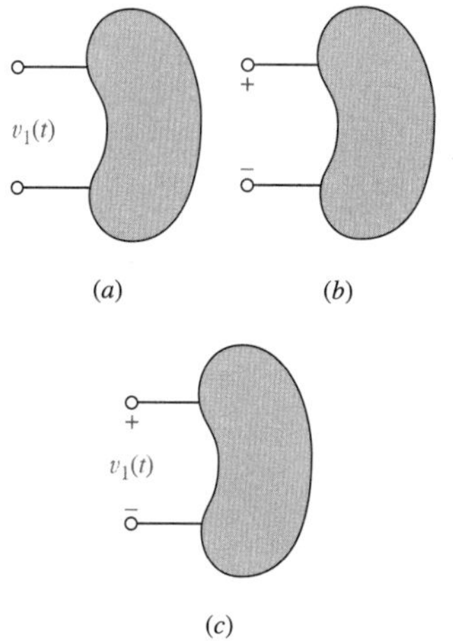

◆ **圖 2.10** (a) 與 (b) 不適當的電壓定義；(c) 正確的電壓定義包含變數符號以及正負號。

練習題

2.5 如圖 2.11 所示之元件，$v_1 = 17$ V。試求 v_2。

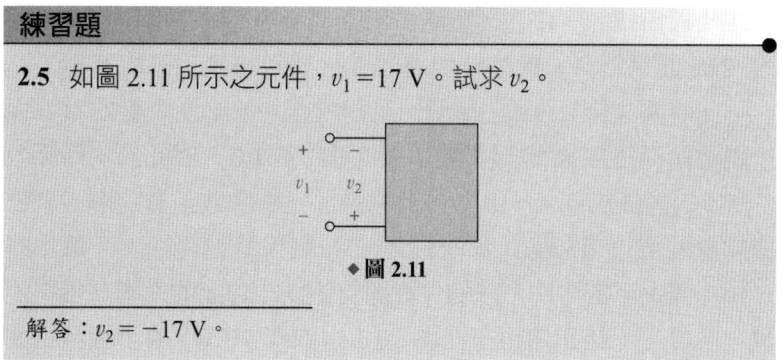

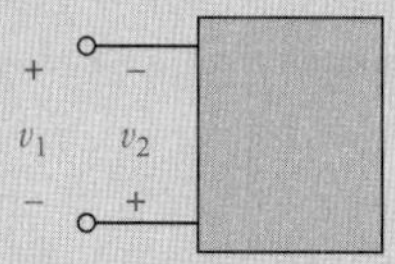

◆ **圖 2.11**

解答：$v_2 = -17$ V。

■ 功率

之前已定義了功率，此時將以 P 或 p 來表示之。若在一秒內透過元件傳送一庫倫的電荷共消耗一焦耳的能量，則能量傳送的速率便為一瓦特。吸收的功率必正比於每秒所傳送的庫倫數

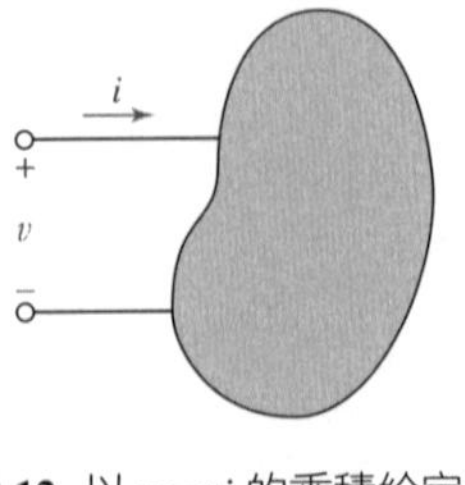

◆ **圖 2.12** 以 $p=vi$ 的乘積給定元件所吸收的功率。或者，可以說是該元件產生或提供 $-vi$ 的功率。

(電流)，並且正比於傳送一庫倫經過該元件所需之能量 (電壓)。因此，

$$p = vi \qquad [3]$$

在尺度上，此一方程式的右邊為每庫倫之焦耳量以及每秒之庫倫量的乘積，因此產生所期望的尺度為每秒之焦耳量，或者瓦特。電流、電壓與功率之慣例闡述於圖 2.12。

依據跨壓以及所流經之電流，此時已知某一電路元件所吸收的功率之表示式。電壓乃是依據能量的消耗所定義，而功率則是能量所消耗之速率。然而，在電流方向尚未指定之前，圖 2.9 所示的四個狀態皆不能說明能量的傳送方式。可想像電流的箭號設置沿著每一條上方導線，指向右邊，並標示為 "+2 A"。首先考慮圖 2.9c 之情況，相對於終端 B，終端 A 為正 5 V，此意謂移動正電荷每庫倫進入終端 A、通過該物件並且移出終端 B 需要 5 J 的能量。由於在終端 A 注入 +2 A (每秒 2 庫倫正電荷之電流)，因此在此一物件上每秒所做的功為 (5 J/C)×(2 C/s)=10 J/s。換言之，該物件正在從注入電流的裝置吸收 10 W 之功率。

從之前的探討已知圖 2.9c 與 d 之間並無差異，所以預計圖 2.9d 所描述的物件同樣也吸收 10 W。我們可以簡易地檢查：由於正將 +2 A 注入物件之終端 A，因此 +2 A 流出終端 B。另一種說法為正將 −2 A 之電流入終端 B。使用 −5 J/C 將電荷從終端 B 移至終端 A，所以該物件正在吸收 (−5 J/C)×(−2 C/s)= +10 W，與預期的相同。在描述此一特殊實例唯一的難處乃是維持代數負號的一貫性，不難看出不論所選擇的正參考終端為何 (圖 2.9c 為終端 A，圖 2.9d 為終端 B)，皆可得到正確的解答。

此時關注圖 2.9a 之情況，且再次以 +2 A 注入終端 A。由於將電荷從終端 A 移至終端 B 需消耗 −5 J/C，因此該物件吸收 (−5 J/C)×(2 C/s)= −10 W，此意謂該元件吸收了**負**功率。若依據能量的傳送來想像，即是透過 2 A 電流流進終端 A，每秒將 −10 J 傳送至該物件。該物件實際上正以 10 J/s 的速率在損失能量。換言之，該元件正在提供 10 J/s (亦即 10 W) 給予圖示中並無顯示的其他物件。所以，負的*吸收*功率等效於正的*提供*功率。

再重述重點，圖 2.12 顯示若元件其中一終端相對於另一終端為正的 v 伏特，而且若電流 i 透過該終端而進入元件，則表示該元件正在*吸收*功率 $p=vi$；同樣也可說功率 $p=vi$ 正傳送至該元件。當電流的箭號指向進入該元件標示為正的終端時，便滿足

被動符號慣例，應細心研讀、了解並且記憶此一慣例。換言之，此慣例闡述若設置電流的箭號與電壓的極性符號，使電流進入元件標示為正號的端點，則該元件所**吸收**的功率能夠表示為特定電流與電壓變數之乘積。如果該乘積的數值為負，則可謂該元件正在吸收負功率，或者該元件實際上正在產生功率並且將之傳送至某一外部元件。例如，在圖 2.12 中，$v = 5$ V 且 $i = -4$ A，則其中的元件正在吸收 −20 W 或者正在產生 20 W 的功率。

> 若電流之箭號指向進入某一元件標示為“+”之終端，則 $p = vi$ 便會得到**吸收**的功率。負值的功率表示實際上是由該元件所產生的功率。

> 若電流之箭號指向流出某一元件標示為“+”之終端，則 $p = vi$ 便會得到**供應**的功率。負值的功率表示實際上是由該元件所吸收的功率。

當具有超過一種的方式進行分析時，僅需要依照慣例即可，而且當兩種群組嘗試溝通時，可能會導致混淆發生。例如，寧可任意地將“北方”設置於地圖之上方，至少羅盤的指針並非總是指向“上方”。再者，若提到某些人是隱密地選擇相反的慣例，而將“南方”設置於其地圖之上方，則可想見會有所混淆！以相同的方式便會產生共通的慣例，不論元件是提供或者吸收功率，一般繪製電流的箭號指向進入正電壓終端。此一慣例並非不正確，但有時候會以與直覺相反的電流標示在電路圖上，理由為似乎可更自然地指出正電流方向乃是流出某一電壓外部，或者指出目前在提供正功率給予一個或者多個電路元件之電流源。

範例 2.1

試計算圖 2.13 中每個部件所吸收之功率。

在圖 2.13a 中，可知參考電流定義與被動符號慣例一致，假設該元件正在吸收功率。+3 A 的電流流進正參考終端，可計算該元件所吸收之功率為

$$P = (2\text{ V})(3\text{ A}) = 6\text{ W}$$

圖 2.13b 顯示些微不同的圖示，為 −3 A 電流流出正參考終端，此給定所吸收的功率為

$$P = (-2\text{ V})(-3\text{ A}) = 6\text{ W}$$

因此，可知兩範例實際上為等效的：+3 A 的電流流進上方終端等同於 +3 A 的電流流出下方終端，或者 −3 A 的電流流進下方終端。

參照圖 2.13c，再次應用被動符號慣例之規則，並且計算所吸收的功率為

$$P = (4\text{ V})(-5\text{ A}) = -20\text{ W}$$

由於計算的結果為負的**吸收**功率，因此得知圖 2.13c 中的元件實際上正在**提供** +20 W (亦即，該元件為能量的來源)。

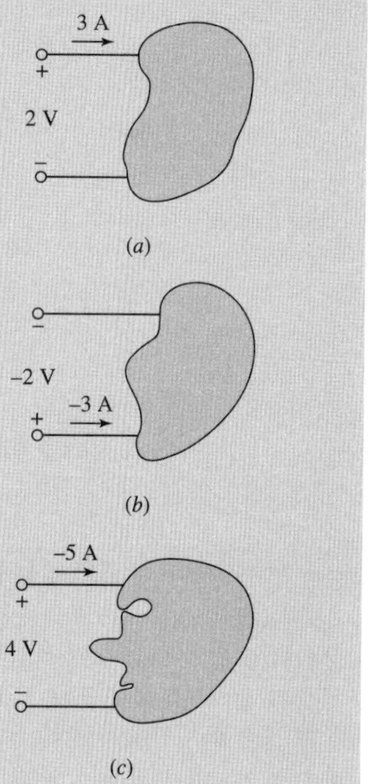

◆**圖 2.13** (a)、(b) 與 (c) 兩終端元件之範例。

練習題

2.6 試求圖 2.14a 中的電路元件所吸收之功率。

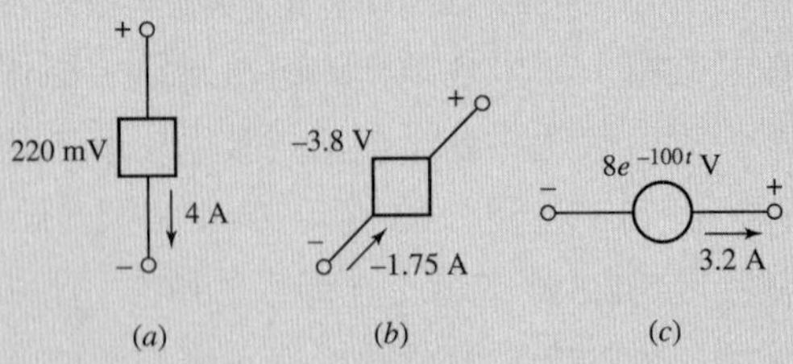

◆ **圖 2.14**

2.7 試求圖 2.14b 中的電路元件所產生之功率。

2.8 試求圖 2.14c 中的電路元件在 $t = 5$ ms 時所傳送之功率。

解答：880 mW；6.65 W；−15.53 W。

2.3 電壓源與電流源

使用電流與電壓的觀念，將可更明確地定義所謂的**電路元件** (Circuit Element)。

在如此的做法中，重要的是要區別出實際的元件或裝置本身以及數學模型之間的差異，其中的數學模型則是用以分析元件在電路中的行為，而通常此類的模型僅為實際元件或裝置之一種近似。

此時將使用*電路元件*之表達方式來稱呼其數學模型。任何實際元件或裝置之特殊模型的選用必須基於實驗的數據或者經驗；通常會假設已進行如此之選擇。為簡化起見，一開始先將電路中的元件視為以簡單模型來表示的理想元件。

根據流經該元件的電流對該元件跨壓之關係，可將所有的簡單電路元件加以分類。例如，若元件的跨壓線性正比於所流經之電流，則此一元件可稱為電阻器。其他型式的簡單電路元件具有正比於電流對時間的*導數*之端電壓 (電感器)，或者正比於電流對時間的*積分* (電容器)。電路中也會具有某些元件其電壓完全與電流無關，或者其電流完全與電壓無關；此類元件稱為*獨立電源*。再者，需定義其他特殊種類的電源，其電源電壓或電流可能會根據電路某處的電流或者電壓而決定；如此的電源則稱為*相依電源*。相依電源大量使用在電子電路上，藉以描述電晶體的 dc 與 ac 行為兩者之模型，特別是在放大器電路中。

藉由定義可知，簡單的電路元件為兩終端的電氣裝置或元件之數學模型，而且能夠藉由裝置之電壓與電流關係完整地呈現其特性，但並不能將之再分割為其他的兩終端裝置或元件。

■獨立電壓源

此時所要考量的第一個元件為**獨立電壓源** (Independent Voltage Source)。電路的符號顯示於圖 2.15a，下標 s 僅是用以識別該電壓為“電源”電壓，此為一般的下標加註方式，但並非必要的。**獨立電壓源的特性為終端電壓完全與所流經的電流無關。**因此，若給定一獨立電壓源並且告知該終端電壓為 12 V，則假設該電壓源一直保持此一電壓，而與電流無關。

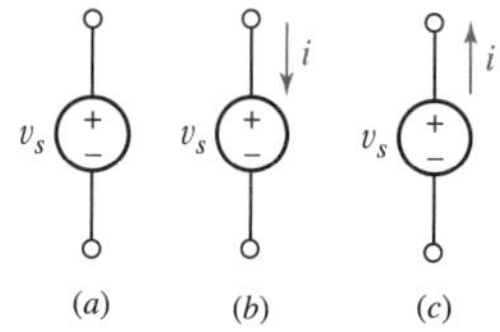

◆**圖 2.15** 獨立電壓源之電路符號。

獨立電壓源為一種**理想的**電源，由於理想電源理論上能夠經由其終端傳送無限大的能量，因此完全不能代表任何之實務裝置或者元件。然而，這種理想電壓源提供某些實際的電壓源之合理近似。例如，汽車的儲能電池具有 12 V 之終端電壓，只要所流經的電流不超過數安培，此電壓實質上會保持固定。小電流可能會以任一方向流過該電池。若為正電流，且流出電池標示為正的終端，則表示電池正提供電力給予車頭大燈等裝置；若為正電流且流進正終端，則表示電池藉由吸收來自交流發電機[3] 的能量，而正在進行充電。平常所使用的家電插座也可近似為獨立電壓電源，所提供的電壓為 $v_s = 115\sqrt{2}\ \cos 2\pi 60t$ V；此於電流小於大約 20 A，乃是有效的。

如果曾經注意到當空調系統啟動時室內燈光會微暗，此乃由於瞬間大電流的需求暫時導致電壓下降所致。在馬達開始動作之後，則需要使用較小的電流來維持動作，此時電流的需求降低，電壓方返回到原本的數值，而牆上的插座再次提供理想電壓源之合理近似。

在此值得再次一提的是，圖 2.15a 中獨立電壓源符號正號的出現並不一定表示上方終端相對於下方終端為數值上的正值。反而是表示相對於下方終端，上方終端為正的 v_s 伏特。若在某些時刻，v_s 為負值，則在此時，相對於下方終端，上方終端實際上則為負值。

考慮在圖 2.15b 中標示為“i”的電流箭號，其設置鄰近於電源上方導線。電流 i 進入代數正號所設置的終端，符合被動符號慣例，因此電源**吸收**的功率為 $p = v_s i$。在電路中通常期望電源傳送功率給予網路並且不吸收功率。所以，可以選擇箭號之指向如圖 2.15c 所示，使得 $v_s i$ 可表示電源所**傳送**的功率。在技巧上，可以選擇任一箭頭方向；在任何可能的時候，本書皆對電壓源與電流源，採用圖 2.15c 的慣例，但此慣例並不常使用於被動元件。

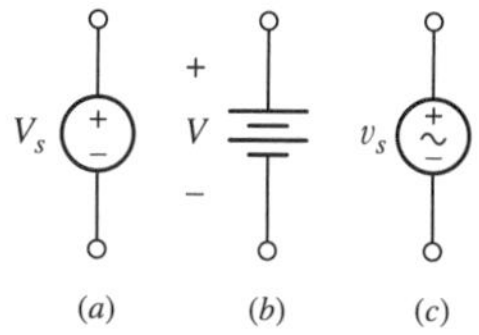

◆**圖 2.16** (a) DC 電壓源符號；(b) 電池符號；(c) ac 電壓源符號。

具有固定終端電壓的獨立電壓源通常稱為獨立 dc 電壓源，且能夠以圖 2.16a 與 b 所示的其中一種符號表示之。在圖 2.16a 中所要注意的是，當建議使用電池實際的電極板架構時，較長的

一般會使用像是 dc 電壓源與 dc 電流源的專有名詞。實際上的意義分別為“直流電壓源”以及“直流電流源”。儘管這些專有名詞似乎有些多餘，但這些術語仍廣泛使用，而無爭議。

3 或者如果不小心忘記關掉車頭大燈，則可能來自友人車輛的電池。

電極板設置於正的終端；正負號為多餘的註記，但通常仍會加註之。為了完整表示，獨立 ac 電壓源的符號如圖 2.16c 所示。

獨立電流源

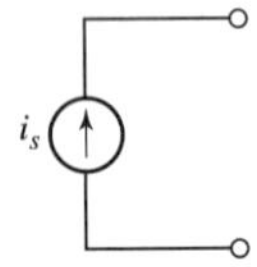

◆ **圖 2.17** 獨立電流源的電路符號。

電路上所需要的另一種理想電源為**獨立電流源** (Independent Current Source)。在獨立電流源上，流經該元件的電流與元件的跨壓完全無關。獨立電流源的符號如圖 2.17 所示。如果為 i_s 固定值，則此電源便稱為獨立 dc 電流源。在 ac 電流源中，通常會繪製一個穿過箭號的波浪狀取代符號，類似圖 2.16c 所示的 ac 電壓源。

如同獨立電壓源一般，獨立電流源僅是實際元件合理的趨近。理論上，由於不論獨立電流源上的跨壓大小為何，獨立電源流皆會產生相同的有限電流，因此能夠從其終端傳送無限大的功率。然而，其仍為許多實際的電源之良好趨近方式，特別是在電子電路中。

儘管大多數的學生似乎習慣於獨立電壓源提供固定的電壓，而本質上則提供任意之電流，但*常見的錯誤*是，在提供固定電流的同時，將獨立電流源之終端上跨壓視為零電壓。實際上，並無法得知先驗的電流源兩端的電壓將是什麼數值——此完全視獨立電流源所連接的電路而定。

相依電源

由於電源數值不受到電路其他部分的任何行為之影響，因此之前所探討的兩種型式之理想電源稱為*獨立*電源，此乃是對比於另一種理想電源，亦即*相依* (Dependent) 或*受控* (Controlled) 電源，其中的電源數值是由存在於系統其他某位置上要進行分析的電壓或電流所決定。如此的電源常出現在許多電子元件或裝置的等效電氣模型中，例如電晶體、運算放大器，以及積體電路。為了區分相依電源與獨立電源，使用如圖 2.18 所示的菱形符號來代表相依電源。在圖 2.18a 與 c 中，K 為與尺度無關的比例常數。在圖 2.18b 中，g 為具有 A/V 單位之比例因數；在圖 2.18d 中，r 為具有 V/A 單位之比例因數。控制電流 i_x 與控制電壓 v_x 必須定義於電路之中。

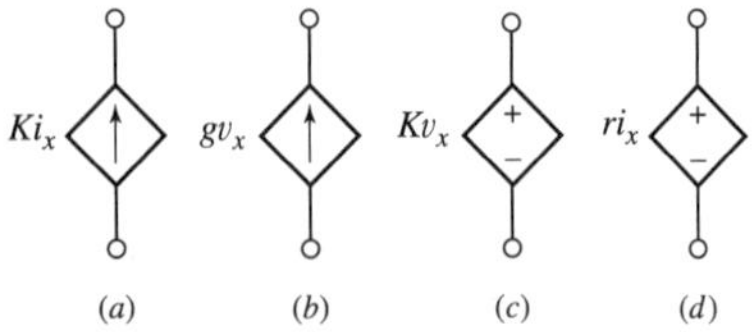

◆ **圖 2.18** 四種不同型式的相依電源：(a) 電流控制之電流源；(b) 電壓控制之電流源；(c) 電壓控制之電壓源；(d) 電流控制之電壓源。

首先，較令人感到陌生的似乎是電流源之數值為某一電壓所決定，或者電壓源之數值受控於流經某一其他元件之電流。甚至由遠端電壓所決定之電壓源可能會覺得不可思議。在建立複雜系統的模型時，如此的電壓源之數值未可知，但在代數學上的分析仍相當直觀。其範例包含場效應電晶體的汲極電流為閘極電壓之函數，或者類比積體電路的輸出電壓為差動輸入電壓之函數。當在電路分析時遭遇到相依電源，如果控制表示式為附加於獨立電源的數值，可依照所需寫下相依電源整個控制的表示式。除非控制的電壓或者電流在已寫出的方程組中已經是一個特定的未知數，否則如此的分析通常會導致需要額外的方程式，方能使分析完整。

範例 2.2

在圖 2.19a 的電路中，如果已知 v_2 為 3 V，試求 v_L。

已知部分具有標示的電路圖以及額外的資訊為 $v_2=3$ V，此一資訊可能值得寫在電路圖上，如圖 2.19b 所示。

接著，將步驟回到關注所蒐集的資訊。在檢查電路圖時，發現所求的電壓 v_L 與跨於相依電源的電壓相同，因此，

$$v_L = 5v_2$$

只要知道 v_2，便可以解決此一問題。

回到電路圖 2.19b，實際上確實已知 v_2——其已經指定為 3 V。因此，可寫出

$$v_2 = 3$$

此時已經具有以兩個未知數所寫出的兩個 (簡單的) 方程式，可藉以求解 $v_L=15$ V。

重要的課題是，在解答的先期，花費時間完整地標示電路圖為相當好的方式。如同最後一個步驟，應該返回原題並且檢查作答，藉以確保結果為正確的。

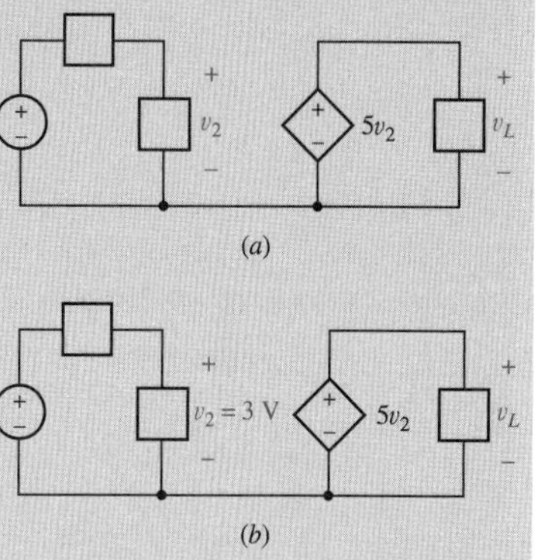

◆ **圖 2.19** (a) 包含一個壓控電壓源的電路範例；(b) 將已提供的額外資訊包含在電路圖上。

練習題

2.9 試求圖 2.20 中每個電路元件所吸收之功率。

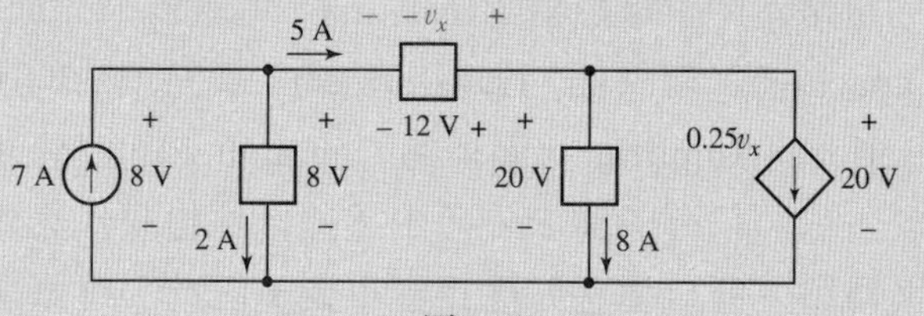

◆ **圖 2.20**

解答：(由左至右) −56 W；16 W；−60 W；160 W；−60 W。

相依於獨立電壓源及電流源為**主動**元件，能夠將功率傳送至某些外部裝置。暫時可以將僅能夠接收功率的元件視為**被動**元件。但是之後，仍可看到數種被動元件能夠儲存有限的能量，此類元件亦可將所儲存能量傳送至各種不同的外部裝置。由於一般仍希望將如此的元件稱為被動元件，因此之後需要改進兩種定義。

■網路與電路

兩個或者更多的單一電路元件之相互連接會形成一種電氣**網路** (Network)。如果包含至少一個封閉路徑的網路，則同樣也稱為**電路** (Circuit)。要注意的是，每一個電路皆為網路，但並非所有的網路皆為電路。(請參考圖 2.21。)

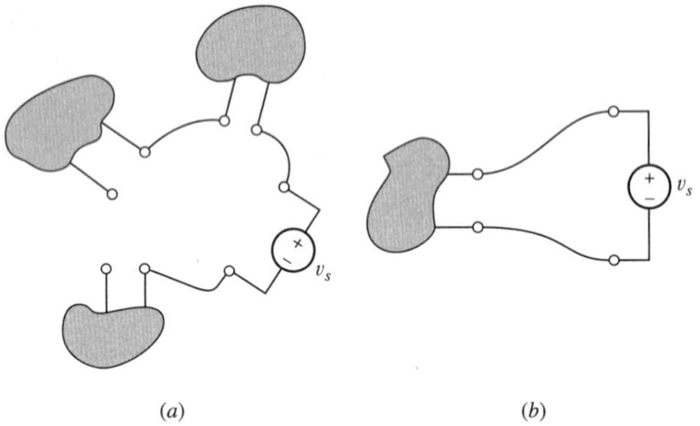

◆**圖 2.21** (a) 並非電路的網路；(b) 亦是電路的網路。

包含至少一個主動元件的網路稱為主動網路 (Active Network)，例如包含一個獨立電壓源或電流源。不包含任何主動元件的網路則稱為被動網路 (Passive Network)。

先前已經定義了所指稱的專有名詞**電路元件** (Circuit Element)，並且已經闡述了數種特定電路元件的定義，如獨立與相依電壓源及電流源。在本書的其他部分中，將僅定義五種額外的電路元件：電阻器 (Resistor)、電感器 (Inductor)、電容器 (Capacitor)、變壓器 (Transformer)，以及理想的運算放大器 (Operational Amplifier) (簡稱為 “op amp”)，且皆為理想元件。由於可依照精確的需求，藉由這些元件組成代表實際裝置之網路與電路，所以這些元件相當重要。因此，可藉由標示出圖 2.22c 的 v_{gs} 電壓終端以及單一相依電流源，得到如圖 2.22a 與 b 所示的電晶體之電路模型。要注意的是，相依電流源會依照電路其他部分的電壓，產生電流。參數 g_m 通常稱為互導

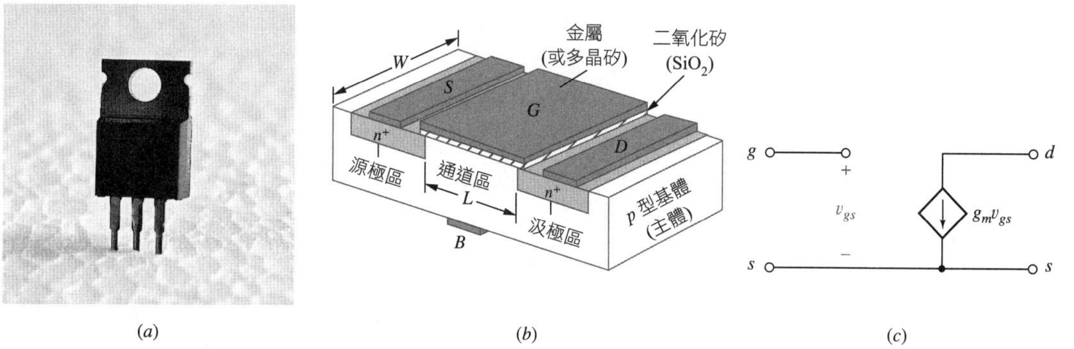

◆ **圖 2.22** 金屬氧化物場效應電晶體 (MOSFET)。(a) TO-220 包裝之 IRF540 N 通道功率 MOSFET，額定電壓與電流為 100 V 及 22 A；(b) 基本 MOSFET 之剖面圖 (R. Jaeger 所著之微電子電路設計 *Microelectronic Circuit Design*，McGraw-Hill 於 1997 年出版)；(c) 用於交流電路分析之等效電路模型。

(Transconductance)，可使用電晶體特定細節以及藉由連接至電晶體的電路所決定之操作點來計算之，一般為小數值，約為 10^{-2} 至大約 10 A/V 之等級。只要任何弦波電源之頻率並非極大、亦非極小，此一電路模型可以工作得相當良好。能夠考慮頻率相依效應，計入額外的理想電路元件，例如電阻器與電容器，來修改此一電路模型。

相似 (但尺寸小很多) 的電晶體通常僅是建構了積體電路之一小部分，該積體電路可能僅 2 mm×2 mm 正方且 200 μm 厚，其中尚包含數千個電晶體與各種不同的電阻器與電容器。因此，以本頁某一個字的尺寸而言，可能需要上萬個理想簡單電路元件所構成之電路模型。在涵蓋其他課程的多數電機工程主題中常使用“電路模型”之觀念，包含電子學、能量轉換以及天線。

2.4 歐姆定律

至此，已經介紹了相依與獨立電壓源及電流源，並且強調這些元件為**理想化** (Idealized) 的主動元件，在實際的電路中，可能僅為一種近似而已。此時將介紹另一個理想化的元件，即線性電阻器。電阻器為最簡單的被動元件，可藉由考量一位並不出名的德國物理學家喬治西蒙・歐姆 (Georg Simon Ohm) 的著作開始探討起，歐姆於 1827 年所出版的小冊子說明了測量電流與電壓的第一項成果之一，並且以數學描述電壓與電流之關係。其中的一個結果為**歐姆定律** (Ohm’s Law) 的基本關係之論述。事實上，該結果已證實為才華洋溢的英國半隱士亨利・卡凡第斯 (Henry Cavendish) 所發現，比歐姆早了 46 年。

歐姆定律闡述跨於導體材質上的電壓以及流過該材質的電流成直接正比例，或者

$$v = Ri \quad [4]$$

其中的比例常數 R 稱為**電阻** (Resistance)。電阻的單位為**歐姆** (Ohm)，即為 1 V/A，習慣上以字母 Ω 簡單表示之。

將此一方程式繪製於 v 對 i 軸的座標圖上，圖形為通過原點的一直線 (圖 2.23)。方程式 [4] 為線性方程式，將之視為**線性電阻器** (Linear Resistor) 之定義。儘管可使用特殊的電路來模擬負電阻，但通常將電阻視為正值的量。

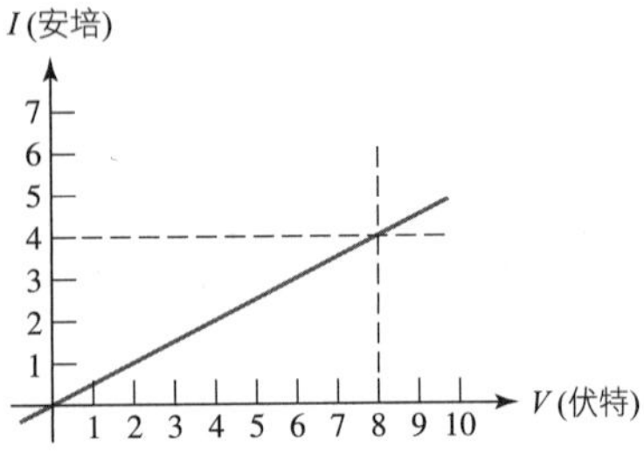

◆ **圖 2.23** 2 Ω 線性電阻器範例之電流-電壓關係。要注意的是，該直線的斜率為 0.5 A/V，或者 500 mΩ^{-1}。

必須再次強調線性電阻器為一種理想元件，僅為實際元件之數學模型。“電阻器”可簡易地購得與製造，但很快就會發現實際元件的電壓電流比率僅在電流、電壓或功率的某些範圍內為合理的常數，而且也需要視溫度以及其他的環境因數而定。通常會將線性電阻器簡單地稱為電阻器。任何非線性電阻器以如此描述之。不應將非線性電阻器視為非必要的元件。儘管實際上非線性電阻器的出現會導致分析的複雜化，但裝置或者元件的效能仍可能會端視該非線性度而定，或者因此而改善。例如，過電流保護的保險絲以及電壓調節用的稽納 (Zener) 二極體在本質上極為非線性，實際上此一特性對於電路設計相當有用。

■ 功率之吸收

圖 2.24 顯示數種不同的電阻器包裝以及電阻器最常用的電路符號。根據電壓、電流以及功率的慣例用法，v 與 i 的乘積得到電阻器所吸收的功率。換言之，適當選擇 v 與 i 以符合被動符號慣例。在物理學上，所吸收的功率以熱及 / 或光的型式呈現，而且為正值，(正值) 電阻器為一種被動元件，不能夠傳送或者儲存能量。電阻器所吸收的功率之另一種表示式為

$$p = vi = i^2R = v^2/R \quad [5]$$

某一作者 (匿名) 曾有過不適當的經驗，不慎將一個 100 Ω、2 W 的碳質電阻器連接跨於 110 V 之電源，隨即產生火花、冒煙以及爆炸，相當驚慌。此清楚證明實際的電阻器若要表現如同理想線性模型，具有其能力限度。在此一例子中，不幸燒毀的電阻器受迫要吸收 121 W 的功率，但由於該電阻僅設計處理 2 W 而已，因此可理解該反應如此劇烈。

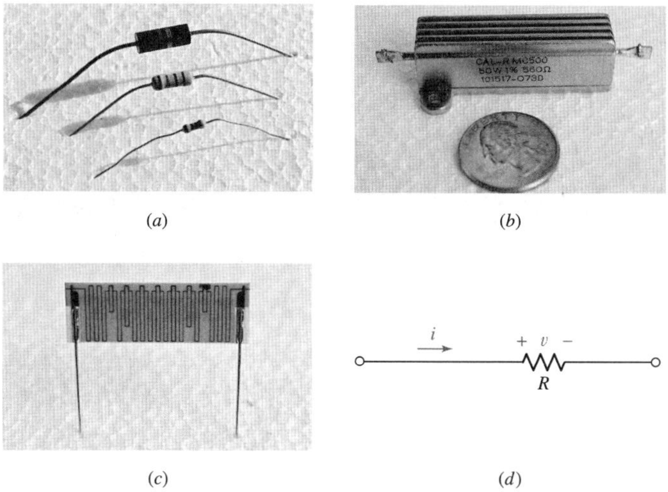

◆**圖 2.24** (a) 數種常見的電阻器包裝；(b) 560 Ω 之功率電阻，額定功率高至 50 W；(c) Ohmcraft 所製造的 5% 公差、10 兆歐姆 (10,000,000,000,000 Ω，10 TΩ) 之電阻器；(d) 電阻器之電路符號，可應用於 (a) 至 (c) 所有元件。

範例 2.3

將圖 2.24b 所示的 560 Ω 電阻器連接至某一電路，該電路會導致此一電阻器所流經的電流為 42.4 mA。試計算跨於電阻器上的電壓以及所消耗的功率。

藉由歐姆定律得到跨於電阻器上的電壓：

$$v = Ri = (560)(0.0424) = 23.7 \text{ V}$$

能夠以數種不同的方式來計算電阻器所消耗的功率。例如，

$$p = vi = (23.7)(0.0424) = 1.005 \text{ W}$$

亦可

$$p = v^2/R = (23.7)^2/560 = 1.003 \text{ W}$$

或者

$$p = i^2R = (0.0424)^2(560) = 1.007 \text{ W}$$

在此會注意到幾件事情。

首先，以三種不同的方式來計算功率，而且似乎得到了三種不同的解答！

然而，實際上，是將所得到的電壓四捨五入至三個有意義的位數，此影響了之後與該電壓運算的任何一個物理量之準確度。考慮到此一觀點，便可知所有的解答皆顯示了合理的一致性 (皆在 1% 以內)。

其他值得注意的觀念為電阻器之額定功率為 50 W——由於僅消耗大約是此一數值的 2%，因此電阻器不會過熱而造成危險。

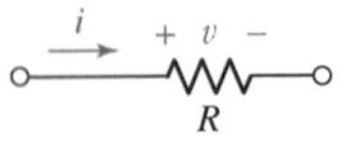

◆ 圖 2.25

練習題

參照圖 2.25，試計算以下的數值：

2.10 若 $i = -2\ \mu$A，且 $v = -44$ V，則 R 的數值為何？

2.11 若 $v = 1$ V，且 $R = 2$ kΩ，則電阻器所吸收的功率為何？

2.12 若 $i = 3$ nA，且 $R = 4.7$ MΩ，則電阻器所吸收的功率為何？

解答：22 MΩ；500 μW；42.3 pW。

■ 電導

就線性電阻器而言，電流對電壓的比率同樣也是常數

$$\frac{i}{v} = \frac{1}{R} = G \qquad [6]$$

其中 G 稱為**電導** (Conductance)。電導的 SI 單位為席蒙 (Siemens, S)，即 1 A/V。電導較早期的非正式單位為姆歐，通常縮寫為 ℧，且通常寫為 Ω^{-1}。電導常見於某些電路圖上，以及某些目錄與教科書中。使用同一個電路符號 (圖2.24d) 來表示電阻與電導兩者。吸收的功率同樣也需要為正值，而且可以電導表示為

$$p = vi = v^2 G = \frac{i^2}{G} \qquad [7]$$

因此，2 Ω 的電阻器具有 $\frac{1}{2}$ S 之電導，如果 5 A 的電流流經該電阻，則表示跨於電阻兩端上的電壓為 10 V，且該電阻吸收 50 W 的功率。

本章節至此所給定的所有表示式皆為瞬時電流、電壓與功率，例如 $v = iR$ 以及 $p = vi$。應回顧此一書寫方式為 $v(t) = Ri(t)$ 以及 $p(t) = v(t)i(t)$ 之簡略表示式。電阻上的電流與電壓兩者皆會以相同的方式隨時間變化。因此，如果 $R = 10\ \Omega$，且 $v = 2 \sin 100t$ V，則電流 $i = 0.2 \sin 100t$ A。要注意的是，功率則是給定為 $0.4 \sin^2 100t$ W，簡單的繪圖便可闡述其隨著時間變化之不同本質。儘管電阻上的電流與電壓在某些時間區間為負值，但所吸收的功率**絕不會**是負值！

電阻可用來充當定義兩種常用專有名詞之基礎，**短路** (Short Circuit) 以及**開路** (Open Circuit)。短路定義為零歐姆之電阻，則由於 $v = iR$，因此不論電流可能為任何數值，短路上的跨壓必為零。同理，開路定義為無限大的電阻，不論開路上的跨壓為何，經由歐姆定律可知其電流為零。雖然實際的接線會具有相關的微小電阻值，但一般皆是假設接線具有零電阻，除非具體指明之外。因此，在所有的電路圖中，皆將接線視為理想短路。

總結與回顧

本章已介紹了單位的標題——特別的是適用於電路之單位——以及其與基本 (SI) 單位之關係。本章也已探討了電流與電流源、電壓與電壓源，以及電壓和電流的乘積會導出功率 (能量消耗或者產生的比率) 之事實。由於功率可為正或負，端視電流方向與電壓極性而定，因此本章說明被動符號慣例，藉以確實得知元件是否**吸收**或者**提供**能量給予電路的其他部分。在此亦介紹了四種額外的電源，為熟知相依電源之類型，通常用來建構複雜系統與電氣元件之模型，但在整個電路分析完成之前，所提供的電壓或電流實際的數值通常為未知數。本章最後介紹了電阻器——迄今最常用的電路元件——電阻器的電壓與電流為線性相關 (以歐姆定律闡述之)。有鑑於**電阻係數**為材質的其中一種基本特性 (以 Ω · cm 為計量)，電阻值乃是闡述元件的特性 (以 Ω 為計量)，因此電阻值不僅由電阻係數決定，還需視元件的幾何形狀而定 (亦即，長度與面積)。

以本章的關鍵重點伴隨著適當的範例進行回顧與總結。

- ❑ 最常使用於電機工程的單位系統為 SI 系統。
- ❑ 正電荷移動的方向為正電流流動之方向；或者，正電流流動的方向與電子移動方向相反。
- ❑ 數值與方向兩者皆須給定，方可定義一電流。

固定的 (dc) 電流典型之記號為大小字母，而非固定的電流記號為 $i(t)$，或者簡略記為 i。

- ❑ 需要標示兩端點為 "+" 與 "−" 號，並且提供數值 (代數符號或者數值)，方可定義一電壓。
- ❑ 若正電流流出之正電壓端，則稱該任意元件提供正功率。若正電流流進之正電壓端，則稱該任意元件吸收正功率。(範例 2.1)
- ❑ 計有六種電源：獨立電壓源、獨立電流源、電流控制相依電流源、電壓控制相依電流源、電壓控制相依電壓源，以及電流控制相依電壓源。(範例 2.2)
- ❑ 歐姆定律描述跨於線性電阻器上的電壓直接正比於流經該電阻器之電流，亦即 $v = Ri$。(範例 2.3)
- ❑ 電阻器所消耗的功率 (此導致熱的產生) 給定為 $p = vi = i^2R = v^2/R$。(範例 2.3)

延伸閱讀

相當深度探討電阻器的特性與製造之合適書籍：

Felix Zandman, Paul-René Simon, and Joseph Szwarc, *Resistor Theory and Technology.* Raleigh, N.C.: SciTech Publishing, 2002.

合適的電機工程萬用手冊：

Donald G. Fink and H. Wayne Beaty, *Standard Handbook for Electrical Engineers,* 13th ed., New York: McGraw-Hill, 1993.

特別是第 1-1 至 1-51、2-8 至 2-10，以及 4-2 至 4-207 頁提供本章相關標題之深度探討。

SI 系統詳細的參考文獻可在國家標準 (National Institute of Standards) 的網站上得到：

Ambler Thompson and Barry N. Taylor, *Guide for the Use of the International System of Units (SI),* NIST Special Publication 811, 2008 edition, www.nist.gov.

習題

2.1 單位與進制

1. 請將下列各數量轉換為工程記號：

(a) 0.045 W	(b) 2000 pJ
(c) 0.1 ns	(d) 39,212 as
(e) 3 Ω	(f) 18,000 m
(g) 2,500,000,000,000 bits	(h) 10^{15} atoms/cm^3

2. 請以工程單位表示下列各數量：

(a) 1212 mV	(b) 10^{11} pA
(c) 1000 yoctoseconds	(d) 33.9997 zeptoseconds
(e) 13,100 attoseconds	(f) 10^{-14} zettasecond
(g) 10^{-5} second	(h) 10^{-9} Gs

3. 請將下列各數量轉換為 SI 單位，並注意利用適當的工程記號：

(a) 100°C	(b) 0°C	(c) 4.2 K
(d) 150 hp	(e) 500 Btu	(f) 100 J/s

4. 當某種摻鈦藍寶石雷射操作在 750 nm 波長時，能夠產生短至 50 fs 之脈衝，每個脈衝皆具有 500 μJ 之能量。(a) 試計算該雷射的瞬時輸出功率；(b) 若該雷射能夠產生脈衝重複率為 80 MHz，試計算所能夠實現的最大平均輸出功率。
5. 一電動車以額定 40 hp 之單一馬達驅動之。若該馬達以最大輸出連續運作 3 h，試計算所消耗的電能。請使用工程記號，將解答以 SI 單位表示。
6. 一特別的電力設施依照每日耗能率而以不同的費率對顧客索費：低於 20 kWh 為 \$0.05/kWh，任何 24 小時期間內所有高於 20 kWh 的能量使用者則為 \$0.10/kWh。(a) 若每週低於 \$10 費用，試計算可供多少顆 100 W 燈泡連續工作？(b) 若連續使用 2000 kW 的功率，試計算每日的能量成本。
7. 偏向風車電氣合作 LLC 公司 (Tilting Windmill Electrical Cooperative LLC Inc.) 已經制定了差別定價方案，旨在當區域的商業需求處於尖峰時期，鼓勵顧客在日照期間內節省電力的使用。若晚上 9 點至早上 6 點之間每千瓦小時的定價為 \$0.033，而其他時段的定價則為 \$0.057，則 2.5 kW 的可攜式暖氣機連續運作 30 天之費用為多少？
8. 假設全球人口共有 90 億人，每人使用大約 100 W 的功率持續一整天，試計算架設太陽能發電系統的所需的總土地面積，其中假設入射太陽能功率為 800 W/m^2，且轉換效率 (太陽光對電力) 為 10%。

2.2 電荷、電流、電壓與功率

9. 流出某一細銅線一端並且流進某一未知裝置的總電荷由關係式 $q(t) = 5e^{-t/2}$ C 所決定，其中 t 的單位為秒。試計算流進該裝置之電流，請注意符號。
10. 流進某一雙極性接面電晶體 (BJT) 集極導線的電流經測量為 1 nA。若在 $t = 0$ 之前，沒有任何電荷移進或者移出該集極導線，而且該電流流動 1 min，試計算過渡該集極之總電荷。
11. 某一新型的裝置根據數學式 $q(t) = 10t^2 - 22t$ mC (t 的單位為 s) 累積電荷。(a) 在時間區間 $0 \le t < 5$ s 中，流進該裝置的電流何時會等於零？(b) 試繪製在期間區間 $0 \le t < 5$ s 內的 $q(t)$ 與 $i(t)$。

12. 以 $i(t) = 114 \sin(100\pi t)$ A 決定流過鎢絲燈泡的電流。(a) 在 $t = 0$ 與 $t = 2$ s 所定義的時間區間上，電流有多少次會等於零安培？(b) 第一秒內會傳送多少電荷經過該燈泡？
13. 圖 2.26 所描述的電流波形之特徵為週期 8 s。(a) 在單一週期內該電流之平均值為何？(b) 若 $q(0) = 0$，試繪製 $q(t)$，時間區間為 $0 < t < 20$ s。

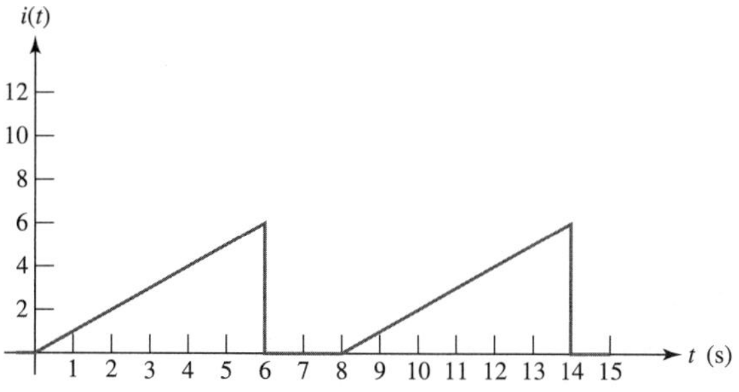

◆ **圖 2.26** 時變電流之範例。

14. 圖 2.27 所描述的電流波形之特徵為週期 4 s。(a) 在單一週期內該電流之平均值為何？(b) 試計算時間區間內 $1 < t < 3$ s 的平均電流；(c) 若 $q(0) = 1$ C，試繪製 $q(t)$，$0 < t < 4$ s。

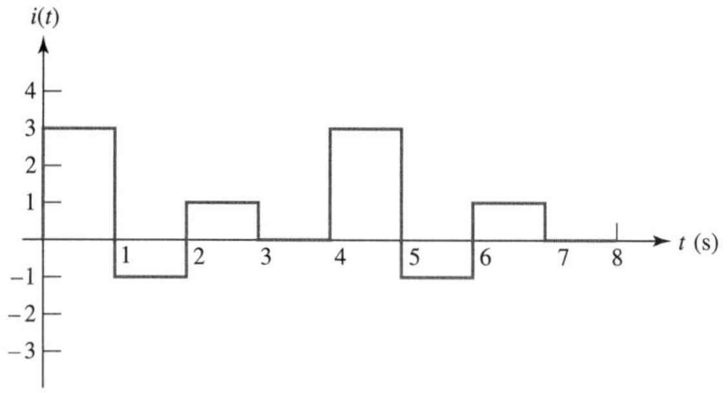

◆ **圖 2.27** 時變電流之範例。

15. 環繞著某一電路的路徑具有離散的接觸點，標示為 A、B、C 與 D。將一電子從 A 點移至 C 點需要 5 pJ。將一電子從 B 點移至 C 點需要 3 pJ。將一電子從 A 點移至 D 點需要 8 pJ。(a) 假設 C 點為 "+" 參考點，則 B 點與 C 點之間的電位差 (以伏特為單位) 為何？(b) 假設 D 點為 "+" 參考點，則 B 點與 D 點之間的電位差 (以伏特為單位) 為何？(c) 假設 B 點為 "+" 參考點，則 A 點與 B 點之間的電位差 (以伏特為單位) 為何？
16. 試求圖 2.28 每一個元件所吸收之功率。

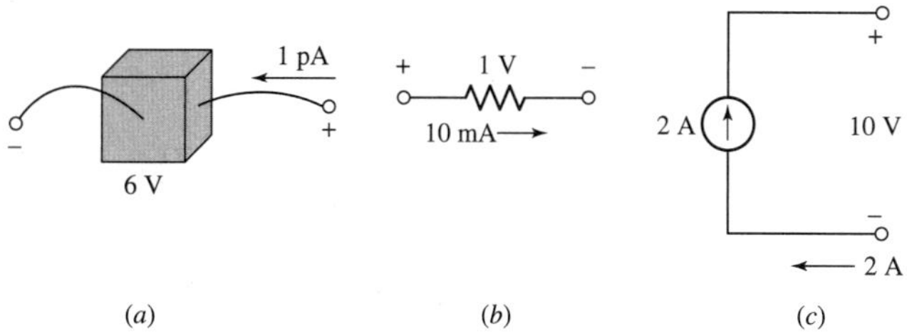

◆ **圖 2.28** 習題 16 之元件。

17. 試求圖 2.29 每一個元件所吸收之功率。

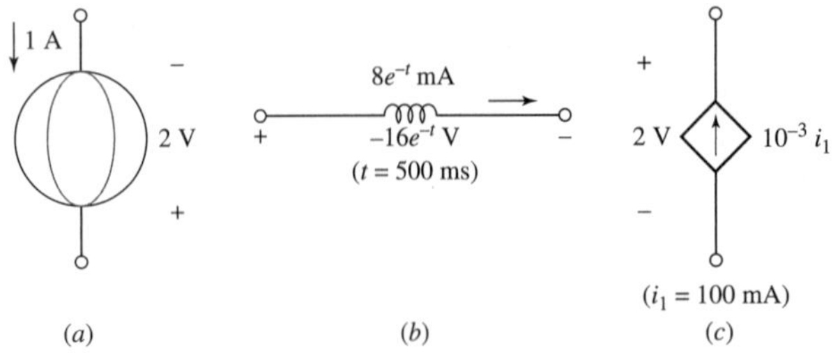

◆ **圖 2.29** 習題 17 之元件。

18. 試求圖 2.30 電路最左邊的元件所提供的功率。
19. 盛夏期間在佛羅里達中午暴露於直射陽光的矽太陽能電池之電流-電壓特性給定於圖 2.31，該特性乃是藉由在裝置兩終端上設置不同大小的電阻器並且測量所產生的電流與電壓所得到。
 (a) 短路電流數值為何？
 (b) 開路電壓數值為何？
 (c) 試評估可從該裝置取得的最大功率。

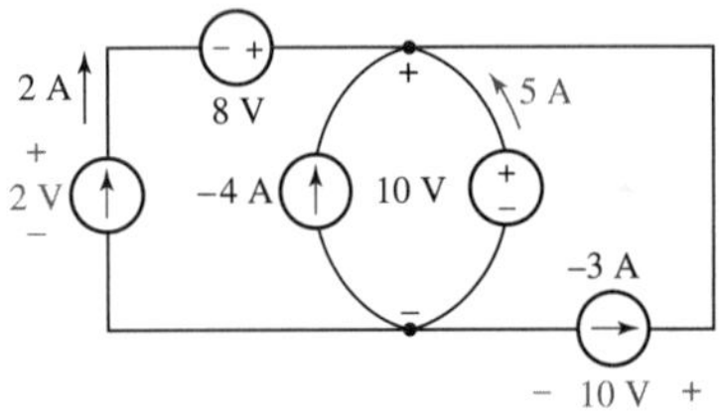

◆ **圖 2.30**

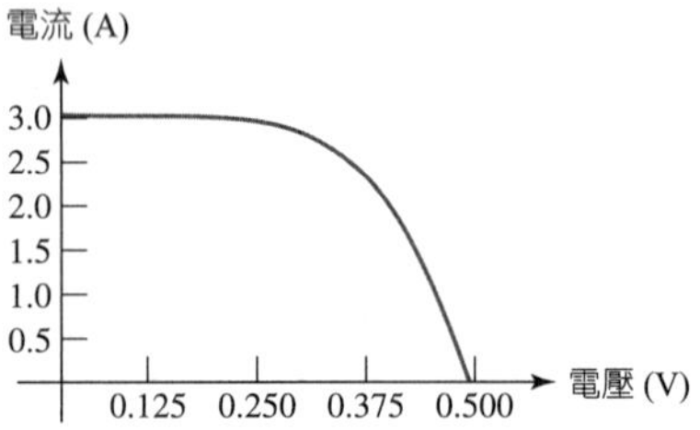

◆ **圖 2.31**

2.3 電壓源與電流源

20. 參照圖 2.32 所呈現的電路，同時注意相同的電流會流經每個元件。電壓控制之相依電源會產生 V_x 的 5 倍大電壓。(a) 若 $V_R = 10$ V 且 $V_x = 2$ V，試求每個元件所吸收的功率；(b) 元件 A 可能是被動或者主動電源？試解釋之。
21. 圖 2.33 所描述的電路包含一相依電流源；該相依電源所提供的電流之大小與方向直接由標示為 v_1 之電壓所決定。請注意因而 $i_2 = -3v_1$。若 $v_2 = 33i_2$ 且 $i_2 = 100$ mA，試求電壓 v_1。

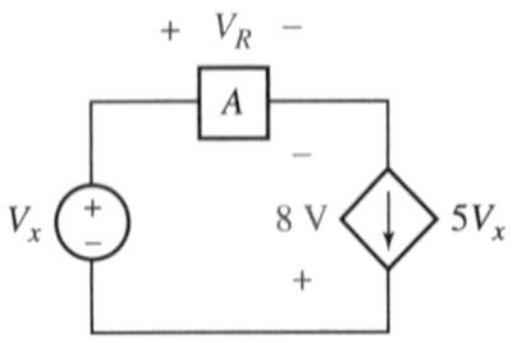

◆ **圖 2.32**

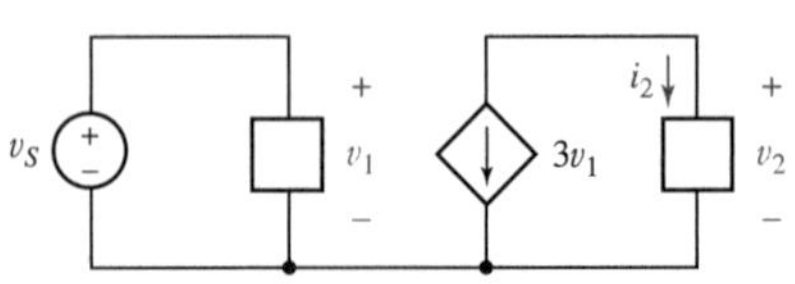

◆ **圖 2.33**

22. 為了保護昂貴的電路元件免於傳送過大的功率，而決定在設計上加裝一快速熔斷之保險絲。已知電路元件連接至 12 V，其最小的功率消耗為 12 W，且能夠安全散逸的最大功率為 100 W，若目前可供選擇的保險絲規格為 1 A、4 A 或 10 A 三種，應選擇何者？試解釋之。

23. 圖 2.34 電路之相依電源提供一數值由電流 i_x 所決定之電壓。若該相依電源要供應 1 W 的功率，則 i_x 之數值需要為何？

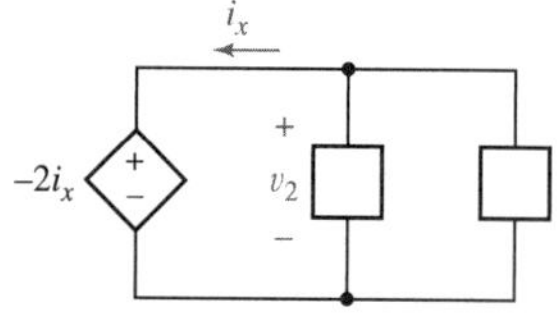

◆圖 2.34

2.4 歐姆定律

24. 僅能夠針對特定的公差來製造實際的電阻器，因此實際的電阻值並不確定。例如，實際上可發現規格為 5% 公差的 1 Ω 電阻器具有範圍從 0.95 Ω 至 1.05 Ω 內的任何數值。若流經 2.2 kΩ、10% 公差的電阻器的電流為 (a) 1 mA；(b) 4 sin 44t mA，試計算該元件之跨壓。

25. (a) 試繪製 2 kΩ 電阻器之電流-電壓關係 (電流為 y 軸)，電壓範圍為 $-10\text{ V} \le V_{\text{resistor}} \le +10\text{ V}$。請確實適當地標示兩座標軸；(b) 該關係曲線之斜率為何 [請將解答以席蒙 (siemens) 表示]？

26. 圖 2.35 描述三個不同電阻元件之電流-電壓特性曲線。試求每一個的電阻值，假設電壓與電流兩者皆是根據被動符號慣例所定義。

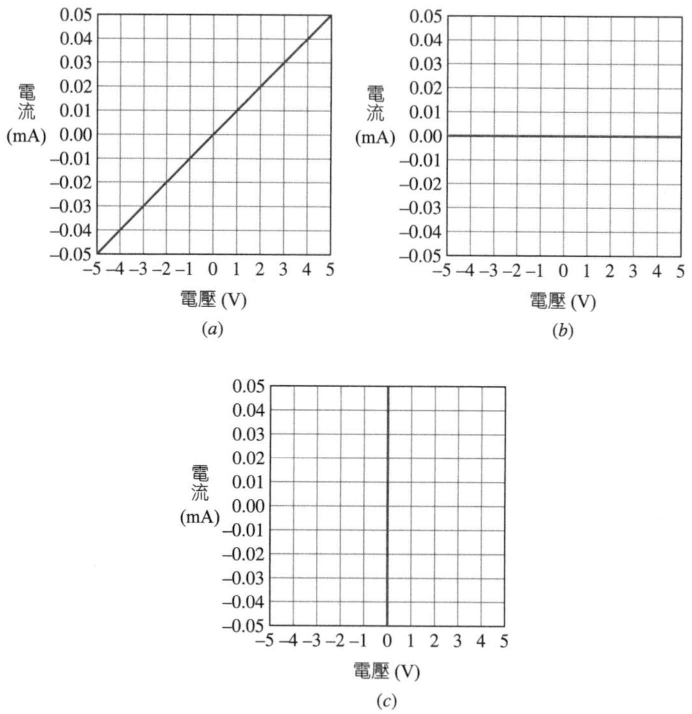

◆圖 2.35

27. 試求下列之電導 (以席蒙為單位)：(a) 0 Ω；(b) 100 MΩ；(c) 200 mΩ。

28. 若 10 mS 電導上的跨壓為 (a) 2 mV；(b) −1 V；(c) $100e^{-2t}$ V；(d) 5 sin(5t) V；(e) 0 V，試求流經該電導的電流之大小。

29. 使用可變電壓的電源供應器以及電流錶對一個未標示的電阻器取得以下的實驗數據。可惜電流錶的讀出裝置有些不穩定，會將誤差引進量測之中。

電壓 (V)	電流 (mA)
−2.0	−0.89
−1.2	−0.47
0.0	0.01
1.0	0.44
1.5	0.70

(a) 試繪製所測量到的電流對電壓之特性。

(b) 試使用最佳擬合線，評估電阻值。

30. 利用圖 2.36 電路中由電壓源所供應的總功率必須等於兩個電阻器所吸收的總功率之事實，驗證

$$V_{R_2} = V_S \frac{R_2}{R_1 + R_2}$$

可假設相同的電流流經每個元件 (必須電荷守恆)。

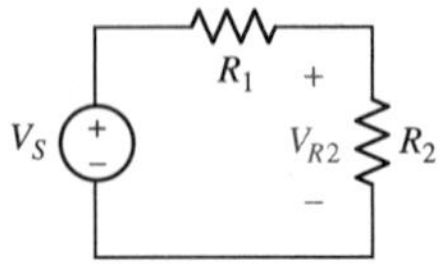

◆ 圖 2.36

31. 針對圖 2.37 中的每一個電路，試求電流 I，並且計算電阻器所吸收的功率。

32. 試繪製 100 Ω 電阻器所吸收的功率為範圍 −2 V ≤ V_{resistor} ≤ +2 V 之電壓函數。

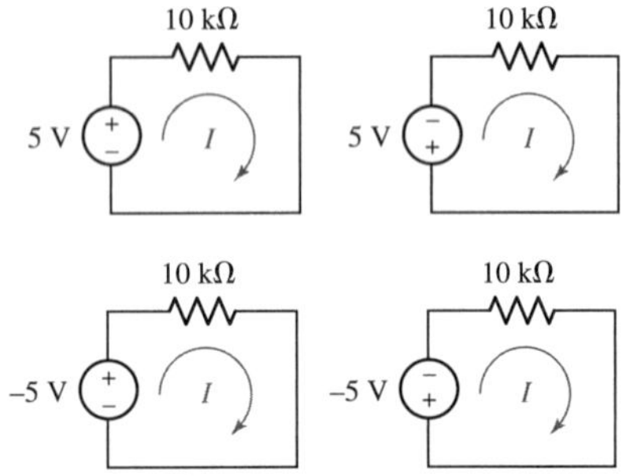

◆ 圖 2.37

Chapter 3

電壓與電流定律

主要觀念

- 電路專有名詞：節點、路徑、迴路以及分支
- 克西荷夫電流定律 (KCL)
- 克西荷夫電壓定律 (KVL)
- 基本串聯與並聯電路之分析
- 串聯與並聯電源之組合
- 串聯與並聯電阻器組合電路之簡化
- 分壓與分流理論
- 接地線之觀念

簡介

在第二章中，已介紹了獨立電壓源與電流源、相依電源以及電阻器，其中可知相依電源計有四種變化，而且受控於存在電路中某處的某一電壓或者電流。若已知電阻器的跨壓，便可知其電流 (依此類推)；但此現象並不適合於電源。一般而言，必須進行電路的分析，方能決定電壓與電流完整的組合。此結果相當明確而直觀，除了歐姆定律之外，僅需要兩個簡單的定律。這兩個新的定律為克西荷夫電流定律 (Kirchhoff's Current Law, KCL) 以及克西荷夫電壓定律 (Kirchhoff's Voltage Law, KVL)，其分別重申電荷與能量轉換。儘管在之後的各章節將會學習到許多有效用的技巧，藉以應付各種特定型式的狀況，仍可將這兩個定律應用至將見到的任何一個電路。

3.1 節點、路徑、迴路與分支

此時將焦點放在僅具有兩個或者多個電路元件的簡單網路中

之電流與電壓關係。以零電阻的接線 (有時稱為“導線”) 連接各元件。由於網路呈現一種某些簡單元件以及連接導線，因此稱為**集總參數網路** (Lumped-parameter Network)。當處理含有無限多極微小元件之**分佈參數網路** (Distributed-parameter Network) 時，會產生更多困難的分析問題。本書則僅聚焦於集總參數網路。

在現實世界所構成的電路中，導線或接線必具有有限的電阻。然而，相較於電路中的其他電阻，此電阻通常非常小，因此可將之忽略，而不會產生明顯的誤差。所以，在理想電路中，此後皆視為“零電阻”導線。

兩個或者多個元件的共同連接點稱為**節點** (Node)。例如，圖 3.1a 所示的電路包含三個節點。有些時候，會將電路繪製成某些不同的電路圖形，設陷阱使粗心的學生認為具有比實際電路更多的節點；例如將圖 3.1a 的節點 1 畫成兩個中間以 (零電阻) 導體連接的分開接點，如圖 3.1b 所示。然而，圖 3.1b 所做的只是將同一個接點延伸成為一條共同的零電阻接線而已。因此，必須將連接至節點的所有理想導線或某些部分的導線視為節點的一部分，而且要注意的是，每個元件的末端都具有一個節點。

假設從網路中的某一個節點開始並且移動經過一個簡單的元件而到達該元件另一端的節點，之後再繼續從該節點經過另一個元件而到下一個節點，再持續這樣的移動，直到經過了所期望的諸多元件。如果任何節點皆沒有經過一次以上，則所經過的這些節點與元件的集合便定義為**路徑** (Path)。如果開始的節點與結束的節點相同，則該路徑定義為封閉路徑 (Closed Path) 或**迴路** (Loop)。

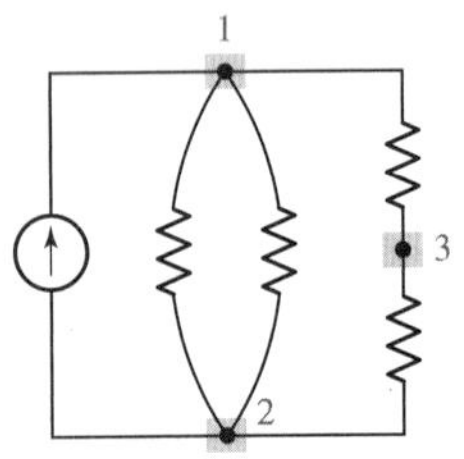

(*a*)

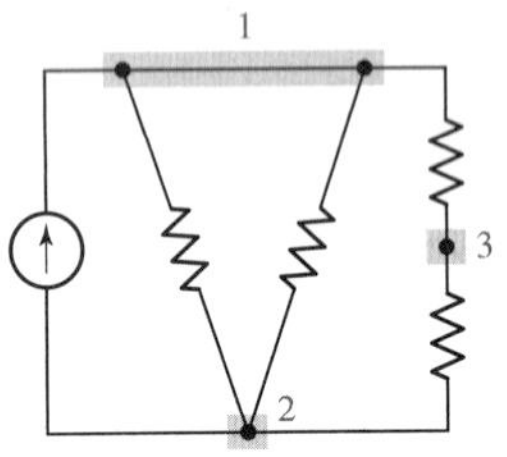

(*b*)

◆ **圖 3.1** (a) 具有三個節點與五個分支之電路；(b) 重新繪製節點 1，使之似乎具有兩個節點；但實際上仍只有一個節點。

例如，圖 3.1a 所示，如果從節點 2 移動經過電流源而到達節點 1，再經過右上方的電阻器而到達節點 3，將會建立一條路徑；由於並沒有繼續移動而再回到節點 2，因此並非一個迴路。如果從節點 2 經過電流源到達節點 1，再經過左邊的電阻器向下回到節點 2，之後再向上經過中間的電阻器而再回到節點 1，由於某一個節點 (實際為兩個節點) 經過一次以上，因此不是一條路徑，而且由於迴路必須是某一條路徑，因此也不是一個迴路。

另一個方便有用的專有名詞為**分支** (Branch)，分支定義為網路中的單一路徑由某一單一元件與該元件兩端點上的節點所構成。因此，路徑為分支的特定集合，圖 3.1a 與 b 所示的電路具有五個分支。

3.2 克西荷夫電流定律

此時考慮以德國大學教授古斯塔夫・羅伯特・克西荷夫 (Gustav Robert Kirchhoff) (兩個 *h* 與兩個 *f*) 所命名的兩定律之

一，克西荷夫大約生於歐姆進行實驗的時期。此一原則性的定律即稱為克西荷夫電流定律 (縮寫為 KCL)，簡單描述為

流進任何節點的電流之代數和為零。

此一定律闡述一種事實之數學描述，亦即電荷不會累積在節點上。*節點並非電路元件*，並不會儲存、破壞或者產生電荷。因此，其電流之總和必須為零。在此有時可利用水力學之分析：例如，考慮三條水管以 Y 形狀連接。若定義三個“電流”*流進*三條水管，如果水一直進行流動，則明顯可知不可能具有三個正值的水流，否則水管將會破裂。此乃是由於所定義的水流與水本身實際流動的方向無關。因此，所定義的其中一個或者兩個水流必須為負值。

若考慮圖 3.2 所示的節點，流進節點的四個電流之代數和必為零，亦即

$$i_A + i_B + (-i_C) + (-i_D) = 0$$

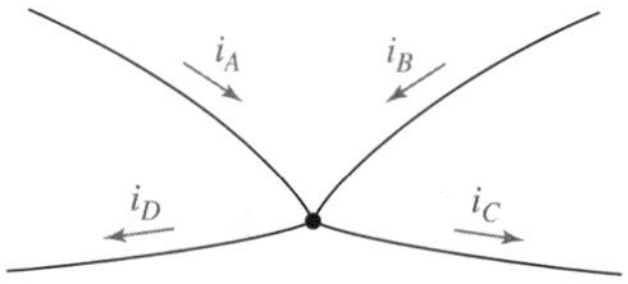

◆ **圖 3.2** 闡述克西荷夫電流定律之應用範例。

顯而易見的是，該定律同樣也可應用於*離開*節點的電流之代數和，亦即

$$(-i_A) + (-i_B) + i_C + i_D = 0$$

同樣也可以令參考箭頭指向節點的電流總和等於參考箭頭指出節點之外的電流總和相等：

$$i_A + i_B = i_C + i_D$$

也可以簡單敘述為流進節點的電流總和等於流出節點的電流總和。

範例 3.1

在圖 3.3a 之電路中，已知該電壓源提供 3 A 之電流，試計算流經電阻器 R_3 之電流。

▶確定問題的目標

流經電阻器 R_3 之電流，在電路圖上標示為 i。

▶蒐集已知的資訊

R_3 上方的節點連接至四個分支。

其中兩個電流清楚地標示為：2 A 從該節點向外流進 R_2，以及 5 A 從電流源流進該節點。已知流出 10 V 電源的電流為 3 A。

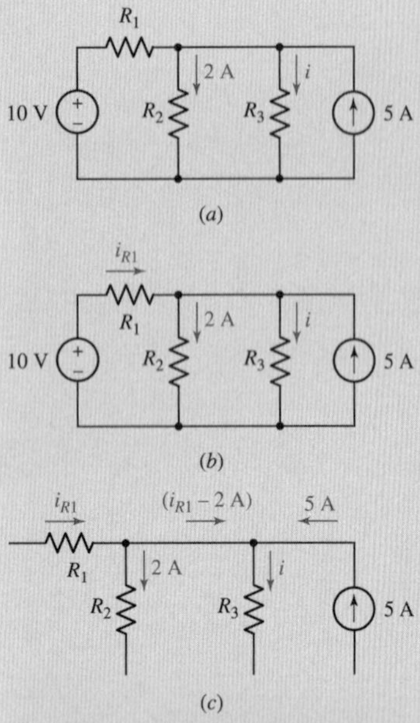

◆ **圖 3.3** (a) 流經電阻器 R_3 的電流為所求之簡單電路；(b) 標示 R_1 電流，以便寫出 KCL 方程式；(c) 重新清楚繪製流進 R_3 上方節點之電流。

▶擬訂求解計畫

標示出流經 R_1 的電流 (圖 3.3b)，即可寫出在電阻器 R_2 與 R_3 上方節點之 KCL 方程式。

▶建立一組適當的方程式

將流進節點的電流加總：

$$i_{R_1} - 2 - i + 5 = 0$$

流進此一節點的電流清楚闡述於圖 3.3c 之圖示中。

▶判斷是否需要額外的資訊

此時僅列出一個方程式，但其中具有兩個未知數，需要再得到另一個方程式，方能求解。對此而言，已知可利用 10 V 電源提供 3 A 電流，KCL 顯示此一電流亦即電流 i_{R_1}。

▶嘗試解決方案

將 i_{R_1} 代入已知之方程式，$i = 3 - 2 + 5 = 6$ A。

▶驗證解答是否合理或符合所預期的結果？

重新檢查與驗證的工作絕對是值得的，至少也可嘗試計算解答的大小是否合理。在此範例中，具有兩個電源——其中一個供應 5 A 電流，而另一個則供應 3 A 電流，電路中沒有其他獨立或相依電源。因此，可預期電路中任何電流皆不會超過 8 A。

練習題

3.1 請計算圖 3.4 電路之分支與節點數目。如果 $i_x = 3$ A，且 18 V 之電源傳送 8 A 電流，則 R_A 之數值為何？(提示：可利用歐姆定律與 KCL。)

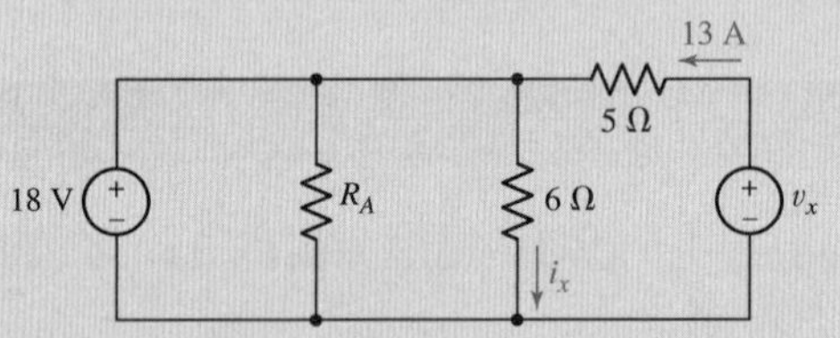

◆ **圖 3.4**

解答：5 分支，3 節點，1 Ω。

克西荷夫電流定律簡潔的描述為

$$\sum_{n=1}^{N} i_n = 0 \qquad [1]$$

可簡略表示為

$$i_1 + i_2 + i_3 + \cdots + i_N = 0 \quad [2]$$

使用方程式 [1] 或 [2] 時，應了解 N 個電流之箭號需全部指向進入節點，或者全部指向離開節點。

3.3 克西荷夫電壓定律

電流與流經電路元件的電荷有關，而電壓則是跨於元件兩端位能差的量度。在電路理論中，任何電壓皆具有唯一的數值。因此，在電路中從 A 點移動一個單位電荷到 B 點所需的能量必具有一個從 A 至 B 所選擇之路徑無關的數值 (通常會有超過一條的路徑)。實際上可藉由克西荷夫電壓定律宣稱 (縮寫為 **KVL**)：

環繞任何路徑的電壓之代數和為零。

在圖 3.5 中，如果將 1 C 的電荷從 A 經由元件 1 載至 B，則 v_1 的參考極性之符號顯示此時做了 v_1 焦耳的功。[1] 如果選擇從 A 經由節點 C 行進到 B，則總共消耗了 $(v_2 - v_3)$ 焦耳的能量。然而，所做的功與電路中的路徑無關，所以任何的路徑皆會導出相同的電壓數值，亦即

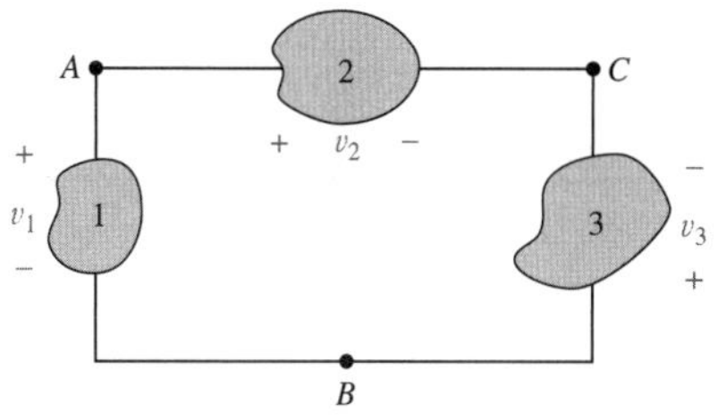

◆ **圖 3.5** A 與 B 之間的位能差與所選擇的路徑無關。

$$v_1 = v_2 - v_3 \quad [3]$$

由此可知，如果順著某一條封閉路徑描述，則環繞該封閉路徑，跨於個別元件上的電壓之代數和必為零。因此，可寫為

$$v_1 + v_2 + v_3 + \cdots + v_N = 0$$

或者更簡潔地描述為

$$\sum_{n=1}^{N} v_n = 0 \quad [4]$$

可以數種不同的方式將 KVL 應用於某一電路。其中一種方法會導出較少列錯的方程式 —— 在心中以順時鐘方向環繞封閉路徑，並且每遇到 (+) 端時，便直接寫下該電壓數值，而若遇到 (−) 號時，則寫下該電壓之負值。將此法應用於圖 3.5 之單一迴路，可得

$$-v_1 + v_2 - v_3 = 0$$

1 要注意的是，選擇 1 C 的電荷僅是為了數值上的方便，由此可知做功的能量為 $(1\ \mathrm{C})(v_1\ \mathrm{J/C}) = v_1$。

此方程式與先前的方程式 [3] 結果吻合。

範例 3.2

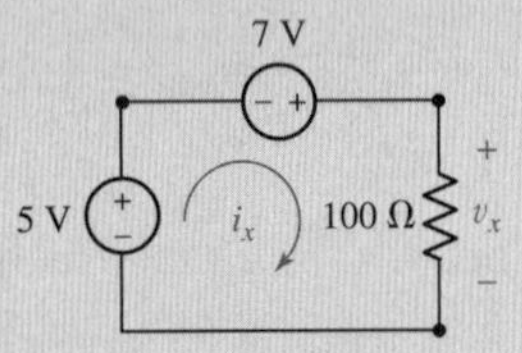

◆**圖 3.6** 具有兩個電壓源以及單一個電阻器之簡單電路。

試求圖 3.6 電路中之 v_x 與 i_x。

已知電路中三個元件其中兩個的跨壓。因此，可應用 KVL 而得到 v_x。

以 5 V 電源之下方節點開始，應用 KVL 以順時鐘方向環繞該迴路：

$$-5-7+v_x=0$$

所以，$v_x = 12$ V。

對此一電路利用 KCL，僅知相同的電流 (i_x) 流經全部的三個元件。此時雖已知跨於 100 Ω 電阻器上的電壓，然需使用歐姆定律求得 i_x，

$$i_x=\frac{v_x}{100}=\frac{12}{100}\ \text{A}=120\ \text{mA}$$

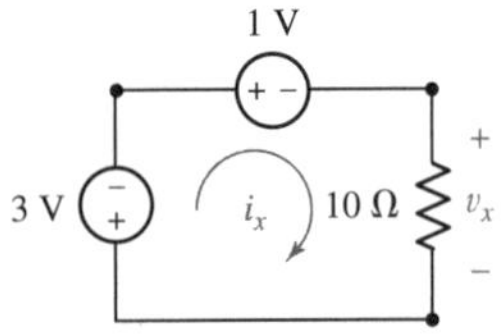

◆**圖 3.7**

練習題

3.2 試計算圖 3.7 電路之 i_x 與 v_x。

解答：$v_x = -4$ V；$i_x = -400$ mA。

範例 3.3

圖 3.8 電路具有八個電路元件。試求 v_{R2} (跨於 R_2 兩端之電壓) 以及標示為 v_x 之電壓。

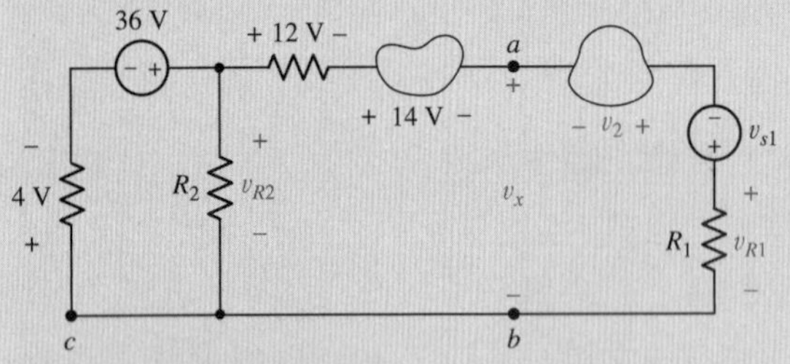

◆**圖 3.8** 具有八個元件的電路，求解 v_{R2} 與 v_x。

求出 v_{R2} 之最佳方式為先找出可以應用 KVL 的迴路。在電路中有數種選擇，但最左邊的迴路清楚指定其中的兩個電壓，可提供最直觀的路徑。因此，以 c 點開始環繞著左邊迴路寫出 KVL 方程式，便可求出 v_{R2}：

$$4-36+v_{R2}=0$$

求得 $v_{R2} = 32$ V。

b 點和 c 點以及其間的接線皆為同一個節點的部分。

為了求出 v_x，可將 v_x 想像為最右邊三個元件之跨壓 (代數) 總和。然而，由於這些物理量的數值皆未知，因此這樣的方式並不能求得數值解答。因此，以 c 點為起始點，應用 KVL，向上移動並且跨越頂點的元件至 a 點，再經過 v_x 到 b 點，最後再經

由導線回到起始點 c：

$$+4-36+12+14+v_x=0$$

求得

$$v_x=6\text{ V}$$

另解：求解 v_{R2} 之後，可透過 R_2 取得較短的路徑：

$$-32+12+14+v_x=0$$

同樣可得到 $v_x=6$ V。

練習題

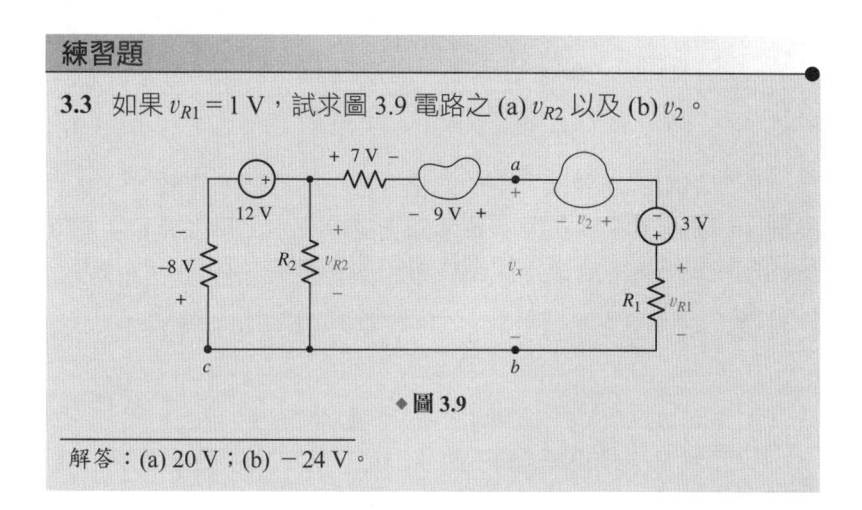

3.3 如果 $v_{R1}=1$ V，試求圖 3.9 電路之 (a) v_{R2} 以及 (b) v_2。

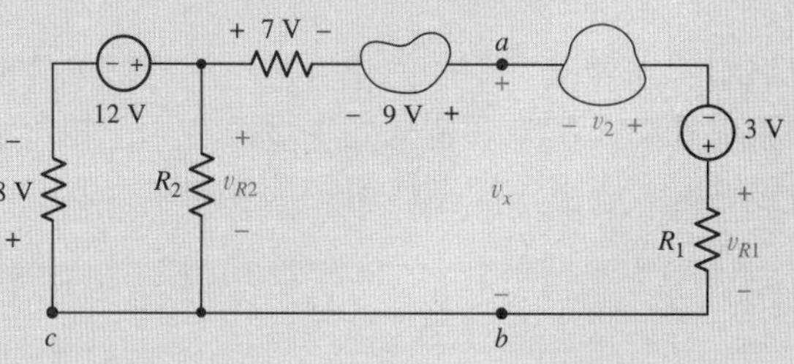

◆ **圖 3.9**

解答：(a) 20 V；(b) －24 V。

依照先前的演算，正確分析電路之關鍵首先在於有條理地在電路圖上標示出所有的電壓與電流，以如此方式謹慎寫出的 KCL 或 KVL 方程式將會導出正確的關係式。如果一開始未知數比方程式多，則可依照所需，加以應用歐姆定律。以下將以更詳細的範例來闡述這些原理。

範例 3.4

試求圖 3.10a 電路之 v_x。

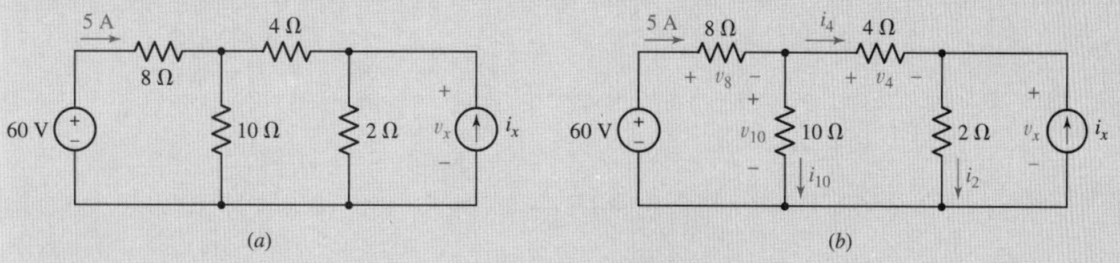

◆ **圖 3.10** (a) 使用 KVL 計算 v_x 之電路；(b) 已標示出各個電壓與電流之電路。

首先在電路上標示出各元件的電壓與電流 (圖 3.10b)。其中已知 v_x 為 2 Ω 電阻器與電源 i_x 之跨壓。

如果可求出流經 2 Ω 電阻器的電流，則使用歐姆定律將可求出 v_x。先寫出適當的 KCL 方程式，可知

$$i_2 = i_4 + i_x$$

但是，這三個電流量皆未知，因此先 (暫時) 擱置。

由於已知 60 V 電源提供的電流 5 A，可考慮以電路的 60 V 電源側開始著手，替代使用 i_2 求得 v_x，而可使用 KVL 直接求得 v_x，寫出以下的 KVL 方程式：

$$-60 + v_8 + v_{10} = 0$$

以及

$$-v_{10} + v_4 + v_x = 0 \qquad [5]$$

此時得到的進展為：兩個方程式中具有四個未知數，改進原先的一個方程式中，所有項皆未知。實際上，已知流經 8 Ω 電阻器的電流為 5 A，經由歐姆定律可知 $v_8 = 40$ V。因此，$v_{10} = 0 + 60 - 40 = 20$ V，所以方程式 [5] 可化簡為

$$v_x = 20 - v_4$$

如果可以求出 v_4，即可求出本問題之解答。

於此狀況下求出電壓 v_4 數值的最佳方式為利用歐姆定律，需要 i_4 之數值。經由 KCL，可知

$$i_4 = 5 - i_{10} = 5 - \frac{v_{10}}{10} = 5 - \frac{20}{10} = 3$$

所以，$v_4 = (4)(3) = 12$ V，因此 $v_x = 20 - 12 = 8$ V。

練習題

3.4 試求圖 3.11 電路之 v_x。

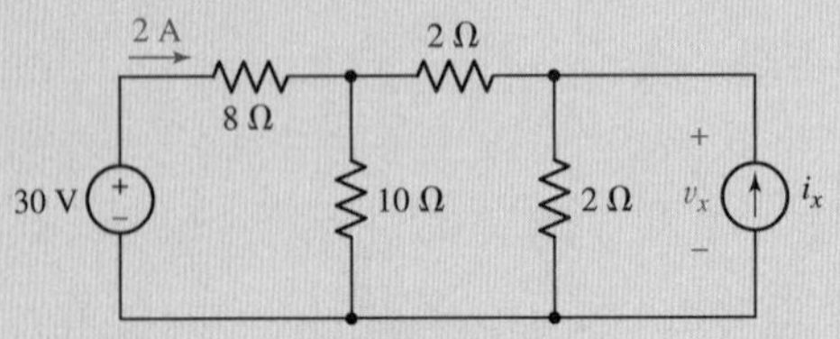

◆ **圖 3.11**

解答：$v_x = 12.8$ V。

3.4 單迴路電路

已知在包含數個迴路以及多數不同元件的複雜電路中，能夠重複應用 KCL、KVL 以及歐姆定律以求解。在更進一步分析之前，基於單迴路電路為形成讀者即將遇到的任何一個網路之基礎，可先將焦點放在串聯電路 (以及在下一節所要分析的並聯電路) 之觀念上。

電路中傳載相同電流之所有元件稱為**串聯** (Series) 連接。例如，考慮圖 3.10 之電路，60 V 電源與 8 Ω 電阻器串聯；兩者所傳載的電流相同，皆為 5 A。而 8 Ω 電阻器與 4 Ω 電阻器兩者電流不同，因此並非串聯。應注意的是，某些元件可能會傳載相同電流，但並非串聯；鄰近房屋內的兩個 100 W 的電燈泡可能傳載極為相等的電流，但必然不是流過同一電流，而且**並非**串聯連接。

圖 3.12a 闡述一個由兩個電池與兩個電阻器所組成的簡單電路，其中假設每一端點、連接導線，以及焊接點皆具零電阻，一起構成圖 3.12b 電路圖中個別的節點。兩電池以理想電壓源模型表示，可能具有的內部電阻皆假設足夠小，而可予以忽略。假設兩電阻器皆為理想 (線性) 之電阻器。

此時將探討**經過**每一個元件之電流、**跨於**每一個元件上的電壓，以及每一個元件所**吸收**的功率。分析之第一步驟為假設未知電流之參考方向，隨意選擇順時鐘方向的電流 i，由左側的電壓源之上方端點往外流出。電路中該節點上標示為 i 的箭頭指示此一選擇，如圖 3.12c 所示。由克西荷夫電流定律的淺顯應用即可得知此一相同電流必定也會流經電路中其他的每一個元件；此時可以藉由在電路中設置數個其他的電流符號來強調此一事實。

分析的第二步驟為針對兩個電阻器選擇個別的電壓參考符號。定義電流與電壓變數之方向與極性一般採用被動符號慣用方式，設置相應的電流流進電壓極性之正端。由於已 (任意) 選擇電流之方向，v_{R1} 與 v_{R2} 之定義如圖 3.12c 所示。

第三步驟為將克西荷夫電壓定律應用於唯一的封閉路徑，以左下角節點開始，順時鐘方向移動環繞該電路，若先遇到正參考符號，即直接寫下該電壓，若先遇到負參考符號，則寫下負電壓。因此，

$$-v_{s1} + v_{R1} + v_{s2} + v_{R2} = 0 \qquad [6]$$

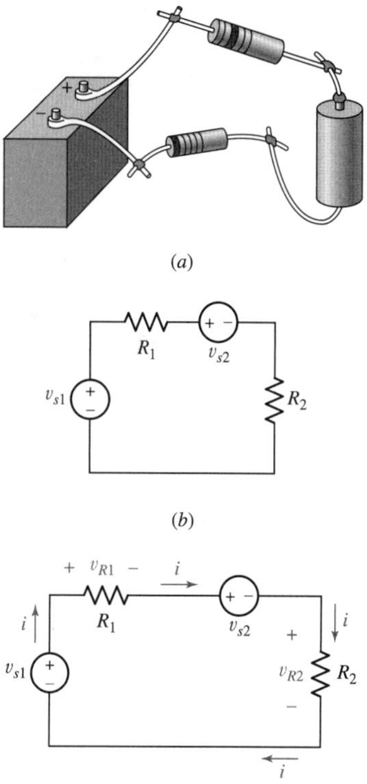

◆**圖 3.12** (a) 具有四個元件的單迴路電路；(b) 具有所給定的電源電壓與電阻數值之電路模型；(c) 已經增加了電流與電壓參考符號之電路。

之後則對此電阻元件應用歐姆定律：

$$v_{R1} = R_1 i \quad \text{及} \quad v_{R2} = R_2 i$$

將之代入方程式 [6]，得到

$$-v_{s1} + R_1 i + v_{s2} + R_2 i = 0$$

由於 i 係唯一的未知數，得知

$$i = \frac{v_{s1} - v_{s2}}{R_1 + R_2}$$

此時可以藉由應用 $v = Ri$、$p = vi$，或者 $p = i^2R$，得到任何元件的電壓或功率數值。

練習題

3.5 在圖 3.12b 的電路中，$v_{s1} = 120$ V、$v_{s2} = 30$ V、$R_1 = 30\ \Omega$，以及 $R_2 = 15\ \Omega$。試計算每個元件所吸收的功率。

解答：$p_{120V} = -240$ W；$p_{30V} = +60$ W；$p_{30\Omega} = 120$ W；$p_{15\Omega} = 60$ W。

範例 3.5

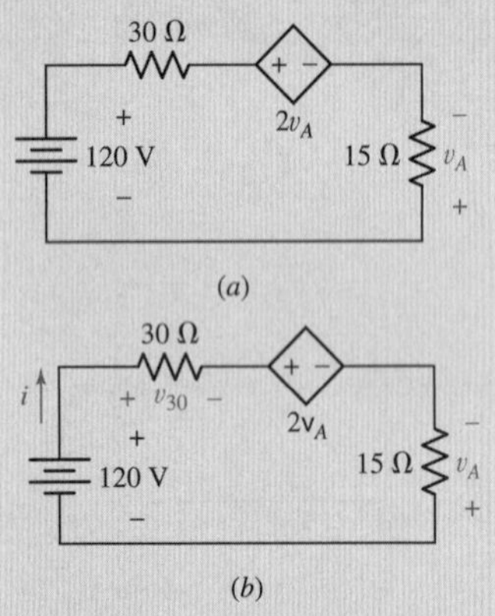

◆ **圖 3.13** (a) 包含相依電源之單迴路電路；(b) 指定電流 i 與電壓 V_{30}。

試計算圖 3.13a 所示電路中每個元件所吸收之功率。

首先指定電流 i 之參考方向以及電壓 v_{30} 之參考極性，如圖 3.13b 所示。由於已經標示了相依電源的控制電壓 v_A，因此不需要指定 15 Ω 電阻器之電壓。(然而，此仍值得注意的是，v_A 的參考符號與一般基於被動符號慣用方式所指定的極性相反。)

此一電路包含一相依電壓源，在求出 v_A 之前，此相依電壓源之電壓數值尚為未知數。然而，能夠以相同於有效數值一般，來使用代數數值 $2v_A$。因此，將 KVL 應用於該迴路：

$$-120 + v_{30} + 2v_A - v_A = 0 \qquad [7]$$

使用歐姆定律，將已知的電阻器數值引進方程式中：

$$v_{30} = 30i \quad \text{及} \quad v_A = -15i$$

請注意，由於電流 i 流進 v_A 之負端，因此需要負號。

將之代入方程式 [7]，得到

$$-120 + 30i - 30i + 15i = 0$$

因此得到

$$i = 8 \text{ A}$$

計算每個元件所吸收的功率：

$$\begin{aligned} p_{120\mathrm{V}} &= (120)(-8) = -960\ \mathrm{W} \\ p_{30\Omega} &= (8)^2(30) \quad = 1920\ \mathrm{W} \\ p_{\mathrm{dep}} &= (2v_A)(8) \quad = 2[(-15)(8)](8) \\ &= -1920\ \mathrm{W} \\ p_{15\Omega} &= (8)^2(15) \quad = 960\ \mathrm{W} \end{aligned}$$

練習題

3.6 在圖 3.14 之電路中，試求每個元件所吸收之功率。

解答：(從左側開始，逆時鐘方向) 0.768 W，1.92 W，0.2048 W，0.1792 W，－3.072 W。

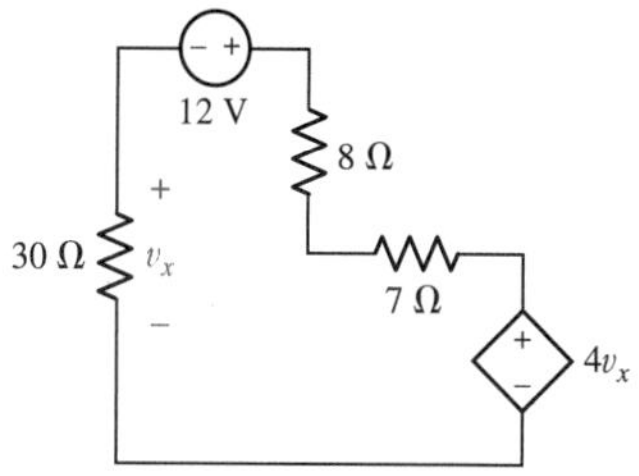

◆ **圖 3.14** 一簡易迴路。

在以上的範例與練習題中，皆是提問如何計算電路每個元件所吸收的功率。然而，就能量必須從某處產生的理由而言，難以想像的狀況是電路中*全部*的吸收功率量全部皆為正值。因此，經由簡單的能量守恆觀念，**電路每個元件所吸收的功率之總和應為零**。換言之，其中至少某一個吸收功率應該為負值 (忽略電路不操作時之不重要狀況)，亦即每個元件所提供的功率總和應為零。更為實務的描述為**吸收功率的總和等於提供功率的總和**，此似乎足以合理表達其字面上的意義。

以範例 3.5 的圖 3.13 電路來進行以上論述之測試，此電路包含兩個電源 (其中一個為相依電源，一個則為獨立電源) 以及兩個電阻器。將每個元件所吸收的功率相加，可得

$$\sum_{\text{all elements}} p_{\text{absorbed}} = -960 + 1920 - 1920 + 960 = 0$$

實際上 (所表示的符號為吸收功率之正負號)，120 V 之電源提供 +960 W，而該相依電源則提供 +1920 W。因此，兩個電源總共提供了 960 + 1920 = 2880 W。一般預期電阻器吸收正功率，在此一範例中，電阻器總共吸收正功率為 960 + 1920 = 2880 W。所以，如果考慮到電路中的每一個元件，

$$\sum p_{\text{absorbed}} = \sum p_{\text{supplied}}$$

如同所預期的。

將焦點移到練習題 3.6，讀者若要驗證其解答，可知吸收功率加總為 0.768 + 1.92 + 0.2048 + 0.1792 − 3.072 = 0。有趣的是，12 V 的獨立電壓源吸收 +1.92 W，此意謂著此電源在*消耗*功率，而非供應功率。在此一特別的電路中之相依電源則替代提供

全部的功率。然是否有此可能？在電路中通常預期電路會提供正的功率，但由於在一般電路中使用理想化的電源，因此實際上可能會有淨功率流進任何電源之狀況。如果以某些方式對該電路加以修改，則會發現相同的電源可能會提供正功率。需要在電路分析完成之後，方可得知此結果。

3.5 單節點對電路

與 3.4 節所探討的單迴路電路相對應的電路為單節點對電路，其中任何數目的簡單元件皆連接於相同的節點對之間。此種電路其中之一範例闡述於圖 3.15a。根據 KVL，可知跨於每個分支上的電壓等於任何其他分支之跨壓。*在電路中具有共同跨壓之元件稱為***並聯** (Parallel) *連接*。

範例 3.6

試求圖 3.15a 電路中每個元件之電壓、電流以及功率。

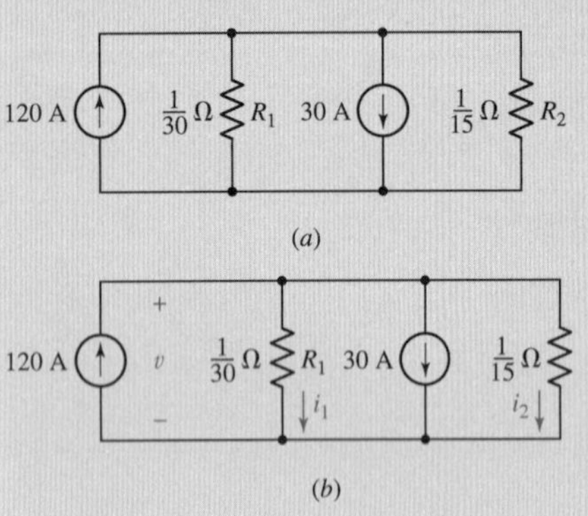

◆ **圖 3.15** (a) 單節點對電路；(b) 指定一電壓與兩電流。

首先定義一電壓 v，並且任意選擇極性，如圖 3.15b 所示。以被動符號慣用方式來選擇流進電阻器的兩個電流，如圖 3.15b 所示。

求出 i_1 或者 i_2 電流即可得到 v 之數值。因此，下一步驟即是應用 KCL 於電路其中一個節點。流出上方節點的電流總和等於零：

$$-120 + i_1 + 30 + i_2 = 0$$

利用歐姆定律，以電壓 v 描述兩電流之方程式

$$i_1 = 30v \quad 及 \quad i_2 = 15v$$

可得

$$-120 + 30v + 30 + 15v = 0$$

求解此方程式中的電壓 v，得到

$$v = 2\ \text{V}$$

再者，引用歐姆定律，得知

$$i_1 = 60\ \text{A} \quad 及 \quad i_2 = 30\ \text{A}$$

此時已可計算每一個元件所吸收的功率，兩電阻器所吸收的功率為

$$p_{R1} = 30(2)^2 = 120\ \text{W} \quad 及 \quad p_{R2} = 15(2)^2 = 60\ \text{W}$$

以及兩電源所吸收的功率為

$$p_{120A} = 120(-2) = -240 \text{ W} \quad 及 \quad p_{30A} = 30(2) = 60 \text{ W}$$

由於 120 A 的電源吸收負的 240 W，因此實際上則是提供 240 W 功率給予電路中的其他元件。同理，可知 30 A 的電源實際吸收了功率，而非提供功率。

練習題

3.7 試求圖 3.16 電路中之 v。

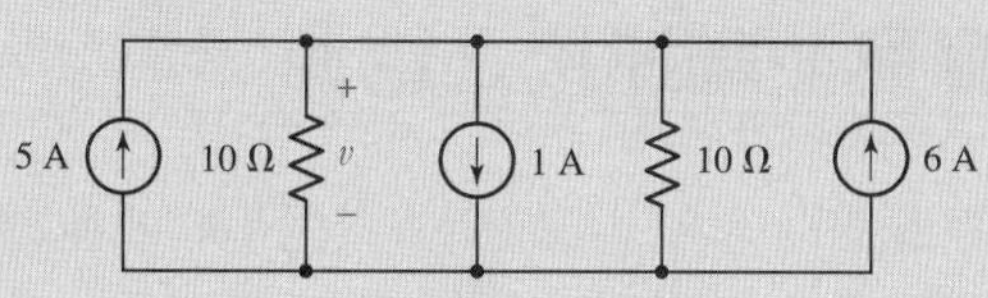

◆ **圖 3.16**

解答：50 V。

範例 3.7

試求圖 3.17 中之 v 之數值以及獨立電流源所提供的功率。

藉由 KCL，流出上方節點的電流總和必為零，所以

$$i_6 - 2i_x - 0.024 - i_x = 0$$

接著，即使在分析電路之前，尚未得知相依電源 $(2i_x)$ 之正確數值，然看待此相依電流源的方式與其他電流相同。

應用歐姆定律於各個電阻器：

$$i_6 = \frac{v}{6000} \quad 及 \quad i_x = \frac{-v}{2000}$$

因此，

$$\frac{v}{6000} - 2\left(\frac{-v}{2000}\right) - 0.024 - \left(\frac{-v}{2000}\right) = 0$$

並且得知 $v = (600)(0.024) = 14.4$ V。

此時便可簡易地得到對此一電路可能需要得知的資訊，通常以單一個步驟即可求得。例如，獨立電源所提供的功率為 $p_{24} = 14.4(0.024) = 0.3456$ W (345.6 mW)。

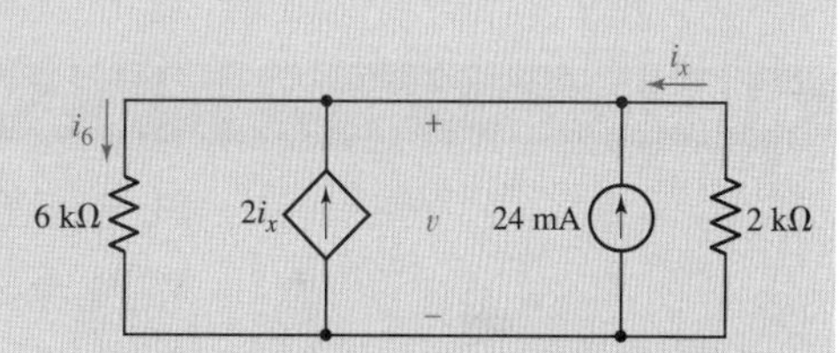

◆ **圖 3.17** 在含有相依電源的單節點對電路中已指定電壓 v 以及電流 i_6。

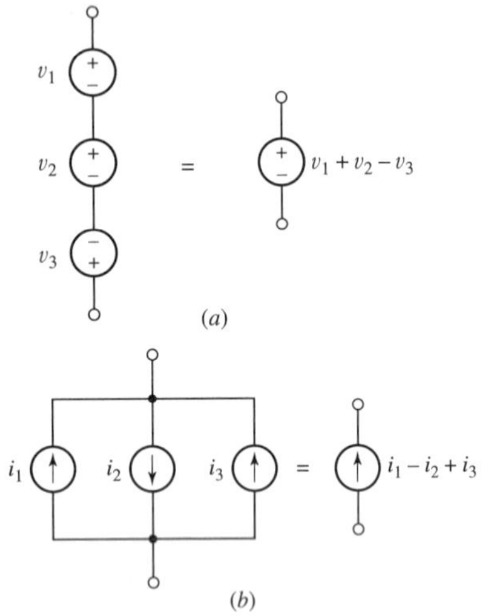

◆ **圖 3.19** (a) 能夠以單一電壓源來取代數個串聯連接的電壓源；(b) 能夠以單一電流源來取代數個並聯連接的電流源。

練習題

3.8 試求圖 3.18 的單節點對電路中之 i_A、i_B 與 i_C。

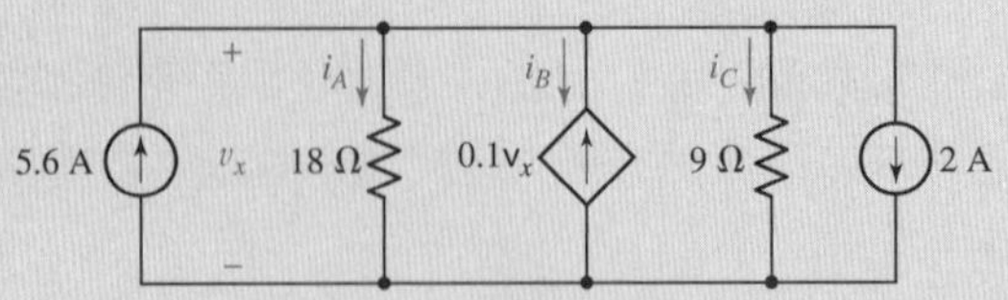

◆ **圖 3.18**

解答：3 A；−5.4 A；6 A。

3.6 串聯與並聯連接之電源

藉由將電源加以組合，可以免去針對串聯或並聯電路所寫下的某些已知方程式，而且電路其他部分或元件的所有電壓、電流與功率之關係皆不會改變。例如，可藉由單一個等效電壓源來替代數個串聯之電壓源，而該單一電壓源之電壓則等於個別電源之代數和 (圖 3.19a)。同樣可以藉由將個別的電流以代數加總來組合數個並聯之電流源 (圖 3.19b)，而且可以依照所需來排列串聯或並聯元件之順序。

範例 3.8

試先將所有的電壓源組合成為單一等效電壓源，藉以求得圖 3.20a 電路之電流 i。

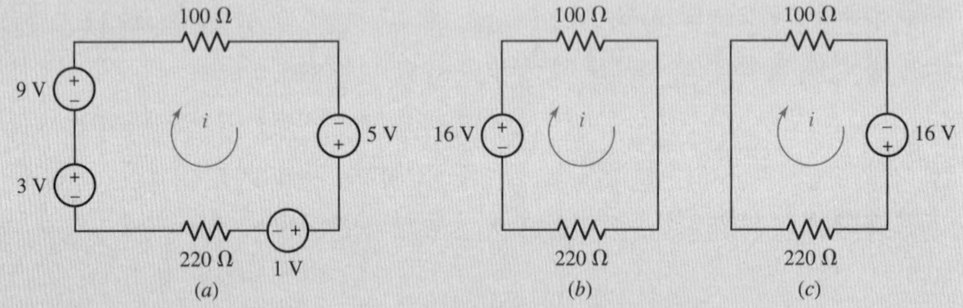

◆ **圖 3.20**

為了能夠組合這些電壓源，須先將之串聯在一起，而由於相同的電流 (i) 會流經每一個電壓源，因此滿足此一條件。

從左手下方角落開始，並且以順時鐘方向進行，

$$-3 - 9 - 5 + 1 = -16 \text{ V}$$

所以，可以單一個 16 V 的電源來替代圖 3.20a 中的四個電源，如圖 3.20b 所示。

使用 KVL 及歐姆定律則可得到

$$-16 + 100i + 220i = 0$$

或者

$$i = \frac{16}{320} = 50 \text{ mA}$$

應注意圖 3.20c 同樣也是其等效電路，藉由簡易地計算電流 i 即可驗證。

練習題

3.9 先以單一等效電源替代該四個電源之後，試求圖 3.21 電路中之電流 i。

解答：－54 A。

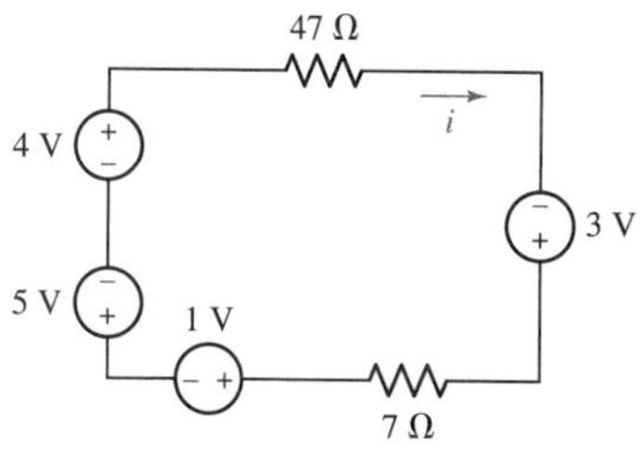

◆ **圖 3.21**

範例 3.9

先將所有電源合併成為單一等效電流源之後，試求圖 3.22a 電路之電壓 v。

若跨於每一個電流源上的電壓皆相同，則可以將之組合，在此範例中能夠簡易地驗證之。因此，藉由加總流入上方節點的所有電流，產生一個新的電流源，以向上進入上方節點的箭頭為指示：

$$2.5 - 2.5 - 3 = -3 \text{ A}$$

其中一種等效電路闡述於圖 3.22b。

接著應用 KCL，可寫出以下方程式，

$$-3 + \frac{v}{5} + \frac{v}{5} = 0$$

求解，即可得到 $v = 7.5$ V。

另一個等效電路闡述於圖 3.22c。

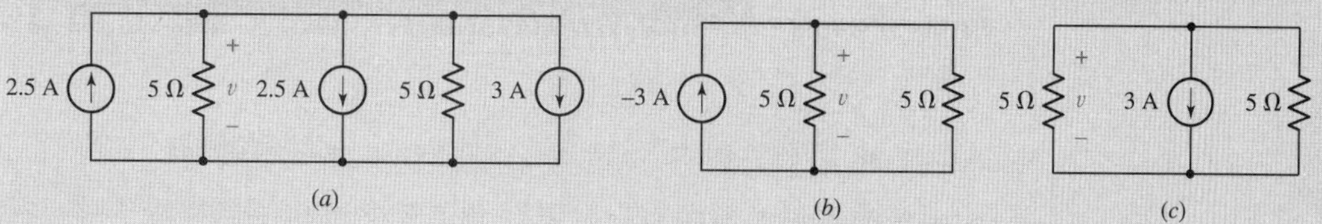

◆ **圖 3.22**

練習題

3.10 先以單一等效電流源替代三個電源之後，試求圖 3.23 電路之電壓 v。

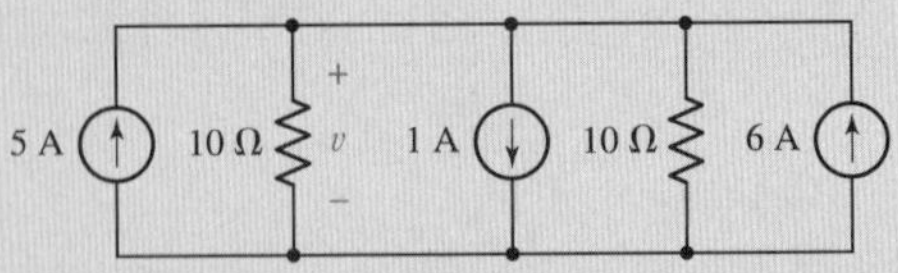

◆ **圖 3.23**

解答：50 V。

總結並聯與串聯電源組合之探討，似乎亦應考慮兩個電壓源之並聯組合以及兩個電流源之串聯組合。例如，一個 5 V 電源與 10 V 電源之並聯等效電源為何？藉由電壓源的定義，跨於電源上的電壓並不能夠改變；再者，藉由克西荷夫電壓定律，會導致 5 等於 10，如此在物理法則上完全不可能。因此，只有當每個理想電壓源在每一個瞬間皆具有相同的端電壓之時，方允許理想電壓源並聯。同樣的是，兩個電流源不能夠以串聯設置，除非每一個電流源在每個時間瞬間皆具有相同的電流以及符號。

範例 3.10

試決定圖 3.24 中電路何者為符合理論的。

圖 3.24a 由兩個並聯的電壓源所組成，其中每個電源的數值不同，所以此一電路違反 KVL。例如，如果將某一電阻器設置於該 5 V 之電源並聯，其必然也與 10 V 電源並聯，如此該電阻器之跨壓便無法決定，很明顯不能建構出此一電路。如果在實務上嘗試建立此一電路，則會發現不可能設置“理想”電壓源——所有實際的電源皆具有內部電阻，如此的內阻會允許兩個實際電源之間的電壓差。依照此規則，圖 3.24b 之電路則絕對符合原理。

圖 3.24c 之電路違反 KCL：其中無法決定實際流過電阻器 R 之電流。

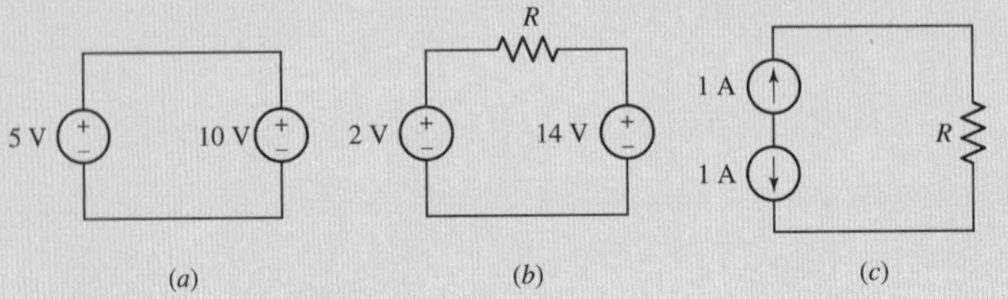

◆ **圖 3.24** (a) 至 (c) 具有多個電源之電路範例，其中某些電路違反克西荷夫定律。

練習題

3.11 試判斷圖 3.25 之電路是否違反克西荷夫定律。

解答：否。然而，如果將電阻器移除，則所產生的電路將會違反克西荷夫定律。

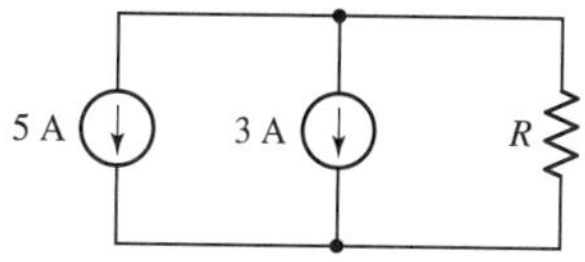

◆**圖 3.25**

3.7 串聯與並聯之電阻器

通常會以單一顆等效電阻器來取代相對較為複雜的電阻器組合，當對於該電路組合中的個別電阻器之電流、電壓或者功率並不特別在意時，如此的取代相當實用。電路中其他部分的所有電流、電壓以及功率之關係則不變。

考慮圖 3.26a 所示的 N 個電阻器之串聯組合，要以單一個電阻器 R_{eq} 來取代該 N 個電阻器，電路的其他部分此時僅餘電壓源，並不會有所改變。在取代前後電源的電流、電壓以及功率必須相同。

首先，使用 KVL：

$$v_s = v_1 + v_2 + \cdots + v_N$$

以及使用歐姆定律：

$$v_s = R_1 i + R_2 i + \cdots + R_N i = (R_1 + R_2 + \cdots + R_N)i$$

此時比較此一結果與應用至圖 3.26b 所示的等效電路之簡單方程式：

$$v_s = R_{eq} i$$

所以，N 個電阻器的等效電阻值為

$$R_{eq} = R_1 + R_2 + \cdots + R_N \qquad [8]$$

因此能夠以具有相同 v-i 關係的單一個兩端元件 R_{eq} 來取代 N 個串聯電阻器所構成的兩端網路。

要再次強調，仍有可能會關注其中一個原有的元件之電流、電壓或功率。例如，某一相依電壓源之電壓可能會根據 R_3 的跨壓來決定之。一旦 R_3 與數個串聯的電阻器組合在一起進而形成一等效電阻，則 R_3 便會消失，而且無法判斷其跨壓，除非將 R_3 再從組合中移出，方可辨識其跨壓。因此，最好事先決定是否將 R_3 納入為組合的一部分。

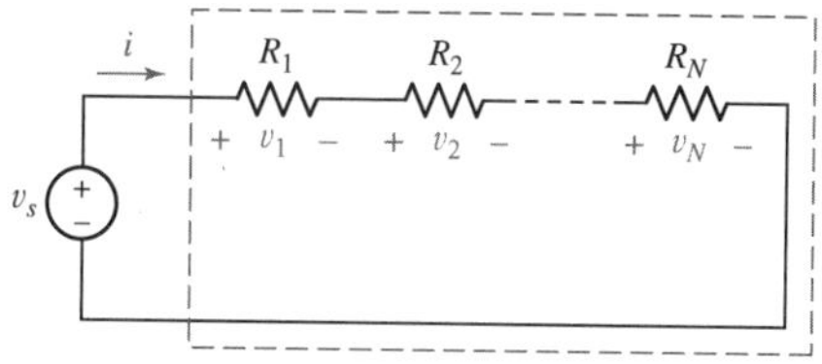

(a)

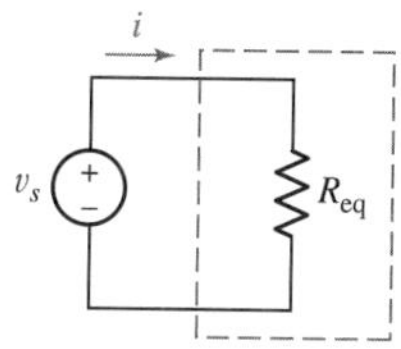

(b)

◆**圖 3.26** (a) N 個電阻器之串聯組合；(b) 電氣等效電路。

實用的提示：檢視任何串聯電路之 KVL 方程式將會顯示該電路中元件設置的次序並無不同。

範例 3.11

使用電阻與電源之組合，試求圖 3.27a 之電流 i，以及 80 V 電源所傳送的功率。

首先將電路中的元件之位置互換，需注意保持電源適當的觀念，如圖 3.27b 所示。接下來的步驟則是將三個電壓源組合成為一個等效的 90 V 電壓源，再將四個電阻器組合成為等效的 30 Ω 電阻，如圖 3.27c 所示。因此，可寫出

$$-80 + 10i - 30 + 7i + 5i + 20 + 8i = 0$$

將之簡化為

$$-90 + 30i = 0$$

所以最後可以得到

$$i = 3\text{ A}$$

為了計算傳送至原先所給定的電路中 80 V 電源之功率，需要返回至圖 3.27a，並使用已求得的 3 A 電流。因此，所求的功率為 80 V × 3 A = 240 W。

要關注的是，沒有任何原有的電路元件保留於等效電路中。

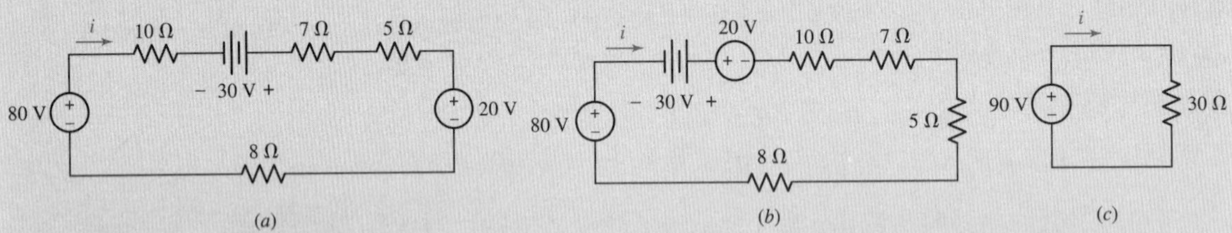

◆ **圖 3.27** (a) 具有數個電源與電阻器之串聯電路；(b) 為清楚起見，將元件重新排列；(c) 較簡單的等效電路。

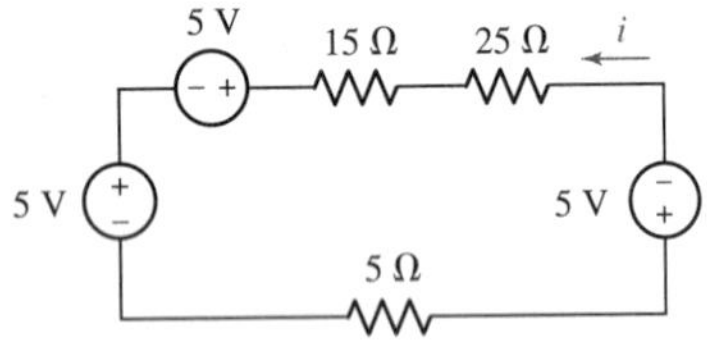

◆ **圖 3.28**

練習題

3.12 試求圖 3.28 電路之 i。

解答：−333 mA。

可以將相似的化簡方式應用於並聯電路。如圖 3.29a 所示，具有 N 個電阻器並聯的電路，導出 KCL 方程式

$$i_s = i_1 + i_2 + \cdots + i_N$$

或者

$$i_s = \frac{v}{R_1} + \frac{v}{R_2} + \cdots + \frac{v}{R_N} = \frac{v}{R_{eq}}$$

因此，

$$\boxed{\frac{1}{R_{\text{eq}}}=\frac{1}{R_1}+\frac{1}{R_2}+\cdots+\frac{1}{R_N}} \qquad [9]$$

可以寫為

$$R_{\text{eq}}^{-1}=R_1^{-1}+R_2^{-1}+\cdots+R_N^{-1}$$

或者，以電導的方式寫為

$$G_{\text{eq}}=G_1+G_2+\cdots+G_N$$

簡化的等效電路如圖 3.29b 所示。

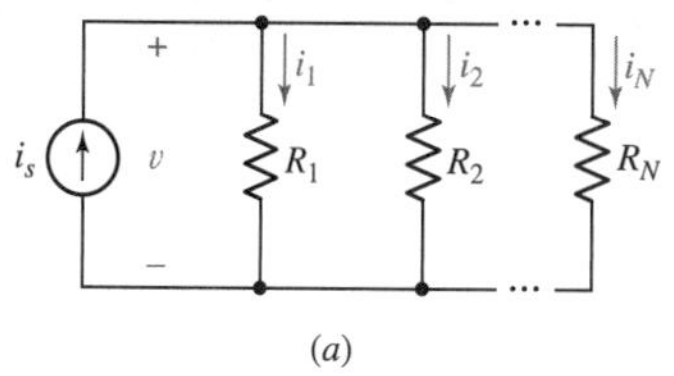

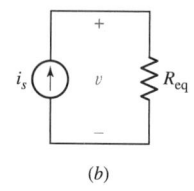

◆ **圖 3.29** (a) 具有 N 個電阻器並聯之電路；(b) 等效電路。

通常以下列簡略之標記方式來指示並聯組合：

$$R_{\text{eq}}=R_1\|R_2\|R_3$$

常會遇到僅有兩個並聯電阻器之特殊範例，可給定為

$$R_{\text{eq}}=R_1\|R_2 = \frac{1}{\dfrac{1}{R_1}+\dfrac{1}{R_2}}$$

或者，更簡化為

$$\boxed{R_{\text{eq}}=\frac{R_1R_2}{R_1+R_2}} \qquad [10]$$

方程式 [10] 在分析電路上值得記憶，而對方程式 [10] 一般常犯的錯誤則是將之推論為超過兩電阻器之並聯組合，例如，

$$R_{\text{eq}}\neq\frac{R_1R_2R_3}{R_1+R_2+R_3}$$

只要快速地審視此一方程式的單位即可證明此一表示式並不正確。

練習題

3.13 請先組合三個電流源以及兩個 10 Ω 電阻器之後，試求圖 3.30 電路之 v。

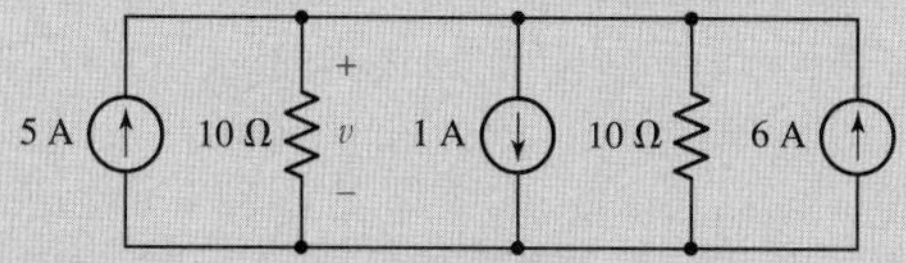

◆ **圖 3.30**

解答：50 V。

範例 3.12

試計算圖 3.31a 的相依電源之功率與電壓。

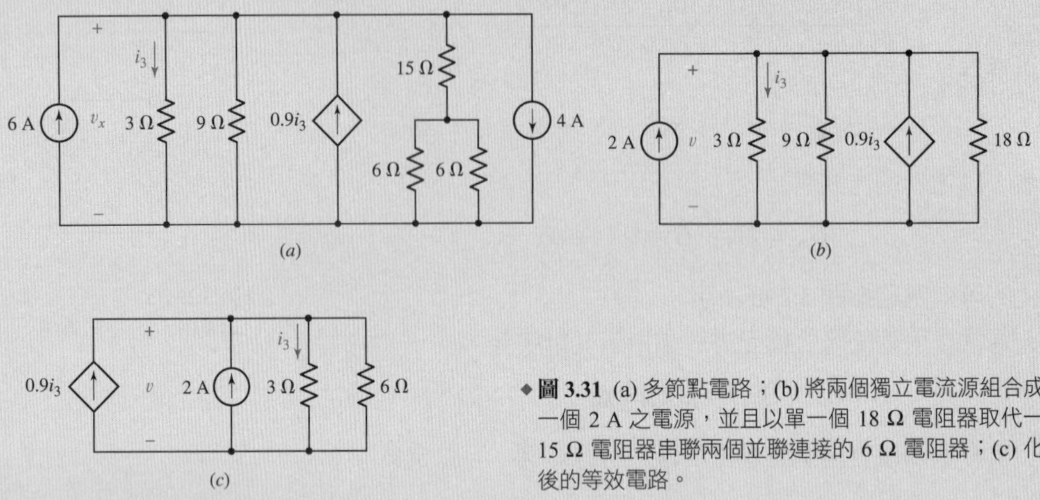

◆ **圖 3.31** (a) 多節點電路；(b) 將兩個獨立電流源組合成為一個 2 A 之電源，並且以單一個 18 Ω 電阻器取代一個 15 Ω 電阻器串聯兩個並聯連接的 6 Ω 電阻器；(c) 化簡後的等效電路。

在分析之前先尋求簡化該電路之方式，但由於該相依電源的電壓與功率為題目所關注，因此須注意簡化時不可包含相依電源。

雖然圖 3.31a 中兩獨立電流源的繪製並非兩者彼此並聯，但實際上為並聯，因此以一個 2 A 的電源來取代之。

兩個 6 Ω 電阻器並聯，能夠以與 15 Ω 電阻器串聯的單一個 3 Ω 電阻器取代之。因此，以一個 18 Ω 電阻器來取代兩個 6 Ω 電阻器與一個 15 Ω 電阻器之組合 (圖 3.31b)。

無論如何，不應該將所剩餘的三個電阻器一起組合；控制變數 i_3 乃是由 3 Ω 電阻器所決定，所以必須將此一電阻器保留。僅剩的化簡步驟為 9 Ω ∥ 18 Ω = 6 Ω，如圖 3.31c 所示。

在圖 3.31c 上方節點應用 KCL，可得

$$-0.9i_3 - 2 + i_3 + \frac{v}{6} = 0$$

利用歐姆定律，

$$v = 3i_3$$

此可計算得到

$$i_3 = \frac{10}{3}\ \text{A}$$

因此，相依電源之跨壓 (與 3 Ω 電阻器之跨壓相同) 為

$$v = 3i_3 = 10\ \text{V}$$

此相依電源因此提供給電路其他部分的功率為 $v \times 0.9i_3 = 10(0.9)(10/3) = 30$ W。

此時如果要再計算 15 Ω 電阻器所消耗之功率，則必須要返回到原本的電路。以一電阻器與等效的 3 Ω 電阻器串聯，跨於總共 18 Ω 電阻器之電壓為 10 V；因此，流經 15 Ω 電阻器的電流為 5/9 A，而此元件所吸收的功率為 $(5/9)^2(15)$ 或者 4.63 W。

練習題

3.14 試計算圖 3.32 電路之電壓 v_x。

解答：2.819 V。

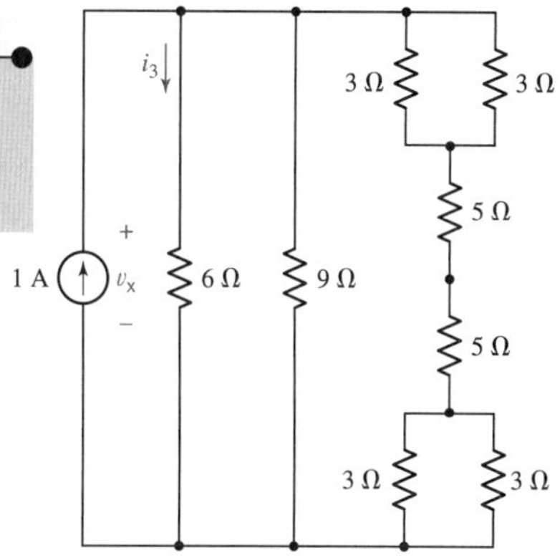

◆ **圖 3.32**

串聯與並聯組合最後的三點註解可能會對分析電路有所幫助。第一個為參考圖 3.33a 所闡述的，其中的問題為"v_s 與 R 是串聯或並聯？"，解答則是"兩者皆是"。這兩個元件承載著相同的電流，因此為串聯關係；但兩元件之跨壓相同，因此同樣也是並聯關係。

第二個註解為希望分析者謹慎地關注電路的繪圖。某些電路會因繪製的關係而難以區分串聯與並聯。例如，在圖 3.33b 中，僅有兩個並聯的電阻器 R_2 與 R_3，同時僅有兩個串聯的電阻器 R_1 與 R_8。

最後一個註解較為簡單，在電路中，簡單電路元件不一定是要與任何一個其他的簡單電路元件串聯或者並聯。例如，圖 3.33b 中的 R_4 與 R_5 與任何一個其他的簡單電路元件並非串聯或並聯，而且圖 3.33c 中沒有任何的簡單電路元件與其他簡單電路元件串聯或者並聯。換言之，不能夠使用本章所探討的任何一種技術將該電路進一步簡化。

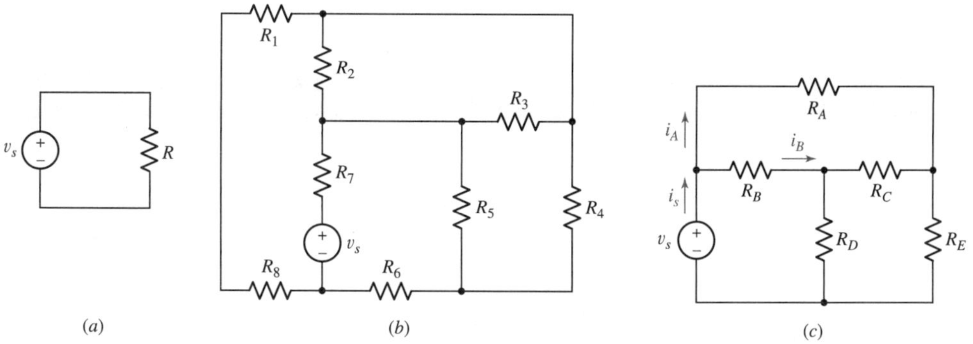

◆ **圖 3.33** (a) 此兩個電路元件串聯且並聯；(b) R_2 與 R_3 並聯，R_1 與 R_8 串聯；(c) 沒有任何電路元件彼此串聯或並聯。

3.8 分壓與分流定理

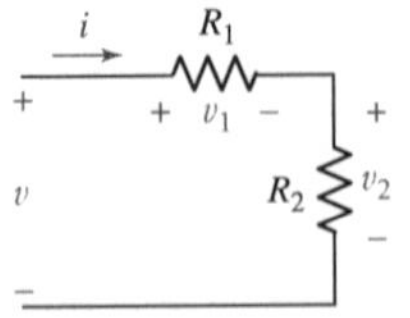

◆ **圖 3.34** 分壓定理之闡述。

藉由組合電阻與電源，已發現了縮減分析電路工作之其中一種方法。另一種有用的簡便分析方法為分壓與分流定理之應用。電壓的分壓定理乃是依據整體串聯組合之跨壓，用以表達某些串聯的電阻器其中一個電阻器的跨壓。在圖 3.34 中，經由 KVL 與歐姆定律，可知 R_2 之跨壓為

$$v = v_1 + v_2 = iR_1 + iR_2 = i(R_1 + R_2)$$

所以

$$i = \frac{v}{R_1 + R_2}$$

因此，

$$v_2 = iR_2 = \left(\frac{v}{R_1 + R_2}\right) R_2$$

或者

$$v_2 = \frac{R_2}{R_1 + R_2} v$$

而 R_1 上的跨壓同樣也為

$$v_1 = \frac{R_1}{R_1 + R_2} v$$

如果藉由移除 R_2 並以 R_2、R_3、⋯、R_N 取代，推論圖 3.34 的網路，則可以得到跨於 N 個串聯電阻器之分壓定理通式

$$\boxed{v_k = \frac{R_k}{R_1 + R_2 + \cdots + R_N} v} \qquad [11]$$

此通式可以用來計算電壓跨於串聯組合其中任意一個電阻器 R_k 之電壓 v_k。

範例 3.13

試求圖 3.35a 電路之 v_x。

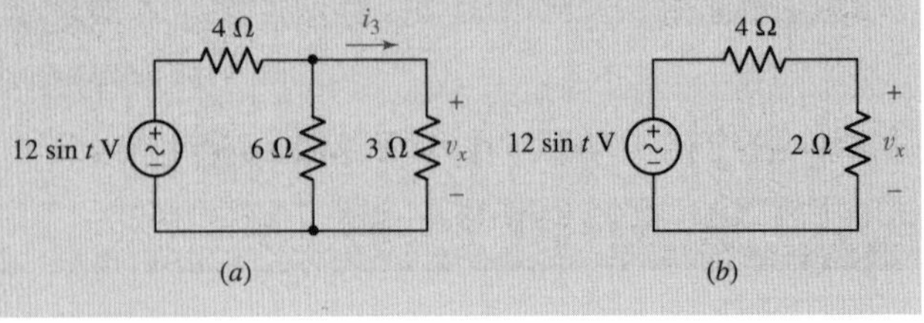

◆ **圖 3.35** 闡述電阻組合與分壓定理之數值範例。(a) 原電路；(b) 簡化之電路。

首先組合 6 Ω 與 3 Ω 電阻器，以 (6)(3)/(6+3) = 2 Ω 取代。

由於 v_x 跨於該並聯組合上，因此化簡並不會失去此一電壓分量。然而，以所產生的 2 Ω 電阻器再串聯 4 Ω 電阻器進行該電路之進一步化簡時，則會失去此一電壓分量。

因此，簡單對圖 3.35b 電路應用分壓定理，得到：

$$v_x = (12 \sin t)\frac{2}{4+2} = 4 \sin t \quad \text{伏特}$$

練習題

3.15 試使用分壓定理求得圖 3.36 電路之 v_x。

解答：2 V。

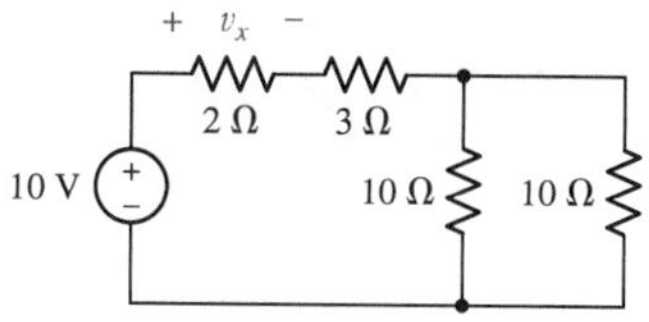

◆ **圖 3.36**

分壓定理之對偶[2] 為電流之分流定理。若給定一個總電流供應數個並聯之電阻器，如圖 3.37 所示。

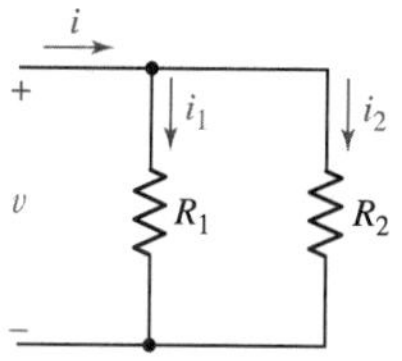

◆ **圖 3.37** 分流定理之闡述。

流經 R_2 之電流為

$$i_2 = \frac{v}{R_2} = \frac{i(R_1 \| R_2)}{R_2} = \frac{i}{R_2}\frac{R_1 R_2}{R_1 + R_2}$$

或者

$$\boxed{i_2 = i\frac{R_1}{R_1 + R_2}} \qquad [12]$$

同理，

$$\boxed{i_1 = i\frac{R_2}{R_1 + R_2}} \qquad [13]$$

在此所闡述之自然性質並不有利於學習者，以上兩個方程式所具有的因子與分壓所使用之因子有微妙不同，而需小心避免其錯誤發生。許多學生看到分壓定理之表示式相當“明顯”，而對分流定理則“不同”。此可協助了解兩並聯電阻器其中較大者總是流過較小的電流。

以 N 個電阻器並聯之組合而言，流經電阻器 R_k 之電流為

2 在工程上常會遇到對偶性原理，本書將在比較電感器與電容器時簡略地說明於第七章。

$$i_k = i \frac{\frac{1}{R_k}}{\frac{1}{R_1} + \frac{1}{R_2} + \cdots + \frac{1}{R_N}} \quad [14]$$

以電導的型式，可寫為

$$i_k = i \frac{G_k}{G_1 + G_2 + \cdots + G_N}$$

此與方程式 [11] 之分壓定理相當類似。

範例 3.14

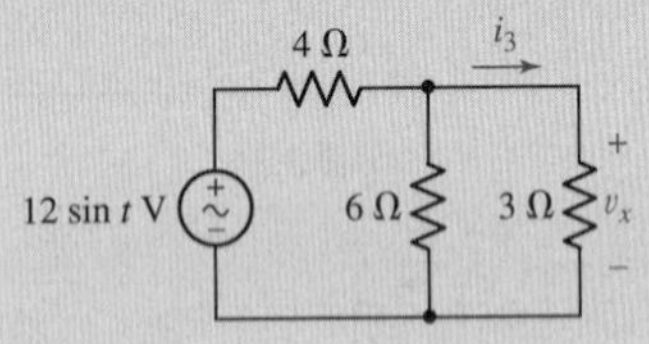

◆ **圖 3.38** 分流定理之範例電路，其中電壓源符號中波浪狀的線條指示時變的弦波電源。

試寫出流經圖 3.38 電路中 3 Ω 電阻器之電流表示式。

流進 3 Ω 與 6 Ω 電阻器組合之總電流為

$$i(t) = \frac{12 \sin t}{4 + 3\|6} = \frac{12 \sin t}{4+2} = 2 \sin t \qquad \text{A}$$

因此以分流定理給定所求的電流為

$$i_3(t) = (2 \sin t)\left(\frac{6}{6+3}\right) = \frac{4}{3} \sin t \qquad \text{A}$$

但是有時並不可應用分流定理。例如，回到圖 3.33c 之電路，已知此一電路並不包含任何串聯或並聯之電路元件，由於沒有並聯之電阻器，因此絕不可以使用分流定理來處理各節點之分流情形。即使如此，仍有許多的學生會快速看過電阻器 R_A 與 R_B，並且試圖應用分流定理，而且寫出不正確的方程式，例如

$$i_A \not= i_S \frac{R_B}{R_A + R_B}$$

請記住，並聯的電阻器必須是相同節點對之間的分支。

練習題

3.16 在圖 3.39 電路中，試使用電阻組合方法與分流定理，求得 i_1、i_2 與 v_3。

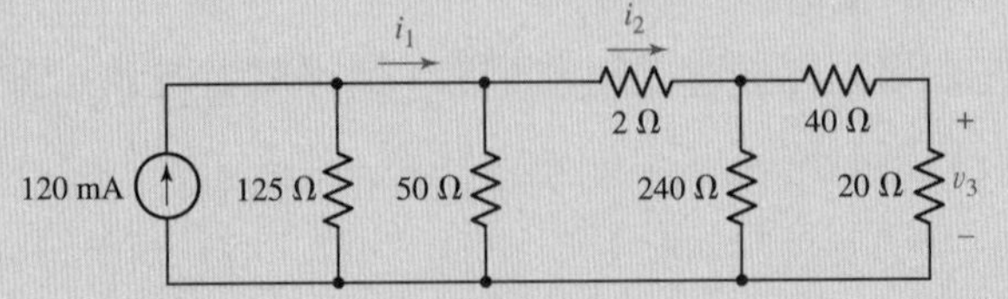

◆ **圖 3.39**

解答：100 mA；50 mA；0.8 V。

總結與回顧

本章一開始先探討電路元件之連接並且介紹專有名詞**節點**、**路徑**、**迴路**與**分支**。接著兩個主題則是考慮到本書中兩個最重要的定律，稱為克西荷夫電流定律 (KCL) 以及克西荷夫電壓定律 (KVL)。經由電荷守恆推導出第一個定律，並且能夠依據“進入者 (電流) 必須走出”想像之。第二個定律則是基於能量守恆，並且能夠將之視為“上升者 (電位) 必須往下”。這兩個定律提供讀者分析**任何**線性或非線性電路之方法，給予描述被動元件電壓與電流之方式 (例如，電阻器之歐姆定律)。在單迴路電路之實例中，其中的元件皆是**串聯**連接，因此每一個元件皆承載著相同的電流。在單節點對電路中，每個元件皆彼此**並聯**連接，特徵為每個元件具有相同的單一電壓。將這些觀念延伸，則提供讀者發展簡化串聯連接的電壓源或者並聯連接的電流源之機制；之後則得到串聯與並聯連接的電阻器之典型表示式。最後一個主題分壓定理與分流定理則是得到電路設計上有用的方式，其中需要特定的電壓或電流，但電源的選擇則受到限制。

總結本章之關鍵重點，回顧最重要且適當的範例。

- ❑ 克西荷夫電流定律 (KCL) 敘述流進任何一個節點的電流之代數和為零。(範例 3.1 與 3.4)
- ❑ 克西荷夫電壓定律 (KVL) 敘述環繞電路中任何封閉路徑之電壓代數和為零。(範例 3.2 與 3.3)
- ❑ 電路中所有流過相同電流的元件稱為串聯連接。(範例 3.5)
- ❑ 電路中具有相同跨壓的元件稱為並聯連接。(範例 3.6 與 3.7)
- ❑ 能夠以單一個電壓源來取代多數串聯的電壓源，所要關注的是，每個電壓源個別的極性。(範例 3.8 與 3.10)
- ❑ 能夠以單一個電流源來取代多數並聯的電流源，所要關注的是，每個電流源箭頭的方向。(範例 3.9 與 3.10)
- ❑ 能夠以單一個電阻器來取代 N 個電阻器之串聯組合，其數值為 $R_{eq} = R_1 + R_2 + \cdots + R_N$。(範例 3.11)
- ❑ 能夠以單一個電阻器來取代 N 個電阻器之並聯組合，其數值為

$$\frac{1}{R_{eq}} = \frac{1}{R_1} + \frac{1}{R_2} + \cdots + \frac{1}{R_N}$$

  (範例 3.12)
- ❑ 分壓定理提供計算某一電阻器串列總跨壓對其中任何一個電阻器 (或者某一群電阻器) 之分壓方式。(範例 3.13)
- ❑ 分流定理提供計算某一電阻器並列總電流對其中任何一個電阻器之分流方式。(範例 3.14)

延伸閱讀

能量守恆與電荷守恆原理之探討，可閱讀

R. Feynman, R. B. Leighton, and M. L. Sands, *The Feynman Lectures on Physics*. Reading, Mass.: Addison-Wesley, 1989, pp. 4-1, 4-7, and 25-9.

為數眾多與 2008 National Electrical Code® 一致的接地實務觀念，可閱讀

J. E. McPartland, B. J. McPartland, and F. P. Hartwell, *McGraw-Hill's National Electrical Code® 2008 Handbook*, 26th ed. New York, McGraw-Hill, 2008.

習題

3.1 節點、路徑、迴路與分支

1. 參照圖 3.40 所描述之電路，試計算 (a) 節點；(b) 元件；(c) 分支之數目。
2. 參照圖 3.41 所描述之電路，試計算 (a) 節點；(b) 元件；(c) 分支之數目。

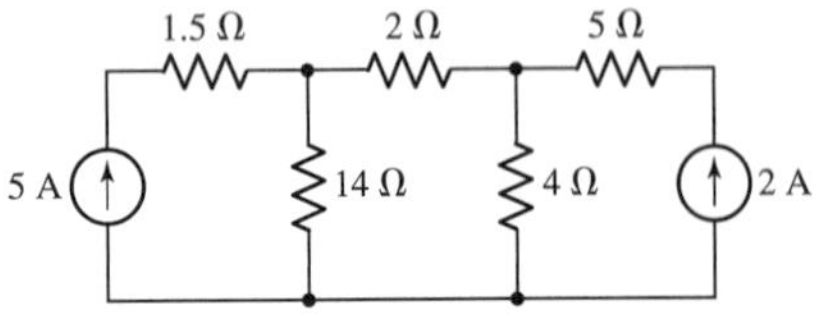

◆ **圖 3.40**

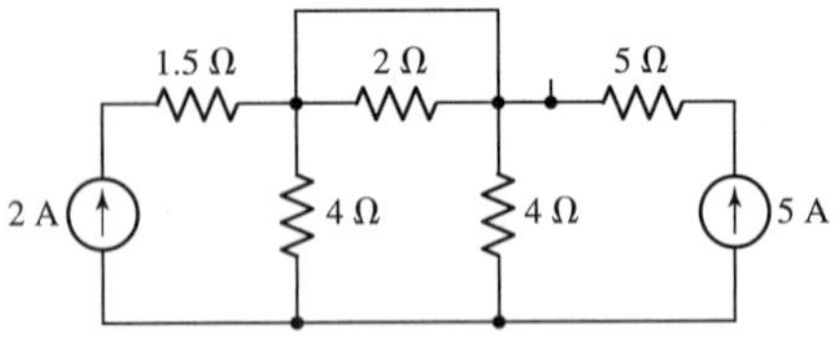

◆ **圖 3.41**

3. 參照圖 3.42，回答以下的問題：
   (a) 電路中包含多少個不同的節點？
   (b) 電路中包含多少個元件？
   (c) 電路具有多少個分支？
   (d) 判斷以下問題各是代表路徑、迴路、兩者皆是或者兩者皆非：
      (i) *A* 至 *B*。
      (ii) *B* 至 *D* 至 *C*，再到 *E*。
      (iii) *C* 至 *E* 至 *D* 至 *B*，再到 *A*，並回到 *C*。
      (iv) *C* 至 *D* 至 *B*，再到 *A*，並回到 *C*，再到 *E*。

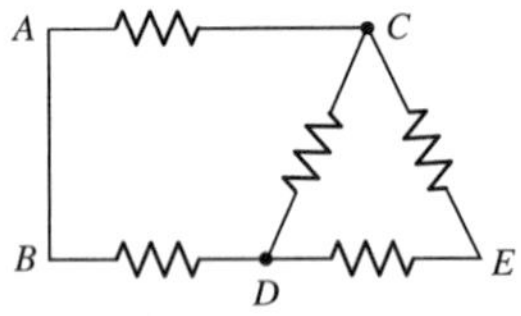

◆ **圖 3.42**

3.2 克西荷夫電流定律

4. 當地的餐廳具有一個由 12 個燈泡所構成的霓虹招牌，當燈泡故障時，會呈現猶如一個無限大的電阻，而不能傳導電流。製造商會提供兩種連接該招牌線路之選項 (圖 3.43)。藉由所學習的 KCL 觀念，餐廳業者應該選擇何者？試解釋之。

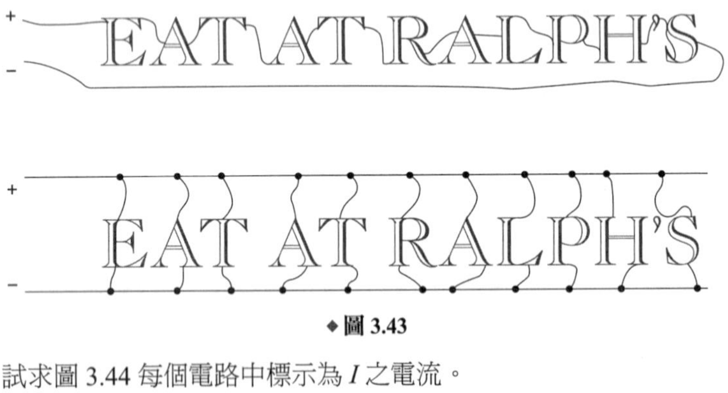

◆ **圖 3.43**

5. 試求圖 3.44 每個電路中標示為 *I* 之電流。

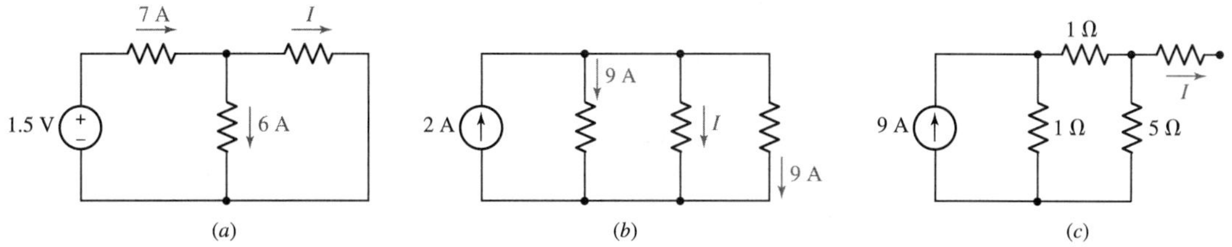

◆ **圖 3.44**

6. 圖 3.45 電路中之電壓源所提供的 1 A 電流流出其正端進入電阻器 R_1。試計算標示為 i_2 之電流。
7. 如圖 3.46 所示之電路 (此為雙極性接面電晶體偏壓於順向主動區之 dc 操作模型)，已測得 I_B 為 100 μA。試求 I_C 與 I_E。

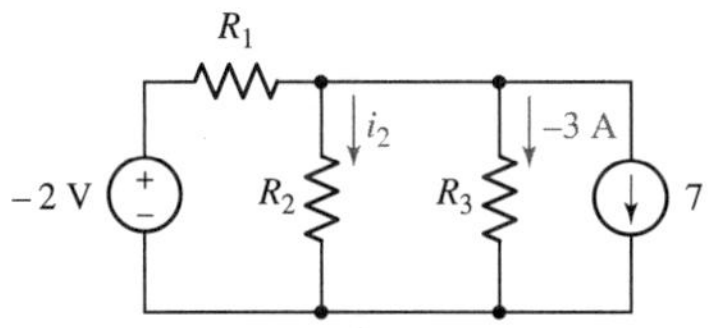

◆ **圖 3.45**

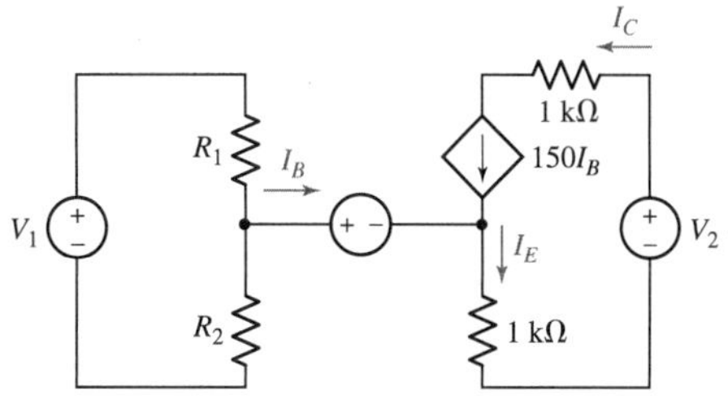

◆ **圖 3.46**

8. 試求圖 3.47 電路中標示為 I_3 之電流。

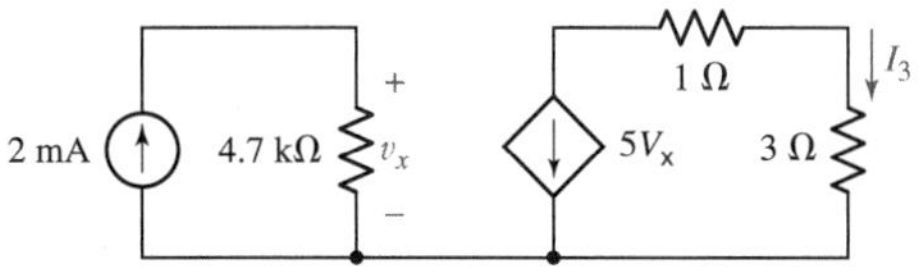

◆ **圖 3.47**

3.3 克西荷夫電壓定律

9. 如圖 3.48 所示之電路：
   (a) 若 $v_2 = 0$ V 且 $v_3 = -17$ V，試求電壓 v_1。
   (b) 若 $v_2 = -2$ V 且 $v_3 = +2$ V，試求電壓 v_1。
   (c) 若 $v_1 = 7$ V 且 $v_3 = 9$ V，試求電壓 v_2。
   (d) 若 $v_1 = -2.33$ V 且 $v_2 = -1.70$ V，試求電壓 v_3。

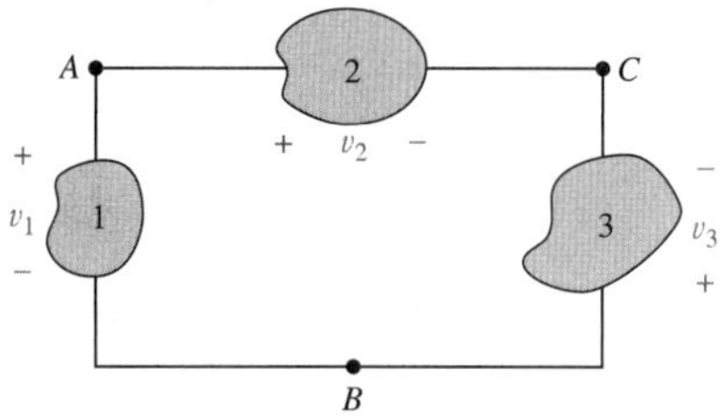

◆ **圖 3.48**

10. 在圖 3.49 之電路中，已知 $v_1 = 3$ V 且 $v_3 = 1.5$ V。試計算 v_R 與 v_2。

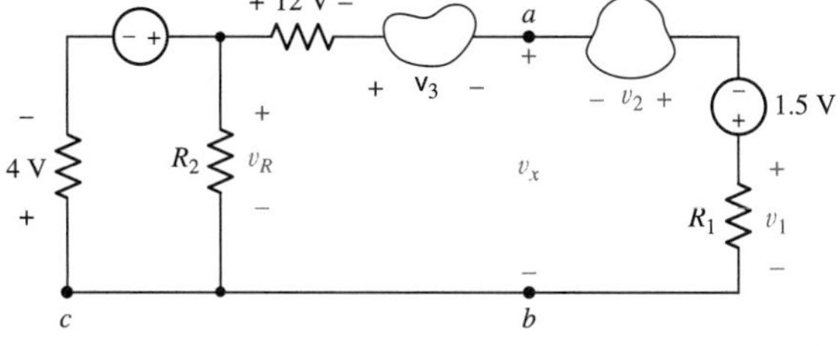

◆ **圖 3.49**

11. 試求圖 3.50 電路標示為 v_x 之數值。
12. (a) 試求圖 3.51 電路中的每個電流與電壓 (i_1、v_1 等等) 之數值。
    (b) 試計算每個元件所吸收的功率並且驗證其總和為零。

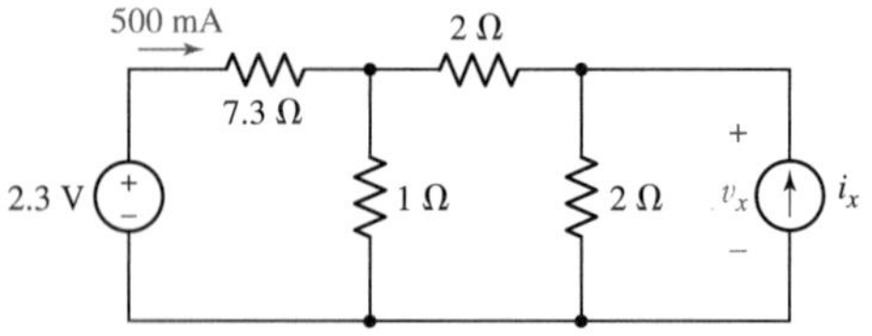

◆ **圖 3.50**

13. 圖 3.52 所示之電路包含已知的運算放大器元件。此一元件在電路中具有兩個獨特的特點：(1) $V_d = 0$ V，以及 (2) 沒有任何電流會流進任何一個輸入端 (在符號中標示為 "−" 與 "+")，但電流能夠流出輸出端 (標示為 "OUT")。此似乎是不可能的狀況——直接抵觸 KCL——傳送至元件的功率，並不包含此一符號。基於此一資訊，試計算 V_{out}。(提示：需要兩個 KVL 方程式，兩個皆需要 5 V 電源。)

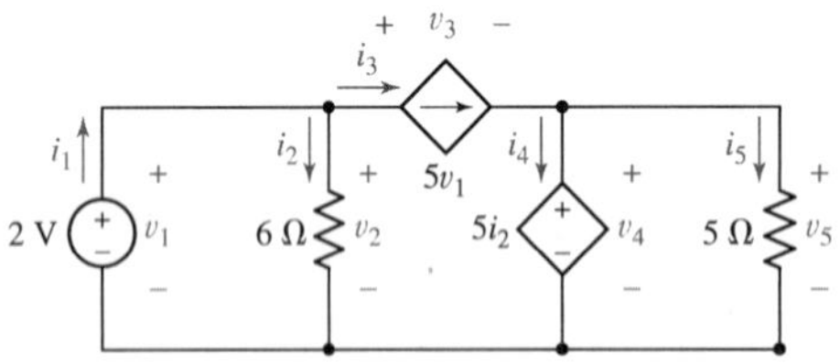

◆ **圖 3.51**

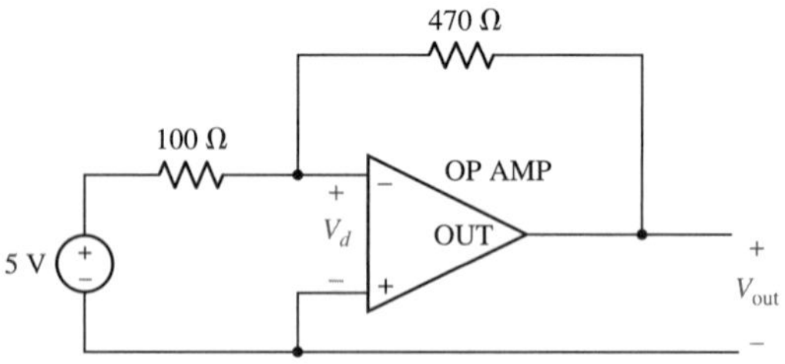

◆ **圖 3.52**

3.4 單迴路電路

14. 試求圖 3.53 所示的電路中每個元件所吸收之功率數值。
15. 試計算圖 3.54 電路每個元件所吸收之功率。

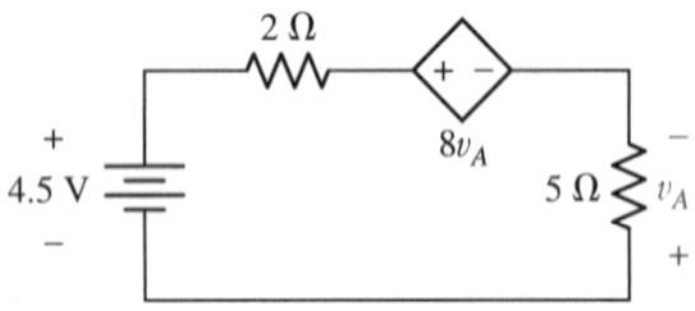

◆ **圖 3.53**

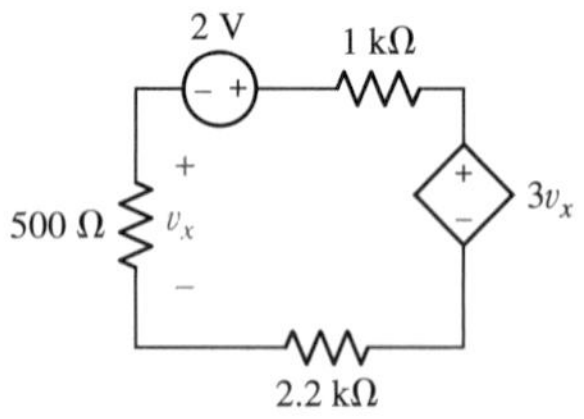

◆ **圖 3.54**

16. 克西荷夫定律可應用於歐姆定律是否可應用之特殊元件。例如，二極體的 *I-V* 特性給定為

$$I_D = I_S\left(e^{V_D/V_T} - 1\right)$$

其中在室溫的 $V_T = 27$ mV，I_S 可從 10^{-12} 變化至 10^{-3} A。在圖 3.55 之電路中，若 $I_S = 29$ pA，試使用 KVL/KCL 求得 V_D。(註釋：此問題會導致一個超越方程式，需要反覆疊代法，方能得到數值解。大部分的科學計算機皆可執行如此功能。)

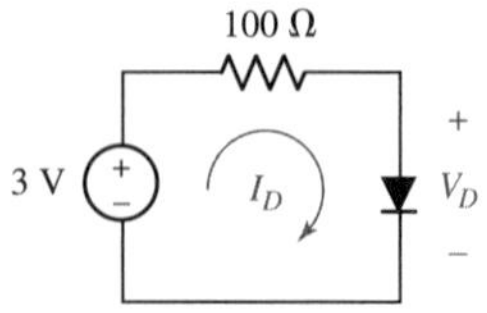

◆ **圖 3.55**

3.5 單節點對電路

17. 參照圖 3.56 之電路，(a) 試求兩電流 i_1 與 i_2；(b) 試計算每個元件所吸收的功率。
18. 試求圖 3.57 電路中標示為 v 之電壓數值，並且計算兩電流源所提供的功率。

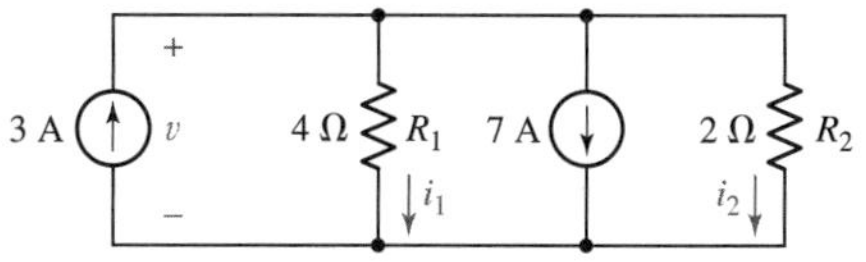

◆圖 3.56

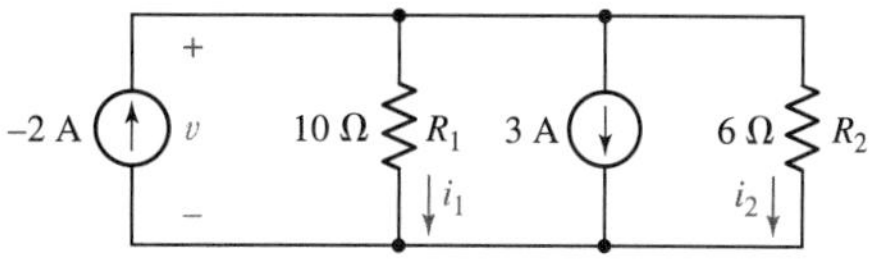

◆圖 3.57

19. 參照圖 3.58 所描述之電路，試求電壓 v 之數值。
20. 試求圖 3.59 電路中標示為 v 之電壓，並且計算每個電流源所提供的功率。

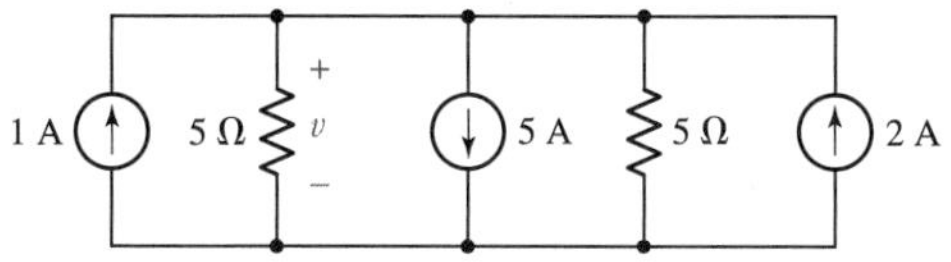

◆圖 3.58

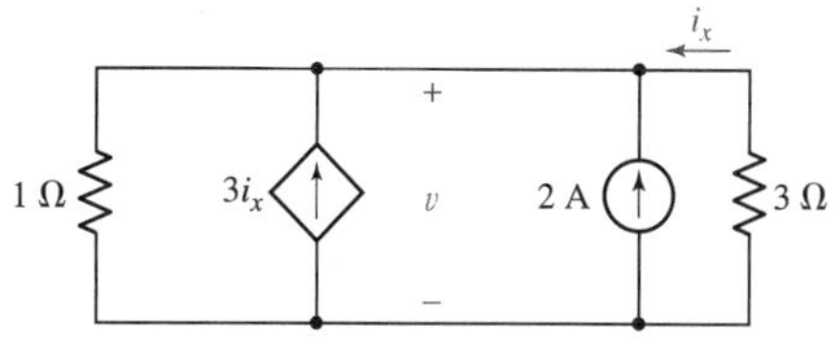

◆圖 3.59

3.6 串聯與並聯連接之電源

21. 若 (a) $v_1 = 0$ V、$v_2 = -3$ V 且 $v_3 = +3$ V；(b) $v_1 = v_2 = v_3 = 1$ V；(c) $v_1 = -9$ V、$v_2 = 4.5$ V 且 $v_3 = 1$ V。試求圖 3.60a 中之 v_{eq} 之數值。
22. 若 (a) $i_1 = 0$ A、$i_2 = -3$ A 且 i3 $= +3$ A；(b) $i_1 = i_2 = i_3 = 1$ A；(c) $i_1 = -9$ A、$i_2 = 4.5$ A 且 $i_3 =$ 1 A。試求圖 3.60b 中之 i_{eq} 之數值。

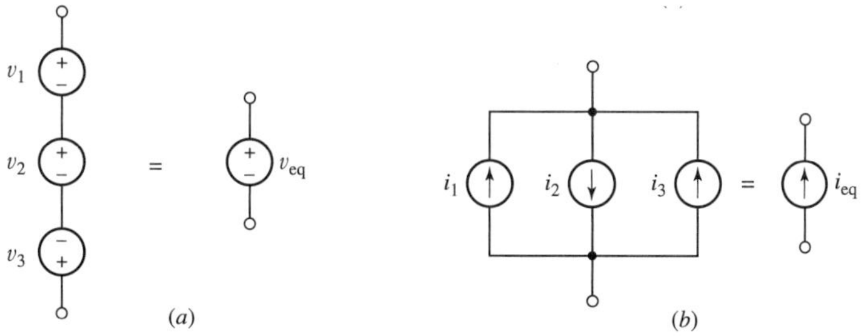

◆圖 3.60

23. 在圖 3.61 電路中，若要使電壓 v 為零，則 I_S 數值應為何？

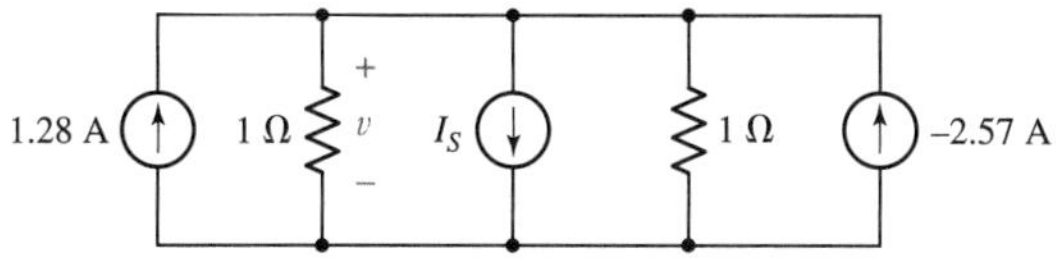

◆圖 3.61

24. (a) 試求圖 3.62 所示電路中之 I_X 與 V_Y；(b) 對此一電路而言，這些數值皆必須是唯一的？請解釋；(c) 盡可能簡化圖 3.62 之電路，而仍保持 v 與 i 數值不變。(解答必須包含 1 Ω 之電阻器。)

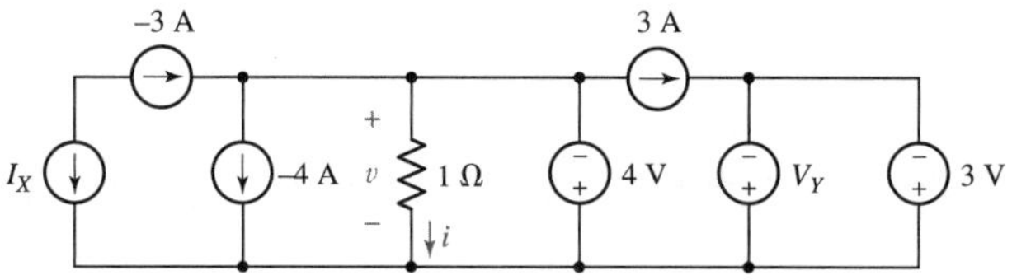

◆圖 3.62

3.7 串聯與並聯之電阻器

25. 試求圖 3.63 所示之各網路中的等效電阻。

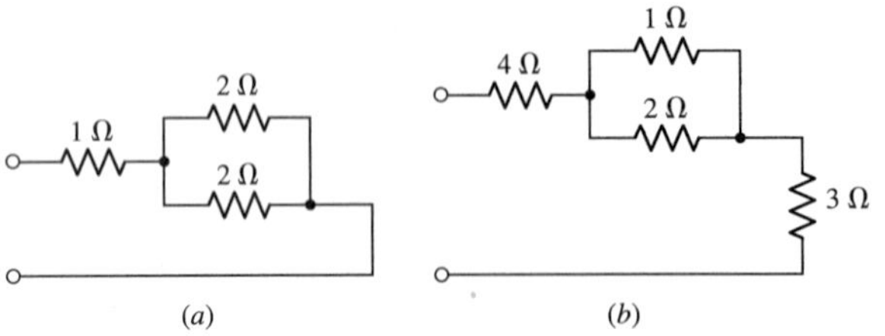

◆ 圖 3.63

26. (a) 藉由使用電源與電阻器之組合，盡可能簡化圖 3.64 之電路；(b) 使用已化簡之電路，試計算電流 i；(c) 若要將電流 i 降至零，則 1 V 電源應改變為何？(d) 試計算 5 Ω 電阻器所吸收之功率。

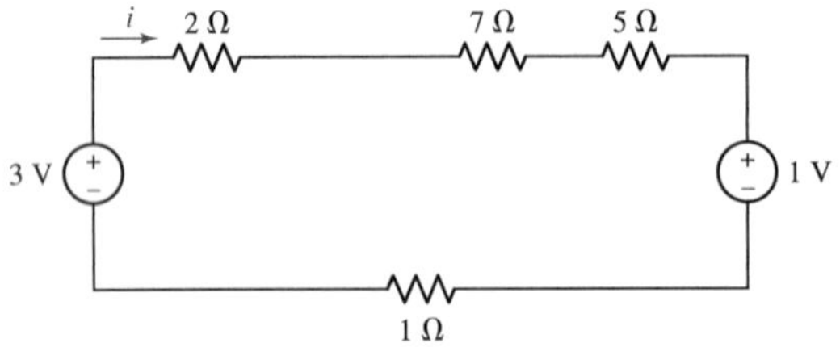

◆ 圖 3.64

27. 適當使用電阻器組合技術，試計算圖 3.65 電路之 i_3 以及單一電流源提供給予電路之功率。

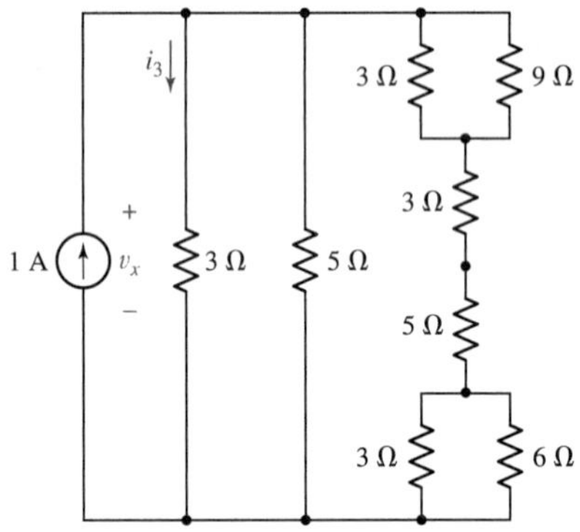

◆ 圖 3.65

28. 試求圖 3.66 電路中 15 Ω 電阻器所吸收之功率。

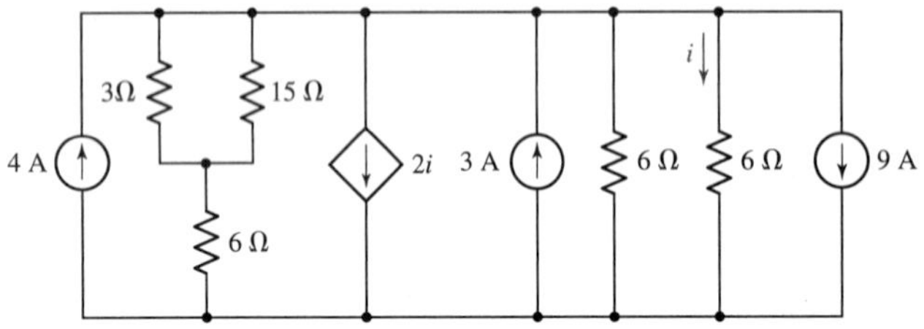

◆ 圖 3.66

29. 若 $R_1 = 2R_2 = 3R_3 = 4R_4$，依此類推，且 $R_{11} = 3\ \Omega$，試計算圖 3.67 所示網路之等效電阻 R_{eq}。

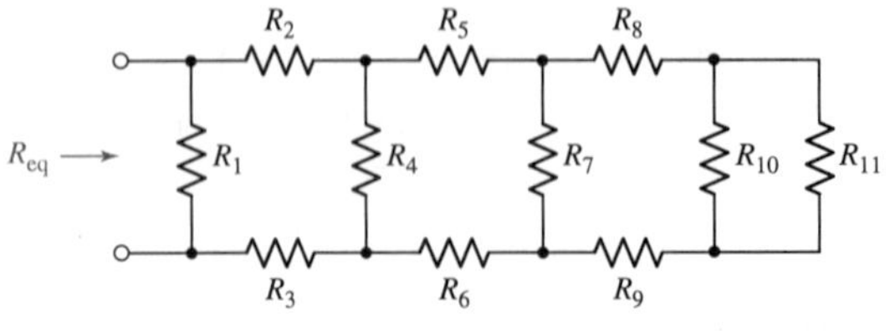

◆ 圖 3.67

30. 證明如何組合四個 100 Ω 之電阻器，藉以得到等效的電阻為 (a) 25 Ω；(b) 60 Ω；(c) 40 Ω。

3.8 分壓與分流定理

31. 在圖 3.68 之分壓網路中，(a) 若 $v = 9.2$ V 且 $v_1 = 3$ V，試計算 v_2；(b) 若 $v_2 = 1$ V 且 $v = 2$ V，試計算 v_1；(c) 若 $v_1 = 3$ V 且 $v_2 = 6$ V，試計算 v；(d) 若 $v_1 = v_2$，試計算 R_1/R_2；(e) 若 $v = 3.5$ V 且 $R_1 = 2R_2$，試計算 v_2；(f) 若 $v = 1.8$ V、$R_1 = 1$ kΩ 且 $R_2 = 4.7$ kΩ，試計算 v_1。
32. 在圖 3.69 所示之分流網路中，(a) 若 $i = 8$ A 且 $i_2 = 1$ A，試計算 i_1；(b) 若 $R_1 = 100$ kΩ、$R_2 = 100$ kΩ 且 $i = 1$ mA，試計算 v；(c) 若 $i = 20$ mA、$R_1 = 1$ Ω 且 $R_2 = 4$ Ω，試計算 i_2；(d) 若 $i = 10$ A 且 $R_1 = R_2 = 9$ Ω，試計算 i_1；(e) 若 $i = 10$ A、$R_1 = 100$ MΩ 且 $R_2 = 1$ Ω，試計算 i_2。
33. 試利用分壓定理輔助計算圖 3.70 電路中標示為 v_x 之電壓。

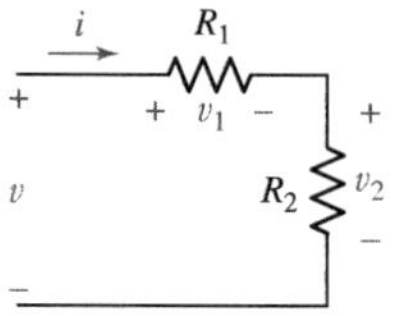

◆ 圖 3.68

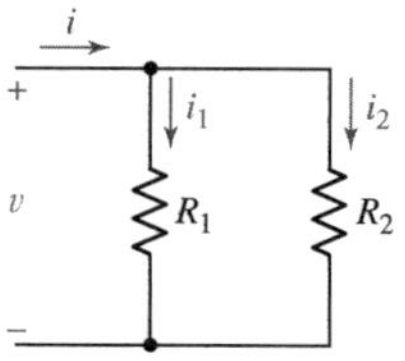

◆ 圖 3.69

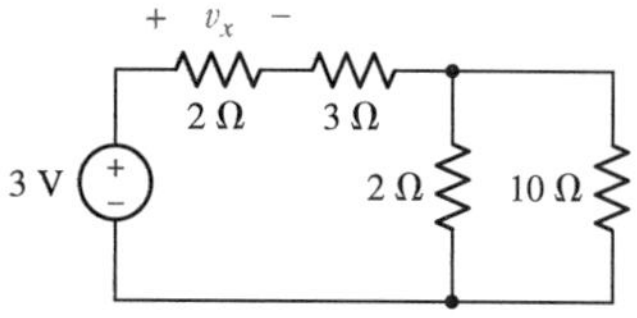

◆ 圖 3.70

34. 某一網路是由五個串聯連接的電阻器所構成，其數值分別為 1 Ω 、3 Ω 、5 Ω 、7 Ω 與 9Ω。如果 9 V 連接跨於網路終端，試利用分壓定理計算跨於 3 Ω 電阻器之電壓以及跨於 7 Ω 電阻器之電壓。
35. 適當利用電阻組合以及分流定理，試求圖 3.71 電路中 i_1、i_2 與 v_3 之數值。

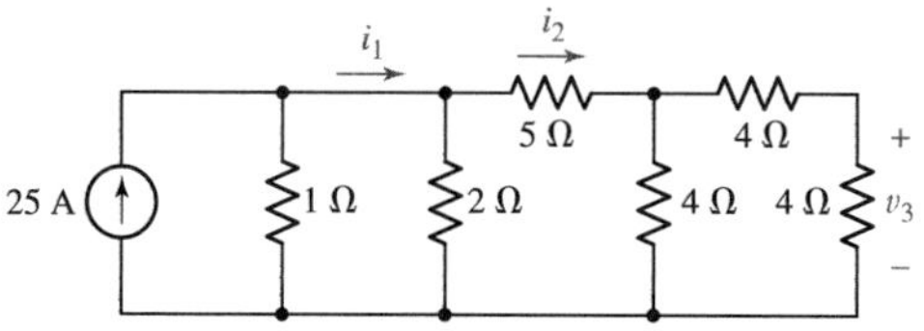

◆ 圖 3.71

36. 在圖 3.72 之電路中，僅關注電壓 v_x。試使用適當的電阻器組合，藉以簡化該電路，並且重複利用分壓定理，求得 v_x。

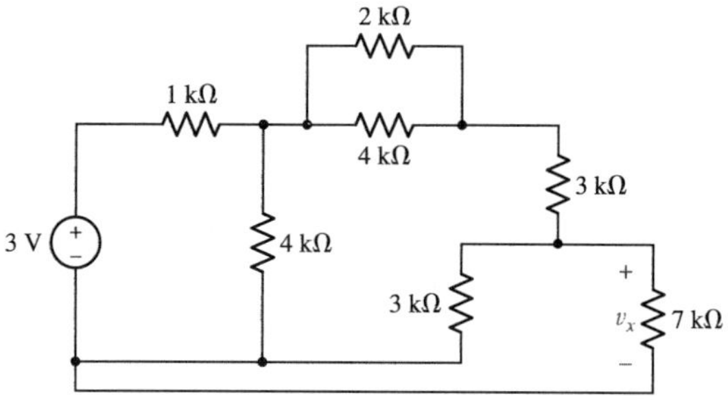

◆ 圖 3.72

Chapter 4

基本節點與網目分析

主要觀念

- 節點分析
- 超節點分析技巧
- 網目分析
- 超網目分析技巧
- 節點與網目分析之間的選擇

簡介

進行歐姆定律與克西荷夫定律三部曲之後，使用簡單的線性電路分析，得到特定元件的某一電流、電壓，或者功率等實用資訊，似乎已是一種明確而直觀的分析方式。不過，至此每一個電路似乎皆是獨一無二的，在開始著手進行分析時 (某些程度) 需要創造力。在本章中，將學習兩種基本的電路分析技巧——**節點分析** (Nodal Analysis) 與**網目分析** (Mesh Analysis) ——兩者皆以一致且有系統的方式探討諸多不同的電路，其效果為精簡分析、使方程式之複雜度更均勻化以及產生較少的錯誤，而也許更重要的是，減少“不知道如何開始著手進行分析”的窘境發生。

目前為止，已知大多數的電路相當簡單且 (事實上) 在實際的使用上有其一定的疑慮。然而，如此的電路在輔助讀者學習應用基本技巧上相當具有價值。儘管本章將出現更為複雜的電路，可能呈現多樣的電氣系統，包含控制電路、通訊網路、馬達，或者積體電路，乃至於非電氣系統之電子電路模型等等，但相信在先期的階段中，最好不要思索這樣的細節。一開始反而著重將焦點放在解決問題的方法，此觀點將持續拓展於整本書。

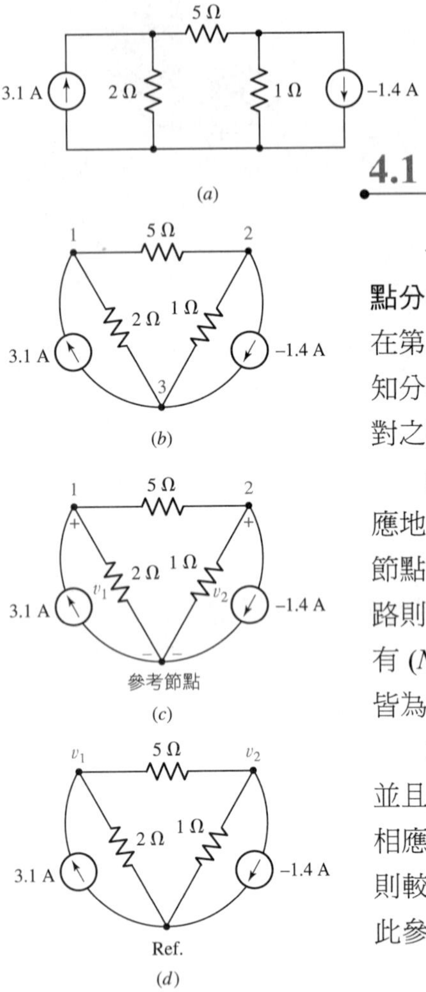

◆**圖 4.1**　(a) 簡單的三個節點電路；(b) 重新繪製該電路，藉以強調各個節點之存在；(c) 選擇參考節點並且指定各個電壓；(d) 速記的電壓參考方式。若有需要，可以“Ref.”來替代適當的接地符號。

4.1　節點分析

一開始先考慮一種以 KCL 為基礎的有效分析方法，稱為**節點分析** (Nodal Analysis)，此乃是一般有系統的電路分析方法。在第三章中，已經考慮了僅具有兩個節點的簡單電路之分析。已知分析主要的步驟為根據單一未知量而得到單一方程式——節點對之間的電壓。

此時將增加節點的數目，並且針對所增加的每一個節點，相應地提供一個額外的未知數以及一個額外的方程式。因此，三個節點的電路應具有兩個未知電壓以及兩個方程式；十個節點的電路則會具有九個未知電壓與九個方程式；N 個節點的電路便會具有 $(N-1)$ 個未知電壓以及 $(N-1)$ 個方程式，其中每一個方程式皆為簡單的 KCL 方程式。

為闡述此一基本技巧，考慮圖 4.1a 所示的三個節點電路，並且將之重新繪製於圖 4.1b，藉以強調僅有三個節點之事實，再相應地給予編號，目的為判斷每個元件的跨壓。下一個分析步驟則較為關鍵。指定其中一個節點為**參考節點** (Reference Node)；此參考節點將為 $N-1=2$ 個節點電壓之負端，如圖 4.1c 所示。

若將連接到最多分支的節點指定為參考節點，便可略為化簡所產生的方程式。儘管許多人似乎較偏好選擇電路的下方節點為參考節點，特別是如果在沒有指定明確的接地點之狀況，但若電路中具有接地節點，通常選擇接地節點為參考節點最為方便。

相對於參考節點之節點 1 電壓稱為 v_1，而 v_2 則定義為節點 2 相對於參考節點之電壓。這兩個電壓皆為分析所需的電壓，任何其他節點對之間的電壓皆可據之得到。例如，節點 1 相對於節點 2 的電壓為 $v_1 - v_2$，其中的電壓 v_1 與 v_2 以及其參考記號顯示於圖 4.1c。為使電路清楚起見，常用的方式為若已標示了參考節點，便可將其省略；而已標示電壓的節點為正端 (圖 4.1d)，此為一種速記電壓之標示法。

在電路圖中暗示著所定義的參考節點為零伏特。然而，重要的是要記得任何一個端點皆能夠指定為參考端點。因此，參考節點為相對於其他已定義的節點電壓為零伏特，而不需要是相對於大地之接地 (Earth Ground)。

此時將 KCL 應用於節點 1 與 2，以流出節點而經過數個電阻器的總電流等於流入該節點總電流列出方程式。因此，

$$\frac{v_1}{2}+\frac{v_1-v_2}{5}=3.1 \qquad [1]$$

或者

$$0.7v_1-0.2v_2=3.1 \qquad [2]$$

在節點 2，可知

$$\frac{v_2}{1}+\frac{v_2-v_1}{5}=-(-1.4) \qquad [3]$$

或者

$$-0.2v_1+1.2v_2=1.4 \qquad [4]$$

方程式 [2] 與 [4] 為以兩個未知數描述的兩個所需方程式，可簡易地求解。解答為 $v_1=5$ V 與 $v_2=2$ V。

藉此，明確地求出 5 Ω 電阻器的跨壓為：$v_{5\Omega}=v_1-v_2=3$ V。各電流以及所吸收的功率同樣也可以一個步驟計算之。

此時應該注意到以節點分析而言，有超過一種方式可列出 KCL 方程式。例如，讀者可能偏好將流進給定節點的所有電流加總，並且另此一總和為零。因此，就節點 1 而言，可寫出

$$3.1-\frac{v_1}{2}-\frac{v_1-v_2}{5}=0$$

或者

$$3.1+\frac{-v_1}{2}+\frac{v_2-v_1}{5}=0$$

每一個方程式皆等效於方程式 [1]。

何者較佳？每一位老師與學生會拓展出個人的偏好，而重要的是，最後皆是一致的。本書作者較偏好建立每一個節點 KCL 方程式的方式為將所有電流源項列於方程式的一邊，且將所有電阻項列於另一邊。特別的是，

∑ 從電流源流進節點的電流 = ∑ 流出電阻器之電流

此一方式具有幾個優點。首先，絕不會對某一項該為“v_1-v_2”或者“v_2-v_1”而產生混淆；每一個電阻器電流表示式中的第一個電壓相應於所寫下的 KCL 方程式之節點，如藉由方程式 [1] 與 [3] 所得知的。再者，此做法提供快速檢查是否不小心遺漏了其中某一項。簡單計算連接到一個節點的電流源以及電阻器數目，將之以上述的方式進行分類可較早相對照檢查。

範例 4.1

試求圖 4.2a 從左至右流經 15 Ω 電阻器之電流。

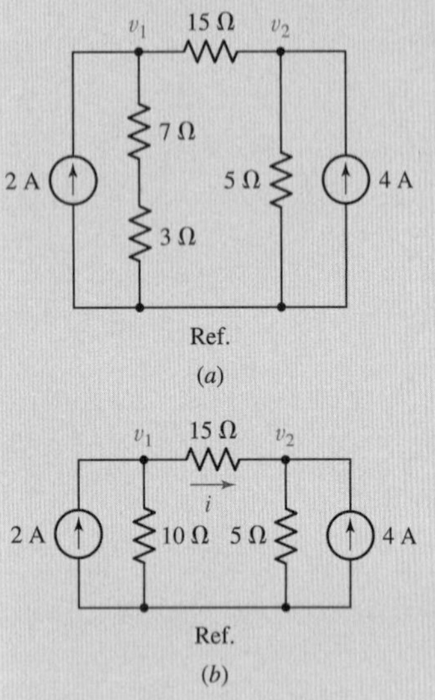

◆ **圖 4.2** (a) 具有兩個獨立電流源之四節點電路；(b) 以單一個 10 Ω 的電阻器取代兩個串聯的電阻器，將電路簡化為三個節點。

節點分析可直接得到節點電壓 v_1 與 v_2 之數值，而所需的電流則給定為 $i = (v_1 - v_2)/15$。

而在開始著手節點分析之前，首先要注意題目並不關注與 7 Ω 電阻器以及 3 Ω 電阻器相關的細節，因此以一個 10 Ω 電阻器取代此一串聯組合，如圖 4.2b 所示。此一結果可減少需要求解的方程式數目。

寫出節點 1 適當的 KCL 方程式，

$$2 = \frac{v_1}{10} + \frac{v_1 - v_2}{15} \qquad [5]$$

節點 2 之 KCL 方程式為

$$4 = \frac{v_2}{5} + \frac{v_2 - v_1}{15} \qquad [6]$$

重新整理，便可得到

$$5v_1 - 2v_2 = 60$$

以及

$$-v_1 + 4v_2 = 60$$

進行求解，得到 $v_1 = 20$ V 且 $v_2 = 20$ V，因此 $v_1 - v_2 = 0$。換言之，在此一電路中，流經 15 Ω 電阻器為**零電流** (Zero Current)！

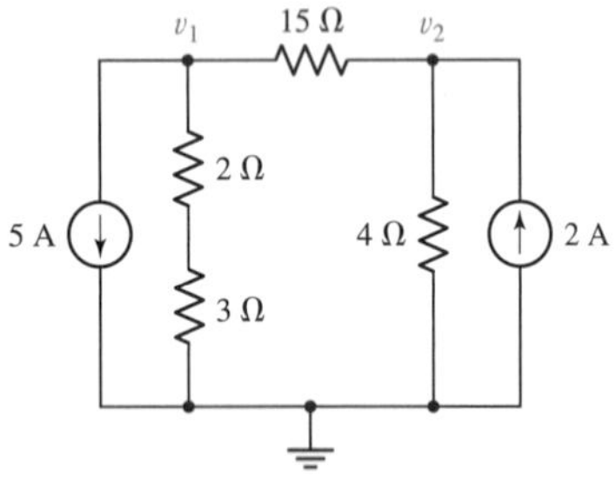

◆ **圖 4.3**

練習題

4.1 試求圖 4.3 電路之節點電壓 v_1 與 v_2。

解答：$v_1 = -145/8$ V，$v_2 = 5/2$ V。

此時試著增加節點的數目，藉由節點分析技巧求出稍微較難之問題。

範例 4.2

試求圖 4.4a 電路之節點電壓，其中下方節點為參考點。

▶確定問題的目標

此一電路具有四個節點。下方節點為參考節點，並且標示出其他三個節點，如圖 4.4b 所示，已清楚重新繪製該電路，注意辨別 4 Ω 電阻器兩個相應的節點。

▶**蒐集已知的資訊**

已知三個未知電壓 v_1、v_2 與 v_3，而所有的電流源與電阻器皆已經指定了所具有的數值，並且標示在電路圖上。

▶**擬訂求解計畫**

因可利用電流源以及流經每個電阻器的電流寫出三個獨立 KCL 方程式，此一問題相當適合採用節點分析。

▶**建立一組適當的方程式**

藉由節點 1 的 KCL 方程式開始著手：

$$-8-3=\frac{v_1-v_2}{3}+\frac{v_1-v_3}{4}$$

或者

$$0.5833v_1-0.3333v_2-0.25v_3=-11 \qquad [7]$$

在節點 2，

$$-(-3)=\frac{v_2-v_1}{3}+\frac{v_2}{1}+\frac{v_2-v_3}{7}$$

或者

$$-0.3333v_1+1.4762v_2-0.1429v_3=3 \qquad [8]$$

而在節點 3，

$$-(-25)=\frac{v_3}{5}+\frac{v_3-v_2}{7}+\frac{v_3-v_1}{4}$$

或者，更簡化為

$$-0.25v_1-0.1429v_2+0.5929v_3=25 \qquad [9]$$

▶**判斷是否需要額外的資訊**

已得到三個未知數所構成的三個方程式，假設皆為獨立方程式，此便足以確定所求的三個電壓。

▶**嘗試解決方案**

可使用工程計算機求解方程式 [7] 至 [9]，例如 MATLAB 之軟體套件，或者較為傳統的 "plug-and-chug" 技巧 (諸如變數消去法)、矩陣方法，或者克拉瑪法則 (Cramer's Rule)。若採用克拉瑪法則，可得

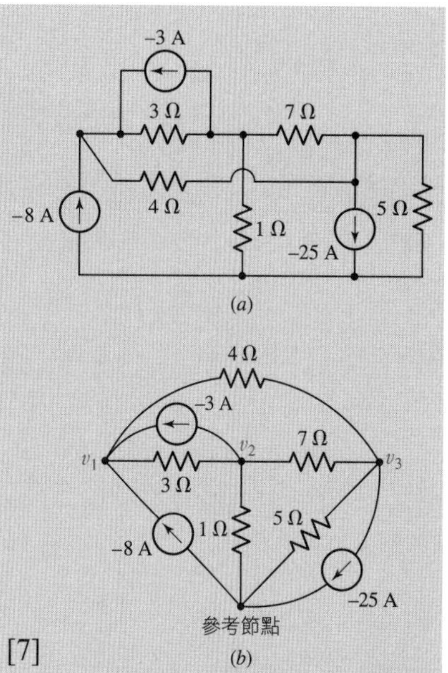

◆**圖 4.4** (a) 四節點之電路；(b) 選擇參考節點及標示電壓後所重新繪製之電路。

$$v_1 = \frac{\begin{vmatrix} -11 & -0.3333 & -0.2500 \\ 3 & 1.4762 & -0.1429 \\ 25 & -0.1429 & 0.5929 \end{vmatrix}}{\begin{vmatrix} 0.5833 & -0.3333 & -0.2500 \\ -0.3333 & 1.4762 & -0.1429 \\ -0.2500 & -0.1429 & 0.5929 \end{vmatrix}} = \frac{1.714}{0.3167} = 5.412 \text{ V}$$

同理，

$$v_2 = \frac{\begin{vmatrix} 0.5833 & -11 & -0.2500 \\ -0.3333 & 3 & -0.1429 \\ -0.2500 & 25 & 0.5929 \end{vmatrix}}{0.3167} = \frac{2.450}{0.3167} = 7.736 \text{ V}$$

且

$$v_3 = \frac{\begin{vmatrix} 0.5833 & -0.3333 & -11 \\ -0.3333 & 1.4762 & 3 \\ -0.2500 & -0.1429 & 25 \end{vmatrix}}{0.3167} = \frac{14.67}{0.3167} = 46.32 \text{ V}$$

▶驗證解答是否合理或符合所預期的結果

將所得到的三個電壓代入三個節點方程式便可確定該計算正確。除此之外，是否可能判斷這些電壓是否“合理”？已知電路中最大的可能電流為 $3 + 8 + 25 = 36$ 安培。最大的電阻器為 $7\ \Omega$，所以預料任何電壓數值將會小於 $7 \times 36 = 252$ V。

當然有許多的數值方法可求解線性聯立方程組。雖然在實現上相當繁瑣，但在工程計算機出現之前，範例 4.2 所示的克拉瑪法則在電路分析上極為常見。然而，使用一個簡單的四功能計算機進行此類計算卻相當簡單。另一方面，雖然 MATLAB 似乎在考試期間無法使用，但 MATLAB 卻為功能強大的軟體套件，能夠明顯簡化求解的過程。

就範例 4.2 所遭遇的情況而言，透過 MATLAB 則具有數種有效用的選擇。首先，以**矩陣式** (Matrix Form) 來描述方程式 [7] 至 [9]：

$$\begin{bmatrix} 0.5833 & -0.3333 & -0.25 \\ -0.3333 & 1.4762 & -0.1429 \\ -0.25 & -0.1429 & 0.5929 \end{bmatrix} \begin{bmatrix} v_1 \\ v_2 \\ v_3 \end{bmatrix} = \begin{bmatrix} -11 \\ 3 \\ 25 \end{bmatrix}$$

得到

$$\begin{bmatrix} v_1 \\ v_2 \\ v_3 \end{bmatrix} = \begin{bmatrix} 0.5833 & -0.3333 & -0.25 \\ -0.3333 & 1.4762 & -0.1429 \\ -0.25 & -0.1429 & 0.5929 \end{bmatrix}^{-1} \begin{bmatrix} -11 \\ 3 \\ 25 \end{bmatrix}$$

在 MATLAB 中，可書寫

```
>> a = [0.5833 -0.3333 -0.25; -0.3333 1.4762 -0.1429; -0.25 -0.1429 0.5929];
>> c = [-11; 3; 25];
>> b = a^-1 * c
b =

   5.4124
   7.7375
  46.3127

>>
```

其中每列的各個元素以空格分開，並且使用分號來區分各列。命名為 **b** 的矩陣為解答，由於 **b** 矩陣僅具有一行，因此也稱為**向量** (Vector)。因此，$v_1 = 5.412$ V、$v_2 = 7.738$ V 且 $v_3 = 46.31$ V (其中已經產生四捨五入後的誤差)。

如果利用 MATLAB 的符號處理器 (Symbolic Processor)，同樣也能夠使用一開始所寫下的 KCL 方程式。

```
>> eqn1 = '-8 -3 = (v1 - v2)/ 3 + (v1 - v3)/ 4';
>> eqn2 = '-(-3) = (v2 - v1)/ 3 + v2/ 1 + (v2 - v3)/ 7';
>> eqn3 = '-(-25) = v3/ 5 + (v3 - v2)/ 7 + (v3 - v1)/ 4';
>> answer = solve(eqn1, eqn2, eqn3, 'v1', 'v2', 'v3');
>> answer.v1
ans =
720/133
>> answer.v2
ans =
147/19
>> answer.v3
ans =
880/19
>>
```

得到精確的解答，沒有任何的四捨五入誤差產生。以名為 eqn1、eqn2 與 eqn3 的符號方程式列表中調用 *solve()* 的例行程序，但同樣也必須指定變數 v_1、v_2 與 v_3。如果以較少於方程式的變數呼叫 *solve()*，則會返回代數解。解的型式值得快速評論；其返回到程式語法稱為結構 (Structure) 的地方，在此一範例中，該結構則稱為“解答”。結構中的每一個組件皆以所示的名稱分別存取之。

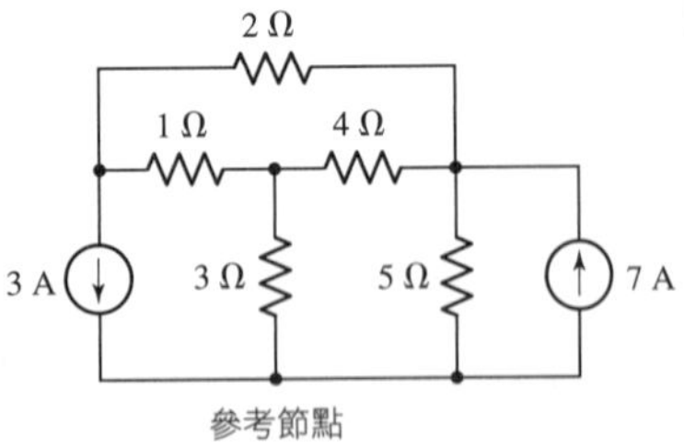

◆ **圖 4.5**

練習題

4.2 試計算圖 4.5 電路中每一個電流源之跨壓。

解答：$v_{3A} = 5.235$ V；$v_{7A} = 11.47$ V。

之前的範例已經說明了節點分析的基本方式，但仍須考量出現相依電源的狀況。

範例 4.3

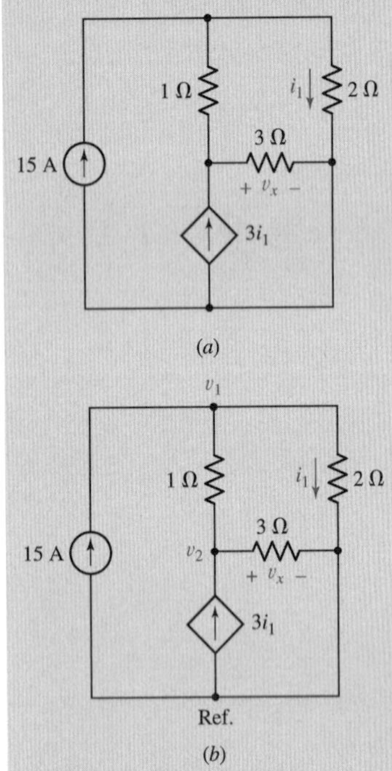

◆ **圖 4.6** (a) 具有相依電源的四節點電路；(b) 使用節點分析方式所標示的電路。

試求圖 4.6a 中相依電源所提供的功率。

因下方節點連接至多數的分支，選擇為參考節點，接著標示節點電壓 v_1 與 v_2，如圖 4.6b 所示；其中標示的電壓 v_x 實際上等於 v_2。

在節點 1，可得知

$$15 = \frac{v_1 - v_2}{1} + \frac{v_1}{2} \qquad [10]$$

而在節點 2，

$$3i_1 = \frac{v_2 - v_1}{1} + \frac{v_2}{3} \qquad [11]$$

但僅有兩個方程式，卻有三個未知數；此結果來自相依電流源，並非受控於某一節點電壓。因此，需要涉及到 i_1 與一個或者多個節點電壓相關的另一方程式。

在此一範例中，得知

$$i_1 = \frac{v_1}{2} \qquad [12]$$

將之代入方程式 [11] 可導出 (些微重新整理)

$$3v_1 - 2v_2 = 30 \qquad [13]$$

而方程式 [10] 可簡化為

$$-15v_1 + 8v_2 = 0 \qquad [14]$$

求解，便可得到 $v_1 = -40$ V、$v_2 = -75$ V 且 $i_1 = 0.5v_1 = -20$ A。因此，相依電源所供應的功率等於 $(3i_1)(v_2) = (-60)(-75) = 4.5$ kW。

由此可知若相依電源的控制變量並非節點電壓，則相依電源的出現會導致在分析上需要額外的方程式。以相同的電路而言，若將相依電源的控制變數改為不同的物理量—— 3 Ω 電阻器上的跨壓，實際上即為一節點電壓。則可知僅需要兩個方程式便可完成分析。

範例 4.4

試求圖 4.7a 中相依電源所提供的功率。

選擇下方節點為參考節點，並且標示所有的節點電壓，如圖 4.7b 所示，其中已明確標示出節點 v_x。要注意的是，在此一範例中參考節點的選擇相當重要，可使電壓 v_x 成為一個節點電壓。

節點 1 之 KCL 方程式為

$$15 = \frac{v_1 - v_x}{1} + \frac{v_1}{2} \qquad [15]$$

節點 x 之方程式為

$$3v_x = \frac{v_x - v_1}{1} + \frac{v_2}{3} \qquad [16]$$

集項並求解，可得到 $v_1 = \frac{50}{7}$ V 且 $v_x = -\frac{30}{7}$ V。因此，此一電路中的相依電源會產生 $(3v_x)(v_x) = 55.1$ W。

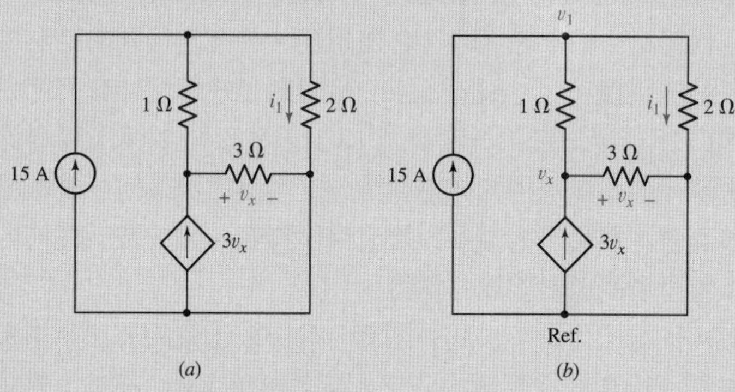

◆ **圖 4.7** (a) 具有相依電源的四節點電路；(b) 使用節點分析方式所標示的電路。

練習題

4.3 若 A 為 (a) $2i_1$ 與 (b) $2v_1$，試求圖 4.8 電路之節點電壓 v_1。

解答：(a) $\frac{70}{9}$ V；(b) −10 V。

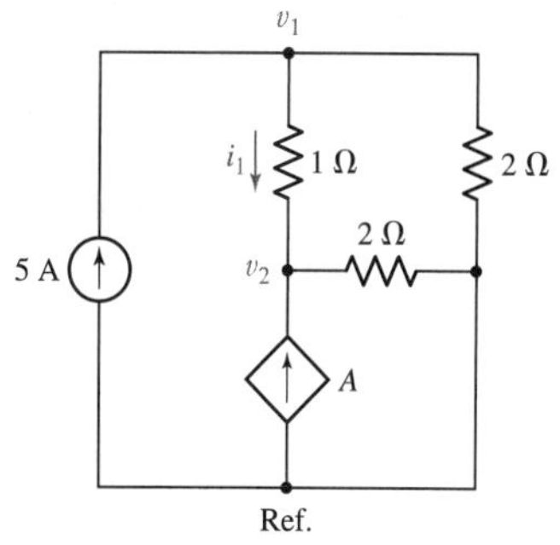

◆ **圖 4.8**

基本節點分析程序之總結

1. **計算節點數目** (N)。
2. **指定一個參考節點**。藉由選擇連接至最多分支的節點充當參考節點，便能夠將節點方程式中項次的數目最小化。
3. **標示出節點電壓** (總共會有 $N-1$ 個節點電壓)。

4. **針對每一個非參考節點，寫出 KCL 方程式**。將從電源流進節點的電流加總於方程式的一邊。方程式的另一邊則加總流出該節點而經過電阻器之電流。要密切注意“−”號。
5. **以適當的節點電壓描述任何額外的未知數，例如電流或者非節點電壓的其他電壓**。此種狀況可能發生在電路中具有電壓源或相依電源之時。
6. **組織所有的方程式**。根據節點電壓將各項分組。
7. **針對該線性聯立方程組求解各節點電壓** (總共會有 $N-1$ 個節點)。

因此電壓源的出現需要加以注意，所闡述七個基本步驟可應用於本書所曾說明的任何一個電路。

4.2 超節點分析

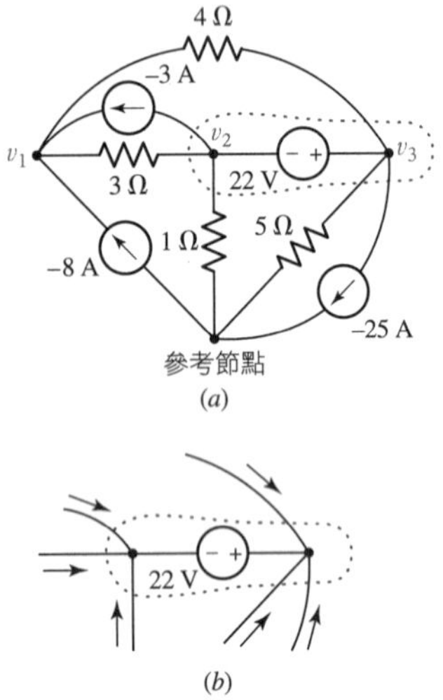

◆ **圖 4.9** (a) 以 22 V 電源取代範例 4.2 中 7 Ω 電阻器之電路；(b) 定義為超節點區域之圖示；KCL 需流進該區域電流的總和為零，否則節點將會堆放電子，或者電子自行從節點跑出。

考慮圖 4.9a 之電路，為當進行節點分析時，其中的電壓源最佳處理方式之範例，並且已將圖 4.4 之四節點電路以 22 V 電壓源取代節點 2 與 3 之間的 7 Ω 電阻器。仍指定相同的節點相對於參考點之電壓 v_1、v_2 與 v_3。下一步驟則是在每個非參考節點上應用 KCL。如果試圖再一次應用 KCL，在節點 2 與 3 將會遇到一些困難，亦即無法得知該電壓源分支中的電流為何。就電壓源的定義而言，電壓源的電壓與電流完全無關，因此沒有任何方式能夠以電壓源的函數表達其電流。

有兩種方式可以解決此一困境，其中較困難的方法為指定一個未知電流給含有電壓源的分支，接著應用 KCL 三次，再於節點 2 與 3 之間應用 KVL ($v_3 - v_2 = 22$) 一次；所得到的結果為以四個未知數所列出的四個方程式。

較為簡單的方法則是將節點 2、節點 3 以及電壓源一起視為一種**超節點** (Supernode)，並且同時對兩個節點應用 KCL；在圖 4.9a 中以虛線所包圍的區域便是指示該超節點。倘若流出節點 2 的總電流為零，且流出節點 3 的總電流為零，則流出兩節點組合的總電流亦為零，因此這是正確的。此一觀念以圖形表達於圖 4.9b 之圖示中。

範例 4.5

試求圖 4.9a 中的未知節點電壓之數值。

由範例 4.2 可知，節點 1 之 KCL 方程式不變：

$$-8-3=\frac{v_1-v_2}{3}+\frac{v_1-v_3}{4}$$

或者

$$0.5833v_1-0.3333v_2-0.2500v_3=-11 \qquad [17]$$

接著，考慮 2-3 超節點。兩電流源與四個電阻器連接在一起。因此，

$$3+25=\frac{v_2-v_1}{3}+\frac{v_3-v_1}{4}+\frac{v_3}{5}+\frac{v_2}{1}$$

或者

$$-0.5833v_1+1.3333v_2+0.45v_3=28 \qquad [18]$$

由於有三個未知數，因此需要一個額外的方程式，必須利用節點 2 與 3 之間的 22 V 電壓源：

$$v_2-v_3=-22 \qquad [19]$$

求解方程式 [17] 至 [19]，得到的解答為 $v_1=1.071$ V。

練習題

4.4 試計算圖 4.10 每個電流源之跨壓。

解答：5.375 V，375 mV。

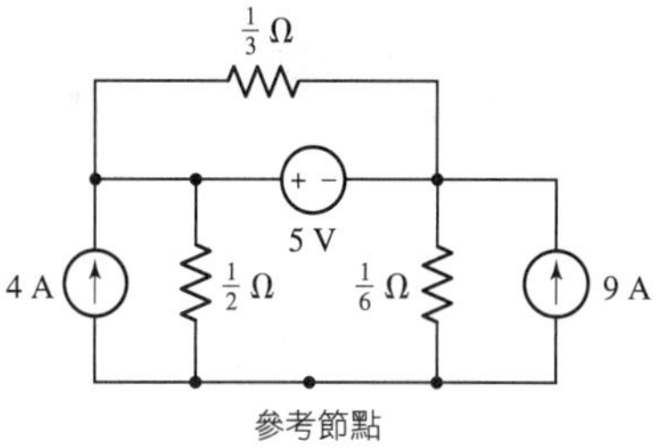

◆ **圖 4.10**

不論電壓源是否存在於兩個非參考節點之間，或者連接於某一節點與參考節點之間，電壓源的出現會因此減少一個需要應用 KCL 的非參考點。在分析諸如練習題 4.4 的電路需要多加留意。由於電阻器的兩個端點為超節點的一部分，因此嚴格來說，在 KCL 方程式中必須有兩個相應的電流項，但兩者會相消。可將超節點方法總結如下：

超節點分析程序之總結

1. **計算節點數目** (N)。
2. **指定一個參考節點**。藉由選擇連接至最多數分支的節點充當參考節點，便能夠將節點方程式中項次的數目最小化。

3. **標示出節點電壓** (總共會有 $N-1$ 個節點電壓)。
4. **若電路包含數個電壓源，形成左右各一的超節點**。將電源、其兩端以及任何連接於該電源兩端的其他元件圍繞在虛線之內。
5. **針對每一個非參考節點以及每一個不包含參考節點的超節點，寫出 KCL 方程式**。將從電流源流進節點 / 超節點的電流加總於方程式的一邊。方程式的另一邊則加總流出該節點 / 超節點而經過電阻器之電流。要密切注意 "−" 號。
6. **將跨於每個電壓源的電壓聯結至節點電壓**。藉由簡單應用 KVL 來實現之，每一個已定義的超節點皆需要一個如此的方程式。
7. **以適當的節點電壓描述任何額外的未知數 (亦即，電流或者非節點電壓的其他電壓)**。此種狀況可能發生在電路中出現電壓源或相依電源之時。
8. **組織所有的方程式**。根據節點電壓將各項分組。
9. **針對該線性聯立方程組求解各節點電壓** (總共會有 $N-1$ 個節點)。

可知相較於一般的節點分析程序，超節點之分析多了兩個額外的步驟。然而，在實際上，將超節點技術應用至包含電壓源之電路，且該電壓源並無連接至參考節點，會導致所需的 KCL 方程式數目減少。以此為考量，此時考慮圖 4.11 之電路，其包含有四種型式的電源並且具有五個節點。

範例 4.6

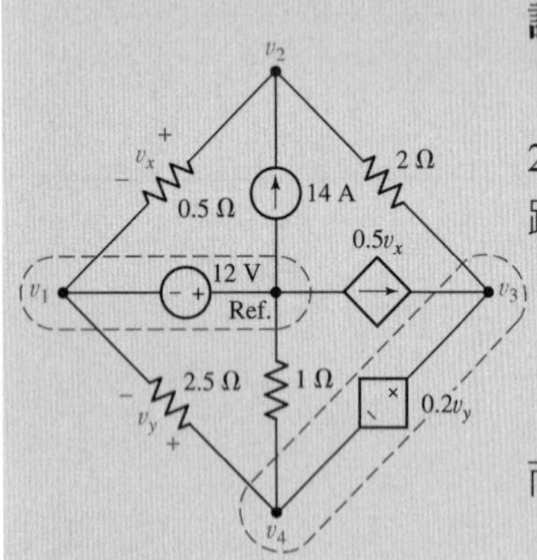

◆ **圖 4.11** 具有四種不同型式電源之五節點電路。

試求圖 4.11 電路中各節點對參考節點之電壓。

在針對每個電壓源建立超節點之後，可知需要僅寫下節點 2 以及具有相依電壓源的超節點之 KCL 方程式。藉由檢查該電路，清楚得知，$v_1 = -12$ V。

在節點 2，

$$\frac{v_2 - v_1}{0.5} + \frac{v_2 - v_3}{2} = 14 \quad [20]$$

而在 3-4 之超節點上，

$$0.5v_x = \frac{v_3 - v_2}{2} + \frac{v_4}{1} + \frac{v_4 - v_1}{2.5} \quad [21]$$

此時寫出電源電壓與節點電壓之關係：

$$v_3 - v_4 = 0.2v_y \quad [22]$$

以及

$$0.2v_y = 0.2(v_4 - v_1) \qquad [23]$$

最後，將相依電流源以所指定的變數來表示：

$$0.5v_x = 0.5(v_2 - v_1) \qquad [24]$$

在一般的節點分析中，五個節點需要四個 KCL 方程式，但如果發現了兩個不同的超節點，則可將此需求降為兩個方程式。每個超節點需要一個 KVL 方程式 (方程式 [22] 與 $v_1 = -12$，後者由檢查電路得知)。並無任一相依電源受控於節點電壓，所以需要兩個額外的方程式。

如此，便可消掉 v_x 與 v_y，藉以得到一組以四個節點電壓所表示的四個方程式：

$$\begin{aligned}
-2v_1 + 2.5v_2 - 0.5v_3 \qquad\qquad &= 14 \\
0.1v_1 - v_2 + 0.5v_3 + 1.4v_4 &= 0 \\
v_1 \qquad\qquad\qquad\qquad &= -12 \\
0.2v_1 + v_3 - 1.2v_4 &= 0
\end{aligned}$$

求解可得 $v_1 = -12$ V，$v_2 = -4$ V，$v_3 = 0$ V，且 $v_4 = -2$ V。

練習題

4.5 試求圖 4.12 電路之節點電壓。

解答：$v_1 = 3$ V，$v_2 = 2.529$ V，$v_3 = 2.624$ V，$v_4 = 1.990$ V。

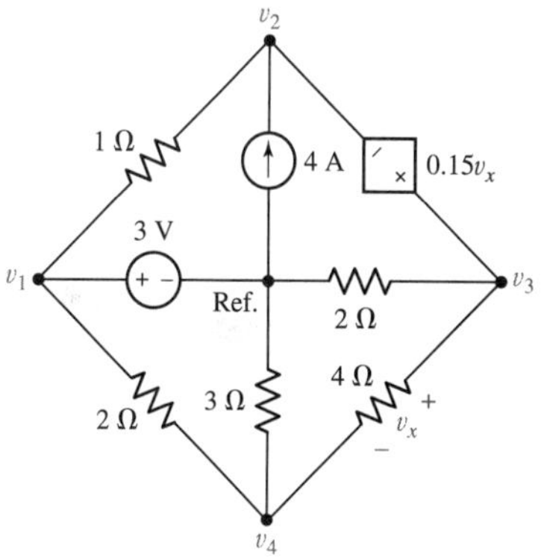

◆圖 4.12

4.3 網目分析

如同先前已經得知的，當電路中僅有出現電流源時，節點分析為一種直觀的分析技術，而且可簡易以超節點觀念解決電壓源之爭議。儘管如此，節點分析仍是基於 KCL，讀者有時可能會想知道是否有類似根據 KVL 的方法可供使用。此種方式即是眾所周知的**網目分析** (Mesh Analysis) ——雖然嚴格來說，需要扼要地定義一個平面電路，但相較於節點分析，此方式仍能夠在許多狀況下提供較簡單的分析。

如果可以將某一電路圖繪製於一平面上，而沒有任何分支通過任何其他分支之上下，則此一電路稱為**平面電路** (Planar Circuit)。因此，圖 4.13a 顯示一個平面網路，圖 4.13b 則顯示一個非平面網路，而圖 4.13c 同樣也顯示一個平面網路，儘管圖 4.13c 如此的繪製方式乍看之下會以為是非平面電路。

在 3.1 節，已經定義了專有名詞**路徑** (Path)、**封閉路徑** (Closed Path) 以及**迴路** (Loop)。在定義網目之前，先考慮圖 4.14 中粗體線所繪製的分支集合。由於四個分支連接在一個中心路徑，因此第一組分支並非路徑，而當然也不是一個迴路。由於第二組分支通過中心節點兩次，因此第二組分支亦非一路徑。其餘的四個路徑皆為迴路，而此一電路總共則包含了 11 個分支。

網目為平面電路的一種特性，且對非平面電路而言，並無定義。**網目** (Mesh) 定義為一種其中不包含任何其他迴路之迴路。因此，圖 4.14c 與 d 中所指示的迴路並非網目，而圖 4.14e 與 f 則為網目。某一電路一旦繪製成為平面型式，則通常便會出現多窗格的窗口 (Window)；窗口中每個窗格的邊界皆可視為一個網目。

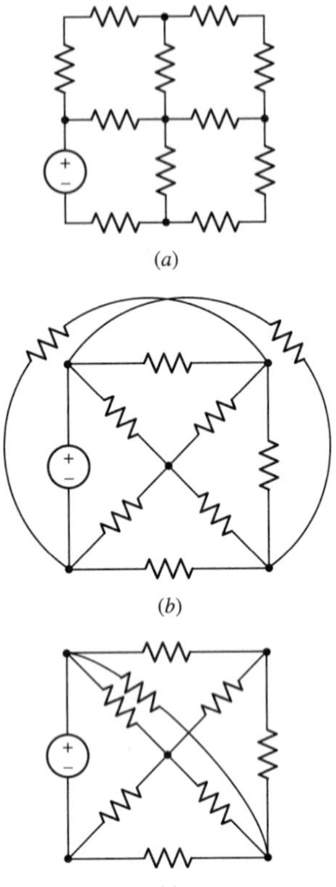

◆ **圖 4.13** 平面與非平面網路之範例；不具有實心圓點的交越連接線實際上彼此並無接觸。

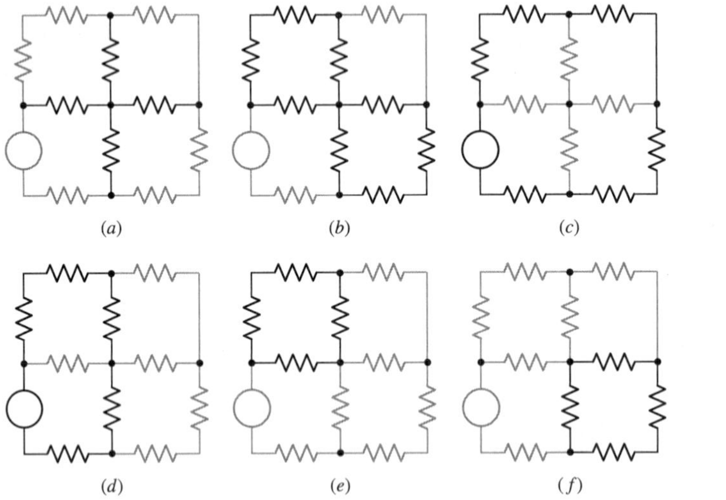

◆ **圖 4.14** (a) 以粗體線所繪製的分支集合，既非路徑亦非迴路；(b) 由於通過中心節點兩次，所以此集合之分支並非路徑；(c) 此一路徑為一種迴路，但非網目，因為它封閉其他迴路；(d) 此一路徑為一種迴路，但非網目；(e) 與 (f) 每一路徑皆為迴路且為網目。

應該補充說明的是，網目型式的分析能夠應用於非平面電路，但由於非平面電路不能夠定義出完整的一組唯一的網目，因此不能指定唯一的網目電流。

如果某一網路為平面的，則可以使用網目分析來完成所需的分析。此一技術涵蓋**網目電流** (Mesh Current) 之觀念，接著考慮圖 4.15a 之雙網目電路來介紹此一觀念。

如同在單一迴路的電路所從事的，藉由定義流經其中一個分支的電流開始。若流向右邊經過 6 Ω 電阻器的電流稱為 i_1。將需要在每個網目中使用 KVL，而所產生的兩個方程式即足夠求出兩個未知的電流，因此接著定義流向右邊而進入 4 Ω 電阻器的電流為 i_2。同樣也可以選擇稱為向下流過中心分支的電流為 i_3，但藉由 KCL 明顯得知 i_3 可以先前所假設的電流來表示之，亦即

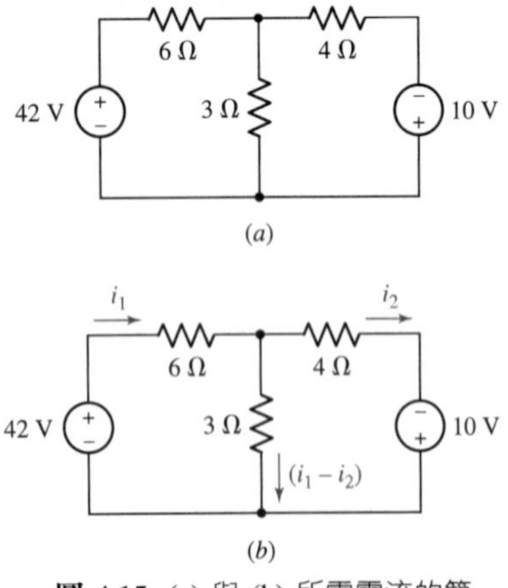

◆ **圖 4.15** (a) 與 (b) 所需電流的簡單電路。

$(i_1 - i_2)$，此電流顯示於圖 4.15b。

依照單迴路電路之求解方法，此時將 KVL 應用至左手邊的網目，

$$-42 + 6i_1 + 3(i_1 - i_2) = 0$$

或者

$$9i_1 - 3i_2 = 42 \qquad [25]$$

將 KVL 應用至右手邊的網目，

$$-3(i_1 - i_2) + 4i_2 - 10 = 0$$

或者

$$-3i_1 + 7i_2 = 10 \qquad [26]$$

方程式 [25] 與 [26] 為獨立方程式；其中一個方程式無法從另一方程式推得。兩個獨立方程式對應兩個未知數，便可簡易地得到解答：

$$i_1 = 6\ \text{A} \qquad i_2 = 4\ \text{A} \qquad 及 \qquad (i_1 - i_2) = 2\ \text{A}$$

如果電路包含 M 個網目，則期望列出 M 個網目電流，因此將需要寫出 M 個獨立方程式。

此時藉由使用網目電流而以些微不同的方式考慮同一個問題。定義一**網目電流**為僅環繞於某一網目之周圍。以如此方式定義網目電流具有一個最好的優點，亦即會自動符合克西荷夫電流定律之事實。如果某一網目電流**流進**一給定的節點，則該電流同樣也會**流出**此節點。

如果將問題中左手邊的網目稱為“網目 1”，則可建立一網目電流 i_1，以順時鐘方向流進此一網目。以幾近封閉的彎曲箭頭來標示網目電流，並且將之繪製於適當的網目之內，如圖 4.16 所示。再次以順時鐘方向，在所剩的網目中建立網目電流 i_2。雖然方向為任意的，但由於之後會在方程式中得到某種誤差最小化的對稱性，因此皆會選擇順時鐘方向的網目電流。

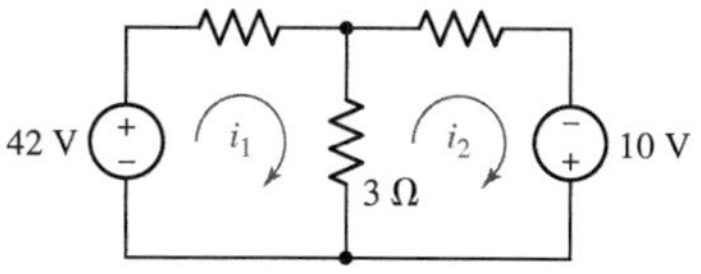

◆**圖 4.16** 考慮圖 4.15b 之相同電路，但看待的方式些微不同。

網目電流通常可確認為分支電流，如同在此一範例中已經確認的 i_1 與 i_2。然而，此一觀念並非一定正確；若考慮方形的九網目網路，即可得知中央的網目電流不會等於任何分支電流。

如此便不再直接將某一電流或者電流的箭頭繪製於電路的每一分支上。必須藉由考慮流進該分支所屬的每一個網目之網目電流來決定流經任何一個分支的電流。由於沒有任何分支能夠出現在超過兩個的網目之中，所以此方式並不困難。例如，3 Ω 電阻器會出現在兩網目中，而且向下流經該電阻器的電流為 $(i_1 - i_2)$。6 Ω 電阻器會出現在網目 1 中，而且在該分支中流向右

邊的電流等於網目電流 i_1。

以左手邊的網目而言，

$$-42 + 6i_1 + 3(i_1 - i_2) = 0$$

同時考慮右手邊的網目，

$$3(i_2 - i_1) + 4i_2 - 10 = 0$$

這兩個方程式等效於方程式 [25] 與 [26]。

範例 4.7

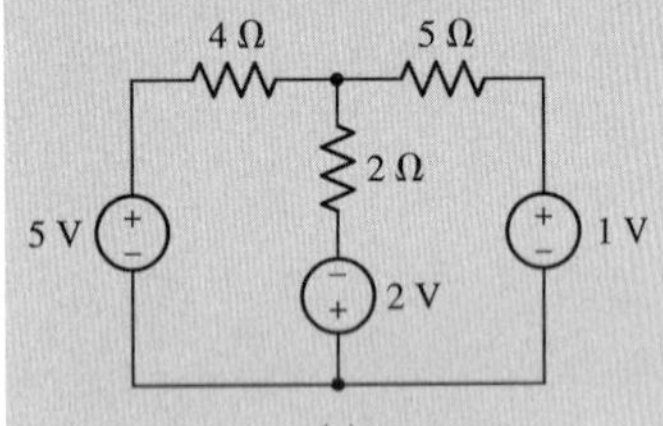

(a)

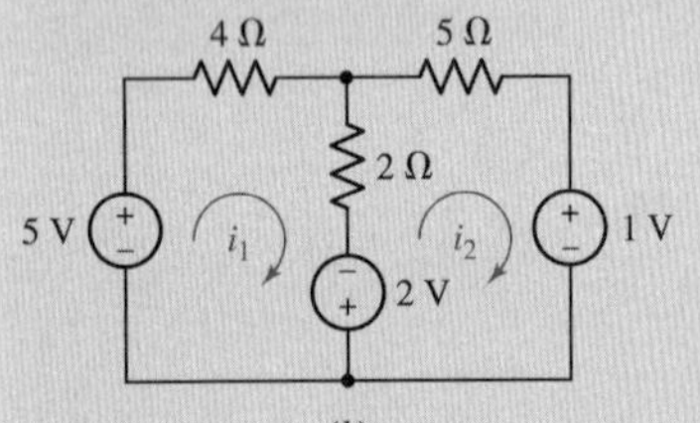

(b)

◆ **圖 4.17** (a) 包含三個電源的兩網目電路；(b) 使用網目分析方式所標示的電路。

試求圖 4.17a 的 2 V 電源所提供的功率。

首先定義兩個順時鐘方向的網目電流，如圖 4.17b 所示。

以網目 1 左下方節點開始，依照順時鐘方向通過各分支進行，寫出以下的 KVL 方程式：

$$-5 + 4i_1 + 2(i_1 - i_2) - 2 = 0$$

同理針對網目 2，可寫出

$$+2 + 2(i_2 - i_1) + 5i_2 + 1 = 0$$

重新整理並且集項，

$$6i_1 - 2i_2 = 7$$

以及

$$-2i_1 + 7i_2 = -3$$

求解可得 $i_1 = \frac{43}{38} = 1.132$ A，且 $i_2 = -\frac{2}{19} = -0.1053$ A。

流出 2 V 電源正參考端的電流為 $i_1 - i_2$。因此，該 2 V 電源提供 (2)(1.237) = 2.474 W。

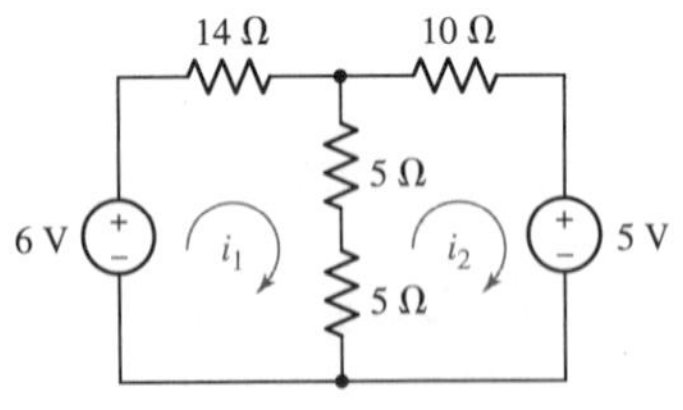

◆ **圖 4.18**

練習題

4.6 試求圖 4.18 電路之 i_1 與 i_2。

解答：+184.2 mA；−157.9 mA。

接著考慮具有五個節點、七個分支以及三個網目的電路，如圖 4.19 所示。由於多了一個額外的網目，因此該問題會稍微複雜些。

範例 4.8

使用網目分析試求圖 4.19 電路中的三個網目電流。

所求的三個網目電流標示如圖 4.19 所示，針對每個網目有系統地應用 KVL：

$$-7 + 1(i_1 - i_2) + 6 + 2(i_1 - i_3) = 0$$
$$1(i_2 - i_1) + 2i_2 + 3(i_2 - i_3) = 0$$
$$2(i_3 - i_1) - 6 + 3(i_3 - i_2) + 1i_3 = 0$$

化簡後可得

$$3i_1 - i_2 - 2i_3 = 1$$
$$-i_1 + 6i_2 - 3i_3 = 0$$
$$-2i_1 - 3i_2 + 6i_3 = 6$$

求解可得 $i_1 = 3$ A、$i_2 = 2$ A，且 $i_3 = 3$ A。

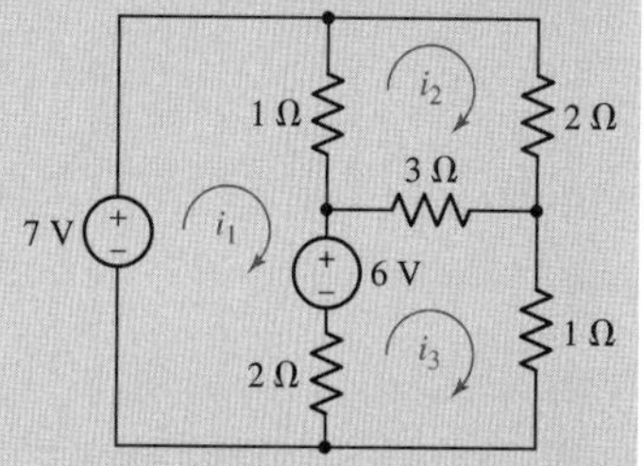

◆**圖 4.19** 具有五個節點、七個分支以及三個網目的電路。

練習題

4.7 試求圖 4.20 電路中的 i_1 與 i_2。

解答：2.220 A、470.0 mA。

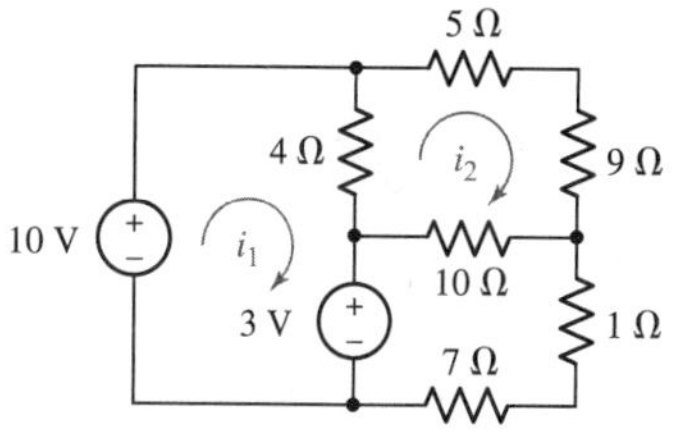

◆**圖 4.20**

先前的範例處理皆是單獨以獨立電壓源提供電力的電路。如果電路中包含有電流源，則可能使電路的分析簡化或者更為複雜，如同在 4.4 節所探討的。根據節點分析技術所研讀的，除非控制變數為某一個網目電流 (或者網目電流之加總)，否則相依電源通常需要除了 M 個網目方程式之額外方程式。以下的範例中將探討此一觀念。

範例 4.9

試求圖 4.21a 電路之電流 i_1。

電流 i_1 實際為一網目電流，所以不再重新定義之，標示最右邊的網目電流為 i_1，並且針對左邊的網目定義順時鐘方向的網目電流 i_2，如圖 4.21b 所示。

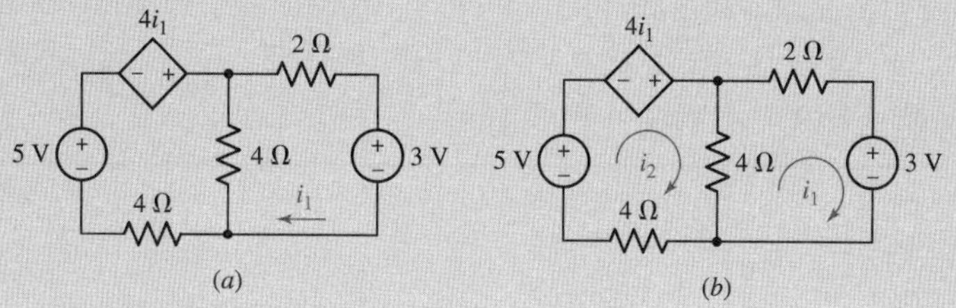

◆**圖 4.21** (a) 包含相依電源的兩網目電路；(b) 使用網目分析方式所標示的電路。

將 KVL 應用至左邊網目，導出

$$-5 - 4i_1 + 4(i_2 - i_1) + 4i_2 = 0 \quad [27]$$

並且在右邊網目可得知

$$4(i_1 - i_2) + 2i_1 + 3 = 0 \quad [28]$$

集項後，得知可以將這些方程式更簡潔地寫為

$$-8i_1 + 8i_2 = 5$$

以及

$$6i_1 - 4i_2 = -3$$

求解 $i_2 = 375$ mA、$i_1 = -250$ mA。

由於圖 4.21 的相依電源受控於一網目電流 (i_1)，因此分析該兩網目電路僅需要兩個方程式——方程式 [27] 與 [28]。在以下的範例中，將探討如果控制變數並非網目電流之狀況。

範例 4.10

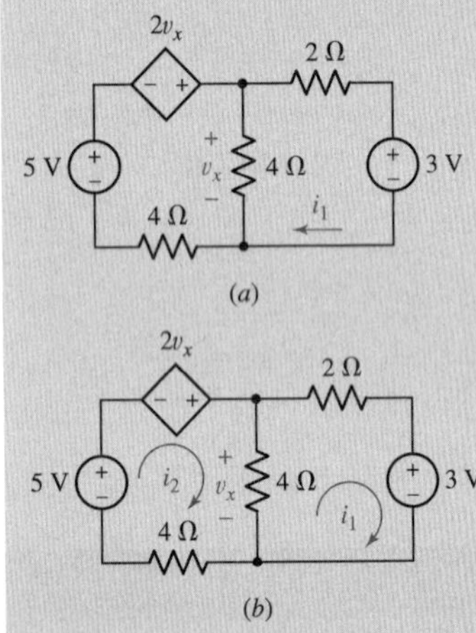

◆ **圖 4.22** (a) 具有受控於某一電壓的相依電源之電路；(b) 使用網目分析方式所標示的電路。

試求圖 4.22a 電路之電流 i_1。

為了描述與範例 4.9 之比較，使用相同的網目電流之定義，如圖 4.22b 所示。

針對左邊網目，藉由 KVL 可導出

$$-5 - 2v_x + 4(i_2 - i_1) + 4i_2 = 0 \quad [29]$$

且對右邊網目而言，可找出與先前相同的結果，亦即

$$4(i_1 - i_2) + 2i_1 + 3 = 0 \quad [30]$$

由於相依電源受控於未知變數 v_x，因此面臨三個未知數表示兩個方程式之問題。解決此一困境的方式為以網目電流建構描述 v_x 之方程式，例如

$$v_x = 4(i_2 - i_1) \quad [31]$$

將方程式 [31] 代入方程式 [29]，化簡該聯立方程組，得到

$$4i_1 = 5$$

求解可得 $i_1 = 1.25$ A。在此一特殊的情況中，除非要計算 i_2 數值，否則並不需要方程式 [30]。

練習題

4.8 若控制變量 A 等於 (a) $2i_2$ 與 (b) $2v_x$。試求圖 4.23 電路之 i_1。

解答：(a) 1.35 A；(b) 546 mA。

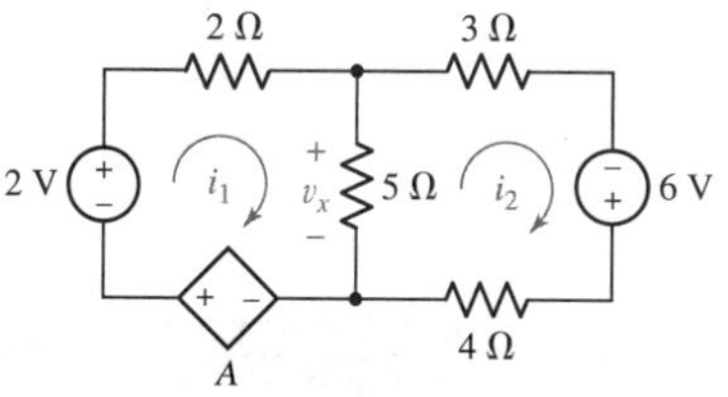

◆圖 4.23

以七個基本的步驟將網目分析的程序總結於下。儘管電流源的出現將需要特別注意，此基本步驟仍能夠實行於曾遭遇到的任何平面電路。電流源出現的狀況將於 4.4 節探討之。

基本網目分析程序之總結

1. **判斷該電路是否為平面電路**。若不是平面電路，則執行節點分析替代。
2. **計算網目數目** (M)。若有需要，則重新繪製該電路。
3. **標示 M 個網目每一個之網目電流**。一般而言，定義所有的網目電流流向順時鐘方向可得到較為簡單的分析結果。
4. **環繞每個網目寫出 KVL 方程式**。以方便的節點開始，並以網目電流的方向進行。關注“－”號。若電流源座落在網目的周邊，則不需要任何 KVL 方程式，而是藉由檢查電路來判斷該網目電流。
5. **以適當的網目電流表示出任何額外的未知數，例如除了網目電流之外的電壓或電流**。若電流源或者相依電源出現在電路中，則此種狀況便可能發生。
6. **組織所得到的方程式**。根據網目電流對各方程式進行集項。
7. **求解該聯立方程組之網目電流** (將會有 M 個網目電流)。

4.4 超網目分析

當電流源出現在網路時必須如何修改此一直觀的分析程序？使用從節點分析所引導出的觀念，應有兩種可能的方法可供採用。首先，可指定跨於該電流源上的某一未知電壓，一如先前的方式，應用 KVL 環繞於每個網目，再找出電流源與所指定的網目電流之關係。此方式通常較為困難。

較佳的技巧為使用與節點分析相當類似的超節點方式。當時是在電路中定義一個超節點，且將該電壓源完整封閉於超節點內部，而且每一個電壓源會減少一個非參考節點的數目。此時，從兩個共有電流源的網目衍生一種 **“超網目”** (Supermesh)；該電流源則位於超網目之內部，因此每出現一個電流源便減少一個網目數目。若電流源座落於電路的邊緣，則該具有電流源的單一個網目便予以忽略。所以僅將克西荷夫電壓定律應用於已重新詮釋的網路中之網目或超網目。

範例 4.11

試求圖 4.24a 之三個網目電流。

可注意到 7 A 的獨立電流源位於兩個網目之共同邊界，此衍生出一個超網目，其內部為網目 1 與 3，如圖 4.24b 所示。對此一迴路應用KVL，

$$-7 + 1(i_1 - i_2) + 3(i_3 - i_2) + 1i_3 = 0$$

或者

$$i_1 - 4i_2 + 4i_3 = 7 \qquad [32]$$

而環繞網目 2，

$$1(i_2 - i_1) + 2i_2 + 3(i_2 - i_3) = 0$$

或者

$$-i_1 + 6i_2 - 3i_3 = 0 \qquad [33]$$

最後，可知該獨立電源之電流與網目電流有關，

$$i_1 - i_3 = 7 \qquad [34]$$

求解方程式 [32] 至 [34]，可知 $i_1 = 9$ A、$i_2 = 2.5$ A，且 $i_3 = 2$ A。

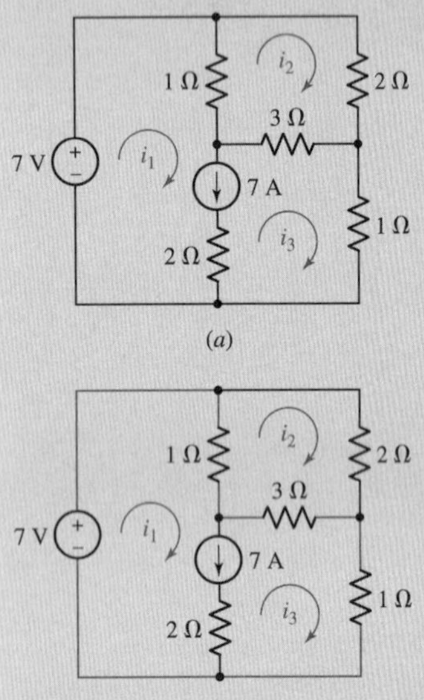

◆ **圖 4.24** (a) 具有一個獨立電流源的三網目電路；(b) 藉由灰色線條定義一個超網目。

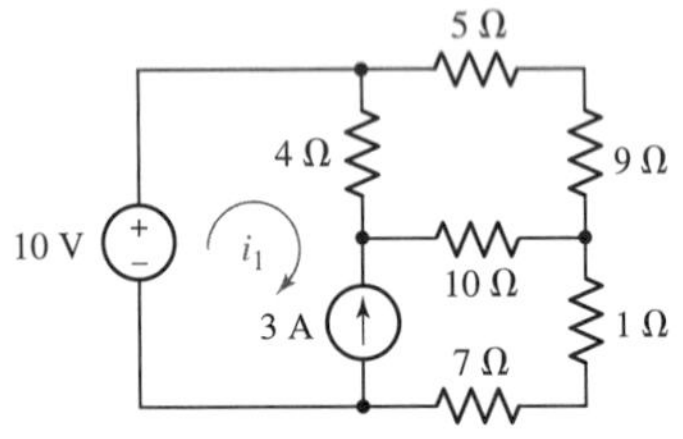

◆ **圖 4.25**

練習題

4.9 試求圖 4.25 電路之電流 i_1。

解答：−1.93 A。

一個或者多個相依電源的出現僅是需要這些電源每一個的物理量，而其所依據的變數則是以所指定的網目電流來表示。例如，在圖 4.26 中，需要注意的是該網路同時包含相依電流源與獨立電流源。接著，演練兩種電流源的出現會如何影響電路的分析，並且可知此種情形實際上會化簡電路的分析。

範例 4.12

計算圖 4.26 電路之三個未知電流。

電流源出現在網目 1 與 3。由於 15 A 的電源位於電路的邊緣，因此清楚得知 $i_1 = 15$ A，而可消除網目 1。

由於此時已知兩個與相依電流源有關的網目電流之其中一個網目電流，因此不需要針對網目 1 與 3 寫出超網目方程式。可使用 KCL 替代，簡單找出 i_1 與 i_3 對相依電流源電流之關係：

$$\frac{v_x}{9} = i_3 - i_1 = \frac{3(i_3 - i_2)}{9}$$

可將之更簡潔地表示為

$$-i_1 + \frac{1}{3}i_2 + \frac{2}{3}i_3 = 0 \quad \text{或} \quad \frac{1}{3}i_2 + \frac{2}{3}i_3 = 15 \qquad [35]$$

一個方程式中具有兩個未知數，剩下的步驟僅是針對網目 2 寫出 KVL 方程式：

$$1(i_2 - i_1) + 2i_2 + 3(i_2 - i_3) = 0$$

或者

$$6i_2 - 3i_3 = 15 \qquad [36]$$

求解方程式 [35] 與 [36]，可知 $i_2 = 11$ A 及 $i_3 = 17$ A，而且已經藉由檢查電路得知了 $i_1 = 15$ A。

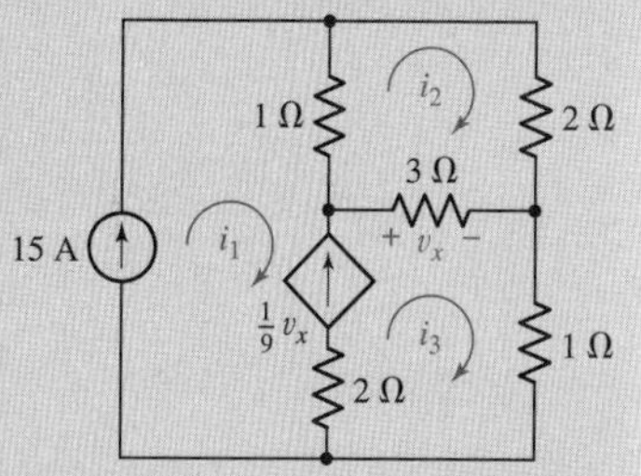

◆ **圖 4.26** 具有一個相依電流源與一個獨立電流源之三網目電路。

練習題

4.10 試求圖 4.27 電路之 v_3。

解答：104.2 V。

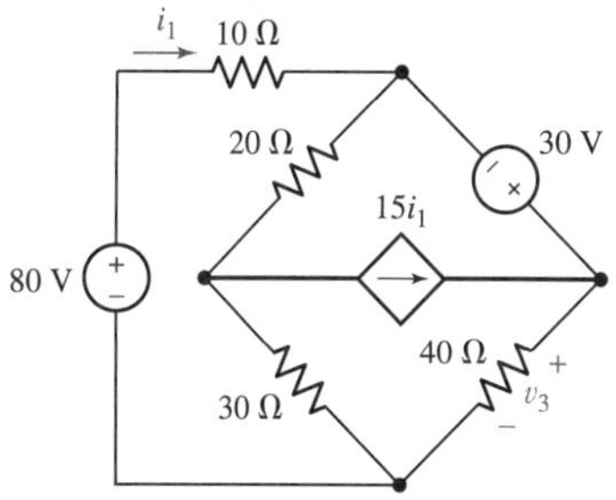

◆ **圖 4.27**

此時同樣能夠總結列出網目方程式之通用方法，不論相依電流、電壓源，以及／或者電流源是否出現在電路中，先假設電路能夠繪製成平面電路：

超網目分析程序之總結

1. **判斷該電路是否為平面電路**。若不是平面電路，則執行節點分析替代。
2. **計算網目數目 (*M*)**。若有需要，則重新繪製該電路。
3. **標示 *M* 個網目每一個之網目電流**。一般而言，定義所有的網目電流流向順時鐘方向可得到較為簡單的分析結果。

4. **若電路包含兩個網目所共有的電流源，則建構一超網目，藉以將兩網目封閉圈入於超網目之中**。明顯的封閉線條可輔助寫出 KVL 方程式。
5. **環繞每個網目 / 超網目寫出 KVL 方程式**。以方便的節點開始，並以網目電流的方向進行。關注 "−" 號。若電流源座落在網目的周邊，則不需要任何 KVL 方程式，而是藉由檢查電路來判斷該網目電流。
6. **找出每個電流源流出的電流與網目電流之關係**。此可藉由簡單的 KCL 來實現之；每個所定義的超網目皆需要一個如此的方程式。
7. **以適當的網目電流表示出任何額外的未知數，例如除了網目電流之外的電壓或電流**。若電流源或者相依電源出現在電路中，則此種狀況便可能發生。
8. **組織所得到的方程式**。根據網目電流對各方程式進行集項。
9. **求解該聯立方程組之網目電流** (將會有 M 個網目電流)。

4.5 節點分析與網目分析之比較

此時已檢驗了兩種明顯不同的電路分析方式，而在邏輯上似乎常會詢問使用哪一種方式較佳。若為非平面電路，則沒有選擇，僅夠採用節點分析。

假設的確要考慮*平面*電路的分析，則在某些狀況下，某一種分析會具有些微的優點。如果計畫使用節點分析，則會導致最多 $(N-1)$ 個 KCL 方程式；所定義的每個超節點將進一步減少 1 個方程式。若相同的電路具有個明顯不同的網目，則最多會得到 M 個 KVL 方程式；而每個超網目將減少一個方程式。基於這些事實，應該選擇會得到較少數目的聯立方程式為最佳方式。

若電路包含一個或者多個相依電源，則每個控制變量皆可能會影響選擇節點分析或者選擇網目分析。例如，當執行節點分析時，由某一節點電壓所控制的相依電壓源不需要額外的方程式。同樣的是，當執行網目分析時，由某一網目電流所控制的相依電流源並不需要額外的方程式。*但對於相依電壓源受控於某一電流之狀況又該如何？或者相反的，相依電流源受控於某一電壓之狀況又該如何？*假設控制變量能夠與網目電流呈現簡單的關係，則可望網目分析是較為直觀的選擇。同樣的是，如果控制變量能夠與節點電壓呈現簡單的關係，則較期望採用節點分析。最後一個觀點為銘記電源的*位置*；座落於網目邊緣的電流源，不論相依或者獨立，皆可以使用網目分析簡單處理之；而連接至參考端的電壓源則可以使用節點分析簡易處理之。

當使用任一種方式產生本質上相同數目的方程式，則同樣也值得考慮所求為何種變量或者物理量。節點分析能夠直接計算節點電壓，而網目分析則能夠直接計算電流。若在執行節點分析之後要找出流經一組電阻器的電流，則仍需要在每個電阻器上使用歐姆定律，方能判斷所求之電流。

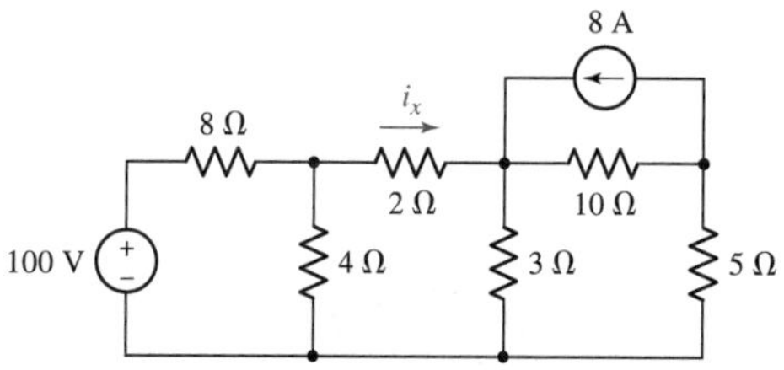

◆**圖 4.28** 具有五個節點與四個網目之平面電路。

例如，考慮圖 4.28 之電路，期望計算電流 i_x。

首先選擇電路下方節點為參考節點，並注意電路中會有四個非參考節點。儘管此意謂著可以寫出四個明顯不同的方程式，然而由於 100 V 電源與 8 Ω 電阻器之間的節點電壓明顯為 100 V，因此不需要標示該節點。將所剩餘的節點標示為 v_1、v_2 與 v_3，如圖 4.29 所示。

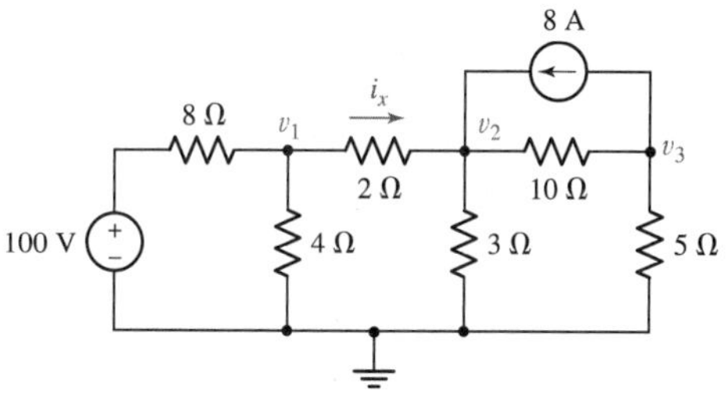

◆**圖 4.29** 將圖 4.28 電路標示為具有節點電壓之電路。

可寫出以下的三個方程式：

$$\frac{v_1-100}{8}+\frac{v_1}{4}+\frac{v_1-v_2}{2}=0 \quad \text{或} \quad 0.875v_1-0.5v_2 = 12.5 \qquad [37]$$

$$\frac{v_2-v_1}{2}+\frac{v_2}{3}+\frac{v_2-v_3}{10}-8=0 \quad \text{或} \quad -0.5v_1-0.9333v_2-0.1v_3=8 \qquad [38]$$

$$\frac{v_3-v_2}{10}+\frac{v_3}{5}+8=0 \quad \text{或} \quad -0.1v_2+0.3v_3=-8 \qquad [39]$$

求解可得 $v_1 = 25.89$ V 且 $v_2 = 20.31$ V。藉由歐姆定律，可決定電流 i_x：

$$i_x=\frac{v_1-v_2}{2}=2.79\text{ A} \qquad [40]$$

接著考慮相同的電路，但使用網目分析。在圖 4.30 可知，該電路具有四個明顯不同的網目，而顯然在此一電路中 $i_4 = -8$ A；因此需要寫出三個不同的方程式。

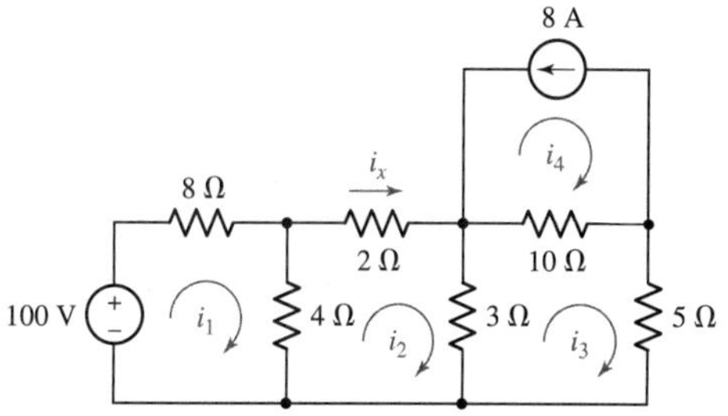

◆**圖 4.30** 將圖 4.28 電路標示為具有網目電流之電路。

針對網目 1、2 與 3 所列出的方程式為：

$$-100+8i_1+4(i_1-i_2)=0 \quad \text{或} \quad 12i_1-4i_2 = 100 \qquad [41]$$

$$4(i_2-i_1)+2i_2+3(i_2-i_3)=0 \quad \text{或} \quad -4i_1+9i_2-3i_3=0 \qquad [42]$$

$$3(i_3-i_2)+10(i_3+8)+5i_3=0 \quad \text{或} \quad -3i_2+18i_3=-80 \qquad [43]$$

求解可得 i_2 (= i_x) = 2.79 A。對此一特殊的問題而言，證明網目分析較為簡單。然而，由於每一種方法對相同的問題皆有效，因此兩種方法同樣也可以用來充當檢查解答的機制。

總結與回顧

儘管第三章介紹了 KCL 與 KVL，兩者皆足以分析任何電路，然而對每種狀況而言，較有系統與條理的方式證明確實更為有用。因此，在本章中基於 KCL 彰顯節點分析技術，在每個節點上產生一節點電壓 (相對於所標示出的"參考"節點)。通常需要求解一聯立方程組，除非電壓源的連接致使自動提供了節點電壓。寫出*相依*電源的控制變數，並且寫下"獨立"電源之數目。通常需要額外的方程式，除非相依電源受控於某一節點電壓。當電壓源跨於兩個節點之間，則能夠藉由產一*超節點*來延伸其基本的技巧；依照定義，KCL 支配了流進一群組連接點的電流總和等於流出的總和。

可用以替代節點分析技巧者則是透過 KVL 所發展的網目分析技巧；網目分析會產出網目電流的完整組合，網目電流並不一定代表在任何特定元件上所流過的電流 (例如，若兩個網目共有該元件)。若位於網目邊緣的電流源出現會簡化網目分析；若該電流源為網目所共有的，則使用*超網目*技巧為最佳。在如此的狀況下，以環繞著某一路徑而避開所共有的電流源寫出 KVL 方程式，之後再使用該電源而以代數關係聯結兩相應的網目電流。

大家共同的問題是："*應該使用哪一種技巧？*"。已經探討某些可能對所給定的電路選擇某一種適合的技巧之課題，包含電路是否為平面的？何種型式的電源出現以及這些電源如何連接？以及需要何種特定的資訊 (亦即電壓、電流或者功率)？對複雜的電路而言，可能會耗費不較值得的心力去判斷所謂的"最佳"方式，在如此狀況下，大都數人都會選擇自己覺得最合適的方式。

此時，綜合本章要點，藉以回顧關鍵重點以及適當的範例。

- ❑ 以工整、簡單的電路圖開始每一次的分析。指出所有元件與電源的數值。(範例 4.1)
- ❑ 就節點分析而言，
  - 選擇其中一個節點為參考節點。接著標示節點電壓 v_1、v_2、…、v_{N-1}，已知每一個節點電壓皆是相對於參考節點所量測的。(範例 4.1 與 4.2)
  - 若該電路僅包含電流源，則在每個非參考節點上應用 KCL。(範例 4.1 與 4.2)
  - 若該電路包含有某些電壓源，則在每個電壓源處會形成一超節點，之後再於所有的非參考節點與超節點上應用 KCL。(範例 4.5 與 4.6)
- ❑ 就網目分析而言，先確認所要分析的網路是否為平面網路。
  - 在每個網目中指定一順時鐘方向之網目電流；i_1、i_2、…、i_M。(範例 4.7)
  - 若該電路僅包含電壓源，則環繞著每個網目應用 KVL。(範例 4.7、4.8 與 4.9)
  - 若該電路包含有某些電流源，則針對每個電流源產生由兩個網目所共有的超網目，之後再環繞著每個網目與超網目應用 KVL。(範例 4.11 與 4.12)
- ❑ 若相依電源的控制變數為電流，則該相依電源會增加節點分析額外的方程式，但若控制變數為節點電壓，則不會增加方程式的需求。(相反的，若相依電源的控制變數為電壓，則該相依電源會增加網目分析額外的方程式，但若控制變數為網目電流，則不會增加方程式的需求。) (範例 4.3、4.4、4.6、4.9、4.10 與 4.12)

❑ 在對某一平面電路決定是否使用節點分析或者網目分析時，相較於網目／超網目，對具有較少節點／超節點 (相較於網目／超網目) 的電路使用節點分析會衍生較少的方程式。

延伸閱讀

節點分析以及網目分析之深入探討可閱讀：

R. A. DeCarlo and P. M. Lin, *Linear Circuit Analysis*, 2nd ed. New York: Oxford University Press, 2001.

習題

4.1 節點分析

1. 使用節點分析技巧，試求圖 4.31 所示電路之 $v_1 - v_2$。
2. 試求圖 4.32 電路中標示為 v_1 之電壓數值以及標示為 i_1 之電流。

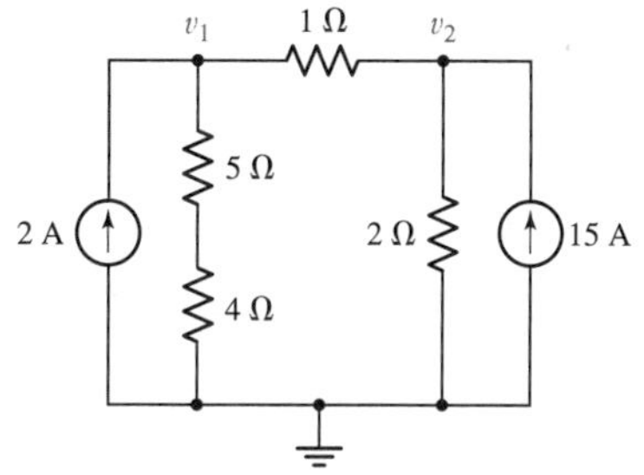

◆ 圖 4.31

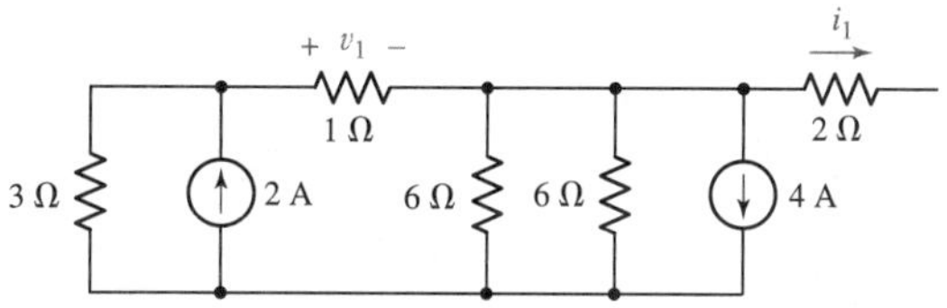

◆ 圖 4.32

3. 使用節點分析，試求圖 4.33 所示電路之 v_P。
4. 使用下方節點為參考節點，試求圖 4.34 電路中跨於 5 Ω 電阻器之電壓，並且計算 7 Ω 電阻器所消耗之功率。

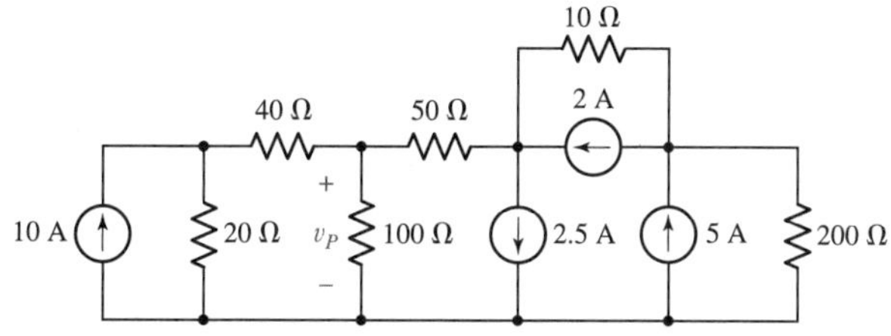

◆ 圖 4.33

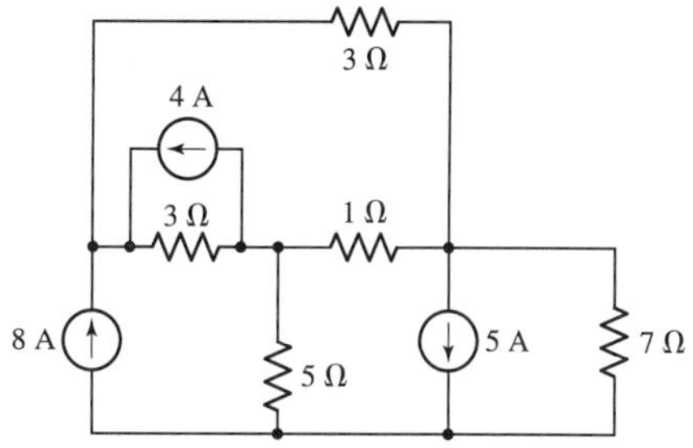

◆ 圖 4.34

5. 試求圖 4.35 電路中每個節點電壓之數值。

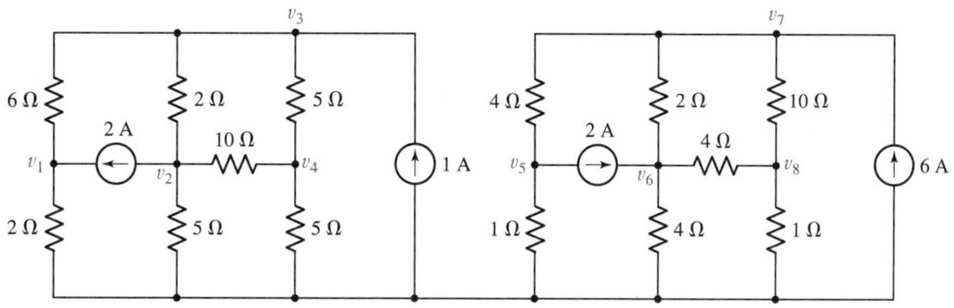

◆ 圖 4.35

4.2 超節點分析

6. 試求圖 4.36 電路中全部四個節點之電壓。
7. 適當利用超節點 / 節點分析技巧，試求圖 4.37 電路中 1 Ω 電阻器所消耗的功率。

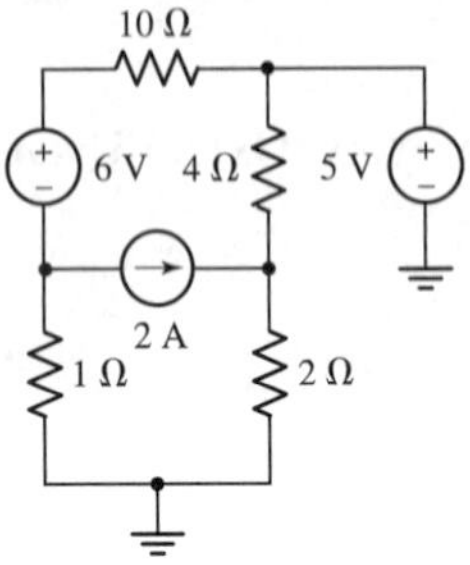

◆ 圖 4.36

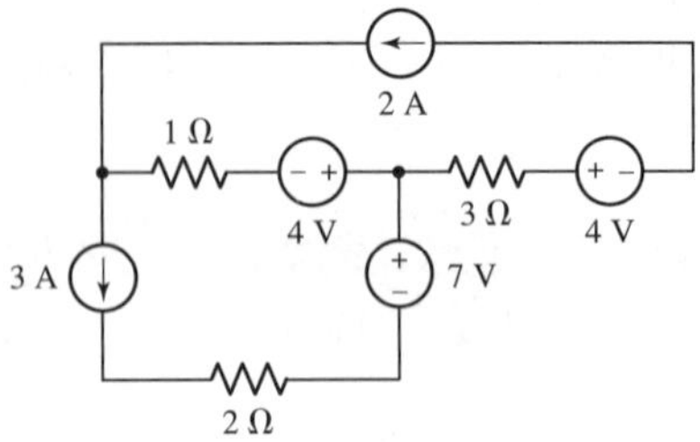

◆ 圖 4.37

8. 參考圖 4.38 電路，藉以得到 1 V 電源所提供的功率之數值。
9. 試求圖 4.39 電路中標示為 v_x 之電壓以及 1 A 電源所提供的功率。

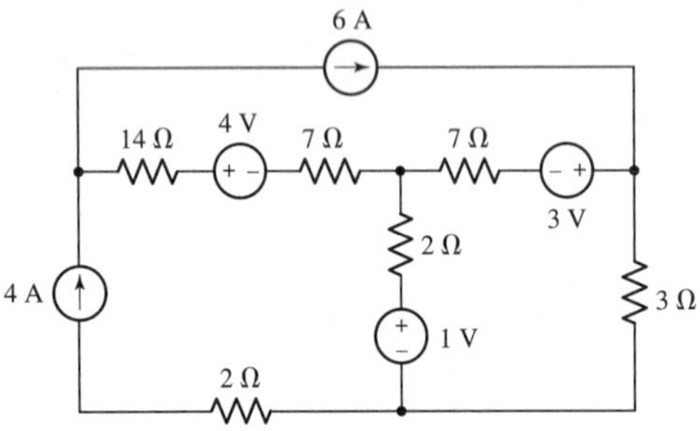

◆ 圖 4.38

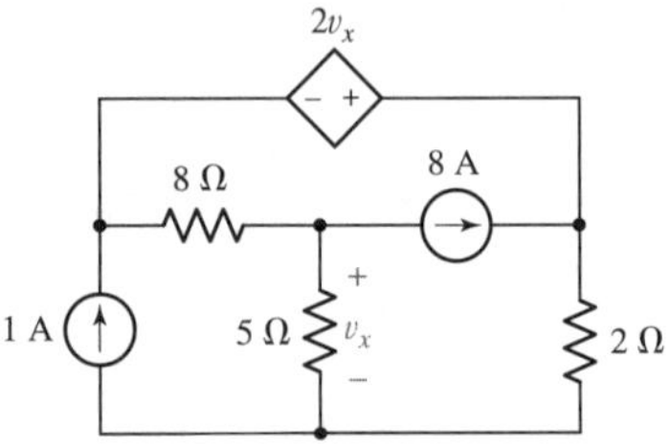

◆ 圖 4.39

10. 試求圖 4.40 電路中使得 v_x 等於零之數值 k。
11. 試求圖 4.41 電路中全部四個節點之電壓。

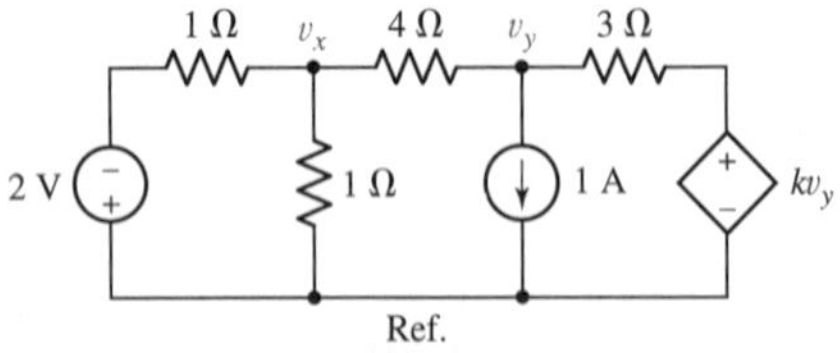

◆ 圖 4.40

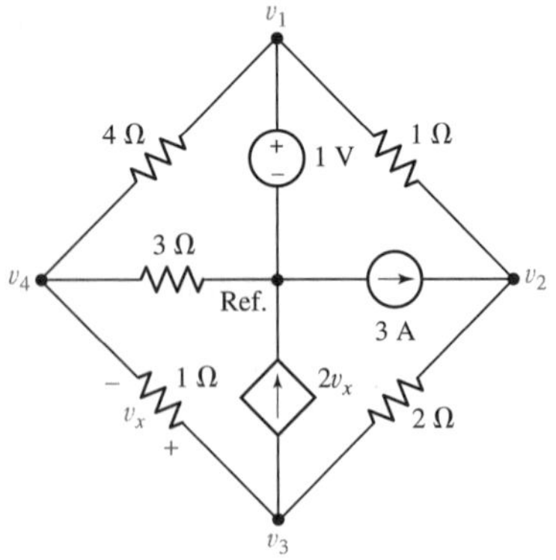

◆ 圖 4.41

4.3 網目分析

12. 試求流出圖 4.42 電路中每個電壓源正端的電流。
13. 試求圖 4.43 電路圖中所標示的三個網目電流之數值。
14. 適當利用網目分析，試求圖 4.44 電路中之 (a) 電流 i_y 之數值，以及 (b) 220 Ω 電阻器所消耗的功率。

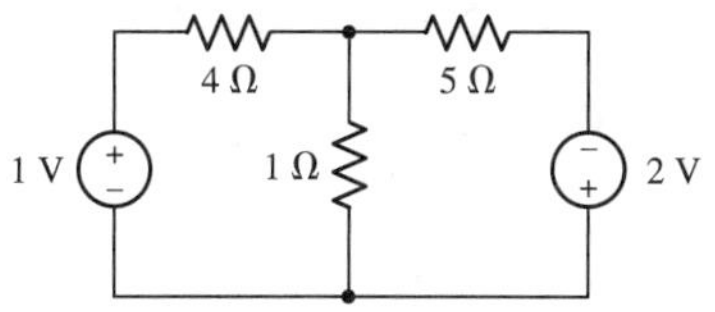

◆ **圖 4.42**

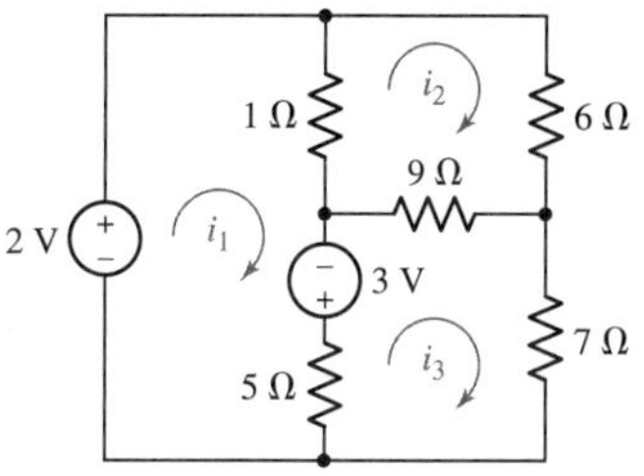

◆ **圖 4.43**

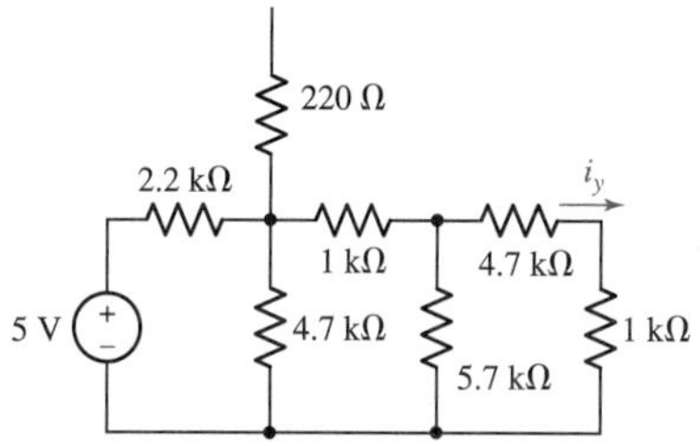

◆ **圖 4.44**

15. 選擇非零數值給予圖 4.45 之三個電壓源，使得沒有任何電流流過電路中的任何一個電阻器。
16. (a) 利用網目分析試求圖 4.46 所示電路中 1 Ω 電阻器所消耗的功率；(b) 使用節點分析檢查所得到的解答。

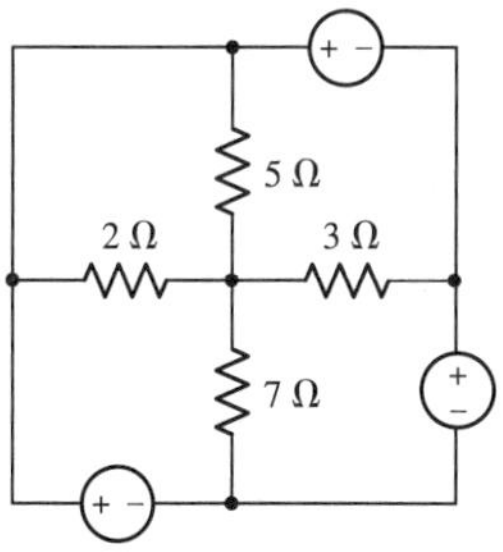

◆ **圖 4.45**

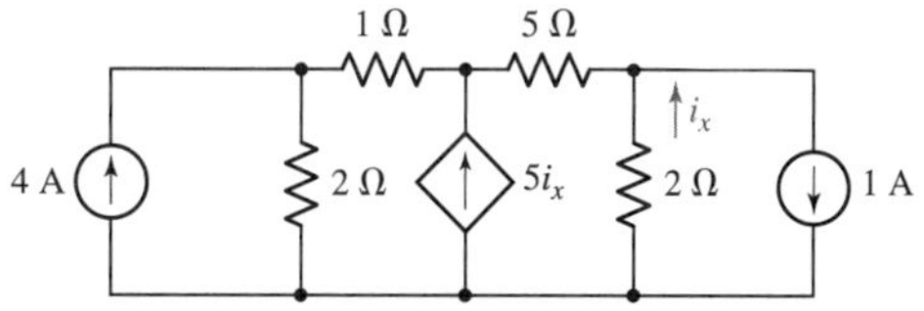

◆ **圖 4.46**

17. 定義圖 4.47 電路中三個順時鐘方向的網目電流，並且利用網目分析試求每一個網目電流之數值。
18. 利用網目分析試求圖 4.48 電路中的 i_x 與 v_a 數值。

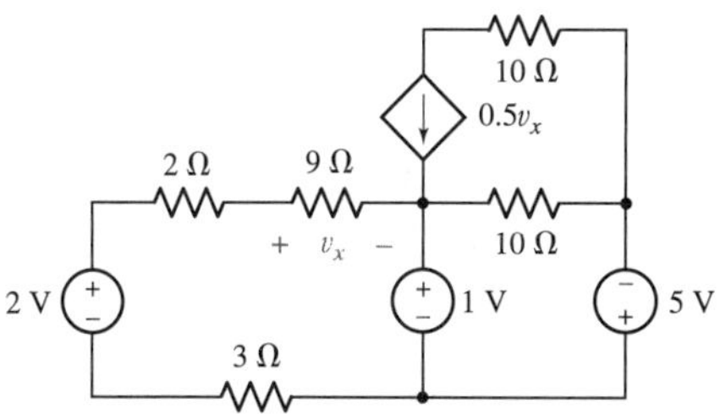

◆ **圖 4.47**

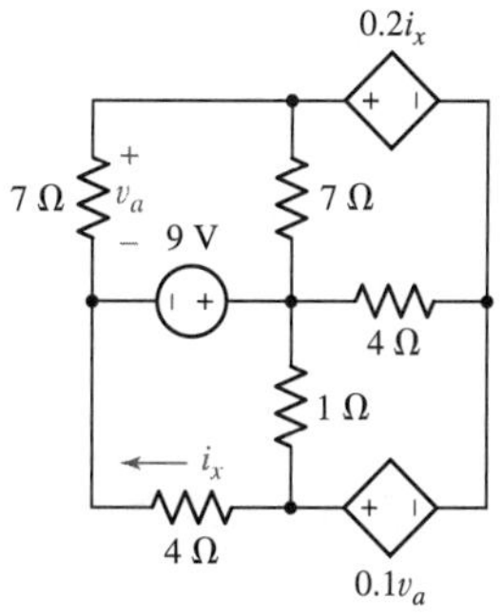

◆ **圖 4.48**

4.4 超網目分析

19. 透過適當應用超網目技巧，試求圖 4.49 電路的網目電流數值 i_3，並且計算 1 Ω 電阻器所消耗的功率。
20. 試計算圖 4.50 電路所標示的三個網目電流。

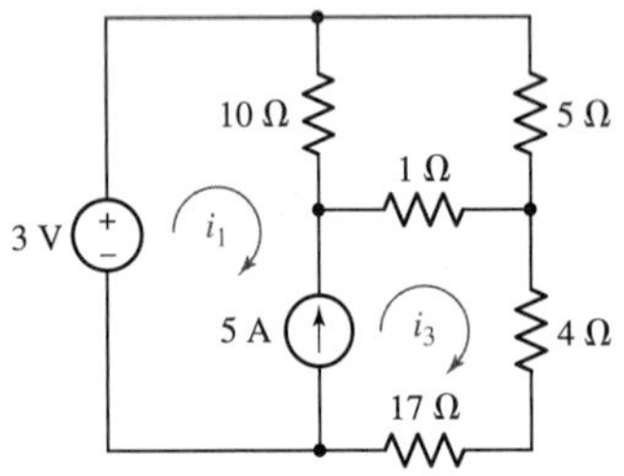

◆ 圖 4.49

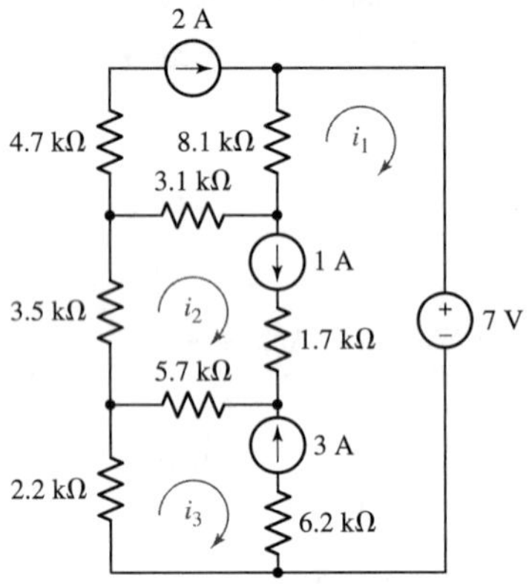

◆ 圖 4.50

21. 透過謹慎應用超網目技巧，試求圖 4.51 所標示的三個網目電流之數值。
22. 試求圖 4.52 中 1 V 電源所提供的功率。
23. 定義圖 4.53 電路三個順時鐘方向的網目電流，並且利用超網目技巧，試求每個網目電流之數值。

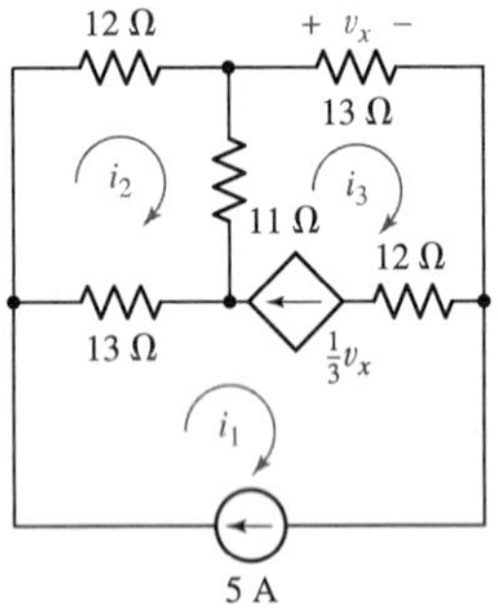

◆ 圖 4.51

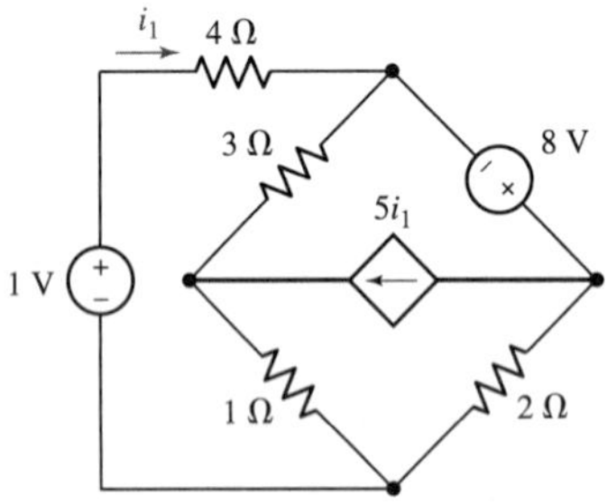

◆ 圖 4.52

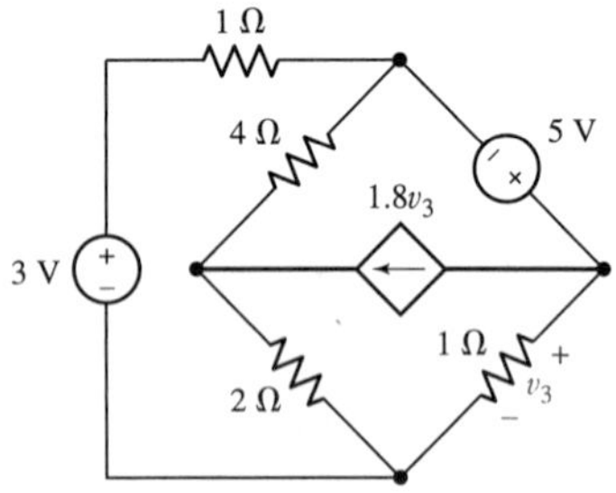

◆ 圖 4.53

4.5 節點分析與網目分析之比較

24. 如圖 4.54 所示之電路：(a) 若要計算 i_5，則需要多少的節點方程式？(b) 或者，需要多少個網目方程式？(c) 若僅需要計算跨於 7 Ω 電阻器上的電壓，則較佳的分析方式為何？試解釋之。
25. 修改圖 4.54 電路，以 3 V 電源取代 3 A 電源，該 3 V 電源的正參考端連接至 7 Ω 電阻器。(a) 計算需要求解 i_5 的節點方程式之數目；(b) 或者需要多少網目方程式？(c) 若僅需要計算跨於 7 Ω 電阻器上的電壓，則較佳的分析方式為何？試解釋之。
26. 圖 4.55 之電路包含三個電源。(a) 如圖所示，若要計算 v_1 與 v_2，則節點分析或者網目分析會產生較少的方程式？試解釋之；(b) 若以電流源取代電壓源，並且以電壓源取代電流源，則問題 (a) 的解答是否改變？試解釋之。

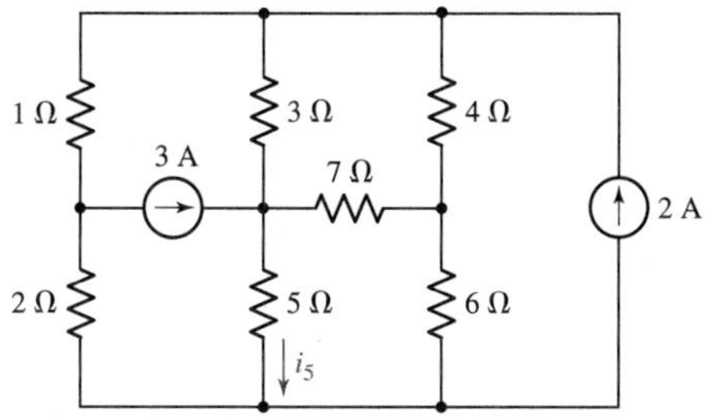

◆ **圖 4.54**

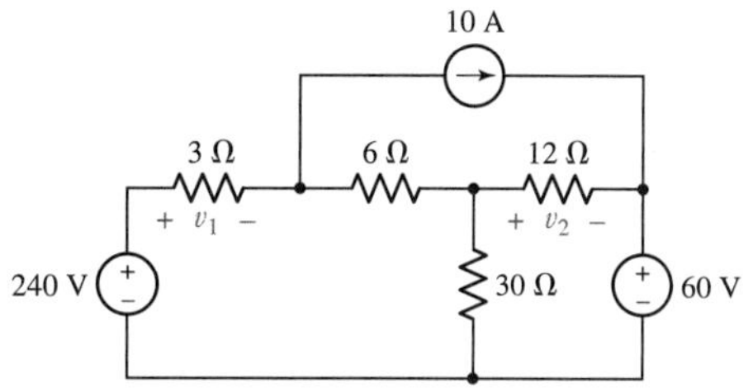

◆ **圖 4.55**

27. 求解圖 4.56 電路中標示為 v_x 之電壓。使用 (a) 網目分析；(b) 節點分析；(c) 試說明何種方式較為簡單？
28. 考慮圖 4.57 具有五個電源的電路。試求若要求解 v_1 所需的獨立方程式總數，使用 (a) 網目分析；(b) 節點分析；(c) 試說明何種方式較佳？以及選擇 40 Ω 電阻器哪一邊為參考節點？試解釋之。

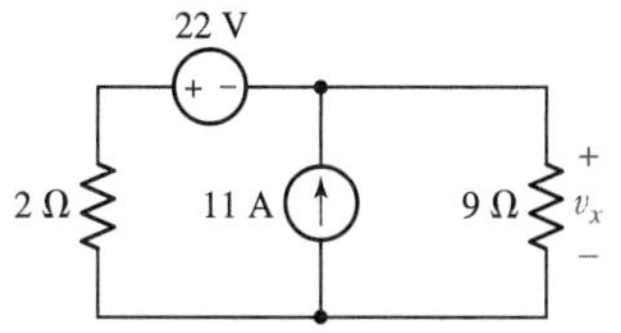

◆ **圖 4.56**

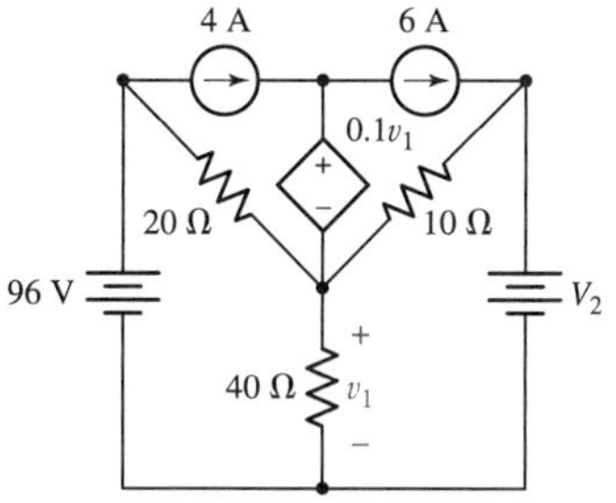

◆ **圖 4.57**

29. 以相依電流源取代圖 4.57 電路中的相依電壓源，該電流源的方向為箭頭向上。控制變數保持不變，仍為 0.1 v_1。V_2 數值為零。(a) 若使用節點分析，則試求需要求解 40 Ω 電阻器所消耗的功率之聯立方程式總數；(b) 以網目分析取代是否較佳？試解釋之。
30. 在研讀圖 4.58 電路之後，試求需要求解 v_1 與 v_3 的聯立方程式之總數，使用 (a) 節點分析；(b) 網目分析。

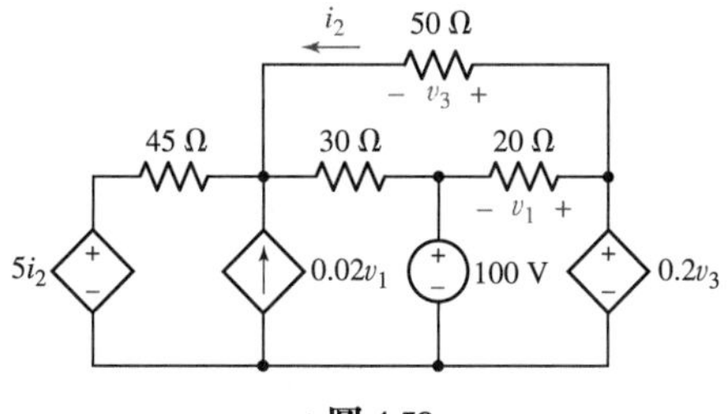

◆ **圖 4.58**

Chapter 5

簡便的電路分析技巧

主要觀念

重疊定理：計算不同電源對任一電壓或者電流之**個別貢獻**

- 可簡化電路之電源變換
- 戴維寧定理
- 諾頓定理
- 戴維寧與諾頓等效網路
- 最大功率傳輸
- 電阻網路的 Δ-Y 轉換
- 選擇分析技巧之特定組合

簡介

第四章中所說明的節點分析與網目分析技巧為分析電路相當確切且極為有用的方法。然而，依照一般的規則，此兩種技巧需要列出完整的方程組以描述特定的電路，即使所求僅是電路中的某一個電流、電壓，或者功率數值亦然。在本章中，將探討數種不同的技巧，藉以離析電路某些特定的部分，進而簡化電路的分析。在驗證這些技巧之後，則將焦點放在如何選擇較佳的分析方法。

5.1 線性與重疊定理

為能夠將所要分析的任何一種電路歸類為**線性電路** (Linear Circuit)，所以此時需要具體界定所謂的線性電路之意義，之後可考量線性所產生的最重要結果，亦即**重疊定理** (Superposition)。重疊定理相當基本，並且會重複出現在線性電路的分析中。實際上，重疊定理對非線性電路的不適用性主要乃是因非線性電路極難以分析所致！

重疊定理描述在具有超過一個獨立電源的線性電路中，藉由加總個別獨立電源獨自作用所產生的響應，便能夠得到所求之響應 (所求的電壓或電流)；亦即所求響應為各獨立電源的個別響應之加總。

線性元件與線性電路

線性元件 (Linear Element) 定義為一種具有線性的電壓-電流關係之被動元件。簡單表述“線性的電壓-電流關係”為流經元件的電流乘以某一常數 K 會產生跨於該元件上的電壓乘以相同常數 K 之結果。此時僅定義了其中一種被動元件 (電阻器)，且其電壓-電流關係為

$$v(t) = Ri(t)$$

此即為明顯的線性關係。實際上若以 $i(t)$ 繪製 $v(t)$ 函數，則結果將會是一條直線。

相依電壓源，$v_s = 0.6i_1 - 14v_2$ 為線性的，但 $v_s = 0.6i_1^2$ 與 $v_s = 0.6i_1v_2$ 則為非線性。

定義**線性相依電源** (Linear Dependent Source) 為一種相依電流源或電壓源，其輸出電流或電壓僅正比於電路中特定電流或電壓變數之一次方 (或者正比於這些變量的總和)。

線性電路 (Linear Circuit) 定義為一種全然由獨立電源、線性相依電源與線性元件所組成之電路。藉由此一定義可證明[1]“響應正比於電源”，或者全部的獨立電源之 K 倍電壓與電流會使所有的電流與電壓響應增加為相同的 K 倍 (包含相依電源的電壓或電流之輸出)。

重疊定理

線性最重要的推論結果為**重疊定理** (Superposition)。

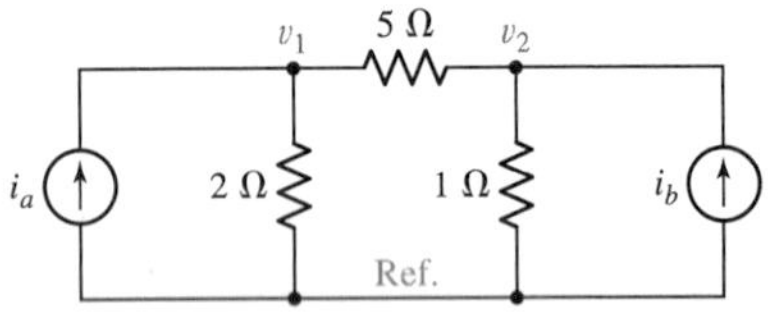

◆ **圖 5.1** 具有兩個獨立電流源之電路。

先藉由圖 5.1 電路來探討重疊定理，此電路包含兩個獨立電源，該兩個電流產生器會迫使電流 i_a 與 i_b 流進其電路，所以電源通常稱為*強制函數* (Forcing Function)，而所產生的節點電壓則以專有名詞*響應函數* (Response Function) 稱之，或者簡稱為*響應* (Response)。強制函數與響應兩者皆為時間函數。此一電路的節點方程式為

---

1 該證明先驗證在線性電路上使用節點分析只能產生線性方程式之型式為

$$a_1v_1 + a_2v_2 + \cdots + a_Nv_N = b$$

其中 a_i 為常數 (電阻或電導數值之組合、相依電源表示式中所出現的常數、0，或者 ± 1)，v_i 為未知節點電壓 (響應)，而 b 則為獨立電源的數值或獨立電源數值之加總。若將所有的 b 乘以 K，藉以給定一組方程式，則此一組新的方程式之解答明顯為節點電壓 Kv_1、Kv_2、⋯、Kv_N。

$$0.7v_1 - 0.2v_2 = i_a \qquad [1]$$

$$-0.2v_1 + 1.2v_2 = i_b \qquad [2]$$

此時進行實驗 x。將兩個強制函數改為 i_{ax} 與 i_{bx}；是以兩個未知電壓也變得不同，將之稱為 v_{1x} 與 v_{2x}。因此，

$$0.7v_{1x} - 0.2v_{2x} = i_{ax} \qquad [3]$$

$$-0.2v_{1x} + 1.2v_{2x} = i_{bx} \qquad [4]$$

接著進行實驗 y，將電源電流改變為 i_{ay} 與 i_{by}，並且測量響應 v_{1y} 與 v_{2y}：

$$0.7v_{1y} - 0.2v_{2y} = i_{ay} \qquad [5]$$

$$-0.2v_{1y} + 1.2v_{2y} = i_{by} \qquad [6]$$

所得的三組方程式是以三個不同的電流源來描述相同的電路。若將其中兩組方程式“**相加**”或者“**疊加**”，例如將方程式 [3] 與 [5] 相加，

$$(0.7v_{1x} + 0.7v_{1y}) - (0.2v_{2x} + 0.2v_{2y}) = i_{ax} + i_{ay} \qquad [7]$$

$$0.7v_1 \qquad - \qquad 0.2v_2 \qquad = \qquad i_a \qquad [1]$$

將方程式 [4] 與 [6] 相加，

$$-(0.2v_{1x} + 0.2v_{1y}) + (1.2v_{2x} + 1.2v_{2y}) = i_{bx} + i_{by} \qquad [8]$$

$$-0.2v_1 \qquad + \qquad 1.2v_2 \qquad = \qquad i_b \qquad [2]$$

其中為了方便比較，已將方程式 [1] 描寫於方程式 [7] 下方，且將方程式 [2] 描寫於方程式 [8] 下方。

這些方程式的線性性質提供方程式 [7] 與方程式 [1]，以及方程式 [8] 與方程式 [2] 之間的比較，並且得到期待的推論。若選擇 i_{ax} 與 i_{ay} 使其加總為 i_a，並且選擇 i_{bx} 與 i_{by} 使其加總為 i_b，則可藉由 v_{1x} 與 v_{1y} 相加，以及 v_{2x} 與 v_{2y} 相加，分別得到所求的響應 v_1 與 v_2。換言之，可執行實驗 x 並且記錄其響應，執行實驗 y 並且記錄其響應，最後再將兩組響應相加。如此導出重疊定理的基本觀念：一次只關注一個獨立電源 (以及該電源所產生的響應)，同時將其他的獨立電源“關閉”或者“歸零”。

若將電壓源降為零伏特，則視為等效之短路 (圖 5.2a)。若將電流源降為零安培，則視為等效之開路 (圖 5.2b)。因此，**重疊定理** (Superposition Theorem) 可描述為：

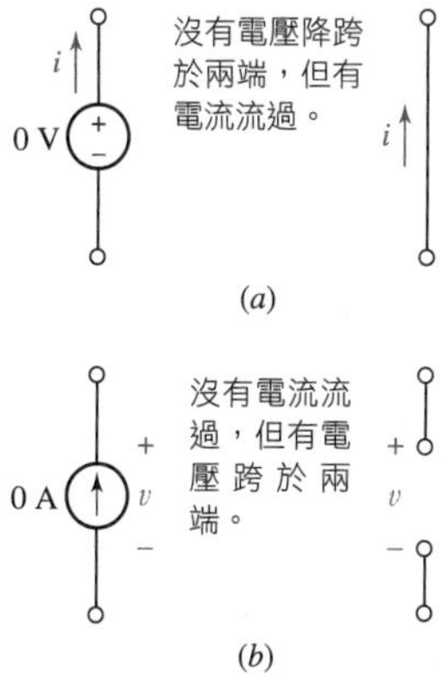

◆ **圖 5.2** (a) 設為零的電壓源之作用類似短路；(b) 設為零的電流源之作用類似開路。

> 在任何線性網路中，將其他所有的獨立電壓源短路，並且將其他所有的電流源開路，再藉由計算個別獨立電源單獨貢獻所產生的個別電壓或電流之代數和，得到任何一個電阻器或電源上所跨的電壓或者所流經的電流。

因此，若有 N 個獨立電源，便必須執行 N 個實驗，每個實驗僅令其中一個獨立電源為有效，其他的電源則視為無效／關閉／歸零。所要注意的是，在每個實驗中，*相依*電源一般仍保持為有效電源。

在多次的實驗中，獨立電源並不一定僅必須假設為所給定的數值或者零數值，僅需要實驗中的數個數值最後之加總會等於原有的數值即可。然而，假設為無效的電源通常會產生最為簡單的電路。

上述的範例顯示應可寫出更有力的定理；若有需要，可以集體將一*群組*的獨立電源視為無效電源。例如，假設某一電路具有三個獨立電源，則根據重疊定理之理論，藉由個別考慮每一個電源的效應，之後再將此三個結果加總，便可得知所給定的響應。或者，可以先視第三個電源為無效電源，得到第一與第二個電源作用所產生之響應，之後再將此一響應與第三個電源獨自產生的響應相加。此種做法相當於將數個電源集體視為一種"超電源"。

範例 5.1

使用重疊定理，試求圖 5.3a 電路之未知分支電流 i_x。

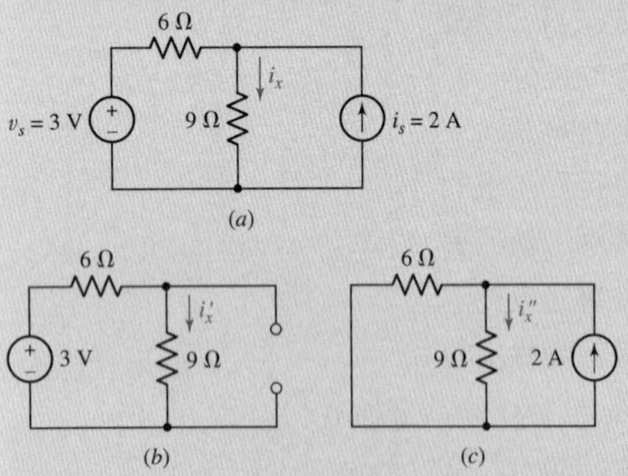

◆ **圖 5.3** (a) 具有兩個電源之電路範例，其中的分支電流 i_x 為所求；(b) 將電流源開路之等效電路；(c) 將電壓源短路之等效電路。

首先令電流源等於零，並且重新繪製該電路，如圖 5.3b 所示。電壓源作用所產生的 i_x 部分響應命名為 i'_x，以免混淆，並可簡單得知為 0.2 A。

接著令圖 5.3a 中的電壓源為零，重新繪製該電路，如圖 5.3c 所示。使用分流定律即可求得 i''_x (2 A 電流源作用所產生的 i_x 部分響應) 為 0.8 A。

此時將兩個個別的成分相加，即可計算總電流 i_x：

$$i_x = i_{x|3\text{V}} + i_{x|2\text{A}} = i'_x + i''_x$$

或者

$$i_x = \frac{3}{6+9} + 2\left(\frac{6}{6+9}\right) = 0.2 + 0.8 = 1.0\ \text{A}$$

範例 5.1 的另一種計算方式為採用 3 V 與 2 A 電源兩者同時作用於該電路，藉以直接計算出流經 9 Ω 電阻器的總電流 i_x。然而，3 V 電源對 i_x 的貢獻與 2 A 電源的貢獻無關，反之亦然。例如，如果將 2 A 電源的輸出設為兩倍，為 4 A 輸出，則該電流源將對流經 9 Ω 電阻器的總電流 i_x 貢獻 1.6 A (原 0.8 A 的兩倍)。而 3 V 電源仍是對 i_x 貢獻 0.2 A，因此新的總電流為 0.2 + 1.6 = 1.8 A。

練習題

5.1 試使用重疊定理計算圖 5.4 電路中的電流 i_x。

解答：660 mA。

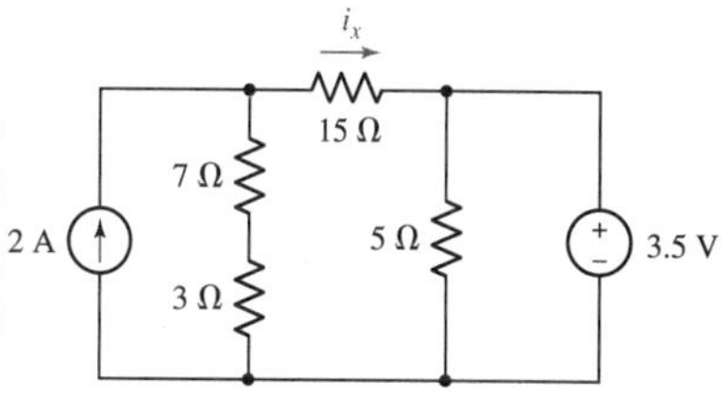

◆ **圖 5.4**

根據所得知的結果，由於可能產生許多需要分析的新等效電路，才能得到所求的響應，因此當考量某些特殊的電路時，重疊定理通常不見得可以減少分析上的負擔。然而，重疊定理在識別較複雜電路各部分的意義上特別有其效用，而且也是形成相量分析的基礎，相量分析將在第十章中介紹。

範例 5.2

參考圖 5.5a 電路。試求在任一電阻器不超過其額定功率而過熱之條件下，電源 I_x 所能夠設定的最大正電流。

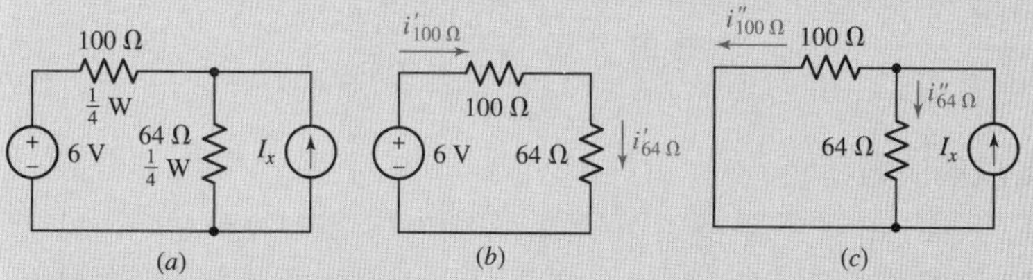

◆ **圖 5.5** (a) 具有兩個額定功率為 $\frac{1}{4}$ W 的電阻器之電路；(b) 僅 6 V 電源有效之電路；(c) 僅電源 I_x 有效之電路。

▶確定問題的目標

每個電阻器的最大額定功率為 250 mW。若該電路工作時電阻器上所要散逸的功率超過此一數值 (致使過大的電流流經每個電阻器)，便會造成電阻器過熱——可能會導致事故發生。6 V 電源不能夠改變，所以需要找出一個可描述 I_x 以及流經每個電阻器的最大電流之方程式。

▶蒐集已知的資訊

基於 250 mW 的額定功率，100 Ω 電阻器所能夠承受的最大電流為

$$\sqrt{\frac{P_{max}}{R}} = \sqrt{\frac{0.250}{100}} = 50 \text{ mA}$$

同樣地，流經 64 Ω 電阻器的電流必須小於 62.5 mA。

▶擬訂求解計畫

可應用節點分析或者網目分析來求解此一問題，但由於問題主要在於電流源的效應，因此重疊定理可提供某些優勢。

▶建立一組適當的方程式

使用重疊定理，重新繪製圖 5.5b 所示的電路，並且得知 6 V 電源對 100 Ω 電阻器所貢獻的電流為

$$i'_{100\,\Omega} = \frac{6}{100+64} = 36.59 \text{ mA}$$

而且由於 64 Ω 電阻器為串聯，因此 $i'_{64\,\Omega} = 36.59$ mA。

確認圖 5.5c 的電流分流狀況，要注意的是，將 $i''_{64\,\Omega}$ 與 $i'_{64\,\Omega}$ 相加，但 $i''_{100\,\Omega}$ 方向恰相反於 $i'_{100\,\Omega}$。因此，I_x 能夠安全地對 64 Ω 電阻器電流貢獻 $62.5 - 36.59 = 25.91$ mA，並且能夠安全地對 100 Ω 電阻器電流貢獻 $50 - (-36.59) = 86.59$ mA。

100 Ω 電阻器因此限制 I_x 電流：

$$I_x < (86.59 \times 10^{-3})\left(\frac{100+64}{64}\right)$$

而 64 Ω 電阻器則需要

$$I_x < (25.91 \times 10^{-3})\left(\frac{100+64}{100}\right)$$

▶嘗試解決方案

先考量 100 Ω 電阻器，可知 I_x 受限於 $I_x < 221.9$ mA。64 Ω 電阻器則限制 $I_x < 42.49$ mA。為了滿足以上兩個限制，I_x 必須小於 42.49 mA。倘若超過此一數值，則 64 Ω 電阻器會比 100 Ω 電阻器較先過熱。

▶驗證解答是否合理或符合所預期的結果？

其中一種用來評估解答特別有用的方式為執行 PSpice 軟體之 dc 掃描 (dc Sweep) 分析。然而，尚有需要關注的問題，即是否可以先行預測 64 Ω 電阻器會較先過熱。

原本已知 100 Ω 電阻器具有較小的最大電流，所以可合理

預測 100 Ω 電阻器應該會限制 I_x 之電流。然而，由於 I_x 提供給 100 Ω 電阻器的電流與 6 V 電源所供應的電流反向，而且對 6 V 電源貢獻給 64 Ω 電阻器的電流加成，因此證實與先前 64 Ω 電阻器應會限制 I_x 電流大小之預測不同。

範例 5.3

使用重疊定理，試求圖 5.6a 電路之 i_x 數值。

首先將 3 A 電源開路 (圖 5.6b)，此單網目方程式為

$$-10+2i'_x+i'_x+2i'_x=0$$

得到

$$i'_x=2\text{ A}$$

接著，將 10 V 電源短路 (圖 5.6c)，並且寫出單節點方程式

$$\frac{v''}{2}+\frac{v''-2i''_x}{1}=3$$

再找出 v'' 與相依電源控制變數之關係：

$$v''=2(-i''_x)$$

求解可得

$$i''_x=-0.6\text{ A}$$

因而

$$i_x=i'_x+i''_x=2+(-0.6)=1.4\text{ A}$$

要注意的是，在重新繪製每個等效電路時，總會謹慎使用某些型式的記號來指示其與原本變數不同。如此可避免在個別結果加總時會造成極大錯誤的可能性。

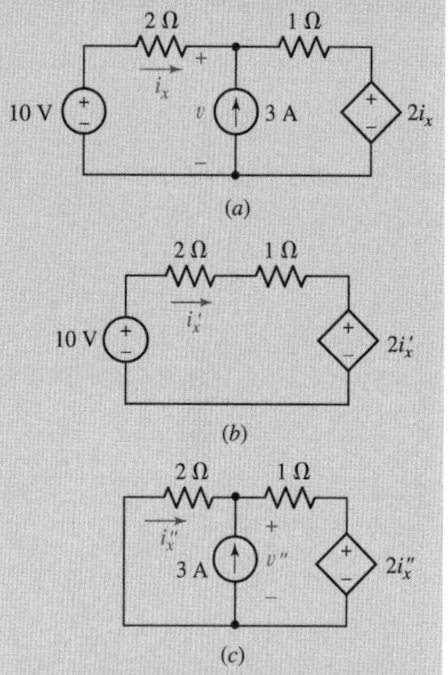

◆ **圖 5.6** (a) 具有兩個獨立電源與一個相依電源之電路範例，其中的分支電流 i_x 為所求；(b) 3 A 電源開路之電路；(c) 10 V 電源短路之電路。

練習題

5.2 使用重疊定理，求得圖 5.7 電路每個電流源之跨壓。

解答：$v_1|_{2\text{A}}=9.180$ V，$v_2|_{2\text{A}}=-1.148$ V，$v_1|_{3\text{V}}=1.967$ V，$v_2|_{3\text{V}}=-0.246$ V；$v_1=11.147$ V，$v_2=-1.394$ V。

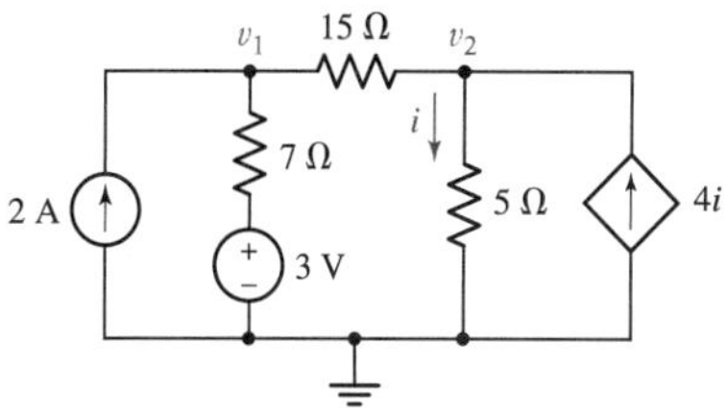

◆ **圖 5.7**

基本重疊定理程序之總結

1. **選擇其中一個獨立電源為有效電源。將其他所有的獨立電源設為零。**此意謂著以短路替代電壓源，且以開路替代電流源。將相依電源保留在電路中。
2. **使用適當的記號，重新標示電壓與電流** (例如，v' 與 i_2'' 等)。確認重新標示相依電源的控制變數，藉以避免產生混淆。
3. **分析簡化後的電路，藉以得到所求的電流及 / 或電壓。**
4. **重複步驟 1 至 3，直到每個獨立電源皆考慮為止。**
5. **將從個別分析所得到的部分電流及 / 或電壓相加。**相加時，要注意電壓正負符號與電流方向。
6. **不可將功率量相加。**若功率量為所求，則僅能在部分電壓及 / 或電流相加之後才計算。

要注意可使用數種方式修改步驟 1。首先，若可以簡化分析過程，則可有別於個別考量獨立電源，而能夠以群組考量獨立電源，只要沒有任何獨立電源會出現在超過一個的等效子電路之中即可。再者，在技巧上並不一定需要將電源設定為零，雖然將其他電源設定為零幾乎是最好的方式。例如，3 V 電源可以出現在兩個等效子電路中；由於 1.5 + 1.5 = 3 V，如同 0 + 3 = 3 V 一般，因此等效電路中可設定每個電源為 1.5 V。然而，由於如此做法並不會簡化分析，因此很少有這樣的範例。

5.2 電源變換

■ 實際的電壓源

本章至此僅以理想電源進行電路分析，理想電源亦即與端電壓與流經的電流無關之元件。為了得知與此一事實之關聯性，考慮簡單的獨立 (“理想”) 9 V 電源，且連接至 1 Ω 電阻器。9 伏特電源會產生 9 安培的電流經過 1 Ω 電阻器 (也許這似乎合理)，但相同的電源卻明顯會產生 9,000,000 安培的電流經過 1 mΩ 電阻器 (此一期望似乎並不合理)。理論上，沒有什麼可阻止電阻器的數值降低至 0 Ω……，但此將會產生矛盾，如同該電源 “嘗試” 保持 9 V 跨於完全短路上，則從歐姆定律得知此並不可能發生($V = 9 = RI = 0$?)。

當進行此一類型的實驗時，在現實世界中會發生什麼事？例如，若以車前大燈已經點亮而嘗試啟動汽車，隨著需要電池提供大量啟動電流 (～100 A 或者更大)，最可能注意到的是車前大燈變暗。若以圖 5.8a 的理想 12 V 電源來建立 12 V 電池之模型，則無法解釋所觀測到的現象。換言之，當負載要從電源提取大量的電流時，該理想模型便會失效。

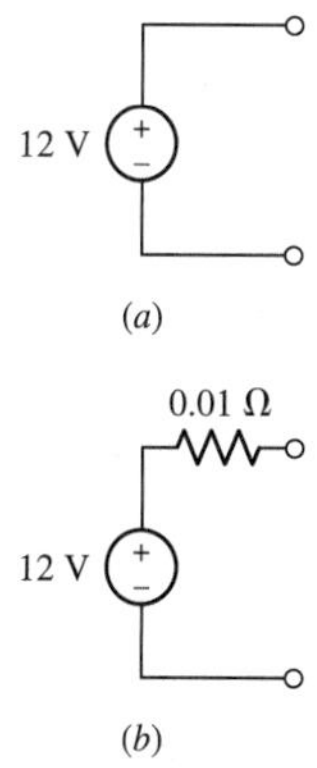

◆ **圖 5.8** (a) 用來建構汽車電池的理想 12 V 直流電壓源；(b) 考慮大電流時所觀測到的電池端電壓降低現象所得到的較精準模型。

為能夠更趨近實際元件的行為，必須修改理想電壓源，藉以能夠考量在負載汲取大量電流時電壓源的端電壓會降低之行為。假設在實驗上觀測到車子的電池在沒有電流時具有 12 V 的端電壓，而當提供 100 A 時，電壓降至 11 V；則此電壓源更為精確的模型為一個 12 V 的理想電壓源串聯一個流過電流 100 A 之電阻器，此一電阻器呈現 1 V 跨壓。快速的計算顯示該電阻器必須為 1 V/100 A = 0.01 Ω，而該理想電壓源與串聯的電阻器便建構了所謂的**實際電壓源** (Practical Voltage Source) (圖 5.8b)。因此，使用兩個理想電路元件的串聯組合，亦即以一個獨立電壓源與一個電阻器，可建構實際電壓源之模型。

當然，在汽車內部並不期望找到如此理想元件之配置。任何一個實際的裝置或元件之特性取決於其端點的電流-電壓關係，問題是要開發理想元件的某些組合，能夠提供類似的電流-電壓特性，至少是在一些實用範圍內的電流、電壓或功率。

在圖 5.9a 中，顯示汽車電池的實際模型連接至某一負載電阻器 R_L。實際電源的端電壓相同於 R_L 之跨壓，並標示[2] 為 V_L。圖 5.9b 顯示該實際電源的負載電壓 V_L 以負載電流 I_L 為函數所繪製之關係圖。可使用 I_L 與 V_L 兩者來表示圖 5.9a 電路之 KVL 方程式：

$$12 = 0.01 I_L + V_L$$

因此，

$$V_L = -0.01 I_L + 12$$

此為 I_L 與 V_L 之線性方程式，圖 5.9b 之圖示為一條直線。直線上的每個點相應於不同數值的 R_L。例如，當負載電阻等於實際電源的內部電阻值，便得到了直線的中點，或者 $R_L = 0.01\ \Omega$。此時，負載電壓恰好為理想電源電壓的一半。

當 $R_L = \infty$ 且負載沒有汲取任何電流時，實際電源開路，而端電壓或開路電壓為 $V_{Loc} = 12$ V。換言之，若 $R_L = 0$，負載端短

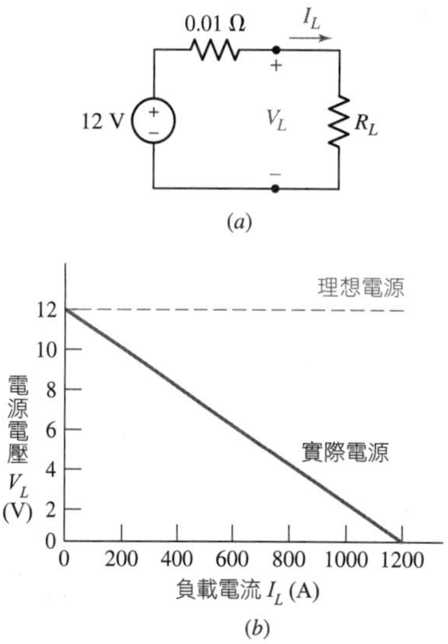

◆ **圖 5.9** (a) 顯示連接至一負載電阻器 R_L 之實際電源，其趨近於某一 12 V 車用電池之行為；(b) I_L 與 V_L 之間的關係為線性。

2 經由此一觀點，嚴謹使用大寫字母來指稱直流量為本書一貫維持堅持的標準慣例，反之小寫字母則是用來代表已知具有時變成分的物理量。然而，在敘述一般應用於直流或交流的定理時，將繼續使用小寫字母，藉以強調一般觀念的本質。

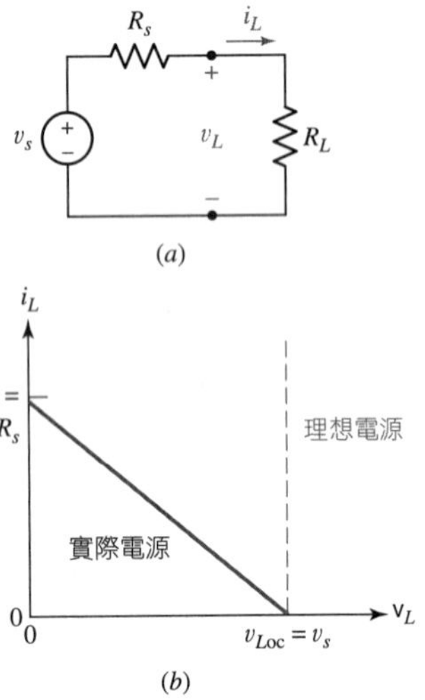

◆**圖 5.10** (a) 連接至一負載電阻器 R_L 之通例實際電壓源；(b) 實際電壓源的端電壓會隨著 i_L 之增加以及 $R_L = v_L/i_L$ 之降低而降低。不論傳送至負載的電流為何，理想電壓源的端電壓 (同樣也繪製於圖示中) 皆保持不變。

路，則負載電流或短路電流為 $I_{Lsc} = 1200$ A。(實際上，如此實驗可能會造成電路短路、電池，以及任何併入該電路的測量儀器之毀壞！)

由於此一實際電壓源 V_L 對 I_L 的關係圖為直線，因此得知 V_{Loc} 與 I_{Lsc} 兩數值便可確定整個 $V_L - I_L$ 曲線。

圖 5.9b 水平虛線代表**理想電壓源**的 $V_L - I_L$ 關係圖；對任何數值的負載電流而言，端電壓皆保持固定。對實際電壓源而言，當負載電流相對較小時，端電壓具有與理想電源接近的數值。

此時考量通例的實際電壓源，如圖 5.10a 所示。理想電源的電壓為 v_s，一般稱為**內部電阻**或**輸出電阻**的 R_s 與該電源串聯。必須再次注意該電阻器並非實際存在的單獨元件，只是用來考量端電壓會隨著負載電流而降低之現象。該電阻器的出現能夠更確實地建立實際電壓源行為的模型。

v_L 與 i_L 之間的線性關係為

$$v_L = v_s - R_s i_L \qquad [9]$$

此關係繪製於圖 5.10b。開路電壓 ($R_L = \infty$，所以 $i_L = 0$) 為

$$v_{Loc} = v_s \qquad [10]$$

而短路電流 ($R_L = 0$，所以 $v_L = 0$) 為

$$i_{Lsc} = \frac{v_s}{R_s} \qquad [11]$$

再次強調這些數值皆為圖 5.10b 的直線截距，因此這些數值可完整地定義出該直線。

■ 實際的電流源

實際上，理想的電流源同樣也是不存在的；不論電流源所連接的負載電阻值或者兩端的跨壓為何，沒有實際的裝置或元件會傳送固定的電流給予負載。某些電晶體電路會傳送固定的電流給予大範圍的負載電阻，但該負載電阻一般都足夠大，因此所流經的電流都很小。實際上根本就沒有無窮大的電力。

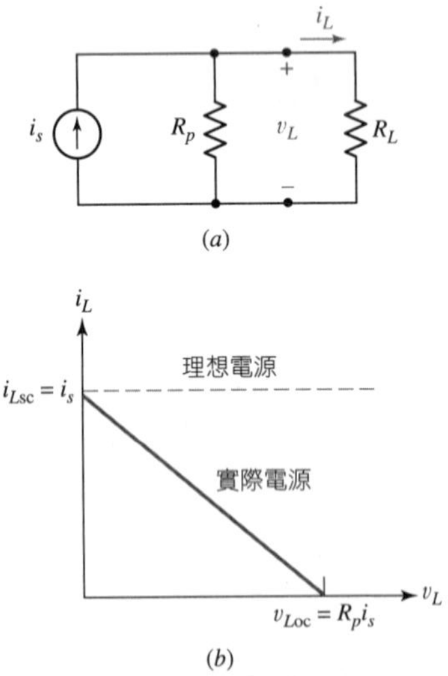

◆**圖 5.11** (a) 通例的實際電流源，該電流源連接至一負載電阻器 R_L；(b) 闡述實際電流源所提供的負載電流為負載電壓之函數。

實際的電流源定義為一個理想電流源並聯一個內部電阻 R_p，如此電源闡述於圖 5.11a，其中已標示了與負載電阻 R_L 相關的電流 i_L 以及電壓 v_L。應用 KCL 得到

$$i_L = i_s - \frac{v_L}{R_p} \qquad [12]$$

此亦為線性關係。開路電壓與短路電流分別為

$$v_{Loc} = R_p i_s \quad [13]$$

以及

$$i_{Lsc} = i_s \quad [14]$$

可藉由改變 R_L 之數值，驗證改變負載電壓所伴隨的負載電流變動，如圖 5.11b 所示。當 R_L 從零增加至無限大歐姆，此一直線便從短路端橫越至開路端，而中點則發生在 $R_L = R_p$。僅在微小的負載電壓數值之條件下，負載電流 i_L 與理想電源電流方趨近相等，可由甚小於 R_p 之 R_L 數值得到此結果。

■ 等效的實際電源

藉由以上的說明而言，毫無疑問地能夠改善電源的模型，以增加模型的準確性；就此一觀點，可知已有實際的電壓源模型以及實際的電流源模型。然而，一開始先花點時間比較圖 5.10b 與圖 5.11b。其中一個圖示是闡述具有電壓源的電路，而另一個圖示則是描述具有電流源的電路，**但此兩圖示是無法區分的！**

事實證明，此並非巧合。實際上，證明實際的電壓源能夠電氣等效於實際的電流源——亦即連接至其中一種電源的負載電阻器 R_L 會具有相同的 v_L 與 i_L。此意謂著實際電源之間能夠相互置換，而電路的其他部分並不會知道電源部分的差異。

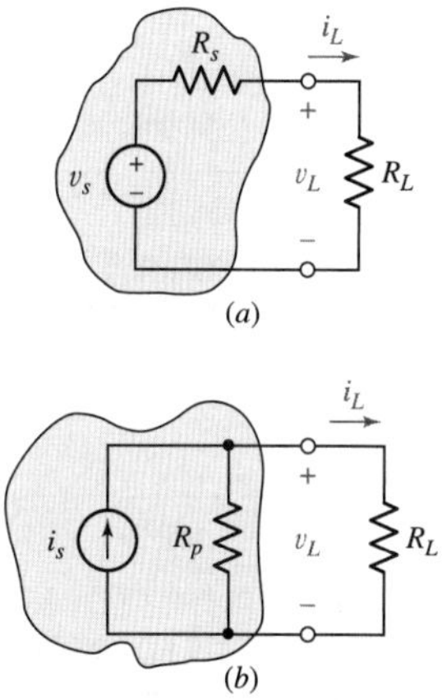

◆ **圖 5.12** (a) 連接至負載 R_L 之實際電壓源；(b) 連接至相同負載之等效實際電流源。

考慮圖 5.12a 所示的實際電壓源與電阻器 R_L，並且考慮實際電流源與電阻器 R_L 所組成的電路，如圖 5.12b 所示。藉由簡單的計算便可得知圖 5.12a 的負載 R_L 跨壓為

$$v_L = v_s \frac{R_L}{R_s + R_L} \quad [15]$$

相同的計算得知圖 5.12b 的負載 R_L 跨壓為

$$v_L = \left(i_s \frac{R_p}{R_p + R_L} \right) \cdot R_L$$

若

$$R_s = R_p \quad [16]$$

且

$$v_s = R_p i_s = R_s i_s \quad [17]$$

則這兩個實際的電源彼此便為電氣等效的電源。其中 R_s 表示實際電源的內部電阻，此為傳統的符號。

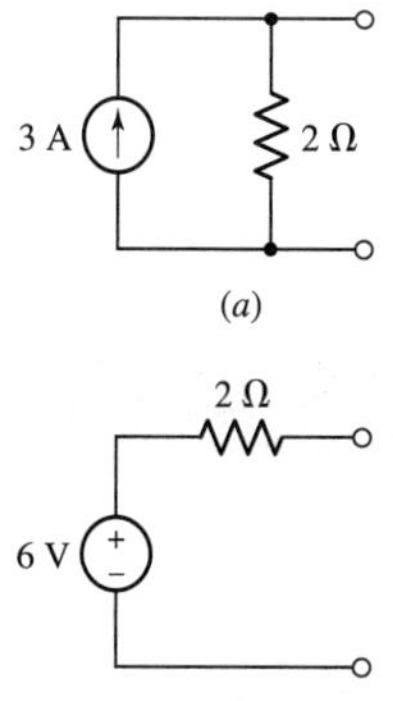

◆ **圖 5.13** (a) 實際的電流源；(b) 等效的實際電壓源。

此時嘗試使用圖 5.13a 所示的實際電流源。由於該電源的內部電阻為 2 Ω，因此等效的實際電壓源之內部電阻同樣也是

2 Ω；實際電壓源內部的理想電壓源之電壓則為 (2)(3) = 6 V。等效的實際電壓源闡述於圖 5.13b。

為了檢驗彼此的等效性，想像將一個 4 Ω 電阻器連接至兩種電源，在此兩種狀況下，4 Ω 負載的電流皆為 1 A、電壓皆為 4 V，且功率皆為 4 W。然而，應該要特別注意的是，理想電流源會提供總功率 12 W，而理想電壓源則僅提供 6 W。再者，實際電流源的內部電阻會吸收 8 W 功率，而實際電壓源的內部電阻則僅吸收 2 W。因此，可知兩個實際電源僅對負載端所呈現的作用等效；兩電源的內部**並非**等效！

範例 5.4

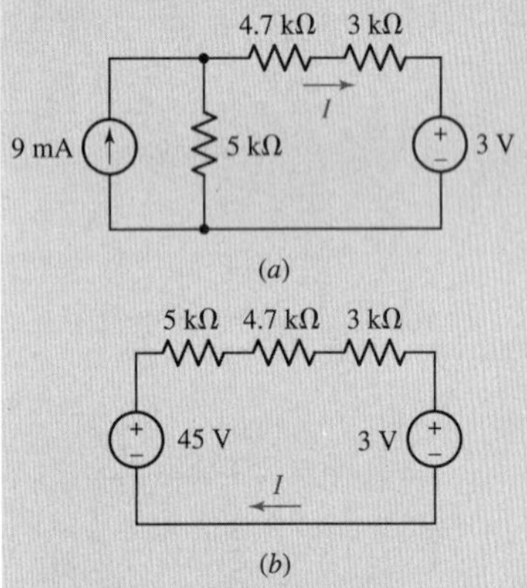

◆ **圖 5.14** (a) 具有電壓源與電流源的電路；(b) 將 9 mA 電源變換成為等效電壓源之後的電路。

將 9 mA 電源變換成為等效電壓源之後，試計算流經圖 5.14a 中的 4.7 kΩ 電阻器之電流。

此並非只是 9 mA 電源的問題，還有與其並聯的電阻 (5 kΩ) 需要注意。將 9 mA 電源與並聯的 5 kΩ 電阻所連接之元件移除，留下兩端"懸空"。接著將其置換為一個電壓源串聯一個 5 kΩ 電阻器，該電壓源的數值必為 (0.009)(5000) = 45 V。

重新繪製該電路，如圖 5.14b 所示，可以寫出簡單的 KVL 方程式

$$-45 + 5000I + 4700I + 3000I + 3 = 0$$

即可簡易地推導出 $I = 3.307$ mA。

使用節點分析或網目技巧來分析圖 5.14a 的電路，便可檢查此一解答是否正確。

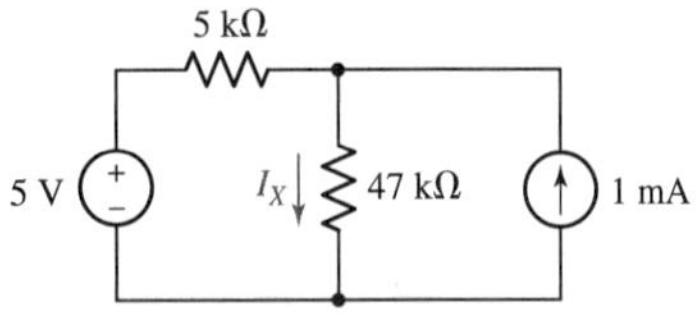

◆ **圖 5.15**

練習題

5.3 對電壓源進行電源變換之後，試計算流經圖 5.15 中的 47 kΩ 電阻器之電流。

解答：192 μA。

範例 5.5

先使用電源變換化簡圖 5.16a 電路，試求流經 2 Ω 電阻器之電流。

先將每個電流源變換成電壓源 (圖 5.16b)，此分析策略可將電路轉換成一個簡單的迴路。

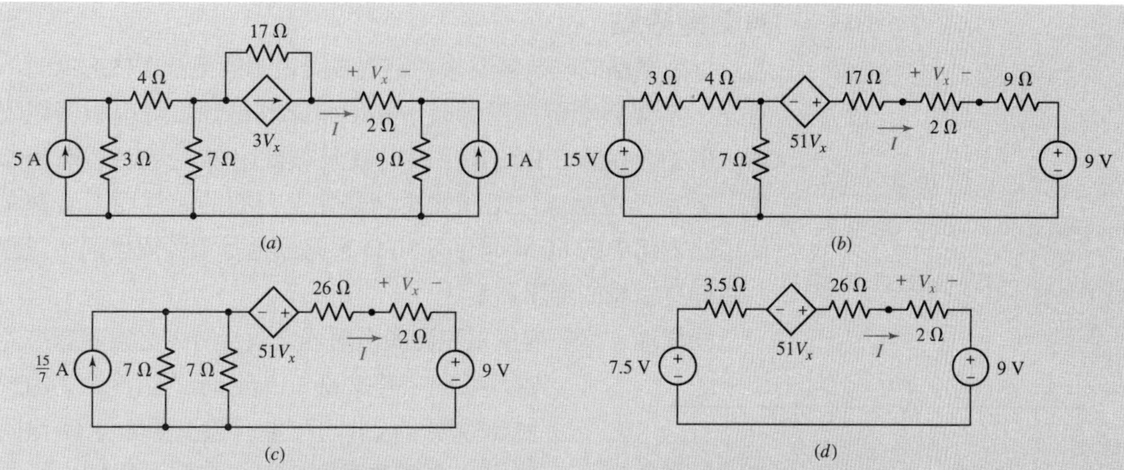

◆ **圖 5.16** (a) 具有兩個獨立電流源與一個相依電源之電路；(b) 將每個電流源變換成為電壓源後所得到的電路；(c) 進一步整合之後的電路；(d) 最後的電路。

必須小心保留 2 Ω 電阻器，理由有二：第一個理由為相依電源控制變數跨於該電阻器之上；第二個理由為所求的電流流經該電阻器。然而，由於彼此串聯，仍能夠將 17 Ω 與 9 Ω 電阻器合併。同樣也得知可將 3 Ω 與 4 Ω 電阻器合併成單一個 7 Ω 電阻器，之後再用以變換 15 V 電源成為 15/7 A 電源，如圖 5.16c 所示。

最後，將兩個並聯的 7 Ω 電阻器合併成單一個 3.5 Ω 電阻器，進而變換 15/7 A 的電流源成為 7.5 V 之電壓源。此一結果為單一簡單迴路之電路，如圖 5.16d 所示。

此時可使用 KVL 得知電流 I：

$$-7.5 + 3.5I - 51V_x + 28I + 9 = 0$$

其中

$$V_x = 2I$$

因此，

$$I = 21.28 \text{ mA}$$

練習題

5.4 試反覆使用電源變換，計算圖 5.17 電路中 1 MΩ 電阻器之跨壓 V。

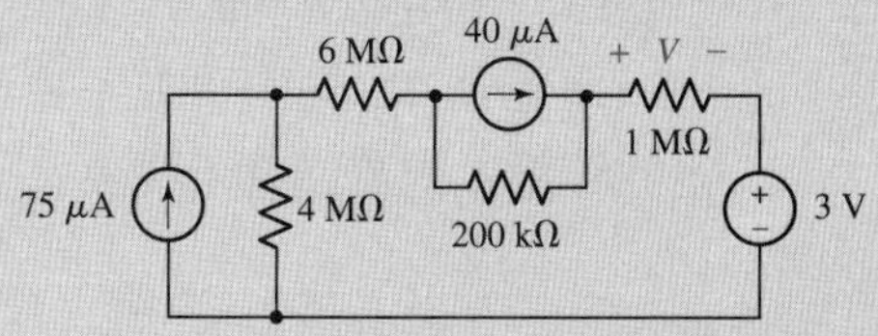

◆ **圖 5.17**

解答：27.2 V。

關鍵觀點

以對電路的一些觀察來總結對實際電源與電源變換之探討。首先，當變換一個電壓源時，必須確認該電源實際串聯著電阻器。例如，在圖 5.18 的電路中，由於彼此串聯，因此使用 10 Ω 電阻器進行電壓源之電源變換乃是完全有效的。然而，若嘗試使用此電路中的 60 V 電源與 30 Ω 電阻器進行電源變換則不正確——極為常見的錯誤類型。

同樣地，當要變換電流源與電阻器之組合時，必須確認彼此**實際並聯**。考慮圖 5.19a 所示的電流源，由於彼此並聯，因此可以進行電流源與 3 Ω 電阻器組合之電源變換，但是在電源變換之後，對電阻器要放置的地方可能並不明確。在這樣的狀況下，先重新繪製所要變換的元件則相當有幫助，如圖 5.19b 所示。接著，對於電壓源串聯電阻器之變換則可正確地重新繪製如圖 5.19c 所示；該電阻器實際上可繪製於電壓源之上方或下方。

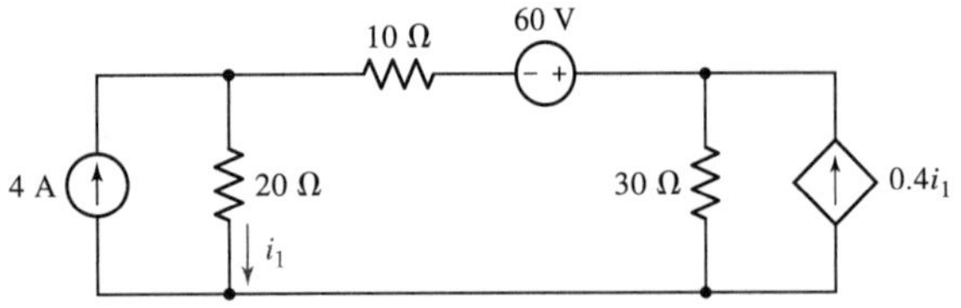

◆ **圖 5.18** 闡述如何決定電源變換是否可進行之電路範例。

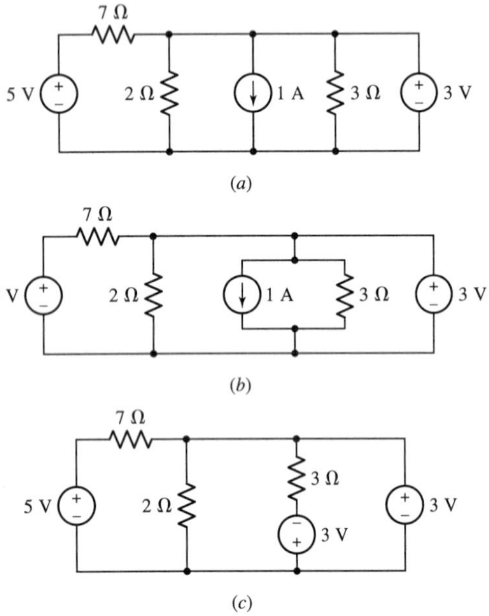

◆ **圖 5.19** (a) 具有要變換成為電壓源的電流源之電路；(b) 重新繪製藉以避免錯誤的電路；(c) 已變換後的電源／電阻器之組合。

較不尋常的狀況同樣也值得考慮，例如電流源串聯電阻器以及電壓源並聯電阻器之兩對偶狀況。以圖 5.20a 之簡單電路開始，其中僅關注跨於電阻器 R_2 上的電壓。要注意的是，不論電阻器 R_1 的數值為何，$V_{R_2} = I_x R_2$ 皆必成立。儘管可以嘗試進行對如此電路不適當的電源變換，但實際上**可簡單地忽略電阻器** R_1 (假設該電阻本身並不是分析所關注的)。類似的情形同樣會發生在電壓源並聯電阻器之狀況，如圖 5.20b 所描述的；若僅關注與電阻器 R_2 相關的物理量，則在電壓源與電阻器 R_1 上，可發現某些無法理解的 (而且是不正確的) 電源變換。實際上，就圖 5.20b 電路中的電阻器 R_2 而言，可以忽略電阻器 R_2——電阻器 R_1 的出現並不會改變電阻器 R_2 上的跨壓、電流或者所要散逸的功率。

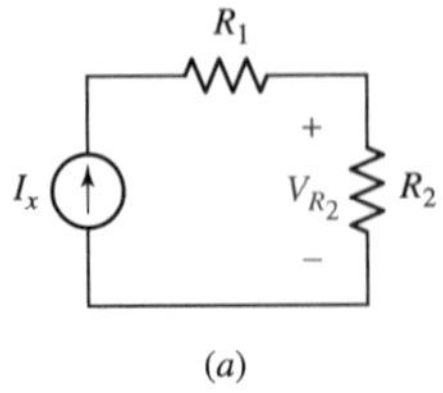

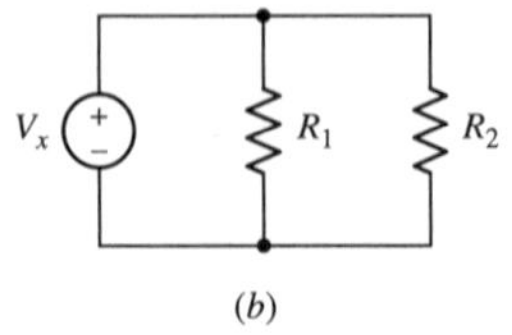

◆ **圖 5.20** (a) 具有電阻器 R_1 串聯電流源之電路；(b) 與兩個電阻器並聯之電壓源。

電源變換之總結

1. **電源變換的共同目標為終結電路中所有的電流源或者電壓源**。特別是能使節點分析或網目分析更為簡單之時。
2. **藉由合併電阻器與電源，可反覆使用電源變換來簡化電路**。
3. **使用電源變換時，電阻器的數值不會改變，但並非相同的電阻器**。此意謂著在執行電源變換之後，新的電阻器之電流或電壓與原電阻器不同。
4. **若與特定電阻器相關的電壓或電流用來充當相依電源的控制變數，則不應將之包含在任何的電源變換中**。原本的電阻器必須一直保留到最後的電路之中，不能改變。
5. **若特定元件相關的電壓或電流為電路所關注的，則該元件不應包含在任何的電源變換中**。原本的元件必須一直保留到最後的電路中，不能改變。
6. **在電源變換中，電流源箭頭相應於電壓源的“+”端**。
7. **電流源與電阻器的電源變換需要兩元件是實際並聯的**。
8. **電壓源與電阻器的電源變換需要兩元件是實際串聯的**。

5.3 戴維寧與諾頓等效電路

在介紹了電源變換與重疊定理之後，此時將闡述另外兩種可明顯簡化許多線性電路分析之技巧。第一個定理以 L. C. 戴維寧 (Thévenin) 命名，戴維寧是法國的工程師，從事電報工作，他在 1883 年發表此一定理；第二個定理則視為第一個定理的推論，歸功於諾頓 (E. L. Norton)，諾頓是貝爾電話實驗室 (Bell Telephone Laboratories) 的科學家。

若僅需要對電路的某些部分進行分析，例如，也許只是需要確定從電路其他部分傳送至單一“負載”電阻器的電流、電壓與功率，而該電路可能包含有相當數量的電源與電阻器 (圖 5.21a)。或者，也許是希望得知不同數值的負載電阻之響應。戴維寧定理闡述能夠以一個獨立電壓源串聯一個電阻器 (圖 5.21b) 來置換電路中除了負載電阻器之外的任何其他部分；*在負載電阻*上所測量到的響應不變。使用諾頓定理可得到一個獨立電流源並聯一個電阻器之等效組合 (圖 5.21c)。

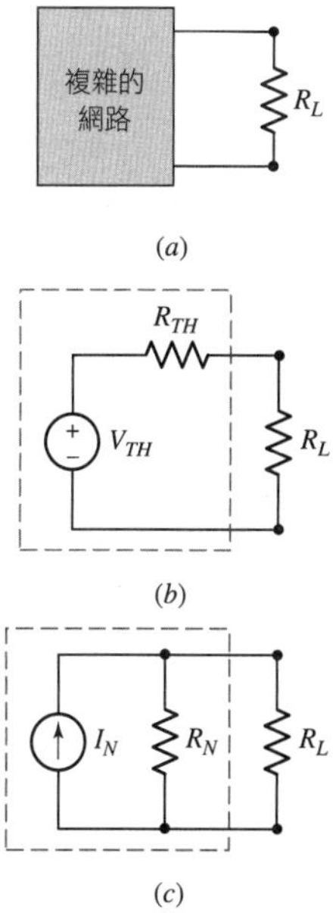

◆ **圖 5.21** (a) 包含一個負載電阻器 R_L 之複雜網路；(b) 連接至負載電阻器 R_L 之戴維寧等效網路；(c) 連接至負載電阻器 R_L 之諾頓等效網路。

因此，戴維寧與諾頓定理的主要用途之一為使用相當簡單的等效電路來置換電路的絕大部分，通常是複雜且非關注的部分。該簡化的新電路可使原本電路傳送至負載的電壓、電流與功率之計算較為快速。此外，戴維寧與諾頓定理可以用來協助選擇負載電阻的最佳值。例如，在電晶體的功率放大器中，戴維寧或諾頓等效電路能夠用來判斷可從放大器汲取並且傳送至擴音器的最大功率。

範例 5.6

考慮圖 5.22a 所示的電路。試求網路 *A* 的戴維寧等效電路，並計算傳送至負載電阻器 R_L 的功率。

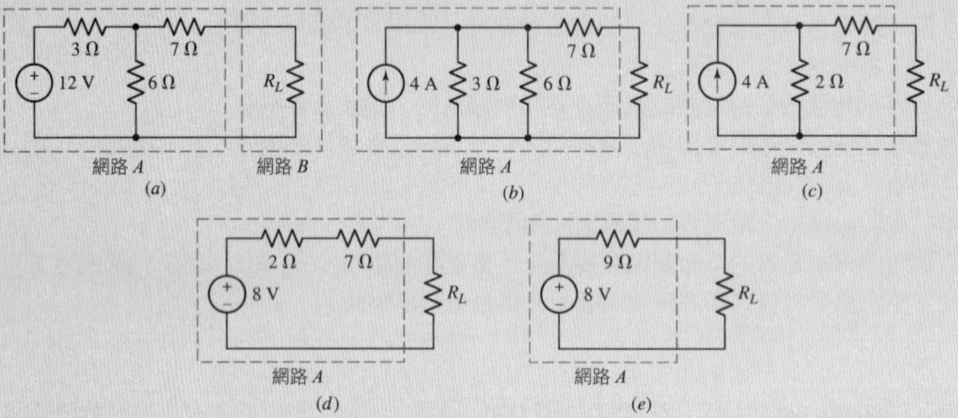

◆ **圖 5.22** (a) 劃分為兩個網路的電路；(b)-(d) 簡化網路 *A* 的中間步驟；(e) 戴維寧等效電路。

虛線區域將該電路劃分成網路 *A* 與 *B*；主要關注的是網路 *B*，其僅包含負載電阻器 R_L。可藉由反覆使用電源變換來簡化網路 *A*。

首先處理 12 V 電源與 3 Ω 電阻器，將之視為實際電壓源，並且以 4 A 電源並聯 3 Ω 電阻器所構成的實際電流源來置換之 (圖 5.22b)。接著將並聯的電阻合併為 2 Ω (圖 5.22c)，而所產生的實際電流源再變換回到實際電壓源 (圖 5.22d)。最後的結果顯示於圖 5.22e。

從負載電阻器 R_L 看來，此網路 *A* (戴維寧等效電路) 等效於原本的網路 *A*；若從分析者的角度看來，該電路則簡單許多，而此時便能夠簡易地計算傳送至負載的功率：

$$P_L = \left(\frac{8}{9 + R_L}\right)^2 R_L$$

再者，經由等效電路，能夠得知跨於 R_L 的最大電壓為 8 V，並且相應於 $R_L = \infty$。從網路 *A* 成為實際電流源 (諾頓等效電路) 之快速變換得知可傳送的最大電流為 8/9 A，此發生於 $R_L = 0$。這些事實在原電路中都不明顯。

練習題

5.5 反覆使用電源變換，試求圖 5.23 電路虛線所標示的諾頓等效電路。

解答：1 A，5 Ω。

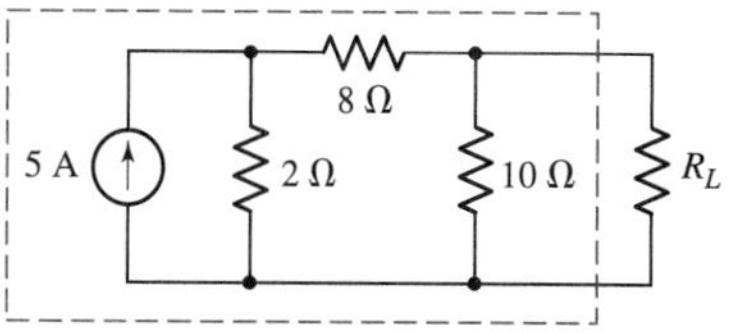

◆ **圖 5.23**

■ 戴維寧定理

使用電源變換之技巧找出足以分析範例 5.6 之戴維寧或諾頓等效電路，但在相依電源出現於電路中，或者該電路包含大量元件之狀況，便會變得不切實際。此時可使用戴維寧定理 (或者諾頓定理) 取代之。將以較為正式的程序來闡述戴維寧定理，之後再根據分析者所面對的狀況，考量更為實用的各種不同方式。

戴維寧定理之描述

1. **給定任何一個線性電路，以兩條接線所連接的兩個網路 *A* 與 *B* 之方式，將之重新配置或排列**。網路 *A* 為所要簡化的電路；網路 *B* 則為保持不變。
2. **將網路 *B* 斷開**。定義電壓 v_{oc} 為網路 *A* 兩端的跨壓。
3. **將網路 *A* 中的每個獨立電源關閉或者"歸零"，藉以形成一個非主動網路**。相依電源則保持不變。
4. **將數值為 v_{oc} 的獨立電壓源串聯於該非主動網路**。先不要完成該電路；保持兩端斷開。
5. **將網路 *B* 連接至新的網路 *A* 之兩端**。網路 *B* 中所有的電流與電壓將維持不變。

要注意的是，若其中一個網路包含相依電源，*其控制變數必須是在與該相依電源相同的網路中*。

驗證是否能夠成功將戴維寧定理應用於圖 5.22 所考量的電路中。已經得知範例 5.6 中 R_L 左邊電路的戴維寧等效電路，但此時欲知是否有較簡單的方法可以得到相同的結果。

範例 5.7

使用戴維寧定理，試求圖 5.22a 電路中 R_L 左邊部分之戴維寧等效電路。

首先斷開 R_L，且要注意的是，沒有任何電流流過 7 Ω 電阻器，如圖 5.24a 所示的部分電路。因此，V_{oc} 跨於 6 Ω 電阻器上 (沒有電流流經 7 Ω 電阻器，所以其上並無壓降)，藉由分壓定理

可知

$$V_{oc} = 12\left(\frac{6}{3+6}\right) = 8\ \text{V}$$

將網路 A 關閉 (亦即，以短路置換 12 V 電源)，並且求得已關閉的網路兩端為 7 Ω 電阻器串聯連接著 6 Ω 與 3 Ω 之並聯組合 (圖 5.24b)。

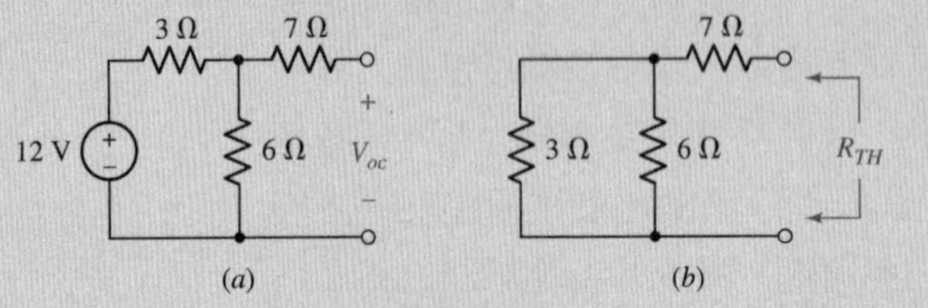

◆ **圖 5.24** (a) 圖 5.22a 之網路 B (電阻器 R_L) 斷開並且將連接端的跨壓標示為 V_{oc} 之電路；(b) 關閉圖 5.22a 之獨立電源後，原網路 B 所連接的兩端之等效電路，藉以判斷網路 A 之有效電阻。

因此，能夠以一個 9 Ω 電阻器代表該非主動網路，此稱為網路 A 的**戴維寧等效電阻** (Thévenin Equivalent Resistance)。戴維寧等效電路則為 V_{oc} 串聯 9 Ω 電阻器，與先前所得到的結果一致。

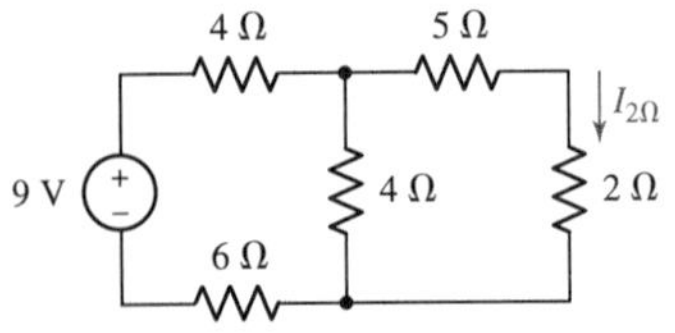

◆ **圖 5.25**

練習題

5.6 使用戴維寧定理，試求流經圖 5.25 電路中 2 Ω 電阻器之電流。(提示：指定 2 Ω 電阻器為網路 B。)

解答：$V_{TH} = 2.571$ V，$R_{TH} = 7.857$ Ω，$I_{2\Omega} = 260.8$ mA。

■ 關鍵觀點

已得知的等效電路與網路 B 完全無關：定理已指示要先移除網路 B，接著再測量由網路 A 所產生的開路電壓，如此的操作當然與網路 B 無關。且定理僅是提到 B 網路藉以指示不論連接至 A 網路的元件如何安排，皆可以得到 A 的等效電路；B 網路代表如此的通例網路。

有幾個戴維寧定理相關的觀點值得重視：

- 必須施加於 A 或 B 的唯一限制為 A 網路中的所有相依電源必須具有 A 網路中的控制變數，對 B 網路而言亦同。
- 不對 A 或 B 的複雜度做任何限制；任何之 A 或 B 皆可包含獨立電壓源或電流源、線性相依電壓源或電流源、電阻器或者和其他線性電路元件之任何組合。
- 能夠以單一個等效電阻 R_{TH} 來代表不作用的網路 A，R_{TH} 稱為戴維寧等效電阻。不論相依電源是否存在於不作用的網路 A，此皆成立，稍後將有所探討。

- 戴維寧等效電路包含兩個元件：一個電壓源串聯一個電阻。雖然並不常見，但其中一個可能為零。

諾頓定理

諾頓定理與戴維寧定理極為相似，並且可描述如下：

諾頓定理之描述

1. **給定任何一個線性電路，以兩條接線所連接的兩個網路 A 與 B 之方式，將之重新配置或排列**。網路 A 為所要簡化的電路；網路 B 則為保持不變。一如前述，若其中一個網路包含相依電源，則其控制變數必須位於相同的網路之中。
2. **將網路 B 斷開，並且將 A 的兩端短路**。定義電流 i_{sc} 此時流經網路 A 已短路的兩端。
3. **將網路 A 中的每個獨立電源關閉或者"歸零"，藉以形成一個非主動網路**。相依電源則保持不變。
4. **將數值為 i_{sc} 的獨立電壓源並聯於該非主動網路**。先不要完成該電路；保持兩端斷開。
5. **將網路 B 連接至新的網路 A 之兩端**。網路 B 中所有的電流與電壓將維持不變。

線性網路的諾頓等效電路為諾頓電流源 i_{sc} 並聯戴維寧電阻 R_{TH}。因此，實際上藉由執行戴維寧等效電路的電源變換，便能夠得到網路的諾頓等效電路。此將導出 v_{oc}、i_{sc} 與 R_{TH} 之間的直接關係：

$$\boxed{v_{oc} = R_{TH} i_{sc}} \qquad [18]$$

在包含有相依電源的電路中，藉由找出開路電壓與短路電流，並且以兩者的商數求出 R_{TH} 數值，如此通常可更方便得知戴維寧或諾頓等效電路。因此分析技巧需要善於找出開路電壓與短路電流兩者，即使是分析簡單的問題。若個別求出戴維寧與諾頓等效電路，則方程式 [18] 便能夠充當有用的檢查與驗證方式。

考慮三個決定戴維寧或諾頓等效電路之不同範例。

範例 5.8

試求圖 5.26a 中 1 kΩ 電阻器所面對的網路之戴維寧與諾頓等效電路。

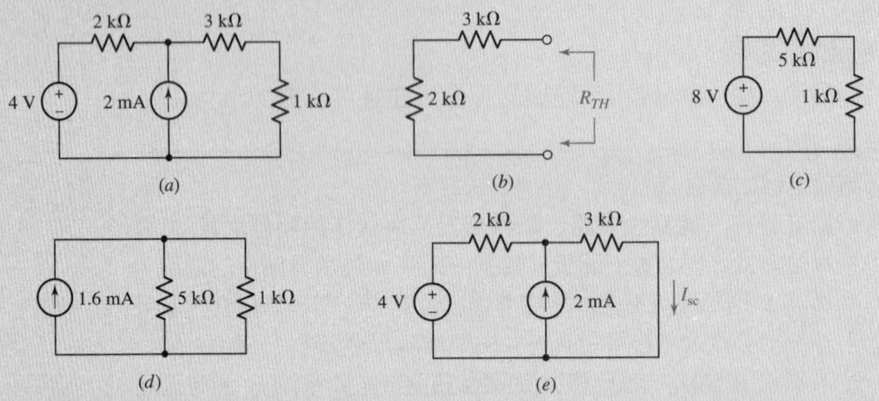

◆ **圖 5.26** (a) 給定以 1 kΩ 電阻器為網路 *B* 之電路；(b) 已將所有獨立電源關閉之網路 *A*；(c) 網路 *A* 之戴維寧等效電路；(d) 網路 *A* 之諾頓等效電路；(e) 用以計算 I_{sc} 之電路。

經由問題的描述，網路 *B* 為 1 kΩ 電阻器，所以網路 *A* 為所有其他部分所組成。

選擇先找出網路 *A* 之戴維寧等效電路，應用重疊定理，要注意的是，一旦將網路 *B* 斷開，便沒有任何電流流經 3 kΩ 電阻器。將電流源設為零，則 $V_{oc|4\text{ V}} = 4$ V。將電壓源設為零，則

$V_{oc|2\text{ mA}} = (0.002)(2000) = 4$ V。因此，$V_{oc} = 4 + 4 = 8$ V

為了求得 R_{TH}，將兩電源設為零，如圖 5.26b 所示。藉由審視電路，得知 $R_{TH} = 2\text{ k}\Omega + 3\text{ k}\Omega = 5\text{ k}\Omega$。將網路 *B* 重新連接後的完整戴維寧等效電路闡述於圖 5.26c。

藉由戴維寧等效電路簡單的電源變換，便可得到諾頓等效電路，並得知電流源 8/5000 = 1.6 mA 並聯一個 5 kΩ 電阻器 (圖 5.26d)。

檢驗：直接從圖 5.26a 找出諾頓等效電路。將 1 kΩ 電阻器移除，並且將網路 *A* 的兩端短路，如圖 5.26e 所示，藉由重疊定理與分流定律得知 I_{sc}：

$$I_{sc} = I_{sc|4\text{ V}} + I_{sc|2\text{ mA}} = \frac{4}{2+3} + (2)\frac{2}{2+3}$$
$$= 0.8 + 0.8 = 1.6\text{ mA}$$

檢驗完成。

練習題

5.7 試求圖 5.27 電路之戴維寧與諾頓等效電路。

解答：-7.857 V，-3.235 mA，2.429 kΩ。

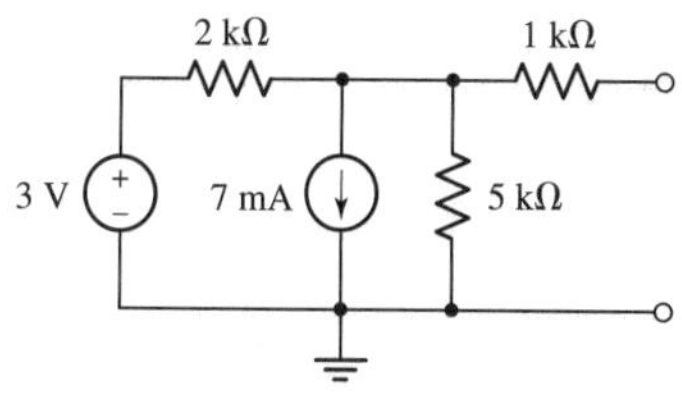

◆ **圖 5.27**

■電路中存在相依電源之狀況

就技術上而言，電路中並不一定必須具有"網路 *B*"，以供分析者運用戴維寧定理或諾頓定理；因而應該找出某一網路兩端尚未連接至另一網路之等效電路。然而，如果電路中具有不需要包含在簡化程序中的網路 *B*，且若其也包含有相依電源，便必須較為謹慎。在如此之情況下，控制變數與其相關的元件便必須包含在該網路中，並且從網路 *A* 中排除。否則，會因控制變量已不存在，而將無法分析最終的電路。

若網路 *A* 包含一個相依電源，則同樣必須確認控制變數與其相關的元件不可存在於網路 *B*。到目前為止，僅考慮具有電阻器與獨立電源之電路。儘管就技術上而言，當要建立戴維寧或諾頓等效電路時，將相依電源保留在"非主動"網路中是正確的，然而實際上此做法並不會簡化電路分析。真正需要的是一個獨立電壓源串聯一個電阻器，或者一個獨立電流源並聯一個電阻器——換言之，即兩元件的等效電路。在以下的範例中，考慮使用各種不同的工具，將具有相依電源與電阻器的網路化簡成為單一個電阻器。

範例 5.9

試求圖 5.28a 電路之戴維寧等效電路。

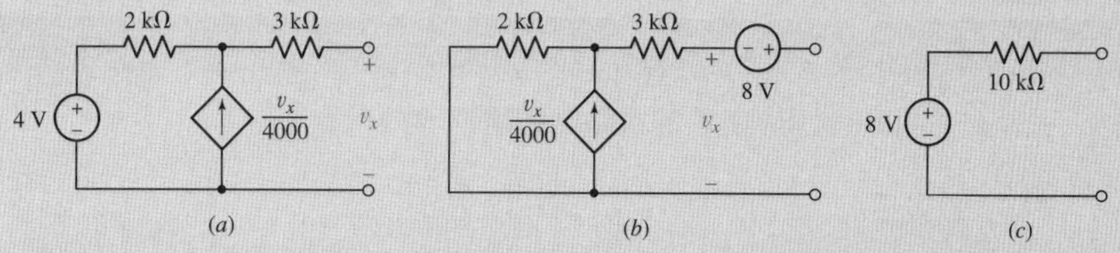

◆ **圖 5.28** (a) 給定要求戴維寧等效電路之網路；(b) 其中一種可能但相當無用的戴維寧等效電路；(c) 此一線性電阻網路最佳的戴維寧等效電路之型式。

為了得知 V_{oc}，而注意到 $v_x = V_{oc}$，且由於沒有任何電流流經 3 kΩ 電阻器，因此相依電源的電流必須經過 2 kΩ 電阻器。使用 KVL 環繞該外迴路：

$$-4 + 2 \times 10^3 \left(-\frac{v_x}{4000}\right) + 3 \times 10^3(0) + v_x = 0$$

且

$$v_x = 8 \text{ V} = V_{oc}$$

藉由戴維寧定理，便能夠以非主動 A 網路串聯一個 8 V 電源來建立等效電路，如圖 5.28b 所示。此等效電路正確，但並不是很簡單，且對電路的分析並非很有幫助；在線性電阻網路中，真正想要的是非主動 A 網路較簡單的等效電路，亦即 R_{TH}。

相依電源會阻擾分析者經由電阻的組合直接判斷非主動網路之 R_{TH}；因此可尋求短路電流 I_{sc} 之協助。根據圖 5.28a 輸出端短路，明顯得知 $V_x=0$，且相依電流源並非主動，於是 $I_{sc}=4/(5\times10^3)=0.8$ mA。因此，

$$R_{TH} = \frac{V_{oc}}{I_{sc}} = \frac{8}{0.8 \times 10^{-3}} = 10 \text{ k}\Omega$$

得到有效的戴維寧等效電路如圖 5.28c 所示。

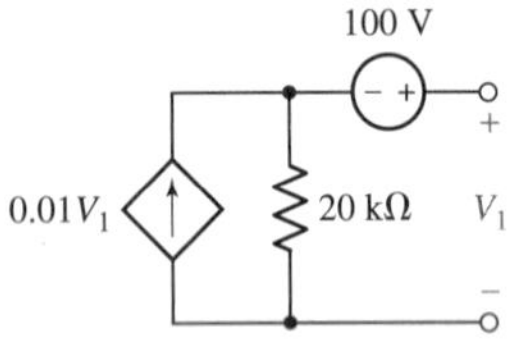

◆圖 5.29

練習題

5.8 試求圖 5.29 網路之戴維寧等效電路。(提示：可使用相依電源之快速電源變換。)

解答：-502.5 mV，$-100.5\ \Omega$。

註釋：負的電阻似乎較為奇特——確實如此！如此的負電阻在物理上是有可能的，例如，進行某些巧妙的電子電路設計，藉以產生某種行為類似圖 5.29 中所表示的相依電流源之組件。

另一個範例考量具有相依電源而沒有獨立電源之網路。

範例 5.10

試求圖 5.30a 所示的電路之戴維寧等效電路。

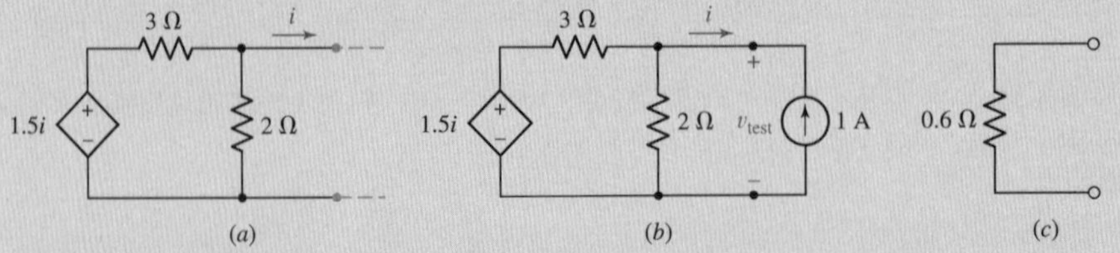

◆圖 5.30 (a) 沒有獨立電源之網路；(b) 用以得到 R_{TH} 之虛擬測量；(c) 原電路之戴維寧等效電路。

電路的最右邊已經開路，因此 $i=0$。所以，相依電源為非主動，得知 $v_{oc}=0$。

接著尋求此兩端網路所表示的 R_{TH} 數值。然而，由於網路中沒有獨立電源，而且 v_{oc} 與 i_{sc} 皆為零，因此無法得知 v_{oc} 與 i_{sc} 以及其商。所以有點棘手。

外接 1 A 電源，測量所產生的電壓 v_{test}，之後再設 $R_{TH} = v_{test}/1$。參照圖 5.30b，可知 $i = -1$ A。應用節點方程式，

$$\frac{v_{test} - 1.5(-1)}{3} + \frac{v_{test}}{2} = 1$$

得知

$$v_{test} = 0.6 \text{ V}$$

因此

$$R_{TH} = 0.6\ \Omega$$

戴維寧等效電路闡述於圖 5.30c。

分析程序之重點快速回顧

之前已經說明了三個範例，且於其中求得了戴維寧或諾頓等效電路。第一個範例 (圖 5.26) 僅包含獨立電源與電阻器，且已採用了數種可用的方法進行分析。其中一種方法包含計算非主動網路的 R_{TH} 以及主動網路的 V_{oc}。過程中同樣也已求得 R_{TH} 與 I_{sc}，或者 V_{oc} 與 I_{sc}。

在第二個範例中 (圖 5.28)，獨立與相依電源兩者皆出現於電路中，而所使用的方法則需要找出 V_{oc} 與 I_{sc}。由於不能夠令相依電源為無效的，因此無法簡單地求出非主動網路之 R_{TH}。

在最後一個範例的電路中不具有任何的獨立電源，因此戴維寧與諾頓等效電路不會包含獨立電源。藉由連接至一個 1 A 電源得知 R_{TH}，且 $v_{test} = 1 \times R_{TH}$。同樣也可以使用 1 V 電源，並且求出 $i = 1 / R_{TH}$。這兩種技巧皆可以應用至任何一個具有相依電源的電路，*只要先將所有的獨立電源設為零即可*。

由於其他兩種方法能夠用於所考量的三種網路之其中任何一種，因此各具有一定的優勢。第一種方法以一個簡單的電壓源 v_s 來替代網路 B，定義流出其正端的電流為 i，分析網路 A 藉以得到 i，並且將方程式的型式設為 $v_s = ai + b$，而其中 $a = R_{TH}$，且 $b = v_{oc}$。

同樣也能夠採用電流源 i_s，令其電壓為 v，接著再算出 $i_s = cv - d$ (負號來自假設兩電流源箭頭指向相同的節點)，其中

$c = 1/R_{TH}$，且 $d = i_{sc}$。最後的這兩個步驟是普遍適用的，但已知尚有某些其他的方法更為簡單與較為快速。

儘管本書幾乎完全致力於線性電路的分析，然而若網路 B 為非線性電路，則戴維寧與諾頓定理兩者仍皆有效。

練習題

5.9 試求圖 5.31 網路之戴維寧等效電路。(提示：嘗試使用一個 1 V 之測試電源。)

解答：$I_{test} = 50$ mA，所以 $R_{TH} = 20\ \Omega$。

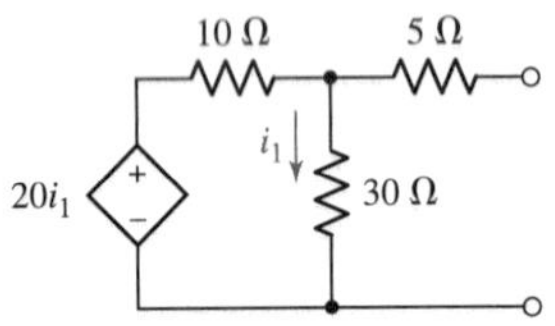

◆ **圖 5.31**

5.4 最大功率傳輸

參考實際電壓源或實際電流源，可開發出另一個相當有用的功率定理。就實際電壓源而言 (圖 5.32)，傳送至負載 R_L 之功率為

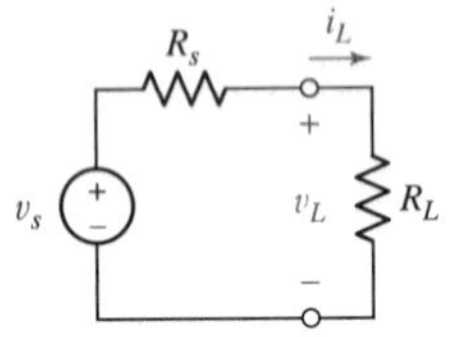

◆ **圖 5.32** 連接到一負載電阻器 R_L 之實際電壓源。

$$p_L = i_L^2 R_L = \frac{v_s^2 R_L}{(R_s + R_L)^2} \qquad [19]$$

為了求出從所給定的實際電源吸收最大功率的 R_L 數值，將方程式 [19] 對 R_L 微分：

$$\frac{dp_L}{dR_L} = \frac{(R_s + R_L)^2 v_s^2 - v_s^2 R_L(2)(R_s + R_L)}{(R_s + R_L)^4}$$

令微分結果為零，得到

$$2R_L(R_s + R_L) = (R_s + R_L)^2$$

或者

$$R_s = R_L$$

由於 $R_L = 0$ 與 $R_L = \infty$ 兩者皆會給定一最小值 ($p_L = 0$)，而且由於已經制定了實際電壓源與實際電流源之間的等效性，因此證明了以下的**最大功率傳輸定理** (Maximum Power Transfer Theorem)：

> 與電阻 R_s 串聯之獨立電壓源或者與電阻 R_s 並聯之獨立電流源在 $R_L = R_s$ 之條件下，會傳送最大功率給負載電阻 R_L。

檢視最大功率理論的另一種方式可為觀察網路的戴維寧等效電阻：

> 當負載電阻 R_L 等於網路的戴維寧等效電阻，則網路會傳送最大功率給負載電阻 R_L。

因此，藉由最大功率傳輸定理可知 2 Ω 電阻器會從圖 5.13 中某個實際電源汲取最大功率 4.5 W；在圖 5.8 中，0.01 Ω 的電阻則會接收最大功率 3.6 kW。

在從**電源汲取**最大功率以及**傳送**最大功率給予**負載**之間有著相當明顯的差別。若制定負載的大小使其戴維寧等效電阻等於該負載所連接的網路之戴維寧電阻，則該負載便會從網路接收最大功率。**負載電阻的任何改變將會使傳送至負載的最大功率降低。**然而，若考慮網路本身的戴維寧等效電路，要藉由汲取最大可能的電流藉以從電壓源汲取最大的可能功率——此可將網路兩端短路來實現之！然而，在此一極端的範例中，**傳送至**"負載"**的功率為零**——在此狀況下為短路——根據 $p = i^2 R$，且因網路兩端短路，即令 $R = 0$。

對方程式 [19] 應用一些代數計算，再加上最大功率傳輸要求 $R_L = R_s = R_{TH}$，可知

$$p_{\max}\big|_{\text{delivered to load}} = \frac{v_s^2}{4R_s} = \frac{v_{TH}^2}{4R_{TH}}$$

其中的 v_{TH} 與 R_{TH} 確認圖 5.32 之實際電壓源同樣也可視為某特定電源的戴維寧等效電路。

最大功率定理常受到誤解其乃是設計用以輔助選擇可吸收最大功率的最佳負載。若負載電阻已經制定，則最大功率定理便沒有幫助。若基於某種理由，能夠影響負載所連接的網路之戴維寧等效電阻大小，設定該等效電阻等於負載並不能確保所預定的負載可得到最大功率傳輸。戴維寧電阻上所消耗的功率即可澄清此一觀點。

範例 5.11

圖 5.33 所示的電路為共射極雙極性接面電晶體放大器之模型。試選擇一負載電阻，致使可從放大器傳輸最大功率至該負載，並且試求所吸收的實際功率。

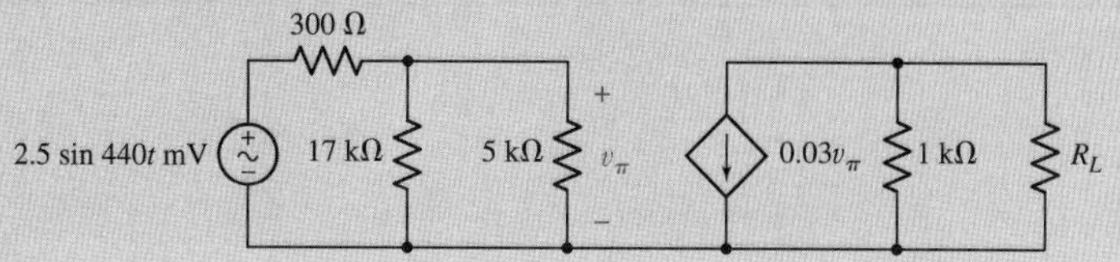

◆ **圖 5.33** 共射極放大器之小訊號模型，其中的負載未定。

由於負載電阻值為所求，因此應用最大功率定理。第一個步驟為找出此電路其他部分之戴維寧等效電路。

先求出戴維寧等效電阻，需要將負載 R_L 從電路移除，並且將獨立電源短路，如圖 5.34a 所示。

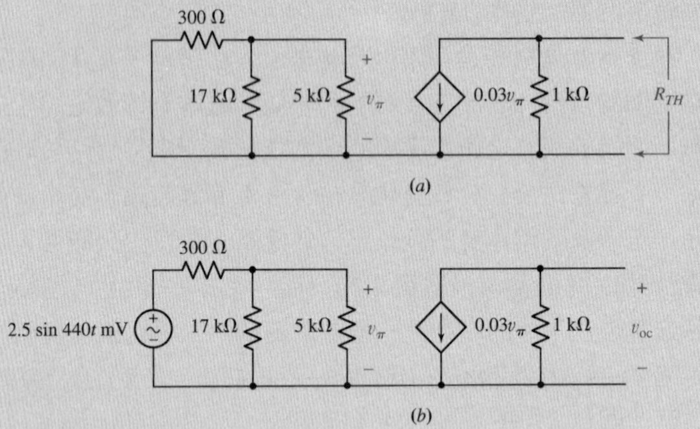

◆**圖 5.34** (a) 已將 R_L 移除且將獨立電源短路之電路；(b) 用以求出 v_{TH} 之電路。

由於 $v_\pi = 0$，因此相依電流源為開路，且 $R_{TH} = 1\ \text{k}\Omega$。此能夠藉由連接一獨立 1 A 電流源跨於 1 kΩ 電阻器來驗證之；因 v_π 仍為零，所以相依電源保持不作用，因而對 R_{TH} 沒有任何貢獻。

為了得到傳送至負載之最大功率，應將 R_L 設為 $R_{TH} = 1\ \text{k}\Omega$。

可考慮圖 5.34b 所示的電路藉以求得 v_{TH}，此電路為圖 5.33 移除 R_L 後之電路。可以寫出

$$v_{oc} = -0.03v_\pi(1000) = -30v_\pi$$

其中可經由簡單的分壓便可得知電壓 v_π：

$$v_\pi = (2.5 \times 10^{-3} \sin 440t)\left(\frac{3864}{300 + 3864}\right)$$

所以，戴維寧等效電路為電壓 $-69.6 \sin 440t$ mV 串聯 1 kΩ。

最大功率給定為

$$p_{max} = \frac{v_{TH}^2}{4R_{TH}} = \boxed{1.211 \sin^2 440t\ \mu\text{W}}$$

練習題

5.10 考慮圖 5.35 之電路。

(a) 若 $R_{out} = 3\ k\Omega$，試求傳送至該電阻器之功率。

(b) 能夠傳送至任意 R_{out} 之最大功率為何？

(c) 若恰可傳送相同的 20 mW 給兩個不同數值之 R_{out}，試求該兩個 R_{out} 數值。

解答：230 mW；306 mW；59.2 kΩ 與 16.88 Ω。

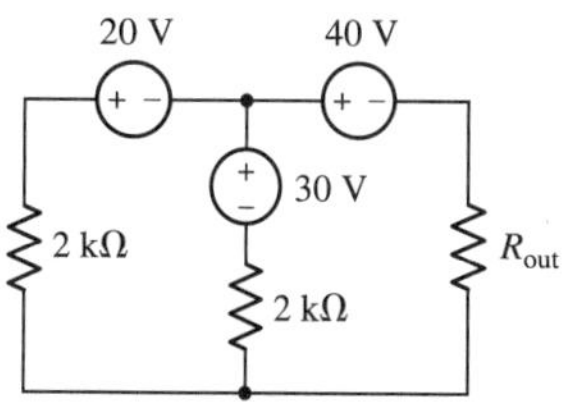

◆ **圖 5.35**

5.5 Δ-Y 轉換

先前已知若可識別電阻器的並聯與串聯組合，通常能夠導致複雜電路之明顯化簡。若在如此並聯或串聯組合不存在之狀況下，通常會使用電源變換，藉以進行電路化簡。另有一種實用的技巧，稱為 **Δ-Y 轉換** (Delta-wye)，其乃是來自網路理論。

考慮圖 5.36 之電路，其中沒有能夠進一步化簡電路的串聯或並聯組合 (要注意的是，圖 5.36a 與 b 為相同的電路，圖5.36c 與 d 亦同)，而且沒有任何電源存在，因此不能執行電源變換。然而，仍可對這兩種型式的網路進行轉換。

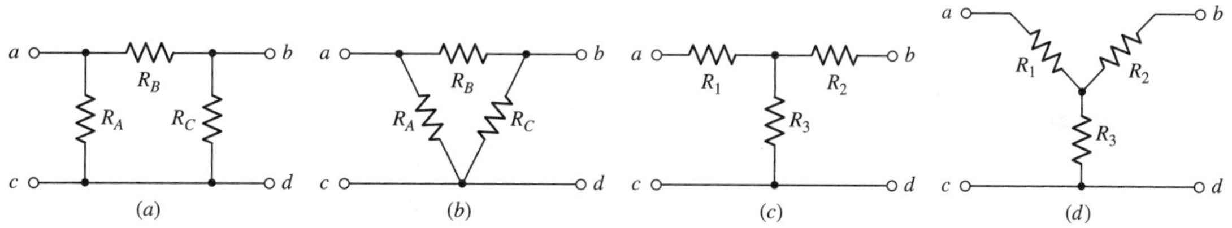

◆ **圖 5.36** (a) 由三個電阻器與三個獨特的連接方式所構成之 ∏ 型網路；(b) 與圖 a 相同的網路，但已繪製成 Δ 網路；(c) 由三個電阻器所構成的 T 型網路；(d) 與圖 c 相同的網路，但已繪製成 Y 網路。

首先定義兩個電壓 v_{ac} 與 v_{bc}，以及三個電流 i_1、i_2 與 i_3，如圖 5.37 所示。若兩個網路為等效的，則端電壓與電流必須相等 (在 T 連接的網路中並沒有電流 i_2)。此時便能夠藉由執行網目分析，簡單地定義 R_A、R_B 與 R_C 以及 R_1、R_2 與 R_3 之間的其中一組關係。例如，可以針對圖 5.37a 的網路寫出

$$R_A i_1 - R_A i_2 = v_{ac} \quad [20]$$

$$-R_A i_1 + (R_A + R_B + R_C) i_2 - R_C i_3 = 0 \quad [21]$$

$$-R_C i_2 + R_C i_3 = -v_{bc} \quad [22]$$

並且針對圖 5.37b 的網路寫出

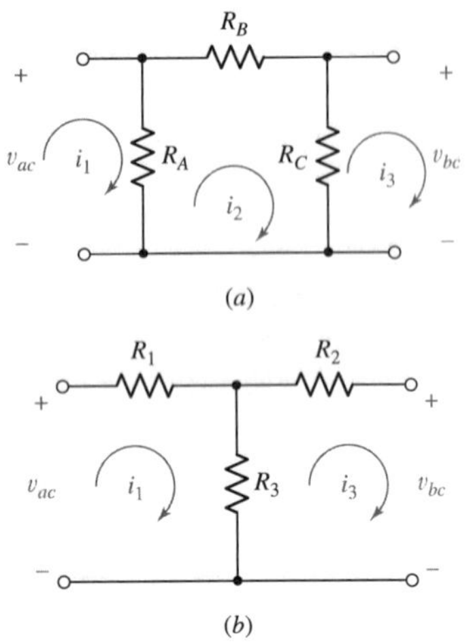

◆**圖 5.37** (a) 已標示了電壓與電流之 ∏ 型網路；(b) 已標示了電壓與電流之 T 型網路。

$$(R_1 + R_3)i_1 - R_3 i_3 = v_{ac} \quad [23]$$

$$-R_3 i_1 + (R_2 + R_3)i_3 = -v_{bc} \quad [24]$$

接著使用方程式 [21] 將方程式 [20] 與 [22] 中的 i_2 消去，得到

$$\left(R_A - \frac{R_A^2}{R_A + R_B + R_C}\right)i_1 - \frac{R_A R_C}{R_A + R_B + R_C}i_3 = v_{ac} \quad [25]$$

以及

$$-\frac{R_A R_C}{R_A + R_B + R_C}i_1 + \left(R_C - \frac{R_C^2}{R_A + R_B + R_C}\right)i_3 = -v_{bc} \quad [26]$$

比較方程式 [25] 與方程式 [23] 之間的各項，可知

$$R_3 = \frac{R_A R_C}{R_A + R_B + R_C}$$

以類似的方式，可以導出 R_1 與 R_2 所表達示的 R_A、R_B 與 R_C 表示式，以及 R_A、R_B 與 R_C 所表達示 R_1、R_2 與 R_3 的表示式；將其他的推導步驟保留給讀者練習。因此，若要從 Y 網路轉換成為 Δ 網路，則新的電阻器數值之計算可使用

$$R_A = \frac{R_1 R_2 + R_2 R_3 + R_3 R_1}{R_2}$$
$$R_B = \frac{R_1 R_2 + R_2 R_3 + R_3 R_1}{R_3}$$
$$R_C = \frac{R_1 R_2 + R_2 R_3 + R_3 R_1}{R_1}$$

而要從 Δ 網路轉換成為 Y 網路則使用

$$R_1 = \frac{R_A R_B}{R_A + R_B + R_C}$$
$$R_2 = \frac{R_B R_C}{R_A + R_B + R_C}$$
$$R_3 = \frac{R_C R_A}{R_A + R_B + R_C}$$

雖然要識別實際的網路有時需要一點專注，不過這些方程式的應用相當直觀且簡單。

範例 5.12

試使用 Δ-Y 轉換技巧，計算圖 5.38a 電路的戴維寧等效電阻。

已知圖 5.38a 網路是由兩個 Δ 連接的網路所組成，兩網路共有 3 Ω 電阻器。必須注意此點，不要太急於嘗試將兩個 Δ 連接網路轉換成為兩個 Y 連接網路。理由是將 1 Ω、4 Ω 與 3 Ω 電阻器所構成的上方網路轉換成 Y 連接網路之後，電路會變得更明顯 (圖 5.38b)。

要注意的是，在轉換上方網路成為 Y 連接網路時，便已經移除了 3 Ω 電阻器。所以，無法再將原本由 2 Ω、5 Ω 與 3 Ω 電阻器所構成的 Δ 連接網路轉換成為 Y 連接網路。

繼續組合 $\frac{3}{8}$ Ω 與 2 Ω 電阻器，以及 $\frac{3}{2}$ Ω 與 5 Ω 電阻器 (圖 5.38c)，得到 $\frac{19}{8}$ Ω 與 $\frac{13}{2}$ Ω 電阻器，而此並聯組合與 $\frac{1}{2}$ Ω 電阻器串聯。因此，能夠以單一個 $\frac{159}{71}$ Ω 電阻器來置換原圖 5.38a 之網路 (圖 5.38d)。

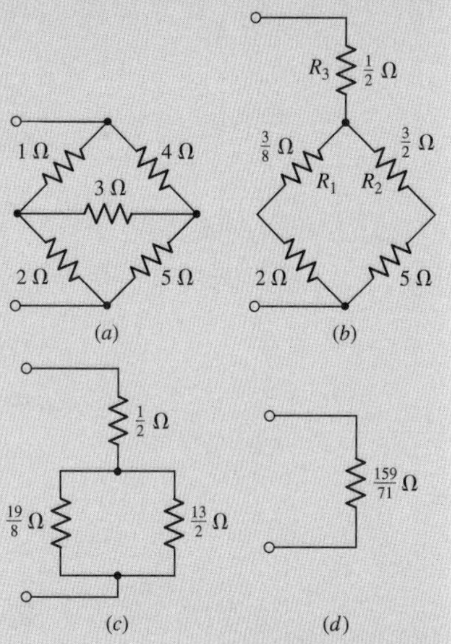

◆ **圖 5.38** (a) 範例所給定的網路，輸入電阻為所求；(b) 以一個等效的 Y 網路來置換上方的 Δ 網路；(c) 與 (d) 串聯及並聯組合產生單一電阻值。

練習題

5.11 試使用 Y-Δ 轉換技巧，求出圖 5.39 電路之戴維寧等效電阻。

解答：11.43 Ω。

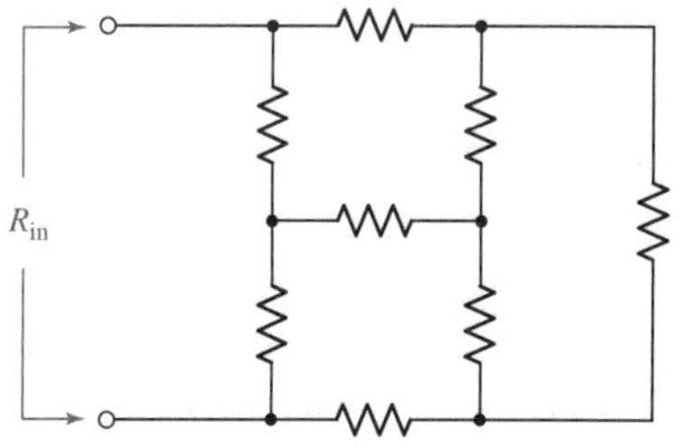

◆ **圖 5.39**

5.6 方法之選用：各種技巧之總結

在第三章中，已介紹了克西荷夫電流定律 (KCL) 以及克西荷夫電壓定律 (KVL)，若小心考慮電路所代表的整體系統，這兩個定律可應用至先前曾經遇過的任何電路，理由為 KCL 與 KVL 分別服從電荷與能量守恆，為基本的原理。基於 KCL，發展出極為實用的節點分析方法；基於 KVL 所發展出的類似技巧 (然而僅可應用於平面電路) 為眾所周知的網目分析，同樣也是有用的電路分析方式。

在大多數的情況下，本書致力於開發適用於**線性**電路的分析技術。若已知電路僅由線性元件所建構 (換言之，所有的電壓與電流皆為線性函數的關係)，則通常能夠在利用網目分析或者節點分析之前簡化電路。也許從處理完全線性系統的知識所得知的最重要結果為重疊定理的應用：在電路中給定一些獨立電源，能夠將每個電源獨立於其他電源的貢獻相加。在整個工程領域中，此一技巧相當普遍的，而且經常會遇到。在許多實際的情況下，會發現雖然數個“電源”會同時作用於“系統”，但通常其中一個電源會主導系統的響應。假設已具有該系統合理準確的線性模型，則重疊定理可提供分析者快速識別出主導系統響應的電源。

然而，經由電路分析的角度而言，除非要求分析者找出哪一個獨立電源對特定響應貢獻最多，否則直接以節點分析或者網目分析切入，通常是較為簡單的分析策略。理由是若應用重疊定理於具有 12 個獨立電源的電路中，將需要重新繪製原電路 12 次，而且往往必須對各個部分電路應用節點分析或者網目分析。

另一方面，電源變換的技巧在電路分析上通常是極為有用的工具。執行電源變換能夠提供在原電路中並非串聯或並聯的電阻器或電源之合併。電源變換同樣也提供原電路中全部或至少大部分的電源可轉換成為相同型式的電源 (全部轉換成電壓源或電流源)，所以節點分析或網目分析便更為簡單與直接。

戴維寧定理極為重要有許多原因。在使用電子電路時，總是會想知道電路不同部分的戴維寧等效電阻，特別是放大器的輸入與輸出電阻。此乃是由於電阻的匹配經常是優化電路性能的最佳路徑，在探討最大功率傳輸時已經略有所知，應該選擇負載電阻匹配於該負載所連接的網路之戴維寧等效電阻。然而，有鑑於經常的電路分析，發現將電路其中一部分轉換成為戴維寧或者諾頓等效電路的工作幾乎與分析完整電路一樣多。因此，如同重疊定理一樣，戴維寧與諾頓定理通常只應用於需要得知電路某部分的特別資訊之時。

總結與回顧

雖然在第四章中宣稱節點分析與網目分析足以分析所遇到的任何電路 (假設已知任何一被動元件的電壓與電流之關係，例如用於電阻器的歐姆定律)，但實際上，通常不需要求出*所有*的電壓或者*所有*的電流。有時僅是簡單想知道大型電路的*某一個*元件或一*小部分*之資訊。也許在某個特定元件上的最終值會有些不確定性，而且分析者希望看到電路如何在所期望的數值範圍內運作。在此情況下，能夠利用處理*線性*電路之事實，提供了其他工具之開發：*重疊定理*，能夠識別出電源個別貢獻；*電源變換*，電壓源串聯電阻器與電流源並聯電阻器能夠彼此置換；以及*戴維寧 (以及諾頓) 等效電路*——其中最實用的工具。

這些題目所衍生而令人關注的理論為*最大功率傳輸*之想法。假設能夠以兩個網路來表達所要分析的 (任意複雜的) 電路，一個被動網路以及一個主動網路，則當被動網路的戴維寧等效電阻等於主動網路的戴維寧等效電阻時，便能實現對被動網路的最大功率傳輸。最後，

介紹 Δ-Y 轉換之觀念，此為一種提供簡化某些電阻網路的處理方式，而這些電阻網路皆無法使用標準的串聯—並聯組合技巧進行化簡。

在介紹與說明了諸多實用的電路分析工具之後，總會面臨的問題是，"應該使用哪一種工具來分析此一電路？"解答經常在於電路所需求的資訊之類型。經驗終將引導如何選用分析工具，但並不一定會有"最佳"方式。當然，所聚焦的是在其中一個或者多個元件是否可以改變——此能夠建議使用重疊定理、戴維寧等效電路，或者能夠以電源變換或 Δ-Y 轉換來實現的部分化簡是否為最實用的方式。

藉由回顧關鍵要點、並且確認相關的範例對本章進行總結如下。

- 重疊定理描述能夠藉由將各個**獨立電源獨自產生**的個別響應相加，得到線性電路中的響應。(範例 5.1、5.2 與 5.3)
- 當需要決定每個電源對特定響應的個別貢獻時，重疊定理為最常用的分析方式。(範例 5.2 與 5.3)
- 實際電壓源的實用模型為一個電阻器串聯一個獨立電壓源。實際電流源的實用模型為一個電阻器並聯一個電流源。
- 電源變換提供分析者將實際電壓源轉換成為實際電流源，反之亦然。(範例 5.4)
- 因提供組合電阻器與電源之工具，反覆進行電源變換能夠明顯簡化電路的分析。(範例 5.5)
- 網路的戴維寧等效電路為一個電阻器串聯一個獨立電壓源。諾頓等效電路則為相同的電阻器並聯一個獨立電流源。(範例 5.6)
- 有數種方法可以得到戴維寧等效電阻，端視網路中是否出現相依電源而定。(範例 5.7、5.8、5.9 與 5.10)
- 當負載電阻器匹配於所連接的網路之戴維寧等效電阻時，便會產生最大功率傳輸。(範例 5.11)
- 當遭遇到 Δ 連接的電阻器網路時，簡單而直觀地將之轉換成為一個 Y 連接網路，此方式對網路進行分析前相當有用。而 Y 連接網路則是能夠轉換成為 Δ 連接網路，有助於網路之化簡。(範例 5.12)

延伸閱讀

有關電池技術的書籍，包含內建電阻的特性：

D. Linden, *Handbook of Batteries,* 2nd ed. New York: McGraw-Hill, 1995.

各種電路分析理論之極佳探討文獻：

R. A. DeCarlo and P. M. Lin, *Linear Circuit Analysis,* 2nd ed. New York: Oxford University Press, 2001.

習題

5.1 線性與重疊定理

1. 考慮圖 5.40 之電路，利用重疊定理試求從兩個獨立電源的行為所產生的 i_8 之兩個成分。
2. (a) 試利用重疊定理藉以得到圖 5.41 電路中每個電源對標示為 i_x 的電流之個別貢獻；(b) 僅調整最右邊的電流源，試改變其電流值使得兩電源對 i_x 的貢獻相等。

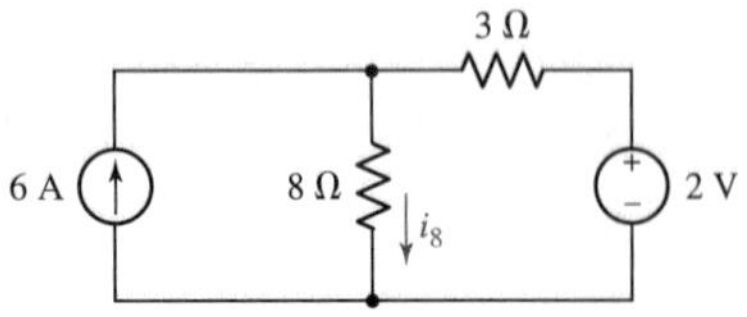

◆圖 5.40

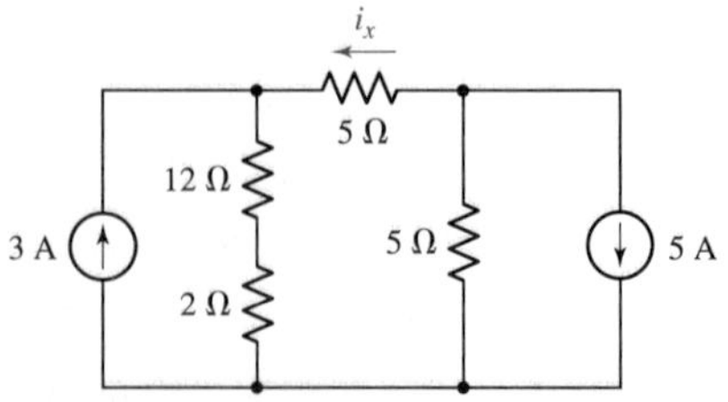

◆圖 5.41

3. (a) 試求圖 5.42 電路中兩電流源對節點電壓 v_1 之個別貢獻；(b) 試求兩電源對 2 Ω 電阻器所消耗的功率之貢獻百分比。

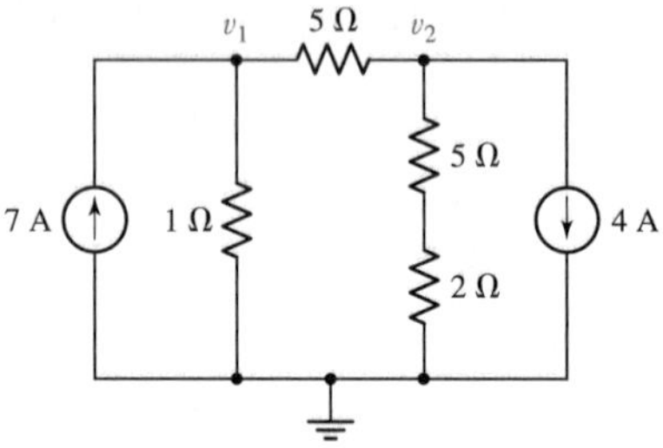

◆圖 5.42

4. 考慮圖 5.43 所示的三個電路。試分析每個電路，並且驗證 $V_x = V_x' + V_x''$ (亦即，雖然將電源設定為零時，重疊定理最為有用，但實際上該定理具有更普遍的原則與應用)。

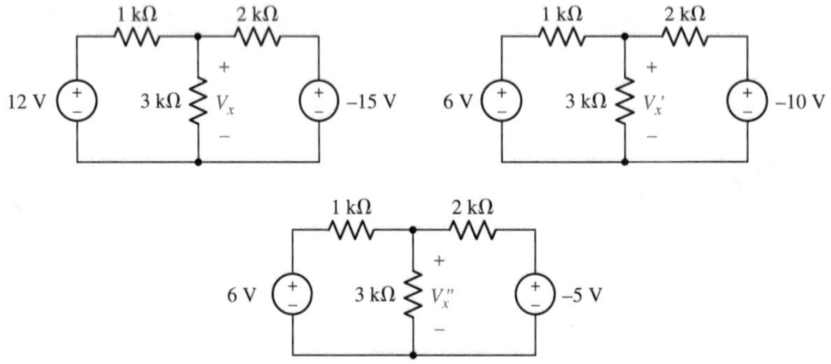

◆圖 5.43

5. 試利用重疊定理藉以得到圖 5.44 中標示為 I_x 之電流數值。
6. (a) 試利用重疊定理藉以求得每個獨立電源對電壓 v 之個別貢獻，如圖 5.45 電路中所標示的；(b) 試計算 2 Ω 電阻器所吸收的功率。

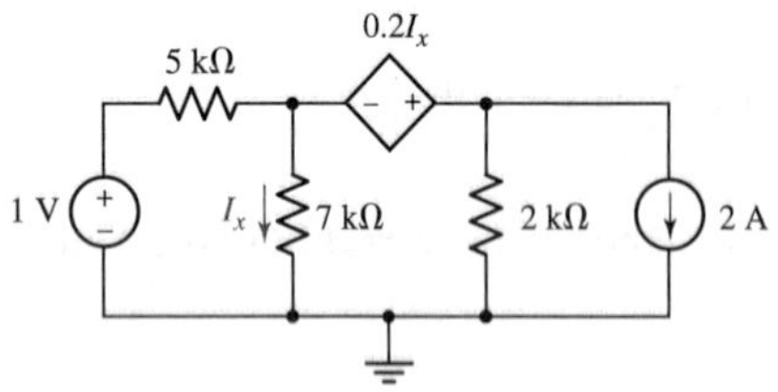

◆圖 5.44

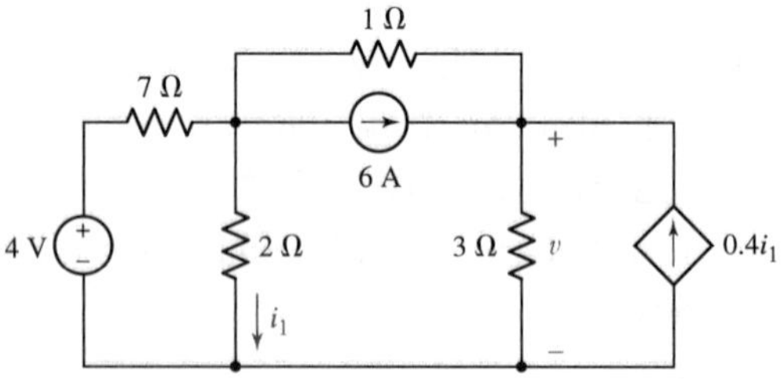

◆圖 5.45

5.2 電源變換

7. 試對圖 5.46 所描述的各個電路進行適當的電源變換，請將 4 Ω 電阻器保留於每個最後的電路。
8. (a) 試反覆使用電源變換，將圖 5.47 電路化簡成為一個電壓源串聯一個電阻器，其中兩元件皆串聯著 6 MΩ 電阻器；(b) 試所簡化的電路計算 6 MΩ 電阻器所消耗的功率。

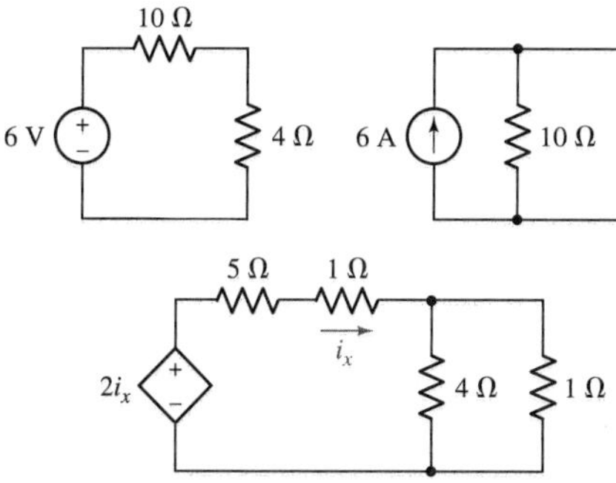

◆ 圖 5.46

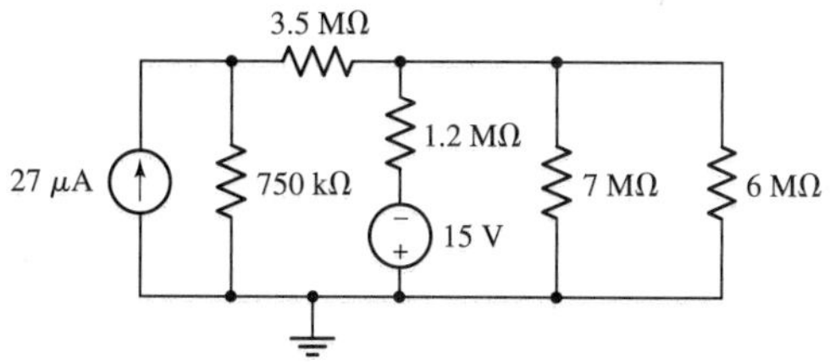

◆ 圖 5.47

9. 試使用電源變換先將圖 5.48 中的三個電源轉換成為電壓源，之後再盡可能化簡該電路，並計算跨於 4 Ω 電阻器上的電壓 V_x。請務必繪製且標示化簡後的電路。
10. 試將圖 5.49 中的相依電源變換成為一個電壓源，再計算 V_0。

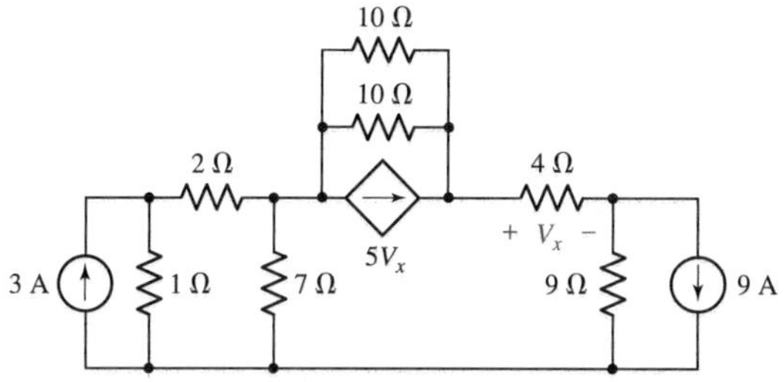

◆ 圖 5.48

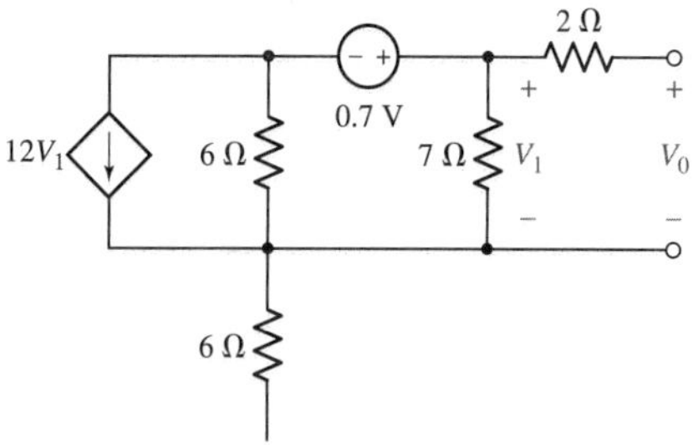

◆ 圖 5.49

5.3 戴維寧與諾頓等效電路

11. (a) 試求圖 5.50 中連接至 R_L 的網路之諾頓等效電路；(b) 試求相同網路之戴維寧等效電路；(c) 試使用其中一個等效電路計算在 $R_L = 0$ Ω、1 Ω、4.923 Ω，以及 8.107 Ω 條件下之 i_L。
12. (a) 試先求得圖 5.51 所描述的電路之 V_{oc} 與 I_{sc} (定義為流進 V_{oc} 之正端)，再求其戴維寧等效電路；(b) 將一個 4.7 kΩ 電阻器連接至所得的新網路之開路端，試計算該電阻器所消耗的功率。

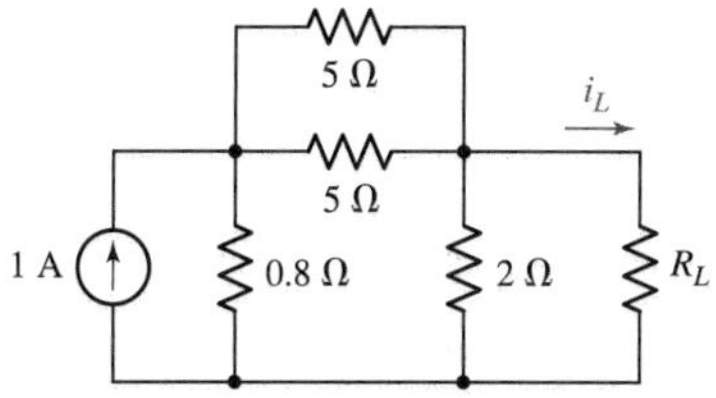

◆ 圖 5.50

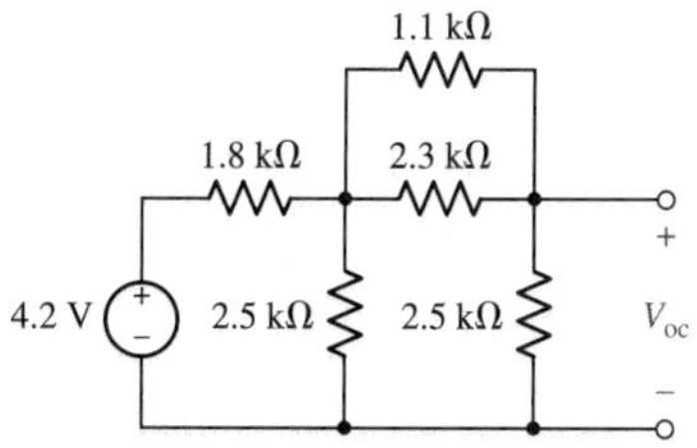

◆ 圖 5.51

13. 試求圖 5.52 所示的網路兩開路端之戴維寧等效電路。
14. 參考圖 5.53 所描述的電路。(a) 試先求得 V_{oc} 與 I_{sc}，再求開路端之戴維寧等效電阻；(b) 在原電路之電流源關閉後，將 1 A 測試電源連接至原電路的開路端，並且以之求得

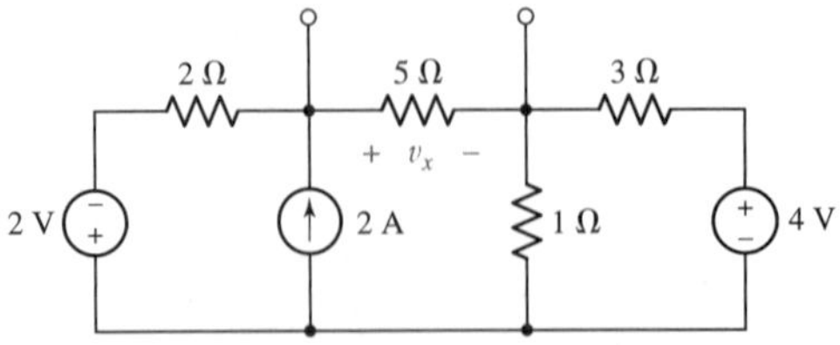

◆ 圖 5.52

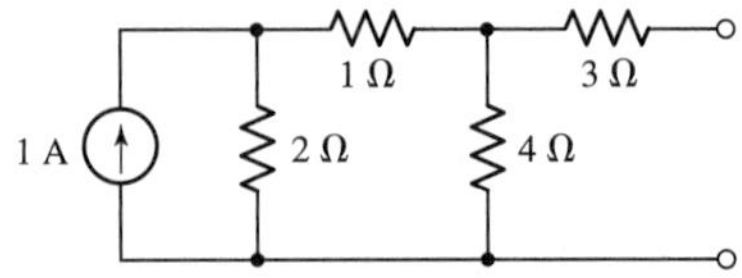

◆ 圖 5.53

R_{TH}；(c) 再次將原電路的電源歸零，並將 1 V 測試電源連接至原電路的開路端，並且以之求得 R_{TH}。

15. 試求圖 5.54 所繪製的電路 *a* 與 *b* 兩端之諾頓等效電路 (在解答中應該不具有相依電源)。
16. 圖 5.55 所示的電路為運算放大器合理而準確的模型。在 R_i 與 A 極大，且 $R_o \sim 0$ 之條件下，經由連接於接地與標示為 v_{out} 的端點之間的電阻性負載 (例如，擴音器) 可得大於輸入訊號 $-R_f/R_1$ 倍之電壓。試求電路之戴維寧等效電路，並注意標示出 v_{out}。

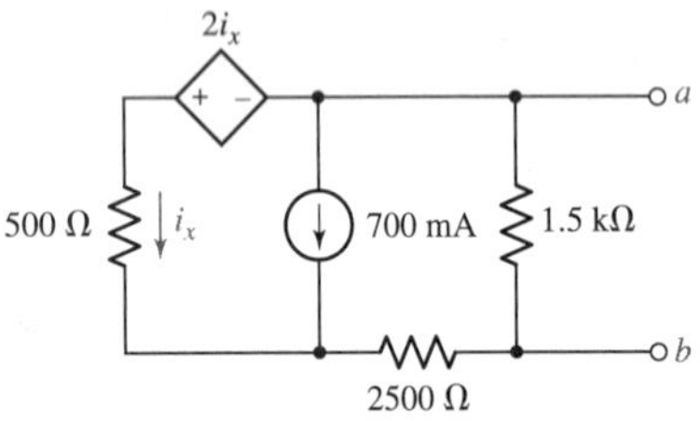

◆ 圖 5.54

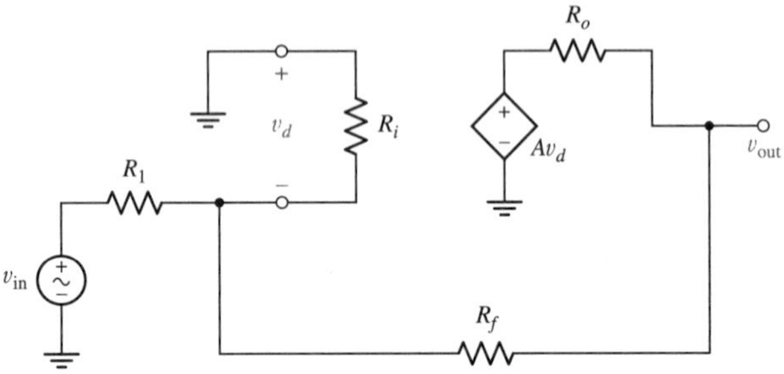

◆ 圖 5.55

5.4 最大功率傳輸

17. 研讀圖 5.56 之電路。(a) 試求連接於電阻器 R_{out} 之諾頓等效電路；(b) 試選擇一 R_{out} 數值，使電路可傳送最大功率至 R_{out} 電阻器。
18. 參考圖 5.57 之電路。(a) 試求 3.3 Ω 電阻器所吸收的功率；(b) 試以另一顆電阻器置換 3.3 Ω 電阻器，使之可從電路其他部分吸收最大功率。

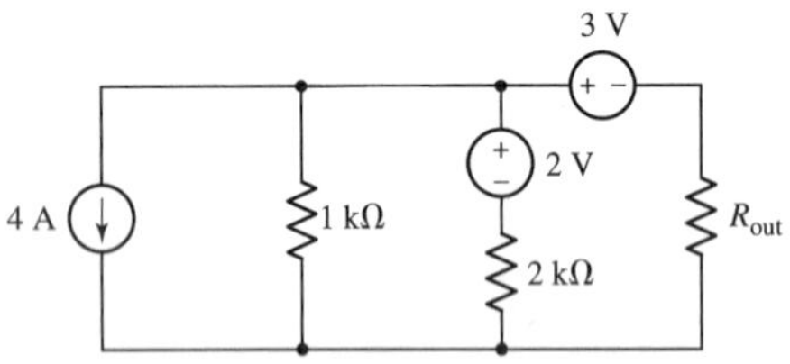

◆ 圖 5.56

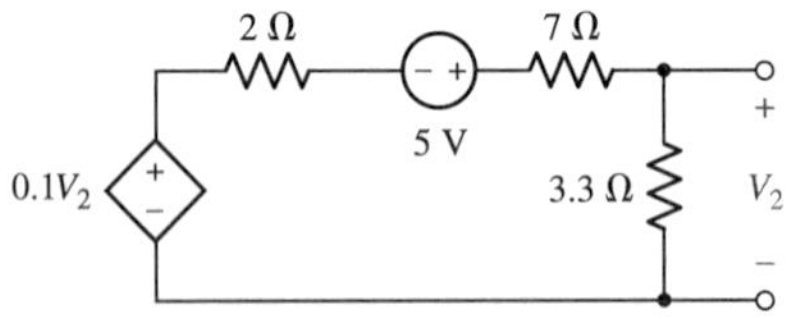

◆ 圖 5.57

19. 若將一電阻器連接跨於 *a* 與 *b* 兩端，試求可從圖 5.58 電路吸收最大功率之電阻數值。

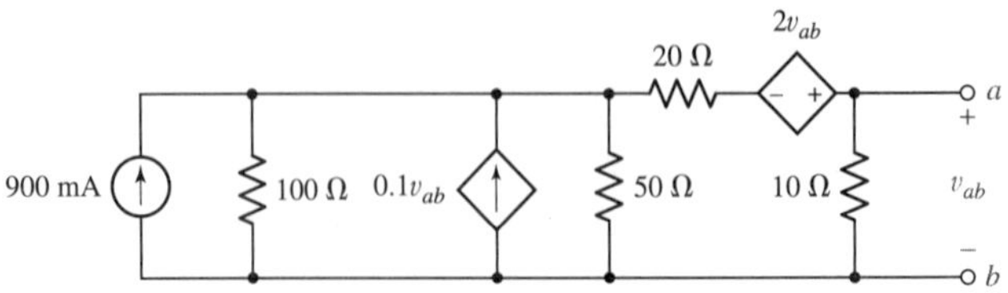

◆ 圖 5.58

5.5 Δ-Y轉換

20. 參考圖 5.59 所示之網路，試選擇 R 之數值，使該網路具有 70.6 Ω 之等效電阻。
21. 試計算圖 5.60 所標示的 R_{in}。

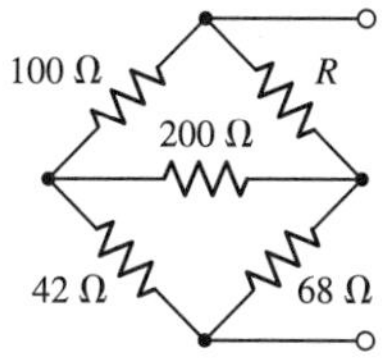

◆ **圖 5.59**

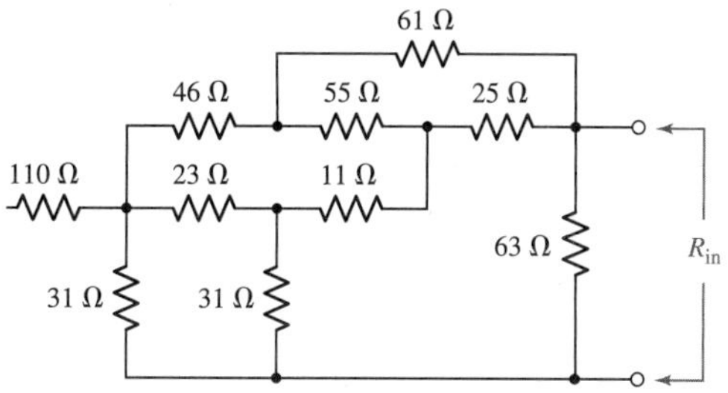

◆ **圖 5.60**

22. 利用適當的 Δ-Y 轉換技巧，試求圖 5.61 所標示的 R_{in}。
23. (a) 試求圖 5.62 網路兩端之戴維寧等效電路；(b) 試計算連接於開路端的 1 Ω 電阻器所消耗的功率。

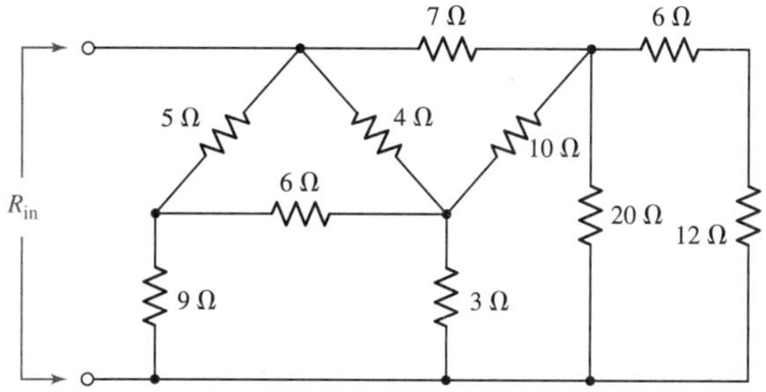

◆ **圖 5.61**

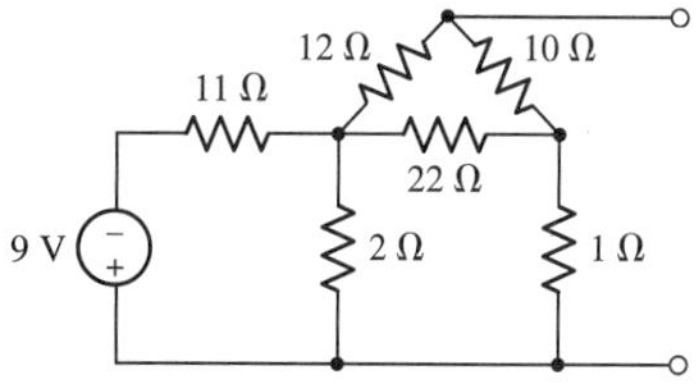

◆ **圖 5.62**

Chapter 6

運算放大器

主要觀念

- 理想運算放大器之特性
- 反相與非反相放大器
- 加法與減法放大器電路
- 串接運算放大器
- 使用運算放大器建立電壓源與電流源
- 運算放大器之非理想特性
- 電壓增益與回授
- 基本比較器與儀表放大器電路

簡介

經由前幾章的介紹與說明，已具有一組良好的電路分析工具可用以處置所遇到的電路，然皆是聚焦在一般僅由電源與電阻器所構成的電路。本章將介紹與說明一種新元件，儘管在技術上為非線性的，卻能有效地將之視為線性模型。此元件稱為**運算放大器** (Operational Amplifier)，或者簡稱 Op Amp，經常使用於大量的各種電子應用中。此元件同樣也提供用於建立新的電路以及用於測試所發展的分析技巧。

6.1 背景

運算放大器的起源要追溯到 1940 年代，即使用真空管來建構基本電路藉以執行諸如加法、減法、乘法、除法、微分與積分等數學運算之時代，能夠藉以建立負責解決複雜微分方程式之類比 (相對於數位) 計算機。一般認為第一個商用運算放大器元件是從約 1952 年至 1970 年代初，波士頓的菲爾布里克研究公司 (Philbrick Researches, Inc. of Boston) 所生產的 K2-W (圖 6.1a)。

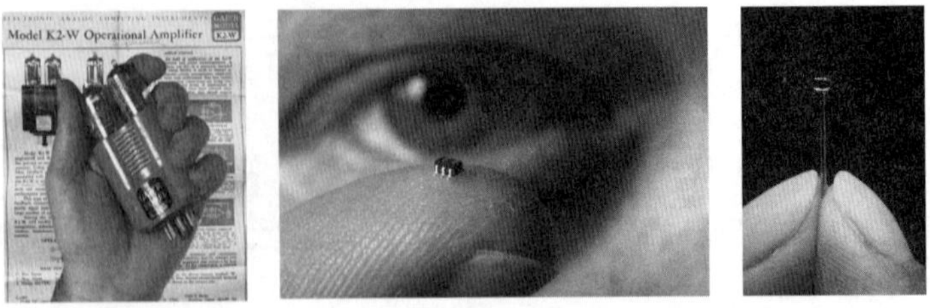

(a) (b) (c)

◆**圖 6.1** (a) 菲爾布里克的 K2-W 運算放大器，基於一對匹配的 12AX7A 真空管；(b) LMV321 運算放大器，使用於各種電話與遊戲應用中；(c) LMC6035 運算放大器，此將 114 個電晶體包裝於一個封裝之內，小至針頭的尺度。(b–c) *Copyright © 2011 National Semiconductor Corporation (www.national.com)*。保留所有權利，並經許可使用。

這些早期的真空管元件重 3 盎司 (85 g)，尺寸為$1^{33}/_{64}$ in×$2^{9}/_{64}$ in×$4^{7}/_{64}$ in (3.8 cm×5.4 cm×10.4 cm)，售價為 22 美元。相較之下，積體電路 (IC) 的運算放大器，重不過 500 mg，尺寸為 5.7 mm×4.9 mm×1.8 mm，而售價僅約 0.22 美元，例如 Fairchild 的 KA741。

相較於真空管的運算放大器，現代 IC 的運算放大器架構僅使用約 25 或更多個電晶體，每個電晶體皆與電阻器及電容器設置於同一個矽 "晶片" 上，藉以得到所需之效能與特性。所以，現代的運算放大器以極低的直流電源電壓運作 (例如，相較於 K2-W 的 ±300 V，僅使用 ±18 V)、較為可靠，並且相當小 (圖 6.1b 與 c)。在某些情況下，IC 內可包含多個運算放大器。除了一個輸出接腳與兩個輸入端，其他的接腳則是提供電源以供電晶體運作，並且用來平衡與補償該運算放大器之外部調整。運算放大器常用的符號闡述於圖 6.2a，此符號與運算放大器或 IC 內部的電路無關，而是僅描述存在於輸入以及輸出端之間的電壓與電流關係，因此，通常使用較為簡單的電氣符號，如圖 6.2b 所示。兩輸入端描述於左邊，而單一個輸出端則呈現於右邊。標示為 "+" 之輸入端稱為**非反相輸入端** (Noninverting Input)，而標示為 "−" 者則稱為**反相輸入端** (Inverting Input)。

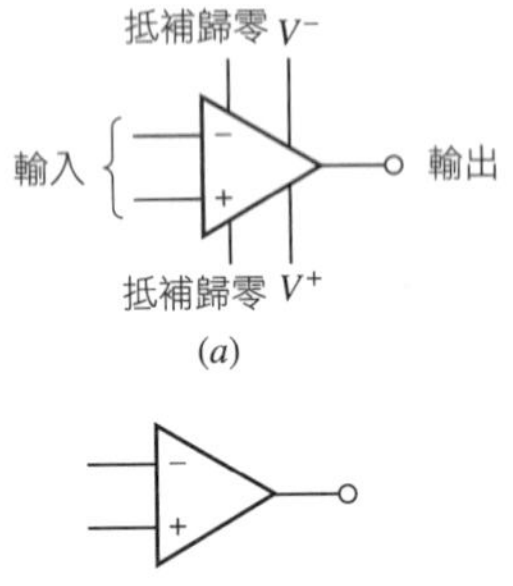

◆**圖 6.2** (a) 運算放大器的電氣符號；(b) 在電路圖上最簡化的連接方式。

6.2 理想的運算放大器介紹

實際上，大多數的運算放大器在電路中的運作相當良好，通常能夠將之假設為一個 "理想" 的運算放大器。**理想運算放大器** (Ideal Op Amp) 的特性以兩個基本的規則為基礎，這兩個規則乍看之下有些不尋常：

理想運算放大器規則

1. 沒有任何電流流進任一輸入端。
2. 兩輸入端之間沒有任何電壓差。

在實際的運算放大器中，會有極微小的漏電流流進輸入端(有時僅小至 40×10^{-15} 安培)；兩輸入端上同樣也可能得到極微小的跨壓。然而，相較於其他大多數電路中的電壓與電流，如此的電壓相當微小，所以在分析中通常並不會影響到計算結果。

當分析運算放大器電路時，應該要記住另一個要點。相對於目前已研讀過的電路，運算放大器電路所具有的**輸出**必定會相應於某種型式的**輸入**。因此，分析運算放大器電路的目標一般為得到輸入變量所表示的輸出。*以輸入端開始分析運算放大器電路通常是相當直接的方式，經常由此開始進行分析。*

圖 6.3 所示的電路稱為**反相放大器** (Inverting Amplifier)。使用 KVL 來分析此一電路，並以輸入電壓源開始進行分析。理想運算放大器規則 1 闡述沒有電流流進反相輸入端，因此標示為 i 之電流僅流經兩個電阻器 R_1 與 R_f，能夠寫出

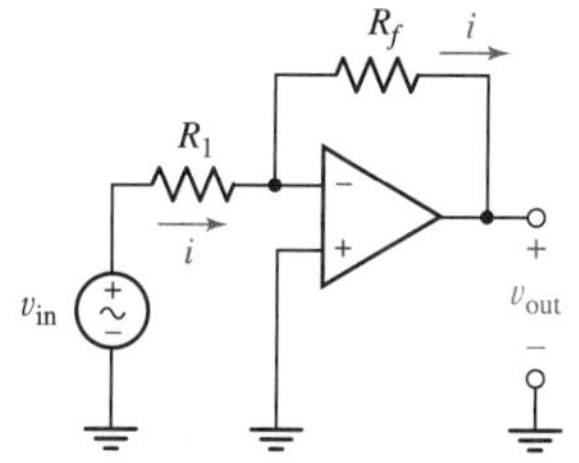

◆ **圖 6.3** 用來建構反相放大器電路之運算放大器。電流 i 會經由運算放大器的輸出接腳流至接地端。

$$-v_{in} + R_1 i + R_f i + v_{out} = 0$$

將之重新整理便能得到可表示輸出與輸入關係之方程式：

$$v_{out} = v_{in} - (R_1 + R_f)i \qquad [1]$$

其中給定 $v_{in} = 5 \sin 3t$ mV，$R_1 = 4.7$ kΩ，且 $R_f = 47$ kΩ；仍需要另一個能以 v_{out}、v_{in}、R_1 及 / 或 R_f 表達 i 的方程式。

此時將說明尚未使用的理想運算放大器規則 2。由於非反相輸入端接地，因此為零伏特。藉由理想運算放大器規則 2，反相輸入端因此也是零伏特！*此並不意謂著兩輸入端實際短路在一起，且要注意不應假設兩輸入端實際短路而連接在一起*；而是兩輸入電壓彼此簡單地追隨：若嘗試改變其中一個接腳上的電壓，則內部電路也會促使另一接腳的電壓成為相同的數值。因此，能夠寫出另一個 KVL 方程式：

在此一型式的電路配置中，反相輸入端本身為零伏特之事實通常稱為“虛接地”，此意謂著該接腳實際上並非接地，此為學生時常混淆的原因。必須對運算放大器內部進行某些調整，藉以避免輸入端之間產生電壓差。要注意的是，兩輸入端並沒有短路在一起。

$$-v_{in} + R_1 i + 0 = 0$$

或者

$$i = \frac{v_{in}}{R_1} \qquad [2]$$

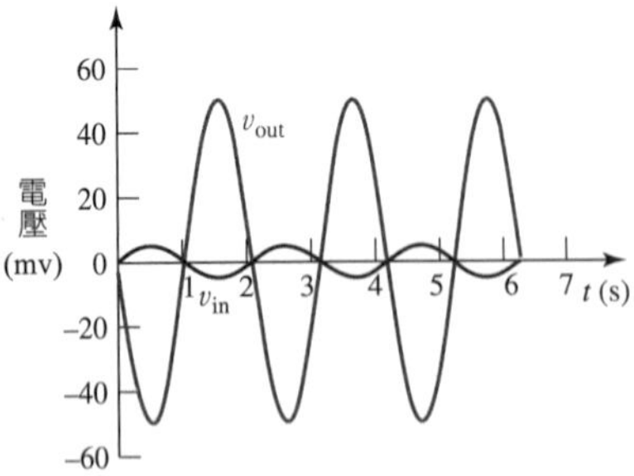

◆ **圖 6.4** 反相放大器的輸入與輸出波形。

組合方程式 [1] 與 [2]，得到 v_{out} 之表示式為：

$$v_{out} = -\frac{R_f}{R_1} v_{in} \qquad [3]$$

將 $v_{in} = 5 \sin 3t$ mV、$R_1 = 4.7$ kΩ 與 $R_f = 47$ kΩ 代入，

$$v_{out} = -50 \sin 3t \quad \text{mV}$$

若 $R_f > R_1$，此一電路會將輸入電壓訊號 v_{in} 放大。若 $R_f < R_1$，則輸入訊號會受到衰減。同樣也需要注意的是，輸出電壓的正負記號與輸入電壓相反，[1] 因此該電路稱為“反相放大器”。輸入波形與輸出波形繪製於圖 6.4，以供比較。

值得一提的是，在此一觀念上，理想運算放大器似乎違反 KCL。特別是在上述的電路中，沒有電流流進或者流出任一輸入端，但卻不知何故，會有電流流進輸出接腳！這意謂著運算放大器可從任何處創建出電子或者永遠將電子儲存起來 (端視電流的方向而定)。顯然，這是不可能的。此一矛盾源自將運算放大器看待為諸如電阻器等之被動元件。然而，實際上，運算放大器必須連接至外部的電源，否則無法運作。運算放大器會透過該電源而使電流流出輸出端。

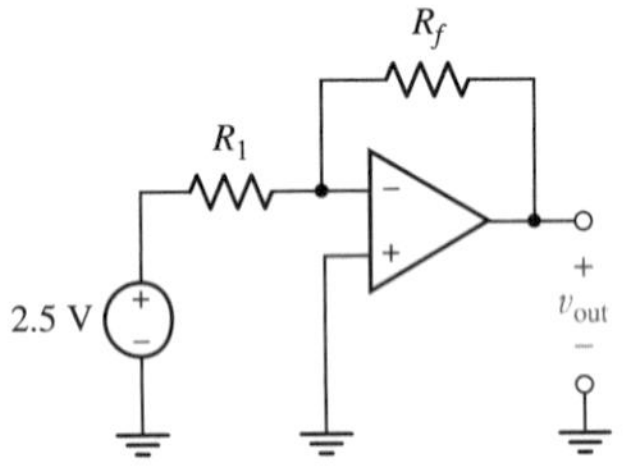

◆ **圖 6.5** 以 2.5 V 直流為輸入訊號之反相放大器。

儘管先前已經闡述了圖 6.3 的反相放大器電路能夠將交流訊號放大 (在此範例中為具有 3 rad/s 頻率及 5 mV 振幅之弦波)，但反相放大器亦可將直流輸入訊號放大。考慮圖 6.5 之型式，其中欲選擇 R_1 與 R_f 之數值，藉以得到 − 10 V 之輸出電壓。

此電路與圖 6.3 所示相同，但以 2.5 V 直流為輸入。由於沒有任何其他的改變，因此方程式 [3] 的表示式對此一電路仍然有用。為了得到所求的輸出，期望找到 R_f 對 R_1 的比值為 10/2.5 或 4。此時僅有此一比值為重點，因此只要簡便挑選其中一個適當的電阻值即可，同時也因而固定了另一個電阻器的數值。例如，可以選擇 $R_1 = 100$ Ω (所以 $R_f = 400$ Ω)，或者甚至選擇 $R_f = 8$ MΩ (所以 $R_1 = 2$ MΩ)。實際上，其他的限制條件 (例如偏壓電流) 可能會限制電阻器的選擇。

此一電路配置因此可為一種方便型式的電壓放大器 [或者倘若 R_f 對 R_1 的比值小於 1，則為**衰減器** (Attenuator)]，但有時因輸入反相記號的特性而有些不方便，而在此情況下，有替代的電路可供使用，且其分析相當簡單——非反相放大器，如圖 6.6 所示。在以下的範例中，將考慮非反相放大器電路。

---

1 或者，“輸出與輸入反相 180°”，此說法較為深刻。

範例 6.1

試繪製圖 6.6a 非反相放大器電路之輸出波形。使用 $v_{in} = 5 \sin 3t$ mV、$R_1 = 4.7$ kΩ 以及 $R_f = 47$ kΩ。

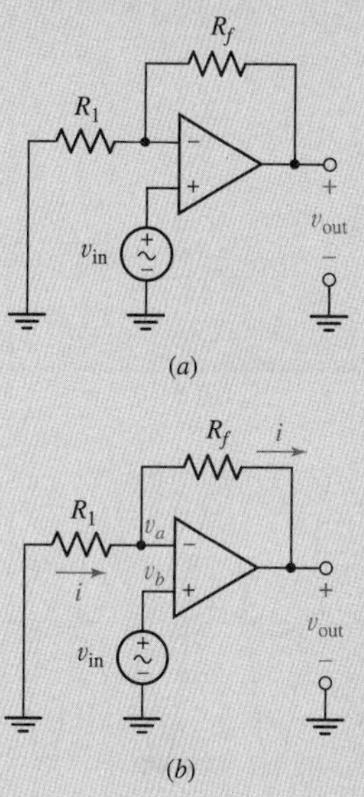

◆ **圖 6.6** (a) 用來建構一非反相放大器電路之運算放大器；(b) 已定義流經 R_1 與 R_f 的電流且標示了兩輸入電壓之電路。

▶確定問題的目標

需要得到僅由已知量 v_{in}、R_1 與 R_f 所決定之 v_{out} 表示式。

▶蒐集已知的資訊

由於已經指定了各個電阻值與輸入波形，接著開始標示電流與兩個輸入電壓，如圖 6.6b 所示，其中假設運算放大器為理想的運算放大器。

▶擬訂求解計畫

雖然網目分析為一般最喜愛的分析技巧之一，但由於沒有任何方式可直接判斷流出運算放大器的電流，因此在大多數的運算放大器電路中應用節點分析較為實際。

▶建立一組適當的方程式

要注意的是，因定義相同的電流流經兩電阻器，隱含使用理想運算放大器規則 1：沒有任何電流流進反相輸入端。利用節點分析得到以 v_{in} 所建構的 v_{out} 表示式，因此得知以下方程式。

在節點 a：

$$0 = \frac{v_a}{R_1} + \frac{v_a - v_{out}}{R_f} \qquad [4]$$

在節點 b：

$$v_b = v_{in} \qquad [5]$$

▶判斷是否需要額外的資訊

題目的目標為得到輸入及輸出電壓相關的單一表示式，但方程式 [4] 與 [5] 皆未達要求。而此時尚未利用運算放大器規則 2，可知幾乎在每個運算放大器電路中，兩規則皆需要運用，方能得到所求的表示式。

因此，從電路的分析可確認 $v_a = v_b = v_{in}$，且方程式 [4] 可改寫為

$$0 = \frac{v_{in}}{R_1} + \frac{v_{in} - v_{out}}{R_f}$$

▶嘗試解決方案

重新整理方程式便可得到以輸入電壓 v_{in} 所描述的輸出電壓表示式：

$$v_{out} = \left(1 + \frac{R_f}{R_1}\right) v_{in} = 11 v_{in} = 55 \sin 3t \quad \text{mV}$$

▶驗證解答是否合理或符合所預期的結果

將輸出與輸入波形繪製於圖 6.7，以供比較。相較於反相放大器電路的輸出波形，在非反相放大器中輸出電壓與輸入電壓同相。此並非全然不可預期的：已隱含在其名稱“非反相放大器”。

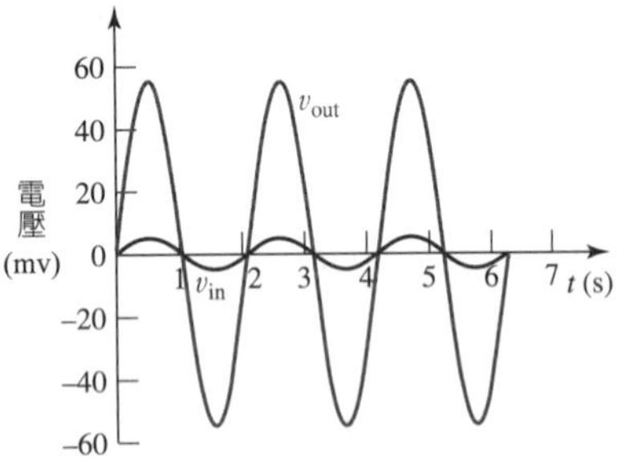

◆ **圖 6.7** 非反相放大器電路之輸入與輸出波形。

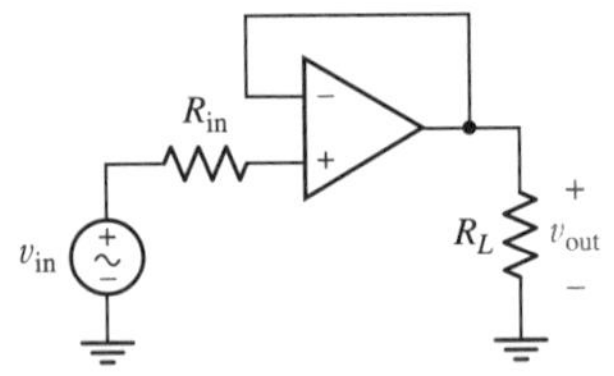

◆ **圖 6.8**

練習題

6.1 試推導圖 6.8 所示電路中以 v_{in} 描述之 v_{out} 表示式。

解答：$v_{out} = v_{in}$。由於輸出電壓會跟蹤或“追隨”輸入電壓，所以此電路稱為“電壓隨耦器”(Voltage Follower)。

類似於反相放大器，非反相放大器同樣也能以直流或交流輸入工作，但電壓增益為 $v_{out}/v_{in} = 1 + (R_f/R_1)$。因此，若設定 $R_f = 9\ \Omega$ 且 $R_1 = 1\ \Omega$，則可得到輸入電壓 v_{in} 10 倍的輸出電壓 v_{out}。相較於反相放大器，非反相放大器的輸出與輸入必定具有相同的正負記號，且輸出電壓不會小於輸入電壓；最小的增益為 1。設計電路時應選擇何種放大器端視所考量的應用而定。在圖 6.8 所示的電壓隨耦器電路代表此非反相放大器具有設為 ∞ 之 R_1 以及設為零之 R_f，而不論是正負號與大小，輸出皆等同於輸入。此輸出等於輸入之特性對一般型式的電路而言似乎極無意義，但應該牢記的是，**電壓隨耦器並不會從輸入端汲取任何電流** (在理想的狀況下)——因此能夠做為輸入電壓 v_{in} 以及連接至運算放大器輸出端的某電阻性負載 R_L 之間的**緩衝器** (Buffer)。

先前已經提及“運算放大器”一詞乃是源自於可使用如此的元件來執行類比訊號 (亦即，非數位化、即時、現實世界的訊號) 之算數運算。根據以下所要介紹的兩個電路便可了解運算放大器之算數運算，這兩個電路包含輸入電壓訊號的相加與相減。

範例 6.2

試求圖 6.9 的運算放大器電路中以 v_1、v_2 與 v_3 所描述的 v_{out} 表示式，此電路稱為加法放大器 (Summing Amplifier)。

首先要注意的是，此一電路類似於圖 6.3 的反相放大器電路。再次強調，題目的目標為得到以輸入 (v_1、v_2 與 v_3) 所描述之

v_{out} 表示式 (在此一範例中，輸出電壓 v_{out} 跨於一負載電阻器 R_L 上)。

由於沒有任何電流流進反相輸入端，因此能夠寫出

$$i = i_1 + i_2 + i_3$$

因此，在標示為 v_a 的節點上，可以寫出以下的方程式：

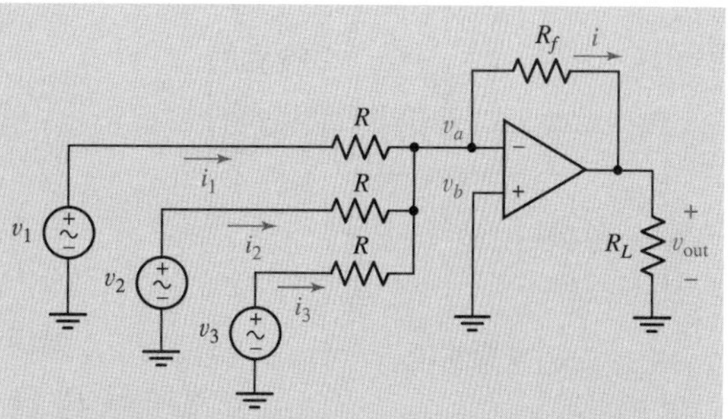

◆ **圖 6.9** 具有三個輸入的基本加法放大器。

$$0 = \frac{v_a - v_{out}}{R_f} + \frac{v_a - v_1}{R} + \frac{v_a - v_2}{R} + \frac{v_a - v_3}{R}$$

此一方程式包含 v_{out} 與輸入電壓，但卻同樣僅包含節點電壓 v_a。為了從表示式中消去此一未知量，需要寫出另一個 v_a 與 v_{out}、輸入電壓、R_f 及 / 或 R 相關的方程式。此時尚未使用理想放大器規則 2，而幾乎可以肯定在分析運算放大器電路時，兩個規則皆需要使用。因此，由於 $v_a = v_b = 0$，能夠寫出以下的方程式：

$$0 = \frac{v_{out}}{R_f} + \frac{v_1}{R} + \frac{v_2}{R} + \frac{v_3}{R}$$

重新整理，便可得到以下的 v_{out} 表示式：

$$v_{out} = -\frac{R_f}{R}(v_1 + v_2 + v_3) \qquad [6]$$

在 $v_2 = v_3 = 0$ 的特別範例中，可知結果會與方程式 [3] 一致，必為相同的電路所衍生。

對以上所推導的結果有幾個要注意的特點。首先，若選擇 R_f 等於 R，則輸出等於三個輸入訊號 v_1、v_2 與 v_3 的總和 (之負值)。再者，能夠選擇 R_f 對 R 的比值，使輸出等於輸入總和再乘以某一固定常數。所以，例如若此該三個電壓訊號具有個別不同的尺度，校準後得 − 1 V = 1 lb，則可以設定 $R_f = R / 2.205$，用以得到代表組合之後以公斤為單位的重量 (因轉換係數的緣故，在大約 1 個百分比的準確度以內)。

也注意到了 R_L 並無出現在最終的表示式中。只要 R_L 的數值不要太小，電路的操作不受影響；目前尚沒有詳細的運算放大器模型足以提供如此狀況之預測。此一電阻器代表用來監測放大器輸出端的戴維寧等效電路。若輸出裝置為簡單的伏特計，則 R_L 便代表伏特計兩終端的戴維寧等效電阻 (典型為 10 MΩ 或者更

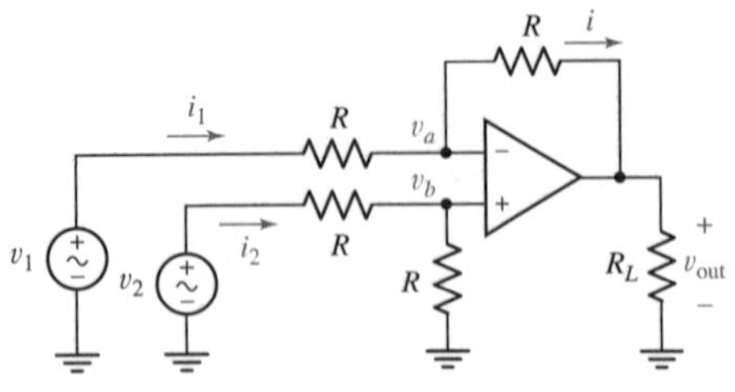

◆ **圖 6.10**

大)。或者輸出裝置可能是一個擴音器 (典型為 8 Ω)，可聽到三個各別的音源；v_1、v_2 與 v_3 可代表來自麥克風的訊號。

在此提供一個忠告：經常會想要假設圖 6.9 中標示為 i 之電流不僅流經 R_f，也流經 R_L。事實並非如此！該電流很可能也會流經運算放大器的輸出端，因此流經兩電阻器 R_f 與 R_L 的電流並不相等。所以，在運算放大器的輸出接腳上，幾乎總是會避免使用 KCL 方程式，此亦導致在分析大多數的運算放大器電路時，較偏愛使用節點分析，甚於網目分析。

為方便起見，將最常用的運算放大器電路總結於表 6.1。

練習題

6.2 試推導圖 6.10 所示電路中以 v_1 及 v_2 所描述 v_{out} 的表示式，此電路亦稱為**減法放大器** (Difference Amplifier)。

解答：$v_{out} = v_2 - v_1$。提示：使用分壓定理以得到 v_b。

表 6.1　基本運算放大器電路之總結

名稱	電路架構	輸出與輸入之關係
反相放大器	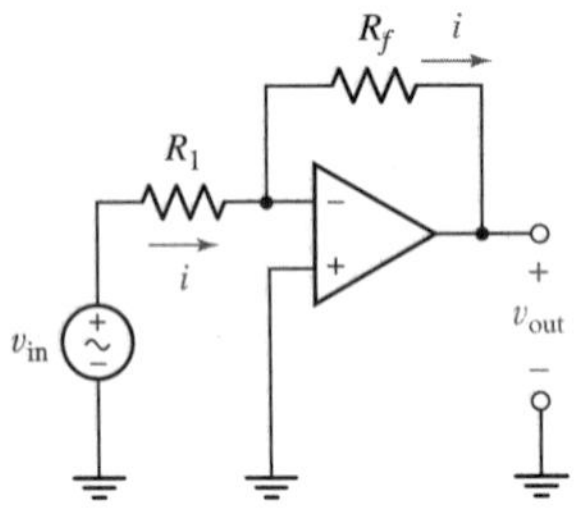	$v_{out} = -\frac{R_f}{R_1} v_{in}$
非反相放大器	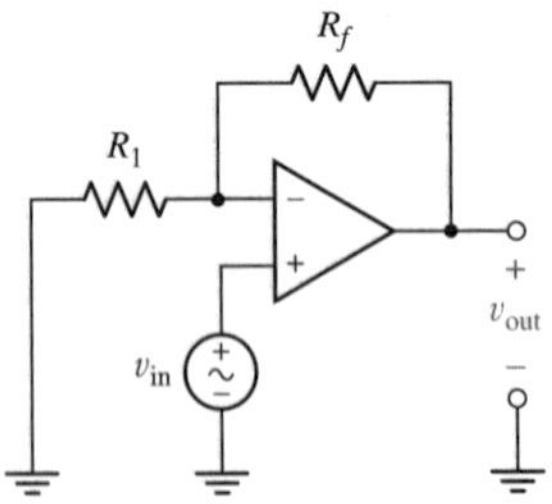	$v_{out} = \left(1 + \frac{R_f}{R_1}\right) v_{in}$
電壓隨耦器 (亦稱為單增益放大器)	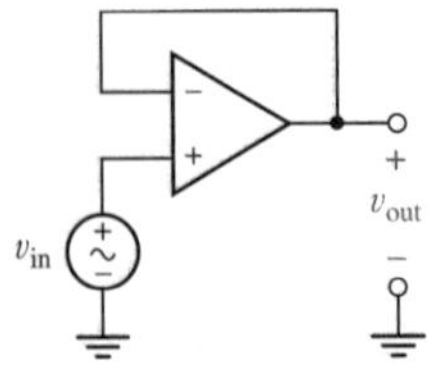	$v_{out} = v_{in}$

表 6.1　基本運算放大器電路之總結 (續)

名稱	電路架構	輸出與輸入之關係
加法放大器	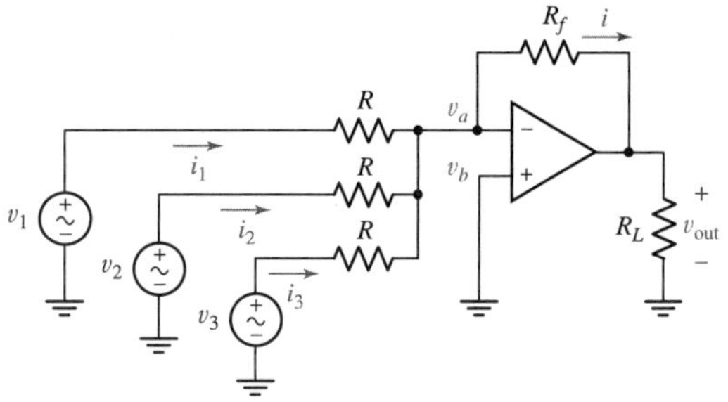	$v_{out} = -\frac{R_f}{R}(v_1 + v_2 + v_3)$
減法放大器	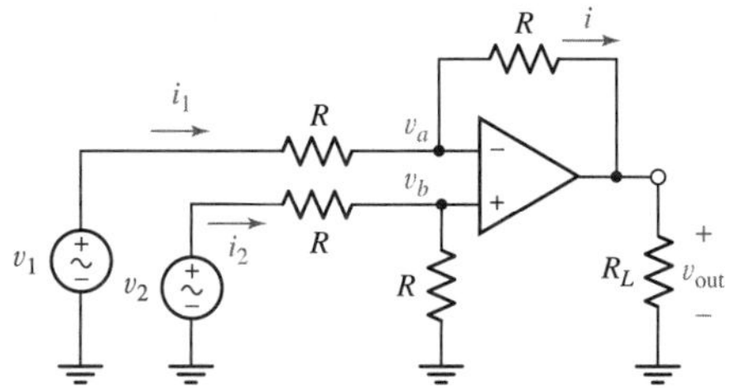	$v_{out} = v_2 - v_1$

6.3　串接級之運算放大器電路

雖然運算放大器是極為通用的元件，但在許多的應用中，單一個運算放大器並不足夠。在如此情況下，通常是藉由幾個獨立的運算放大器一起串接在同一個電路中，藉以滿足應用的需求。此種範例闡述於圖 6.11，此電路包含一個類似圖 6.9 但具有兩個輸入電源的加法放大器，該加法器的輸出端則連接至一個簡單的反相放大器。此電路為兩級的運算放大器電路。

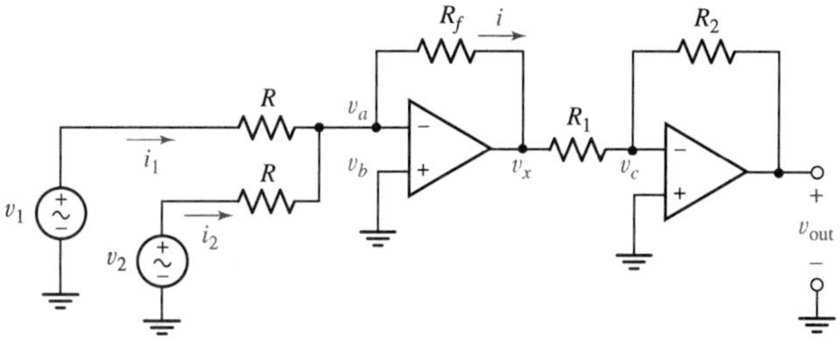

◆**圖 6.11**　兩級的運算放大器電路，由一個加法放大器串接一個反相放大器電路所構成。

之前已經個別分析了這兩個運算放大器電路。基於先前的經驗，若這兩個運算放大器電路斷開，則預期

$$v_x = -\frac{R_f}{R}(v_1 + v_2) \qquad [7]$$

且

$$v_{out} = -\frac{R_2}{R_1}v_x \qquad [8]$$

實際上，由於這兩個電路以單一節點連接在一起，且電壓 v_x 不受連接所影響，因此能夠將方程式 [7] 與 [8] 組合，得到

$$v_{\text{out}} = \frac{R_2}{R_1}\frac{R_f}{R}(v_1 + v_2) \qquad [9]$$

此方程式說明圖 6.11 所示的電路之輸入-輸出特性。然而，有時並不能夠將電路簡化成為熟悉的串接級，因此如何能夠進行圖 6.11 兩級電路之整體分析仍值得學習。

當分析串接電路時，以最後一級開始分析有時較有幫助。參考理想運算放大器規則 1，同一個電流會流經 R_1 與 R_2。在標示為 v_c 的節點上，寫出適當的節點方程式，得到

$$0 = \frac{v_c - v_x}{R_1} + \frac{v_c - v_{\text{out}}}{R_2} \qquad [10]$$

應用理想運算放大器規則 2，在方程式 [10] 中能夠設定 $v_c = 0$，產生

$$0 = \frac{v_x}{R_1} + \frac{v_{\text{out}}}{R_2} \qquad [11]$$

由於目標為以 v_1 與 v_2 所描述的 v_{out} 表示式，因此繼續分析第一個運算放大器，藉以得到以兩個輸入量所描述的 v_x 表示式。

在第一個運算放大器的反相輸入端上應用理想運算放大器規則 1

$$0 = \frac{v_a - v_x}{R_f} + \frac{v_a - v_1}{R} + \frac{v_a - v_2}{R} \qquad [12]$$

經由理想運算放大器規則 2，得知方程式 [12] 中的 v_a 為零，且 $v_a = v_b = 0$。因此，方程式 [12] 改寫為

$$0 = \frac{v_x}{R_f} + \frac{v_1}{R} + \frac{v_2}{R} \qquad [13]$$

此時已經寫出 v_x 所描述的 v_{out} 方程式 (方程式 [11])、以及 v_1 與 v_2 所描述的 v_x 方程式 (方程式 [13])。這兩個方程式分別等同於方程式 [7] 與 [8]，此意謂著將圖 6.11 所示的兩個別電路串接並不會影響每一級的輸入-輸出關係。組合方程式 [11] 與 [13]，得知該串接運算放大器電路之輸入-輸出關係為

$$v_{\text{out}} = \frac{R_2}{R_1}\frac{R_f}{R}(v_1 + v_2) \qquad [14]$$

此等同於方程式 [9]。

因此，串接電路的功用為加法放大器，但輸入與輸出之間並無相位反轉。藉由小心選擇電阻器數值，便能夠放大或者衰減兩輸入電壓的總和。若選擇 $R_2 = R_1$ 以及 $R_f = R$，則同樣也能夠依照需求而得到一個 $v_{out} = v_1 + v_2$ 之放大器電路。

範例 6.3

一個多儲存槽氣體的推進劑燃料系統安裝在一個小型月球軌道汽艇中。藉由測量儲存槽內壓力 (以 psia 為單位)[2]，來監測任一儲存槽中的燃料量。儲存槽容量以及感測器的壓力及電壓範圍之技術細節給定於表 6.2。試設計一個可提供正直流電壓訊號正比於總剩餘燃料之電路，使得 1 V = 100%。

表 6.2　儲存槽壓力監測系統之技術資料

儲存槽 1 之容量	10,000 psia
儲存槽 2 之容量	10,000 psia
儲存槽 3 之容量	2000 psia
感測器壓力範圍	0 to 12,500 psia
感測器電壓輸出	0 to 5 Vdc

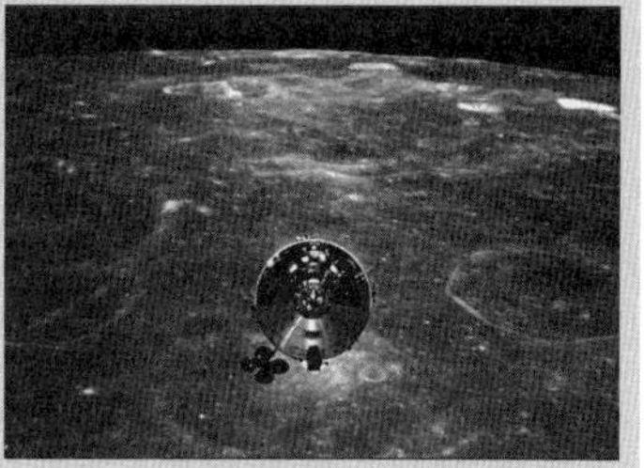
© Corbis

由表 6.2 可知該系統具有三個個別的氣體儲存槽，需要三個個別的感測器，每個感測器相應於 5 V 輸出之最大額定壓力為 12,500 psia。因此，當儲存槽 1 填滿時，其感測器將會提供 $5 \times (10{,}000/12{,}500) = 4$ V 的電壓訊號；感測器監測儲存槽 2 亦同。然而，連接至儲存槽 3 的感測器將僅提供最大的電壓訊號為 $5 \times (2000/12{,}500) = 800$ mV。

其中一種可能的解答為圖 6.12a 所示的電路，其利用一個以 v_1、v_2 與 v_3 代表三個感測器輸出的加法放大器級，之後串接一個反相放大器，藉以調整電壓正負號與大小。由於題目未告知感測器的輸出電阻值，因此每個感測器皆使用一個緩衝器，如圖 6.12b 所示；此連接的結果為 (在理想的狀況下) 沒有任何電流來自感測器。

為了儘可能保持電路的簡單，一開始先選擇 R_1、R_2、R_3 與 R_4 皆為 1 kΩ；只要全部四個電阻器數值相等，任何的電阻值皆可。因此，加法級電路的輸出為

$$v_x = -(v_1 + v_2 + v_3)$$

最後一級的電路必須將此一電壓反相並且縮放，使得當三

2 英磅 / 平方英寸 (絕對壓力)。此為一種相對於真空參考值之差壓量測。

個儲存槽全部皆填滿時的輸出電壓為 1 V，而填滿的條件導致 $v_x = -(4+4+0.8) = -8.8$ V。因此，最後一級需要電壓的比率為 $R_6/R_5 = 1/8.8$。任意選擇 $R_6 = 1$ kΩ，可知 $R_5 = 8.8$ kΩ 即可完成設計。

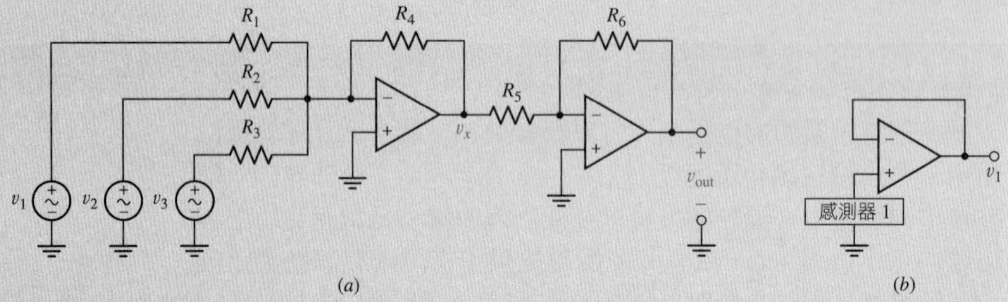

◆ **圖 6.12** (a) 所擬用以提供總剩餘燃料讀值之電路；(b) 用以避免與感測器內部電阻相關的誤差，並且避免限制提供電流的能力之緩衝器設計。每個感測器皆使用一個如此的緩衝器，藉以提供加法放大器級之輸入 v_1、v_2 與 v_3。

練習題

6.3 一座歷史悠久的橋樑顯示出劣化的跡象。裝修工程可以執行之前，決定僅允許通過重量小於 1600 公斤的車輛，需設計一種四墊秤重系統藉以監測之，其中會有四個獨立的電壓訊號，每一個接來自於每個輪墊，且 1 mV = 1 kg。試設計可提供正電壓訊號顯示在 DMM (數位萬用錶) 並代表車輛總重量 (1 mV = 1 kg) 之電路。可假設不需要對輪墊電壓訊號加以緩衝。

解答：請參考圖 6.13。

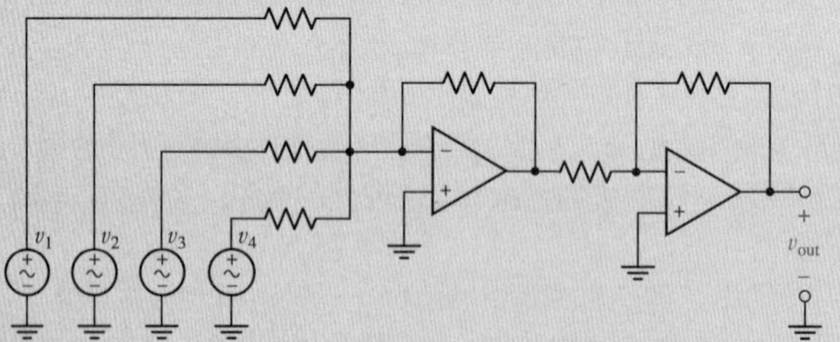

◆ **圖 6.13** 練習題 6.3 其中一種可能的解答；所有的電阻器皆為 10 kΩ (只要全部電阻值相等，任何數值皆可)。輸入電壓 v_1、v_2、v_3 與 v_4 代表來自四個輪墊感測器的電壓訊號，而 v_{out} 則為連接至 DMM 正輸入端的輸出訊號。全部五個電壓的參考電位皆為接地，而 DMM 的共用端子也應連接至接地端。

6.4 電壓與電流源電路

目前為止，通常使用理想電流源與電壓源，假設不論在電路中如何連接，皆可分別提供固定數值的電流或電壓。當然獨立性質的假設具有其限制，如 5.2 節所提及的實際電源包含一個“內建”或者固有的電阻。此電阻的效應為隨著輸出電流的需求增加，會降低電壓源之電壓輸出，或者電流源需要提供較大的電壓時，會減低電流的輸出。本節所要探討的是，使用運算放大器可建構具有較為可靠的特性之電路。

■ 可靠的電壓源

提供穩定且一致的參考電壓其中一種最常見的元件稱為**稽納二極體** (Zener Diode) 之非線性元件，其符號為三角形且具有跨於角形上部的 Z 形線，如圖 6.14a 電路中的 1N750 所示。二極體的特性為極不對稱的電流-電壓關係。就小電壓而言，基本上為零電流——或者經歷一段指數增加的電流——端視電壓的極性而定。如此需要藉由簡單的電阻器來區別之；電阻器對任一電壓極性而言，電流的大小皆相同，因而電阻器的電流-電壓關係為對稱的。所以，二極體的兩端不可互換，而且具有獨特的名稱：**陽極** (Anode) (三角形的平坦部) 以及**陰極** (Cathode) (三角形的尖點)。

稽納二極體為特殊型式的二極體，主要是設計用來產生陰極對陽極的正電壓；而當以如此方式連接時，該二極體稱為*逆向偏壓* (Reverse Biased)。就低電壓而言，二極體的行為類似一個電阻器，電流會隨著電壓的增加而呈現微小的線性增加。然而，一旦達到某電壓 (V_{BR}) ——稱為二極體的*逆向崩潰電壓* (Reverse Breakdown Voltage) 或者**稽納電壓** (Zener Voltage) ——則此電壓便不再明顯增加，但基本上任何電流皆能夠流經該二極體，大至最大的額定值 (1N750 為 75 mA，其稽納電壓為 4.7 V)。

此時檢視圖 6.14b 所示的模擬結果，顯示電壓源 V1 從 0 上升至 20 V 之二極體跨壓 V_{ref}。若 V1 維持在 5 V 以上，則*二極體的跨壓基本上保持固定*。因此，能夠以 9 V 電池來取代 V1，且即使隨著電池電壓因放電而開始下降，亦不用太在意此參考電壓之變動。此一電路中 R1 之目的為簡單地提供電池與二極體之間所需的壓降；應該選擇其數值藉以確保二極體可操作於其稽納電壓並且低於其最大額定電流。例如，如圖 6.14c 所示，若電源電壓 V1 甚大於 12 V，則在電路中會超過 75 mA 的額定值。因此，

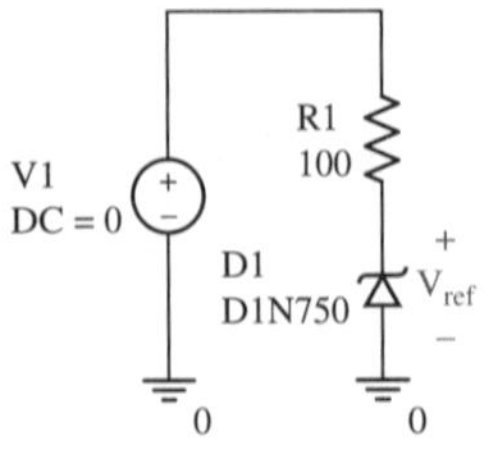

(a)

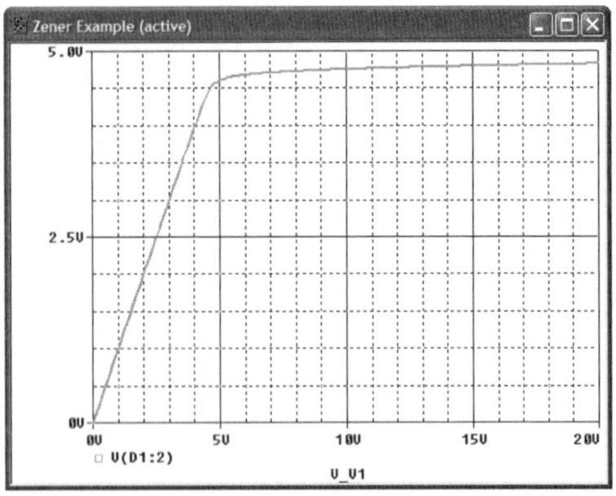

(b)

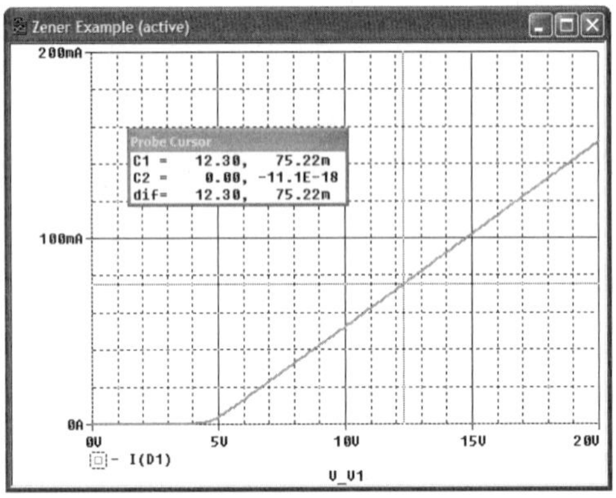

(c)

◆ **圖 6.14** (a) PSpice 模擬軟體所繪製、以 1N750 稽納二極體為基礎的簡單電壓參考電路；(b) 電路的模擬顯示二極體的電壓 V_{ref} 為驅動電壓 V1 之函數；(c) 二極體電流之模擬，顯示當 V1 超過 12.3 V 時，二極體電流會超過其最大額定值。(要注意的是，假設一理想稽納二極體來執行此一計算會產生 12.2 V。)

應制定電阻器 R1 的數值，藉以對應於可用的電源電壓，如範例 6.4 中所要探討的。

範例 6.4

試設計一個以 1N750 稽納二極體為基礎，且以單一 9 V 電池運作，並可提供 4.7 V 參考電壓之電路。

1N750 具有 75 mA 的最大額定電流以及 4.7 V 的稽納電壓。依照殘電量狀態，9 V 電池的電壓可能會略為變動，但在此一設計中將之忽略。

如圖 6.15a 所示的其中一個簡單電路足夠符合目的；唯一的問題是要確定適當的電阻值 R_{ref}。

若 4.7 V 的壓降跨於二極體上，則 $9 - 4.7 = 4.3$ V的壓降便必須跨於上 R_{ref}。因此，

$$R_{ref} = \frac{9 - V_{ref}}{I_{ref}} = \frac{4.3}{I_{ref}}$$

藉由指定電流數值來決定 R_{ref}。已知 I_{ref} 不應超過此二極體的最大額定電流 75 mA，而且較大的電流會使電池放電更快。然而，如圖 6.15b 所示，不可簡單地任意選擇 I_{ref}；太低的電流無法使二極體操作於稽納崩潰區。題目沒有提供二極體電流-電壓關係的詳細方程式 (顯然是非線性的)，所以依照經驗法則，設計最大額定電流的 50%。因此

$$R_{ref} = \frac{4.3}{0.0375} = 115\ \Omega$$

儘管第一次的計算已經合理趨近目標值 (在 1% 以內)，然尚能夠藉由執行最終電路的 PSpice 模擬來進行詳細的 "調整"。

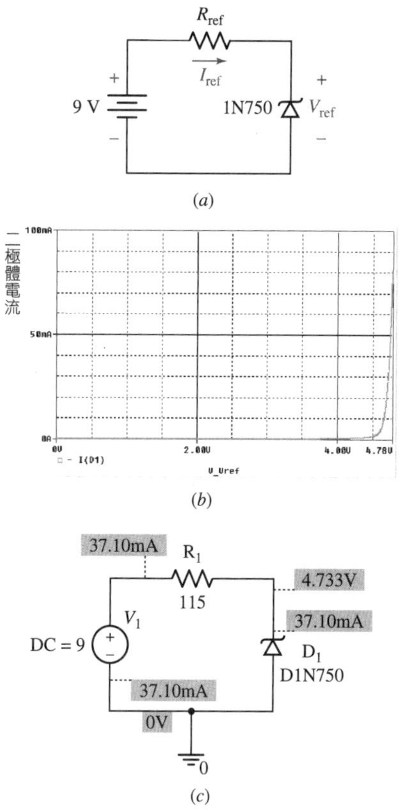

◆圖 6.15 (a) 基於 1N750 稽納二極體所設計的電壓參考電路；(b) 二極體的 I-V 關係；(c) 最後設計的 PSpice 模擬。

圖 6.14a 的基本稽納二極體電壓參考電路在許多狀況下皆具有相當良好的工作效應，但通常受限於可用的稽納二極體之某些電壓數值。同樣的是，通常會發現所顯示的電路並不適合於需要超過數毫安電流之應用場合。在這種情況下，可能會將稽納二極體的參考電路與一個簡單的放大器級相結合使用，如圖 6.16 所示，所產生的輸出為穩定的電壓，能夠藉由調整 R_1 或 R_f 的數值來控制之，而不必切換至不同的稽納二極體。

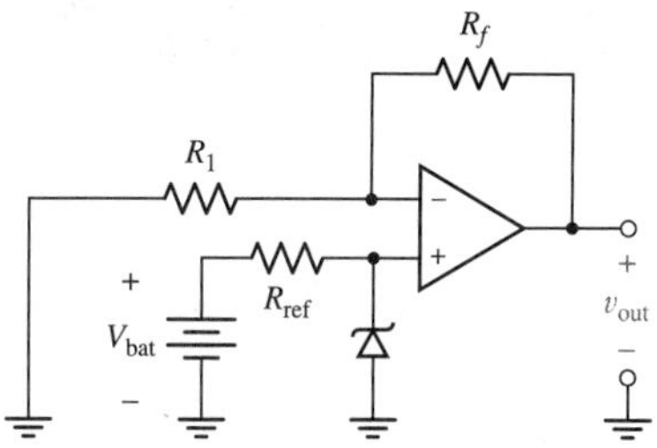

◆圖 6.16 運算放大器所建構的電壓源，其中使用稽納電壓參考值。

練習題

6.4 試使用一個 1N750 稽納二極體與一個非反相放大器設計一個可提供 6 V 參考電壓的電路。

解答：使用圖 6.16 所示的電路架構，選擇 $V_{bat} = 9$ V、$R_{ref} = 115\ \Omega$、$R_1 = 1$ kΩ 且 $R_f = 268\ \Omega$。

■ 可靠的電流源

考慮圖 6.17a 所示電路，其中的 V_{ref} 為如圖 6.15a 所示的穩壓電壓源所提供。讀者可確認此一電路為簡單的反相放大器配置，假設拿掉運算放大器的輸出接腳，則也能夠使用此一電路做為一電流源，其中的 R_L 代表電阻性負載。

由於運算放大器的非反相輸入端連接至接地，因此輸入電壓 V_{ref} 跨於參考電阻器 R_{ref}。沒有電流流進反相輸入端，流經負載

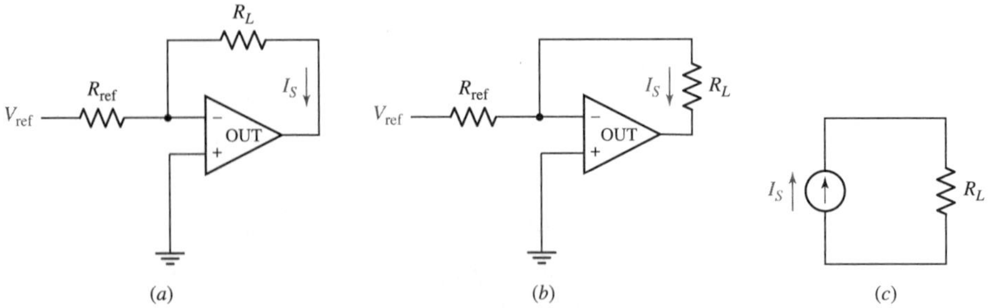

◆ **圖 6.17** (a) 以運算放大器為基礎的電流源，受控於參考電壓 V_{ref}；(b) 重新繪製的電路，使負載較為明顯；(c) 電路模型。電阻器 R_L 代表未知被動負載電路之諾頓等效電路。

電阻器 R_L 的電流簡單為

$$I_s = \frac{V_{ref}}{R_{ref}}$$

換言之，供應至 R_L 的電流與其電阻值無關——理想電流源的主要屬性。同樣也值得注意的是，在此並不是去除運算放大器的輸出電壓，相反地可以看到負載電阻器 R_L 為某未知的被動負載電路之諾頓 (或者戴維寧) 等效電路，且會從運算放大器電路接收功率。些微改變而重新繪製該電路於圖 6.17b，可知與圖 6.17c 所示的更熟悉電路具有許多共同之處。換言之，可以使用此一運算放大器電路充當基本上具有理想特性的獨立電流源，可提供大至所選擇的運算放大器之最大額定輸出電流。

範例 6.5

試設計一可將傳送 1 mA 至任意電阻性負載之電流源。

基於圖 6.16 與 6.17a 之電路設計，已知流經負載 R_L 的電流給定為

$$I_s = \frac{V_{ref}}{R_{ref}}$$

其中必須選擇 V_{ref} 與 R_{ref} 之數值，同樣必須設計提供 V_{ref} 之電路。若使用 1N750 稽納二極體串聯一 9 V 電池與一 100 Ω 電阻器，經由圖 6.14b 已知 4.9 V 電壓會跨於二極體上。因此，$V_{ref} = 4.9$ V，則 R_{ref} 之數值制定為 $4.9/10^{-3} = 4.9$ kΩ。完整的電路闡述於圖 6.18。

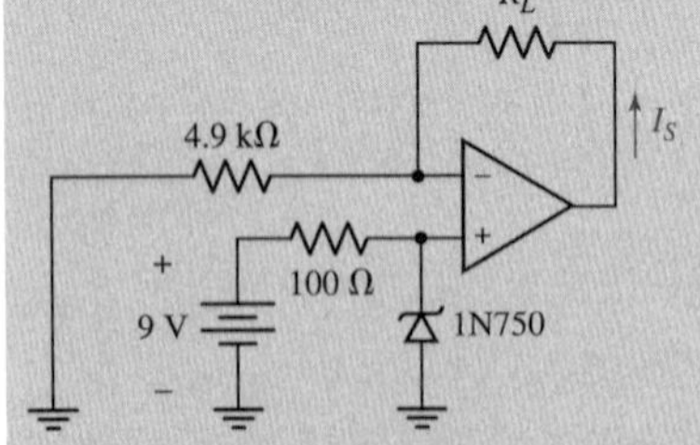

◆ **圖 6.18** 所求的電流源其中一種可能設計方式。請注意從圖 6.17b 的電流方向之改變。

要注意的是，若已經假設二極體電壓以 4.7 V 替代，則所設計的電流僅會產生些許的誤差百分比，仍在所期望的電阻值典型 5% 至 10% 之公差內。

所剩的唯一問題為 1 mA 實際上是否能夠提供給予任意數

值的 R_L。就 $R_L = 0$ 之狀況而言，運算放大器的輸出將為 4.9 V，此並非不合理。然而，隨著負載電阻器數值增加，運算放大器的輸出電壓也會增加。最後，則必須有所限制，如 6.5 節所要探討的。

練習題

6.5 試設計能夠提供 500 μA 給予電阻性負載的電流源。

解答：請參考圖 6.19，為其中一種可能的解答。

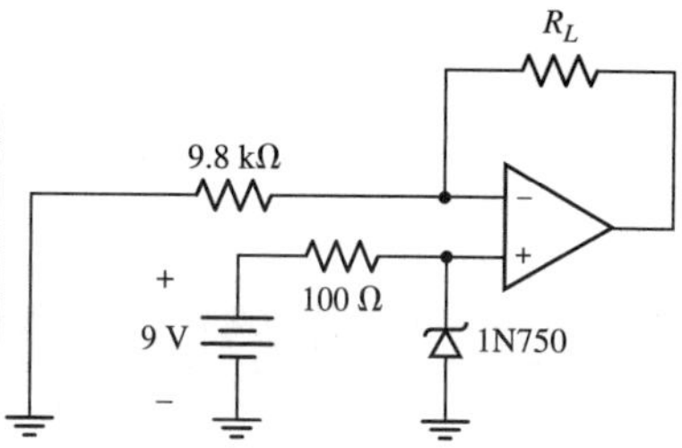

◆**圖 6.19** 練習題 6.5 其中一種可能的解答。

6.5 實際的考量

■ 更詳細的運算放大器模型

簡化運算放大器的本質，能夠將之視為一種電壓控制相依電壓源。此相依電壓源提供運算放大器的輸出，而其控制電壓則是施加至輸入端。合理的實際運算放大器模型闡述於圖 6.20；其包含一個具有電壓增益 A 之相依電壓源、一個輸出電阻 R_o，以及一個輸入電阻 R_i。表 6.3 提供在市面上可購得的運算放大器之參數典型值。

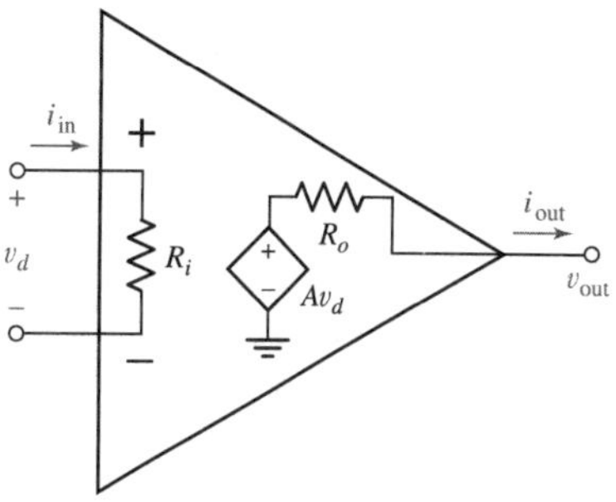

◆**圖 6.20** 運算放大器較為詳細的模型。

參數 A 稱為運算放大器之**開迴路電壓增益** (Open-loop Voltage Gain)，典型值範圍在 10^5 至 10^6。表 6.3 所列的運算放大器皆具有極大的開迴路電壓增益，特別是相較於範例 6.1 的非反相放大器電路之電壓增益 11。重要的是，要記住運算放大器本身的開迴路電壓增益以及特殊運算放大器電路的**閉迴路**

表 6.3　幾種型式的運算放大器之典型參數值

元件編號	μA741	LM324	LF411	AD549K	OPA690
說明	一般用途	低功率四顆封裝	低偏移、低漂移 JFET 輸入	超低輸入偏壓電流	寬頻帶視頻運算放大器
開迴路增益 A	2×10^5 V/V	10^5 V/V	2×10^5 V/V	10^6 V/V	2800 V/V
輸入電阻	2 MΩ	*	1 TΩ	10 TΩ	190 kΩ
輸出電阻	75 Ω	*	~1 Ω	~15 Ω	*
輸入偏壓電流	80 nA	45 nA	50 pA	75 fA	3 μA
輸入抵補電壓	1.0 mV	2.0 mV	0.8 mV	0.150 mV	±1.0 mV
CMRR	90 dB	85 dB	100 dB	100 dB	65 dB
轉換率	0.5 V/μs	*	15 V/μs	3 V/μs	1800 V/μs
PSpice 模型	✓	✓	✓		

* 製造商沒有提供。
✓指示 PSpice 模型包含在 Orcad Capture CIS Lite Edition 16.3。

電壓增益 (Closed-loop Voltage Gain) 之間的不同。在此狀況下之"迴路"稱為輸出接腳與反相輸入接腳之間的外部路徑；可以是接線、電阻器，或者其他型式的元件，端視應用而定。

μA741 是一個極為通用的運算放大器，原為 Fairchild Corporation 在 1968 年所生產，其特性為 200,000 之開迴路電壓增益、2 MΩ 之輸入電阻，以及 75 Ω 之輸出電阻。為了評估理想運算放大器模型與此一特定元件 μA741 之接近程度，再次回顧圖 6.3 之反相放大器電路。

範例 6.6

試於圖 6.20 模型中使用 μA741 運算放大器適當的參數值，重新分析圖 6.3 的反相放大器電路。

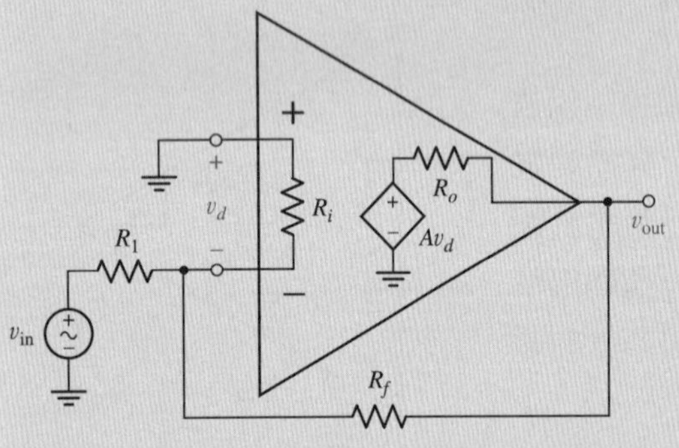

◆ **圖 6.21** 使用較詳細的運算放大器模型所繪製之反相放大器電路。

以較詳細的模型取代圖 6.3 的理想運算放大器符號，產生圖 6.21 所示之電路。

要注意的是，由於並非使用理想運算放大器模型，因此不能夠再引用理想運算放大器規則。所以，寫出兩個節點方程式：

$$0 = \frac{-v_d - v_{in}}{R_1} + \frac{-v_d - v_{out}}{R_f} + \frac{-v_d}{R_i}$$

$$0 = \frac{v_{out} + v_d}{R_f} + \frac{v_{out} - Av_d}{R_o}$$

執行一些簡單、但相當冗長的代數運算，即可消去 v_d，並且將這兩方程式組合，藉以得到以下使用 v_{in} 所描述之 v_{out} 表示式：

$$v_{out} = \left[\frac{R_o + R_f}{R_o - AR_f}\left(\frac{1}{R_1} + \frac{1}{R_f} + \frac{1}{R_i}\right) - \frac{1}{R_f}\right]^{-1} \frac{v_{in}}{R_1} \qquad [15]$$

代入 $v_{in} = 5 \sin 3t$ mV、$R_1 = 4.7$ kΩ、$R_f = 47$ kΩ、$R_o = 75$ Ω、$R_i = 2$ MΩ，以及 $A = 2 \times 10^5$，可得

$$v_{out} = -9.999448 v_{in} = -49.99724 \sin 3t \qquad \text{mV}$$

藉由比較此一方程式與假設理想運算放大器所得到的方程式 ($v_{out} = -10v_{in} = -50 \sin 3t$ mV)，可知理想運算放大器的確為準確合理的模型。再者，若在分析中假設理想運算放大器，則會明顯減少執行電路分析所需的代數運算。要注意的是，若 $A \to \infty$、$R_o \to 0$ 且 $R_i \to \infty$，則方程式 [15] 便會簡化為

$$v_{out} = -\frac{R_f}{R_1} v_{in}$$

此即為先前假設運算放大器為理想而針對反相放大器所推導的方程式。

練習題

6.6 假設有限的開迴路增益 (A)、有限的輸入電阻 (R_i)，以及零輸出電阻 (R_o)，試推導圖 6.3 的運算放大器電路中以 v_{in} 所描述之 v_{out} 表示式。

解答：$v_{\text{out}}/v_{\text{in}} = -AR_f R_i/[(1+A)R_1 R_i + R_1 R_f + R_f R_i]$。

■理想運算放大器規則之推導

經由先前的說明已經得知理想運算放大器可以是實際元件行為的合理準確模型。然而，使用包含有限開迴路增益、有限輸入電阻，以及非零輸出電阻之較詳細模型，實際上可直接推導出兩個理想運算放大器規則。

參照圖 6.20 可知實際運算放大器的開路輸出電壓可以表示為

$$v_{\text{out}} = Av_d \qquad [16]$$

將此方程式重新整理，可得到 v_d，此電壓有時稱為**差動輸入電壓** (Differential Input Voltage)，可以寫為

$$v_d = \frac{v_{\text{out}}}{A} \qquad [17]$$

如同所預期的，從實際的運算放大器所得到的輸出電壓 v_{out} 會有實際的限制。根據下一節所要說明的，必須將運算放大器連接至外部直流電壓供應器，藉以提供運算放大器內的迴路所需的電源。這些外部電壓的供應代表了 v_{out} 的最大值，典型值的範圍在 5 至 24 V。若將 24 伏特除以 μA741 的開迴路增益 (2×10^5)，便得到 $v_d = 120\ \mu$V。儘管此並不是零伏特，但如此微小的數值相較於 24 V 的輸出電壓實際上等於零。理想運算放大器具有無限大的開迴路增益，因此不論輸出電壓 v_{out} 為何，皆得到 $v_d = 0$；此導出理想運算放大器規則 2。

理想運算放大器規則 1 描述“沒有任何電流會流進任一輸入端”。參照圖 6.19，運算放大器的輸入電流簡化為

$$i_{\text{in}} = \frac{v_d}{R_i}$$

方才已經判斷了 v_d 典型為極小的電壓。根據表 6.3，運算放大器的輸入電阻極大，範圍從數百萬歐姆至數兆歐姆！使用上述的 $v_d = 120\ \mu\text{V}$ 數值，以及 $R_i = 2\ \text{M}\Omega$，計算輸入電流為 60 pA，此為極小的電流，而且需要專用的電流錶 (稱為微微安計) 來測量之。從表 6.3 可知 μA741 典型的輸入電流 [更準確的專有名詞為**輸入偏壓電流** (Input Bias Current)] 為 80 nA，大於估計值 3 個數量等級。此為所使用的運算放大器模型之缺點，即沒有設計用以提供準確數值的輸入偏壓電流。然而，相較於其他流進典型運算放大器電路的電流，任一如此微小的數值基本上皆為零。現代化的運算放大器 (例如 AD549) 具有甚低的輸入偏壓電流。因此，結論是理想運算放大器規則 1 為相當合理的假設。

經由先前的探討，清楚得知理想運算放大器具有無限大的開迴路電壓增益，以及無限大的輸入電阻。然而，尚未考量運算放大器的輸出電阻，而此輸出電阻可能會影響整個電路。參照圖 6.20，可知

$$v_{\text{out}} = Av_d - R_o i_{\text{out}}$$

其中的 i_{out} 從運算放大器的輸出接腳流出。因此，非零的 R_o 會使輸出電壓降低，此效應會隨著輸出電流增大而變得更明顯。所以，*理想*運算放大器具有零歐姆的輸出電阻。μA741 具有最大的輸出電阻為 75 Ω，而例如 AD549 的現代化元件則具有甚低的輸出電阻。

■共模拒斥

由於輸出正比於兩輸入端之間的電壓差，因此偶爾將運算放大器稱為*差動放大器* (Difference Amplifier)。此意謂著若施加相等的電壓給予兩輸入端，則期望輸出電壓為零。運算放大器此一能力為其最受關注的特質之一，稱為**共模拒斥** (Common-mode Rejection)。圖 6.22 所示的電路所提供之輸出電壓為

$$v_{\text{out}} = v_2 - v_1$$

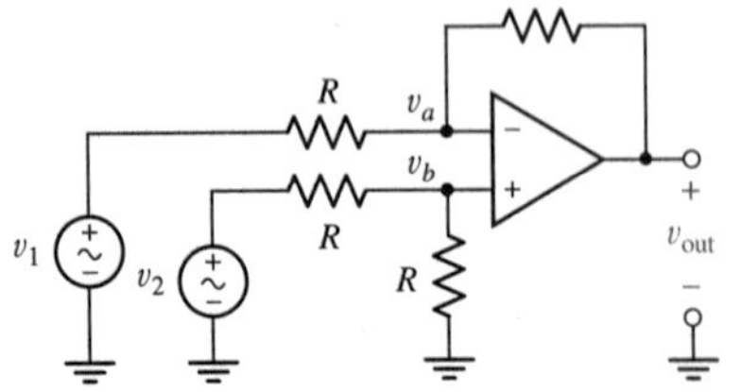

◆**圖 6.22** 連接成為差動放大器之運算放大器。

若 $v_1 = 2 + 3 \sin 3t$ 伏特，且 $v_2 = 2$ 伏特，則所期望的輸出為 $-3 \sin 3t$ 伏特；v_1 與 v_2 共同的 2 V 不會為電路所放大，或者不會在輸出現出。

以實際的運算放大器而言，共模訊號事實上會對輸出產生微小的貢獻。為了比較其中一種運算放大器型式，通常透過稱為共模拒斥比或 **CMRR** 之參數來表達運算放大器

拒斥共模訊號的能力。定義 $v_{o_{CM}}$ 為兩輸入相等 ($v_1 = v_2 = v_{CM}$) 時所得到的輸出，便可以決定運算放大器的共模增益

$$A_{CM} = \left| \frac{v_{o_{CM}}}{v_{CM}} \right|$$

之後則可以定義 CMRR 為差模增益 A 對共模增益 A_{CM} 之比值，或者

$$\text{CMRR} \equiv \left| \frac{A}{A_{CM}} \right| \qquad [18]$$

通常以分貝 (dB) 來表示之，對數刻度為：

$$\text{CMRR}_{(\text{dB})} \equiv 20 \log_{10} \left| \frac{A}{A_{CM}} \right| \quad \text{dB} \qquad [19]$$

表 6.3 列出數種不同的運算放大器之典型值；100 dB 的數值相應於 A 對 A_{CM} 之絕對比值為 10^5。

■負回授

已知運算放大器的開迴路增益極大，理想為無限大。然而，在實際的狀況下，其精確值一般會隨著製造商所指定的數值而變動。例如，溫度對於運算放大器的效能會有明顯的效應，在 −20°C 天氣下的操作行為可能與溫暖氣候下所觀測到的行為明顯不同。不同時間所製造的各元件之間同樣也會有典型的微小變化。若設計電路的輸出電壓為開迴路增益乘以其中之一輸入端的電壓，則因而將難以合理的精準度來預測其輸出電壓，而且可預期輸出電壓會隨著環境溫度而變動。

如此潛在的問題之解決方式為利用**負回授** (Negative Feedback) 的技術，其處理方式為輸入減去輸出的一小部分。若某事件改變了放大器的特性而使得輸出嘗試變大，則同時將輸入降低。太大的負回授將會阻止任何有用的放大，但小量的負回授則可提供穩定度。負回授的例子為一種不愉快的感受，例如將手靠近火焰之感覺。越向前靠近火焰，發送至手上的負訊號便越大。然而，過度的負回授比例可能會引起對熱的厭惡，而最後凍死。**正回授** (Positive Feedback) 為一種將部分輸出訊號附加至輸入之處理程序。常見的例子為當麥克風指向擴音器時——極為柔和的聲音會一再被快速放大，直到系統產生“尖叫聲”。正回授通常會導致系統不穩定。

本章中所考量的所有電路皆透過出現在輸出接腳與反相輸入之間的電阻器加入負回授。輸出與輸入之間所產生的迴路會降低

輸出電壓在實際數值的開迴路增益之相依性 (如範例 6.6 所示)。由於 A 的微小變動不致明顯衝擊電路的操作，此便不需要測量所使用的每個運算放大器精確的開迴路增益。在 A 對運算放大器環境敏感之狀況下，負回授同樣也可提升穩定度。例如，若 A 相應於環境溫度而急遽變動，則較大的回授電壓便會加至反相輸入端，此作用為降低差動輸入電壓 v_d，因而輸出電壓 Av_d 的變動會較小。應該要注意的是閉迴路電路增益必定會小於開迴路裝置的增益；這是對於參數變動的穩定度與較低靈敏度所付出的代價。

■飽和

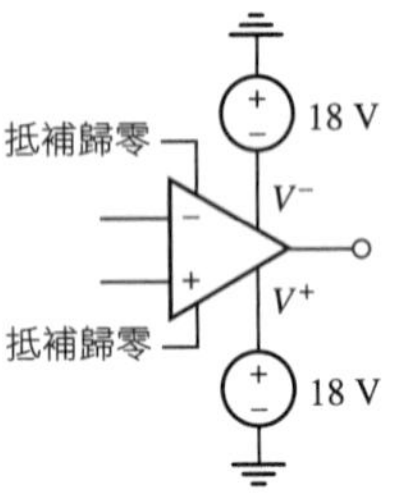

◆**圖 6.23** 具有正負電壓供應連接的運算放大器。以兩個 18 V 供應電源為範例；請注意每電源的極性。

至此，已經將運算放大器視為純粹的線性元件，假設其特性與電路所連接的方式無關。實際上，需要供應電源給予運算放大器，藉以執行內部迴路的運作，如圖 6.23 所示。正電源供應典型值的範圍在於直流電壓 5 至 24 V，連接至標示為 V^+ 之端點，而相同振幅的負電源供應則連接至標示為 V^- 之端點。同樣也會有某些可接受單一電壓供應以及兩個電壓振幅可能不同之應用。運算放大器製造商通常會指定最大電源供應電壓，超過此一數值，運算放大器內部電晶體將發生損壞。

由於電源供應電壓代表運算放大器最大可能的輸出電壓，因此在設計運算放大器電路時，電源供應電壓為關鍵的選擇[3]。例如，考慮圖 6.22 所示的運算放大器電路，其連接為一個增益為 10 之非反相放大器。如圖 6.24 所示的 PSpice 模擬，實際上觀測運算放大器的線性行為僅在於 ±1.71 V 的輸入電壓範圍之內。超過此一範圍，輸出電壓不再正比於輸入電壓，而是達到最大振幅 17.6 V。此一重要的非線性效應稱為**飽和** (Saturation)，描述進一步增加輸入電壓並不會致使輸出電壓改變之事實。此一現象是指實際的運算放大器之輸出不能夠超過其電源供應電壓之事實，例如，若選擇執行運算

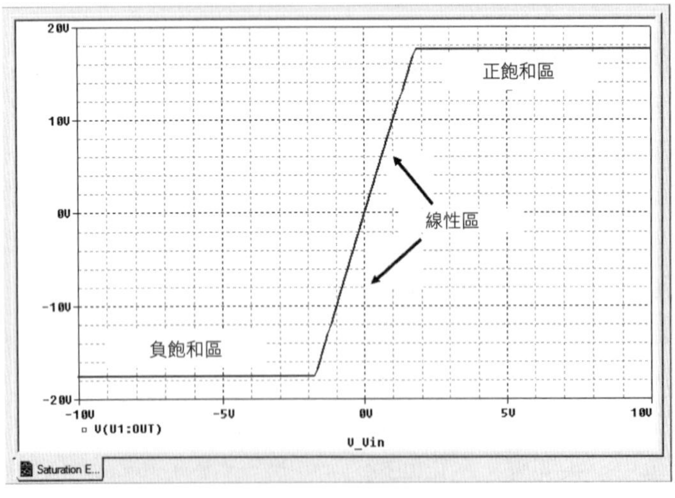

◆**圖 6.24** 模擬連接成具有增益為 10 的非反相放大器之 μA741 輸入-輸出特性，其中電源供應電壓為 ±18 V。

3 實際上，發現最大的輸出電壓會略小於電源供應電壓，幅度大至 1 伏特或左右。

放大器的電源供應電壓為 +9 V 與 −5 V，則輸出電壓將受限於 −5 V 至 +9 V 的範圍。運算放大器的輸出電壓乃是在正負飽和區內的線性響應，且根據一般的規則，會小心設計運算放大器電路使之不會意外地進入飽和區。此需要基於閉迴路增益與期望的最大輸入電壓，小心選擇操作電壓。

■輸入抵補電壓

根據先前的說明，會發現當運算放大器工作時，尚有某些需要在意的實際考量。值得一提的是，其中一種特殊的非理想性質為即使當兩輸入端短路在一起，實際的運算放大器卻具有非零輸出之傾向。在如此條件下輸出的數值稱為抵補電壓 (Offset Voltage)，而需要將輸出降至零的輸入電壓則稱為**輸入抵補電壓** (Input Offset Voltage)。參照表 6.3，可知輸入抵補電壓的典型值在數個毫伏或更小的等級。

大多數的運算放大器設有兩隻接腳，標示為“抵補歸零”或者“平衡”，將這兩接腳連接至一個可變電阻器，便能夠用來調整輸出電壓。可變電阻器為三端元件，通常用於收音機的音量控制之應用上，該元件具有一個能夠旋轉藉以選擇實際電阻值之旋鈕，因而具有三個端點。若測量兩邊末端，則無論旋鈕的位置如何，其電阻值為固定的。使用中間端點與其中一個末端便會產生一可變電阻器，其電阻值依照旋鈕位置而定的。圖 6.25 闡述用來調整運算放大器輸出電壓的典型電路；製造商的資料表可能會對特殊元件建議使用其他的電路。

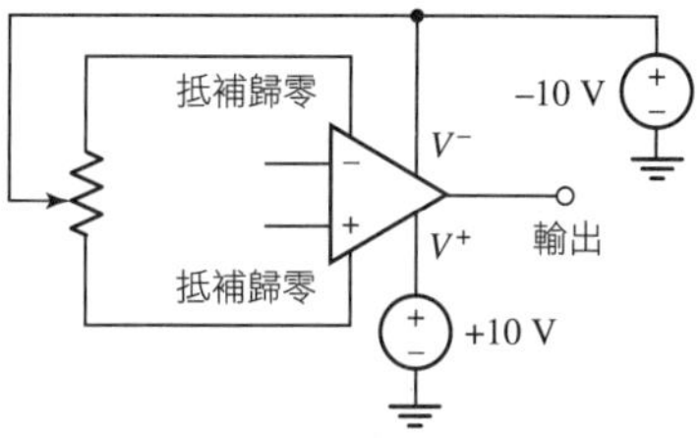

◆**圖 6.25** 建議用以得到零輸出電壓的外部電路。以 ± 10 V 的電源供應電壓為範例；最終電路所使用的實際電源供應電壓會依照實際狀況來選擇之。

■轉換率

在至此的說明中，皆已潛在假設了運算放大器對任何頻率的訊號之響應皆是相等的，即使也許發現實際上在此一方面會有某種型式的限制。由於已知運算放大器電路在直流工作得相當良好，但直流基本上為零頻率，因此必須考慮隨著頻率增加的效能。頻率效能的其中一種測度為**轉換率** (Slew Rate)，此轉換率為輸出電壓能夠跟隨輸入變動的響應速率；通常以 V/μs 表示。數種市售元件的典型規格顯示轉換率在每微秒幾伏特之等級。其中一個值得注意的例外是 OPA690，其設計為視頻應用之高速運算放大器，需要操作於數百 MHz。正如從表格中所得知的，雖然其他的參數會受到一定程度的影響，特別是輸入偏壓電流與 CMRR，但如此可觀的 1800 V/μs 轉換率對此元件並不切實際。

圖 6.26 所示的 PSpice 模擬結果闡述運算放大器的效能會因轉換率的限制而劣化。所模擬的電路為 LF411，其配置成一個具有增益為 2 且以 ± 15 V 為供應電壓源的非反相放大器。輸入波形以淺色顯示，具有 1 V 的峰值電壓；輸出電壓則以深色顯示。圖 6.26a 的模擬結果相應於 1 μs 的上升與下降時間，這對人們而言是一段相當短暫的時間，但對 LF411 而言，卻相當容易實現。隨著上升與下降時間降為 10 至 100 ns 的程度 (圖 6.26b)，LF411 要追隨輸入波形已開始有些困難。在 50 ns 的上升與下降時間的狀況下 (圖 6.26c)，可知不僅在輸出與輸入之間具有明顯的延遲，而且波形有明顯的失真——絕非放大器應有的良好特性。所觀測到的行為與表 6.3 所指定的典型轉換率 15 V/μs 一致，此指出可預期輸出要從 0 至 2 V (或者從 2 V 至 0 V) 的變動大概需要 130 ns。

■ 封裝

現代化的運算放大器具有若干不同型式的封裝。某些型式較

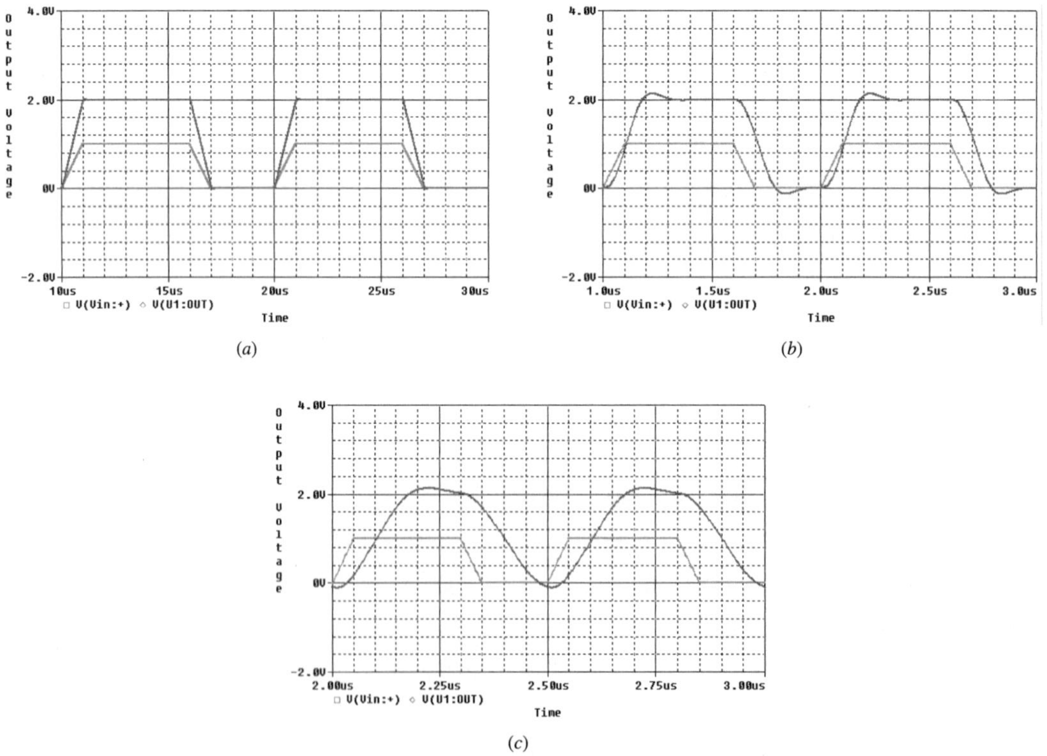

◆ **圖 6.26** 模擬的 LF411 運算放大器效能以及脈動的輸入波形，該運算放大器連接成具有增益為 2 且以 ± 15 V 為電源供應電壓之非反相放大器。(a) 上升與下降時間 = 1 μs，脈波寬度 = 5 μs；(b) 上升與下降時間 = 100 ns，脈波寬度 = 500 ns；(c) 上升與下降時間 = 50 ns，脈波寬度 = 250 ns。

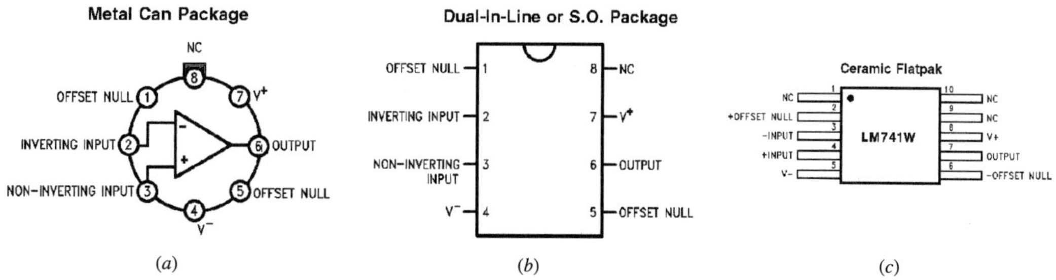

◆**圖 6.27** LM741 運算放大器數種不同的封裝樣式。(a) 金屬罐裝；(b) 雙排封裝；(c) 陶瓷平整封裝。[*Copyright © 2011 National Semiconductor Corporation* (*www.national.com*)，保留所有權利，經許可使用。]

適合用於高溫場合，而且有多種不同的方式可將運算放大器裝置於印刷電路板上。圖 6.27 闡述數種樣式的 LM741，為 National Semiconductor 所製造的。標示為 "NC" 的接腳意謂 "沒有連接"。圖中所示的封裝樣式為標準配置，且使用於大量不同的積體電路；在封裝上偶爾也會有比需求更多的接腳。

6.6 比較器與儀錶放大器

■比較器

迄今所探討的每一個運算放大器所具有的特徵皆為輸出接腳與反相輸入端之間的電氣連接，此稱為**閉迴路**操作，並且可用來提供先前所探討的負回授。閉迴路為使用運算放大器充當放大器之較佳方式，可使因溫度變化或製造差異所造成的開迴路增益變動不致影響電路效能。然而，**開迴路**配置的運算放大器有利於某些應用之使用。用於此類應用的裝置通常稱為**比較器** (Comparator)，其與一般用以改善開迴路操作速度的運算放大器之設計略為不同。

圖 6.28a 闡述簡單的比較器電路，其中 2.5 V 的參考電壓連接至非反相輸入端，而要進行比較的電壓 (v_{in}) 則連接至反相輸入端。由於運算放大器具有相當大的開迴路增益 A (典型值為 10^5 或者更大，如表 6.3 所示)，兩輸入端之間不需要大電壓即可將之驅動至飽和。實際上，差動輸入電壓僅需要小至電源供應電壓除以 A——在圖 6.28a 電路且 $A = 10^5$ 之狀況下，約為 ± 120 μV。比較器與眾不同的輸出顯示於圖 6.28b，其中的響應振幅在於正負飽和電壓之間，基本上沒有操作於線性 "放大" 區。因此，比較器的正 12 V 輸出意指輸入電壓**小於**參考電壓，而負 12 V 的輸出則是指輸入電壓**大於**參考電壓。若將參考電壓連接至反相輸入端，則得到相反的行為。

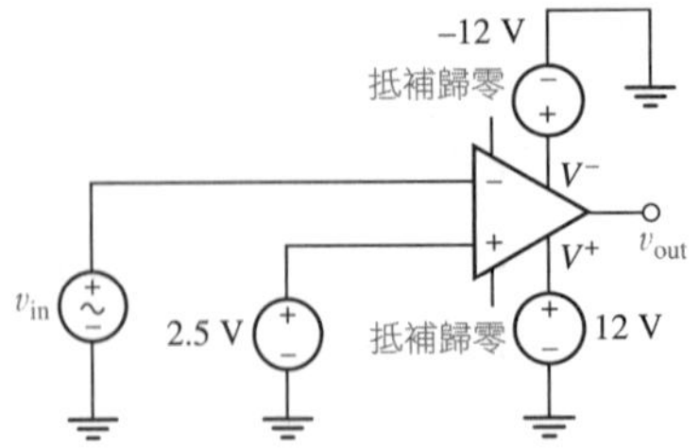

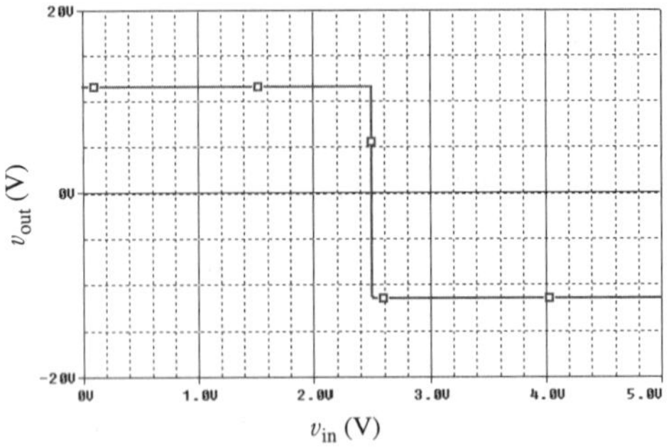

◆**圖 6.28** (a) 具有 2.5 V 參考電壓的比較器電路範例；(b) 輸入-輸出特性圖。

範例 6.7

試設計某電壓訊號低於 3 V 時可提供代表“邏輯 1”的 5 V 輸出且高於 3 V 則輸出為零之電路。

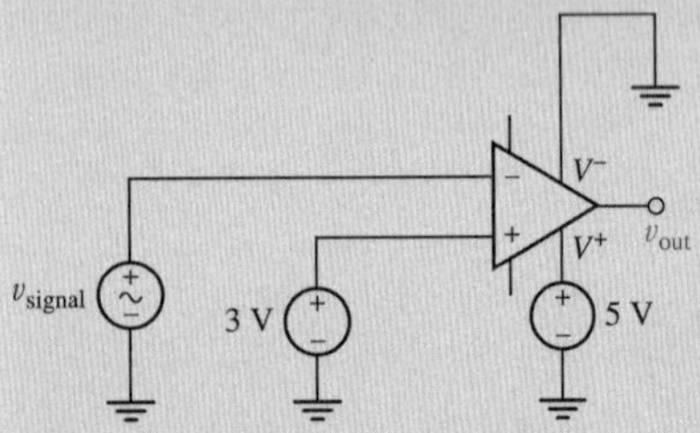

◆**圖 6.29** 所求電路其中一種可能的設計。

由於所要設計的比較器輸出擺幅要在 0 與 5 V 之間，因此使用一個具有單端 +5 V 電源供應電壓之運算放大器，以圖 6.29 所示連接。將可藉由兩個 1.5 V 電池串聯，或者適當的稽納二極體參考電路所提供的 +3 V 參考電壓連接至非反相輸入端。之後則將輸入電壓訊號 (指定為 v_{signal}) 連接至反相輸入端。實際上，比較器電路飽和電壓的範圍會略低於電源供應電壓，因此需要結合模擬或測試的調整。

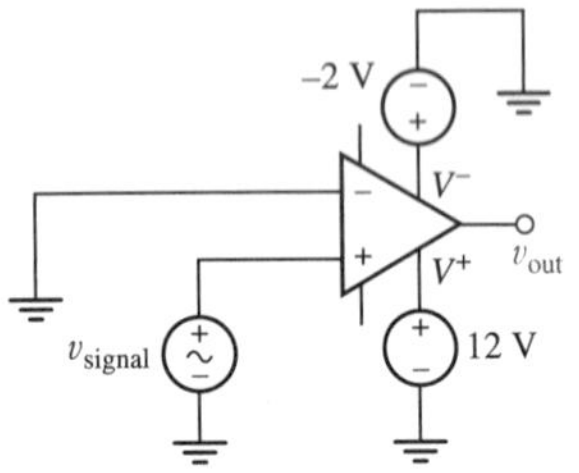

◆**圖 6.30** 練習題 6.7 其中一種可能的解答。

練習題

6.7 試設計在某電壓 (v_{signal}) 超過 0 V 時可提供 12 V 輸出、否則提供 −2 V 輸出的電路。

解答：其中一種可能的解答顯示於圖 6.30。

■儀錶放大器

比較器電路的輸出並非正比於輸入而技術上不會放大訊號，但基本的比較器電路能使兩輸入端之間的電壓差作用於該元件。圖 6.10 之減法放大器同樣也對反相與非反相輸入端之間的電壓差有作用，但只要注意避免飽和，便能夠提供直接正比於此一電壓差的輸出電壓。然而，當處理極微小的輸入電壓時，較佳的選擇則是稱為**儀錶放大器** (Instrumentation Amplifier) 的裝置；此裝置實際為三個運算放大器元件安裝在單一封裝內。

常見的儀錶放大器之配置闡述於圖 6.31a，其符號闡述於圖

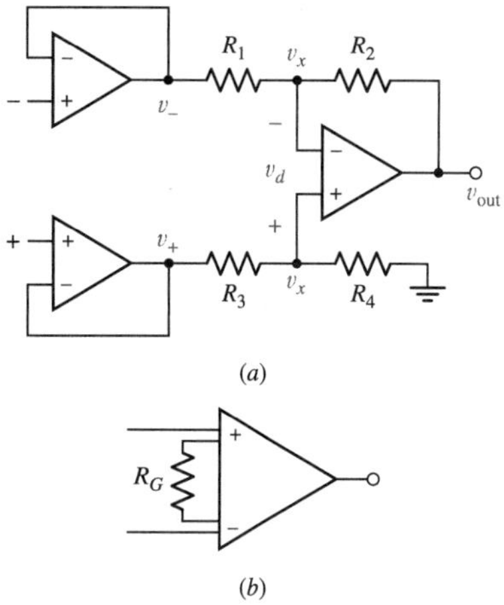

◆ **圖 6.31** (a) 基本的儀錶放大器；(b) 常用的符號。

6.31b。每個輸入端皆直接饋至一電壓隨耦器級，而兩電壓隨耦器的輸出則饋至一減法器級。此儀錶放大器特別適合於輸入電壓訊號非常小之應用場合 (例如，數毫伏之等級)，此種微小電壓可能由諸如熱電偶或應變計所產生，而且可能出現數個伏特之明顯共模雜訊訊號。

若儀錶放大器的元件全部皆製造在同一個矽“晶片”上，則可能得到匹配良好的元件特性，並且可實現兩組電阻器精確的比率。$R_4/R_3 = R_2/R_1$ 可將儀錶放大器的 CMRR 最大化，藉以得到輸入訊號之共模成分相等的放大倍數。為進一步探討，將上方電壓隨耦器的輸出電壓定為“v_-”，而將下方電壓隨耦器的輸出電壓定為“v_+”。假設全部三個運算放大器皆為理想，並且將每個減法器級的輸入端命名為 v_x，則可以寫出以下的節點方程式：

$$\frac{v_x - v_-}{R_1} + \frac{v_x - v_{\text{out}}}{R_2} = 0 \qquad [20]$$

以及

$$\frac{v_x - v_+}{R_3} + \frac{v_x}{R_4} = 0 \qquad [21]$$

求解方程式 [21] 之 v_x，得到

$$v_x = \frac{v_+}{1 + R_3/R_4} \qquad [22]$$

再將之代入方程式 [20]，得到以輸入所描述的 v_{out} 表示式：

$$v_{\text{out}} = \frac{R_4}{R_3}\left(\frac{1 + R_2/R_1}{1 + R_4/R_3}\right) v_+ - \frac{R_2}{R_1} v_- \qquad [23]$$

經由方程式 [23]，明顯得知在一般的狀況下，允許兩輸入訊號的共模成分之放大倍率。然而，在 $R_4/R_3 = R_2/R_1 = K$ 之特定狀況下，方程式 [23] 化簡成為 $K(v_+ - v_-) = Kv_d$，所以 (假設理想運算放大器) 僅會將差值放大，並且可以藉由電阻的比值來設定所需的增益。由於這些電阻器位於儀錶放大器內部，無法由使用者設計與使用，因此諸如 AD622 的元件允許在兩接腳之間連接一外部電阻器，藉以任意設定範圍從 1 至 1000 的增益 (如圖 6.31b 所示的 R_G)。

總結與回顧

本章介紹一種新的電路元件——一種三端元件——稱為運算放大器。在許多電路分析之狀況下，其趨近為理想元件，且導出兩個可應用的規則。本章亦詳細介紹了數種運算放大器電路，包含具有增益為 R_f/R_1 之**反相放大器**、具有增益為 $1 + R_f/R_1$ 之**非反相放大器**，以及**加法電路**。本章同樣也介紹了**電壓隨耦器**以及**減法放大器**，但其中的電路分析則保留給讀者。由於可允許電路設計分解成不同的單元，而且每一級皆具有特定的功能，所以串接級的觀念對如此電路特別有用。本章亦另行別徑而簡短介紹了一種兩端的非線性電路元件，即**稽納二極體**，該元件提供了實際而簡單的電壓參考值。可以使用此一元件與運算放大器建構實際電壓與電流源，使實際電壓與電流源的設計更加清楚。

使用以相依電源為基礎而更詳細的運算放大器模型，可知現代的運算放大器具有幾近理想的特性。不過仍偶爾會遇到不理想特性，因此考慮**負回授**在降低溫度與各種製造相關參數變化、**共模拒斥**，以及**飽和**之效應上所扮演的角色。任何運算放大器其中一個最受到關注的非理想特性為**轉換率**。藉由模擬三種不同的狀況，便能夠得知一旦輸入電壓訊號的頻率變得夠高，則輸出電壓如何難以追隨輸入電壓訊號的型式。以兩個特別的電路來總結本章：能夠設計致使實際 (非理想) 運算放大器飽和之**比較器**，以及慣常用來放大微小電壓之儀錶放大器。

此時可回顧某些關鍵重點，同時會強調適切的範例，輔助讀者更加了解本章之說明。

- ❑ 當分析**理想**運算放大器電路時，有兩個必須應用的基本規則：
  1. 沒有任何電流流進任一輸入端。(範例 6.1)
  2. 沒有任何電壓存在於兩輸入端之間。
- ❑ 運算放大器的分析通常是以某些輸入量來描述輸出電壓。(範例 6.1 與 6.2)
- ❑ 在分析運算放大器電路上，節點分析為典型的最佳選擇，而且通常以輸入端開始分析為較佳，接著再往輸出端進行分析。(範例 6.1 與 6.2)
- ❑ 不可假設運算放大器的輸出電流；必須在單獨求得輸出電壓之後方能得知輸出電流之大小。(範例 6.2)
- ❑ 反相運算放大器電路之增益所給定的方程式為

$$v_{\text{out}} = -\frac{R_f}{R_1} v_{\text{in}}$$

- ❑ 非反相運算放大器電路之增益所給定的方程式為

$$v_{\text{out}} = \left(1 + \frac{R_f}{R_1}\right) v_{\text{in}}$$

  (範例 6.1)
- ❑ 可一次一級分析串接級運算放大器電路，藉以找出輸出對輸入之關係。(範例 6.3)
- ❑ 稽納二極體提供一種方便的電壓參考電路。然而，稽納二極體並非對稱的，亦即元件兩端不能互換。(範例 6.4)
- ❑ 運算放大器能夠用來建構電流源，此電流源在特定的電流範圍內與負載電阻無關。(範例 6.5)
- ❑ 通常幾乎皆會將一個電阻器從運算放大器的輸出接腳連接至其反相輸入接腳，此即是將負回授加入電路之中，藉以增加電路的穩定度。

- 理想運算放大器的模型乃是基於趨近無限大的開迴路增益 A、無限大的輸入電阻 R_i，以及零輸出電阻 R_o。(範例 6.6)
- 實際上，運算放大器的輸出電壓範圍受限於該元件的電源供應電壓。
- 比較器為設計用以將本身電路驅動至飽和區之運算放大器。比較器電路操作於開迴路，因而不具有外部回授電阻器。(範例 6.7)

延伸閱讀

兩本極具可讀性的書籍，說明各種運算放大器之應用：

R. Mancini (ed.), *Op Amps Are For Everyone,* 2nd ed. Amsterdam: Newnes, 2003. [也可在德州儀器公司 (Texas Instruments) 網站上找到 (www.ti.com)]

W. G. Jung, *Op Amp Cookbook,* 3rd ed. Upper Saddle River, N.J.: Prentice-Hall, 1997.

稽納二極體以及其他型式的二極體之特性涵蓋在以下書籍之第一章中：

W. H. Hayt, Jr., and G. W. Neudeck, *Electronic Circuit Analysis and Design,* 2nd ed. New York: Wiley, 1995.

首批發表“運算放大器”實現之報告可在以下論文中找到：

J. R. Ragazzini, R. M. Randall, and F. A. Russell, “Analysis of problems in dynamics by electronic circuits,” *Proceedings of the IRE* **35**(5), 1947, pp. 444–452.

運算放大器早期的應用指南能夠在Analog Devices有限公司的網站上找到 (www.analog.com)：

George A. Philbrick Researches, Inc., *Applications Manual for Computing Amplifiers for Modelling, Measuring, Manipulating & Much Else.* Norwood, Mass.: Analog Devices, 1998.

習題

6.2 理想的運算放大器介紹

1. 考慮圖 6.32 所示之運算放大器電路，若 (a) $R_1 = R_2 = 100\ \Omega$ 且 $v_{in} = 5$ V；(b) $R_2 = 200R_1$ 且 $v_{in} = 1$ V；(c) $R_1 = 4.7\ k\Omega$、$R_2 = 47\ k\Omega$，且 $v_{in} = 20 \sin 5t$ V，試計算 v_{out}。
2. 試分析圖 6.33 電路，並求得 V_1 之數值，其參考電位為接地。
3. 考慮圖 6.34 所示的電路，若 $I_s = 2$ mA、$R_Y = 4.7\ k\Omega$、$R_X = 1\ k\Omega$，且 $R_f = 500\ \Omega$，試計算 v_{out}。
4. 考慮圖 6.34 所示的放大器電路，試導出 R_f 之數值使得當 $I_s = -10$ mA 且 $R_Y = 2R_X = R_f = 500\ \Omega$ 時 $v_{out} = 2$ V。

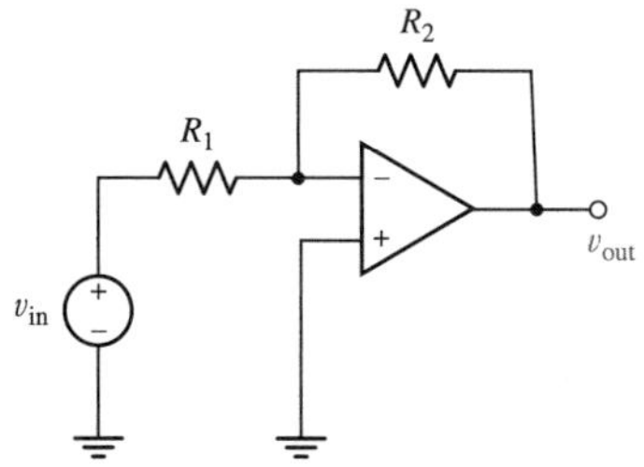

◆圖 6.32

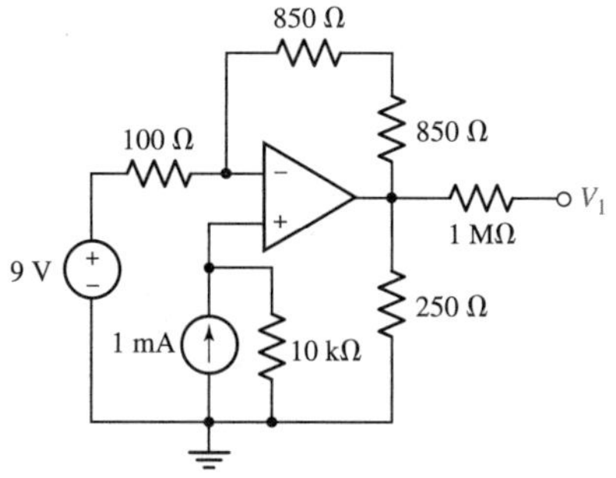

◆圖 6.33

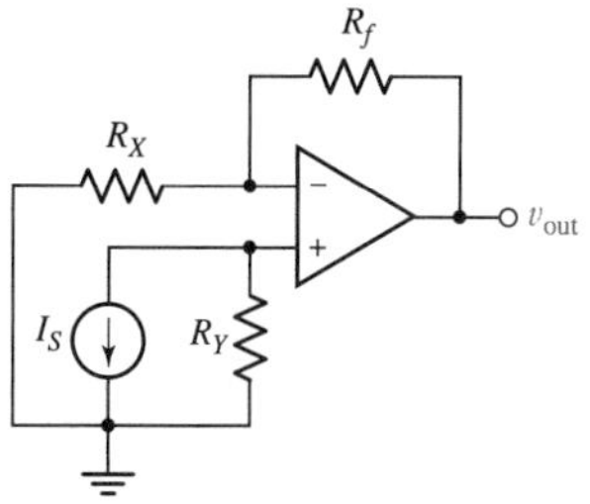

◆圖 6.34

5. 針對圖 6.35 所示的電路，若 v_s 等於 (a) 2 cos 100*t* mV；(b) 2 sin(4*t* + 19°) V，試計算 v_{out}。

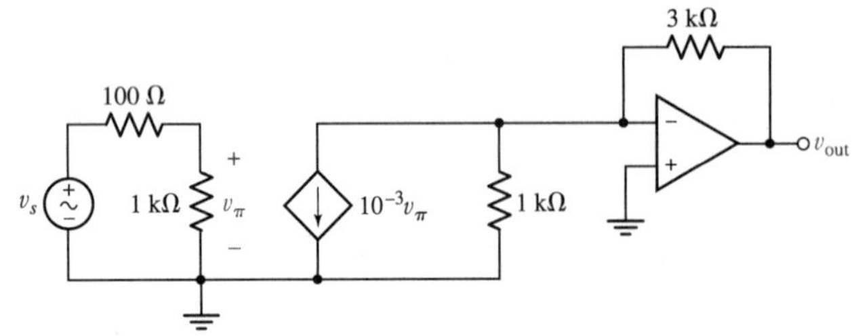

◆ **圖 6.35**

6.3 串接級之運算放大器電路

6. 若 v_1 等於 (a) 0 V；(b) 1 V；(c) −5 V；(d) 2 sin 100*t* V，試求圖 6.36 電路中標示為 v_{out} 之表示式。

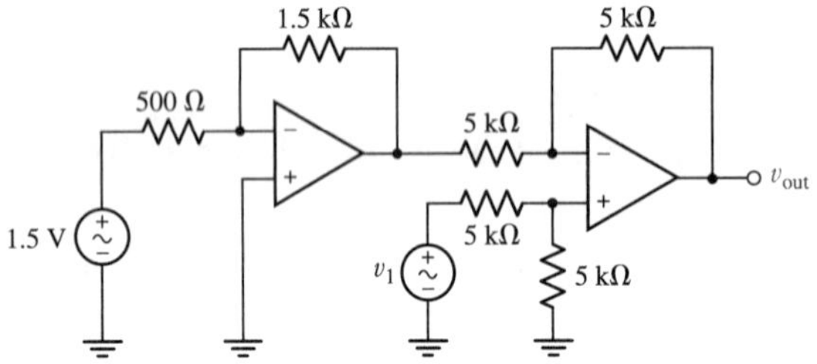

◆ **圖 6.36**

7. 考慮圖 6.37 所示的電路，若 (a) $v_1 = 2v_2 = 0.5v_3 = 2.2$ V，且 $R_1 = R_2 = R_3 = 50$ kΩ；(b) $v_1 = 0$、$v_2 = -8$ V、$v_3 = 9$ V，且 $R_1 = 0.5R_2 = 0.4R_3 = 100$ kΩ，試求圖 6.37 電路中標示為 v_{out} 之表示式。

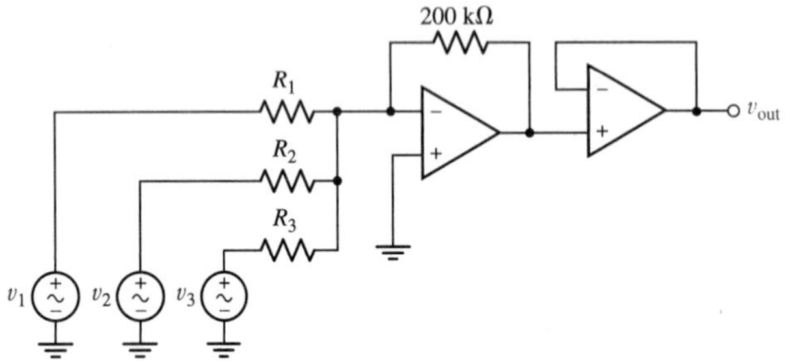

◆ **圖 6.37**

8. 考慮圖 6.38 所示的電路，令 $v_{in} = 8$ V，試選擇 R_1、R_2 與 R_3 之數值，藉以確保輸出電壓 $v_{out} = 4$ V。

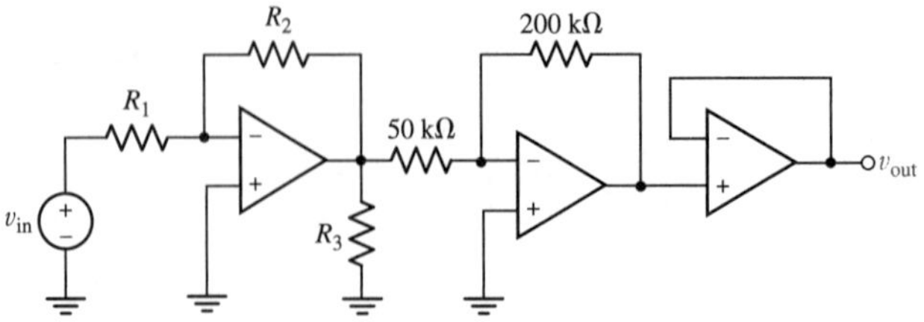

◆ **圖 6.38**

6.4 電壓與電流源電路

9. 試建構以 1N4740 二極體為基礎的電路，使得若僅使用 9 V 電池，則可提供 10 V 之參考電壓。要注意的是，此一二極體之崩潰電壓在 25 mA 電流條件下等於 10 V。
10. 若僅有 9 V 電池可供電源使用，試利用 1N4733 稽納二極體來建構可對 1 kΩ 負載提供 4 V 參考電壓之電路。要注意的是，此一二極體的稽納崩潰電壓在 76 mA 電流下為 5.1 V。
11. 考慮圖 6.39 所示的電路，已知此為一種豪藍 (Howland) 電流源，令 $V_2 = 0$，$R_1 = R_3$，且 $R_2 = R_4$；當 $R_1 = 2R_2 = 1\ \text{k}\Omega$，且 $R_L = 100\ \Omega$，試求解電流 I_L。

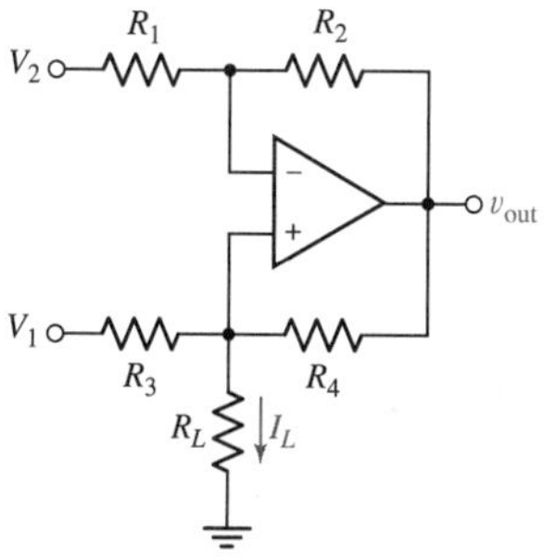

◆ 圖 6.39

6.5 實際的考量

12. (a) 試利用表 6.3 中所列 μA741 運算放大器之參數，分析圖 6.40 之電路，並且計算 v_{out} 之數值；(b) 試比較所得到的結果以及使用理想運算放大器模型所預測的結果。
13. 考慮圖 6.40 所示之電路，若其中的運算放大器為 (a) μA741；(b) LF411；(c) AD549K；(d) OPA690，試計算差動輸入電壓與輸入偏壓電流。

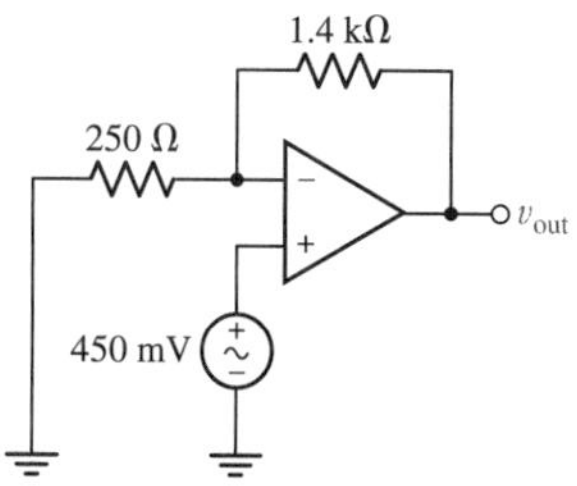

◆ 圖 6.40

6.6 比較器與儀錶放大器

14. 考慮圖 6.31a 所示之儀表放大器，假設三個內部運算放大器皆為理想，若 (a) $R_1 = R_3$ 且 $R_2 = R_4$；(b) 四個電阻器具有不同數值，試求電路的 CMRR。
15. 考慮圖 6.41 所示之電路，若等於 (a) -3 V；(b) $+3$ V，試繪製所期望的輸出電壓 v_{out} 對 v_{active} 之函數，其中 $-5\ \text{V} \le v_{active} \le +5\ \text{V}$。
16. 考慮圖 6.42 所示之電路，(a) 若 $v_2 = +2$ V，試繪製所期望的輸出電壓 v_{out} 對 v_1 之函數，其中 $-5\ \text{V} \le v_1 \le +5\ \text{V}$；(b) 若 $v_1 = +2$ V，試繪製所期望的輸出電壓 v_{out} 對 v_2 之函數，其中 $-5\ \text{V} \le v_2 \le +5\ \text{V}$。

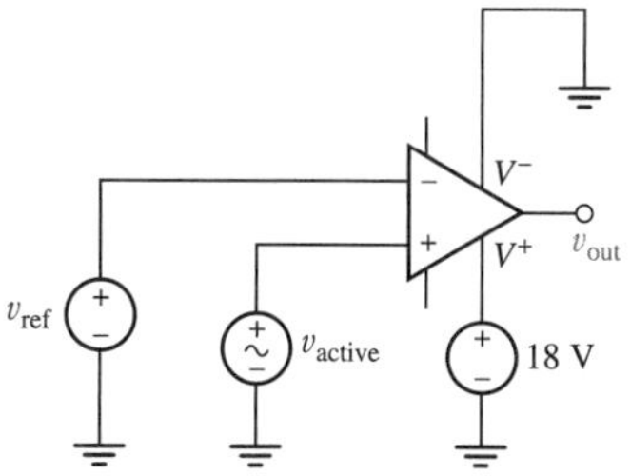

◆ 圖 6.41

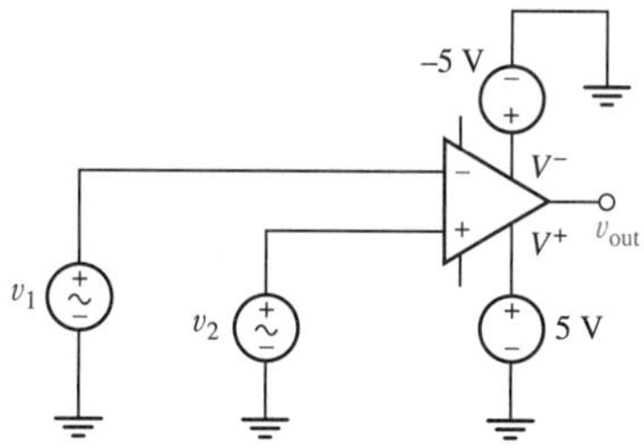

◆ 圖 6.42

Chapter 7

電容器與電感器

主要觀念

- 理想電容器之電壓-電流關係
- 理想電感器之電流-電壓關係
- 計算儲存於電容器與電感器之能量
- 電容器與電感器對時變波形之響應
- 串聯與並聯組合
- 具有電容器之運算放大器電路

簡介

本章將介紹兩種被動的電路元件，即*電容器* (Capacitor) 與*電感器* (Inductor)，每個元件皆具有儲存與傳送*有限*能量之能力。由於這兩個元件不能在無限的時間區間內保留有限的平均功率流，所以在此一方面，兩元件不同於理想電源。雖然電容器與電感器歸類為線性元件，但該兩元件的電流-電壓關係皆與時間有關，因而產生了許多有趣的電路。本書可能會遇到的電容值與電感值之範圍相當大，所以有時兩元件的數值可以掌控電路的行為，但有時候基本上則微不足道。如此的議題皆與現代的電路應用有關，特別是對電腦與通訊等系統越來越高的操作頻率與元件密度而言。

7.1 電容器

■理想電容器之模型

雖然主動與被動的定義仍有些模糊，需要有更加清楚的定義，然而之前已將獨立與相依電源稱為*主動元件*，線性電阻器則稱為被動元件。此時將**主動元件** (Active Element) 定義為一種能夠提供大於零的平均功率給予某一外部裝置之元件，其中的平均功率則是以無限的時間區間所取得的平均值。理想的電源為主動元件，而運算放大器同樣也是主動元件。而**被動元件** (Passive Element) 則定義為一種在無限時間區間中不能夠提供大於零的平均功率之元件。電阻器即是分類於被動元件的類別中；電阻器所接收到的能量通常會轉換成為熱，而絕不會提供能量給其他電路或元件。

此時將介紹一種新的被動元件，亦即**電容器**。定義電容量 C 與電壓-電流關係為

$$\boxed{i = C\frac{dv}{dt}} \qquad [1]$$

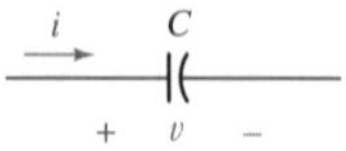

◆ **圖 7.1** 電容器的電氣符號與電流-電壓慣用記號。

其中的 v 與 i 符合被動元件符號慣例，如圖 7.1 所示。應該要牢記 v 與 i 皆為時間的函數；若有需要，可強調此一事實，而將方程式中的變數改寫為 $v(t)$ 與 $i(t)$。經由方程式 [1]，可決定電容量的單位為每伏特之安培秒，或者每伏特之庫倫數。此時將定義**法拉**[1] (Farad, F) 為每伏特之庫倫數的單位，並將之視為電容量的單位。

方程式 [1] 所定義的理想電容器僅為實際元件之數學模型。電容器是由兩個導體表面所構成，兩導體表面上可儲存電荷，並且由一具有極大電阻值的絕緣薄層所分隔。若假設此一電阻值夠大而足以將之視為無限大，則位於電容器“金屬極板”上大小相等而方向相反之電荷至少必不能以元件內的任何路徑而重新組合。圖 7.1 所示的電路元件符號暗示著實際的元件之結構。

想像某一外部元件連接至此一電容器，並且產生一正電流流進該電容器其中一個極板，而流出另一個極板。相等的電流流進與流出電容器的兩端，此與對任何電路元件所預期的一致。電容器內部的正電流流進其中一個極板代表著正電荷經由其末端導線向前移動至該極板。事實上，電流與所增加的電荷之關係是以熟悉的方程式表示

$$i = \frac{dq}{dt}$$

此時若將此一極板視為一塊蔓延的節點，並且欲應用克西荷夫電流定律。但顯然不成立；從外部電路到達極板的電流並

1 為紀念麥可・法拉第 (Michael Faraday) 命名。

不會流出極板而進入“內部電路”。超過一世紀前，此一難處困擾了一位著名的蘇格蘭科學家，詹姆士・克拉克・麥克斯威爾 (James Clerk Maxwell)。麥克斯威爾後來所發展的統一電磁理論推測電場或電壓隨時間變動時會出現“位移電流” (Displacement Current)。在電容器極板內部之間流動的位移電流正好等於電容器導線中所流動的傳導電流；若包含了傳導電流與位移電流，便可滿足克西荷夫電流定律。然而，在電路分析上並不在意此一內部位移電流，而且由於位移電流恰好相等於傳導電流，因此可將麥克斯威爾的推論視為傳導電流乃是與電容器上變動的跨壓有關。

由兩個面積為 A 且間隔距離為 d 的平行極板所建構之電容器具有電容量為 $C = \varepsilon A/d$，其中 ε 為介電常數，亦即一個兩極板間絕緣材質之常數；此假設傳導極板的線性尺寸皆極大於 d。以空氣或真空而言，$\varepsilon = \varepsilon_0 = 8.854$ pF/m。大多數的電容器會使用具有大於空氣的介電常數之薄介質層，藉以使元件的尺寸最小化。市面上可購得的各種不同型式之電容器範例闡述於圖 7.2，而應該記得任意兩個彼此不直接接觸的金屬表面之特性皆可為非零的電容值 (雖然可能很小)。同樣也應該注意到數百個*微法拉* (μF) 之電容值相當“大”。

能夠從已定義的方程式 [1] 發現此新數學模型的幾個重要特性。若有一固定電壓跨於電容器上，則會導致流經電容器的電流為零；因此電容器“**對直流而言為開路**”；電容器的符號形象上代表著此一事實。方程式中同樣也明顯表達急遽跳躍的電壓會產生無限大的電流。由於在實際物理上不可能產生此種現象，因此將禁止電容器上的跨壓瞬間改變。

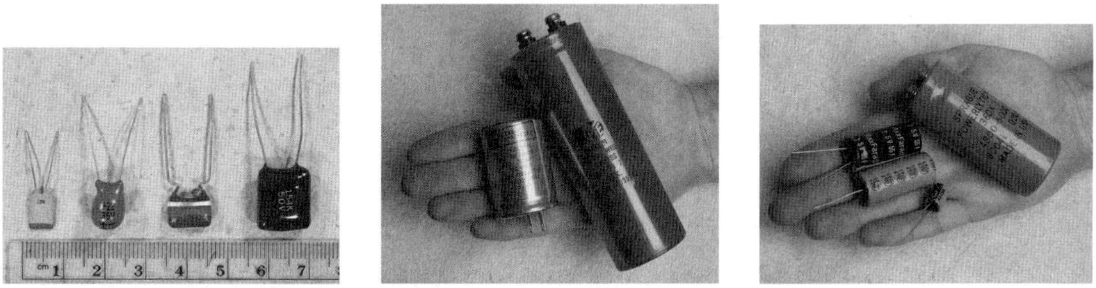

(*a*) (*b*) (*c*)

◆ **圖 7.2** 數種市面上可購得的電容器之範例。(a) 從左到右：270 pF 之陶瓷電容，20 μF 之鉭質電容，15 nF 之聚酯纖維電容，150 nF 之聚酯纖維電容；(b) 左邊：額定值 2000 μF 40 VDC 之電解電容；右邊：額定值 25,000 μF 35 VDC 之電解電容；(c) 順時鐘方向從最小者：額定值 100 μF 63 VDC 之電解電容，額定值 2200 μF 50 VDC 之電解電容，額定值 55 F 2.5 VDC 之電解電容，以及額定值 4800 μF 50 VDC 之電解電容。要注意的是，一般而言較大的容電值需要較大的封裝，但以上有一個例外，在此狀況下應權衡何者？

範例 7.1

若 $C=2$ F，且兩個電壓波形為圖 7.3 所示，試求流經圖 7.1 電容器的電流 i。

與電容器跨壓相關的電流為方程式 [1]：

$$i = C\frac{dv}{dt}$$

以圖 7.3a 所示的電壓波形而言，$dv/dt=0$，所以 $i=0$；此結果繪製於圖 7.4a。若以圖 7.3b 的正弦波波形而言，預期所得到的響應則為餘弦電流波形，且頻率相同，振幅為正弦波波形之兩倍 (由於 $C=2$ F)，其結果繪製於圖 7.4b。

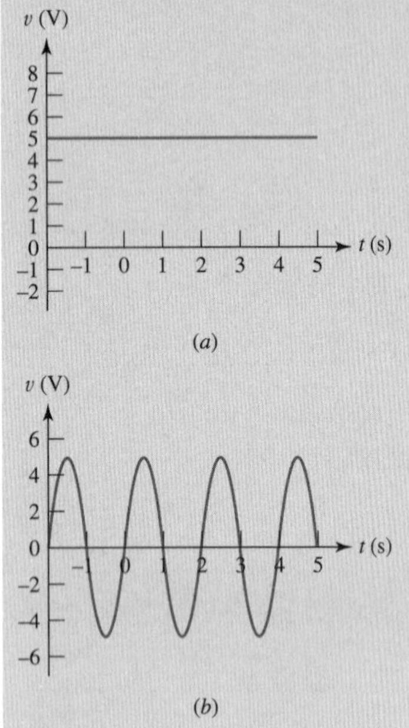

◆ **圖 7.3** (a) 施加至電容器兩端的直流電壓；(b) 施加至電容器兩端的正弦波電壓。

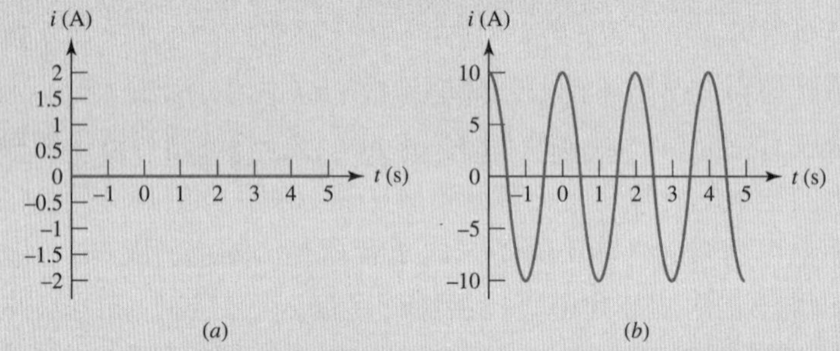

◆ **圖 7.4** (a) 根據所施加的電壓為直流，因此 $i=0$；(b) 相應於正弦波電壓，電容器電流具有餘弦波的型式。

練習題

7.1 相應於電容器電壓等於 (a) -20 V；(b) $2e^{-5t}$ V，試求流經 5 mF 電容器之電流。

解答：0 A；$-50e^{-5t}$ mA。

■積分的電壓-電流關係

藉由積分方程式 [1]，便能以電流來表示電容器的電壓；先得到

$$dv = \frac{1}{C}i(t)\,dt$$

接著再將等號兩邊積分，[2] 積分區間在於時間 t_0 與 t 之間，而所相應的電壓為 $v(t_0)$ 與 $v(t)$：

2 要注意的是，其中利用數學正確程序來定義虛擬變數 t，在此狀況下，積分變數 t 也是一個積分極限。

$$v(t) = \frac{1}{C}\int_{t_0}^{t} i(t')\,dt' + v(t_0) \qquad [2]$$

方程式 [2] 同樣也可寫成不定積分再加一積分常數：

$$v(t) = \frac{1}{C}\int i\,dt + k$$

最後，在許多狀況下，將會發現無法得知電容器的初始跨壓 $v(t_0)$。在如此情況下，假設 $t_0 = -\infty$ 且 $v(-\infty) = 0$，可使數學運算較為方便；所以

$$v(t) = \frac{1}{C}\int_{-\infty}^{t} i\,dt'$$

由於電流在任意時間區間的積分相應於電流流進電容器極板上所累積之電荷，因此也可將電容定義為

$$q(t) = Cv(t)$$

其中 $q(t)$ 與 $v(t)$ 分別代表任一極板上的電荷以及極板之間的電壓之瞬時值。

範例 7.2

試求與圖 7.5a 所示的電流相關之電容器電壓。電容值為 5 μF。

方程式 [2] 為適當的表示式，在此：

$$v(t) = \frac{1}{C}\int_{t_0}^{t} i(t')\,dt' + v(t_0)$$

但此時需要以圖形進行積分。為此，要注意時間 t 與 t_0 之間的電壓差正比於電流曲線在 t 與 t_0 內所界定的面積，而且其比例常數為 $1/C$。

經由圖 7.5a，可知電流波形具有三個個別的區間：$t \le 0$、$0 \le t \le 2$ ms，以及 $t \ge 2$ ms。更具體地定義第一個區間為 $-\infty$ 與 0 之間，所以 $t_0 = -\infty$。在此要注意兩件事，兩事實的結果皆為 $t = 0$ 時電流必已經回到零。首先，

$$v(t_0) = v(-\infty) = 0$$

再者，由在 $t_0 = -\infty$ 與 0 區間中 $i = 0$，電流於 $t_0 = -\infty$ 與 0 之間的積分簡單為零。因此，

$$v(t) = 0 + v(-\infty) \qquad -\infty \le t \le 0$$

或者

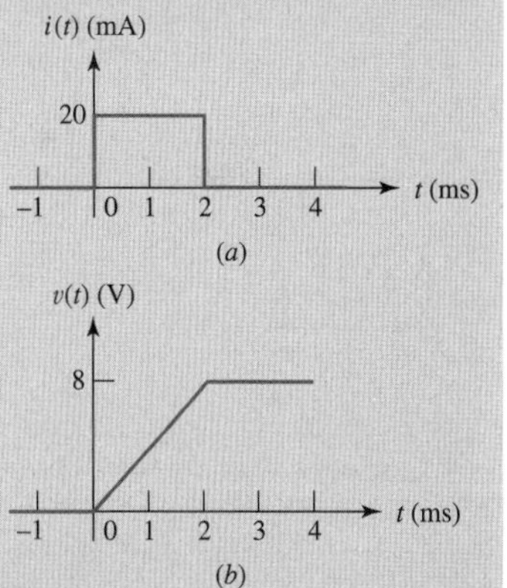

◆ **圖 7.5** (a) 施加至 5 μF 電容器之電流波形；(b) 採用圖形積分所得到的電壓波形。

$$v(t) = 0 \qquad t \le 0$$

若此時考慮由方形脈波所表示的時間區間，則得到

$$v(t) = \frac{1}{5 \times 10^{-6}} \int_0^t 20 \times 10^{-3}\, dt' + v(0)$$

由於 $v(0) = 0$，

$$v(t) = 4000t \qquad 0 \le t \le 2 \text{ ms}$$

以脈波之後的無限區間而言，$i(t)$ 的積分再次為零，所以

$$v(t) = 8 \qquad t \ge 2 \text{ ms}$$

其結果可更為簡單地表示於圖示中，如圖 7.5b 所示。

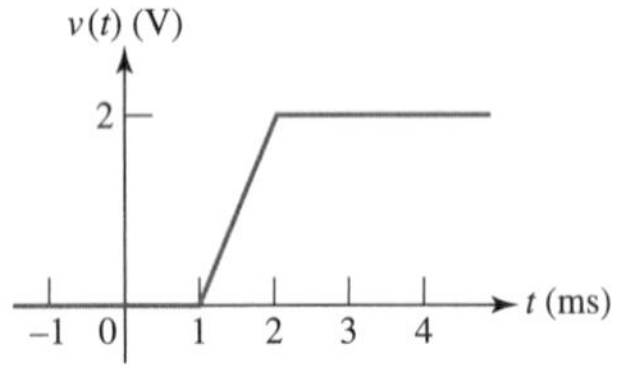

◆ **圖 7.6**

練習題

7.2 若電容器電壓為圖 7.6 所給定的時間函數，試求流經 100 pF 電容器的電流。

解答：0 A，$-\infty \le t \le 1$ ms；200 nA，1 ms $\le t \le 2$ ms；0 A，$t \ge 2$ ms。

■ 能量之儲存

為了決定儲存在電容器中的能量，以傳送至電容器的功率開始著手：

$$p = vi = Cv\frac{dv}{dt}$$

儲存在電場中的能量變化簡單寫為

$$\int_{t_0}^{t} p\, dt' = C\int_{t_0}^{t} v\frac{dv}{dt'}\, dt' = C\int_{v(t_0)}^{v(t)} v'\, dv' = \frac{1}{2}C\left\{[v(t)]^2 - [v(t_0)]^2\right\}$$

因此

$$w_C(t) - w_C(t_0) = \tfrac{1}{2}C\left\{[v(t)]^2 - [v(t_0)]^2\right\} \qquad [3]$$

其中所儲存的能量為 $w_C(t_0)$，單位為焦耳 (J)；而在 t_0 的電壓則為 $v(t_0)$。若在 t_0 選擇零能量的參考值，此意謂著在這一瞬間，電容器電壓也為零，則得到

$$\boxed{w_C(t) = \tfrac{1}{2}Cv^2} \qquad [4]$$

考慮簡單的數值範例。如圖 7.7 所繪製的電路，一弦波電壓源並聯 1 MΩ 電阻器與 20 μF 電容器。可假設並聯的電阻器代表

實際電容器極板間介質之有限電阻值 (理想電容器具有無限大的電阻值)。

範例 7.3

試求圖 7.7 電容器中可儲存的最大能量，以及在 $0 < t < 0.5$ s 區間內電阻器所消耗的能量。

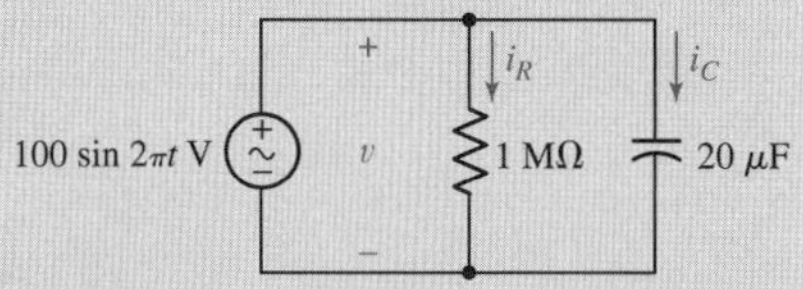

◆**圖 7.7** 將一弦波電壓源施加至並聯的 *RC* 網路。其中 1 MΩ 電阻器可代表 "實際" 電容器介質層之有限電阻值。

▶確定問題的目標

儲存在電容器中的能量會隨時間而改變；所求為特定時間區間內的最大值。電阻器在此一區間內所消耗的總能量同樣也是題目所求。這其實是兩個全然不同的問題。

▶蒐集已知的資訊

電路中唯一的能量來源為獨立電壓源，其具有 $100 \sin 2\pi t$ V 之數值，但題目僅關注於時間區間 $0 < t < 0.5$ s。給予該電路適當的標示。

▶擬訂求解計畫

藉由評估電容器的電壓來判斷電容器內的能量。為了得到電阻器在相同的時間區間內所消耗的能量，將所消耗的功率 $p_R = i_R^2 \cdot R$ 積分。

▶建立一組適當的方程式

電容器所儲存的能量可簡寫為

$$w_C(t) = \tfrac{1}{2}Cv^2 = 0.1 \sin^2 2\pi t \qquad \text{J}$$

得到電阻器所消耗的功率以電流 i_R 所描述之表示式：

$$i_R = \frac{v}{R} = 10^{-4} \sin 2\pi t \qquad \text{A}$$

因而

$$p_R = i_R^2 R = (10^{-4})(10^6) \sin^2 2\pi t$$

所以電阻器在 0 與 0.5 s 之間所消耗的能量為

$$w_R = \int_0^{0.5} p_R\, dt = \int_0^{0.5} 10^{-2} \sin^2 2\pi t\, dt \qquad \text{J}$$

▶判斷是否需要額外的資訊

已經得到電容器所儲存的能量之表示式；其圖示闡述於圖 7.8。電阻器所消耗的能量之表示式不涉及任何未知量，因而也可簡易評估之。

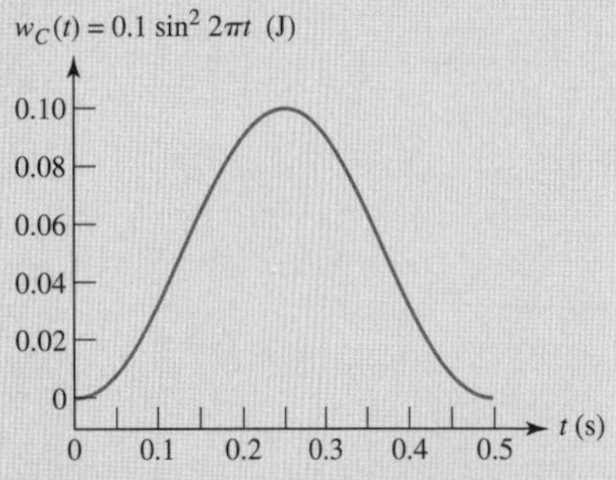

◆**圖 7.8** 電容器所儲存的能量為時間函數之圖示。

▶嘗試解決方案

經由電容器所儲存的能量表示式之繪圖，可知從 $t = 0$ 時

的零值開始增加至 $t=\frac{1}{4}$ s 的最大值 100 mJ，並且在下一個 $\frac{1}{4}$ s 降至零。因此，$w_{C_{\max}}=100$ mJ。求解電阻器所消耗能量的積分式，得知 $w_R=2.5$ mJ。

▶驗證解答是否合理或符合所預期的結果

不期望會計算得到負值儲存能量，這在圖 7.8 所示的圖形中可證明。再者，由於 sin $2\pi t$ 的最大值為 1，因此可預期的最大能量為 $(1/2)(20\times10^{-6})(100)^2=100$ mJ。

電容器在 0 至 500 ms 時間區間內的某一時刻所儲存的最大能量為 100 mJ，但電阻器在 0 至 500 ms 區間內消耗 2.5 mJ。"其他的" 97.5 mJ 發生何事？為此，可先計算電容器的電流為

$$i_C = 20\times10^{-6}\frac{dv}{dt} = 0.004\pi\cos 2\pi t$$

而定義為流進電壓源的電流 i_s 為

$$i_s = -i_C - i_R$$

電容器電流與電壓源電流兩者皆繪製於圖 7.9。從中觀察到，流經電阻器的電流為電源電流的一小部分，而不全然是由於相當大的電阻值 1 MΩ 所致。從電源所提供電流只有少數傳送至電阻器，其他部分則流進電容器進行充電。在 $t=250$ ms 之後，可知電源電流改變負正號；此時電流從電容器流回電源。除了少部分消耗在電阻器上，電容器所儲存的大部分能量會回到理想電壓源。

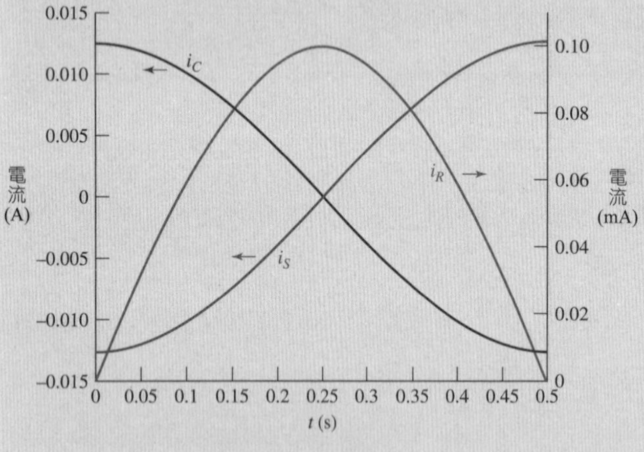

◆**圖 7.9** 在 0 至 500 ms 的時間區間內的電阻器電流、電容器電流，以及電源電流之圖示。

練習題

7.3 若電容器的跨壓為 1.5 cos $10^5 t$ 伏特，試計算 1000 μF 電容器在 $t=50\ \mu$s 時所除儲存的能量。

解答：90.52 μJ。

理想電容器之重要特性

1. 若電容器上的跨壓不隨時間改變，則沒有電流流經電容器。因此，電容器對直流而言為開路。
2. 即使流經電容器的電流為零，仍能夠將有限的能量儲存於電容器中，例如當電容器的跨壓為固定常數。

3. 不能夠使電容器的跨壓瞬間改變有限量之數值，如此需要無限大的電流器電流。(電容器會阻止其跨壓急遽改變，類似於彈簧會阻止位移的急遽變化一般。)
4. 電容器絕不會消耗能量，但會將能量儲存。這對數學模型而言確為真實的，但由於介質與封裝之有限電阻值，對實際的電容器卻並非如此。

7.2 電感器

理想電感器之模型

在十九世紀初，丹麥科學家奧斯特 (Oersted) 發現載流的導體會產生磁場 (指南針會受傳導電流的電線而影響)。此後不久，安培 (Ampère) 進行了一些仔細的測量，發現磁場與產生磁場的電流成線性關係。接著發生在大約 20 年之後，英國實驗物理學家麥可・法拉第 (Michael Faraday) 和美國發明家約瑟夫・亨利 (Joseph Henry) 幾乎同時[3] 發現了變動的磁場會在鄰近的電路中感應電壓。兩人證明此一電壓正比於產生磁場的電流變動對時間之變化率，該比例常數則稱為**電感** (Inductance)，符號為 L，因此

$$v = L\frac{di}{dt} \qquad [5]$$

必須了解其中 v 與 i 兩者皆為時間的函數，而要強調此一事實時，則可使用符號 $v(t)$ 與 $i(t)$ 替代之。

電感器的電路符號闡述於圖 7.10，應注意使用被動符號慣例，如同電阻器與電容器的符號慣例。電感器的單位為**亨利** (Henry, H)，而定義的方程式顯示亨利為每安培之伏特秒的較簡短表示。

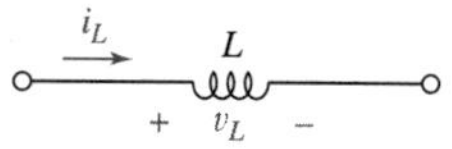

◆**圖 7.10** 電感器之電氣符號與電流-電壓標示慣例。

電感值以方程式 [5] 的電感器定義為數學模型；此為可以用來趨近實際元件行為之理想元件。可將接線繞製成線圈來構建實務上的電感器。此用以有效增加產生磁場的電流，並且同樣也增加法拉第電壓可感應至鄰近電路的"數目"。此種雙重效應的結果為線圈的電感值大約正比於導體所製成的全部圈數數目之平方。例如，具有極小間距的長螺旋線型式之電感器或"線圈"

3 法拉第較早發現。

具有 $\mu N^2 A/s$ 之電感值，其中的 A 為截面積，s 為螺旋線的軸向長度，N 為接線的圈數，而 μ 為螺旋線內部材質的常數，稱為導磁係數。在真空中 (與在空氣中極為接近)，$\mu = \mu_0 = 4\pi \times 10^{-7}$ H/m = 4π nH/cm。市面上可購得的幾個電感器之範例闡述於圖 7.11。

此時討論方程式 [5]，藉以判斷該數學模型的某些電氣特性。此一方程式顯示電感器的跨壓正比於電感器電流變動的時間變化率。特別的是，該方程式顯示當電感器電流固定時，則不論此時電流大小，電感器跨壓必為零。所以，**電感器對直流而言可視為短路**。

能夠從方程式 [5] 得到的另一個事實為電感器電流急遽或者不連續的變動必會產生無限大的電感器電壓。換言之，若希望產生一個陡峭變動的電感器電流，則必須要提供無限大的電感器電壓。雖然無限大的電壓強制函數理論上可能相當有趣，但絕非實際的實務元件或裝置所能呈現的。且已知電感器電流急遽的變動同樣也需要電感器所儲存的能量之急遽變動，而如此劇烈變動的能量需要在瞬間提供無限大的功率；無限大的功率不是實際的物理世界之產物。為了避免無限大的電壓與無限大的功率，電感器的電流必不能夠從某一數值**瞬間**跳動至另一數值。

若試圖將正在傳導有限值電流之實際電感器開路，則在開關

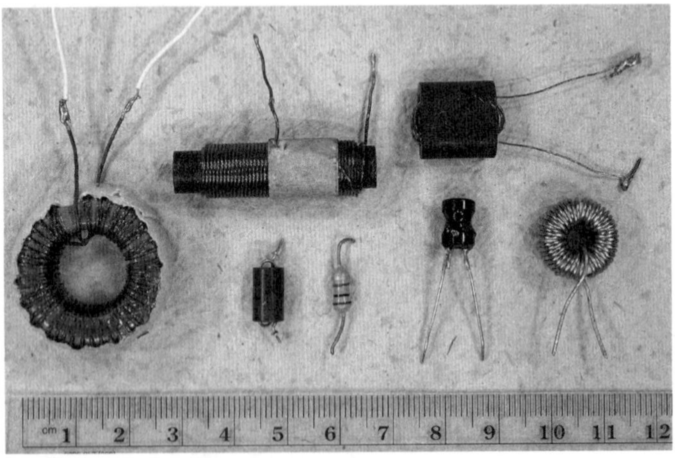

(*a*)

(*b*)

◆ **圖 7.11** (a) 市面上可購得的數種不同型式之電感器，有時也稱為 "扼流圈" (choke)。順時鐘方向，從最左邊開始：287 μH 鐵氧磁體鐵芯之環形電感器、266 μH 鐵氧磁體鐵芯之圓柱形電感器、215 μH 鐵氧磁體鐵芯且設計用於 VHF 頻率之電感器、85 μH 鐵粉鐵芯之環形電感器、10 μH 捲線型電感器、100 μH 軸向引線式電感器，以及 7 μH 有損耗鐵芯且用於 RF 抑制之電感器；(b) 11 H 之電感器，尺寸為 10 cm (高) × 8 cm (寬) × 8 cm (深)。

上會出現電弧，這在某些汽車的點火系統中具有其功用，其中分配器會中斷流經點火線圈的電流，而在火星塞上產生電弧。儘管這並不是在瞬間發生，卻是發生於極短的時間內，而導致大電壓產生。短距離出現大電壓相當於極大的電場；所儲存的能量會消耗在電離電弧路徑上的空氣中。

也可以用圖形的方法來解釋 (若有需要，則求解) 方程式 [5]，如範例 7.4。

範例 7.4

給定 3 H 電感器上的電流波形如圖 7.12a 所示，試求該電感器的電壓並且繪圖。

定義電壓 v 與電流 i 符合被動符號慣例，可以使用方程式 [5] 從圖 7.12a 得到電壓 v：

$$v = 3\frac{di}{dt}$$

由於在 $t < -1$ s 之區間中電流為零，因此電壓亦為零。此後電流開始以線性速率 1 A/s 增加，因而產生固定的電壓 $L\,di/dt = 3$ V。在之後 2 s 的區間內，電流保持固定，因此電壓為零。從最後下降的電流得知 $di/dt = -1$ A/s，得到 $v = -3$ V。在 $t > 3$ s 區間，$i(t)$ 為固定常數 (零)，所以 $v(t) = 0$。完整的電壓波形繪製於圖 7.12b。

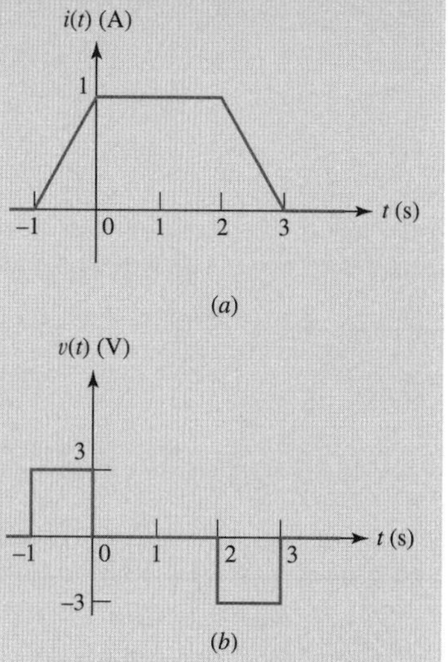

◆**圖 7.12** (a) 3 H 電感器上的電流波形；(b) 相應的電壓波形，$v = 3\,di/dt$。

練習題

7.4 流經 200 mH 電感器的電流闡述於圖 7.13。假設使用被動符號慣例，試求 t 等於 (a) 0；(b) 2 ms；(c) 6 ms 時之 v_L。

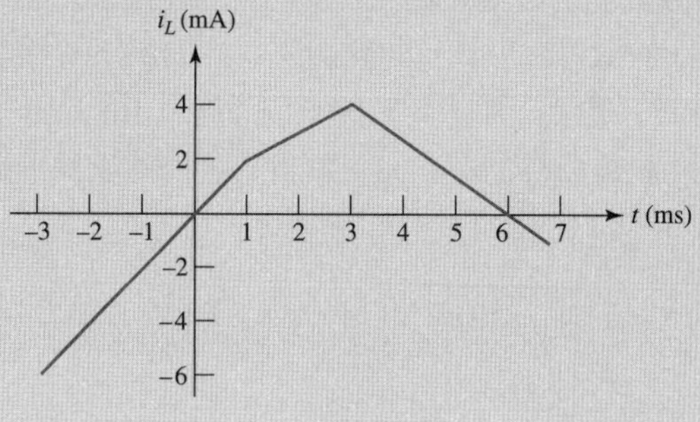

◆**圖 7.13**

解答：0.4 V；0.2 V；−0.267 V。

此時將探討電感器電流在 0 與 1 A 數值之間更快速的上升與衰減。

範例 7.5

試求圖 7.14a 的電感器電流施加至範例 7.4 之電感器所得到的電感器電壓。

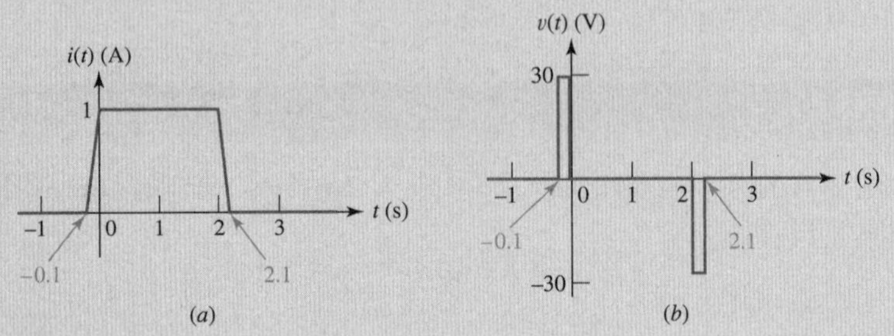

◆ **圖 7.14** (a) 圖 7.12a 的電流從 0 改變至 1 且從 1 改變至 0 所需的時間縮短了 10 倍因數；(b) 所產生的電壓波形。為清楚顯示起見，而誇大其脈波寬度。

要注意的是，上升與下降時間區間已經縮短至 0.1 s。因此，每次微分的幅度將會大 10 倍；此狀況顯示於圖 7.14a 與圖 7.14b 之電流與電壓圖示。在圖 7.13b 與圖 7.14b 所示的電壓波形中，應關注每個電壓脈波下的面積皆為 3 V · s。

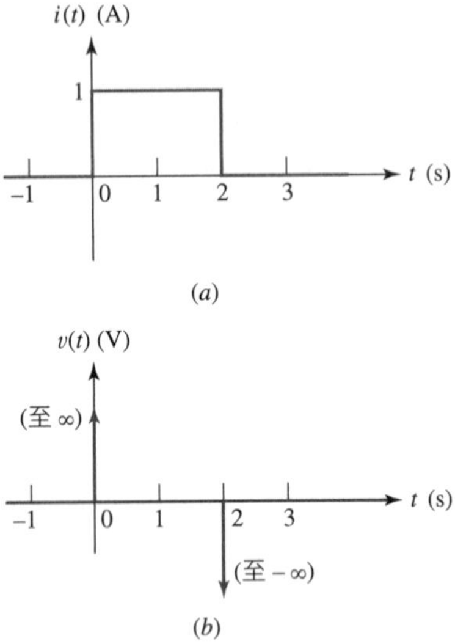

◆ **圖 7.15** (a) 圖 7.14a 的電流從 0 變化至 1 且從 1 變化至 0 所需的時間縮短為零；上升與下降皆極陡峭；(b) 所產生的 3 H 電感器跨壓由正負無限大之尖波所構成。

更深入探討相同的時刻。進一步縮短電流波形的上升與下降時間，將會產生成比例變大的電壓振幅，但僅發生在於電流增加或者減小的時間區間內。電感器電流的急遽變動將會導致無限大的電壓“尖波” (spike) (每個尖波皆具有 3 V · s 的面積)，如圖 7.15a 與 b 的波形所闡述的；或者，以意義相同、但觀念相反的說法，要產生電流急遽變動需要無限大的電壓尖波。

練習題

7.5 圖 7.14a 的電流波形具有時間區間 0.1 s (100 ms) 相等的上升與下降時間。若上升與下降時間分別改變為 (a) 1 ms、1 ms；(b) 12 μs、64 μs；(c) 1 s、1 ns，試計算相同電感器上最大的正負跨壓。

解答：3 kV，−3 kV；250 kV，−46.88 kV；3 V，−3 GV。

■積分的電壓-電流關係

已藉由簡單的微分方程式定義了電感值，

$$v = L\frac{di}{dt}$$

並且已經從此一關係式推論了某些電感器特性的結論。例如，已知可認為電感器對直流而言短路，而且也認為電感器電流不允許從某一數值至另一數值之急遽變動，否則電感器需要產生無限大的電壓與功率。然而，電感器此一簡單的定義方程式尚包含更多的資訊。以些微不同的描述方式重新整理此一方程式，

$$di = \frac{1}{L} v\, dt$$

將等號兩邊積分，先考慮兩積分的上下限。所求為時間 t 時之電流 i，藉此而對變數分別提供等號兩邊的積分上限；藉由僅假設時間 t_0 時的電流為 $i(t_0)$，兩積分下限也可保持為一般的下限值。因此，

$$\int_{i(t_0)}^{i(t)} di' = \frac{1}{L}\int_{t_0}^{t} v(t')\, dt'$$

可藉以推導出方程式如下

$$i(t) - i(t_0) = \frac{1}{L}\int_{t_0}^{t} v\, dt'$$

或者

$$\boxed{i(t) = \frac{1}{L}\int_{t_0}^{t} v\, dt' + i(t_0)} \qquad [6]$$

方程式 [5] 以電流來表達電感器之電壓，反之，方程式 [6] 則是以電壓來給定電感器的電流。之後的方程式也可能使用其他的型式；例如，可以將積分方程式寫成不定積分，並且包含一個積分常數 k：

$$i(t) = \frac{1}{L}\int v\, dt + k \qquad [7]$$

也可假設在求解真實的問題，其中將 t_0 視為 $-\infty$ 的選擇乃是確保電感器中沒有任何電流或能量。因此，若 $i(t_0) = i(-\infty) = 0$，則

$$i(t) = \frac{1}{L}\int_{-\infty}^{t} v\, dt' \qquad [8]$$

以一個已指定了電感器跨壓的簡單範例來討論這幾個積分式的運用。

範例 7.6

已知 2 H 電感器的跨壓為 6 cos 5t V。若 $i(t=-\pi/2)=1$A，試求所產生的電感器電流。

經由方程式 [6]，

$$i(t)=\frac{1}{2}\int_{t_0}^{t}6\cos 5t'\,dt'+i(t_0)$$

或者

$$\begin{aligned}i(t)&=\frac{1}{2}\left(\frac{6}{5}\right)\sin 5t-\frac{1}{2}\left(\frac{6}{5}\right)\sin 5t_0+i(t_0)\\&=0.6\sin 5t-0.6\sin 5t_0+i(t_0)\end{aligned}$$

方程式中的第一項是指電感器電流隨著弦波變動；第二項與第三項則是代表已知的常數，相應於在某個時間瞬間所指定的電流數值。使用電流在 $t=-\pi/2$ s 為 1 的事實，藉由 $i(t_0)=1$ 確認 t_0 為 $-\pi/2$，並且發現

$$i(t)=0.6\sin 5t-0.6\sin(-2.5\pi)+1$$

或

$$i(t)=0.6\sin 5t+1.6$$

或者，藉由方程式 [6]，

$$i(t)=0.6\sin 5t+k$$

藉由迫使在 $t=-\pi/2$ 時，電流為 1 A：

$$1=0.6\sin(-2.5\pi)+k$$

或

$$k=1+0.6=1.6$$

因此，如先前的方程式，

$$i(t)=0.6\sin 5t+1.6$$

方程式 [8] 會因這個特殊的電壓而導致某些麻煩。此一方程式乃是建立於假設當 $t=-\infty$ 時，電感器的電流為零。為確保此一假設為真，則其必須在實際物理世界中為真實的，但在此僅於數學的模型上運作；所有的元件以及強制函數都是理想的。此困難發生在積分之後，得到

$$i(t) = 0.6 \sin 5t'\Big|_{-\infty}^{t}$$

嘗試以下限值求解該積分：

$$i(t) = 0.6 \sin 5t - 0.6 \sin(-\infty)$$

$\pm\infty$ 的正弦為不確定的數值，因而無法求解此一表示式。方程式 [8] 僅可用於求解 $t \to -\infty$ 時為零的函數。

練習題

7.6 100 mH 之電感器具有兩端跨壓 $v_L = 2e^{-3t}$ V。若 $i_L(-0.5) = 1$ A，試求所產生的電感器電流。

解答：$-\frac{20}{3}e^{-3t} + 30.9$A。

然而，在此不應做任何倉促的判斷，每一個方程式皆具有其優點，端視問題與應用而定，之後尚會使用到單一型式的方程式 [6]、[7] 與 [8]。方程式 [6] 代表冗長而較一般的方法，但清楚顯示了積分常數為電流。方程式 [7] 為較方程式 [6] 稍微簡潔的表示式，但積分常數的性質並不清楚。最後，由於方程式 [8] 不需要寫出積分常數，而可稱為相當好的表示式；然而，僅能應用於 $t = -\infty$ 時電流為零，以及電流之可解析表示式已確定之狀況。

■ 能量的儲存

此時將重點放在功率與能量，電流-電壓乘積決定所吸收的能量

$$p = vi = Li\frac{di}{dt}$$

電感器所接收到的能量 w_L 儲存在環繞著線圈的磁場中。藉由功率對所需的時間區間之積分來表達此一能量的變動：

$$\int_{t_0}^{t} p\,dt' = L\int_{t_0}^{t} i\frac{di}{dt'}\,dt' = L\int_{i(t_0)}^{i(t)} i'\,di'$$
$$= \frac{1}{2}L\left\{[i(t)]^2 - [i(t_0)]^2\right\}$$

因此，

$$w_L(t) - w_L(t_0) = \tfrac{1}{2}L\left\{[i(t)]^2 - [i(t_0)]^2\right\} \qquad [9]$$

其中再次假設時間 t_0 之電流為 $i(t_0)$。使用能量的表示式，習慣假設選擇 t_0 的數值為零；也習慣假設此時所對應的能量為零。之

後則可簡寫

$$\boxed{w_L(t) = \frac{1}{2}Li^2} \qquad [10]$$

其中已知零能量的參考值為電感器電流為零的任何時刻。在其後電流為零的任何時刻，也發現沒有能量儲存在線圈中。只要當電流不為零，則不論電流的方向與正負，能量皆會儲存在電感器中。因此，其闡述能量可以傳送至電感器一段時間，而之後則可以從電感器回復能量。可將全部的已儲存能量從理想電感器回復；在此一數學模型中沒有任何的功率損耗。然而，實際的線圈必須由真實的電線所建構，因而必定會具有相關的電阻，所以能量的儲存與回復不再視為無損耗。

這些想法可藉由一個簡單的範例來闡述之。在圖 7.16，顯示一個 3 H 的電感器串聯一個 0.1 Ω 的電阻器與一個弦波電流源 $i_s = 12 \sin \frac{\pi t}{6}$ A。應將此電阻器視為導線電阻，其必與實際的線圈有關。

範例 7.7

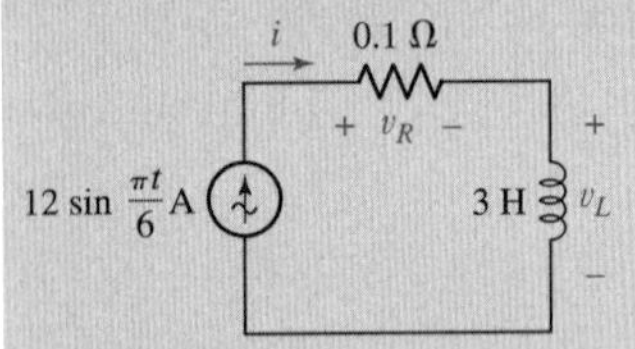

◆ **圖 7.16** 使用弦波電流充當強制函數施加至串聯的 *RL* 電路。0.1 Ω 的電阻器代表製造電感器的電線之固有電阻。

試求圖 7.16 的電感器中所儲存的最大能量，並且計算於能量儲存於電感器之後再回復的期間中電阻器所消耗的能量。

電感器中所儲存的能量為

$$w_L = \frac{1}{2}Li^2 = 216 \sin^2 \frac{\pi t}{6} \qquad \text{J}$$

而如此的能量會從 $t = 0$ 的 0 J 增加至 $t = 3$ s 的 216 J。因此，電感器中所儲存的最大能量為 216 J。

在 $t = 3$ s 達到峰值之後，在接下來的 3 s，該能量會完全從電感器回復至電流源。由此可看出在 6 秒內，在線圈中儲存與移除 216 J 所需付出的代價，即電阻器消耗的功率，可簡單計算為

$$p_R = i^2R = 14.4 \sin^2 \frac{\pi t}{6} \qquad \text{W}$$

而 6 s 期間內在電阻器中轉換成為熱量的能量因此為

$$w_R = \int_0^6 p_R\, dt = \int_0^6 14.4 \sin^2 \frac{\pi}{6}t\, dt$$

或者

$$w_R = \int_0^6 14.4 \left(\frac{1}{2}\right)\left(1 - \cos \frac{\pi}{3}t\right) dt = 43.2 \text{ J}$$

因此，在 6 s 內儲存並且之後回復 216 J 過程中已耗費了 43.2 J，此代表總儲存能量的 20%，為許多具有大電感的線圈之合理數值。若線圈所具有的電感大約 100 μH，則可能會認為此一數值較接近 2% 或 3%。

練習題

7.7 令圖 7.10 的電感器 $L = 25$ mH。(a) 若 $i_L = 10te^{-100t}$ A，試求 $t = 12$ ms 時之 v_L；(b) 若 $v_L = 6e^{-12t}$ V 且 $i_L(0) = 10$ A，試求 $t = 0.1$ S 時之 i_L。且若 $i_L = 8(1 - e^{-40t})$ mA；則試求 (c) 在 $t = 50$ ms 時，傳送至電感器之功率；以及 (d) 在 $t = 40$ ms 時，儲存於電感器中的能量。

解答：-15.06 mV；24.0 A；7.49 μW；0.510 μJ。

藉由電感器之定義方程式 $v = L\,di/dt$，表列電感器四個關鍵特性來進行總結：

理想電感器之重要特性

1. 若流經電感器電流不隨時間改變，則沒有電壓跨於電感器上。因此，電感器對直流而言視為短路。
2. 即使電感器的跨壓為零，例如當流經電感器的電流為固定的常數，仍能夠將有限的能量儲存於電感器中。
3. 不能瞬間使電感器電流改變某一有限量，否則電感器需要產生無限大的跨壓。(電感器會阻止其電流急遽變動，類似於質量會阻止速度急遽變動一般。)
4. 電感器絕不會消耗能量，而僅會儲存能量。雖然此對數學模型為真實的情形，但由於電感器固有的串聯電阻，因此對實際的電感器而言並非真實的狀況。

藉由將某些字詞換成“對偶”，並重新研讀先前的敘述，可預期在 7.6 節中**對偶性** (Duality) 之探討適用於此。若將電容器與電感器、電容值與電感值、電壓與電流、跨於與流經、開路與短路、彈簧與質量，以及位移與速度等字詞互換 (以任一方向)，則得到先前針對電容器所給定的四個敘述。

7.3 電感與電容之組合

此時已經將電感器與電容器增加至被動電路元件的分類中，

因此需要判斷是否仍可使用先前已經開發的電阻性電路分析方法，也藉以方便讀者學習如何以較簡單的等效電路來取代電感器或電容器元件的串聯與並聯組合，如同第三章對電阻器所進行的工作一般。

先考慮兩個克西荷夫定律，兩者皆是相當合理的定律。然而，當假設這兩個定律時，並沒有限制建構網路的元件型式。因此，兩者對電容器與電感器所構成的電路皆為有效的。

■ 串聯的電感器

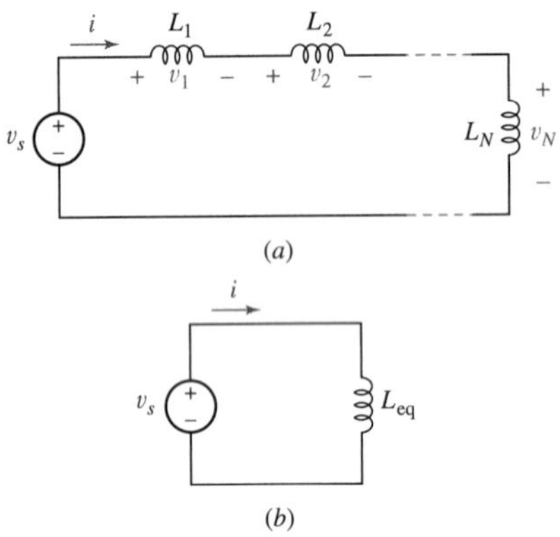

◆ **圖 7.17** (a) 包含 N 個串聯電感器之電路；(b) 所預期的等效電路，其中 $L_{eq} = L_1 + L_2 + \cdots + L_N$。

此時將先前所推衍而可將各種電阻器組合簡化成為等效的單一電阻器之處理程序延伸至類似狀況的電感器與電容器。先考慮將理想電壓源施加至 N 個電感器的串聯組合，如圖 7.17a 所示。期望得到可以取代電感器的串聯組合且具有電感值為 L_{eq} 之單一個等效電感器，並能使電源電流 $i(t)$ 保持不變。等效電路繪製於圖 7.17b。應用 KVL 至原電路，

$$\begin{aligned} v_s &= v_1 + v_2 + \cdots + v_N \\ &= L_1 \frac{di}{dt} + L_2 \frac{di}{dt} + \cdots + L_N \frac{di}{dt} \\ &= (L_1 + L_2 + \cdots + L_N) \frac{di}{dt} \end{aligned}$$

或者更簡潔地改寫為

$$v_s = \sum_{n=1}^{N} v_n = \sum_{n=1}^{N} L_n \frac{di}{dt} = \frac{di}{dt} \sum_{n=1}^{N} L_n$$

但經由等效電路可知

$$v_s = L_{eq} \frac{di}{dt}$$

因而等效電感值為

$$L_{eq} = L_1 + L_2 + \cdots + L_N$$

或者

$$L_{eq} = \sum_{n=1}^{N} L_n \qquad [11]$$

此電感器等效於數個串聯連接的電感器，其電感值為原電路所有電感值之總和。**此結果與具有串聯電阻器的電路完全相同。**

■ 並聯的電感器

藉由寫出圖 7.18a 所示原電路之單一節點方程式來實現某一些並聯電感器之組合，

$$i_s = \sum_{n=1}^{N} i_n = \sum_{n=1}^{N} \left[\frac{1}{L_n} \int_{t_0}^{t} v\,dt' + i_n(t_0) \right]$$
$$= \left(\sum_{n=1}^{N} \frac{1}{L_n} \right) \int_{t_0}^{t} v\,dt' + \sum_{n=1}^{N} i_n(t_0)$$

並且與圖 7.18b 等效電路的結果相比較，

$$i_s = \frac{1}{L_{eq}} \int_{t_0}^{t} v\,dt' + i_s(t_0)$$

由於克西荷夫電流定律要求 $i_s(t_0)$ 等於分支電流在 t_0 的總和，兩積分式也必須相等；因此，

$$L_{eq} = \frac{1}{1/L_1 + 1/L_2 + \cdots + 1/L_N} \qquad [12]$$

在兩個電感器並聯的特殊狀況，

$$L_{eq} = \frac{L_1 L_2}{L_1 + L_2} \qquad [13]$$

並可知電感器的並聯組合與電阻器並聯組合完全相同。

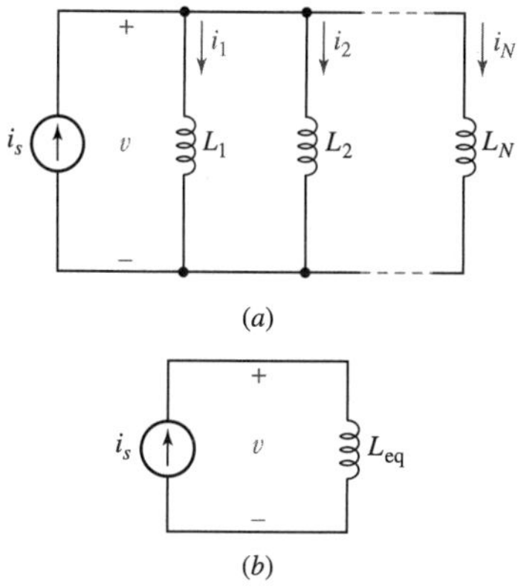

◆圖 7.18 (a) N 個電感器的並聯組合；(b) 等效電路，其中 $L_{eq} = [1/L_1 + 1/L_2 + \cdots + 1/L_N]^{-1}$。

■ 串聯的電容器

為了得到某一個電容器可等效於 N 個串聯之電容器，使用圖 7.19a 電路以及圖 7.19b 之等效電路，寫出

$$v_s = \sum_{n=1}^{N} v_n = \sum_{n=1}^{N} \left[\frac{1}{C_n} \int_{t_0}^{t} i\,dt' + v_n(t_0) \right]$$
$$= \left(\sum_{n=1}^{N} \frac{1}{C_n} \right) \int_{t_0}^{t} i\,dt' + \sum_{n=1}^{N} v_n(t_0)$$

以及

$$v_s = \frac{1}{C_{eq}} \int_{t_0}^{t} i\,dt' + v_s(t_0)$$

而經由克西荷夫電壓定律得知 $v_s(t_0)$ 與電容器電壓在 t_0 的總和相等；因此

$$C_{eq} = \frac{1}{1/C_1 + 1/C_2 + \cdots + 1/C_N} \qquad [14]$$

串聯的電容器組合相當於串聯的電導或者並聯的電阻器。當然，兩個串聯的電容器之特殊狀況可得

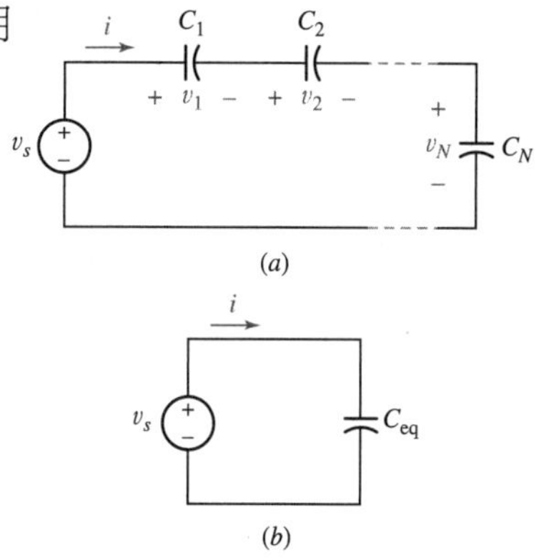

◆圖 7.19 (a) 包含 N 個串聯電容器的電路；(b) 所預期的等效電路，其中 $C_{eq} = [1/C_1 + 1/C_2 + \cdots + 1/C_N]^{-1}$。

$$C_{eq} = \frac{C_1 C_2}{C_1 + C_2} \quad [15]$$

並聯的電容器

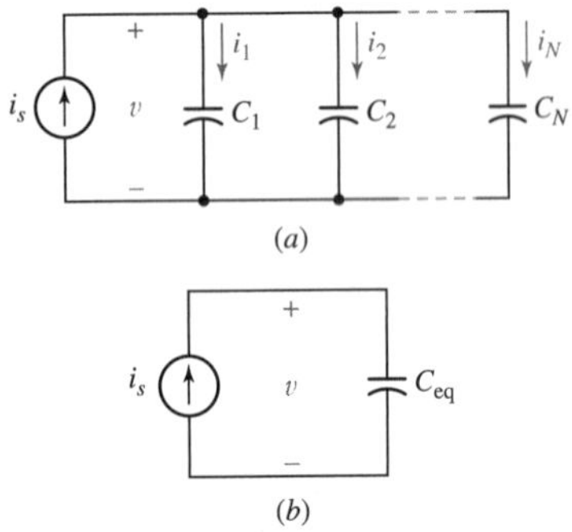

◆ **圖 7.20** (a) N 個電容器之並聯組合；(b) 等效電路，其中 $C_{eq} = C_1 + C_2 + \cdots + C_N$。

最後，圖 7.20 的電路能夠建立某一個電容器等效於 N 個並聯的電容器為

$$C_{eq} = C_1 + C_2 + \cdots + C_N \quad [16]$$

而且可知並聯的電容器組合相同於電阻器之串聯組合，換言之，藉由簡單將所有的電容值加總。

以上的公式皆值得記憶。應用於電感器串聯與並聯組合的公式與應用於電阻器者相同，所以通常較為“明顯”。然而，在電容器串聯與並聯組合之表示式中應當謹慎，其與電阻器及電感器之組合並不相同，當匆促計算時經常會發生錯誤。

範例 7.8

試使用串聯-並聯組合來化簡圖 7.21a 之網路。

先將 6 μF 與 3 μF 串聯的電容器組合成為 2 μF 的等效電容器，之後再將此一電容器與並聯的 1 μF 元件組合得到 3 μF 的等效電容。此外，藉由一個等效的 1.2 H 電感器來取代 3 H 與 2 H 的電感器，之後再與 0.8 H 元件相加得到 2 H 之總等效電感值。較為簡單 (也可能較便宜) 的等效網路闡述於圖 7.21b。

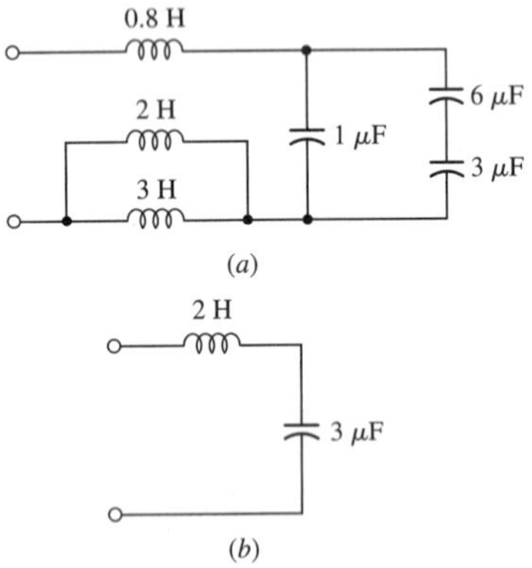

◆ **圖 7.21** (a) 已知的 LC 網路；(b) 較簡單的等效電路。

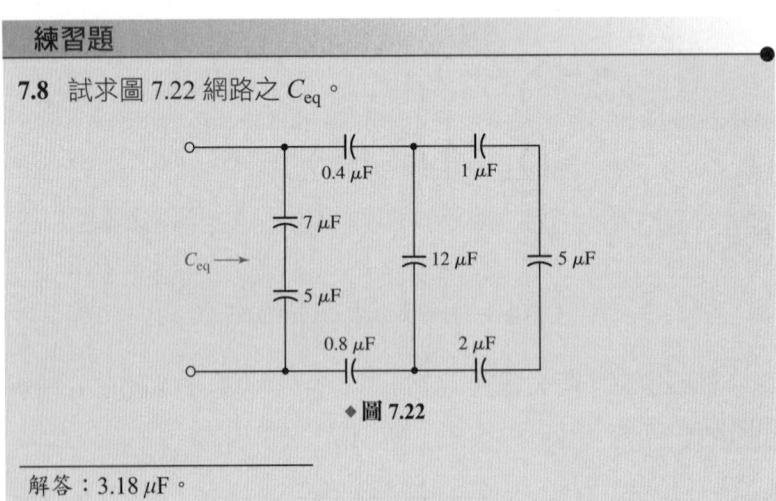

練習題

7.8 試求圖 7.22 網路之 C_{eq}。

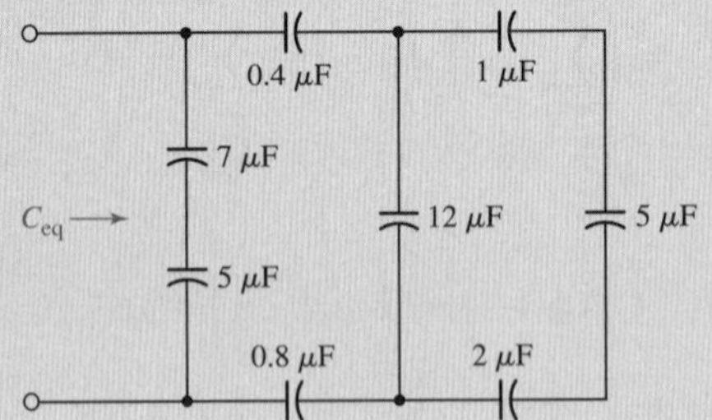

◆ **圖 7.22**

解答：3.18 μF。

圖 7.23 所示之網路包含三個電感器與三個電容器，但每一個電感器或電容器皆非串聯、也非並聯，因此不能夠使用在此所闡述的技巧來簡化此一網路。

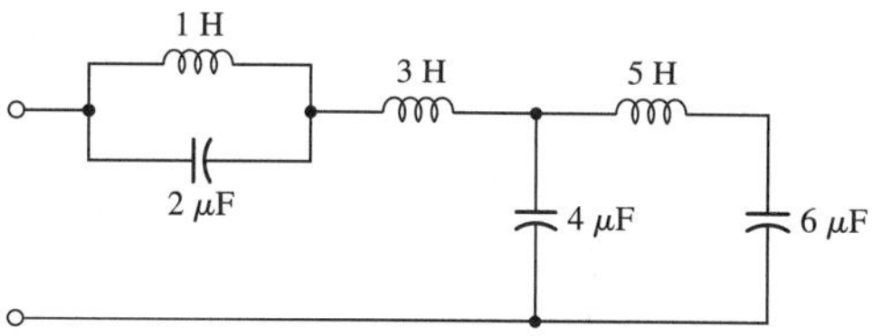

◆ **圖 7.23** 每一個電感器或電容器皆非串聯、也非並聯之 *LC* 網路。

7.4 線性之推論

接著回到節點分析與網目分析。已知可以完全僅應用克西荷夫定律，寫出一組充分且獨立的方程式，且為常係數之線性微積分方程式。然而，這些方程式難以用來判斷其結果，更遑論求解。所以，此時將這些方程式寫出，藉以熟悉在 *RLC* 電路中克西荷夫定律的使用，並且在之後的章節中探討較簡單的範例。

範例 7.9

試寫出圖 7.24 電路之適當節點方程式。

在題目中已經選擇了節點電壓，所以將流出中央節點的電流加總：

$$\frac{1}{L}\int_{t_0}^{t}(v_1 - v_s)\,dt' + i_L(t_0) + \frac{v_1 - v_2}{R} + C_2\frac{dv_1}{dt} = 0$$

其中 $i_L(t_0)$ 為電感器電流在積分初始時間之數值。在右邊節點，

$$C_1\frac{d(v_2 - v_s)}{dt} + \frac{v_2 - v_1}{R} - i_s = 0$$

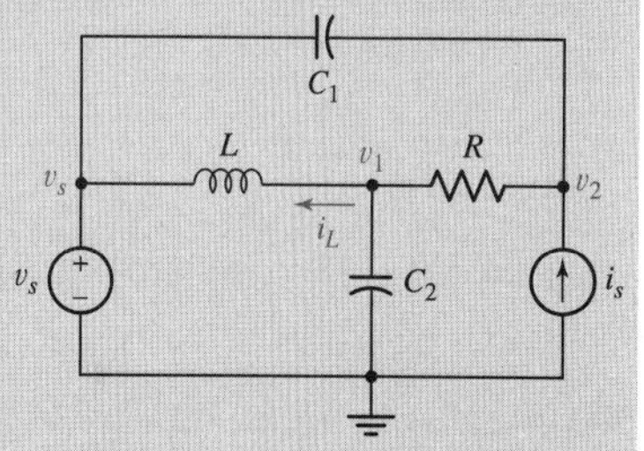

◆ **圖 7.24** 已指定節點之四節點 *RLC* 電路。

重新整理這兩個方程式，得到

$$\frac{v_1}{R} + C_2\frac{dv_1}{dt} + \frac{1}{L}\int_{t_0}^{t}v_1\,dt' - \frac{v_2}{R} = \frac{1}{L}\int_{t_0}^{t}v_s\,dt' - i_L(t_0)$$

$$-\frac{v_1}{R} + \frac{v_2}{R} + C_1\frac{dv_2}{dt} = C_1\frac{dv_s}{dt} + i_s$$

此為所期望的微積分方程式，但要注意幾個重點：首先，電源電壓 v_s 在方程式中為積分項亦為微分項，並非簡單的 v_s。由於對所有的時間而言，兩電源已給定，因此應該能夠求解方程式中的微分項或積分項。再者，電感器電流的初始值 $i_L(t_0)$ 在中心節點上的作用如同 (固定) 電源電流。

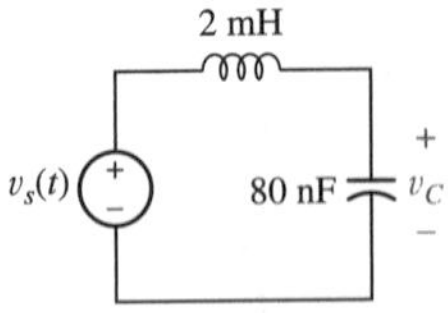

◆ **圖 7.25**

練習題

7.9 若在圖 7.25 所示電路中，$v_C(t) = 4\cos 10^5 t$ V，試求 $v_s(t)$。

解答：$-2.4\cos 10^5 t$ V。

在此並不會試圖求解微積分方程式。然而，值得進一步說明的是，當電壓強制函數為時間的弦波函數時，則可定義每個被動元件之電壓-電流的比值 [稱為**阻抗** (Impedance)]，或者電流-電壓比值 [稱為**導納** (Admittance)]。在先前方程式中兩節點電壓上運作的因數則變成簡單的乘法因數，而該方程式便再次成為線性代數方程式，即可以藉由行列式或簡單的變數消去法來求解。

同樣也證實可將線性的優點應用於 *RLC* 電路。根據先前對線性電路的定義，由於電感器與電容器的電壓-電流關係皆為線性關係，因此這些電路也是線性的電路。以電感器為例，可知

$$v = L\frac{di}{dt}$$

而且將電流乘以 *K* 倍會導致電壓同樣也增大 *K* 倍因數。在積分公式中，

$$i(t) = \frac{1}{L}\int_{t_0}^{t} v\,dt' + i(t_0)$$

能夠得知若每一項增加 *K* 倍因數，則電流的初始值必也會增加相同的 *K* 倍因數。

電容器相應的證明方式也證實電容器為線性元件。因此，由獨立電源、線性相依電源，以及線性電阻器、電感器與電容器所組成的電路為線性電路。

在線性電路中的響應會正比於強制函數。首先藉由寫出通式的微積分獨立方程組來實現此一論述的證明。將 Ri、$L\,di/dt$，以及 $1/C\int i\,dt$ 置於每一個方程式的左手邊，並且將獨立電源電壓保留在右手邊。試舉一簡單範例，其中的某一個方程式可能具有的型式為

$$Ri + L\frac{di}{dt} + \frac{1}{C}\int_{t_0}^{t} i\,dt' + v_C(t_0) = v_s$$

若此時將每個獨立電源增加 *K* 倍因數，則每個方程式的右邊皆會增大 *K* 倍因數。此時方程式左邊的每一項必涵蓋某一迴路電流的線性項或初始之電容電壓。為了使所有的響應 (迴路電流) 增加 *K* 倍因數，明顯必須要將初始的電容器電壓增加 *K* 倍因

數。換言之，必須將初始的電容器電壓視為一個獨立電源電壓，而且也將之增大 K 倍的因數。同理，在節點分析中，也可將初始的電感器電流視為獨立電源電流。

因能夠將電源與響應之間的比例原則延伸至一般的 *RLC* 電路，而且同樣也遵循重疊定理。應該要強調的是，應用重疊定理時，必須將初始的電感器電流與電容器電壓視為獨立電源；每個初始值必須依序作用。在第五章，已學習了重疊定理為電阻性電路線性本質之自然結果。由於電阻器的電壓-電流關係為線性的，而且克西荷夫定律也是線性的，因此電阻性電路為線性電路。

然而，在應用重疊定理於 *RLC* 電路之前，需要先發展出求解方法，可對僅具有一個獨立電源的電路之方程式求解。此時，應確信線性電路所具有的響應振幅會正比於電源的振幅。之後則準備應用重疊定理，將 $t = t_0$ 時所指定的電感器電流或電容器電壓視為必須輪流停用之電源。

戴維寧與諾頓定理乃是基於初始電路的線性性質、克西荷夫定律之適用性，以及重疊定理。一般的 *RLC* 電路完全符合這些需求，並因此從而得知所有包含獨立電壓源與電流源、線性相依電壓源與電流源，以及線性電阻器、電感器與電容器任意組合之線性電路也可以使用這兩個定理來分析之。

7.5 具有電容器的簡單運算放大器電路

在第六章中，已經介紹了數種基於理想運放大器所建構的不同型式之運算放大器電路，而幾乎在所有的狀況下，已知可藉由某些電阻比率的組合而得到輸出與輸入之關係。若以電容器來替代電路中的某一個電阻器，便可能得到某些別具意義的電路，如此電路的輸出可正比於輸入電壓的微分或者積分，且已廣泛使用在實際應用上。例如，能夠將一速度感測器連接至一運算放大器，藉以提供正比於加速度的訊號，或者藉由對已測知的電流簡單積分，得到代表特定時間期間內入射在金屬電極上的總電荷之輸出訊號。

為了使用理想運算放大器來產生積分器，將非反相輸入端接地，將一個理想電容器安裝在輸出端與反相輸入端之間充當回授元件，並且透過一個理想電阻器而將一訊號源 v_s 連接至反相輸入端，如圖 7.26 所示。

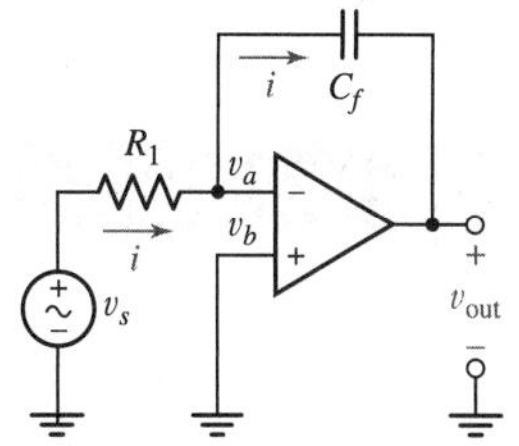

◆ **圖 7.26** 連接成為積分器之理想運算放大器。

在反相輸入端上，執行節點分析，

$$0=\frac{v_a-v_s}{R_1}+i$$

能夠得到電流 i 與電容器跨壓之關係，

$$i=C_f\,\frac{dv_{C_f}}{dt}$$

因此

$$0=\frac{v_a-v_s}{R_1}+C_f\,\frac{dv_{C_f}}{dt}$$

使用理想運算放大器規則 2，已知 $v_a=v_b=0$，所以

$$0=\frac{-v_s}{R_1}+C_f\,\frac{dv_{C_f}}{dt}$$

積分並求解 v_{out}，得到

$$v_{C_f}=v_a-v_{\text{out}}=0-v_{\text{out}}=\frac{1}{R_1C_f}\int_0^t v_s\,dt'+v_{C_f}(0)$$

或者

$$v_{\text{out}}=-\frac{1}{R_1C_f}\int_0^t v_s\,dt'-v_{C_f}(0) \qquad [17]$$

因此已經將一個電阻器、一個電容器以及一個運算放大器組合以形成所期望的積分器。要注意的是，輸出的第一項為輸入從 $t'=0$ 積分到 $t'=t$ 之負值，而第二項則是 v_{C_f} 初始值之負值。例如，可依照所需，藉由選擇 $R=1\ \text{M}\Omega$ 以及 $C=1\ \mu\text{F}$ 使 $(RC)^{-1}$ 的數值等於 1；可採用其他的選擇，藉以增加或者降低輸出電壓。

在此可預見一個問題，“**是否能夠以電感器來替代積分器電路中的電容器，進而得到微分器？**”確實可以如此，但由於尺寸、重量、成本以及相關的電阻與電容等考量，電路的設計者通常會儘可能避免使用電感器。反而可將圖 7.26 中的電阻器與電容器的位置互換，藉以得到微分器。

範例 7.10

試推導圖 7.27 所示的運算放大器電路之輸出電壓表示式。

先寫出反相輸入接腳之節點方程式，其中 $v_{C_1}\triangleq v_a-v_s$：

$$0=C_1\,\frac{dv_{C_1}}{dt}+\frac{v_a-v_{\text{out}}}{R_f}$$

引用理想運算放大器規則 2，$v_a = v_b = 0$。因此，

$$C_1 \frac{dv_{C_1}}{dt} = \frac{v_{out}}{R_f}$$

求解 v_{out}，

$$v_{out} = R_f C_1 \frac{dv_{C_1}}{dt}$$

由於 $v_{C_1} = v_a - v_s = -v_s$，

$$v_{out} = -R_f C_1 \frac{dv_s}{dt}$$

所以，藉由簡單交換圖 7.26 電路中的電阻器與電容器，便將積分器改變成微分器。

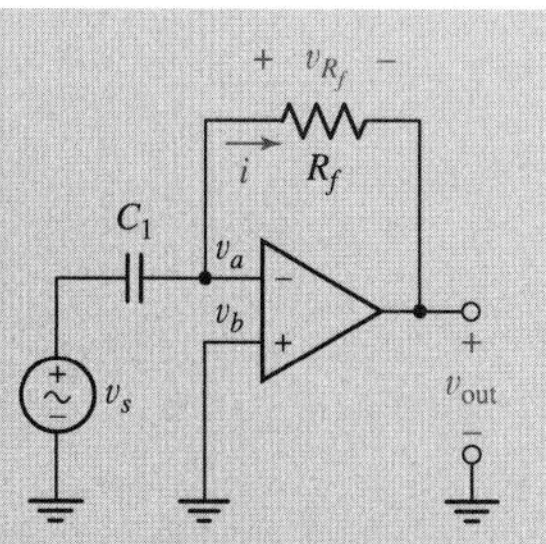

◆ **圖 7.27** 連接成為微分器之理想運算放大器。

練習題

7.10 試推導圖 7.28 所示電路以 v_s 所描述的 v_{out} 表示式。

解答：$v_{out} = -L_f/R_1\ dv_s/dt$。

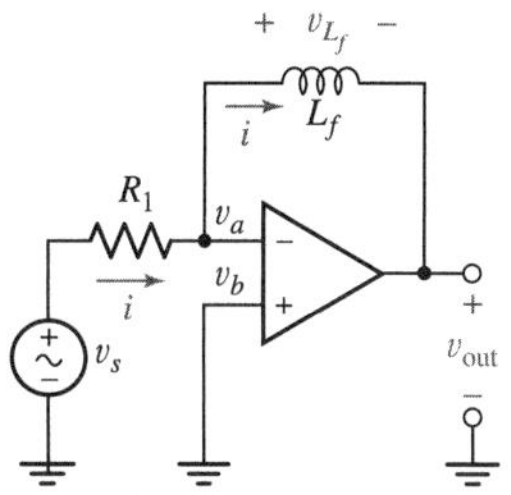

◆ **圖 7.28**

7.6 對偶性質

對偶性 (Duality) 的觀念適用於許多基礎工程概念。本節將定義電路方程式之對偶性。若描述某一個電路特性的網目方程組與描述另一個電路特性的節點方程組具有**相同的數學形式**，則兩電路稱為“對偶”。若其中一個電路的每個網目方程式在數值上等同於另一個電路所相應的節點方程式之數值，則稱為完全對偶；當然其中的電流與電壓變數會有所不同。對偶性質本身僅是指對偶電路所呈現的任何一種特性。

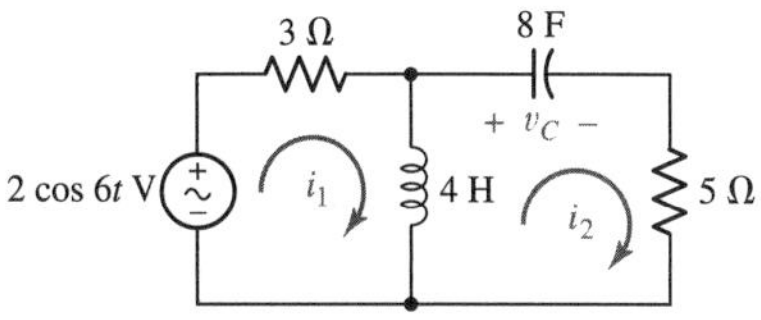

◆ **圖 7.29** 已知可應用對偶性定義藉以判斷是否為對偶之電路，其中 $v_c(0) = 10$ V。

使用對偶性的定義來建構精確的對偶電路，先寫出圖 7.29 所示電路的兩個網目方程式。指定兩網目電流 i_1 與 i_2，則網路方程式為

$$3i_1 + 4\frac{di_1}{dt} - 4\frac{di_2}{dt} = 2\cos 6t \qquad [18]$$

$$-4\frac{di_1}{dt} + 4\frac{di_2}{dt} + \frac{1}{8}\int_0^t i_2\,dt' + 5i_2 = -10 \qquad [19]$$

此時可以建立兩個可描述電路完全對偶之方程式。期望這些方程式為節點方程式，因此先以節點電壓 v_1 與 v_2 分別取代網目

方程式 [18] 與 [19] 中的電流 i_1 與 i_2。得到

$$3v_1 + 4\frac{dv_1}{dt} - 4\frac{dv_2}{dt} = 2\cos 6t \qquad [20]$$

$$-4\frac{dv_1}{dt} + 4\frac{dv_2}{dt} + \frac{1}{8}\int_0^t v_2\,dt' + 5v_2 = -10 \qquad [21]$$

此時則試圖找出這兩個節點方程式所代表的電路。

先繪製一條線段，代表參考節點，之後則可建立兩個節點，正的節點電壓 v_1 與 v_2 分別位於此兩節點上。方程式 [20] 指示 2 cos 6*t* A 的電流源連接於節點 1 與參考節點之間，方向為提供流進節點 1 之電流。此一方程式也顯示 3 S 的電導位於節點 1 與參考節點之間。接著討論方程式 [21]，先考慮非共有項，亦即沒有出現在方程式 [20] 的各項，其指示將一個 8 H 電感器與一個 5 S 電導 (並聯) 連接節點 2 與參考節點之間。方程式 [20] 與 [21] 中兩個相似項代表 4 F 電容器出現在節點 1 與節點 2 之間；將此一電容器連接於兩節點之間便完成此電路。方程式 [21] 右邊的常數項為電感器電流在 $t = 0$ 之數值，亦即 $i_L(0) = 10$ A。對偶電路闡述於圖 7.30；由於兩組方程式在數值上為相同的，因此兩電路完全對偶。

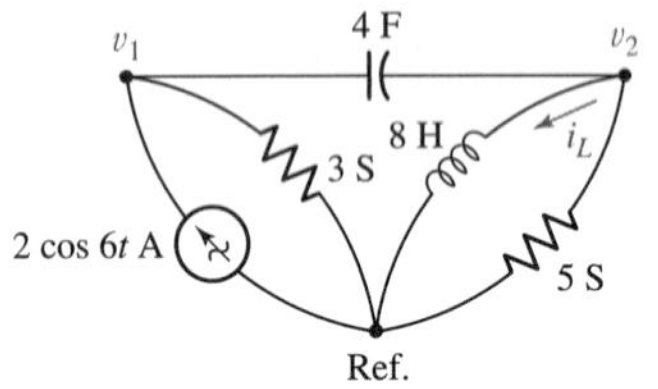

◆**圖 7.30** 圖 7.29 之完全對偶電路。

可採用更簡易的方法得到對偶電路，而不需要寫出這些方程式。為了建立所給定的電路之對偶電路，依據其網目方程式來想像其電路。在每個網目中，必須結合一個非參考節點，此外尚必須提供參考節點。在已知的電路圖中，因此需設置一個節點位於每個網目中央，並且提供此參考節點為靠近電路圖，或者靠近封閉電路圖的迴路之連接線。每個同時出現在兩網目中的元件稱為互接元件，並且在兩個相應的網目方程式中，除了正負號之外，會產生相同的項目。必須以相應的節點方程式中提供對偶項的元件來取代互接元件。此一對偶元件因而必須直接連接於兩個位於具有互接元件的網目之內的非參考節點之間。

簡易判斷對偶元件的本質；只有當電容取代電感、電感取代電容、電阻取代電導，以及電導取代電阻，方程式的數學型式才會相同。因此，在圖 7.29 電路中，網目 1 與 2 所共有的 4 H 電感器有如對偶電路中直接連接於節點 1 與 2 之間的 4 F 電容器。

僅出現在某一個網目的元件必須具有出現在相應節點與參考節點之間的對偶。再次參照圖 7.29，電壓源 2 cos 6*t* V 僅出現在網目 1；其對偶為電流源 2 cos 6*t* A，且僅連接於節點 1 與參考

節點之間。由於電壓源是由順時鐘方向所感測的，因此電流源的方向必須為流進非參考節點。最後，必須制定已知電路中跨於 8 F 電容器的初始電壓之對偶。方程式已經顯示了跨於電容器的初始電壓之對偶為對偶電路中流經電感器的初始電流；數值相同，且將已知電路中的初始電壓與對偶電路中的初始電流兩者視為電源，為判斷該初始電流的正確方向之最簡易方式。因此，若將已知電路中的 v_C 視為電源，則在網目方程式右手邊呈現 $-v_C$；在對偶電路中，將電流 i_L 視為電源則會導致節點方程式右手邊的 $-i_L$ 項。由於被視為電源時，每個皆具有相同的符號，因此若 $v_C(0) = 10$ V，則 $i_L(0)$ 必須為 10 A。

將圖 7.29 之電路重複繪製於圖 7.31，並且將其完全對偶建構於電路圖上，僅將每個已知元件之對偶繪製於兩節點之間，兩節點則位於已知電路的兩個網目內部。環繞著已知電路的參考節點可能對此一性質有所幫助。以較為標準的型式重新繪製對偶電路，則如圖 7.30 所示。

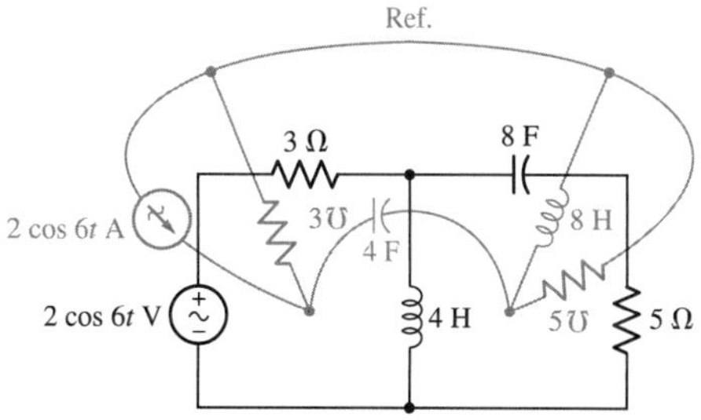

◆ **圖 7.31** 直接從電路圖來建構圖 7.29 電路之對偶。

建構對偶電路之額外範例闡述於圖 7.32a 與圖 7.32b。由於沒有指定元件的數值，因此這些電路為對偶，但不一定是完全對偶。在圖 7.32b 的對偶電路每一個網目 (該對偶電路具有五個網目) 中央放置一個節點，便可恢復原電路，過程如先前所述。

對偶性的觀念也能以語言轉述，藉以描述電路的分析或操作。例如，如果已知一個電壓源串聯一個電容器，明顯的描述可能為“電壓源會致使電流流經電容器”。對偶的描述則為“電流源會致使電壓跨於電感器上”。對偶較不明顯的敘述如“電流環

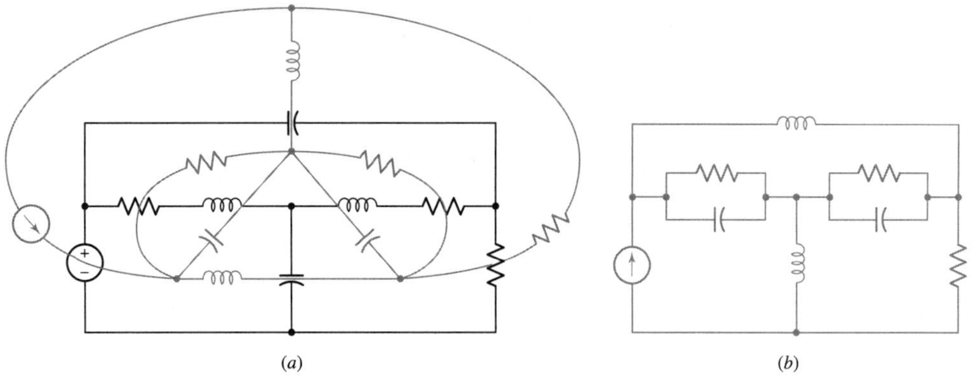

◆ **圖 7.32** (a) 將某一已知電路 (黑色) 之對偶 (灰色) 建構於已知電路上；(b) 以較為傳統的型式繪製該對偶電路，以供與原電路比較之用。

繞著串聯電路打轉”，這可能需要一點想像力。[4]

藉由研讀戴維寧定理便可得到使用對偶語言的練習，結果可產生諾頓定理。

已經說明了對偶元件、對偶語言，以及對偶電路。那麼，對偶網路又如何？考慮一個電阻器 R 與一個電感器 L 串聯。此兩端網路的對偶存在，並且將某理想電源連接至此一已知電路，最容易得到其對偶電路。之後所得到的對偶電路為對偶電源並聯一個與 R 大小相同的電導 G，以及一個與 L 大小相同的電容 C。考慮此一對偶網路為連接至對偶電源之兩端網路；因此 G 與 C 之間的一對端點並聯。

最後，應該說明的是，對偶性的定義乃是基於網目與節點方程式。由於不能以網目方程組來描述非平面電路，因此無法繪製為平面形式的電路便不具備對偶性質。

原則上使用對偶可將必須的分析工作簡化成為分析簡單的標準電路即可。在分析了串聯的 RL 電路之後，並聯的 RC 電路較少受到關注，此非由於較不重要，而是由於已知對偶網路的分析方式。由於某些複雜電路的分析並不易為大家所熟知，因此對偶性質並不會提供任何快速的求解方式。

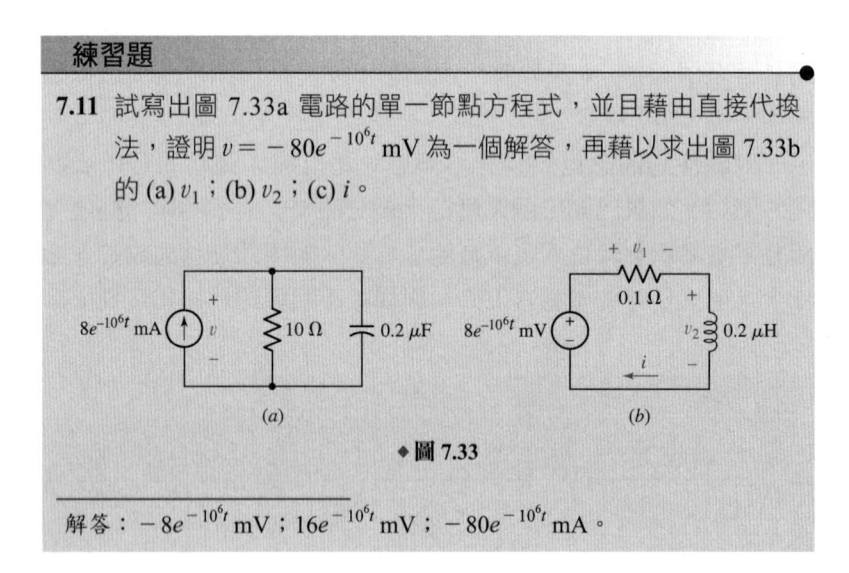

練習題

7.11 試寫出圖 7.33a 電路的單一節點方程式，並且藉由直接代換法，證明 $v = -80e^{-10^6 t}$ mV 為一個解答，再藉以求出圖 7.33b 的 (a) v_1；(b) v_2；(c) i。

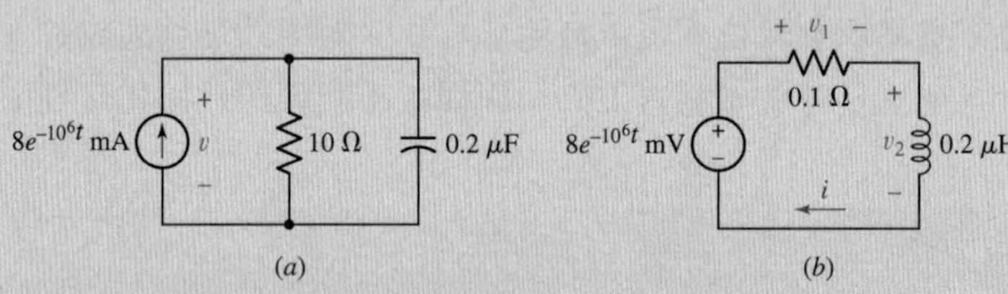

◆ 圖 7.33

解答：$-8e^{-10^6 t}$ mV；$16e^{-10^6 t}$ mV；$-80e^{-10^6 t}$ mA。

4 有些人會建議，“電壓跨於所有並聯電路上”。

總結與回顧

能夠僅使用電阻器以及電壓／電流源來建立許多實際的電路之模型。然而，最為關注的日常事件會涉及某些隨時間改變的事物，在如此狀況下，本質的電容及／或電感即顯得重要。在諸如選頻濾波器、電容器組，以及電動車馬達的設計上利用如此的能量儲存元件，功效也相當顯著。**理想**電容器的模型具有無限大的並聯電阻，而其電流則視端電壓的時間變動率而定。電容量的單位為**法拉** (F)。反之，**理想**電感器的模型具有零串聯電阻，而其端電壓則視電流的時間變動率而定。電感量的單位為**亨利** (H)。兩元件皆能夠**儲存能量**；電容器所儲存的能量 (儲存在電場中) 正比於其端電壓的**平方**，而電感器所儲存的能量 (儲存在磁場中) 則正比於其電流的**平方**。

依照在電阻器所得知的，能夠使用串聯／並聯組合，簡化電容器 (或電感器) 的連接，如此等效電路的適用性來自 KCL 與 KVL。一旦盡可能簡化了電路 (注意不要因為"組合"而失去了用來定義所關注的電流或電壓之元件)，便能夠將節點與網目分析應用至具有電容器與電感器的電路。然而，所產生的微積分方程式通常不易求解，所以接下來的兩章將考慮某些實際的求解方式。然而，在本章中，也能夠簡易地分析具有單一運算放大器的簡單電路。已知如此包含了運算放大器的簡單電路能夠用來充當訊號的**積分器**或**微分器**。所以，積分器與微分器可提供描述輸入量如何隨著時間改變 (例如，在離子植入矽晶圓期間中電荷的累加) 之輸出訊號。

最後一個觀點，電容器與電感器提供一個觀念特別強烈的範例，稱為**對偶性**。KCL 與 KVL、網目與節點分析則為其他的範例。很少使用對偶性的觀念來分析電路，但此一觀念仍然相當重要，由於對偶性質的含意為僅需要大略學習"一半"的完整觀念，之後再判斷如何轉述為另一半。某些人會覺得這樣相當有用，有些人則不然。無論如何，在 PSpice 與其他電路模擬工具中建立電容器與電感器相當簡單，可提供解答之檢查。在如此的套裝軟體中，電容器與電感器兩元件和電阻器之間的差異乃是必須注意**適當地設定初始條件**。

在此列出本章的某些關鍵點，並且標示出適切的範例，藉以輔助本章的進一步回顧。

- ❑ 流經電容器的電流給定為 $i = C\,dv/dt$。(範例 7.1)
- ❑ 電容器的跨壓與其電流之關係為

$$v(t) = \frac{1}{C}\int_{t_0}^{t} i(t')\,dt' + v(t_0)$$

(範例 7.2)

- ❑ 電容器對直流而言為**開路**。(範例 7.1)
- ❑ 電感器的跨壓給定為 $v = L\,di/dt$。(範例 7.4 與 7.5)
- ❑ 流經電感器的電流與其電壓之關係為

$$i(t) = \frac{1}{L}\int_{t_0}^{t} v\,dt' + i(t_0)$$

(範例 7.6)

- ❑ 電感器對直流而言為**短路**。(範例 7.4 與 7.5)
- ❑ 當前儲存在電容器中的能量為 $\frac{1}{2}Cv^2$，而當前儲存在電感器中的能量為 $\frac{1}{2}Li^2$，兩者皆參考於能量尚未儲存的時間點。(範例 7.3 與 7.7)

- 能夠使用與電阻器相同的方程式來組合電感器的串聯與並聯。(範例 7.8)
- 電容器的串聯與並聯組合則是以相反於電阻器的方式進行。(範例 7.8)
- 由於電容器與電感器皆為線性元件，因此 KVL、KCL、重疊定理、戴維寧與諾頓定理、以及節點與網目分析皆可應用於電容器與電感器電路中。(範例 7.9)
- 在反相運算放大器中以電容器為回授元件可使輸出電壓正比於輸入電壓之**積分**。將輸入端的電阻器與回授電容器互換則可使輸出電壓正比於輸入電壓的**微分**。(範例 7.10)

延伸閱讀

各種電容器與電感器型式的特性與選擇之詳細指南能夠在以下兩手冊中找到：

H. B. Drexler, *Passive Electronic Component Handbook,* 2nd ed., C. A. Harper, ed. New York: McGraw-Hill, 2003, pp. 69–203.

C. J. Kaiser, *The Inductor Handbook,* 2nd ed. Olathe, Kans.: C.J. Publishing, 1996.

說明以電容器為基礎的運算放大器之兩本書籍：

R. Mancini (ed.), *Op Amps Are For Everyone,* 2nd ed. Amsterdam: Newnes, 2003.

W. G. Jung, *Op Amp Cookbook,* 3rd ed. Upper Saddle River, N.J.: Prentice-Hall, 1997.

習題

7.1 電容器

1. 若 220 nF 電容器的電壓 $v_C(t)$ 為 (a) -3.35 V；(b) $16.2e^{-9t}$ V；(c) $8\cos 0.01t$ mV；(d) $5+9\sin 0.08t$ V，假設使用被動符號慣例，試求流經電容器之電流。
2. 假設使用被動符號慣例，相應於圖 7.34 之電流波形，試繪製跨於 2.5 F 電容器兩端的電壓。

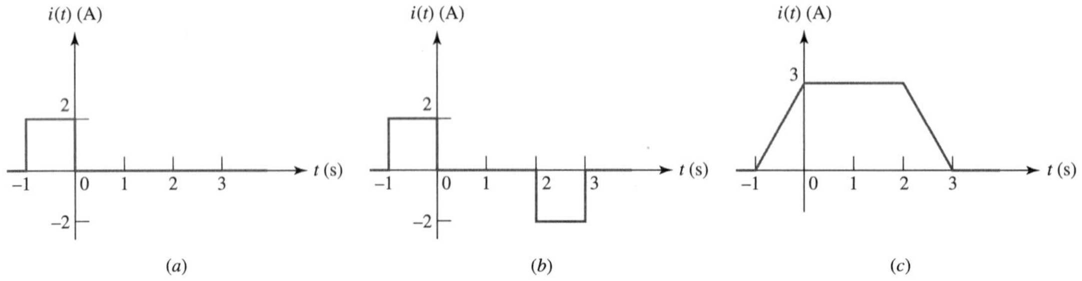

◆ 圖 7.34

3. 流經 33 mF 電容器的電流闡述於圖 7.35。(a) 假設使用被動符號慣例，試繪製所產生的電容器跨壓波形；(b) 試計算 300 ms、600 ms 與 1.1 s 時的電壓值。
4. 若 (a) $C=1.4$ F 且 $v_C=8$ V、$t>0$；(b) $C=23.5$ pF 且 $v_C=0.8$ V、$t>0$；(c) $C=17$ nF、$v_C(1)=12$ V、$v_C(0)=2$ V 且 $w_C(0)=295$ nJ，試計算在 $t=1$ s 時電容器所儲存的能量。

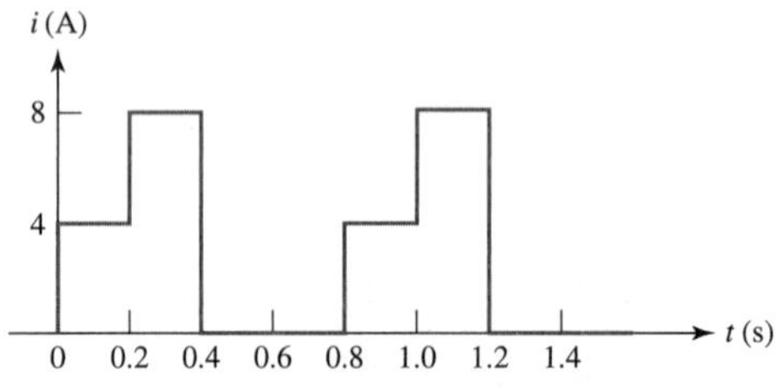

◆ 圖 7.35

5. 將一個 137 pF 的電容器連接至一電壓源，使得 $v_C(t) = 12e^{-2t}$ V、$t \geq 0$ 且 $v_C(t) =$ 12 V、$t < 0$。試計算在時間 t 等於 (a) 0；(b) 200 ms；(c) 500 ms；(d) 1 s 時，電容器所儲存的能量。
6. 試計算圖 7.36 所描述的每個電路中 40 Ω 電阻器所消耗的功率以及標示為 v_C 之電壓。

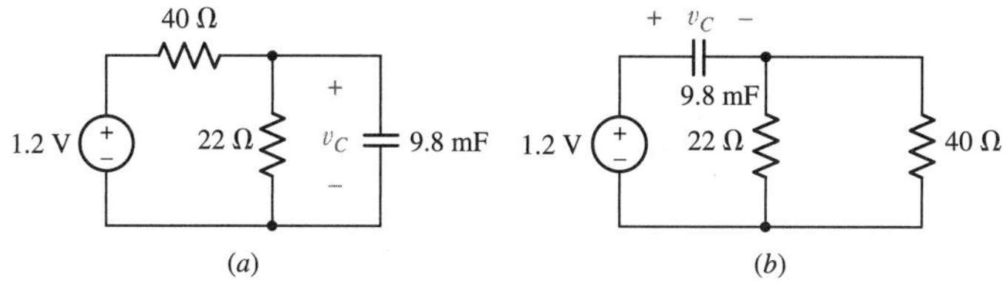

◆ 圖 7.36

7. 考慮圖 7.37 所示的每個電路，試計算標示為 v_C 之電壓。

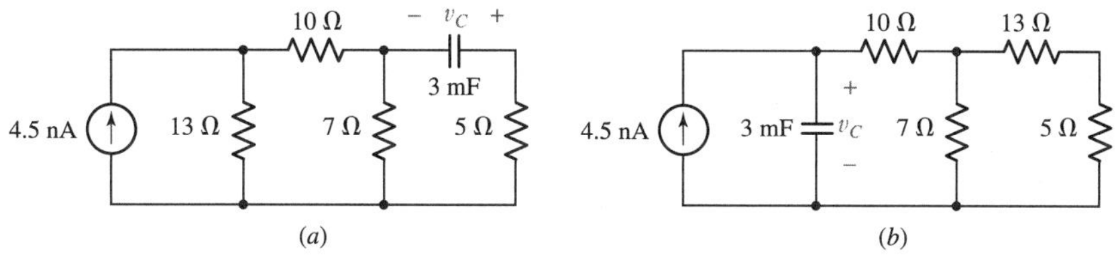

◆ 圖 7.37

7.2 電感器

8. 若流經 75 mH 電感器的電流具有圖 7.38 所示之波形，(a) 假設使用被動符號慣例，試繪製 $t \geq 0$ 時，跨於電感器兩端的電壓；以及 (b) 試計算 $t = 1$ s、2.9 s 與 3.1 s 時電壓值。

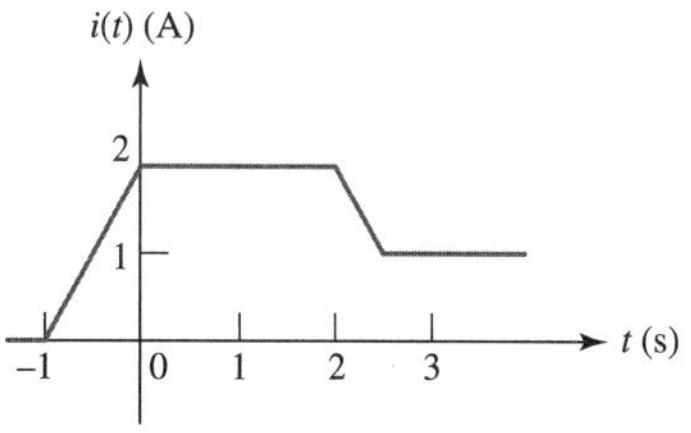

◆ 圖 7.38

9. 一 2 H 電感器的跨壓為 $v_L = 4.3t$、$0 \leq t \leq 50$ ms。若已知 $i_L(-0.1) = 100\ \mu$A，試計算在 t 等於 (a) 0；(b) 1.5 ms；(c) 45 ms 時之電感器電流 (假設使用被動符號慣例)。
10. 若流經 1 nH 電感器的電流為 (a) 0 mA；(b) 1 mA；(c) 20 A；(d) 5 sin 6t mA、$t > 0$。試計算儲存在電感器的能量。
11. 假設圖 7.39 電路已經連接相當長的一段時間，試求每個標示為 i_x 之電流數值。
12. 若 (a) 將一個 10 Ω 電阻器連接於圖 7.40 電路的端點 x 與 y 之間；(b) 將一個 1 H 電感器連接於圖 7.40 電路的端點 x 與 y 之間；(c) 將一個 1 F 電容器連接於圖 7.40 電路的端點 x 與 y 之間；(d) 將一個 4 H 電感器並聯一個 1 Ω 電阻器連接於圖 7.40 電路的端點 x

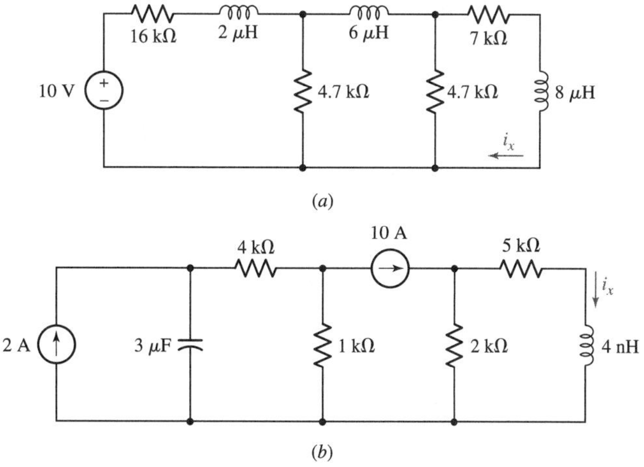

◆ 圖 7.39

與 y 之間。試計算標示為 v_x 之電壓值，假設該電路已經運作一段相當長的時間。

13. 考慮圖 7.41 所示電路，(a) 試計算電感器兩端的戴維寧等效電路；(b) 試求兩電阻所消耗的功率；(c) 試計算電感器所儲存的能量。

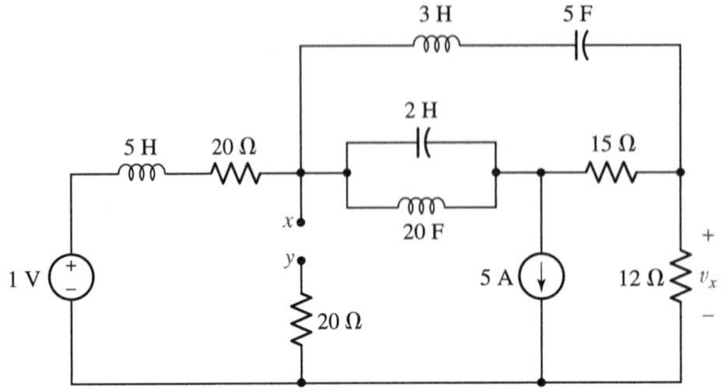

◆圖 7.40

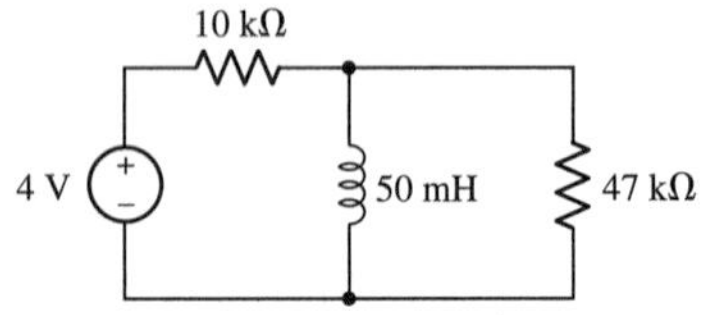

◆圖 7.41

7.3 電感與電容之組合

14. 若每個電容器皆具有 1 F 數值，試求圖 7.42 所示網路之等效電容值。
15. 若每個電感器皆具有 L 數值，試求圖 7.43 所示網路之等效電感值。

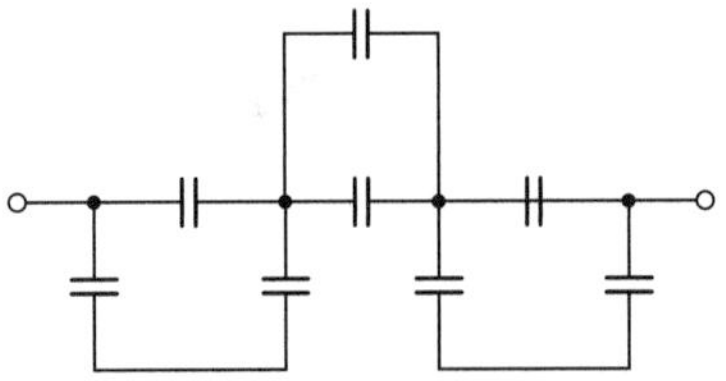

◆圖 7.42

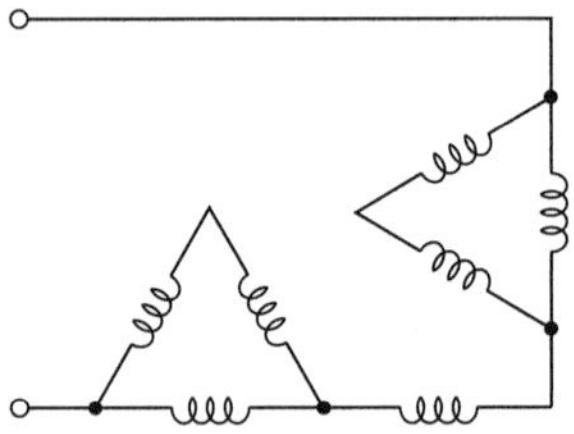

◆圖 7.43

16. 試計算圖 7.44 中標示為 C_{eq} 之等效電容。
17. 試求圖 7.45 所示網路的等效電容 C_{eq}。

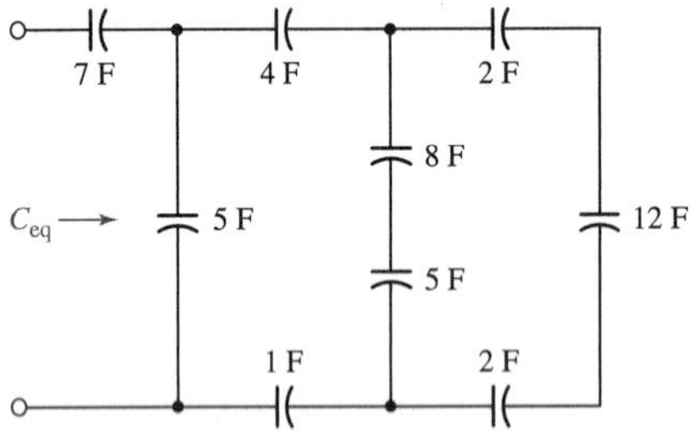

◆圖 7.44

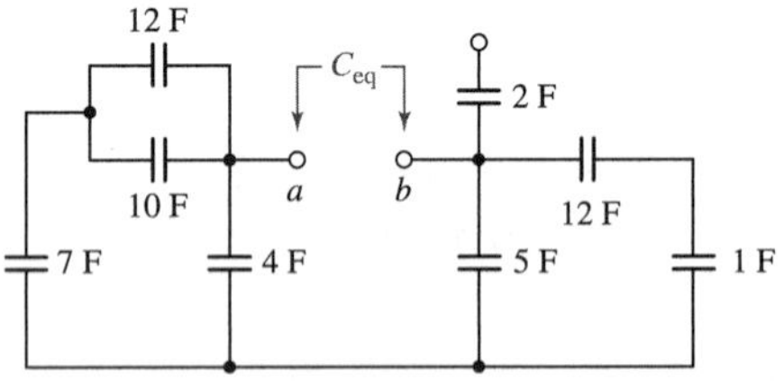

◆圖 7.45

18. 試應用適當的組合技巧，得到圖 7.46 網路中標示為 L_{eq} 之等效電感。
19. 試化簡圖 7.47 所描述的電路為最少元件之電路。

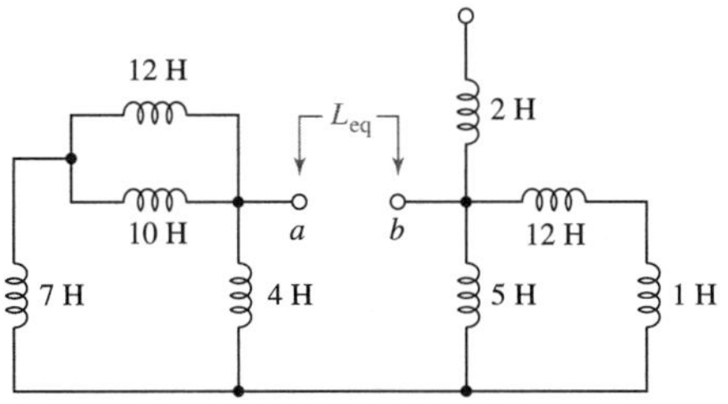

◆ 圖 7.46

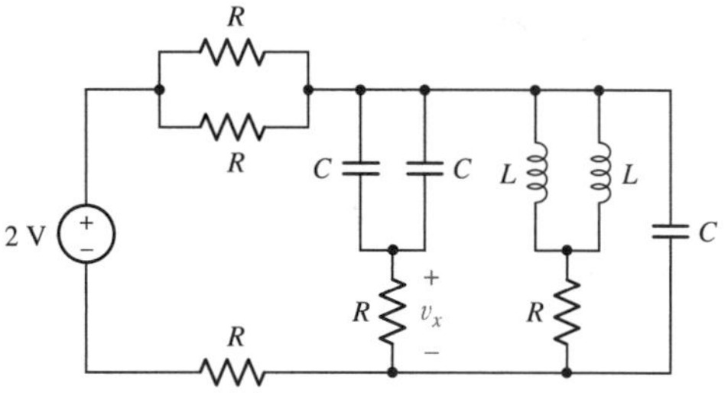

◆ 圖 7.47

7.4 線性之推論

20. 考慮圖 7.48 所示電路，(a) 試寫出一組完整的節點方程式；以及 (b) 試寫出一組完整的網目方程式。
21. 若假設圖 7.49 電路中所有的電源皆已經連接並且運作一段相當長的時間，試使用重疊定理求出 $v_C(t)$ 與 $v_L(t)$。

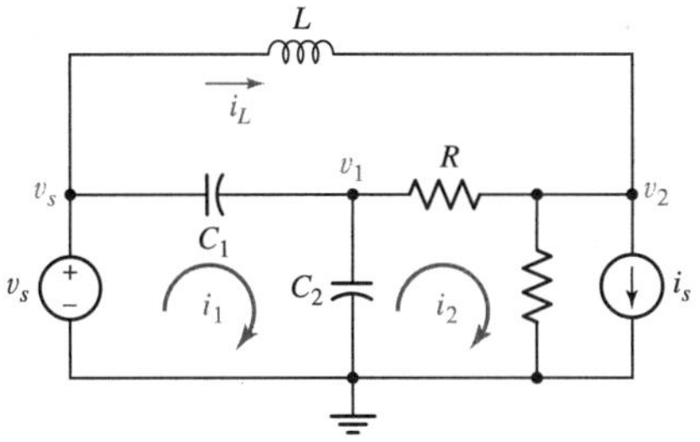

◆ 圖 7.48

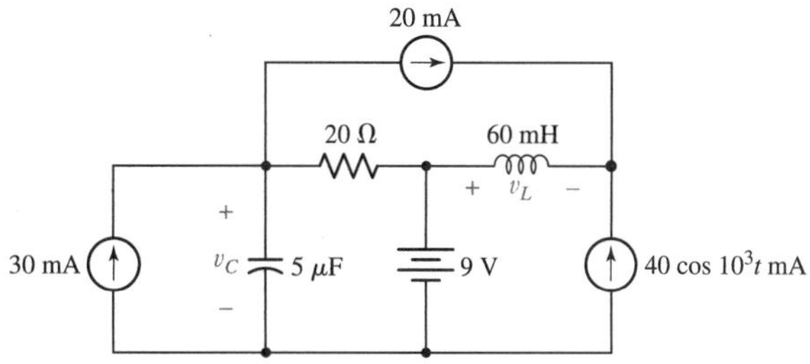

◆ 圖 7.49

22. 考慮圖 7.50 之電路，假設在 $t = 0$ 時，沒有儲存任何能量。試寫出一組完整的節點方程式。

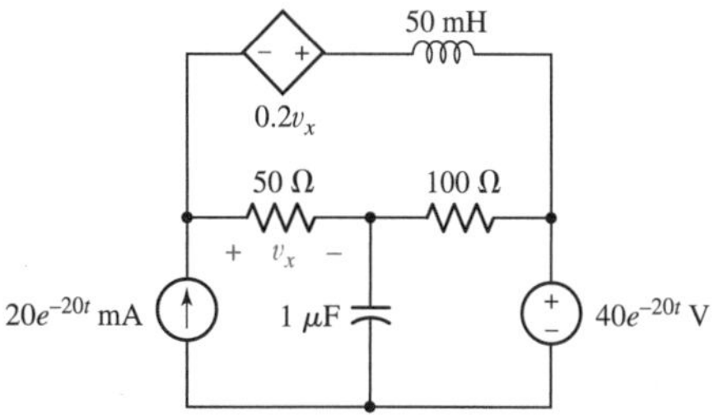

◆ 圖 7.50

7.5 具有電容器的簡單運算放大器電路

23. 考慮圖 7.26 之積分放大器電路，$R_1 = 100$ kΩ、$C_f = 500$ μF，且 $v_s = 20 \sin 540t$ mV。若 (a) $A = \infty$、$R_i = \infty$ 且 $R_o = 0$；(b) A = 5000、$R_i = 1$ MΩ 且 $R_o = 3$ Ω，試計算 v_{out}。
24. 試推導圖 7.51 所示的放大器電路中以 v_s 描述之 v_{out} 表示式。
25. 實際上，除非在運算放大器的輸出端與輸入端之間具有傳導路徑，否則如圖 7.26 所描述的電路可能無法正確運作。(a) 試分析圖 7.52 所示之以修改積分放大器電路，藉以得到以 v_s 所描述的 v_{out} 表示式，並且 (b) 試比較此一表示式與方程式 [17]。

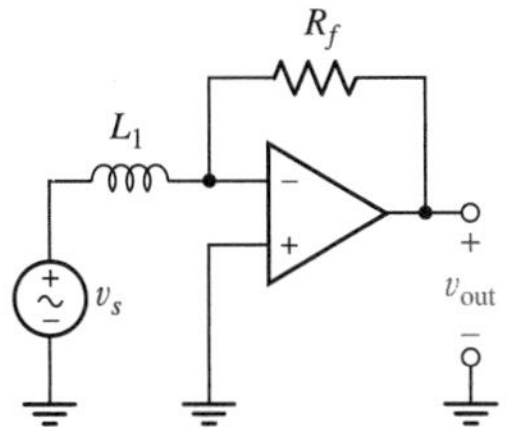

◆ 圖 7.51

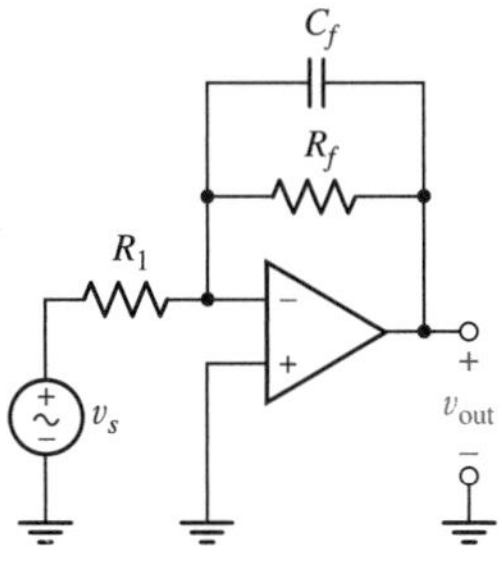

◆ 圖 7.52

7.6 對偶性質

26. (a) 試繪製圖 7.53 所示簡單電路之完全對偶電路；(b) 試標示新的 (對偶) 變數；(c) 試寫出兩電路之網目方程式。
27. (a) 試繪製圖 7.54 所示簡單電路之完全對偶電路；(b) 試標示新的 (對偶) 變數；(c) 試寫出兩電路之節點與網目方程式。

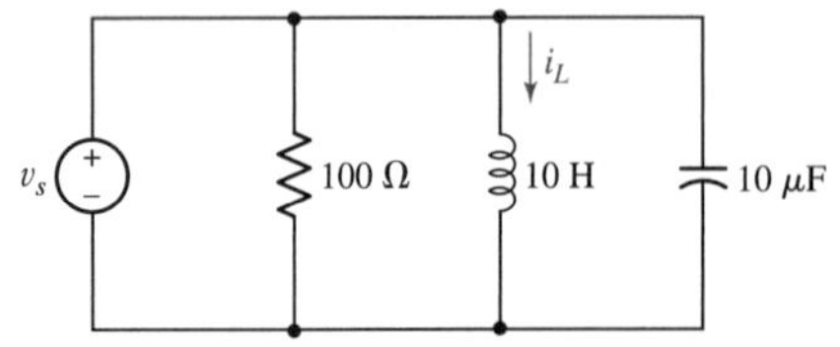

◆ **圖 7.53**

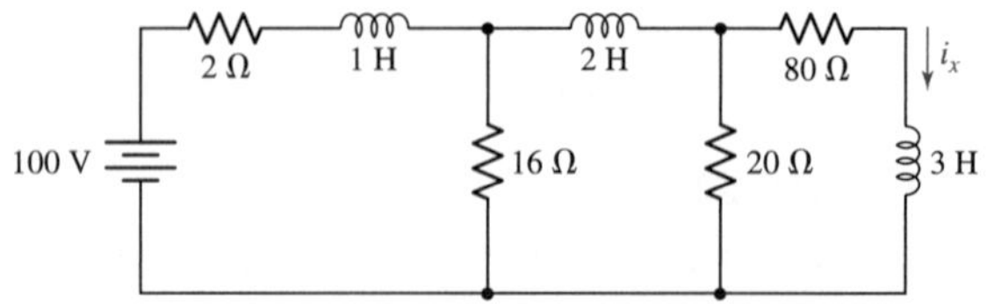

◆ **圖 7.54**

28. 試繪製圖 7.55 所示電路之完全對偶電路。請保持整齊。

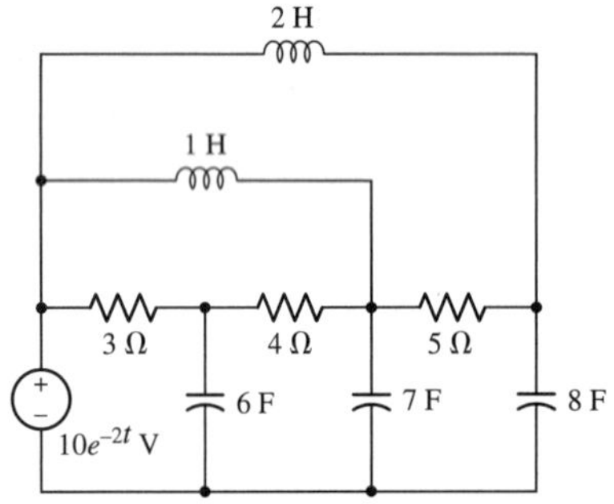

◆ **圖 7.55**

Chapter 8

基本 *RL* 與 *RC* 電路

主要觀念

- *RL* 與 *RC* 之時間常數
- 自然與強制響應
- 計算直流激勵之時間相依響應
- 如何判斷電路響應之初始條件與其效應
- 分析具有步階函數輸入與開關之電路
- 使用單位步階函數之脈波波形建構
- 循序開關切換電路之響應

簡介

在第七章中，曾描述數種包含電感與電容兩者的電路之響應，但未對其求解。此時，將對僅包含電阻器與電感器，或者僅包含電阻器與電容器的簡單電路求解。

雖然所要考量的電路具有非常基本的外觀，卻是別具實際的意義。此種型式的網路可使用於電子放大器、自動控制系統、運算放大器、通訊設備，以及許多其他的應用中。熟悉這些簡單電路將使分析者能夠預測放大器可追隨快速時變的輸入之準確度，或者預測相應於馬達的場電流 (Field Current)，馬達的速度會有多快速的改變。了解簡單的 *RL* 與 *RC* 電路同樣也可提出修改電路的建議，藉以得到更理想的響應。

8.1 無源 *RL* 電路

包含電感器及 / 或電容器的電路之分析需視可彰顯電路特徵的微積分方程式之公式與解答而定。所得到的特殊型式之方程式稱為*齊次線性微分方程式* (Homogeneous Linear Differential Equation)，亦即簡單的微分方程式，其中的每一項皆為因變數或其微分的一次式。當找出因變數的表示式，並滿足微分方程式，而且也在預定的瞬時能滿足電感器與電容器所預定的能量分佈，便可得到解答，其中通常令 $t=0$。

微分方程式的解答代表電路的響應，且已知響應具有許多名稱。由於此種響應需視電路一般的“自然性質”而定 (元件的型式、大小，以及元件的相互連接)，通常稱為**自然響應** (Natural Response)。然而，一般所建構的任何實際電路並不能夠不斷儲存能量；與電感器及電容器本質相關的電阻最終還是會將所儲存的能量轉換成熱，所以響應最終必完全消失。正因如此，此種響應也常稱為**暫態響應** (Transient Response)。最後，亦應熟習數學家們對命名的貢獻；數學家稱齊次線性微分方程式為*互補函數* (Complementary Function)。

當考慮獨立電源作用於電路時，部分的響應將類似於所使用的特定電源之本質 [或*強制函數* (Forcing Function)]；此一部分的響應稱為*特解* (Particular Solution)、*穩態響應* (Steady-State Response)、或者**強制響應** (Forced Response)，會與無源電路所產生的互補響應“互補”。電路的完整響應則為互補函數與特解之總和。換言之，完整響應為自然響應與強制響應之總和。無源響應可稱為*自然*響應、*暫態*響應、*自由*響應，或者*互補函數*，但最常稱為*自然*響應，較具描述性。

此時將考慮微分方程式數種不同的求解方法，此為數學運算並非電路的分析。因此，應關注解答的本身、解答的意義，以及解答的解釋，並且嘗試充分熟悉響應的型式，能夠藉由一般的思維，寫出新電路之解答。雖然當較簡單的方法失效時，需要複雜的分析方法，而在這樣的狀況下，良好的經驗與直覺是相當寶貴的資源。

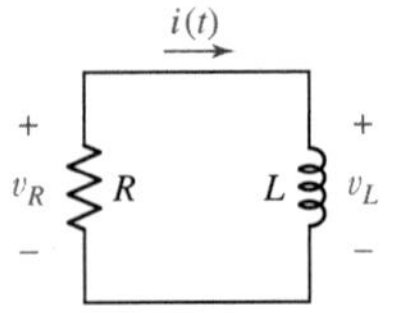

◆**圖 8.1** 所求為 $i(t)$ 之串聯 RL 電路，初始條件為 $i(0)=I_0$。

在沒有電源的電路中，討論流進電路的時變電流似乎相當奇特！請記住，僅已知在時間 $t=0$ 之電流，而不知在此時間之前的電流為何，同樣也並不知在 $t=0$ 之前的電路為何。為了電流可於電路中流動，電路必已存在於某些時刻上，但此一資訊卻是未知。

考慮如圖 8.1 所示的簡單串聯 RL 電路開始探討所謂的暫態分析。時變的電流命名為 $i(t)$；以 I_0 代表 $i(t)$ 在 $t=0$ 之數值，亦即 $i(0)=I_0$。因此得到

$$Ri + v_L = Ri + L\frac{di}{dt} = 0$$

或者

$$\frac{di}{dt} + \frac{R}{L}i = 0 \qquad [1]$$

此時的目標為寫出可滿足上述方程式且在 $t=0$ 也具有 I_0 之 $i(t)$ 表示式。可藉由數種不同的方法得到所需解答。

■直接的求解方式

微分方程式其中一種非常直接的求解方法為以分離變數的方式寫出方程式，之後再將方程式等號兩邊積分。方程式 [1] 中的變數為 i 與 t，而顯然可將方程式乘以 dt，接著除以 i，再以變數分離重新整理：

$$\frac{di}{i} = -\frac{R}{L}\,dt \qquad [2]$$

由於在 $t=0$ 的電流為 I_0，且在時間 t 的電流為 $i(t)$，因此可將方程式等號兩邊的式子以相應的上下限積分，再令兩個定積分相等：

$$\int_{I_0}^{i(t)} \frac{di'}{i'} = \int_0^t -\frac{R}{L}\,dt'$$

進行所指定的積分，

$$\ln i'\Big|_{I_0}^{i} = -\frac{R}{L}t'\Big|_0^t$$

得到

$$\ln i - \ln I_0 = -\frac{R}{L}(t-0)$$

在簡單的運算之後，得到電流 $i(t)$ 為

$$i(t) = I_0 e^{-Rt/L} \qquad [3]$$

先將方程式 [3] 代入方程式 [1] 導出恆等式 $0=0$，之後再將 $t=0$ 代入方程式 [3] 得到 $i(0)=I_0$，藉以檢查此一解答是否正確。兩步驟皆為必需的；解答必須滿足描述電路特性的微分方程式，同時也應滿足初始條件。

範例 8.1

若圖 8.2 的電感器在 $t=0$ 具有電流 $i_L=2$ A，試求在 $t>0$ 有效的 $i_L(t)$ 表示式。

此為相同類型的電路，所以期望電感器電流的型式為

$$i_L = I_0 e^{-Rt/L}$$

其中 $R=200\ \Omega$、$L=50$ mH 且 I_0 為 $t=0$ 時流經電感器之初始電

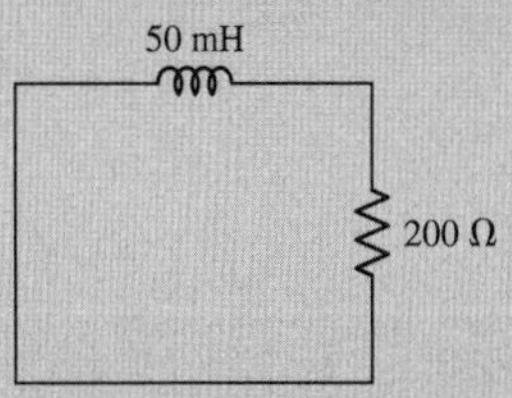

◆圖 8.2 在 $t=0$ 時能量已儲存在電感器中之簡單 RL 電路。

流。因此，

$$i_L(t) = 2e^{-4000t}$$

將 $t = 200 \times 10^{-6}$ s 代入，得到 $i_L(t) = 898.7$ mA，小於初始值的一半。

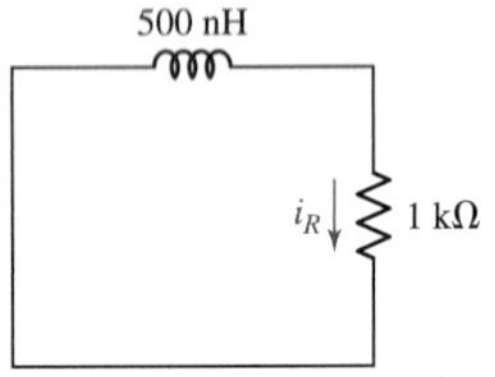

◆ **圖 8.3** 練習題 8.1 之電路。

練習題

8.1 若 $i_R(0) = 6$ A，試求在 $t = 1$ ns 流經圖 8.3 的電阻器之電流 i_R。

解答：812 mA。

■ 另一種求解的方式

也可略為修改先前所說明的求解方式。在分離變數之後，方程式也可包含一個積分常數。因此，

$$\int \frac{di}{i} = -\int \frac{R}{L}\,dt + K$$

積分得到

$$\ln i = -\frac{R}{L}t + K \qquad [4]$$

將方程式 [4] 代入原微分方程式 [1] 並不能夠評估出常數 K；由於對任意 K 值而言，方程式 [4] 皆為方程式 [1] 的解答 (可自行嘗試驗證)，因此仍會得到恆等式 0 = 0。因此，必須選擇滿足初始條件 $i(0) = I_0$ 的積分常數，方程式 [4] 則成為

$$\ln I_0 = K$$

而且將此一 K 值使用於方程式 [4]，藉以得到所需的響應

$$\ln i = -\frac{R}{L}t + \ln I_0$$

或者

$$i(t) = I_0 e^{-Rt/L}$$

與先前的解答相同。

■ 較一般的求解方式 (通解)

當變數可分離時，便能夠使用上述的其中一種方式，但在方程式並非總是變數可分離的狀況。在其他的情況下，將依靠一種相當有用的方法，其成功與否乃是取決於求解的直覺與經驗。亦即先簡單地設想或假設解答的型式，之後再測試所預設的解答是

否正確，其中可將預設的解答代入微分方程式，再使用已知的初始條件進行求解。並不能期望一開始便設想了具有精確數值的解答表示式，所以會先假設解答包含某些未知的常數，接著再選擇這些常數的數值，藉以滿足微分方程式以及初始條件。電路分析中所遇到的諸多微分方程式之解答皆能以指數函數，或者以數個指數函數的加總來表示。假設方程式 [1] 的解答為指數函數的型式，

$$i(t) = Ae^{s_1 t} \qquad [5]$$

其中 A 與 s_1 為接下來所要決定的常數。將此一假設解答代入方程式 [1] 之後，得到

$$As_1 e^{s_1 t} + A\frac{R}{L}e^{s_1 t} = 0$$

或者

$$\left(s_1 + \frac{R}{L}\right) Ae^{s_1 t} = 0 \qquad [6]$$

為了使所有時間的數值都滿足此一方程式，需要 $A = 0$，或者 $s_1 = -\infty$，又或者 $s_1 = -R/L$。但是，若 $A = 0$ 或者 $s_1 = -\infty$，會使得每個響應皆為零；所以 $A = 0$ 與 $s_1 = -\infty$ 皆不是問題的解答。因此，必須選擇

$$s_1 = -\frac{R}{L} \qquad [7]$$

呈現所假設的解答型式

$$i(t) = Ae^{-Rt/L}$$

必須應用初始條件 $i(0) = I_0$ 來評估所剩的未知常數。因此，$A = I_0$，而最後所得到的預設解答型式為

$$i(t) = I_0 e^{-Rt/L}$$

基本方法的總結概述於圖 8.4。

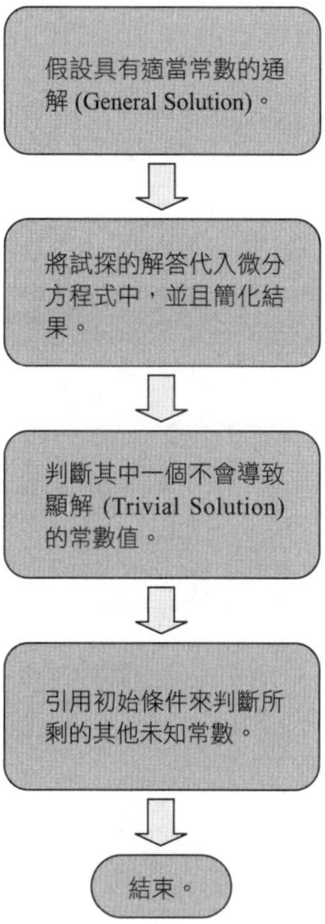

◆ **圖 8.4** 一階微分方程式的一般求解方式之流程圖，能夠基於經驗而設想解答的型式。

■ 直接的方式：特徵方程式

實際上，能夠採取更為直接的方式。在得到方程式 [7] 的過程中，曾求解

$$s_1 + \frac{R}{L} = 0 \qquad [8]$$

此稱為**特徵方程式** (Characteristic Equation)。能夠直接從微分方

程式得到特徵方程式，而不需以試驗解答代入微分方程式。考慮一般的一階微分方程式

$$a\frac{df}{dt}+bf=0$$

其中的 a 與 b 為常數。以 s^1 取代 df/dt，並且以 s^0 取代 f

$$a\frac{df}{dt}+bf=(as+b)f=0$$

藉此可直接得到特徵方程式

$$as+b=0$$

此方程式具有單一個根 $s=-b/a$。微分方程式的解答因此為

$$f=Ae^{-bt/a}$$

此基本程序可簡易延伸至二階為方程式，如在第九章所探討的內容。

範例 8.2

考慮圖 8.5a 的電路，試求在 $t=200$ ms 時標示為 v 的電壓。

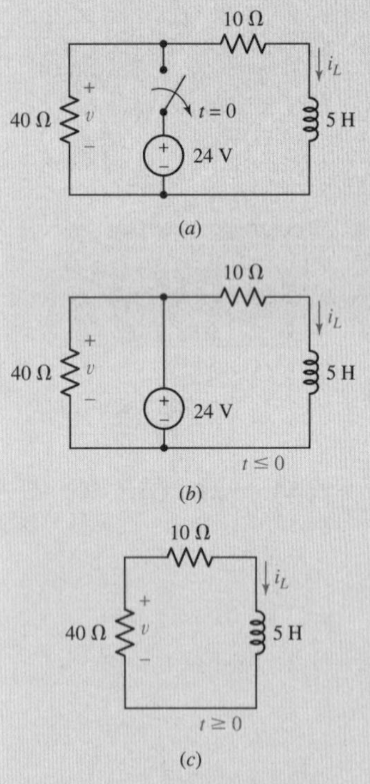

◆**圖 8.5** (a) 在時間 $t=0$ 將開關斷開的簡單 RL 電路；(b) 在 $t=0$ 之前所存在的電路；(c) 在開關斷開之後的電路，其中的 24 V 電源已經移除。

▶確定問題的目標

圖 8.5a 的示意圖實際上代表了兩個不同的電路：一個開關閉合的電路 (圖 8.5b) 以及一個開關斷開的電路 (圖 8.5c)。題目要求計算圖 8.5c 所示的電路之 $v(0.2)$。

▶蒐集已知的資訊

兩個新電路皆已正確繪製並且標示。接著假設圖 8.5b 的電路已經連接了一段相當長的時間，因此任何的暫態皆已經消失。除非另有指示，否則如此的假設為一般的規則。此一電路已確定了 $i_L(0)$。

▶擬訂求解計畫

可藉由寫出 KVL 方程式來分析圖 8.5c 的電路。最終希望得到僅具有變數 v 與 t 之微分方程式；之後再求解方程式的 $v(t)$。

▶建立一組適當的方程式

參照圖 8.5c，可描述為

$$-v+10i_L+5\frac{di_L}{dt}=0$$

將 $i_L=-v/40$ 代入，得到

$$\frac{5}{40}\frac{dv}{dt}+\left(\frac{10}{40}+1\right)v=0$$

或者更簡潔表示為

$$\frac{dv}{dt} + 10v = 0 \qquad [9]$$

▶判斷是否需要額外的資訊

經由先前的經驗，已知完整的 v 表示式需要 v 在特定時間瞬間的資訊，使用 $t=0$ 的瞬間通常最為方便。可將焦點放在圖 8.5b，並寫出 $v(0)=24$ V，但此僅確定為開關斷開之前的數值。在開關斷開的瞬間，電阻器電壓能夠改變為任意數值；唯有電感器電流必須保持不變。

在圖 8.5b 的電路中，由於電感器對直流電流的行為類似短路，所以 $i_L=24/10=2.4$ A。因此，在圖 8.5c 的電路中也是如此，$i_L(0)=2.4$ A ——分析此種型態的電路之關鍵。在圖 8.5c 的電路中，得知 $v(0)=(40)(-2.4)=-96$ V。

▶嘗試解決方案

任何一種求解技巧皆能夠予以延伸，可先描述相應於方程式 [9] 的特徵方程式：

$$s + 10 = 0$$

求解可得 $s=-10$，所以

$$v(t) = Ae^{-10t} \qquad [10]$$

(將之代入方程式 [9] 的左邊，得到的結果為

$$-10Ae^{-10t} + 10Ae^{-10t} = 0$$

如所預期。)

令方程式 [10] 中的 $t=0$，並且利用 $v(0)=-96$ V 的事實，得知 A。因此，

$$v(t) = -96e^{-10t} \qquad [11]$$

且 $v(0.2)=-12.99$ V，從最大值 -96 V 遞減。

▶驗證解答是否合理或所預期的

相對於寫出 v 的微分方程式，可寫出 i_L 的微分方程式：

$$40i_L + 10i_L + 5\frac{di_L}{dt} = 0$$

或是

$$\frac{di_L}{dt} + 10i_L = 0$$

所具有的解答為 $i_L=Be^{-10t}$。由於 $i_L(0)=2.4$，得知 $i_L(t)=2.4e^{-10t}$。由於 $v=-40i_L$，同樣也可得到方程式 [11]。應注意的是：電感器電流與電阻器電壓具有相同的指數關係，**此非巧合！**

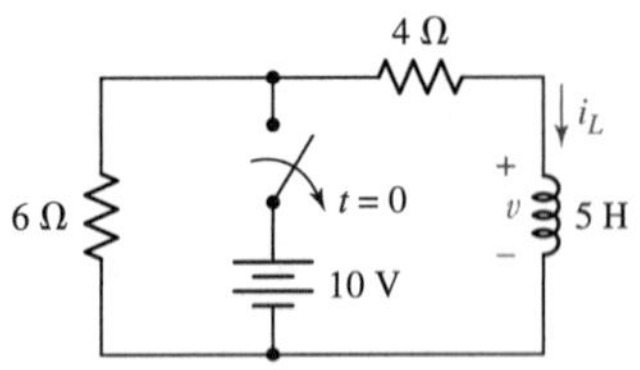

◆ **圖 8.6** 練習題 8.2 之電路。

練習題

8.2 試求圖 8.6 電路當 $t > 0$ 時之電感器電壓 v。

解答：$-25e^{-2t}$ V。

■計算能量

在解釋響應之前，先回到圖 8.1 的電路，並且檢驗其功率與能量之關係。消耗在電阻器中的功率為

$$p_R = i^2 R = I_0^2 R e^{-2Rt/L}$$

並且可將此一瞬時功率從零時間積分至無限大時間，得知轉換成熱的總能量：

$$w_R = \int_0^{\infty} p_R\, dt = I_0^2 R \int_0^{\infty} e^{-2Rt/L}\, dt$$

$$= I_0^2 R \left(\frac{-L}{2R}\right) e^{-2Rt/L}\Big|_0^{\infty} = \frac{1}{2} L\, I_0^2$$

由於初始儲存在電感器中的總能量為 $\frac{1}{2} L I_0^2$，而且由於基本上電感器的電流會降至零，而在後續無限的時間內不再有能量儲存在電感器中，此為所預期的結果。所有的初始能量因此皆消耗在電阻器。

8.2 指數響應之特性

此時考慮串聯 RL 電路響應的自然本質。已經得知了電感器的電流可表示為

$$i(t) = I_0 e^{-Rt/L}$$

在 $t = 0$，電流具有數值 I_0，但隨著時間增加，電流會降低，並且降至零。藉由繪製 $i(t)/I_0$ 對 t 的圖示，如圖 8.7 所示，便可得知此種衰減的指數型式。由於所繪製的函數為 $e^{-Rt/L}$，因此若 R/L 保持不變，則曲線便不會改變。所以，對每一個具有相同 L/R 比值的串聯 RL 電路而言，必會得到相同的曲線。此時將焦點放在 L/R 比值如何影響該曲線。

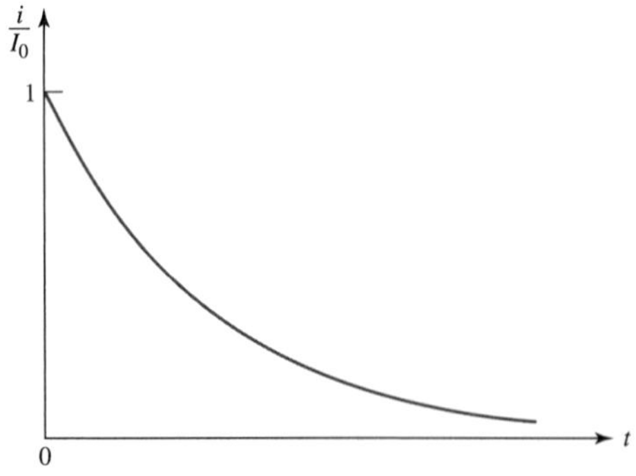

◆ **圖 8.7** $e^{-Rt/L}$ 對時間 t 之圖示。

若將 L 對 R 的比值變為兩倍，並且也將時間 t 加倍，則指數值不變。亦即，原有的響應將會發生在較後面的時間點，並且將每個點向右邊移動兩倍，便可

得到新的曲線。對較大的 L/R 比值而言，電流衰減至對應的已知任何原數值皆需要較長的時間。換言之，曲線的“寬度”加倍，或者寬度正比於 L/R。然而，在圖示中會發現要定義所謂的寬度相當困難，此乃是由於每條曲線皆延伸於 $t = 0$ 至 ∞！另外，需考慮若電路以其初始速率持續降低而使電流降至零所需的時間。

藉由估算在時間等於零的導數，便能得到衰減的初始速率：

$$\left.\frac{d}{dt}\frac{i}{I_0}\right|_{t=0} = -\left.\frac{R}{L}e^{-Rt/L}\right|_{t=0} = -\frac{R}{L}$$

假設衰減的速率為常數，並以希臘字母 τ (tau) 表示之，可指出從一降至零所花費的時間之數值。因此，

$$\left(\frac{R}{L}\right)\tau = 1$$

或者

$$\boxed{\tau = \frac{L}{R}} \qquad [12]$$

由於指數 $-Rt/L$ 必為無單位，因此比值 L/R 的單位為秒。此一時間數值 τ 稱為**時間常數** (Time Constant)，其型式闡述於圖 8.8。可繪圖響應曲線以得知串聯 *RL* 電路的時間常數；只需要繪製曲線在 $t = 0$ 的切線即可，並且判斷此切線與時間軸的交點便可得知時間常數。此種方法通常方便分析者從示波器的顯示螢幕上找到趨近的時間常數。

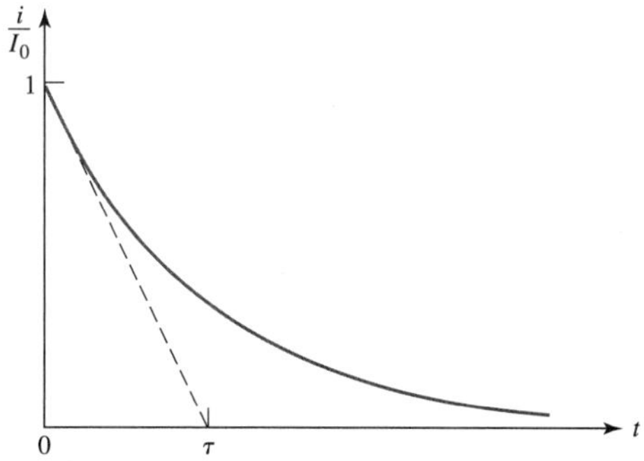

◆ **圖 8.8** 串聯 *RL* 電路的時間常數 τ 為 L/R。假設響應曲線以初始衰減速率相等的固定速度衰減而降至零所需的時間即為時間常數。

藉由判斷在 $t = \tau$ 時 $i(t)/I_0$ 的數值，便可得到同樣重要的時間常數 τ 之解釋。可知

$$\frac{i(\tau)}{I_0} = e^{-1} = 0.3679 \qquad \text{或} \qquad i(\tau) = 0.3679 I_0$$

因此，在一個時間常數內，響應已經降至初始值的 36.8%；同樣也可以經由此一事實而以繪圖來判斷時間常數 τ 的數值，如圖 8.9 所示。如此圖示方便分析者測量電流在一個時間常數區間內的衰減狀況，並且可依靠掌上型的計算機驗證在 $t = \tau$ 時 $i(t)/I_0$ 為 0.3679，在 $t = 2\tau$ 時為 0.1353，在 $t = 3\tau$ 時為 0.04979，在 $t = 4\tau$ 時為 0.01832，且在 $t = 5\tau$ 時為 0.006738。在零時間之後三到五倍時間常數的某時間點，大都認為電流已可忽略不計。因此，若問及“電流衰減至零所

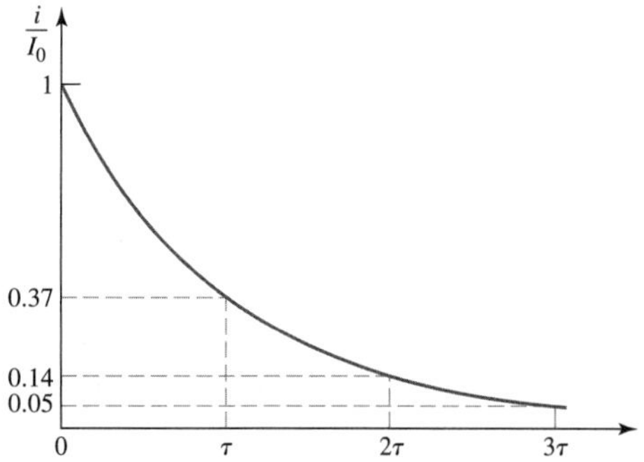

◆ **圖 8.9** 串聯 *RL* 電路之電流在 $t = \tau$ 時降至初始值的 37%，在 $t = 2\tau$ 時降至 14%，且在 $t = 3\tau$ 時降至 5%。

耗費的時間多長？" 則答案可為 "大約五倍的時間常數"，此時電流已小於原始數值的 1%！

練習題

8.3 在無源串聯 RL 電路中，試求以下的比率值：(a) $i(2\tau)/i(\tau)$；(b) $i(0.5\tau)/i(0)$；(c) 若 $i(t)/i(0)=0.2$，則試求 t/τ；(d) 若 $i(0)-i(t)=i(0)\ln 2$，則試求 t/τ。

解答：0.368；0.607；1.609；1.181。

8.3 無源 *RC* 電路

相較於電阻器-電感器的組合，具有電阻器-電容器組合之電路較為常見，主要是因為實體電容器具有較小損失、較低成本、簡單數學模型與實際元件行為之間具有較好的一致性，並且也具有較小的尺寸與較輕的重量，但電感器與電容器兩者對積體電路的應用而言皆非常重要。

此時考慮圖 8.10 所示的並聯 (或為串聯？) 的 RC 電路之分析，對應於 RL 電路的分析極為相近。假設電容器的初始儲存能量為

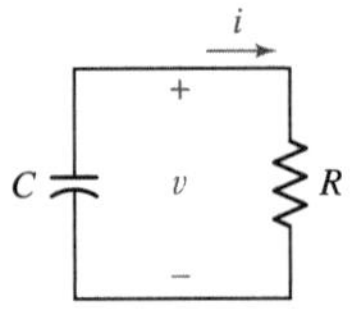

◆ **圖 8.10** 要計算 $v(t)$ 之並聯 RC 電路，其中的初始條件為 $v(0)=V_0$。

$$v(0) = V_0$$

流出電路圖上方節點的總電流必為零，所以可以寫出

$$C\frac{dv}{dt} + \frac{v}{R} = 0$$

除以 C 得到

$$\frac{dv}{dt} + \frac{v}{RC} = 0 \qquad [13]$$

對照方程式 [1]，方程式 [13] 具有與之熟悉的型式

$$\frac{di}{dt} + \frac{R}{L}i = 0 \qquad [1]$$

此驗證了若以 v 取代 i，並且以 RC 取代 L/R，便可產生相同的方程式，故此時所分析的 RC 電路為 RL 電路之對偶。若其中一個電路的電阻等於另一個電路的電阻之倒數，且若 L 在數值上等於 C，則對偶性質迫使 RC 電路的 $v(t)$ 與 RL 電路 $i(t)$ 具有相同的表示式。因此，RL 電路的響應為

$$i(t) = i(0)e^{-Rt/L} = I_0 e^{-Rt/L}$$

藉此可立即寫出 *RC* 電路相關的方程式

$$v(t) = v(0)e^{-t/RC} = V_0 e^{-t/RC} \qquad [14]$$

反之，假設已經選擇電流 i 為 *RC* 電路中的變數，而不是電壓 v。應用克西荷夫電壓定律，

$$\frac{1}{C}\int_{t_0}^{t} i\,dt' - v_0(t_0) + Ri = 0$$

所得到的是積分方程式，而不是微分方程式。然而，將方程式等號兩邊取時間的導數，

$$\frac{i}{C} + R\frac{di}{dt} = 0 \qquad [15]$$

並且以 v/R 取代 i，再一次得到了方程式 [13]：

$$\frac{v}{RC} + \frac{dv}{dt} = 0$$

可能一開始便已經使用了方程式 [15]，而非自然而然應用對偶性原理。

此時討論方程式 [14] 所表示的 *RC* 電路電壓響應之實際本質。在 $t=0$，得到正確的初始條件，並且隨著時間 t 變為無限大，電壓會趨近於零。後者的結果與若有任何電壓剩餘跨於電容器上則能量會持續流進電阻器而消耗為熱的想法一致。**因此，最終的電壓必為零**。可使用 *RL* 電路時間常數的表示式之對偶關係，得到 *RC* 電路的時間常數，或者可簡單地注意響應已經降至初始值 37% 的時間而得知 *RC* 電路的時間常數：

$$\frac{\tau}{RC} = 1$$

所以

$$\boxed{\tau = RC} \qquad [16]$$

藉由所熟悉的負指數型式與明顯的時間常數 τ，可簡易繪製響應曲線 (圖 8.11)。較大數值的 R 或 C 提供較大的時間常數，並且使所儲存的能量消耗較為緩慢。若跨壓為已知，則較大的電阻值將消耗較小的功率，因此要將所儲存的能量轉換成為熱需要較長的時間；若跨壓為已知，則較大的電容儲存較大的能量，要耗掉初始能量一樣也需要較長的時間。

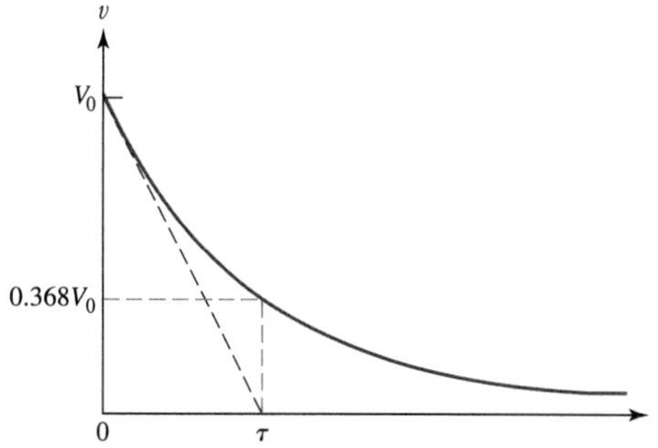

◆ **圖 8.11** 以時間函數繪製並聯 *RC* 電路中的電容器電壓 $v(t)$，其中 $v(t)$ 的初始值為 V_0。

範例 8.3

考慮圖 8.12a 之電路，試求在 $t = 200\ \mu s$ 時標示為 v 的電壓。

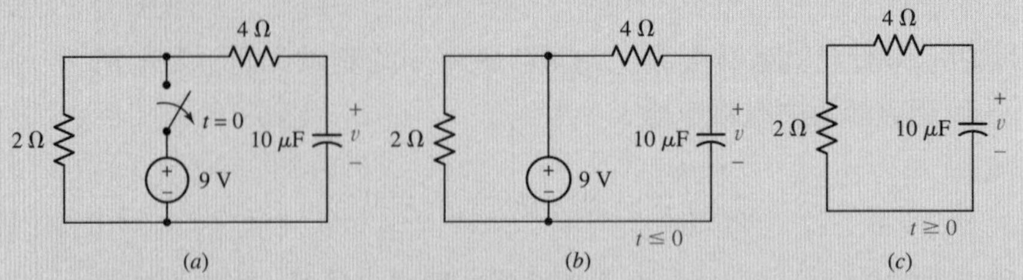

◆**圖 8.12** (a) 在時間 $t = 0$ 開關斷開的簡單 *RC* 電路；(b) 在 $t = 0$ 前存在的電路；(c) 在開關斷開之後的電路，其中 9 V 電源已移除。

為了求得所需的電壓，需要繪圖並且分析兩個獨立的電路：其中一個電路相應於開關斷開之前 (圖 8.12b)，另一個則相應於開關斷開之後 (圖 8.12c)。

分析圖 8.12b 電路的唯一目的為得到初始電容器電壓；假設電路中任何暫態很久前便已經消失，僅留下一個純直流電路。若沒有電流流經電容器或 4 Ω 電阻器，則

$$v(0) = 9\ \text{V} \qquad [17]$$

再者，注意圖 8.12c 的電路，確認

$$\tau = RC = (2 + 4)(10 \times 10^{-6}) = 60 \times 10^{-6}\ \text{s}$$

因此，經由方程式 [14]，

$$v(t) = v(0)e^{-t/RC} = v(0)e^{-t/60\times 10^{-6}} \qquad [18]$$

兩電路在 $t = 0$ 時之電容器電壓必須相同；任何其他的電壓或電流則沒有如此限制。將方程式 [17] 代入方程式 [18]，

$$v(t) = 9e^{-t/60\times 10^{-6}}\ \text{V}$$

所以，$v(200 \times 10^{-6}) = 321.1$ mV (小於最大值的 4%)。

練習題

8.4 請仔細注意圖 8.13 電路中的開端一旦關斷，該電路會產生如何變化，並試求在 $t = 0$ 與 $t = 160\ \mu s$ 之 $v(t)$。

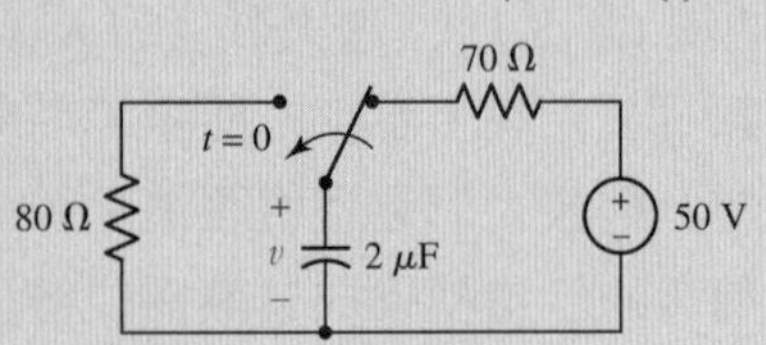

◆**圖 8.13**

解答：50 V，18.39 V。

8.4 更全面的觀點

間接從範例 8.2 與 8.3 可知，當電路中僅出現一個能量儲存元件，則無論電路中有多少個電阻器，皆僅得到單一個時間常數 (僅 $\tau=L/R$ 或 $\tau=RC$)。若意識到 R 的數值實際上為能量儲存元件兩端的戴維寧等效電阻，便能夠正式確定此一事實。(似乎奇怪的是，甚至可以計算具有相依電源的電路之時間常數！)

一般的 *RL* 電路

例如，考慮圖 8.14 所示的電路，電感器兩端的等效電阻為

$$R_{eq}=R_3+R_4+\frac{R_1R_2}{R_1+R_2}$$

因而時間常數為

$$\tau=\frac{L}{R_{eq}} \qquad [19]$$

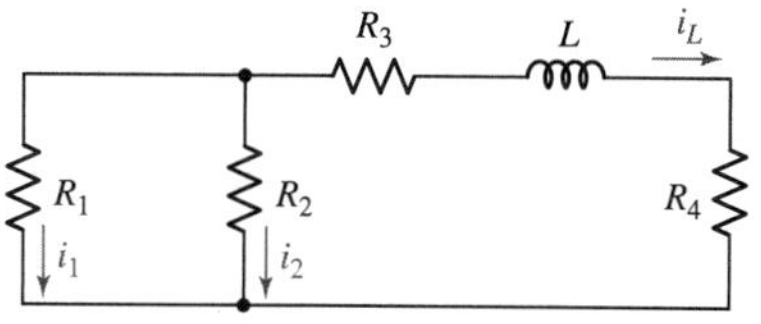

◆ **圖 8.14** 藉由求得時間常數 $\tau=L/R_{eq}$ 來分析具有一個電感器以及數個電阻器的無源電路。

> 也能夠描述為
>
> $$\tau=\frac{L}{R_{TH}},$$
>
> 其中的 R_{TH} 為電感器 L 兩端的戴維寧等效電阻。

若在電路中出現數個電感器，並且能夠使用串聯及 / 或並聯組合，則方程式 [19] 可以進一步推論為

$$\tau=\frac{L_{eq}}{R_{eq}} \qquad [20]$$

其中的 L_{eq} 代表等效電感。

詳細的時間切割：0^+ 與 0^- 之間的區別

回到圖 8.14，並且假設在 $t=0$ 時，某有限能量儲存在電感器中，所以 $i_L(0)\neq 0$。

電感器電流為

$$i_L=i_L(0)e^{-t/\tau}$$

此表示所謂可採用的問題基本解答方式。除了 i_L 之外，很可能還需要得知某電流或電壓，例如 R_2 上的電流 i_2。雖然能夠一再簡易地將克西荷夫定律與歐姆定律應用於電路的電阻性部分；但此一電路中，分流定理會提供最快速的解答：

$$i_2=-\frac{R_1}{R_1+R_2}[i_L(0)e^{-t/\tau}]$$

也可能發生在已知某電流初始值而不是已知電感器電流的情形。由於電阻器電流可能會瞬間改變，因此需使用符號 0^+ 來指出可能是在 $t=0$ 時電路已有任何改變之後的瞬間；以更專業的

數學語言，隨著 t 接近零，$i_1(0^+)$ 為 $i_1(t)$ 的右極限。[1] 因此，若已知 i_1 的初始值為 $i_1(0^+)$，則 i_2 的初始值為

$$i_2(0^+) = i_1(0^+)\frac{R_1}{R_2}$$

要注意的是，$i_L(0^+)$ 必等於 $i_L(0^-)$。然而，由於電感器電壓或者任何電阻器電壓與電流可以在零時間而瞬間改變，因此電感器電壓以及電阻器的電壓或電流未必會如此。

經由這些數值的計算，可得到所需的 i_L 初始值：

$$i_L(0^+) = -[i_1(0^+) + i_2(0^+)] = -\frac{R_1 + R_2}{R_2}i_1(0^+)$$

因此 i_2 的表示式變成

$$i_2 = i_1(0^+)\frac{R_1}{R_2}e^{-t/\tau}$$

接著，探討是否能夠使用更直接的方法得到最後的表示式。由於電感器電流會以 $e^{-t/\tau}$ 的指數型式衰減，因此**電路中的每個電流必須以相同的函數行為流動**。將電感器電流視為要施加至電阻性網路的電源電流，便可明確得知此一事實。電阻性網路中的每個電流與電壓必須具有相同的時間相依關係。使用這些觀念，因此可將 i_2 表示為

$$i_2 = Ae^{-t/\tau}$$

其中

$$\tau = \frac{L}{R_{eq}}$$

且必須經由 i_2 的初始值資訊來決定 A。由於 $i_1(0^+)$ 為已知，因此 R_1 與 R_2 的跨壓也已知，而且

$$R_2 i_2(0^+) = R_1 i_1(0^+)$$

得到

$$i_2(0^+) = i_1(0^+)\frac{R_1}{R_2}$$

因此，

$$i_2(t) = i_1(0^+)\frac{R_1}{R_2}e^{-t/\tau}$$

類似的步驟可對大多數的問題提供快速求解。先確認隨著指數型式衰減之響應時間相依性，藉由組合電阻求出適當的時間常

1 要注意的是，這只是為了記號概念上的方便而已。當在一個方程式中面臨 $t=0^+$ 或者其伴隨者 $t=0^-$，則可簡單使用數值零。此一記號提供分析者清楚區分事件發生前後的時間，例如開關的斷開或導通，或者電源供應器的開啟與關掉。

數，寫出具有未知振幅的解答，再經由已給定的初始條件求出該振幅。

相同的技巧也能夠應用於具有一個電感器與任何數目的電阻器之任何電路，也可應用於具有兩個以上的電感器以及兩個以上的電阻器之特殊電路，此類電路可藉由電阻或電感的組合而簡化成為一個電感器與一個電阻器。

範例 8.4

試求圖 8.15a 所示的電路在 $t>0$ 之 i_1 與 i_L。

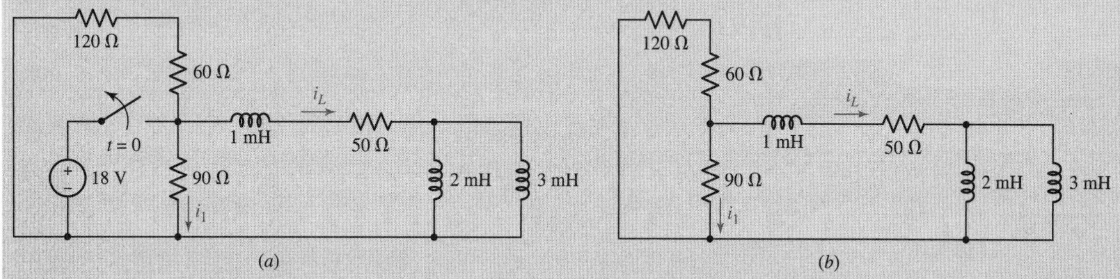

◆ **圖 8.15** (a) 具有多數個電阻器與電感器之電路；(b) 在 $t=0$ 之後，電路簡化為等效電阻 110 Ω 串聯 $L_{eq}=2.2$ mH。

在 $t=0$ 之後，當電壓源切離，如圖 8.15b 所示，則可簡單地計算出等效電感，

$$L_{eq}=\frac{2\times 3}{2+3}+1=2.2\text{ mH}$$

與等效電感串聯的等效電阻，

$$R_{eq}=\frac{90(60+120)}{90+180}+50=110\ \Omega$$

以及時間常數

$$\tau=\frac{L_{eq}}{R_{eq}}=\frac{2.2\times 10^{-3}}{110}=20\ \mu\text{s}$$

因此，自然響應的型式為 $Ke^{-50,000t}$，其中的 K 為未知常數。考慮在開關斷開前夕的電路 $(t=0^-)$，$i_L=18/50$ A。由於 $i_L(0^+)=i_L(0^-)$，得知在 $t=0^+$ 時，$i_L=18/50$ A 或 360 mA，所以

$$i_L=\begin{cases}360\text{ mA} & t<0\\ 360e^{-50,000t}\text{ mA} & t\geq 0\end{cases}$$

i_1 在 $t=0$ 的瞬間改變並無限制，所以在 $t=0^-$ 的 i_1 數值 (18/90 A 或 200 mA) 與在 $t>0$ 的 i_1 數值無關。反而必須透過 $i_L(0^+)$ 的資訊來求得 $i_1(0^+)$。使用分流定理，

$$i_1(0^+) = -i_L(0^+)\frac{120+60}{120+60+90} = -240 \text{ mA}$$

因此，

$$i_1 = \begin{cases} 200 \text{ mA} & t < 0 \\ -240e^{-50,000t} \text{ mA} & t \geq 0 \end{cases}$$

練習題

8.5 試求圖 8.16 電路在 $t = 0.15$ s 時之 (a) i_L；(b) i_1；(c) i_2 數值。

解答：0.756 A；0；1.244 A。

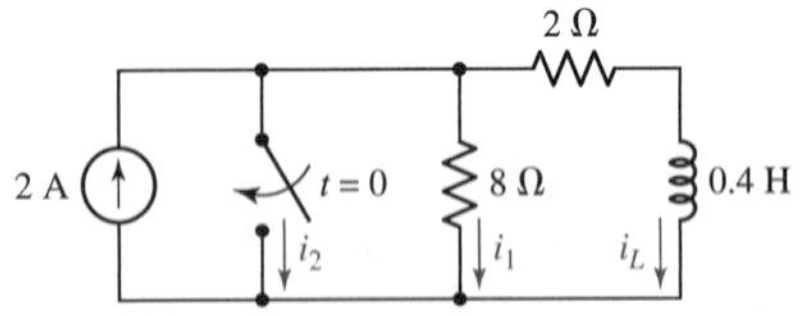

◆ **圖 8.16**

此時已考慮了如何求解任意電路之自然響應，其中能夠以一個等效電感器串聯一個等效電阻器來表示之。**具有數個電阻器與數個電感器的電路並不一定會具有允許電阻器或電感器組合成為單一等效元件之型式。**在這種情形下，就不具有與電路相關的單一負指數項或者單一時間常數。相反的是，如此狀況一般會具有數個負的指數項，指數項的數目會等於所有可能組合的電感器皆已組合完成之後電感器的數目。

一般的 *RC* 電路

許多欲求自然響應的 *RC* 電路具有超過一個的單一電阻器與電容器。如同對 *RL* 電路所進行的說明，先考慮所給定的電路可簡化為僅由一個電阻器與一個電容器所組成的等效電路之狀況。

先假設面臨具有單一個電容器與任意數目的電阻器之電路。能以一個等效電阻器取代跨於電容器兩端的網路，之後則可立即描述出電容器電壓的表示式。在這種情形下，該電路具有一個有效的時間常數為

$$\tau = R_{eq}C$$

其中的 R_{eq} 為網路的等效電阻。以另一種觀點而言，R_{eq} 實際上為電容器兩端所示的戴維寧等效電阻。

若電路具有超過一個的電容器，但這些電容器可使用某種方式的串聯及 / 或並聯組合而以一個等效電容 C_{eq} 取代，則該電路便具有一個有效的時間常數為

$$\tau = RC_{eq}$$

一般表示式則為

$$\tau = R_{eq}C_{eq}$$

然而，值得注意的是，以一個等效電容來取代並聯的電容器將會具有相同的初始條件。

範例 8.5

若 $v(0^-) = V_0$，試求圖 8.17a 所示的電路之 $v(0^+)$ 與 $i_1(0^+)$。

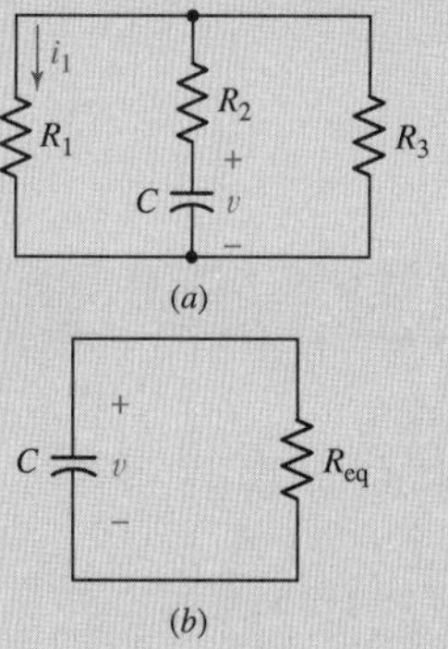

◆ **圖 8.17** (a) 已知具有一個電容器與數個電阻器的電路；(b) 已經以單一個等效電阻器取代所有電阻器；時間常數簡化為 $\tau = R_{eq}C$。

先將圖 8.17a 的電路簡化成為圖 8.17b 之電路，可寫出

$$v = V_0 e^{-t/R_{eq}C}$$

其中

$$v(0^+) = v(0^-) = V_0 \quad \text{及} \quad R_{eq} = R_2 + \frac{R_1R_3}{R_1 + R_3}$$

在網路的電阻部分中，每個電流與電壓必具有 $Ae^{-t/R_{eq}C}$ 的型式，其中的 A 為電流或電壓的初始值。例如，R_1 的電流因此可表示為

$$i_1 = i_1(0^+)e^{-t/\tau}$$

其中

$$\tau = \left(R_2 + \frac{R_1R_3}{R_1 + R_3}\right)C$$

而 $i_1(0^+)$ 仍需經由初始條件來決定之。在 $t = 0^+$，電路中的任何電流必來自電容器。因此，由於 v 不能瞬間改變，因此 $v(0^+) = v(0^-) = V_0$，且

$$i_1(0^+) = \frac{V_0}{R_2 + R_1R_3/(R_1 + R_3)} \frac{R_3}{R_1 + R_3}$$

練習題

8.6 試求圖 8.18 電路在 t 等於 (a) 0^-；(b) 0^+；(c) 1.3 ms 時之 v_C 與 v_o 數值。

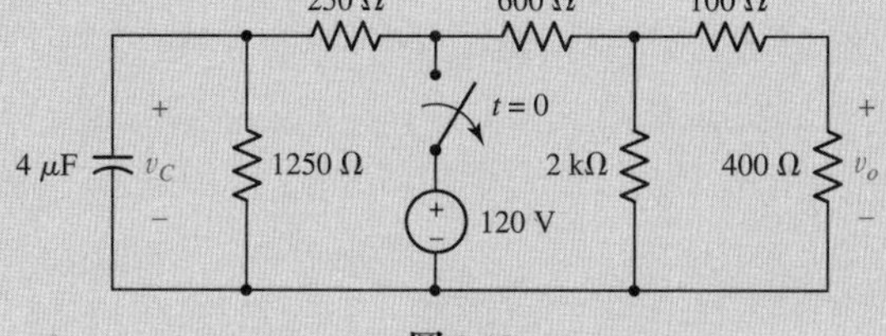

◆ **圖 8.18**

解答：100 V，38.4 V；100 V，25.6 V；59.5 V，15.22 V。

此種分析方法可以應用於具有一個能量儲存元件以及也具有一個或多個相依電源之電路。在這種狀況下，可以寫出適當的 KCL 或 KVL 方程式，以及任何必要的輔助方程式，再精簡為單一個微分方程式，並且取得特徵方程式，藉以得到時間常數。或者，可以找出網路中連接至電容器或電感器的戴維寧等效電阻，並藉以計算適當的 *RL* 或 *RC* 時間常數——除非相依電源受控於儲能元件相關的電壓或電流，若在如此狀況下，便不能夠使用戴維寧之方法。

範例 8.6

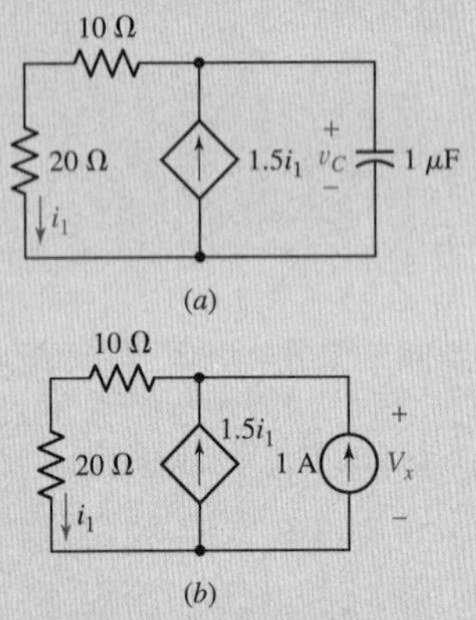

◆ **圖 8.19** (a) 具有非受控於電容器電壓或電流的相依電源之簡單 *RC* 電路；(b) 用以求得連接至電容器的網路之戴維寧等效電路。

考慮圖 8.19a 之電路，若 $v_C(0^-) = 2$ V，試求 $t > 0$ 時標示為 v_C 的電壓。

相依電源並非受控於電容器的電壓或電流，所以能夠先找到電容器左邊網路的戴維寧等效電路。將一個 1 A 的測試電源連接至該電路，如圖 8.19b 所示，

$$V_x = (1 + 1.5i_1)(30)$$

其中

$$i_1 = \left(\frac{1}{20}\right)\frac{20}{10+20}V_x = \frac{V_x}{30}$$

執行一些代數運算後，可得到 $V_x = -60$ V，所以網路具有 $-60\ \Omega$ 的戴維寧等效電阻 (雖然並不尋常，但在處理相依電源時，並非不可能發生)。該電路因此具有*負*的時間常數

$$\tau = -60(1 \times 10^{-6}) = -60\ \mu\text{s}$$

電容器電壓因而為

$$v_C(t) = Ae^{t/60\times10^{-6}} \quad \text{V}$$

其中 $A = v_C(0^+) = v_C(0^-) = 2$ V。因此，

$$v_C(t) = 2e^{t/60\times10^{-6}} \quad \text{V} \qquad [21]$$

相當有趣的是，此電路並不穩定：電容器的電壓會隨著時間以指數遞增。此種現象並不能夠無限持續下去；電路中某一個或者多個元件終將損毀而失去作用。

或者使用*另一種方式*，可先寫出圖 8.19a 上方節點的簡單 KCL 方程式

$$v_C = 30\left(1.5i_1 - 10^{-6}\frac{dv_C}{dt}\right) \qquad [22]$$

其中

$$i_1 = \frac{v_C}{30} \qquad [23]$$

將方程式 [23] 代入方程式 [22]，並且執行某些代數運算，得到

$$\frac{dv_C}{dt} - \frac{1}{60 \times 10^{-6}} v_C = 0$$

具有特徵方程式為

$$s - \frac{1}{60 \times 10^{-6}} = 0$$

因此，

$$s = \frac{1}{60 \times 10^{-6}}$$

所以

$$v_C(t) = Ae^{t/60 \times 10^{-6}} \qquad \text{V}$$

與先前所得到的電容器電壓相同。將 $A = v_C(0^+) = 2$ 代入，便會得到方程式 [21]，亦即所求的電容器電壓在 $t > 0$ 之表示式。

練習題

8.7 (a) 考慮圖 8.20 之電路，若 $v_C(0^-) = 11$ V，試求 $t > 0$ 之電壓 $v_C(t)$；(b) 此一電路是否"穩定"？

解答：(a) $v_C(t) = 11e^{-2\times10^3 t/3}$ V，$t > 0$；(b) 是的；電容器電壓會隨著時間的推移而衰減 (以指數型式)。

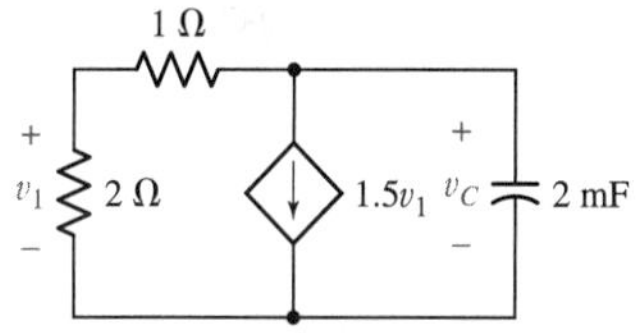

◆ **圖 8.20** 練習題 8.7 之電路。

若考慮以僅具有一個電阻器與一個電容器的等效電路來取代具有多數電阻器與電容器的某些電路，則需要能夠將原有電路畫分成兩部分，一個部分包含所有的電阻器，而另一個部分則包含所有的電容器，兩部分僅藉由兩條理想導線連接在一起。否則便需要有多個時間常數與多個指數項方能描述電路的行為 (在電路盡可能簡化之後尚留在電路中的每個能量儲存元件皆具有一個時間常數)。

本節末應對某些僅涉及理想元件突然連接在一起的狀況保持謹慎的態度。例如，可以想像在 $t = 0$ 之前，將兩個具有不同電

壓的理想電容器串聯連接在一起，此將產生運用理想電容器數學模型之問題；然而，實際的電容器具有與之相關的電阻，因此能量可透過電阻而消耗掉。

8.5 單位步階函數

之前已經研讀了沒有電源或強制函數的 *RL* 與 *RC* 電路之響應，且由於如此的響應乃是基於電路的自然本質，因此這種響應的專有名詞為*自然響應*。得到任何響應的原因來自電路的電感性或電容性元件內所儲存的初始能量。在某些狀況下，將面臨某些電路同時具有電源與開關；已知在 $t=0$ 時執行某些開關的動作，藉以移除電路中所有的電源，同時留下已知儲存在各元件中的能量。亦即，已求解了電路的能量來源突然*移除*之問題；此時必須考慮能量來源突然*施加*至電路所產生的響應型態。

此時將焦點放在突然施加的能量來源為直流電源時所產生的響應。由於預期每一個電氣元件會至少吸收能量一次，而且由於大部分的元件於其生命週期內會導通與截止多次，所以如此的研究可應用於許多實際的狀況。即使目前仍限制在直流電源的觀點，仍有許多較簡單範例會對照於實際元件操作之狀況。例如，將要分析的第一個電路可代表在直流馬達啟動時電流之累積。需要產生與使用方形電壓脈波來表示微處理器中的某一數值或者命令，藉以提供電子或電晶體電路領域中的諸多範例。僅試舉幾個例子，如電視接收機的同步掃描電路、使用脈波調變的通訊系統，以及雷達系統中可發現的類似電路。

一直提及所謂的“突然施加”能量來源，此語乃是指在零時間內施加能量。[2] 與電池串聯的開關其操作因此等效於一個強制函數，開關閉合導通之後，從零上升至等於電池電壓。如此的強制函數在開關閉合的瞬間具有中斷或不連續性質。某些不連續或者具有不連續導數的特殊強制函數稱為**奇異函數** (Singularity Function)，其中兩個最重要的奇異函數為**單位步階函數** (Unit-step Function) 以及**單位脈衝函數** (Unit-impulse Function)。

定義單位步階強制函數為時間之函數，對所有小於零的自變量數值，函數值皆為零，而對所有正值的自變量，函數值皆為

2 當然，實際上是不可能的。然而，若相較於描述電路操作的其他所有相關之時間尺度，此類事件發生的時間尺度非常短，則此說法便可謂接近真實，且在數學上較為方便。

1。若令 $(t-t_0)$ 為自變量並且以 u 代表單位步階函數，則對 t 小於 t_0 的所有數值，$u(t-t_0)$ 必為零，而對 t 大於 t_0 的所有數值，則必為 1。在 $t=t_0$、$u(t-t_0)$ 會突然從 0 變動到 1；在 $t=t_0$ 的函數值並無定義，但對於任何接近此時間瞬間所對應的函數值皆為已知，通常以 $u(t_0^-)=0$ 且 $u(t_0^+)=1$ 來表示之。單位步階強制函數的簡明數學定義為

$$u(t-t_0)=\begin{cases}0 & t<t_0\\ 1 & t>t_0\end{cases}$$

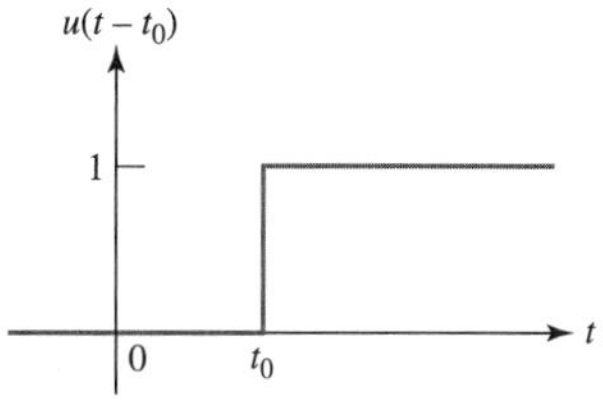

◆**圖 8.21** 單位步階強制函數，$u(t-t_0)$。

該函數以圖形方式闡述於圖 8.21。要注意的是，單位長度的垂直線顯示於 $t=t_0$。雖然此一"直豎現象"嚴格來說並不是單位步階的定義之一部分，但通常會繪製於每個圖示中。

也要注意的是，單位步階不需要必為時間的函數。例如，$u(x-x_0)$ 能夠用來表示另一種單位步階函數，其中的 x 可以是單位為公尺之距離，或者例如頻率等。

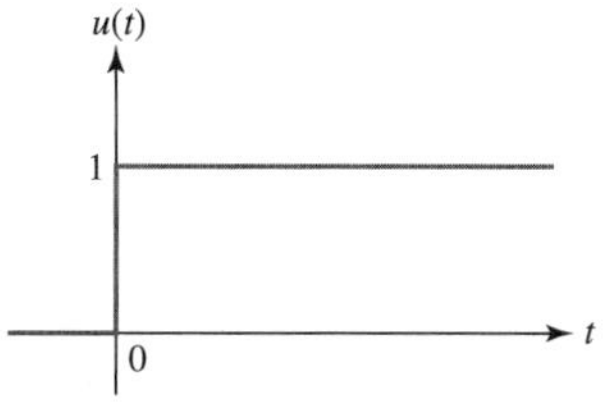

◆**圖 8.22** 闡述單位步階函數 $u(t)$ 為時間 t 的函數。

在電路的分析中，不連續或開關切換的行為往往發生在 $t=0$ 所定義的瞬間。在 $t_0=0$ 之狀況下，則以 $u(t-0)$ 或者更簡單的 $u(t)$ 代表相應的單位步階函數。此闡述於圖 8.22。因此，

$$u(t)=\begin{cases}0 & t<0\\ 1 & t>0\end{cases}$$

單位步階函數本身為無單位的。若期望單位步階函數代表電壓，則需要將 $u(t-t_0)$ 乘以某固定常數電壓，例如 5 V。因此，$v(t)=5u(t-0.2)$ V 為理想的電壓源，在 $t=0.2$ s 之前為零，而在 $t=0.2$ s 之後則為固定的 5 V。圖 8.23a 闡述此強制函數連接至一般網路的情形。

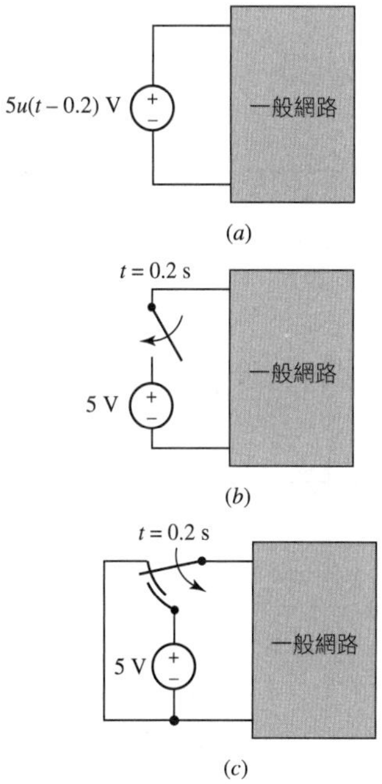

◆**圖 8.23** (a) 闡述電壓步階強制函數為驅動一般網路的電源；(b) 並非圖 (a) 之精確等效的簡單電路，但在許多情形下，可能用來充當 (a) 的等效電路；(c) 圖 (a) 之精確等效電路。

■ 實際的電源與單位步階函數

也許應該問及何種實際的電源為如此不連續強制函數之等效電源。等效之簡單意義為兩個網路的電壓-電流特性相同。就圖 8.23a 的步階電壓源而言，電壓-電流特性可簡述為：在 $t=0.2$ s 之前，電壓為零，而在 $t=0.2$ s 之後，電壓為 5 V，且任一時間區間中之電流可為任意 (有限) 數值。第一個想法可能會嘗試使用圖 8.23b 所示的等效電路，一個 5 V 的直流電源串聯一個在 $t=0.2$ s 閉合導通的開關。然而，由於在此一時間區間中，電池與開關的跨壓完全沒有指明，因此對於 $t<0.2$ s 而言，此一網路並非等效電路。再者，其中的"等效"電源為開路，且其跨壓**可能為任意數值**。在 $t=0.2$ s 之後，網路便為等效的，而若僅此為

所關注的時間區間，且若在 $t = 0.2$ s 時兩網路所流出的初始電流相同，則圖 8.23b 便會是圖 8.23a 有用的等效電路。

為了得到電壓步階強制函數精確的等效電路，可設置一個單刀雙擲開關。在 $t = 0.2$ s 之前，該開關用來確保一般網路輸入端的跨壓為零。在 $t = 0.2$ s 之後，切換該開關，藉以提供固定的輸入電壓 5 V。在 $t = 0.2$ s 時，其電壓則未定 (根據步階強制函數之定義)，而電池則是瞬間短路 (所幸此時正處理著數學模型，並非實際電路！)。圖 8.23a 精確的等效電路闡述於圖 8.23c。

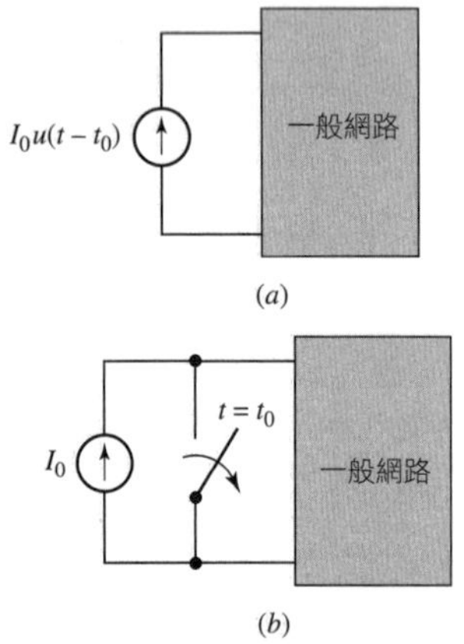

◆ **圖 8.24** (a) 將一電流步階強制函數施加至一般網路；(b) 並非圖 (a) 之精確等效的簡單電路，但在許多情形下，可能用來充當 (a) 的等效電路。

圖 8.24a 闡述驅動一般網路的電流步階強制響應。若嘗試以一個直流電源並聯一個開關 (在 $t = t_0$ 時斷開) 來取代此一電流，則必須要了解到在 $t = t_0$ 之後的電路為等效的，但只有當初始條件相同時，在 $t = t_0$ 之後的響應才會是一樣。圖 8.24b 的電路表示在 $t < t_0$ 時並沒有任何電壓跨於電流源兩端，此非圖 8.24a 之情況。然而，通常可以將圖 8.24a 與 b 的電路互換使用；並不能夠單以電流及電壓步階強制函數來建構圖 8.24b 的精確等效電路。[3]

■ 方形脈波函數

藉由處理單位步階強制函數便能夠得到某些極為實用的強制函數。此時定義方形電壓脈波的條件為：

$$v(t) = \begin{cases} 0 & t < t_0 \\ V_0 & t_0 < t < t_1 \\ 0 & t > t_1 \end{cases}$$

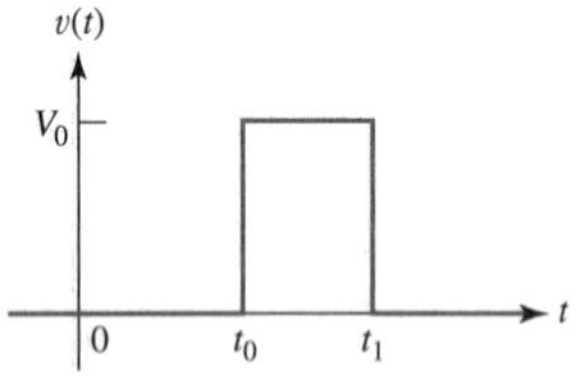

◆ **圖 8.25** 實用的強制函數，方形電壓脈波。

此一脈波繪製於圖 8.25。此一脈波是否能夠以單位步階強制函數來表示之？先考慮兩個單位步階函數的差，$u(t - t_0) - u(t - t_1)$。兩步階函數顯示於圖 8.26a，所得到的結果為方形脈波，可提供所需的電壓源 $V_0u(t - t_0) - V_0u(t - t_1)$，闡述於圖 8.26b。

若已知弦波電壓源為 $V_m \sin \omega t$，在 $t = t_0$ 突然連接至某一網路，則適當的電壓強制函數為 $v(t) = V_mu(t - t_0) \sin \omega t$。若期望闡述來自操作於 47 MHz (295 Mrad/s) 的無線電控制汽車發射器之脈衝串能量，則可藉由第二個單位步階強制函數在 70 ns 之後將弦波電源關掉。[4] 其電壓脈波因此為

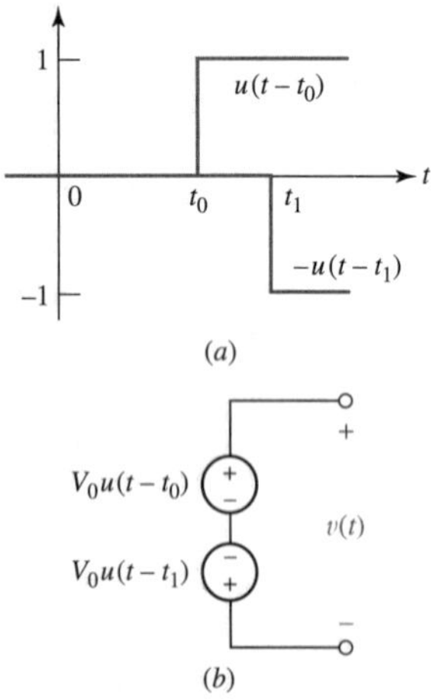

◆ **圖 8.26** (a) 單位步階 $u(t - t_0)$ 與 $-u(t - t_1)$；(b) 產生圖 8.25 的方形電壓脈波之電源。

3 若已知在 $t = t_0$ 之前流經開關的電流，便能夠繪出其等效電路。
4 顯然，這款汽車的控制相當好。反應時間為70 ns？

$$v(t) = V_m[u(t - t_0) - u(t - t_0 - 7 \times 10^{-8})]\sin(295 \times 10^6 t)$$

此一強制函數繪製於圖 8.27。

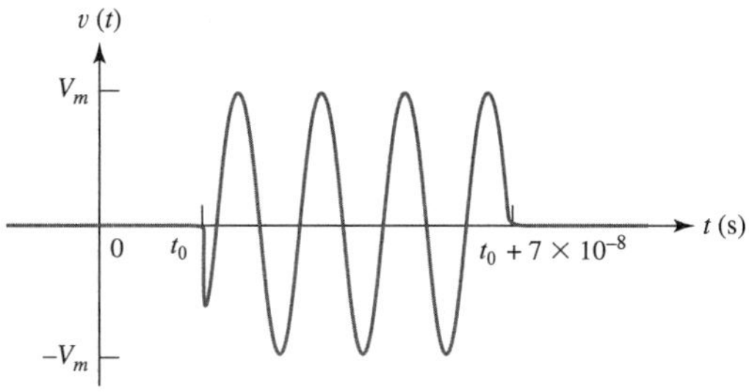

◆**圖 8.27** 47 MHz 的無線電頻率脈波，可描述為 $v(t) = V_m[u(t - t_0) - u(t - t_0 - 7 \times 10^{-8})]\sin(259 \times 10^6 t)$。

練習題

8.8 試求以下各小題在 $t = 0.8$ 的數值：(a) $3u(t) - 2u(-t) + 0.8u(1-t)$；(b) $[4u(t)]u(-t)$；(c) $2u(t)\sin \pi t$。

解答：3.8；0；1.176。

8.6 驅動的 *RL* 電路

此時已經準備將直流電源突然施加至簡單的網路。該電路由一個串聯開關且電壓為 V_0 之電池、一個電阻器 R，以及一個電感器 L 所構成。開關在 $t = 0$ 閉合導通，如圖 8.28a 的電路圖所示；其中顯然在 $t = 0$ 之前，電流 $i(t)$ 為零，因而能夠以電壓步階強制函數 $V_0u(t)$ 來取代電池與開關，此一強制函數在 $t = 0$ 之前並不會產生任何響應，且在 $t = 0$ 之後，兩電路明顯相同。所以，不論是在圖 8.28a 之原給定電路，或者是在圖 8.28b 的等效電路中，皆可求得電流 $i(t)$。

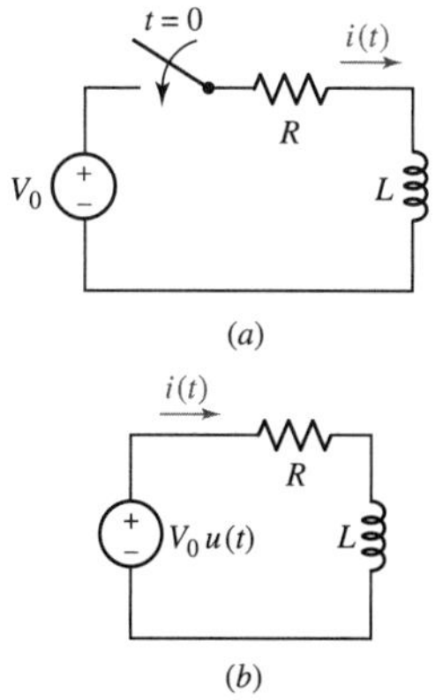

◆**圖 8.28** (a) 已知的電路；(b) 任何時刻皆具有相同響應 $i(t)$ 之等效電路。

此時藉由寫出適當的電路方程式，之後再藉由分離變數與積分運算求解，便可得到 $i(t)$。在得到解答並且探討組成解答的兩部分之後，將可得知這兩項皆有其物理意義。在更直觀地了解每項的起源之後，便能夠對涉及突然施加任意電源的問題提出更快速且更有意義之解答。

針對圖 8.28b 的電路應用克西荷夫電壓定律，得到

$$Ri + L\frac{di}{dt} = V_0u(t)$$

由於單位步階強制響應在 $t=0$ 為不連續，因此先考慮 $t<0$ 之解答，再考慮 $t>0$ 之解答。自 $t=-\infty$ 起所施加之零電壓會產生零響應，所以

$$i(t)=0 \qquad t<0$$

然而，對於正的時間區間而言，$u(t)$ 等於 1，並且必須求解以下的方程式

$$Ri+L\frac{di}{dt}=V_0 \qquad t>0$$

以幾個簡單的代數運算步驟將變數分離，得到

$$\frac{L\,di}{V_0-Ri}=dt$$

直接對方程式等號兩邊積分：

$$-\frac{L}{R}\ln(V_0-Ri)=t+k$$

為了求得 k，必須引用初始條件。在 $t=0$ 之前，$i(t)$ 為零，因此 $i(0^-)=0$。由於電感器電流不能夠瞬間改變某一有限量，否則會產生無限大的電壓，因此得知 $i(0^+)=0$。令 $t=0$ 之 $i=0$，得到

$$-\frac{L}{R}\ln V_0=k$$

所以，

$$-\frac{L}{R}[\ln(V_0-Ri)-\ln V_0]=t$$

重新整理，

$$\frac{V_0-Ri}{V_0}=e^{-Rt/L}$$

或者

$$i=\frac{V_0}{R}-\frac{V_0}{R}e^{-Rt/L} \qquad t>0 \qquad [24]$$

因此，對任意時間 t 而言皆有效的響應表示式為

$$i=\left(\frac{V_0}{R}-\frac{V_0}{R}e^{-Rt/L}\right)u(t) \qquad [25]$$

■ 更直接的處理程序

上述的解答確為問題所需，但並非以最簡單的方式得到。為了建立更直接的求解程序，可嘗試解釋方程式 [25] 中所呈現的兩項。指數項具有 *RL* 電路的自然響應之函數型式，為負的指數項，會隨著時間的增加而衰減至零，而且以時間常數 L/R 為其特徵。此部分之響應函數型式因此等同於無源電路中所得到的型式。然而，此一指數項的振幅需視電源電壓 V_0 而定。接著，可將該響應歸納為兩項之和，要注意其中的一項具有與無源響應相同的函數型式，但振幅卻需視強制函數而定。

接著討論另一項，在方程式 [25] 中也包含一個常數項 V_0/R。此項出現的原因可簡述為：自然響應會隨著能量逐漸消耗而衰減到零，但總響應必不會衰減至零。基本上，此時的電路行為表現如同一個電阻器與一個電感器串聯於一個電池。由於電感器對直流像是短路，因此僅有電流 V_0/R。此一電流為響應的一部分，可直接歸屬於強制函數，因而稱之為**強制響應**。此一響應乃是出現在開關閉合導通之後的時間。

完整響應由兩個部分所組成，即**自然響應**與**強制響應**。自然響應為電路的特性，與電源無關。可將電路視為無源電路，藉以得到自然響應的型式，但自然響應的振幅則是由電源的初始振幅與初始能量的儲存兩者所決定。強制響應具有強制函數的特性；可假設全部開關皆已完成切換且經過了一段相當長的時間來得知強制響應。由於目前僅探討開關與直流電流，因此強制響應僅是簡單的直流電路問題之解答。

範例 8.7

考慮圖 8.29 的電路，試求 $t=\infty$、3^-、3^+ 以及在電源改變數值之後經過 100 μs 之 $i(t)$。

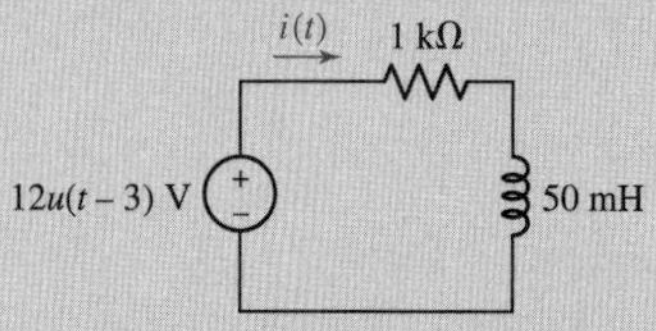

◆**圖 8.29** 由電壓步階強制函數所驅動的簡單 *RL* 電路。

任何暫態已經消失一段很長的時間之後 ($t\to\infty$)，電路為 12 V 電壓源所驅動的簡單直流電路。電感器呈現短路狀態，所以

$$i(\infty)=\frac{12}{1000}=12\text{ mA}$$

$i(3^-)$ 的意義為記號上的簡便，藉以表達電壓源改變數值之前的瞬間值。已知 $t<3$ 時，$u(t-3)=0$，因此也得知 $i(3^-)=0$。

在 $t=3^+$，強制函數 $12u(t-3)=12$ V。然而，由於電感器電流不能夠瞬間改變，因此 $i(3^+)=i(3^-)=0$。

在分析 $t > 3$ s 的電路時，最為直觀的方式為重新描述方程式 [25]，

$$i(t') = \left(\frac{V_0}{R} - \frac{V_0}{R}e^{-Rt'/L}\right)u(t')$$

且要注意此一方程式也可應用至目前的電路，若將時間軸移動，使得

$$t' = t - 3$$

因此，依據 $V_0/R = 12$ mA 與 $R/L = 20{,}000\ \text{s}^{-1}$，

$$i(t-3) = \left(12 - 12e^{-20{,}000(t-3)}\right)u(t-3) \qquad \text{mA} \qquad [26]$$

能夠更簡單地描述為

$$i(t) = \left(12 - 12e^{-20{,}000(t-3)}\right)u(t-3) \qquad \text{mA} \qquad [27]$$

此乃是基於單位步階函數會依照電路需求而在 $t < 3$ 強制為零值。將 $t = 3.0001$ s 代入方程式 [26] 或 [27]，得到在電源改變數值後經過時間 100 μs 之電流 $i = 10.38$ mA。

練習題

8.9 電壓源 $60 - 40u(t)$ V 串聯一個 10 Ω 的電阻器與一個 50 mH 的電感器。試求電感器電流與電壓在時間 t 等於 (a) 0^-；(b) 0^+；(c) ∞；(d) 3 ms 的振幅。

解答：6 A，0 V；6 A，40 V；2 A，0 V；4.20 A，22.0 V。

拓展直覺式的理解

可經由物理觀念得到強制與自然兩個響應的源由，且已知電路最終會呈現強制響應的型式。然而，在開關切換的瞬間，初始電感器電流 (或者，在 *RC* 電路中的跨壓) 的數值僅由儲存在這些元件中的能量所決定。不能夠期望這些電流或電壓會與強制響應所需求的電流和電壓相同。因此，在電壓與電流從所給定的初值變動至所需的終值之期間內，必須有一段暫態時間區間。提供從初值到終值的暫態響應部分為自然響應 (通常稱為**暫態響應**，如先前所提到的)。若以這些專有名詞來描述簡單無源 *RL* 電路之響應，則可描述其強制響應等於零，而就零值的強制響應而言，自然響應用來聯結儲存的能量所支配的初始響應。

此描述僅適合於自然響應最終會消失的電路中。此總會發生

在實際電路中，某電阻會與每一個元件有關，但也有一些“較不尋常”的電路，其中的自然響應不會隨著時間變成無限大而消失。例如，在這些電路中所保留的電流會環繞著感應路徑而循環流動，或者電壓會保留在成串的電容器中。

8.7 自然與強制響應

將完整響應視為兩個部分之組成——強制響應與自然響應，在數學上也有很好的解釋。此乃是由於可使用兩部分的加總來表示任何線性微分方程式的解答之事實：**互補解** (自然響應) 以及**特解** (強制響應)。並不需深入探討微分方程式的一般理論，僅考慮在前一節所遇到的一般方程式型式：

$$\frac{di}{dt} + Pi = Q$$

或者

$$di + Pi\,dt = Q\,dt \tag{28}$$

可將 Q 標示為強制函數，並且以 $Q(t)$ 表示，藉以強調其時間相依性質。此時可假設 P 為正的常數，後續也會假設 Q 為常數，而將分析侷限在直流強制函數。

在任何基本微分方程式的教科書中，證明若方程式 [28] 等號兩邊乘以適當的“積分因數”，則每一邊皆會成為所謂的正合微分，能夠直接積分而得到解答。亦即，不需將變數分離，僅將方程式以可積分的方式加以整理。以此一方程式為例，由於 P 為常數，因此積分因數為 $e^{\int P\,dt}$，或者簡寫為 e^{Pt}。將方程式兩邊乘以此一積分因數，得到

$$e^{Pt}\,di + iPe^{Pt}\,dt = Qe^{Pt}\,dt \tag{29}$$

可確認方程式左邊的型式為 ie^{Pt} 的正合微分，藉以簡化為：

$$d(ie^{Pt}) = e^{Pt}\,di + iPe^{Pt}\,dt$$

所以方程式 [29] 變為

$$d(ie^{Pt}) = Qe^{Pt}\,dt$$

將等號兩邊積分，

$$ie^{Pt} = \int Qe^{Pt}\,dt + A$$

其中的 A 為積分常數。乘以 e^{-Pt}，得到 $i(t)$ 的解，

$$i = e^{-Pt}\int Qe^{Pt}\,dt + Ae^{-Pt} \tag{30}$$

若強制函數 $Q(t)$ 為已知，便可藉由積分運算得到 $i(t)$ 的函數型式。然而，並不需要對每個問題皆進行如此的積分計算；應期望從方程式 [30] 中得到一些非常普遍的結論。

■ 自然響應

首先，注意到無源電路的 Q 必為零，而其解答為自然響應

$$i_n = Ae^{-Pt} \tag{31}$$

可發現在僅具有電阻器、電感器與電容器的電路中，常數 P 必非負數；其數值僅由這些被動電路元件[5] 以及元件在電路中的相互連接方式所決定。**自然響應因此會隨著時間無限增加而達到零值。**此乃是由於初始能量會以熱的形式逐漸消耗在電阻器上，且簡單的 *RL* 電路必為如此狀況。在某些理想化的非實際電路中，P 可能為零；而在這些電路中，自然響應並不會消失。

因此可發現組成完整響應的其中一項具有自然響應的型式；此自然響應的振幅由完整響應的初始值所決定 (但不一定會相等)，因而也視強制函數的初始值而定。

■ 強制響應

接著討論方程式 [30] 的第一項是由強制函數 $Q(t)$ 的函數型式所決定。每當遇到自然響應會隨著時間為無限大而消失的電路，解答的第一項便必須要完整描述自然響應已經消失之後的響應型式；此響應也稱為**穩態響應**、**特解**，或者**特別積分解**。

目前僅考慮涉及直流電源突然施加的問題，而因對所有的時間而言，$Q(t)$ 為常數。可求解方程式 [30] 的積分，藉以得到強制響應

$$i_f = \frac{Q}{P} \tag{32}$$

完整響應為

$$i(t) = \frac{Q}{P} + Ae^{-Pt} \tag{33}$$

若考慮 *RL* 串聯電路，Q/P 為常數電流 V_0/R，而 $1/P$ 則為時

---

5 若電路包含相依電源或負電阻，則 P 可能為負數。

間常數 τ。由於強制響應必為時間等於無限大的完整響應，因此藉此即可得到強制響應，而不需要求解積分式；此時的強制響應僅是電壓源除以串聯電阻。因此，藉由檢視最終的電路便可得到強制響應。

完整響應之計算

使用簡單的 *RL* 串聯電路來闡述如何藉由加總自然與強制響應來計算完整響應。先前已經分析了圖 8.30 所示的電路，但使用較為冗長的方法。所需的響應為電流 $i(t)$，先將此一電流表示為自然響應與強制響應相加，

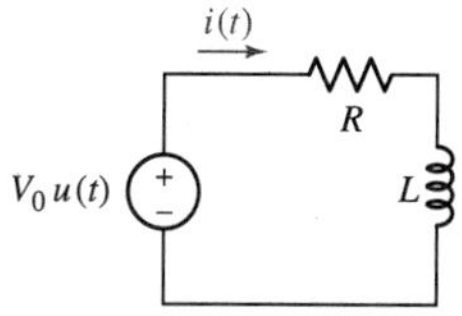

◆ **圖 8.30** 用來闡述得到完整響應為自然響應與強制響應相加的方法之簡單串聯 *RL* 電路。

$$i = i_n + i_f$$

自然響應的函數型式必與沒有任何電源所得到的響應相同。因此能以短路取代步階電壓源，並且辨識出原有的 *RL* 串聯迴路。因此，

$$i_n = Ae^{-Rt/L}$$

其中的振幅 A 尚未決定；由於初始條件會施加至完整響應，因此能夠簡單假設 $A = i(0)$。

接著考慮強制響應。在此一特別的問題中，由於對所有正的時間數值而言，電源為常數 V_0，因此強制響應必為常數。在自然響應已經消失之後，電感器上沒有任何電壓；因此，電壓 V_0 會直接跨於 R 上，而強制響應可簡寫為

$$i_f = \frac{V_0}{R}$$

值得注意的是，已完整描述了強制響應，沒有未知的振幅。接著將自然響應與強制響應相加，得到

$$i = Ae^{-Rt/L} + \frac{V_0}{R}$$

再運用初始條件求解 A。在 $t = 0$ 之前，電流為零，且由於此為流經電感器的電流，因此電流的數值不能夠瞬間改變。所以，在 $t = 0$ 之後的瞬間，該電流為零，且

$$0 = A + \frac{V_0}{R}$$

所以

$$i = \frac{V_0}{R}(1 - e^{-Rt/L}) \qquad [34]$$

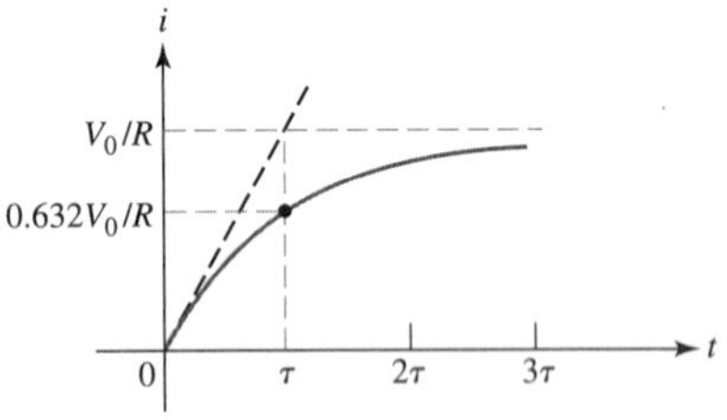

◆ **圖 8.31** 以圖形顯示流經圖 8.30 電感器的電流。從初始斜率所延伸之直線會與固定常數的強制響應交會於 $t=\tau$。

要謹慎注意的是，由於 $A=-V_0/R$，同時 $i(0)=0$，因此 A 並非 i 的初始值。若考慮無源電路，則會發現 A 為響應的初始值。然而，當出現強制響應時，必須先找出響應的初始值，再將之代入完整響應的方程式中，藉以得到 A。

此一響應繪製於圖 8.31，其中能夠得知電流從零初始值遞增至終值 V_0/R，在時間 3τ 內，有效地完成暫態。若電流出現在大型直流馬達的激勵線圈，則可能具有 $L=10$ H、$R=20\ \Omega$，可得到 $\tau=0.5$ s，場電流因此會在大約 1.5 s 內建立。在一個時間常數內，電流已達到終值的 63.2%。

範例 8.8

試求圖 8.32 電路中對所有時間有效的 $i(t)$。

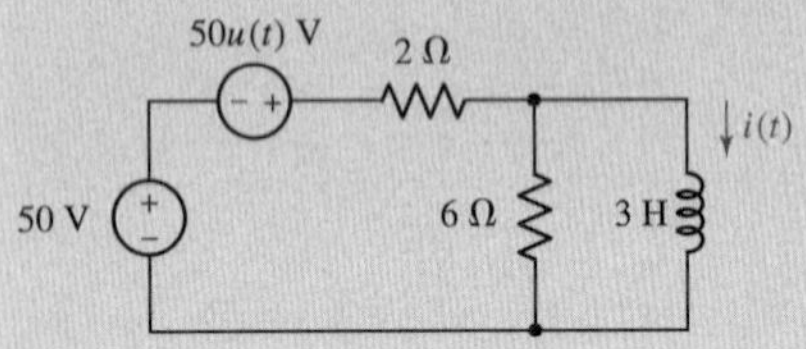

◆ **圖 8.32** 範例 8.8 之電路。

此電路包含一個直流電壓源以及一個步階電壓源。可選擇以戴維寧等效電路取代電感器左邊電路，但僅可辨識出等效電路之型式為電阻器串聯某些電壓源，且此一電路僅包含一個能量儲存元件電感器。首先注意到

$$\tau=\frac{L}{R_{eq}}=\frac{3}{1.5}=2\text{ s}$$

回顧

$$i=i_f+i_n$$

自然響應因此與先前一樣為負指數型式：

$$i_n=Ke^{-t/2}\qquad \text{A}\qquad t>0$$

由於強制函數為直流電源，因此強制響應將為一固定常數的電流。電感器的行為對直流而言類似短路，所以

$$i_f=\tfrac{100}{2}=50\text{ A}$$

因此，

$$i=50+Ke^{-0.5t}\qquad \text{A}\qquad t>0$$

為了得到 K 的數值，必須建立電感器電流的初始值。在 $t=0$ 之前，此一電流為 25 A，且不能夠瞬間改變。因此，

$$25=50+K$$

或者

$$K=-25$$

所以，

$$i = 50 - 25e^{-0.5t} \qquad A \qquad t > 0$$

以上說明也完成了所求的解答

$$i = 25 \text{ A} \qquad t < 0$$

或者藉由寫出對所有時間有效的單一表示式，

$$i = 25 + 25(1 - e^{-0.5t})u(t) \qquad A$$

完整響應繪製於圖 8.33。應注意自然響應如何連接 $t < 0$ 的響應與固定常數的強制響應。

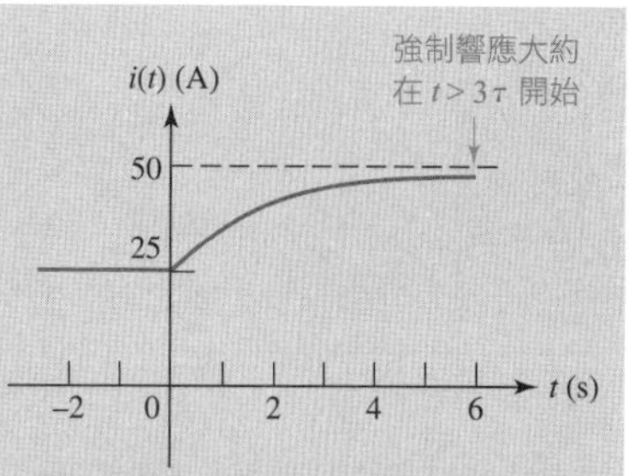

◆**圖 8.33** 針對時間小於及大於零的數值，繪製圖 8.32 所示的電路之響應 $i(t)$。

練習題

8.10 電壓源 $v_s = 20u(t)$ V 串聯一個 200 Ω 電阻器與一個 4 H 電感器。試求在時間 t 等於 (a) 0^-；(b) 0^+；(c) 8 ms；(d) 15 ms 時之電感器電流的振幅。

解答：0；0；33.0 mA；52.8 mA。

此時將介紹此一方法的最後一個範例，該範例用以闡述：具有暫態的任何電路之完整響應**幾乎皆可藉由檢視**來描述之，再次考慮簡單的 *RL* 串聯電路，但改為受到一個電壓脈波所激勵。

範例 8.9

當強制函數為具有振幅 V_0 與時間區間 t_0 之方形電壓脈波時，試求簡單串聯 *RL* 電路之電流響應。

將強制函數表示為兩步階電壓源 $V_0u(t)$ 與 $-V_0u(t-t_0)$，如圖 8.34a 與 b 所示，並且預計使用重疊定理得到所求響應。令 $i_1(t)$ 為僅由 $V_0u(t)$ 獨立作用所產生的 $i(t)$ 之一部分電流，並且令 $i_2(t)$ 表示僅由 $-V_0u(t-t_0)$ 獨立作用所產生的 $i_1(t)$ 之另一部分電流。則，

$$i(t) = i_1(t) + i_2(t)$$

此時的目標為將每個部分響應 i_1 與 i_2 闡述為自然響應與強制響應之加總；其中的響應 $i_1(t)$ 為已熟悉的，能以方程式 [34] 求解此一問題：

$$i_1(t) = \frac{V_0}{R}(1 - e^{-Rt/L}) \qquad t > 0$$

要注意的是，如上述方程式所示，此一解答僅在 $t > 0$ 有效，且

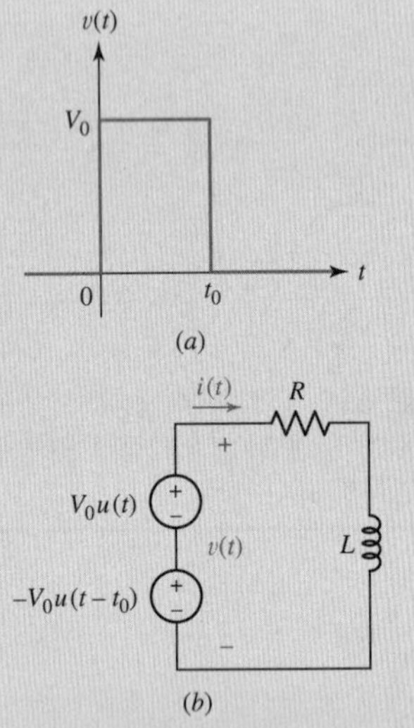

◆**圖 8.34** (a) 用來充當簡單串聯 RL 電路的強制函數之方形電壓脈波；(b) 相應之串聯 RL 電路，顯示以兩個獨立步階電壓源之串聯組合來表示強制函數，其中的 $i(t)$ 為所求。

當 $t<0$，則 $i_1=0$。

此時將焦點放在另一個電源與其響應 $i_2(t)$。相較於前一個電源，此電源具有不同的極性與不同的施加時間，因此不需要推導其自然響應與強制響應的型式；而是藉由 $i_1(t)$ 的解答，即可寫出

$$i_2(t) = -\frac{V_0}{R}[1 - e^{-R(t-t_0)/L}] \qquad t > t_0$$

其中必須再次指明時間 t 的適用範圍為 $t > t_0$；且當 $t < t_0$，則 $i_2=0$。

接著將兩個解答相加，但由於每個解答的有效時間區間並不相同，因此必須要謹慎描述之。所以，

$$i(t) = 0 \qquad t < 0 \tag{35}$$

$$i(t) = \frac{V_0}{R}(1 - e^{-Rt/L}) \qquad 0 < t < t_0 \tag{36}$$

以及

$$i(t) = \frac{V_0}{R}(1 - e^{-Rt/L}) - \frac{V_0}{R}(1 - e^{-R(t-t_0)/L}) \qquad t > t_0$$

或者更簡潔表示為

$$i(t) = \frac{V_0}{R}e^{-Rt/L}(e^{Rt_0/L} - 1) \qquad t > t_0 \tag{37}$$

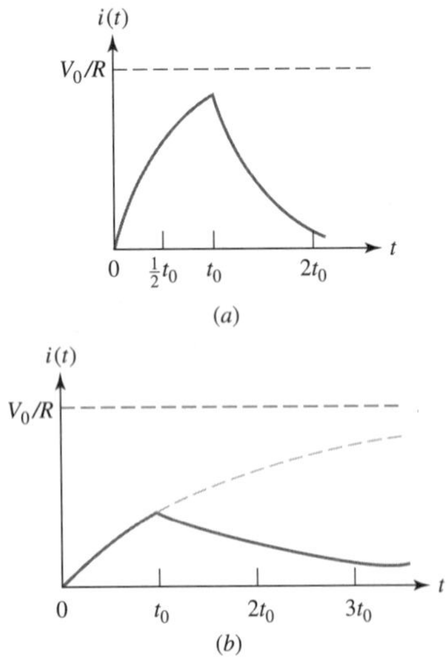

◆**圖 8.35** 闡述圖 8.34b 電路兩種可能的曲線。(a) 選擇 τ 為 $t_0/2$；(b) 選擇 τ 為 $2t_0$。

方程式 [35] 至 [37] 已完整地描述了圖 8.34b 電路對圖 8.34a 脈波波形之響應，然電流本身的波形易受電路的時間常數 τ 與電壓脈波的時間區間 t_0 兩者所影響。兩種可能的曲線繪製於圖 8.35。

圖 8.35a 闡述時間常數僅為所施加的脈波時間長度一半之曲線，其中指數的上升部分在指數衰減開始之前因此而幾乎已達 V_0/R。另一對照的狀況則是闡述於圖 8.35b，其中的時間常數為 t_0 的兩倍，顯示該響應無法達到較大的振幅。

可將上述分析程序總結於下，藉以得到 RL 電路在某一時間瞬間將直流電源切換導通或關斷 (或者，連接或切離該電路) 之後的響應。假設當所有的獨立電源設為等於零，電路可簡化成為單一等效電阻 R_{eq} 串聯單一等效電感 L_{eq}。所求的響應以 $f(t)$ 表示。

1. 將所有的獨立電源歸零，簡化電路，藉以求得 R_{eq}、L_{eq} 與時間常數 $\tau = L_{\text{eq}}/R_{\text{eq}}$。
2. 將 L_{eq} 視為短路，使用直流分析方法求得恰於不連續之前的電感器電流 $i_L(0^-)$。
3. 再次將 L_{eq} 視為短路，使用直流分析方法求得強制響應。此強制響應為 $f(t)$ 在 $t \to \infty$ 之數值；以 $f(\infty)$ 表示之。
4. 將總響應描述為強制響應與自然響應相加：$f(t) = f(\infty) + Ae^{-t/\tau}$。
5. 使用 $i_L(0^+) = i_L(0^-)$ 之條件，求得 $f(0^+)$。能夠針對計算所需，以電流源 $i_L(0^+)$ 取代 L_{eq} [若 $i_L(0^+) = 0$ 則為開路]。除了電感器電流 (與電容器電壓) 之外，電路中其他的電流與電壓皆可以急遽變動。
6. $f(0^+) = f(\infty) + A$ 且 $f(t) = f(\infty) + [f(0^+) - f(\infty)]\, e^{-t/\tau}$，或者總響應＝終值＋(初始值－終值) $e^{-t/\tau}$。

練習題

8.11 圖 8.36 所示的電路已經呈現如此狀況一段相當長的時間。開關在 $t = 0$ 時斷開。試求時間 t 等於 (a) 0^-；(b) 0^+；(c) ∞；(d) 1.5 ms 時之 i_R。

解答：0；10 mA；4 mA；5.34 mA。

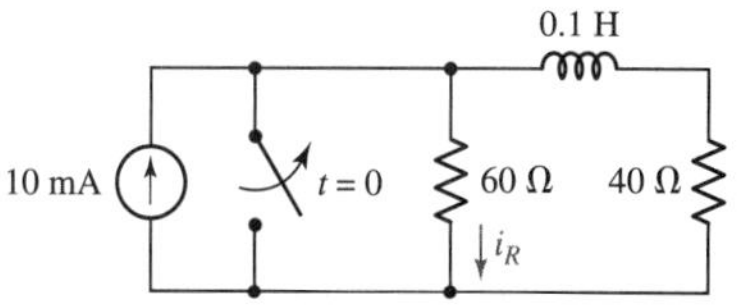

◆ **圖 8.36**

8.8 驅動的 *RC* 電路

同樣也可以將自然響應與強制響應相加，藉以得到任何 *RC* 電路的完整響應。由於分析程序幾乎與 *RL* 電路之分析細節相同，所以此時最好的方式為直接藉由完整而適切的範例來闡述之，其中分析的目標不僅是與電容器相關的物理量，也將分析與電阻器有關的電流。

範例 8.10

試求圖 8.37 在任意時間之電容器電壓 $v_C(t)$，以及 200 Ω 電阻器上的電流 $i(t)$。

先考慮電路在 $t < 0$ 之狀態，此相應於開關處於 a 的位置，如圖 8.37b 所示。按照慣例，假設沒有暫態出現，所以僅有因 120 V 電源所產生的強制響應適合用來求得 $v_C(0^-)$。簡單的分壓便可得知初始電壓，

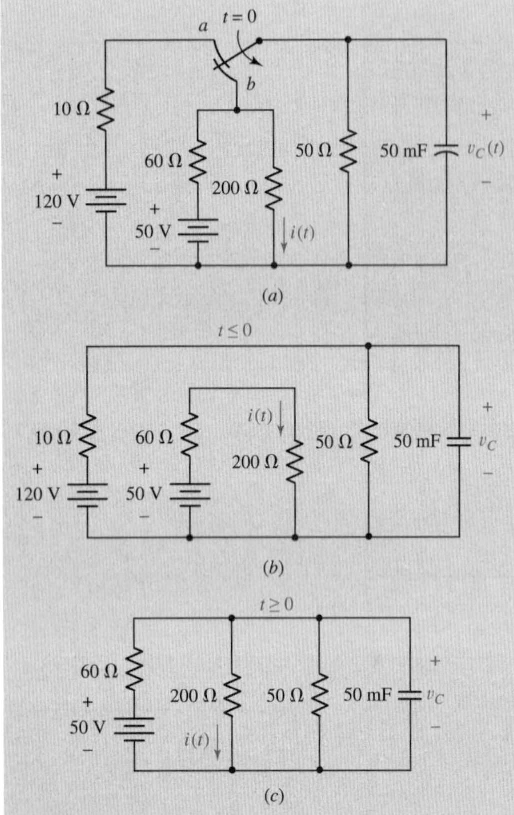

◆ **圖 8.37** (a) 藉由強制響應與自然響應相加得到完整響應 v_C 與 i 之 RC 電路；(b) $t \leq 0$ 之電路；(c) $t \geq 0$ 之電路。

$$v_C(0) = \frac{50}{50+10}(120) = 100 \text{ V}$$

由於電容器電壓不能夠瞬間改變，在 $t = 0^-$ 與 $t = 0^+$ 之電容器電壓相等。

此時將開關切換投擲至 b，且完整響應為

$$v_C = v_{Cf} + v_{Cn}$$

為了分析方便，將所相應的電路重新繪製於圖 8.37c。以短路取代 50 V 電源，並且估算等效電阻以求得時間常數 (換言之，此時需要得知電容器兩端的戴維寧等效電阻)，便可得到自然響應的型式。戴維寧等效電阻計算如下：

$$R_{eq} = \frac{1}{\frac{1}{50} + \frac{1}{200} + \frac{1}{60}} = 24\ \Omega$$

因此，

$$v_{Cn} = Ae^{-t/R_{eq}C} = Ae^{-t/1.2}$$

為了求得開關置於 b 時的強制響應，需要等到所有的電壓與電流皆已經停止變動，因此將電容器視為開路，並且再次使用分壓定理：

$$v_{Cf} = 50\left(\frac{200 \parallel 50}{60 + 200 \parallel 50}\right)$$

$$= 50\left(\frac{(50)(200)/250}{60 + (50)(200)/250}\right) = 20 \text{ V}$$

所以，

$$v_C = 20 + Ae^{-t/1.2} \qquad \text{V}$$

且藉由已經得到的初始條件，

$$100 = 20 + A$$

或者

$$v_C = 20 + 80e^{-t/1.2} \qquad \text{V} \qquad t \geq 0$$

以及

$$v_C = 100 \text{ V} \qquad t < 0$$

此一響應繪製於圖 8.38a；再次得知自然響應會造成初始響應至最終響應之轉變。

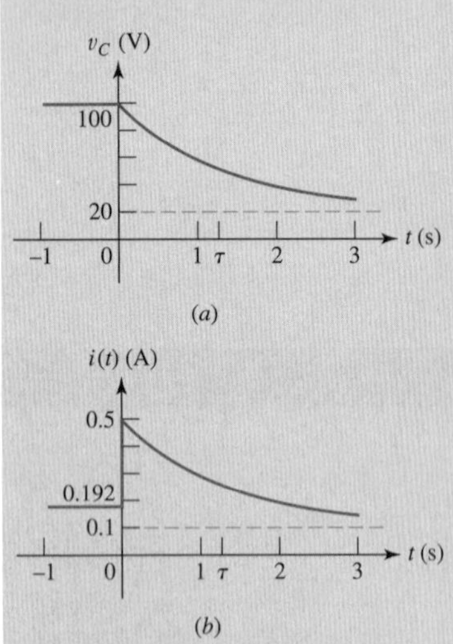

◆ **圖 8.38** 將圖 8.37 電路的響應 (a) v_C；(b) i 繪製為時間的函數。

接著，分析 $i(t)$。此一響應在開關切換瞬間不需保持固定。當開關處於 a 的位置，顯然 $i = 50/260 = 192.3$ 毫安。當開關移至位置 b，則該電流的強制響應為

$$i_f = \frac{50}{60 + (50)(200)/(50 + 200)} \left(\frac{50}{50 + 200} \right) = 0.1 \text{ 安培}$$

自然響應的型式與電容器電壓相同：

$$i_n = Ae^{-t/1.2}$$

將強制響應與自然響應組合，得到

$$i = 0.1 + Ae^{-t/1.2} \qquad \text{安培}$$

為了估算 A，需要先知道 $i(0^+)$ 的數值。將焦點放在能量儲存元件 (電容器) 以求得此一數值。在開關切換期間中 v_C 必須保持 100 V，藉此在 $t = 0^+$ 建立其他電流與電壓之主導條件。由於 $v_C(0^+) = 100$ V 以及電容器並聯 200 Ω 電阻器，因此得知 $i(0^+) = 0.5$ 安培，$A = 0.4$ 安培，因此

$$i(t) = 0.1923 \text{ 安培} \quad t < 0$$

$$i(t) = 0.1 + 0.4e^{-t/1.2} \qquad \text{安培} \quad t > 0$$

或者

$$i(t) = 0.1923 + (-0.0923 + 0.4e^{-t/1.2})u(t) \qquad \text{安培}$$

其中上一個方程式對所有的時間 t 而言皆是正確的。

也可使用 $u(-t)$ 簡潔描述對所有時間 t 有效之完整響應，$u(-t)$ 在 $t < 0$ 為 1，而在 $t > 0$ 則為 0。因此，

$$i(t) = 0.1923u(-t) + (0.1 + 0.4e^{-t/1.2})u(t) \qquad \text{安培}$$

此一響應繪製於圖 8.38b。應注意到要寫出此類單一能量儲存元件的電路響應之函數型式，或者要準備繪製圖形，僅需要四個數字：在開關切換之前的常數數值 (0.1923 安培)、在開關切換之後的瞬時值 (0.5 安培)、固定常數的強制響應 (0.1 安培)，以及時間常數 (1.2 s)。如此便能夠簡易寫出或者描繪出適當的負指數函數。

練習題

8.12 考慮圖 8.39 電路，試求時間 t 等於 (a) 0^-；(b) 0^+；(c) ∞；(d) 0.08 s 時之 $v_C(t)$。

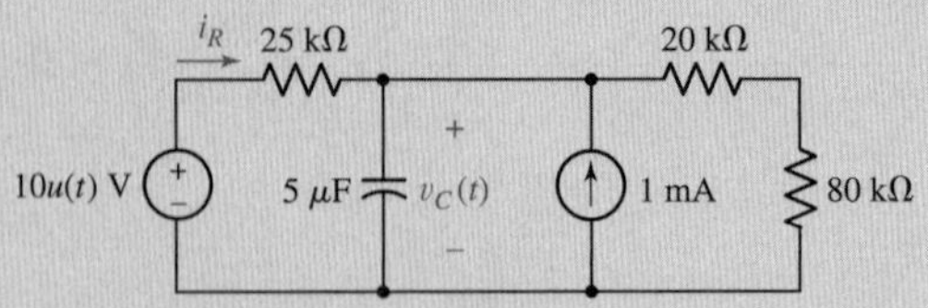

◆ **圖 8.39**

解答：20 V；20 V；28 V；24.4 V。

在此列出 8.7 節文末所敘述之對偶性質，進行 *RC* 電路之結論。

在 $t = 0$ 瞬間之分析程序歸納於下，可藉以求得已將直流電源切換導通或關斷，或者連接或斷開電路後的 *RC* 電路響應；其中假設當設定所有獨立電源等於零之時，電路可簡化成為單一等效電阻 R_{eq} 並聯單一等效電容 C_{eq}。以 $f(t)$ 代表所求的響應。

1. 將所有的獨立電源歸零，簡化電路，藉以求得 R_{eq}、C_{eq} 與時間常數 $\tau = R_{eq}C_{eq}$。
2. 將 C_{eq} 視為開路，使用直流分析方法求得恰於不連續之前的電容器電壓 $v_C(0^-)$。
3. 再次將 C_{eq} 視為開路，使用直流分析方法求得強制響應。此強制響應為 $f(t)$ 在 $t \to \infty$ 之數值；以 $f(\infty)$ 表示之。
4. 將總響應描述為強制響應與自然響應相加：$f(t) = f(\infty) + Ae^{-t/\tau}$。
5. 使用 $v_C(0^+) = v_C(0^-)$之條件，求得 $f(0^+)$。能夠針對計算所需，以電壓源 $v_C(0^+)$ 取代 C_{eq} [若 $v_C(0^+) = 0$ 則為短路]。除了電容器電壓 (與電感器電流) 之外，電路中其他的電流與電壓皆可以急遽變動。
6. $f(0^+) = f(\infty) + A$ 且 $f(t) = f(\infty) + [f(0^+) - f(\infty)]\, e^{-t/\tau}$，或者總響應 = 終值 + (初始值 − 終值) $e^{-t/\tau}$。

如從上述分析程序中所得知的，應用於 *RL* 電路分析的相同基本步驟也能夠應用於 *RC* 電路。至今，仍侷限於僅具有直流強制函數之電路分析，但事實上，方程式 [30] 適用於更為一般的函數，例如 $Q(t) = 9\cos(5t - 7°)$ 或者 $Q(t) = 2e^{-5t}$。在歸納本節結論之前，探討其中一種非直流強制函數之狀況。

範例 8.11

試求圖 8.40 電路中有效時間為 $t>0$ 之 $v(t)$。

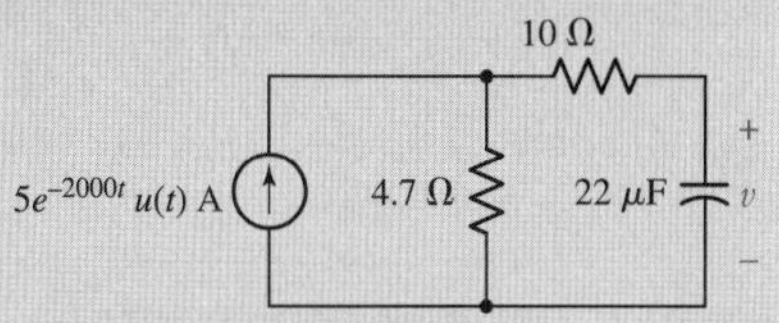

◆ **圖 8.40** 由指數衰減強制函數所驅動之簡單 *RC* 電路。

基於經驗，期望完整響應的型式為

$$v(t) = v_f + v_n$$

其中的 v_f 可能會類似題目所給定的強制函數，而 v_n 則是具有 $Ae^{-t/\tau}$ 之型式。

在此將計算電路的時間常數 τ。以開路取代電路中的電源，並且找出與電容器並聯的戴維寧等效電阻：

$$R_{eq} = 4.7 + 10 = 14.7\ \Omega$$

因此，時間常數為 $\tau = R_{eq}C = 323.4\ \mu s$，或者等效表示為 $1/\tau = 3.092\times10^3\ s^{-1}$。

雖然接下來最直觀的方式為執行電源變換，但仍有數種方式可用以繼續進行分析，藉以產生電壓源 $23.5e^{-2000t}u(t)$ V 串聯 14.7 Ω 與 22 μF。(應注意如此不會改變時間常數。)

寫出 $t>0$ 之簡單 KVL 方程式，得到

$$23.5e^{-2000t} = (14.7)(22\times10^{-6})\frac{dv}{dt} + v$$

稍微整理之後得到

$$\frac{dv}{dt} + 3.092\times10^3 v = 72.67\times10^3\, e^{-2000t}$$

此相較於方程式 [28] 與 [30]，提供分析者寫出完整響應為

$$v(t) = e^{-Pt}\int Qe^{Pt}dt + Ae^{-Pt}$$

在此一問題中，$P = 1/\tau = 3.092\times10^3$ 且 $Q(t) = 72.67\times10^3 e^{-2000t}$。因此得知

$$v(t) = e^{-3092t}\int 72.67\times10^3 e^{-2000t}e^{3092t}dt + Ae^{-3092t} \qquad \text{V}$$

執行積分運算，

$$v(t) = 66.55e^{-2000t} + Ae^{-3092t} \qquad \text{V} \qquad [38]$$

唯一的電源受控於步階函數，$t<0$ 之函數值為零，所以得知 $v(0^-)=0$。由於 v 為電容器電壓，因此 $v(0^+)=v(0^-)$，藉此可簡易得知初始條件 $v(0)=0$。將初始條件代入方程式 [38]，得到 $A = -66.55$ V，所以

$$v(t) = 66.55(e^{-2000t} - e^{-3092t})\ \text{V} \qquad t>0$$

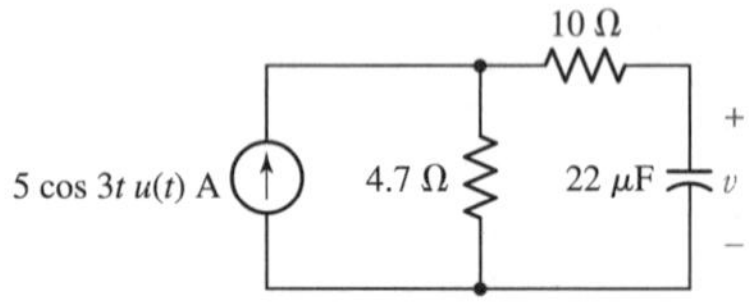

◆ **圖 8.41** 由弦波強制函數所驅動之簡單 *RC* 電路。

練習題

8.13 試求圖 8.41 電路在 $t > 0$ 之電容器電壓 v。

解答：$23.5 \cos 3t + 22.8 \times 10^{-3} \sin 3t - 23.5e^{-3092t}$ V。

8.9 預測循序開關切換電路之響應

在範例 8.9 中，已簡略考慮 *RL* 電路對脈波波形之響應，其中的電源透過開關有效切換而連接至電路，之後再切離電路。某些電路會設計僅激能一次 (例如，客車的安全氣囊觸發電路)，所以此種類型的切換行為在實務上相當常見。在預測由脈波與一連串脈波所激勵的簡單 *RL* 與 *RC* 電路響應上——此種電路有時稱為**循序切換電路** (Sequentially Switched Circuits) ——關鍵為電路的時間常數對於脈波序列的不同時間參數之相對大小。分析背後的基本原則為在脈波結束之前能量儲存元件是否具有足夠完全充電的時間，以及在下一個脈波開始之前是否具有足夠完全放電的時間。

考慮圖 8.42a 所示的電路，該電路連接至由七個獨立的參數所定義的脈波電壓源，如圖 8.42b 所示。波形介於 **V1** 與 **V2** 兩個數值之間。從 **V1** 改變至 **V2** 所需的時間 t_r 稱為**上升時間** (Rise Time, **TR**)，而從 **V2** 改變至 **V1** 所需的時間 t_f 則稱為**下降時間** (Fall Time, **TF**)。脈波的時間區間 W_p 稱為**脈波寬度** (Pulse Width, **PW**)，而此一波形的**週期** (Period) T 則為脈波重複所需的時間 (**PER**)。也需注意的是，在脈波串列開始之前會有所謂的時間延遲 (**TD**)，此對於某些電路配置的初始暫態響應之衰減有所效用。

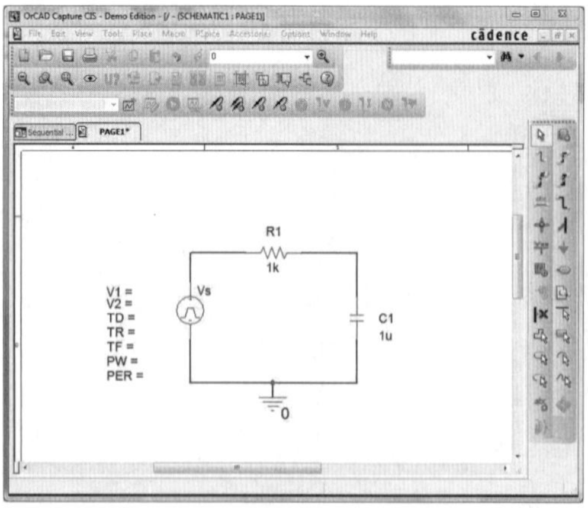

(*a*)

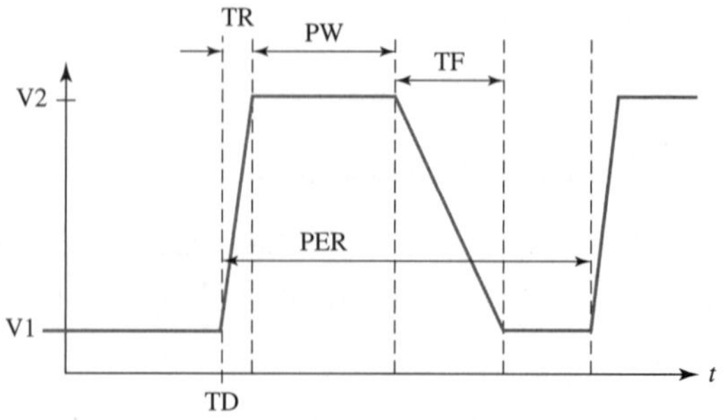

(*b*)

◆ **圖 8.42** (a) 連接至脈波電壓波形的簡單 *RC* 電路之圖示；(b) 相關參數定義圖。

為了方便進行討論，設定時間延遲為零，V1 = 0，且 V2 = 9 V。此電路的時間常數為 $\tau = RC = 1$ ms，所以將上升與下降時間設為 1 ns。

此時將考慮四種基本的狀況，總結於表 8.1。在前兩種況狀中，脈波寬度 W_p 甚大於電路的時間常數 τ，所以預期脈波開始之時所產生暫態會在脈波結束之前消失。在後兩種狀況中，則是相反：脈波寬度相當短，因此在脈波結束之前電容器完全充電的時間不足。當考慮脈波之間的時間 $(T - W_p)$ 較短 (狀況 II) 或較長 (狀況 III) 於電路的時間常數之電路響應，會產生類似的問題。

表 8.1　四種相對於 1 ms 電路時間常數的不同狀況之脈波寬度與週期

狀況	脈波寬度 W_p	週期 T
I	10 ms ($\tau \ll W_p$)	20 ms ($\tau \ll T - W_p$)
II	10 ms ($\tau \ll W_p$)	10.1 ms ($\tau \gg T - W_p$)
III	0.1 ms ($\tau \gg W_p$)	10.1 ms ($\tau \ll T - W_p$)
IV	0.1 ms ($\tau \gg W_p$)	0.2 ms ($\tau \gg T - W_p$)

將四種狀況的電路響應以定性繪製於圖 8.43，任意選擇電容器電壓為所關注的物理量，其中任何電壓或電流皆預期具有相同的時間相依性。在狀況 I 中，電容器具有足以完全充電與放電的時間 (圖 8.43a)，反之在狀況 II (圖 8.43b) 中，當脈波之間的時間縮短時，電容器不再具有足以完全放電的時間。相較之下，在狀況 III (圖 8.43c) 或狀況 IV (圖 8.43d) 中，電容器不具有足以完全充電的時間。

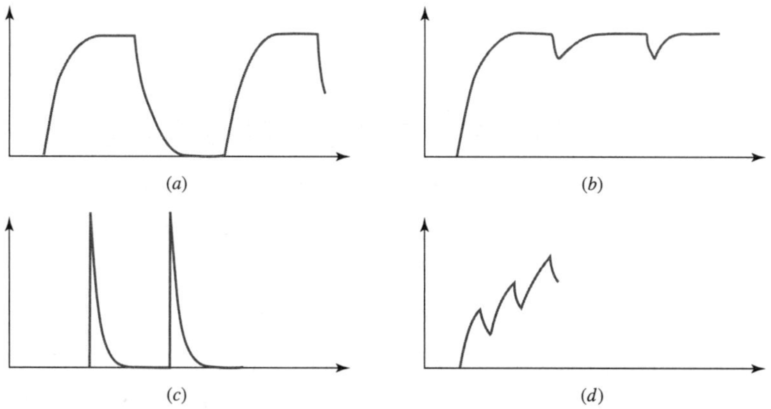

◆ **圖 8.43**　*RC* 電路之電容器電壓，脈波寬度與週期為 (a) 狀況 I；(b) 狀況 II；(c) 狀況 III；(d) 狀況 IV。

■狀況 I：時間足以完全充電與完全放電

當然，藉由執行一系列的分析，便能夠得到每一種狀況之精確響應數值。先考慮狀況 I。由於電容器具有足以完全充電的時間，因此強制響應將會相應於 9 V 直流驅動電壓。對應於第一種脈波的完整響應因此為

$$v_C(t) = 9 + Ae^{-1000t} \qquad \text{V}$$

若 $v_C(0) = 0$、$A = -9$ V，則在 $0 < t < 10$ ms 的區間中，

$$v_C(t) = 9(1 - e^{-1000t}) \qquad \text{V} \qquad [39]$$

當 $t = 10$ ms，電源會突然降至 0 V，電容器透過電阻器開始放電。在此一時間區間中，等效為一個簡單的“無源” *RC* 電路，並且能夠寫出其響應為

$$v_C(t) = Be^{-1000(t-0.01)} \qquad 10 < t < 20 \text{ ms} \qquad [40]$$

其中將 $t = 10$ ms 代入方程式 [39]，得到 $B = 8.99959$ V；在此基於實務考量，將此一數值四捨五入為 9 V，值得注意的是所計算的數值與初始暫態響應會在脈波結束之前消失的假設一致。

當 $t = 20$ ms，電壓源會立即跳回 9 V。將 $t = 20$ ms 代入方程式 [40]，便可得到恰在此一事件之前的電容器電壓，導致 v_C(20 ms) = 408.6 μV。相較於 9 V 的峰值，基本上為零。

若維持四捨五入至四個有效位數之慣例，則在第二個脈波開始之時，電容器電壓為零，與起始點相同。因此，方程式 [39] 與 [40] 形成所有後續脈波之響應基礎，且可以寫出

$$v_C(t) = \begin{cases} 9(1 - e^{-1000t}) \text{ V} & 0 \le t \le 10 \text{ ms} \\ 9e^{-1000(t-0.01)} \text{ V} & 10 < t \le 20 \text{ ms} \\ 9(1 - e^{-1000(t-0.02)}) \text{ V} & 20 < t \le 30 \text{ ms} \\ 9e^{-1000(t-0.03)} \text{ V} & 30 < t \le 40 \text{ ms} \end{cases}$$

以此類推。

■狀況 II：時間足以完全充電但不足以完全放電

接著，考慮若不允許電容器完全放電之情形 (狀況 II)。方程式 [39] 描述在時間區間 $0 < t < 10$ ms 之情形，而方程式 [40] 則描述在脈波之間的電容器電壓，該時間區間已經縮短為 $10 < t < 10.1$ ms。

恰於第二個脈波發生之前，此時在 $t = 10.1$ ms 之 v_C 為 8.144 V；電容器僅具有 0.1 ms 的時間可進行放電，當下一個脈波開始時，電容器仍保留著最大能量的 82%。所以，在下一個區間，

$$v_C(t) = 9 + Ce^{-1000(t-10.1\times 10^{-3})} \quad \text{V} \qquad 10.1 < t < 20.1 \text{ ms}$$

其中 $v_C(10.1\text{ ms}) = 9 + C = 8.144$ V，因此 $C = -0.856$ V，且

$$v_C(t) = 9 - 0.856e^{-1000(t-10.1\times 10^{-3})} \quad \text{V} \qquad 10.1 < t < 20.1 \text{ ms}$$

相較於前一個脈波，將會更快速地達到 9 V 峰值。

■狀況 III：時間不足以完全充電但足以完全放電

在此將說明暫態是否會在電壓脈波結束之前消失尚不明確之狀況。實際上，此一情況發生在狀況 III。正如針對狀況 I 所描述的方程式，仍可應用於此一狀況，

$$v_C(t) = 9 + Ae^{-1000t} \quad \text{V} \qquad [41]$$

但此時僅在 $0 < t < 0.1$ ms 之時間區間內。初始條件未改變，所以同樣得到 A = −9 V。然而，恰於第一個脈波結束之前，即在 $t = 0.1$ ms，得知 $v_C = 0.8565$ V。此與允許電容器完全充電至 9 V 的最大值相去甚遠，乃是脈波僅持續了十分之一的電路時間常數之直接結果。

電容器接著開始放電，所以

$$v_C(t) = Be^{-1000(t-1\times 10^{-4})} \quad \text{V} \qquad 0.1 < t < 10.1 \text{ ms} \qquad [42]$$

已知 $v_C(0.1^-\text{ ms}) = 0.8565$ V，所以 $v_C(0.1^+\text{ ms}) = 0.8565$ V，並將之代入方程式 [42]，得到 $B = 0.8565$ V。恰於第二個脈波開始之前，亦即在 $t = 10.1$ ms，電容器電壓基本上已經衰減至 0 V；此為第二個脈波開始的初始條件，所以方程式 [41] 能夠重新描述為

$$v_C(t) = 9 - 9e^{-1000(t-10.1\times 10^{-3})} \quad \text{V} \qquad 10.1 < t < 10.2 \text{ ms} \qquad [43]$$

藉以敘述所相應的響應。

■狀況 IV：時間不足以完全充電或完全放電

在最後的一種狀況中，闡述脈波寬度與週期皆相當短之情況，在任何一個週期內，電容器不能夠完全充電也不能夠完全放電。基於經驗，能夠寫出相關方程式

$$v_C(t) = 9 - 9e^{-1000t} \quad \text{V} \qquad 0 < t < 0.1 \text{ ms} \qquad [44]$$

$$v_C(t) = 0.8565e^{-1000(t-1\times 10^{-4})} \quad \text{V} \qquad 0.1 < t < 0.2 \text{ ms} \qquad [45]$$

$$v_C(t) = 9 + Ce^{-1000(t-2\times 10^{-4})} \quad \text{V} \qquad 0.2 < t < 0.3 \text{ ms} \qquad [46]$$

$$v_C(t) = De^{-1000(t-3\times 10^{-4})} \quad \text{V} \qquad 0.3 < t < 0.4 \text{ ms} \qquad [47]$$

恰於第二個脈波開始之前，亦即 $t = 0.2$ ms，電容器電壓已經衰減至 $v_C = 0.7750$ V；由於完全放電的時間不足，電容器保留了絕大部分在一開始所儲存的微小能量。在 $0.2 < t < 0.3$ ms 之區間中，將 $v_C(0.2^+) = v_C(0.2^-) = 0.7750$ V 代入方程式 [46]，得到 $C = -8.225$ V。接著估算方程式 [46] 在 $t = 0.3$ ms 時之數值，並且計算恰於第二個脈波結束之前的 $v_C = 1.558$ V。因此，$D = 1.558$ V，且在幾個脈波內，電容器電壓緩慢充電而使電壓不斷增加。在此，繪製出詳細的響應較能了解各狀況之動作情形，將狀況 I 至 IV 的 PSpice 模擬結果闡述於圖 8.44。特別要注意的是圖 8.44d，其中的微小充電 / 放電暫態響應在形狀上類似於圖 8.44a 至 c 所示波形，乃是以 $(1 - e^{-t/\tau})$ 的充電響應型式疊加。因此，在單一個週期不允許電容器完全充電或放電之情況下，電容器用了至少 5 倍的時間常數充電至其最大值！

至此尚未分析與預測響應在 $t >> 5\tau$ 之行為，特別是假如不需要一次一個地考慮極長脈波序列。請注意圖 8.44d 的響應從大約 4 ms 起便具有 4.50 V 的平均值，此恰好等於電壓源脈波寬度允許電容器完全充電所期望的數值之一半。實際上，能夠將直流

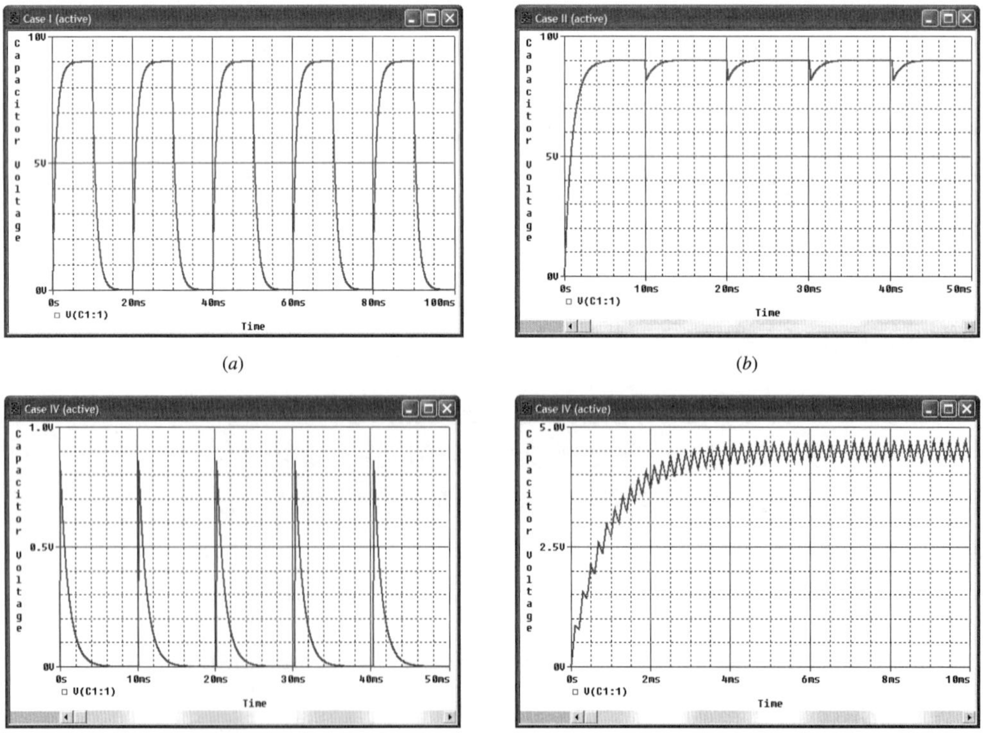

(a) (b) (c) (d)

◆ **圖 8.44** 相應於 (a) 狀況 I；(b) 狀況 II；(c) 狀況 III；(d) 狀況 IV 之 PSpice 模擬結果。

電容器電壓乘以脈波寬度對週期的比值，以計算此一長期的平均值，同樣也可得到 4.50 V 的結果。

練習題

8.14 考慮圖 8.45a，針對 (a) $v_S(t) = 3u(t) - 3u(t-2) + 3u(t-4) - 3u(t-6) + \cdots$；(b) $v_S(t) = 3u(t) - 3u(t-2) + 3u(t-2.1) - 3u(t-4.1) + \cdots$，試繪製在 $0 < t < 6$ s 範圍內的 $i_L(t)$。

解答：請參考圖 8.45b；請參考圖 8.45c。

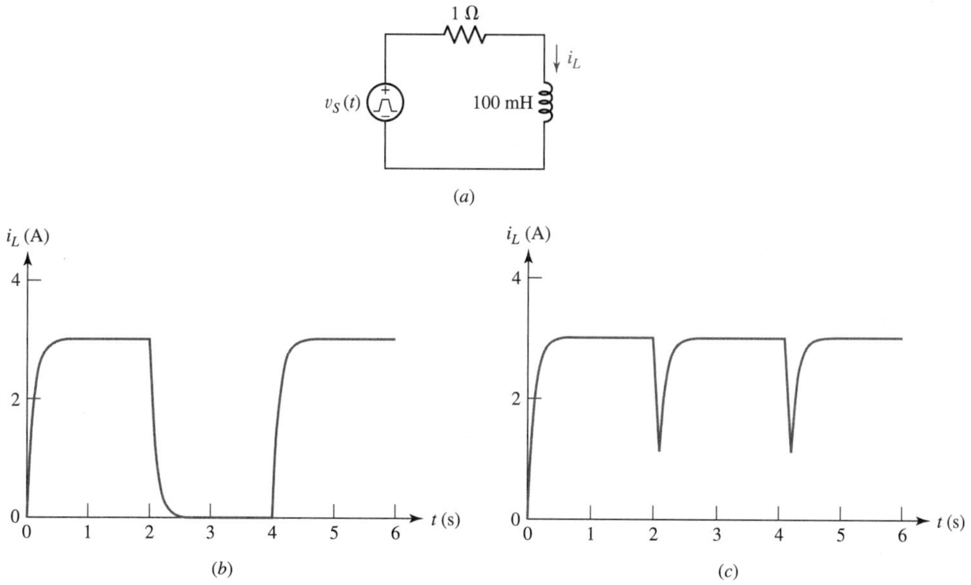

◆ **圖 8.45** (a) 練習題 8.14 之電路；(b) 為 (a) 部分的解答；(c) 為 (b) 部分的解答。

總結與回顧

本章介紹並說明了具有單一能量儲存元件之電路 (電感器或者電容器) 能夠以稱為**電路時間常數** (分別為 $\tau = L/R$ 或 $\tau = RC$) 的特徵時間尺度來描述之。若嘗試改變元件內所儲存的能量 (充電或者放電)，則電路中的**每個**電壓或電流將包含 $e^{-t/\tau}$ 型式的指數項。從嘗試改變所儲存的能量算起大約 5 倍時間常數之後，**暫態響應基本上已經消失**，且在時間 $t > 0$，僅剩下由獨立電源驅動電路所產生的簡單**強制**響應。在純直流電路中若判斷強制響應，則可將電感器視為短路，並且將電容器視為開路。

本章以所謂的無源電路開始進行分析，專門介紹時間常數的想法與意義；如此的無源電路具有零強制響應以及全然由 $t = 0$ 時所儲存的能量衍生的暫態響應。理由是電容器不能夠在瞬間改變其電壓 (否則會產生無限大的電流)，可使用表示法 $v_C(0^+) = v_C(0^-)$ 來描述之。另一個類似的理由為流經電感器的電流不能夠瞬間改變，或者 $i_L(0^+) = i_L(0^-)$。完整響應必為暫態響應與強制響應之總和；再者，將初始條件應用於完整響應可提供暫態項的未知常數之求解方法。

本章也探討了開關的建模，常見的數學表示式乃是使用單位步階函數 $u(t - t_0)$，當 $t <$

t_0，函數值為零；而當 $t > t_0$，函數值則為 1；當 $t = t_0$，則函數值為未定數。就特定時間前後的 t 數值而言，單位步階函數能夠 “促動” 電路 (連接電流，進而使電流能夠流動)。能夠使用步階函數的組合來產生脈波以及更複雜的波形。在循序開關切換電路的狀況中，將其中的電源重複連接與斷開，分析後並可得知電路的行為乃是依靠週期及脈波寬度兩者與電路時間常數之比較結果來決定。

在此列出本章的某些值得關注的關鍵點，並且標示出適切的範例，以進一步回顧本章的重要觀念。

- ❑ 具有電容器與電感器且電源急遽切換連接與斷開之電路響應必為兩個部分所組成：**自然響應與強制響應**。
- ❑ 自然響應 (也稱為**暫態響應**) 的型式僅視元件的數值與連接方式而定。(範例 8.1 與 8.2)
- ❑ 已簡化為單一等效電容 C 與單一等效電阻 R 之電路具有自然響應 $v(t) = V_0\, e^{-t/\tau}$，其中的 $\tau = RC$ 為電路時間常數。(範例 8.3 與 8.5)
- ❑ 已簡化為單一等效電感 L 與單一等效電阻 R 之電路具有自然響應 $i(t) = I_0\, e^{-t/\tau}$，其中的 $\tau = L/R$ 為電路時間常數。(範例 8.4)
- ❑ 能夠使用戴維寧分析程序，以一個電阻來表示具有相依電源的電路。
- ❑ 單位步階函數對開關閉合與斷開行為之建模相當實用，只要留意初始條件即可。(範例 8.7 與 8.9)
- ❑ 強制響應的型式反映強制函數。因此，直流強制函數必會導出在數學上為固定常數的強制響應。(範例 8.7 與 8.8)
- ❑ 由直流電源所激勵的 RL 或 RC 電路之**完整響應**具有 $f(0^+) = f(\infty) + A$ 且 $f(t) = f(\infty) + [f(0^+) - f(\infty)]\, e^{-t/\tau}$ 之型式，或者總響應 = 終值 + (初始值 − 終值) $e^{-t/\tau}$。(範例 8.9、8.10 與 8.11)
- ❑ 也可以藉由寫出所關注的物理量之單一微分方程式並且將之求解，決定 RL 或 RC 電路之完整響應。(範例 8.2 與 8.11)
- ❑ 當處理循序開關切換電路或者連接脈波波形的電路時，相關的問題為相對於電路時間常數，能量儲存元件是否具有充分的時間足以完全充電與完全放電。

延伸閱讀

微分方程式求解技巧之相關資料能夠在以下書籍中找到：

W. E. Boyce and R. C. DiPrima, *Elementary Differential Equations and Boundary Value Problems,* 7th ed. New York: Wiley, 2002.

電路中暫態的詳細說明：

E. Weber, *Linear Transient Analysis Volume I.* New York: Wiley, 1954. (已絕版，但仍可在許多大學圖書館中找到。)

習題

8.1 無源 *RL* 電路

1. 令圖 8.1 所示的電路之 $R = 1\ \text{k}\Omega$ 且 $L = 1$ nH，已知 $i(0) = -3$ mA，(a) 試寫出對所有 $t \geq 0$ 有效之 $i(t)$ 表示式；(b) 試計算 $t = 0$、$t = 1$ ps、2 ps 與 5 ps 之 $i(t)$；(c) 試計算在 $t = 0$、$t = 1$ ps 與 $t = 5$ ps 時儲存在電感器中的能量。

2. 假設圖 8.46 電路中的開關已經閉合導通了一段相當長的時間，若 (a) 恰於開關斷開之前的瞬間；(b) 恰於開關斷開之後的瞬間；(c) $t = 15.8\ \mu s$；(d) $t = 31.5\ \mu s$；(e) $t = 78.8\ \mu s$，試計算 $i_L(t)$。
3. 圖 8.47 的開關在 $t = 0$ 急遽斷開之前已經閉合導通一段相當長的時間。(a) 試求圖 8.47 電路中對所有 $t \geq 0$ 有效之 i_L 與 v；(b) 試計算恰於開關斷開前的瞬間、恰於開關斷開後的瞬間，以及在 $t = 470\ \mu s$ 之 $i_L(t)$ 與 $v(t)$。

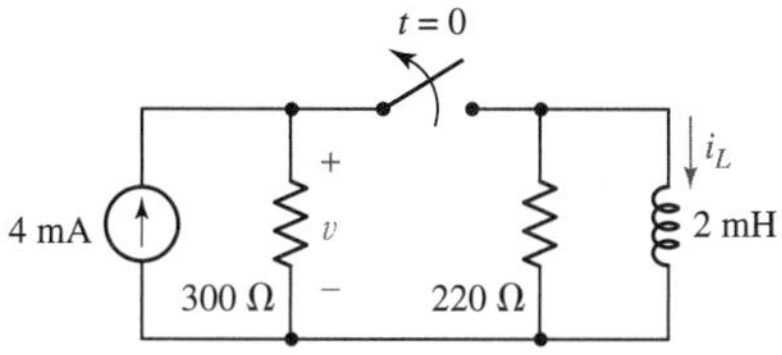

◆ **圖 8.46**

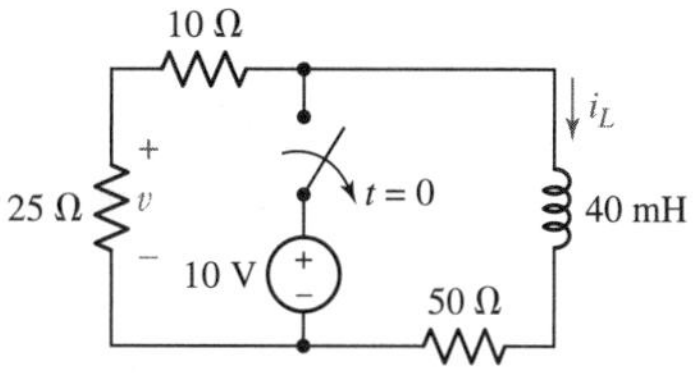

◆ **圖 8.47**

4. 假設開關初始狀態為已經斷開一段相當長的時間，(a) 試求圖 8.48 電路中對所有 $t \geq 0$ 有效之 i_W；(b) 試計算 $t = 0$ 與 $t = 1.3$ ns 之 i_W。

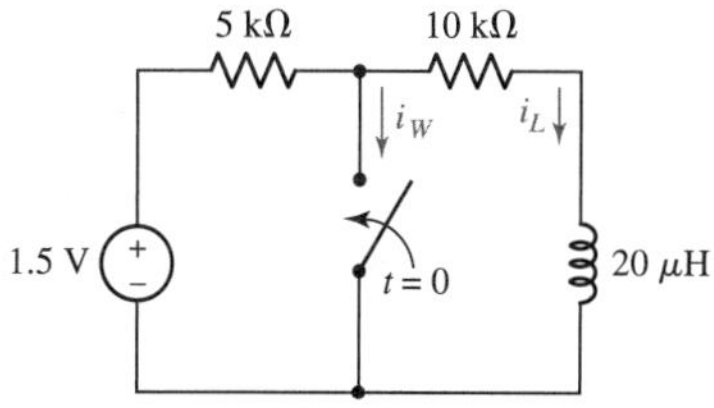

◆ **圖 8.48**

8.3 無源 *RC* 電路

5. 圖 8.49 電路中的電阻器具有 1 Ω 之數值，並且連接至一個 22 mF 的電容器。該電容器的介質具有無限大的電阻，而且恰在 $t = 0$ 之前，該元件儲存了 891 mJ 之能量。(a) 試寫出對 $t \geq 0$ 有效之 $v(t)$ 表示式；(b) 試計算在 $t = 11$ ms 與 33 ms 時電容器所保留的能量；(c) 若確定電容器的介質比預期更易洩漏能量，而具有低至 100 kΩ 之電阻，試重複問題之 (a) 與 (b) 部分。
6. 安全地假設圖 8.50 所繪製的開關已經安全閉合導通一段相當長的時間，一開始連接電壓源所產生的任何暫態已經消失。(a) 試求電路的時間常數；(b) 試計算在 $t = \tau$、2τ 與 5τ 之電壓 $v(t)$。
7. 圖 8.51 電路的 12 V 電源上方開關已經閉合導通一段相當長的時間，最後在 $t = 0$ 時將開關斷開。(a) 試計算電路的時間常數；(b) 試求對 $t > 0$ 有效之 $v(t)$ 表示式；(c) 試計算在開關斷開之後 170 ms 於電容器中所儲存的能量。

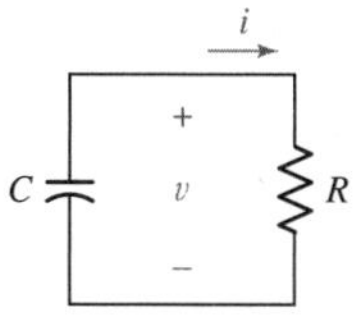

◆ **圖 8.49**

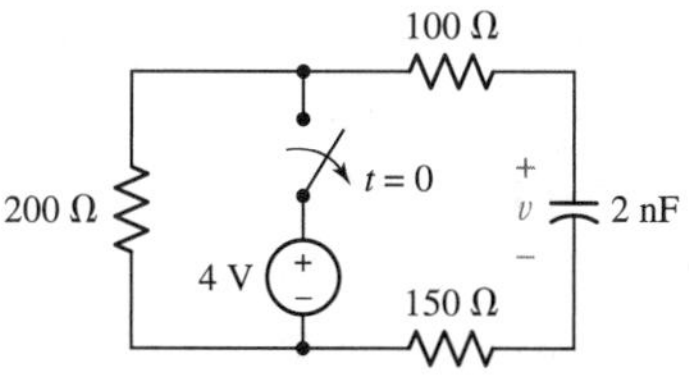

◆ **圖 8.50**

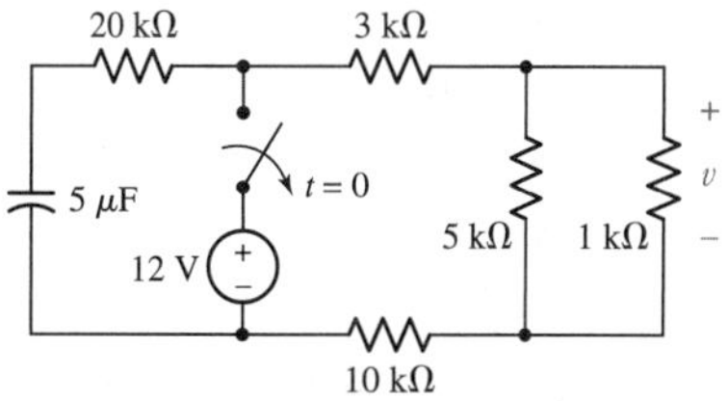

◆ **圖 8.51**

8. 考慮圖 8.52 所示的電路，(a) 試計算在 $t = 0$、$t = 984$ s 與 $t = 1236$ s 之 $v(t)$；(b) 試求在 $t = 100$ s 仍儲存在電容器中的能量。

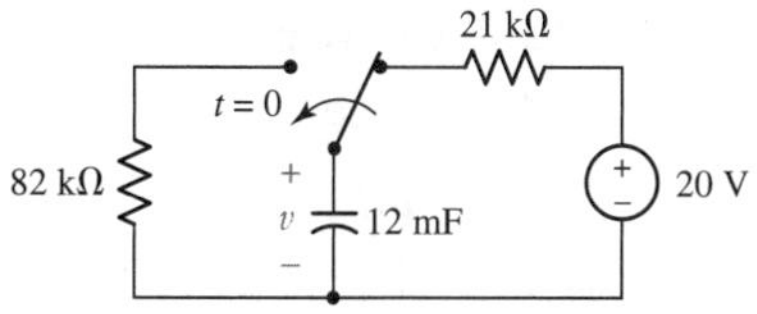

◆ **圖 8.52**

9. 圖 8.53 所示的電路已經斷開一段冗長的時間。(a) 試求恰在開關閉合之前標示為 i 的數值；(b) 試求開關閉合之後的 i 數值；(c) 試計算每個電阻器在 $0 < t < 15$ ms 範圍內所消耗的功率；(d) 試繪製 (c) 之解答。

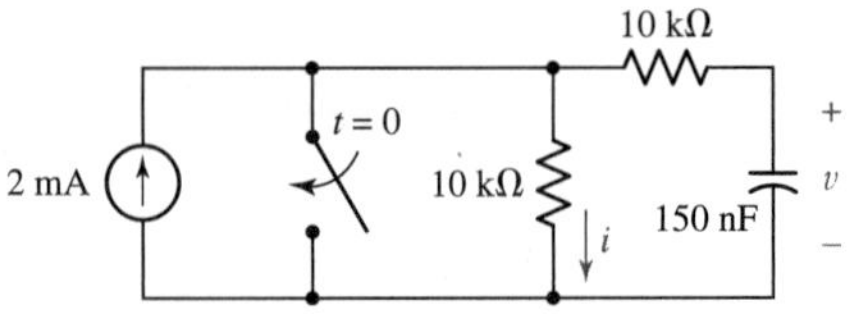

◆ 圖 8.53

8.4 更全面的觀點

10. (a) 試求跨於圖 8.54 電阻器 R_3 上的電壓 $v(t)$ 對 $t > 0$ 有效之表示式；(b) 若 $R_1 = 2R_2 = 3R_3 = 4R_4 = 1.2\ \text{k}\Omega$，$L = 1$ mH 且 $i_L(0^-) = 3$ mA，試計算 $v(t = 500\ \text{ns})$。
11. 試求圖 8.55 中標示為 $i_1(t)$ 與 $i_L(t)$ 兩者對 $t > 0$ 有效之表示式。

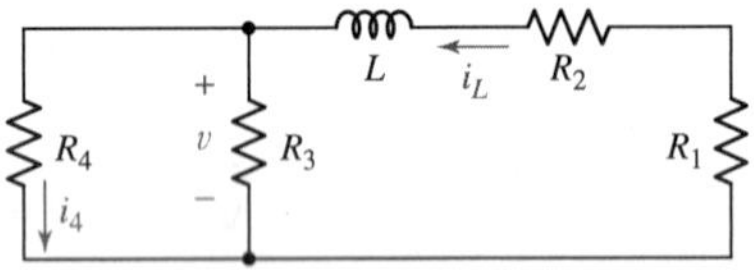

◆ 圖 8.54

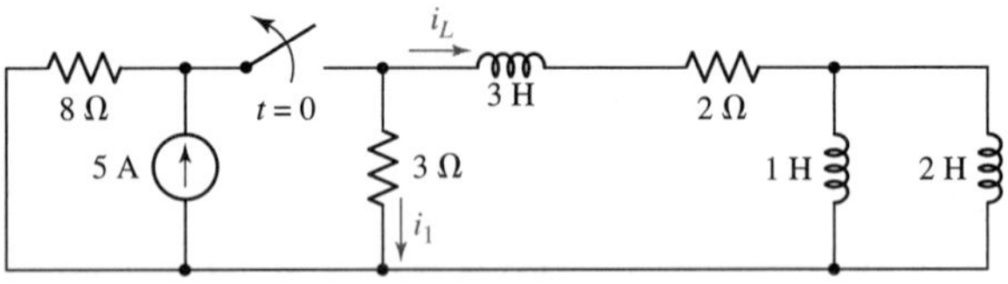

◆ 圖 8.55

12. 試選擇圖 8.56 電路中的電阻器 R_0 與 R_1 之數值，致使 $v_C(0.65) = 5.22$ V 且 $v_C(2.21) = 1$ V。
13. 若時間 t 等於 (a) 0^-；(b) 0^+；(c) 10 ms；(d) 12 ms，試求圖 8.57 所示電路中所標示的 $v_C(t)$ 與 $v_o(t)$。

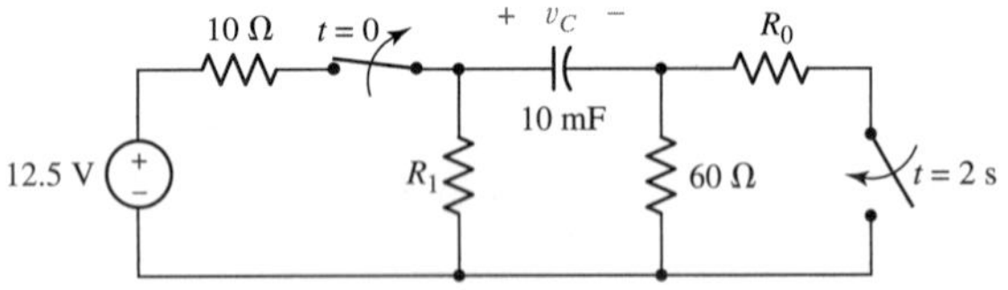

◆ 圖 8.56

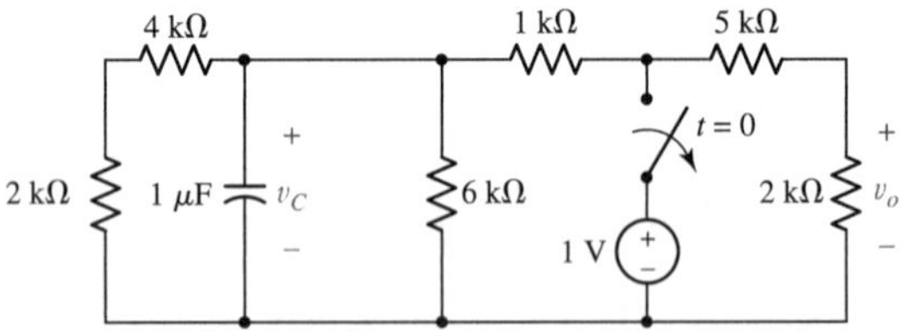

◆ 圖 8.57

14. 圖 8.58 的開關在位於 A 一段相當長的時間之後，於 $t = 0$ 從 A 移至 B；如此會將兩電容器串聯，因此允許大小相等但反相的直流電壓跨於兩電容器上。(a) 試求 $v_1(0^-)$、$v_2(0^-)$ 與 $v_R(0^-)$；(b) 試求 $v_1(0^+)$、$v_2(0^+)$ 與 $v_R(0^+)$；(c) 試求 $v_R(t)$ 之時間常數；(d) 試求 $t > 0$ 之 $v_R(t)$；(e) 試求 $i(t)$；(f) 試經由 $i(t)$ 與初始值求得 $v_1(t)$ 與 $v_2(t)$；(g) 證明在 $t = \infty$ 所儲存的能量加上 20 kΩ 電阻器總消耗能量等於電容器在 $t = 0$ 所儲存的能量。

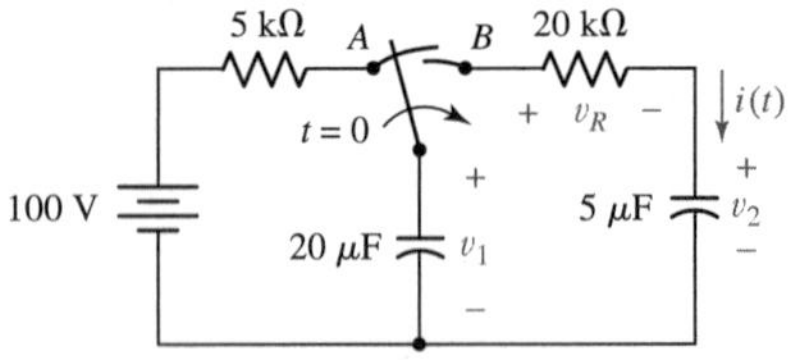

◆ 圖 8.58

8.5 單位步階函數

15. 試求以下函數在 $t = -1$、0 與 +3 之數值：(a) $f(t) = tu(1 - t)$；(b) $g(t) = 8 + 2u(2 - t)$；(c) $h(t) = u(t + 1) - u(t - 1) + u(t + 2) - u(t - 4)$；(d) $z(t) = 1 + u(3 - t) + u(t - 2)$。
16. 試使用步階函數建立可描述圖 8.59 所示波形之方程式。
17. 試利用適當的步階函數描述圖 8.60 所示的電壓波形。

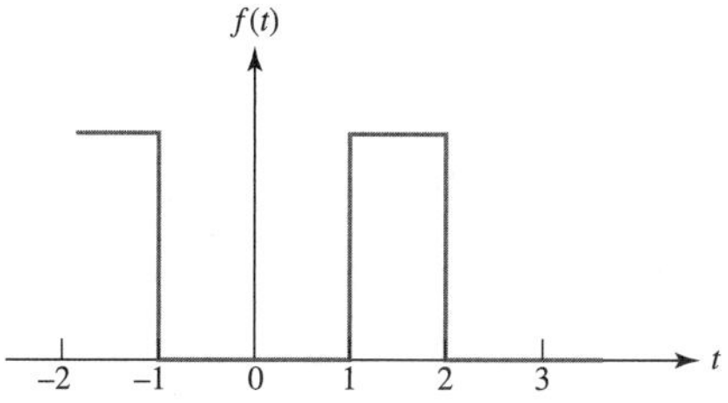

◆圖 8.59

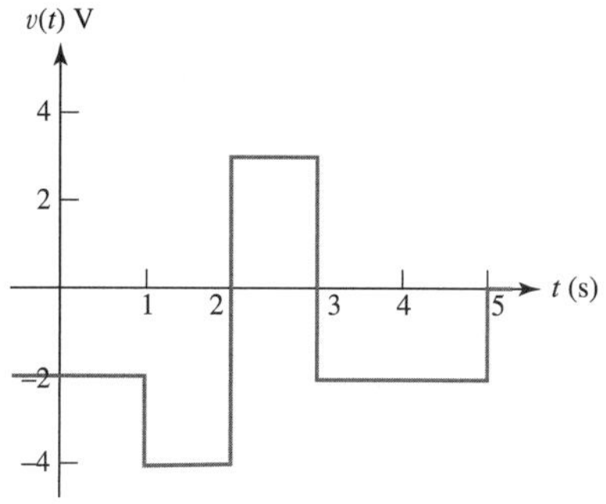

◆圖 8.60

8.6 驅動的 *RL* 電路

18. 參考圖 8.61 所示之簡單電路，試計算 (a) $t=0^-$；(b) $t=0^+$；(c) $t=1^-$；(d) $t=1^+$；(e) $t=2$ ms 之 $i(t)$。

19. 圖 8.62 所示電路包含兩個獨立電源，其中一個僅在 $t>0$ 有效。(a) 試求對所有的時間 t 有效之 $i_L(t)$ 表示式；(b) 試計算在 $t=10\ \mu$s、$20\ \mu$s 與 $50\ \mu$s 之 $i_L(t)$。

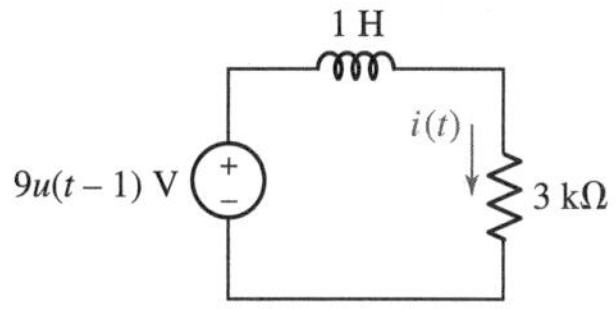

◆圖 8.61

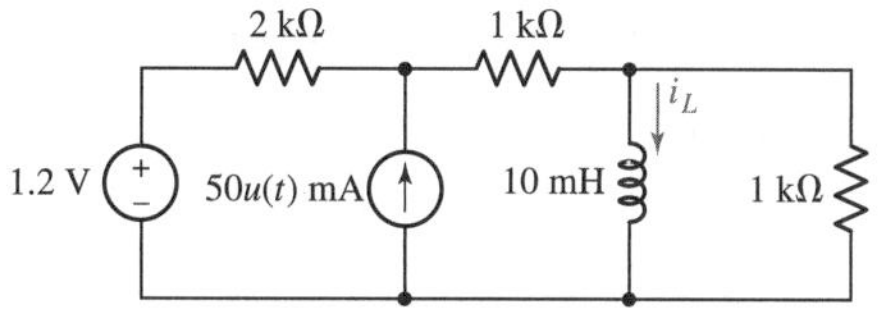

◆圖 8.62

20. 考慮圖 8.63 之電路，(a) 試求對所有時間有效之 $i(t)$ 表示式；(b) 試求對所有時間有效之 $v_R(t)$ 表示式；以及 (c) 試繪製在 $-1\text{ s} \le t \le 6\text{ s}$ 範圍內的 $i(t)$ 與 $v_R(t)$。

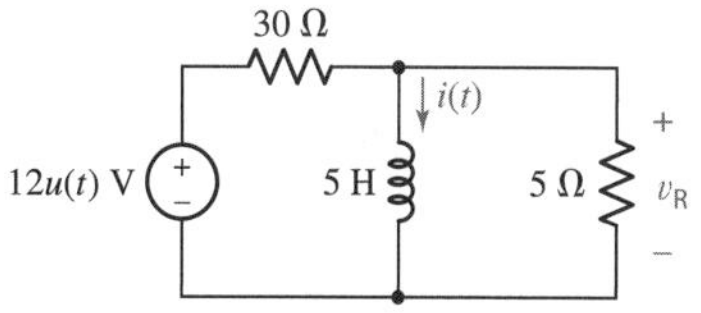

◆圖 8.63

8.7 自然與強制響應

21. 考慮圖 8.64 之兩電源電路，請注意其中一個電源始終存在。(a) 試求對所有時間 t 有效之 $i(t)$ 表示式；(b) 試估算電感器所儲存的能量何時會達到其最大值之 99%。

22. (a) 試求圖 8.65 中標示為 i_L 之表示式，需對所有的 t 數值有效；(b) 試繪製所得到的 i_L 表示式在範圍 $-1\text{ ms} \le t \le 3\text{ ms}$ 內之圖示。

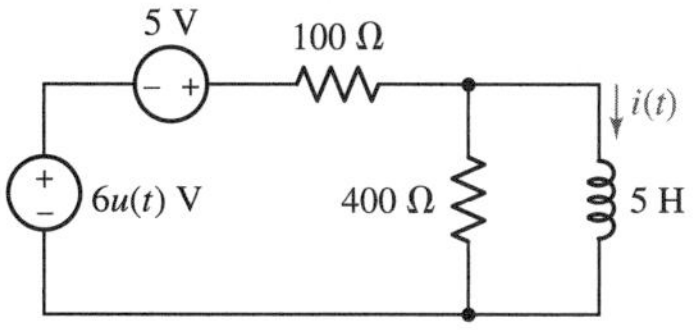

◆圖 8.64

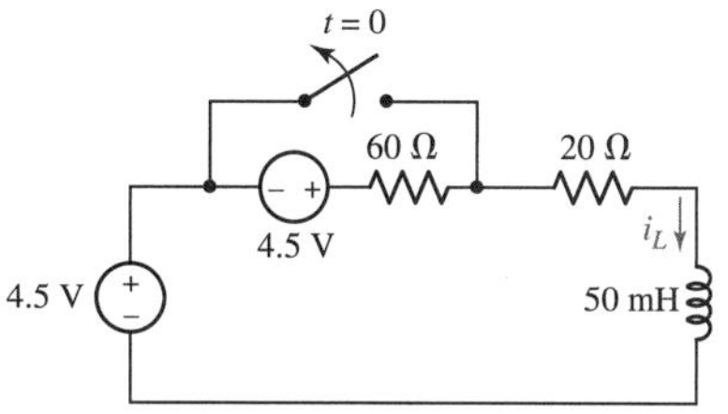

◆圖 8.65

23. 試求圖 8.66 電路中標示為 $i(t)$ 之表示式，並且計算 40 Ω 電阻器在 $t=2.5$ ms 所消耗的功率。

24. 試求圖 8.67 電路中標示為 i_1 之表示式，需對所有的 t 數值有效。

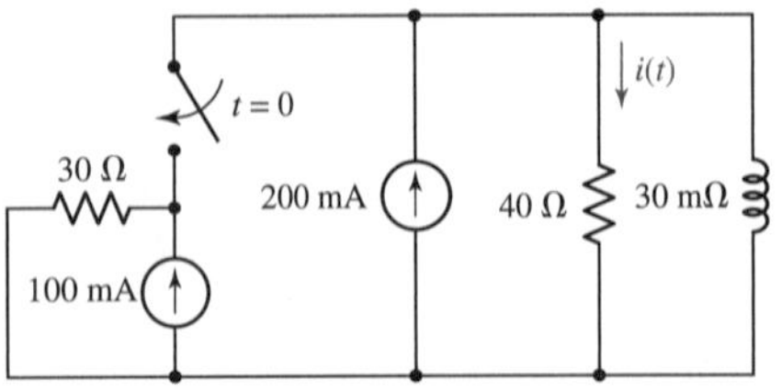

◆圖 8.66

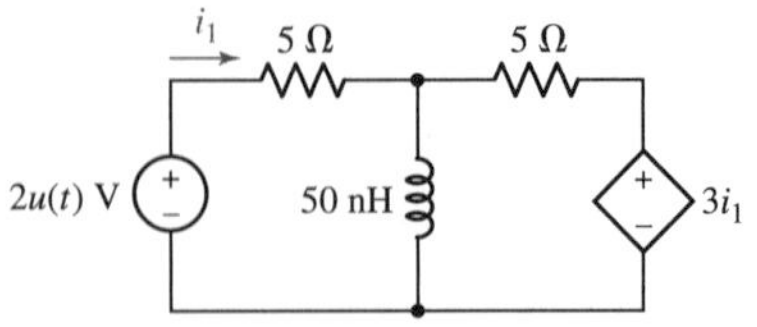

◆圖 8.67

25. 若 (a) $R = 10\ \Omega$；(b) $R = 1\ \Omega$，試繪製圖 8.68 中的電流 $i(t)$。試解釋電感器在何種狀況下會 (暫時) 儲存最多的能量。

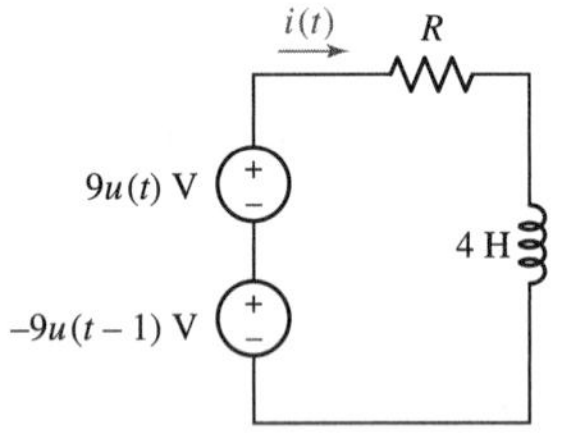

◆圖 8.68

8.8 驅動的 *RC* 電路

26. 試求描述圖 8.69 中標示為 i_A 在 $-1\text{ ms} \leq t \leq 5\text{ ms}$ 範圍內的行為之方程式。

27. 圖 8.70 電路中的開關通常稱為先接後斷開關 (由於在切換期間中，此開關會短暫地連接電路的兩部分，藉以確保流暢的電氣轉態現象)，其處於位置 a 一段相當長的時間，足以確保電源導通所產生的所有初始暫態皆已經消失之後，再於 $t = 0$ 移至位置 b。(a) 試求 5 Ω 電阻器在 $t = 0^-$ 所消耗的功率；(b) 試求 3 Ω 電阻器在 $t = 2$ ms 所消耗的功率。

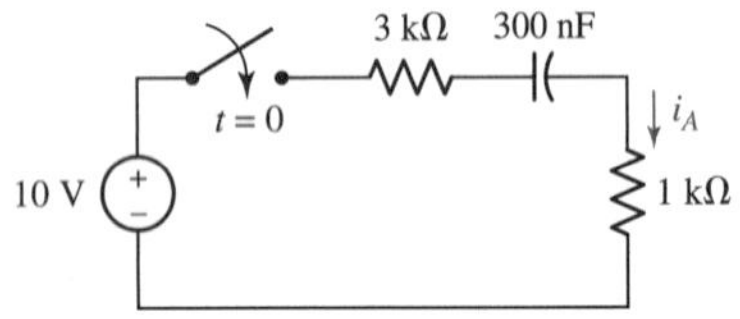

◆圖 8.69

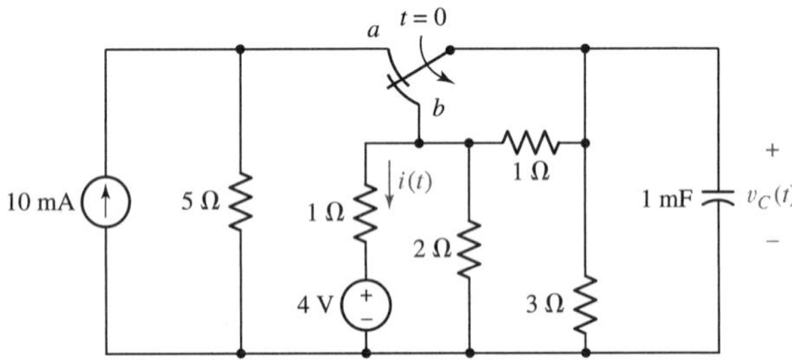

◆圖 8.70

28. 參照圖 8.71 所示的電路，(a) 試求描述對所有 t 數值有效之 v_C 方程式；(b) 試求在 $t = 0^+$、$t = 25\ \mu$s 與 $t = 150\ \mu$s 時，電容器中所剩餘的能量。

29. 試求圖 8.72 的運算放大器電路中標示為 v_x 的電壓之表示式。

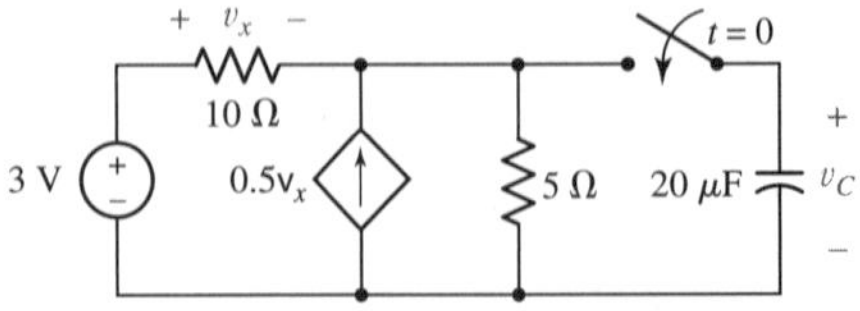

◆圖 8.71

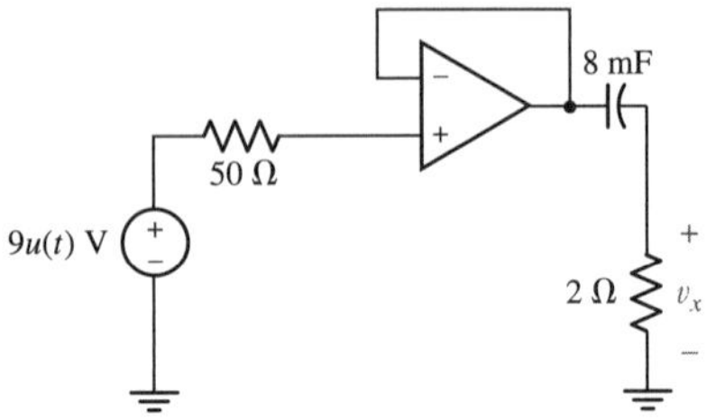

◆圖 8.72

Chapter 9

RLC 電路

主要觀念

- 串聯與並聯 *RLC* 電路之諧振頻率與阻尼因數
- 過阻尼響應
- 臨界阻尼響應
- 欠阻尼響應
- 利用兩個初始條件
- *RLC* 電路之完整 (自然 + 強制) 響應
- 使用運算放大器電路來表示微分方程式

簡介

在第八章中，已探討僅具有**一個**能量儲存元件之電路，而此類電路會與部分決定了電容器或電感器充電 / 放電時間的被動網路相組合，且經由分析所得到的微分方程式皆為一階微分方程式。在本章中，將考慮較為複雜的電路，電路中同時包含了電感器**以及**電容器**兩種**元件，所產生的方程式為電壓或電流的**二階微分**方程式。可將第八章所學習的知識簡易延伸至本章之 *RLC* 電路研究，但在 *RLC* 電路中需要**兩個**初始條件方能對每個微分方程式求解。在各式各樣的應用中常需要使用 *RLC* 電路，包含振盪器與頻率濾波器等。在對某些實際電路行為的建模上，*RLC* 電路同樣也極為有用，例如汽車懸掛系統、溫度控制器，甚至是飛機對於升降舵與副翼變動之響應。

9.1 無源並聯 *RLC* 電路

有兩種型式的 *RLC* 電路：並聯連接與串聯連接的 *RLC* 電

路。在此先介紹及分析並聯的 *RLC* 電路。此種理想元件的特定組合為許多通訊網路某些部分的合理模型。例如，*RLC* 電路代表在收音機內所發現的某些電子放大器之重要部分，並且能夠使這些放大器在狹窄的訊號頻寬上產生較大的電壓放大倍率 (在頻寬之外的放大倍率則幾乎等於零)。

如同在 *RL* 與 *RC* 電路中所進行的說明與分析，先考慮並聯 *RLC* 電路之自然響應，其中的一個或者兩個能量儲存元件具有非零的初始能量 (此一初始能量的來源並不重要)，通常由電感器電流與電容器電壓來表示之，兩者皆需指明 $t=0^+$ 時之數值。一旦完全得知了 *RLC* 電路此部分的分析之後，便能夠簡易拓展而涵蓋電路中的直流電源或者步階電源。接著，便可藉以得到自然響應與強制響應相加的總響應。

此頻率選擇性能夠使收聽者聽到某一電台的廣播節目，同時排拒其他電台的節目。其他的應用包含可將並聯的 *RLC* 電路使用於頻率多工與諧波抑制濾波器。而即使只是要簡單探討這些原理而已，仍需要先了解某些專有名詞，例如**諧振** (Resonance)、**頻率響應** (Frequency Response)、以及**阻抗** (Impedance)。因此，可說了解並聯 *RLC* 電路的自然行為對未來研究通訊網路與濾波器設計，乃至於許多其他的應用而言極其重要。

若將一個**實體**的電容器與一個電感器並聯連接，且電容器本身具有有限的電阻，則所產生的網路即如圖 9.1 所示的等效電路模型。電阻可用來建立電容器隨著時間推移的能量損失模型，所有實際的電容器最後皆會自行放電，即使從電路切離亦然。同樣也能夠藉由附加一個理想電阻器 (與理想電感器串聯) 來考量實體電感器的能量損失。然而，為簡單起見，接下來的討論將侷限在一個基本上理想的電感器並聯一個會“洩漏電量的”電容器。

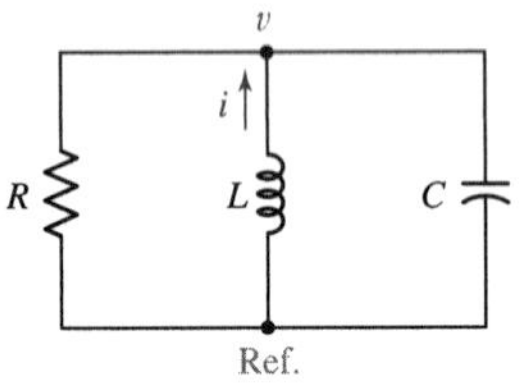

◆ **圖 9.1** 無源並聯 *RLC* 電路。

■ 得到並聯 *RLC* 電路之微分方程式

在以下的分析中，將假設能量一開始已儲存於電感器與電容器兩者之中，換言之，電感器電流與電容器電壓兩者的初始值可能為非零數值。參照圖 9.1 的電路，可寫出單節點方程式

$$\frac{v}{R} + \frac{1}{L}\int_{t_0}^{t} v\,dt' - i(t_0) + C\frac{dv}{dt} = 0 \qquad [1]$$

其中應注意負號為電流 i 的假設方向所產生之結果。必須求解受初始條件所影響的方程式 [1]，其中的初始條件為

$$i(0^+) = I_0 \qquad [2]$$

以及

$$v(0^+) = V_0 \tag{3}$$

將方程式 [1] 的等號兩邊對時間微分一次，所得到的結果為線性二階齊次微分方程式

$$C\frac{d^2v}{dt^2} + \frac{1}{R}\frac{dv}{dt} + \frac{1}{L}v = 0 \tag{4}$$

其中的解答 $v(t)$ 為所求的自然響應。

■ 微分方程式的解答

目前已有許多方法可求解方程式 [4]，其中大多數的方法留待微分方程式的課程，在此僅選擇使用最快速且最簡單的方法講解。可依照直覺與適當的經驗，逕行假設解答其中一種可能適合的型式。依照分析一階方程式的經驗，建議至少再次嘗試指數的型式。因此，假設

$$v = Ae^{st} \tag{5}$$

若有需要，A 與 s 可為複數，如此則方程式 [5] 為最一般的可能情形。將方程式 [5] 代入方程式 [4]，得到

$$CAs^2e^{st} + \frac{1}{R}Ase^{st} + \frac{1}{L}Ae^{st} = 0$$

或者

$$Ae^{st}\left(Cs^2 + \frac{1}{R}s + \frac{1}{L}\right) = 0$$

為了使此一方程式對所有的時間皆能滿足，三個因式的其中至少一個必為零。若將前兩個因式的其中任何一個設為零，則 $v(t) = 0$。此為微分方程式的顯解，不能滿足所給定的初始條件。因此所剩的因式為零：

$$Cs^2 + \frac{1}{R}s + \frac{1}{L} = 0 \tag{6}$$

此一方程式通常稱為**輔助方程式** (Auxiliary Equation) 或**特徵方程式** (Characteristic Equation)，如同 8.1 節所探討的。若可滿足方程式 [6]，則假設的解答便是正確的。由於方程式 [6] 為二次方程式，會有兩個解，將之標示為 s_1 與 s_2：

$$s_1 = -\frac{1}{2RC} + \sqrt{\left(\frac{1}{2RC}\right)^2 - \frac{1}{LC}} \tag{7}$$

以及

$$s_2 = -\frac{1}{2RC} - \sqrt{\left(\frac{1}{2RC}\right)^2 - \frac{1}{LC}} \qquad [8]$$

若將 s_1 與 s_2 其中任何一個數值應用於所假設的解答，則該解答即會滿足所給定的微分方程式；因而成為該微分方程式的有效解答。

假設將方程式 [5] 中的 s 以 s_1 取代，得到

$$v_1 = A_1 e^{s_1 t}$$

同理，

$$v_2 = A_2 e^{s_2 t}$$

前者滿足微分方程式，如

$$C\frac{d^2 v_1}{dt^2} + \frac{1}{R}\frac{dv_1}{dt} + \frac{1}{L}v_1 = 0$$

後者則是滿足

$$C\frac{d^2 v_2}{dt^2} + \frac{1}{R}\frac{dv_2}{dt} + \frac{1}{L}v_2 = 0$$

將以上兩個方程式相加，並將相似項組合在一起，得到

$$C\frac{d^2(v_1+v_2)}{dt^2} + \frac{1}{R}\frac{d(v_1+v_2)}{dt} + \frac{1}{L}(v_1+v_2) = 0$$

再次證明線性的結果，而且可知兩個解答的總和同樣也是該微分方程式的解答。因此，得到自然響應的通式

$$v(t) = A_1 e^{s_1 t} + A_2 e^{s_2 t} \qquad [9]$$

其中的 s_1 與 s_2 已由方程式 [7] 與 [8] 所給定；A_1 與 A_2 為兩個任意常數，且應選擇可滿足兩個已知的初始條件之適當數值。

■頻率項的定義

以 $v(t)$ 繪製為時間的函數所得到的曲線本質而言，如方程式 [9] 所闡述的自然響應型式並無法提供進一步的了解。例如，A_1 與 A_2 相對的振幅對判斷響應曲線的型式必然相當重要。再者，常數 s_1 與 s_2 可能是實數或共軛複數，需視所給定的網路中 R、L 與 C 的數值而定。s_1 與 s_2 為實數或者共軛複數基本上會產生明顯不同的響應型式。因此，簡化方程式 [9] 的某些代換符號對接下來的分析將會有所幫助。

由於指數 $s_1 t$ 與 $s_2 t$ 必為無量綱，因此 s_1 與 s_2 必具有“每

秒”某無量綱量之單位。經由方程式 [7] 與 [8] 可知，1/2 RC 與 $1/\sqrt{LC}$ 的單位必同為 s^{-1} (亦即，秒$^{-1}$)。此種型式的單位稱為**頻率** (Frequency)。

在此，定義一個新的專有名詞，ω_0：

$$\omega_0 = \frac{1}{\sqrt{LC}} \tag{10}$$

此專有名詞稱為**諧振頻率** (Resonant Frequency)。另外，1/2RC 稱為**奈培頻率** (Neper Frequency)，或者**指數阻尼係數** (Exponential Damping Coefficient)，且以符號 α 來表示之：

$$\alpha = \frac{1}{2RC} \tag{11}$$

由於 α 為衡量自然響應會有多快速衰減，或者完全抑制而成為穩態的終值 (通常為零)，因此使用上述的描述性表示式。最後，s、s_1 與 s_2 稱為**複數頻率** (Complex Frequency)，為後續分析的基礎。

應該注意 s_1、s_2、α 與 ω_0 只是簡化探討 RLC 電路之符號；並非任何一種未知的新特性。例如，相較於口語“$2RC$ 的倒數”，稱為“α”較簡潔。

將上述的結果集中；並聯的 RLC 電路之自然響應為

$$v(t) = A_1 e^{s_1 t} + A_2 e^{s_2 t} \tag{9}$$

其中

$$s_1 = -\alpha + \sqrt{\alpha^2 - \omega_0^2} \tag{12}$$

$$s_2 = -\alpha - \sqrt{\alpha^2 - \omega_0^2} \tag{13}$$

$$\alpha = \frac{1}{2RC} \tag{11}$$

$$\omega_0 = \frac{1}{\sqrt{LC}} \tag{10}$$

控制系統工程師們將 α 對 ω_0 的比值稱為阻尼比，並且以 ζ 表示之。

過阻尼：　$\alpha > \omega_0$
臨界阻尼：$\alpha = \omega_0$
欠阻尼：　$\alpha < \omega_0$

必須藉由所給定的初始條件，方能求得 A_1 與 A_2。

應注意方程式 [12] 與 [13] 會有兩種可能的基本狀況，依照 α 與 ω_0 (由 R、L 與 C 數值所支配) 的相對大小而決定。若 $\alpha > \omega_0$，則 s_1 與 s_2 兩者皆為實數，產生所謂的**過阻尼響應** (Overdamped Response)。而若 $\alpha < \omega_0$，則 s_1 與 s_2 兩者皆具有非零的虛數部分，產生所謂的**欠阻尼響應** (Underdamped

Response)。將在後續的章節中分別考量這兩種狀況以及另一個產生所謂**臨界阻尼響應** (Critically Damped Response) 之特殊狀況，$\alpha = \omega_0$。要注意的是，如方程式 [9] 至 [13] 的一般響應不僅可用以描述電壓，也可描述並聯 *RLC* 電路中全部三個的分支電流；當然，在不同的電流中，A_1 與 A_2 常數亦將不同。

範例 9.1

考慮具有 10 mH 電感與 100 μF 電容之並聯 *RLC* 電路。試求會產生過阻尼與欠阻尼響應之電阻器數值。

首先計算電路諧振頻率：

$$\omega_0 = \sqrt{\frac{1}{LC}} = \sqrt{\frac{1}{(10 \times 10^{-3})(100 \times 10^{-6})}} = 10^3 \text{ rad/s}$$

若 $\alpha > \omega_0$，則會產生過阻尼響應；若 $\alpha < \omega_0$，則會產生欠阻尼響應。因此，

$$\frac{1}{2RC} > 10^3$$

所以

$$R < \frac{1}{(2000)(100 \times 10^{-6})}$$

或者

$$R < 5\ \Omega$$

即產生過阻尼響應；而若 $R > 5\ \Omega$，則會產生欠阻尼響應。

練習題

9.1 並聯 *RLC* 電路具有一個 100 Ω 電阻器，並且具有參數值 $\alpha = 1000\ \text{s}^{-1}$ 與 $\omega_0 = 800$ rad/s。試求 (a) C；(b) L；(c) s_1；(d) s_2。

解答：5 μF；312.5 mH；$-400\ \text{s}^{-1}$；$-1600\ \text{s}^{-1}$。

9.2 過阻尼之並聯 *RLC* 電路

方程式 [10] 與 [11] 之比較顯示若 $LC > 4R^2C^2$，則 α 會大於 ω_0。在此狀況下，計算 s_1 與 s_2 的開根號數值為實數，s_1 與 s_2 兩者亦為實數。再者，以下的不等式

$$\sqrt{\alpha^2-\omega_0^2}<\alpha$$

$$\left(-\alpha-\sqrt{\alpha^2-\omega_0^2}\right)<\left(-\alpha+\sqrt{\alpha^2-\omega_0^2}\right)<0$$

可應用於方程式 [12] 與 [13]，藉以描述 s_1 與 s_2 兩者皆為負實數。因此，響應 $v(t)$ 可表示為兩個遞減的指數項之 (代數) 總和，兩指數項會隨著時間的遞增而等於零。事實上，由於 s_2 的絕對值大於 s_1 的絕對值，包含 s_2 的指數項具有更快速的遞減速率，而且對極大的時間數值而言，可寫出極限表示式

$$v(t)\to A_1e^{s_1t}\to 0 \qquad 隨著\ t\to\infty$$

下一個步驟為判斷與初始條件一致的任意常數 A_1 與 A_2。在並聯 RLC 電路中選擇 $R=6\ \Omega$ 及 $L=7$ H，且為方便計算，選擇 $C=\frac{1}{42}$ F。選擇電路的初始跨壓 $v(0)=0$ 以及初始電感器電流 $i(0)=10$ A，藉以訂定初始能量，其中的 v 與 i 定義於圖 9.2。

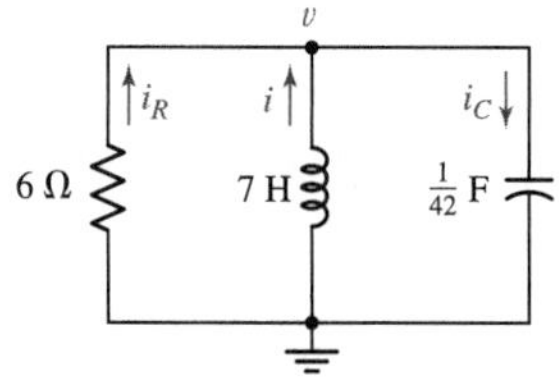

◆**圖 9.2** 並聯 *RLC* 電路之數值範例。該電路為過阻尼狀態。

可簡易判斷參數的數值

$$\alpha=3.5 \qquad \omega_0=\sqrt{6} \qquad (單位皆\ s^{-1})$$
$$s_1=-1 \qquad s_2=-6$$

而且可立即寫出自然響應的通式

$$v(t)=A_1e^{-t}+A_2e^{-6t} \qquad [14]$$

■求解 A_1 與 A_2 之數值

僅剩餘兩常數 A_1 與 A_2 的求值尚未說明。若已知在兩個不同時間數值下的響應 $v(t)$，則可將兩個數值代入方程式 [14]，簡易地得到 A_1 與 A_2。然而，$v(t)$ 僅有一個瞬時值為已知，

$$v(0)=0$$

因此，

$$0=A_1+A_2 \qquad [15]$$

取方程式 [14] 中的 $v(t)$ 之時間導數，便能夠得到第二個與 A_1 與 A_2 有關的方程式，再使用所剩的初始條件 $i(0)=10$，求得此一導數的初始數值。所以，將方程式 [14] 等號兩邊取導數，

$$\frac{dv}{dt}=-A_1e^{-t}-6A_2e^{-6t}$$

並且計算在 $t=0$ 之導數，

$$\left.\frac{dv}{dt}\right|_{t=0}=-A_1-6A_2$$

得到第二個方程式。雖然上述的方程式可能對後續的分析有所幫助，但並沒有此一導數的初始數值，所以仍沒有以兩個未知數所表示的兩個方程式。或者，可使用電容器電壓與電流關係，

$$i_C = C\frac{dv}{dt}$$

基於電子守恆理論，在任何時間瞬間，克西荷夫電流定律必成立。因此，可寫出

$$-i_C(0) + i(0) + i_R(0) = 0$$

以此一表示式取代電容器電流，並且除以 C，

$$\left.\frac{dv}{dt}\right|_{t=0} = \frac{i_C(0)}{C} = \frac{i(0)+i_R(0)}{C} = \frac{i(0)}{C} = 420 \text{ V/s}$$

由於跨於電阻器上的零初始電壓必導致流經電阻器的零初始電流。因此，得到第二個方程式，

$$420 = -A_1 - 6A_2 \qquad [16]$$

從方程式 [15] 與 [16]，可得到所求的兩個振幅 $A_1 = 84$ 以及 $A_2 = -84$。因此，該電路的自然響應之最終數值解為

$$v(t) = 84(e^{-t} - e^{-6t}) \qquad \text{V} \qquad [17]$$

就探討 *RLC* 電路而言，尚需要兩個初始條件方能完整而明確地描述所求的響應。其中一個初始條件通常可簡易地應用一在 $t=0$ 的電壓或電流。而第二個條件則通常需要進行某些嘗試。雖然在處理過程中，通常會得到初始電流與初始電壓，但其中一個條件仍需要間接透過所假設的方程式之導數得到。

範例 9.2

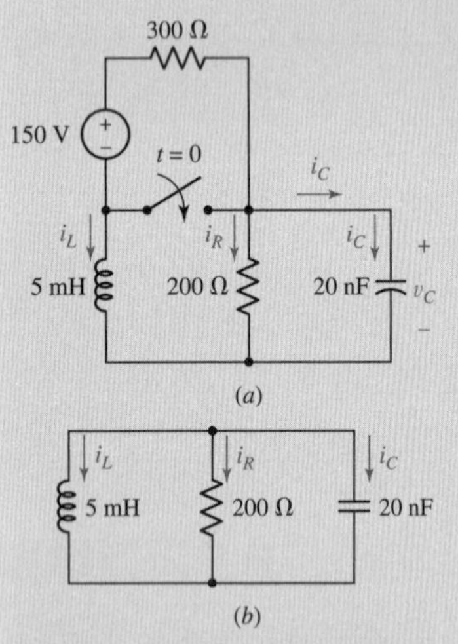

◆ **圖 9.3** (a) 在 $t=0$ 成為無源電路之 *RLC* 電路；(b) $t>0$ 之電路，其中 150 V 電源與 300 Ω 電阻器已因開關短路而切離，不再與 v_C 有關。

試求圖 9.3a 電路中對 $t>0$ 有效之 $v_C(t)$ 表示式。

▶確定問題的目標

題目要求計算在開關投擲閉合之後的電容器電壓。開關的投擲切換行為會導致沒有任何電源連接至電感器或電容器。

▶蒐集已知的資訊

在開關切換閉合之後，電容器與一個 200 Ω 電阻器及一個 5 mH 電感器並聯 (圖 9.3b)。因此，$\alpha = 1/2RC = 125{,}000 \text{ s}^{-1}$、$\omega_0 = 1/\sqrt{LC} = 100{,}000$ rad/s、$s_1 = -\alpha + \sqrt{\alpha^2 - \omega_0^2} = -50{,}000 \text{ s}^{-1}$ 且 $s_2 = -\alpha - \sqrt{\alpha^2 - \omega_0^2} = -200{,}000 \text{ s}^{-1}$。

▶擬訂求解計畫

由於 $\alpha > \omega_0$，電路為過阻尼，所以預期電容器電壓的型式為

$$v_C(t) = A_1e^{s_1t} + A_2e^{s_2t}$$

已知 s_1 與 s_2；需要得到與求得兩個初始條件，藉以決定 A_1 與 A_2 之數值。為此，分析在 $t=0^-$ 時之電路 (圖 9.4a)，藉以求得

$i_L(0^-)$ 與 $v_C(0^-)$。之後再假設沒有任何數值改變，藉以分析 $t=0^+$ 時之電路。

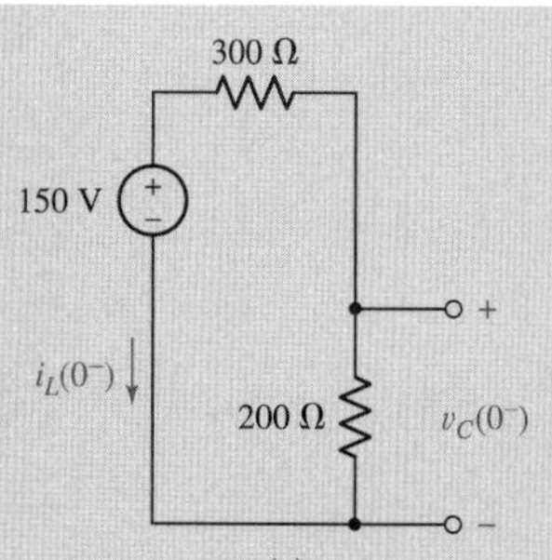

(a)

▶建立一組適當的方程式

經由圖 9.4a，其中已經以短路取代了電感器，並且以開路取代了電容器，可知

$$i_L(0^-) = -\frac{150}{200+300} = -300 \text{ mA}$$

以及

$$v_C(0^-) = 150\frac{200}{200+300} = 60 \text{ V}$$

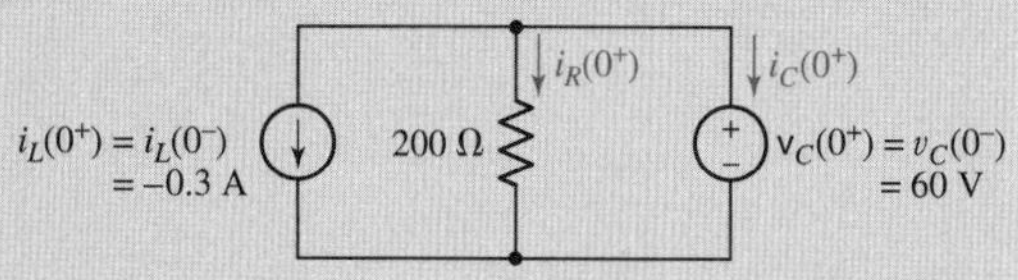

(b)

◆**圖 9.4** (a) 在 $t=0^-$ 時之等效電路；(b) 在 $t=0^+$ 時之等效電路，其中繪製理想電源藉以表示初始電感器電流與初始電容器電壓。

在圖 9.4b 中繪製 $t=0^+$ 之電路，簡單以理想電源來取代電感器電流與電容器電壓。由於兩者皆不能夠瞬間改變，得知 $v_C(0^+)=60$ V。

▶判斷是否需要額外的資訊

得到電容器電壓的方程式：$v_C(t)=A_1e^{-50{,}000t}+A_2e^{-200{,}000t}$。此時已知 $v_C(0)=60$ V，但仍需要第三個方程式。將上述的電容器電壓微分，得到

$$\frac{dv_C}{dt} = -50{,}000A_1e^{-50{,}000t} - 200{,}000A_2e^{-200{,}000t}$$

此方程式與電容器電流之關係為 $i_C=C(dv_C/dt)$。回到圖 9.4b，由 KCL 得知

$$i_C(0^+) = -i_L(0^+) - i_R(0^+) = 0.3 - [v_C(0^+)/200] = 0$$

▶嘗試解決方案

應用第一個初始條件，得到

$$v_C(0) = A_1 + A_2 = 60$$

再應用第二個初始條件，得到

$$i_C(0) = -20\times 10^{-9}(50{,}000A_1 + 200{,}000A_2) = 0$$

求解得知 $A_1=80$ V 且 $A_2=-20$ V，所以

$$v_C(t) = 80e^{-50{,}000t} - 20e^{-200{,}000t} \text{ V}, \qquad t>0$$

▶驗證解答是否合理或符合所預期的結果

至少，可檢視在 $t=0$ 時之解答，驗證 $v_C(0)=60$ V。將解答微分並且乘以 20×10^{-9}，也可以驗證 $i_C(0)=0$。再者，由於所分析的電路是一個 $t>0$ 之無源電路，因此，預期最終必隨著時間 t 達 ∞ 而衰減至零，所得到的解答即是如此。

練習題

9.2 圖 9.5 的開關在斷開一段相當長的時間之後，於 $t=0$ 閉合導通。試求 (a) $i_L(0^-)$；(b) $v_C(0^-)$；(c) $i_R(0^+)$；(d) $i_C(0^+)$；(e) $v_C(0.2)$。

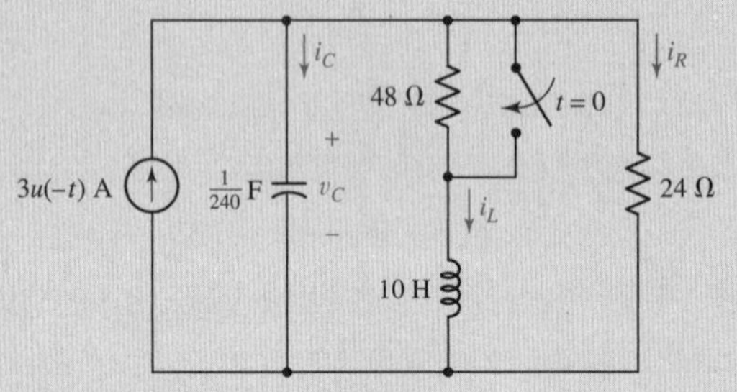

◆ **圖 9.5**

解答：1 A；48 V；2 A；−3 A；−17.54 V。

如先前加以註明的，過阻尼響應的型式可應用於任何之電壓或電流，如以下所要探討的範例。

範例 9.3

圖 9.6a 電路 $t=0$ 之後在可簡化成為簡單的並聯 *RLC* 電路。試求對所有時間有效的電阻器電流 i_R 之表示式。

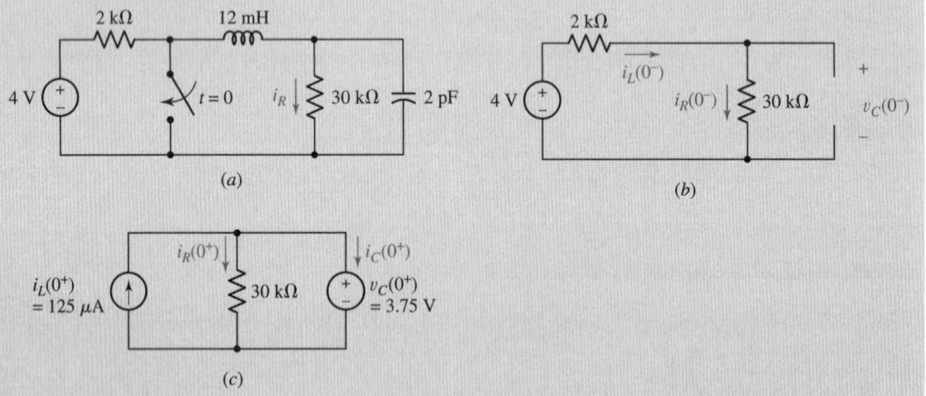

◆ **圖 9.6** (a) 所求為 i_R 之電路；(b) $t=0^-$ 之等效電路；(c) $t=0^+$ 之等效電路。

若 $t>0$，得到具有 $R=30$ kΩ、$L=12$ mH 與 $C=2$ pF 之並聯 *RLC* 電路。因此，$\alpha=8.333\times10^6$ s^{-1} 且 $\omega_0=6.455\times10^6$ rad/s。預期結果為過阻尼響應，$s_1=-3.063\times10^6$ s^{-1} 且 $s_2=-13.60\times10^6$ s^{-1}，所以

$$i_R(t)=A_1e^{s_1t}+A_2e^{s_2t},\qquad t>0 \qquad [18]$$

為了決定 A_1 與 A_2 之數值，先分析 $t=0^-$ 時之電路，如圖 9.6b 所示。可知 $i_L(0^-)=i_R(0^-)=4/32\times10^3=125\ \mu\text{A}$，且 $v_C(0^-)=4\times30/32=3.75\ \text{V}$。

接著繪製 $t=0^+$ 之電路 (圖 9.6c)，其中僅已知 $i_L(0^+)=125\ \mu\text{A}$ 與 $v_C(0^+)=3.75\ \text{V}$。而藉由歐姆定律，便能夠計算出第一個初始條件，$i_R(0^+)=3.75/30\times10^3=125\ \mu\text{A}$。因此，

$$i_R(0)=A_1+A_2=125\times10^{-6} \qquad [19]$$

需要再得到第二個初始條件。若將方程式 [18] 乘以 30×10^3，可得到 $v_C(t)$ 之表示式。取 $v_C(t)$ 之導數並且乘以 2 pF，得到 $i_C(t)$ 之表示式：

$$i_C=C\frac{dv_C}{dt}=(2\times10^{-12})(30\times10^3)(A_1s_1e^{s_1t}+A_2s_2e^{s_2t})$$

藉由 KCL，

$$i_C(0^+)=i_L(0^+)-i_R(0^+)=0$$

因此，

$$-(2\times10^{-12})(30\times10^3)(3.063\times10^6A_1+13.60\times10^6A_2)=0 \qquad [20]$$

求解方程式 [19] 與 [20]，得知 $A_1=161.3\ \mu\text{A}$ 以及 $A_2=-36.34\ \mu\text{A}$。因此，

$$i_R=\begin{cases}125\ \mu\text{A} & t<0\\ 161.3e^{-3.063\times10^6t}-36.34e^{-13.6\times10^6t}\ \mu\text{A} & t>0\end{cases}$$

練習題

9.3 若 $i_L(0^-)=6$ A 且 $v_C(0^+)=0$ V，試求在 $t>0$ 時流經圖 9.7 的電阻器之電流 i_R。該電路在 $t=0$ 之前的配置未知。

解答：$i_R(t)=6.838(e^{-7.823\times10^{10}t}-e^{-0.511\times10^{10}t})$ A。

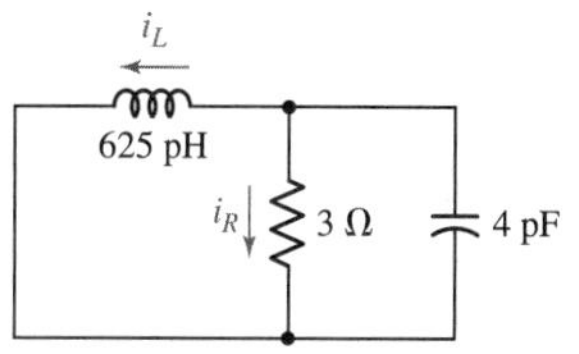

◆ **圖 9.7** 練習題 9.3 之電路。

■ 過阻尼之圖形表示

此時回到方程式 [17]，並且注意有助於分析此一電路的額外資訊。可將第一個指數項視為具有時間常數 1 s，且將另一指數項視為具有時間常數 $\frac{1}{6}$ s。每個指數項都會從振幅等於一開始，但後者的衰減較快；且 $v(t)$ 必不為負數。隨著時間推移至無限大，每一個指數項皆會達到零，而響應本身則隨之消失。因此，所得到的響應曲線在 $t=0$ 為零，在 $t=\infty$ 亦為零，且必不等於負

數；由於響應曲線並不會在任何時間點的數值皆為零，因此必具有至少一個最大值，而且若要精確計算此一最大值並不困難。將響應微分

$$\frac{dv}{dt} = 84(-e^{-t} + 6e^{-6t})$$

令該導數等於零，藉以判斷對應於電壓最大值之時間 t_m，

$$0 = -e^{-t_m} + 6e^{-6t_m}$$

整理後得知，

$$e^{5t_m} = 6$$

因此可得到

$$t_m = 0.358 \text{ s}$$

以及

$$v(t_m) = 48.9 \text{ V}$$

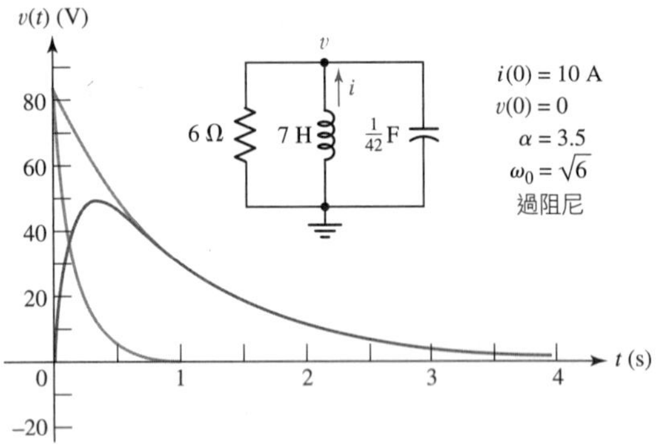

◆ **圖 9.8** 圖 9.2 所示網路之響應 $v(t) = 84(e^{-t} - e^{-6t})$。

先描繪兩個指數項 $84e^{-t}$ 與 $84e^{-6t}$，接著再將之相減，便可繪製出合理的響應曲線圖。藉由圖 9.8 的曲線來闡述如此技巧；兩個指數函數以顏色較淡的線條表示，而兩者之差即為總響應 $v(t)$，以有顏色的線條描繪。該曲線也驗證了先前的預測，當時間 t 極大時，$v(t)$ 的函數行為由 $84e^{-t}$ 所決定，亦即具有較小數值的 s_1 與 s_2 之指數項。

一個經常提及的問題為響應暫態部分消失 (或“徹底減幅”) 所需的時間長度為何。實務上，通常期望暫態響應盡可能快速達到零，換言之，將**安定時間** (Settling Time) t_s 最小化。當然，理論上，由於 $v(t)$ 在有限的時間內，暫態響應必不會安定至零，因此安定時間 t_s 為無限大。然而，在 $v(t)$ 振幅已經安定至小於最大絕對值 $|v_m|$ 的 1% 之後，便可忽略暫態響應。此現象所需的時間即定義為安定時間。由於在範例中 $|v_m| = v_m = 48.9$ V，因此安定時間為響應降至 0.489 V 所需的時間。以此一數值取代方程式 [17] 的 $v(t)$，並且忽略第二個指數項 (已知在此可忽略之)，則可得到安定時間為 5.15 s。

範例 9.4

以 $t > 0$ 而言，某一無源並聯 *RLC* 電路之電容器電流給定為 $i_C(t) = 2e^{-2t} - 4e^{-t}$ A。試繪製在 $0 < t < 5$ s 範圍內的電流，並且計算安定時間。

先將兩指數項繪製於圖 9.9，再將之間相減，得到 $i_C(t)$。最大值顯然為 $|-2| = 2$ A。因此需要求得 $|i_C|$ 已經降至 20 mA 的時間，或者

$$2e^{-2t_s} - 4e^{-t_s} = -0.02 \qquad [21]$$

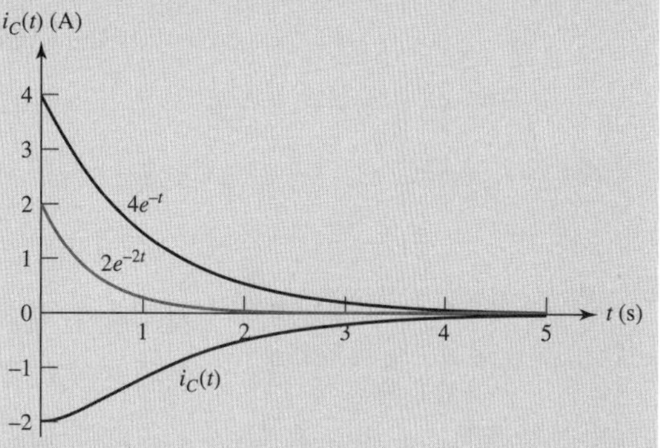

◆ **圖 9.9** 電流響應 $i_C(t) = 2e^{-2t} - 4e^{-t}$ A，圖示中亦描繪出兩個組成成分。

能夠使用科學計算機上的疊代程序，求解該方程式，最後會疊代回到解答 $t_s = 5.296$ s。而若不適合使用科學計算機之疊代程序，則能夠以 $t \geq t_s$ 將方程式 [21] 趨近為

$$-4e^{-t_s} = -0.02 \qquad [22]$$

求解得到

$$t_s = -\ln\left(\frac{0.02}{4}\right) = 5.298 \text{ s} \qquad [23]$$

此為精確解 $t_s = 5.296$ s 的合理趨近 (高於 0.1% 的準確度)。

練習題

9.4 (a) 試繪製在 $0 < t < 5$ s 範圍內的電壓 $v_R(t) = 2e^{-t} - 4e^{-3t}$ V；(b) 試估算安定時間；(c) 試計算最大的正值及所發生的時間。

解答：請參照圖 9.10；5.9 s；544 mV，896 ms。

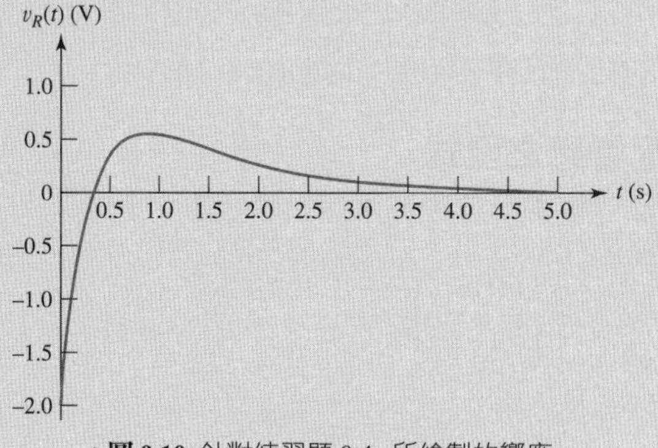

◆ **圖 9.10** 針對練習題 9.4a 所繪製的響應。

9.3 臨界阻尼

過阻尼狀況的特徵為

$$\alpha > \omega_0$$

或者

$$LC > 4R^2C^2$$

因而產生負實數的 s_1 與 s_2，並且可表示為兩個具有負指數的響應項之代數和。

"不可能" 為相當強烈的術語。如此的敘述乃是由於實務上不容易取得接近標示值 1% 內的元件所致。因此，理論上可能準確得到等於 $4R^2C$ 的 L，但即使願意花時間測量一批的元件，直到找出某些合適的元件，其可能性仍不太大。

此時調整元件之數值，使得 α 與 ω_0 相等。此種相當特殊的狀況稱為**臨界阻尼** (Critical Dampling)。若要嘗試建構一個處於臨界阻尼的並聯 RLC 電路，由於不可能使 α 精確地等於 ω_0，基本上並無法達成臨界阻尼狀態。然而，由於臨界阻尼顯示過阻尼與欠阻尼之間重要的轉變階段，因此為了文篇的完整性，以下仍將探討臨界阻尼的電路。

臨界阻尼發生在

或

$$\left.\begin{aligned} \alpha &= \omega_0 \\ LC &= 4R^2C^2 \\ L &= 4R^2C \end{aligned}\right\} \text{臨界阻尼}$$

藉由改變 9.1 節末所探討的數值範例之任何一個元件數值，便能夠產生臨界阻尼。若選擇改變 R，而 ω_0 維持不變，則可持續增加 R 的數值，直到產生臨界阻尼之狀況產生。此時，R 所需的數值為 $7\sqrt{6}/2\ \Omega$；L 仍為 7 H，而 C 則維持 $\frac{1}{42}$ F。因此得到

$$\alpha = \omega_0 = \sqrt{6}\ \text{s}^{-1}$$
$$s_1 = s_2 = -\sqrt{6}\ \text{s}^{-1}$$

再回顧已知的初始條件，$v(0) = 0$ 與 $i(0) = 10$ A。

■臨界阻尼響應之型式

繼續嘗試建構某一響應為兩個指數函數的總和，

$$v(t) \stackrel{?}{=} A_1e^{-\sqrt{6}t} + A_2e^{-\sqrt{6}t}$$

可將之改寫為

$$v(t) \stackrel{?}{=} A_3e^{-\sqrt{6}t}$$

此時，某些人可能會覺得其中有些問題存在。所得到的響應僅包含一個任意常數，但卻有兩個初始值，$v(0) = 0$ 與 $i(0) = 10$ A，此單一個常數必須滿足這兩個初始條件。若選擇 $A_3 = 0$，則

$v(t)=0$，與初始電容器電壓一致。然而，雖然在 $t=0^+$，並沒有能量儲存在電容器中，但卻有 350 J 的能量一開始就儲存在電感器中。此一能量會導致暫態電流從電感器流出，進而產生非零的電壓跨於三個元件上。此似乎與所提的解答有直接的衝突。

若某一錯誤導致了某些困難，必是一開始的假設不正確，而在此僅進行了一個假設。原先推測所假設的指數解答可用以求解微分方程式，但事實證明對臨界阻尼之單一特殊狀況而言卻是不正確的。當 $\alpha=\omega_0$，微分方程式 [4] 則為

$$\frac{d^2v}{dt^2}+2\alpha\frac{dv}{dt}+\alpha^2v=0$$

此方程式的求解並不困難，但由於此方程式為一般微分方程式相關書籍中可得知的標準型式，在此將不詳細闡述其求解過程。方程式的解為

$$v=e^{-\alpha t}(A_1t+A_2) \qquad [24]$$

應注意到該解答以兩項的總和表示，其中的一項為熟悉負指數項，而另一項則為 t 倍的負指數項。也應注意到該解答包含兩個預期的任意常數。

求解 A_1 與 A_2 之數值

以下將完成一個數值範例。將已知數值 α 代入方程式 [24] 之後，得到

$$v=A_1te^{-\sqrt{6}t}+A_2e^{-\sqrt{6}t}$$

先將初始條件應用於 $v(t)$ 本身，$v(0)=0$，藉以建立 A_1 與 A_2 之數值。因此，$A_2=0$。由於選擇響應 $v(t)$ 的初始值為零，因而產生如此簡單的結果；較一般的狀況則是需要同時對兩個方程式求解。如同過阻尼之狀況，必須將第二個初始條件應用於導數 dv/dt。因此將上述方程式微分，且記得 $A_2=0$：

$$\frac{dv}{dt}=A_1t(-\sqrt{6})e^{-\sqrt{6}t}+A_1e^{-\sqrt{6}t}$$

計算在 $t=0$ 之數值：

$$\left.\frac{dv}{dt}\right|_{t=0}=A_1$$

並且將此一導數以初始電容器電流表示：

$$\left.\frac{dv}{dt}\right|_{t=0}=\frac{i_C(0)}{C}=\frac{i_R(0)}{C}+\frac{i(0)}{C}$$

其中 i_C、i_R 與 i 的參考方向定義於圖 9.2。得到，

$$A_1 = 420 \text{ V}$$

因此，所求的響應為

$$v(t) = 420te^{-2.45t} \qquad \text{V} \qquad [25]$$

■臨界阻尼之圖形表示

在詳細描繪此一響應之前，藉由定性推理，再次嘗試預測臨界阻尼之響應型式。已知初始值為零，產生方程式 [25]；其中 $te^{-2.45t}$ 並非明確的型式，亦即該響應會隨著時間 t 成為無限大而等於零之現象並不明顯。然而，藉由使用羅必達法則 (L'Hôspital's Rule)，此一問題便很容易克服，可得到

$$\lim_{t\to\infty} v(t) = 420 \lim_{t\to\infty} \frac{t}{e^{2.45t}} = 420 \lim_{t\to\infty} \frac{1}{2.45e^{2.45t}} = 0$$

再次得到開始與結束時間點皆為零，並且在其他所有的時間點所對應的數值皆為正數之響應。再次令最大值 v_m 發生在 t_m；在此一範例中，

$$t_m = 0.408 \text{ s} \qquad 及 \qquad v_m = 63.1 \text{ V}$$

此一最大值大於過阻尼狀況所得到的最大值，而且此為較大電阻器上會產生較小的損耗之結果；相較於過阻尼之狀況，最大響應發生的時間稍微較晚。也可求解安定時間

$$\frac{v_m}{100} = 420t_s e^{-2.45t_s}$$

就所求的 t_s 而言 (藉由試誤法或計算機的 SOLVE 程式)：

$$t_s = 3.12 \text{ s}$$

此一數值較小於過阻尼狀況所產生的安定時間 (5.15 s)。事實上，就所給定的 L 與 C 的數值，能夠證明相較於產生過阻尼響應的任意 R 數值，產生臨界阻尼之 R 數值必會導致較短的安定時間。然而，略為增加電阻值，便可略為改善 (縮短) 安定時間；在響應消失之前，向下低越 (Undershoot) 至零軸以下的微欠阻尼響應將會導致最短的安定時間。

臨界阻尼的響應曲線描繪於圖 9.11；可參考圖 9.16，與過阻尼 (及欠阻尼) 之狀況相比較。

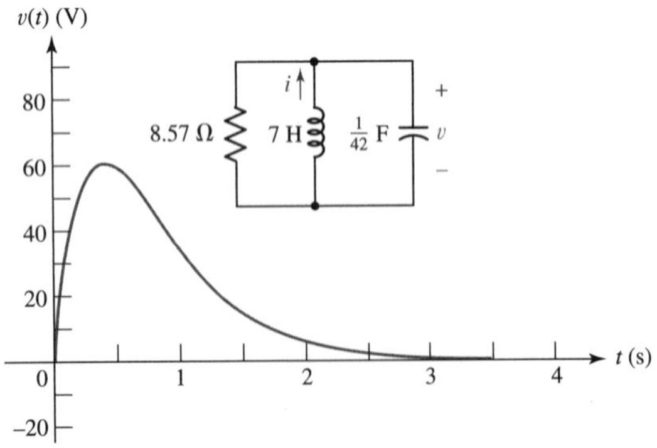

◆**圖 9.11** 圖 9.2 所示網路的響應 $v(t) = 420te^{-2.45t}$，其中改變 R 的數值，藉以產生臨界阻尼狀態。

範例 9.5

試選擇 R_1 之數值，使圖 9.12 電路在 $t > 0$ 之特徵為臨界阻尼響應，並且選擇 R_2 之數值，使 $v(0) = 2\text{V}$。

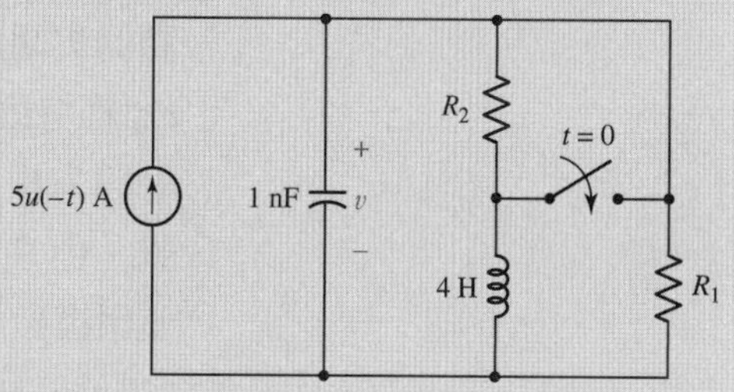

◆ **圖 9.12** 在開關投擲閉合之後，可簡化成為並聯 *RLC* 架構之電路。

應注意在 $t = 0^-$ 時，電流源仍具有作用，且能夠將電感器視為短路。因此，$v(0^-)$ 呈現跨於 R_2，並且給定為

$$v(0^-) = 5R_2$$

因此 R_2 應選擇 400 mΩ，以得到 $v(0) = 2$ V。

在開關投擲閉合之後，電流源本身已截止，而 R_2 短路。剩下一個由 R_1、4 H 電感器以及 1 nF 電容器所組成的並聯 *RLC* 電路。

此時可計算 $(t > 0)$

$$\alpha = \frac{1}{2RC} = \frac{1}{2 \times 10^{-9} R_1}$$

以及

$$\omega_0 = \frac{1}{\sqrt{LC}} = \frac{1}{\sqrt{4 \times 10^{-9}}} = 15{,}810 \text{ rad/s}$$

因此，為了在電路中對 $t > 0$ 建立臨界阻尼響應，需設定 $R_1 = 31.63$ kΩ。(註釋：由於已經四捨五入至四個有效位數，某些人仍會爭辯並非**精確**的臨界阻尼響應——因而產生認知上的困境。)

練習題

9.5 (a) 試選擇圖 9.13 電路之 R_1，使得在 $t = 0$ 之後的響應為臨界阻尼；(b) 此時選擇 R_2，藉以得到 $v(0) = 100$ V；(c) 試求 $t = 1$ ms 之 $v(t)$。

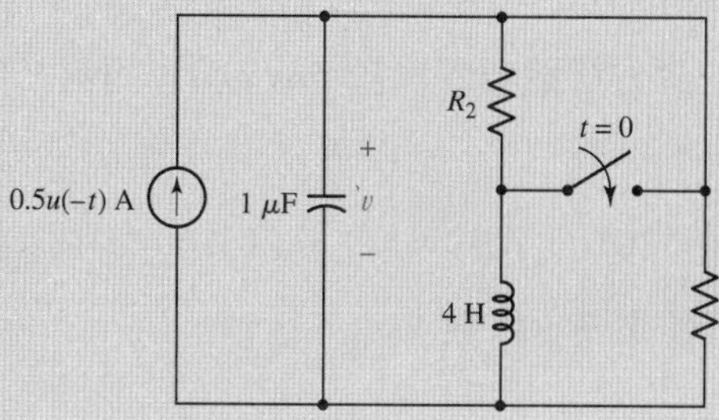

◆ **圖 9.13**

解答：1 kΩ；250 Ω；−212 V。

9.4 欠阻尼之並聯 *RLC* 電路

此時繼續 9.3 節一開始的處理過程，再次增加 R，以得到所謂的**欠阻尼** (Underdamped) 響應。若使阻尼係數 α 減小，同時 ω_0 維持固定常數，α^2 則會小於 ω_0^2，而 s_1 與 s_2 表示式中所出現的開方根會變成負值。此將導致響應需要採用相當不尋常的符號，但幸運的是，不需要再回到基本的微分方程式進行討論。使用複數的觀念，其中的指數響應即成為*阻尼弦波響應* (Damped Sinusoidal Response)；此響應全然由實數量所組成，其複數量僅為推導所需。

■欠阻尼響應之型式

以指數型式開始進行分析，

$$v(t) = A_1 e^{s_1 t} + A_2 e^{s_2 t}$$

其中

$$s_{1,2} = -\alpha \pm \sqrt{\alpha^2 - \omega_0^2}$$

接著令

電機工程師使用 "j" 代表 $\sqrt{-1}$，而不是 "i"，避免與電流的符號混淆。

$$\sqrt{\alpha^2 - \omega_0^2} = \sqrt{-1}\sqrt{\omega_0^2 - \alpha^2} = j\sqrt{\omega_0^2 - \alpha^2}$$

其中 $j \equiv \sqrt{-1}$。

此時採用新的字根，以闡述實際的欠阻尼狀況，稱之為**自然諧振頻率** (Natural Resonant Frequency) ω_d：

$$\omega_d = \sqrt{\omega_0^2 - \alpha^2}$$

此時可將響應寫為

$$v(t) = e^{-\alpha t}(A_1 e^{j\omega_d t} + A_2 e^{-j\omega_d t}) \qquad [26]$$

或者，較為冗長但等效的型式，

$$v(t) = e^{-\alpha t}\left\{(A_1 + A_2)\left[\frac{e^{j\omega_d t} + e^{-j\omega_d t}}{2}\right] + j(A_1 - A_2)\left[\frac{e^{j\omega_d t} - e^{-j\omega_d t}}{j2}\right]\right\}$$

上述方程式第一個方括號項恆等於 $\cos \omega_d t$，而第二項則恆等於 $\sin \omega_d t$。於是

$$v(t) = e^{-\alpha t}[(A_1 + A_2)\cos \omega_d t + j(A_1 - A_2)\sin \omega_d t]$$

並且使用新的符號來表示係數：

$$v(t) = e^{-\alpha t}(B_1 \cos \omega_d t + B_2 \sin \omega_d t) \qquad [27]$$

在此，方程式 [26] 與 [27] 為相同的。

這樣似乎有些特殊；原本的表示式具有複數成分，而此時卻僅有純實數。然而，應該記得原先的假設是允許 A_1 與 A_2 以及 s_1 與 s_2 皆為複數。在任何情形下，若是處理欠阻尼的狀況，不再使用複數的型式；由於 α、ω_d 與 t 為實數，因此實際上 $v(t)$ 本身必為實數的物理量 (可以顯示在示波器、伏特計，或者圖表紙上)。方程式 [27] 為所求的欠阻尼響應之函數型式，並且可直接將之代入原微分方程式來檢驗其正確性與有效性；讀者可自行加以驗證之。再次選擇兩個可滿足已知初始條件之實數常數 B_1 與 B_2。

回到圖 9.2 的簡單並聯 *RLC* 電路，其中 $R = 6\ \Omega$、$C = 1/42$ F，且 $L = 7$ H；若此時將電阻進一步增加至 10.5 Ω，則

$$\alpha = \frac{1}{2RC} = 2\ \text{s}^{-1}$$

$$\omega_0 = \frac{1}{\sqrt{LC}} = \sqrt{6}\ \text{s}^{-1}$$

且

$$\omega_d = \sqrt{\omega_0^2 - \alpha^2} = \sqrt{2}\ \text{rad/s}$$

接著需要估算其中的任意常數，否則此響應仍未知：

$$v(t) = e^{-2t}(B_1 \cos \sqrt{2}t + B_2 \sin \sqrt{2}t)$$

■ 求解 B_1 與 B_2 之數值

兩常數的求值方式與之前一樣。若仍假設 $v(0) = 0$ 且 $i(0) = 10$，則 B_1 必為零。因此

$$v(t) = B_2 e^{-2t} \sin \sqrt{2}t$$

其導數為

$$\frac{dv}{dt} = \sqrt{2}B_2 e^{-2t} \cos \sqrt{2}t - 2B_2 e^{-2t} \sin \sqrt{2}t$$

在 $t = 0$ 時，

$$\left.\frac{dv}{dt}\right|_{t=0} = \sqrt{2}B_2 = \frac{i_C(0)}{C} = 420$$

其中的 i_C 定義於圖 9.2。因此，

$$v(t) = 210\sqrt{2}e^{-2t}\sin\sqrt{2}t$$

■ 欠阻尼之圖形表示

應注意與先前的狀況一樣，由於所施加的初始電壓條件導致欠阻尼響應也具有零初始值；再者由於指數項會在 t 遞增至較大數值時消失，因此欠阻尼響應也具有零終值。隨著時間從零開始經由小正數遞增，由於指數項在 $t = 0$ 基本上保持等於 1，$v(t)$ 會以 $210\sqrt{2}\sin\sqrt{2}t$ 開始遞增。但在某一時刻 t_m，相較於 $\sin\sqrt{2}t$ 的增加，指數函數開始呈現較快遞減；因此 $v(t)$ 達到最大值 v_m 並且開始遞減。應注意的是，t_m 並非 $\sin\sqrt{2}t$ 為最大值時所對應的時間 t，但必發生於 $\sin\sqrt{2}t$ 達到其最大值之前。

當 $t = \pi/\sqrt{2}$，$v(t)$ 為零。因此，在時間區間 $\pi/\sqrt{2} < t < \sqrt{2}\pi$ 中，響應為負，且於 $t = \sqrt{2}\pi$ 時再次等於零。所以，該響應為時間的振盪函數，而且在 $t = n\pi/\sqrt{2}$ 跨越時間軸無限多次，其中的 n 為任意正整數。然而，在此一範例中，該響應僅為些微欠阻尼狀態，而且其中的指數項會導致函數快速消失，大部分的零交越點在圖示中將變得極不明顯。

響應的振盪性質會隨著 α 減小而更加明顯。若 α 為零，此相應於無限大的電阻，則 $v(t)$ 為以固定振幅進行振盪的無阻尼弦波。此種情況並非持續不斷的運作方式，乃是由於僅假設了電路中所具有的初始能量，並且未提供任何可消耗此一能量的機制所致。該能量會從電感器的初始位置轉移至電容器，接著再回送至電感器，如此持續不斷。

■ 有限電阻的角色

並聯 RLC 電路中有限的 R 數值充當電氣轉移的媒介。每次能量從 L 轉移至 C 或者從 C 轉移至 L，此媒介便會需要消耗一些能量。不用多少的時間，該媒介便會用盡所有的能量，耗盡所剩餘的每個焦耳量。最終，L 與 C 會失去屬於自己的能量，而沒有電壓，也沒有電流。能夠設置具有足夠大的有效數值 R 之實際並聯 RLC 電路，致使自然無阻尼弦波響應能夠維持較長的時間，而不需供應任何額外的能量。

回到特定的數值問題，位於 $v(t)$ 第一個最大值的差異，

$$v_{m_1} = 71.8 \text{ V} \qquad 在 \qquad t_{m_1} = 0.435 \text{ s}$$

隨後的最小值，

$$v_{m_2} = -0.845 \text{ V} \qquad 在 \qquad t_{m_2} = 2.66 \text{ s}$$

依此類推。響應曲線闡述於圖 9.14。欠阻尼現象逐漸明顯的其他電路響應曲線則描述於圖 9.15。

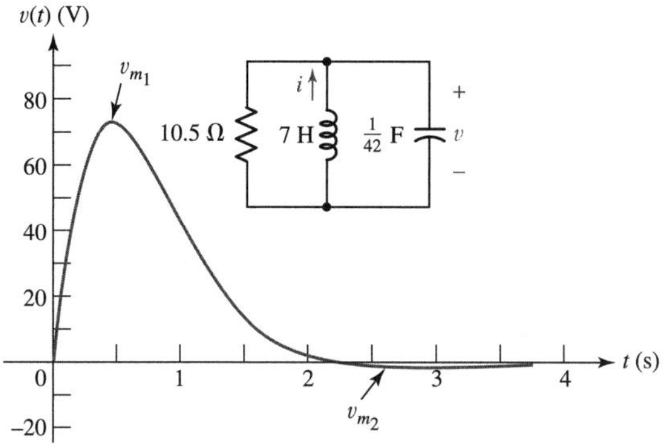

◆**圖 9.14** 圖 9.2 所示網路的響應 $v(t) = 210\sqrt{2}e^{-2t}\sin\sqrt{2}t$，其中藉由增加 *R* 數值，產生欠阻尼響應。

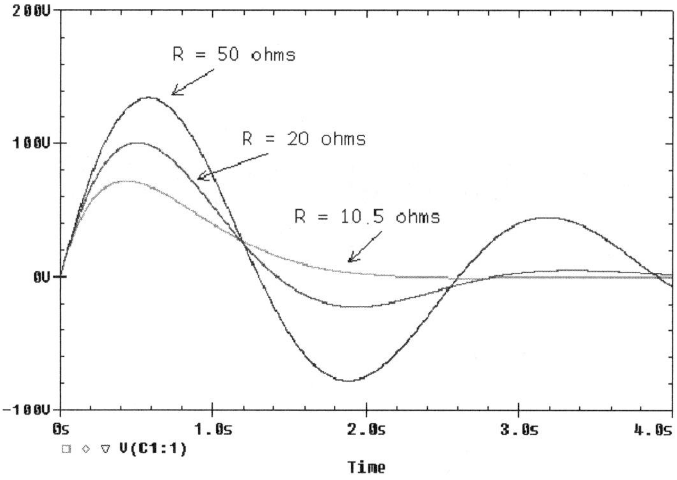

◆**圖 9.15** 針對三種不同的電阻數值，模擬的網路欠阻尼電壓響應，顯示隨著 *R* 增加所產生的振盪行為。

可藉由試誤求解法得到安定時間，當 $R = 10.5\ \Omega$，安定時間為 2.92 s，略小於臨界阻尼之安定時間。要注意的是，由於 v_{m_2} 的幅度大於 v_{m_1} 幅度的 1%，因此 t_s 大於 t_{m_2}。此驗證了若些微改變 *R* 值即可縮小低越量 (Undershoot) 的幅度，並且導致 t_s 小於 t_{m_2} 的結果。

以 PSpice 模擬此一網路的過阻尼、臨界阻尼以及欠阻尼響應闡述於圖 9.16 同一個圖示中。比較三條曲線得到以下通常可信的結論：

- 當加大並聯電阻的數值而導致阻尼改變時，響應的最大振幅會較大，而阻尼會較小。

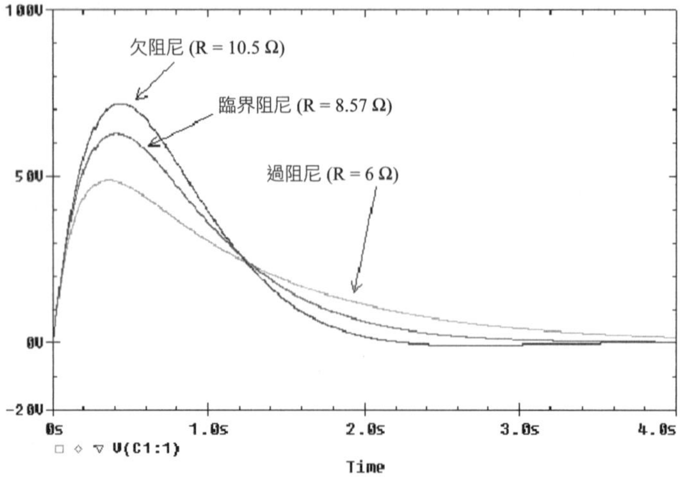

◆**圖 9.16** 以範例中的網路所模擬之過阻尼、臨界阻尼與欠阻尼電壓響應，其中的響應乃是藉由改變並聯電阻 R 的數值所得到。

- 當欠阻尼出現時，響應便會產生振盪，而略微欠阻尼的狀況會得到最小的安定時間。

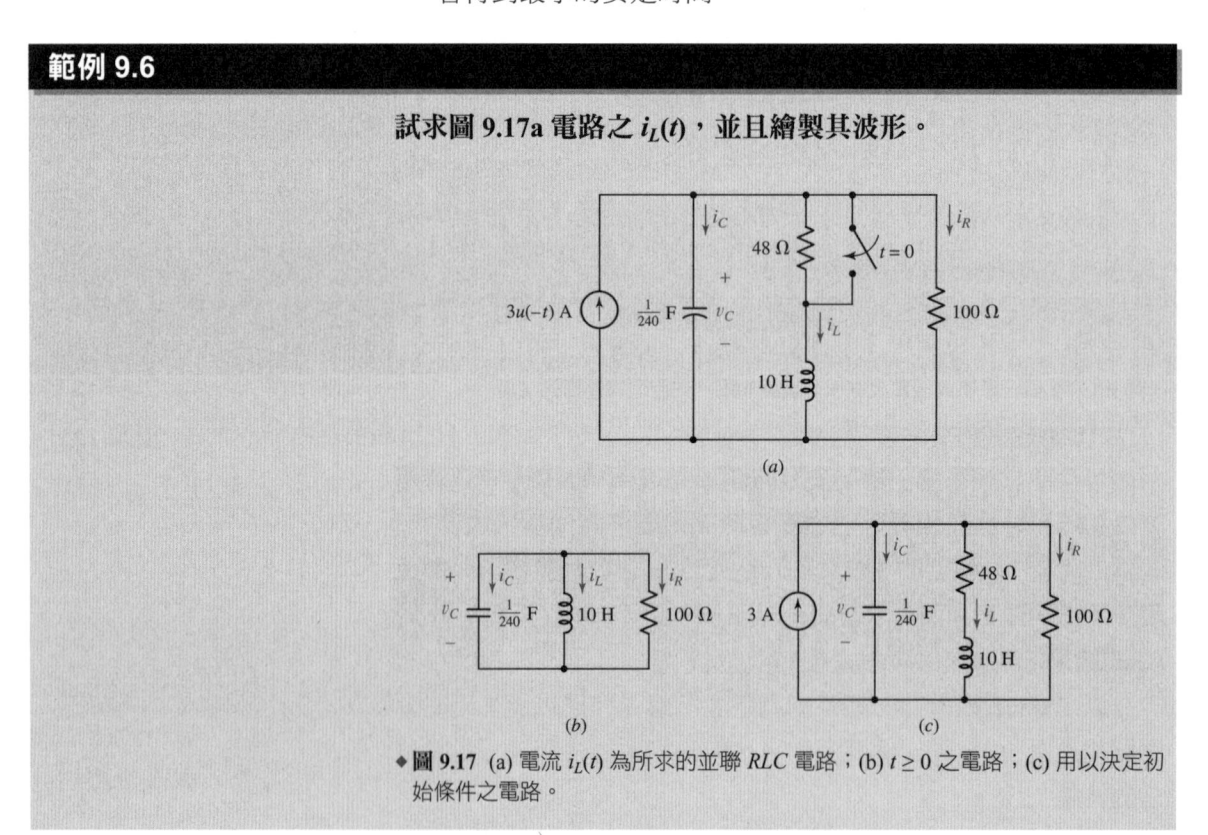

範例 9.6

試求圖 9.17a 電路之 $i_L(t)$，並且繪製其波形。

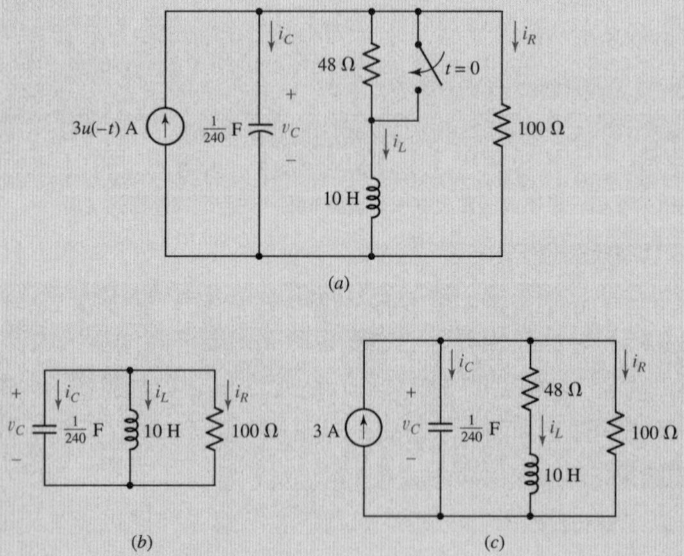

◆**圖 9.17** (a) 電流 $i_L(t)$ 為所求的並聯 RLC 電路；(b) $t \geq 0$ 之電路；(c) 用以決定初始條件之電路。

在 $t = 0$ 時，將 3 A 電源與 48 Ω 電阻器兩元件移除，留下圖 9.17b 所示的電路。因此，得到 $\alpha = 1.2\ \text{s}^{-1}$ 以及 $\omega_0 = 4.899$ rad/s。由於 $\alpha < \omega_0$，電路為欠阻尼，則預期的解答型式為

$$i_L(t) = e^{-\alpha t}(B_1 \cos \omega_d t + B_2 \sin \omega_d t) \qquad [28]$$

其中 $\omega_d = \sqrt{\omega_0^2 - \alpha^2} = 4.750$ rad/s。最後只剩下求解 B_1 與 B_2 之步驟。

圖 9.17c 顯示 $t = 0^-$ 時所存在的電路。可以短路來取代電感器，並且以開路取代電容器；得到 $v_C(0^-) = 97.30$ V 以及 $i_L(0^-) = 2.027$ A。由於此電壓與電流兩者皆不可能瞬間改變，因此 $v_C(0^+) = 97.30$ V 且 $i_L(0^+) = 2.027$ A。

將 $i_L(0) = 2.027$ 代入方程式 [28]，得到 $B_1 = 2.027$ A。為了計算另一個常數 B_2，先將方程式 [28] 微分：

$$\begin{aligned}\frac{di_L}{dt} &= e^{-\alpha t}(-B_1\omega_d \sin \omega_d t + B_2\omega_d \cos \omega_d t) \\ &\quad - \alpha e^{-\alpha t}(B_1 \cos \omega_d t + B_2 \sin \omega_d t)\end{aligned} \qquad [29]$$

其中要注意的是，$v_L(t) = L(di_L/dt)$。參照圖 9.17b 的電路，可知 $v_L(0^+) = v_C(0^+) = 97.3$ V。因此，將方程式 [29] 乘以 $L = 10$ H，並且令 $t = 0$，得到

$$v_L(0) = 10(B_2\omega_d) - 10\alpha B_1 = 97.3$$

求解得 $B_2 = 2.561$ A，所以

$$i_L = e^{-1.2t}(2.027 \cos 4.75t + 2.561 \sin 4.75t) \qquad \text{A}$$

將該方程式繪製於圖 9.18。

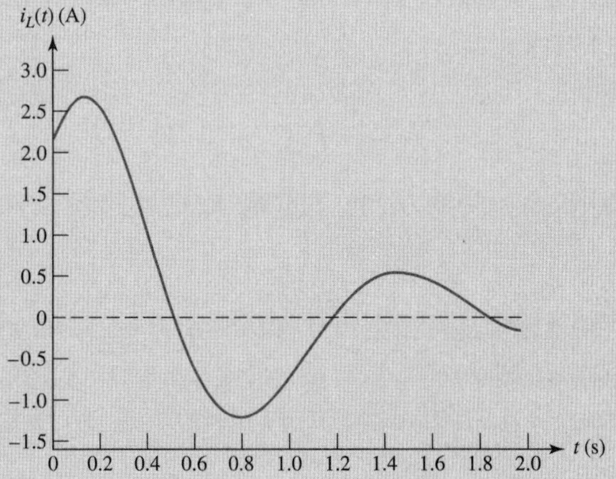

◆ **圖 9.18** $i_L(t)$ 之圖示，顯示欠阻尼響應之明顯跡象。

練習題

9.6 圖 9.19 電路的開關處於左邊位置已經維持一段相當長的時間；在 $t=0$ 時，將開關移至右邊。試求 (a) 在 $t=0^+$之 dv/dt；(b) 在 $t=1$ ms 之 v；(c) 在 $v=0$ 時，第一個大於零的 t 數值，t_0。

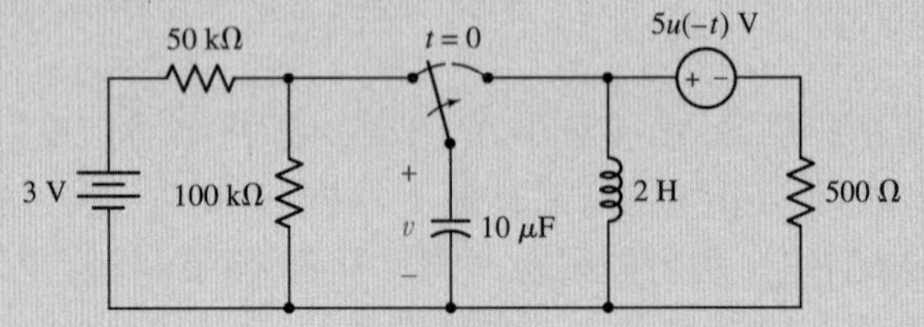

◆ **圖 9.19**

解答：−1400 V/s；0.695 V；1.609 ms。

9.5 無源串聯 *RLC* 電路

此時將分析與計算由一個理想電阻器、一個理想電感器以及一個理想電容器串聯連接所組成的電路模型之自然響應。理想的電阻器可代表實體的電阻器，連接至串聯的 *LC* 電路或 *RLC* 電路；該電阻器也可代表電感器的強磁鐵芯之歐姆損失；或者該電阻器可用來代表全部與其他的能量吸收元件。

串聯 *RLC* 電路為並聯 *RLC* 電路之對偶，此一事實足以使串聯 *RLC* 電路之分析較為簡單。圖 9.20a 顯示 *RLC* 串聯電路，基本的微積分方程式為

$$L\frac{di}{dt}+Ri+\frac{1}{C}\int_{t_0}^{t} i\,dt'-v_C(t_0)=0$$

而且應與重新繪製於圖 9.20b 的並聯 *RLC* 電路類似方程式相比較，

$$C\frac{dv}{dt}+\frac{1}{R}v+\frac{1}{L}\int_{t_0}^{t} v\,dt'-i_L(t_0)=0$$

將上述兩個方程式對時間微分所得到的各別的二階方程式同樣也是對偶關係：

$$L\frac{d^2i}{dt^2}+R\frac{di}{dt}+\frac{1}{C}i=0 \qquad [30]$$

$$C\frac{d^2v}{dt^2}+\frac{1}{R}\frac{dv}{dt}+\frac{1}{L}v=0 \qquad [31]$$

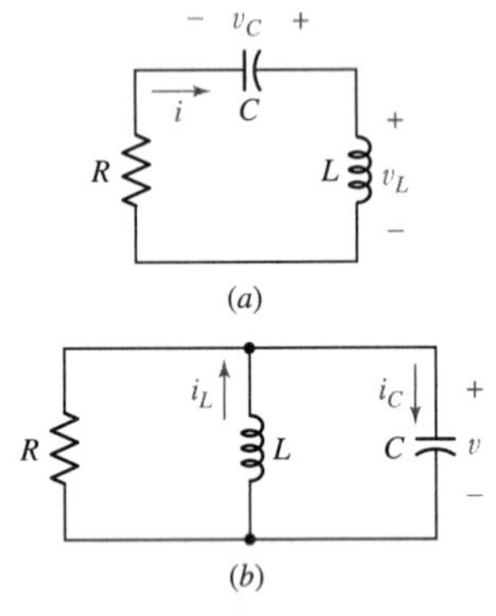

◆ **圖 9.20** (a) 串聯 *RLC* 電路，為並聯 *RLC* 電路之對偶；(b) 並聯 *RLC* 電路。當然，兩電路之元件數值並非相同。

先前對並聯 *RLC* 電路所進行的完整探討可直接應用於串聯 *RLC* 電路；並聯電路的電容器電壓與電感器電流之初始條件等效於串聯電路的電感器電流與電容器電壓的初始條件；電壓響應則變成電流響應。因此可使用對偶用詞，重新描述前四節的文章，得到串聯 *RLC* 電路之完整討論結果。否則，從頭開始分析串聯 *RLC* 電路似乎太過累贅，且不必要。

串聯電路響應之簡略分析過程

依照圖 9.20a 所示的電路，過阻尼響應為

$$i(t) = A_1 e^{s_1 t} + A_2 e^{s_2 t}$$

其中

$$s_{1,2} = -\frac{R}{2L} \pm \sqrt{\left(\frac{R}{2L}\right)^2 - \frac{1}{LC}} = -\alpha \pm \sqrt{\alpha^2 - \omega_0^2}$$

因此

$$\alpha = \frac{R}{2L}$$

$$\omega_0 = \frac{1}{\sqrt{LC}}$$

臨界阻尼響應之型式為

$$i(t) = e^{-\alpha t}(A_1 t + A_2)$$

而欠阻尼響應則可寫為

$$i(t) = e^{-\alpha t}(B_1 \cos \omega_d t + B_2 \sin \omega_d t)$$

其中

$$\omega_d = \sqrt{\omega_0^2 - \alpha^2}$$

明顯可知若以參數 α、ω_0 與 ω_d 而論，得知對偶響應相同。不論是在串聯或並聯電路中若增加 α 值，同時保持 ω_0 固定，則傾向產生過阻尼響應。唯一需要注意的是，需要計算 α 值，並聯電路之 α 為 $1/2RC$，而串聯電路之 α 為 $R/2L$；因此，可藉由增加串聯電阻或者降低並聯電阻來提升 α 值。為方便起見，將並聯與串聯 *RLC* 電路之主要關鍵方程式彙整於表 9.1。

表 9.1　無源 *RLC* 電路之相關方程式彙整

型式	條件	標準	α	ω_0	響應
並聯 串聯	過阻尼	$\alpha > \omega_0$	$\frac{1}{2RC}$ $\frac{R}{2L}$	$\frac{1}{\sqrt{LC}}$	$A_1 e^{s_1 t} + A_2 e^{s_2 t}$，其中 $s_{1,2} = -\alpha \pm \sqrt{\alpha^2 - \omega^2}$
並聯 串聯	臨界阻尼	$\alpha = \omega_0$	$\frac{1}{2RC}$ $\frac{R}{2L}$	$\frac{1}{\sqrt{LC}}$	$e^{-\alpha t}(A_1 t + A_2)$
並聯 串聯	欠阻尼	$\alpha < \omega_0$	$\frac{1}{2RC}$ $\frac{R}{2L}$	$\frac{1}{\sqrt{LC}}$	$e^{-\alpha t}(B_1 \cos \omega_d t + B_2 \sin \omega_d t)$， 其中　$\omega_d = \sqrt{\omega_0^2 - \alpha^2}$

範例 9.7

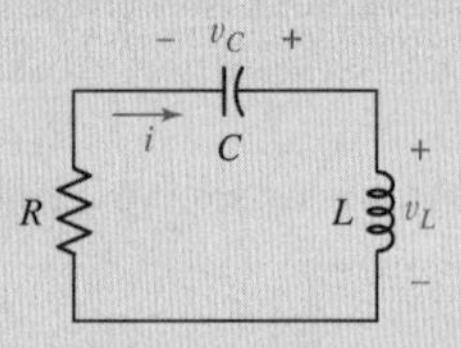

◆ **圖 9.21**　簡單的無源 *RLC* 電路，其中的能量在 $t=0$ 時儲存於電感器與電容器中。

考慮圖 9.21 所示之串聯 *RLC* 電路，其中 $L = 1$ H、$R = 2$ kΩ、$C = 1/401\ \mu$F、$i(0) = 2$ mA，且 $v_C(0) = 2$ V，試求在 $t > 0$ 之 $i(t)$，並且繪製之。

由題目所給定的參數，可知 $\alpha = R/2L = 1000\ \text{s}^{-1}$ 且 $\omega_0 = 1/\sqrt{LC} = 20{,}025$ rad/s。此表示欠阻尼之響應；因此計算 ω_d 之數值，並且可得到 20,000 rad/s。除了估算兩個任意常數之外，此時已知所求響應型式：

$$i(t) = e^{-1000t}(B_1 \cos 20{,}000t + B_2 \sin 20{,}000t)$$

由於題目已知 $i(0) = 2$ mA，可將此一數值代入 $i(t)$ 的方程式中，得到

$$B_1 = 0.002 \text{ A}$$

因此

$$i(t) = e^{-1000t}(0.002 \cos 20{,}000t + B_2 \sin 20{,}000t) \qquad \text{A}$$

必須將剩下的一個初始條件應用於其導數；因此，

$$\frac{di}{dt} = e^{-1000t}(-40 \sin 20{,}000t + 20{,}000 B_2 \cos 20{,}000t - 2 \cos 20{,}000t - 1000 B_2 \sin 20{,}000t)$$

以及

$$\left.\frac{di}{dt}\right|_{t=0} = 20{,}000B_2 - 2 = \frac{v_L(0)}{L}$$

$$= \frac{v_C(0) - Ri(0)}{L}$$

$$= \frac{2 - 2000(0.002)}{1} = -2 \text{ A/s}$$

所以

$$B_2 = 0$$

所求的響應因此為

$$i(t) = 2e^{-1000t} \cos 20{,}000t \qquad \text{mA}$$

較佳的繪圖方式為先繪製兩條指數包絡線 $2e^{-1000t}$ 以及 $-2e^{-1000t}$ mA，如圖 9.22 的虛線所示。弦波的四分之一週期點的位置為 $20{,}000t = 0$、$\pi/2$、π 等等，或者 $t = 0.07854k$ ms，其中 $k = 0, 1, 2, \ldots$，以淺色標示在時間軸上，可較快速描繪出振盪曲線。

在此藉由使用上部的包絡線來決定安定時間。換言之，令 $2e^{-1000t_s}$ mA 等於其最大值 2 mA 的 1%。因此，$e^{-1000t_s} = 0.01$，通常使用趨近值 $t_s = 4.61$ ms。

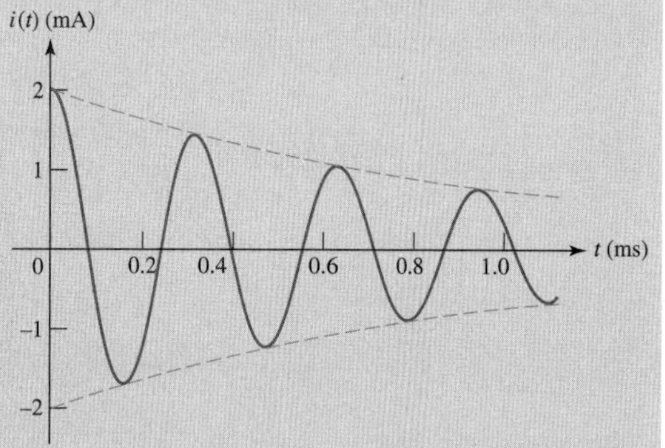

◆ **圖 9.22** 欠阻尼串聯 *RLC* 電路之電流響應，其中 $\alpha = 1000$ s^{-1}、$\omega_0 = 20{,}000$ s^{-1}、$i(0) = 2$ mA，且 $v_C(0) = 2$ V。藉由描繪出一對虛線所示的包絡線，簡化圖示的繪製。

練習題

9.7 參照圖 9.23 所示的電路，試求 (a) α；(b) ω_0；(c) $i(0^+)$；(d) $di/dt|_{t=0^+}$；(e) i(12 ms)。

解答：100 s^{-1}；224 rad/s；1 A；0；−0.1204 A。

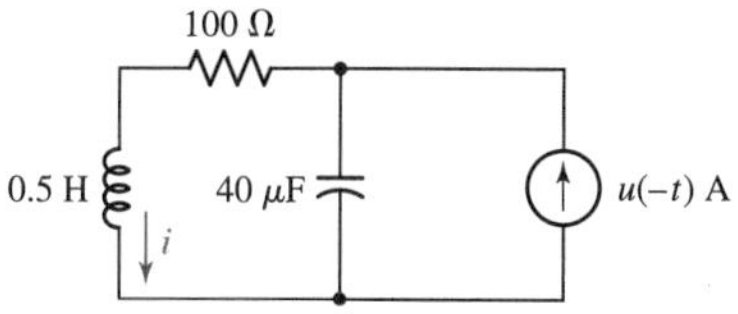

◆ **圖 9.23**

本節最後一個範例，將考慮具有相依電源之電路。若沒有相依電源相關的控制電流或電壓為所關注的物理量，則可簡單求得連接至電感器與電容器的戴維寧等效電路。否則，將需要編寫適當的微積分方程式，取所需的導數，並且盡可能求解所得到的微分方程式。

範例 9.8

試求圖 9.24a 電路中對 $t>0$ 有效之 $v_C(t)$ 表示式。

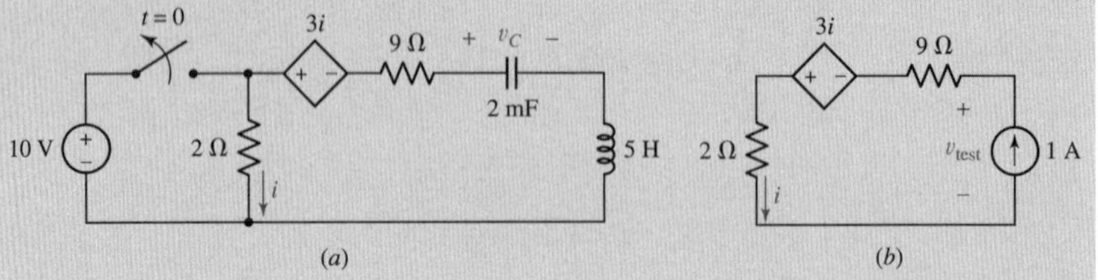

◆ **圖 9.24** (a) 具有相依電源之 *RLC* 電路；(b) 用以求得 R_{eq} 之電路。

電路所求僅為 $v_C(t)$，可藉由先求得在 $t=0^+$ 與電感器及電容器串聯的戴維寧等效電阻開始進行分析；所採用的方法為以連接一個 1 A 電源，藉以推得所求的戴維寧等效電阻，如圖 9.24b 所示，藉此得知

$$v_{test} = 11i - 3i = 8i = 8(1) = 8 \text{ V}$$

因此，$R_{eq}=8\ \Omega$，所以 $\alpha = R/2L = 0.8\ \text{s}^{-1}$，且 $\omega_0 = 1/\sqrt{LC} = 10$ rad/s，此意謂著預期所求的電壓 $v_C(t)$ 為具有 $\omega_d = 9.968$ rad/s 之欠阻尼響應，且其型式為

$$v_C(t) = e^{-0.8t}(B_1 \cos 9.968t + B_2 \sin 9.968t) \qquad [32]$$

考慮在 $t=0^-$ 之電路，應注意電容器的存在會導致 $i_L(0^-) = 0$。藉由歐姆定律，

$$v_C(0^+) = v_C(0^-) = 10 - 3i = 10 - 15 = -5 \text{ V}$$

將上述條件代入方程式 [32]，得到 $B_1 = -5$V。取方程式 [32] 之導數，並且計算該導數在 $t=0$ 之數值，得到

$$\left.\frac{dv_C}{dt}\right|_{t=0} = -0.8B_1 + 9.968B_2 = 4 + 9.968B_2 \qquad [33]$$

經由圖 9.24a 可知

$$i = -C\frac{dv_C}{dt}$$

因此，將既定事實 $i(0^+) = i_L(0^-) = 0$ 應用於方程式 [33]，得到 $B_2 = -0.4013$ V，進而可寫出

$$v_C(t) = -e^{-0.8t}(5 \cos 9.968t + 0.4013 \sin 9.968t) \qquad \text{V} \qquad t>0$$

此一電路之 PSpice 模擬結果闡述於圖 9.25，可驗證以上分析。

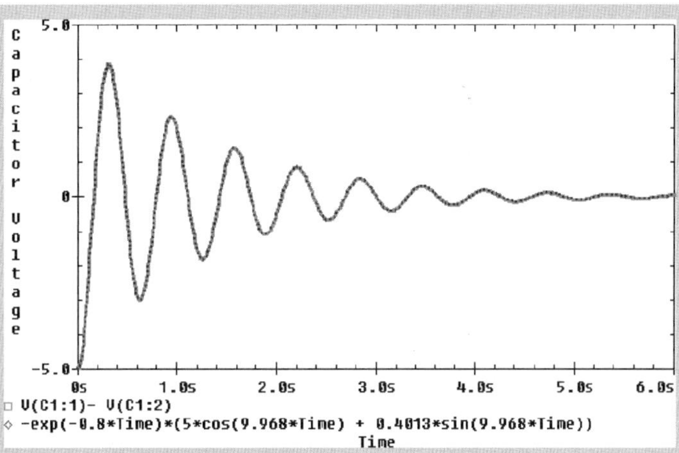

◆ **圖 9.25** 圖 9.24a 電路之 PSpice 模擬結果。

練習題

9.8 若 $v_C(0^-) = 10$ V 且 $i_L(0^-) = 0$，試求圖 9.26 電路對 $t > 0$ 有效之 $i_L(t)$ 表示式。要注意的是，雖然在此一實例中，對於應用戴維寧技巧沒有幫助，但相依電源的行為將會聯結 v_C 與 i_L，因而產生了一階線性微分方程式。

解答：$i_L(t) = -30e^{-300t}$ A，$t > 0$。

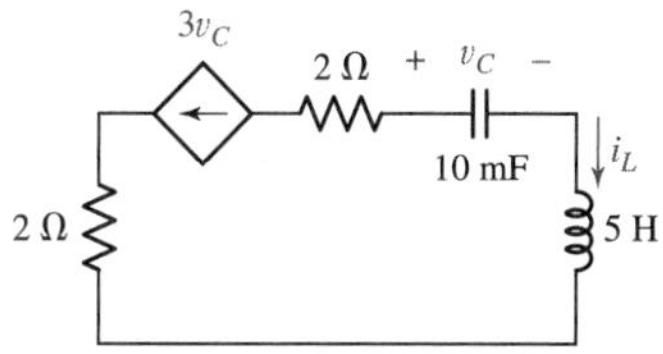

◆ **圖 9.26** 習題 9.8 之電路。

9.6 *RLC* 電路之完整響應

此時考慮直流電源由開關切換連接於網路，而所產生的強制響應不一定會隨著時間成為無限大而消失之 *RLC* 電路。

藉由與 *RL* 及 *RC* 電路相同的分析程序得到通解。基本觀念如下 (並不一定需依照此一順序)：

1. 判斷初始條件。
2. 得到強制響應之數值。
3. 寫出適當的自然響應型式，具有所需數目的任意常數。
4. 將強制響應與自然響應相加，藉以形成完整響應。
5. 估算響應與在 $t = 0$ 之導數，並且利用這些初始條件求解未知常數之數值。

應注意的是，最後一個步驟通常最為麻煩，由於電路必須謹慎求解在 $t = 0$ 之數值，藉以充分利用初始條件。所以，雖然判斷具有直流電源的電路初始條件基本上與判斷無源電路之初始條件並無不同，但在以下的範例中，仍將特別強調此一觀念。

大部分導致判斷與應用初始條件混淆的原因很簡單，主要在於沒有一套可供遵循的規則。在每次分析時，通常會產生一種狀況，亦即牽涉到對特定問題或多或少的獨特想法，幾乎全是由此導致電路分析上的困難。

■ 簡易的部分

二階系統的完整響應 (任意假設為一種電壓響應) 包含一個強制響應，

$$v_f(t) = V_f$$

對直流激勵電路而言為常數，而自然響應為

$$v_n(t) = Ae^{s_1 t} + Be^{s_2 t}$$

因此，

$$v(t) = V_f + Ae^{s_1 t} + Be^{s_2 t}$$

假設經由電路與所給定的強制響應，已知 s_1、s_2 與 V_f；剩下 A 與 B 需要求解。上述方程式顯示之函數互相相依性質，將 $t=0^+$時之已知數值 v 代入因此可提供與 A 及 B 相關的單一方程式，$v(0^+)=V_f+A+B$。此即為所謂的簡單部分。

■ 另一部分

但尚需要 A 與 B 之另一個關係，通常是藉由響應的導數得到，

$$\frac{dv}{dt} = 0 + s_1 Ae^{s_1 t} + s_2 Be^{s_2 t}$$

並且將在 $t=0^+$之 dv/dt 已知數值代入。因此得到兩個與 A 及 B 相關的方程式，且可同時求解這兩個方程式，得到兩常數 A 及 B。

所剩的唯一問題為決定在 $t=0^+$時 v 與 dv/dt 之數值。假設 v 為電容器電壓 v_C。由於 $i_C=C\,dv_C/dt$，因此應確認 dv/dt 的初始值與某電容器電流初始值之間的關係。若能夠建立此一初始電容器電流之數值，即自動建立了 dv/dt 之數值。通常能夠極簡易地得到 $v(0^+)$，但要得到 dv/dt 的初始值則較困難。若已選擇了電感器電流 i_L 為所求響應，則 di_L/dt 的初始值會與某電感器電壓的初始值有密切關係。以 v_C 與 i_L 所相應的數值表示出電容器電壓與電感器電流以外的變數之初始值與其導數的初始值，藉此求得該變數。

此時將闡述相關處理程序，並且藉由謹慎分析圖 9.27 所示電路，進而求得所有相關數值。為簡化分析，將再次使用較為不尋常的電容數值。

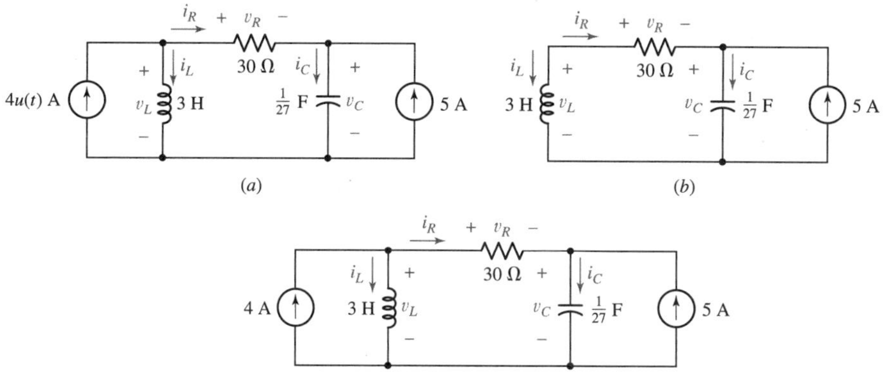

◆ **圖 9.27** (a) 用來闡述數個可得到初始條件的處理程序之 *RLC* 電路。所求的響應為 $v_C(t)$；(b) $t=0^-$；(c) $t>0$。

範例 9.9

在圖 9.27a 所示電路中具有三個被動元件，且每個被動元件的電壓與電流皆已定義。試求此六個電壓與電流量在 $t=0^-$ 與 $t=0^+$ 的數值。

題目之要求為求得在 $t=0^-$ 與 $t=0^+$ 時的每個電壓與電流之數值。只要這些電壓與電流量已知，便可簡易地得知導數的初始值。

1. $t=0^-$

在 $t=0^-$，僅右手邊的電流源作用，如圖 9.27b 所示。假設電流已經處於此狀態一段相當長的時間，所以全部的電流與電壓皆為固定常數。因此，流經電感器的直流電流導致電感器的跨壓為零：

$$v_L(0^-)=0$$

電容器上所跨的直流電壓 $(-v_R)$ 則會致使其電流為零：

$$i_C(0^-)=0$$

接著將克西荷夫電流定律應用於右手邊的節點，得到

$$i_R(0^-)=-5\text{ A}$$

也可導出

$$v_R(0^-)=-150\text{ V}$$

此時可使用克西荷夫電壓定律於左手邊的網目，得到

$$v_C(0^-) = 150 \text{ V}$$

同時應用 KCL 可得知電感器的電流，

$$i_L(0^-) = 5 \text{ A}$$

2. $t = 0^+$

從 $t=0^-$ 至 $t=0^+$ 的期間中，左手邊的電流源作用，而在 $t=0^-$ 的諸多電壓與電流數值將會急遽改變。相應的電路顯示於圖 9.27c。然而，**應先將焦點放在不能夠瞬間改變的電壓或電流，亦即電感器電流以及電容器電壓**。在開關進行切換的期間中，兩者皆必保持固定。因此，

$$i_L(0^+) = 5 \text{ A} \quad 及 \quad v_C(0^+) = 150 \text{ V}$$

由於此時已知左邊節點上的兩個電流，接著得到

$$i_R(0^+) = -1 \text{ A} \quad 及 \quad v_R(0^+) = -30 \text{ V}$$

所以

$$i_C(0^+) = 4 \text{ A} \quad 及 \quad v_L(0^+) = 120 \text{ V}$$

因此得到了六個在 $t=0^-$ 的初始條件，以及另外六個在 $t=0^+$ 的初始條件。在最後 $t=0^+$ 的六個數值之間，僅有電容器電壓與電感器電流與 $t=0^-$ 的數值維持不變。

已經利用了些微不同的方法求解在 $t=0^-$ 與 $t=0^+$ 所需的電壓與電流。在開關切換動作之前，僅有直流電流與直流電壓存在於電路中。因此在直流等效上，可以短路取代電感器，同時以開路取代電容器。以此一方式重新繪製圖 9.27a 的電路，如圖 9.28a 所示。僅右邊的電流源作用，且其 5 A 電流會流經電阻器與電感器。因此得到 $i_R(0^-) = -5$ A 與 $v_R(0^-) = -150$ V、$i_L(0^-) = 5$ A 與 $v_L(0^-) = 0$，以及 $i_C(0^-) = 0$ 與 $v_C(0^-) = 150$ V，與先前所得一致。

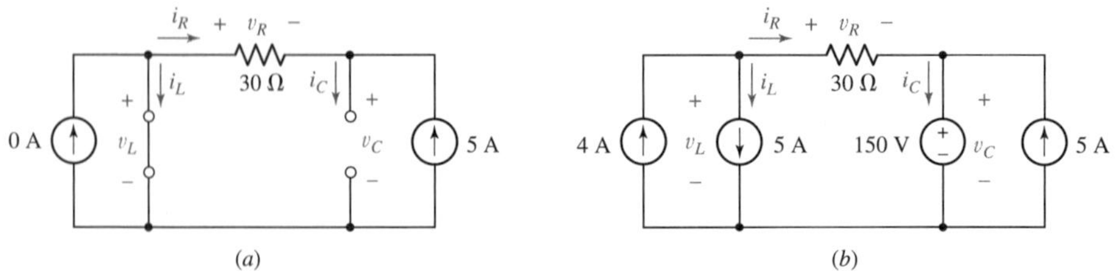

◆ **圖 9.28** (a) 圖 9.27a 電路在 $t=0^-$ 之簡單等效電路；(b) 在所定義的 $t=0^+$ 瞬間有效且已標示電壓及電流之等效電路。

此時回到描繪等效電路的問題，此將輔助判斷數個在 $t=0^+$ 之電壓與電流。**在開關進行切換的期間中，每個電容器電壓與每個電感器電流必保持固定。**此時以電流源取代電感器並且以電壓源取代電容器來確保這些條件的存在。在不連續期間中，每個電源皆維持著固定常數之響應，產生圖 9.28b 之等效電路。應注意到圖 9.28b 所示的電路**僅在 0^- 以及 0^+ 之間的時間區間有效。**

藉由分析圖 9.28b 所示的直流電路，得到在 $t=0^+$ 的電壓與電流。解答並不困難，但此時網路中出現了較多的電源，感覺會有點奇特。然而，在第三章曾分析與求解此種型式的問題，其中並無差異存在。首先針對左上方節點的電流，並且可知 $i_R(0^+)=4-5=-1$ A。接著針對右上方節點，得到 $i_C(0^+)=-1+5=4$ A。當然，$i_L(0^+)=5$ A。

接著，考慮各個電壓。使用歐姆定律，可知 $v_R(0^+)=30(-1)=-30$ V。以電感器而言，KVL 決定了 $v_L(0^+)=-30+150=120$ V。最後，包含 $v_C(0^+)=150$ V，便得到在 $t=0^+$ 的所有數值。

練習題

9.9 令圖 9.29 中 $i_s=10u(-t)-20u(t)$ A。試求 (a) $i_L(0^-)$；(b) $v_C(0^+)$；(c) $v_R(0^+)$；(d) $i_L(\infty)$；(e) $i_L(0.1\text{ ms})$。

解答：10 A；200 V；200 V；−20 A；2.07 A。

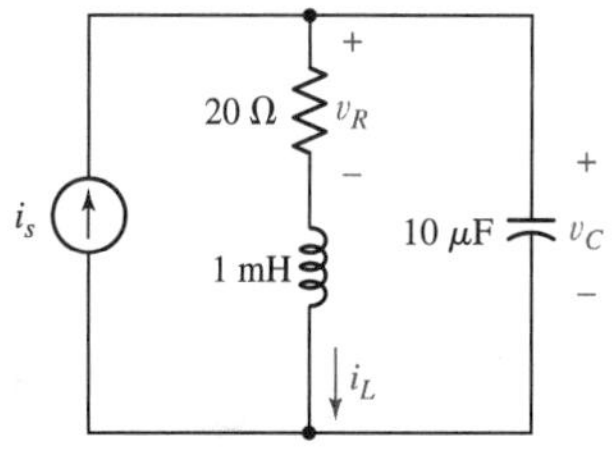

◆ **圖 9.29**

範例 9.10

藉由得到電路圖中所定義的三個電壓變數以及三個電流變數之一階導數在 $t=0^+$ 的數值，試求圖 9.27 電路之初始條件，電路已重複繪製於圖 9.30。

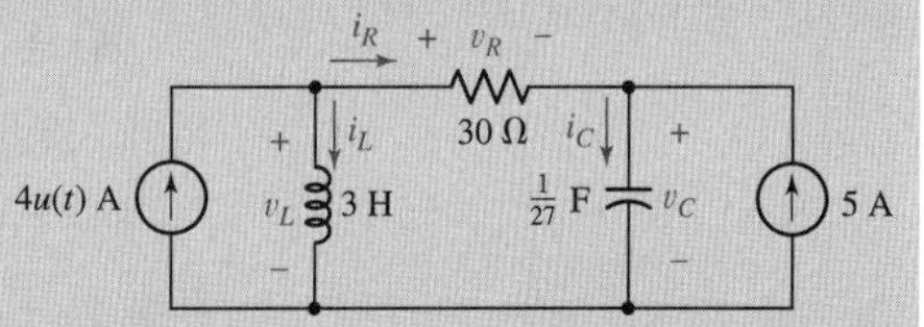

◆ **圖 9.30** 圖 9.27 之電路，重複繪製於範例 9.10。

以兩個能量儲存元件開始進行分析。以電感器而言，

$$v_L = L\frac{di_L}{dt}$$

而特別的是，

$$v_L(0^+) = L\frac{di_L}{dt}\bigg|_{t=0^+}$$

因此，

$$\left.\frac{di_L}{dt}\right|_{t=0^+} = \frac{v_L(0^+)}{L} = \frac{120}{3} = 40 \text{ A/s}$$

同理，

$$\left.\frac{dv_C}{dt}\right|_{t=0^+} = \frac{i_C(0^+)}{C} = \frac{4}{1/27} = 108 \text{ V/s}$$

由於已知導數也應滿足 KCL 與 KVL 兩定律，可藉此求得其他四個導數。例如，在圖 9.30 的左邊節點上，

$$4 - i_L - i_R = 0 \qquad t > 0$$

因此，

$$0 - \frac{di_L}{dt} - \frac{di_R}{dt} = 0 \qquad t > 0$$

且

$$\left.\frac{di_R}{dt}\right|_{t=0^+} = -40 \text{ A/s}$$

得到所剩餘的三個導數之初始值為

$$\left.\frac{dv_R}{dt}\right|_{t=0^+} = -1200 \text{ V/s}$$

$$\left.\frac{dv_L}{dt}\right|_{t=0^+} = -1092 \text{ V/s}$$

以及

$$\left.\frac{di_C}{dt}\right|_{t=0^+} = -40 \text{ A/s}$$

最後，在判斷所需初始值的問題上，應強調至少還有一種功能強大的判斷方法：能夠寫出原電路的一般節點或迴路方程式。再將於 $t = 0^-$ 已知為零數值的電感器電流與電容器電壓代入，得到數個在 $t = 0^-$ 之其他響應數值，而可容易求得所剩的數值。接著必須進行 $t = 0^+$ 瞬間的類似分析。當在複雜電路中不能使用較簡單的循序步驟處理方式來求解時，此為一種重要的方法，且為較複雜電路分析所需之方法。

此時簡略地完成圖 9.30 原電路響應 $v_C(t)$ 之判斷。若兩個電源皆無作用，則電路會呈現一個簡單的串聯 *RLC* 電路，進而可簡易地得知 s_1 與 s_2 分別為 -1 與 -9。可藉由檢查，或者若有需要，則藉由描繪類似圖 9.28a 加上 4 A 電流源的直流等效電路，得到強制響應。此電路之強制響應為 150 V。因此，

$$v_C(t) = 150 + Ae^{-t} + Be^{-9t}$$

以及

$$v_C(0^+) = 150 = 150 + A + B$$

或者

$$A + B = 0$$

接著，

$$\frac{dv_C}{dt} = -Ae^{-t} - 9Be^{-9t}$$

以及

$$\left.\frac{dv_C}{dt}\right|_{t=0^+} = 108 = -A - 9B$$

最後，

$$A = 13.5 \qquad B = -13.5$$

且

$$v_C(t) = 150 + 13.5(e^{-t} - e^{-9t}) \qquad \text{V}$$

■ 求解過程的快速彙整

總結來說，當期望得知簡單三元件的 *RLC* 電路之暫態行為，需先判斷所面對的是串聯或並聯電路，才能使用正確 α 的關係。兩方程式為

$$\alpha = \frac{1}{2RC} \qquad (\text{並聯 } RLC)$$

$$\alpha = \frac{R}{2L} \qquad (\text{串聯 } RLC)$$

在比較 α 與 ω_0 之後，便可做出第二個判斷；給定任何電路，

$$\omega_0 = \frac{1}{\sqrt{LC}}$$

若 $\alpha > \omega_0$，則電路為過阻尼，而自然響應的型式為

$$f_n(t) = A_1e^{s_1t} + A_2e^{s_2t}$$

其中

$$s_{1,2} = -\alpha \pm \sqrt{\alpha^2 - \omega_0^2}$$

若 $\alpha=\omega_0$，則電路為臨界阻尼，且

$$f_n(t)=e^{-\alpha t}(A_1t+A_2)$$

最後，若 $\alpha<\omega_0$，則面臨欠阻尼響應，

$$f_n(t)=e^{-\alpha t}(A_1\cos\omega_d t+A_2\sin\omega_d t)$$

其中

$$\omega_d=\sqrt{\omega_0^2-\alpha^2}$$

最後一個判斷則視獨立電源而定。若在開關切換或不連續完成之後，電路中沒有任何電源作用，則該電路為所謂的無源電路，並且可將自然響應視為完整響應。若獨立電源仍存在，則電路便會受之驅動，而必須決定其強制響應。完整響應則為自然響應與強制響應相加

$$f(t)=f_f(t)+f_n(t)$$

此可應用於電路中的任何電流與電壓。最後一個步驟為求解未知常數，可藉由初始條件來決定之。

9.7 無損失之 *LC* 電路

當考慮無源 *RLC* 電路時，顯然電阻器的作用為消耗先前儲存在電路中的任何初始能量。在某些時候，可能會想知道若能夠移除電阻器，則電路會產生何種狀況。若在並聯 *RLC* 電路中的電阻數值變成無限大，或者在串聯 *RLC* 電路中變為零，則電路中簡單的 *LC* 迴路便能夠一直維持著振盪的響應。以下將簡略地闡述如此電路之範例，之後再探討得到相同響應而不需要應用任何電感器的另一種替代電路。

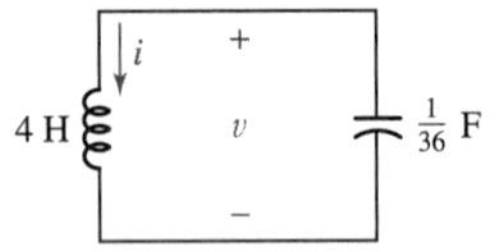

◆圖 9.31 若 $v(0)=0$ 且 $i(0)=-\frac{1}{6}$ A、可提供無阻尼響應 $v=2\sin 3t$ V 之無損失電路。

考慮圖 9.31 之無源電路，其中為了簡化計算，使用較大數值的 $L=4$ H 以及 $C=\frac{1}{36}$ F。令 $i(0)=-\frac{1}{6}$ A，且 $v(0)=0$。得知 $\alpha=0$ 且 $\omega_0^2=9\ \text{s}^{-2}$，所以 $\omega_d=3$ rad/s。沒有指數阻尼，因此電壓可簡單表示為

$$v=A\cos 3t+B\sin 3t$$

由於 $v(0)=0$，可知 $A=0$。接著，

$$\left.\frac{dv}{dt}\right|_{t=0}=3B=-\frac{i(0)}{1/36}$$

但 $i(0)=-\frac{1}{6}$ A，因此在 $t=0$ 時，$dv/dt=6$ V/s，得知 $B=2$ V，

所以

$$v = 2\sin 3t \qquad \text{V}$$

此為無阻尼弦波響應；換言之，該電壓響應並不會衰減。

此時將探討如何得到如此電壓響應而不需使用 *LC* 電路。可先寫出 v 所滿足之微分方程式，接著再研發可產生該方程式解答的運算放大器電路配置。雖然目前所要說明的只是一個特定的範例，但該技巧為通用的方法，可用於求解任何線性齊次微分方程式。

考慮圖 9.31 的 *LC* 電路，選擇 v 為所求變數，並且令流向下方的兩電感器與電容器電流相加等於零：

$$\frac{1}{4}\int_{t_0}^{t} v\,dt' - \frac{1}{6} + \frac{1}{36}\frac{dv}{dt} = 0$$

微分一次，得到

$$\frac{1}{4}v + \frac{1}{36}\frac{d^2v}{dt^2} = 0$$

或者

$$\frac{d^2v}{dt^2} = -9v$$

為了求解此一方程式，預計使用運算放大器組合為積分器。假設存在微分方程式中的最高階導數 d^2v/dt^2 可位於運算放大器配置中的任意接點 A。此時可使用積分器，並令其中的 $RC = 1$，如 7.5 節所探討的。輸入為 d^2v/dt^2，而輸出則必為 $-dv/dt$，其中正負號的改變乃是由於使用反相運算放大器配置充當所需的積分器所致。dv/dt 之初始值為 6 V/s，一如當初分析該電路所得到的，因此積分器的初始值必為 −6 V。負的一階導數此時形成第二個積分器的輸入，第二個積分器的輸出因此為 $v(t)$，且初始值為 $v(0) = 0$。此時僅剩下將乘以 −9 之運算，藉以得到原先在接點 A 所假設的二階導數。此為具有變號的 9 倍放大率，使用運算放大器充當反相放大器即可簡易實現之。

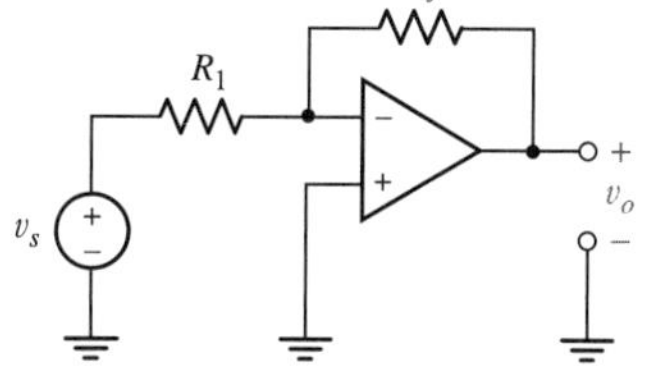

◆ **圖 9.32** 反相運算放大器提供 $v_o/v_s = -R_f/R_1$ 之增益，假設運算放大器為理想。

圖 9.32 顯示所實現的反相放大器電路。考慮理想的運算放大器，輸入電流與輸入電壓兩者皆為零。因此，向右流經 R_1 的電流為 v_s/R_1，同時向左行經 R_f 之電流為 v_o/R_f。由於兩電流總和為零，得到

$$\frac{v_o}{v_s} = -\frac{R_f}{R_1}$$

若設定 $R_f = 90\ \text{k}\Omega$ 且 $R_1 = 10\ \text{k}\Omega$，便能夠設計增益為 -9。

若令每個積分器中的 R 為 1 MΩ，且 C 為 1 μF，則

$$v_o = -\int_0^t v_s\, dt' + v_o(0)$$

反相放大器的輸出此時即構成了原先在接點 A 所假設的輸入，得到圖 9.33 所示的運算放大器配置。若左邊開關在 $t = 0$ 閉合導通，同時兩初始條件的開關斷開，則第二個積分器之輸出將會是無阻尼之弦波 $v = 2\sin 3t$ V。

值得注意的是，圖 9.31 的 LC 電路與圖 9.33 的運算放大器兩者皆具有相同的輸出，但在運算放大器電路並未包含電感器，卻簡單**表現出**好像具有一個電感器一般，並且在輸出端與接地之間也可提供適當的弦波電壓。在電路設計上，此種運算放大器電路配置能夠具有相當實用與成本上的優勢；相較於電容器，電感器通常體積龐大且較為昂貴，而且具有較大的損失 (也沒有可良好近似的“理想”模型)。

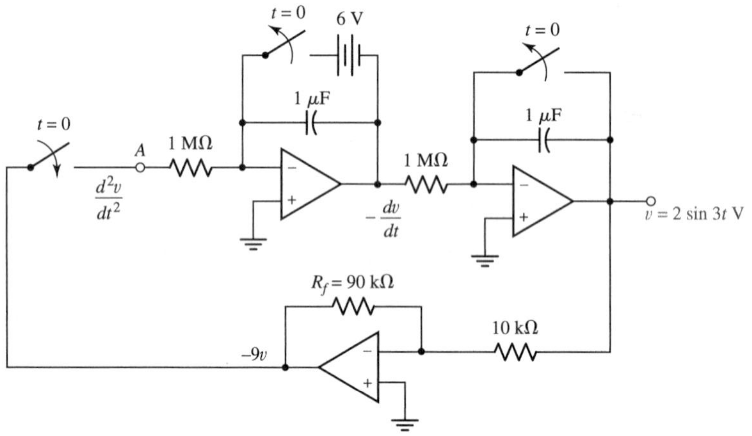

◆**圖 9.33** 兩個積分器與一個反相放大器相互連接，藉以提供微分方程式 $d^2v/dt^2 = -9v$ 之解答。

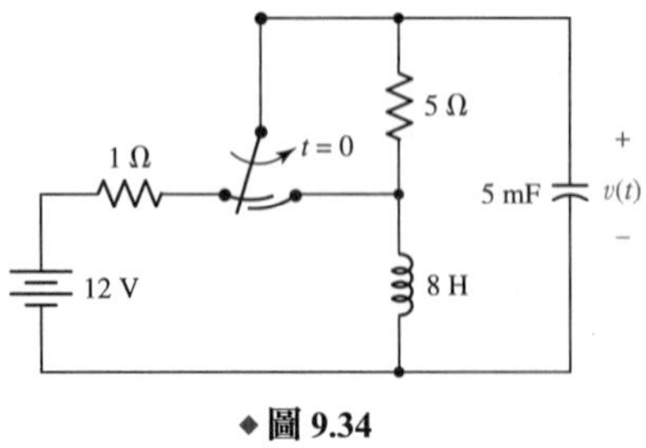

◆**圖 9.34**

練習題

9.10 若輸出代表圖 9.34 電路之電壓 $v(t)$，試給定圖 9.33 電路新的 R_f 數值以及兩初始電壓之數值。

解答：250 kΩ；400 V；10 V。

總結與回顧

在第八章所探究的簡單 *RL* 與 *RC* 電路基本上乃是進行著因開關切換所造成的兩事件之一：**充電**或者**放電**。會發生哪一種事件則是由能量儲存元件的初始充電狀態所決定。在本章中，考慮具有兩個能量儲存元件的電路 (電容器與電感器)，並且發現電路的狀態變得相當有趣。如此的 *RLC* 電路有兩種基本的配置：**並聯**連接以及**串聯**連接。如此電路的分析會產生**二階**偏微分方程式，其中的階數則是與能量儲存元件之數目一致 (若僅使用某些電阻器與某些電容器來建構某一電路，且電容器無法使用串聯 / 並聯技巧加以組合，則基本上也會得到一個二階偏微分方程式)。

得知 *RLC* 電路之暫態響應可為**過阻尼** (以指數函數衰減) 或者**欠阻尼** (衰減但會振盪) 之狀況，乃至於實務上難以實現的**臨界阻尼**之“特殊狀況”；主要皆是端視連接至能量儲存元件的電阻數值而定。振盪在實務上可能有其效用 (例如，在無線網路上進行資訊的傳輸)，但也可能沒有用 (例如，在音樂會中，放大器與麥克風之間意外的回授情況)。雖然在先前所探究的電路中，振盪沒有持續進行，但若有需要，在本章中至少已經得知一種可導致電路產生振盪的方法，以及如何針對特定操作頻率來設計之。由於除了 α 之外，方程式皆為相同，因此本章不贅述串聯連接之 *RLC* 電路；僅在如何利用初始條件得知描述暫態響應特性的兩個未知常數上，有些不同。有兩種“招數”可求得該兩個未知常數；其中一種為利用第二個初始條件，需要對預設的響應方程式取導數。第二種為在 $t = 0$ 的瞬間，或可使用 KCL 或 KVL 以及初始條件；藉由先設定 $t = 0$，便能夠大幅簡化方程式。

本章最後講解**完整響應**，而在此所使用的方式則明顯不同於第八章。簡要介紹了某些時候可能會發生的問題—當完全移除電阻性的損失時 (藉由設定並聯電阻為 ∞，或者串聯電阻為 0)，則電路會產生何種狀況？最後則是以 *LC* 電路進行分析，並且得知 *LC* 電路行為能夠以運算放大器電路來近似之。

此時回顧與總結本章所講述的內容與重要觀念，並且標示出相應的範例。

- ❑ 若某電路具有兩個不能使用串並聯組合技巧加以合併的能量儲存元件，則可藉由二階微分方程式來描述之。
- ❑ 可將串聯與並聯 *RLC* 電路歸類於三種分類之一，端視 *R*、*L* 與 *C* 的相對數值而定：

過阻尼	$\alpha > \omega_0$
臨界阻尼	$\alpha = \omega_0$
欠阻尼	$\alpha < \omega_0$

(範例 9.1)

- ❑ 在串聯 *RLC* 電路中，$\alpha = R/2L$ 且 $\omega_0 = 1/\sqrt{LC}$。(範例 9.7)
- ❑ 在並聯 *RLC* 電路中，$\alpha = 1/2RC$ 且 $\omega_0 = 1/\sqrt{LC}$。(範例 9.1)
- ❑ 典型的過阻尼響應型式為兩個指數項相加，其中一項會衰減得較快速：例如，$A_1e^{-t} + A_2e^{-6t}$。(範例 9.2、9.3 與 9.4)
- ❑ 典型的臨界阻尼響應型式為 $e^{-\alpha t}(A_1t + A_2)$。(範例 9.5)
- ❑ 典型的欠阻尼響應型式為指數阻尼之弦波：$e^{-\alpha t}(B_1\cos\omega_d t + B_2\sin\omega_d t)$。(範例 9.6、9.7 與 9.8)
- ❑ 在 *RLC* 電路的暫態響應期間中，且在電路中的電阻性元件允許範圍內，能量會傳遞於能量儲存元件之間，如此的電阻性元件主要作用為消耗初始所儲存的能量。

- ❑ 完整響應為強制響應與自然響應相加。在此狀況下，於常數求解之前，必先決定總響應之型式。(範例 9.9 與 9.10)

延伸閱讀

利用 PSpice 對汽車懸掛系統建模之深入探討：

R.W. Goody, *MicroSim PSpice for Windows,* vol. I, 2nd ed. Englewood Cliffs, N.J.: Prentice-Hall, 1998.

諸多相類似電路的詳細說明在此書之第三章可找到：

E. Weber, *Linear Transient Analysis Volume I.* New York: Wiley, 1954. (已絕版，但仍可在許多大學圖書館中找到。)

習題

9.1 無源並聯 *RLC* 電路

1. 考慮某一無源並聯 RLC 電路，其中 $R = 1\ \text{k}\Omega$、$C = 3\ \mu\text{F}$，且 L 的數值會使電路產生過阻尼響應。(a) 試求 L 之數值；(b) 若已知 $v(0^-) = 9$ V 且 $dv/dt|_{t=0^+} = 2$ V/s，試寫出電阻器跨壓 v 之方程式。
2. 若 (a) $R = 4\ \Omega$、$L = 2.22$ H 且 $C = 12.5$ mF；(b) $L = 1$ nH、$C = 1$ pF 且 R 為使電路呈現欠阻尼狀態所需的數值之 1%，試計算無源並聯 RLC 電路之 α、ω_0、s_1 與 s_2。
3. 以 $R = 500\ \Omega$ 與 $C = 10\ \mu\text{F}$ 來建構一個 RLC 電路，且其中的 L 數值使電路呈現臨界阻尼狀態。(a) 試求 L 數值。此一數值對於架置元件所需的印刷電路而言，尺寸大或小？(b) 試增加一電阻器與現有的元件並聯，致使阻尼比等於 10；(c) 進一步增加阻尼比會導致過阻尼、臨界阻尼或欠阻尼電路？試解釋之。

9.2 過阻尼之並聯 *RLC* 電路

4. 已知電容器的跨壓給定為 $v_C(t) = 10e^{-10t} - 5e^{-4t}$ V。(a) 試繪製兩項成分在 $0 \le t \le 1.5$ s 範圍內的圖示；(b) 試繪製在相同時間範圍內的電容器電壓。
5. 考慮圖 9.35 所示之電路，試求 (a) $i_C(0^-)$；(b) $i_L(0^-)$；(c) $i_R(0^-)$；(d) $v_C(0^-)$；(e) $i_C(0^+)$；(f) $i_L(0^+)$；(g) $i_R(0^+)$；(h) $v_C(0^+)$。
6. (a) 假設使用被動符號慣例，試求圖 9.35 電路中 1 Ω 電阻器跨壓對所有 $t > 0$ 有效之表示式；(b) 試求電阻器電壓之安定時間。
7. 考慮圖 9.36 所示之電路，(a) 試求對所有 $t > 0$ 有效之 $v(t)$ 表示式；(b) 試計算最大電感器電流以及所發生的時間；(c) 試求安定時間。

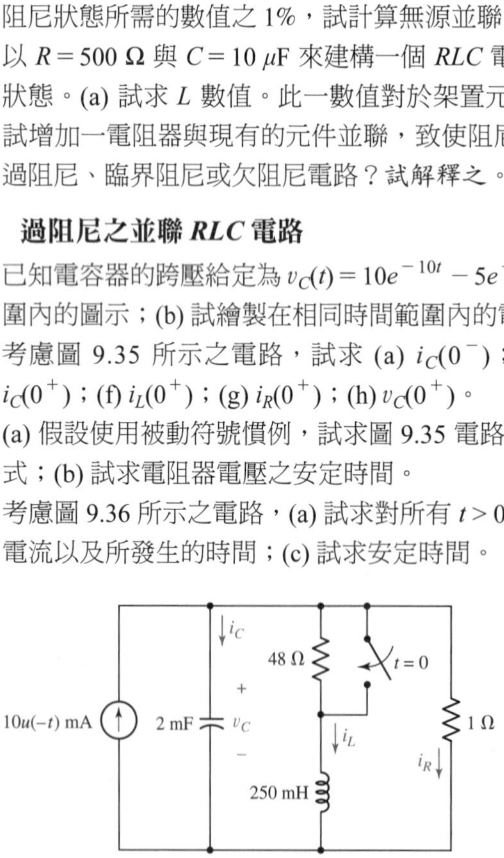

◆ 圖 9.35

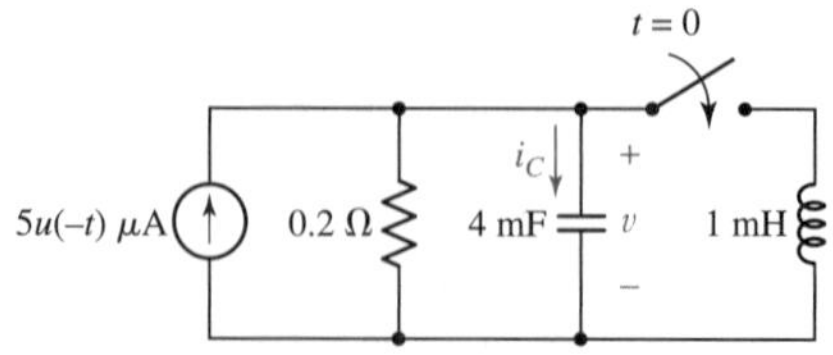

◆ 圖 9.36

8. 試求圖 9.37 電路中標示為電流 $i(t)$ 與電壓 $v(t)$ 對所有 $t > 0$ 有效之表示式。

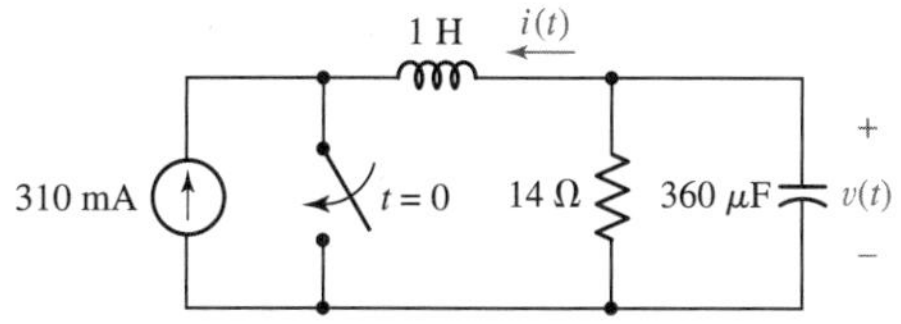

◆ **圖 9.37**

9.3 臨界阻尼

9. 考慮圖 9.38 之電路，其中 $i_s(t) = 30u(-t)$ mA。(a) 試選擇可得到 $v(0^+) = 6$ V 之 R_1；(b) 試計算 $v(2\text{ ms})$；(c) 試求電容器電壓之安定時間；(d) 電感器電流的安定時間與 (c) 的解答是否相同？
10. 圖 9.38 中的電流源為 $i_s(t) = 10u(1-t)$ μA。(a) 試選擇可得到 $i_L(0^+) = 2$ μA 之 R_1；(b) 試計算在 $t = 500$ ms 與 $t = 1.002$ ms 之 i_L。
11. 改變圖 9.37 電路的電感器，致使電路響應為臨界阻尼。(a) 試求新的電感器之數值；(b) 試計算電感器與電容器兩元件在 $t = 10$ ms 所儲存的能量。

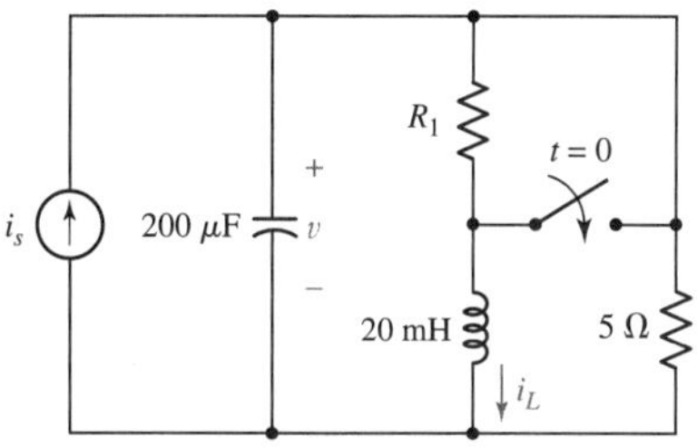

◆ **圖 9.38**

9.4 欠阻尼之並聯 *RLC* 電路

12. 使用 10 kΩ、72 μH 與 18 pF 的元件數值建構圖 9.1 之電路。(a) 試計算 α、ω_d 與 ω_0。此時電路為過阻尼、臨界阻尼或者欠阻尼？(b) 試寫出電容器電壓 $v(t)$ 的自然響應式；(c) 若電容器初始儲存的能量為 1 nJ，試計算在 $t = 300$ ns 之 v。
13. 考慮圖 9.39 之電路，試求 (a) $i_C(0^-)$；(b) $i_L(0^-)$；(c) $i_R(0^-)$；(d) $v_C(0^-)$；(e) $i_C(0^+)$；(f) $i_L(0^+)$；(g) $i_R(0^+)$；(h) $v_C(0^+)$。
14. 考慮圖 9.40 之電路，試求 (a) 當 $v(t) = 0$ 時第一個 $t > 0$ 之時間點；(b) 安定時間。

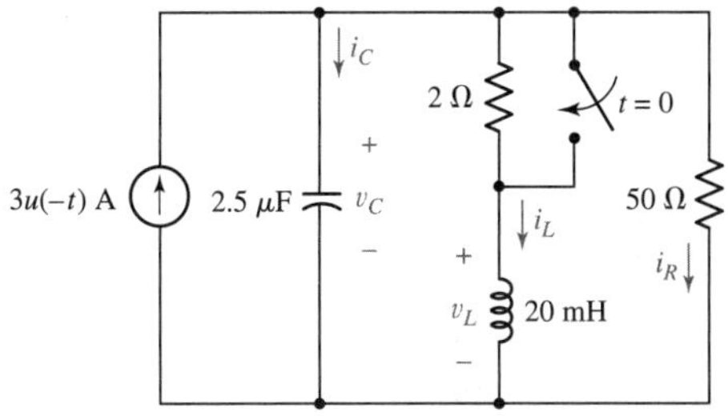

◆ **圖 9.39**

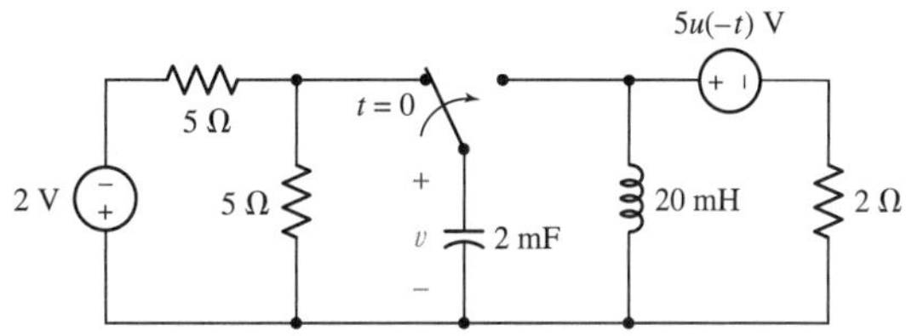

◆ **圖 9.40**

15. 圖 9.41 所示的電路勉強為欠阻尼。(a) 試計算 α 與 ω_d；(b) 試求對 $t > 0$ 有效之 $i_L(t)$ 表示式；(c) 試求在 $t = 200$ ms 時，儲存在電容器與電感器中之能量。
16. 當建構圖 9.41 的電路時，無意間錯誤地安裝了一個 500 MΩ 的電阻器。(a) 試計算 α 與 ω_d；(b) 試求對 $t > 0$ 有效之 $i_L(t)$ 表示式；(c) 試求電感器所儲存的能量達最大值的 10% 時所需之時間。

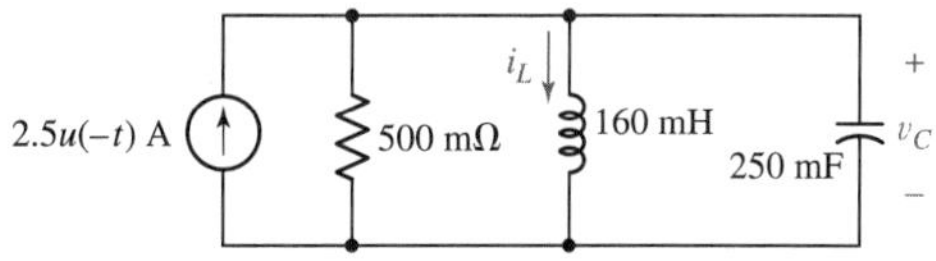

◆ **圖 9.41**

9.5 無源串聯 *RLC* 電路

17. 使用元件數值 $R = 2$ Ω，$C = 1$ mF 與 $L = 2$ mH，建構圖 9.20a 所示的電路。若 $v_C(0^-) = 1$ V，且沒有任何初始電流流經電感器，試計算在 $t = 1$ ms、2 ms 與 3 ms 之 $i(t)$。
18. 藉由增加一個 2 Ω 電阻器並聯於現存的電阻器，些微修改習題 17 所描述的電路。初始電容器電壓保持 1 V，且在 $t=0$ 之前，仍沒有電流流經電感器。(a) 試計算在 4 ms 時之 $v_C(t)$；(b) 試繪製在時間區間 $0 \le t \le 10$ s 內的 $v_C(t)$。

19. 參考圖 9.42 所示的電路，試計算 (a) α；(b) ω_0；(c) $i(0^+)$；(d) $di/dt|_{0^+}$；(e) 在 $t=6$ s 之 $i(t)$。

20. 試求圖 9.43 電路中標示為 v_C 且對所有 $t>0$ 有效之方程式。

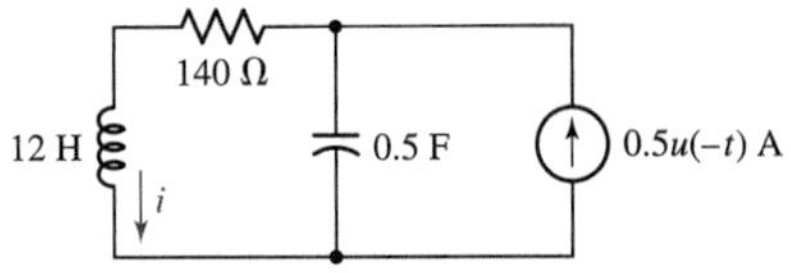

◆ 圖 9.42

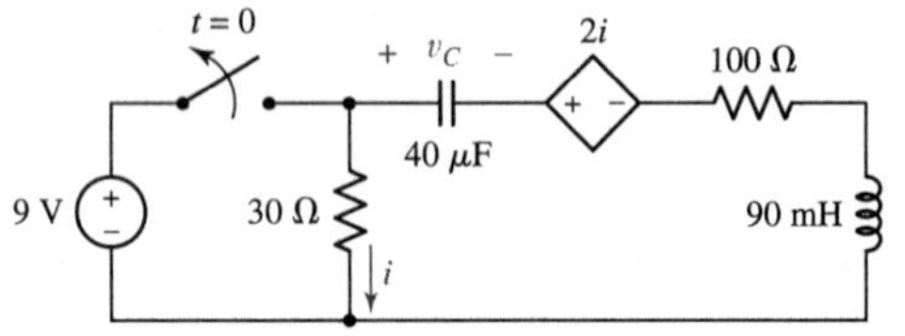

◆ 圖 9.43

21. 試求圖 9.44 電路中標示為 i_1 且對所有 $t>0$ 有效之表示式。

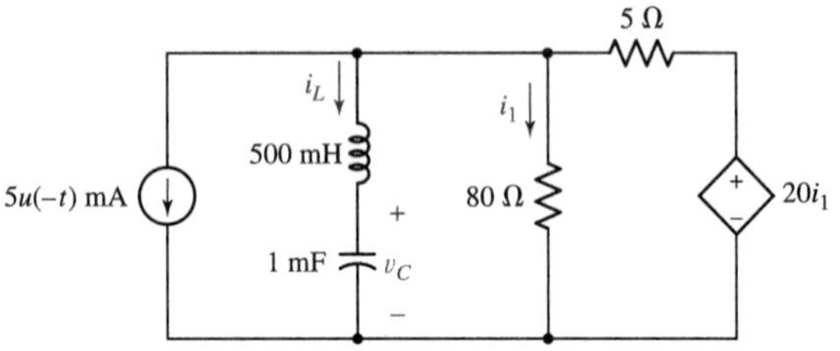

◆ 圖 9.44

9.6 *RLC* 電路之完整響應

22. 在圖 9.45 的串聯電路中，假設 $R=1\ \Omega$。(a) 試計算 α 與 ω_0；(b) 若 $i_s=3u(-t)+2u(t)$ mA，試求 $v_R(0^-)$、$i_L(0^-)$、$v_C(0^-)$、$v_R(0^+)$、$i_L(0^+)$、$v_C(0^+)$、$i_L(\infty)$ 以及 $v_C(\infty)$。

23. 試求圖 9.46 中所標示的每個電流與電壓變數在 $t=0^+$ 之導數。

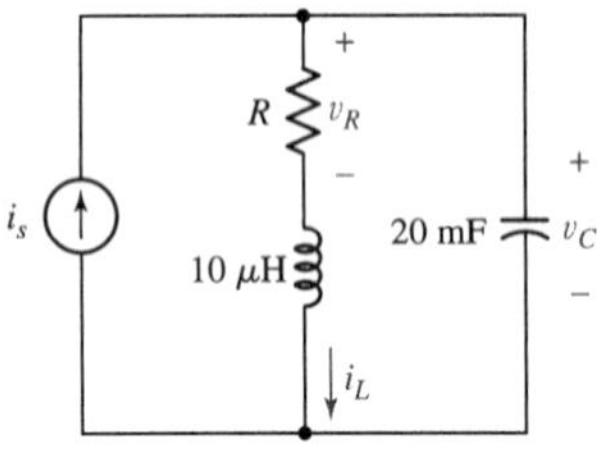

◆ 圖 9.45

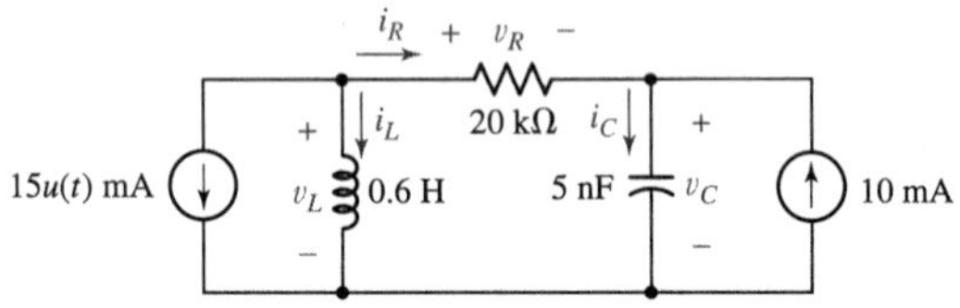

◆ 圖 9.46

24. 考慮圖 9.47 所示之電路。若 $v_s(t)=-8+2u(t)$ V，試求 (a) $v_C(0^+)$；(b) $i_L(0^+)$；(c) $v_C(\infty)$；(d) $v_C(t=150\text{ ms})$。

25. 以一個 100 mΩ 電阻器取代圖 9.48 之 1 Ω 電阻器，並且以一個 200 mΩ 電阻器取代 5 Ω 電阻器。假設使用被動符號慣例，試求電容器電流對 $t>0$ 有效之表示式。

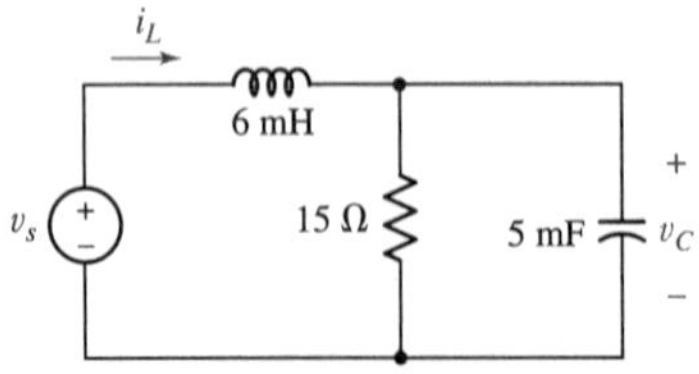

◆ 圖 9.47

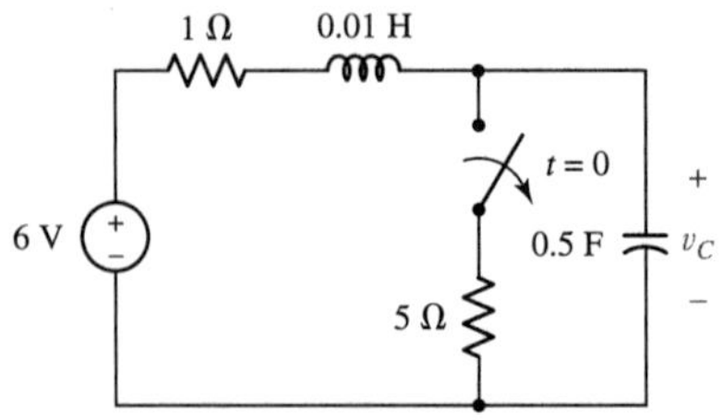

◆ 圖 9.48

26. 考慮圖 9.49 之電路，若 $i_s(t) = 3u(-t) + 5u(t)$ mA，試求對 $t \geq 0$ 有效之 v_C 表示式。

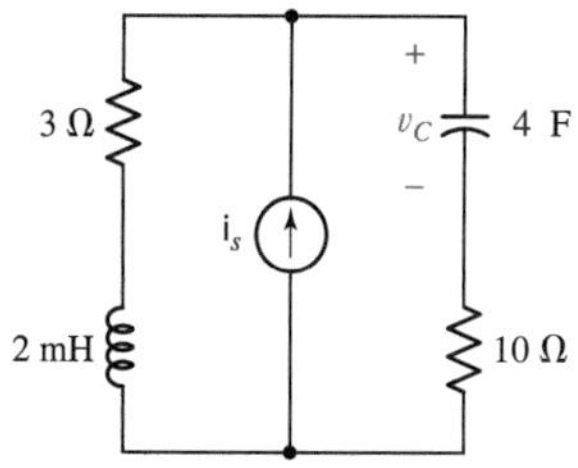

◆ **圖 9.49**

9.7 無損失之 *LC* 電路

27. 參照圖 9.50，試設計在 $t > 0$ 的輸出為 $i(t)$ 之運算放大器電路。

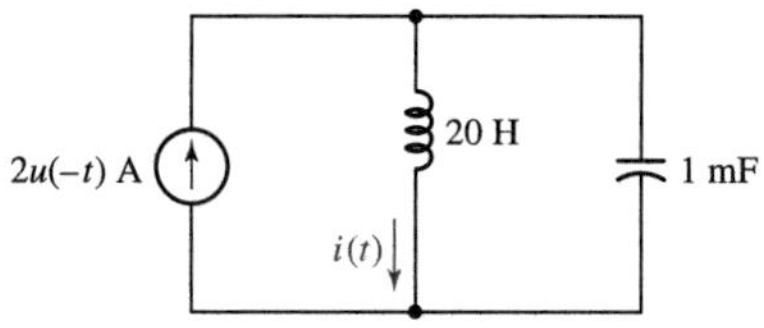

◆ **圖 9.50**

28. 使用一個 1 kΩ 電阻器與一個 3.3 mF 電容器建構一的無源 *RC* 電路。電容器之初始跨壓為 1.2 V。(a) 試寫出電容器在 $t > 0$ 之跨壓 v 之微分方程式；(b) 試設計以 $v(t)$ 為輸出之運算放大器電路。
29. 某一無源 *RL* 電路具有一個 20 Ω 電阻器與一個 5 H 電感器。若電感器電流的初始值為 2 A：(a) 試寫出 i 對 $t > 0$ 有效之微分方程式，以及 (b) 若使用 $R1 = 1$ MΩ 且 $C_f = 1$ μF，試設計以運算放大器建構輸出為 $i(t)$ 之積分器。

Chapter 10

弦波穩態分析

主要觀念

- 弦波函數之特性
- 弦波之相量表示方式
- 時域與頻率之間的轉換
- 阻抗與導納
- 電抗與電納
- 頻域之並聯與串聯組合
- 使用相量之強制響應求解
- 頻域電路分析技巧之應用

簡介

線性電路之完整響應由兩個部分所組成，自然響應與強制響應。自然響應為電路對狀態突然改變的短時間暫態響應，而強制響應則為電路對任何存在的獨立電源之長時間穩態響應。因此，僅將強制響應視為直流電源所產生的響應。另一種極為常見的強制函數為弦波型式。此弦波函數描述家用電源插座上的電壓，以及連接至居民區與工業區之電力線電壓。

在本章中，假設暫態響應對電路影響不大，而僅需要得知某一電路 (一台電視機、一台烤麵包機，或者配電網路) 對弦波電壓或電流的穩態響應。本章將使用一種極為有用的技巧來分析此類電路，其中可將微積分方程式變換成為代數方程式。在說明分析方法之前，快速回顧一些重要而常見的弦波屬性，將有助於了解本章後續的內容，在整個章節中，幾乎會對電路中的每一個電壓與電流進行說明。

10.1 弦波之特性

考慮以弦波型式變動的電壓

$$v(t) = V_m \sin \omega t$$

其波形顯示於圖 10.1a 與 b。弦波的振幅 (Amplitude) 為 V_m，而幅角 (Argument) 為 ωt。角頻率 (Radian Frequency 或者 Angular Frequency) 為 ω。在圖 10.1a 中，將 $V_m \sin \omega t$ 繪製為幅角 ωt 之函數，且弦波的週期性本質相當明顯。此一弦波函數本身每 2π 弳度會重複一次，因此**週期** (Period) 為 2π 弳度。在圖 10.1b 中，將 $V_m \sin \omega t$ 繪製為 t 之函數，此時的週期為 T。具有週期為 T 的弦波每秒必執行 $1/T$ 個週期；其**頻率** (Frequency) f 為 $1/T$ 赫茲 (縮寫為 Hz)。因此，

$$f = \frac{1}{T}$$

且由於

$$\omega T = 2\pi$$

得到常見的頻率與角頻率之關係，

$$\boxed{\omega = 2\pi f}$$

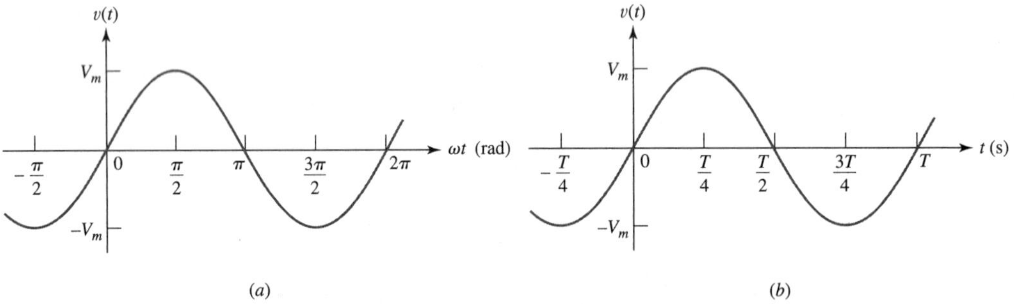

◆ **圖 10.1** 弦波函數 $v(t) = V_m \sin \omega t$ 之波形圖。(a) 對 ωt 之函數；(b) 對 t 之函數。

■ 落後與超前

弦波較為普遍的通式為

$$v(t) = V_m \sin(\omega t + \theta) \qquad [1]$$

方程式 [1] 在幅角中包含相角 (Phase Angle) θ。以 ωt 為函數，將方程式 [1] 繪製於圖 10.2，而相角以弳度數呈現，原先的弦波 (以淺灰色線條繪製) 會因相角而向左偏移成為深灰色的弦波，或者可謂時間較早發生。由於弦波 $V_m \sin(\omega t + \theta)$ 的相應點發

生在較早的 θ rad，或者 θ/ω 秒，因此可描述 $V_m \sin(\omega t+\theta)$ 以 θ rad 超前 $V_m \sin \omega t$。所以，正確來說，$\sin \omega t$ 以 θ rad **落後** $\sin(\omega t+\theta)$，或以 $-\theta$ rad **超前** $\sin(\omega t+\theta)$，或者以 θ rad 超前 $\sin(\omega t-\theta)$。

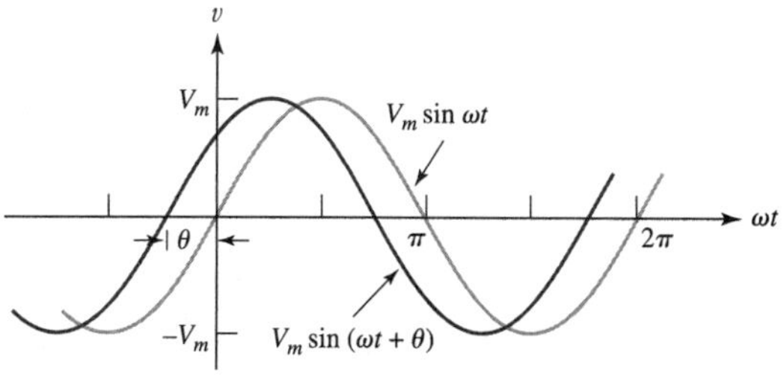

◆ **圖 10.2** 弦波 $V_m \sin(\omega t+\theta)$ 以 θ rad 超前 $V_m \sin \omega t$。

在超前或者落後之任一種狀況下，兩弦波皆稱為異相 (Out of Phase)，而若相角相等，則兩弦波稱為同相 (In Phase)。

在電機工程中，相角通常以“度數”為單位，而不是以“徑度”；為了避免混淆，應該要一直保持使用度數的符號。因此，若

將徑度轉換成度數，可簡單地將角度乘以 $180/\pi$。

$$v = 100\sin\left(2\pi 1000t - \frac{\pi}{6}\right)$$

則通常使用

$$v = 100\sin(2\pi 1000t - 30°)$$

在特定時間瞬間，例如 $t=10^{-4}$ s，估算表示式的數值時，則方程式中的 $2\pi\ 1000t$ 變成 0.2 徑度，而且應該在減去 30° 之前，先將之表示為 36°，必不可產生混淆。

要比較兩弦波之相位必須：
1. 兩弦波皆以正弦波或餘弦波表示。
2. 兩弦波之振幅皆以正數表示。
3. 兩弦波須皆具有相同的頻率。

正弦與餘弦之轉換

正弦與餘弦本質上為相同的函數，但具有 90° 之相位差。因此，$\sin \omega t=\cos(\omega t-90°)$。任意弦波函數的幅角可以加上或者減去 360° 的倍數，而不會改變函數之數值。於是，可得知

註釋：
$-\sin \omega t=\sin(\omega t \pm 180°)$
$-\cos \omega t=\cos(\omega t \pm 180°)$
$\mp \sin \omega t=\cos(\omega t \pm 90°)$
$\pm \cos \omega t=\sin(\omega t \pm 90°)$

$$\begin{aligned} v_1 &= V_{m_1}\cos(5t+10°) \\ &= V_{m_1}\sin(5t+90°+10°) \\ &= V_{m_1}\sin(5t+100°) \end{aligned}$$

若

$$v_2 = V_{m_2}\sin(5t-30°)$$

則 v_1 超前 v_2 130°。由於 v_1 可以寫為

$$v_1 = V_{m_1}\sin(5t-260°)$$

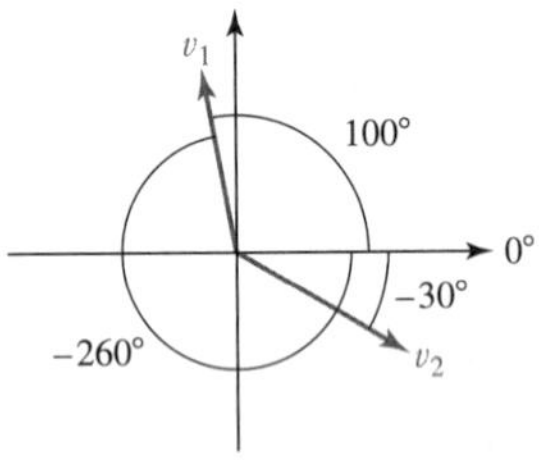

◆**圖 10.3** 兩弦波 v_1 與 v_2 之圖形表示方式。以相應的箭號長度來表示每個弦波函數的幅度大小，且以相對於正 x 軸的方位來表示其相角。在此一圖示中，v_1 超前 v_2 共 $100° + 30° = 130°$；當然也可以說，v_2 超前 v_1 共 230°，然而通常以小於或等於 180° 的角度來表達相位差之幅度。

因此 v_1 落後 v_2 230° 也是正確的說法。

假設與兩振幅皆為正量。在此提供一種圖形表示方式，如圖 10.3 所示；應注意兩弦波的頻率 (在此一範例中，皆為 5 rad/s) 必須相同，否則彼此的比較便無意義。一般而言，以小於或者等於 180° 的角度來表示兩弦波之間的相位差之幅度。

目前已廣泛使用兩弦波之間超前或者落後關係的觀念，而且可使用數學或者圖形兩種工具來確認兩弦波之超前或落後關係。

練習題

10.1 若 $v_1 = 120\cos(120\pi t - 40°)$ V 且 i_1 等於 (a) $2.5\cos(120\pi t + 20°)$ A；(b) $1.4\sin(120\pi t - 70°)$ A；(c) $-0.8\cos(120\pi t - 110°)$ A；試求 i_1 落後 v_1 之角度。

10.2 若 $40\cos(100t - 40°) - 20\sin(100t + 170°) = A\cos 100t + B\sin 100t = C\cos(100t + \phi)$，試求 A、B、C 與 ϕ。

解答：10.1：−60°；120°；−110°。
10.2：27.2；45.4；52.9；−59.1°。

10.2 弦波函數之強制響應

此時已熟悉弦波的數學特性，可將弦波強制響應應用於簡單的電路，並且得到電路之強制響應。先寫出對應於所給定的電路之微分方程式。方程式的全解由兩個部分所組成，互補解 (稱為*自然響應*) 及特解 (稱為*強制響應*)。在本章所計畫發展的方法中，會先假設不考慮電路中的短時間暫態響應或自然響應，而只考量長時間或"穩態"的響應。

■穩態響應

專有名詞*穩態響應*與*強制響應*同義，而接下來所要分析的電路通常稱為處於"弦波穩態"。但在許多學生的心中，*穩態*帶有"不隨時間改變"的意涵。對直流強制響應而言，電路的穩態的確不隨時間改變，但弦波穩態響應卻絕對是會隨著時間而改變的。穩態簡單地指稱在暫態與自然響應已經消失之後所達到的狀態。

強制響應具有強制函數加上其所有的導數以及其一次積分之數學型式；若有如此認知，則強制響應的其中一種求解方法為假設解答具有這些函數的總和，其中每個函數皆具有未知振幅，需要藉由直接代入微分方程式方能求得。如同接下來將會得知的事實，如此的分析方式通常為相當冗長的處理過程，所以期望能夠找出較簡單的替代方案。

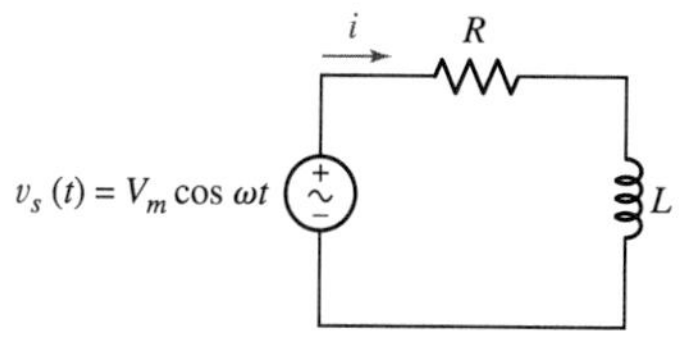

◆ **圖 10.4** 其中強制響應為所求的串聯 *RL* 電路。

考慮圖 10.4 所示的串聯 *RL* 電路。在過去一個相當久遠的時間點上，弦波電源電壓 $v_s = V_m \cos \omega t$ 已經由開關切換而連接至電路，而且自然響應已經完全消失。所求的強制 (或者“穩態”) 響應必須滿足環繞此一簡單迴路施加 KVL 所得到的微分方程式

$$L\frac{di}{dt} + Ri = V_m \cos \omega t$$

在導數等於零的任何瞬間，可知電流必具有 $i \propto \cos \omega t$ 之型式。同理，在電流等於零的瞬間，其導數必正比於 $\cos \omega t$，此意謂著電流的型式為 $\sin \omega t$。因此，可期望強制響應具有通式

$$i(t) = I_1 \cos \omega t + I_2 \sin \omega t$$

其中的 I_1 與 I_2 為實數常數，其數值由 V_m、R、L 以及 ω 所決定。沒有任何常數或指數函數存在於方程式中。將所假設的響應型式代入方程式中求解，得到

$$L(-I_1\omega \sin \omega t + I_2\omega \cos \omega t) + R(I_1 \cos \omega t + I_2 \sin \omega t) = V_m \cos \omega t$$

若將餘弦項以及正弦項分別整理在一起，得到

$$(-LI_1\omega + RI_2) \sin \omega t + (LI_2\omega + RI_1 - V_m) \cos \omega t = 0$$

對所有數值的 t，此一方程式必成立，且僅有與 $\cos \omega t$ 及 $\sin \omega t$ 相乘的因數皆為零，方能成立。因此，

$$-\omega LI_1 + RI_2 = 0 \qquad 且 \qquad \omega LI_2 + RI_1 - V_m = 0$$

同時求解 I_1 與 I_2 得到

$$I_1 = \frac{RV_m}{R^2 + \omega^2 L^2} \qquad I_2 = \frac{\omega LV_m}{R^2 + \omega^2 L^2}$$

因此，得到強制響應：

$$i(t) = \frac{RV_m}{R^2 + \omega^2 L^2} \cos \omega t + \frac{\omega LV_m}{R^2 + \omega^2 L^2} \sin \omega t \qquad [2]$$

■ 更簡易之型式

上述方式雖然準確，但較為繁瑣；將響應表示為單一個正弦函數或者具有相角的餘弦函數，會較為清楚易懂。選擇將該響應表示為餘弦函數，

$$i(t) = A\cos(\omega t - \theta) \qquad [3]$$

在本書內頁提供數種有用的三角幾何恆等式。

至少可使用兩種方法得到 A 與 θ 之數值；可將方程式 [3] 直接代入原微分方程式，或者亦可簡單令方程式 [2] 與 [3] 相等，以求得 A 與 θ 之數值。在此選擇後者的方法，並且將 cos $(\omega t-\theta)$ 函數展開：

$$A\cos\theta\cos\omega t + A\sin\theta\sin\omega t = \frac{RV_m}{R^2+\omega^2L^2}\cos\omega t + \frac{\omega LV_m}{R^2+\omega^2L^2}\sin\omega t$$

所剩的工作僅需將各項整理在一起，並且執行一些代數運算，此留給讀者練習。結果為

$$\theta = \tan^{-1}\frac{\omega L}{R}$$

以及

$$A = \frac{V_m}{\sqrt{R^2+\omega^2L^2}}$$

因而強制響應之另一種型式為

$$i(t) = \frac{V_m}{\sqrt{R^2+\omega^2L^2}}\cos\left(\omega t - \tan^{-1}\frac{\omega L}{R}\right) \qquad [4]$$

從前，使用符號 E (電動勢) 來表示電壓。然後每個學生都學到了“在電感性電路中，電壓超前電流；而在電容性電路中，電流超前電壓”。現今已使用 V 來取代，只是有此一差異。

就此一型式而言，很容易得知響應的振幅正比於**強制函數**的振幅；若非如此，則線性的觀念便不成立。其中亦可知電流落後所施加的電壓 0 與 90° 之間的角度，即 $\tan^{-1}(\omega L/R)$。當 $\omega=0$ 或者 $L=0$，電流必與電壓同相；此乃是由於前者的情況為直流，而後者則是提供電阻性電路，此結果與先前的經驗一致。若 $R=0$，則電流落後電壓 90°。在電感器中，若滿足被動符號慣例，則電流恰落後電壓 90°。同理，可以證明流經電容器的電流超前其跨壓 90°。

電壓與電流之間的相位差由 ωL 對 R 的比率決定。ωL 稱為電感器的**電感性電抗** (Inductive Reactance)，單位為歐姆，為電感對抗弦波電流通過之度量。

範例 10.1

若暫態已經完全消失，試求圖 10.5a 所示電路中的電流 i_L。

雖然電路具有弦波電源與單一個電感器，但尚包含兩個電阻器，且並非單一迴路。為了可應用先前的分析結果，需要尋求圖 10.5b 中的 a 與 b 兩端的戴維寧等效電路。

開路電壓 v_{oc} 為

$$v_{oc} = (10\cos 10^3 t)\frac{100}{100+25} = 8\cos 10^3 t \qquad \text{V}$$

由於電路中沒有相依電路，將獨立電源短路，並計算被動網路的電阻，得到 $R_{th} = (25 \times 100)/(25 + 100) = 20\ \Omega$。

此時得到一個具有 $L = 30$ mH、$R_{th} = 20\ \Omega$ 以及 $8\cos 10^3 t$ V 電源電壓之串聯 RL 電路，如圖 10.5c 所示。因此，應用由一般 RL 串聯電路所推導得到的方程式 [4]，

$$i_L = \frac{8}{\sqrt{20^2 + (10^3 \times 30 \times 10^{-3})^2}}\cos\left(10^3 t - \tan^{-1}\frac{30}{20}\right)$$

圖 10.5c 所示的電源電壓與電感器電流繪製於圖 10.6。

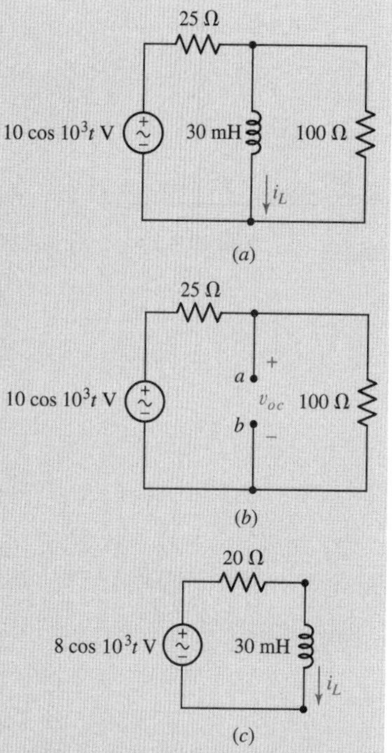

◆**圖 10.5** (a) 範例 10.1 之電路，其中的電流 i_L 為所求；(b) 端點 a 與 b 上的戴維寧等效電路；(c) 簡化之後的電路。

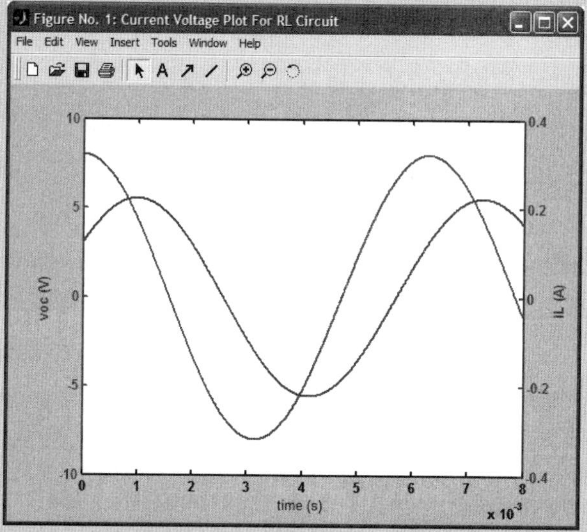

◆**圖 10.6** 範例 10.1 所求得之電壓與電流波形，使用 MATLAB 所繪製：

```
EDU» t = linspace(0,8e-3,1000);
EDU» v = 8*cos(1000*t);
EDU» i = 0.222*cos(1000*t − 56.3*pi/180);
EDU» plotyy(t,v,t,i);
EDU» xlabel('time (s)');
```

應注意電流與電壓波形的圖示之間並沒有 90° 的相位差，如圖 10.6 所示。此乃是由於圖示中並不是繪製電感器電壓所致，此部分留待讀者練習。

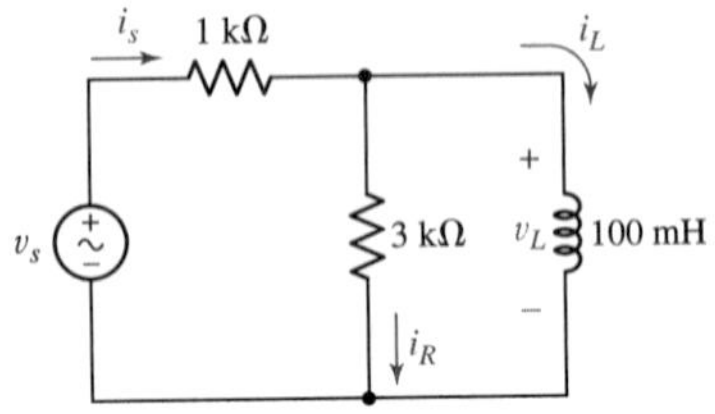

◆ **圖 10.7**

練習題

10.3 令圖 10.7 電路中 $v_s = 40\cos 8000t$ V。使用擅長的戴維寧定理，試求 (a) i_L；(b) v_L；(c) i_R；(d) i_s，在 $t = 0$ 之數值。

解答：18.71 mA；15.97 V；5.32 mA；24.0 mA。

10.3 複數強制函數

前一節所利用的方法之作用為——以直接的方式得到正確的解答。然而，並非較佳求解方式，而且在應用於某些電路之後，仍然與第一次使用一樣，繁重與累贅。實際的問題並非時變的電源——而是電感器 (或者電容器)，由於相較於具有直流電源的純電阻性電路，僅為代數方程式的結果，因此具有弦波電源的純電阻性電路並不會較難分析。事實證明，若暫態響應並非問題焦點，則有另一種替代的方法可得到任何線性電路的弦波穩態響應。此替代方法之顯著優點為使用簡單的代數表示方式，便能夠得到任何元件的電流與電壓關係。

基本的觀念為透過複數聯結弦波與指數之關係。例如，藉由尤拉恆等式 (Euler's Identity)，可知

$$e^{j\theta} = \cos\theta + j\sin\theta$$

取餘弦函數之導數得到 (負的) 正弦函數，而指數函數的導數則僅是簡單縮放相同的指數函數而已。雖然這樣的結果似乎相當簡單，但實際上未曾遭遇以及建立過任何具有虛數的電路。而接下來在電路中增加虛數電源，卻可產生可明顯簡化分析過程的複數電源。首先，如此似乎像是一種奇怪的想法，但片刻的思考之後，即應了解重疊定理可增加任意的虛數電源，藉以得到虛數的響應，而實數電源僅能夠得到實數響應。因此，在任何時刻，皆可藉由簡單地取出任意複數電壓或電流的實數部分，將兩者分開。

在圖 10.8 中，弦波電源為

$$V_m\cos(\omega t + \theta) \qquad [5]$$

該電源連接至一般網路；其中為了分析簡便，假設該網路僅具有被動元件 (亦即，沒有任何獨立電源)，且網路中的某一分支電流為所求，在方程式 [5] 中的所有參數皆為實數量。

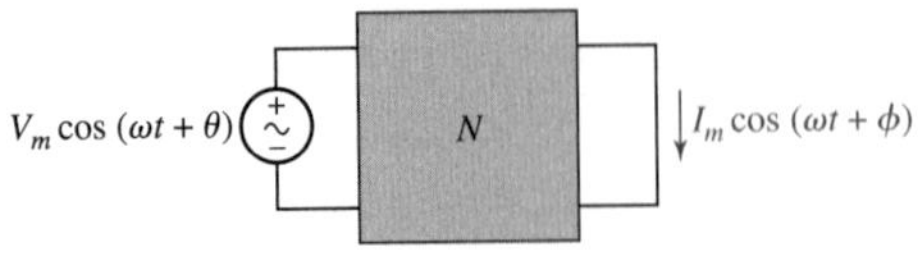

◆ **圖 10.8** 弦波強制函數 $V_m\cos(\omega t + \theta)$ 會產生穩態弦波響應 $I_m\cos(\omega t + \phi)$。

已經證明了可使用一般的餘弦函數來表示所求響應

$$I_m \cos(\omega t + \phi) \qquad [6]$$

在線性電路中，弦波強制函數必然產生相同頻率的弦波強制響應。

此時將強制函數的相位偏移 90°，或者改變所謂 $t = 0$ 的瞬間，藉以改變時間參考點。因此，強制函數為

$$V_m \cos(\omega t + \theta - 90^\circ) = V_m \sin(\omega t + \theta) \qquad [7]$$

當此一強制函數施加至相同的網路則會產生相應的響應

$$I_m \cos(\omega t + \phi - 90^\circ) = I_m \sin(\omega t + \phi) \qquad [8]$$

接著應用一種所謂的虛數強制響應，不考慮物理的現實性，此種現象雖不能夠在實驗室中實現，但能夠應用在數學上。

■虛數電源導致虛數響應

要建構一個虛數電源非常簡單，僅需要將方程式 [7] 乘以虛數符號 j，因此得到

$$jV_m \sin(\omega t + \theta) \qquad [9]$$

電機工程師使用 "j" 來表示虛數 $\sqrt{-1}$，而不是 "i"，避免與電流產生混淆。

根據線性原理，若將電源增加為兩倍，則會產生兩倍的響應；強制函數乘以常數 k，則會產生相同常數 k 倍的響應。若此時常數為 $\sqrt{-1}$，也不會改變此一關係。對方程式 [9] 所示的虛數電源之響應因而為

$$jI_m \sin(\omega t + \phi) \qquad [10]$$

虛數電源與響應如圖 10.9 所示。

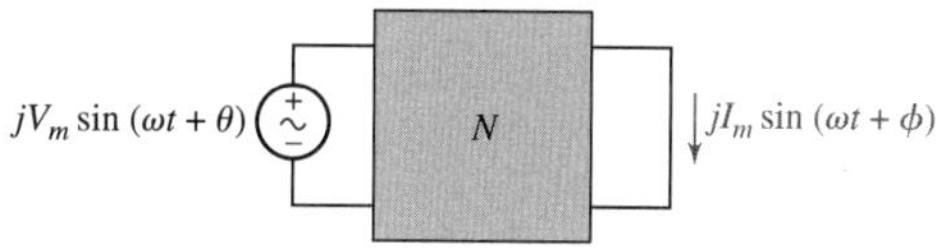

◆**圖 10.9** 在圖 10.8 的網路中，虛數弦波強制函數 $jV_m \sin(\omega t+\theta)$ 會產生虛數弦波響應 $jI_m \sin(\omega t+\phi)$。

■應用複數強制響應

本書先前已經在許多電路中應用了實數電源，且已得到了實數響應；本節也已應用了虛數電源，而得到了虛數響應。由於所處理的電路為線性電路，因此可以使用重疊定理求得複數強制函數之響應，其中的複數強制函數則為實數與虛數強制函數之加總。因此，方程式 [5] 與 [9] 的強制函數之總和為

$$V_m \cos(\omega t + \theta) + jV_m \sin(\omega t + \theta) \qquad [11]$$

則必產生方程式 [6] 與 [10] 總和的響應

$$I_m \cos(\omega t + \phi) + jI_m \sin(\omega t + \phi) \qquad [12]$$

應用尤拉恆等式，亦即 $\cos(\omega t+\theta)+j\sin(\omega t+\theta)=e^{j(\omega t+\theta)}$，便能以更簡單的方式來表示複數電源與響應。因此，方程式 [11] 之電源可以改寫為

$$V_m e^{j(\omega t+\theta)} \qquad [13]$$

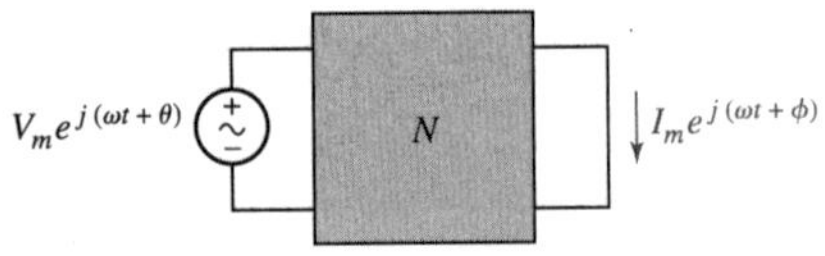

◆ **圖 10.10** 在圖 10.8 的網路中，複數強制函數 $V_m e^{j(\omega t+\theta)}$ 會產生複數響應 $I_m e^{j(\omega t+\theta)}$。

方程式 [12] 之響應也可以改寫為

$$I_m e^{j(\omega t+\phi)} \qquad [14]$$

複數電源與響應闡述於圖 10.10。

線性原理再次確保複數響應的**實數**部分是由複數強制函數的**實數**部分所產生，而複數響應的**虛數**部分是由複數強制函數的**虛數**部分所產生。之後將導入**複數**強制函數，且該複數強制函數之實數部分為電路已給定的實數強制函數，以取代使用**實數**強制函數來得到所需的實數響應，期望得到實數部分為所求實數響應之**複數**響應。如此分析方式的優點為描述電路穩態響應的微積分方程式將可變成簡單的代數方程式。

■ 微分方程式之代數表示式

此時以圖 10.11 所示的簡單 *RL* 串聯電路試驗上述的想法。將實數電源 $V_m \cos \omega t$ 施加於此一電路，且實數響應 $i(t)$ 為所求。由於

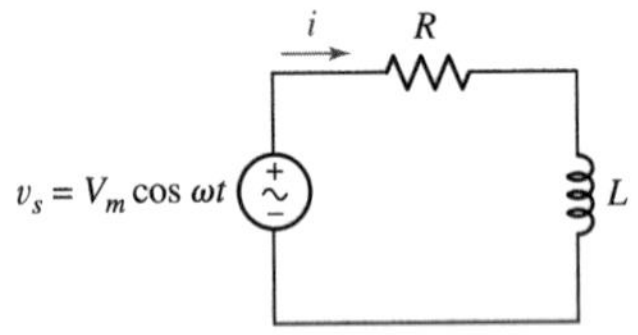

◆ **圖 10.11** 應用複數強制函數進行分析的弦波穩態簡單電路。

$$V_m \cos \omega t = \text{Re}\{V_m \cos \omega t + jV_m \sin \omega t\} = \text{Re}\{V_m e^{j\omega t}\}$$

因此所需的複數電源為

$$V_m e^{j\omega t}$$

將複數響應表示為具有未知振幅 I_m 與未知相角的 ϕ 結果：

$$I_m e^{j(\omega t+\phi)}$$

寫出此一特殊電路的微分方程式，

$$Ri + L\frac{di}{dt} = v_s$$

將 v_s 與 i 之複數表示式代入：

$$RI_m e^{j(\omega t+\phi)} + L\frac{d}{dt}(I_m e^{j(\omega t+\phi)}) = V_m e^{j\omega t}$$

進行其中的導數計算，

$$RI_m e^{j(\omega t+\phi)} + j\omega L I_m e^{j(\omega t+\phi)} = V_m e^{j\omega t}$$

得到了一個代數方程式。為求得 I_m 與 ϕ 之數值，將整個方程式

除以共同的因式 $e^{j\omega t}$：

$$RI_m e^{j\phi} + j\omega L I_m e^{j\phi} = V_m$$

將方程式左邊因式分解：

$$I_m e^{j\phi}(R + j\omega L) = V_m$$

重新整理：

$$I_m e^{j\phi} = \frac{V_m}{R + j\omega L}$$

接著將方程式右邊表示為指數或極座標型式，藉以求得 I_m 與 ϕ：

$$I_m e^{j\phi} = \frac{V_m}{\sqrt{R^2 + \omega^2 L^2}} e^{j[-\tan^{-1}(\omega L/R)]} \qquad [15]$$

因此，

$$I_m = \frac{V_m}{\sqrt{R^2 + \omega^2 L^2}}$$

以及

$$\phi = -\tan^{-1}\frac{\omega L}{R}$$

使用極座標表示方式，可改寫為

$$I_m \underline{/\phi}$$

或者

$$V_m/\sqrt{R^2 + \omega^2 L^2}\ \underline{/-\tan^{-1}(\omega L/R)}$$

複數響應給定於方程式 [15]。由於 I_m 與 ϕ 皆相當容易決定，因此能夠立即寫出 $i(t)$ 之表示式。然而，若覺得所使用的方式太嚴格，也可將因式 $e^{j\omega t}$ 重新導入方程式 [15] 之兩邊，並且取其實數部分，而得到實數響應 $i(t)$。不論哪一種方式，皆可求得

$$i(t) = I_m \cos(\omega t + \phi) = \frac{V_m}{\sqrt{R^2 + \omega^2 L^2}} \cos\left(\omega t - \tan^{-1}\frac{\omega L}{R}\right)$$

此與對相同電路所得到的方程式 [14] 響應一致。

範例 10.2

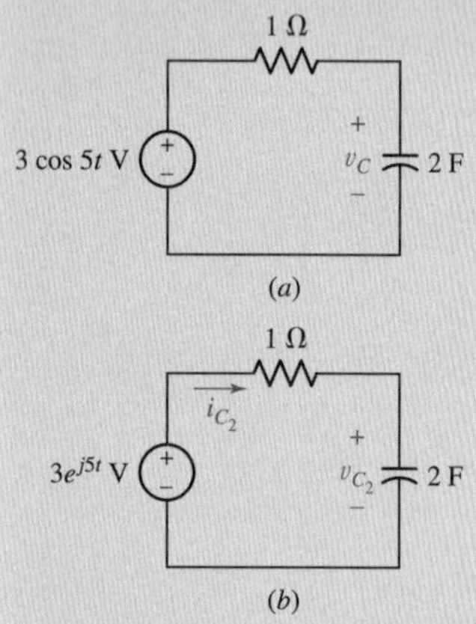

◆ **圖 10.12** (a) 需要求解弦波穩態電容器電壓之 *RC* 電路；(b) 以複數電源取代實數電源後的電路。

考慮圖 10.12a 之簡單 *RC* 電路，導入適當的複數電源，並且以之求解穩態電容器電壓。

由於實數電源為 3 cos 5*t*，因此以複數電源 $3e^{j5t}$ V 取代之。將新的電容器電壓命名為 v_{C_2}，並且定義電容器電流為 i_{C_2}，與被動符號慣例一致 (圖10.12b)。

此時簡單應用 KVL，便能夠得到微分方程式，

$$-3e^{j5t} + 1i_{C_2} + v_{C_2} = 0$$

或者

$$-3e^{j5t} + 2\frac{dv_{C_2}}{dt} + v_{C_2} = 0$$

預期 v_{C_2} 的響應型式與電源相同；亦即，

$$v_{C_2} = V_m e^{j5t}$$

將所預期的 v_{C_2} 代入微分方程式中，並且重新整理，得到

$$j10V_m e^{j5t} + V_m e^{j5t} = 3e^{j5t}$$

約去指數項，得到

$$V_m = \frac{3}{1+j10} = \frac{3}{\sqrt{1+10^2}}\underline{/-\tan^{-1}(10/1)}\ \text{V}$$

因此所求的穩態電容器電壓為

$$\text{Re}\{v_{C_2}\} = \text{Re}\{29.85e^{-j84.3^\circ}e^{j5t}\ \text{mV}\} = 298.5\cos(5t - 84.3^\circ)\ \text{mV}$$

練習題

10.4 試計算並且將解答以直角座標式表示：(a) $[(2\underline{/30^\circ})(5\underline{/-110^\circ})](1+j2)$；(b) $(5\underline{/-200^\circ}) + 4\underline{/20^\circ}$。試計算並且將解答以極座標式表示：(c) $(2-j7)/(3-j)$；(d) $8-j4+[(5\underline{/80^\circ})/(2\underline{/20^\circ})]$。

10.5 若使用被動符號慣例，試求 (a) 複數電流 $4e^{j800t}$ A 施加至 1 mF 電容器與 2 Ω 電阻器之串聯組合所產生的複數電壓；(b) 複數電壓 $100e^{j2000t}$ V 施加至 10 mH 電感器與 50 Ω 電阻器之並聯組合所產生的複數電流。

解答：10.4：$21.4-j6.38$；$-0.940+j3.08$；$2.30\underline{/-55.6^\circ}$；$9.43\underline{/-11.22^\circ}$。
10.5：$9.43e^{j(800t-32.0^\circ)}$ V；$5.39e^{j(2000t-68.2^\circ)}$ A。

10.4 相量

在上一節中，已知虛數弦波電源的附加會產生可描述電路弦波穩態響應的代數方程式。分析過程其中一個步驟為“約去”複數指數項——若已經取其導數之後，顯然直到獲得所求響應的實數型式之後續分析中，皆不再使用該指數項。即使如此，也可以直接從分析中擷取振幅與相角，並且跳過需要取實數部分之步驟。檢視的另一種方式為電路中的每個電壓與電流皆包含相同的因式 $e^{j\omega t}$ 與頻率，此對分析而言雖然適切，但在分析電路上，**並不會有所改變**。在分析時一直帶著此一因式，有點浪費時間。

回到範例 10.2 之探討，可將電源表示為

$$3e^{j0^\circ}\ \text{V} \qquad (\text{或者只是 } 3\ \text{V})$$

$e^{j0} = \cos 0 + j\sin 0 = 1$

且將電容器電壓表示為 $V_m e^{j\phi}$，最後得知為 $0.02985e^{-j84.3^\circ}$ V。在此隱含著電源頻率的資訊；若沒有電源頻率，則無法在分析之後重新建構任何電壓或電流。

請記住所有的穩態電路皆是對激勵源的頻率產生響應，所以 ω 數值必為已知。

這些複數量通常以極座標型式撰寫，而不是以指數型式，藉以節省某些時間與精神。例如，電源電壓為

$$v(t) = V_m \cos\omega t = V_m \cos(\omega t + 0^\circ)$$

以複數型式表示之

$$V_m \underline{/0^\circ}$$

而電流響應

$$i(t) = I_m \cos(\omega t + \phi)$$

則變成為

$$I_m \underline{/\phi}$$

此種縮寫的複數表示方式稱為**相量** (Phasor)。[1]

在此回顧實數弦波電壓或電流轉換成為相量的步驟，便能夠更為有意義地定義相量，並且指定所代表的符號。

實數弦波電流 i 為

$$i(t) = I_m \cos(\omega t + \phi)$$

引用尤拉恆等式，將之表示為複數量的實數部分

1 勿與**相位器** (Phaser) 產生混淆，相位器為電視機組中一種廣泛使用且相當具有特色的裝置。

$$i(t) = \text{Re}\left\{I_m e^{j(\omega t+\phi)}\right\}$$

之後再去除掉 Re{} 的指令，將電流表示為複數量，因而可在不影響實數成分的狀況下，增加了電流之虛數部分；接著再藉由隱藏因式 $e^{j\omega t}$，進一步簡化：

$$\mathbf{I} = I_m e^{j\phi}$$

以極座標型式描述為：

$$\mathbf{I} = I_m \underline{/\phi}$$

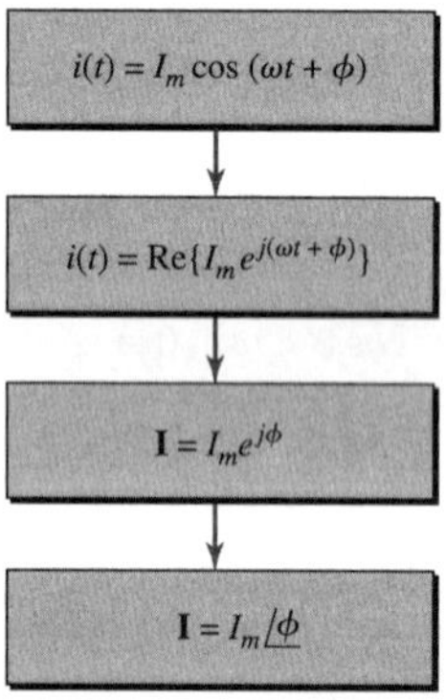

將 $i(t)$ 改變為 **I** 之處理過程稱為從時域至頻域之**相量變換**。

如此縮寫的複數表示方式為**相量表示方式**；相量為複數量，因此以粗體字打印。由於相量並非時間的瞬時函數，而僅具有振幅與相位之資訊，因此使用大寫字母表示某一電氣量的相量。$i(t)$ 稱為**時域表示方式**，而相量 **I** 之術語稱為**頻域表示方式**，以區分其間差異。應注意到電流或電壓的頻域表示式並沒有明確包含頻率。從頻域返回到時域的處理過程與先前的步驟順序完全相反。因此，若給定相量電壓為

$$\mathbf{V} = 115\underline{/-45^\circ}\ \text{伏特}$$

且已知 $\omega = 500$ rad/s，便能夠直接寫出時域的等效方程式：

$$v(t) = 115\cos(500t - 45^\circ) \qquad \text{伏特}$$

若所求為正弦波，則 $v(t)$ 也能夠描述為

$$v(t) = 115\sin(500t + 45^\circ) \qquad \text{伏特}$$

練習題

10.6 令 $\omega = 2000$ rad/s，且 $t = 1$ ms。若在此以相量型式給定：(a) $j10$ A；(b) $20 + j10$ A；(c) $20 + j(10\underline{/20^\circ})$ A，試求每個電流之瞬時值。

解答：−9.09 A；−17.42 A；−15.44 A。

範例 10.3

試將時域電壓 $v(t) = 100\cos(400t - 30^\circ)$ 伏特變換成為時域表示式。

時域表示式已是具有相角的餘弦波型式。因此，先將 $\omega = 400$ rad/s 去除，

$$\mathbf{V} = 100\underline{/-30^\circ}\ \text{伏特}$$

要注意的是，在直接寫出此一表示式上，跳過了幾個步驟；如此有時會造成學生困惑，可能會忘記相量表示方式不等於時域電壓 $v(t)$。而實際上相量是將虛數成分增加至實數函數 $v(t)$ 所形成的複數函數之簡化型式。

練習題

10.7 試將以下每個時間函數變換成為相量型式：(a) $-5\sin(580t-110°)$；(b) $3\cos 600t-5\sin(600t+110°)$；(c) $8\cos(4t-30°)+4\sin(4t-100°)$。提示：先將每個函數轉換成為具有正振幅之單一餘弦函數。

解答：$5\underline{/-20°}$；$2.41\underline{/-134.8°}$；$4.46\underline{/-47.9°}$。

在本書內頁提供數種有用的三角幾何恆等式。

相量分析技巧之實際功用在於可定義電感器及電容器的電壓與電流之間的**代數**關係，恰如能夠在電阻器狀況下所進行的分析一樣。能夠將時域函數變換成為頻域，也可從頻域再變換回到時域，因此若能夠針對每一個被動元件建立相量電壓與相量電流之間的關係，便可簡化弦波穩態分析。

■電阻器

電阻器為相量最簡單之狀況。在時域中，如圖 10.13a 所示，定義的方程式為

$$v(t) = Ri(t)$$

此時應用複數電壓

$$v(t) = V_m e^{j(\omega t+\theta)} = V_m \cos(\omega t+\theta) + jV_m \sin(\omega t+\theta) \qquad [16]$$

並且假設複數電流響應為

$$i(t) = I_m e^{j(\omega t+\phi)} = I_m \cos(\omega t+\phi) + jI_m \sin(\omega t+\phi) \qquad [17]$$

所以

$$V_m e^{j(\omega t+\theta)} = Ri(t) = RI_m e^{j(\omega t+\phi)}$$

除以 $e^{j\omega t}$，得到

$$V_m e^{j\theta} = RI_m e^{j\phi}$$

或者，以極座標型式，

$$V_m \underline{/\theta} = RI_m \underline{/\phi}$$

但是 $V_m\underline{/\theta}$ 與 $I_m\underline{/\phi}$ 只是代表一般的電壓與電流相量 **V** 與 **I**。因此，

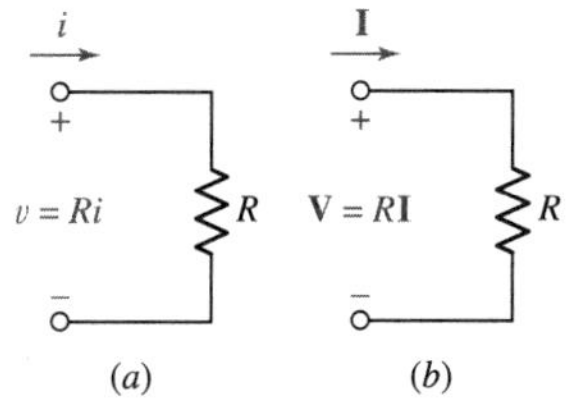

◆**圖 10.13** 電阻器及其相關的電壓與電流，(a) 在時域，$v = Ri$；以及 (b) 在頻域，$\mathbf{V} = R\mathbf{I}$。

在時域與頻率中，歐姆定律皆成立。亦即電阻器的跨壓必等於電阻乘以流經該元件的電流。

$$\mathbf{V} = R\mathbf{I} \qquad [18]$$

電阻器在相量型式中的電壓電流關係具有相同於時域的電壓與電流關係。以相量型式所定義的方程式闡述於圖 10.13b，其中的 θ 與 ϕ 相等，所以電流與電壓必同相。

以下將說明使用時域與頻域兩者關係之範例。假設某一電壓 8 cos(100t − 50°) V 跨於一個 4 Ω 電阻器上。若工作於時域，則可得知其電流必為

$$i(t) = \frac{v(t)}{R} = 2\cos(100t - 50^\circ) \qquad \text{A}$$

相同電壓之相量型式為 $8\underline{/-50^\circ}$ V，因而

$$\mathbf{I} = \frac{\mathbf{V}}{R} = 2\underline{/-50^\circ} \quad \text{A}$$

若將此一解答變換回到時域，則明顯會得到相同的電流表示式。結論是在頻域中分析電阻性電路並沒有節省任何時間，分析上完全一致。

■電感器

此時開始介紹電感器之相量表示方式。時域的表示方式闡述於圖 10.14a，且定義的方程式，亦即時域表示式為

$$v(t) = L\frac{di(t)}{dt} \qquad [19]$$

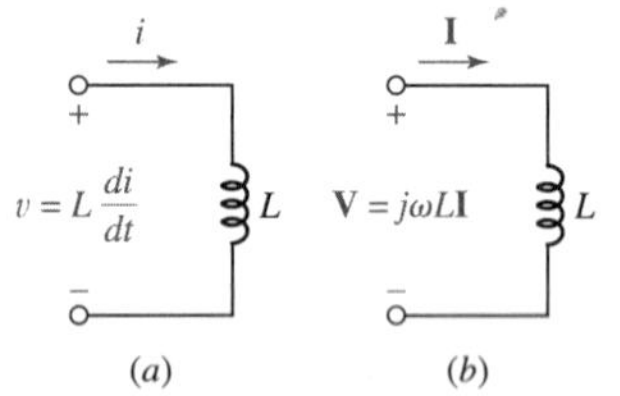

◆ **圖 10.14** 電感器及其相關的電壓與電流，(a) 在時域，$v = L di/dt$；以及 (b) 在頻域，$\mathbf{V} = j\omega L\mathbf{I}$。

將複數電壓方程式 [16] 以及複數電流方程式 [17] 代入方程式 [19] 之後，得到

$$V_m e^{j(\omega t+\theta)} = L\frac{d}{dt} I_m e^{j(\omega t+\phi)}$$

進行導數運算：

$$V_m e^{j(\omega t+\theta)} = j\omega L I_m e^{j(\omega t+\phi)}$$

整個方程式除以 $e^{j\omega t}$：

$$V_m e^{j\theta} = j\omega L I_m e^{j\phi}$$

得到所求的相量關係

$$\boxed{\mathbf{V} = j\omega L\mathbf{I}} \qquad [20]$$

時域的微分方程式 [19] 已變成頻域的代數方程式 [20]。相量關係如圖 10.14b 所示。應注意因數 $j\omega L$ 的角度恰為 +90°，因而在電感器中，**I** 必落後 **V** 恰為 90°。

範例 10.4

試將在頻率 $\omega = 100$ rad/s 下的電壓 $8\underline{/-50^\circ}$ V 施加至一個 4 H 電感器，並試求其相量電流與時域電流。

使用先前所得到的電感器相關表示式，

$$\mathbf{I} = \frac{\mathbf{V}}{j\omega L} = \frac{8\underline{/-50^\circ}}{j100(4)} = -j0.02\underline{/-50^\circ} = (1\underline{/-90^\circ})(0.02\underline{/-50^\circ})$$

或者

$$\mathbf{I} = 0.02\underline{/-140^\circ}\ \text{A}$$

若將此一電流表示於時域，則

$$i(t) = 0.02\cos(100t - 140^\circ)\ \text{A} = 20\cos(100t - 140^\circ)\ \text{mA}$$

電容器

最後一個元件為電容器，其時域的電流-電壓關係為

$$i(t) = C\frac{dv(t)}{dt}$$

再次假設 $v(t)$ 與 $i(t)$ 為方程式 [16] 與 [17] 的複數量，執行導數運算，消去 $e^{j\omega t}$，並且以相量 **V** 與 **I** 表示之，藉以得到頻域的等效表示式

$$\mathbf{I} = j\omega C\mathbf{V} \tag{21}$$

因此，在電容器中，電流 **I** 超前電壓 **V** 90°。當然，此並非意謂著相較於導致電流產生的電壓，電流響應會較早出現四分之一週期！此時所探討的是穩態響應，因而得知逐漸遞增的電壓會導致電流的最大值產生，且相較於電壓的最大值，電流最大值的出現會比較早 90°。

時域與頻域的表示式之比較闡述於圖 10.15a 與圖 10.15b。此時已經得知了被動元件的 **V**-**I** 關係。將上述的結果總結於表 10.1，其中三個電路元件的時域 v-i 表示式以及頻域 **V**-**I** 關係描述於相鄰的兩欄。所有的相量方程式皆為代數方程式，每一個也皆為線性方程式，而且電感值及電容值相關的方程式與歐姆定律極為相似。實際上，確實會如同使用歐姆定律一般地使用上述之方程式。

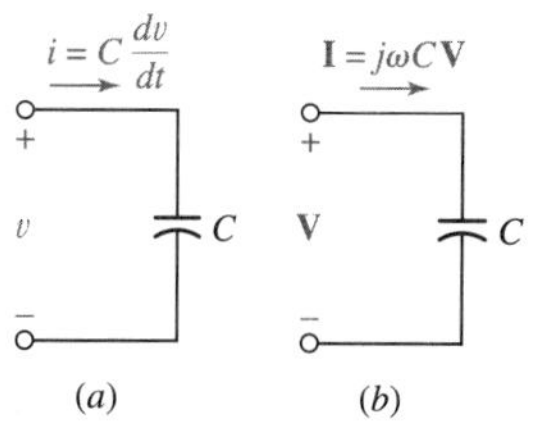

◆ **圖 10.15** 電容器電流與電壓之 (a) 時域；以及 (b) 頻域關係。

表 10.1　時域與頻域電壓-電流表示式之比較

時域		頻域	
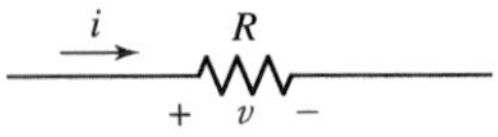	$v = Ri$	$\mathbf{V} = R\mathbf{I}$	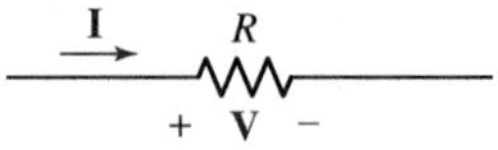
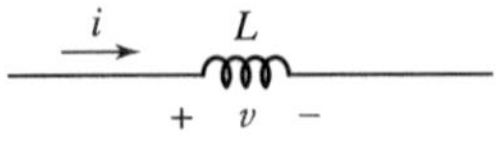	$v = L\dfrac{di}{dt}$	$\mathbf{V} = j\omega L\mathbf{I}$	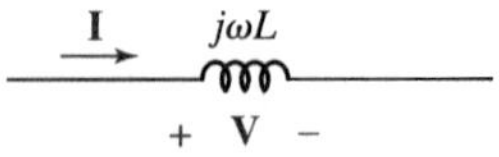
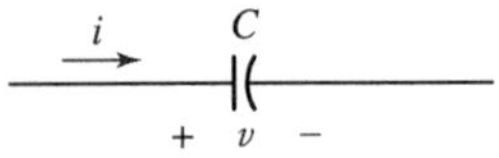	$v = \dfrac{1}{C}\int i\,dt$	$\mathbf{V} = \dfrac{1}{j\omega C}\mathbf{I}$	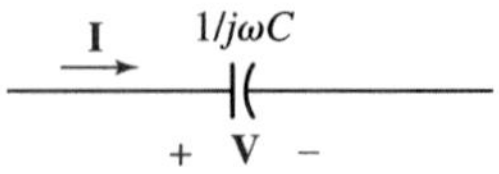

使用相量之克西荷夫定律

時域中的克西荷夫電壓定律為

$$v_1(t) + v_2(t) + \cdots + v_N(t) = 0$$

此時使用尤拉恆等式，以具有相同實數部分的複數電壓來取代每一個實數電壓 v_i，整個約去 $e^{j\omega t}$，進而得到

$$\mathbf{V}_1 + \mathbf{V}_2 + \cdots + \mathbf{V}_N = 0$$

因此，得知克西荷夫電壓定律應用於相量恰如應用於時域一般。同理，克西荷夫電流定律也能夠成立於相量電流。

此時簡要分析先前已經討論多次的串聯 RL 電路，如圖 10.16 所示，其中已標示了一個相量電流與數個相量電壓。藉由先求得相量電流，便可得到所求的時域電流響應。經由克西荷夫電壓定律，

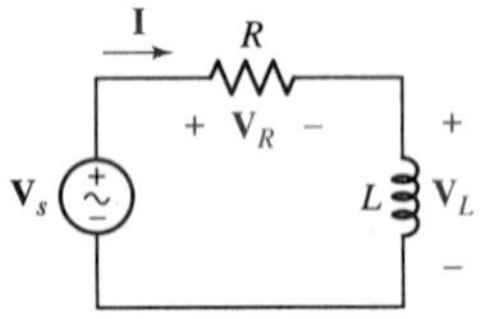

◆**圖 10.16**　具有所應用的相量電壓之串聯 RL 電路。

$$\mathbf{V}_R + \mathbf{V}_L = \mathbf{V}_s$$

並且使用已得知的元件之 **V-I** 關係，得到

$$R\mathbf{I} + j\omega L\mathbf{I} = \mathbf{V}_s$$

之後則根據電源電壓 $\mathbf{V}_s$ 求得相量電流：

$$\mathbf{I} = \frac{\mathbf{V}_s}{R + j\omega L}$$

若選擇電源電壓振幅為 V_m，且相角為 0°，則

$$\mathbf{I} = \frac{V_m\angle 0^\circ}{R + j\omega L}$$

先以極座標描述此一電流，便可將之變換成為時域電流：

$$\mathbf{I} = \frac{V_m}{\sqrt{R^2+\omega^2L^2}} \angle[-\tan^{-1}(\omega L/R)]$$

之後依照熟悉的步驟，以非常簡單的方式，循序得到本章先前闡述的“困難方式”所求得之相同結果。

範例 10.5

考慮圖 10.17 之 RLC 電路，若兩電源皆操作於 $\omega = 2$ rad/s，且 $\mathbf{I}_C = 2\angle 28°$ A，試求 $\mathbf{I}_s$ 與 $i_s(t)$。

已給定了 $\mathbf{I}_C$，且所求為 $\mathbf{I}_s$，清楚提示了需要考慮應用 KCL。若將電容器電壓標示為 $\mathbf{V}_C$，且與被動符號慣例一致，則

$$\mathbf{V}_C = \frac{1}{j\omega C}\mathbf{I}_C = \frac{-j}{2}\mathbf{I}_C = \frac{-j}{2}(2\angle 28°) = (0.5\angle -90°)(2\angle 28°) = 1\angle -62° \text{ V}$$

此一電壓同樣也跨於 2 Ω 電阻器上，所以向下流經該分支的電流 $\mathbf{I}_{R_2}$ 為

$$\mathbf{I}_{R_2} = \frac{1}{2}\mathbf{V}_C = \frac{1}{2}\angle -62° \text{ A}$$

則使用 KCL 會得到 $\mathbf{I}_s = \mathbf{I}_{R_2} + \mathbf{I}_C = 1\angle -62° + \frac{1}{2}\angle -62° = (3/2)\angle -62°$ A。(應注意由於電阻器與電容器電流具有相同的角度，亦即同相，因此這些極座標量的加法相當簡單。)

因此，藉由 $\mathbf{I}_s$ 與 ω 的資訊，便可直接寫出 $i_s(t)$：

$$i_s(t) = 1.5\cos(2t - 62°) \text{ A}$$

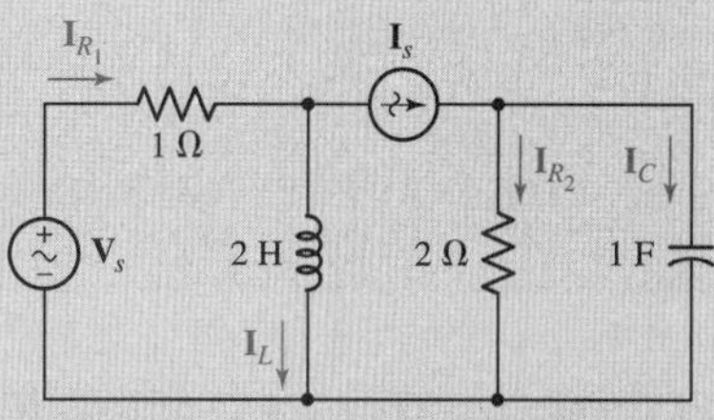

◆ **圖 10.17** 三個網目之電路。每個電源皆操作於相同的頻率 ω。

練習題

10.8 在圖 10.17 的電路中，兩電源操作於 $\omega = 1$ rad/s。若 $\mathbf{I}_C = 2\angle 28°$ A 且 $\mathbf{I}_L = 3\angle 53°$ A，試計算 (a) $\mathbf{I}_s$；(b) $\mathbf{V}_s$；(c) $i_{R_1}(t)$。

解答：(a) $2.24\angle 1.4°$ A；(b) $6.11\angle 97.1°$ V；(c) $4.73\cos(t + 31.2°)$ A

10.5 阻抗與導納

三種被動元件在頻域中的電流-電壓關係為 (假設滿足被動符號慣例)

$$\mathbf{V} = R\mathbf{I} \qquad \mathbf{V} = j\omega L\mathbf{I} \qquad \mathbf{V} = \frac{\mathbf{I}}{j\omega C}$$

若將之描述為相量電壓 / 相量電流之比值

$$\frac{\mathbf{V}}{\mathbf{I}} = R \qquad \frac{\mathbf{V}}{\mathbf{I}} = j\omega L \qquad \frac{\mathbf{V}}{\mathbf{I}} = \frac{1}{j\omega C}$$

則可知這些比值為由元件數值所決定 (在電阻與電容的狀況下，也為頻率所決定) 的簡單物理量。以相同於看待電阻的方式，看待這些比值，但前提是要記得這些比值皆為複數量。

此時定義相量電壓對相量電流的比值為**阻抗** (Impedance)，符號為英文字母 **Z**。阻抗為複數量，單位為歐姆。阻抗並非相量，因此不能夠將之乘以 $e^{j\omega t}$ 並取其實數部分而變換至時域；反而應該想像，電感器在時域中以其電阻值 L 表示，而在頻域中則由其阻抗 $j\omega L$ 來表示之。電容器在時域中具有電容值為 C；而在頻域中，電容器則具有阻抗 $1/j\omega C$。阻抗為頻域的部分，而在觀念上，並非時域之部分。

$\mathbf{Z}_R = R$
$\mathbf{Z}_L = j\omega L$
$\mathbf{Z}_C = \dfrac{1}{j\omega C}$

■ 串聯阻抗之組合

克西荷夫兩定律在頻域之有效性導致藉由相同於電阻器所建立的規則，便可將阻抗以串聯與並聯組合。例如，在 $\omega = 10 \times 10^3$ rad/s 之下，可以個別阻抗的總和來取代一個 5 mH 的電感器串聯一個 100 μF 的電容器。電感器的阻抗為

$$\mathbf{Z}_L = j\omega L = j50\ \Omega$$

而電容器的阻抗為

$$\mathbf{Z}_C = \frac{1}{j\omega C} = \frac{-j}{\omega C} = -j1\ \Omega$$

應注意 $\dfrac{1}{j} = -j$。

串聯阻抗之阻抗因此為

$$\mathbf{Z}_{eq} = \mathbf{Z}_L + \mathbf{Z}_C = j50 - j1 = j49\ \Omega$$

電感器與電容器的阻抗為頻率的函數，而且此一等效阻抗在計算上僅可相應於單一個頻率 $\omega = 10{,}000$ rad/s。例如，若將頻率改變為 $\omega = 5000$ rad/s，則 $\mathbf{Z}_{eq} = j23\ \Omega$。

■ 並聯阻抗之組合

以完全相同於計算並聯電阻的方式來計算 5 mH 電感器與 100 μF 電容器在 $\omega = 10{,}000$ rad/s 下之並聯組合：

$$\mathbf{Z}_{eq} = \frac{(j50)(-j1)}{j50 - j1} = \frac{50}{j49} = -j1.020\ \Omega$$

若操作在 $\omega = 5000$ rad/s，則並聯等效阻抗為 $-j2.17\ \Omega$。

■電抗

當然，可以選擇以直角座標 ($\mathbf{Z} = R + jX$) 或者以極座標 ($\mathbf{Z} = |\mathbf{Z}|\underline{/\theta}$) 的型式來表示阻抗。在直角座標型式中，可清楚得知實數部分僅由實數的電阻所產生，而稱為**電抗** (Reactance) 的虛數成分則是由能量儲存元件所產生。電阻與電抗兩者皆具有歐姆的單位，但電抗必由頻率決定。理想的電阻器具有零電抗；而理想的電感器或電容器則為純電抗 (亦即，具有零電阻之特性)。若串聯或並聯組合中包含有電容器與電感器兩元件，則該串聯或並聯組合可能會具有零電抗。考慮在 $\omega = 1$ rad/s 所驅動的 1 Ω 電阻器、1 F 電容器以及 1 H 電感器之串聯連接，則 $\mathbf{Z}_{eq} = 1 - j(1)(1) + j(1)(1) = 1$ Ω。在此一特殊的頻率下，等效阻抗為簡單的 1 Ω 電阻器。而 $\omega = 1$ rad/s 甚小的差偏便會導致非零的電抗。

範例 10.6

試求圖 10.18a 所示的網路之等效阻抗，已知操作頻率為 5 rad/s。

先將電阻器、電容器與電感器轉換成為相應的阻抗，如圖 10.18b 所示。

檢視所產生的網路，觀察到 6 Ω 的阻抗與 $-j0.4$ Ω 並聯。此一組合等效於

$$\frac{(6)(-j0.4)}{6 - j0.4} = 0.02655 - j0.3982\ \Omega$$

此與 $-j$ Ω 及 $j10$ Ω 的阻抗串聯，所以得到

$$0.0265 - j0.3982 - j + j10 = 0.02655 + j8.602\ \Omega$$

此一新阻抗再與 10 Ω 並聯，所以該網路的等效阻抗為

$$10 \parallel (0.02655 + j8.602) = \frac{10(0.02655 + j8.602)}{10 + 0.02655 + j8.602}$$
$$= 4.255 + j4.929\ \Omega$$

或者，可將此一阻抗表示為極座標型式 $6.511\underline{/49.20^\circ}$ Ω。

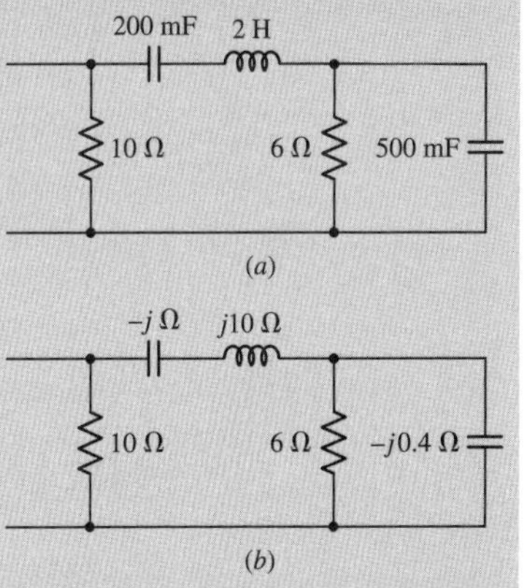

◆ **圖 10.18** (a) 可使用單一等效阻抗取代之網路；(b) 以 $\omega = 5$ rad/s 之阻抗取代各元件。

練習題

10.9 參照圖 10.19 所示之網路，試求由 (a) a 與 g；(b) b 與 g；(c) a 與 b 之兩端所測量的輸入阻抗 $\mathbf{Z}_{in}$。

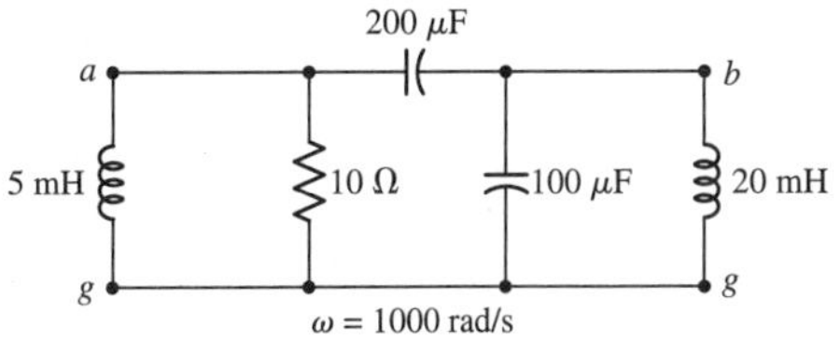

◆ **圖 10.19**

解答：$2.81 + j4.49$ Ω；$1.798 - j1.124$ Ω；$0.1124 - j3.82$ Ω。

應注意到阻抗的電阻性元件並不一定等於網路中所出現的電阻器之電阻值。例如，在 $\omega = 4$ rad/s 下，一個 10 Ω 電阻器與一個 5 H 電感器串聯將具有等效阻抗 $\mathbf{Z} = 10 + j20\ \Omega$，或者以極座標型式之 $22.4\underline{/63.4^\circ}\ \Omega$。在此例子中，由於該網路為簡單的串聯網路，因此阻抗的電阻性成分等於串聯電阻器之電阻值。然而，若相同的兩元件改以並聯連接，則等效阻抗為 $10(j20)/(10 + j20)\ \Omega$，或者 $8 + j4\ \Omega$；此時阻抗的電阻性成分為 8 Ω，並不等於 10 Ω。

範例 10.7

試求圖 10.20a 所示電路中的電流 $i(t)$。

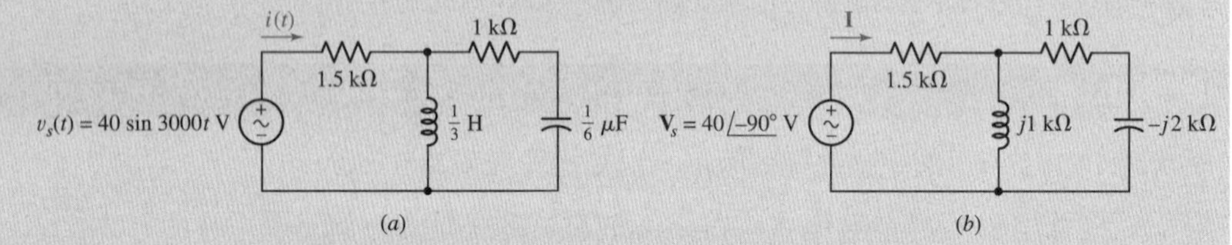

◆ **圖 10.20** (a) 弦波強制響應 $i(t)$ 為所求之 *RLC* 電路；(b) 所給定的電路在 $\omega = 3000$ rad/s 之頻域等效電路。

▶確定問題的目標

題目要求 3000 rad/s 電壓源所激勵、而流經 1.5 kΩ 電阻器之弦波穩態電流。

▶蒐集已知的資訊

以繪製頻域電路開始進行分析。將電源變換成為頻域表示方式 $40\underline{/-90^\circ}$ V，所求頻域響應表示為 $\mathbf{I}$，而在 $\omega = 3000$ rad/s 下所決定之電感器與電容器的阻抗分別為 j kΩ 與 $-j2$ kΩ。所相應的頻域電路闡述於圖 10.20b。

▶擬訂求解計畫

接著分析圖 10.20b 之電路，藉以得到所求之 $\mathbf{I}$；可將阻抗組合，並且引用歐姆定律。後續則使用已知的 $\omega = 3000$ rad/s，將 $\mathbf{I}$ 轉換為時域表示式。

▶建立一組適當的方程式

$$\begin{aligned}\mathbf{Z}_{\text{eq}} &= 1.5 + \frac{(j)(1-2j)}{j+1-2j} = 1.5 + \frac{2+j}{1-j} \\ &= 1.5 + \frac{2+j}{1-j}\frac{1+j}{1+j} = 1.5 + \frac{1+j3}{2} \\ &= 2 + j1.5 = 2.5\underline{/36.87^\circ}\ \text{k}\Omega\end{aligned}$$

相量電流之後則簡化為

$$\mathbf{I} = \frac{\mathbf{V}_s}{\mathbf{Z}_{\text{eq}}}$$

▶判斷是否需要額外的資訊

將已知的數值代入，得到

$$\mathbf{I} = \frac{40\underline{/-90^\circ}}{2.5\underline{/36.87^\circ}} \text{ mA}$$

此方程式與 $\omega = 3000$ rad/s 之資訊便足以求解 $i(t)$。

▶嘗試解決方案

很容易將此一複數表示式簡化為極座標型式的單一複數：

$$\mathbf{I} = \frac{40}{2.5}\underline{/-90^\circ - 36.87^\circ} \text{ mA} = 16.00\underline{/-126.9^\circ \text{ mA}}$$

將電流變換至時域，得到所求的響應：

$$i(t) = 16\cos(3000t - 126.9^\circ) \qquad \text{mA}$$

▶驗證解答是否合理或符合所預期的結果

連接至電源的有效阻抗具有 $+36.87^\circ$ 的角度，表示該阻抗具有淨電感特性，或者其電流會落後電壓。由於電壓源具有 -90° 的相角 (一旦轉換成為餘弦電源)，可知解答為一致的。

練習題

10.10 在圖 10.21 的頻域電路中，試求 (a) $\mathbf{I}_1$；(b) $\mathbf{I}_2$；(c) $\mathbf{I}_3$。

解答：$28.3\underline{/45^\circ}$ A；$20\underline{/90^\circ}$ A；$20\underline{/0^\circ}$ A。

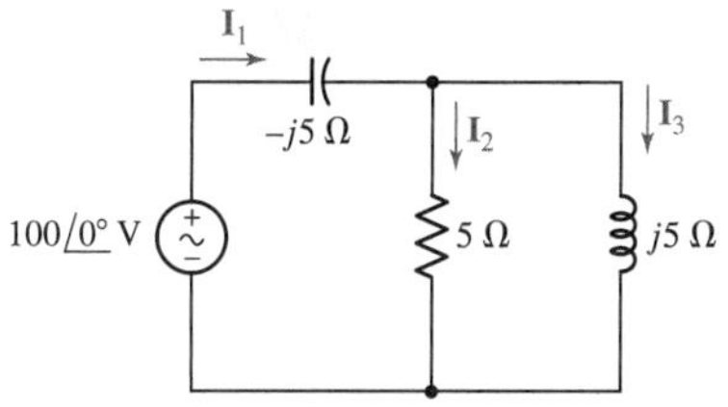

◆圖 10.21

在開始描述多個時域或頻域的方程式之前，極為重要的是應避免建構部分在時域、部分在頻域之錯誤方程式。這種類型的錯誤之一成因是由於除了因式 $e^{j\omega t}$ 之外，尚在同一個方程式中同時存在了複數與 t。而且由於相較於其他相關應用，在推導上，$e^{j\omega t}$ 扮演著更重要的角色，因此有些人會誤認為如此的方程式已經包含了 j 與 t 或者 $\underline{/\ \ }$ 與 t。

例如，回顧某一些方程式

$$\mathbf{I} = \frac{\mathbf{V}_s}{\mathbf{Z}_{\text{eq}}} = \frac{40\underline{/-90^\circ}}{2.5\underline{/36.9^\circ}} = 16\underline{/-126.9^\circ} \text{ mA}$$

請勿嘗試如下的方式：

$$i(t) \neq \frac{40 \sin 3000t}{2.5\underline{/36.9°}} \quad 或 \quad i(t) \neq \frac{40 \sin 3000t}{2 + j1.5}$$

■導納

雖然阻抗的觀念極為有用，而且如同大家所熟悉的電阻器一般，但其倒數通常也具有價值。定義此倒數為電路元件或者被動網路的**導納** (Admittance) $\mathbf{Y}$，簡單描述為電流對電壓的比值：

$$\mathbf{Y}_R = \frac{1}{R}$$

$$\mathbf{Y}_L = \frac{1}{j\omega L}$$

$$\mathbf{Y}_C = j\omega C$$

阻抗與導納兩者具有一種通用的 (無單位) 專有名詞——導抗 (Immitance) ——偶爾使用，但並不經常。

導納的實數部分為**電導** (Conductance) G，而虛數部分為**電納** (Susceptance) B。三個量 ($\mathbf{Y}$、G 與 B) 的單位皆為西門子。因此，

$$\mathbf{Y} = G + jB = \frac{1}{\mathbf{Z}} = \frac{1}{R + jX} \qquad [22]$$

應仔細審視方程式 [22]；此方程式並不是敘述導納的實數部分等於阻抗的實數部分之倒數，也不是敘述導納的虛數部分等於阻抗的虛數部分之倒數！

練習題

10.11 試求以下各項之導納 (直角座標型式)：(a) 阻抗 $\mathbf{Z} = 1000 + j400\ \Omega$；(b) 若 $\omega = 1$ Mrad/s，由 800 Ω 電阻器、1 mH 電感器以及 2 nF 電容器之並聯組合所構成的網路；(c) 若 $\omega = 1$ Mrad/s，由 800 Ω 電阻器、1 mH 電感器以及 2 nF 電容器之串聯組合所構成的網路。

解答：$0.862 - j0.345$ mS；$1.25 + j1$ mS；$0.899 - j0.562$ mS。

10.6 節點與網目分析

先前已經利用了大量的節點與網目分析技巧，而節點與網目技巧恰可有效應用於弦波穩態的相量與阻抗。已知克西荷夫定律可應用於相量分析；同理，已得知類似被動元件的歐姆定律 $\mathbf{V} = \mathbf{ZI}$。所以可藉由節點技巧來分析弦波穩態之電路。使用相似的理論，便能夠得知網目分析也可應用於相量與阻抗分析。

範例 10.8

試求圖 10.22 所示電路之時域節點電壓 $v_1(t)$ 與 $v_2(t)$。

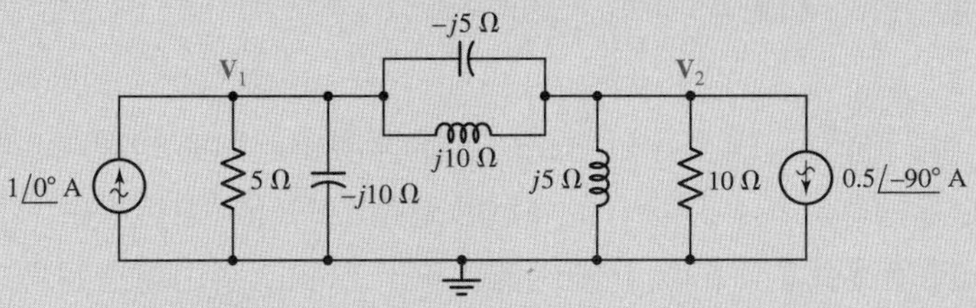

◆ **圖 10.22** 已標示了節點電壓 $\mathbf{V}_1$ 與 $\mathbf{V}_2$ 之頻域電路。

兩電流源以相量給定，並且標示了相量節點電壓 $\mathbf{V}_1$ 與 $\mathbf{V}_2$。將 KCL 應用於左邊節點，得到：

$$\frac{\mathbf{V}_1}{5} + \frac{\mathbf{V}_1}{-j10} + \frac{\mathbf{V}_1 - \mathbf{V}_2}{-j5} + \frac{\mathbf{V}_1 - \mathbf{V}_2}{j10} = 1\underline{/0^\circ} = 1 + j0$$

在右邊節點

$$\frac{\mathbf{V}_2 - \mathbf{V}_1}{-j5} + \frac{\mathbf{V}_2 - \mathbf{V}_1}{j10} + \frac{\mathbf{V}_2}{j5} + \frac{\mathbf{V}_2}{10} = -(0.5\underline{/-90^\circ}) = j0.5$$

將各項組合，得到

$$(0.2 + j0.2)\mathbf{V}_1 - j0.1\mathbf{V}_2 = 1$$

以及

$$-j0.1\mathbf{V}_1 + (0.1 - j0.1)\mathbf{V}_2 = j0.5$$

大多數的科學計算機皆可簡易求解這些方程式，得到 $\mathbf{V}_1 = 1 - j2$ V 與 $\mathbf{V}_2 = -2 + j4$ V。

以極座標型式來表示 $\mathbf{V}_1$ 與 $\mathbf{V}_2$：

$$\mathbf{V}_1 = 2.24\underline{/-63.4^\circ}$$

$$\mathbf{V}_2 = 4.47\underline{/116.6^\circ}$$

並且將之轉換至時域，便可得到時域解：

$$v_1(t) = 2.24\cos(\omega t - 63.4^\circ) \qquad \text{V}$$

$$v_2(t) = 4.47\cos(\omega t + 116.6^\circ) \qquad \text{V}$$

應注意的是，必須得知 ω 的數值方能計算電路圖中所給定的阻抗數值。此外，兩電源必須操作於相同的頻率。

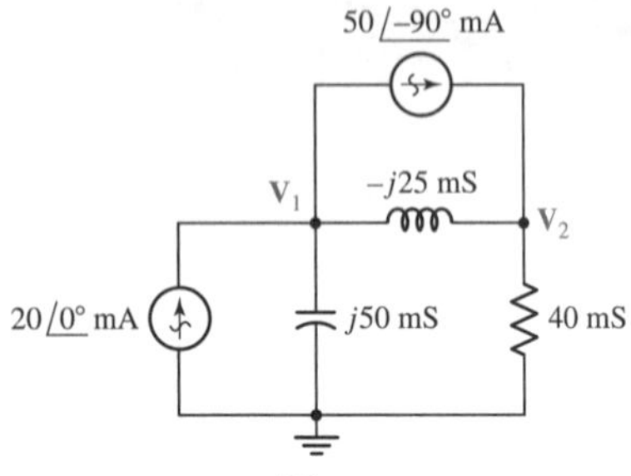

◆ **圖 10.23**

練習題

10.12 在圖 10.23 電路上使用節點分析，試求 $\mathbf{V}_1$ 與 $\mathbf{V}_2$。

解答：$1.062\underline{/23.3°}$ V；$1.593\underline{/-50.0°}$ V。

此時將闡述網目分析之範例，請再次牢記所有的電源必須操作在相同的頻率；否則不能夠定義電路中的任何電抗數值。依照下一節所闡述的，解決此種困難之唯一方法為應用重疊定理。

範例 10.9

試求圖 10.24a 所示電路的時域電流 i_1 與 i_2 之表示式。

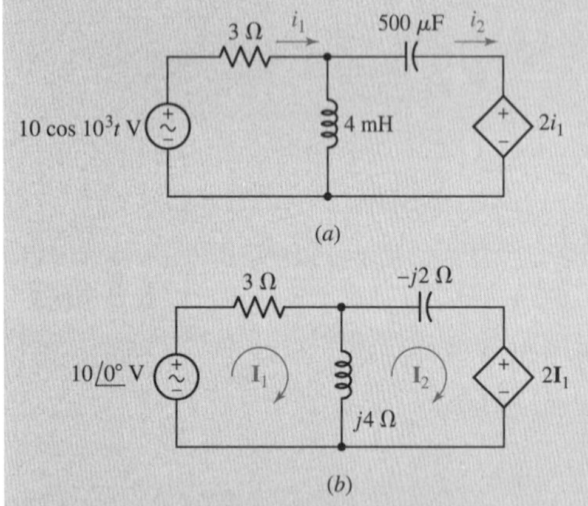

◆ **圖 10.24** (a) 具有相依電源之時域電路；(b) 相應的頻域電路。

經由左邊的電源可知 $\omega = 10^3$ rad/s，繪製圖 10.24b 的頻域電路，並且標示出網目電流 $\mathbf{I}_1$ 與 $\mathbf{I}_2$。環繞網目 1，

$$3\mathbf{I}_1 + j4(\mathbf{I}_1 - \mathbf{I}_2) = 10\underline{/0°}$$

或者

$$(3 + j4)\mathbf{I}_1 - j4\mathbf{I}_2 = 10$$

同時經由網目 2 得到

$$j4(\mathbf{I}_2 - \mathbf{I}_1) - j2\mathbf{I}_2 + 2\mathbf{I}_1 = 0$$

或者

$$(2 - j4)\mathbf{I}_1 + j2\mathbf{I}_2 = 0$$

求解，

$$\mathbf{I}_1 = \frac{14 + j8}{13} = 1.24\underline{/29.7°}\ \text{A}$$

$$\mathbf{I}_2 = \frac{20 + j30}{13} = 2.77\underline{/56.3°}\ \text{A}$$

因此，

$$i_1(t) = 1.24\cos(10^3 t + 29.7°) \quad \text{A}$$

$$i_2(t) = 2.77\cos(10^3 t + 56.3°) \quad \text{A}$$

練習題

10.13 在圖 10.25 電路上使用網目分析，試求 $\mathbf{I}_1$ 與 $\mathbf{I}_2$。

解答：$4.87\underline{/-164.6^\circ}$ A；$7.17\underline{/-144.9^\circ}$ A。

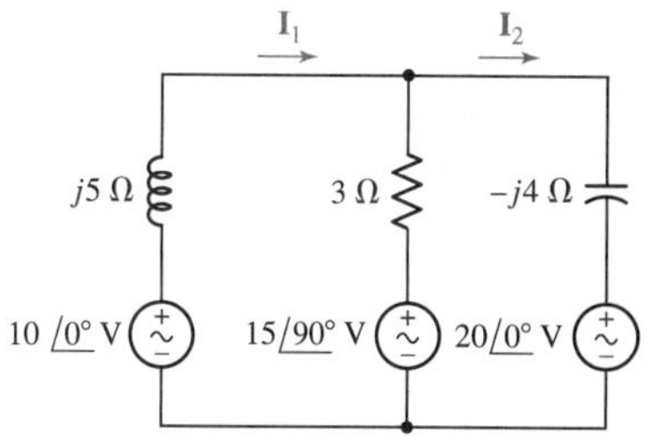

◆ **圖 10.25**

10.7 重疊定理、電源變換，以及戴維寧定理

在第七章介紹了電感器與電容器之後，已知具有電感器與電容器的電路仍為線性電路，而且可再次利用線性性質的優點，包含重疊定理、戴維寧與諾頓定理，以及電源變換。因此，已知這些方法可以使用於此時所要考慮的電路；不論是否要應用弦波電源而僅求得強制響應，或者是否以相量分析電路；這些電路仍為電性電路。也應熟記當組合實數與虛數電源以得到複數電源時，可引用線性性質與重疊定理。

接著闡述本節最後一個註釋。到目前為止，皆侷限在考量單電源電路，或者其中*每個電源皆操作在完全相同的頻率*之多電源電路；此為定義電感性與電容性元件特定的阻抗數值所需。然而，能夠將相量分析的觀念簡易地延伸至具有多個操作在不同頻率的電源之電路。例如，簡單利用重疊定理決定每個電源所產生的電壓與電流，之後再於*時域*中將結果相加。若數個電源操作皆操作在相同的頻率，則重疊定理也可同時考慮多個電源，並且將所產生的響應加至其他操作在不同頻率的任意電源之響應。

範例 10.10

使用重疊定理試求圖 10.22 電路之 $\mathbf{V}_1$，為方便起見，已再繪製於圖 10.26a。

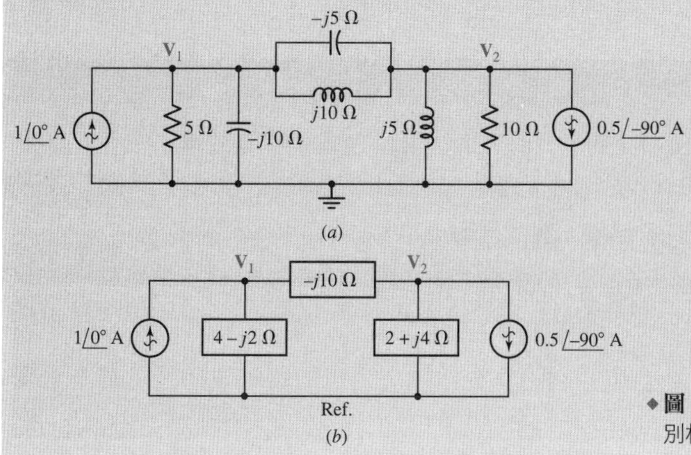

◆ **圖 10.26** (a) $\mathbf{V}_1$ 為所求之圖 10.22 電路；(b) 使用個別相量響應之疊加，便可求得 $\mathbf{V}_1$。

先重新繪製該電路，如圖 10.26b 所示，其中已經以單一個等效阻抗取代了每個並聯阻抗。亦即，$5 \parallel -j10\ \Omega$ 為 $4-j2\ \Omega$；$j10 \parallel -j5\ \Omega$ 為 $-j10\ \Omega$；而 $10 \parallel j5$ 則是等於 $2+j4\ \Omega$。為求得 $\mathbf{V}_1$，首先僅左邊的電源作用，藉以求得部分的響應 $\mathbf{V}_{1L}$。$1\underline{/0^\circ}$ 電源所並聯的阻抗為

$$(4-j2) \parallel (-j10+2+j4)$$

所以

$$\mathbf{V}_{1L} = 1\underline{/0^\circ}\frac{(4-j2)(-j10+2+j4)}{4-j2-j10+2+j4}$$
$$= \frac{-4-j28}{6-j8} = 2-j2\ \text{V}$$

若僅有右邊電源有作用，則藉由分流與歐姆定律，可得到

$$\mathbf{V}_{1R} = (-0.5\underline{/-90^\circ})\left(\frac{2+j4}{4-j2-j10+2+j4}\right)(4-j2) = -1\ \text{V}$$

相加後得到

$$\mathbf{V}_1 = \mathbf{V}_{1L} + \mathbf{V}_{1R} = 2-j2-1 = 1-j2 \qquad \text{V}$$

此與先前範例 10.8 的結果一致。

如同以下所要說明的，當處理其中電源並非全部皆操作在相同頻率之電路時，重疊定理也極為有用。

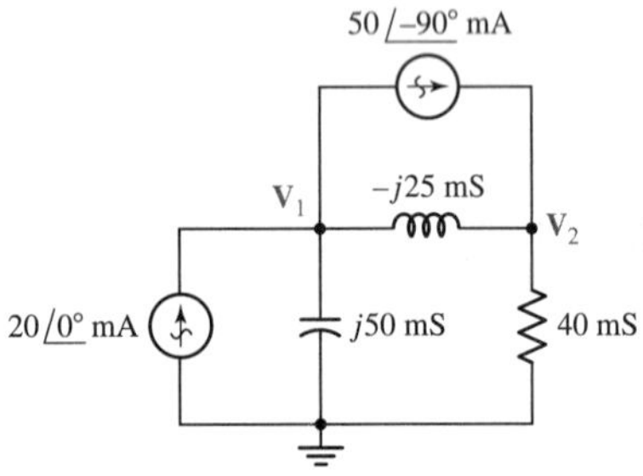

◆ 圖 10.27

練習題

10.14 若將重疊定理應用於圖 10.27 之電路，則當 (a) 僅 $20\underline{/0^\circ}$ mA 電源運作；(b) 僅 $50\underline{/-90^\circ}$ mA 電源運作，試求 $\mathbf{V}_1$。

解答：$0.1951-j0.556$ V；$0.780+j0.976$ V。

範例 10.11

試求圖 10.28a 的 $-j10\ \Omega$ 阻抗兩端之戴維寧等效電路，並且以之計算 $\mathbf{V}_1$。

圖 10.28b 所定義的開路電壓為

$$\mathbf{V}_{oc} = (1\underline{/0^\circ})(4-j2) - (-0.5\underline{/-90^\circ})(2+j4)$$
$$= 4-j2+2-j1 = 6-j3 \qquad \text{V}$$

圖 10.28c 的無源電路負載兩端之阻抗簡單等效為所剩的兩個阻

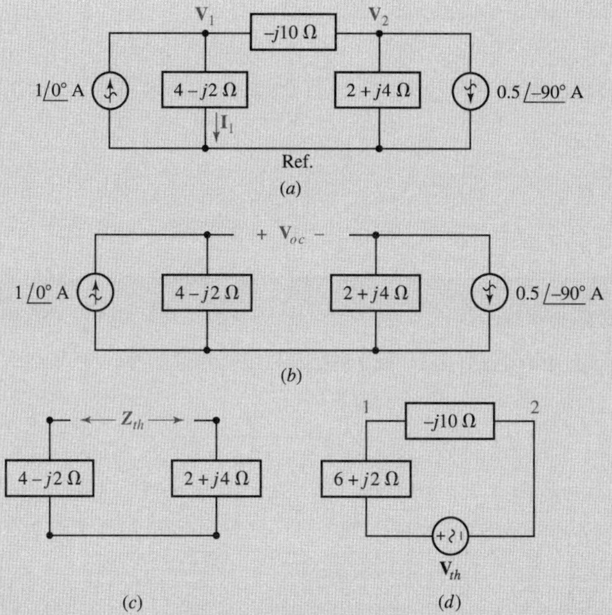

◆ **圖 10.28** (a) 圖 10.26b 之電路，其中阻抗兩端的戴維寧等效電路為所求；(b) 定義 $\mathbf{V}_{oc}$；(c) 定義 $\mathbf{Z}_{th}$；(d) 使用戴維寧等效電路重新繪製所分析之電路。

抗總和。所以，

$$\mathbf{Z}_{th} = 6 + j2\ \Omega$$

因此，當重新連接為成圖 10.28d 所示電路時，方向從節點 1 經 $-j10\ \Omega$ 負載流至節點 2 之電流為

$$\mathbf{I}_{12} = \frac{6 - j3}{6 + j2 - j10} = 0.6 + j0.3\ \text{A}$$

此時已知流經圖 10.28a 的 $-j10\ \Omega$ 負載之電流。應注意由於參考節點不復存在，因此不能夠使用圖 10.28d 電路來計算 $\mathbf{V}_1$。接著，回到原電路，將左邊電源電流減去 $0.6 + j0.3$ A 的電流，得到向下流經 $(4 - j2)\ \Omega$ 分支的電流：

$$\mathbf{I}_1 = 1 - 0.6 - j0.3 = 0.4 - j0.3 \qquad \text{A}$$

因此，

$$\mathbf{V}_1 = (0.4 - j0.3)(4 - j2) = 1 - j2 \qquad \text{V}$$

與先前所得到的結果相同。

在圖 10.28a 右邊的三個元件上可使用諾頓定理，假設主要所求為 $\mathbf{V}_1$。也能夠重複運用電源變換，以簡化此一電路。因此，在第四與五章所得知的所有快捷分析方式與技巧皆可運用於頻域分析。因只需要使用複數且不需考量更多的理論，所以僅增加了些微複雜度。

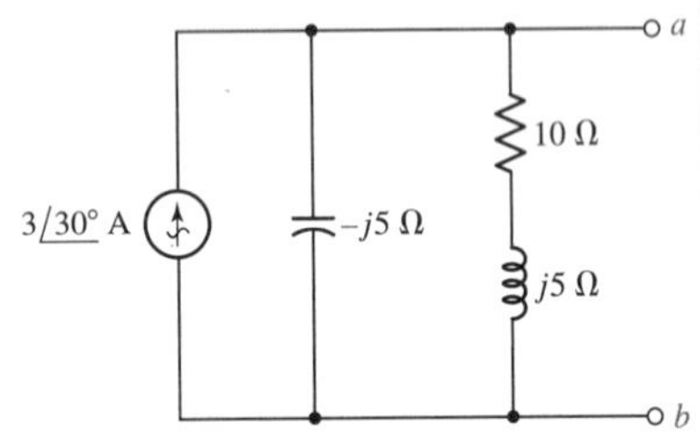

◆ **圖 10.29**

練習題

10.15 考慮圖 10.29 之電路，試求 (a) 開路電壓 $\mathbf{V}_{ab}$；(b) 向下流經 a 與 b 短路之電流；(c) 與電流源並聯之戴維寧等效阻抗 $\mathbf{Z}_{ab}$。

解答：$16.77\angle{-33.4^\circ}$ V；$2.60+j1.500$ A；$2.5-j5\ \Omega$。

範例 10.12

試求圖 10.30a 電路中 10 Ω 電阻器所消耗的功率。

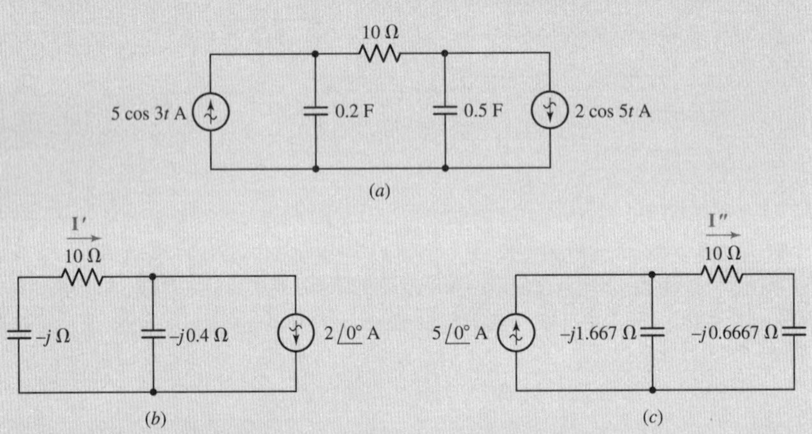

◆ **圖 10.30** (a) 具有操作在不同頻率的電源之簡單電路；(b) 左邊電源不作用之電路；(c) 右邊電源不作用之電路。

在未來的訊號處理之研讀中，也將介紹巴蒂斯特．約瑟夫．傅立葉 (Jean-Baptiste Joseph Fourier) 之方法，傅立葉為法國的數學家，研發出了一種幾乎可將所有任意函數皆以弦波組合表示之技巧。當分析線性電路時，一旦得知了特定電路對一般的弦波強制函數之響應，便能夠簡單地使用重疊定理，簡易地預測電路之響應為傅立葉級數函數所表示的任意波形。

在檢視電路之後，可嘗試寫出兩個快速的節點方程式，或者執行兩組電源變換，並且立即求得跨於 10 Ω 電阻器之電壓。

但是，由於電路中的電源具有不同的頻率，所以不能進行如此分析。在如此狀況下，無法計算電路中任何電容器或者電感器之阻抗——因為不知應該使用哪一個 ω。

解決此一困境的唯一方式為利用重疊定理，將所有相同頻率的電源組成相同的子電路，如圖 10.30b 與 c 所示。

在圖 10.30b 的子電路中，可使用分流定理，快速地計算電流 $\mathbf{I}$：

$$\mathbf{I}' = 2\angle{0^\circ}\left[\frac{-j0.4}{10-j-j0.4}\right]$$
$$= 79.23\angle{-82.03^\circ}\ \text{mA}$$

所以，

$$i' = 79.23\cos(5t - 82.03^\circ) \qquad \text{mA}$$

同理，可得知

$$\mathbf{I}'' = 5\underline{/0^\circ}\left[\frac{-j1.667}{10 - j0.6667 - j1.667}\right]$$
$$= 811.7\underline{/-76.86^\circ}\ \text{mA}$$

所以，

$$i'' = 811.7\cos(3t - 76.86^\circ) \qquad \text{mA}$$

該要注意的是，在此無法將圖 10.30b 與 c 中的兩相量電流 $\mathbf{I}'$ 與 $\mathbf{I}''$ 相加，將之相加是不正確的計算。接著將兩個時域電流相加，並且將所得到的結果取平方，再乘以 10，藉以得到圖 10.30a 中 10 Ω 電阻器所吸收之功率。

$$p_{10} = (i' + i'')^2 \times 10$$
$$= 10[79.23\cos(5t - 82.03^\circ) + 811.7\cos(3t - 76.86^\circ)]^2 \qquad \mu\text{W}$$

練習題

10.16 試求圖 10.31 中流經 4 Ω 電阻器的電流 i。

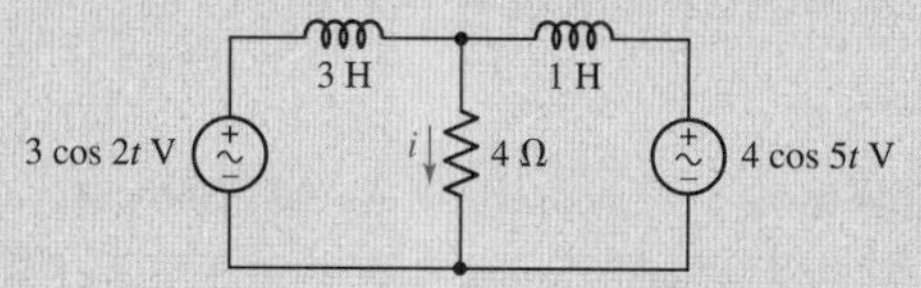

◆ **圖 10.31**

解答：$i = 175.6\cos(2t - 20.55^\circ) + 547.1\cos(5t - 43.16^\circ)$ mA。

10.8 相量圖

相量圖 (Phasor Diagram) 為複數平面圖示之名稱，顯示整個特定電路中的相量電壓與相量電流之關係。由於已經熟悉使用複數圖形識別方式以及複數相加減之複數平面，且已知相量電壓與電流為複數，因此也可在複數平面中標示為座標點。例如，在圖 10.32 所示的複數電壓平面上標示相量電壓 $\mathbf{V}_1 = 6 + j8 = 10\underline{/53.1^\circ}$ V；其中的 x 軸為實數電壓軸，而 y 軸則為虛數電壓軸；以從原點出發的箭號標定電壓 $\mathbf{V}_1$ 的位置。由於在複數平面特別容易執行以及顯示相量的加法與減法，因此可簡易地加減相量圖中的相量。相乘與相除會產生角度的相加與相減以及振幅的改變。圖 10.33a 顯示 $\mathbf{V}_1$ 與第二個相量電壓 $\mathbf{V}_2 = 3 - j4 = 5\underline{/-53.1^\circ}$ V 之相加，而圖 10.33b 則顯示 $\mathbf{V}_1$ 與導納 $\mathbf{Y} = 1 + j1$ S 乘積之電流 $\mathbf{I}_1$。

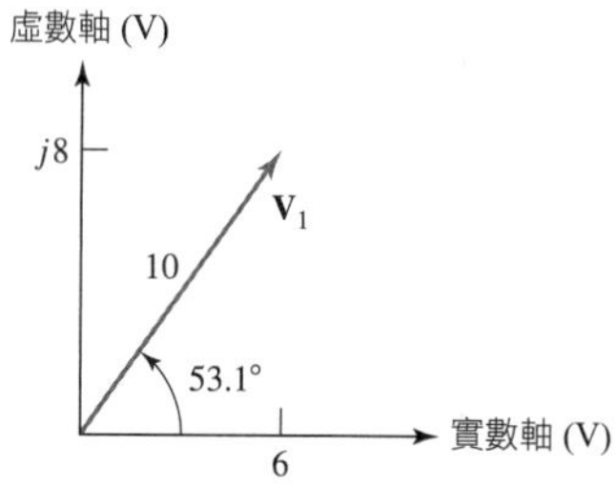

◆ **圖 10.32** 簡單的相量圖，顯示單一電壓之相量 $\mathbf{V}_1 = 6 + j8 = 10\underline{/53.1^\circ}$ V。

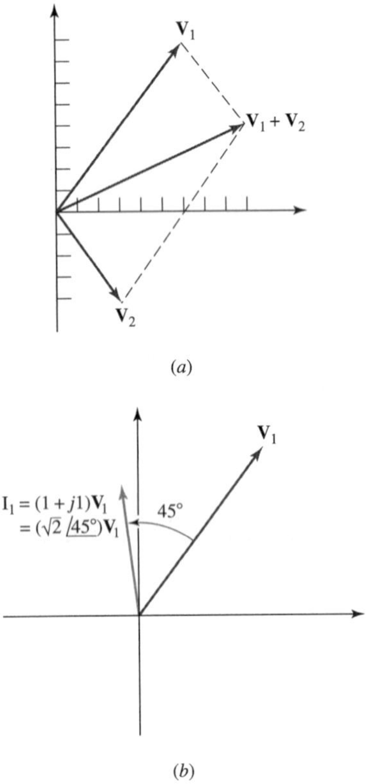

◆**圖 10.33** (a) 顯示 $\mathbf{V}_1 = 6 + j8$ V 與 $\mathbf{V}_2 = 3 - j4$ V 相加為 $\mathbf{V}_1 + \mathbf{V}_2 = 9 + j4$ V $= 9.85\,\underline{/24.0^\circ}$ V 之相量圖；(b) 顯示 $\mathbf{V}_1$ 與 $\mathbf{I}_1$ 之相量圖，其中 $\mathbf{I}_1 = \mathbf{Y}\mathbf{V}_1$，且 $\mathbf{Y} = (1 + j1)$ S $= 2\underline{/45^\circ}$ S。其中電流與電壓振幅之尺度不同。

上一個相量圖將電流與電壓兩相量顯示於同一個複數平面上；應了解到每個相量皆具有自己的振幅比例，但卻都具有相同的角度比例。例如，1 cm 長的相量電壓可代表 100 V，而 1 cm 長的相量電流則可表示 3 mA。將兩相量繪製於同一個圖示中可簡易判斷出哪一個波形超前以及哪一個落後。

由於可由時域或者頻域觀點來闡述相量圖，因此相量圖也可闡述時域至頻域之間的變換。可使用頻域的闡述方式，在相量圖上直接描述各個相量；接著先將相量電壓 $\mathbf{V} = V_m\underline{/\alpha}$ 繪製如圖 10.34a 所示，而以時域的觀點來描述相量圖。為了將 $\mathbf{V}$ 變換至時域，所需的下一個步驟為將此一相量乘以 $e^{j\omega t}$；因此，得知複數電壓 $V_m e^{j\alpha} e^{j\omega t} = V_m\underline{/\omega t + \alpha}$。也可以相量來描述此一電壓，即一種具有隨著時間線性遞增的相角之相量。在相量圖上，因此代表了轉動的線段，瞬時的位置為領先 (逆時鐘方向) $V_m\underline{/\alpha}$ 之 ωt 徑度。$V_m\underline{/\alpha}$ 與 $V_m\underline{/\omega t + \alpha}$ 兩者皆描述於圖 10.34b 所示之相量圖。藉由取 $V_m\underline{/\omega t + \alpha}$ 之實數部分，完成了變換至時域之方式。此一複數量的實數部分為 $V_m\underline{/\omega t + \alpha}$ 在實數軸上的投影：$V_m \cos(\omega t + \alpha)$。

將前述觀念總結，頻域相量會出現在相量圖上，而且可以角速度 ω rad/s 順著逆時鐘方向來轉動相量，之後再取得實數軸上的投影，藉以實現對時域之變換。將代表相量圖上的相量 $\mathbf{V}$ 之箭號視為正在轉動中的箭號於 $\omega t = 0$ 之攝影快照，而此轉動中的箭號在實數軸上的投影則為瞬時電壓 $v(t)$。

此時建構數個簡單電路之相量圖，藉以進一步說明。圖 10.35a 所示之串聯 *RLC* 電路具有數個不同的電壓，但僅具有一個電流。利用單一電流為參考相量來建構其相量圖最為簡易。任意選擇 $\mathbf{I} = I_m\underline{/0^\circ}$，並且將此一相量置於相量圖的實數軸上，如圖 10.35b 所示。接著便可計算電阻器、電容器與電感器之電

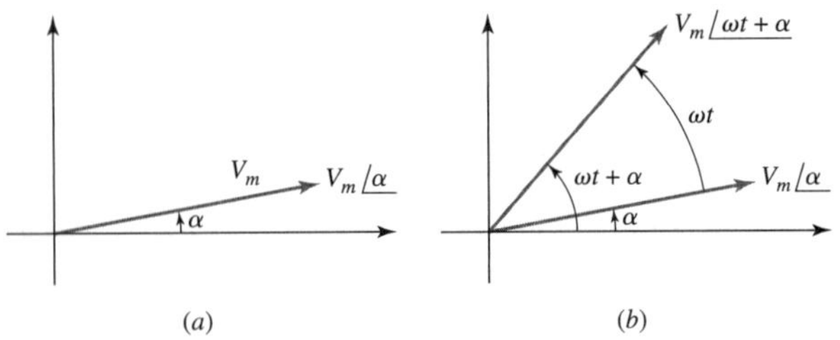

◆**圖 10.34** (a) 相量電壓 $V_m\underline{/\alpha}$；(b) 將複數電壓 $V_m\underline{/\omega t + \alpha}$ 描述為特定時間瞬間的相量。此一相量超前 $V_m\underline{/\alpha}$ 共 ωt 徑度。

壓，並且將各電壓置於圖示上，其中可清楚地表示出 90° 的相位關係。這三個電壓的總和為電源電壓，且對此一串聯 *RLC* 電路而言，由於 $\mathbf{Z}_C = -\mathbf{Z}_L$，因此電源電壓與電阻器電壓相等，此為在後續章節中所定義的“諧振條件”。將所示的適當相量相加便可得到跨於電阻器與電感器，或者電阻器與電容器上的總電壓。

圖 10.36a 為簡單的並聯電路，其中在邏輯上僅使用單一電壓。假設 $\mathbf{V} = 1\underline{/0°}$ V；則電阻器電流 $\mathbf{I}_R = 0.2\underline{/0°}$ A 此一電壓同相，而電容器電流 $\mathbf{I}_C = j0.1$ A 則以 90° 超前該參考電壓。如圖 10.36b 所示，將這兩個電流增加於相量圖之後，可將兩電流相加，藉以得到電源電流。所得到的結果為 $\mathbf{I}_s = 0.2 + j0.1$ A。

若一開始即指定電源電流為較方便的數值 $1\underline{/0°}$ A，而且初始節點電壓未知，則先假設某一節點電壓 (例如，再次假設 $\mathbf{V} = 1\underline{/0°}$ V) 為參考相量來建構相量圖仍是相當方便的方式。之後如先前一般，將圖示完成，而因假設的節點電壓所產生的電源電流仍為 $0.2 + j0.1$ A。實際的電源電流為 $1\underline{/0°}$ A，因此藉由將所假設的節點電壓乘以 $1\underline{/0°}/(0.2 + j0.1)$，便得到實際的節點電壓；實際的節點電壓因而為 $4 - j2$ V $= \sqrt{20}\underline{/-26.6°}$ V。因尺度的改變 (所假設的圖示較小，縮小因數為 $1/\sqrt{20}$) 以及角度的轉動 (以逆時鐘方向轉動所假設的圖示 26.6°)，所假設的電壓會因而導致該相量圖與實際相量圖不同。

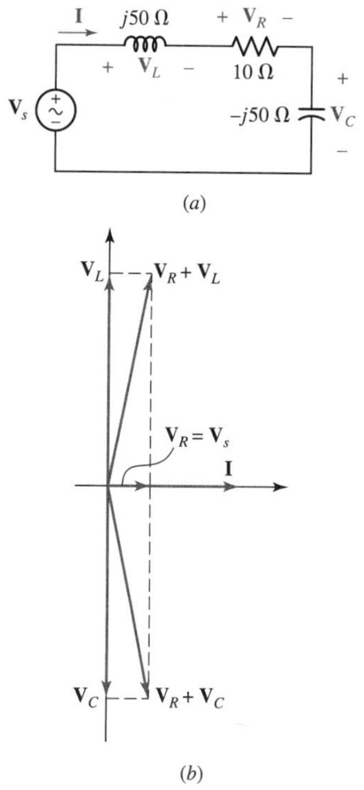

◆ **圖 10.35** (a) 串聯 *RLC* 電路；(b) 該電路之相量圖；使用電流 **I** 充當方便的參考相量。

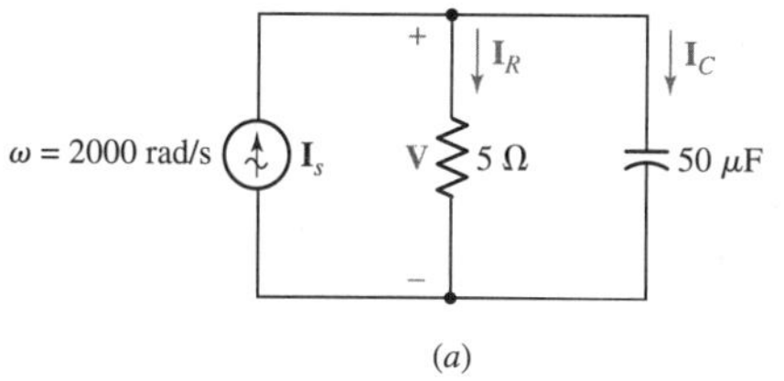

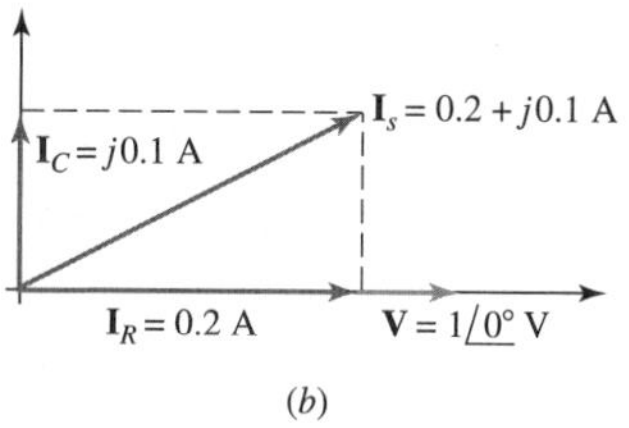

◆ **圖 10.36** (a) 並聯 *RLC* 電路；(b) 該電路之相量圖；使用電壓 **V** 充當方便的參考相量。

範例 10.13

試建構可描述圖 10.37 電路的 $\mathbf{I}_R$、$\mathbf{I}_L$ 與 $\mathbf{I}_C$ 之相量圖。將所求電流組合，試求 $\mathbf{I}_s$ 超前 $\mathbf{I}_R$、$\mathbf{I}_C$ 與 $\mathbf{I}_x$ 之角度。

先選擇適當的參考相量。依據檢視電路與所求變數，得知若已知 **V**，則能夠藉由簡單的歐姆定律之應用而計算出 $\mathbf{I}_R$、$\mathbf{I}_L$ 與 $\mathbf{I}_C$。因此，簡單選擇 $\mathbf{V} = 1\underline{/0°}$ V，接著計算

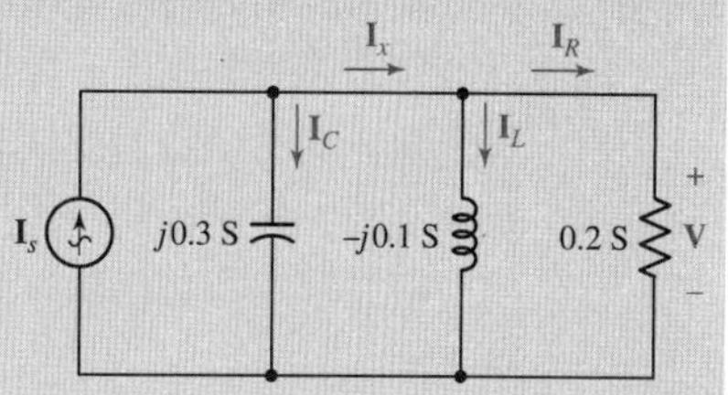

◆ **圖 10.37** 其中數個電流為所求之簡單電路。

$$\mathbf{I}_R = (0.2)1\underline{/0^\circ} \quad = 0.2\underline{/0^\circ}\ \text{A}$$

$$\mathbf{I}_L = (-j0.1)1\underline{/0^\circ} = 0.1\underline{/-90^\circ}\ \text{A}$$

$$\mathbf{I}_C = (j0.3)1\underline{/0^\circ} \quad = 0.3\underline{/90^\circ}\ \text{A}$$

相應的相量圖闡述於圖 10.38a。題目也需要求得相量電流 $\mathbf{I}_s$ 與 $\mathbf{I}_x$；圖 10.38b 闡述 $\mathbf{I}_x = \mathbf{I}_L + \mathbf{I}_R = 0.2 - j0.1 = 0.224\underline{/-26.6^\circ}$ A 之計算，而圖10.38c 則闡述 $\mathbf{I}_s = \mathbf{I}_C + \mathbf{I}_x = 0.283\underline{/45^\circ}$ A 之計算。經由圖 10.38c，判斷 $\mathbf{I}_s$ 以 45° 超前於 $\mathbf{I}_R$，以 −45° 超前於 $\mathbf{I}_C$，且以 45° + 26.6° = 71.6° 超前於 $\mathbf{I}_x$。然而，這些角度僅為相對值，精確的數值要視 $\mathbf{I}_s$ 而定，而且也由 $\mathbf{V}$ 的實際數值 (為了方便分析，在此假設為 $1\underline{/0^\circ}$ V) 所決定。

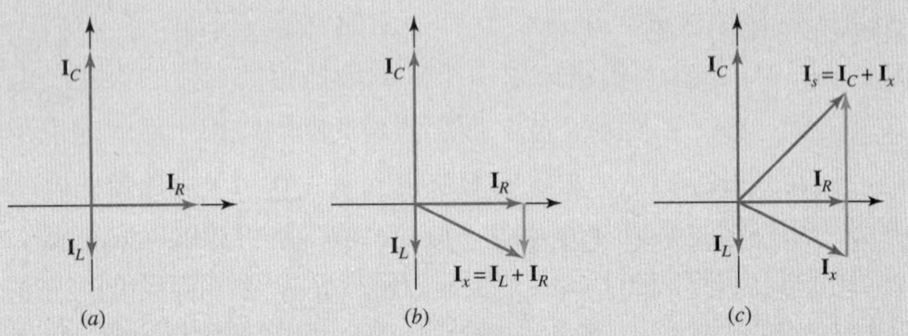

◆ **圖 10.38** (a) 使用 $\mathbf{V} = 1\underline{/0^\circ}$ V 參考值所建構的相量圖；(b) $\mathbf{I}_x = \mathbf{I}_L + \mathbf{I}_R$ 之圖形計算方式；(c) $\mathbf{I}_s = \mathbf{I}_C + \mathbf{I}_x$ 之圖形計算方式。

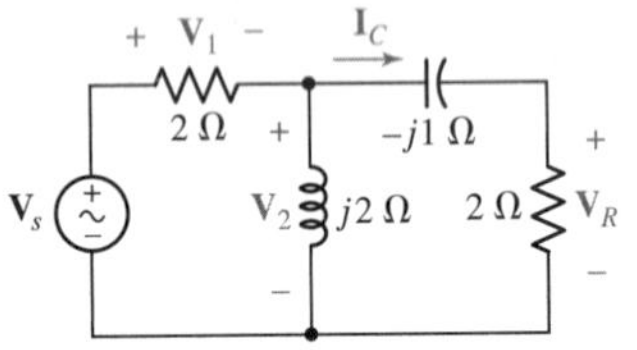

◆ **圖 10.39**

練習題

10.17 試選擇圖 10.39 電路中較方便的參考數值 $\mathbf{I}_C$；試繪製可顯示 $\mathbf{V}_R$、$\mathbf{V}_2$、$\mathbf{V}_1$ 與 $\mathbf{V}_s$ 之相量圖；並且量測 (a) $\mathbf{V}_s$ 對 $\mathbf{V}_1$；(b) $\mathbf{V}_1$ 對 $\mathbf{V}_2$；(c) $\mathbf{V}_s$ 對 $\mathbf{V}_R$ 之長度比率。

解答：1.90；1.00；2.12。

總結與回顧

本章說明如何處理電路對弦波激勵之穩態響應。在某些方面，弦波穩態分析受限於暫態行為完全消失之條件。如此的分析方式相當適合於許多電路，並且可減少電路中所要尋求的資訊量，進而明顯地加快分析的速度。所依據的基本的想法為將虛數電源增加至每一個**實數**弦波電源；接著再使用尤拉恆等式將電源轉換成為複數之指數函數。由於指數函數的導數為另一個簡單的指數函數，所以網目分析或節點分析所產生的微積分方程式皆因此變成**代數方程式**。

本章也介紹了一些新的專有名詞：**落後**、**超前**、**阻抗**、**導納**，以及特別重要的**相量**。電流與電壓之間的相量關係產生阻抗的觀念，其中的電阻器以實數表示 (一如先前的表示方式，電阻 R)，而電感器則是以 $\mathbf{Z} = j\omega L$ 表示，同時電容器以 $-j/\omega C$ 表示，(ω 為電源的操作頻率)。由此一觀點延伸，在第三至五章中所學習到的所有電路分析技巧皆可應用於本章所介紹的相量分析。

將虛數視為解答的一部分似乎相當奇特，但從本章的說明可得知只要以極座標型式來表示電壓或電流，最後再將分析所得到的解答回復至時域乃是直觀而簡單的方式。分析求解上所需的電壓或電流量之振幅為餘弦函數的振幅，相角則為餘弦函數之角度，而頻率則是由原電路得到 (頻率不會在相量圖示呈現，但所要分析的電路不會以任何方式改變頻率)。本章最後介紹相量圖之觀念。

將本章主要觀念以及相應的範例序號簡明地闡述於下。

- ❑ 若兩個正弦波 (或餘弦波) 皆具有正的振幅以及相同的頻率，則藉由比較兩波形之相角，便可判斷哪一個弦波超前與落後。
- ❑ 線性電路對弦波電壓或電流源的強制響應必能夠表示為具有與弦波電源相同頻率的單一弦波。(範例 10.1)
- ❑ 相量具有振幅與相角兩部分；已知其頻率為驅動該電路的弦波電源之頻率。(範例 10.2)
- ❑ 可在任何弦波函數上執行相量變換，反之亦然：$\mathbf{V}_m \cos(\omega t + \phi) \leftrightarrow \mathbf{V}_m \underline{/\phi}$。(範例 10.3)
- ❑ 將時域電路變換至相應的頻域電路時，以阻抗 (或者，有時以導納) 取代電阻器、電容器與電感器。(範例 10.4 與 10.6)
  - 電阻器的阻抗為本身的簡單電阻 R。
  - 電容器的阻抗為 $1/j\omega C\ \Omega$。
  - 電感器的阻抗為 $j\omega L\ \Omega$。
- ❑ 可採用相同於電阻器的方式，將阻抗串聯或並聯組合。(範例 10.6)
- ❑ 若以頻域等效元件取代電路中的所有元件，則先前使用於電阻性電路上的所有分析技巧皆可應用於具有電容器及／或電感器的頻域電路。(範例 10.5、10.7、10.8、10.9、10.10 與 10.11)
- ❑ 相量分析能夠執行於單頻率電路。若非單頻率電路，則必須援用重疊定理，並且將時域部分響應相加，藉以得到完整響應。(範例 10.12)
- ❑ 當一開始便使用較為方便的強制響應，並且將最後求得的結果按比例適當縮放，則相量圖之功能便顯得極為有用。(範例 10.13)

延伸閱讀

以相量為基礎的分析技巧之優良參考文獻為：

R. A. DeCarlo and P. M. Lin, *Linear Circuit Analysis,* 2nd ed. New York: Oxford University Press, 2001.

頻率相依電晶體模型以相量觀點探討於以下書籍之第七章：

W. H. Hayt, Jr., and G. W. Neudeck, *Electronic Circuit Analysis and Design,* 2nd ed. New York: Wiley, 1995.

習題

10.1 弦波之特性

1. 試求以下各式：(a) 在 $t=0$、0.01 與 0.1 s 時之 $5\sin(5t-9^\circ)$；(b) 在 $t=0$、1 與 1.5 s 時之 $4\cos 2t$ 以及 $4\sin(2t+90^\circ)$；(c) 在 $t=0$、0.01 與 0.1 s 時之 $3.2\cos(6t+15^\circ)$ 以及 $3.2\sin(6t+105^\circ)$。
2. 試求下列每對波形中何者為落後：(a) $\cos 4t$、$\sin 4t$；(b) $\cos(4t-80^\circ)$、$\cos(4t)$；(c) $\cos(4t+80^\circ)$、$\cos 4t$；(d) $-\sin 5t$、$\cos(5t+2^\circ)$；(e) $\sin 5t+\cos 5t$、$\cos(5t-45^\circ)$。
3. 家庭用電之電壓一般採用 110 V、115 V 或者 120 V。然而，這些數值並非代表交流電壓之峰值，而是代表電壓的均方根值 (rms 值)，定義為

$$V_{\text{rms}}=\sqrt{\frac{1}{T}\int_0^T V_m^2\cos^2(\omega t)\,dt}$$

其中 $T=$ 波形之週期，V_m 為峰值電壓，而 $\omega=$ 波形頻率 (在北美與台灣為 $f=60$ Hz)。
(a) 試進行所示積分之運算，並且證明弦波電壓之有效值為

$$V_{\text{rms}}=\frac{V_m}{\sqrt{2}}$$

(b) 試計算相應於 rms 值為 110 V、115 V 與 120 V 之峰值電壓。

10.2 弦波函數之強制響應

4. 若圖 10.40 中之電源 v_s 等於 $4.53\cos(0.333\times10^{-3}t+30^\circ)$ V，則 (a) 假設暫態已不存在，試求在 $t=0$ 時之 i_s、i_L 與 i_R；(b) 再次假設暫態已不存在，試求以單一弦波所描述且對 $t>0$ 有效之 $v_L(t)$ 表示式。
5. 假設任何暫態已經不存在，試求圖 10.41 電路中標示為 i_L 之電流，並且將解答表示為單一弦波。

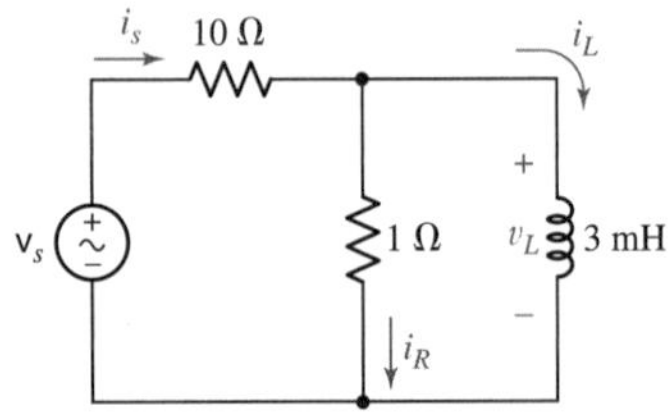

◆ 圖 10.40

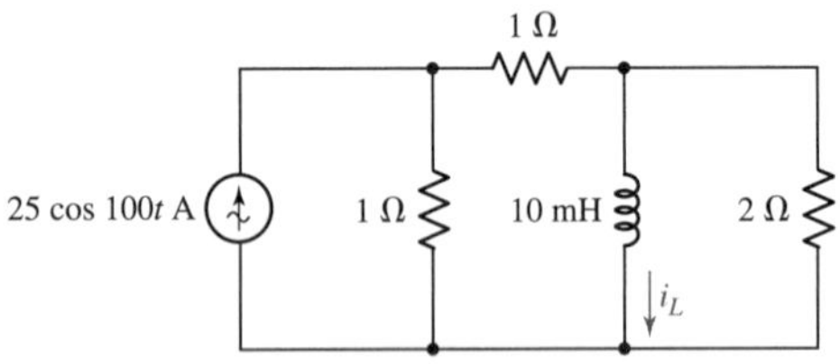

◆ 圖 10.41

6. 假設暫態已不存在，試求圖 10.42 中 10 Ω 電阻器所消耗的功率之表示式。

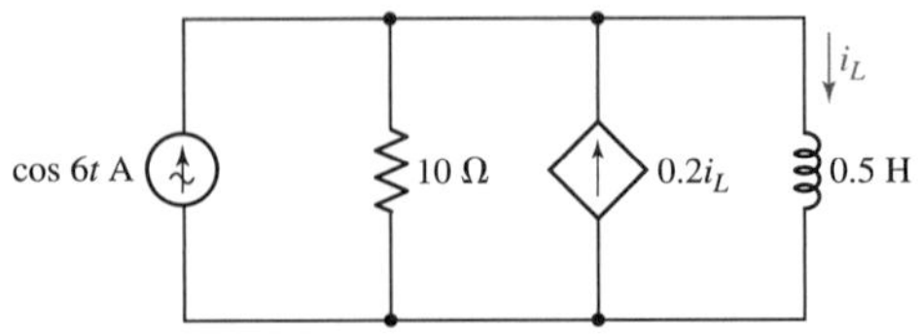

◆ 圖 10.42

10.3 複數強制函數

7. 試執行所指示的運算，並且將解答以直角座標與極座標兩種型式表示之。

(a) $\dfrac{2+j3}{1+8\angle 90^\circ}-4$；(b) $\left(\dfrac{10\angle 25^\circ}{5\angle -10^\circ}+\dfrac{3\angle 15^\circ}{3-j5}\right)j2$；

(c) $\left[\dfrac{(1-j)(1+j)+1\underline{/0^\circ}}{-j}\right](3\underline{/-90^\circ})+\dfrac{j}{5\underline{/-45^\circ}}$。

8. 考慮圖 10.43 所示電路，若 $i_s = 5\cos 10t$ A，試使用適當的複數電源取代方式求得 $i_L(t)$ 之穩態表示式。

9. 試利用適當的複數電源求得圖 10.44 電路中的 i_L 之穩態電流。

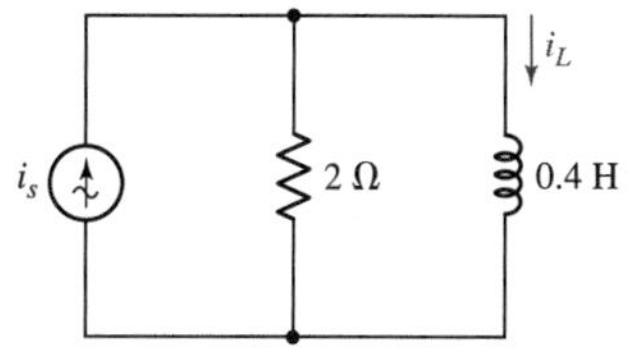

◆ 圖 10.43

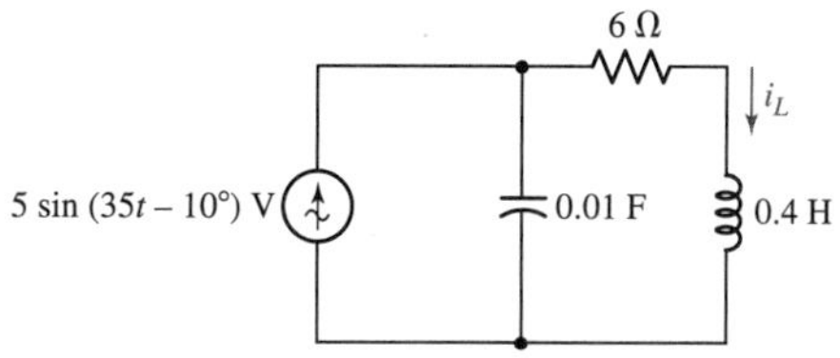

◆ 圖 10.44

10.4 相量

10. 假設操作頻率為 1 kHz，試將以下的相量表示式變換成為時域之單一個餘弦函數：

(a) $9\underline{/65^\circ}$ V；(b) $\dfrac{2\underline{/31^\circ}}{4\underline{/25^\circ}}$ A；(c) $22\underline{/14^\circ} - 8\underline{/33^\circ}$ V。

11. 假設被動符號慣例，且操作頻率為 5 rad/s，試計算由相量電流 $\mathbf{I} = 2\underline{/0^\circ}$ mA 所驅動而跨於以下各元件上的相量電壓：(a) 1 kΩ 電阻器；(b) 1 mF 電容器；(c) 1 nH 電感器。

12. 圖 10.45 顯示該電路以相量 (頻) 域所表示。若 $\mathbf{I}_{10} = 4\underline{/35^\circ}$ A、$\mathbf{V} = 10\underline{/35^\circ}$ 且 $\mathbf{I} = 2\underline{/35^\circ}$ A，試求 (a) 何種型式的元件上之跨壓為 $\mathbf{V}$？(b) 試求 $\mathbf{V}_s$ 之數值。

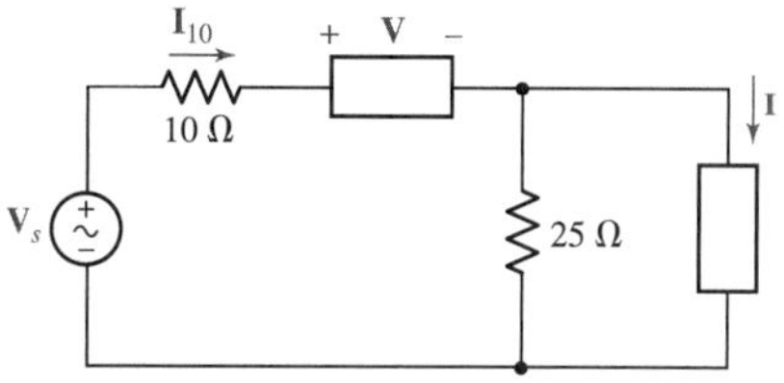

◆ 圖 10.45

10.5 阻抗與導納

13. 假設操作頻率為1000 rad/s，試求以下各元件組合之等效導納：(a) 25 Ω 串聯 20 mH；(b) 25 Ω 並聯 20 mH；(c) 25 Ω 並聯 20 mH，再並聯 20 mF；(d) 1 Ω 串聯 1 F，再串聯 1 H；(e) 1 Ω 並聯 1 F，再並聯 1 H。

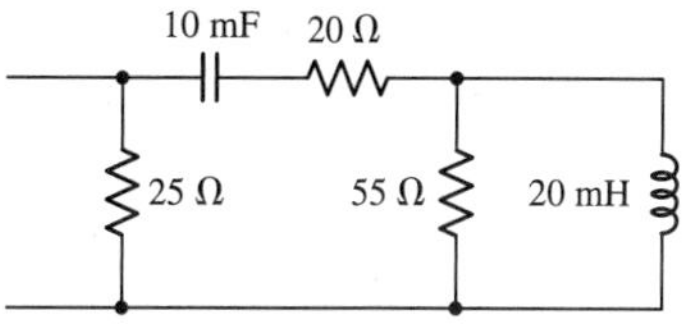

◆ 圖 10.46

14. 考慮圖 10.46 所述網路，若 (a) $\omega = 1$ rad/s；(b) $\omega = 10$ rad/s；(c) $\omega = 100$ rad/s，試求開路兩端之等效阻抗。

15. 若圖 10.47 之盒子包含 (a) 3 Ω 串聯 2 mH；(b) 3 Ω 串聯 125 μF；(c) 3 Ω、2 mH 與 125 μF 串聯；(d) 3 Ω、2 mH 與 125 μF 串聯，但 $\omega = 4$ krad/s；求圖 10.47 之 $\mathbf{V}$。

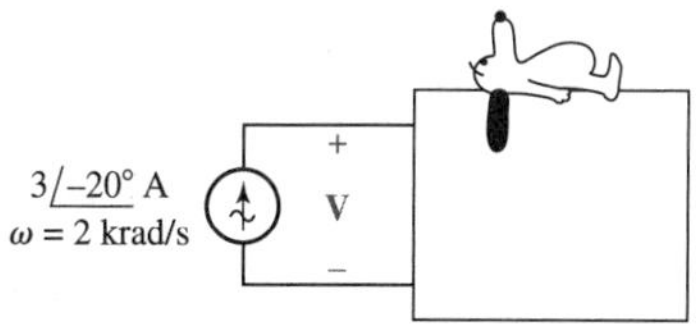

◆ 圖 10.47

16. 若 (a) 1 Hz；(b) 1 kHz；(c) 1 MHz；(d) 1 GHz；(e) 1 THz；試計算圖 10.48 所示網路開路端之等效阻抗。

17. 試利用相量分析求得圖 10.49 中 $i(t)$ 之表示式。

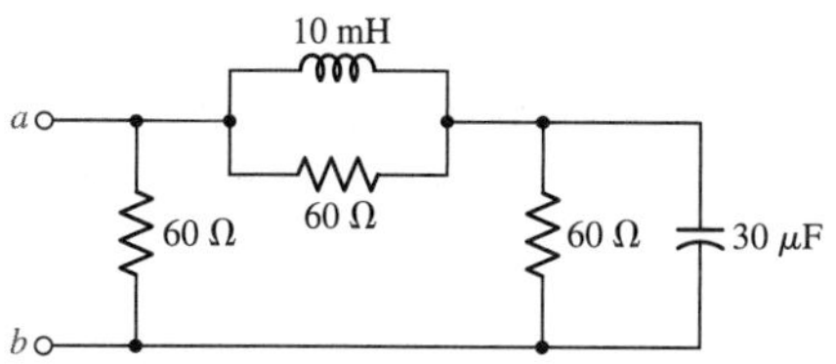

◆ 圖 10.48

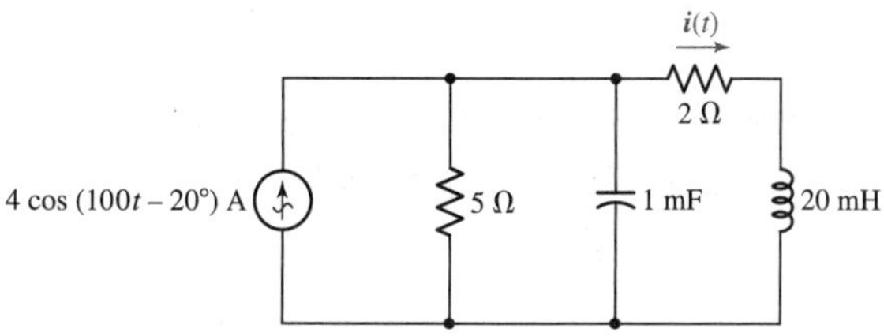

◆ 圖 10.49

10.6 節點與網目分析

18. 考慮圖 10.50 所述電路，(a) 試標示適當的相量與阻抗，重新繪製該電路；(b) 試利用節點分析法求得兩節點電壓 $v_1(t)$ 與 $v_2(t)$。

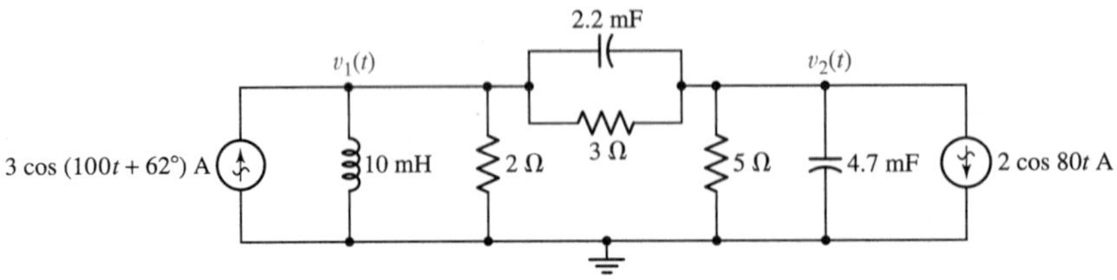

◆圖 10.50

19. 參照圖 10.51，試利用相量分析技巧求得兩節點電壓。
20. 試利用相量分析求得圖 10.52 電路中標示為 v_x 之表示式。

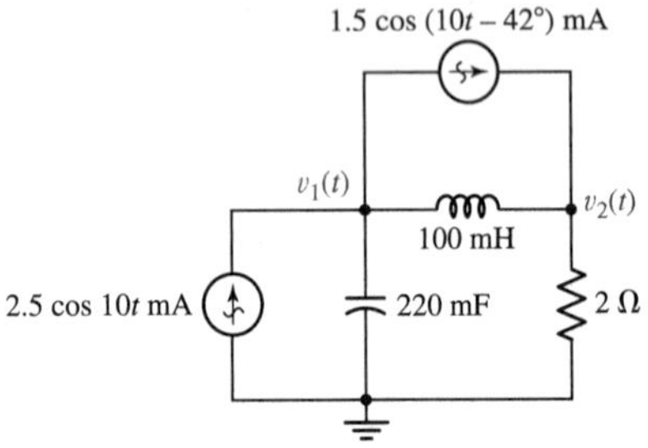

◆圖 10.51

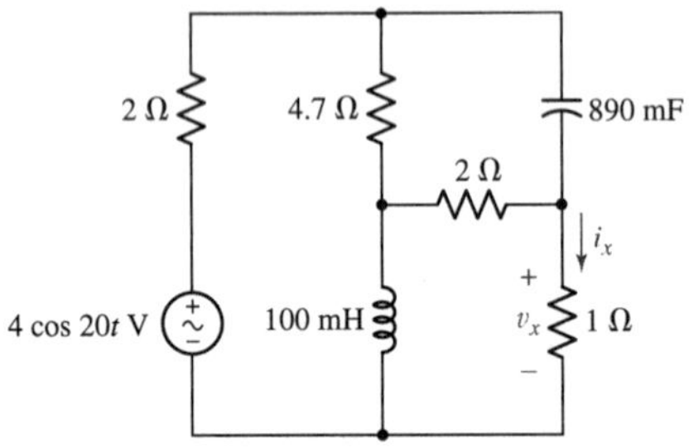

◆圖 10.52

21. 若 $v_1 = 133\cos(14t + 77°)$ V 與 $v_2 = 55\cos(14t + 22°)$ V，試求圖 10.53 中四個 (順時鐘方向) 網目電流之表示式。
22. 試求圖 10.54 電路中所標示的四個網路電流之表示式。

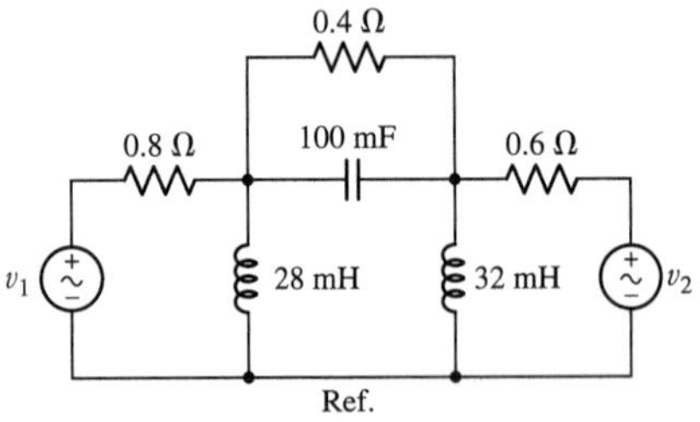

◆圖 10.53

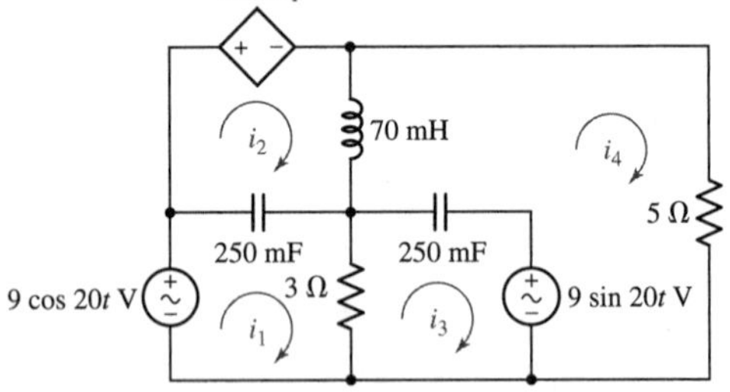

◆圖 10.54

10.7 重疊定理、電源變換，以及戴維寧定理

23. 假設以操作頻率為 2.5 rad/s 繪製圖 10.55 之相量域電路。製作單位不巧安裝了錯誤的電源，而且每個電源操作於不同的頻域。若 $i_1(t) = 4\cos 40t$ mA 且 $i_2(t) = 4\sin 30t$ mA，試計算 $v_1(t)$ 與 $v_2(t)$。
24. 考慮圖 10.56 所述電路，(a) 試計算標示為 a 與 b 兩端之戴維寧等效電路；(b) 試求標示為 a 與 b 兩端之諾頓等效電路；(c) 若 $(7 - j2)\ \Omega$ 的阻抗連接跨於 a 與 b 兩端，試計算從 a 流至 b 之電流。

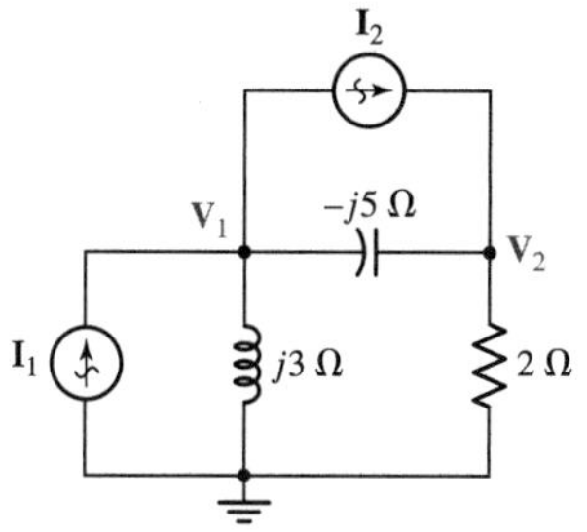

◆ **圖 10.55**

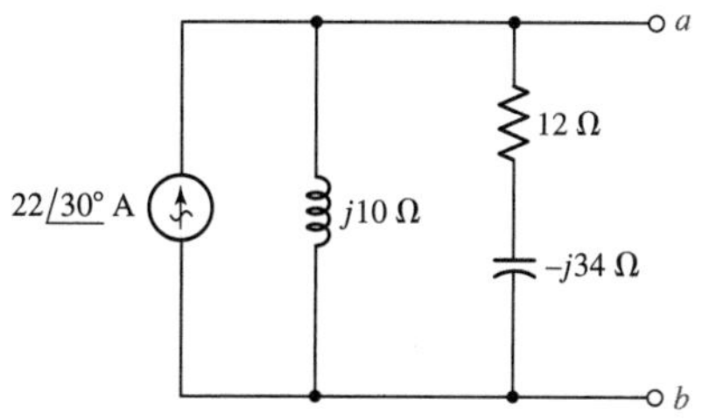

◆ **圖 10.56**

25. 試求圖 10.57 中每個電源對電壓 $v_1(t)$ 之個別貢獻。

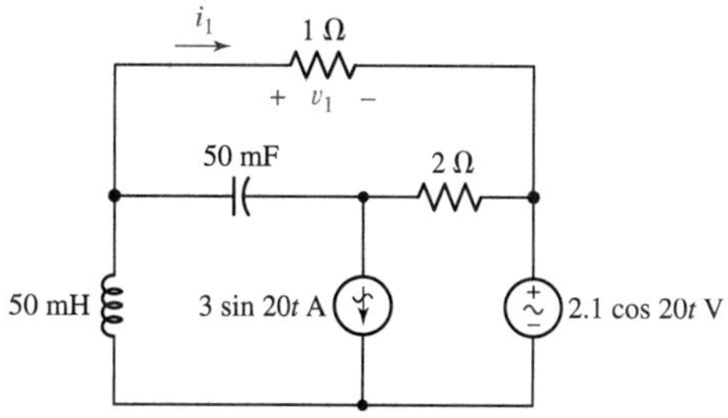

◆ **圖 10.57**

10.8 相量圖

26. 選擇圖 10.58 電路中之電源 $\mathbf{I}_s$，使得 $\mathbf{V} = 5\angle 120°$ V。(a) 試建構闡述 $\mathbf{I}_R$、$\mathbf{I}_L$ 與 $\mathbf{I}_C$ 之相量圖；(b) 試使用所繪製之相量圖求得 $\mathbf{I}_s$ 超前 $\mathbf{I}_R$、$\mathbf{I}_C$ 與 $\mathbf{I}_s$ 之角度。
27. (a) 試計算圖 10.59 所示電路的 $\mathbf{I}_L$、$\mathbf{I}_R$、$\mathbf{I}_C$、$\mathbf{V}_L$、$\mathbf{V}_R$ 與 $\mathbf{V}_C$ 之數值；(b) 試使用 50 V 為 1 in 且 25 A 為 1 in 之刻度，顯示七個相量之相量圖，並且標示出 $\mathbf{I}_L = \mathbf{I}_R + \mathbf{I}_C$ 且 $\mathbf{V}_s = \mathbf{V}_L + \mathbf{V}_R$。

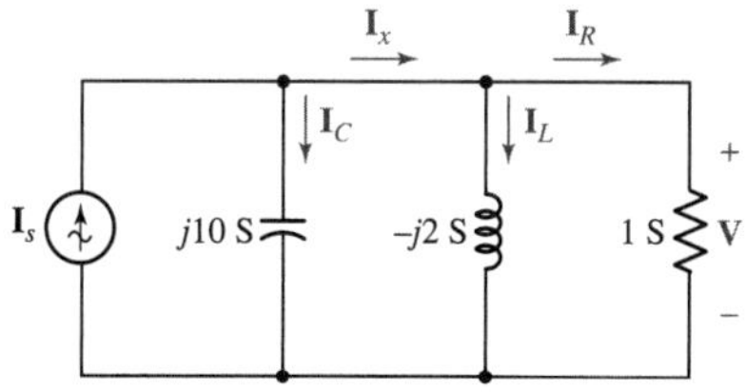

◆ **圖 10.58**

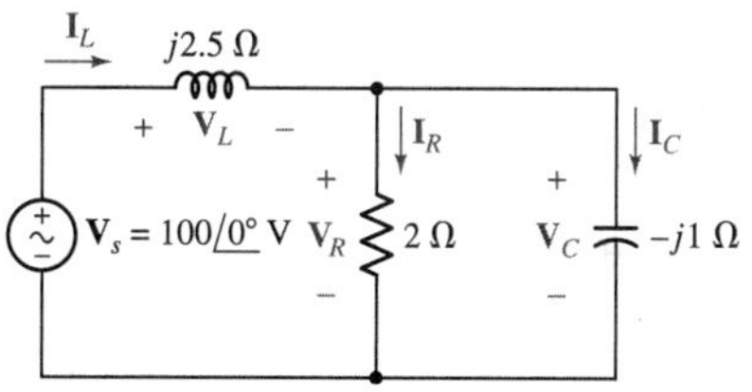

◆ **圖 10.59**

28. 試選擇圖 10.60 中電壓源 $\mathbf{V}_s$，使得 $\mathbf{I}_C = 1\angle 0°$ A。(a) 試繪製顯示 $\mathbf{V}_1$、$\mathbf{V}_2$、$\mathbf{V}_s$ 與 $\mathbf{V}_R$ 之相量圖；(b) 試使用該相量圖求得 $\mathbf{V}_2$ 對 $\mathbf{V}_1$ 之比值。

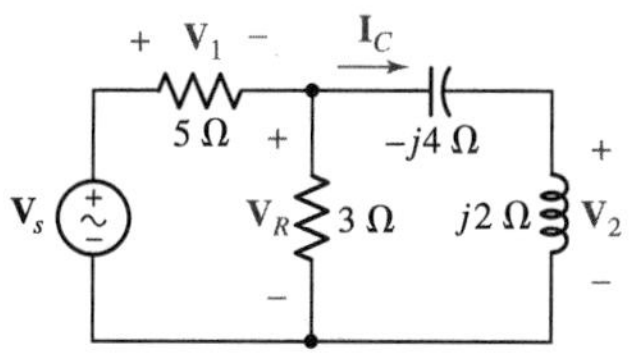

◆ **圖 10.60**

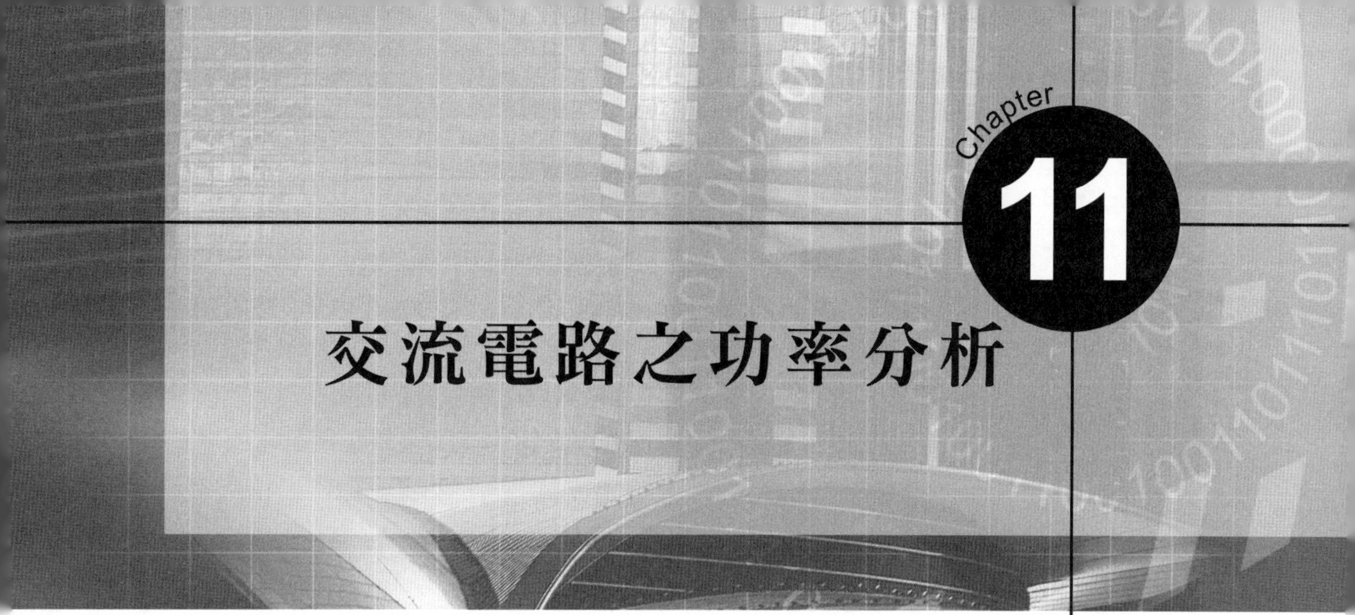

Chapter 11

交流電路之功率分析

主要觀念

- 瞬時功率之計算
- 弦波電源所提供之平均功率
- 均方根 (RMS) 值
- 無效功率
- 複數功率、平均功率與無效功率之間的關係
- 負載之功率因數

簡介

判斷電路元件所要傳送或者吸收 (或者兩者) 的功率通常為電路分析中不可或缺的一部分。在本書所闡述的交流功率的文篇中，已知先前所採取的方式皆相當簡單，但並不提供特定系統如何操作之描述，所以本章將介紹數種與功率相關的物理量。

本章將先考慮**瞬時**功率，為所要分析的元件或網路相關的時域電壓與時域電流之乘積。由於在電路中必須限制瞬時功率的最大值，以免超過實體元件的安全操作範圍，因此在此觀點下瞬時功率本身對電路的設計相當有用。例如，當峰值功率功率超過某限制之數值，電晶體與真空管之功率放大器兩者會產生失真的輸出，而揚聲器便會提供失真的聲音。而關注瞬時功率的主要理由則是相當簡單，亦即瞬時功率提供其他更重要的功率量之計算，例如**平均**功率。同理，平均速度為越野公路旅行的進度最好的一種描述；但在實行上，需要限制所關注的瞬時速度，以避免最大速度危及人身的安全以及引起高速公路的巡警注意。

在實務的問題上，所要處理的平均功率數值範圍可從來自外太空的遙測訊號之微微瓦功率、至供給良好音響系統中揚聲器之數瓦音頻功率、以至執行早晨咖啡壺所需之數百瓦功率、甚至大古力水壩 (Grand Coulee Dam) 所產生的百億瓦功率。儘管如此，當處理電抗負載與電源之間的能量交換時，即使是平均功率的觀念，也有其限制。藉由引進無效功率、複數功率以及功率因數的觀念便可簡易地了解與處理在電力工業上皆為極常見的專有名詞。

11.1 瞬時功率

傳送至任何元件或裝置的**瞬時功率** (Instantaneous Power) 定義為跨於該元件或裝置上的瞬時電壓以及所流經的瞬時電流之乘積 (假設被動符號慣例)。因此，[1]

$$p(t) = v(t)i(t) \qquad [1]$$

若所要探討的元件為電阻值為 R 之電阻器，則可完全以電流或者電壓表示其瞬時功率：

$$p(t) = v(t)i(t) = i^2(t)R = \frac{v^2(t)}{R} \qquad [2]$$

若上式中的電壓和電流乃是與純電感性的元件相關，則

$$p(t) = v(t)i(t) = Li(t)\frac{di(t)}{dt} = \frac{1}{L}v(t)\int_{-\infty}^{t} v(t')\,dt' \qquad [3]$$

其中任意假設在 $t = -\infty$ 時之電壓為零。而在電容器的狀況下，

$$p(t) = v(t)i(t) = Cv(t)\frac{dv(t)}{dt} = \frac{1}{C}i(t)\int_{-\infty}^{t} i(t')\,dt' \qquad [4]$$

其中也假設在 $t = -\infty$ 時之電流為零。

例如，考慮如圖 11.1 所示之串聯 RL 電路，其為步階電壓源所激勵。則先前已熟悉的電流響應為

$$i(t) = \frac{V_0}{R}(1 - e^{-Rt/L})u(t)$$

由於單位步階函數的平方為簡單的單位步階函數本身，因此電源所傳送，或者被動網路所吸收的總功率為

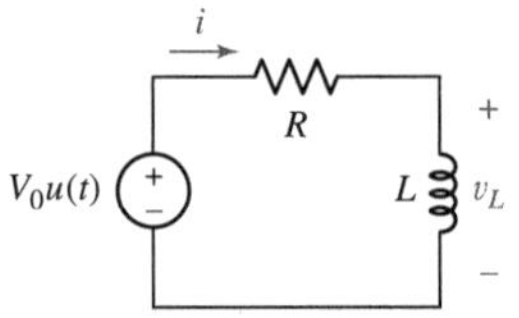

◆ **圖 11.1** 傳送至 R 之瞬時功率為 $p_R(t) = i^2(t)R = (V_0^2/R)(1 - e^{-Rt/L})^2 u(t)$。

1 早期一致認為將斜體下標的變數視為時間的函數，而且已經沿用了此一表達方式至今。然而，為了強調這些變數必須在特定時間瞬間上求解之事實，因此在本章中將明確表明其時間的相依性。

$$p(t) = v(t)i(t) = \frac{V_0^2}{R}(1 - e^{-Rt/L})u(t)$$

傳送至電阻器之功率為

$$p_R(t) = i^2(t)R = \frac{V_0^2}{R}(1 - e^{-Rt/L})^2u(t)$$

為了計算電感器所吸收的功率，需先得到電感器的電壓：

$$\begin{aligned} v_L(t) &= L\frac{di(t)}{dt} \\ &= V_0e^{-Rt/L}u(t) + \frac{LV_0}{R}(1 - e^{-Rt/L})\frac{du(t)}{dt} \\ &= V_0e^{-Rt/L}u(t) \end{aligned}$$

其中對 $t > 0$ 而言，$du(t)/dt$ 為零，且在 $t = 0$ 時，$(1 - e^{-Rt/L})$ 等於零。電感器所吸收的功率因此為

$$p_L(t) = v_L(t)i(t) = \frac{V_0^2}{R}e^{-Rt/L}(1 - e^{-Rt/L})u(t)$$

僅需要一些代數運算，便可證明

$$p(t) = p_R(t) + p_L(t)$$

此方程式可用以驗證分析的準確性；其結果繪製於圖 11.2。

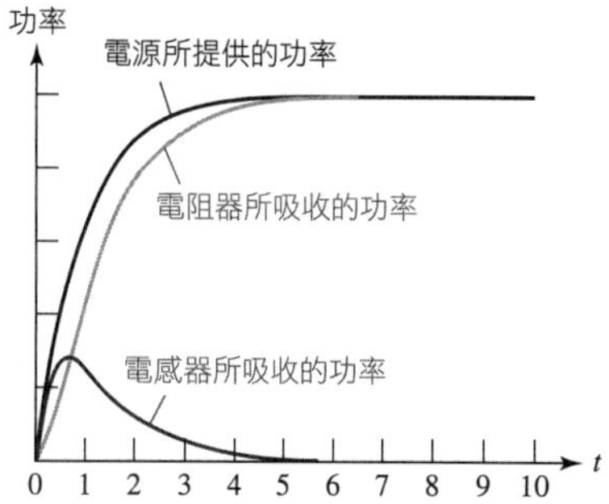

◆ **圖 11.2** $p(t)$、$p_R(t)$ 與 $p_L(t)$ 之圖示。隨著暫態消失，電路回到穩態操作。由於電路中所剩的唯一電源為直流，因此電感器最終將成為吸收零功率之短路。

■ 弦波激勵所產生的功率

此時將圖 11.1 所示電路的電壓源改為弦波電源 $V_m \cos \omega t$。已知時域穩態響應為

$$i(t) = I_m \cos(\omega t + \phi)$$

其中

$$I_m = \frac{V_m}{\sqrt{R^2 + \omega^2L^2}} \quad \text{且} \quad \phi = -\tan^{-1}\frac{\omega L}{R}$$

在弦波穩態下，傳送至整個電路之瞬時功率因此為

$$p(t) = v(t)i(t) = V_mI_m\cos(\omega t + \phi)\cos\omega t$$

其中使用兩個餘弦函數之三角幾何恆等式，重新描述為

$$\begin{aligned} p(t) &= \frac{V_mI_m}{2}[\cos(2\omega t + \phi) + \cos\phi] \\ &= \frac{V_mI_m}{2}\cos\phi + \frac{V_mI_m}{2}\cos(2\omega t + \phi) \end{aligned}$$

上述方程式呈現一般在弦波穩態電路中所存在的數個特性。第一項不為時間的函數，而第二項具有兩倍電源頻率的週期性變

化。由於第二項為餘弦波，且正弦波與餘弦波之平均值為零 (當以一整個週期平均時)，故此一範例之平均功率為 $\frac{1}{2} V_m I_m \cos \phi$；之後即可了解此為確實的狀況。

範例 11.1

電壓源 $40 + 60u(t)$ V、電容器 5 μF 以及 200 Ω 電阻器形成一串聯電路。試求在 $t = 1.2$ ms 時電容器與電阻器所吸收的功率。

在 $t = 0^-$，沒有任何電流在電路中流動，所以 40 V 跨於電容器。在 $t = 0^+$，電容器-電阻器串聯組合之跨壓跳至 100 V。由於電容器電壓 v_C 不能夠瞬間改變，因此在 $t = 0^+$的電阻器電壓為 60 V。

在 $t = 0^+$流經三個元件的電流因此為 60/200 = 300 mA，並且就 $t > 0$ 而言，該電流給定為

$$i(t) = 300e^{-t/\tau} \qquad \text{mA}$$

其中 $\tau = RC = 1$ ms。因此，在 $t = 1.2$ ms 時電路中所流動的電流為 90.36 mA，而在此一瞬間，電阻器所吸收的功率可簡單描述為

$$i^2(t)R = 1.633 \text{ W}$$

電容器所吸收的瞬時功率為 $i(t)v_C(t)$。已知在 $t > 0$ 跨於兩元件上的總電壓必為 100 V，而且電阻器的電壓給定為 $60e^{-t/\tau}$，

$$v_C(t) = 100 - 60e^{-t/\tau}$$

得知 $v_C(1.2 \text{ ms}) = 100 - 60e^{-1.2} = 81.93$ V。因此，電容器在 $t =$ 1.2 ms 所吸收的功率為 (90.36 mA) (81.93 V) = 7.403 W。

練習題

11.1 12 cos 2000t A 之電流源、200 Ω 之電阻器以及 0.2 H 之電感器並聯在一起。假設穩態條件存在。在 $t = 1$ ms，試求 (a) 電阻器；(b) 電感器；(c) 弦波電源所吸收的功率。

解答：13.98 kW；−5.63 kW；−8.35 kW。

11.2 平均功率

當描述瞬時功率的平均值時，必須清楚定義平均過程之時間區間。先選擇一般的時間區間，從 t_1 至 t_2。將 $p(t)$ 從 t_1 積分到

t_2，並且除以時間區間 $t_2 - t_1$，便可得到平均值。因此，

$$P = \frac{1}{t_2 - t_1}\int_{t_1}^{t_2} p(t)\,dt \qquad [5]$$

由於平均功率並非時間的函數，因此以大寫字母 P 表示平均功率，而且通常不使用特定的下標來強調平均值。雖然 P 不為時間的函數，卻是定義積分區間的兩個時間常數 t_1 與 t_2 之函數。若為週期性函數 $P(t)$，則可採用較簡單的方式來表示平均功率 P 在特定時間區間上的相依性。

■ 週期性波形之平均功率

假設強制函數與電路響應皆為週期性訊號；雖然不一定是弦波穩態，但已經達到穩態條件。可定義數學上的**週期性函數**

$$f(t) = f(t + T) \qquad [6]$$

其中的 T 為週期。此時顯示可以一個週期的區間來計算方程式 [5] 所表示的瞬時功率平均值，而該週期具有任意的初始時間點。

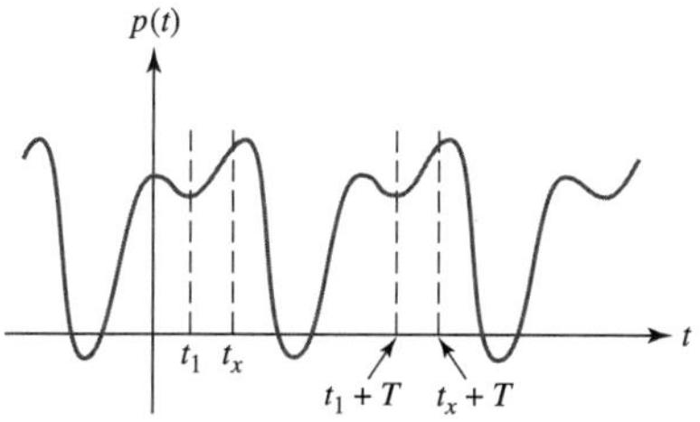

◆ **圖 11.3** 在任何週期 T 內的週期性函數 $p(t)$ 之平均值 P 皆相同。

一般常見的週期性波形闡述於圖 11.3，並標示為 $p(t)$。先藉由 t_1 從積分到一個週期之後的時間 t_2，亦即 $t_2 = t_1 + T$，計算平均功率：

$$P_1 = \frac{1}{T}\int_{t_1}^{t_1+T} p(t)\,dt$$

接著藉由從其他的某一時間點 t_x 積分到 $t_x + T$：

$$P_x = \frac{1}{T}\int_{t_x}^{t_x+T} p(t)\,dt$$

經由兩個積分的圖示，P_1 與 P_x 明顯相等；曲線的週期性本質必具有兩面積相等。因此，對瞬時功率積分一個週期的時間長度，之後再除以週期，即可計算出**平均功率** (Average Power)：

$$P = \frac{1}{T}\int_{t_x}^{t_x+T} p(t)\,dt \qquad [7]$$

重要的是，也可以任意數目的週期進行積分，只要再除以相同數目的積分週期數。因此，

$$P = \frac{1}{nT}\int_{t_x}^{t_x+nT} p(t)\,dt \qquad n = 1, 2, 3, \ldots \qquad [8]$$

若將此一觀念發揮到極致，以全部的時間進行積分，則可得到另一個有用的結果。先假設積分對稱的上下限

$$P = \frac{1}{nT}\int_{-nT/2}^{nT/2} p(t)\,dt$$

接著隨著 n 變成無限大，取極限值為

$$P = \lim_{n\to\infty}\frac{1}{nT}\int_{-nT/2}^{nT/2} p(t)\,dt$$

只要 $p(t)$ 在數學上為一般的函數，如同實際的強制函數與響應；則顯然，若以較大於整數 n 的非數值取代 n，則積分結果以及 P 值的變化便可以忽略；再者，誤差會隨著 n 遞增而遞減。在此雖然沒有嚴格地證明，仍可以連續的變數 τ 取代離散的變數 nT：

$$P = \lim_{\tau\to\infty}\frac{1}{\tau}\int_{-\tau/2}^{\tau/2} p(t)\,dt \qquad [9]$$

可知週期性函數對如此"無限大週期"之積分，在某些場合相當方便而有用。

弦波穩態之平均功率

此時將探討弦波穩態一般常見的結果。假設與所求元件相關的一般弦波電壓

$$v(t) = V_m\cos(\omega t + \theta)$$

而電流為

$$i(t) = I_m\cos(\omega t + \phi)$$

瞬時功率為

$$p(t) = V_m I_m\cos(\omega t + \theta)\cos(\omega t + \phi)$$

再次將兩餘弦函數的乘積表示為兩相角差的餘弦函數值以及兩相角和的餘弦函數值總和之一半，

$$p(t) = \tfrac{1}{2}V_m I_m\cos(\theta - \phi) + \tfrac{1}{2}V_m I_m\cos(2\omega t + \theta + \phi) \qquad [10]$$

回顧 $T = \frac{1}{f} = \frac{2\pi}{\omega}$。

藉由檢查其結果，可節省一些積分運算。第一項為常數項，與時間 t 無關。剩餘的第二項為餘弦函數；$p(t)$ 因而為週期性函數，且週期為 $\frac{1}{2}T$。要注意的是，週期與所給定的電流與電壓相關，而不是與功率相關；功率函數具有週期 $\frac{1}{2}T$。然而，也可以對瞬時功率積分一個週期 T 的區間來計算平均值；僅需除以 T 即可。而已相當熟悉的是，餘弦波與正弦波任何一者在一個週期內的平均值皆為零。因此不需要實際對方程式 [10] 進行積分；藉由檢

視方程式 [10]，便可得知第二項在一個週期 T (或者 $\frac{1}{2}T$) 內的平均值為零，而第一項常數的平均值必為其常數本身。因此，

$$\boxed{P = \frac{1}{2}V_m I_m \cos(\theta - \phi)} \qquad [11]$$

在先前的章節中已針對特定電路而介紹了此一重要結果，而此一結果在弦波穩態中相當常見。平均功率為電壓振幅峰值、電流振幅峰值，以及電流與電壓之間相角差的餘弦函數值之乘積的一半；而其中的相角差之正負與結果無關。

在此有兩個特殊的例子值得分別考慮之：傳送至理想電阻器的平均功率以及傳送至理想電抗器 (僅電容器與電感器之任意組合) 的平均功率。

範例 11.2

已知時域電壓 $v = 4\cos(\pi t/6)$ V，當相應的相量電壓 $\mathbf{V} = 4\angle 0°$ V 施加跨於阻抗 $\mathbf{Z} = 2\angle 60°\ \Omega$ 時，試求平均功率以及瞬時功率之表示式。

相量電流為 $\mathbf{V}/\mathbf{Z} = 2\angle -60°$ A，所以平均功率為

$$P = \frac{1}{2}(4)(2)\cos 60° = 2 \text{ W}$$

能夠將時域電壓描述為

$$v(t) = 4\cos\frac{\pi t}{6} \qquad \text{V}$$

而時域電流為

$$i(t) = 2\cos\left(\frac{\pi t}{6} - 60°\right) \qquad \text{A}$$

瞬時功率因此給定為兩者之乘積：

$$p(t) = 8\cos\frac{\pi t}{6}\cos\left(\frac{\pi t}{6} - 60°\right)$$

$$= 2 + 4\cos\left(\frac{\pi t}{3} - 60°\right) \qquad \text{W}$$

將此三個變量繪製於圖 11.4 的相同時間軸上。2 W 的功率平均值且功率週期為電流或電壓週期的一半 6 s 皆相當明顯。當電壓或電流其中一者為零時，瞬時功率的數值亦為零，在圖示中也相當明顯。

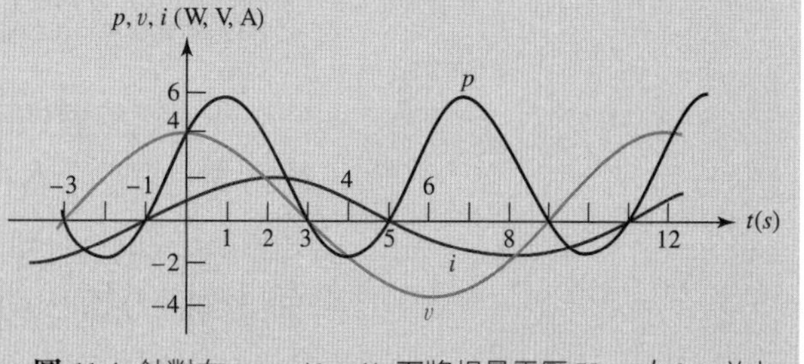

◆ **圖 11.4** 針對在 $\omega = \pi/6$ rad/s 下將相量電壓 $\mathbf{V} = 4\angle 0°$ V 施加至阻抗 $\mathbf{Z} = 2\angle 60°\ \Omega$ 之簡單電路，以時間函數繪製電路中的 $v(t)$、$i(t)$ 與 $p(t)$ 之曲線。

練習題

11.2 已知相量電壓 $\mathbf{V} = 115\sqrt{2}\angle 45^\circ$ V 跨於阻抗 $\mathbf{Z} = 16.26\angle 19.3^\circ\ \Omega$，試求瞬時功率之表示式，而若 $\omega = 50$ rad/s，試計算平均功率。

解答：$767.5 + 813.2\cos(100t + 70.7^\circ)$ W；767.5 W。

■理想電阻器所吸收的平均功率

純電阻器的電流與電壓之間的相角差為零。因此，

$$P_R = \frac{1}{2}V_m I_m \cos 0 = \frac{1}{2}V_m I_m$$

請記住此時為計算弦波電源傳送至電阻器之平均功率；需謹慎而不要將此平均功率量與具有相似型式的瞬時功率混淆。

或者

$$P_R = \frac{1}{2}I_m^2 R \qquad [12]$$

或者

$$P_R = \frac{V_m^2}{2R} \qquad [13]$$

上述兩個公式簡單且重要，可經由弦波電流或電壓的資訊判斷傳送至純電阻之平均功率。但**兩公式卻常常被誤用**。最常見的錯誤為試圖應用方程式 [13] 但其中的電壓卻**非電阻器上的跨壓**之狀況。若在方程式 [12] 中謹慎使用流經電阻器的電流，且在方程式 [13] 中使用電阻器的跨壓，則會確保正確的運算。同時也不要忘記 $\frac{1}{2}$ 的因數！

■純電抗元件所吸收的平均功率

傳送至任何純電抗元件 (亦即，沒有包含任何電阻器) 之平均功率為零。此為電抗元件電流與電壓之間必存在 90° 相位差之直接結果；因此，$\cos(\theta - \phi) = \cos \pm 90^\circ = 0$，且

$$P_X = 0$$

傳送至整體皆由理想電感器與電容器所構成的任何網路之**平均**功率為零；只有在特定瞬間的**瞬時**功率為零。因此，在週期的其中某一部分區間內，功率會流進只有電抗元件所構成的網路，而在週期的其他區間內，則會流出該網路，**沒有**任何的功率損失。

範例 11.3

試求藉由 $\mathbf{I} = 5\underline{/20^\circ}$ A 傳送至阻抗 $\mathbf{Z}_L = 8 - j11\ \Omega$ 之平均功率。

使用方程式 [12]，可快速求得解答。由於 $j11\ \Omega$ 分量不會吸收任何的平均功率，只有 8 Ω 電阻會參與平均功率之計算。因此，

$$P = \frac{1}{2}(5^2)8 = 100 \text{ W}$$

練習題

11.3 試計算由電流 $\mathbf{I} = 2 + j5$ A 傳送至阻抗 $6\underline{/25^\circ}\ \Omega$ 之平均功率。

解答：78.85 W。

範例 11.4

試求圖 11.5 中三個被動元件每個所吸收之平均功率，以及每個電源所提供的平均功率。

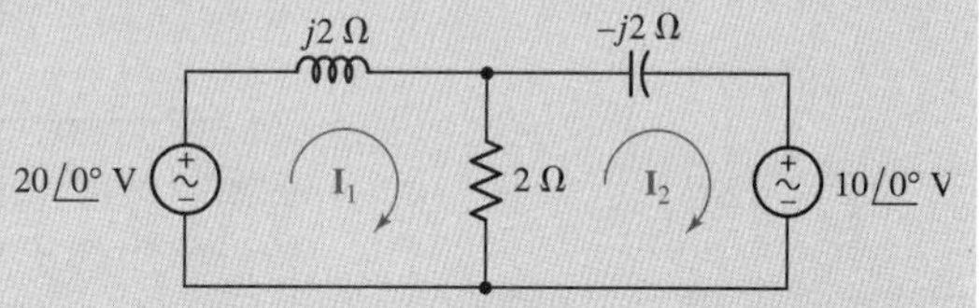

◆ **圖 11.5** 在弦波穩態下傳送至每個電抗元件的平均功率為零。

甚至不需要分析此一電路，已經得知兩電抗元件所吸收的平均功率為零。

藉由任何一種方法，例如網目分析、節點分析或者重疊定理，可求得 $\mathbf{I}_1$ 與 $\mathbf{I}_2$ 之數值為

$$\mathbf{I}_1 = 5 - j10 = 11.18\underline{/-63.43^\circ} \text{ A}$$

$$\mathbf{I}_2 = 5 - j5 = 7.071\underline{/-45^\circ} \text{ A}$$

向下流經 2 Ω 電阻器之電流為

$$\mathbf{I}_1 - \mathbf{I}_2 = -j5 = 5\underline{/-90^\circ} \text{ A}$$

所以 $I_m = 5$ A，而且使用方程式 [12] 便可極簡易求得電阻器所吸收的平均功率：

$$P_R = \frac{1}{2}I_m^2 R = \frac{1}{2}(5^2)2 = 25 \text{ W}$$

可使用方程式 [11] 或方程式 [13] 檢驗此一結果。接著回到左邊的電源。電壓 $20\underline{/0^\circ}$ V 與其相關的電流 $\mathbf{I}_1 = 11.18\underline{/-63.43^\circ}$ A 滿足主動符號慣例，因而此一電源所傳送的功率為

$$P_{\text{left}} = \frac{1}{2}(20)(11.18)\cos[0^\circ - (-63.43^\circ)] = 50 \text{ W}$$

同理，使用被動符號慣例，求得右邊電源所吸收的功率，

$$P_{\text{right}} = \frac{1}{2}(10)(7.071)\cos(0^\circ + 45^\circ) = 25 \text{ W}$$

由於 $50 = 25 + 25$，因此驗證了電路中的功率關係。

練習題

11.4 考慮圖 11.6 之電路，試計算傳送至每個被動元件之平均功率。試藉由計算兩電源所傳送的功率，驗證解答。

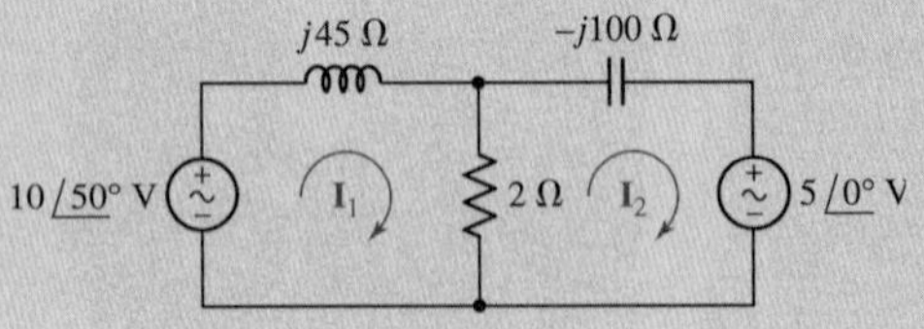

◆圖 11.6

解答：0，37.6 mW，0，42.0 mW，−4.4 mW。

■最大功率轉移

符號 $\mathbf{Z}^*$ 代表複數 $\mathbf{Z}$ 之共軛複數；將所有的 "j" 以 "$-j$" 取代之。

先前已經依據施加於電阻性負載與電阻性電源阻抗，考量了最大功率轉移定理。若戴維寧電源 $\mathbf{V}_{th}$ 與阻抗 $\mathbf{Z}_{th} = R_{th} + jX_{th}$ 連接至負載 $\mathbf{Z}_L = R_L + jX_L$，則可證明當 $R_L = R_{th}$ 且 $X_L = -X_{th}$ 時，亦即當 $\mathbf{Z}_L = \mathbf{Z}^*_{th}$ 時，傳送至負載的平均功率最大。此一結果通常美其名為**弦波穩態之最大功率轉移定理**：

> 與阻抗 $\mathbf{Z}_{th}$ 串聯的獨立電壓源或者與阻抗 $\mathbf{Z}_{th}$ 並聯的獨立電流源會傳送**最大平均功率**至負載阻抗 $\mathbf{Z}_L = \mathbf{Z}^*_{th}$，亦即該負載阻抗等於 $\mathbf{Z}_{th}$ 之共軛複數 $\mathbf{Z}^*_{th}$。

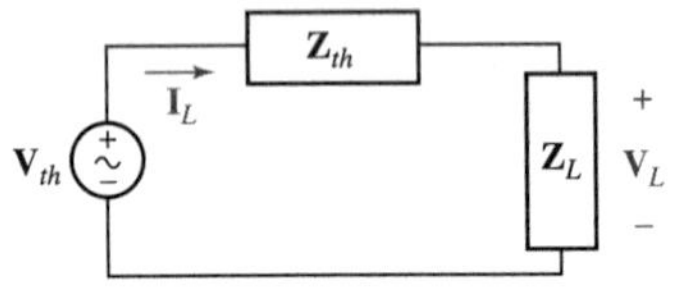

◆**圖 11.7** 當最大功率轉移定理應用於弦波穩態電路時，闡述該定理推導過程之簡單迴路電路。

相關細節留待讀者證明，而考慮圖 11.7 之簡單迴路電路，便能夠了解弦波穩態最大功率轉移定理之基本方法。可將戴維寧等效阻抗 $\mathbf{Z}_{th}$ 描述為兩分量相加，亦即 $R_{th} + jX_{th}$；同理，負載阻抗 $\mathbf{Z}_L$ 可描述為 $R_L + jX_L$。流經迴路的電流為

$$\mathbf{I}_L = \frac{\mathbf{V}_{th}}{\mathbf{Z}_{th} + \mathbf{Z}_L}$$

$$= \frac{\mathbf{V}_{th}}{R_{th} + jX_{th} + R_L + jX_L} = \frac{\mathbf{V}_{th}}{R_{th} + R_L + j(X_{th} + X_L)}$$

且

$$\mathbf{V}_L = \mathbf{V}_{th}\frac{\mathbf{Z}_L}{\mathbf{Z}_{th} + \mathbf{Z}_L}$$

$$= \mathbf{V}_{th}\frac{R_L + jX_L}{R_{th} + jX_{th} + R_L + jX_L} = \mathbf{V}_{th}\frac{R_L + jX_L}{R_{th} + R_L + j(X_{th} + X_L)}$$

$\mathbf{I}_L$ 之振幅為

$$\frac{|\mathbf{V}_{th}|}{\sqrt{(R_{th}+R_L)^2+(X_{th}+X_L)^2}}$$

而相角為

$$\underline{/\mathbf{V}_{th}} - \tan^{-1}\left(\frac{X_{th}+X_L}{R_{th}+R_L}\right)$$

同理，$\mathbf{V}_L$ 之振幅為

$$\frac{|\mathbf{V}_{th}|\sqrt{R_L^2+X_L^2}}{\sqrt{(R_{th}+R_L)^2+(X_{th}+X_L)^2}}$$

且其相角為

$$\underline{/\mathbf{V}_{th}} + \tan^{-1}\left(\frac{X_L}{R_L}\right) - \tan^{-1}\left(\frac{X_{th}+X_L}{R_{th}+R_L}\right)$$

參照方程式 [11]，則可得知傳送至負載阻抗 $\mathbf{Z}_L$ 的平均功率 P 之表示式：

$$P = \frac{\frac{1}{2}|\mathbf{V}_{th}|^2\sqrt{R_L^2+X_L^2}}{(R_{th}+R_L)^2+(X_{th}+X_L)^2}\cos\left(\tan^{-1}\left(\frac{X_L}{R_L}\right)\right) \qquad [14]$$

為了證明最大的平均功率確實在 $\mathbf{Z}_L = \mathbf{Z}_{th}^*$ 時傳送至負載，必須執行兩個個別的步驟。首先，必須令方程式 [14] 對 R_L 的導數為零。再者，必須令方程式 [14] 對 X_L 的導數為零。所剩的細節留待讀者練習推導。

範例 11.5

某一特殊電路由一個弦波電壓源 3 cos(100t − 3°) V、一個 500 Ω 電阻器、一個 3 mH 電感器以及一個未知阻抗之串聯組合所構成。若要確保電壓源傳送最大平均功率給予該未知阻抗，試求該阻抗之數值。

將電路之相量表示方式繪製於圖 11.8。可簡易地將該電路視為一個未知阻抗 $\mathbf{Z}_?$ 串聯一個由 $3\underline{/-3°}$ V 電源以及戴維寧阻抗 $500 + j3\ \Omega$ 所構成的戴維寧等效電路。

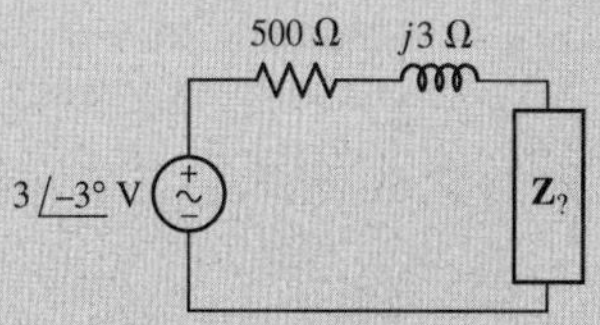

◆ **圖 11.8** 由一個弦波電壓源、一個電阻器、一個電感器以及一個未知阻抗所構成的簡單串聯電路之相量表示方式。

由於圖 11.8 之電路已是使用最大平均功率轉移定理所需的型式，因此得知其最大平均功率會轉移至等於 $\mathbf{Z}_{th}$ 的共軛複數之阻抗，或者

$$\mathbf{Z}_? = \mathbf{Z}_{th}^* = 500 - j3\ \Omega$$

能夠以多種方式來建構此一阻抗，最簡單的方式為一個 500 Ω 電阻器串聯一個阻抗為 $-j3$ Ω 之電容器。由於該電路之操作頻率為 100 rad/s，因此所相應的電容值為 3.333 mF。

練習題

11.5 若以一個 10 μF 電容器取代範例 11.5 之 30 mH 電感器，且若已知 $\mathbf{Z}_?$ 恰吸收最大功率，試求未知阻抗 $\mathbf{Z}_?$ 之電感性分量之數值。

解答：10 H。

■非週期性函數之平均功率

接著探討非週期性函數之平均功率。非週期性功率函數在實務上的一個範例為指向"無線電星體"之無線電望遠鏡，其平均功率數值通常為所求。另一個範例為某些週期性函數之相加，但每個函數卻具有不同的頻率，而且該函數組合中沒有更大共同的週期。例如，電流

$$i(t) = \sin t + \sin \pi t \qquad [15]$$

為非週期性函數，由於兩個正弦波的週期之比值為無理數。在 $t=0$，兩項皆為零，並且開始遞增。但第一項僅有在 $t=2\pi n$ 為零且開始遞增，其中的 n 為整數，所以週期性質需要 πt 或者 $\pi(2\pi n)$ 必須等於 $2\pi m$ 方能成立，其中的 m 亦為整數。但此一方程式無解 (無法找到 m 與 n 兩者之整數值)。此啟發了方程式 [15] 的非週期性表示式與週期性函數之間的比較，

$$i(t) = \sin t + \sin 3.14t \qquad [16]$$

其中的 3.14 是精確的十進制表示式，而不是將之視為 3.141592...。簡單運算後，[2] 便能夠證明此電流波形的週期為 100π 秒。

藉由積分一個無限大的區間，便可得知以方程式 [16] 週期性電流或者方程式 [15] 非週期性電流傳送至 1 Ω 電阻器的功率之平均值。由於已知簡單函數的平均值，因此能夠避免許多實際的積分運算。因此藉由應用方程式 [9]，得到方程式 [15] 的電流所傳送的平均功率：

$$P = \lim_{\tau \to \infty} \frac{1}{\tau} \int_{-\tau/2}^{\tau/2} (\sin^2 t + \sin^2 \pi t + 2 \sin t \sin \pi t)\, dt$$

此時將 P 視為三個平均值之總和。以 $(\frac{1}{2} - \frac{1}{2}\cos 2t)$ 取代 $\sin^2 t$，藉以求得 $\sin^2 t$ 在無限區間內的平均值；其平均值簡單為

2 $T_1 = 2\pi$ 且 $T_2 = 2\pi/3.14$。因此，尋求 m 與 n 的整數值，使得 $2\pi n = 2\pi m/3.14$，或 $3.14n = m$，或者 $314/100n = m$ 或 $157n = 50m$。所以，m 與 n 最小的整數值為 $n = 50$ 以及 $m = 157$。週期因而為 $T = 2\pi n = 100\pi$，或者 $T = 2\pi\,(157/3.14) = 100\pi$ s。

$\frac{1}{2}$。同理，$\sin^2 \pi t$ 的平均值也為 $\frac{1}{2}$。而將最後一項表示為兩個餘弦函數的加總，每一個餘弦函數當然必具有零平均值。因此，

$$P = \frac{1}{2} + \frac{1}{2} = 1 \text{ W}$$

所得到的結果與方程式 [16] 的週期性電流相同。將此一相同方法應用至數個不同週期以及任意振幅的弦波相加之電流函數，

$$i(t) = I_{m1} \cos \omega_1 t + I_{m2} \cos \omega_2 t + \cdots + I_{mN} \cos \omega_N t \qquad [17]$$

得到傳送至電阻 R 之平均功率，

$$P = \frac{1}{2}\left(I_{m1}^2 + I_{m2}^2 + \cdots + I_{mN}^2\right)R \qquad [18]$$

若將任意相角賦予該電流的每一個分量，則此一結果不變。想像推導此一結果所需的步驟：將該電流函數平方、積分，再取其極限值，此一重要的結果居然相當簡單。在諸如方程式 [17] 的電流之特殊情況下，其中每一項皆具有獨特的頻率，因此重疊定理可應用於計算功率。但是，重疊定理不可應用於兩個直流電流相加之電流，也不可應用於兩個相同頻率的弦波相加之電流。

範例 11.6

試求由電流 $i_1 = 2 \cos 10t - 3 \cos 20t$ A 傳送至 4 Ω 電阻器之平均功率。

由於兩個餘弦項具有不同的頻率，因此可個別計算兩平均功率數值，之後再相加。所以，此一電流傳送 $\frac{1}{2}(2^2)4 + \frac{1}{2}(3^2)4 = 8 + 18 = 26$ W 至 4 Ω 電阻器。

範例 11.7

試求電流 $i_2 = 2 \cos 10t - 3 \cos 10t$ A 傳送至 4 Ω 電阻器之平均功率。

此時電流的兩個組成分量為相同的頻率，因此，必須將它們組合成為具有此一頻率的單一個弦波。所以，$i_2 = 2 \cos 10t - 3 \cos 10t = -\cos 10t$，僅傳送 $\frac{1}{2}(1^2)4 = 2$ W 的平均功率至 4 Ω 之電阻器。

練習題

11.6 電壓源 v_s 連接跨於一個 4 Ω 電阻器上。若 v_s 等於 (a) 8 sin 200t V；(b) 8 sin 200t − 6 cos(200t − 45°) V；(c) 8 sin 200t − 4 sin 100t V；(d) 8 sin 200t − 6 cos(200t − 45°) − 5 sin 100t + 4 V；試求該電阻器所吸收之平均功率。

解答：8.00 W；4.01 W；10.00 W；11.14 W。

11.3 電流與電壓之有效值

在北美洲，大多數的電源插座傳送具有 60 Hz 頻率的弦波電壓以及 115 V 的 “電壓” (其他地區則通常為 50 Hz 與 240 V)。但 “115 伏特” 的意義為何？電源電壓為變動的弦波，此一數值當然不是電壓的瞬時值。115 V 的數值也不是振幅 V_m；若將該電壓波形顯示已校準過的示波器上，則將會發現插座上的電壓振幅為 $115\sqrt{2}$ 或者 162.6 伏特。由於弦波的平均值為零，因此 115 V 也不能符合平均值的觀念。若計算一個正半週或負半週內的平均值大小，可能得到較為接近的數值；使用整流器型式的伏特計測量插座的電壓，會測得 103.5 V，但也不是 115 V。事實證明 115 V 為此一弦波電壓的**有效值** (Effective Value)，為電壓源傳送功率給予電阻性負載的有效程度之度量。

■ 週期性波形之有效值

在此任意選擇定義電流波形之有效值，當然也可以選擇電壓波形。任何週期性電流之**有效值**等於流經 R 歐姆電阻器之直流電流數值，且該直流數值傳送相同於週期性電流所輸送的平均功率給予電阻器。

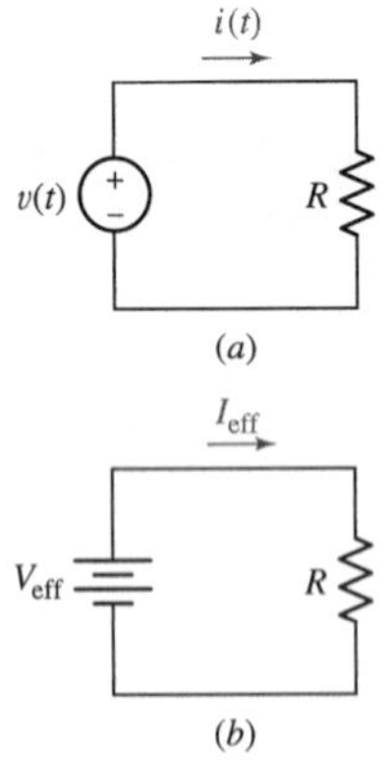

◆**圖 11.9** 若在 (a) 與 (b) 中的電阻器接收到相同的平均功率，則 $v(t)$ 的有效值等於 V_{eff}。

換言之，提供已給定的週期性電流流經該電阻器、判斷瞬時功率 $i^2 R$，之後再求出 $i^2 R$ 在一個週期內的平均值；此為平均功率。接著使某一直流電流流經相同的電阻器，並且調整該直流電流的數值，直到獲得相同數值的平均功率為止。所產生的直流電流振幅等於所給定的週期性電流之有效值。此觀念闡述於圖 11.9。

此時便可簡易得到 $i(t)$ 一般的數學表示式。週期性電流 $i(t)$ 傳送至電阻器的平均功率為

$$P = \frac{1}{T}\int_0^T i^2 R\,dt = \frac{R}{T}\int_0^T i^2\,dt$$

其中 $i(t)$ 的週期為 T。直流電流所傳送的功率為

$$P = I_{\text{eff}}^2 R$$

令兩功率相等，藉以求得 I_{eff}，得到

$$\boxed{I_{\text{eff}} = \sqrt{\frac{1}{T}\int_0^T i^2\,dt}} \qquad [19]$$

此一結果與電阻 R 無關，但提供具有實質意義的觀念。分別以 v 與 V_{eff} 取代 i 與 I_{eff}，便可得到週期性電壓有效值之相似表示式。

要注意的是，先將時間函數平方，再對已平方的函數取一個週期的平均值，最後再取已平方函數的平均值之平方根。總之，計算有效值之運算為平方的平均之 (平方) 根；由此，有效值通常稱為**均方根** (Root-Mean-Square) 值，或者簡稱為 ***rms*** 值。

■弦波波形之有效 (RMS) 值

計算有效值最重要的特殊狀況為弦波波形。選擇弦波電流為

$$i(t) = I_m \cos(\omega t + \phi)$$

其週期為

$$T = \frac{2\pi}{\omega}$$

將方程式 [19] 代入，得到有效值

$$\begin{aligned}
I_{\text{eff}} &= \sqrt{\frac{1}{T}\int_0^T I_m^2 \cos^2(\omega t + \phi)\,dt} \\
&= I_m \sqrt{\frac{\omega}{2\pi}\int_0^{2\pi/\omega} \left[\frac{1}{2} + \frac{1}{2}\cos(2\omega t + 2\phi)\right] dt} \\
&= I_m \sqrt{\frac{\omega}{4\pi}[t]_0^{2\pi/\omega}} \\
&= \frac{I_m}{\sqrt{2}}
\end{aligned}$$

因此弦波電流的有效值為與相角無關且數值等於電流峰值 $1/\sqrt{2} = 0.707$ 倍之實數量。所以，電流 $\sqrt{2}\cos(\omega t + \phi)$ A 具有 1 A 之有效值，並且可傳送**等於** 1 A **直流**電流遞送至任何電阻器之平均功率。

應該謹慎地注意到其中的 $\sqrt{2}$ 因數，亦即週期性電流振幅對有效值之比值，僅可應用於週期性函數為弦波之狀況。例如，鋸齒波之有效值為最大值除以 $\sqrt{3}$。必須將最大值必須除以某因數方得到有效值，而其中的因數則視所給定的週期性函數之數學式而定；可以是有理數，也可以是無理數，皆視函數的性質而定。

■使用 RMS 值計算平均功率

有效值也可用來簡化弦波電流或電壓所傳送的平均功率之表示式，藉以避免使用到常數因數 $\frac{1}{2}$。例如，弦波電流傳送至 R 歐姆電阻器的平均功率為

$$P = \frac{1}{2}I_m^2 R$$

由於 $I_{\text{eff}} = I_m/\sqrt{2}$，因此可將平均功率描述為

有效值為依據等效直流量所定義，此一事實提供了與直流分析相同的電阻性電路之平均功率公式。

$$P = I_{\text{eff}}^2 R \qquad [20]$$

也可以依據有效值寫出其他的功率表示式：

$$P = V_{\text{eff}} I_{\text{eff}} \cos(\theta - \phi) \qquad [21]$$

$$P = \frac{V_{\text{eff}}^2}{R} \qquad [22]$$

雖然已經從平均功率關係中消除了因數 $\frac{1}{2}$，但必須謹慎判斷所描述的弦波量是以其振幅或者其有效值。實務上，有效值通常使用於電路傳輸或分配，以及轉動機械之領域；在電子與通訊之領域中，較常使用振幅。除非明確使用專有名詞“rms”，或者另有指示，否則將假設所指定的數值為振幅。

在弦波穩態中，相量電壓與電流可以給定為有效值或者振幅；兩種表示式僅有因數 $\sqrt{2}$ 不同。以振幅表示電壓為 $50\underline{/30^\circ}$ V；若使用 rms 電壓，則應該將此一相同的電壓描述為 $35.4\underline{/30^\circ}$ V rms。

■多頻率電路之有效值

為了判斷由某些不同頻率的弦波總和所構成的週期性或者非週期性波形之有效值，可以使用 11.2 節所推導的方程式 [18] 之平均功率適當關係，根據數個分量之有效值描述為：

$$P = \left(I_{1\text{eff}}^2 + I_{2\text{eff}}^2 + \cdots + I_{N\text{eff}}^2\right) R \qquad [23]$$

由此可知由任意數目的不同頻率弦波電流所構成的電流之有效值能夠表示為：

$$I_{\text{eff}} = \sqrt{I_{1\text{eff}}^2 + I_{2\text{eff}}^2 + \cdots + I_{N\text{eff}}^2} \qquad [24]$$

如此的結果顯示若 60 Hz 的弦波電流 5 A rms 流經一個 2 Ω 之電阻器，則該電阻器會吸收平均功率 $5^2(2) = 50$ W；若再增加第二個電流——例如，也許是 120 Hz、3 A rms ——則所吸收的功率為 $3^2(2) + 50 = 68$ W。使用方程式 [24]，則可得 60 Hz 與 120 Hz 電流總和之有效值為 5.831 A，因此 $P = 5.831^2(2) = 68$ W，與先前所得結果相同。然而，若第二個電流也是 60 Hz，則兩個 60 Hz 電流總和的有效值可能是 2 與 8 A 之間的任何數值，視兩電流的相對相位而定。因此，所吸收的功率可能具有 8 W 與 128 W 之間的任意數值，端視兩電流成分的相對相位而定。

練習題

11.7 試計算每個週期性電壓之有效值：(a) $6 \cos 25t$；(b) $6 \cos 25t + 4 \sin(25t + 30°)$；(c) $6 \cos 25t + 5 \cos^2(25t)$；(d) $6 \cos 25t + 5 \sin 30t + 4$ V。

解答：4.24 V；6.16 V；5.23 V；6.82 V。

要注意的是直流量 K 的有效值簡單為 K，而非 $\frac{K}{\sqrt{2}}$。

11.4 視在功率與功率因數

在歷史上，引進視在功率與功率因數的觀念可追溯到電力工業，其中必須將大量的電能從某一地點傳送至另一地點；傳輸的效率直接關係到電能的成本，而成本最終為消費者所支付。就實際接收與使用每**千瓦小時** (Kilowatthour, kWh) 電能而言，提供產生較差傳輸效率的負載之顧客必須支付更多的代價。同理，因顧客需要電力公司提供投資較昂貴的傳輸與配電設備，所以每千瓦小時也要支付更多的費用，除非電力公司想要賠錢。

首先定義**視在功率** (Apparent Power) 與**功率因數** (Power Factor)，並且簡略地闡述這些專有名詞與實際經濟情況之關係。假設弦波電壓

$$v = V_m \cos(\omega t + \theta)$$

將之應用至某一網路，所產生的弦波電流為

$$i = I_m \cos(\omega t + \phi)$$

電壓超前電流之相角因此為 $(\theta - \phi)$。假設在網路的輸入端上使用被動符號慣例，則傳送至該網路的平均功率為可以最大值表示為：

$$P = \frac{1}{2} V_m I_m \cos(\theta - \phi)$$

或者以有效值表示為：

$$P = V_{\text{eff}} I_{\text{eff}} \cos(\theta - \phi)$$

視在功率並不受限於弦波強制函數與響應之觀念。可簡單藉由取得任意電流與電壓有效值之乘積，決定其視在功率。

若所施加的電壓與電流響應為直流量，則傳送至網路的平均功率將簡單給定為電壓與電流之乘積。將此一直流技巧應用至弦波問題，似乎可得到負載所吸收的功率數值，且"顯然"由熟知的乘積 $V_{\text{eff}}\, I_{\text{eff}}$ 所給定。然而，此一電壓與電流之有效值乘積並非平均功率；因此將之定義為**視在功率** (Apparent Power)。由於 $\cos(\theta - \phi)$ 沒有單位，因此以相同於實功率的單位來測量視在功率；但為了避免混淆，使用**伏安** (Volt-Ampere) 或者 VA 為視在功率的單位。由於 $\cos(\theta - \phi)$ 不會具有大於 1 的振幅，因此實功率的大小絕對不會大於視在功率。

實功率或平均功率對視在功率的比值稱為**功率因數** (Power Factor)，以 PF 為功率因數的符號。所以，

$$\text{PF} = \frac{\text{平均功率}}{\text{視在功率}} = \frac{P}{V_{\text{eff}} I_{\text{eff}}}$$

在弦波的狀況下，功率因數簡單描述為 $\cos(\theta - \phi)$，其中的 $(\theta - \phi)$ 為電壓超前電流之角度。此一角度 $(\theta - \phi)$ 通常稱為 **PF 角** (PF Angle)。

就純電阻性負載而言，電壓與電流同相，因此 $(\theta - \phi)$ 為零，而 PF 為 1。換言之，在此狀況下，視在功率與平均功率相等。而就具有電感與電容兩者之負載而言，若謹慎選擇其操作頻率藉以提供具有零相角之輸入阻抗，也可實現功率因數等於 1 之狀況。再者，不具有電阻之純電抗負載將會使電壓與電流之間的相位差等於正或負 90°，因而 PF 為零。

在這兩個極端的例子之間，尚有某些一般網路之 PF 範圍會從零到 1。例如，0.5 的 PF 表示負載具有相角為 60° 或 −60° 之輸入阻抗，由於電壓超前電流 60°，因此前者為電感性負載，同理，後則稱為電容性負載。藉由超前的 PF 或者落後的 PF 來辨別不明確的負載實際本質，術語*超前*或者*落後*則是依照*電流相對於電壓之相位*而定。因此，電感性負載具有落後的 PF，而電容性負載則具有超前 PF。

範例 11.8

試求傳送至圖 11.10 所示兩負載個別的平均功率、電源所供應的視在功率以及整體負載的功率因數之數值。

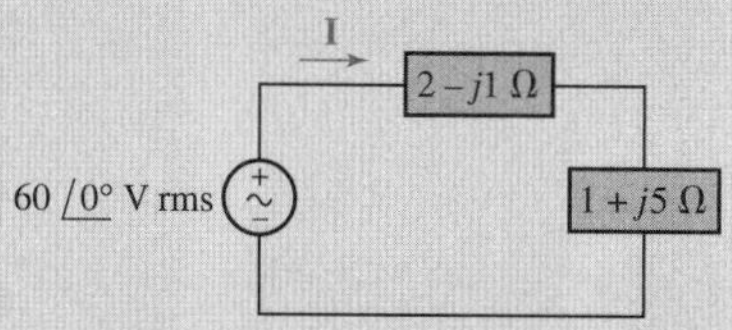

◆ **圖 11.10** 欲計算傳送至每個元件的平均功率、電源所供應的視在功率，以及整體負載的功率因數之電路。

▶確定問題的目標

平均功率為負載元件中的電阻性分量所吸收之功率；視在功率為負載整體之有效電壓 (有效值) 與有效電流 (有效值) 之乘積。

▶蒐集已知的資訊

有效電壓為 60 V rms，其跨於整體負載 $2 - j + 1 + j5 = 3 + j4\ \Omega$ 上。

▶擬訂求解計畫

簡單的相量分析可得到該電路之電流。得知電壓與電流則可藉以計算平均功率與視在功率；藉由這兩個功率量便能夠求得功率因數。

▶建立一組適當的方程式

供應至負載的平均功率 P 給定為

$$P = I_{\text{eff}}^2 R$$

其中的 R 為負載阻抗之實數部分。電源所提供的視在功率為 $V_{\text{eff}} I_{\text{eff}}$，其中 $V_{\text{eff}} = 60$ V rms。

以這兩個功率量來計算功率因數：

$$\text{PF} = \frac{\text{平均功率}}{\text{視在功率}} = \frac{P}{V_{\text{eff}} I_{\text{eff}}}$$

▶判斷是否需要額外的資訊

需要求得 I_{eff}：

$$\mathbf{I} = \frac{60\underline{/0^\circ}}{3 + j4} = 12\underline{/-53.13^\circ}\ \text{A rms}$$

所以 $I_{\text{eff}} = 12$ A rms，且 $ang\ \mathbf{I} = -53.13°$。

▶嘗試解決方案

傳送至上方負載的平均功率給定為

$$P_{\text{upper}} = I_{\text{eff}}^2 R_{\text{top}} = (12)^2(2) = 288\ \text{W}$$

且傳送至右邊負載的平均功率給定為

$$P_{\text{lower}} = I_{\text{eff}}^2 R_{\text{right}} = (12)^2(1) = 144\ \text{W}$$

電源本身提供了 $V_{\text{eff}} I_{\text{eff}} = (60)(12) = 720$ VA 之視在功率。

最後，藉由考慮整個負載之電壓與電流求得整個負載的功

率因數。當然，此一功率因數等於電源的功率因數。由於整體負載為電感性，因此，

$$\mathrm{PF} = \frac{P}{V_{\mathrm{eff}} I_{\mathrm{eff}}} = \frac{432}{60(12)} = 0.6\ (落後)$$

▶**驗證解答是否合理或符合所預期的結果**

傳送至負載的總平均功率為 288 + 144 = 432 W，而電源所提供的平均功率為

$$P = V_{\mathrm{eff}} I_{\mathrm{eff}} \cos(ang\,\mathbf{V} - ang\,\mathbf{I}) = (60)(12)\cos(0 + 53.13^\circ) = 432\ \mathrm{W}$$

因此驗證了正確的功率平衡。

也可以整體阻抗描述為 $5\underline{/53.1^\circ}\ \Omega$，進而得知 PF 角度 53.1°，因而所具有的 PF 為 cos 53.1° = 0.6 (落後)。

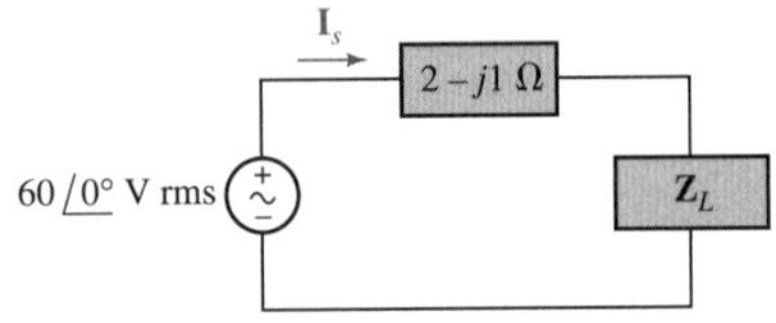

◆ **圖 11.11**

練習題

11.8 考慮圖 11.11 之電路，若 $Z_L = 10\ \Omega$，試求整體負載之功率因數。

解答：0.9966 (超前)。

11.5 複數功率

根據第十章所介紹的複數，“複”數實際上並不會使分析變得“複雜”。複數提供分析者透過“實數”與“虛數”分量兩資訊進行一系列的計算，而通常明顯簡化了繁瑣的計算。由於一般負載具有電阻性以及電感性與電容器元件，因此複數對計算功率之效益特別顯著。本節中，將定義**複數功率** (Complex Power)，以新穎有效的方式計算對總功率之個別貢獻。複數功率的大小為簡單的視在功率；複數功率的實數部分為平均功率，而在本節中將可得知的虛數部分則為一種新的功率量，稱為**無效功率** (Reactive Power)，描述進出於無效負載元件 (例如，電感器與電容器) 之能量傳輸比率。

依據跨於一對端點之一般弦波電壓 $\mathbf{V}_{\mathrm{eff}} = V_{\mathrm{eff}}\underline{/\theta}$，以及流進其中一個端點之一般弦波電流 $\mathbf{I}_{\mathrm{eff}} = I_{\mathrm{eff}}\underline{/\phi}$，並且使用滿足被動符號慣例之方法來定義複數功率。該兩端網路所吸收的平均功率 P 因此為

$$P = V_{\text{eff}} I_{\text{eff}} \cos(\theta - \phi)$$

再次以相同於介紹相量之方式，使用尤拉公式來介紹複數的學術用語。將平均功率 P 表示為

$$P = V_{\text{eff}} I_{\text{eff}} \operatorname{Re}\{e^{j(\theta-\phi)}\}$$

或者

$$P = \operatorname{Re}\{V_{\text{eff}} e^{j\theta} I_{\text{eff}} e^{-j\phi}\}$$

此時可將相量電壓視為前述方程式括號內之前兩個因數，但因其中的角度具有負號，而此負號不會出現在相量電流的表示式中，因此後兩個因數並不完全相應於相量電流。亦即，其中的相量電流應為

$$\mathbf{I}_{\text{eff}} = I_{\text{eff}} e^{j\phi}$$

因而必須使用共軛複數表示方式：

$$\mathbf{I}^*_{\text{eff}} = I_{\text{eff}} e^{-j\phi}$$

所以

$$P = \operatorname{Re}\{\mathbf{V}_{\text{eff}} \mathbf{I}^*_{\text{eff}}\}$$

此時定義**複數功率 S** (Complex Power S) 為

$$\mathbf{S} = \mathbf{V}_{\text{eff}} \mathbf{I}^*_{\text{eff}} \qquad [25]$$

若先檢視複數功率的極座標或者指數型式，

$$\mathbf{S} = V_{\text{eff}} I_{\text{eff}}\, e^{j(\theta-\phi)}$$

可知複數功率 **S** 的大小 $V_{\text{eff}}\, I_{\text{eff}}$ 為視在功率，而複數功率 **S** 的角度 $(\theta - \phi)$ 為 PF 角度 (亦即，電壓超前電流的角度)。

在直角座標中，

$$\mathbf{S} = P + jQ \qquad [26]$$

其中的 P 為平均功率。複數功率的虛數部分以 Q 為符號，稱為**無效功率**。無效功率 Q 的單位與實功率、複數功率 **S** 以及視在功率 |**S**| 相同；但為了避免與其他功率量混淆，Q 的單位定義為**無效伏安** (Volt-Ampere-Reactive, VAR)。經由方程式 [25] 與 [26]，可知

$$Q = V_{\text{eff}} I_{\text{eff}} \sin(\theta - \phi) \qquad [27]$$

無效功率的物理意義為能量往返於電源 (亦即，電力公司) 以及負載電抗分量 (亦即，電感與電容) 之間的時間變率。這些電抗

無效功率的正負號特徵為 $\mathbf{V}_{\text{eff}}$ 與 $\mathbf{I}_{\text{eff}}$ 已確定的被動負載性質。若負載為電感性，則 $(\theta - \phi)$ 為 0 與 90° 之間的角度，角度的正弦值為正數，因此無效功率為正值。電容性負載則會產生負值的無效功率。

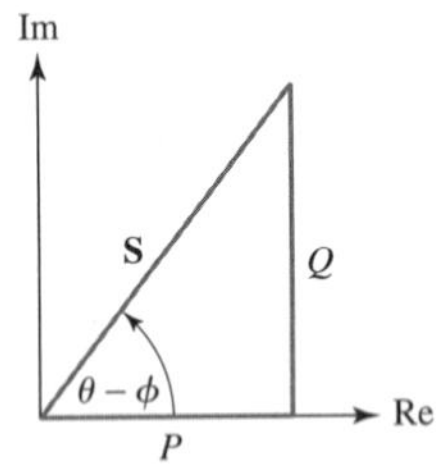

◆**圖 11.12** 複數功率之功率三角形表示方式。

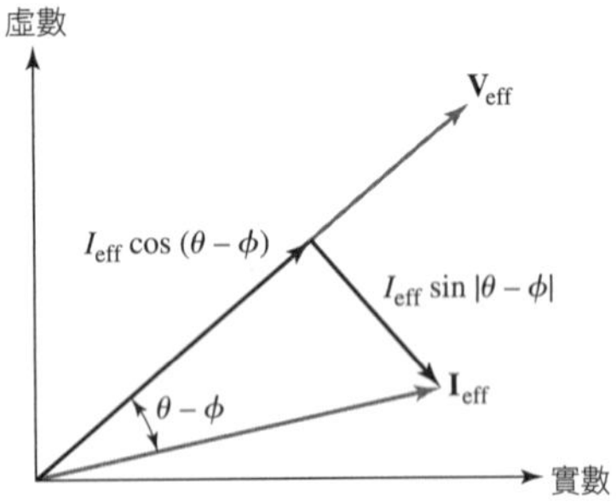

◆**圖 11.13** 將電流相量 $\mathbf{I}_{eff}$ 解析為兩個分量，其中一個分量與電壓相量 $\mathbf{V}_{eff}$ 同相，而另一個分量則與電壓相量相差 90°；後者分量稱為正交分量。

◆**圖 11.14** Amprobe 製造的夾式數位功率計，能夠測量大至 400 A 之電流以及大至 600 V 之電壓 (*AMPROBE* 的版權)。

分量會分別交替充電與放電，導致其間的電流往返於電源。

相關的功率量彙整於表 11.1，方便讀者檢閱。

表 11.1　與複數功率相關之功率量彙整

功率量	符號	公式	單位
平均功率	P	$V_{eff}I_{eff}\cos(\theta-\phi)$	瓦特 (W)
無效功率	Q	$V_{eff}I_{eff}\sin(\theta-\phi)$	無效伏安 (VAR)
複數功率	$\mathbf{S}$	$P+jQ$	伏安 (VA)
		$V_{eff}I_{eff}\underline{/\theta-\phi}$	
		$\mathbf{V}_{eff}\mathbf{I}^*_{eff}$	伏安 (VA)
視在功率	$\lvert\mathbf{S}\rvert$	$V_{eff}I_{eff}$	

功率三角形

複數功率一般常用的圖形表示方式為**功率三角形** (Power Triangle)，闡述於圖 11.12。此功率三角形顯示僅需要三個功率量的其中兩項，第三個功率量則可藉由三角幾何關係得到。若功率三角形落在第一象限，($\theta-\phi>0$)，則功率因數為落後 (相應於電感性負載)；而若功率三角形落在第四象限 ($\theta-\phi<0$)，則功率因數為超前 (相應於電容性負載)。在功率三角形中，與負載相關的大量定性資訊因而相當明顯。

建構包含 $\mathbf{V}_{eff}$ 與 $\mathbf{I}_{eff}$ 之相量圖，如圖 11.13 所示，則可得知無效功率之另一種詮釋。若將相量電流解析為兩個分量，其中一個分量與電壓同相，具有振幅 $I_{eff}\cos(\theta-\phi)$，而另一個分量與電壓相差 90°，所具有的振幅等於 $I_{eff}\sin|\theta-\phi|$，則明顯可藉由電壓相量的振幅以及相量電流中與電壓同相的分量兩者之乘積來給定實功率。再者，相量電壓以及相量電流中與電壓相差 90° 的分量兩者振幅之乘積為無效功率 Q。通常將與另一相量相差 90° 的某一分量稱為**正交分量** (Quadrature Component)。因此，可簡單地將 Q 描述為 I_{eff} 的正交分量之 V_{eff} 倍。Q 也稱為**正交功率** (Quadrature Power)。

功率之量測

嚴格來說，瓦特計 (Wattmeter) 測量負載所吸收的平均實功率 P，而無效功率計 (Varmeter) 則可讀取負載所吸收的平均無效功率 Q。然而，在同一個電錶上這兩個特性皆相當常見，此類電錶通常也能夠測量視在功率與功率因數 (圖 11.14)。

驗證傳送至數個相互連接的負載之複數功率等於傳送至每個

個別負載的複數功率之總和相當容易，不管負載如何相互連接。例如，考慮圖 11.15 所示兩個並聯連接的負載；若假設為 rms 值，則整體負載所吸收的複數功率為

$$\mathbf{S} = \mathbf{V}\mathbf{I}^* = \mathbf{V}(\mathbf{I}_1 + \mathbf{I}_2)^* = \mathbf{V}(\mathbf{I}_1^* + \mathbf{I}_2^*)$$

因而

$$\mathbf{S} = \mathbf{V}\mathbf{I}_1^* + \mathbf{V}\mathbf{I}_2^*$$

如先前文字所闡述的結果。

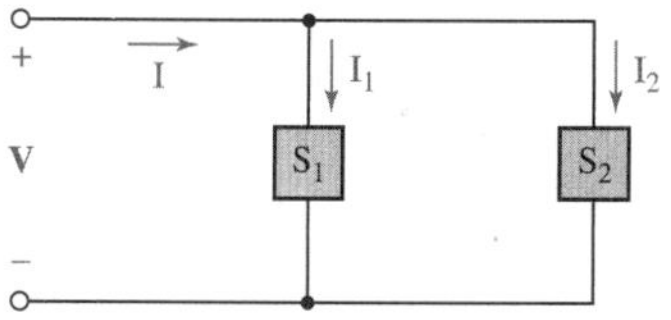

◆ **圖 11.15** 用來證明兩個並聯負載所吸收的複數功率等於個別負載所吸收的複數功率總和之電路。

範例 11.9

某一工業用戶在 0.8 的落後 PF 下操作一 50 kW (67.1 馬力) 之感應馬達。電源電壓為 230 V rms。為了得到較低的用電費率，用戶希望將 *P* 調高至 0.95 落後。試闡述一個適合的解決方案。

雖然可藉由增加實功率並且保持固定的無效功率來調高 PF，但如此並不會節省費用，且不是對用戶有效益的對策。所以，必須將某種純無效負載增加至該系統，且由於不可改變供給感應馬達的電壓，顯然必須以並聯的方式增加。若以 $\mathbf{S}_1$ 詮釋感應馬達的複數功率，並且以 $\mathbf{S}_2$ 詮釋修正元件所吸收的複數功率，則圖 11.16 的電路顯然可適用此一問題。

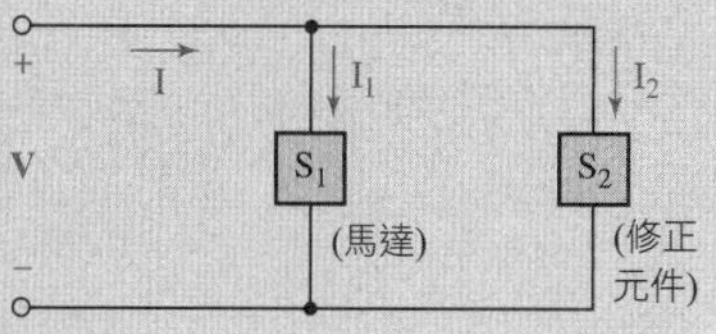

◆ **圖 11.16**

供應至感應馬達的複數功率必須具有 50 kW 的實功率，以及 $\cos^{-1}(0.8)$ 或者 36.9° 之角度。所以，

$$\mathbf{S}_1 = \frac{50\angle 36.9^\circ}{0.8} = 50 + j37.5 \text{ kVA}$$

為了實現 0.95 的 PF，總複數功率必須變成

$$\mathbf{S} = \mathbf{S}_1 + \mathbf{S}_2 = \frac{50}{0.95}\angle \cos^{-1}(0.95) = 50 + j16.43 \text{ kVA}$$

因此，修正元件所吸收的複數功率為

$$\mathbf{S}_2 = -j21.07 \text{ kVA}$$

可使用數個簡單的步驟求得所需的負載阻抗 $\mathbf{Z}_2$。電壓源選擇 0° 相角，因此 $\mathbf{Z}_2$ 所汲取的電流為

$$\mathbf{I}_2^* = \frac{\mathbf{S}_2}{\mathbf{V}} = \frac{-j21{,}070}{230} = -j91.6 \text{ A}$$

或者

$$\mathbf{I}_2 = j91.6 \text{ A}$$

因此，

$$\mathbf{Z}_2 = \frac{\mathbf{V}}{\mathbf{I}_2} = \frac{230}{j91.6} = -j2.51\ \Omega$$

若操作頻率為 60 Hz，此一負載可為一個與馬達並聯連接的 1056 μF 電容器。然而，其初始裝置成本、維護，以及折舊必須由節省下來的電費所負擔。

練習題

11.9 考慮圖 11.17 所示的電路，試求 (a) 1 Ω 電阻器；(b) $-j10$ Ω 電容器；(c) $5+j10$ Ω 阻抗；(d) 電源所吸收的複數功率。

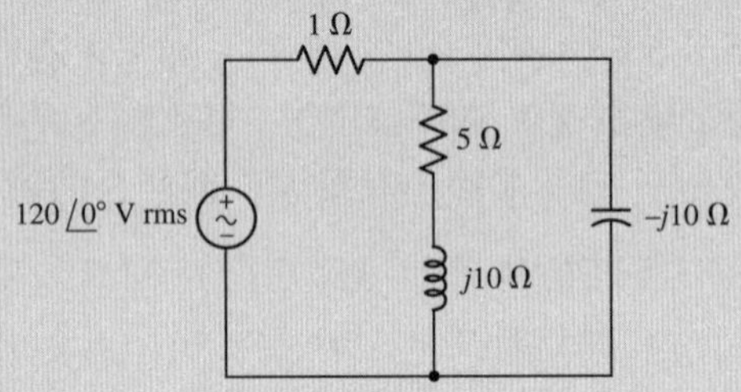

◆ **圖 11.17**

解答：$26.6+j0$ VA；$0-j1331$ VA；$532+j1065$ VA；$-559+j266$ VA。

練習題

11.10 一個 440 V rms 電源經由總電阻為 1.5 Ω 之傳輸線提供功率給予負載 $Z_L = 10+j2$ Ω。試求 (a) 供應至負載之平均與視在功率；(b) 傳輸線上所損失的平均功率與視在功率；(c) 電源所提供的平均功率與視在功率；(d) 電源操作之功率因數。

解答：14.21 kW，14.49 kVA；2.131 kW，2.131 kVA；16.34 kW，16.59 kVA；0.985 落後。

總結與回顧

在本章中已經介紹了相當多與功率相關的專有名詞 (彙整於表 11.2)，這些新的術語主要與交流電力系統有關，其中的電壓與電流通常假設為弦波 (在許多電腦系統中盛行的切換式電源供應器可能會有所不同，切換式電源供應器為更進階的工程主題)。在澄清了瞬時功率之意義後，探討了平均功率 P 之觀念。此一功率量並非時間的函數，而是弦波電壓與電流波形之間的相位差之函數。例如理想電感器與電容器之純電抗元件所吸收的**平均功率為零**。由於電抗元件會增加電源與負載之間的電流大小，因而通常使用兩個專有名詞對這種現象加以解釋：**視在功率**以及**功率因數**。當電壓與電流同相時 (亦即，純電阻性負載)，平均功率與視在功率相等。功率因數提供特定負載無效程度之數值估測標準：等於 1 的功率因數 (PF)

相應於純電阻性負載 (若電感器存在，則以適當的電容來“消除”之)；零 PF 代表純電抗負載，而角度的正負號則是指示負載為電容性或者電感性。將這些觀念集合在一起，可產生一種更緊湊的表示方式，稱為**複數功率 S**。**S** 的大小或振幅為視在功率，平均功率 P 為 **S** 之實數部分，而**無效功率** Q 則為 **S** 之虛數部分。

表 11.2 交流功率術語之彙整

術語	符號	單位	說明
瞬時功率	$p(t)$	W	$p(t)=v(t)i(t)$。為特定時間點上的功率數值。**並非電壓與電流相量之乘積！**
平均功率	P	W	在弦波穩態，$P=\frac{1}{2}V_m I_m\cos(\theta-\phi)$，其中的 θ 為電壓的角度，而 ϕ 為電流的角度。電抗對平均功率 P 並無貢獻。
有效值或 rms 值	V_{rms} 或 I_{rms}	V 或 A	例如，定義為 $I_{eff}=\sqrt{\frac{1}{T}\int_0^T i^2\,dt}$；若 $i(t)$ 為弦波，則 $I_{eff}=I_m/\sqrt{2}$。
視在功率	$\lvert\mathbf{S}\rvert$	VA	$\lvert\mathbf{S}\rvert=V_{eff}I_{eff}$，且為平均功率所能到達到的最大值；$P=\lvert\mathbf{S}\rvert$ 僅發生在純電阻性負載。
功率因數	PF	無	平均功率對視在功率的比值。若為純電阻性負載，則 PF 等於 1，而若為純電抗負載，則 PF 等於零。
無效功率	Q	VAR	測量往返於電抗負載之間能量流比率之機制。
複數功率	**S**	VA	方便的複數量，包含平均功率 P 與無效功率 Q：$\mathbf{S}=P+jQ$。

在進行分析與說明中，也介紹了電流與電壓有效值的概念，通常稱為 *rms 值*。必須謹慎建立特定的電壓或電流數值時是引述振幅，或者是引述相應的 rms 值，否則可能導致~40% 的誤差。此外，本章中也介紹了第五章所修習到的最大功率定理之延伸，亦即若負載阻抗 Z_L 為網路戴維寧等效阻抗之**共軛複數**，則可將最大平均功率傳送至該負載。

為方便起見，將本章主要觀念以及相應的範例序號彙整闡述於下。

- ❑ 某一元件所吸收的瞬時功率給定為表示式 $p(t)=v(t)i(t)$。(範例 11.1 與 11.2)
- ❑ 弦波電源傳送至某一阻抗之平均功率為 $\frac{1}{2}V_m I_m\cos(\theta-\phi)$，其中的 $\theta=$ 電壓之相角，而 $\phi=$ 電流之相角。(範例 11.2)
- ❑ 只有負載的**電阻性**分量才會吸收平均功率。傳送至負載電抗分量之平均功率為零。(範例 11.3 與 11.4)
- ❑ 最大平均功率轉移發生在滿足 $\mathbf{Z}_L=\mathbf{Z}_{th}^*$ 之條件下。(範例 11.5)
- ❑ 當電路中存在多個電源時，且每個皆操作在不同頻率，則可將每個電源對平均功率的個別貢獻相加。但若多數電源操作在相同頻率，則不成立。(範例 11.6 與 11.7)
- ❑ 將弦波波形的振幅除以 $\sqrt{2}$，便可得到有效值或 rms 值。
- ❑ 負載的功率因數 (PF) 為其平均消耗功率對視在功率之比值。(範例 11.8)
- ❑ 純電阻性負載具有等於 1 的功率因數。純電抗負載具有等於零的功率因數。(範例 11.8)
- ❑ 複數功率定義為 $\mathbf{S}=P+jQ$，或者 $\mathbf{S}=\mathbf{V}_{eff}\mathbf{I}_{eff}^*$。複數功率之測量單位為伏安 (VA)。(範例 11.9)
- ❑ 無效功率 Q 為複數功率的虛數部分，測量進出於負載的電抗元件之能量。無效功率之單

位為無效伏安 (VAR)。(範例 11.9)

- 通常使用電容器來改善工業負載之 PF，藉以最小化來自電力公司的無效功率。(範例 11.9)

延伸閱讀

交流功率觀念之優良參考文獻為以下書籍之第二章：

B. M. Weedy, *Electric Power Systems,* 3rd ed. Chichester, England: Wiley, 1984.

涉及交流電力系統之當前問題可在以下參考文獻找到：

International Journal of Electrical Power & Energy Systems. Guildford, England: IPC Science and Technology Press, 1979–. ISSN: 0142-0615.

習題

11.1 瞬時功率

1. 若 v_s 等於 (a) 9 V；(b) 9 sin $2t$ V；(c) 9 sin $(2t+13°)$ V；(d) $9e^{-t}$ V，試求在 $t=0$、1 與 2 s 時傳送至圖 11.18 的 1 Ω 電阻器之瞬時功率。
2. 令圖 11.19 電路中的 $i_s = 4u(-t)$ A。(a) 試證明對所有 $t>0$ 而言，電阻器所吸收的瞬時功率大小等於電容器所吸收的瞬時功率，但正負號相反；(b) 試求電阻器在 $t=60$ ms 所吸收的功率。

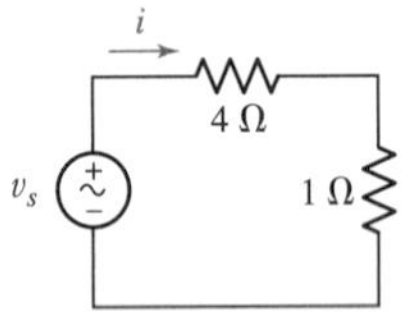

◆圖 11.18

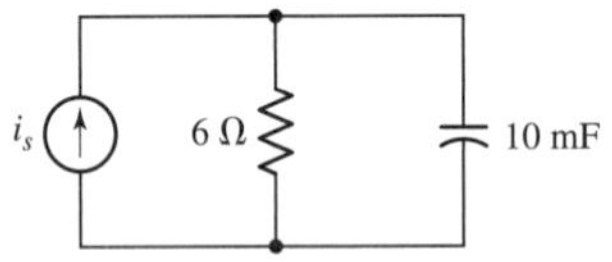

◆圖 11.19

3. 假設暫態已經不存在，試計算圖 11.20 所示電路的每個元件在 $t=0$、10 與 20 ms 所吸收之功率。
4. 若 $v_s = 10u(t)$ V，試計算圖 11.21 所示電路中的電感器在 $t=0$ 與 $t=1$ s 所吸收之功率。

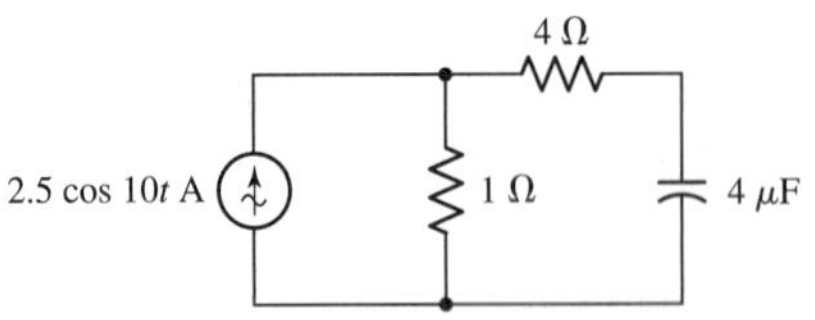

◆圖 11.20

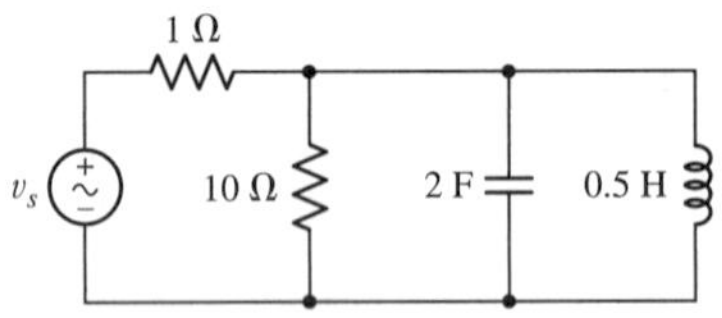

◆圖 11.21

11.2 平均功率

5. 將一相量電流 $\mathbf{I} = 9\underline{/15°}$ mA (相應於操作在 45 rad/s 之弦波) 施加於一個 18 kΩ 電阻器與一個 1 μF 電容器之串聯組合。試求 (a) 瞬時功率；(b) 整體負載所吸收的平均功率之表示式。
6. 考慮圖 11.22 所示之兩網目電路，試求每個被動元件所吸收的平均功率，以及每個電源所提供的平均功率，並且驗證所提供的總平均功率 = 所吸收的平功率。

7. 試求圖 11.23 電路中的相依電源所提供之平均功率。

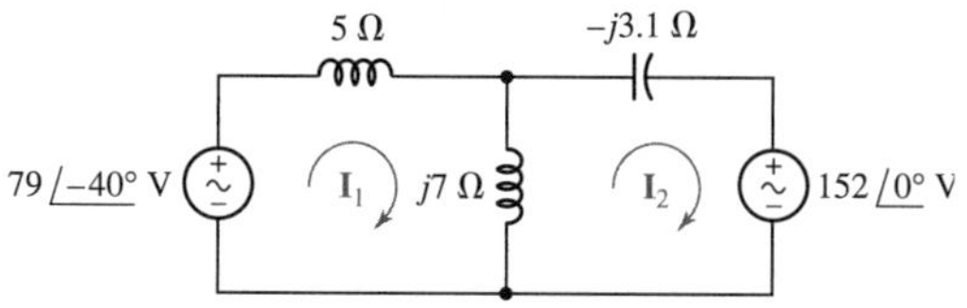

◆圖 11.22

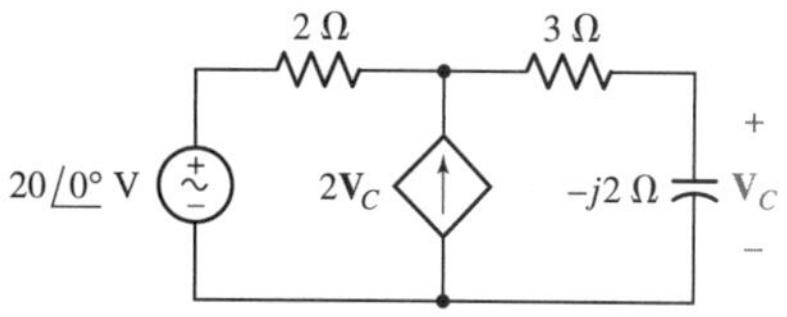

◆圖 11.23

8. (a) 試計算圖 11.24 所示每個波形之平均功率；(b) 試將每個波形平方，並且試求每個新的週期性波形之平均功率。

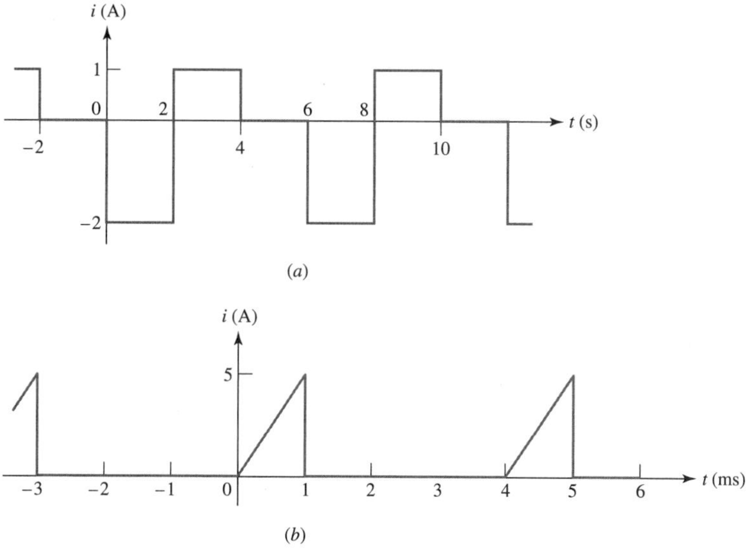

◆圖 11.24

11.3 電流與電壓之有效值

9. 試計算 (a) $i(t) = 3 \sin 4t$ A；(b) $v(t) = 4 \sin 20t \cos 10t$；(c) $i(t) = 2 - \sin 10t$ mA；(d) 圖 11.25 所繪製波形之有效值。

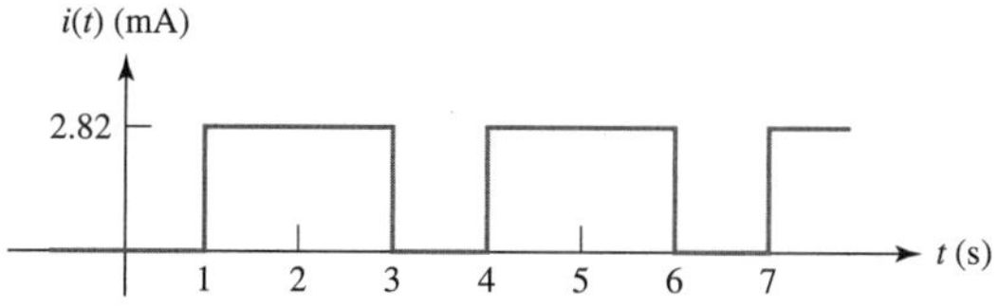

◆圖 11.25

10. 試求圖 11.26 所示的每個波形之平均值以及 rms 值。

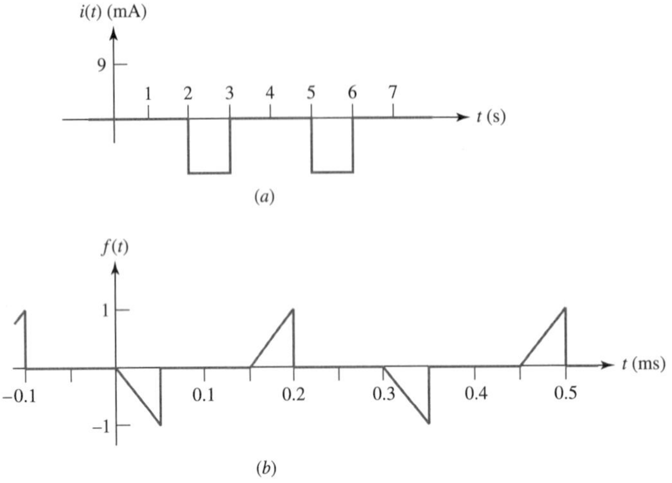

◆ 圖 11.26

11. 考慮圖 11.27 之電路，試判斷是否存在純實數數值 R 能夠使得 14 mH 電感器與電阻器 R 上的跨壓相等。若可，試計算 R 之數值以及其有效值跨壓；若不存在如此 R 數值，則試解釋之。

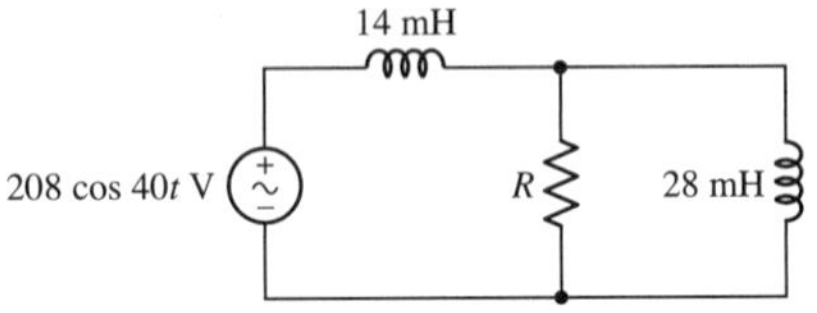

◆ 圖 11.27

11.4 視在功率與功率因數

12. 考慮圖 11.28 之電路，若 (a) $\mathbf{Z}_1 = 14\angle 32^\circ$ Ω 且 $\mathbf{Z}_2 = 22$ Ω；(b) $\mathbf{Z}_1 = 2\angle 0^\circ$ Ω 且 $\mathbf{Z}_2 = 6 - j$ Ω；(c) $\mathbf{Z}_1 = 100\angle 70^\circ$ Ω 且 $\mathbf{Z}_2 = 75\angle 90^\circ$ Ω，試計算傳送至每個負載之平均功率、電源所提供的視在功率，以及整體負載的功率因數。

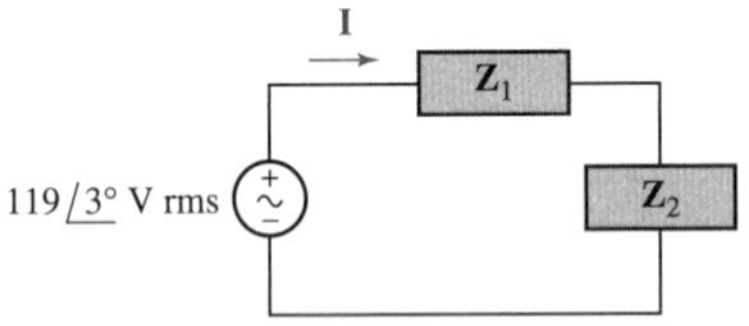

◆ 圖 11.28

13. 某一已給定的負載連接至交流電力系統。若已知負載具有電阻性損失以及電容器或者電感器者 (不會兩者皆有) 之特性，則當功率因數測量為 (a) 1；(b) 0.85 落後；(c) 0.221 超前；(d) cos (−90°) 時，試判斷負載具有何種型式的電抗元件。

14. 若負載為 (a) 純電阻性；(b) $1000 + j900$ Ω；(c) $500\angle -5^\circ$ Ω，試計算圖 11.29 中電源操作之功率因數。

15. 若電源所操作之功率因數為 (a) 0.95 超前；(b) 1；(c) 0.45 落後，試求圖 11.29 所示電路之負載阻抗。

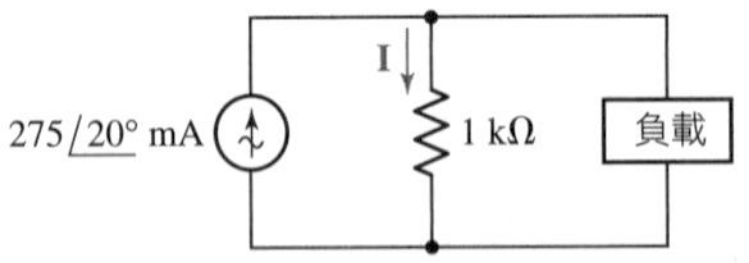

◆ 圖 11.29

11.5 複數功率

16. 若某一負載吸收複數功率 **S** 等於 (a) $1 + j0.5$ kVA；(b) 400 VA；(c) $150\angle -21^\circ$ VA；(d) $75\angle 25^\circ$ VA，試計算與負載相關的視在功率、功率因數，以及無效功率。

17. 考慮圖 11.30 所示之功率三角形，試求 **S** (以極座標型式) 以及 PF。

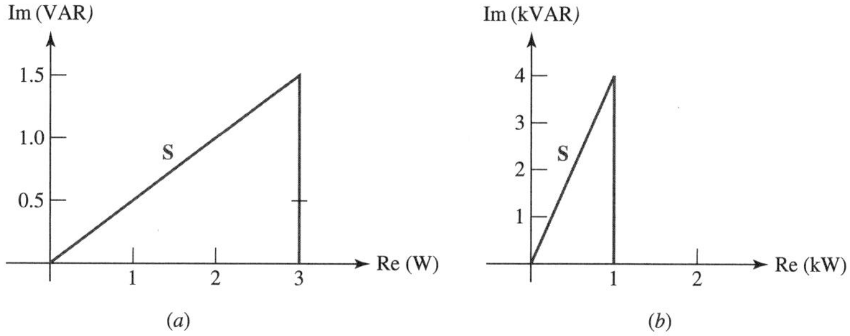

◆圖 11.30

18. 試求圖 11.31 電路中每個被動元件所吸收的複數功率，以及電源所操作的功率因數。
19. 試計算傳送至圖 11.32 所示電路每個被動元件之複數功率，並且試求電源之功率因數。

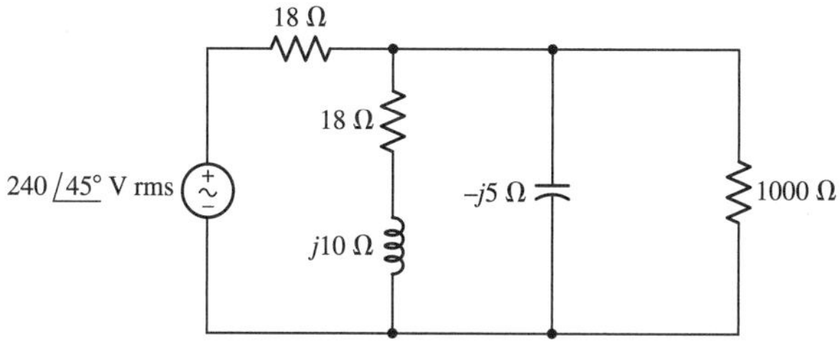

◆圖 11.31

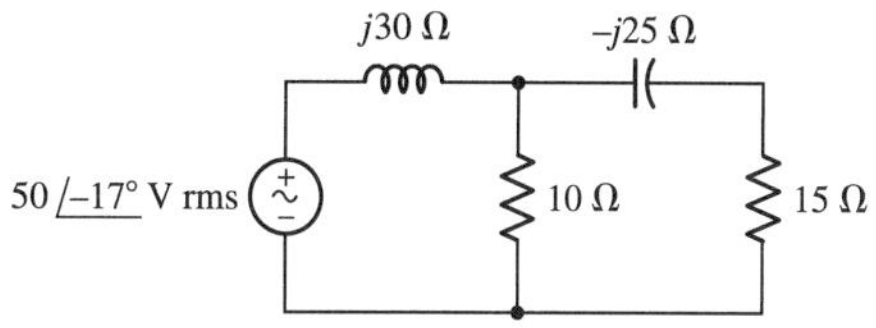

◆圖 11.32

Chapter 12 多相電路

主要觀念

- 單相電力系統
- 三相電力系統
- 三相電源
- 線電壓與相電壓
- 線電流與相電流
- Y-連接網路
- Δ-連接網路
- 平衡負載
- 每相之分析
- 三相系統之功率量測

簡介

絕大多數的電力是以弦波電壓與電流的型式供應給用戶，典型稱為交流或簡寫為 *ac*。雖然也有例外，例如，某些列車上的電機，但大多數的設備仍是設計在 50 或 60 Hz 下運作。目前大多數的 60 Hz 系統已標準化於 120 V 下運作，而 50 Hz 系統一般則相應於 240 V (兩電壓皆是以 rms 值描述)。傳輸至電器設備的實際電壓數值可能有所不同，但配電系統則是明顯利用較高的電壓，藉以將所傳送的電流最小化，進而將電纜線的尺寸最小化。起初，湯瑪士・安德生 (Thomas Edison) 主張純直流之配電網路，據稱是因為湯瑪士・安德生偏愛分析直流電路所需的簡單代數運算所致。另外兩位在電力領域的先驅者尼古拉・特斯拉 (Nikola Tesla) 與喬治・威斯汀豪斯 (George Westinghouse) 則提出交流配電系統，此種系統明顯可降低損失。最終，儘管一些來自安德生方面頗具戲劇性的抗爭，但尼古拉・特斯拉與喬治・威斯汀豪斯更具有說服力，而沿用至今。

由於大多數的設備所需要的啟動電流比持續運行所需的電流

更大，因此當決定了峰值電力需求，交流電力系統的暫態響應便顯得重要。然而，通常主要關切的是交流電力系統的穩態操作，因此先前以相量為基礎的分析對電力系統而言相當方便。本章將介紹一種新式的電壓源，亦即三相電源，能夠以三線或四線之 Y 形配置，或者三線 Δ 配置方式連接。電力系統的負載同樣也能夠以 Y-連接或者 Δ-連接，端視應用場合而定。

12.1 多相系統

至此，每當使用術語“弦波電源”，便會勾勒出單一個具有特定振幅、頻率與相位之弦波電壓或者電流。在本章中，將介紹**多相** (Polyphase) 電源之觀念，特別將焦點放在三相系統。相較於單相的電力，使用旋轉電機產生三相電力具有明顯的優點，三相系統並且具有經濟優勢，有利於電力之傳輸。雖然至今所遇到的大多數電氣設備皆為單相，但三相設備並非不常見，尤其在製造環境中。特別是在大型冷凍系統以及機械加工設施中的馬達通常會連接至三相電源。就其他的應用而言，一旦熟悉了多相系統的基礎，則將得知只要連接至多相系統的單一“接腳”，便可簡單得到所需的單相電力。

此時將簡略說明最常見的多相系統，亦即平衡三相系統。該電源具有三個端點 [不計**中性點** (Neutral) 與**接地點** (Ground)]，使用伏特計測量任意兩個端點之間的電壓，將會顯示其中存在相等振幅的弦波電壓。但這些電壓卻非同相；每一個電壓皆與其他兩個電壓異相 120°，相角的正負符號則視電壓的意向而定。例如，其中一組可能的電壓闡述於圖 12.1。**平衡負載** (Balanced Load) 從三相吸收相等的功率。*在任何瞬間，總負載所吸收的瞬時功率皆不為零；實際上，總瞬時功率為固定數值。*此在旋轉電機上具有其優勢，亦即相較於使用單相電源，此現象會保持轉子上的轉矩較為固定。所以，震動更少。

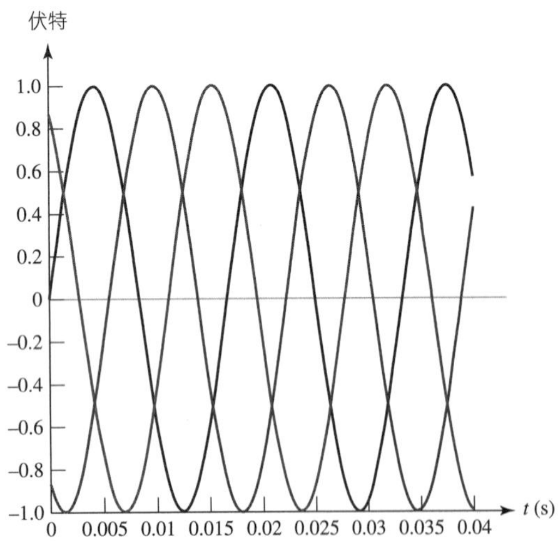

◆ **圖 12.1** 一組三相電壓之範例，每一個電壓皆與其他兩個電壓異相 120°。如圖所示，在特定的任意瞬間上，僅有一個電壓為零。

諸如 6 或 12 相系統使用較多相數大都受限於整體電力對大型**整流器**之供應。整流器會將交流轉換成直流，僅允許單一個方向的電流流至負載，使得跨於負載上的電壓之正負保持相同。整流器的輸出為直流再加上較小的脈動成分，或者稱為漣波，漣波會隨著相數的增加而減小。

在實務上，幾近全部的多相系統所包含的電源皆趨近理想電壓源，或者趨近理想電壓源串聯小數值的內部阻抗，三相電流源則非常罕見。

■ 雙下標符號

使用**雙下標符號** (Double-Subscript Notation) 可方便描述多相電壓與電流。相較於使用簡單的 $\mathbf{V}_3$ 或 $\mathbf{I}_x$ 符號來表示系統中的電壓與電流，使用諸如 $\mathbf{V}_{ab}$ 或 $\mathbf{I}_{aA}$ 的電壓與電流符號較有其意義。端點 a 對端點 b 之電壓定義為 $\mathbf{V}_{ab}$。因此，正號位於端點 a，如圖 12.2a 所示。所以將雙下標視為一對正負記號之等效描述；兩者皆使用是多餘的。例如，參照圖 12.2b，可知 $\mathbf{V}_{ad}=\mathbf{V}_{ab}+\mathbf{V}_{cd}$。雙下標符號的優點在於不論兩端點之間的路徑如何，克西荷夫電壓定律必要求兩端點間電壓需相同之事實；因此 $\mathbf{V}_{ad}=\mathbf{V}_{ab}+\mathbf{V}_{bd}=\mathbf{V}_{ac}+\mathbf{V}_{cd}=\mathbf{V}_{ab}+\mathbf{V}_{bc}+\mathbf{V}_{cd}$ 等等。其優點為既可滿足 KVL 且不需參考電路圖；即使所具有的某一端點或者下標字母並無標示於電路圖中，仍可寫出正確的方程式。例如，可以寫出 $\mathbf{V}_{ad}=\mathbf{V}_{ax}+\mathbf{V}_{xd}$，其中的 x 可標示於任意選擇的適當端點位置。

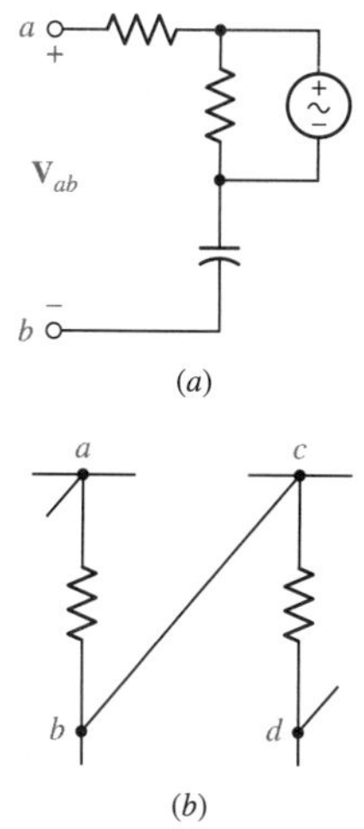

◆ **圖 12.2** (a) 電壓 $\mathbf{V}_{ab}$ 之定義；(b) $\mathbf{V}_{ad}=\mathbf{V}_{ab}+\mathbf{V}_{bc}+\mathbf{V}_{cd}=\mathbf{V}_{ab}+\mathbf{V}_{cd}$。

三相系統電壓[1]其中一種可能的表示方式顯示於圖 12.3。假設電壓 $\mathbf{V}_{an}$、$\mathbf{V}_{bn}$ 與 $\mathbf{V}_{cn}$ 為已知：

$$\mathbf{V}_{an} = 100\underline{/0^\circ}\ \text{V}$$
$$\mathbf{V}_{bn} = 100\underline{/-120^\circ}\ \text{V}$$
$$\mathbf{V}_{cn} = 100\underline{/-240^\circ}\ \text{V}$$

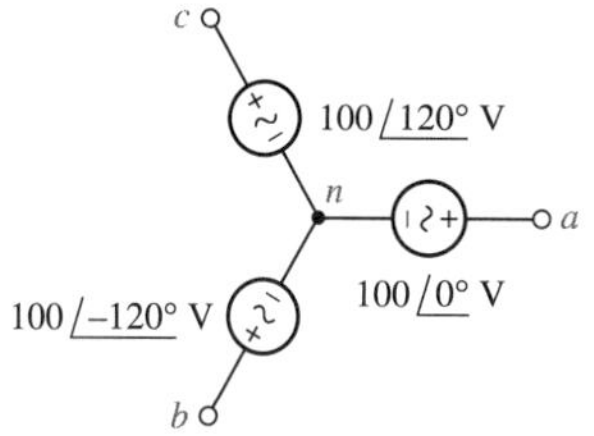

◆ **圖 12.3** 雙下標電壓符號之數值範例網路。

如此便可著眼於下標，而得知電壓 $\mathbf{V}_{ab}$ 為

$$\begin{aligned}\mathbf{V}_{ab} &= \mathbf{V}_{an}+\mathbf{V}_{nb}=\mathbf{V}_{an}-\mathbf{V}_{bn}\\ &= 100\underline{/0^\circ}-100\underline{/-120^\circ}\ \text{V}\\ &= 100-(-50-j86.6)\ \text{V}\\ &= 173.2\underline{/30^\circ}\ \text{V}\end{aligned}$$

圖 12.4 之相量圖建構此三個已知的電壓以及相量 $\mathbf{V}_{ab}$。

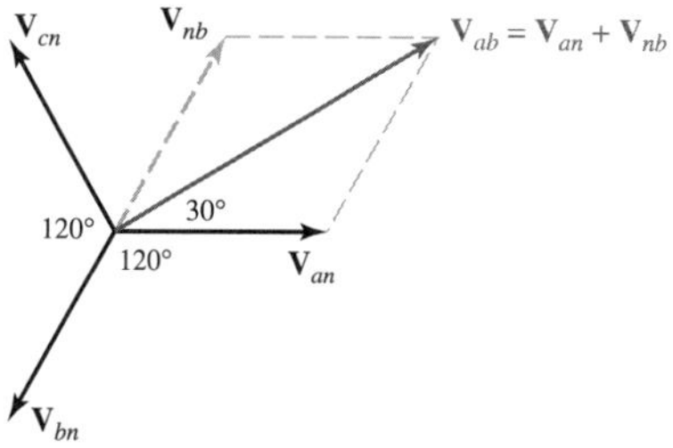

◆ **圖 12.4** 此一相量圖闡述雙下標電壓慣例之圖形使用方式，藉以得到圖 12.3 網路之 $\mathbf{V}_{ab}$。

雙下標慣例符號也可以應用於電流。以最直接的路徑定義電流 $\mathbf{I}_{ab}$ 為從 a 流至 b 之電流。在所要考量的每個完整電路中，在 a 與 b 之間固然必具有至少兩條可能的路徑，而且除

1 為了與電力工業的慣例保持一致，本章中皆隱含使用電流與電壓的 rms 值。

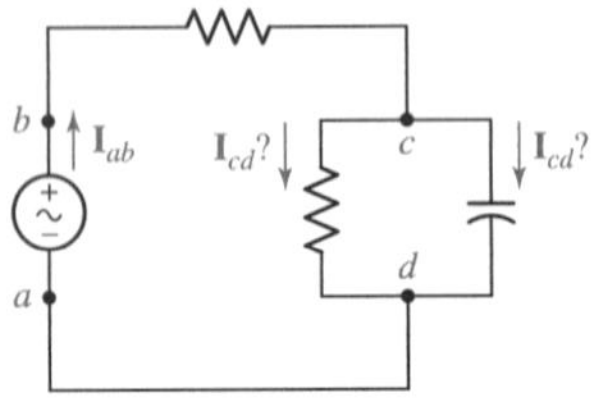

◆**圖 12.5** 闡述電流符號雙下標慣例之使用以及誤用。

非其中一條路徑明顯要短得多，或者更為直接，否則不會使用雙下標符號。通常此一路徑會經過單一個元件。因此，圖 12.5 中正確地指出電流 $\mathbf{I}_{ab}$。事實上，當論及此一電流時，甚至不需要該電流的箭頭方向；下標自然會告知其方向。但是若將圖 12.5 電路的 c 與 d 之間電流標示為 $\mathbf{I}_{cd}$，將會產生混淆。

練習題

12.1 令 $\mathbf{V}_{ab} = 100\underline{/0°}$ V、$\mathbf{V}_{bd} = 40\underline{/80°}$ V 以及 $\mathbf{V}_{ca} = 70\underline{/200°}$ V。試求 (a) $\mathbf{V}_{ad}$；(b) $\mathbf{V}_{bc}$；(c) $\mathbf{V}_{cd}$。

12.2 參照圖 12.6 之電路，並且令 $\mathbf{I}_{fj} = 3$ A、$\mathbf{I}_{de} = 2$ A 以及 $\mathbf{I}_{hd} = -6$ A。試求 (a) $\mathbf{I}_{cd}$；(b) $\mathbf{I}_{ef}$；(c) $\mathbf{I}_{ij}$。

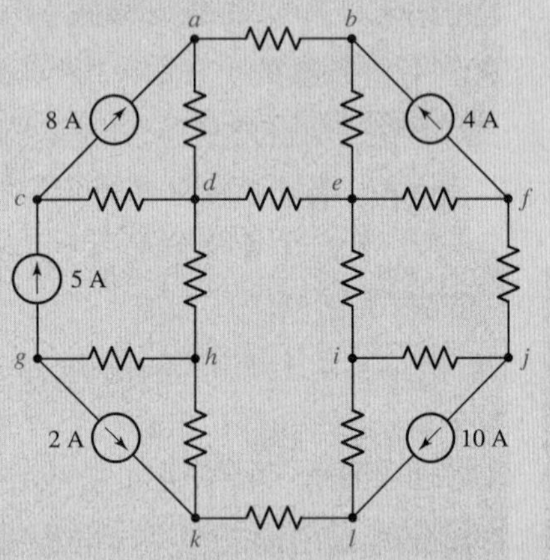

◆**圖 12.6**

解答：12.1：$114.0\underline{/20.2°}$ V；$41.8\underline{/145.0°}$ V；$44.0\underline{/20.6°}$ V。
12.2：−3 A；7 A；7 A。

12.2 單相三線系統

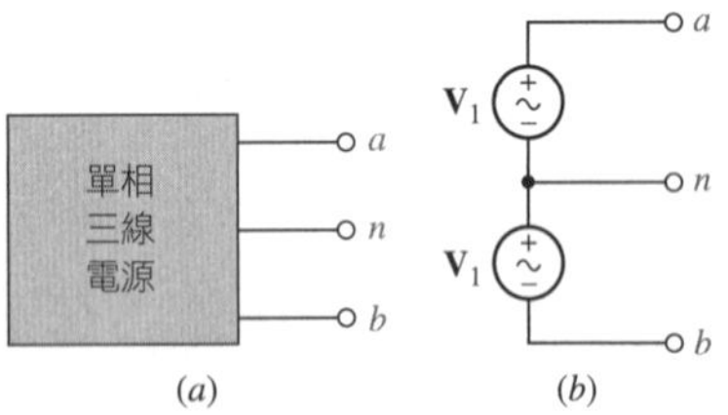

◆**圖 12.7** (a) 單相三線電源；(b) 藉由兩個相等的電壓源來表示單相三線電源。

在詳細研讀多相系統之前，先留心於簡單的單相三線系統，對了解後續的說明將有所幫助。**單相三線電源**定義為具有三個輸出端的電源，例如圖 12.7a 中的 a、n 與 b，其中的相量電壓 $\mathbf{V}_{an}$ 與 $\mathbf{V}_{nb}$ 相等。因此可藉由兩個相等的電壓源之組合來表示此一電源；在圖 12.7b 中，$\mathbf{V}_{an} = \mathbf{V}_{nb} = \mathbf{V}_1$。顯然 $\mathbf{V}_{ab} = 2\mathbf{V}_{an} = 2\mathbf{V}_{nb}$，因而得到以一個或兩個電壓操作的負載所連接之電源。一般的北美用戶為單相三線系統，提供 110 V 與 220 V 的家用電器之操作電源。較高壓操作之家用電器通常需要消耗較大的功率量；操作於較高電壓會在相同的功率下產生較小的電流。由於較大電流必須使用較大線徑的導線，藉以降低因導線電阻所產生的高溫，因此家用電器、家用配電系統以及電力公司的配電系統皆可安全地使用較小線徑的導線。

單相 (Single-phase) 的名詞來自相等的電壓 $\mathbf{V}_{an}$ 與 $\mathbf{V}_{nb}$ 須具有相同的相角。然而，經由另一種觀點，外部導線與通常稱為**中性線**的中心導線之間的電壓恰異相 180°。亦即，$\mathbf{V}_{an} = -\mathbf{V}_{bn}$，且 $\mathbf{V}_{an} + \mathbf{V}_{bn} = 0$。隨後，將可得知平衡多相系統之特性為一組具有相等**振幅**且 (相量) 總和為零的電壓。從此一觀點，單相三線系統確實為一種平衡的雙相系統。然而，在傳統上，**雙相**為相對較不重要的非平衡系統術語，此種雙相系統利用兩個異相 90° 之電壓源。

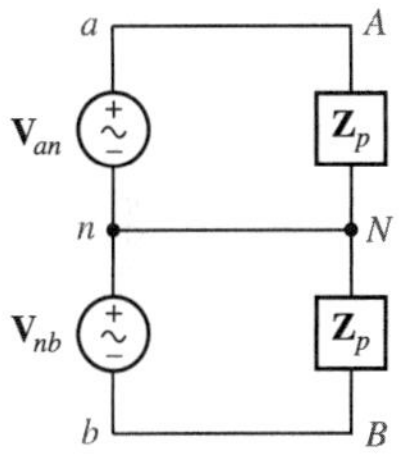

◆**圖 12.8** 簡單之單相三線系統。兩負載均等，且中性線電流為零。

此時考慮單相三線系統，其中每條外部導線與中性線之間具有相等負載 $\mathbf{Z}_p$ (圖 12.8)。先假設將電源連接至負載之導線為理想導體。由於

$$\mathbf{V}_{an} = \mathbf{V}_{nb}$$

則，

$$\mathbf{I}_{aA} = \frac{\mathbf{V}_{an}}{\mathbf{Z}_p} = \mathbf{I}_{Bb} = \frac{\mathbf{V}_{nb}}{\mathbf{Z}_p}$$

因而

$$\mathbf{I}_{nN} = \mathbf{I}_{Bb} + \mathbf{I}_{Aa} = \mathbf{I}_{Bb} - \mathbf{I}_{aA} = 0$$

因此中性線上沒有任何電流，並且可將之移除而不會改變系統中的任何電流或電壓。透過兩負載與兩電源之恆等，便可實現此一結果。

■有限導線阻抗之效應

接著考慮每條導線的有限阻抗效應。若每條接線 aA 與 bB 具有相同的阻抗，則此一阻抗可附加於 $\mathbf{Z}_p$，再次產生相等的負載，以及零中性線電流。若假設中性線具有阻抗 $\mathbf{Z}_n$，則不需要進行任何詳細的分析，重疊定理即顯示電路的對稱性仍將致使中性線電流為零。再者，增加從一條外部接線至另一條外部接線所直接連接的任意阻抗，也會導致對稱的電路以及零中性線電流。因此，零中性線電流是平衡或者對稱負載所產生的結果；中性線之非零阻抗並不會破壞電路的對稱性。

最普遍的單相三線系統在每條外部接線與中性線之間具有不均等的負載、以及直接位於兩外部接線之間的另一個負載；可預期兩外部接線之阻抗大概相等，但中性線阻抗通常較大一些。考

慮如此系統之範例，特別關切此時可能流經中性線的電流，以及該系統將電力傳輸至此一非平衡負載之整體效率。

範例 12.1

試分析圖 12.9 所示之系統，並試求傳送至每個負載之功率，以及中性線與每條接線上所損失的功率。

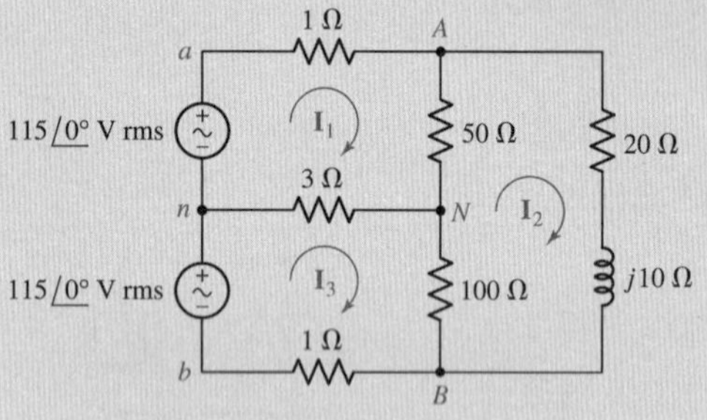

◆ **圖 12.9** 典型的單相三線系統。

▶確定問題的目標

電路中的三個負載為 50 Ω 電阻器、100 Ω 電阻器，以及 $20+j10\ \Omega$ 阻抗。每條接線皆具有 1 Ω 電阻，而中性線則具有 3 Ω 電阻。因此，需要得知流經每個電阻器之電流，方能計算功率。

▶蒐集已知的資訊

已完整標示了各參數之單相三線系統闡述於圖 12.9 的電路圖。所計算的電流皆為 rms 單位。

▶擬訂求解計畫

該電路有利於網目分析，已知三個清楚定義的網目。所得到的分析結果為一組網目電流，之後便能夠用來計算各電阻器所吸收的功率。

▶建立一組適當的方程式

三個網目方程式為：

$$-115\underline{/0^\circ} + \mathbf{I}_1 + 50(\mathbf{I}_1 - \mathbf{I}_2) + 3(\mathbf{I}_1 - \mathbf{I}_3) = 0$$
$$(20 + j10)\mathbf{I}_2 + 100(\mathbf{I}_2 - \mathbf{I}_3) + 50(\mathbf{I}_2 - \mathbf{I}_1) = 0$$
$$-115\underline{/0^\circ} + 3(\mathbf{I}_3 - \mathbf{I}_1) + 100(\mathbf{I}_3 - \mathbf{I}_2) + \mathbf{I}_3 = 0$$

能夠將之重新整理，藉以得到以下的三個方程式

$$\begin{aligned} 54\mathbf{I}_1 \quad & -50\mathbf{I}_2 \quad -3\mathbf{I}_3 = 115\underline{/0^\circ} \\ -50\mathbf{I}_1 \quad & +(170 + j10)\mathbf{I}_2 \quad -100\mathbf{I}_3 = 0 \\ -3\mathbf{I}_1 \quad & -100\mathbf{I}_2 \quad +104\mathbf{I}_3 = 115\underline{/0^\circ} \end{aligned}$$

▶判斷是否需要額外的資訊

已得到了三個未知數所表示的三個方程式，所以此時可嘗試求解。

▶嘗試解決方案

使用工程科學計算機求解相量電流 $\mathbf{I}_1$、$\mathbf{I}_2$ 與 $\mathbf{I}_3$，得到

$$\mathbf{I}_1 = 11.24\underline{/-19.83^\circ}\ \text{A}$$
$$\mathbf{I}_2 = 9.389\underline{/-24.47^\circ}\ \text{A}$$
$$\mathbf{I}_3 = 10.37\underline{/-21.80^\circ}\ \text{A}$$

外部接線上的電流因此為

$$\mathbf{I}_{aA} = \mathbf{I}_1 = 11.24\underline{/-19.83^\circ} \text{ A}$$

以及

$$\mathbf{I}_{bB} = -\mathbf{I}_3 = 10.37\underline{/158.20^\circ} \text{ A}$$

而較小的中性線電流為

$$\mathbf{I}_{nN} = \mathbf{I}_3 - \mathbf{I}_1 = 0.9459\underline{/-177.7^\circ} \text{ A}$$

因此可求得各負載所吸收的平均功率：

$$P_{50} = |\mathbf{I}_1 - \mathbf{I}_2|^2\,(50) = 206 \text{ W}$$
$$P_{100} = |\mathbf{I}_3 - \mathbf{I}_2|^2\,(100) = 117 \text{ W}$$
$$P_{20+j10} = |\mathbf{I}_2|^2\,(20) = 1763 \text{ W}$$

應注意由於以 rms 電流值進行分析，因此不需考慮 $\frac{1}{2}$ 的因數。

總負載功率為 2086 W。接著求得每條接線上的損失：

$$P_{aA} = |\mathbf{I}_1|^2\,(1) = 126 \text{ W}$$
$$P_{bB} = |\mathbf{I}_3|^2\,(1) = 108 \text{ W}$$
$$P_{nN} = |\mathbf{I}_{nN}|^2\,(3) = 3 \text{ W}$$

總計接線損失為 237 W，該接線顯然相當長；此外，兩外部接線相對較高的功率損失將會造成溫升的危險。

想像兩個 100 W 的燈泡所產生的熱！此外部導線必須消耗相同的功率量。為了降低溫度，必須使用大面積的導線。

▶驗證解答是否合理或符合所預期的結果

總吸收功率為 206 + 117 + 1763 + 237，或者 2323 W，可藉由計算每個電壓源所傳送的功率來檢驗之：

$$P_{an} = 115(11.24)\cos 19.83^\circ = 1216 \text{ W}$$
$$P_{bn} = 115(10.37)\cos 21.80^\circ = 1107 \text{ W}$$

或者總計 2323 W。系統之**傳輸效率** (Transmission Efficiency) 為

$$\eta = \frac{\text{傳送至負載的總功率}}{\text{電源所產生的總功率}} = \frac{2086}{2086+237} = 89.8\%$$

此一數值對蒸汽機或內燃機而言難以令人置信，但對設計良好的配電系統卻是太低。若不能夠設置電源與負載彼此更為靠近，則應使用較大線徑之導線。

顯示兩電源電壓、外部接線上的電流，以及中性線上電流之相量圖建構於圖 12.10。相量圖中表示 $\mathbf{I}_{aA} + \mathbf{I}_{bB} + \mathbf{I}_{nN} = 0$ 之事實。

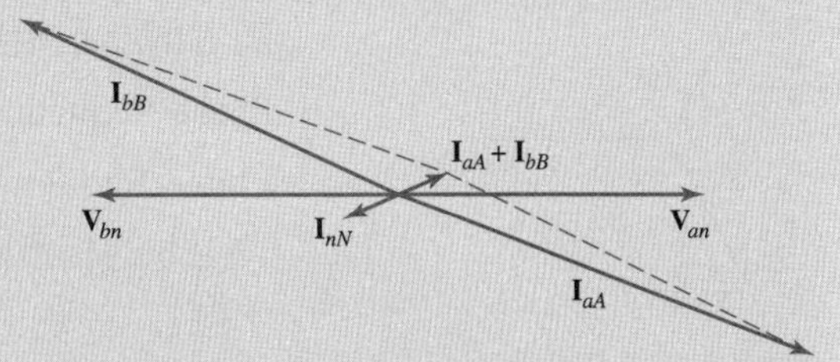

◆**圖 12.10** 將圖 12.9 電路中的電源電壓與三個電流闡述於一個相量圖上。應注意 $\mathbf{I}_{aA} + \mathbf{I}_{bB} + \mathbf{I}_{nN} = 0$。

練習題

12.3 以每條外部接線增加一個 1.5 Ω 電阻、中性線增加一個 2.5 Ω 電阻修改圖 12.9。試求傳送至每個負載之平均功率。

解答：153.1 W；95.8 W；1374 W。

12.3 三相 Y-Y 連接

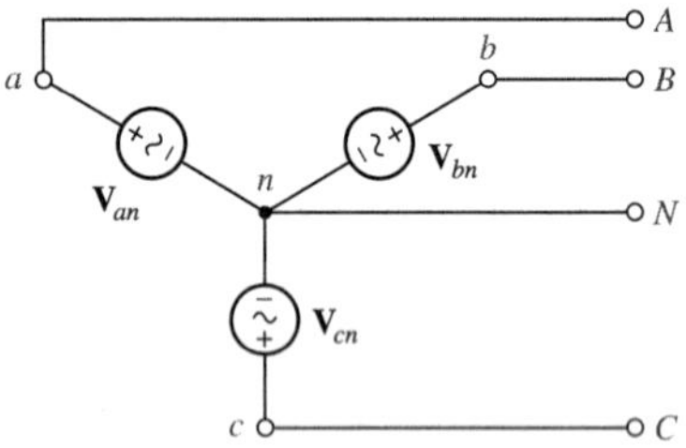

◆ **圖 12.11** Y-連接之三相四線電源。

三相電源具有三個端點，稱為火線端，且可能具有第四個端點，亦即中性線連接點。以下將接著探討具有中性線連接點之三相電源。可以三個 Y-連接的理想電壓源來表示之，如圖 12.11 所示；其中提供了端點 *a*、*b*、*c* 與 *n*。在此僅考慮平衡三相電源，可定義

$$|\mathbf{V}_{an}| = |\mathbf{V}_{bn}| = |\mathbf{V}_{cn}|$$

以及

$$\mathbf{V}_{an} + \mathbf{V}_{bn} + \mathbf{V}_{cn} = 0$$

此三個電壓稱為**相電壓** (Phase Voltage)，每一個相電壓皆存在於其中一條接線與中性線之間。若任意選擇 $\mathbf{V}_{an}$ 為參考電壓，或者定義

$$\mathbf{V}_{an} = V_p\underline{/0^\circ}$$

其中一致使用 rms 來表示任一相電壓之振幅，之後再定義三相電源

$$\mathbf{V}_{bn} = V_p\underline{/-120^\circ} \qquad 且 \qquad \mathbf{V}_{cn} = V_p\underline{/-240^\circ}$$

或者

$$\mathbf{V}_{bn} = V_p\underline{/120^\circ} \qquad 且 \qquad \mathbf{V}_{cn} = V_p\underline{/240^\circ}$$

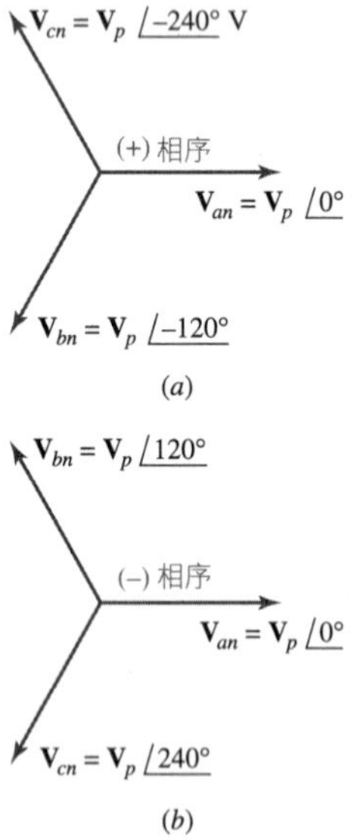

◆ **圖 12.12** (a) 正相序或 *abc* 相序；(b) 負相序，或者 *cba* 相序。

前者稱為**正相序** (Positive Phase Sequence)，或者 ***abc* 相序** (abc Phase Sequence)，如圖 12.12a 所示；後者稱為**負相序** (Negative Phase Sequence)，或者 ***cba* 相序** (cba Phase Sequence)，以圖 12.12b 的相量圖闡述之。在實務上，三相電源之實際相序以英文字母 *a*、*b* 與 *c* 所表示的三個端點之任意選擇而定。一般較可能選擇正相序，並且在所考慮的大多數系統中，皆已假設使用正相序。

■線對線電壓

接著說明線對線電壓 [通常簡稱為**線電壓** (Line Voltages)]，當相電壓如圖 12.12a 所示時，便存在線電壓。由於角度皆為 30° 的倍數，最簡單的做法為使用相量圖協助。建構所需的相量圖，闡述於圖 12.13；得到的結果為

$$\mathbf{V}_{ab} = \sqrt{3}V_p\underline{/30^\circ} \quad [1]$$

$$\mathbf{V}_{bc} = \sqrt{3}V_p\underline{/-90^\circ} \quad [2]$$

$$\mathbf{V}_{ca} = \sqrt{3}V_p\underline{/-210^\circ} \quad [3]$$

克西荷夫電壓定律要求此三個電壓之總和為零；讀者可加以練習驗證之。

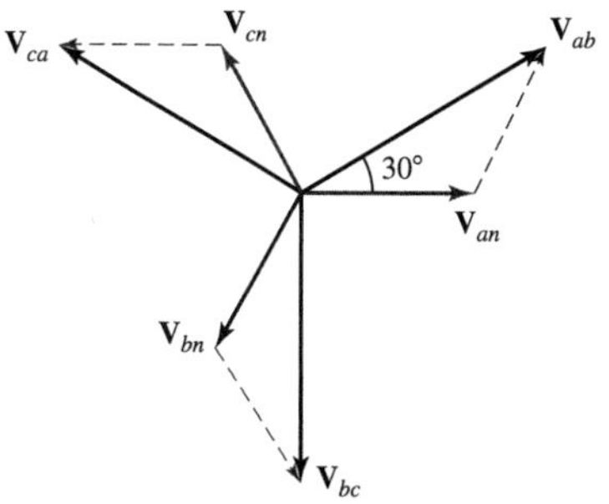

◆**圖 12.13** 可經由已知的相電壓判斷線電壓之相量圖。或者，使用代數運算，$\mathbf{V}_{ab} = \mathbf{V}_{an} - \mathbf{V}_{bn} = V_p\underline{/0^\circ} - V_p\underline{/-120^\circ}$ $= V_p - V_p\cos(-120^\circ) - jV_p\sin(-120^\circ)$ $= V_p(1 + \frac{1}{2} + j\sqrt{3}/2)$ $= \sqrt{3}V_p\underline{/30^\circ}$。

若任何線電壓之 rms 振幅標示為 V_L，則 Y-連接三相電源其中一個重要的特性可表示為

$$\boxed{V_L = \sqrt{3}V_p}$$

應注意使用正相序時，$\mathbf{V}_{an}$ 超前 $\mathbf{V}_{bn}$，且 $\mathbf{V}_{bn}$ 超前 $\mathbf{V}_{cn}$，兩者皆是超前 120°，而 $\mathbf{V}_{ab}$ 也超前 $\mathbf{V}_{bc}$，且 $\mathbf{V}_{bc}$ 也超前 $\mathbf{V}_{ca}$ 同樣 120°。若以“落後”取代“超前”，則此敘述對負相序亦成立。

此時將一個平衡 Y-連接三相負載連接至此一電源，使用三條接線以及一條中性線，如圖 12.14 所示。每條接線與中性線之間的阻抗皆以 $\mathbf{Z}_p$ 表示。由於確實存在了具有同一條引線之三個單相電路，[2] 因此很容易得到三個線電流：

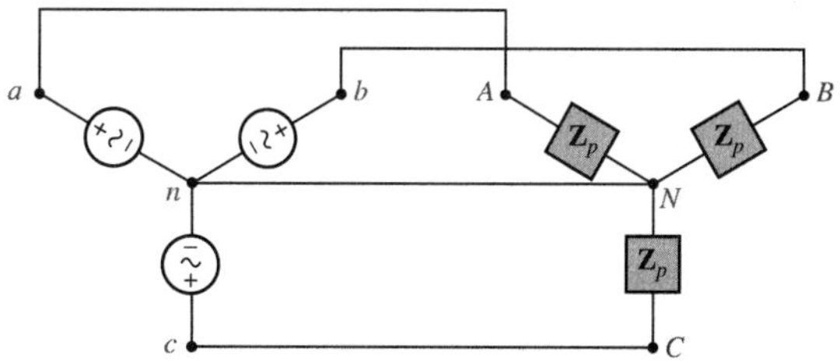

◆**圖 12.14** 平衡三相系統，以 Y-Y 連接並且包含一條中性線。

$$\mathbf{I}_{aA} = \frac{\mathbf{V}_{an}}{\mathbf{Z}_p}$$

$$\mathbf{I}_{bB} = \frac{\mathbf{V}_{bn}}{\mathbf{Z}_p} = \frac{\mathbf{V}_{an}\underline{/-120^\circ}}{\mathbf{Z}_p} = \mathbf{I}_{aA}\underline{/-120^\circ}$$

$$\mathbf{I}_{cC} = \mathbf{I}_{aA}\underline{/-240^\circ}$$

因此

$$\mathbf{I}_{Nn} = \mathbf{I}_{aA} + \mathbf{I}_{bB} + \mathbf{I}_{cC} = 0$$

所以，若電源與負載兩者皆平衡，且若四條導線皆沒有阻抗，則中性線上便沒有電流。接著考慮將阻抗 $\mathbf{Z}_L$ 串聯於每條接線，且將阻抗 $\mathbf{Z}_n$ 插入於中性線中；此時之接線阻抗可與三個負

2 藉由應用重疊定理並且逐次分析各相，便可得知此一觀點必成立。

載阻抗組合，此一有效負載仍維持平衡狀態，且可將理想導體之中性線移除。因此，若 n 與 N 之間短路或開路，系統不會產生任何變動，即可在中性線中插入任何阻抗，中性線電流皆維持為零。

因此咸可認為，若具有平衡電源、平衡負載與平衡接線阻抗，則可使用任何其他的阻抗，包含短路與開路，來取代中性線的阻抗；如此取代與改變並不會影響系統的電壓或者電流。此一觀念通常有助於了解兩個中性點之間短路是否實際存在一條中性線；此一問題之後則能夠簡化成三個單相的問題，除了相角差之外，其他全部相同的三個單相電路。亦即，因此以“每相”的基礎來探討問題。

範例 12.2

考慮圖 12.15 之電路，試求整個電路的相電流與線電流，以及相電壓與線電壓；再計算負載所消耗的總功率。

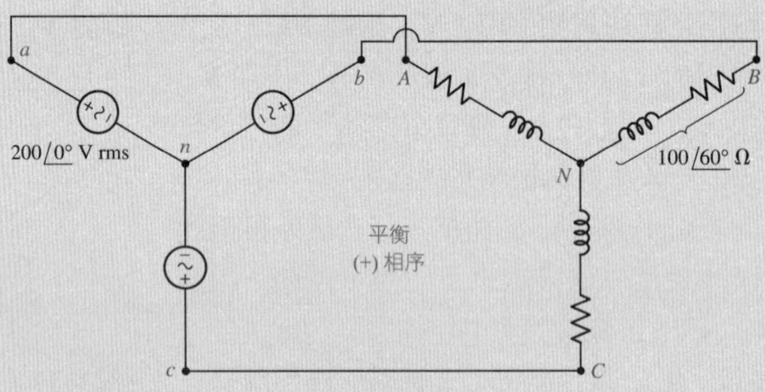

◆ **圖 12.15** 平衡三相三線之 Y-Y 連接系統。

由於其中一個電源之相電壓為已知，並且已知使用正相序，因此三個相電壓為：

$$\mathbf{V}_{an} = 200\underline{/0^\circ}\text{ V} \qquad \mathbf{V}_{bn} = 200\underline{/-120^\circ}\text{ V} \qquad \mathbf{V}_{cn} = 200\underline{/-240^\circ}\text{ V}$$

線電壓為 $200\sqrt{3} = 346$ V；能夠藉由建立一個相量圖來判斷每一線電壓的相角，如圖 12.13 所示一般 (實際上可直接應用圖 12.13)，使用工程科學計算機將相電壓相減，或者藉由引用方程式 [1] 至 [3]。可知 $\mathbf{V}_{ab}$ 為 $346\underline{/30^\circ}$ V，$\mathbf{V}_{bc} = 346\underline{/-90^\circ}$ V，且 $\mathbf{V}_{ca} = 346\underline{/-210^\circ}$ V。

相 A 的線電流為

$$\mathbf{I}_{aA} = \frac{\mathbf{V}_{an}}{\mathbf{Z}_p} = \frac{200\underline{/0^\circ}}{100\underline{/60^\circ}} = 2\underline{/-60^\circ}\text{ A}$$

由於已知此為平衡三相系統，因此可基於 $\mathbf{I}_{aA}$ 寫出其他的兩個線電流：

$$\mathbf{I}_{bB} = 2\underline{/(-60^\circ - 120^\circ)} = 2\underline{/-180^\circ} \text{ A}$$
$$\mathbf{I}_{cC} = 2\underline{/(-60^\circ - 240^\circ)} = 2\underline{/-300^\circ} \text{ A}$$

最後，相 A 所吸收的平均功率為 $\text{Re}\{\mathbf{V}_{an}\mathbf{I}^*_{aA}\}$，或者

$$P_{AN} = 200(2)\cos(0^\circ + 60^\circ) = 200 \text{ W}$$

因此，三相負載所吸收的總平均功率為 600 W。

此一電路的相量圖闡述於圖 12.16。一旦已知任何一個線電壓的振幅以及任何一個線電流的振幅，便能夠簡單地藉由相量圖，得到全部三個電壓以及三個電流的角度。

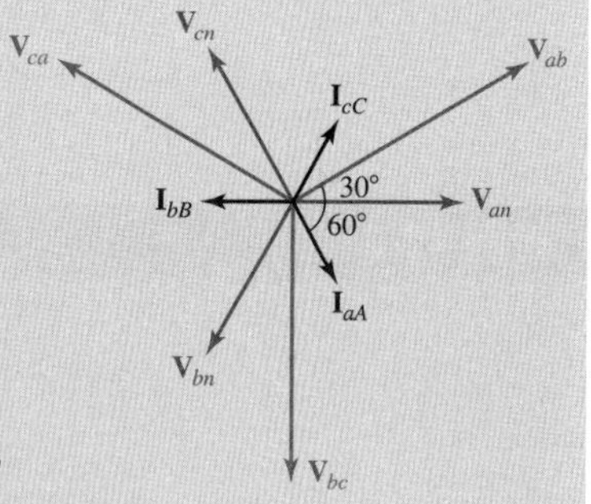

◆ **圖 12.16** 應用於圖 12.15 電路之相量圖。

練習題

12.4 某一平衡三相三線系統具有 Y-連接負載。每相皆包含三個並聯負載 $-j100\ \Omega$、$100\ \Omega$ 以及 $50+j50\ \Omega$。假設使用正相序，且 $\mathbf{V}_{ab} = 400\underline{/0^\circ}$ V。試求 (a) $\mathbf{V}_{an}$；(b) $\mathbf{I}_{aA}$；(c) 負載所吸收的總功率。

解答：$231\underline{/-30^\circ}$ V；$4.62\underline{/-30^\circ}$ A；3200 W。

在說明另一個範例之前，先快速討論 12.1 節的陳述，亦即，即使相電壓與電流在特定的時間瞬間上為零 (在台灣或北美，每 1/120 s)，然傳送至總負載的瞬時功率卻必不為零。再次考慮範例 12.2 之相 A，以時域描述相電壓與電流：

從 rms 單位轉換需要因數 $\sqrt{2}$。

$$v_{AN} = 200\sqrt{2}\cos(120\pi t + 0^\circ) \text{ V}$$

以及

$$i_{AN} = 2\sqrt{2}\cos(120\pi t - 60^\circ) \text{ A}$$

因此，相 A 所吸收的瞬時功率為

$$\begin{aligned} p_A(t) = v_{AN}i_{AN} &= 800\cos(120\pi t)\cos(120\pi t - 60^\circ) \\ &= 400[\cos(-60^\circ) + \cos(240\pi t - 60^\circ)] \\ &= 200 + 400\cos(240\pi t - 60^\circ) \text{ W} \end{aligned}$$

同理，

$$p_B(t) = 200 + 400\cos(240\pi t - 300^\circ) \text{ W}$$

以及

$$p_C(t) = 200 + 400\cos(240\pi t - 180^\circ) \text{ W}$$

總負載所吸收的瞬時功率因而為

$$p(t) = p_A(t) + p_B(t) + p_C(t) = 600 \text{ W}$$

此功率與時間無關，而且數值與範例 12.2 所計算的平均功率相同。

範例 12.3

具有線電壓 300 V 之平衡三相系統提供電力給予某一 1200 W 平衡 Y-連接負載，超前的功率因數為 0.8。試求線電流以及每相的負載阻抗。

相電壓為 $300/\sqrt{3}$ V，而每相功率為 1200/3 = 400 W。因此，經由功率的關係得到線電流為

$$400 = \frac{300}{\sqrt{3}}(I_L)(0.8)$$

線電流因而等於 2.89 A。相阻抗之大小可給定為

$$|\mathbf{Z}_p| = \frac{V_p}{I_L} = \frac{300/\sqrt{3}}{2.89} = 60\ \Omega$$

由於 PF 為 0.8 超前，阻抗的相角為 $-36.9°$；因此 $\mathbf{Z}_p = 60\underline{/-36.9°}\ \Omega$。

練習題

12.5 某一平衡三相三線系統具有線電壓 500 V。負載為兩個平衡 Y-連接負載。其中一個負載為電容性負載，每相皆具有 $7 - j2\ \Omega$，而另一個負載則為電感性負載，每相皆具有 $4 + j2\ \Omega$。試求 (a) 相電壓；(b) 線電流；(c) 負載所吸收的總功率；(d) 電源操作的功率因數。

解答：289 V；97.5 A；83.0 kW；0.983 落後。

範例 12.4

將一平衡 600 W 照明負載增加 (並聯) 至範例 12.3 之系統。試求新電路的線電流。

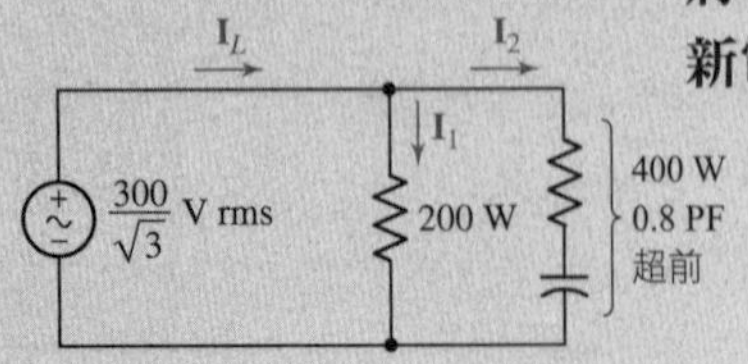

◆ **圖 12.17** 用來分析平衡三相範例之每相電路。

先繪製每相適當的電路，如圖 12.17 所示。假設 600 W 負載為平衡負載，均勻分佈於三相之間，每相消耗額外的 200 W。

照明電流之振幅 (標示為 $\mathbf{I}_1$) 可計算為

$$200 = \frac{300}{\sqrt{3}} |\mathbf{I}_1| \cos 0°$$

因此

$$|\mathbf{I}_1| = 1.155 \text{ A}$$

同理，由於電容性負載之跨壓保持固定，可得到電容性負載電流 (標示為 $\mathbf{I}_2$) 之振幅保持與先前相同的數值不變：

$$|\mathbf{I}_2| = 2.89 \text{ A}$$

若假設此相具有角度 0° 之相電壓，則由於 $\cos^{-1}(0.8) = 36.9°$，

$$\mathbf{I}_1 = 1.155\underline{/0°} \text{ A} \qquad \mathbf{I}_2 = 2.89\underline{/+36.9°} \text{ A}$$

且線電流為

$$\mathbf{I}_L = \mathbf{I}_1 + \mathbf{I}_2 = 3.87\underline{/+26.6°} \text{ A}$$

藉由計算此相電源所產生的功率，便能夠檢視此一結果

$$P_p = \frac{300}{\sqrt{3}} 3.87 \cos(+26.6°) = 600 \text{ W}$$

已知各相提供 200 W 給予新的照明負載，並且提供 400 W 給予原負載，因此所得結果與先前一致。

練習題

12.6 三相平衡 Y-連接負載安裝於平衡三相四線系統上。負載 1 吸收 6 kW 的總功率，PF 等於 1；負載 2 以 PF = 0.96 (落後) 取得10 kVA；而負載 3 則需要 7 kW，PF 為 0.85 落後。若負載上的相電壓為 135 V、每條接線皆具有電阻 0.1 Ω，且中性線具有 1 Ω 電阻，試求 (a) 負載所吸收的總功率；(b) 負載整體的 PF；(c) 損失在四條接線上的總功率；(d) 電源上的相電壓；(e) 電源操作之功率因數。

解答：22.6 kW；0.954 落後；1027 W；140.6 V；0.957 落後。

若將不平衡 Y-連接負載連接於另一個平衡三相系統，且倘若中性線存在而阻抗為零，則電路仍可在每相的基礎上進行分析。若其中一個條件不成立，則必須使用其他的方法，例如網目分析或者節點分析方法。然而，曾花費大部分時間在不平衡三相系統的工程師將會發現使用**對稱的分量**能夠節省大量時間。

將此一主題留給更高階的書本探討。

12.4 Δ 連接

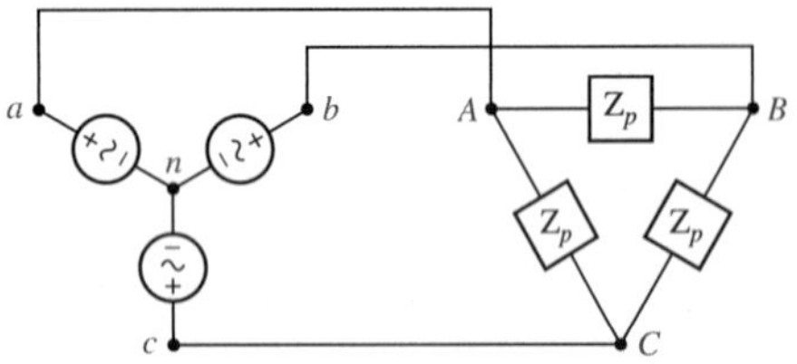

◆ **圖 12.18** 連接於三線三相系統之平衡 Δ-連接負載。電源為 Y-連接。

Y-連接負載的另一種連接方式為 Δ-連接配置，如圖 12.18 所示。此種型式的配置極為常見，且其中不具有中線性連接點。

考慮由存在於每對接線之間的阻抗 $\mathbf{Z}_p$ 所構成的平衡 Δ-連接負載。參考圖 12.18，假設已知的線電壓為

$$V_L = |\mathbf{V}_{ab}| = |\mathbf{V}_{bc}| = |\mathbf{V}_{ca}|$$

或者已知的相電壓為

$$V_p = |\mathbf{V}_{an}| = |\mathbf{V}_{bn}| = |\mathbf{V}_{cn}|$$

其中

$$V_L = \sqrt{3}V_p \qquad 且 \qquad \mathbf{V}_{ab} = \sqrt{3}V_p\underline{/30^\circ}$$

與先前所得知的結果相同。由於 Δ 配置的每個分支上的跨壓為已知，可簡易得知相電流：

$$\mathbf{I}_{AB} = \frac{\mathbf{V}_{ab}}{\mathbf{Z}_p} \qquad \mathbf{I}_{BC} = \frac{\mathbf{V}_{bc}}{\mathbf{Z}_p} \qquad \mathbf{I}_{CA} = \frac{\mathbf{V}_{ca}}{\mathbf{Z}_p}$$

相電流之間的差值則為線電流，例如

$$\mathbf{I}_{aA} = \mathbf{I}_{AB} - \mathbf{I}_{CA}$$

由於所分析的架構為平衡系統，因此三相電流振幅皆相等：

$$I_p = |\mathbf{I}_{AB}| = |\mathbf{I}_{BC}| = |\mathbf{I}_{CA}|$$

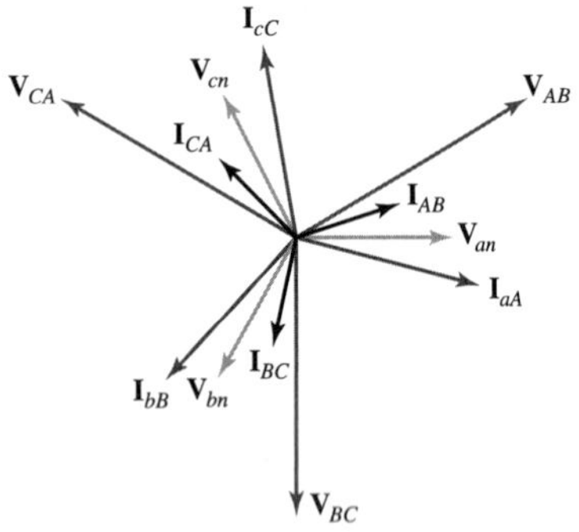

◆ **圖 12.19** 若 $\mathbf{Z}_p$ 為電感性阻抗，能夠應用於圖 12.18 電路之相量圖。

線電流的振幅也相等；在圖 12.19 的相量圖中，明顯具有對稱性。因此得到

$$I_L = |\mathbf{I}_{aA}| = |\mathbf{I}_{bB}| = |\mathbf{I}_{cC}|$$

以及

$$I_L = \sqrt{3}I_p$$

此時先忽略電源，而僅考慮平衡的負載。若負載為 Δ-連接，則相電壓與線電壓無法區分，但已知線電流大於相電流 $\sqrt{3}$ 之因數；而就 Y-連接的負載而言，相電流與線電流為相同的電流，而線電壓大於相電壓 $\sqrt{3}$ 之因數。

範例 12.5

某一三相系統具有線電壓 300 V，並且以 0.8 的落後 PF 提供 1200 W 給予 Δ-連接之負載，試求系統中的線電流振幅，並試求相阻抗。

再次考慮單一相即可，其中單相吸收 400 W，且具有 0.8 的落後 PF 以及 300 V 之線電壓。因此，

$$400 = 300(I_p)(0.8)$$

且

$$I_p = 1.667 \text{ A}$$

並得到相電流與線電流之間的關係

$$I_L = \sqrt{3}(1.667) = 2.89 \text{ A}$$

接著，負載的相角為 $\cos^{-1}(0.8) = 36.9°$，因此每相的阻抗必為

$$\mathbf{Z}_p = \frac{300}{1.667}\underline{/36.9°} = 180\underline{/36.9°}\ \Omega$$

再次牢記所假設的全部電壓與電流皆是以 rms 值描述。

練習題

12.7 平衡三相 Δ-連接負載之每相皆由一個 200 mH 電感器串聯一個 5 μF 電容器與一個 200 Ω 電阻器的並聯組合所構成。假設操作於 $\omega = 400$ rad/s，接線電阻為零，且相電壓為 200 V。試求 (a) 相電流；(b) 線電流；(c) 負載所吸收的總功率。

解答：1.158 A；2.01 A；693 W。

範例 12.6

某一三相系統具有 300 V 的線電壓，並且在 0.8 的落後 PF 下，提供 1200 W 給予一個 Y-連接的負載，試求線電流之振幅。(此電路與範例 12.5 相同，但以 Y-連接的負載取代。)

以每相分析為基礎，此時已知相電壓為 $300/\sqrt{3}$ V，功率為 400 W，且 PF 為落後的 0.8。因此，

$$400 = \frac{300}{\sqrt{3}}(I_p)(0.8)$$

且

$$I_p = 2.89 \quad (\text{因而 } I_L = 2.89 \text{ A})$$

負載的角度亦為 36.9°，因此 Y-連接的每相阻抗為

$$\mathbf{Z}_p = \frac{300/\sqrt{3}}{2.89}\underline{/36.9^\circ} = 60\underline{/36.9^\circ}\ \Omega$$

$\sqrt{3}$ 的因數不僅有關於相電壓與相電流，以及線電壓與線電流，也會出現在任何平衡三相負載所吸收之總功率表示式中。若假設具有功率因數角 θ 之 Y-連接負載，則任何一相所吸收的功率為

$$P_p = V_p I_p \cos\theta = V_p I_L \cos\theta = \frac{V_L}{\sqrt{3}} I_L \cos\theta$$

且總功率為

$$P = 3P_p = \sqrt{3} V_L I_L \cos\theta$$

同理，傳送至 Δ-連接的負載每相之功率為

$$P_p = V_p I_p \cos\theta = V_L I_p \cos\theta = V_L \frac{I_L}{\sqrt{3}} \cos\theta$$

總功率給定為

$$P = 3P_p = \sqrt{3} V_L I_L \cos\theta \qquad [4]$$

練習題

12.8 平衡三相三線系統之終端連接著兩個並聯的 Δ-連接負載。負載 1 在 0.8 的落後 PF 下汲取 40 kVA，同時負載 2 在 0.9 的超前 PF 下吸收 24 kW。假設沒有接線電阻，並且令 $\mathbf{V}_{ab} = 440\underline{/30^\circ}$ V。試求 (a) 負載所吸收的總功率；(b) 該落後的負載之相電流 $\mathbf{I}_{AB1}$；(c) $\mathbf{I}_{AB2}$；(d) $\mathbf{I}_{aA}$。

解答：56.0 kW；$30.3\underline{/-6.87^\circ}$ A；$20.2\underline{/55.8^\circ}$ A；$75.3\underline{/-12.46^\circ}$ A。

因此，經由線電壓、線電流，以及負載阻抗 (或者導納) 的相角之資訊，便可使用方程式 [4] 來計算傳送至平衡負載之總功率，而不論負載為 Y-連接或者 Δ-連接皆可。此時能夠以兩個簡單的步驟得到範例 12.5 與範例 12.6 中的線電流：

$$1200 = \sqrt{3}(300)(I_L)(0.8)$$

因此，

$$I_L = \frac{5}{\sqrt{3}} = 2.89\ \text{A}$$

考慮 Y-連接三相電源提供電力給予 Y-連接以及 Δ-連接兩種

負載，將相電壓與線電壓，以及相電流與線電流之簡單比較闡述於表 12.1。

表 12.1　Y-連接與 Δ-連接三相負載之比較。V_p 為 Y-連接的電源每相之電壓振幅

負載	相電壓	線電壓	相電流	線電流	每相之功率
Y	$\mathbf{V}_{AN}=V_p\underline{/0°}$ $\mathbf{V}_{BN}=V_p\underline{/-120°}$ $\mathbf{V}_{CN}=V_p\underline{/-240°}$	$\mathbf{V}_{AB}=\mathbf{V}_{ab}=(\sqrt{3}\underline{/30°})\mathbf{V}_{AN}=\sqrt{3}V_p\underline{/30°}$ $\mathbf{V}_{BC}=\mathbf{V}_{bc}=(\sqrt{3}\underline{/30°})\mathbf{V}_{BN}=\sqrt{3}V_p\underline{/-90°}$ $\mathbf{V}_{CA}=\mathbf{V}_{ca}=(\sqrt{3}\underline{/30°})\mathbf{V}_{CN}=\sqrt{3}V_p\underline{/-210°}$	$\mathbf{I}_{aA}=\mathbf{I}_{AN}=\dfrac{\mathbf{V}_{AN}}{\mathbf{Z}_p}$ $\mathbf{I}_{bB}=\mathbf{I}_{BN}=\dfrac{\mathbf{V}_{BN}}{\mathbf{Z}_p}$ $\mathbf{I}_{cC}=\mathbf{I}_{CN}=\dfrac{\mathbf{V}_{CN}}{\mathbf{Z}_p}$	$\mathbf{I}_{aA}=\mathbf{I}_{AN}=\dfrac{\mathbf{V}_{AN}}{\mathbf{Z}_p}$ $\mathbf{I}_{bB}=\mathbf{I}_{BN}=\dfrac{\mathbf{V}_{BN}}{\mathbf{Z}_p}$ $\mathbf{I}_{cC}=\mathbf{I}_{CN}=\dfrac{\mathbf{V}_{CN}}{\mathbf{Z}_p}$	$V_L=\dfrac{I_L}{\sqrt{3}}\cos\theta$，其中 $\cos\theta=$ 負載之功率因數
Δ	$\mathbf{V}_{AB}=\mathbf{V}_{ab}=\sqrt{3}V_p\underline{/30°}$ $\mathbf{V}_{BC}=\mathbf{V}_{bc}=\sqrt{3}V_p\underline{/-90°}$ $\mathbf{V}_{CA}=\mathbf{V}_{ca}=\sqrt{3}V_p\underline{/-210°}$	$\mathbf{V}_{AB}=\mathbf{V}_{ab}=\sqrt{3}V_p\underline{/30°}$ $\mathbf{V}_{BC}=\mathbf{V}_{bc}=\sqrt{3}V_p\underline{/-90°}$ $\mathbf{V}_{CA}=\mathbf{V}_{ca}=\sqrt{3}V_p\underline{/-210°}$	$\mathbf{I}_{AB}=\dfrac{\mathbf{V}_{AB}}{\mathbf{Z}_p}$ $\mathbf{I}_{BC}=\dfrac{\mathbf{V}_{BC}}{\mathbf{Z}_p}$ $\mathbf{I}_{CA}=\dfrac{\mathbf{V}_{CA}}{\mathbf{Z}_p}$	$\mathbf{I}_{aA}=(\sqrt{3}\underline{/-30°})\dfrac{\mathbf{V}_{AB}}{\mathbf{Z}_p}$ $\mathbf{I}_{bB}=(\sqrt{3}\underline{/-30°})\dfrac{\mathbf{V}_{BC}}{\mathbf{Z}_p}$ $\mathbf{I}_{cC}=(\sqrt{3}\underline{/-30°})\dfrac{\mathbf{V}_{CA}}{\mathbf{Z}_p}$	$V_L=\dfrac{I_L}{\sqrt{3}}\cos\theta$，其中 $\cos\theta=$ 負載之功率因數

Δ-連接之電源

電源也可以是 Δ-連接之配置。然而，此並非典型配置，電源各相若有些微不平衡的情形便會導致在迴路中產生大電流的環流。例如，將單相電源命名為 $\mathbf{V}_{ab}$、$\mathbf{V}_{bc}$ 與 $\mathbf{V}_{cd}$，則在連接 d 至 a 而將 Δ 封閉之前，測量 $\mathbf{V}_{ab}+\mathbf{V}_{bc}+\mathbf{V}_{ca}$ 總和來判斷電源各相之不平衡狀況。假如所得到的振幅僅為線電壓的 1%，則環流電流因此大約為線電壓的 $\frac{1}{3}$% 除以任一電源之內部阻抗。然而，該較大數值之阻抗必須端視電源在端電壓極小壓降之條件下所期望傳送之電流而定。若假設最大電流會導致端電壓 1% 之壓降，則**環流電流為最大電流的三分之一**！如此現象會降低電源有效電流容量，也會增加系統的損失。

應該注意平衡三相電源可以從 Y 配置變換成為 Δ 配置，反之亦然，不會影響負載電流或電壓。考慮 $\mathbf{V}_{an}$ 具有 0° 參考相角之狀況，線電壓與相電壓所需的關係顯示於圖 12.13。此一變換能夠讓使用者自行選擇所喜好的電源連接方式，而且所有的負載關係皆為正確的。當然，除非已知實際的連接方式，否則在電源

內不能夠指定任何電流或電壓。平衡三相負載可在 Y-連接以及 Δ-連接配置之間變換，所使用的關係為

$$Z_Y = \frac{Z_\Delta}{3}$$

此一關係方程式值得記憶。

12.5 三相系統之功率量測

瓦特計之使用

在大型電力系統中，不僅需要得知相當重要的電壓與電流資訊，在系統中也常常要引述功率數值，所以在電力系統中測量功率極為重要。一般使用稱為**瓦特計** (Wattmeter) 的裝置來執行功率的測量，此裝置必須具有能夠建立與電源、負載或者兩者皆相關的電壓與電流之能力。現代化的裝置極類似於數位萬用表，可提供所要測量的物理量之數值顯示。這些裝置經常使用電流衍生磁場之效應，不需要將電路斷開，即可進行測量。然而，在此一領域中，仍會遇見使用類比萬用表的場合，而且相較於數位萬用表，類比萬用表仍保有某些優勢，例如不需個別的電源 (例如，電池) 便能夠運作的能力，以及二次資訊來自觀看指針的移動，而不是顯示器上似乎隨機跳動的數字。因此，本節將焦點放在使用傳統類比瓦特計的功率量測，但所闡述的觀念仍可簡單地應用於數位裝置。在著手探討測量三相系統功率的專門技巧之前，先簡略闡述**瓦特計**是如何使用於單相電路，將有助於接下來的說明。

功率的測量通常是在低於數百赫茲的頻率下透過具有兩個各別線圈的瓦特計進行。其中一個線圈由粗重的導線所製成，具有極低的電阻，且稱為**電流線圈** (Current Coil)；第二個線圈由非常多匝的細小導線所構成，具有相對較高的電阻，稱為**電位線圈** (Potential Coil) 或者**電壓線圈** (Voltage Coil)。額外的電阻也可能出現在與電位線圈串聯的內部或外部。施加至此一運動系統與指針的轉矩正比於在兩線圈中所流動的電流之瞬時乘積。而運動系統的機械慣量會產生正比於轉矩**平均**值之偏轉。

在使用上，瓦特計連接至網路之方式會將電流線圈中所流動的電流視為流進網路的電流，以及將電位線圈上的跨壓視為網路兩端點的跨壓。電位線圈中的電流因此為輸入電壓除以電位線圈的電阻。

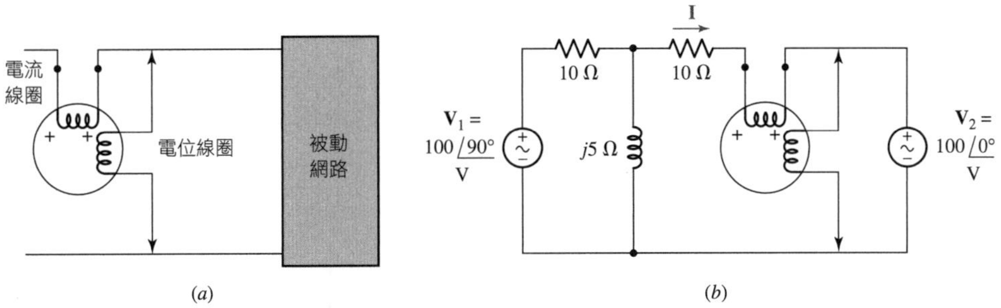

◆ **圖 12.20** (a) 確保當被動網路正在吸收功率時可得到向上刻度的讀數之瓦特計連接方式；(b) 安裝瓦特計藉以得到右邊電源所吸收的功率之向上刻度指示範例。

顯然瓦特計具有四個可用的端點，而且必須正確連接這些端點，方能得到瓦特計的向上刻度讀數。具體而言，假設正在測量被動網路所吸收的功率時，則要將電流線圈安插且串聯於連接至負載的其中一條導體，並且將電位線圈安裝於兩條導體之間，且通常位於電流線圈的“負載側”。通常以箭號來指示電位線圈的端點，如圖 12.20a 所示。每個線圈皆具有兩個端點，而且必須遵守電流與電壓之間的適當關係。每個線圈的其中一個末端通常標示為 (+)，而且若正電流流進電流線圈的 (+) 端，同時電位線圈的 (+) 終端相對於未標示端為正，則會得到向上刻度的讀數。當右邊的網路正在吸收功率時，圖 12.20a 網路中所示的瓦特計因此產生一個向上刻度的偏轉。僅其中任一線圈的反轉 (非兩個線圈) 將會導致瓦特計嘗試向下刻度的偏轉；而兩個線圈一起反轉則不會影響讀數。

此時考慮使用如此瓦特計測量平均功率之範例，如圖 12.20b 所示電路。該瓦特計的連接方式會產生向上刻度的讀數，相應於瓦特計右邊的網路，亦即右邊的電源，所吸收的功率為正值。此一電源所吸收的功率為

$$P = |\mathbf{V}_2|\,|\mathbf{I}|\cos(ang\ \mathbf{V}_2 - ang\ \mathbf{I})$$

使用重疊定理或者網目分析，便可得到電流為

$$\mathbf{I} = 11.18\underline{/153.4^\circ}\ \text{A}$$

因此所吸收的功率為

$$P = (100)(11.18)\cos(0^\circ - 153.4^\circ) = -1000\ \text{W}$$

指針靠在下限刻度停止。在實務上，相較於電流線圈，電位線圈會更快速地反轉，而且如此的反轉可提供 1000 W 的向上刻度讀數。

練習題

12.9 試求圖 12.21 之瓦特計讀數，並敘述電位線圈是否需要反轉，以得到向上刻度之讀數，且辨識正在吸收或者產生功率的裝置。其中瓦特計的 (+) 終端連接至 (a) x；(b) y；(c) z。

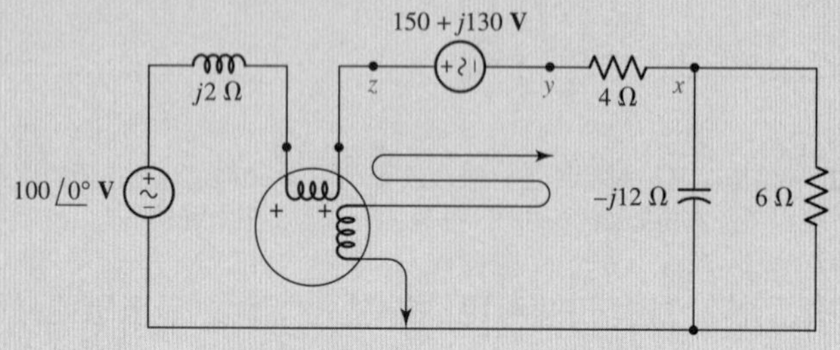

◆ **圖 12.21**

解答：1200 W，不需反轉，$P_{6\Omega}$ (吸收)；2200 W，不需反轉，$P_{4\Omega}+P_{6\Omega}$ (吸收)；500 W，反轉，由 100 V 所吸收。

三相系統的瓦特計

乍看之下，測量三相負載所汲取的功率似乎是簡單的問題。僅需要在每一相上設置一個瓦特計，並且將所有的結果相加。例如，Y-連接負載的適當連接方式闡述於圖 12.22a。每個瓦特計的電流線圈皆安插於負載的其中一相之間，而其電位線圈則是連接於負載的接線側之間。同理，三個瓦特計可依照圖 12.22b 所示連接，藉以測量 Δ-連接負載所吸收的總功率。這些方法理論上是正確的，但由於 Y-連接的中性線並不一定容易取得，且無法使用 Δ-連接中的各相，因此在實務上並沒有用。例如，三相旋轉電機僅具有三個可取用的端點，稱為 A、B 與 C。

顯然需要一種可測量僅具有三個可取用終端的三相負載所吸收的總功率之方法；可在這些端點的“接線”側進行測量，而不是在“負載”側。如此的方法相當有用，並且能夠測量不平衡負載從不平衡電源所吸收的功率。如圖 12.23 所示，以如此的方式連接三個瓦特計，使得每一個瓦特計之電流線圈位於其中一條接線中，而電壓線圈則位於其接線與某一共同接點 x 之間。儘管在此僅闡述了具有 Y-連接負載的系統，但所提出的論點對 Δ-連接負載同樣有效。共同接點 x 可以是三相系統中某一非特定的接點，或者可以僅是三個電位線圈在空間中所具有的某一個共同節點。瓦特計 A 所指示的平均功率必為

$$P_A = \frac{1}{T}\int_0^T v_{Ax} i_{aA}\, dt$$

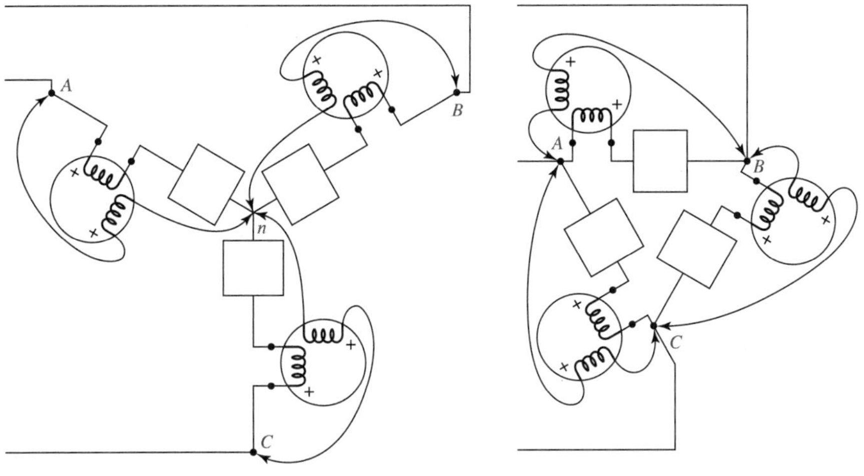

◆**圖 12.22** 三個瓦特計連接方式，其中每個瓦特計皆會讀取其中一相負載所吸收的功率，而讀數的總和則為總功率。(a) Y-連接負載；(b) Δ-連接負載。其中的負載以及電源皆不需要是平衡的狀態。

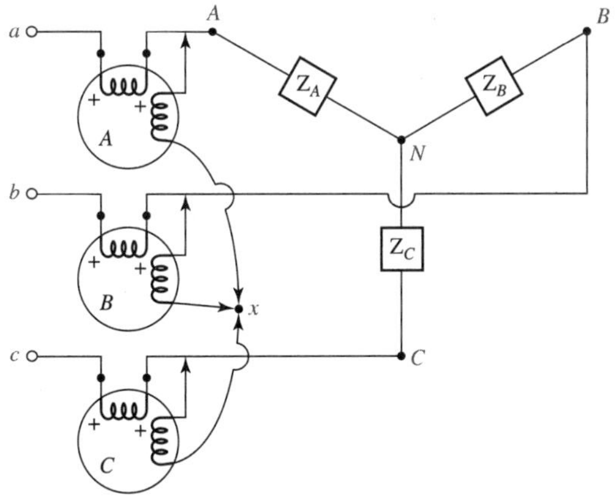

◆**圖 12.23** 一種連接三個瓦特計藉以測量三相負載所吸收功率之方法。該三相負載僅有三個端點可供使用。

其中的 T 為所有電源電壓之週期。另兩個瓦特計的讀數以類似的方式給定，而負載所吸收的總平均功率因此為

$$P = P_A + P_B + P_C = \frac{1}{T}\int_0^T (v_{Ax}i_{aA} + v_{Bx}i_{bB} + v_{Cx}i_{cC})\,dt$$

可以根據相電壓以及接點 x 與中性點之間的電壓來描述在前述表示式中的每個電壓，

$$v_{Ax} = v_{AN} + v_{Nx}$$
$$v_{Bx} = v_{BN} + v_{Nx}$$
$$v_{Cx} = v_{CN} + v_{Nx}$$

因而

$$P = \frac{1}{T}\int_0^T (v_{AN}i_{aA} + v_{BN}i_{bB} + v_{CN}i_{cC})\,dt + \frac{1}{T}\int_0^T v_{Nx}(i_{aA} + i_{bB} + i_{cC})\,dt$$

然而，可將整個三相負載視為一個超節點，並且使用克西荷夫電流定律

$$i_{aA} + i_{bB} + i_{cC} = 0$$

因此

$$P = \frac{1}{T}\int_0^T (v_{AN}i_{aA} + v_{BN}i_{bB} + v_{CN}i_{cC})\,dt$$

參考電路圖，顯示此總和確實是每相負載所吸收的平均功率之總和，而且三個瓦特計的讀數之總和因而可代表整個負載所吸收的總平均功率！

在發現其中一個瓦特計是多餘的之前，先用一個數值範例來闡述此一過程。假設平衡電源，

$$\mathbf{V}_{ab} = 100\underline{/0^\circ}\ \text{V}$$
$$\mathbf{V}_{bc} = 100\underline{/-120^\circ}\ \text{V}$$
$$\mathbf{V}_{ca} = 100\underline{/-240^\circ}\ \text{V}$$

或者

$$\mathbf{V}_{an} = \frac{100}{\sqrt{3}}\underline{/-30^\circ}\ \text{V}$$
$$\mathbf{V}_{bn} = \frac{100}{\sqrt{3}}\underline{/-150^\circ}\ \text{V}$$
$$\mathbf{V}_{cn} = \frac{100}{\sqrt{3}}\underline{/-270^\circ}\ \text{V}$$

以及平衡負載，

$$\mathbf{Z}_A = -j10\ \Omega$$
$$\mathbf{Z}_B = j10\ \Omega$$
$$\mathbf{Z}_C = 10\ \Omega$$

假設瓦特計皆為理想，以如圖 12.23 所闡述的方式連接，且接點 x 位於電源的中性點 n。藉由網目分析，便可得到三個線電流，

$$\mathbf{I}_{aA} = 19.32\underline{/15^\circ}\ \text{A}$$
$$\mathbf{I}_{bB} = 19.32\underline{/165^\circ}\ \text{A}$$
$$\mathbf{I}_{cC} = 10\underline{/-90^\circ}\ \text{A}$$

中性點之間的電壓為

$$\mathbf{V}_{nN} = \mathbf{V}_{nb} + \mathbf{V}_{BN} = \mathbf{V}_{nb} + \mathbf{I}_{bB}(j10) = 157.7\underline{/-90^\circ}$$

每個瓦特計所指示的平均功率可計算為

$$\begin{aligned} P_A &= V_p I_{aA} \cos(ang\mathbf{V}_{an} - ang\ \mathbf{I}_{aA}) \\ &= \frac{100}{\sqrt{3}} 19.32 \cos(-30^\circ - 15^\circ) = 788.7 \text{ W} \end{aligned}$$

$$P_B = \frac{100}{\sqrt{3}} 19.32 \cos(-150^\circ - 165^\circ) = 788.7 \text{ W}$$

$$P_C = \frac{100}{\sqrt{3}} 10 \cos(-270^\circ + 90^\circ) = -577.4 \text{ W}$$

應注意其中一個瓦特計的讀數為負值。先前在瓦特計基本用法之討論中，已指出電位線圈或電流線圈其中一者反轉之後，僅能夠得到瓦特計之向上刻度讀數。

或者總功率為 1 kW。由於 10 A 的 rms 電流流過電阻性負載，因此負載所吸收的總功率為

$$P = 10^2(10) = 1 \text{ kW}$$

而且兩種方法所得到的結果一致。

■ 二瓦特計法

已證實了三個電位線圈之共同連接點 x 可位於使用者所期望的任何地方，而不會影響三個瓦特計讀數之代數和。此時考慮將三個瓦特計共同連接點 x 直接設置於其中一條接線上所產生之效應。例如，若每個電位線圈其中一個末端回到 B 點，則瓦特計 B 的電位線圈上便沒有任何跨壓，而此一瓦特計的讀數必為零，因此可將之移除，而且所剩的兩個瓦特計的讀數仍為負載所吸收的總功率。若以如此方式來選擇 x 的位置，則將此種功率測量方法稱為**二瓦特計法** (Two-wattmeter)。不論是 (1) 負載不平衡；(2) 電源不平衡；(3) 兩瓦特計有所差異；以及 (4) 週期性的電源波形，讀數皆可指示總功率之大小。唯一的假設為瓦特計的修正幅度極小，而可以將之忽略。例如，在圖 12.23 中，每個瓦特計的電流線圈具有流過的電流為負載所汲取的線電流加上電位線圈所使用的電流。由於後者的電流通常相當小，因此其效應可以經由電位線圈的電阻以及電位線圈的跨壓之資訊來評估之。此電阻與跨壓兩者可導出電位線圈所消耗的功率趨近評估值。

在前述的數值範例中，若假設使用兩個瓦特計，其中一個電流線圈位於接線 A，而電位線圈位於接線 A 與 B 之間，另一個電流線圈則位於接線 C，且另一個電壓線圈位於 C 與 B 之間；則第一個瓦特計讀數為

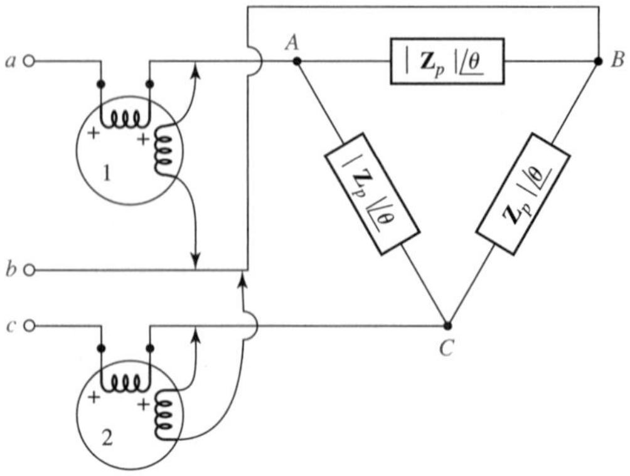

◆ **圖 12.24** 兩個連接用以讀取平衡三相負載所吸收的功率之瓦特計。

$$\begin{aligned}P_1 &= V_{AB}I_{aA}\cos(ang\ V_{AB} - ang\ I_{aA})\\ &= 100(19.32)\cos(0^\circ - 15^\circ)\\ &= 1866\ \text{W}\end{aligned}$$

第二個瓦特計的讀數為

$$\begin{aligned}P_2 &= V_{CB}I_{cC}\cos(ang\ V_{CB} - ang\ I_{cC})\\ &= 100(10)\cos(60^\circ + 90^\circ)\\ &= -866\ \text{W}\end{aligned}$$

因此，

$$P = P_1 + P_2 = 1866 - 866 = 1000\ \text{W}$$

如同先前對於該電路的分析所預期的。

在平衡負載的狀況下，使用二瓦特計法可判斷出 PF 角度以及負載所吸收的總功率。假設負載阻抗具有相角 θ，因 Y-連接或者Δ-連接皆可使用，而假設採用如圖 12.24 所示之 Δ-連接。建構一個標準的相量圖，如圖 12.19 一般，藉以判斷數個線電壓與線電流之間的適當相角。因此求得讀數為

$$\begin{aligned}P_1 &= |\mathbf{V}_{AB}|\,|\mathbf{I}_{aA}|\cos(ang\ \mathbf{V}_{AB} - ang\ \mathbf{I}_{aA})\\ &= V_L I_L\cos(30^\circ + \theta)\end{aligned}$$

以及

$$\begin{aligned}P_2 &= |\mathbf{V}_{CB}|\,|\mathbf{I}_{cC}|\cos(ang\ \mathbf{V}_{CB} - ang\ \mathbf{I}_{cC})\\ &= V_L I_L\cos(30^\circ - \theta)\end{aligned}$$

兩個讀數的比值為

$$\frac{P_1}{P_2} = \frac{\cos(30^\circ + \theta)}{\cos(30^\circ - \theta)} \qquad [5]$$

若將其中的餘弦項展開，則此一方程式便成為容易求解的 $\tan\theta$，

$$\tan\theta = \sqrt{3}\frac{P_2 - P_1}{P_2 + P_1} \qquad [6]$$

因此，相等的瓦特計讀數指出該負載的 PF 為 1；相等且相反的讀數則指示純電抗負載；P_2 讀數大於 (就代數而言) P_1 則是代表電感性阻抗；而 P_2 讀數小於 P_1 則是象徵電容性阻抗。以下將探討如何判斷哪一個瓦特計讀數為 P_1，又哪一個瓦特計的讀數為 P_2。由於 P_1 位於接線 A，而 P_2 位於接線 C，且正相序的系統會迫使 V_{an} 落後 V_{cn}。此一事實所得到的資訊足以區分出兩瓦特計的不同，但在實際的應用可能有所混淆。即使不能區分此兩者，仍已知相角的大小，但不知其符號。此通常為足夠的資訊；若負載為感應馬達，則相角必為正數，而且不需要為了判斷何者讀數是何瓦特計所讀取而進行任何測試。若假設沒有任何先前已知的資訊，則有幾種可化解模糊或混淆狀況的方法。也許最簡單的方法為增加一高阻抗之電抗負載跨接於未知的負載上，此高阻抗負載則稱為三相電容器，顯然該負載必因而變得更具電容性。因此，若 tan θ 的數值 (或者 θ 的數值) 減小，則負載為電感性，反之 tan θ 的幅度增加則明顯為原先的電容性阻抗。

範例 12.7

一具有 $\mathbf{V}_{ab} = 230\underline{/0°}$ V rms 與正相序的平衡三相系統饋給圖 12.25 中的平衡負載電力。試求每個瓦特計的讀數以及負載所吸收的總功率。

瓦特計的電位線圈 #1 乃是連接用以測量電壓 $\mathbf{V}_{ac}$，且電流線圈則是測量相電流 $\mathbf{I}_{aA}$。由於已知使用正相序，因此線電壓為

$$\mathbf{V}_{ab} = 230\underline{/0°}\text{ V}$$
$$\mathbf{V}_{bc} = 230\underline{/-120°}\text{ V}$$
$$\mathbf{V}_{ca} = 230\underline{/120°}\text{ V}$$

應注意 $\mathbf{V}_{ac} = -\mathbf{V}_{ca} = 230\underline{/-60°}$ V。

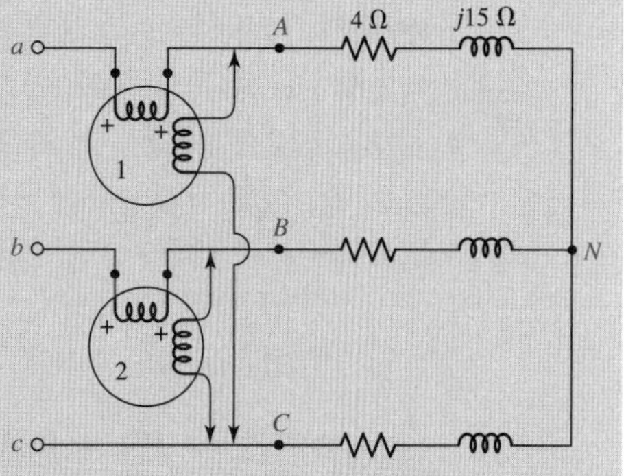

◆ **圖 12.25** 連接至平衡三相負載之平衡三相系統，其中使用二瓦特計技術來測量其功率。

將相電壓 $\mathbf{V}_{an}$ 除以相阻抗 $4 + j15\ \Omega$，便得到相電流 $\mathbf{I}_{aA}$，

$$\mathbf{I}_{aA} = \frac{\mathbf{V}_{an}}{4 + j15} = \frac{(230/\sqrt{3})\underline{/-30°}}{4 + j15}\text{ A}$$
$$= 8.554\underline{/-105.1°}\text{ A}$$

此時可計算瓦特計 #1 所測量到的功率為

$$P_1 = |\mathbf{V}_{ac}|\,|\mathbf{I}_{aA}|\cos(ang\ \mathbf{V}_{ac} - ang\ \mathbf{I}_{aA})$$
$$= (230)(8.554)\cos(-60° + 105.1°)\text{ W}$$
$$= 1389\text{ W}$$

同理，可求得

由於此種測量將會導致瓦特計停止在低檔，因此其中一個線圈將需要反轉，藉以取得讀數。

$$\begin{aligned} P_2 &= |\mathbf{V}_{bc}|\,|\mathbf{I}_{bB}|\cos(ang\ \mathbf{V}_{bc} - ang\ \mathbf{I}_{bB}) \\ &= (230)(8.554)\cos(-120^\circ - 134.9^\circ)\ \text{W} \\ &= -512.5\ \text{W} \end{aligned}$$

因此，負載所吸收的總平均功率為

$$P = P_1 + P_2 = 876.5\ \text{W}$$

練習題

12.10 考慮圖 12.23 之電路，令負載為 $\mathbf{Z}_A = 25\underline{/60^\circ}\ \Omega$、$Z_B = 50\underline{/-60^\circ}\ \Omega$ 與 $Z_C = 50\underline{/60^\circ}\ \Omega$，且 $\mathbf{V}_{AB} = 600\underline{/0^\circ}$ V rms，並使用 (+) 相序，接點 x 位於 C。試求 (a) P_A；(b) P_B；(c) P_C。

解答：0；7200 W；0。

總結與回顧

雖然並不是經常會遇到多相電路，但幾乎是每座大型建築物內所安裝的電力設施之一部分。在本章中，已學習了單一個發電機如何提供三個電壓 (因而具有相同的頻率)，而每個電壓皆彼此異相 120°，其中並且學習了如何將該電源連接至三個元件的負載。為了標示方便，也介紹了通常會使用的雙下標符號。三相系統具有至少三個端點；中性連接點並非強制而必要的，但至少是電源的共同接點。若使用 Δ-連接負載，則不會有中性連接點。當電路中存在中性線時，能夠定義每相 (a、b 或 c) 與中性點之間的**相電壓** $\mathbf{V}_{an}$、$\mathbf{V}_{bn}$ 與 $\mathbf{V}_{cn}$。克西荷夫電壓定律致使這三個相電壓之總和為零，不論與相電壓角度有關的是正相序或者負相序皆成立。**線電壓** (亦即，位於各相之間) 與相電壓具有直接的關係；就 Δ-連接的負載而言，線電壓與相電壓相等。同理，**線電流**與**相電流**彼此具有直接的關係；在 Y-連接的負載中，線電流與相電流相等。乍看之下會認為如此的三相系統有些複雜，但對稱性通常允許執行其中一相的分析，藉以明顯簡化相關的計算。

為方便讀者研讀，將本章主要觀念以及相應的範例序號簡明地彙整闡述於下。

- ❑ 大多數的發電系統皆是採用三相電源的型式。
- ❑ 台灣與北美大部分住戶之電力皆是頻率為 60 Hz 且 rms 電壓為 115 V 的單相交流型式。在其他地區，則最常使用 50 Hz、240 V rms 之電力。
- ❑ 電力系統中的電壓與電流通常使用雙下標符號。(範例 12.1)
- ❑ 三相電源可以是 Y-連接或者 Δ-連接型式。兩種電源的型式皆具有三個端點，每相皆有一個端點；Y-連接電源則具有一中性連接點。(範例 12.2)
- ❑ 在平衡三相系統中，每一相皆具有相同的振幅，但每相皆異相 120°。(範例 12.2)
- ❑ 三相系統中的負載可以是 Y-連接或者 Δ-連接之型式。
- ❑ 在具有正相序 (“abc”) 的平衡 Y-連接電源中，線電壓為

$$\mathbf{V}_{ab} = \sqrt{3}V_p\underline{/30^\circ} \qquad \mathbf{V}_{bc} = \sqrt{3}V_p\underline{/-90^\circ}$$
$$\mathbf{V}_{ca} = \sqrt{3}V_p\underline{/-210^\circ}$$

其中的相電壓為

$$\mathbf{V}_{an} = V_p\underline{/0^\circ} \qquad \mathbf{V}_{bn} = V_p\underline{/-120^\circ} \qquad \mathbf{V}_{cn} = V_p\underline{/-240^\circ}$$

(範例 12.2)

- ❑ 在具有 Y-連接負載的系統中，線電流等於相電流。(範例 12.3、12.4 與 12.6)
- ❑ 在 Δ-連接負載中，線電壓等於相電壓。(範例 12.5)
- ❑ 在具有正相序以及平衡 Δ-連接負載之平衡系統中，線電流為

$$\mathbf{I}_a = \mathbf{I}_{AB}\sqrt{3}\underline{/-30^\circ} \qquad \mathbf{I}_b = \mathbf{I}_{BC}\sqrt{3}\underline{/-150^\circ} \qquad \mathbf{I}_c = \mathbf{I}_{CA}\sqrt{3}\underline{/+90^\circ}$$

其中的相電流為

$$\mathbf{I}_{AB} = \frac{\mathbf{V}_{AB}}{\mathbf{Z}_\Delta} = \frac{\mathbf{V}_{ab}}{\mathbf{Z}_\Delta} \qquad \mathbf{I}_{BC} = \frac{\mathbf{V}_{BC}}{\mathbf{Z}_\Delta} = \frac{\mathbf{V}_{bc}}{\mathbf{Z}_\Delta} \qquad \mathbf{I}_{CA} = \frac{\mathbf{V}_{CA}}{\mathbf{Z}_\Delta} = \frac{\mathbf{V}_{ca}}{\mathbf{Z}_\Delta}$$

(範例 12.5)

- ❑ 若假設使用平衡系統，則大多數的功率計算皆可以每相為基礎執行；否則，節點 / 網目分析必為有效的分析方式。(範例 12.3、12.4 與 12.5)
- ❑ 能夠僅以兩個瓦特計來測量三相系統中的功率。(範例 12.7)
- ❑ 任何平衡三相系統中的瞬時功率為固定的常數。

延伸閱讀

交流功率觀念之較佳參考文獻為以下書籍之第二章：

B. M. Weedy, *Electric Power Systems*, 3rd ed. Chichester, England: Wiley, 1984.

風力發電之參考書籍為：

T. Burton, D. Sharpe, N. Jenkins, and E. Bossanyi, *Wind Energy Handbook*. Chichester, England: Wiley, 2001.

習題

12.1 多相系統

1. 一未知的三端裝置具有 b、c 與 e 之導線。當安裝在一種特殊的電路時，測量值顯示 $V_{ec} = -9$ V 以及 $V_{eb} = -0.65$ V。(a) 試求 V_{cb}；(b) 若流進標示為 b 的端點之電流 I_b 等於 1 μA，則試求 b-e 接面所消耗的功率。
2. 考慮某一 Y-連接三相電源，$\mathbf{V}_{an} = 400\underline{/33^\circ}$ V、$\mathbf{V}_{bn} = 400\underline{/153^\circ}$ V，且 $\mathbf{V}_{cx} = 160\underline{/208^\circ}$ V。試求 (a) $\mathbf{V}_{cn}$；(b) $\mathbf{V}_{an} - \mathbf{V}_{bn}$；(c) $\mathbf{V}_{ax}$；(d) $\mathbf{V}_{bx}$。
3. 在圖 12.26 電路中，電阻器的標示不慎遺漏，但其中的數個電流為已知；特別是 $I_{ad} = 1$ A。(a) 試計算 I_{ab}、I_{cd}、I_{de}、I_{fe} 以及 I_{be}；(b) 若 $V_{ba} = 125$ V，試求連結節點 a 與 b 的電阻器數值。
4. 考慮圖 12.27 所示之電路，(a) 試求 I_{gh}、I_{cd} 與 I_{dh}；(b) 試計算 I_{ed}、I_{ei} 與 I_{jf}；(c) 若電路中所有的電阻器每個皆具有 1 Ω 的數值，試求三個順時鐘方向流動的網目電流。

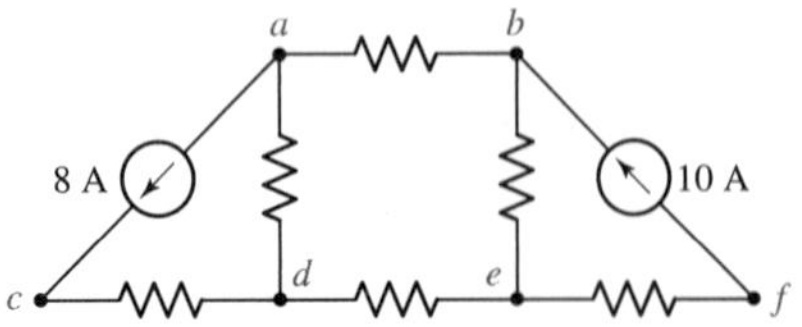

◆圖 12.26

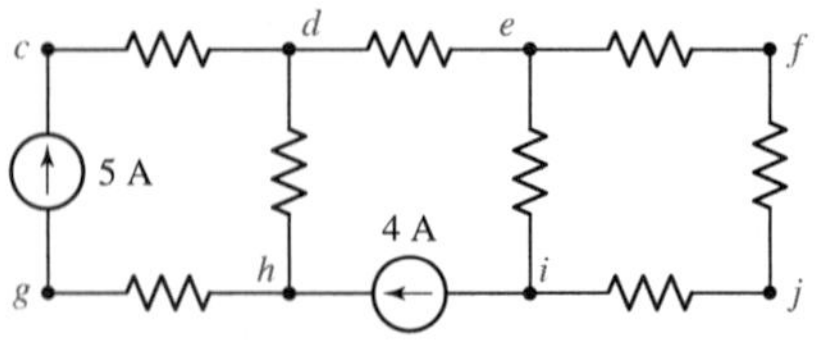

◆圖 12.27

12.2 單相三線系統

5. 圖 12.28 之單相三線系統具有三個個別的負載。若電源為平衡系統，且 $\mathbf{V}_{an} = 110 + j0$ V rms，則 (a) 試以相量表示 $\mathbf{V}_{an}$ 與 $\mathbf{V}_{bn}$；(b) 試求阻抗 $\mathbf{Z}_3$ 上所跨的相量電壓；(c) 若 $\mathbf{Z}_1 = 50 + j0\ \Omega$、$\mathbf{Z}_2 = 100 + j45\ \Omega$ 且 $\mathbf{Z}_3 = 100 - j90\ \Omega$，試求兩電源所傳送的平均功率；(d) 試以兩個元件之串聯連接來表示負載 $\mathbf{Z}_3$，且若電源操作於 60 Hz，試描述該兩個元件之個別數值。
6. 參考圖 12.29 所示之平衡負載，若其連接至操作於 50 Hz 之三線平衡電源，且 $V_{AN} =$ 115 V，則 (a) 若忽略電容器，試求負載之功率因數；(b) 試求可使整個負載功率因數等於 1 之電容值 C。

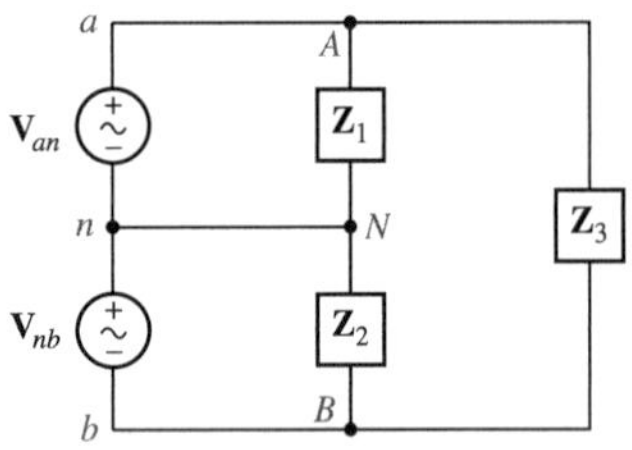

◆圖 12.28

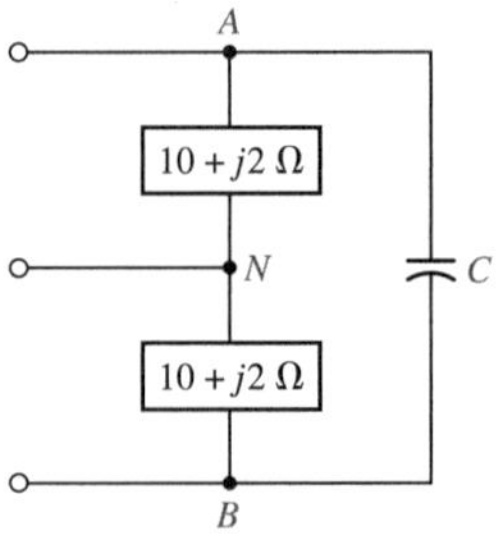

◆圖 12.29

12.3 三相 Y-Y 連接

7. 考慮一簡單的正相序三相三線系統，操作於 50 Hz 並且具有平衡負載。每相電壓為 240 V，連接跨於負載之上，且負載由串聯連接的 50 Ω 與 500 mH 組合所構成。試計算 (a) 每個線電流；(b) 負載之功率因數；(c) 三相電源所提供的總功率。
8. 假設圖 12.30 所示為平衡系統，$R_w = 0$、$\mathbf{V}_{an} = 208\underline{/0^\circ}$ V，並且使用正相序。若 $\mathbf{Z}_p$ 等於 (a) 1 kΩ；(b) $100 + j48\ \Omega$；(c) $100 - j48\ \Omega$，試求全部之相電流與線電流，以及全部之相電壓與線電壓。

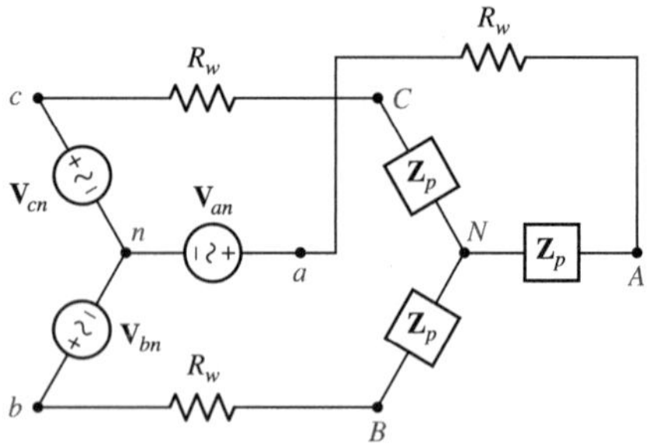

◆圖 12.30

9. 假設圖 12.30 所示為具有 100 V 線電壓之平衡三相系統，若 $R_w = 0$ 且負載吸收 (a) 1 kW，PF 為 0.85 落後；(b) 每相 300 W，PF 為 0.92 超前，試計算線電流與每相之負載阻抗。
10. 一 $100 + j50\ \Omega$ 的平衡 Y-連接負載連接至一平衡三相電源。若線電流為 42 A 且電源提供 12 kW 功率，試求 (a) 線電壓；(b) 相電壓。

12.4 Δ 連接

11. 一特定的平衡三相系統提供 10 kW 之功率給予一個 Δ-連接負載，超前的功率因數為 0.7。若相電壓為 208 V 且電源操作在 50 Hz，(a) 試計算線電流；(b) 試求相阻抗；(c) 若將 2.5 H 電感器並聯連接於負載的每一相，試計算傳送至負載的功率因數與總功率。
12. 若三相平衡 Δ-連接負載其中每相皆由一個 10 mF 電容器並聯著 470 Ω 電阻器與 4 mH 電感器之串聯連接組合所構成，假設 50 Hz 下之相電壓為 400 V。(a) 試計算相電流；(b) 線電流；(c) 線電壓；(d) 電源操作之功率因數；(e) 傳送至負載的總功率。
13. 兩個 Δ-連接之負載並聯連接，並且由一個平衡 Y-連接系統供給電力。兩並聯負載其中較小的負載在 0.75 的落後 PF 下吸收 10 kVA，而較大的負載則在 0.80 的超前 PF 下吸收 25 kVA。線電壓為 400 V。試計算 (a) 電源所操作之功率因數；(b) 兩負載所吸收的總功率；(c) 每個負載之相電流。
14. 考慮圖 12.31 所示之平衡三相系統，已知每條導線損失 100 W。若電源的相電壓為 400 V，且負載在 0.83 的落後 PF 下吸收 12 kW，試求導線的電阻 R_w。

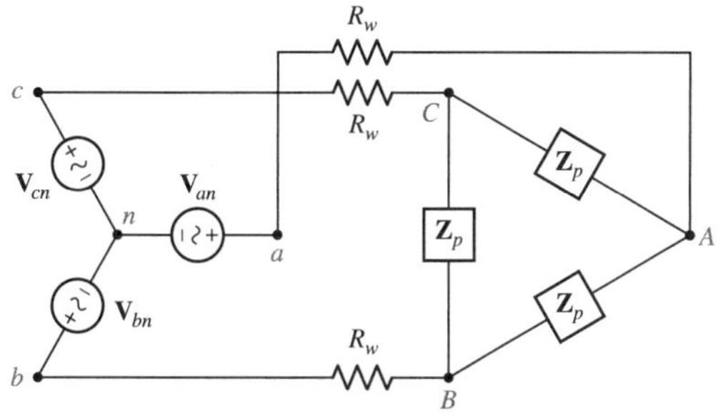

◆ 圖 12.31

15. 在圖 12.31 中的平衡 Δ-連接負載在 0.91 的落後 PF 下之需求為 10 kVA。若可忽略接線損失，$\mathbf{V}_{ca} = 160\underline{/30^\circ}$ V，且使用正相序來描述電源電壓，則試計算 $\mathbf{I}_{bB}$ 與 $\mathbf{V}_{an}$。

12.5 三相系統之功率量測

16. 若圖 12.32 電路中之端點 A 與 B 分別連接至 (a) x 與 y；(b) x 與 z；(c) y 與 z，試求瓦特計之讀數 (描述導線是否需要反轉方能得到此一讀數)。
17. 試求圖 12.33 電路中所連接的瓦特計之讀數。

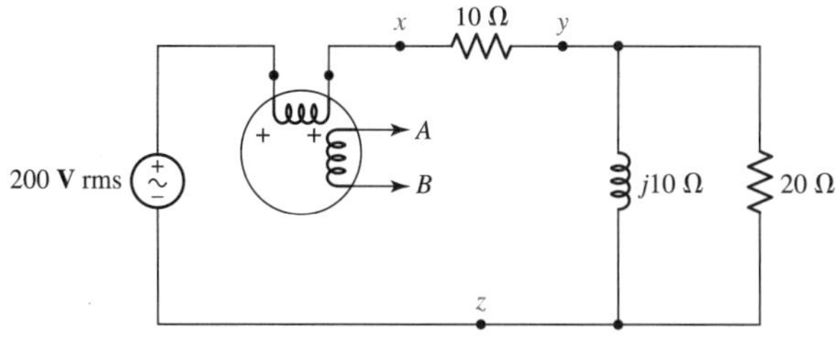

◆ 圖 12.32

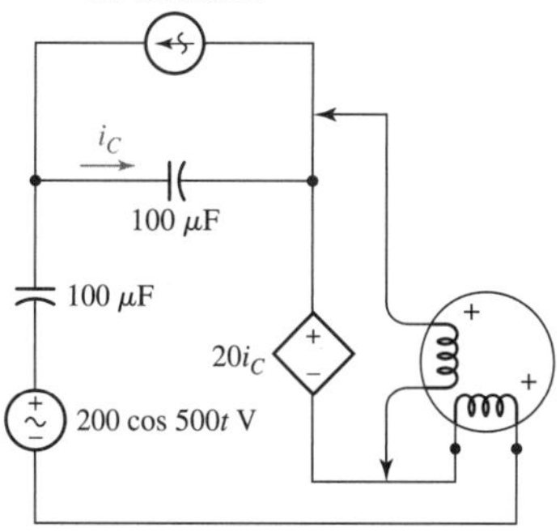

◆ 圖 12.33

18. 圖 12.34 電路之數值為 $\mathbf{V}_{ab} = 200\underline{/0^\circ}$ V rms、$\mathbf{V}_{bc} = 200\underline{/120^\circ}$ V rms、$\mathbf{V}_{ca} = 200\underline{/240^\circ}$ V rms，$\mathbf{Z}_4 = \mathbf{Z}_5 = \mathbf{Z}_6 = 25\underline{/30^\circ}$ Ω、$\mathbf{Z}_1 = \mathbf{Z}_2 = \mathbf{Z}_3 = 50\underline{/-60^\circ}$ Ω。試求每個瓦特計之讀數。

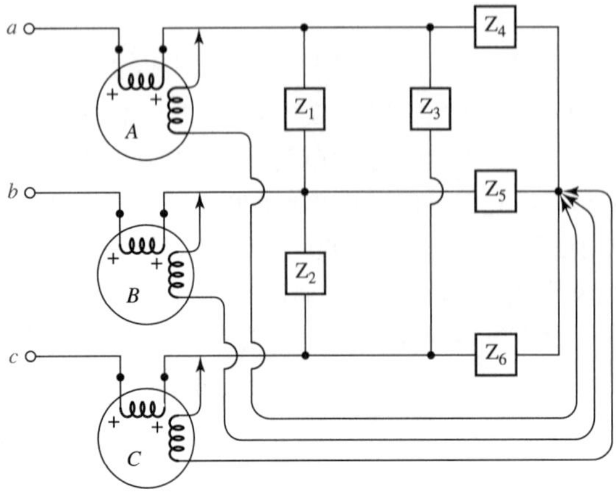

◆圖 12.34

Chapter 13

磁耦合電路

主要觀念

- 互感
- 自感
- 標點慣例
- 反射阻抗
- T 與 Π 等效網路
- 理想變壓器
- 理想變壓器之匝數比
- 阻抗匹配
- 電壓準位之調整

簡介

每當電流流過導體，不論是交流或者直流電流，皆會在該導體周圍產生磁場。在電路的領域中，通常將之歸因於經過導線迴路之**磁通量** (Magnetic Flux)。磁通量乃是源自迴路乘以迴路表面積的磁場密度之平均法向分量。當其中一個迴路所產生的時變磁場穿過第二個迴路時，便會在第二條導線的兩末端之間感應一電壓。為了區分此種現象與先前所定義的“電感”之不同，本章將定義一個新的專有名詞，即**互感** (Mutual Inductance)，應注意先前所定義的“電感”專有名詞應為“自感”(Self-inductance) 較為適當。

實際上並沒有“互感器”這種元件，但其原理為一種極為重要的元件之形成基礎——**變壓器** (Transformer)。變壓器由兩個具有小間隔之導線線圈所構成，並且常用以將交流電壓轉換至較高或較低之數值，轉換後的大小則是端視應用而定。每一種需要直流電流操作，但必須將插頭插入 ac 牆壁插座之電氣設備在**整流**之前，皆會使用變壓器來調整電壓準位，而所謂的整流則是一種通常使用二極體來執行之功能，在每一本電子學之前言中皆會有所說明。

13.1 互感

當在第七章定義電感時，確實指定了端電壓與電流之間的關係，

$$v(t) = L\frac{di(t)}{dt}$$

其中的使用被動符號慣例。如此的電流-電壓特性之物理基礎乃是基於兩事件：

1. **磁通量** (Magnetic Flux) 因電流而產生，該磁通量正比於線性電感器中的電流。
2. 電壓因時變磁場而產生，該電壓正比於磁場的時間變率或者磁通量。

■ 互感係數

互感起因於上述相同論點之延展。在其中一個線圈中流動的電流會在線圈周圍，亦在第二個線圈周圍建立磁場。環繞著第二線圈的時變磁通量產生跨於第二線圈端點上的電壓；此一電壓正比於流經第一個線圈的電流之時間變率。圖 13.1a 顯示兩線圈 L_1 與 L_2 之簡單模型，兩線圈的距離足夠近，流經 L_1 的電流 $i_1(t)$ 所產生的磁通量會建立跨於 L_2 兩端點的開路電壓 $v_2(t)$。此時不考慮其關係中的適當代數符號，定義*互感係數*，或者簡稱為**互感** (Mutual Inductance) M_{21} 為

$$v_2(t) = M_{21}\frac{di_1(t)}{dt} \qquad [1]$$

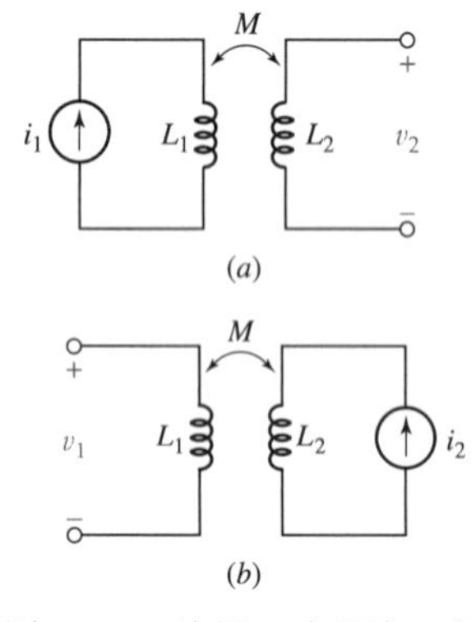

◆ **圖 13.1** (a) 流經 L_1 之電流 i_1 會產生跨於 L_2 上的開路電壓 v_2；(b) 流經 L_2 之電流 i_2 會產生跨於 L_1 上的開路電壓 v_1。

M_{21} 的下標順序指示 L_2 上的電壓響應由 L_1 上的電流源所產生。若將系統反轉，如圖 13.1b 所示，則可得到

$$v_1(t) = M_{12}\frac{di_2(t)}{dt} \qquad [2]$$

然而，並不一定需要兩個互感係數，稍待將使用能量關係來證明 M_{12} 與 M_{21} 相等。因此，$M_{12} = M_{21} = M$。藉由雙箭頭符號來指示兩線圈之間互耦合的存在，如圖 13.1a 與 b 所示。

互感的測量單位為亨利，且如同電阻、電感與電容一般，為

一種正量。[1] 而電壓 $M\,di/dt$ 則可能為正量或負量，端視在特定時間瞬間上電流是遞增或者遞減而定。

■ 標點慣例

電感器為一種雙端元件，且能夠使用被動符號慣例來選擇正確電壓 $L\,di/dt$ 或者 $j\omega L\mathbf{I}$ 的正負符號。若電流流進正電壓參考值所處的端點，則使用正號。然而，由於涉及四個端點，因此互感並不能夠以完全相同的方式處理。選擇正確符號乃是建立在使用其中一種可能的 **"標點慣例"** (Dot Convention) 上，或者建立在檢查每個線圈繞製的特殊方法上。在此將使用其中所謂的標點慣例，並且僅簡要地注意一下線圈的物理結構即可；當只有兩個線圈耦合時，不一定要使用其他的特殊記號。

標點慣例乃是將黑點記號置於互耦合的每個線圈之其中一個末端上。判斷互感應電壓正負號之方式如下：

進入其中一個線圈的標點端之電流會產生一開路電壓，而在第二個線圈的標點端為正電壓參考點。

因此，在圖 13.2a 中，i_1 進入 L_1 的標點端，則在 L_2 的標點端上感測到正值的 v_2，且 $v_2 = M\,di_1/dt$。已知通常不一定能夠選擇電路中所有的電壓或電流皆能夠滿足被動符號慣例；相同的情況發生在互耦合之狀況。例如，以非標點端為正電壓參考點來表示 v_2 可能較為方便，如圖 13.2b 所示；如此則 $v_2 = -M\,di_1/dt$。電流也不一定須進入標點端，如圖 13.2c 與 d 所示。應注意的是：

進入其中一個線圈非標點端之電流可提供正電壓參考點位於第二個線圈非標點端之電壓。

應注意先前的討論並不包含對自感電壓之任何貢獻，此電壓乃是發生於 i_2 不等於零之時。此時將詳細考慮此一重要的情況，但先舉一個適當而簡單的範例。

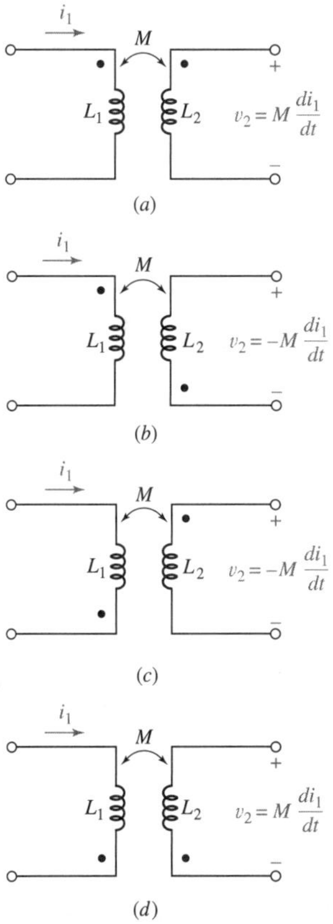

◆ **圖 13.2** 進入其中一個線圈標點端的電流會在第二個線圈標點端上感應正值的電壓。進入其中一個線圈非標點端的電流會在第二個線圈非標點端上感應正值的電壓。

範例 13.1

考慮圖 13.3 所示的電路，(a) 若 $i_2 = 5 \sin 45t$ A 且 $i_1 = 0$，試求 v_1；(b) 若 $i_1 = -8e^{-t}$ A 且 $i_2 = 0$，試求 v_2。

(a) 由於電流 i_2 流進右邊線圈之非標點端，左邊線圈上所感應的

1 互感並不一定假設為正值。當涉及三個或者更多的線圈，而且每個線圈皆與其他每個線圈具有交互作用時，允許互感具有本身所需的符號將會特別方便。

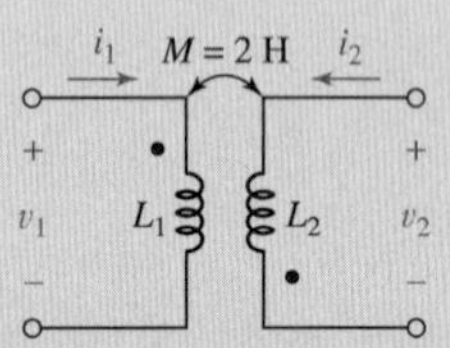

◆**圖 13.3** 標點慣例提供電流進入其中一個線圈的端點以及另一個線圈的正電壓參考點之間的關係。

電壓之正參考點為非標點端。因此，開路電壓為

$$v_1 = -(2)(45)(5\cos 45t) = -450\cos 45t \qquad \text{V}$$

因 i_2 流進右邊線圈所產生之時變磁通量，導致此一開路電壓跨於左邊線圈端點上。由於沒有電流流經左邊線圈，因此自感對 v_1 沒有貢獻。

(b) 此時得知流進標點端的電流，而 v_2 之正參考點位於非標點端。因此，

$$v_2 = -(2)(-1)(-8e^{-t}) = -16e^{-t} \qquad \text{V}$$

練習題

13.1 假設 $M = 10$ H，線圈 L_2 開路，且 $i_1 = -2e^{-5t}$ A，若考慮 (a) 圖 13.2a；(b) 圖 13.2b，試求電壓 v_2。

解答：$100e^{-5t}$ V；$-100e^{-5t}$ V。

互感與自感電壓之組合

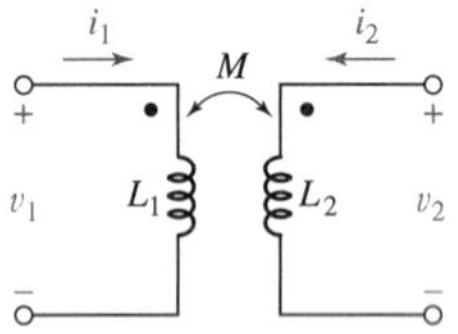

◆**圖 13.4** 由於每對的 v_1、i_1 以及 v_2、i_2 皆滿足被動符號慣例，因此兩自感電壓皆為正值；由於 i_1 與 i_2 每個電流皆流進標點端，且由於標點端上所感應的 v_1 與 v_2 兩電壓皆為正值，因此互感之兩電壓也皆為正值。

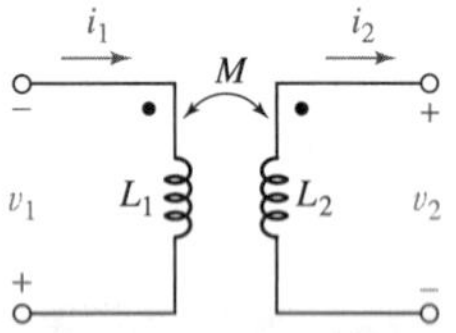

◆**圖 13.5** 由於兩對電壓與電流 v_1、i_1 以及 v_2、i_2 並非根據被動符號慣例所感應的，因此兩個自感應的電壓皆為負；由於 i_1 流進標點端，且 v_2 在標點端感應為正值，因此 v_2 的互感項為正；且由於 i_2 流進非標點端，且 v_1 在非標點端感應為正值，因此 v_1 的互感項亦為正。

至此，僅考慮跨於開路線圈之互感電壓。一般而言，每個線圈皆有非零的電流流動，而且由於另一個線圈中也會有電流流動，因此每個線圈皆會產生互感之電壓。**此一互感電壓獨立且存在於任何自感電壓之外**。換言之，L_1 端點上的跨壓是由 $L_1\ di_1/dt$ 以及 $M\ di_2/dt$ 兩項所組成，每一項之正負號由電流方向、所假設的電壓感應點，以及兩標點的位置決定。在圖 13.4 所繪製的電路中，顯示電流 i_1 與 i_2 每個皆流進標點端。L_1 上的跨壓因此包含兩個部分，

$$v_1 = L_1\frac{di_1}{dt} + M\frac{di_2}{dt}$$

同時 L_2 上的跨壓為

$$v_2 = L_2\frac{di_2}{dt} + M\frac{di_1}{dt}$$

在圖 13.5 中，以得到所有正項的 v_1 與 v_2 為目標來選擇電流與電壓。僅檢查 i_1 與 v_1 之參考符號，顯然不能滿足被動符號慣例，因而 $L_1\ di_1/dt$ 之符號必為負。藉由檢視 i_1 與 v_2 之方向，來確定 v_2 的互感項之正負號；由於 i_1 流進標點端，且在標點端感應 v_2 為正值，因此 $M\ di_1/dt$ 的符號必為正。最後，i_2 流進 L_2 的非標點端，且在 L_1 的非標點端感應 v_1 為正值；所以，v_1 的互感

部分，亦即 $M\,di_2/dt$，同樣也為正值。因此，得到

$$v_1 = -L_1\frac{di_1}{dt} + M\frac{di_2}{dt} \qquad v_2 = -L_2\frac{di_2}{dt} + M\frac{di_1}{dt}$$

對於操作在頻率為 ω 的弦波電源激勵而言，相同的考量會得到相同的正負號選擇

$$\mathbf{V}_1 = -j\omega L_1\mathbf{I}_1 + j\omega M\mathbf{I}_2 \qquad \mathbf{V}_2 = -j\omega L_2\mathbf{I}_2 + j\omega M\mathbf{I}_1$$

■標點慣例之物理基礎

了解標點慣例的物理基礎，更能夠理解標點的象徵為何；此時將解釋就**磁通量**而言的標點意義。圖 13.6 顯示兩線圈繞製於同一個圓柱，而兩繞組的方向明顯不同。假設電流 i_1 為正，且隨著時間遞增。i_1 在該圓柱型內所產生的磁通量具有可以右手定則所得到的方向：當將右手彎繞著線圈且以拇指外的四根手指指向電流方向時，則拇指指向線圈內磁通量的方向。因此 i_1 會產生方向向下的磁通量；由於 i_1 隨著時間遞增，因此正比於 i_1 的磁通量也會隨著時間遞增。此時再討論第二個線圈，同樣也假設 i_2 為正且遞增；應用右手定則顯示 i_2 同樣也產生方向向下的磁場並且遞增。換言之，所假設的電流會產生**額外增加的**磁通量。

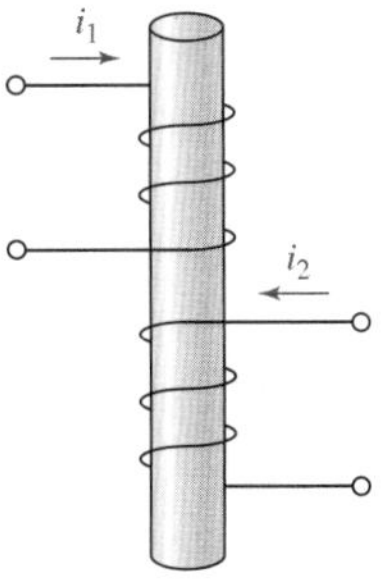

◆**圖 13.6** 兩互耦合線圈之物理結構。考慮每個線圈所產生的磁通量之方向，顯示標點可置於每個線圈的上方端點或者每個線圈的下方端點。

任一線圈端點上的跨壓皆會在該線圈內產生磁通量的變率。隨著 i_2 的流動，第一個線圈端點的跨壓因此較大於 i_2 為零時的跨壓；會在第一個線圈中感應一個與該線圈中的自感應電壓相同意義的電壓。自感電壓的正負號可經由被動符號慣例得知，因此而得到互感電壓的符號。

標點慣例將標點置於每個線圈的某一端，藉此可知流進標點端的電流會產生額外增加的磁通量，而並不需詳細了解線圈的物理結構。顯然，由於兩標點皆可移至線圈的另一端且仍然會產生額外增加的磁通量，因此標點總有兩種可能的位置。

範例 13.2

考慮圖 13.7a 所示之電路，試求跨於 400 Ω 電阻器上的輸出電壓對電源電壓之比值，以相量表示之。

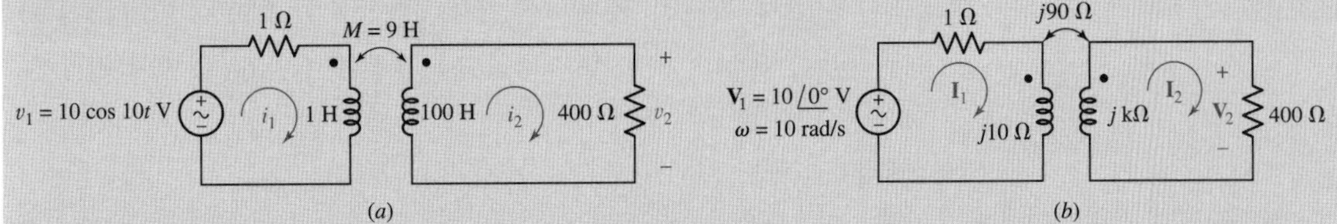

◆**圖 13.7** (a) 具有互感之電路，其中的電壓比值 $\mathbf{V}_2/\mathbf{V}_1$ 為題目所求；(b) 以相應的阻抗來取代自感與互感。

▶**確定問題的目標**

需要 $\mathbf{V}_2$ 之數值，之後再除以 $10\underline{/0^\circ}$ V。

▶**蒐集已知的資訊**

先以相應的阻抗 $j10\ \Omega$ 以及 $j\ \mathrm{k}\Omega$ 分別取代 1 H 及 100 H 電感 (圖 13.7b)。同樣也以 $j\omega M = j90\ \Omega$ 取代 9 H 之互感。

▶**擬訂求解計畫**

由於該電路具有兩個明顯定義的網目，因此網目分析可能是相當好的求解方式。只要求得 $\mathbf{I}_2$，則 $\mathbf{V}_2$ 便可簡化為 $400\mathbf{I}_2$。

▶**建立一組適當的方程式**

將標點慣例應用於左邊的網目，便可決定互感項之正負號。由於 $\mathbf{I}_2$ 流進 L_2 的非標點端，因此跨於 L_1 上的互感電壓在非標點端必具有正參考值。所以，

$$(1 + j10)\mathbf{I}_1 - j90\mathbf{I}_2 = 10\underline{/0^\circ}$$

由於 $\mathbf{I}_1$ 進入標點端，因此右邊網目中的互感項在 100 H 電感器的標點端上具有 (+) 參考值。所以，可寫出

$$(400 + j1000)\mathbf{I}_2 - j90\mathbf{I}_1 = 0$$

▶**判斷是否需要額外的資訊**

可得知以兩未知數 $\mathbf{I}_1$ 與 $\mathbf{I}_2$ 所表示之方程式。只要求解此兩電流，將 $\mathbf{I}_2$ 乘以 400 Ω，便可得到輸出電壓 $\mathbf{V}_2$。

▶**嘗試解決方案**

以工程科學計算機求解這些方程式，得到

$$\mathbf{I}_2 = 0.172\underline{/-16.70^\circ}\ \text{A}$$

因此，

$$\frac{\mathbf{V}_2}{\mathbf{V}_1} = \frac{400(0.172\underline{/-16.70^\circ})}{10\underline{/0^\circ}} = 6.880\underline{/-16.70^\circ}$$

▶**驗證解答是否合理或符合所預期的結果**

應注意輸出電壓 $\mathbf{V}_2$ 的振幅實際上大於輸入電壓 $\mathbf{V}_1$，然未必要如此預期。依照後續章節所得知的，能夠藉由建構與設計所需之變壓器，實現電壓的衰減或放大。然而，卻可先快速評估之，並且至少找出衰減或放大範圍的上下邊界。若以短路取代 400 Ω 電阻器，則 $\mathbf{V}_2 = 0$。若以開路取代 400 Ω 電阻器，則 $\mathbf{I}_2 = 0$，因此

$$\mathbf{V}_1 = (1 + j\omega L_1)\mathbf{I}_1$$

且

$$\mathbf{V}_2 = j\omega M\mathbf{I}_1$$

求解得知可預期的 $\mathbf{V}_2/\mathbf{V}_1$ 最大值為 $8.995\,\underline{/5.711^\circ}$。因此，至少所得解答為合理的。

圖 13.7a 電路的輸出電壓振幅大於輸入電壓，所以此類電路可能具有電壓增益。將此一電壓比值表示為 ω 之函數對工程分析也相當有用。

為了求得此一特殊電路的 $\mathbf{I}_2(j\omega)$，以非特定的角頻率 ω 寫出網目方程式：

$$(1 + j\omega)\mathbf{I}_1 \qquad\qquad -j\omega 9\mathbf{I}_2 = 10\underline{/0^\circ}$$

以及

$$-j\omega 9\mathbf{I}_1 + (400 + j\omega 100)\mathbf{I}_2 = 0$$

代入求解，可得

$$\mathbf{I}_2 = \frac{j90\omega}{400 + j500\omega - 19\omega^2}$$

因此，得到輸出電壓對輸入電壓的比值為頻率 ω 之函數

$$\frac{\mathbf{V}_2}{\mathbf{V}_1} = \frac{400\mathbf{I}_2}{10}$$

$$= \frac{j\omega 3600}{400 + j500\omega - 19\omega^2}$$

此一比值的振幅有時稱為**電路轉移函數** (Circuit Transfer Function)，繪製於圖 13.8，而在接近頻率 4.6 rad/s 所具有的最大振幅大約為 7。然而，就極小或者極大的頻率而言，轉移函數的振幅皆小於 1。

除了電壓源之外，此電路仍為被動電路，而且必不可將*電壓增益*錯誤解釋為*功率增益*。在 $\omega = 10$ rad/s，電壓增益為 6.88，但具有端電壓 10 V 之理想電壓源會傳送出總功率 8.07 W，但僅其中的 5.94 W 到達 400 Ω 電阻器。可將的輸出功率對電源功率的比值定義為**功率增益** (Power Gain)，此時為 0.736。

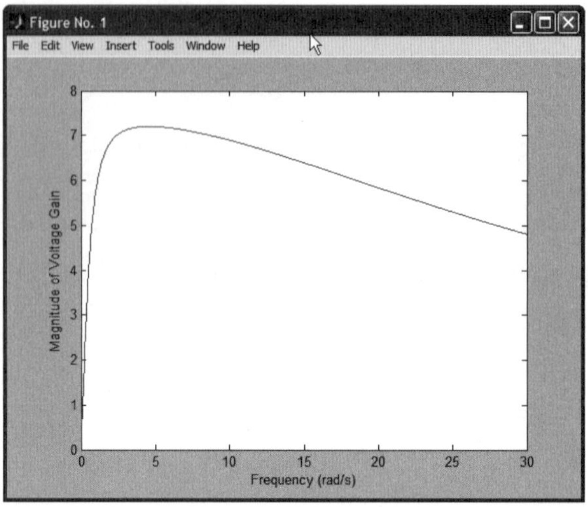

◆ **圖 13.8** 使用以下的 MATLAB 描述，將圖 13.7a 電路之電壓增益 $|\mathbf{V}_2/\mathbf{V}_1|$ 繪製為 ω 之函數。

```
>> w = linspace(0,30,1000);
>> num = j*w*3600;
>> for indx = 1:1000
den = 400 + j*500*w(indx) − 19*w(indx)*w(indx);
gain(indx) = num(indx)/den;
end
>> plot(w, abs(gain));
>> xlabel('Frequency (rad/s)');
>> ylabel('Magnitude of Voltage Gain');
```

練習題

13.2 考慮圖 13.9 之電路，若 $v_s = 20e^{-1000t}$ V，試針對左邊的網目與右邊的網目寫出適當的網目方程式。

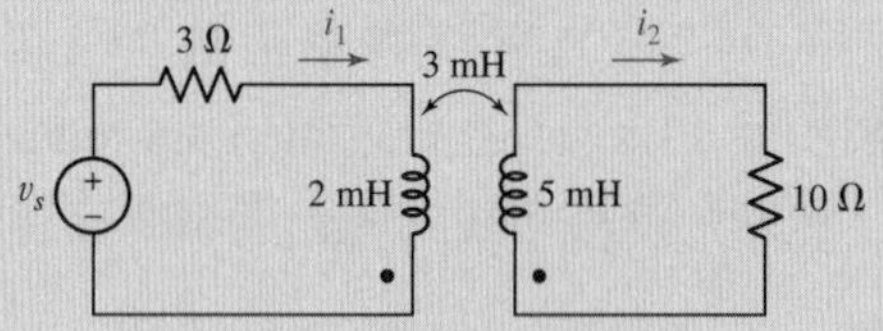

◆ **圖 13.9**

解答：$20e^{-1000t} = 3i_1 + 0.002\, di_1/dt - 0.003\, di_2/dt$；$10i_2 + 0.005\, di_2/dt - 0.003\, di_1/dt = 0$。

範例 13.3

試針對圖 13.10a 電路，寫出一組完整的相量網目方程式。

先以相應的阻抗取代原電路之互感與兩個自感，如圖 13.10b 所示。對第一個網目應用克西荷夫電壓定律，藉由選擇 $(\mathbf{I}_3 - \mathbf{I}_2)$ 為流經第二個線圈的電流，以確保互感項正號。因此，

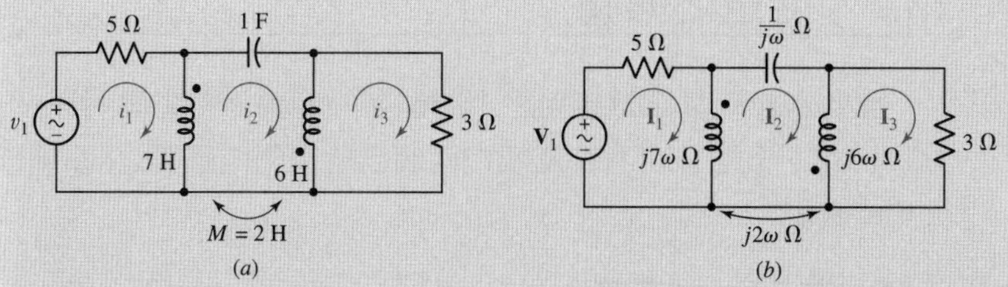

◆ **圖 13.10** (a) 具有互耦合之三網目電路；(b) 以相應的阻抗取代其中的 1 F 電容以及自感與互感。

$$5\mathbf{I}_1 + 7j\omega(\mathbf{I}_1 - \mathbf{I}_2) + 2j\omega(\mathbf{I}_3 - \mathbf{I}_2) = \mathbf{V}_1$$

或者

$$(5 + 7j\omega)\mathbf{I}_1 - 9j\omega\mathbf{I}_2 + 2j\omega\mathbf{I}_3 = \mathbf{V}_1 \quad [3]$$

第二個網目需要兩個自感項以及兩個互感項。請注意標點，得到

$$7j\omega(\mathbf{I}_2 - \mathbf{I}_1) + 2j\omega(\mathbf{I}_2 - \mathbf{I}_3) + \frac{1}{j\omega}\mathbf{I}_2 + 6j\omega(\mathbf{I}_2 - \mathbf{I}_3) + 2j\omega(\mathbf{I}_2 - \mathbf{I}_1) = 0$$

或者

$$-9j\omega\mathbf{I}_1 + \left(17j\omega + \frac{1}{j\omega}\right)\mathbf{I}_2 - 8j\omega\mathbf{I}_3 = 0 \quad [4]$$

最後，考慮第三個網目，

$$6j\omega(\mathbf{I}_3 - \mathbf{I}_2) + 2j\omega(\mathbf{I}_1 - \mathbf{I}_2) + 3\mathbf{I}_3 = 0$$

或者

$$2j\omega\mathbf{I}_1 - 8j\omega\mathbf{I}_2 + (3 + 6j\omega)\mathbf{I}_3 = 0 \quad [5]$$

可藉由任何一種傳統的方法，求解方程式 [3] 至 [5]。

練習題

13.3 考慮 13.11 之電路，試針對 (a) 左邊網目；與 (b) 右邊網目，以相量電流 $\mathbf{I}_1$ 與 $\mathbf{I}_2$ 寫出適當的網目方程式。

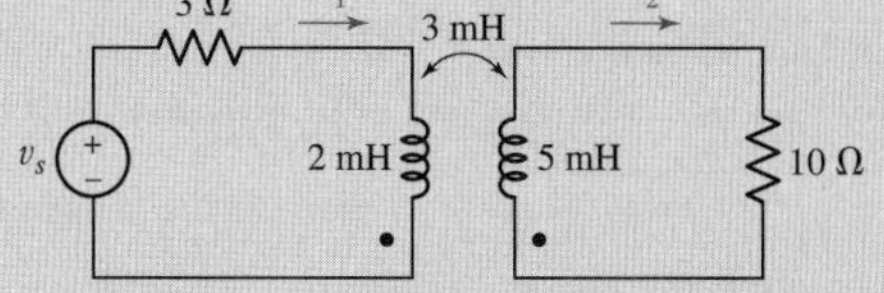

◆ **圖 13.11**

解答：$\mathbf{V}_s = (3 + j10)\mathbf{I}_1 - j15\mathbf{I}_2$；$0 = -j15\mathbf{I}_1 + (10 + j25)\mathbf{I}_2$。

13.2 能量之考量

此時考慮互耦合電感對之中所儲存的能量。首先證明假設 $M_{12}=M_{21}$，且之後可判斷互感在兩個已給定的電感器之間的最大可能數值。

■ M_{12} 與 M_{21} 之恆等

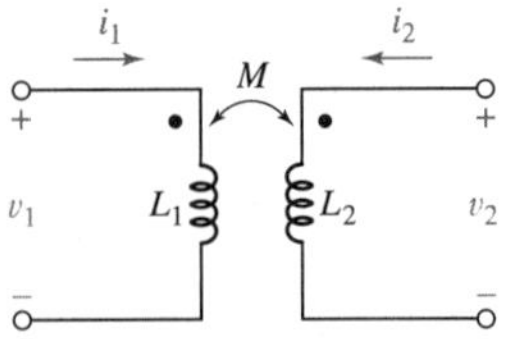

◆ **圖 13.12** 具有互感 $M_{12}=M_{21}=M$ 之耦合線圈對。

圖 13.12 所示的一對耦合線圈具有電流、電壓，以及所示極性之標點。為了證明 $M_{12}=M_{21}$，先令所有的電流與電壓為零，因此在網路中建立零初始儲存能量。接著將右手邊的一對端點開路，且在時間 $t=t_1$ 時，i_1 從零開始增加至某一常數 (直流) 數值 I_1。在任意瞬間從左邊電源注入網路的功率為

$$v_1 i_1 = L_1 \frac{di_1}{dt} i_1$$

且由於 $i_2=0$，因此從右邊電路所注入的功率為

$$v_2 i_2 = 0$$

當 $i_1=I_1$ 時儲存在網路之內的能量因此為

$$\int_0^{t_1} v_1 i_1\, dt = \int_0^{I_1} L_1 i_1\, di_1 = \frac{1}{2} L_1 I_1^2$$

此時將 i_1 保持為固定常數 $(i_1=I_1)$，並且令 i_2 在 $t=t_1$ 從零改變至 $t=t_2$ 的某一固定數值 I_2。從右邊電源所傳送的能量因此為

$$\int_{t_1}^{t_2} v_2 i_2\, dt = \int_0^{I_2} L_2 i_2\, di_2 = \frac{1}{2} L_2 I_2^2$$

然而，即使 i_1 的數值保持固定，左邊電源也會在此一時間區間內傳送能量至該網路：

$$\int_{t_1}^{t_2} v_1 i_1\, dt = \int_{t_1}^{t_2} M_{12} \frac{di_2}{dt} i_1\, dt = M_{12} I_1 \int_0^{I_2} di_2 = M_{12} I_1 I_2$$

當兩電流 i_1 與 i_2 已達固定數值時，網路中所儲存的總能量為

$$W_{\text{total}} = \tfrac{1}{2} L_1 I_1^2 + \tfrac{1}{2} L_2 I_2^2 + M_{12} I_1 I_2$$

此時，藉由允許電流以相反的順序達到終值，便可建立此一網路中相同的終值電流，亦即先將 i_2 從零增加至 I_2，接著再將 i_2 保持固定，同時 i_1 從零增加至 I_1。若針對此一實驗計算所儲存的總能量，可得到的結果為

$$W_{\text{total}} = \tfrac{1}{2} L_1 I_1^2 + \tfrac{1}{2} L_2 I_2^2 + M_{21} I_1 I_2$$

唯一的不同為互感 M_{21} 與 M_{12} 的互換。然而，網路中的初值與終值條件相同，所以兩儲存能量之數值必相等。因此，

$$M_{12} = M_{21} = M$$

且

$$W = \frac{1}{2}L_1I_1^2 + \frac{1}{2}L_2I_2^2 + MI_1I_2 \qquad [6]$$

若其中一個電流流進標點端，同時另一個電流流出標點端，則互感能量項的正負號相反：

$$W = \frac{1}{2}L_1I_1^2 + \frac{1}{2}L_2I_2^2 - MI_1I_2 \qquad [7]$$

雖然藉由將兩電流的終值視為固定常數，而推導出方程式 [6] 與 [7]，但這些“固定常數”可具有任意數值，且能量的表示式可正確地表達 i_1 與 i_2 的瞬時值分別為 I_1 及 I_2 時所儲存的能量。亦即，也可以使用小寫符號：

$$w(t) = \frac{1}{2}L_1\,[i_1(t)]^2 + \frac{1}{2}L_2\,[i_2(t)]^2 \pm M\,[i_1(t)]\,[i_2(t)] \qquad [8]$$

方程式 [8] 所依靠的唯一假設為當兩電流為零時，零能量參考準位之邏輯成立。

■ 建立 *M* 之上限

方程式 [8] 此時可用來建立 M 值之上限。由於 $w(t)$ 代表被動網路內所儲存的能量，因此 i_1、i_2、L_1、L_2 或者 M 不能為負值。先假設 i_1 與 i_2 兩者不是全為正值便全為負值；兩者乘積因此為正。經由方程式 [8]，能量可能為負值的唯一狀況為

$$w = \frac{1}{2}L_1i_1^2 + \frac{1}{2}L_2i_2^2 - Mi_1i_2$$

藉由平方關係，可改寫為

$$w = \frac{1}{2}\left(\sqrt{L_1}i_1 - \sqrt{L_2}i_2\right)^2 + \sqrt{L_1L_2}i_1i_2 - Mi_1i_2$$

由於現實中的能量不能為負數，因此方程式右手邊的不可為負值。然而，第一項最小僅可能為零，所以得到後兩項的總和不可為負值之限制。由此可知

$$\sqrt{L_1L_2} \geq M$$

或者

$$M \leq \sqrt{L_1L_2} \qquad [9]$$

因此，互感會有振幅的上限，其不會大於兩線圈的電感之幾何平均數。以上乃是基於 i_1 與 i_2 具有相同的代數正負號所推導出之

不等式，但若將正負號相反，仍可得到相似的推導過程；僅需要選擇方程式 [8] 之正號。

也可經由磁耦合之觀念來證明不等式 [9] 之事實；若將 i_2 視為零，且將 i_1 視為建立鏈結著 L_1 與 L_2 兩者的磁通量之電流，則顯然 L_2 內的磁通量不會大於 L_1 內的磁通量，且 L_1 內的磁通量代表總磁通量。就定性而言，兩個已給定的電感器之間的互感大小具有上限。

耦合係數

藉由**耦合係數** (Coupling Coefficient) 來描述 M 到達其最大值之程度；耦合係數定義為

$$k = \frac{M}{\sqrt{L_1 L_2}} \qquad [10]$$

由於 $M \leq \sqrt{L_1 L_2}$，因此

$$0 \leq k \leq 1$$

實體較接近的線圈，會得到較大的耦合係數，亦即可提供較大的磁通量，或者可在材質中提供一共同路徑，藉以集中與固定磁通量 (高導磁係數之材質)。具有接近 1 的耦合係數之線圈稱為緊密耦合 (Tightly Coupling)。

範例 13.4

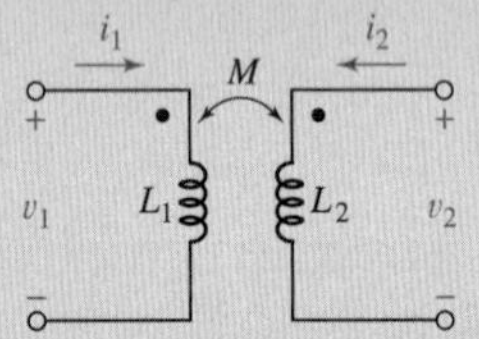

◆ **圖 13.13** 具有耦合係數 0.6 之兩線圈，其中 $L_1 = 0.4$ H 且 $L_2 = 2.5$ H。

在圖 13.13 中，令 $L_1 = 0.4$ H、$L_2 = 2.5$ H、$k = 0.6$，且 $i_1 = 4i_2 = 20\cos(500t - 20°)$mA。試求 $v_1(0)$ 以及 $t = 0$ 時儲存在系統中的總能量。

為了求得 v_1 之數值，需要來自線圈 1 的自感與互感之貢獻。因此，應注意標點慣例，

$$v_1(t) = L_1 \frac{di_1}{dt} + M \frac{di_2}{dt}$$

為了估算 v_1，需要 M 值。經由方程式 [10] 得到 M 值為

$$M = k\sqrt{L_1 L_2} = 0.6\sqrt{(0.4)(2.5)} = 0.6 \text{ H}$$

因此，$v_1(0) = 0.4[-10\sin(-20°)] + 0.6[-2.5\sin(-20°)] = 1.881$ V。

藉由加總每個電感器中所儲存的能量，得到總能量，其中由於已知兩線圈為磁耦合，因此每個電感器皆具有三個個別的成分。兩電流皆流進“標點”端，所以

$$w(t) = \tfrac{1}{2}L_1[i_1(t)]^2 + \tfrac{1}{2}L_2[i_2(t)]^2 + M[i_1(t)][i_2(t)]$$

由於 $i_1(0)=20\cos(-20°)=18.79$ mA 且 $i_2(0)=0.25i_1(0)=4.698$ mA，因此得知 $t=0$ 時儲存於兩線圈中的總能量為 151.2 μJ。

練習題

13.4 令圖 13.14 電路中 $i_s=2\cos 10t$ A，若 $k=0.6$，且端點 x 與 y 為 (a) 左邊開路；(b) 短路，試求 $t=0$ 時儲存在被動網路中的總能量。

解答：0.8 J；0.512 J。

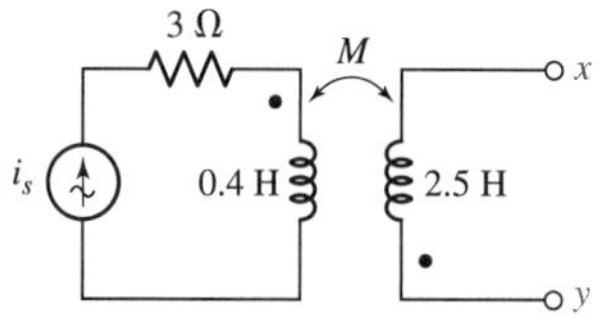

◆**圖 13.14**

13.3 線性變壓器

此時已可應用磁耦合的知識來說明兩種具體的實際元件，每個元件可使用具有互感的模型來表示之。兩種元件皆為變壓器，專有名詞變壓器定義為具有兩個或者更多磁耦合線圈之網路 (圖 13.15)。在本節中，將考慮線性變壓器，此為用於射頻或者更高頻的設備之極佳模型。在 13.4 節中，將考慮理想變壓器，理想變壓器為一種理想化的單位耦合 (Unity Coupling) 模型，具有某種磁性材質所製成的鐵芯，通常為鐵合金。

◆**圖 13.15** 用於電子應用領域中的小型變壓器之選擇；其中的 AA 電池供比較尺寸之用。

在圖 13.16 中，闡述該變壓器具有兩個已確定的網目電流。通常包含電源的第一個網目稱為**一次側** (Primary)，而通常包含負載的第二個網目則稱為**二次側** (Secondary)。標示為 L_1 與 L_2 的電感器同樣也分別稱為變壓器的一次側電感與二次側電感。假設該變壓器為**線性變壓器**，此意謂著並無使用磁性材質 (磁性材料可能導致**非線性**的磁通量對電流之關係)。然而，應注意若沒有磁性材質，要實現小數等級的耦合係數相當困難。圖 13.16 中的兩個電阻器用來描述一次側與二次側線圈繞製的導線之電阻，以及任何其他的損失。

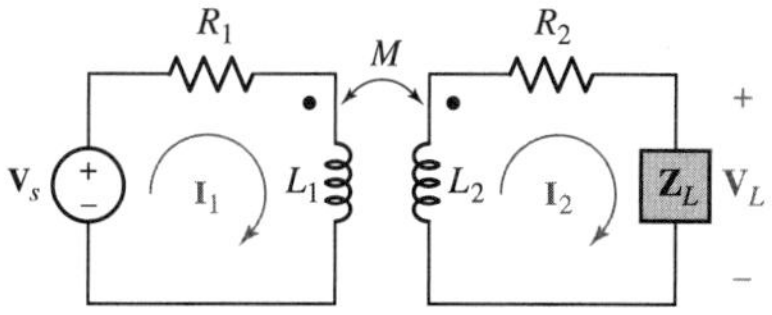

◆**圖 13.16** 在一次側電路中包含電源且在二次側電路包含負載之線性變壓器。電阻也包含於一次側電路與二次側電路兩者之中。

■反射的阻抗

考慮在一次側電路端點上所提供的輸入阻抗。兩網目方程式為

$$\mathbf{V}_s = (R_1 + j\omega L_1)\mathbf{I}_1 - j\omega M\mathbf{I}_2 \quad [11]$$

以及

$$0 = -j\omega M\mathbf{I}_1 + (R_2 + j\omega L_2 + \mathbf{Z}_L)\mathbf{I}_2 \quad [12]$$

藉由以下定義

$$\mathbf{Z}_{11} = R_1 + j\omega L_1 \quad 及 \quad \mathbf{Z}_{22} = R_2 + j\omega L_2 + \mathbf{Z}_L$$

可將上述方程式簡化為

$$\mathbf{V}_s = \mathbf{Z}_{11}\mathbf{I}_1 - j\omega M\mathbf{I}_2 \quad [13]$$

$$0 = -j\omega M\mathbf{I}_1 + \mathbf{Z}_{22}\mathbf{I}_2 \quad [14]$$

求解第二個方程式之 $\mathbf{I}_2$，並且將之代入第一個方程式，便可得到輸入阻抗。

$\mathbf{Z}_{\text{in}}$ 為變壓器一次側線圈兩端之阻抗。

$$\mathbf{Z}_{\text{in}} = \frac{\mathbf{V}_s}{\mathbf{I}_1} = \mathbf{Z}_{11} - \frac{(j\omega)^2 M^2}{\mathbf{Z}_{22}} \quad [15]$$

再進一步處理此一方程式之前，可得到幾個相當有用的結論。首先，此一結果與任一繞組上的標點位置無關，若將標點移至線圈的另一端，其結果為方程式 [11] 至 [14] 中包含有 M 的每一項之正負號改變。以 $(-M)$ 取代 M，可得到相同的效果。而如此的改變並不會影響如方程式 [15] 所描述的輸入阻抗。也可注意到若耦合關係降至零，則輸入阻抗便可簡化為 $\mathbf{Z}_{11}$。隨著耦合從零開始增加，輸入阻抗便不同於 $\mathbf{Z}_{11}$，其間的差量為 $\omega^2M^2/\mathbf{Z}_{22}$，該專有名詞稱為**反射阻抗** (Reflected Impedance)。若將該表示式展開為

$$\mathbf{Z}_{\text{in}} = \mathbf{Z}_{11} + \frac{\omega^2 M^2}{R_{22} + jX_{22}}$$

並且將此一反射阻抗有理化，

$$\mathbf{Z}_{\text{in}} = \mathbf{Z}_{11} + \frac{\omega^2 M^2 R_{22}}{R_{22}^2 + X_{22}^2} + \frac{-j\omega^2 M^2 X_{22}}{R_{22}^2 + X_{22}^2}$$

由此可知改變的性質更為明顯。

由於 $\omega^2M^2R_{22}/(R_{22}^2+X_{22}^2)$ 必為正數，因此二次側的存在顯然會增加一次側電路的損失。亦即可將二次側的存在視為增加了一次側電路 R_1 的數值。再者，二次側反射至一次側電路的電

抗具有與二次側迴路的淨電抗 X_{22} 相反之符號。此一電抗 X_{22} 為 ωL_2 與 X_L 之總和；對電感性負載而言，需為正值，而對電容性負載而言，則正或負皆可能，端視負載電抗之大小而定。

練習題

13.5 某一線性變壓器之元件數值為 $R_1 = 3\ \Omega$、$R_2 = 6\ \Omega$、$L_1 = 2$ mH、$L_2 = 10$ mH，且 $M = 4$ mH。若 $\omega = 5000$ rad/s，且 $\mathbf{Z}_L$ 等於 (a) $10\ \Omega$；(b) $j20\ \Omega$；(c) $10 + j20\ \Omega$；(d) $-j20\ \Omega$，試求 $\mathbf{Z}_{in}$。

解答：$5.32 + j2.74\ \Omega$；$3.49 + j4.33\ \Omega$；$4.24 + j4.57\ \Omega$；$5.56 - j2.82\ \Omega$。

T 與 ∏ 等效網路

以 T 或 ∏ 等效網路來取代變壓器通常對所要進行的電路分析相當方便。若將一次側與二次側電阻從變壓器中分離，則僅剩下一對互耦合的電感器，如圖 13.17 所示。應注意已將變壓器的兩個下方端點連接在一起，藉以形成一個三端網路。描述此一電路的微分方程式再次為

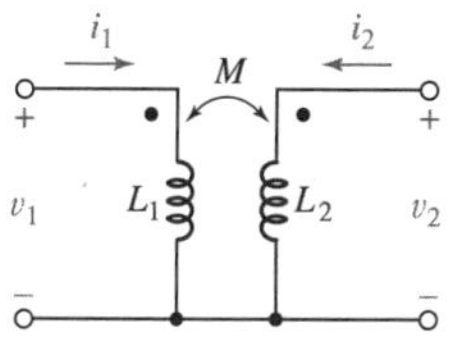

◆ **圖 13.17** 要以等效 ∏ 或 T 網路取代之變壓器。

$$v_1 = L_1 \frac{di_1}{dt} + M \frac{di_2}{dt} \qquad [16]$$

以及

$$v_1 = L_1 \frac{di_1}{dt} + M \frac{di_2}{dt} \qquad [17]$$

先前已相當熟悉此兩方程式之型式，且可使用網目分析簡易地解釋之。若選擇順時鐘方向之 i_1 以及逆時鐘方向之 i_2，使得 i_1 與 i_2 在圖 13.17 中是完全可識別的電流。方程式 [16] 中的 $M\, di_2/dt$ 項以及方程式 [17] 中的 $M\, di_1/dt$ 項指示兩網目必具有共同的自感 M。由於左手邊的網目之總電感為 L_1，因此 $L_1 - M$ 的自感必須代入第一個網目，而非第二個網目。同理，第二個網目需要自感 $L_2 - M$，而非第一個網目。所得到的等效網目顯示於圖 13.18。藉由兩個網路具有同一對與 v_1、i_1、v_2 與 i_2 相關的方程式來確保其等效性。

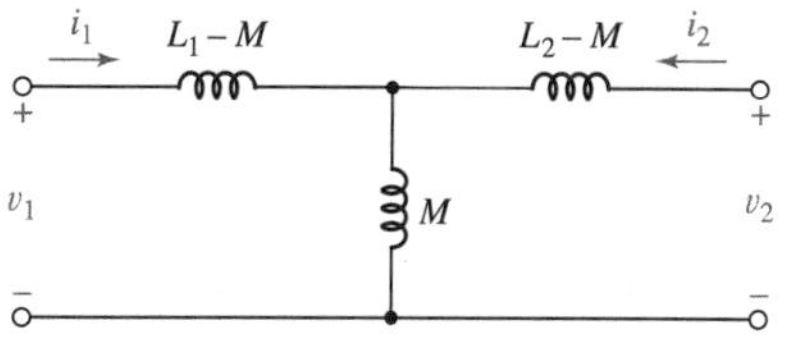

◆ **圖 13.18** 圖 13.17 所示的變壓器之 T 等效網路。

若該變壓器兩繞組上的其中一個標點設置於線圈的另一端，則方程式 [16] 與 [17] 中的互感項符號將為負。此類似於使用 $-M$ 取代 M，而且在如此狀況下，圖 13.18 網路中如此的取代將會導致正確的等效網路。(三個自感數值之後將為 $L_1 + M$、$-M$

與 $L_2 + M$。)

T 等效網路之電感全為自感；不存在任何互感。就此一等效電路而言，可能會得到負值的電感，但若僅需要進行數學分析，此並不重要。有些時候合成網路藉以提供所需轉移函數之程序會導致電路成為具有負電感的 T 網路；之後則可藉由使用適當的線性變壓器來實現此一網路。

範例 13.5

試求圖 13.19a 所示的線性變壓器之 T 等效網路。

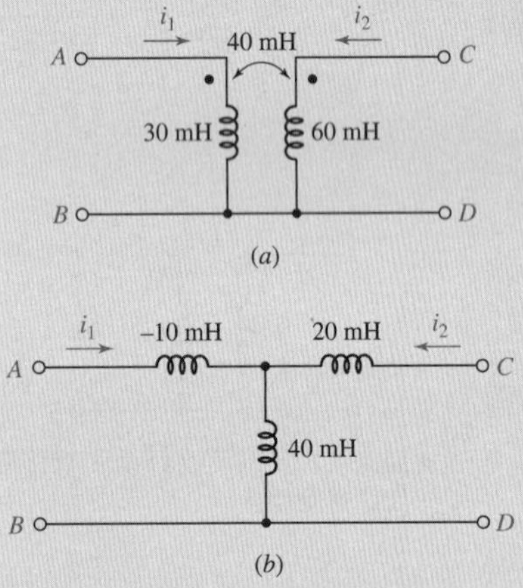

◆ **圖 13.19** (a) 線性變壓器之範例；(b) 該變壓器之 T 等效網路。

已知 $L_1 = 30$ mH、$L_2 = 60$ mH 且 $M = 40$ mH，而已注意到標點皆位於上方端點，如圖 13.17 電路所示。

由此，$L_1 - M = -10$ mH 位於上方左臂，$L_2 - M = 20$ mH 位於上方右臂，且中柱包含 $M = 40$ mH。完整的等效 T 網路闡述於圖 13.19b。

為了驗證該 T 網路之等效性，將端點 C 與 D 維持開路，並且將 $v_{AB} = 10\cos 100t$ V 施加至圖 13.19a 之輸入端。因此，

$$i_1 = \frac{1}{30 \times 10^{-3}} \int 10\cos(100t)\, dt = 3.33 \sin 100t \qquad \text{A}$$

以及

$$v_{CD} = M \frac{di_1}{dt} = 40 \times 10^{-3} \times 3.33 \times 100 \cos 100t$$
$$= 13.33 \cos 100t \qquad \text{V}$$

將相同的電壓施加於 T 等效網路，再次得到

$$i_1 = \frac{1}{(-10+40) \times 10^{-3}} \int 10\cos(100t)\, dt = 3.33 \sin 100t \qquad \text{A}$$

同樣的是 C 與 D 上的電壓等於 40 mH 電感器上的跨壓。因此，

$$v_{CD} = 40 \times 10^{-3} \times 3.33 \times 100 \cos 100t = 13.33 \cos 100t \qquad \text{V}$$

故兩網路得到相同的結果。

練習題

13.6 (a) 若圖 13.20 所示為等效的網路，試具體指出 L_x、L_y 與 L_z 之數值；(b) 若將圖 13.20b 二次側的標點設置於線圈下方，試重複 (a)。

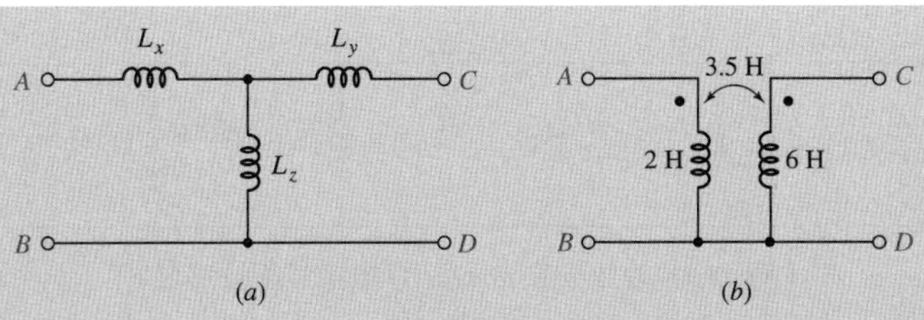

◆圖 13.20

解答：－1.5 H，2.5 H，3.5 H；5.5 H，9.5 H，－3.5 H。

因等效 Π 網路較為複雜，並不容易得到，且不常使用。藉由求解方程式 [17] 之 di_2/dt 並且將所得到的結果代入方程式 [16]，推導 Π 等效網路：

$$v_1 = L_1 \frac{di_1}{dt} + \frac{M}{L_2}v_2 - \frac{M^2}{L_2}\frac{di_1}{dt}$$

或者

$$\frac{di_1}{dt} = \frac{L_2}{L_1L_2 - M^2}v_1 - \frac{M}{L_1L_2 - M^2}v_2$$

若將之從 0 積分至 t，得到

$$i_1 - i_1(0)u(t) = \frac{L_2}{L_1L_2 - M^2}\int_0^t v_1\,dt' - \frac{M}{L_1L_2 - M^2}\int_0^t v_2\,dt' \qquad [18]$$

同理，也可得到

$$i_2 - i_2(0)u(t) = \frac{-M}{L_1L_2 - M^2}\int_0^t v_1\,dt' + \frac{L_1}{L_1L_2 - M^2}\int_0^t v_2\,dt' \qquad [19]$$

可將方程式 [18] 與 [19] 解釋為一對節點方程式；必須將一個步階電流源安裝於每個節點上，藉以提供適當的初始條件。乘以每個積分項之因數具有某一等效電感之通式。因此，方程式 [18] 中的第二個係數 $M/(L_1L_2 - M^2)$ 為 $1/L_B$，或者是延伸於節點 1 與 2 之間的電感之倒數，如圖 13.21 所示之等效 Π 網路。所以，

$$L_B = \frac{L_1L_2 - M^2}{M}$$

方程式 [18] 中的第一個係數 $L_2/(L_1L_2 - M^2)$ 為 $1/L_A + 1/L_B$。因此，

$$\frac{1}{L_A} = \frac{L_2}{L_1L_2 - M^2} - \frac{M}{L_1L_2 - M^2}$$

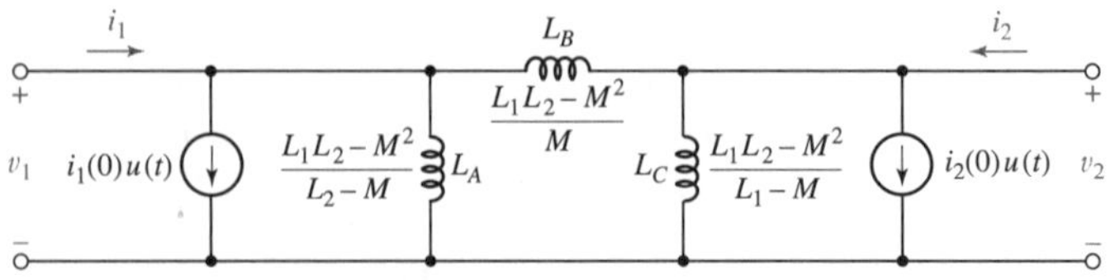

◆ **圖 13.21** 等效於圖 13.17 所示變壓器之 ∏ 網路。

或者

$$L_A = \frac{L_1L_2 - M^2}{L_2 - M}$$

最後得到

$$L_C = \frac{L_1L_2 - M^2}{L_1 - M}$$

等效 ∏ 網路的電感器之間沒有出現磁耦合，且三個自感的初始電流為零。

僅藉由改變等效網路中 M 的正負號，便可補償在已知的變壓器中標點之倒反。同樣的是，正如已知的等效 T 網路，在等效 ∏ 網路中也可能會出現負的自感。

範例 13.6

假設零初始電流，試求圖 13.19a 的變壓器之等效 ∏ 網路。

由於 $L_1L_2 - M^2$ 項為 L_A、L_B 與 L_C 所共有，先求得此一數值，得到

$$30 \times 10^{-3} \times 60 \times 10^{-3} - (40 \times 10^{-3})^2 = 2 \times 10^{-4}\ \text{H}^2$$

因此，

$$L_A = \frac{L_1L_2 - M^2}{L_2 - M} = \frac{2 \times 10^{-4}}{20 \times 10^{-3}} = 10\ \text{mH}$$

$$L_C = \frac{L_1L_2 - M^2}{L_1 - M} = -20\ \text{mH}$$

以及

$$L_B = \frac{L_1L_2 - M^2}{M} = 5\ \text{mH}$$

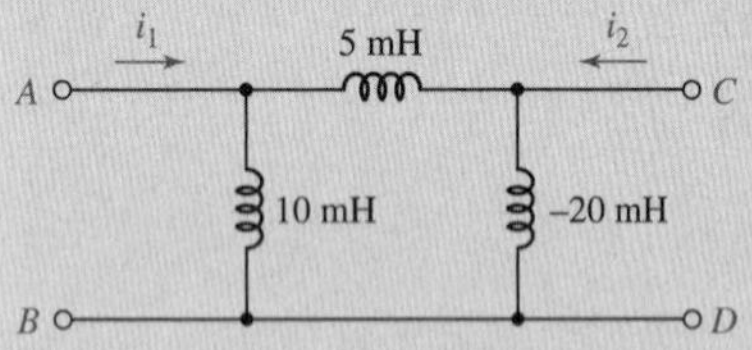

◆ **圖 13.22** 圖 13.19a 所示線性變壓器之等效 ∏ 網路。假設 $i_1(0) = 0$ 且 $i_2(0) = 0$。

等效 ∏ 網路闡述於圖 13.22。

若令 $v_{AB} = 10 \cos 100t$ V，保持 C-D 開路，再次檢查所得結果，則可藉由分壓快速得到輸出電壓：

$$v_{CD} = \frac{-20 \times 10^{-3}}{5 \times 10^{-3} - 20 \times 10^{-3}} 10 \cos 100t = 13.33 \cos 100t \qquad \text{V}$$

與先前所得結果一樣。因此，圖 13.22 的網路電氣等效於圖 13.19a 與 b 之網路。

練習題

13.7 若圖 13.23 中的兩網路為等效的，試求 L_A、L_B 與 L_C 之數值 (以 mH 為單位)。

解答：$L_A = 169.2$ mH，$L_B = 129.4$ mH，$L_C = -314.3$ mH。

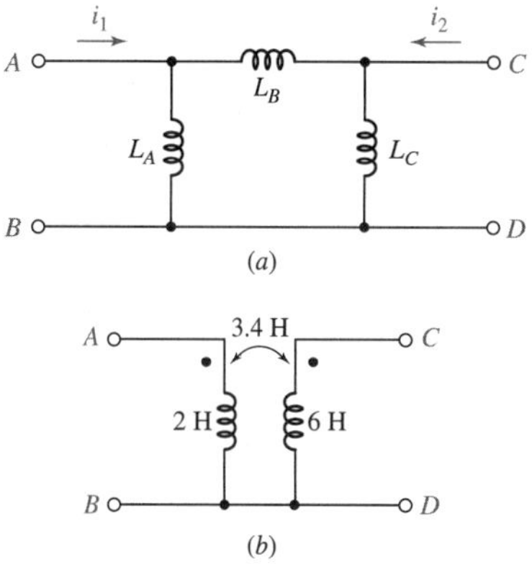

◆ **圖 13.23**

13.4 理想變壓器

理想變壓器 (Ideal Transformer) 為極緊密耦合變壓器相當有用的趨近，理想變壓器的耦合係數必為 1，且相較於終端的阻抗，一次側與二次側電感性電抗極大。藉由設計精良的鐵芯變壓器，則對合理範圍的終端阻抗而言，在合理範圍的頻率內，可以非常接近這些特性。以理想變壓器取代電路中的實際變壓器，便可簡單地實現具有鐵芯變壓器的電路之近似分析；可將理想變壓器視為鐵芯變壓器的一階模型。

■ 理想變壓器之匝數比

理想變壓器會產生一種新的觀念：**匝數比** (Turns Ratio) a。線圈的自感正比於導線匝數的平方。此一關係僅在流進線圈的電流所建立的全部磁通量鏈結著全部繞線匝之下有效。為了定量地推導此一結果，需要利用磁場的觀念，磁場為重要的主題，但不包含在電路分析的討論中。因此，說明定性的論點可能就已經足以了解此一觀念。若電流 i 流經 N 匝的線圈，則會產生 N 倍的單匝線圈磁通量。若認為 N 匝為一致的，則全部的磁通量肯定會鏈結全部的繞線匝。由於電流與磁通量會隨著時間改變，因此在每一匝中會感應出一個電壓，所感應的電壓為單匝線圈的 N 倍。因此，N 匝線圈中所感應的電壓必為 N^2 倍的單匝電壓。由此可知電感與匝數平方之間的比例關係為

$$\frac{L_2}{L_1} = \frac{N_2^2}{N_1^2} = a^2 \qquad [20]$$

或者

$$\boxed{a = \frac{N_2}{N_1}} \qquad [21]$$

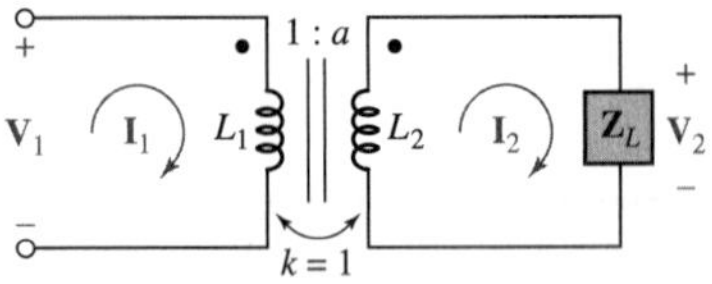

◆ **圖 13.24** 連接至一般負載阻抗之理想變壓器。

圖 13.24 顯示連接著二次側負載的理想變壓器。藉由幾個慣例來建構變壓器的理想性質：在兩線圈之間使用垂直線指示諸多鐵芯變壓器中所存在的鐵質疊片，耦合係數為 1，以及使用記號 1：a 來提示 N_1 對 N_2 之匝數比。

此時將進行該變壓器之弦波穩態分析。兩個網目方程式為

$$\mathbf{V}_1 = j\omega L_1\mathbf{I}_1 - j\omega M\mathbf{I}_2 \tag{22}$$

以及

$$0 = -j\omega M\mathbf{I}_1 + (\mathbf{Z}_L + j\omega L_2)\mathbf{I}_2 \tag{23}$$

首先，考慮理想變壓器的輸入阻抗。求解方程式 [23] 之 $\mathbf{I}_2$，並且將之代入方程式 [22]，得到

$$\mathbf{V}_1 = \mathbf{I}_1 j\omega L_1 + \mathbf{I}_1\frac{\omega^2 M^2}{\mathbf{Z}_L + j\omega L_2}$$

以及

$$\mathbf{Z}_{\text{in}} = \frac{\mathbf{V}_1}{\mathbf{I}_1} = j\omega L_1 + \frac{\omega^2 M^2}{\mathbf{Z}_L + j\omega L_2}$$

由於 $k=1$，且 $M^2=L_1L_2$，所以

$$\mathbf{Z}_{\text{in}} = j\omega L_1 + \frac{\omega^2 L_1 L_2}{\mathbf{Z}_L + j\omega L_2}$$

除了單位耦合係數之外，理想變壓器的另一個特性為不論操作頻率為何，一次側與二次側線圈皆具有極大的阻抗。此提示理想的變壓器之 L_1 與 L_2 兩者皆趨近於無限大。然而，根據匝數比所闡明的具體結果，L_1 與 L_2 兩者的比值必須保持有限值。因此，

$$L_2 = a^2 L_1$$

得到

$$\mathbf{Z}_{\text{in}} = j\omega L_1 + \frac{\omega^2 a^2 L_1^2}{\mathbf{Z}_L + j\omega a^2 L_1}$$

此時若令 L_1 為無限大，則先前方程式的右邊兩項便為無限大，且結果為不確定。因此，需要先將此兩項整合：

$$\mathbf{Z}_{\text{in}} = \frac{j\omega L_1\mathbf{Z}_L - \omega^2 a^2 L_1^2 + \omega^2 a^2 L_1^2}{\mathbf{Z}_L + j\omega a^2 L_1} \tag{24}$$

或者

$$\mathbf{Z}_{\text{in}} = \frac{j\omega L_1\mathbf{Z}_L}{\mathbf{Z}_L + j\omega a^2 L_1} = \frac{\mathbf{Z}_L}{\mathbf{Z}_L/j\omega L_1 + a^2} \tag{25}$$

此時隨著 $L_1 \to \infty$，以有限的 $\mathbf{Z}_L$ 而言，$\mathbf{Z}_{\text{in}}$ 成為

$$\mathbf{Z}_{\text{in}} = \frac{\mathbf{Z}_L}{a^2} \qquad [26]$$

此一結果具有重要的意涵，並且至少其中一個意涵與線性變壓器的特性抵觸。理想變壓器的輸入阻抗正比於負載阻抗，比例常數則為匝數比平方之倒數。亦即，若負載阻抗為電容性阻抗，則輸入阻抗便為電容性阻抗。然而，在線性變壓器中，所反射的阻抗會造成其電抗部分的符號改變；電容性負載會對輸入阻抗產生電感性的貢獻。雖然泛稱為反射阻抗，但要先了解到 $\mathbf{Z}_L/a^2$ 實際上並非反射阻抗，方能解釋此種狀況的發生。理想變壓器中實際的反射阻抗為無限大；否則便不能夠"消去"一次側無限大的電感。此一消去行為發生在方程式 [24] 之分子。阻抗 $\mathbf{Z}_L/a^2$ 代表無法完全消去的一個小項。理想變壓器中實際的反射阻抗確實會改變電抗部分的符號；然而，當一次側與二次側的電感變成無限大，無限大的一次側線圈電抗以及二次側線圈的負無限大反射電抗之效應為相消。

理想變壓器第一個重要的特性為能夠改變阻抗的大小，或者改變阻抗的準位。一次側匝數為 100 且二次側匝數為 10,000 之理想變壓器具有 10,000/100，或者 100 之匝數比。任何跨於二次側的阻抗會以 100^2 或者 10,000 的降幅呈現在一次側兩端。20,000 Ω 的電阻器似乎與 2 Ω 一樣，200 mH 的電感器似乎與 20 μH 一樣，而 100 pF 的電容器則似乎與 1 μF 一樣。若一次側與二次側繞組交換，則 $a = 0.01$，且負載阻抗明顯變大。實務上，並不一定會出現確切的改變幅度，因此必須記住推導中所採取的最後一個步驟，並且在方程式 [25] 中允許 L_1 成為無限大，必須忽略 $\mathbf{Z}_L$ 與 $j\omega L_2$ 之比較。由於不能為無限大，因此若負載阻抗相當大，則理想變壓器的模型明顯無效。

■ 使用變壓器之阻抗匹配

使用鐵芯變壓器充當改變阻抗準位的元件之實際範例為放大器對揚聲器系統的耦合。為了實現最大功率轉移，已知負載的電阻應等於電源的內部電阻；揚聲器通常具有阻抗的幅度 (通常假設為電阻) 僅為數個歐姆，而放大器則可能呈現數千歐姆的內部電阻。因此，需要 $N_2 < N_1$ 之理想變壓器。例如，若放大器的內部阻抗為 4000 Ω，且揚聲器阻抗為 8 Ω，則需要

$$\mathbf{Z}_g = 4000 = \frac{\mathbf{Z}_L}{a^2} = \frac{8}{a^2}$$

或者

$$a = \frac{1}{22.4}$$

因而

$$\frac{N_1}{N_2} = 22.4$$

使用變壓器之電流調整

理想變壓器的一次側與二次側電流 $\mathbf{I}_1$ 及 $\mathbf{I}_2$ 之間的關係相當簡單。經由方程式 [23]，

$$\frac{\mathbf{I}_2}{\mathbf{I}_1} = \frac{j\omega M}{\mathbf{Z}_L + j\omega L_2}$$

再次將 L_2 視為無限大，得到

$$\frac{\mathbf{I}_2}{\mathbf{I}_1} = \frac{j\omega M}{j\omega L_2} = \sqrt{\frac{L_1}{L_2}}$$

或者

$$\boxed{\frac{\mathbf{I}_2}{\mathbf{I}_1} = \frac{1}{a}} \qquad [27]$$

因此，一次側與二次側電流之比值為匝數比。若 $N_2 > N_1$，則 $a > 1$，且較大的電流明顯會流進較少匝數的繞組。亦即，

$$N_1\mathbf{I}_1 = N_2\mathbf{I}_2$$

應該也要注意若任一電流反向，或者若另一標點位置改變，則電流比值為負的匝數比。

在使用理想變壓器改變阻抗準位藉以有效匹配揚聲器與放大器之範例中，一次側 1000 Hz 下的 50 mA 之 rms 電流會在二次側感應一 1000 Hz 的 1.12A 之 rms 電流。傳送至揚聲器的功率為 $(1.12)^2(8)$ 或 10 W，而功率放大器傳送至變壓器的功率為 $(0.05)^2 4000$ 或 10 W。由於理想變壓器不包含能夠產生功率的主動元件，也不包含任何能夠吸收功率的電阻器，因此結果一致。

使用變壓器之電壓準位調整

由於傳送至理想變壓器的功率等於傳送至負載之功率，而一次側與二次側電流之關係為匝數比，因此一次側與二次側電壓的

關係為匝數比亦應合理。若定義二次側電壓或者負載電壓為

$$\mathbf{V}_2 = \mathbf{I}_2\mathbf{Z}_L$$

且定義一次側電壓為 L_1 之跨壓，則

$$\mathbf{V}_1 = \mathbf{I}_1\mathbf{Z}_{\text{in}} = \mathbf{I}_1\frac{\mathbf{Z}_L}{a^2}$$

兩電壓之比值因此為

$$\frac{\mathbf{V}_2}{\mathbf{V}_1} = a^2\frac{\mathbf{I}_2}{\mathbf{I}_1}$$

或者

$$\boxed{\frac{\mathbf{V}_2}{\mathbf{V}_1} = a = \frac{N_2}{N_1}} \qquad [28]$$

二次側對一次側電壓之比值等於匝數比。應該謹慎注意此一方程式與方程式 [27] 相反，兩者常會混淆。若任一電壓反相或者標點位置改變，此一比率同樣也會是負的。

因此，藉由簡單選擇匝數比，便能夠將任何 ac 電壓改變成為所需的其他 ac 電壓。若 $a > 1$，二次側電壓大於一次側電壓，通常稱為**升壓變壓器** (Step-up Transformer)。若 $a < 1$，二次側電壓小於一次側電壓，通常稱為**降壓變壓器** (Step-down Transformer)。電力公司通常會發出範圍在 12 至 25 kV 電壓之電力。雖然此為相當大的電壓，但能夠因使用升壓變壓器將電壓升至數十萬伏特而降低長距離的傳輸損失 (圖 13.25a)。之後再使用區域配電變電所之降壓變壓器將此一電壓降至數萬伏特 (圖 13.25b)。額外的降壓變壓器則是設置於建築物外部，藉以將傳輸線電壓降至機器操作所需的 100 或 220 V 準位 (圖 13.25c)。

將方程式 [27] 與 [28] 之電壓及電流比值組合，

$$\mathbf{V}_2\mathbf{I}_2 = \mathbf{V}_1\mathbf{I}_1$$

而且可知一次側與二次側的複數伏安相等。此一乘積的大小通常指稱為功率變壓器的最大可容許值。若負載具有相角 θ，或者

$$\mathbf{Z}_L = |\mathbf{Z}_L|\underline{/\theta}$$

則 $\mathbf{V}_2$ 超前 $\mathbf{I}_2$ 角度 θ。再者，輸入阻抗為 $\mathbf{Z}_L/a^2$，因而 $\mathbf{V}_1$ 也超前 $\mathbf{I}_1$ 相同的角度 θ。若令電壓與電流以 rms 值表示，則 $|\mathbf{V}_2||\mathbf{I}_2|\cos\theta$ 必等於 $|\mathbf{V}_1||\mathbf{I}_1|\cos\theta$，且傳送至一次側端的所有功率會達到負載；沒有任何功率會被理想變壓器所吸收。

(*a*)

(*b*)

(*c*)

◆ **圖 13.25** (a) 用來提升發電機輸出電壓以為傳輸之用的升壓變壓器；(b) 將 220 kV 傳輸線等級的電壓降至數萬伏特以為區域配電之用的變電所變壓器；(c) 將配電等級之電壓降至 240 V 以為電力消耗品之用的降壓變壓器。(相片由 Wade Enright 博士所提供。)

以上已經藉由相量分析得知了理想變壓器特性，而這些特性在弦波穩態分析確實是合適的，但仍會懷疑這些特性對完整響應而言是否正確。實際上，這些特性對完整響應仍是適用的，且相較於剛才所完成的相量分析，此一描述成立的驗證甚為簡單。然而，先前的分析已經指出具體的近似必須在實際變壓器更為精確的模型上進行，藉以得到所需的理想變壓器。例如，已知二次側繞組的電抗必須要甚大於連接至二次側的任何負載阻抗。因此在所描述的操作條件下，變壓器的行為不再如理想變壓器一般。

範例 13.7

考慮圖 13.26 所給定的電路，試求 10 kΩ 所消耗的平均功率。

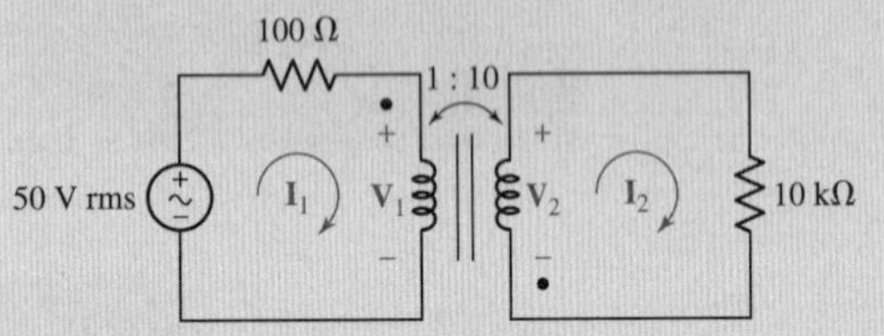

◆ **圖 13.26** 簡單的理想變壓器電路。

由於在此一範例中之相角並不會影響計算純電阻性負載所消耗的平均功率，因此可將之忽略。

10 kΩ 所消耗的平均功率簡寫為

$$P = 10{,}000|\mathbf{I}_2|^2$$

50 V rms 電源所"看到"的變壓器輸入阻抗為 $\mathbf{Z}_L/a^2$ 或者 100 Ω。因此，得到

$$\mathbf{I}_1 = \frac{50}{100 + 100} = 250 \text{ mA rms}$$

經由方程式 [27]，$\mathbf{I}_2 = (1/a)\mathbf{I}_1 = 25$ mA rms，所以求得 10 kΩ 共消耗 6.25 W。

練習題

13.8 重複範例 13.7，使用電壓來計算所消耗的功率。

解答：6.25 W。

■ 時域之電壓關係

此時將說明在理想變壓器中時域量 v_1 與 v_2 之關係。回到圖 13.17 所示之電路以及兩方程式 [16] 與 [17]，藉以求解第二個方程式之 di_2/dt，並且將之代入第一個方程式：

$$v_1 = L_1\frac{di_1}{dt} + \frac{M}{L_2}v_2 - \frac{M^2}{L_2}\frac{di_1}{dt}$$

然而，就單位耦合而言，$M^2 = L_1L_2$，所以

$$v_1 = \frac{M}{L_2}v_2 = \sqrt{\frac{L_1}{L_2}}v_2 = \frac{1}{a}v_2$$

一次側與二次側電壓之間的關係因此可應用於完整的時域響應。

將方程式 [16] 整個除以 L_1，便可迅速得到時域中的一次側與二次側電流關係表示式，

$$\frac{v_1}{L_1} = \frac{di_1}{dt} + \frac{M}{L_1}\frac{di_2}{dt} = \frac{di_1}{dt} + a\frac{di_2}{dt}$$

之後再引用理想變壓器其中一個相關的假說：L_1 必為無限大。若假設 v_1 並非無限大，則

$$\frac{di_1}{dt} = -a\frac{di_2}{dt}$$

將之積分得到

$$i_1 = -ai_2 + A$$

其中的 A 為不隨時間改變的積分常數。因此，若忽略兩繞組中的任何直流電流，並且僅關注響應的時變部分，則

$$i_1 = -ai_2$$

其中的負號來自圖 13.17 的標點位置以及電流方向之選擇。

因此若忽略 dc 成分，則在時域中得到相同的電流與電壓關係，如同先前在頻域中所得到的關係。該時域結果更具有一般性，卻是以較簡潔的方式得到。

■ 等效電路

已建立的理想變壓器特性可用以簡化存在理想變壓器的電路。為闡述之目的，假設已以戴維寧等效電路取代一次側左邊所連接的網路，二次側亦同。因此可考慮圖 13.27 所示之電路，其中假設任意頻率 ω 之激勵。

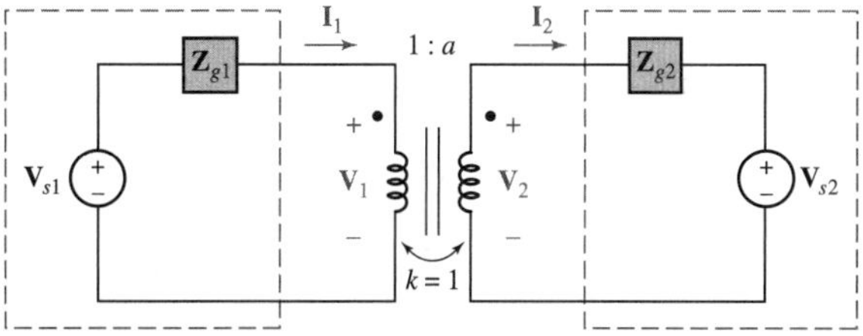

◆ **圖 13.27** 連接至理想變壓器一次側與二次側端之網路分別以其戴維寧等效電路呈現。

可使用戴維寧或諾頓定理來實現除了變壓器之外的等效電路。例如，此時先判斷二次側端網路之戴維寧等效電路。將二次側開路，$\mathbf{I}_2 = 0$，因而 $\mathbf{I}_1 = 0$ (記住 L_1 為無限大)。沒有任何電壓跨於 $\mathbf{Z}_{g1}$ 上，因此 $\mathbf{V}_1 = \mathbf{V}_{s1}$ 且 $\mathbf{V}_{2oc} = a\mathbf{V}_{s1}$。藉由設定 $\mathbf{V}_{s1}$ 為零並且利用匝數比的平方，得到戴維寧阻抗，由於此時所關注的是二次側端，應謹慎使用匝數比的倒數。因此，$\mathbf{Z}_{th2} = \mathbf{Z}_{g1}a^2$。

為了檢驗該等效電路，在此也判斷短路的二次側電流 $\mathbf{I}_{2sc}$。將二次側短路，一次側的發電機面對阻抗 $\mathbf{Z}_{g1}$，因而 $\mathbf{I}_1 = \mathbf{V}_{s1}/\mathbf{Z}_{g1}$。因此，$\mathbf{I}_{2sc} = \mathbf{V}_{s1}/a\mathbf{Z}_{g1}$。開路電壓對短路電流的比值為 $a^2\mathbf{Z}_{g1}$，如同先前所推論的結果。變壓器的戴維寧等效電路以及

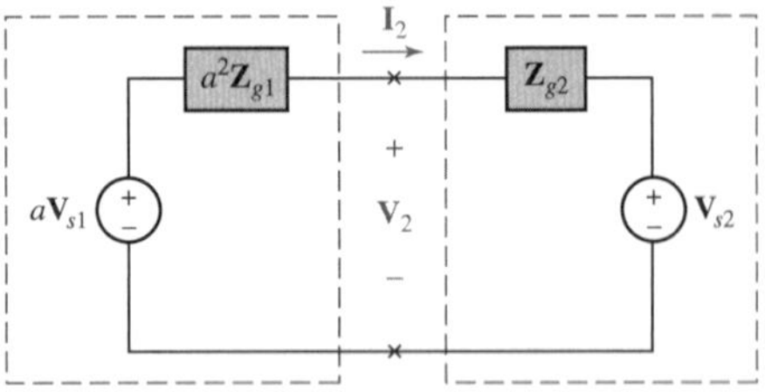

◆ **圖 13.28** 使用圖 13.27 二次側端左邊網路之戴維寧等效電路來簡化該電路。

一次側電路顯示於圖 13.28 之電路。

每個一次側電壓因此可乘以匝數比，每個一次側電流除以匝數比，而每個一次側阻抗乘以匝數比之平方；且將這些已修改後的電壓、電流與阻抗取代原先給定的電壓、電流與阻抗，以及變壓器。若任一標點交換，則可使用負的匝數比來得到所需的等效電路。

應注意僅在連接至一次側兩端的網路，以及連接至二次側兩端的網路能夠以其戴維寧等效電路取代時，圖 13.28 所闡述的等效性質方可能成立。亦即，每個網路皆必須是雙端網路。例如，若將變壓器的兩條一次側導線切斷，則該電路必分為兩個分離的網路；不會有元件或者網路橋接而跨於一次側與二次側之間的變壓器。

與變壓器二次側網路類似的分析可證明一次側端右邊的網路或元件可使用不需變壓器的相同網路來取代之，其中將每個電壓皆除以 a，每個電流皆乘以 a，而每個阻抗皆除以 a^2。任一個繞組的反轉皆需要使用 $-a$ 匝數比。

範例 13.8

考慮圖 13.29 所給定的電路，試求將變壓器與二次側電路置換，以及將變壓器與一次側電路置換之等效電路。

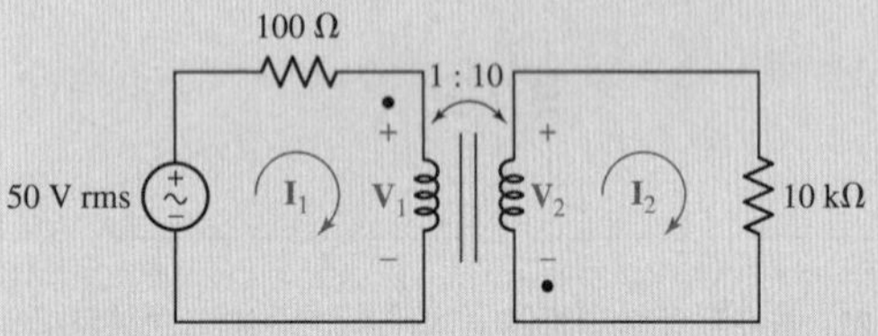

◆ **圖 13.29** 藉由理想變壓器將電阻性負載匹配至電源阻抗之簡單電路。

此電路與範例 13.7 所分析之電路相同。根據先前的分析，輸入阻抗為 $10{,}000/(10)^2$ 或者 100 Ω，所以 $|\mathbf{I}_1| = 250$ mA rms。也能夠計算一次側線圈之跨壓為

$$|\mathbf{V}_1| = |50 - 100\mathbf{I}_1| = 25 \text{ V rms}$$

因而得知電源會傳送 $(25\times10^{-3})(50) = 12.5$ W，其中的 $(25\times10^{-3})^2(100) = 6.25$ W 消耗在電源的內部電阻，而 $12.5 - 6.25 = 6.25$ W 則傳送至負載。此為負載最大功率轉移之狀況。

若使用戴維寧等效電路將二次側電路與理想變壓器移除，則 50 V 電源與 100 Ω 電阻器會簡單地“看到”100 Ω 的等效負載阻抗，並且得到圖 13.30a 所示之簡化電路。一次側電路與電壓則相當明顯。

若以戴維寧等效電路取代二次側端左邊的網路，則得知 (同時要注意標點的位置) $\mathbf{V}_{th} = -10(50) = -500$ V rms 且 $\mathbf{Z}_{th} = (-10)^2(100) = 10$ kΩ；所得到的電路闡述於圖 13.30b。

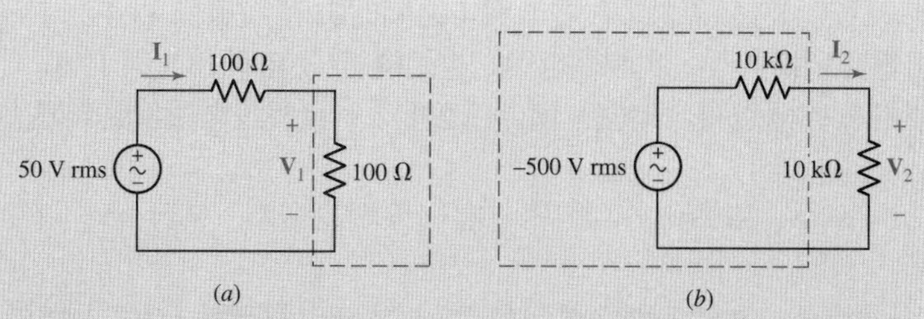

◆ **圖 13.30** (a) 以戴維寧等效電路取代變壓器與二次側電路；或是 (b) 以戴維寧等效電路取代變壓器與一次側電路之簡化圖 13.29 電路。

練習題

13.9 令圖 13.31 所示的理想變壓器之 $N_1 = 1000$ 匝，且 $N_2 = 5000$ 匝。若 $\mathbf{Z}_L = 500 - j400\ \Omega$，考慮 (a) $\mathbf{I}_2 = 1.4\underline{/20^\circ}$ A rms；(b) $\mathbf{V}_2 = 900\underline{/40^\circ}$ V rms；(c) $\mathbf{V}_1 = 80\underline{/100^\circ}$ V rms ；(d) $\mathbf{I}_1 = 6\underline{/45^\circ}$ A rms；(e) $\mathbf{V}_s = 200\underline{/0^\circ}$ V rms，試求傳送至 $\mathbf{Z}_L$ 之平均功率。

解答：980 W；988 W；195.1 W；720 W；692 W。

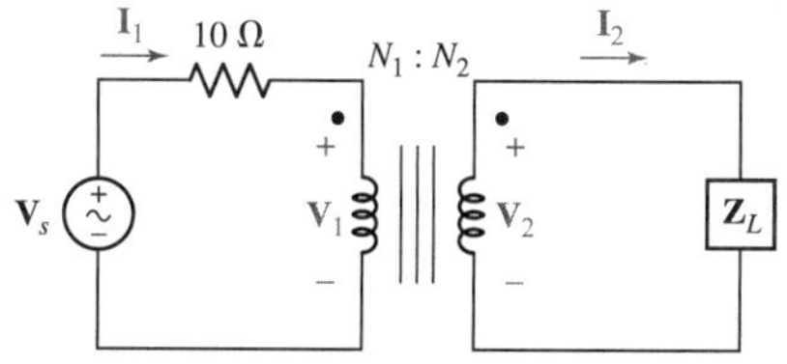

◆ **圖 13.31**

總結與回顧

變壓器在電力工業中扮演相當關鍵的角色，可提升電壓以為電力傳輸之用，或者將電壓降至單體設備所需的準位。在本章中，以更廣泛的磁耦合電路來探討變壓器，其中與電流相關的磁通量可鏈結電路中 (或者甚至是鄰近的電路) 的兩個或者更多之元件。將第七章所研讀的電感觀念直接延伸至本章，介紹互感 (單位同樣也是亨利) 的概念；其中可知互感係數 M 受限於耦合的兩電感之幾何平均數 (亦即，$M \le \sqrt{L_1 L_2}$)，使用標點慣例來決定其中一個電感因電流流過另一個電感所感應的跨壓之極性。當兩電感並非特別靠近時，M 可能會相當小。然而，在設計良好的變壓器中，仍可達到其最大值。為了描述如此之狀況，本章介紹了耦合係數 k 之觀念。當處理線性變壓器時，可使用等效 T 網路 (或者，較不常使用的 Π 網路)，輔助電路之分析，但仍有許多電路的分析是假設理想變壓器所執行。在如此的狀況下，不再將焦點放在 M 或 k，而是匝數比 a。本章說明了一次側與二次側線圈之跨壓以及其個別的電流皆與匝數比有關。此一近似對變壓器之分析與設計而言相當有用。本章的總結為簡要討論如何將戴維寧定理應用於具有理想變壓器之電路。

感應耦合電路為有趣且重要的主題，本章之後仍可繼續探討；此時列出本章所討論的某些主要觀念以及相應的範例序號於下。

- ❑ 互感說明第二個線圈所產生的磁場在第一個線圈末端所感應之電壓。(範例 13.1)
- ❑ 標點慣例提供互感項所指定的符號。(範例 13.1)
- ❑ 根據標點慣例，流進其中一個線圈的標點端之電流會產生以第二個線圈的標點端為正電壓參考點之開路電壓。(範例 13.1、13.2 與 13.3)
- ❑ 儲存在一對耦合線圈中的總能量具有三個獨立項：儲存在每個自感中的能量 ($\frac{1}{2} Li^2$)，以及儲存在互感中的能量 ($Mi_1 i_2$)。(範例 13.4)

- ❑ 耦合係數定義為 $k = M/\sqrt{L_1L_2}$，且該係數限制在 0 與 1 之間的數值。(範例 13.4)
- ❑ 線性變壓器由兩個耦合線圈所構成：一次側繞組與二次側繞組。(範例 13.5 與 13.6)
- ❑ 理想變壓器為實際的鐵芯變壓器之有效近似。耦合係數取 1，且假設電感值為無限大。(範例 13.7 與 13.8)
- ❑ 理想變壓器的匝數比 $a = N_2/N_1$ 關係到一次側與二次側線圈之電壓：$\mathbf{V}_2 = a\mathbf{V}_1$。(範例 13.8)
- ❑ 匝數比 $a = N_2/N_1$ 也與一次側與二次側線圈之電流有關：$\mathbf{I}_1 = a\mathbf{I}_2$。(範例 13.7 與 13.8)

延伸閱讀

幾乎所有想要了解的變壓器資訊皆可在以下的書籍中找到：

M. Heathcote, *J&P Transformer Book*, 12th ed. Oxford: Reed Educational and Professional Publishing Ltd., 1998.

另一個全面性的變壓器書籍為：

W. T. McLyman, *Transformer and Inductor Design Handbook*, 3rd ed. New York: Marcel Dekker, 2004.

優良的變壓器相關參考書籍：

B. K. Kennedy, *Energy Efficient Transformers*. New York: McGraw-Hill, 1998.

習題

13.1 互感

1. 考慮圖 13.32 所描述的兩個電感。令 $L_1 = 10$ mH、$L_2 = 5$ mH，且 $M = 1$ mH。 (a) 若 $i_1 = 0$ 且 $i_2 = 5 \cos 8t$ A，試求 v_1 之穩態表示式；(b) 若 $i_1 = 3 \sin 100t$ A 且 $i_2 = 0$，試求 v_2 之穩態表示式；(c) 若 $i_1 = 5 \cos (8t - 40°)$ A 且 $i_2 = 4 \sin 8t$ A，試求 v_2 之穩態表示式。
2. 考慮圖 13.33，假設 $L_1 = 400$ mH、$L_2 = 230$ mH，且 $M = 10$ mH。(a) 若 $i_1 = 0$ 且 $i_2 = 2 \cos 40t$ A，試求 v_1 之穩態表示式；(b) 若 $i_1 = 5 \cos (40t + 15°)$ A 且 $i_2 = 0$，試求 v_2 之穩態表示式；(c) 若增加至 300 mH，重複 (a) 與 (b)。

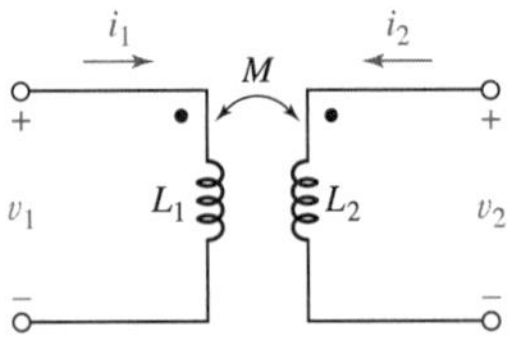

◆ 圖 13.32

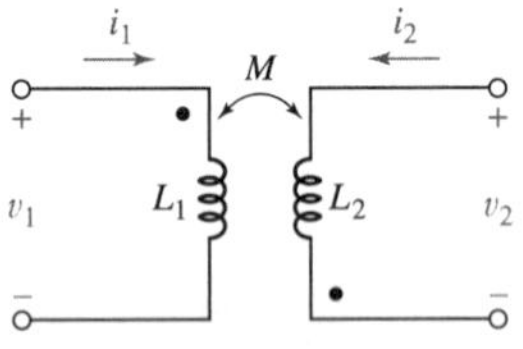

◆ 圖 13.33

3. 考慮圖 13.34 之電路，試計算 $\mathbf{I}_1$、$\mathbf{I}_2$、$\mathbf{V}_2/\mathbf{V}_1$，以及 $\mathbf{I}_2/\mathbf{I}_1$。
4. 考慮圖 13.35 之電路，(a) 試繪製相量表示式；(b) 試寫出完整的網目方程組；(c) 若 $v_1(t) = 8 \sin 720t$ V，試計算 $i_2(t)$。

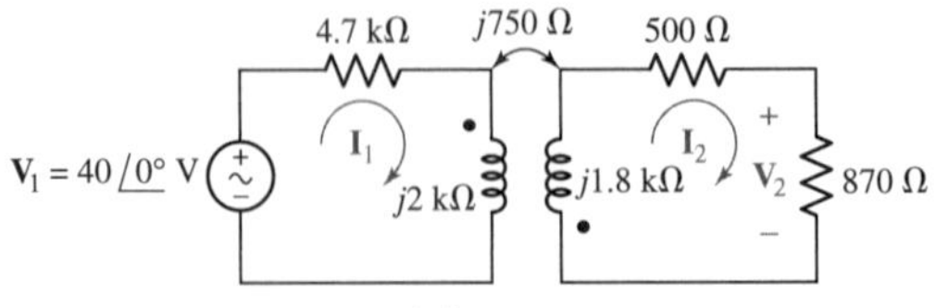

◆ 圖 13.34

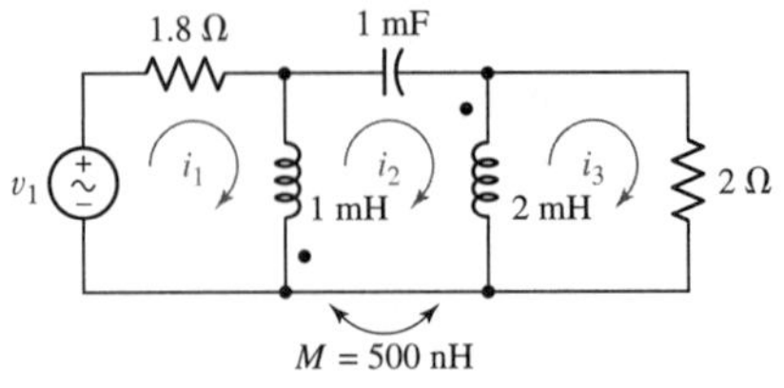

◆ 圖 13.35

5. 在圖 13.36 所示的電路中，試求 (a) 電源；(b) 每個電阻器；(c) 每個電感器；(d) 互感所吸收的平均功率。
6. 考慮圖 13.37 之電路，若 $f = 60$ Hz，試求電流 $i_1(t)$、$i_2(t)$ 及 $i_3(t)$。

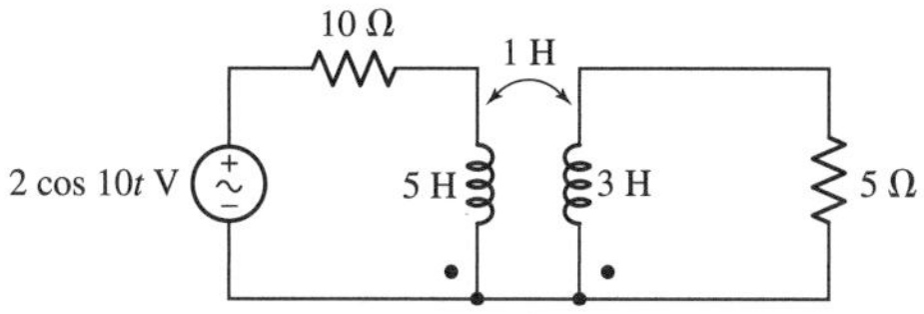

◆ **圖 13.36**

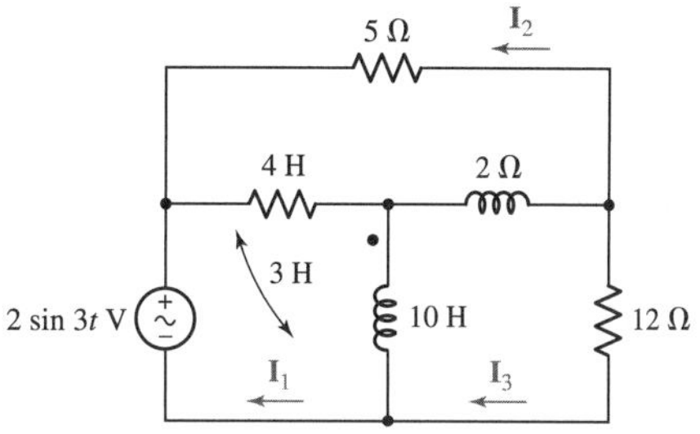

◆ **圖 13.37**

7. 請注意圖 13.38 電路中的 5 H 與 6 H 電感器之間並沒有相互耦合。(a) 試寫出由 $\mathbf{I}_1(j\omega)$、$\mathbf{I}_2(j\omega)$，以及 $\mathbf{I}_3(j\omega)$ 所表示之方程組；(b) 若 $\omega = 2$ rad/s，試求 $\mathbf{I}_3(j\omega)$。

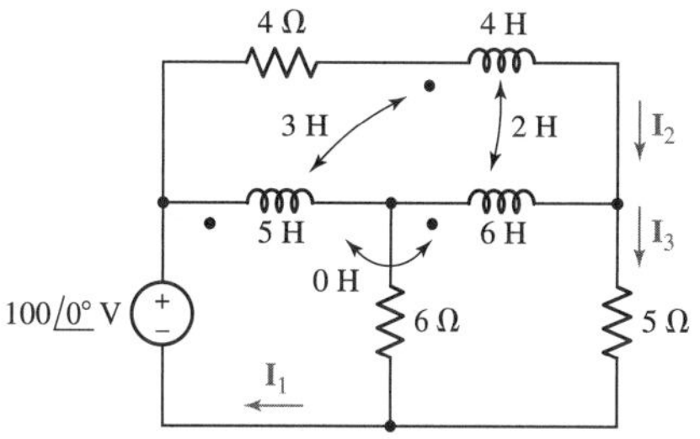

◆ **圖 13.38**

13.2 能量之考量

8. 考慮圖 13.39 之耦合線圈，$L_1 = L_2 = 10$ H 且 M 等於可能的最大數值。(a) 試計算耦合係數 k；(b) 若 $i_1 = 10 \cos 4t$ mA 且 $i_2 = 2 \cos 4t$ mA，試計算在 $t = 200$ ms 時鏈結著兩線圈的磁場中所儲存之能量。
9. 考慮圖 13.40 之電路，$L_1 = 2$ mH、$L_2 = 8$ mH 且 $v_1 = \cos 8t$ V。(a) 試求 $v_2(t)$ 之方程式；(b) 試以 k 為函數繪製 $\mathbf{V}_2$；(c) 試以 k 為函數繪製 $\mathbf{V}_2$ 之相角 (以角度)。

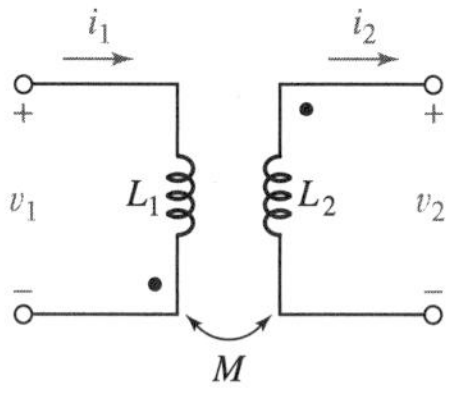

◆ **圖 13.39**

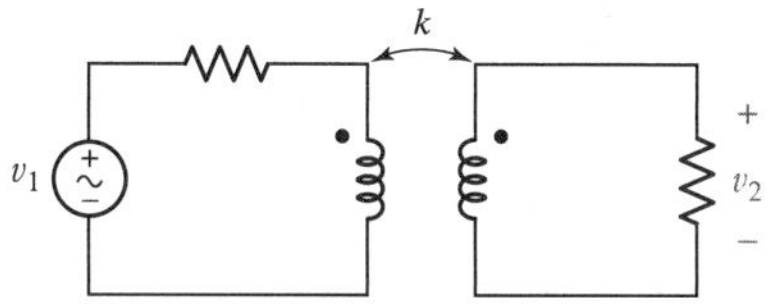

◆ **圖 13.40**

10. 試計算圖 13.41 電路中的 v_1、v_2，以及傳送至每個電阻器之平均功率。

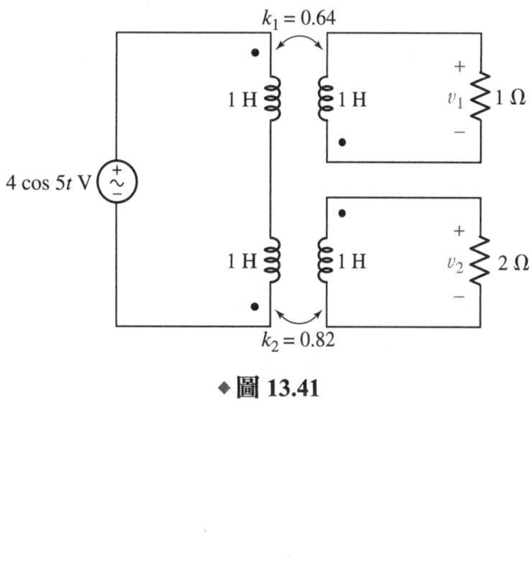

◆ **圖 13.41**

13.3 線性變壓器

11. 假設圖 13.16 所示電路之數值如下：$R_1 = 10\ \Omega$、$R_2 = 1\ \Omega$、$L_1 = 2\ \mu$H、$L_2 = 1\ \mu$H，以及 $M = 500$ nH。若 $\mathbf{Z}_L$ 等於 (a) 1 Ω；(b) j Ω；(c) $-j$ Ω；(d) $5\underline{/33^\circ}$ Ω，試計算 $\omega = 10$ rad/s 之輸入阻抗。
12. 若 (a) $L_x = 1$ H、$L_y = 2$ H，且 $L_z = 4$ H；(b) $L_x = 10$ mH、$L_y = 50$ mH，且 $L_z = 22$ mH，試將圖 13.42 所示之 T 網路表示為一等效線性變壓器。

13. 若 (a) $L_A = 1$ H、$L_B = 2$ H，且 $L_C = 4$ H；(b) $L_A = 10$ mH、$L_B = 50$ mH，且 $L_C = 22$ mH，試將圖 13.43 所示之 Π 網路表示為一具有零初始電流之等效線性變壓器。

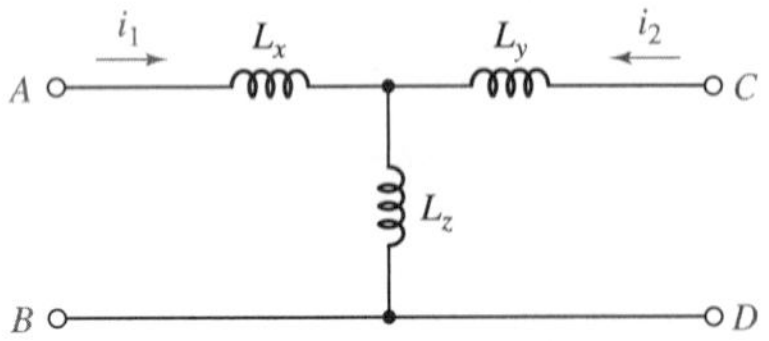

◆ 圖 13.42

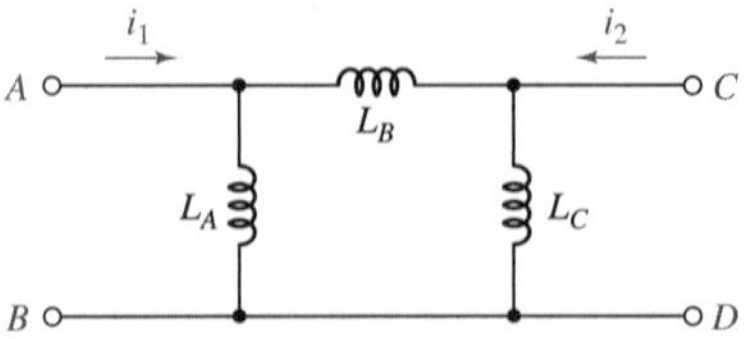

◆ 圖 13.43

14. 考慮圖 13.44 之電路，試求 (a) $\mathbf{I}_L/\mathbf{V}_s$；(b) $\mathbf{V}_1/\mathbf{V}_s$ 之表示式。

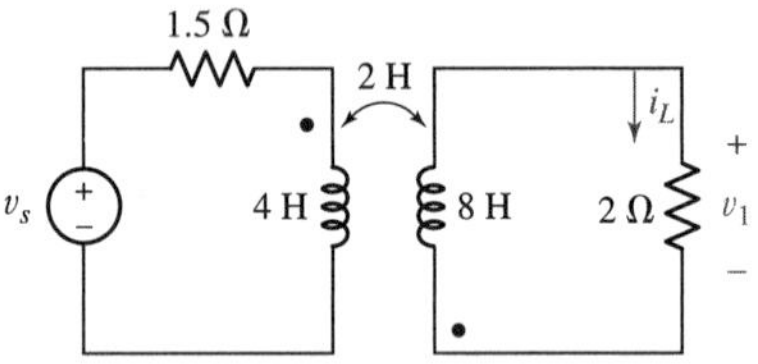

◆ 圖 13.44

13.4 理想變壓器

15. 試計算分別傳送至圖 13.45 電路中的 400 mΩ 以及 21 Ω 電阻器之平均功率。

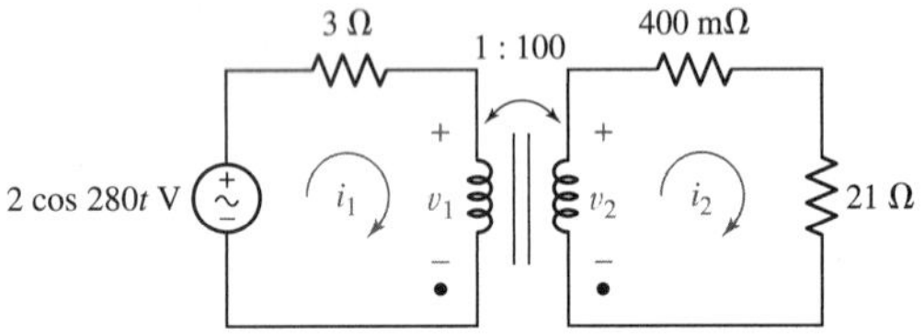

◆ 圖 13.45

16. 試計算傳送至圖 13.46 所示每個電阻器之平均功率。

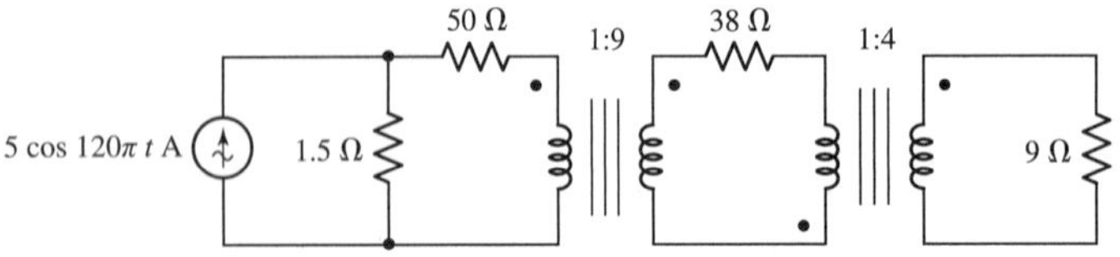

◆ 圖 13.46

17. 試計算圖 13.47 中所標示的 $\mathbf{I}_x$ 與 $\mathbf{V}_2$。

18. 考慮圖 13.48 之電路，其中 $v_s = 117 \sin 500t$ V。若標示為 a 與 b 之兩端為 (a) 左邊開路；(b) 短路；(c) 以一個 2 Ω 電阻器橋接，試計算 v_2。

19. 試求圖 13.49 網路端點 a 與 b 之戴維寧等效電路。

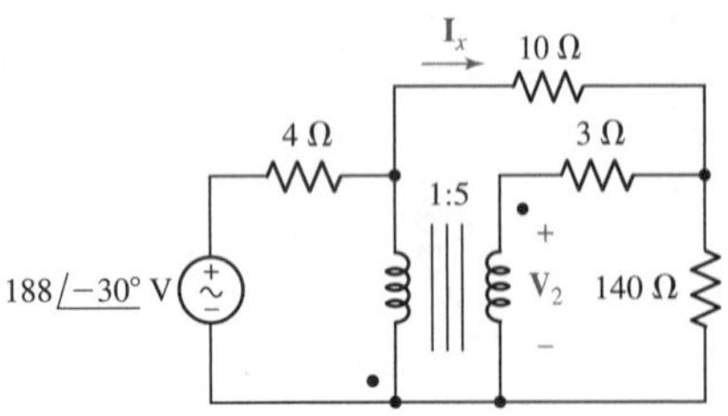

◆ 圖 13.47

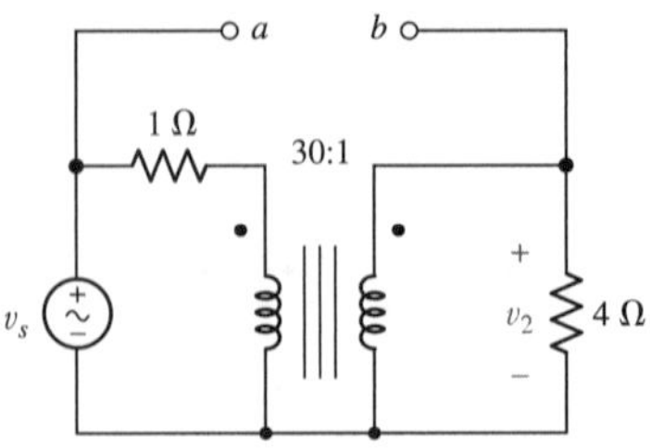

◆ 圖 13.48

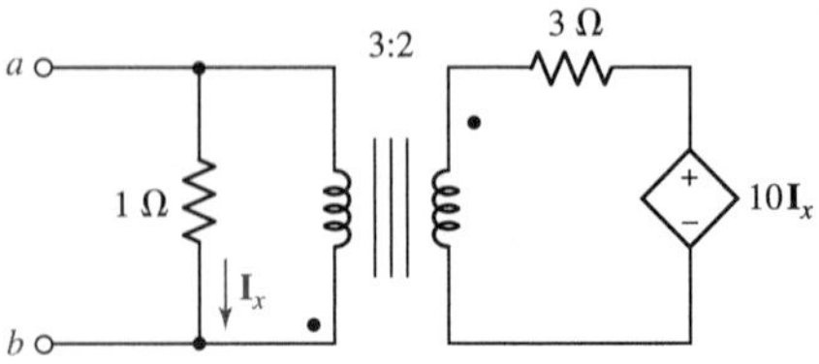

◆ 圖 13.49

Chapter 14

複數頻率與拉普拉斯變換

主要觀念

- 複數頻率
- 拉普拉斯變換
- 逆變換
- 變換表之使用
- 殘餘數方法
- 初值定理
- 終值定理

簡介

當面臨具有時變電源或者開關的電路時，有幾種分析方式可供選擇。第七至九章詳述了直接的微分方程式分析，當檢視導通或者關斷的暫態時，分析相關的方程式特別有其效用。相對之下，第十至十三章則是說明弦波激勵之分析，而鮮少關注暫態效應。但是，並非所有的電源皆為弦波，而且有些時候需得到暫態與穩態響應。在如此的狀況下，拉普拉斯變換 (Laplace Transform) 確實是一種極為有用的工具。

許多教科書會直接講述拉普拉斯變換積分，但此種方式並沒有傳達直觀的解釋給予讀者。因此，本章將先介紹對讀者而言可能有些奇特的觀念——“複數”頻率的概念。複數頻率為數學上相當簡便的方法，藉以並行處理週期性與非週期性時變量，明顯簡化了分析過程。在得到基本技術之後，將在第十五章發展為特定的電路分析工具。

14.1 複數頻率

本節將藉由考慮 (純實數) 的指數阻尼弦波函數來介紹**複數頻率** (Complex Frequency) 之概念，例如電壓為

$$v(t) = V_m e^{\sigma t} \cos(\omega t + \theta) \qquad [1]$$

其中的 σ 為實數量，且通常為負值。雖然通常將此一函數稱為“阻尼”，但可想見的是，有時可能會遇到 $\sigma > 0$ 且弦波振幅因而遞增之狀況 (在第九章講解 *RLC* 電路之自然響應中也指出了 σ 為負的指數阻尼係數)。

令 $\sigma = \omega = 0$，可從方程式 [1] 得到常數的電壓：

$$v(t) = V_m \cos\theta = V_0 \qquad [2]$$

若僅將 σ 設為零，則可得到一般的弦波電壓

$$v(t) = V_m \cos(\omega t + \theta) \qquad [3]$$

而若 $\omega = 0$，則得到指數電壓

$$v(t) = V_m \cos\theta \, e^{\sigma t} = V_0 e^{\sigma t} \qquad [4]$$

因此，方程式 [1] 的阻尼弦波包含方程式 [2] 的 dc 函數、方程式 [3] 的弦波函數，以及方程式 [4] 的指數函數之特殊狀況。

在零度的相角條件下，比較方程式 [4] 的指數函數與弦波函數的複數表示式，便能夠洞察 σ 的其他意義，

$$v(t) = V_0 e^{j\omega t} \qquad [5]$$

奈培的命名源自蘇格蘭哲學與數學家約翰．奈皮爾 (John Napier, 1550-1617) 以及其奈氏對數系統；約翰．奈皮爾名字的拼寫在歷史上並不確定。

顯然方程式 [4] 與 [5] 兩函數具有許多相同之處。唯一的差異為方程式 [4] 的指數為實數，而方程式 [5] 的指數則是虛數。將描述 σ 為“頻率”，以強調兩函數的相似性。此一專門術語的選擇將在以下的章節中詳細探討，而此時僅需注意 σ 為複數頻率的實數部分之專用術語。然而，不應將 σ 稱為“實數頻率”，實數頻率較適合的符號為 f (或者 ω)。本書也將 σ 稱為**奈培頻率** (Neper Frequency)，此一專有名詞來自無單位之指數 e。因此，若給定 e^{7t}，則 $7t$ 之單位為**奈培** (Np)，而 7 為奈培頻率，單位為每秒之奈培數。

■ 通式

使用相量基礎之分析方法，便可極簡易地得到網路對方程式 [1] 的一般強制函數之強制響應。只要能夠得到此一阻尼弦波的強制響應，便可得知對 dc 電壓、指數電壓，以及弦波電壓之強

制響應。先將 σ 與 ω 視為複數頻率的實數與虛數部分。

可將任意函數描述為具有複數頻率 **s** 特徵之型式

$$f(t) = \mathbf{K}e^{\mathbf{s}t} \quad [6]$$

其中的 **K** 與 **s** 為複數常數 (與時間無關)。在此一複數指數表示式中，複數頻率 **s** 因而可簡述為乘以 t 之因數。未能決定所給定的函數之複數頻率之前，需要以方程式 [6] 的型式來描述所要探討的函數。

■直流特例

先將此一定義應用於較為熟悉的強制函數。例如，常數電壓

$$v(t) = V_0$$

可將之描述為以下的型式

$$v(t) = V_0 e^{(0)t}$$

因此，得到的結論為 dc 電壓或者電流的複數頻率為零 (亦即，$\mathbf{s} = 0$)。

■指數特例

另一個簡單的特例為指數函數

$$v(t) = V_0 e^{\sigma t}$$

此時已為所需的型式。此一電壓的複數頻率因此為 σ (亦即，$\mathbf{s} = \sigma + j0$)。

■弦波特例

此時考慮弦波電壓，可能會有些不同。給定為

$$v(t) = V_m \cos(\omega t + \theta)$$

尚需要一個以複數指數所描述的等效表示式。經由先前的分析經驗，使用尤拉恆等式所推得的公式，

$$\cos(\omega t + \theta) = \tfrac{1}{2}[e^{j(\omega t+\theta)} + e^{-j(\omega t+\theta)}]$$

並且得到

$$\begin{aligned} v(t) &= \tfrac{1}{2}V_m[e^{j(\omega t+\theta)} + e^{-j(\omega t+\theta)}] \\ &= \left(\tfrac{1}{2}V_m e^{j\theta}\right) e^{j\omega t} + \left(\tfrac{1}{2}V_m e^{-j\theta}\right) e^{-j\omega t} \end{aligned}$$

或者

$$v(t) = \mathbf{K}_1 e^{\mathbf{s}_1 t} + \mathbf{K}_2 e^{\mathbf{s}_2 t}$$

簡單以“$-j$”取代所有出現之“j”，便能夠得到任意數之共軛複數。此觀念來自任意選擇的 $j=+\sqrt{-1}$。然而，負根同樣也是有效的，進而引導出共軛複數之定義。

得到兩個複數指數項之加總，而且出現兩個複數頻率，每項皆具有一個複數頻率。第一項的複數頻率為 $\mathbf{s}=\mathbf{s}_1=j\omega$，而第二項的複數頻率為 $\mathbf{s}=\mathbf{s}_2=-j\omega$。該兩個 $\mathbf{s}$ 的數值為**共軛複數** (Conjugates)，或者 $\mathbf{s}_2=\mathbf{s}_1^*$，而且兩個 $\mathbf{K}$ 的數值也是共軛複數：$\mathbf{K}_1=\frac{1}{2}V_m e^{j\theta}$ 及 $\mathbf{K}_2=\mathbf{K}_1^*=\frac{1}{2}V_m e^{-j\theta}$。整個第一項與整個第二項因此為共軛複數，此時已可預期其總和必為實數量，$v(t)$。

指數阻尼弦波特例

最後，說明複數頻率或者與方程式 [1] 的指數阻尼弦波函數有關之頻率。再次使用尤拉公式，得到複數指數表示式：

$$
\begin{aligned}
v(t) &= V_m e^{\sigma t}\cos(\omega t+\theta)\\
&= \tfrac{1}{2}V_m e^{\sigma t}[e^{j(\omega t+\theta)}+e^{-j(\omega t+\theta)}]
\end{aligned}
$$

因而

$$v(t)=\tfrac{1}{2}V_m e^{j\theta}e^{(\sigma+j\omega)t}+\tfrac{1}{2}V_m e^{-j\theta}e^{(\sigma-j\omega)t}$$

由此得知也需要頻率的共軛複數對 $\mathbf{s}_1=\sigma+j\omega$ 與 $\mathbf{s}_2=\mathbf{s}_1^*=\sigma-j\omega$ 來描述直指數阻尼弦波。一般而言，σ 與 ω 其中一者為零，而呈現指數變化的弦波波形為一般的通式；常數波形、弦波波形，以及指數波形為特殊的狀況。

s 對實際性質之關係

例如 $\mathbf{s}=5+j0$ 的正實數 $\mathbf{s}$ 描述指數遞增函數 $\mathbf{K}e^{+5t}$，若為實際物理函數，其中的 $\mathbf{K}$ 必為實數。諸如 $\mathbf{s}=-5+j0$ 的負實數 $\mathbf{s}$ 描述指數遞減函數 $\mathbf{K}e^{-5t}$。

諸如 $j10$ 的純虛數 $\mathbf{s}$ 絕不能與純實數量相關，函數的型式為 $\mathbf{K}e^{j10t}$，也可描述為 $\mathbf{K}(\cos 10t+j\sin 10t)$；此明顯呈現實數與虛數兩部分，每一個部分皆為弦波。為了能夠建構實函數，需要考慮 $\mathbf{s}$ 的共軛複數值，例如 $\mathbf{s}_{1,2}=\pm j10$，同時也必須結合 $\mathbf{K}$ 的共軛複數值。然而，以較不嚴謹的說法，可將每一個複數頻率視為具有角頻率 10 rad/s 的弦波電壓之 $\mathbf{s}_1=+j10$ 或 $\mathbf{s}_2=-j10$；藉此即可了解共軛複數的出現原因。弦波電壓的振幅與相角則端視每個頻率所選擇的 $\mathbf{K}$ 而定。因此，選擇 $\mathbf{s}_1=j10$ 及 $\mathbf{K}_1=6-j8$，其中

應注意 $|6-j8|=10$，所以 $V_m=2|\mathbf{K}|=20$。同理，$ang(6-j8)=-53.13°$。

$$v(t)=\mathbf{K}_1e^{\mathbf{s}_1t}+\mathbf{K}_2e^{\mathbf{s}_2t}\qquad \mathbf{s}_2=\mathbf{s}_1^*\qquad 且\qquad \mathbf{K}_2=\mathbf{K}_1^*$$

得到實數弦波 $20\cos(10t-53.1°)$。

同理，諸如 $3-j5$ 的一般 $\mathbf{s}$ 數值僅伴隨其共軛複數 $3+j5$，方能夠與實數量相結合。再次以較不嚴謹的說法，可將此兩共軛

頻率想像為描述指數遞增弦波函數 $e^{3t}\cos 5t$；特定的振幅與相角亦端視共軛複數 **K** 的數值而定。

至此已對複數頻率 **s** 的物理性質進行某部分說明；一般而言，其乃是說明一種呈現指數變動的弦波。**s** 的實數部分與指數的變化有關；若此一實數部分為負值，則函數會隨時間 t 增加而衰減；若實數部分為正值，則函數隨時間增加而遞增；而若實數部分為零，則弦波的振幅為固定的常數。**s** 的實數部分振幅越大，則指數遞增或遞減之速率也越大。**s** 的虛數部分用以描述弦波之變動，亦即弦波之角頻率。**s** 較大的虛數部分振幅闡述函數會隨時間而較快速變動。

> **s** 的實數部分、**s** 的虛數部分，或者 **s** 本身較大之振幅描述快速變動的函數。

一般習慣使用字母 σ 來表示 **s** 的實數部分，且習慣使用 ω (並非 $j\omega$) 來代表虛數部分：

$$\boxed{\mathbf{s} = \sigma + j\omega} \qquad [7]$$

該角頻率有時稱為“實數頻率”，但當發現敘述“實數頻率為複數頻率的虛數部分”時，此一術語很容易造成混淆！在需要特別指明的場合，將 **s** 稱為複數頻率，σ 稱為奈培頻率，ω 稱為角頻率，而 $f = \omega/2\pi$ 則稱為週期頻率；若不會造成混淆，則可允許使用“頻率”來指稱任何一種頻率量。奈培頻率的測量以每秒的奈培數為單位，角頻率的測量以每秒弳度數為單位，而複數頻率 **s** 的測量單位則是以不同的專業術語，每秒之複數奈培數，或者每秒之複數弳度數。

練習題

14.1 試指出以下實數函數所呈現的所有複數頻率之數值：(a) $(2e^{-100t} + e^{-200t})\sin 2000t$；(b) $(2 - e^{-10t})\cos(4t + \phi)$；(c) $e^{-10t}\cos 10t \sin 40t$。

14.2 若所具有的頻率成分為：(a) 0、10、$-10\ \text{s}^{-1}$；(b) -5、$j8$、$-5-j8\ \text{s}^{-1}$；(c) -20、20、$-20+j20$、$20-j20\ \text{s}^{-1}$，試使用常數 A、B、C、ϕ 等代號來建構電流的時間實數函數通式。

解答：14.1：$-100+j2000$，$-100-j2000$，$-200+j2000$，$-200-j2000\ \text{s}^{-1}$；$j4$，$-j4$，$-10+j4$，$-10-j4\ \text{s}^{-1}$；$-10+j30$，$-10-j30$，$-10+j50$，$-10-j50\ \text{s}^{-1}$。
14.2：$A + Be^{10t} + Ce^{-10t}$；$Ae^{-5t} + B\cos(8t+\phi_1) + Ce^{-5t}\times\cos(8t+\phi_2)$；$Ae^{-20t} + Be^{20t} + Ce^{-20t}\cos(20t+\phi_1) + De^{20t}\cos(20t+\phi_2)$。

14.2 阻尼弦波強制函數

本節將先前所說明的複數頻率觀念導入弦波強制函數中。

使用電壓函數來表示一般的指數變動弦波

$$v(t) = V_m e^{\sigma t} \cos(\omega t + \theta) \qquad [8]$$

藉由使用尤拉恆等式，以複數頻率 **s** 來表示此函數：

$$v(t) = \text{Re}\{V_m e^{\sigma t} e^{j(\omega t + \theta)}\} \qquad [9]$$

或者

$$v(t) = \text{Re}\{V_m e^{\sigma t} e^{j(-\omega t - \theta)}\} \qquad [10]$$

兩者皆為適當的表示方式，而兩表示式提示了共軛複數頻率對與弦波或者指數阻尼弦波有關。方程式 [9] 更直接有關於所給定的阻尼弦波，主要將專注於此一方程式。開始蒐集所需因數，此時將 $\mathbf{s} = \sigma + j\omega$ 代入

$$v(t) = \text{Re}\{V_m e^{j\theta} e^{(\sigma + j\omega)t}\}$$

並且得到

$$v(t) = \text{Re}\{V_m e^{j\theta} e^{\mathbf{s}t}\} \qquad [11]$$

在應用此一型式的強制函數於任何電路之前，應注意此一阻尼弦波表示式相似於第十章的無阻尼弦波之相應表示式，

$$\text{Re}\{V_m e^{j\theta} e^{j\omega t}\}$$

唯一的差異在於此時採用 **s**，而之前則是使用 $j\omega$。不同於限制在弦波強制函數及其角頻率，此時已將觀念延伸至複數頻率之阻尼弦波強制函數。在本節後，將以完全相同於弦波的方式，發展出指數阻尼弦波之頻域描述；將簡單忽略 Re{ } 之記號，並且隱藏 $e^{\mathbf{s}t}$。

此時將方程式 [8]、[9]、[10] 或 [11] 所給定的指數阻尼弦波應用於電氣網路，其中的強制響應——也許是網路某一分支的電流——為所求。由於強制響應具有強制函數及其積分與導數之型式，因此可將響應假設為

$$i(t) = I_m e^{\sigma t} \cos(\omega t + \phi)$$

或者

$$i(t) = \text{Re}\{I_m e^{j\phi} e^{\mathbf{s}t}\}$$

其中電源與響應兩者的複數頻率必相同。

回顧複數強制函數的實數部分會產生響應的實數部分，而複數強制函數的虛數部分會產生響應的虛數部分，則可將複數強制函數應用於網路中，而所得到的複數響應之實數部分即為所求的實數響應。實際上，可忽略 Re{ } 之記號，但應該了解到，在任何時候可將之回復，而且當需要取得時域響應時，必要將之回復。因此，所給定的實數強制響應為

$$v(t) = \text{Re}\{V_m e^{j\theta} e^{\mathbf{s}t}\}$$

其中應用複數強制函數 $V_m e^{j\theta} e^{\mathbf{s}t}$；所產生的強制響應 $I_m e^{j\phi} e^{\mathbf{s}t}$ 為複數，且其實數部分必為所求的時域強制響應

$$i(t) = \text{Re}\{I_m e^{j\phi} e^{\mathbf{s}t}\}$$

該電路分析問題的解答包含求得未知響應振幅 I_m 以及相角 ϕ。

在實際實現分析問題的細節以及得知與弦波分析的相似性之前，將此基本方法的步驟概述於下。

1. 先以一組迴路或節點微積分方程式來描述電路之特性。
2. 將給定的複數型式之強制函數以及也是以複數型式所假設的強制響應代入方程組，並且執行所需的積分與微分運算。
3. 每一個方程式中的每項則將包含相同的因數 $e^{\mathbf{s}t}$。再將整個方程式除以此一因數，或者"將 $e^{\mathbf{s}t}$ 隱藏"，應了解到若任何響應函數的時域描述為所求，則必須將之回復。

由於 Re{ } 記號與 $e^{\mathbf{s}t}$ 因數已消除，因此將所有的電壓與電流從時域轉換至頻域。微積分方程式變成代數方程式，並且可如同弦波穩態分析一般，能夠簡易地得到其解答。接著以數值範例來闡述此一基本方法。

範例 14.1

試將強制函數 $v(t) = 60e^{-2t}\cos(4t + 10°)$ V 應用於圖 14.1 所示之串聯 *RLC* 電路，並且藉由求解時域表示式 $i(t) = I_m e^{-2t}\cos(4t + \phi)$ 中的 I_m 與 ϕ，具體描述電路之強制響應。

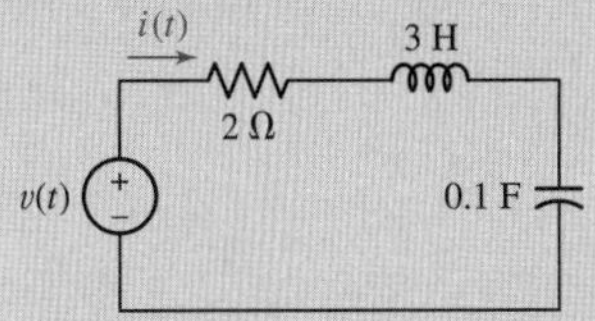

◆ **圖 14.1** 應用阻尼弦波強制函數之串聯 *RLC* 電路，其中 $i(t)$ 的頻域解為所求。

先將強制函數以 Re{ } 記號表示為

$$v(t) = 60e^{-2t}\cos(4t + 10°) = \text{Re}\{60e^{-2t}e^{j(4t+10°)}\}$$
$$= \text{Re}\{60e^{j10°}e^{(-2+j4)t}\}$$

或者

$$v(t) = \text{Re}\{\mathbf{V}e^{\mathbf{s}t}\}$$

若覺得在此所使用的記號陌生，讀者不妨暫停一下，並且閱讀其他有關複數之書籍，其中可知如何處理複數表示式的極座標式。

其中

$$\mathbf{V} = 60\underline{/10^\circ} \qquad 且 \qquad \mathbf{s} = -2 + j4$$

在刪除 Re{ } 之後，留下複數強制函數

$$60\underline{/10^\circ} e^{st}$$

同理，以複數量 $\mathbf{I}e^{st}$ 來表示未知響應，其中 $\mathbf{I} = I_m\underline{/\phi}$。

下一個步驟則須描述該電路之微積分方程式。經由克西荷夫電壓定律，得到

$$v(t) = Ri + L\frac{di}{dt} + \frac{1}{C}\int i\,dt = 2i + 3\frac{di}{dt} + 10\int i\,dt$$

並且將所給定的複數強制函數以及所假設的複數強制響應代入此一方程式中：

$$60\underline{/10^\circ} e^{st} = 2\mathbf{I}e^{st} + 3\mathbf{s}\mathbf{I}e^{st} + \frac{10}{\mathbf{s}}\mathbf{I}e^{st}$$

再將共同的因數 e^{st} 隱藏：

$$60\underline{/10^\circ} = 2\mathbf{I} + 3\mathbf{s}\mathbf{I} + \frac{10}{\mathbf{s}}\mathbf{I}$$

因此

$$\mathbf{I} = \frac{60\underline{/10^\circ}}{2 + 3\mathbf{s} + 10/\mathbf{s}}$$

此時令 $\mathbf{s} = -2 + j4$，並且求解複數電流 $\mathbf{I}$：

$$\mathbf{I} = \frac{60\underline{/10^\circ}}{2 + 3(-2 + j4) + 10/(-2 + j4)}$$

在整理其中的複數之後，得到

$$\mathbf{I} = 5.37\underline{/-106.6^\circ}$$

因此，I_m 為 5.37 A，ϕ 為 -106.6°，且強制響應可直接描述為 ($\mathbf{s} = -2 + j4$)

$$i(t) = 5.37e^{-2t}\cos(4t - 106.6^\circ)\text{ A}$$

由此，將微積分表示式縮減為代數表示式來求解此一問題。此僅為所要學習的其中一種技巧。

練習題

14.3 試描述等效於時域電流：(a) 24 sin(90t + 60°) A；(b) 24e^{-10t} cos(90t + 60°) A；(c) 24e^{-10t} cos 60° × cos 90t A 之相量電流。若 $\mathbf{V} = 12\underline{/35°}$ V，且 $\mathbf{s}$ 等於 (d) 0；(e) −20 s^{-1}；(f) −20 + j5 s^{-1}，試求 $v(t)$。

解答：$24\underline{/-30°}$ A；$24\underline{/60°}$ A；$12\underline{/0°}$ A；9.83 V；9.83e^{-20t} V；12e^{-20t} cos(5t + 35°) V。

14.3 拉普拉斯變換之定義

電路的分析仍是其中一項不變的目標：在線性電路中的某一點上給定某一強制函數，在其他點上求得所需的響應。就本書前面的幾章而言，僅應用了 V_0e^0 型式之 dc 強制函數與響應。然而，在介紹電感與電容之後，簡單的 RL 與 RC 電路中急遽的 dc 激勵會產生隨著時間而呈現指數變動的響應：$V_0e^{\sigma t}$。當考慮 RLC 電路時，響應會呈現指數變動的弦波型式，$V_0e^{\sigma t}\cos(\omega t+\theta)$。所有的工作皆是在時域中完成，且唯一的考量為 dc 強制函數。

隨著進展到使用弦波強制函數，求解微積分方程式的繁瑣與複雜促使開始發展出解決問題之較簡易方法。相量變換為其中一種方法，而且主要是考量 $V_0e^{j\theta}e^{j\omega t}$ 型式的複數強制函數所得到的結果。結論是並不需要具有時間 t 的因數，而是僅留下相量 $V_0e^{j\theta}$ 即可；此即變換至**頻域**。

經由先前的探討，可得知如何應用 $V_0e^{j\theta}e^{(\sigma+j\omega)t}$ 型式的強制函數，進而發現複數頻率 $\mathbf{s}$ 的存在，並且捨棄先前所使用的特殊函數型式：dc 函數 ($\mathbf{s}=0$)、指數函數 ($\mathbf{s}=\sigma$)、弦波函數 ($\mathbf{s}=j\omega$)，以及指數弦波函數 ($\mathbf{s}=\sigma+j\omega$)。根據先前使用相量分析的經驗，得知在這些狀況下，可以忽略包含時間 t 的因數，且再次於頻率中進行求解。

■ 雙邊拉普拉斯變換

已知弦波強制函數會產生弦波響應，且同理，指數強制函數會產生指數響應。然而，實務工程師需要考慮既非弦波亦非指數形式的諸多波形，例如以任意時間瞬間開始之方波、鋸齒波，以及脈波。當如此的強制函數應用於線性電路時，所得到的響應既非相似於激勵波形型式，亦非指數。所以，不能夠消除包含時間 t 之各項而形成頻域響應。

然而，仍可使用將任意函數展開成為許多指數波形加總之技巧得到解答，其中的指數波形則皆具有自己的複數頻率。由於目前考慮線性電路，因此能夠藉由簡單地加總每個指數波形的個別響應而得到電路總響應。再者，處理每個指數波形時，可再次忽略包含時間 t 的任意項，並且在頻域中進行分析。但是其中需要採用無限多的指數項，方能準確表示一般的時間函數，若採取一種較為無理的方式，並且對指數數列應用重疊定理，可能會有點不切實際。所以藉由執行積分，將這些項相加，而導出頻域函數。

使用所謂的**拉普拉斯變換** (Laplace Transform) 將此種方法形式化，一般函數 $f(t)$ 的拉普拉斯變換定義為

$$\mathbf{F(s)} = \int_{-\infty}^{\infty} e^{-\mathbf{s}t} f(t)\, dt \qquad [12]$$

此一積分運算的數學的推導需要了解傅立葉級數以及傅立葉變換，將於第十八章探討之。然而，基於複數頻率的探討與先前的相量經驗，以及在時域和頻域之間的轉換，便能夠了解在拉普拉斯變換背後的基本觀念。事實上，此正是拉普拉斯變換所要進行的工作：將一般的時域函數 $f(t)$ 轉換成為相應的頻域表示式 $\mathbf{F(s)}$。

雙邊拉普拉斯逆變換

方程式 [12] 定義 $f(t)$ 的雙邊 (Two-sider 或 Bilateral) 拉普拉斯變換。術語雙邊用來強調在積分範圍內包含了時間 t 正負兩數值之事實。逆運算通常也稱為**拉普拉斯逆變換** (Inverse Laplace Transform)，也是以積分表示式來定義之[1]

$$f(t) = \frac{1}{2\pi j} \int_{\sigma_0 - j\infty}^{\sigma_0 + j\infty} e^{\mathbf{s}t} \mathbf{F(s)}\, d\mathbf{s} \qquad [13]$$

其中的實數常數 σ_0 包含於積分上下限中，藉以確保此一瑕積分之收斂；兩方程式 [12] 與 [13] 建構了雙邊拉普拉斯變換對。在電路分析中並不會使用到方程式 [13]：可使用一種快速且簡易的方式來替代之。

單邊拉普拉斯變換

在許多電路分析的問題中，強制與響應函數並非一直存在

1 若忽略因數 $1/2\pi j$，並且將積分視為所有頻率之加總，使得 $f(t) \propto \Sigma[\mathbf{F(s)}\, d\mathbf{s}]e^{\mathbf{s}t}$，如此強化了 $f(t)$ 的概念，確實是具有正比於 $\mathbf{F(s)}$ 振幅的複數頻率項之總和。

的，而是在某一特定的時間瞬間初始化，通常選擇 $t=0$。因此，對不存在於 $t<0$ 之函數而言，或者對 $t<0$ 的行為不具意義的時間函數而言，可將其時域的描述式視為 $v(t)u(t)$。取拉普拉斯變換所定義的積分下限為 $t=0^-$，藉以包含 $t=0$ 之任何不連續效應，例如脈衝或者較高次的奇異點。相應的拉普拉斯變換則為

$$\mathbf{F(s)} = \int_{-\infty}^{\infty} e^{-\mathbf{s}t} f(t)u(t)\, dt = \int_{0^-}^{\infty} e^{-\mathbf{s}t} f(t)\, dt$$

此定義為 $f(t)$ 的**單邊**拉普拉斯變換，或者若已了解其為單邊，則簡稱 $f(t)$ 的**拉普拉斯變換**。逆變換的表示式保持不變，但求解時，仍應了解到僅對 $t>0$ 有效。此後將使用在此所定義的拉普拉斯變換對：

$$\mathbf{F(s)} = \int_{0^-}^{\infty} e^{-\mathbf{s}t} f(t)\, dt \qquad [14]$$

$$f(t) = \frac{1}{2\pi j}\int_{\sigma_0 - j\infty}^{\sigma_0 + j\infty} e^{\mathbf{s}t}\mathbf{F(s)}\, d\mathbf{s} \qquad [15]$$

$$f(t) \Leftrightarrow \mathbf{F(s)}$$

書寫體 $\mathscr{L}$ 也可用來表示普拉斯變換或逆變換之運算：

$$\mathbf{F(s)} = \mathscr{L}\{f(t)\} \quad 及 \quad f(t) = \mathscr{L}^{-1}\{\mathbf{F(s)}\}$$

範例 14.2

試計算函數 $f(t)=2u(t-3)$ 之普拉斯變換。

為了求得 $f(t)=2u(t-3)$ 之單邊拉普拉斯變換，必須先求解積分式

$$\begin{aligned}\mathbf{F(s)} &= \int_{0^-}^{\infty} e^{-\mathbf{s}t} f(t)\, dt \\ &= \int_{0^-}^{\infty} e^{-\mathbf{s}t} 2u(t-3)\, dt \\ &= 2\int_{3}^{\infty} e^{-\mathbf{s}t}\, dt\end{aligned}$$

化簡得到

$$\mathbf{F(s)} = \frac{-2}{\mathbf{s}} e^{-\mathbf{s}t}\Big|_3^{\infty} = \frac{-2}{\mathbf{s}}(0 - e^{-3\mathbf{s}}) = \frac{2}{\mathbf{s}} e^{-3\mathbf{s}}$$

練習題

14.4 令 $f(t) = -6e^{-2t}[u(t+3) - u(t-2)]$。試求 (a) 單邊的 $\mathbf{F}(\mathbf{s})$；(b) 雙邊的 $\mathbf{F}(\mathbf{s})$。

解答：$\frac{6}{2+s}[e^{-4-2s} - e^{6+3s}]$；$\frac{6}{2+s}[e^{-4-2s} - 1]$。

14.4 簡單時間函數之拉普拉斯變換

本節將建立電路分析中最常使用的時間函數之拉普拉斯變換表；在此將任意假設該時間函數為電壓。產生所需的變換表之前，先利用其定義，

$$\mathbf{V}(\mathbf{s}) = \int_{0^-}^{\infty} e^{-\mathbf{s}t} v(t)\, dt = \mathscr{L}\{v(t)\}$$

以及逆變換之表示式，

$$v(t) = \frac{1}{2\pi j} \int_{\sigma_0 - j\infty}^{\sigma_0 + j\infty} e^{\mathbf{s}t} \mathbf{V}(\mathbf{s})\, d\mathbf{s} = \mathscr{L}^{-1}\{\mathbf{V}(\mathbf{s})\}$$

藉以建立 $v(t)$ 與 $\mathbf{V}(\mathbf{s})$ 之間一對一的相應。亦即對每個 $\mathbf{V}(\mathbf{s})$ 所存在之 $v(t)$ 而言，具有唯一的 $\mathbf{V}(\mathbf{s})$。在此一觀點上，可能會對求得艱難的逆變換而有所不安。然而不需擔心！之後便會得知介紹拉普拉斯變換的理論並不需要實際求解此一積分。從時域變換至頻域便能夠產生變換對所相應的時間函數以及所需的逆變換表。

說明各種簡單時間函數之拉普拉斯變換之前，應先考慮一組確保拉普拉斯積分絕對收斂之充分條件，若 $\text{Re}\{\mathbf{s}\} > \sigma_0$，

1. 在每個有限區間 $t_1 < t < t_2$ 內，$v(t)$ 為可積分函數，其中 $0 \le t_1 < t_2 < \infty$。
2. 對某一數值之 σ_0，$\lim_{t\to\infty} e^{-\sigma_0 t}|v(t)|$ 存在。

電路分析師鮮少遇到不能滿足上述條件之時間函數。[2]

單位步階函數 $u(t)$

首先審視單位步階函數 $u(t)$ 之拉普拉斯變換。經由定義的方程式，可寫出

2 如此函數的範例為 e^{t^2} 與 e^{e^t}，而非 t^n 或 n^t。拉普拉斯變換及其應用某些更詳細的探討可參考 Clare D. McGillem 與 George R. Cooper 所著 *Continuous and Discrete Signal and System Analysis* 之第五章；第三版，牛津大學出版社 1991 年於北卡羅萊納州發行。

$$\mathcal{L}\{u(t)\} = \int_{0^-}^{\infty} e^{-\mathbf{s}t} u(t)\, dt = \int_{0}^{\infty} e^{-\mathbf{s}t}\, dt$$
$$= -\frac{1}{\mathbf{s}} e^{-\mathbf{s}t}\Big|_0^{\infty} = \frac{1}{\mathbf{s}}$$

對 $\text{Re}\{\mathbf{s}\} > 0$ 而言，滿足條件 2，因此

$$u(t) \Leftrightarrow \frac{1}{\mathbf{s}} \qquad [16]$$

雙箭號表示方式常用於指示拉普拉斯變換對。

相當容易地建立了第一個拉普拉斯變換對。

■ 單位脈衝函數 $\delta(t - t_0)$

奇異點函數之變換可視為單位脈衝函數 $\delta(t-t_0)$ 之變換。此一函數繪製於圖 14.2，此函數似乎甚為奇特，但實務上卻極為有用。定義單位脈衝函數具有單位面積，所以

$$\delta(t - t_0) = 0 \qquad t \neq t_0$$
$$\int_{t_0-\varepsilon}^{t_0+\varepsilon} \delta(t - t_0)\, dt = 1$$

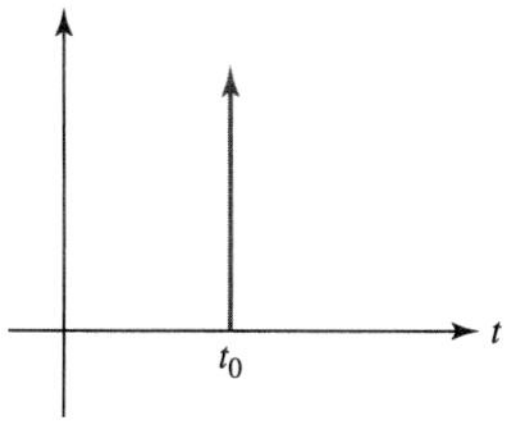

◆ **圖 14.2** 單位脈衝函數 $\delta(t-t_0)$。此一函數通常用來趨近訊號脈波，相較於電路的時間常數，其時間區間極短。

其中的 ε 為極小的常數。因此，此一“函數”(其命名使許多純數學家有所疑慮) 僅在時間點 t_0 時具有非零的數值。因此就 $t_0 > 0^-$ 而言，得到拉普拉斯變換為

$$\mathcal{L}\{\delta(t - t_0)\} = \int_{0^-}^{\infty} e^{-\mathbf{s}t} \delta(t - t_0)\, dt = e^{-\mathbf{s}t_0}$$
$$\delta(t - t_0) \Leftrightarrow e^{-\mathbf{s}t_0} \qquad [17]$$

特別的是，若 $t_0 = 0$，則得到

$$\delta(t) \Leftrightarrow 1 \qquad [18]$$

單位脈衝函數其中一個重要的特徵為**篩選特性** (Sifting Property)。考慮脈衝函數乘以任意函數 $f(t)$ 之積分：

$$\int_{-\infty}^{\infty} f(t)\delta(t - t_0)\, dt$$

由於除了 $t = t_0$ 之外，函數 $\delta(t-t_0)$ 為零，因此該積分的數值可簡化為 $f(t_0)$。此一特性的結果對化簡包含單位脈衝函數之積分表示式極為有用。

■ 指數函數 $e^{-\alpha t}$

回顧指數函數，檢視其變換，

$$\mathscr{L}\{e^{-\alpha t}u(t)\} = \int_{0^-}^{\infty} e^{-\alpha t}e^{-\mathbf{s}t}\,dt$$
$$= -\frac{1}{\mathbf{s}+\alpha}e^{-(\mathbf{s}+\alpha)t}\Big|_0^{\infty} = \frac{1}{\mathbf{s}+\alpha}$$

因此，

$$e^{-\alpha t}u(t) \Longleftrightarrow \frac{1}{\mathbf{s}+\alpha} \qquad [19]$$

應了解 $\text{Re}\{\mathbf{s}\} > -\alpha$。

■斜坡函數 *tu(t)*

最後一個範例為斜坡函數 $tu(t)$。可得到

$$\mathscr{L}\{tu(t)\} = \int_{0^-}^{\infty} te^{-\mathbf{s}t}\,dt = \frac{1}{\mathbf{s}^2}$$
$$tu(t) \Leftrightarrow \frac{1}{\mathbf{s}^2} \qquad [20]$$

此可藉由分部積分直接求得，或者藉由積分表得知。

同理可得知函數之拉普拉斯變換，

$$te^{-\alpha t}u(t) \Leftrightarrow \frac{1}{(\mathbf{s}+\alpha)^2} \qquad [21]$$

當然尚有某些時間函數值得考量，但在此先考慮拉普拉斯逆變換。

練習題

14.5 若 $v(t)$ 等於 (a) $4\delta(t)-3u(t)$；(b) $4\delta(t-2)\ -3tu(t)$；(c) $[u(t)][u(t-2)]$，試求 $\mathbf{V}(\mathbf{s})$。

14.6 若 $\mathbf{V}(\mathbf{s})$ 等於 (a) 10；(b) $10/\mathbf{s}$；(c) $10/\mathbf{s}^2$；(d) $10/[\mathbf{s}(\mathbf{s}+10)]$；(e) $10\,\mathbf{s}/(\mathbf{s}+10)$，試求 $v(t)$。

解答：14.5：$(4\mathbf{s}-3)/\mathbf{s}$；$4e^{-2\mathbf{s}}-(3/\mathbf{s}^2)$；$e^{-2\mathbf{s}}/\mathbf{s}$。
14.6：$10\delta(t)$；$10u(t)$；$10tu(t)$；$u(t)-e^{-10t}u(t)$；$10\delta(t)-100e^{-10t}u(t)$。

14.5 逆變換技巧

■線性定理

雖然已提及可應用方程式 [13] 將 **s** 域函數轉換成為時域表示式，但也間接提到必要的事實為——利用任何拉普拉斯變換對的唯一性。為了充分利用此一事實，必先介紹其中一個相當實用且大家熟知的拉普拉斯變換定理——**線性定理** (Linearity

Theorem)。此一定理描述兩個或者多個間函數相加之拉普拉斯變換等於個別時間函數的拉普拉斯變換之加總。以兩個已知的時間函數而言，

$$\begin{aligned}\mathcal{L}\{f_1(t)+f_2(t)\} &= \int_{0^-}^{\infty} e^{-\mathbf{s}t}[f_1(t)+f_2(t)]\,dt \\ &= \int_{0^-}^{\infty} e^{-\mathbf{s}t} f_1(t)\,dt + \int_{0^-}^{\infty} e^{-\mathbf{s}t} f_2(t)\,dt \\ &= \mathbf{F}_1(\mathbf{s}) + \mathbf{F}_2(\mathbf{s})\end{aligned}$$

此稱為拉普拉斯變換之“可加性”(Additive Property)。

試舉使用此一定理之範例，假設已知拉普拉斯變換 $\mathbf{V(s)}$，而所相應的時間函數 $v(t)$ 為所求。通常可將 $\mathbf{V(s)}$ 分解成為兩個或者多個函數之加總，例如 $\mathbf{V}_1\mathbf{(s)}$ 與 $\mathbf{V}_2\mathbf{(s)}$，且已知其逆變換為 $v_1(t)$ 及 $v_2(t)$；則可簡單應用線性定理並且描述如下，

$$\begin{aligned}v(t) &= \mathcal{L}^{-1}\{\mathbf{V(s)}\} = \mathcal{L}^{-1}\{\mathbf{V}_1(\mathbf{s})+\mathbf{V}_2(\mathbf{s})\} \\ &= \mathcal{L}^{-1}\{\mathbf{V}_1(\mathbf{s})\} + \mathcal{L}^{-1}\{\mathbf{V}_2(\mathbf{s})\} = v_1(t)+v_2(t)\end{aligned}$$

藉由拉普拉斯變換之定義，可明顯得知線性定理另一個重要的意義。由於積分運算之特性，**某一常數乘以函數之拉普拉斯變換等於該常數乘以該函數之拉普拉斯變換**。亦即，

$$\mathcal{L}\{kv(t)\} = k\mathcal{L}\{v(t)\}$$

或者

$$kv(t) \Leftrightarrow k\mathbf{V(s)} \qquad [22]$$

此為拉普拉斯變換之“齊次性”(Homogeneity Property)。

其中 k 為比例常數。此一結果對於許多電路分析的狀況極為方便。

範例 14.3

給定函數 G(s) = (7/s) − 31/(s + 17)，試求 $g(t)$。

此 $\mathbf{s}$ 域函數由兩項 $7/\mathbf{s}$ 與 $-31/(\mathbf{s}+17)$ 相加所構成。透過線性定理，得知 $g(t)$ 亦為兩項所構成，該兩項分別為 $\mathbf{s}$ 域其中一項之拉普拉斯逆變換：

$$g(t) = \mathcal{L}^{-1}\left\{\frac{7}{\mathbf{s}}\right\} - \mathcal{L}^{-1}\left\{\frac{31}{\mathbf{s}+17}\right\}$$

由第一項開始求解。藉由拉普拉斯變換之齊次性，可得

$$\mathcal{L}^{-1}\left\{\frac{7}{\mathbf{s}}\right\} = 7\mathcal{L}^{-1}\left\{\frac{1}{\mathbf{s}}\right\} = 7u(t)$$

因此，以上使用已知的變換對 $u(t) \Leftrightarrow 1/\mathbf{s}$ 以及齊次性，藉以得到

$g(t)$ 的第一項。同理，可得到 $\mathscr{L}^{-1}\left\{\frac{31}{\mathbf{s}+17}\right\} = 31e^{-17t}u(t)$。將兩項相加，

$$g(t) = [7 - 31e^{-17t}]u(t)$$

練習題

14.7 給定 $\mathbf{H}(\mathbf{s}) = \frac{2}{\mathbf{s}} - \frac{4}{\mathbf{s}^2} + \frac{3.5}{(\mathbf{s}+10)(\mathbf{s}+10)}$，試求 $h(t)$。

解答：$h(t) = [2 - 4t + 3.5te^{-10t}]u(t)$。

有理函數之逆變換技巧

在分析具有多個能量儲存元件的電路時，通常會遭遇到使用多項式比值之 **s** 域表示式。因此所期望遇到的表示式之型式為

$$\mathbf{V}(\mathbf{s}) = \frac{\mathbf{N}(\mathbf{s})}{\mathbf{D}(\mathbf{s})}$$

其中的 **N(s)** 與 **D(s)** 為 **s** 之多項式。會導致 **N(s)** = 0 的 **s** 數值稱為 **V(s)** 之**零點** (Zero)，而導致 **D(s)** = 0 的 **s** 數值則稱為 **V(s)** 之**極點** (Pole)。

實務上，在電路分析所遭遇到的函數上，鮮少需要使用方程式 [13]，但前提是要靈巧使用本章所呈現的各種技巧。

每次要得到逆變換並不需要努力求解方程式 [13]，通常可使用殘餘數方法將所要計算的表示式分解成為已知逆變換的較簡單方程式項；條件是必須是**有理函數** (Rational Function)，其分子 **N(s)** 的階數必須小於分母 **D(s)** 的階數。否則，便必須先執行簡單除法步驟，例如以下的範例所顯示的。其結果將包含一個脈衝函數 (假設分子的階數與分母相同) 以及一個有理函數。第一項的逆變換相當簡單；若該有理函數的逆變換仍未知，則可應用殘餘數的直觀方法。

範例 14.4

試計算 $\mathbf{F}(\mathbf{s}) = 2\frac{\mathbf{s}+2}{\mathbf{s}}$ 之逆變換。

由於分子的階數等於分母的階數，因此 **F(s)** 並非有理函數。所以，先執行長除法：

$$\mathbf{F}(\mathbf{s}) = \mathbf{s}\overline{\smash{)}2\mathbf{s}+4}^{\;2}$$
$$\begin{array}{r} \underline{2\mathbf{s}} \\ 4 \end{array}$$

得到 $\mathbf{F(s)} = 2 + (4/\mathbf{s})$。藉由線性定理，

$$\mathcal{L}^{-1}\{\mathbf{F(s)}\} = \mathcal{L}^{-1}\{2\} + \mathcal{L}^{-1}\left\{\frac{4}{\mathbf{s}}\right\} = 2\delta(t) + 4u(t)$$

(應注意的是，不需長除法之處理，便能夠簡化此一特別的函數；在此選擇如此方式乃是為了提供基本處理過程之範例。)

練習題

14.8 給定函數 $\mathbf{Q(s)} = \dfrac{3\mathbf{s}^2 - 4}{\mathbf{s}^2}$，試求 $q(t)$。

解答：$q(t) = 3\delta(t) - 4t\,u(t)$。

在利用殘餘數方法上，必須執行 $\mathbf{V(s)}$ 的部分分式展開，將聚焦於分母的根。因此，需要先將構成 $\mathbf{D(s)}$ 的 $\mathbf{s}$ 多項式因式分解成為二項式。$\mathbf{D(s)}$ 的根可為不等根或重根之任意組合，且可以是實數或者複數。而值得注意的是，在 $\mathbf{D(s)}$ 的係數為實數之前提下，複數根必以共軛複數對出現。

■相異極點與殘餘數方法

舉一特定的範例，

$$\mathbf{V(s)} = \frac{1}{(\mathbf{s}+\alpha)(\mathbf{s}+\beta)}$$

試求其拉普拉斯逆變換。此函數之分母已經分解為兩個相異根，$-\alpha$ 與 $-\beta$。雖然可將此一表示式代入逆變換的定義方程式中，但利用線性定理則簡單許多。使用部分分式展開，便能夠將所給定的變換式分離成為兩個較簡單的變換式，

$$\mathbf{V(s)} = \frac{A}{\mathbf{s}+\alpha} + \frac{B}{\mathbf{s}+\beta}$$

其中的 A 與 B 可藉由任何一種方式求得。也許最快速的解法為

$$A = \lim_{\mathbf{s}\to-\alpha}\left[(\mathbf{s}+\alpha)\mathbf{V(s)} - \frac{(\mathbf{s}+\alpha)}{(\mathbf{s}+\beta)}B\right]$$
$$= \lim_{\mathbf{s}\to-\alpha}\left[\frac{1}{\mathbf{s}+\beta} - 0\right] = \frac{1}{\beta-\alpha}$$

在此一方程式中，使用 $\mathbf{V(s)}$ 的簡分式 (亦即非展開的分式)。

其中的第二項必為零，實際可簡寫為

$$A = (\mathbf{s}+\alpha)\mathbf{V(s)}|_{\mathbf{s}=-\alpha}$$

同理，

$$B = (\mathbf{s}+\beta)\mathbf{V}(\mathbf{s})|_{\mathbf{s}=-\beta} = \frac{1}{\alpha-\beta}$$

因此，

$$\mathbf{V}(\mathbf{s}) = \frac{1/(\beta-\alpha)}{\mathbf{s}+\alpha} + \frac{1/(\alpha-\beta)}{\mathbf{s}+\beta}$$

先前已求解過此種型式的逆變換，所以

$$v(t) = \frac{1}{\beta-\alpha}e^{-\alpha t}u(t) + \frac{1}{\alpha-\beta}e^{-\beta t}u(t)$$
$$= \frac{1}{\beta-\alpha}(e^{-\alpha t} - e^{-\beta t})u(t)$$

此時可將此一拉普拉斯變換對加入列表中，

$$\frac{1}{\beta-\alpha}(e^{-\alpha t} - e^{-\beta t})u(t) \Leftrightarrow \frac{1}{(\mathbf{s}+\alpha)(\mathbf{s}+\beta)}$$

雖然有時運算相當冗長，但此一方式可簡易地延伸至分母具有較高階的 **s** 多項式之函數。應注意到在此並沒有指定常數 A 與 B 必為實數。然而。在 α 與 β 為複數之狀況下，將會發現 α 與 β 亦為共軛複數 (此在數學並非必要的，但在實際電路中為必要)。在此狀況下，也會發現 $A=B^*$，亦即係數也會是共軛複數。

範例 14.5

試求以下函數之逆變換，

$$\mathbf{P}(\mathbf{s}) = \frac{7\mathbf{s}+5}{\mathbf{s}^2+\mathbf{s}}$$

已知 **P(s)** 為有理函數 (分子的次數為 1，而分母的次數為 2)，所以先將分母因式分解，得到：

$$\mathbf{P}(\mathbf{s}) = \frac{7\mathbf{s}+5}{\mathbf{s}(\mathbf{s}+1)} = \frac{a}{\mathbf{s}} + \frac{b}{\mathbf{s}+1}$$

下一個步驟為計算 a 與 b 之數值。應用殘餘數之方法，

$$a = \left.\frac{7\mathbf{s}+5}{\mathbf{s}+1}\right|_{\mathbf{s}=0} = 5 \quad 且 \quad b = \left.\frac{7\mathbf{s}+5}{\mathbf{s}}\right|_{\mathbf{s}=-1} = 2$$

此時可將 **P(s)** 表示為

$$\mathbf{P}(\mathbf{s}) = \frac{5}{\mathbf{s}} + \frac{2}{\mathbf{s}+1}$$

其逆變換簡化為 $p(t) = [5+2e^{-t}]u(t)$。

練習題

14.9 給定函數 $\mathbf{Q(s)} = \dfrac{11\mathbf{s}+30}{\mathbf{s}^2+3\mathbf{s}}$，試求 $q(t)$。

解答：$q(t) = [10 + e^{-3t}]u(t)$。

■ 重複極點

另一種狀況為重複的極點，考慮函數為

$$\mathbf{V(s)} = \frac{\mathbf{N(s)}}{(\mathbf{s}-p)^n}$$

若將之展開成為

$$\mathbf{V(s)} = \frac{a_n}{(\mathbf{s}-p)^n} + \frac{a_{n-1}}{(\mathbf{s}-p)^{n-1}} + \cdots + \frac{a_1}{(\mathbf{s}-p)}$$

則為了決定每個常數，先將未展開的 $\mathbf{V(s)}$ 表示式乘以 $(\mathbf{s}-p)^n$。再令 $\mathbf{s}=p$，求解相乘之後所產生的表示式，便可得到常數 a_n。在計算 $\mathbf{s}=p$ 的數值之前，將表示式 $(\mathbf{s}-p)^n\mathbf{V(s)}$ 微分適當的次數，再除以階乘項，藉以得到剩餘的其他常數。微分的過程會移除先前已得到的常數，而計算條件下的函數值則會移除剩餘的常數。

例如，a_{n-2} 的計算方式為

$$\frac{1}{2!}\frac{d^2}{d\mathbf{s}^2}[(\mathbf{s}-p)^n\mathbf{V(s)}]_{\mathbf{s}=p}$$

而 a_{n-k} 的計算方式則為

$$\frac{1}{k!}\frac{d^k}{d\mathbf{s}^k}[(\mathbf{s}-p)^n\mathbf{V(s)}]_{\mathbf{s}=p}$$

為了闡述基本的處理程序，先試求具有兩種狀況組合的函數之逆變換：其中一個極點為 $\mathbf{s}=0$，而另兩個極點為 $\mathbf{s}=-6$。

範例 14.6

試計算以下函數之逆變換

$$\mathbf{V(s)} = \frac{2}{\mathbf{s}^3+12\mathbf{s}^2+36\mathbf{s}}$$

已知分母能夠簡易地因式分解，得到

$$\mathbf{V(s)} = \frac{2}{\mathbf{s}(\mathbf{s}+6)(\mathbf{s}+6)} = \frac{2}{\mathbf{s}(\mathbf{s}+6)^2}$$

得知確實具有三個極點，其中一個為 $\mathbf{s}=0$，而另兩個則為 $\mathbf{s}=-6$。接著，將函數展開

$$\mathbf{V(s)}=\frac{a_1}{(\mathbf{s}+6)^2}+\frac{a_2}{(\mathbf{s}+6)}+\frac{a_3}{\mathbf{s}}$$

並且應用新的處理程序以得到未知常數 a_1 與 a_2；而使用先前的處理程序便可得到 a_3。因此，

$$a_1=\left[(\mathbf{s}+6)^2\frac{2}{\mathbf{s}(\mathbf{s}+6)^2}\right]_{\mathbf{s}=-6}=\left.\frac{2}{\mathbf{s}}\right|_{\mathbf{s}=-6}=-\frac{1}{3}$$

且

$$a_2=\frac{d}{d\mathbf{s}}\left[(\mathbf{s}+6)^2\frac{2}{\mathbf{s}(\mathbf{s}+6)^2}\right]_{\mathbf{s}=-6}=\left.\frac{d}{d\mathbf{s}}\left(\frac{2}{\mathbf{s}}\right)\right|_{\mathbf{s}=-6}=-\left.\frac{2}{\mathbf{s}^2}\right|_{\mathbf{s}=-6}=-\frac{1}{18}$$

使用相異極點的處理方式，得到剩下的常數 a_3

$$a_3=\left.\mathbf{s}\frac{2}{\mathbf{s}(\mathbf{s}+6)^2}\right|_{\mathbf{s}=0}=\frac{2}{6^2}=\frac{1}{18}$$

因此，可將 **V(s)** 表示為

$$\mathbf{V(s)}=\frac{-\frac{1}{3}}{(\mathbf{s}+6)^2}+\frac{-\frac{1}{18}}{(\mathbf{s}+6)}+\frac{\frac{1}{18}}{\mathbf{s}}$$

此時使用線性定理，簡單藉由求解每一項的逆變換，便能夠得到 **V(s)** 之逆變換。可知右手邊的第一項型式為

$$\frac{K}{(\mathbf{s}+\alpha)^2}$$

並且使用方程式 [21]，得到其逆變換為 $-\frac{1}{3}te^{-6t}u(t)$。同理，得到第二項之逆變換為 $-\frac{1}{18}e^{-6t}u(t)$，且第三項之逆變換為 $\frac{1}{18}u(t)$。因此，

$$v(t)=-\tfrac{1}{3}te^{-6t}u(t)-\tfrac{1}{18}e^{-6t}u(t)+\tfrac{1}{18}u(t)$$

或者更簡潔地寫為

$$v(t)=\tfrac{1}{18}[1-(1+6t)e^{-6t}]u(t)$$

練習題

14.10 若 $\mathbf{G(s)}=\dfrac{3}{\mathbf{s}^3+5\mathbf{s}^2+8\mathbf{s}+4}$，試求 $g(t)$。

解答：$g(t)=3[e^{-t}-te^{-2t}-e^{-2t}]u(t)$。

14.6 拉普拉斯變換之基本定理

本節將介紹兩個定理，可應用於電路分析之拉普拉斯變換——時間的微分與積分定理；該兩定理可變換時域電路方程式中所出現的導數與積分。

■ 時間微分定理

先說明時間之微分；考慮時間函數 $v(t)$，已知其拉普拉斯變換 $\mathbf{V(s)}$ 存在。若要變換 $v(t)$ 的一階導數，則

$$\mathscr{L}\left\{\frac{dv}{dt}\right\} = \int_{0^-}^{\infty} e^{-\mathbf{s}t}\frac{dv}{dt}\,dt$$

由分部積分：

$$U = e^{-\mathbf{s}t} \qquad dV = \frac{dv}{dt}\,dt$$

得到

$$\mathscr{L}\left\{\frac{dv}{dt}\right\} = v(t)e^{-\mathbf{s}t}\Big|_{0^-}^{\infty} + \mathbf{s}\int_{0^-}^{\infty} e^{-\mathbf{s}t}v(t)\,dt$$

右邊第一項隨著時間無限制增加而終必為零，否則 $\mathbf{V(s)}$ 不存在。所以

$$\mathscr{L}\left\{\frac{dv}{dt}\right\} = 0 - v(0^-) + \mathbf{sV(s)}$$

且

$$\frac{dv}{dt} \Leftrightarrow \mathbf{sV(s)} - v(0^-) \qquad [23]$$

對較高階的導數而言，可發展出相似的關係：

$$\frac{d^2v}{dt^2} \Leftrightarrow \mathbf{s}^2\mathbf{V(s)} - \mathbf{s}v(0^-) - v'(0^-) \qquad [24]$$

$$\frac{d^3v}{dt^3} \Leftrightarrow \mathbf{s}^3\mathbf{V(s)} - \mathbf{s}^2v(0^-) - \mathbf{s}v'(0^-) - v''(0^-) \qquad [25]$$

其中的 $v'(0^-)$為 $v(t)$ 的一階導數在 $t=0^-$ 之數值，$v''(0^-)$ 為 $v(t)$ 的二階導數之初始值，以此類推。當所有的初始條件皆為零，得知在時域中對時間 t 微分一次相應於在頻域中乘以 $\mathbf{s}$；在時域中微分兩次相應於在頻域中乘以 $\mathbf{s}^2$；以此類推。因此，**時域中的微分等效於頻域中相乘**。此大幅簡化變換的過程！但也應注意當初始條件非零時，仍必須考慮初始條件。

範例 14.7

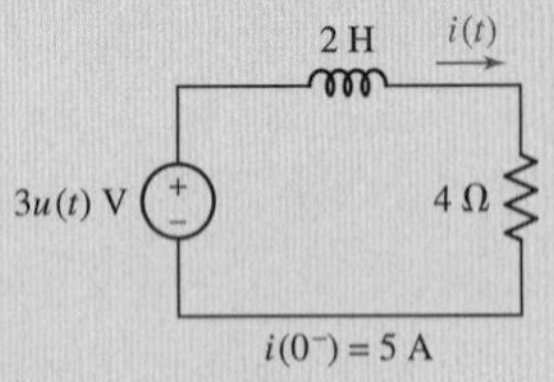

◆ **圖 14.3** 需要將微分方程式 $2\,di/dt+4i=3u(t)$ 變換為 $2[\mathbf{sI(s)}-i(0^-)]+4\mathbf{I(s)}=3/\mathbf{s}$ 之電路。

給定圖 14.3 所示的串聯 *RL* 電路，試計算流經 4 Ω 電阻器之電流。

▶**確定問題的目標**

需得到標示為 $i(t)$ 的電流表示式。

▶**蒐集已知的資訊**

藉由步階電壓驅動該網路，並且給定電流的初始值 (在 $t=0^-$) 為 5 A。

▶**擬訂求解計畫**

將 KVL 應用至該電路，得到未知電流 $i(t)$ 之微分方程式。在此一方程式的兩邊取拉普拉斯變換，而將之轉換至 **s** 域。求解所產生的 **I(s)** 代數方程式，取逆變換後得到 $i(t)$。

▶**建立一組適當的方程式**

使用 KVL 寫出時域的單迴路方程式，

$$2\frac{di}{dt}+4i=3u(t)$$

此時，對每一項取拉普拉斯變換，得到

$$2[\mathbf{sI(s)}-i(0^-)]+4\mathbf{I(s)}=\frac{3}{\mathbf{s}}$$

▶**判斷是否需要額外的資訊**

已得到可以求解本題目標 $i(t)$ 的頻域表示式 **I(s)** 之方程式。

▶**嘗試解決方案**

接著求解 **I(s)**，並將 $i(0^-)=5$ 代入：

$$(2\mathbf{s}+4)\mathbf{I(s)}=\frac{3}{\mathbf{s}}+10$$

且

$$\mathbf{I(s)}=\frac{1.5}{\mathbf{s(s}+2)}+\frac{5}{\mathbf{s}+2}$$

對第一項應用殘餘數方法，

$$\left.\frac{1.5}{\mathbf{s}+2}\right|_{\mathbf{s}=0}=0.75 \quad 且 \quad \left.\frac{1.5}{\mathbf{s}}\right|_{\mathbf{s}=-2}=-0.75$$

得到

$$\mathbf{I(s)}=\frac{0.75}{\mathbf{s}}+\frac{4.25}{\mathbf{s}+2}$$

再使用已知的變換對進行轉換：

$$i(t) = 0.75u(t) + 4.25e^{-2t}u(t)$$
$$= (0.75 + 4.25e^{-2t})u(t)\ \text{A}$$

▶驗證解答是否合理或符合所預期的結果

基於先前對此種電路型式之經驗，期望得到一個 dc 強制響應加上一個以指數遞減之自然響應。在 $t=0$，得到 $i(0)=5$ A，如電路已給定之初始條件，而且隨著 $t\to\infty$，$i(t)\to\frac{3}{4}$ A，亦如所預期的結果。

因此所得到 $i(t)$ 的解答完整。強制響應 $0.75u(t)$ 以及自然響應 $4.25e^{-2t}u(t)$ 兩者皆存在，而且初始條件也自動合併於解答之中。此範例闡述得到許多微分方程式全解之簡易方式。

練習題

14.11 試使用拉普拉斯變換方法，求得圖 14.4 電路中之 $i(t)$。

解答：$(0.25 + 4.75e^{-20t})u(t)$ A

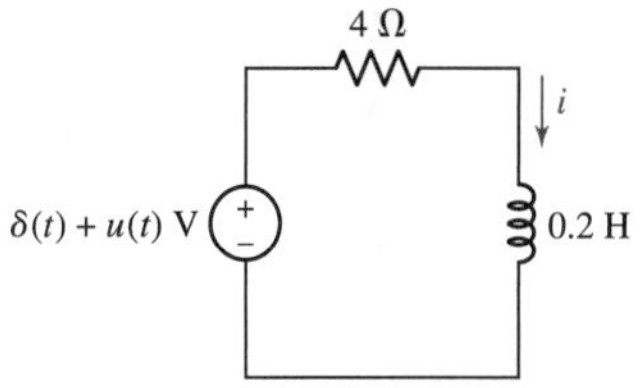

◆圖 14.4

■時間積分定理

當在電路方程式中遇到對時間的積分運算時，可實現相同類型的化簡。此時將說明如何進行 $\int_{0^-}^{t} v(x)\,dx$ 所描述的時間函數之拉普拉斯變換，

$$\mathcal{L}\left\{\int_{0^-}^{t} v(x)\,dx\right\} = \int_{0^-}^{\infty} e^{-\mathbf{s}t}\left[\int_{0^-}^{t} v(x)\,dx\right]dt$$

藉由分部積分，令

$$u = \int_{0^-}^{t} v(x)\,dx \qquad dv = e^{-\mathbf{s}t}\,dt$$
$$du = v(t)\,dt \qquad v = -\frac{1}{\mathbf{s}}e^{-\mathbf{s}t}$$

則

$$\mathcal{L}\left\{\int_{0^-}^{t} v(x)\,dx\right\} = \left\{\left[\int_{0^-}^{t} v(x)\,dx\right]\left[-\frac{1}{\mathbf{s}}e^{-\mathbf{s}t}\right]\right\}_{t=0^-}^{t=\infty} - \int_{0^-}^{\infty} -\frac{1}{\mathbf{s}}e^{-\mathbf{s}t}v(t)\,dt$$
$$= \left[-\frac{1}{\mathbf{s}}e^{-\mathbf{s}t}\int_{0^-}^{t} v(x)\,dx\right]_{0^-}^{\infty} + \frac{1}{\mathbf{s}}\mathbf{V}(\mathbf{s})$$

但由於隨著時間 $t\to\infty$，$e^{-st}\to 0$，因此右邊第一項會因積分上限而消失，且當 $t\to 0^-$，此項內的積分式同樣也會消失。僅剩下 $\mathbf{V}(\mathbf{s})/\mathbf{s}$ 項，所以

$$\int_{0^-}^{t} v(x)\,dx \Leftrightarrow \frac{\mathbf{V(s)}}{\mathbf{s}} \qquad [26]$$

因此，時域中的積分相應於頻域中除以 **s**。時域中相對較為複雜的運算再次簡化為頻域中的代數運算。

範例 14.8

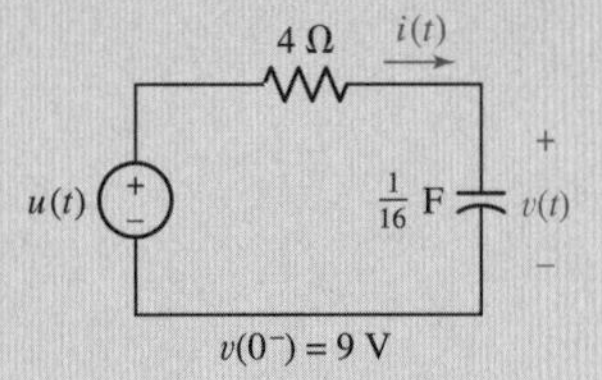

◆ **圖 14.5** 闡述使用拉普拉斯變換對 $\int_{0^-}^{t} i(t')dt' \Leftrightarrow \frac{1}{\mathbf{s}}\mathbf{I(s)}$ 之電路。

試求圖 14.5 所示的串聯 *RC* 電路在 $t > 0$ 之 $i(t)$。

先寫出單迴路方程式，

$$u(t) = 4i(t) + 16\int_{-\infty}^{t} i(t')\,dt'$$

為了應用時間積分定理，必須將積分下限整理成為 0^-。所以，整理過程為

$$16\int_{-\infty}^{t} i(t')\,dt' = 16\int_{-\infty}^{0^-} i(t')\,dt' + 16\int_{0^-}^{t} i(t')\,dt'$$

$$= v(0^-) + 16\int_{0^-}^{t} i(t')\,dt'$$

因此，

$$u(t) = 4i(t) + v(0^-) + 16\int_{0^-}^{t} i(t')\,dt'$$

接著取該方程式兩邊的拉普拉斯變換。由於利用單邊變換，因此 $\mathscr{L}\{v(0^-)\}$為 $\mathscr{L}\{v(0^-)u(t)\}$之簡單描述，因而

$$\frac{1}{\mathbf{s}} = 4\mathbf{I(s)} + \frac{9}{\mathbf{s}} + \frac{16}{\mathbf{s}}\mathbf{I(s)}$$

求解 **I(s)**，

$$\mathbf{I(s)} = -\frac{2}{\mathbf{s}+4}$$

即得到所求結果，

$$i(t) = -2e^{-4t}u(t)\ \text{A}$$

範例 14.9

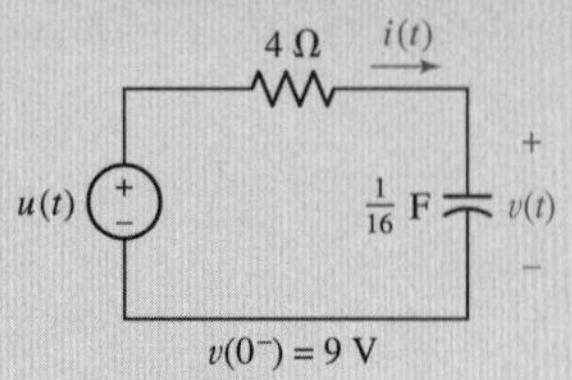

◆ **圖 14.6** 重複圖 14.5 電路，其中的電壓 $v(t)$ 為所求。

試求相同電路之 $v(t)$，為了方便分析，將電路重新繪製於圖 14.6。

此時描述單節點方程式，

$$\frac{v(t) - u(t)}{4} + \frac{1}{16}\frac{dv}{dt} = 0$$

取拉普拉斯變換，得到

$$\frac{\mathbf{V(s)}}{4} - \frac{1}{4\mathbf{s}} + \frac{1}{16}\mathbf{sV(s)} - \frac{v(0^-)}{16} = 0$$

或者

$$\mathbf{V(s)}\left(1 + \frac{\mathbf{s}}{4}\right) = \frac{1}{\mathbf{s}} + \frac{9}{4}$$

因此，

$$\begin{aligned}\mathbf{V(s)} &= \frac{4}{\mathbf{s(s}+4)} + \frac{9}{\mathbf{s}+4}\\ &= \frac{1}{\mathbf{s}} - \frac{1}{\mathbf{s}+4} + \frac{9}{\mathbf{s}+4}\\ &= \frac{1}{\mathbf{s}} + \frac{8}{\mathbf{s}+4}\end{aligned}$$

並且取逆變換，

$$v(t) = (1 + 8e^{-4t})u(t) \text{ V}$$

檢驗此一結果，應注意 $(\frac{1}{16})dv/dt$ 可導出先前的 $i(t)$ 表示式。就 $t > 0$ 而言，

$$\frac{1}{16}\frac{dv}{dt} = \frac{1}{16}(-32)e^{-4t} = -2e^{-4t}$$

此結果與範例 14.8 的結果一致。

練習題

14.12 試求圖 14.7 電路在 $t = 800$ ms 之 $v(t)$。

解答：802 mV。

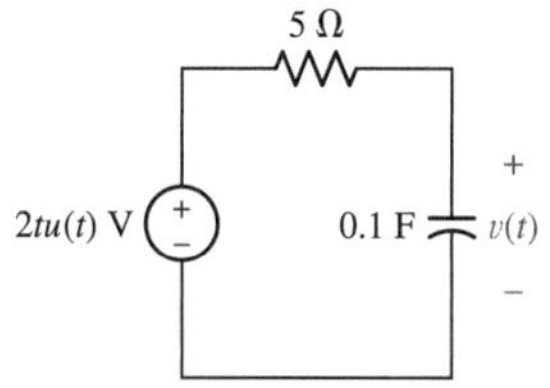

◆ 圖 14.7

■ 弦波之拉普拉斯變換

為了闡述線性定理與時間微分定理之使用，此時將建立 $\sin \omega t\ u(t)$ 之拉普拉斯變換。在此可使用所定義的積分表示式，並利用分部積分得到弦波之變換；但不需以如此困難的方式得到，而是使用關係式

$$\sin \omega t = \frac{1}{2j}(e^{j\omega t} - e^{-j\omega t})$$

該兩項加總後的變換恰為變換式之總和，且其中的每一項皆為已知變換式的指數函數。即可寫出

$$\mathcal{L}\{\sin\omega t\, u(t)\} = \frac{1}{2j}\left(\frac{1}{\mathbf{s}-j\omega} - \frac{1}{\mathbf{s}+j\omega}\right) = \frac{\omega}{\mathbf{s}^2+\omega^2}$$

$$\sin\omega t\, u(t) \Leftrightarrow \frac{\omega}{\mathbf{s}^2+\omega^2} \qquad [27]$$

接著使用時間微分定理，得到 cos ωt $u(t)$ 之變換，正比於 sin ωt 之導數。亦即，

應注意已使用了 $\sin\omega t|_{t=0} = 0$ 之事實。

$$\mathcal{L}\{\cos\omega t\, u(t)\} = \mathcal{L}\left\{\frac{1}{\omega}\frac{d}{dt}[\sin\omega t\, u(t)]\right\} = \frac{1}{\omega}\mathbf{s}\frac{\omega}{\mathbf{s}^2+\omega^2}$$

$$\cos\omega t\, u(t) \Leftrightarrow \frac{\mathbf{s}}{\mathbf{s}^2+\omega^2} \qquad [28]$$

■時間平移定理

如同在先前的暫態問題中所得知的，並非所有的強制函數皆於 $t=0$ 開始。因此，接著將說明若該函數在時間上簡單平移某一已知量後之拉普拉斯變換。特別是將說明假設已知 $f(t)u(t)$ 之變換為 $\mathbf{F}(\mathbf{s})$，則原時間函數延遲 a 秒 $f(t-a)u(t-a)$(在 $t<a$，函數值不存在) 之變換。直接從拉普拉斯變換的定義開始，若 $t \geq a^-$，則得到

$$\mathcal{L}\{f(t-a)u(t-a)\} = \int_{0^-}^{\infty} e^{-\mathbf{s}t} f(t-a)u(t-a)\,dt$$
$$= \int_{a^-}^{\infty} e^{-\mathbf{s}t} f(t-a)\,dt$$

選擇新的積分變數 $\tau = t-a$，得到

$$\mathcal{L}\{f(t-a)u(t-a)\} = \int_{0^-}^{\infty} e^{-\mathbf{s}(\tau+a)} f(\tau)\,d\tau = e^{-a\mathbf{s}}\mathbf{F}(\mathbf{s})$$

因此，

$$f(t-a)u(t-a) \Leftrightarrow e^{-a\mathbf{s}}\mathbf{F}(\mathbf{s}) \qquad (a \geq 0) \qquad [29]$$

此結果稱為**時間平移定理** (Time-shift Theorem)，其簡單描述若時間函數在時域中延遲了時間 a，則在頻域中所產生的結果為乘以 $e^{-a\mathbf{s}}$。

範例 14.10

試求矩形脈衝 $v(t) = u(t-2) - u(t-5)$ 之變換。

此一脈衝如圖 14.8 所示，在時間區間 $2 < t < 5$ 內具有單位數值，而其他則為零。已知 $u(t)$ 的變換為 $1/\mathbf{s}$，且由於 $u(t-2)$ 可簡述為 $u(t)$ 延遲 2 s，因此該延遲函數之變換為 $e^{-2\mathbf{s}}/\mathbf{s}$。同理，$u(t-5)$ 之變換為 $e^{-5\mathbf{s}}/\mathbf{s}$。得到所求的變換為

$$\mathbf{V(s)} = \frac{e^{-2\mathbf{s}}}{\mathbf{s}} - \frac{e^{-5\mathbf{s}}}{\mathbf{s}} = \frac{e^{-2\mathbf{s}} - e^{-5\mathbf{s}}}{\mathbf{s}}$$

不需要恢復到拉普拉斯變換之定義，便可求得 **V(s)**。

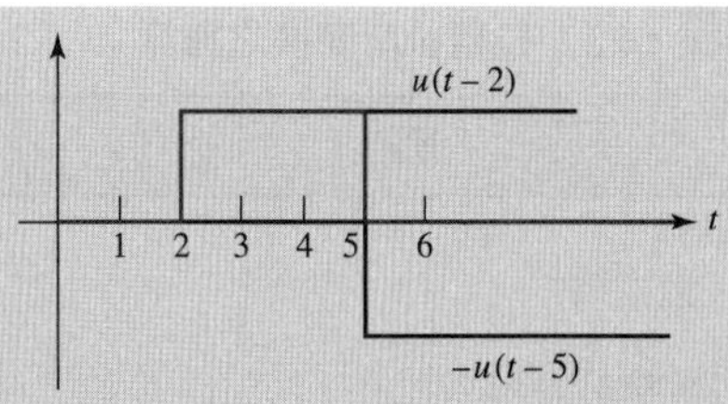

◆ **圖 14.8** $u(t-2)-u(t-5)$ 之圖示。

練習題

14.13 試求圖 14.9 所示的時間函數之拉普拉斯變換。

解答：$(5/\mathbf{s})(2e^{-2\mathbf{s}} - e^{-4\mathbf{s}} - e^{-5\mathbf{s}})$。

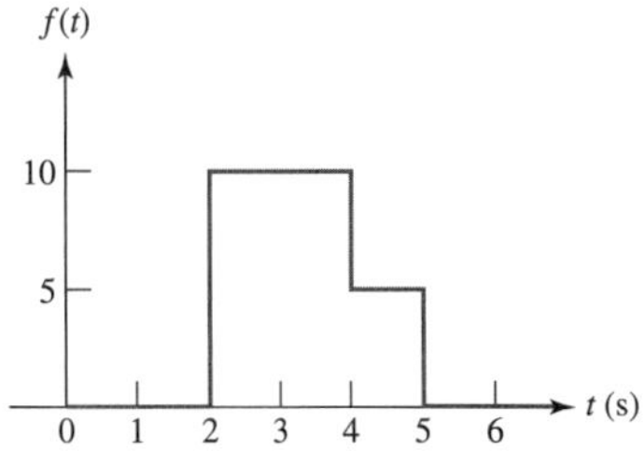

◆ **圖 14.9**

此時已得到了先前所要建構的拉普拉斯變換表之某些項目。包含脈衝函數、步階函數、指數函數、斜坡函數、正弦與餘弦函數，以及兩指數項相加之變換。此外，已說明了相加、乘以某一常數、微分與積分等時域運算在 **s** 域所產生之結果。將這些結果總結於表 14.1 與表 14.2。

表 14.1　拉普拉斯變換對

$f(t) = \mathcal{L}^{-1}\{\mathbf{F(s)}\}$	$\mathbf{F(s)} = \mathcal{L}\{f(t)\}$	$f(t) = \mathcal{L}^{-1}\{\mathbf{F(s)}\}$	$\mathbf{F(s)} = \mathcal{L}\{f(t)\}$
$\delta(t)$	1	$\frac{1}{\beta-\alpha}(e^{-\alpha t} - e^{-\beta t})u(t)$	$\frac{1}{(\mathbf{s}+\alpha)(\mathbf{s}+\beta)}$
$u(t)$	$\frac{1}{\mathbf{s}}$	$\sin\omega t\, u(t)$	$\frac{\omega}{\mathbf{s}^2+\omega^2}$
$tu(t)$	$\frac{1}{\mathbf{s}^2}$	$\cos\omega t\, u(t)$	$\frac{\mathbf{s}}{\mathbf{s}^2+\omega^2}$
$\frac{t^{n-1}}{(n-1)!}u(t),\ n=1,2,\ldots$	$\frac{1}{\mathbf{s}^n}$	$\sin(\omega t+\theta)\, u(t)$	$\frac{\mathbf{s}\sin\theta + \omega\cos\theta}{\mathbf{s}^2+\omega^2}$
$e^{-\alpha t}u(t)$	$\frac{1}{\mathbf{s}+\alpha}$	$\cos(\omega t+\theta)\, u(t)$	$\frac{\mathbf{s}\cos\theta - \omega\sin\theta}{\mathbf{s}^2+\omega^2}$
$te^{-\alpha t}u(t)$	$\frac{1}{(\mathbf{s}+\alpha)^2}$	$e^{-\alpha t}\sin\omega t\, u(t)$	$\frac{\omega}{(\mathbf{s}+\alpha)^2+\omega^2}$
$\frac{t^{n-1}}{(n-1)!}e^{-\alpha t}u(t),\ n=1,2,\ldots$	$\frac{1}{(\mathbf{s}+\alpha)^n}$	$e^{-\alpha t}\cos\omega t\, u(t)$	$\frac{\mathbf{s}+\alpha}{(\mathbf{s}+\alpha)^2+\omega^2}$

表 14.2　拉普拉斯變換之運算

運算	$f(t)$	$\mathbf{F(s)}$
相加	$f_1(t) \pm f_2(t)$	$\mathbf{F_1(s)} \pm \mathbf{F_2(s)}$
純量相乘	$kf(t)$	$k\mathbf{F(s)}$
時間微分	$\frac{df}{dt}$	$\mathbf{sF(s)} - f(0^-)$
	$\frac{d^2f}{dt^2}$	$\mathbf{s}^2\mathbf{F(s)} - \mathbf{s}f(0^-) - f'(0^-)$
	$\frac{d^3f}{dt^3}$	$\mathbf{s}^3\mathbf{F(s)} - \mathbf{s}^2f(0^-) - \mathbf{s}f'(0^-) - f''(0^-)$
時間積分	$\int_{0^-}^{t} f(t)\,dt$	$\frac{1}{\mathbf{s}}\mathbf{F(s)}$
	$\int_{-\infty}^{t} f(t)\,dt$	$\frac{1}{\mathbf{s}}\mathbf{F(s)} + \frac{1}{\mathbf{s}}\int_{-\infty}^{0^-} f(t)\,dt$
摺積	$f_1(t) * f_2(t)$	$\mathbf{F}_1(\mathbf{s})\mathbf{F}_2(\mathbf{s})$
時間平移	$f(t-a)u(t-a), a \geq 0$	$e^{-a\mathbf{s}}\mathbf{F(s)}$
頻率平移	$f(t)e^{-at}$	$\mathbf{F}(\mathbf{s}+a)$
頻率微分	$tf(t)$	$-\frac{d\mathbf{F(s)}}{d\mathbf{s}}$
頻率積分	$\frac{f(t)}{t}$	$\int_{\mathbf{s}}^{\infty} \mathbf{F(s)}\,d\mathbf{s}$
時間縮放	$f(at), a \geq 0$	$\frac{1}{a}\mathbf{F}\left(\frac{\mathbf{s}}{a}\right)$
初值	$f(0^+)$	$\lim_{\mathbf{s}\to\infty} \mathbf{sF(s)}$
終值	$f(\infty)$	$\lim_{\mathbf{s}\to 0} \mathbf{sF(s)}$、$\mathbf{sF(s)}$ 在 LHP 的所有極點
時間的週期性	$f(t) = f(t+nT)$,	$\frac{1}{1-e^{-T\mathbf{s}}}\mathbf{F}_1(\mathbf{s})$
	$n = 1, 2, \ldots$	其中 $\mathbf{F}_1(\mathbf{s}) = \int_{0^-}^{T} f(t)e^{-\mathbf{s}t}\,dt$

14.7　初值與終值定理

本節將探討最後兩個基本定理，稱為初值定理與終值定理。將藉由檢視 $\mathbf{sF(s)}$ 的極限值，求得 $f(0^+)$ 與 $f(\infty)$。此兩定理相當寶貴；若僅需得到特定函數的初值與終值，並不需要耗費時間執行逆變換運算。

■ 初值定理

為推導初值定理，再次考慮導數的拉普拉斯變換，

$$\mathcal{L}\left\{\frac{df}{dt}\right\} = \mathbf{sF(s)} - f(0^-) = \int_{0^-}^{\infty} e^{-\mathbf{s}t}\frac{df}{dt}\,dt$$

此時令 $\mathbf{s}$ 趨近於無限大。將積分分成兩部分，

$$\lim_{\mathbf{s}\to\infty}[\mathbf{sF(s)} - f(0^-)] = \lim_{\mathbf{s}\to\infty}\left(\int_{0^-}^{0^+} e^0 \frac{df}{dt}\,dt + \int_{0^+}^{\infty} e^{-\mathbf{s}t}\frac{df}{dt}\,dt\right)$$

得知在此一極限中，由於被積函數本身為零，因此第二個積分式必趨近於零。同理，$f(0^-)$ 並非 **s** 的函數，將之從左邊的極限中移出：

$$-f(0^-) + \lim_{\mathbf{s}\to\infty}[\mathbf{sF(s)}] = \lim_{\mathbf{s}\to\infty}\int_{0^-}^{0^+} df = \lim_{\mathbf{s}\to\infty}[f(0^+) - f(0^-)]$$
$$= f(0^+) - f(0^-)$$

最後得到，

$$f(0^+) = \lim_{\mathbf{s}\to\infty}[\mathbf{sF(s)}]$$

或者

$$\lim_{t\to 0^+} f(t) = \lim_{\mathbf{s}\to\infty}[\mathbf{sF(s)}] \qquad [30]$$

此即為**初值定理** (Initial-value Theorem) 之數學描述式，其敘述將時間函數 $f(t)$ 的拉普拉斯變換 **F(s)** 先乘以 **s**，再令 **s** 趨近於無限大，便可得到時間函數 $f(t)$ 的初始值。應注意所得到的 $f(t)$ 初始值為右極限值。

初值定理以及接下來要探討的終值定理對檢驗變換或者逆變換的結果極為有用。例如，當先計算了 $\cos(\omega_0 t)u(t)$ 之變換，得到 $\mathbf{s}/(\mathbf{s}^2+\omega_0^2)$。在已知 $f(0^+)=1$ 之後，便能夠藉由應用初值定理，局部檢查此結果的有效性：

$$\lim_{\mathbf{s}\to\infty}\left(\mathbf{s}\frac{\mathbf{s}}{\mathbf{s}^2+\omega_0^2}\right) = 1$$

因此完成檢驗。

■終值定理

終值定理 (Final-value Theorem) 並不如初值定理一般有用，通常僅能夠應用於特定類別的變換。為了判斷變換是否吻合此種類別，必須求解 **F(s)** 的分母，藉以找出所有使分母為零的 **s** 數值，亦即，**F(s)** 之**極點** (Poles)。只有除了在 $\mathbf{s}=0$ 簡單極點之外，其他極點皆位於 **s** 平面的左半邊 (亦即，$\sigma < 0$) 之變換 **F(s)** 適用於終值定理。再次考慮 df/dt 的拉普拉斯變換，

$$\int_{0^-}^{\infty} e^{-\mathbf{s}t}\frac{df}{dt}\,dt = \mathbf{sF(s)} - f(0^-)$$

此極限值中的 **s** 趨近於零，

$$\lim_{s\to 0}\int_{0^-}^{\infty} e^{-st}\frac{df}{dt}\,dt = \lim_{s\to 0}[\mathbf{sF(s)} - f(0^-)] = \int_{0^-}^{\infty}\frac{df}{dt}\,dt$$

假設 $f(t)$ 與其一階導數兩者皆為可變換的函數。簡易地將此一方程式的最後一項表示為極限值，

$$\int_{0^-}^{\infty}\frac{df}{dt}\,dt = \lim_{t\to\infty}\int_{0^-}^{t}\frac{df}{dt}\,dt$$
$$= \lim_{t\to\infty}[f(t) - f(0^-)]$$

確認 $f(0^-)$ 為一常數，比較最後兩個方程式，證明

$$\lim_{t\to\infty} f(t) = \lim_{s\to 0}[\mathbf{sF(s)}] \qquad [31]$$

此即為**終值定理**。在應用此一定理時，需要先得知 $f(\infty)$ 存在，亦即隨著時間變成無限大，$f(t)$ 之極限值存在——或者等效來說——除了可能在原點上的簡單極點之外，**F(s)** 的極點皆位於 **s** 平面的左邊。因此，**sF(s)** 乘積的所有極點皆位於左半平面。

範例 14.11

試使用終值定理計算函數 $(1 - e^{-at})u(t)$ 之 $f(\infty)$，其中 $a > 0$。

即使不使用終值定理，亦可立即得知 $f(\infty) = 1$。$f(t)$ 之變換為

$$\mathbf{F(s)} = \frac{1}{\mathbf{s}} - \frac{1}{\mathbf{s}+a}$$
$$= \frac{a}{\mathbf{s}(\mathbf{s}+a)}$$

F(s) 之極點為 $\mathbf{s} = 0$ 與 $\mathbf{s} = -a$。因此，**F(s)** 的非零極點皆位於 **s** 的左半平面，如 $a > 0$ 之結果；因此確實可將終值定理應用於此一函數。乘以 **s** 並且令 **s** 趨近於零，得到

$$\lim_{s\to 0}[\mathbf{sF(s)}] = \lim_{s\to 0}\frac{a}{\mathbf{s}+a} = 1$$

此結果與 $f(\infty)$ 一致。

然而，若 $f(t)$ 為弦波，則 **F(s)** 的極點位於 $j\omega$ 軸，盲目使用終值定理將導致弦波函數的終值為零。但已知 $\sin\omega_0 t$ 與 $\cos\omega_0 t$ 之終值皆為未定數值。所以，需提防位於 $j\omega$ 軸之極點！

練習題

14.14 先不求得 $f(t)$ 之條件下，考慮以下之變換：(a) $4e^{-2\mathbf{s}}(\mathbf{s}+50)/\mathbf{s}$；(b) $(\mathbf{s}^2+6)/(\mathbf{s}^2+7)$；(c) $(5\mathbf{s}^2+10)/[2\mathbf{s}(\mathbf{s}^2+3\mathbf{s}+5)]$，試求 $f(0^+)$ 與 $f(\infty)$。

解答：0，200；∞，未定值 (極點位於 $j\omega$ 軸)；2.5，1。

總結與回顧

本章的主題為拉普拉斯變換，為一種將典型時域函數轉換成為頻域表示式之數學工具。在介紹此變換之前，先考慮複數頻率之觀念，在此將複數頻率稱為 **s**。此一簡便的專有名詞具有實數 (σ) 與虛數 (ω) 兩部分，所以能夠描述為 $\mathbf{s}=\sigma+j\omega$。實際上，此為指數阻尼弦波之簡述，且已闡述了數種常見的函數，充當此函數之特殊實例。能夠使用此一廣義的函數來執行有限的電路分析，但實際之目的為使讀者簡單地熟悉所謂的複數頻率之觀念。

其中一個最特別的觀念為日常的電路分析並不需要直接運算拉普拉斯變換積分或者相應的逆積分！而是採用常規查表方式，並且將 **s** 域分析所得到的 **s** 多項式因式分解成為較小、可簡易辨識的 **s** 項。此方式則是基於拉普拉斯變換對乃是唯一存在所致。然而，有幾則定理在平常的使用上與拉普拉斯變換相關；包含線性定理、時間微分定理以及時間積分定理。時間平移以及初值與終值定理也常使用。

拉普拉斯變換的技巧並不限於電路的分析，甚至不限於電機工程。任何可以微積分方程式所描述的系統皆能夠使用本章所研讀的觀念。以下將盡可能回顧本章所探討的關鍵觀念，並且強調適當的相關範例。

- ❑ 在複數頻率的觀念中，可同時考量函數的指數阻尼與振盪成分。(範例 14.1)
- ❑ 複數頻率 $\mathbf{s}=\sigma+j\omega$ 為一般通例；dc ($\mathbf{s}=0$)、指數 ($\omega=0$) 以及弦波 ($\sigma=0$) 函數則為特例。
- ❑ 在 **s** 域中分析電路會使時域的微積分方程式轉換成為頻域的代數方程式。(範例 14.1)
- ❑ 在電路分析問題上，使用單邊拉普拉斯變換，將時域函數轉換成為頻率函數：$\mathbf{F}(\mathbf{s})=\int_{0^-}^{\infty} e^{-\mathbf{s}t} f(t)\,dt$。(範例 14.2)
- ❑ 拉普拉斯逆變換可將頻率表示式轉換成為時域表示式。然而，由於存在拉普拉斯變換表，因此拉普拉斯之逆變換鮮少使用。(範例 14.3)
- ❑ 單位脈衝函數為具有相對於電路時間常數極窄寬度的脈波之一般趨近；單位脈衝函數僅在單一時間點上具有非零數值，且具有單位面積。
- ❑ $\mathcal{L}\{f_1(t)+f_2(t)\}=\mathcal{L}\{f_1(t)\}+\mathcal{L}\{f_2(t)\}$。(可加性)
- ❑ $\mathcal{L}\{kf(t)\}=k\,\mathcal{L}\{f(t)\}$，$k=$ 常數。(齊次性)
- ❑ 一般使用部分分式展開技巧以及各種運算 (表 14.2)，簡化 **s** 域函數成為可在變換表 (例如表 14.1) 中找到的表示式，藉以得到拉普拉斯逆變換。(範例 14.4、14.5、14.6 與 14.10)
- ❑ 積分與微分定理提供將時域的微積分方程式轉換成為頻域簡單代數方程式之方式。(範例 14.7、14.8 與 14.9)
- ❑ 當只有特定數值 $f(t=0^+)$ 或 $f(t\to\infty)$ 為所求，初值與終值定理相當有用。(範例 14.11)

延伸閱讀

拉普拉斯變換易讀的推演以及某些關鍵特性能夠在以下書籍的第四章中得到：

A. Pinkus and S. Zafrany, *Fourier Series and Integral Transforms*. Cambridge, United Kingdom: Cambridge University Press, 1997.

對於科學與工程問題之積分變換及其應用更詳細處理方式可閱讀：

B. Davies, *Integral Transforms and Their Applications,* 3rd ed. New York: Springer-Verlag, 2002.

習題

14.1 複數頻率

1. 試求以下各式之共軛複數：(a) $8-j$；(b) $8e^{-9t}$；(c) 22.5；(d) $4e^{j9}$；(e) $j2e^{-j11}$。
2. 試述與每個函數有關的複數頻率或者其他頻率：(a) $f(t)=\sin 100t$；(b) $f(t)=10$；(c) $g(t)=5e^{-7t}\cos 80t$；(d) $f(t)=5e^{8t}$；(e) $g(t)=(4e^{-2t}-e^{-t})\cos(4t-95°)$。
3. 考慮以下每個函數，試求兩複數頻率 $\mathbf{s}$ 以及 $\mathbf{s}^*$：(a) $7e^{-9t}\sin(100t+9°)$；(b) $\cos 9t$；(c) $2\sin 45t$；(d) $e^{7t}\cos 7t$。
4. 將以下的電壓源 $Ae^{Bt}\cos(Ct+\theta)$ 連接至 (一次一個) 280 Ω 之電阻器。試計算在 $t=0$、0.1 與 0.5 s 所產生的電流，假設被動符號慣例：(a) $A=1$ V、$B=0.2$ Hz、$C=0$、$\theta=45°$；(b) $A=285$ mV、$B=-1$ Hz、$C=2$ rad/s、$\theta=-45°$。
5. 試計算以下每個複數函數之實數部分：(a) $\mathbf{v}(t)=9e^{-j4t}$ V；(b) $\mathbf{v}(t)=12-j9$ V；(c) $5\cos 100t-j43\sin 100t$ V；(d) $(2+j)e^{j3t}$ V。

14.2 阻尼弦波強制函數

6. 考慮圖 14.10 所示之電路，選擇電壓源使之能夠以複數頻域函數 $\mathbf{V}e^{\mathbf{s}t}$ 表示，其中 $\mathbf{V}=2.5\underline{/-20°}$ V 且 $\mathbf{s}=-1+j100\ \mathrm{s}^{-1}$。試計算 (a) $\mathbf{s}^*$；(b) $v(t)$，電壓源之時域表示式；(c) 電流 $i(t)$。
7. 考慮圖 14.11 所描述之電路，取 $\mathbf{s}=-200+j150\ \mathrm{s}^{-1}$。試求分別相應於 $v_2(t)$ 及 $v_1(t)$ 的頻域電壓 $\mathbf{V}_2$ 與 $\mathbf{V}_1$ 之比值。

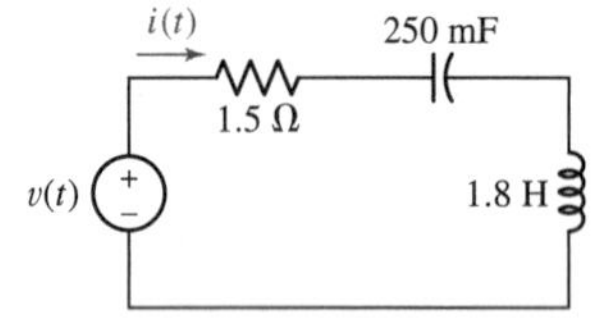

◆圖 14.10

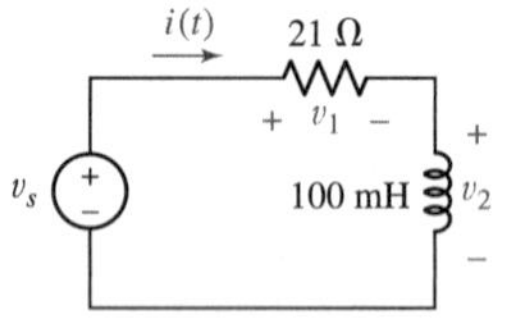

◆圖 14.11

8. 以 $v_S(t)=10\cos 5t$ V 驅動圖 14.12 之電路。(a) 試求電源之複數頻率；(b) 試求電源之頻域表示式；(c) 試計算 i_x 之頻域表示式；(d) 試求 i_x 之時域表示式。
9. 令圖 14.13 電路中的 $i_{s1}=20e^{-3t}\cos 4t$ A 且 $i_{s2}=30e^{-3t}\sin 4t$ A。(a) 試以頻率分析求得 $\mathbf{V}_x$；(b) 試求 $v_x(t)$。

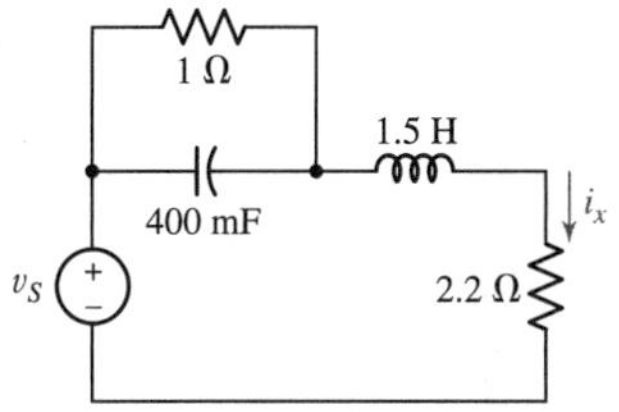

◆ 圖 14.12

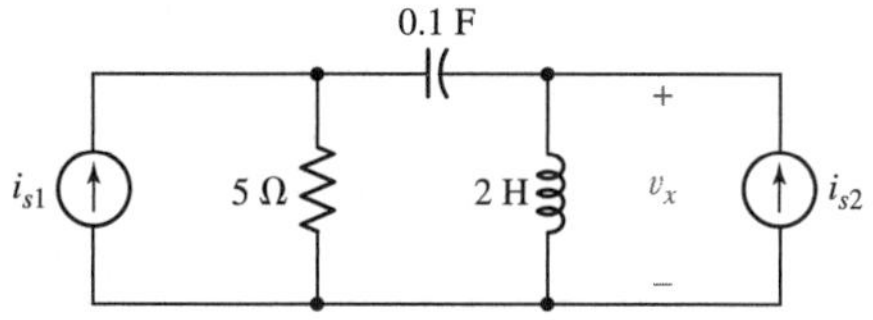

◆ 圖 14.13

14.3 拉普拉斯變換之定義

10. 試利用單邊拉普拉斯積分 (需明確包含中間的過程) 計算相應於：(a) $5u(t-6)$；(b) $2e^{-t}u(t)$；(c) $2e^{-t}u(t-1)$；(d) $e^{-2t}\sin 5t\, u(t)$ 之 **s** 域表示式。
11. 以方程式 [14] 為輔助，並且顯示適當的中間計算過程，試求 (a) $(t-1)u(t-1)$；(b) $t2u(t)$；(c) $\sin 2tu(t)$；(d) $\cos 100t\, u(t)$ 之單邊拉普拉斯變換。

14.4 簡單時間函數之拉普拉斯變換

12. 若 $f(t)$ 等於 (a) $3u(t-2)$；(b) $3e^{-2t}u(t)+5u(t)$；(c) $\delta(t)+u(t)-tu(t)$；(d) $5\delta(t)$，試求 $\mathbf{F(s)}$。
13. 若 $g(t)$ 給定為 (a) $[5u(t)]^2-u(t)$；(b) $2u(t)-2u(t-2)$；(c) $tu(2t)$；(d) $2e^{-t}u(t)+3u(t)$，試求 $\mathbf{G(s)}$ 之表示式。
14. 試求解以下表示式在 $t=0$ 之數值：(a) $\int_{-\infty}^{+\infty} 2\delta(t-1)\,dt$；(b) $\dfrac{\int_{-\infty}^{+\infty}\delta(t+1)\,dt}{u(t+1)}$；

    (c) $\dfrac{\sqrt{3\int_{-\infty}^{+\infty}\delta(t-2)\,dt}}{[u(1-t)]^3}-\sqrt{u(t+2)}$；(d) $\left[\left|\dfrac{\int_{-\infty}^{+\infty}\delta(t-1)\,dt}{\int_{-\infty}^{+\infty}\delta(t+1)\,dt}\right|\right]^2$。
15. 試求解：(a) $\int_{-\infty}^{+\infty} e^{-100}\delta\left(t-\dfrac{1}{5}\right)dt$；(b) $\int_{-\infty}^{+\infty} 4t\delta(t-2)\,dt$；(c) $\int_{-\infty}^{+\infty} 4t^2\delta(t-1.5)\,dt$；

    (d) $\dfrac{\int_{-\infty}^{+\infty}(4-t)\delta(t-1)\,dt}{\int_{-\infty}^{+\infty}(4-t)\delta(t+1)\,dt}$。

14.5 逆變換技巧

16. 試求 $\mathbf{F(s)}$ 等於 (a) $5+\dfrac{5}{\mathbf{s}^2}-\dfrac{5}{(\mathbf{s}+1)}$；(b) $\dfrac{1}{\mathbf{s}}+\dfrac{5}{(0.1\mathbf{s}+4)}-3$；(c) $-\dfrac{1}{2\mathbf{s}}+\dfrac{1}{(0.5\mathbf{s})^2}+\dfrac{4}{(\mathbf{s}+5)(\mathbf{s}+5)}+2$；(d) $\dfrac{4}{(\mathbf{s}+5)(\mathbf{s}+5)}+\dfrac{2}{\mathbf{s}+1}+\dfrac{1}{\mathbf{s}+3}$ 之逆變換。
17. 若拉普拉斯變換為 (a) $\dfrac{\mathbf{s}}{\mathbf{s}(\mathbf{s}+2)}$；(b) 1；(c) $3\dfrac{\mathbf{s}+2}{(\mathbf{s}^2+2\mathbf{s}+4)}$；(d) $4\dfrac{\mathbf{s}}{2\mathbf{s}+3}$，試重建時域函數。
18. 給定以下之 **s** 域表示式，試求相應之時間函數：(a) $\dfrac{1}{3\mathbf{s}}-\dfrac{1}{2\mathbf{s}+1}+\dfrac{3}{\mathbf{s}^3+8\mathbf{s}^2+16\mathbf{s}}-1$；

    (b) $\dfrac{1}{3\mathbf{s}+5}+\dfrac{3}{\mathbf{s}^3/8+0.25\mathbf{s}^2}$；(c) $\dfrac{2\mathbf{s}}{(\mathbf{s}+a)^2}$。

14.6 拉普拉斯變換之基本定理

19. 考慮圖 14.14 所描述之電路，電容器跨壓之初始值為 $v(0^-) = 1.5$ V，且電源電流為 $i_s = 700u(t)$ mA。(a) 試依據節點電壓 $v(t)$ 寫出 KCL 所產生的微分方程式；(b) 對該微分方程式取拉普拉斯變換；(c) 試求該節點電壓之頻域表示式；(d) 試求解時域電壓 $v(t)$。
20. 考慮圖 14.15 之電路，$v_s(t) = 2u(t)$ V，且電容器初始儲存零能量。(a) 試根據電流 $i(t)$ 寫出時域迴路方程式；(b) 試求此一積分方程式之 **s** 域表示式；(c) 試求解 $i(t)$。
21. 若圖 14.16 之電流源給定為 $450u(t)$ mA，且 $i_x(0) = 150$ mA，試先在 **s** 域運算後得到對 $t > 0$ 有效之 $v(t)$ 表示式。

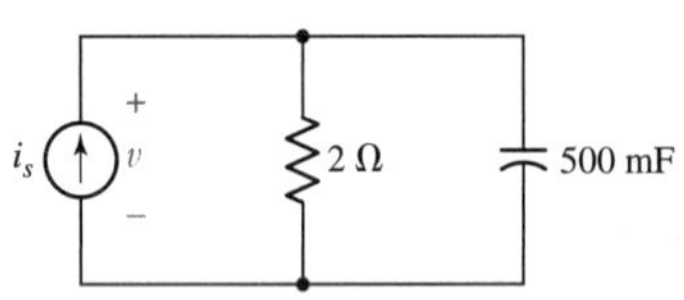

◆ **圖 14.14**

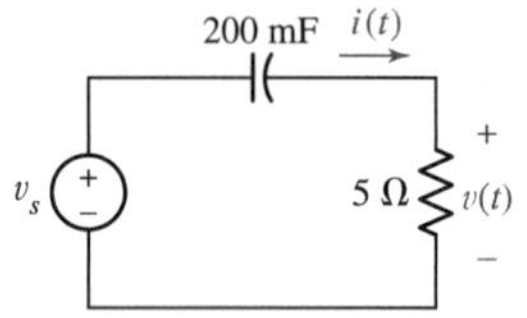

◆ **圖 14.15**

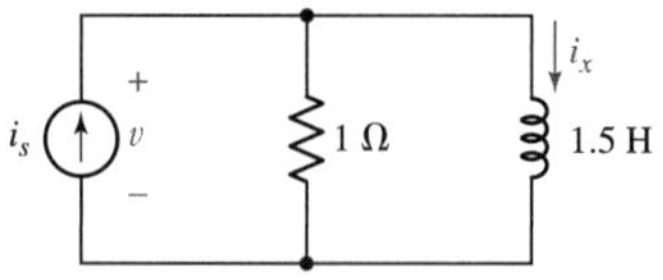

◆ **圖 14.16**

14.7 初值與終值定理

22. 試利用初值定理計算以下每個時域函數之初始值：(a) $2u(t)$；(b) $2e^{-t}\,u(t)$；(c) $u(t-6)$；(d) $\cos 5t\,u(t)$。
23. 試使用終值定理 (若適當)，計算 (a) $\frac{1}{\mathbf{s}+2} - \frac{2}{\mathbf{s}}$；(b) $\frac{2\mathbf{s}}{(\mathbf{s}+2)(\mathbf{s}+1)}$；(c) $\frac{1}{(\mathbf{s}+2)(\mathbf{s}+4)} + \frac{2}{\mathbf{s}}$；(d) $\frac{1}{(\mathbf{s}^2+\mathbf{s}-6)(\mathbf{s}+9)}$ 之 $f(\infty)$。
24. 試適當地應用初值或終值定理，計算以下函數：(a) $\frac{\mathbf{s}+2}{\mathbf{s}^2+8\mathbf{s}+4}$；(b) $\frac{1}{\mathbf{s}^2(\mathbf{s}+4)^2(\mathbf{s}+6)^3} - \frac{2\mathbf{s}^2}{\mathbf{s}} + 9$；(c) $\frac{4\mathbf{s}^2+1}{(\mathbf{s}+1)^2(\mathbf{s}+2)^2}$ 之 $f(0^+)$ 與 $f(\infty)$。

Chapter 15

s 域之電路分析

主要觀念

- 將阻抗的觀念延伸至 s 域
- 以理想電源建立初始條件
- 在 s 域中應用節點分析、網目分析、重疊定理以及電源變換定理
- 應用於 s 域電路之戴維寧與諾頓定理
- 辨識電路轉移函數中的極點與零點
- 電路之脈衝響應
- 使用摺積求解系統響應
- σ 與 ω 函數之響應
- 使用極點-零點圖示預測電路之自然響應
- 使用運算放大器合成特定電壓轉移函數

簡介

在介紹了複數頻率觀念以及拉普拉斯變換技巧之後，此時接著將說明 s 域電路分析之細節。讀者可能會意識到其中的某些相關性，特別若是在第十章已經研讀了實際經常應用的便捷方法。本章的其中一個目的為產生一種看待電容器與電感器的新方式，讀者能夠藉以直接寫出 s 域的節點與網目方程式。在此種方法中，也將學習如何謹慎闡述初始條件。另一個“便捷”的觀念為電路轉移函數。能夠利用此種普遍的函數來預測電路對各種輸入之響應、穩定度，甚至是電路之頻率選擇響應。

15.1　Z(s) 與 Y(s)

相量能夠在弦波穩態電路的分析上具有如此強大的分析能力主要是將電阻器、電容器以及電感器變換成為阻抗；之後再使用節點或網目分析、重疊定理、電源變換以及戴維寧或諾頓等效電路之基本技巧來進行電路分析。由於弦波穩態為 s 域分析之特例

(其中 $\sigma = 0$)，因此該觀念能夠延伸至 **s** 域。

頻域之電阻器

以最簡單的方式開始介紹：連接至電壓源 $v(t)$ 之電阻器。歐姆定律指出

$$v(t) = Ri(t)$$

兩邊取拉普拉斯變換，

$$\mathbf{V}(\mathbf{s}) = R\mathbf{I}(\mathbf{s})$$

因此，電壓的頻域表示方式對電流的頻域表示方式之比值為簡單的電阻值，R。由於是在頻域中進行分析，因此為了容易理解起見，將此一物理量稱為*阻抗*，仍指定其單位為歐姆 (Ω)：

$$\mathbf{Z}(\mathbf{s}) \equiv \frac{\mathbf{V}(\mathbf{s})}{\mathbf{I}(\mathbf{s})} = R \qquad [1]$$

恰如使用弦波穩態的相量所得知的，電阻器的阻抗與頻率無關。電阻器的*導納* $\mathbf{Y}(\mathbf{s})$ 定義為 $\mathbf{I}(\mathbf{s})$ 對 $\mathbf{V}(\mathbf{s})$ 之比值，簡單描述為 $1/R$；導納的單位為西門子 (S)。

頻域之電感器

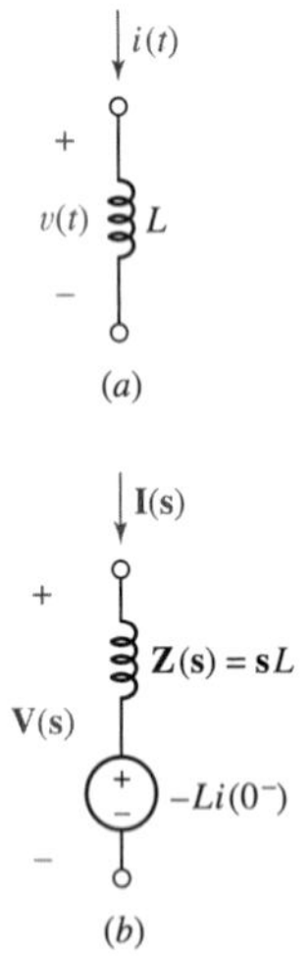

◆ **圖 15.1** (a) 時域之電感器；(b) 頻域電感器之完整模型，由阻抗 **s***L* 與電壓源 $-Li(0^-)$ 所構成，其中合併了元件上的非零初始條件之效應。

接著，考慮連接至某一時變電壓源 $v(t)$ 之電感器，如圖 15.1a 所示。由於

$$v(t) = L\frac{di}{dt}$$

將此一方程式的兩邊取拉普拉斯變換，得到

$$\mathbf{V}(\mathbf{s}) = L[\mathbf{s}\mathbf{I}(\mathbf{s}) - i(0^-)] \qquad [2]$$

此時得到兩項：$\mathbf{s}L\mathbf{I}(\mathbf{s})$ 與 $Li(0^-)$。在電感器中所儲存的零初始能量之狀況下 [亦即，$i(0^-) = 0$]，則

$$\mathbf{V}(\mathbf{s}) = \mathbf{s}L\mathbf{I}(\mathbf{s})$$

所以

$$\mathbf{Z}(\mathbf{s}) \equiv \frac{\mathbf{V}(\mathbf{s})}{\mathbf{I}(\mathbf{s})} = \mathbf{s}L \qquad [3]$$

若僅關注弦波穩態之響應，則可進一步簡化方程式 [3]。在如此的情況下，由於初始條件僅會影響暫態響應之性質，因此允許忽略初始條件。所以，將 $\mathbf{s} = j\omega$ 代入，得到

$$\mathbf{Z}(j\omega) = j\omega L$$

如同先前在第十章所得到的結果。

■建立 s 域之電感器模型

雖然將方程式 [3] 中的物理量稱為電感器的阻抗，但必須記住此阻抗乃是藉由假設零初始電流所得到的。一般在 $t=0^-$ 時將能量儲存於元件中之狀況下，此一阻抗並不足以代表頻域之電感器。而藉由建立電感器的模型為一個阻抗與電壓或電流源之組合，便可將初始條件涵蓋在模型之內。為此，先將方程式 [2] 重新整理為

$$\mathbf{V(s)} = \mathbf{s}L\mathbf{I(s)} - Li(0^-) \qquad [4]$$

右邊的第二項為常數：單位為亨利的電感值 L 乘以單位為安培的初始電流 $i(0^-)$；所產生的結果為常數的電壓項，其中的頻率相關項 $\mathbf{s}L\mathbf{I(s)}$ 減去此一常數電壓項。藉此便能夠建立單一電感器 L 模型為具有兩成分之頻域元件，如圖 15.1b 所示。

圖 15.1b 所示的頻域電感器模型由阻抗 $\mathbf{s}L$ 以及電壓源 $Li(0^-)$ 所構成。阻抗 $\mathbf{s}L$ 上的跨壓由歐姆定律給定為 $\mathbf{s}L\mathbf{I(s)}$。由於圖 15.1b 之兩元件為線性組合，因此先前所探討的每一種電路分析技巧皆能夠延伸於如此之 s 域等效電路。例如，可在該模型上執行電源變換，藉以得到阻抗 $\mathbf{s}L$ 並聯電流源 $[-Li(0^-)]/\mathbf{s}L = -i(0^-)/\mathbf{s}$ 之等效電路；能夠藉由引用方程式 [4] 並且求解 $\mathbf{I(s)}$ 來驗證之：

$$\begin{aligned}\mathbf{I(s)} &= \frac{\mathbf{V(s)} + Li(0^-)}{\mathbf{s}L} \\ &= \frac{\mathbf{V(s)}}{\mathbf{s}L} + \frac{i(0^-)}{\mathbf{s}}\end{aligned} \qquad [5]$$

再次得到具有兩項的方程式。右邊的第一項為簡單的導納 $1/\mathbf{s}L$ 乘以電壓 $\mathbf{V(s)}$。右邊第二項雖然具有安培・秒的單位，卻是一個電流項。因此，能夠建立此一方程式之模型為兩個個別的成分：導納 $1/\mathbf{s}L$ 並聯電流源 $i(0^-)/\mathbf{s}$；所產生的模型闡述於圖 15.2。選擇圖 15.1b 的模型或者圖 15.2 的模型通常端視何者能夠得到較簡單的方程式而定。應注意的是，雖然圖 15.2 顯示以導納 $\mathbf{Y(s)} = 1/\mathbf{s}L$ 所標示的電感器符號，但也可將之視為阻抗 $\mathbf{Z(s)} = \mathbf{s}L$；再者，選擇何種模型通常基於個人的喜好而定。

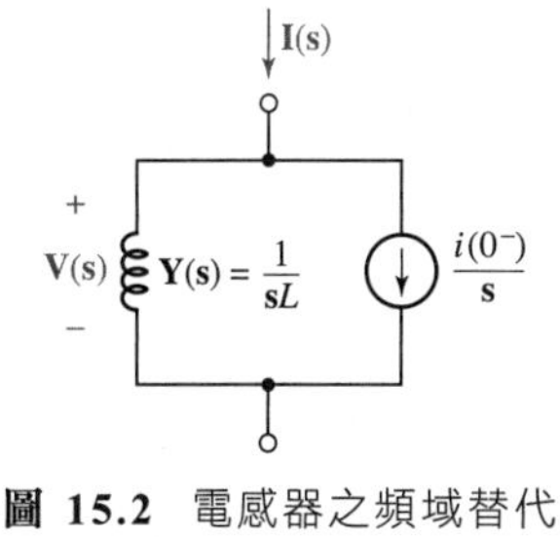

◆**圖 15.2** 電感器之頻域替代模型，由導納 $1/\mathbf{s}L$ 與電流源 $i(0^-)/\mathbf{s}$ 所構成。

在此依序簡略說明各個單位。當取電流 $i(t)$ 之拉普拉斯變換時，會將之對時間積分。因此，嚴格來說，$\mathbf{I(s)}$ 的單位為安培・秒；同理，$\mathbf{V(s)}$ 的單位為伏特・秒。然而，在慣例上會將

“秒” 省略，而指稱 **I(s)** 的單位為安培，並且以伏特為 **V(s)** 之量測單位。此一慣例並不會出現任何問題，除非審視諸如方程式 [5]，並且得知其中像是 $i(0^-)/\mathbf{s}$ 的某一項似乎與左邊的 **I(s)** 之單位有所衝突。雖然仍將繼續以 “安培” 與 “伏特” 為這些相量的量測單位，但當檢查方程式的單位藉以驗證其代數時，則必須記得 “秒” 。

範例 15.1

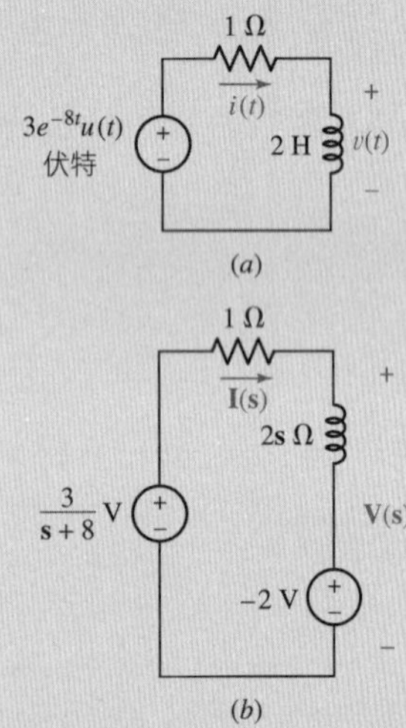

◆ **圖 15.3** (a) 簡單的電阻器-電感器電路，其中的電壓 $v(t)$ 為所求；(b) 等效的頻域電路，經由使用串聯的電壓源 $-Li(0^-)$，藉以涵蓋電感之初始電流。

試計算圖 15.3a 所示之電壓 $v(t)$，給定初始電流 $i(0^-) = 1$ A。

先將圖 15.3a 的電路轉換成為頻域等效電路，如圖 15.3b 所示；已經以兩個成分之模型取代電感器：阻抗 $\mathbf{s}L = 2\mathbf{s}\ \Omega$，以及獨立電壓源 $-Li(0^-) = -2$ V。

標示為 **V(s)** 之電壓為所求，其逆變換將得到 $v(t)$。應注意 **V(s)** 跨於整個電感器模型，而不僅是阻抗成分。

以直觀的路徑，寫出

$$\mathbf{I(s)} = \frac{\dfrac{3}{\mathbf{s}+8}+2}{1+2\mathbf{s}} = \frac{\mathbf{s}+9.5}{(\mathbf{s}+8)(\mathbf{s}+0.5)}$$

以及

$$\mathbf{V(s)} = 2\mathbf{s}\,\mathbf{I(s)} - 2$$

所以

$$\mathbf{V(s)} = \frac{2\mathbf{s}(\mathbf{s}+9.5)}{(\mathbf{s}+8)(\mathbf{s}+0.5)} - 2$$

在嘗試取此一表示式的拉普拉斯逆變換之前，值得先盡力將此一表示式化簡。因此，

$$\mathbf{V(s)} = \frac{2\mathbf{s}-8}{(\mathbf{s}+8)(\mathbf{s}+0.5)}$$

利用部分分式表示式之技巧 (在紙上計算或者以 MATLAB 軟體輔助)，得到

$$\mathbf{V(s)} = \frac{3.2}{\mathbf{s}+8} - \frac{1.2}{\mathbf{s}+0.5}$$

參考表 14.1，得到所求逆變換為

$$v(t) = [3.2e^{-8t} - 1.2e^{-0.5t}]u(t) \qquad \text{伏特}$$

練習題

15.1 試求圖 15.4 電路之電流 $i(t)$。

解答：$\frac{1}{3}[1-13e^{-4t}]u(t)$ A。

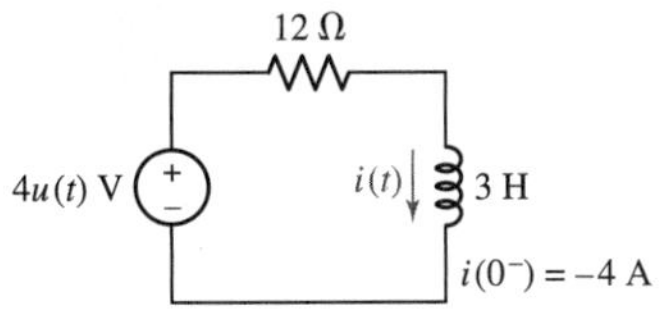

◆ **圖 15.4**

■建立 s 域之電容器模型

將相同的觀念應用至 **s** 域之電容器。根據圖 15.5a 所闡述的被動符號慣例，電容器之支配方程式為

$$i = C\frac{dv}{dt}$$

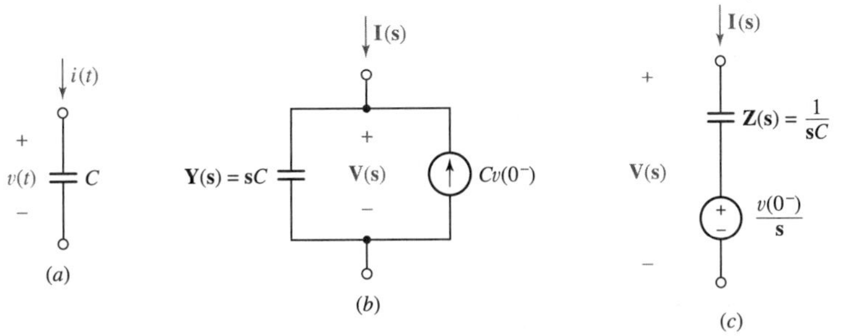

◆ **圖 15.5** (a) 已標示 $v(t)$ 與 $i(t)$ 之時域電容器；(b) 具有初始電壓 $v(0^-)$ 之電容器頻域模型；(c) 經由執行電源變換所得到的等效模型。

取兩邊的拉普拉斯變換，得到

$$\mathbf{I(s)} = C[\mathbf{sV(s)} - v(0^-)]$$

或者

$$\mathbf{I(s)} = \mathbf{s}C\mathbf{V(s)} - Cv(0^-) \quad [6]$$

所能夠建立的模型為導納 $\mathbf{s}C$ 並聯電流源 $Cv(0^-)$，如圖 15.5b 所示。執行此一電路之電源變換 (謹慎依照被動符號慣例進行)，則產生由阻抗 $1/\mathbf{s}C$ 串聯電壓源 $v(0^-)/\mathbf{s}$ 所構成的電容器等效模型，如圖 15.5c 所示。

以此類的 **s** 域等效電路進行分析時，應謹慎不可與包含初始條件的獨立電源混淆。電感器的初始條件給定為 $i(0^-)$；此項可存在於電壓源或電流源之部分，端視選擇何種模型而定。電容器的初始條件給定為 $v(0^-)$；此項因此可存在於電壓源或電流源之部分。在第一次進行 **s** 域分析時極為常見的訛誤為始終使用 $v(0^-)$ 當作模型的電壓源成分，甚至是在處理電感器之時。

範例 15.2

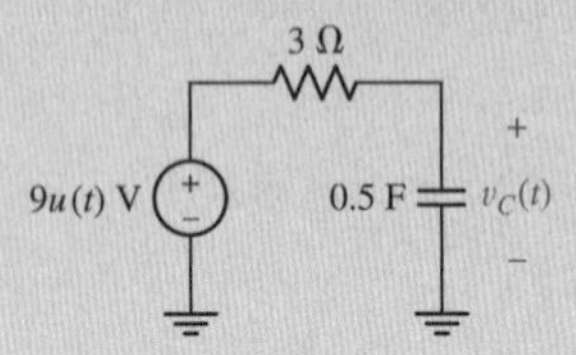

(a)

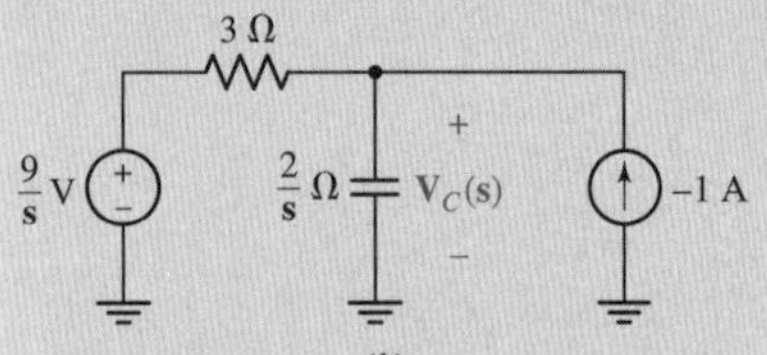

(b)

◆ **圖 15.6** (a) $v_C(t)$ 為所求的電路；(b) 頻域等效電路，其中利用電流源基礎模型來考慮電容器的初始條件。

試求圖 15.6a 電路之 $v_C(t)$，其中給定初始電壓 $v_C(0^-) = -2$ V。

▶**確定問題的目標**

所求為電容器電壓之表示式 $v_C(t)$。

▶**蒐集已知的資訊**

題目已明確指定初始電容器電壓為 − 2 V。

▶**擬訂求解計畫**

第一個步驟為繪製等效 **s** 域電路；為此，必須在兩種可能的電容器模型之間進行選擇。由於沒有明顯的分析優勢，因此選擇電流源基礎模型，如圖 15.6b 所示。

▶**建立一組適當的方程式**

寫出單一節點方程式進行分析：

$$-1 = \frac{\mathbf{V}_C}{2/\mathbf{s}} + \frac{\mathbf{V}_C - 9/\mathbf{s}}{3}$$

▶**判斷是否需要額外的資訊**

已得到以單一個未知數所表示的方程式，亦即所求電容器電壓的頻域表示式。

▶**嘗試解決方案**

求解 $\mathbf{V}_C$，得到

$$\mathbf{V}_C = \frac{18/\mathbf{s} - 6}{3\mathbf{s} + 2} = -2\frac{\mathbf{s} - 3}{\mathbf{s}(\mathbf{s} + 2/3)}$$

部分分式表示式為

$$\mathbf{V}_C = \frac{9}{\mathbf{s}} - \frac{11}{\mathbf{s} + 2/3}$$

將此一表示式取拉普拉斯逆變換，藉以得到 $v_C(t)$，

$$v_C(t) = 9u(t) - 11e^{-2t/3}u(t) \qquad \text{V}$$

或者更簡潔地描述為

$$v_C(t) = [9 - 11e^{-2t/3}]u(t) \qquad \text{V}$$

▶**驗證解答是否合理或符合所預期的結果**

快速檢查 $t = 0$ 得到 $v_C(t) = -2$V，符合題目之初始條件。同理，隨著 $t \to \infty$，$v_C(t) \to 9$ V，如同圖 15.6a 所預期的暫態消失後之結果。

練習題

15.2 使用電壓源基礎電容器模型，重複範例 15.2。

解答：$[9-11e^{-2t/3}]u(t)$ V。

本節的結果總結於表 15.1。應注意在每一種狀況中，已經假設了被動符號慣例。

表 15.1　時域與頻域的元件表示式

時域	頻域	
電阻器		
$v(t)=Ri(t)$	$\mathbf{V}(\mathbf{s})=R\mathbf{I}(\mathbf{s})$	$\mathbf{I}(\mathbf{s})=\frac{1}{R}\mathbf{V}(\mathbf{s})$
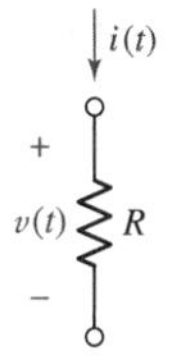	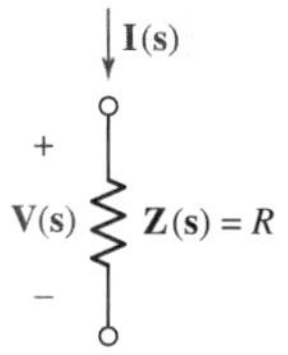	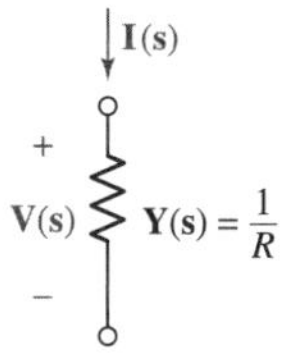
電感器		
$v(t)=L\frac{di}{dt}$	$\mathbf{V}(\mathbf{s})=\mathbf{s}L\mathbf{I}(\mathbf{s})-Li(0^-)$	$\mathbf{I}(\mathbf{s})=\frac{\mathbf{V}(\mathbf{s})}{\mathbf{s}L}+\frac{i(0^-)}{\mathbf{s}}$
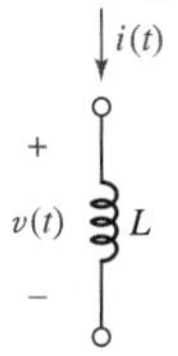	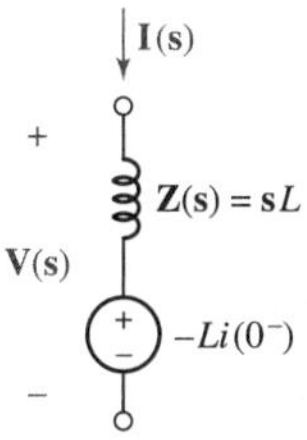	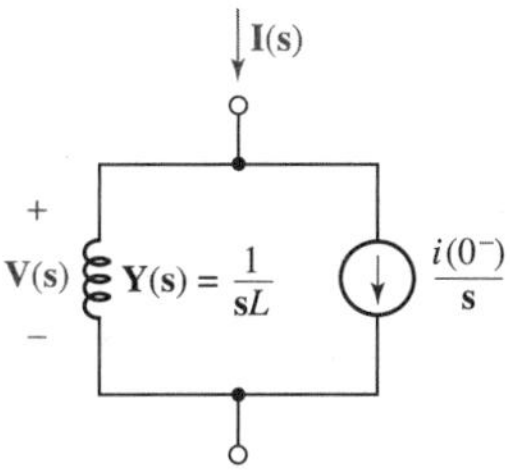
電容器		
$i(t)=C\frac{dv}{dt}$	$\mathbf{V}(\mathbf{s})=\frac{\mathbf{I}(\mathbf{s})}{\mathbf{s}C}+\frac{v(0^-)}{\mathbf{s}}$	$\mathbf{I}(\mathbf{s})=\mathbf{s}C\mathbf{V}(\mathbf{s})-Cv(0^-)$
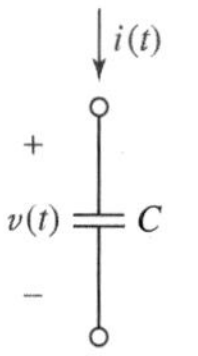	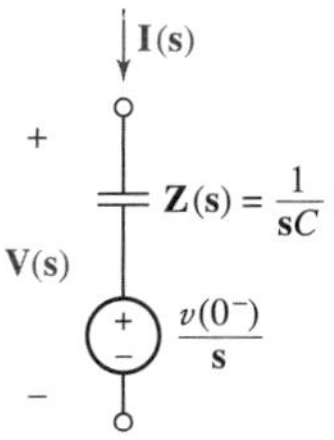	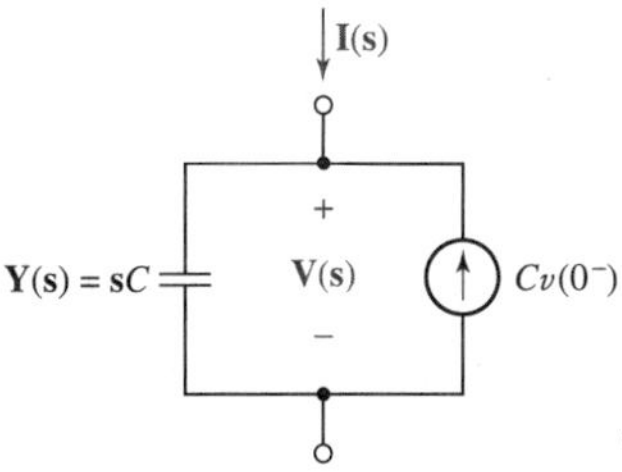

15.2 s 域之節點與網目分析

在第十章中，已學習如何將弦波電源所驅動的時域電路變換成為頻域等效電路。當不再需要求解微積分方程式，如此變換的優點便立即顯現。此類電路之節點與網目分析 (受限於僅求解穩態響應) 會得到以 $j\omega$ 所描述的代數表示式，其中 ω 為電源頻率。

此時已經得知能夠將阻抗的觀念延伸至複數頻率更為一般的狀況。一旦將電路從時域變換至頻域，則執行節點或網目分析將再次產生純代數表示式，此時以複數頻率 **s** 來描述之。所產生的方程式之解答需要使用變數代入法、克拉瑪法則，或者能夠進行符號代數處理之軟體 (例如，MATLAB)。在本節中，將提出兩個適當的範例，藉以更詳細地檢視這些問題。

範例 15.3

試求圖 15.7a 電路中的兩個網目電流 i_1 與 i_2；沒有任何初始能量儲存在電路中。

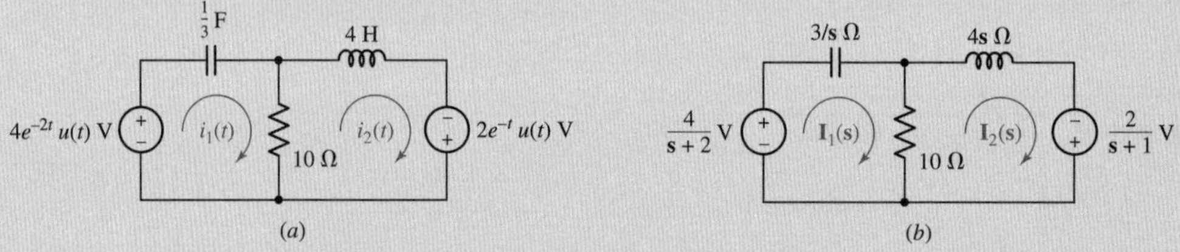

◆ **圖 15.7** (a) 兩個網目之電路，其中個別的網目電流為所求；(b) 頻域等效電路。

一如往常，第一個步驟為繪製適當的頻域等效電路。由於已知在 $t = 0^-$ 時沒有能量儲存於電路中，因此以 3/**s** Ω 的阻抗取代 $\frac{1}{3}$ F 的電容器，且以 4**s** Ω 的阻抗取代 4 H 的電感器，如圖 15.7b 所示。

接著，寫出兩個網目方程式：

$$-\frac{4}{\mathbf{s}+2} + \frac{3}{\mathbf{s}}\mathbf{I}_1 + 10\mathbf{I}_1 - 10\mathbf{I}_2 = 0$$

或者

$$\left(\frac{3}{\mathbf{s}} + 10\right)\mathbf{I}_1 - 10\mathbf{I}_2 = \frac{4}{\mathbf{s}+2} \qquad \text{(網目 1)}$$

以及

$$-\frac{2}{\mathbf{s}+1} + 10\mathbf{I}_2 - 10\mathbf{I}_1 + 4\mathbf{s}\mathbf{I}_2 = 0$$

或者

$$-10\mathbf{I}_1 + (4\mathbf{s} + 10)\mathbf{I}_2 = \frac{2}{\mathbf{s}+1} \qquad \text{(網目 2)}$$

求解 $\mathbf{I}_1$ 與 $\mathbf{I}_2$，得到

$$\mathbf{I}_1 = \frac{2\mathbf{s}(4\mathbf{s}^2 + 19\mathbf{s} + 20)}{20\mathbf{s}^4 + 66\mathbf{s}^3 + 73\mathbf{s}^2 + 57\mathbf{s} + 30} \quad \text{A}$$

以及

$$\mathbf{I}_2 = \frac{30\mathbf{s}^2 + 43\mathbf{s} + 6}{(\mathbf{s} + 2)(20\mathbf{s}^3 + 26\mathbf{s}^2 + 21\mathbf{s} + 15)} \quad \text{A}$$

僅剩取每個函數之拉普拉斯逆變換，之後得到

$$i_1(t) = -96.39e^{-2t} - 344.8e^{-t} + 841.2e^{-0.15t}\cos 0.8529t + 197.7e^{-0.15t}\sin 0.8529t \quad \text{mA}$$

以及

$$i_2(t) = -481.9e^{-2t} - 241.4e^{-t} + 723.3e^{-0.15t}\cos 0.8529t + 472.8e^{-0.15t}\sin 0.8529t \quad \text{mA}$$

(間接) 得知在 $t=0^-$ 時，並沒有任何電流流經電感器。因此，$i_2(0^-)=0$，所以 $i_2(0^+)$ 也必為零。可在所得解答中驗證。

練習題

15.3 試求圖 15.8 電路中的網路電流 i_1 與 i_2。可假設電路在 $t=0^-$ 時，沒有儲存任何能量。

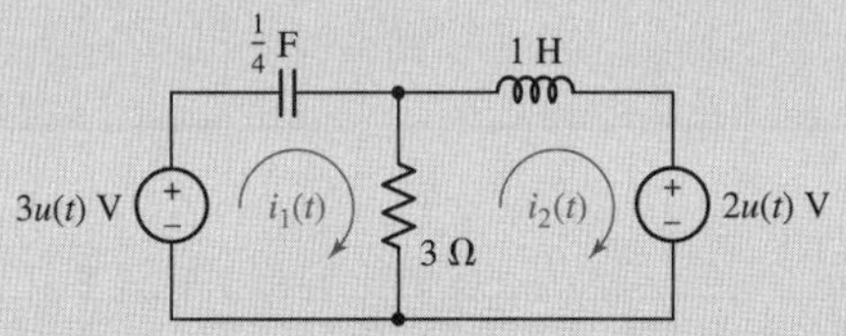

◆ **圖 15.8**

解答：$i_1 = e^{-2t/3}\cos\left(\frac{4}{3}\sqrt{2}t\right) + \left(\sqrt{2}/8\right)e^{-2t/3}\sin\left(\frac{4}{3}\sqrt{2}t\right)$ A；
$i_2 = -\frac{2}{3} + \frac{2}{3}e^{-2t/3}\cos\left(\frac{4}{3}\sqrt{2}t\right) + \left(13\sqrt{2}/24\right)e^{-2t/3}\sin\left(\frac{4}{3}\sqrt{2}t\right)$ A。

範例 15.4

使用節點分析技巧，試求圖 15.9 電路中的電壓 v_x。

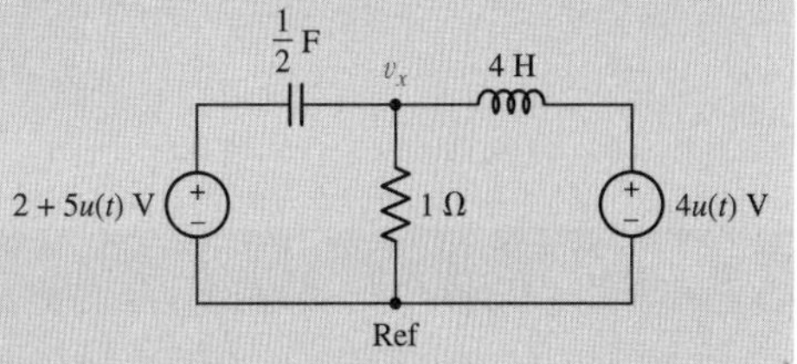

◆ **圖 15.9** 具有兩個能量儲存元件之簡單四節點電路。

第一個步驟為繪製相應的 s 域電路。可知 $\frac{1}{2}$ F 電容器在 $t=0^-$ 具有初始跨壓 2 V，需要利用圖 15.5 其中之一模型。由於使用節點分析，也許圖 15.5b 的模型為較佳的選擇。所得到的電路如圖 15.10 所示。

其中兩個節點已指定，僅需要唯一的節點方程式：

$$-1 = \frac{\mathbf{V}_x - 7/\mathbf{s}}{2/\mathbf{s}} + \mathbf{V}_x + \frac{\mathbf{V}_x - 4/\mathbf{s}}{4\mathbf{s}}$$

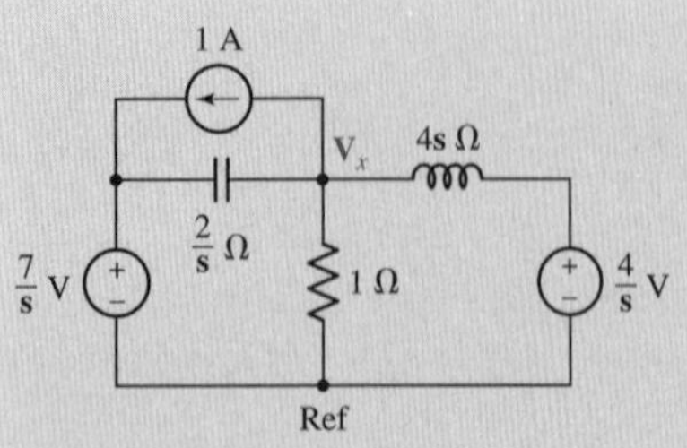

◆**圖 15.10** 圖 15.9 之 **s** 域等效電路。

所以

$$\mathbf{V}_x = \frac{10\mathbf{s}^2+4}{\mathbf{s}(2\mathbf{s}^2+4\mathbf{s}+1)} = \frac{5\mathbf{s}^2+2}{\mathbf{s}\left(\mathbf{s}+1+\frac{\sqrt{2}}{2}\right)\left(\mathbf{s}+1-\frac{\sqrt{2}}{2}\right)}$$

取拉普拉斯逆變換，得到節點電壓 v_x，

$$v_x = [4 + 6.864e^{-1.707t} - 5.864e^{-0.2929t}]u(t)$$

或

$$v_x = \left[4 - e^{-t}\left(9\sqrt{2}\sinh\frac{\sqrt{2}}{2}t - \cosh\frac{\sqrt{2}}{2}t\right)\right]u(t)$$

接著將驗證解答是否正確。由於已知電容器在 $t=0$ 之電壓為 2 V，其中一種檢驗的方法為求解此一電壓。因此，

$$\mathbf{V}_C = \frac{7}{\mathbf{s}} - \mathbf{V}_x = \frac{4\mathbf{s}^2+28\mathbf{s}+3}{\mathbf{s}(2\mathbf{s}^2+4\mathbf{s}+1)}$$

將 $\mathbf{V}_C$ 乘以 **s**，並且取 $\mathbf{s}\to\infty$ 之極限值，得到

$$v_c(0^+) = \lim_{\mathbf{s}\to\infty}\left[\frac{4\mathbf{s}^2+28\mathbf{s}+3}{2\mathbf{s}^2+4\mathbf{s}+1}\right] = 2\text{ V}$$

與預期相同。

練習題

15.4 試利用節點電壓計算圖 15.11 電路之 $v_x(t)$。

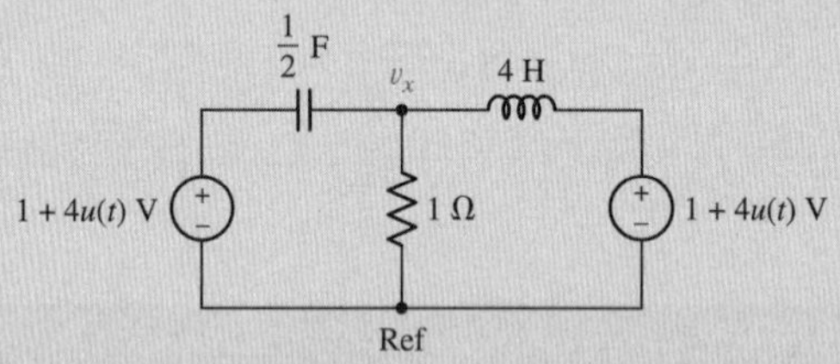

◆**圖 15.11**

解答：$[5+5.657(e^{-1.707t} - e^{-0.2929t})]u(t)$。

範例 15.5

使用節點分析，試求圖 15.12a 電路之電壓 v_1、v_2 與 v_3。其中在 $t=0^-$ 時沒有任何能量儲存於電路中。

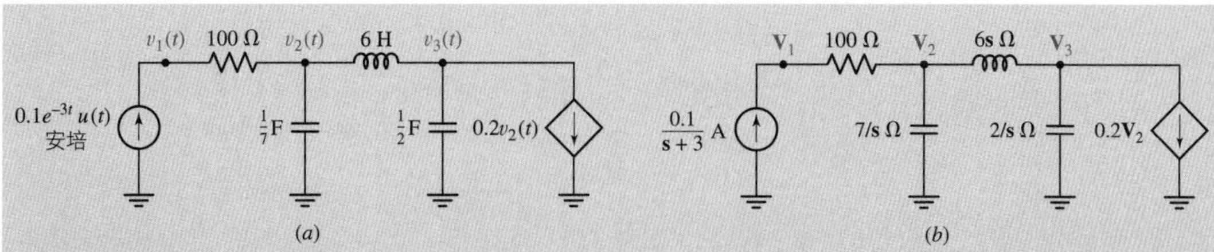

◆ **圖 15.12** (a) 具有兩個電容器與一個電感器之四節點電路，在 $t = 0^-$ 時沒有任何能量儲存於元件之中；(b) 頻域之等效電路。

此一電路由三個個別的能量儲存元件所構成，且在 $t = 0^-$ 時，沒有任何能量儲存於其中。因此，可以每個元件所相應的阻抗來取代之，如圖 15.12b 所示。應注意其中存在由節點電壓 $v_2(t)$ 所控制之相依電流源。

以節點 1 開始，可寫出以下的方程式：

$$\frac{0.1}{\mathbf{s}+3} = \frac{\mathbf{V}_1 - \mathbf{V}_2}{100}$$

或者

$$\frac{10}{\mathbf{s}+3} = \mathbf{V}_1 - \mathbf{V}_2 \qquad \text{(節點 1)}$$

而在節點 2，

$$0 = \frac{\mathbf{V}_2 - \mathbf{V}_1}{100} + \frac{\mathbf{V}_2}{7/\mathbf{s}} + \frac{\mathbf{V}_2 - \mathbf{V}_3}{6\mathbf{s}}$$

或者

$$-42\mathbf{s}\mathbf{V}_1 + (600\mathbf{s}^2 + 42\mathbf{s} + 700)\mathbf{V}_2 - 700\mathbf{V}_3 = 0 \qquad \text{(節點 2)}$$

最後在節點 3，

$$-0.2\mathbf{V}_2 = \frac{\mathbf{V}_3 - \mathbf{V}_2}{6\mathbf{s}} + \frac{\mathbf{V}_3}{2/\mathbf{s}}$$

或者

$$(1.2\mathbf{s} - 1)\mathbf{V}_2 + (3\mathbf{s}^2 + 1)\mathbf{V}_3 = 0$$

求解此節點電壓方程組，得到

$$\mathbf{V}_1 = 3\frac{100\mathbf{s}^3 + 7\mathbf{s}^2 + 150\mathbf{s} + 49}{(\mathbf{s}+3)(30\mathbf{s}^3 + 45\mathbf{s} + 14)}$$

$$\mathbf{V}_2 = 7\frac{3\mathbf{s}^2 + 1}{(\mathbf{s}+3)(30\mathbf{s}^3 + 45\mathbf{s} + 14)}$$

$$\mathbf{V}_3 = -1.4\frac{6\mathbf{s} - 5}{(\mathbf{s}+3)(30\mathbf{s}^3 + 45\mathbf{s} + 14)}$$

僅剩取每個電壓的拉普拉斯逆變換之步驟，所以，就 $t > 0$ 而言，

$$v_1(t) = 9.789e^{-3t} + 0.06173e^{-0.2941t} + 0.1488e^{0.1471t}\cos(1.251t) + 0.05172e^{0.1471t}\sin(1.251t)\text{ V}$$

$$v_2(t) = -0.2105e^{-3t} + 0.06173e^{-0.2941t} + 0.1488e^{0.1471t}\cos(1.251t) + 0.05172e^{0.1471t}\sin(1.251t)\text{ V}$$

$$v_3(t) = -0.03459e^{-3t} + 0.06631e^{-0.2941t} - 0.03172e^{0.1471t}\cos(1.251t) - 0.06362e^{0.1471t}\sin(1.251t)\text{ V}$$

應注意由於相依電流源的行為，所得到的響應會隨著指數遞增。本質上，該電路不受控制，亦即在某時刻，元件將會以相關的方式熔化、爆炸，或者失效。雖然分析如此電路明顯仍相當複雜，但相較於時域中的分析，**s** 域技巧的優點便相當明確！

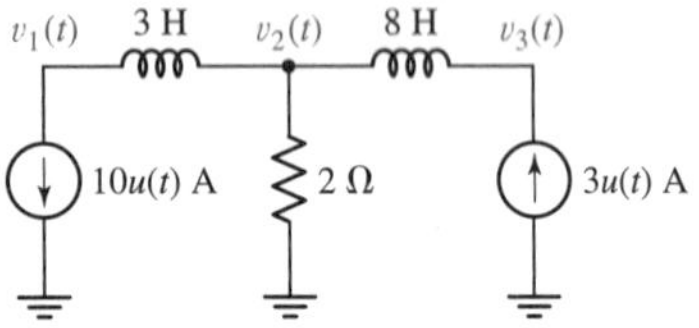

◆ **圖 15.13**

練習題

15.5 試使用節點分析計算圖 15.13 電路中的電壓 v_1、v_2 與 v_3。假設在 $t=0^-$ 時電感器所儲存的能量為零。

解答：$v_1(t) = -30\delta(t) - 14u(t)$ V；$v_2(t) = -14u(t)$ V；
$v_3(t) = 24\delta(t) - 14u(t)$ V。

15.3 其他電路分析技巧

依照分析特定電路之目標而定的是，通常能夠藉由謹慎選擇分析技巧來簡化分析工作。例如，若遭遇具有 215 個獨立電源之電路，通常不會想要應用重疊定理，因為如此方式將需要分析 215 個個別的電路！而若將電容器與電感器等被動元件視為阻抗，則可針對已變換至 **s** 域的等效電路，自由地運用第 3、4 與 5 章所研讀的任何一種電路分析技巧。

因此，重疊定理、電源變換、戴維寧定理以及諾頓定理皆可應用於 **s** 域電路。

範例 15.6

試使用電源變換簡化圖 15.14a 電路，並試求電壓 $v(t)$ 之表示式。

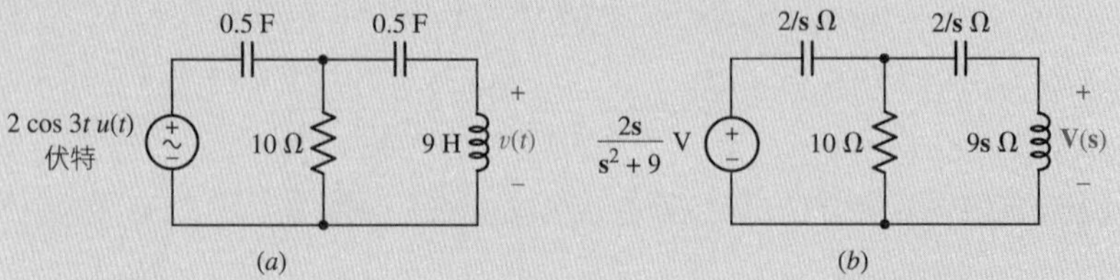

◆ **圖 15.14** (a) 可使用電源變換進行簡化之電路；(b) 頻域表示電路。

由於題目沒有指定任何初始電流或電壓，而且 $u(t)$ 乘以電壓源，故推斷沒有任何初始能量儲存於電路中。因此，將頻域電路繪製於圖 15.14b。

分析的策略為連續執行數次電源變換，藉以組合兩個 $2/\mathbf{s}\ \Omega$ 阻抗以及 $10\ \Omega$ 電阻器；由於所求的電壓 $\mathbf{V(s)}$ 存在於 $9\mathbf{s}\ \Omega$ 阻抗兩端，因此必須獨自留下此一阻抗，而不與予合併。此時可將電壓源與最左邊的 $2/\mathbf{s}\ \Omega$ 阻抗變換成為電流源

$$\mathbf{I(s)} = \left(\frac{2\mathbf{s}}{\mathbf{s}^2+9}\right)\left(\frac{\mathbf{s}}{2}\right) = \frac{\mathbf{s}^2}{\mathbf{s}^2+9} \qquad \text{A}$$

並聯 $2/\mathbf{s}\ \Omega$ 的阻抗。

如圖 15.15a 所描述的，在此一變換之後，得到 $\mathbf{Z}_1 \equiv (2/\mathbf{s})\|10 = 20/(10\mathbf{s}+2)\ \Omega$ 並聯電流源。執行另一次電源變換得到電壓源 $\mathbf{V}_2\mathbf{(s)}$，

$$\mathbf{V}_2\mathbf{(s)} = \left(\frac{\mathbf{s}^2}{\mathbf{s}^2+9}\right)\left(\frac{20}{10\mathbf{s}+2}\right)$$

此一電壓源串聯 $\mathbf{Z}_1$，同時也串聯阻抗 $2/\mathbf{s}$；將 $\mathbf{Z}_1$ 與 $2/\mathbf{s}$ 組合成為新的阻抗 $\mathbf{Z}_2$，得到

$$\mathbf{Z}_2 = \frac{20}{10\mathbf{s}+2} + \frac{2}{\mathbf{s}} = \frac{40\mathbf{s}+4}{\mathbf{s}(10\mathbf{s}+2)} \qquad \Omega$$

所產生的電路闡述於圖 15.15b。在此一階段，將使用分壓定理求得電壓 $\mathbf{V(s)}$ 之表示式：

$$\mathbf{V(s)} = \left(\frac{\mathbf{s}^2}{\mathbf{s}^2+9}\right)\left(\frac{20}{10\mathbf{s}+2}\right)\frac{9\mathbf{s}}{9\mathbf{s}+\left[\dfrac{40\mathbf{s}+4}{\mathbf{s}(10\mathbf{s}+2)}\right]}$$

$$= \frac{180\mathbf{s}^4}{(\mathbf{s}^2+9)(90\mathbf{s}^3+18\mathbf{s}^2+40\mathbf{s}+4)}$$

分母中的兩項呈現複數根。利用 MATLAB 等軟體可得

```
EDU» d1 = 's^2 + 9';
EDU» d2 = '90*s^3 + 18*s^2 + 40*s + 4';
EDU» d = symmul(d1,d2);
EDU» denominator = expand(d);
EDU» den = sym2poly(denominator);
EDU» num = [180 0 0 0 0];
EDU» [r p y] = residue(num,den);
```

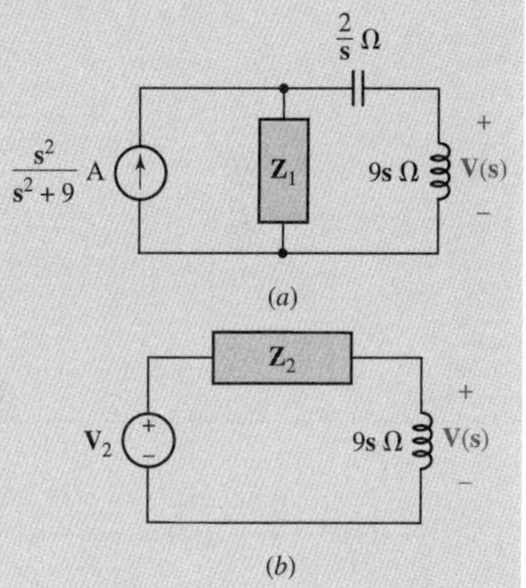

◆ **圖 15.15** (a) 第一次電源變換後之電路；(b) 所要分析求得 $\mathbf{V(s)}$ 之最終電路。

得到

應注意具有複數極點的每一項皆具有共軛複數之伴隨項。就任何一個實際的系統而言，複數極點必以共軛複數對出現。

$$\mathbf{V(s)} = \frac{1.047 + j0.0716}{\mathbf{s} - j3} + \frac{1.047 - j0.0716}{\mathbf{s} + j3} - \frac{0.0471 + j0.0191}{\mathbf{s} + 0.04885 - j0.6573} - \frac{0.0471 - j0.0191}{\mathbf{s} + 0.04885 + j0.6573} + \frac{5.590 \times 10^{-5}}{\mathbf{s} + 0.1023}$$

對每一項取拉普拉斯逆變換，並且將 $1.047 + j0.0716$ 描述為 $1.049e^{j3.912°}$、將 $0.0471 + j0.0191$ 描述為 $0.05083e^{j157.9°}$，得到

$$\begin{aligned} v(t) =& 1.049e^{j3.912°}e^{j3t}u(t) + 1.049e^{-j3.912°}e^{-j3t}u(t) \\ &+ 0.05083e^{-j157.9°}e^{-0.04885t}e^{-j0.6573t}u(t) \\ &+ 0.05083e^{+j157.9°}e^{-0.04885t}e^{+j0.6573t}u(t) \\ &+ 5.590 \times 10^{-5}e^{-0.1023t}u(t) \end{aligned}$$

將複數指數項轉換成為弦波則可寫出較為簡化的表示式

$$\begin{aligned} v(t) =& [5.590 \times 10^{-5}e^{-0.1023t} + 2.098\cos(3t + 3.912°) \\ &+ 0.1017e^{-0.04885t}\cos(0.6573t + 157.9°)]u(t) \quad \text{V} \end{aligned}$$

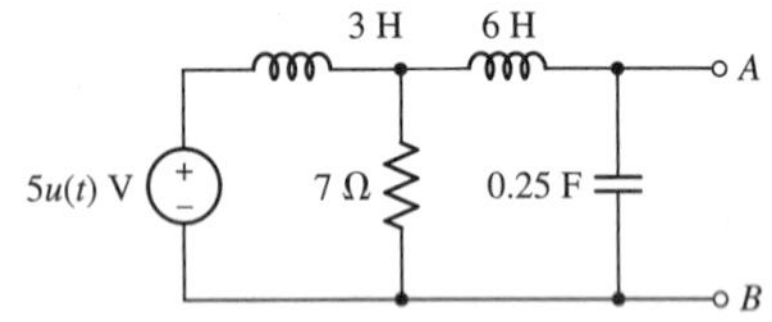

◆ **圖 15.16**

練習題

15.6 試使用電源變換之方法，將圖 15.16 之電路化簡成為單一個 **s** 域電流源並聯單一個阻抗。

解答：$\mathbf{I}_s = \dfrac{35}{\mathbf{s}^2(18\mathbf{s} + 63)}$ A；$\mathbf{Z}_s = \dfrac{72\mathbf{s}^2 + 252\mathbf{s}}{18\mathbf{s}^3 + 63\mathbf{s}^2 + 12\mathbf{s} + 28}$ Ω。

範例 15.7

試求圖 15.17a 虛線所標示的網路之頻域戴維寧等效電路。

此一特殊電路稱為特定型式的單電晶體電路之"混合 π"模型，亦即所謂的共基極放大器。兩電容器 C_π 與 C_μ 代表電晶體內部的電容，一般在數個 pF 的等級。電路中的電阻器 R_L 代表輸出裝置的戴維寧等效電阻；其中的輸出裝置可為一個擴音器或者甚至是一個半導體雷射。電壓源 v_s 與電阻器 R_s 共同代表輸入裝置的戴維寧等效電路，而輸入裝置可以是麥克風、光敏電阻器，或者可能是一種無線電之天線。

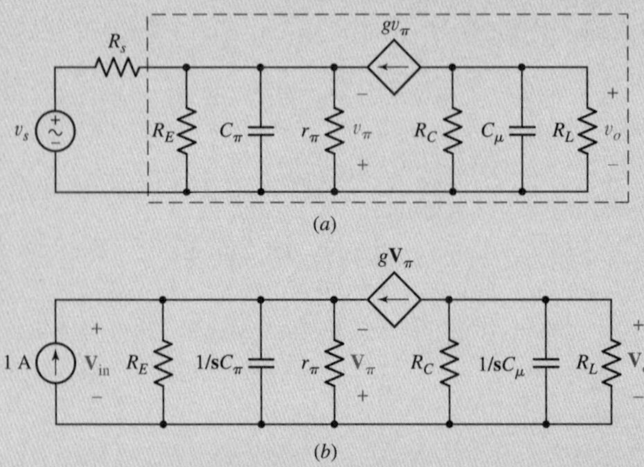

◆ **圖 15.17** (a)"共基極"電晶體放大器之等效電路；(b) 具有 1 A 測試電源之頻域等效電路；其中的 1 A 測試電源用以取代 v_s 與 R_s 所表示之輸入電源。

題目要求得到連接至輸入裝置的電路之戴維寧等效電路；此通常稱為該放大器電路之**輸入阻抗** (Input Impedance)。在將電路轉換成為頻域等效電路之後，以 1 A "測試" 電源取代輸入裝置 (v_s 與 R_s)，如圖 15.17b 所示。輸入阻抗 $\mathbf{Z}_{\text{in}}$ 則為

$$\mathbf{Z}_{\text{in}} = \frac{\mathbf{V}_{\text{in}}}{1}$$

或簡寫為 $\mathbf{V}_{\text{in}}$。此時必須得到以 1 A 電源、電阻器與電容器及 / 或相依電源參數 g 所表示的方程式。

寫出輸入端之單一節點方程式，則可得到

$$1 + g\mathbf{V}_\pi = \frac{\mathbf{V}_{\text{in}}}{\mathbf{Z}_{\text{eq}}}$$

其中

$$\mathbf{Z}_{\text{eq}} \equiv R_E \left\| \frac{1}{\mathbf{s}C_\pi} \right\| r_\pi = \frac{R_E r_\pi}{r_\pi + R_E + \mathbf{s}R_E r_\pi C_\pi}$$

由於 $\mathbf{V}_\pi = -\mathbf{V}_{\text{in}}$，因此得知

$$\mathbf{Z}_{\text{in}} = \mathbf{V}_{\text{in}} = \frac{R_E r_\pi}{r_\pi + R_E + sR_E r_\pi C_\pi + gR_E r_\pi} \quad \Omega$$

練習題

15.7 以 s 域進行分析，試求連接至圖 15.18 電路中的 1 Ω 電阻器之諾頓等效電路。

解答：$\mathbf{I}_{sc} = 3(\mathbf{s}+1)/4\mathbf{s}$ A；$\mathbf{Z}_{th} = 4/(\mathbf{s}+1)$ Ω。

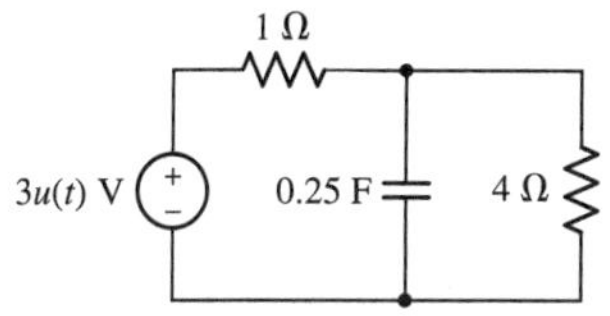

◆ **圖 15.18**

15.4 極點、零點以及轉移函數

在本節中，將回顧第十四章所介紹的專有術語，名為**極點**、**零點**以及**轉移函數**。

考慮圖 15.19a 之簡單電路。**s** 域等效電路給定於圖 15.19b，藉由節點分析得到

$$0 = \frac{\mathbf{V}_{\text{out}}}{1/\mathbf{s}C} + \frac{\mathbf{V}_{\text{out}} - \mathbf{V}_{\text{in}}}{R}$$

重新整理並且求解 $\mathbf{V}_{\text{out}}$，得到

$$\mathbf{V}_{\text{out}} = \frac{\mathbf{V}_{\text{in}}}{1 + \mathbf{s}RC}$$

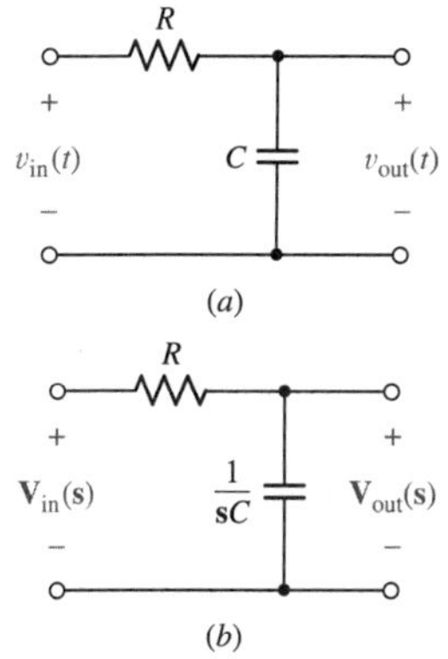

◆ **圖 15.19** (a) 簡單的電阻器-電容器電路，其中已指定輸入電壓與輸出電壓；(b) **s** 域等效電路。

或者

$$\mathbf{H(s)} \equiv \frac{\mathbf{V}_{\text{out}}}{\mathbf{V}_{\text{in}}} = \frac{1}{1+\mathbf{s}RC} \quad [7]$$

其中 $\mathbf{H(s)}$ 為電路的**轉移函數** (Transfer Function)，定義為輸出對輸入之比值。很容易將特定的電流指定為輸入或者輸出量，而得到相同電路之不同轉移函數。一般會從左至右閱讀電路圖，所以設計者通常會盡可能將電路的輸入端設置於電路圖的左邊，而將輸出端設置於右邊。

在電路分析與其他工程領域中，轉移函數的觀念極為重要，原因有二；一者，一旦已知某一特定電路的轉移函數，便能夠簡易地得到任何輸入所產生的輸出。所要執行的運算僅是將 $\mathbf{H(s)}$ 乘以輸入量，再取所得到的表示式之逆變換即可。二者，轉移函數的型式包含許多與特定電路 (或者系統) 行為有關的資訊。

為評估系統的穩定度，需要判斷轉移函數 $\mathbf{H(s)}$ 的極點與零點；之後將會詳細探討此一問題。將方程式 [7] 改寫為

當計算振幅時，習慣將 $+\infty$ 與 $-\infty$ 視為相同的頻率；而響應在極大正負 ω 值的相角並不需要相同。

$$\mathbf{H(s)} = \frac{1/RC}{\mathbf{s}+1/RC} \quad [8]$$

可知此一函數的振幅會隨著 $\mathbf{s} \to \infty$ 而等於零。因此，可謂 $\mathbf{H(s)}$ 在 $\mathbf{s} = \infty$ 具有一個**零點** (Zero)。該函數在 $\mathbf{s} = -1/RC$ 達無限大；因此 $\mathbf{H(s)}$ 在 $\mathbf{s} = -1/RC$ 具有一個**極點** (Pole)。這些頻率稱為**臨界頻率** (Critical Frequency)，在此先預告這些臨界頻率能夠簡化響應曲線之建構，將於 15.7 節探討之。

15.5 摺積

經由以上的闡述，已知 $\mathbf{s}$ 域技巧可有效應用於判斷特定電路的電流與電壓響應。然而，在實務上，工程師經常會面臨連接著任何電源之電路，並且每次皆需要能夠有效判斷新輸出的工具。若能夠藉由稱為**系統函數** (System Function) 的轉移函數來描述基本電路之特性，則能夠簡易地實現如此之目的。

一般電路皆能夠在時域或頻域中進行分析，但通常會使用頻域分析。頻域分析具有四個簡單的處理步驟：

1. 判斷電路的系統函數 (若尚未得知)；
2. 得到所施加的強制函數之拉普拉斯變換；
3. 將此一變換與系統函數相乘；以及最後
4. 執行該乘積之逆變換運算，藉以得到所求輸出。

藉由這些工具，可將某些相對較為複雜的積分表示式簡化成為簡單的 **s** 函數，並且以較為簡單的代數乘法與除法運算取代積分與微分的數學運算。

■脈衝響應

考慮線性電氣網路 N，其中沒有初始儲存能量，且將某一強制函數 $x(t)$ 施加至該網路。在電路的某一點上，存在響應函數 $y(t)$；此闡述於圖 15.20a 之方塊圖以及總稱的時間函數草圖。其中顯示強制函數僅存在於時間區間 $a < t < b$。因此，$y(t)$ 僅存在於 $t > a$。

欲求解的問題為：“*倘若已知* $x(t)$ *的型式，則應如何描述* $y(t)$”。為了解答此一問題，需得到與 N 有關的某些資訊，例如當強制函數為單位脈衝 $\delta(t)$ 時之響應。亦即，假設已知 $h(t)$，則當 $t = 0$ 提供單位脈衝充當強制函數所產生的響應函數如圖 15.20b 所示。函數 $h(t)$ 通常稱為單位脈衝響應函數，或**脈衝響應** (Impulse Response)。

基於拉普拉斯變換之知識，能夠以略為不同的角度來檢視此一觀念。藉由將 $x(t)$ 變換成為 $\mathbf{X(s)}$ 以及將 $y(t)$ 變換成為 $\mathbf{Y(s)}$，

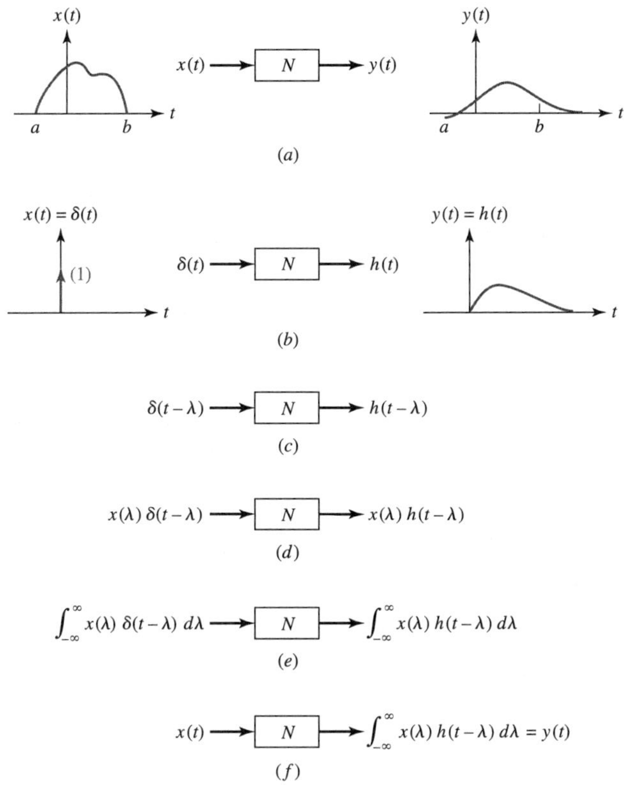

◆**圖 15.20** 摺積積分概念的發展。

則可定義系統的轉移函數 $\mathbf{H(s)}$ 為

$$\mathbf{H(s)} \equiv \frac{\mathbf{Y(s)}}{\mathbf{X(s)}}$$

若 $x(t) = \delta(t)$，則根據表 14.1，$\mathbf{X(s)} = 1$。因此，$\mathbf{H(s)} = \mathbf{Y(s)}$，因而在此一實例中，$h(t) = y(t)$。

替代在時間 $t = 0$ 施加單位脈衝的是，此時假設在時間 $t = \lambda$ 施加單位脈衝。可知如此條件下的輸出僅有時間延遲之改變。因此，當輸入為 $\delta(t - \lambda)$，則輸出變成為 $h(t - \lambda)$，如圖 15.20c 所示。接著，假設輸入脈衝具有大於 1 的強度。已知在線性電路中單一強制函數與常數的乘積可簡單得到成比例的響應變化，所以特別令脈衝的強度在數值上等於 $t = \lambda$ 時之 $x(t)$，此一數值 $x(\lambda)$ 為常數；已知在線性電路中單一強制函數與某常數的乘積會簡單地導致該響應成比例地改變。因此，若輸入變為 $x(\lambda)\delta(t - \lambda)$，則響應變為 $x(\lambda)h(t - \lambda)$，如圖 15.20d 所示。

此時以所有可能的 λ 數值將此一最新的輸入加總，並且將此一結果視為 N 之強制函數。線性性質規定輸出必等於所有可能的 λ 數值所產生的響應之總和。簡言之，輸入的積分會產生輸出的積分，如圖 15.20e 所示。但此時的輸入給定為單位脈衝的篩選特性，[1] 因此得知輸入可簡化為 $x(t)$，亦即原來的輸入。因此，圖 15.20e 可表示為圖 15.20f。

■ 摺積

若系統 N 的輸入為強制函數 $x(t)$，則得知輸出必為圖 15.20a 所描述的函數 $y(t)$。因此，經由圖 15.20f，推論

$$y(t) = \int_{-\infty}^{\infty} x(\lambda)h(t - \lambda)\, d\lambda \qquad [9]$$

其中 $h(t)$ 為 N 的脈衝響應。此一重要的關係即是聞名的**摺積積分** (Convolution Integral)。最後一個方程式以文字表達即是**輸出等於輸入與脈衝響應之摺積**。通常簡寫為

需謹慎注意不要將此一記號與乘法混淆！

$$y(t) = x(t) * h(t)$$

其中的星號讀為“摺積”。

方程式 [9] 有時以些微不同，但等效的型式出現。若令 $z = t - \lambda$，則 $d\lambda = -dz$，且 $y(t)$ 的表示式變成

$$y(t) = \int_{\infty}^{-\infty} -x(t - z)h(z)\, dz = \int_{-\infty}^{\infty} x(t - z)h(z)\, dz$$

1 脈衝函數的篩選特性說明於 14.5 節，其描述 $\int_{-\infty}^{\infty} f(t)\delta(t - t_0)\, dt = f(t_0)$。

且由於積分變數所使用的符號並不重要，因此能夠將方程式 [9] 改寫為

$$y(t) = x(t) * h(t) = \int_{-\infty}^{\infty} x(z)h(t-z)\,dz \\ = \int_{-\infty}^{\infty} x(t-z)h(z)\,dz \quad [10]$$

摺積與可實現系統

方程式 [10] 所得到的結果極為普遍，可應用於任何線性系統。然而，通常關注於**實際可實現系統** (Physically Realizable System)，亦即實際存在或者可能存在的系統，而如此系統則具有稍微修改的摺積積分特性。亦即，*在施加強制函數之前，系統的響應不會開始進行*。特別的是，$h(t)$ 為在 $t = 0$ 時經由施加單位脈衝所得到的系統響應。因此，$h(t)$ 不存在於 $t < 0$。所以可認為當 $z < 0$，在方程式 [10] 第二個積分式中的被積函數為零；而在第一個積分式中，當為 $(t - z)$ 負值時，或者當 $z > t$ 時，被積函數為零。因此，就可實現系統而言，在摺積積分的積分上下限改變：

$$\boxed{y(t) = x(t) * h(t) = \int_{-\infty}^{t} x(z)h(t-z)\,dz \\ = \int_{0}^{\infty} x(t-z)h(z)\,dz} \quad [11]$$

方程式 [10] 與 [11] 兩者皆成立，但當論及可實現的線性系統時，方程式 [11] 更為具體，而且相當值得記憶。

摺積的圖解法

在進一步探討電路脈衝響應的意義之前，先考慮一個數值範例，此範例將說明如何對摺積積分求解。雖然表示式本身相當簡單，但求解有時卻相當麻煩，特別是積分上下限有關的數值。

假設輸入為矩形電壓脈波，以 $t = 0$ 為開始、具有 1 秒的時間區間，且振幅為 1 V：

$$x(t) = v_i(t) = u(t) - u(t-1)$$

同樣也假設此一電壓脈波施加至具有指數函數型式的脈衝響應之電路：

$$h(t) = 2e^{-t}u(t)$$

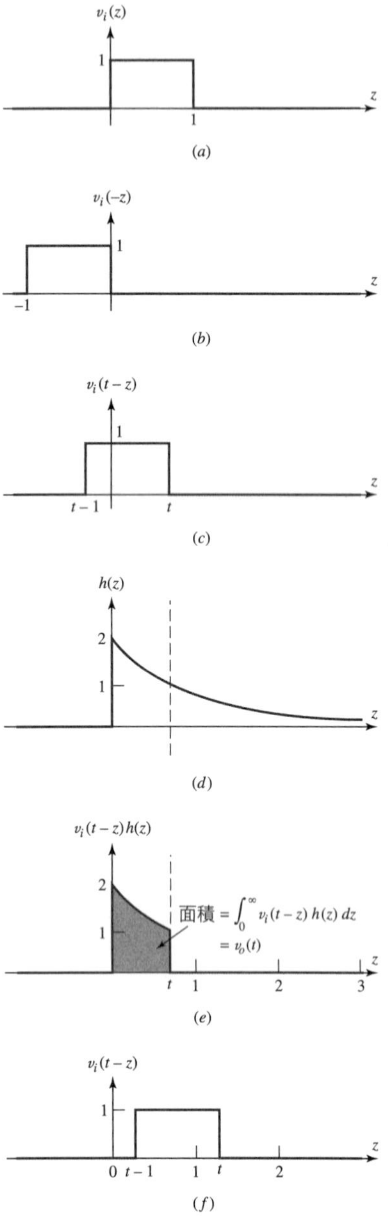

◆ **圖 15.21** 求解摺積積分之圖解觀念。

期望求解輸出電壓 $v_o(t)$，能夠以積分式寫出解答，

$$y(t) = v_o(t) = v_i(t) * h(t) = \int_0^\infty v_i(t-z)h(z)\,dz$$
$$= \int_0^\infty [u(t-z) - u(t-z-1)][2e^{-z}u(z)]\,dz$$

得到此一 $v_o(t)$ 表示式相當簡單，但其中許多單位步階函數的存在造成此一估算極為複雜。因此必須謹慎注意被積函數為零的積分範圍之判斷。

可使用圖解的輔助，協助了解摺積積分的意義與運算。先繪製上下排列的數個 z 軸，如圖 15.21 所示。已知 $v_i(t)$ 的輪廓，所以也已知 $v_i(z)$ 的輪廓；繪製於圖 15.21a。函數 $v_i(-z)$ 可簡單描述為 $v_i(z)$ 相對於 z 軸而反向運行，或者以其座標軸旋轉；顯示於圖 15.21b。接著期望能夠表示出 $v_i(t-z)$，此為 $v_i(-z)$ 向右平移 $z=t$ 的數量，如圖 15.21c 所示。在下一個 z 軸上，如圖 15.21d 所示，繪製出脈衝響應 $h(z)=2e^{-z}\,u(z)$。

下一個步驟為兩函數 $v_i(t-z)$ 與 $h(z)$ 相乘；$t<1$ 的任意數值之結果闡述於圖 15.21e。所求的輸出 $v_o(t)$ 給定為乘積曲線下的**面積** (圖示中的陰影部分)。

首先考慮 $t<0$。$v_i(t-z)$ 與 $h(z)$ 之間沒有交疊，所以 $v_o=0$。隨著時間 t 增加，將圖 15.21c 所示的脈波向右滑動，一旦 $t>0$，便產生與 $h(z)$ 之交疊。圖 15.21e 相應曲線下的面積會隨著 t 的數值增加而持續增加，直到 $t=1$ 為止。隨著時間增加超過此一數值，$z=0$ 以及脈波前緣之間的間隙開始顯露出來，如圖 15.21f 所示。所以，與 $h(z)$ 之交疊開始減少。

亦即，以位在 0 與 1 之間的 t 數值而言，必須從 $z=0$ 積分至 $z=t$；而就超過 1 的 t 數值而言，積分的範圍為 $t-1<z<t$。因此，可寫出

$$v_o(t) = \begin{cases} 0 & t<0 \\ \displaystyle\int_0^t 2e^{-z}\,dz = 2(1-e^{-t}) & 0 \le t \le 1 \\ \displaystyle\int_{t-1}^t 2e^{-z}\,dz = 2(e-1)e^{-t} & t>1 \end{cases}$$

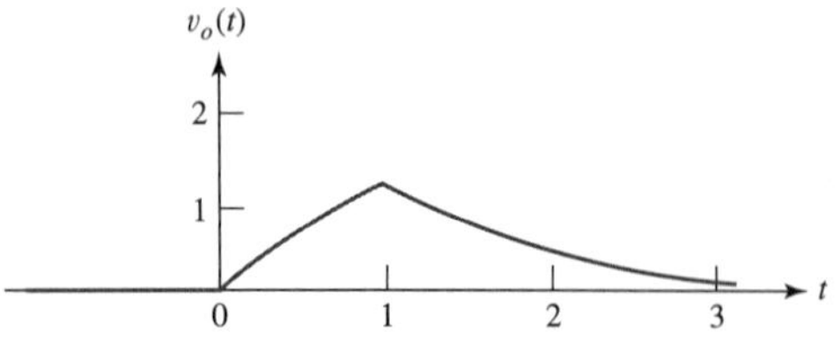

◆ **圖 15.22** 藉由圖解摺積所得到的輸出函數 v_o。

此一函數對時間變數 t 的圖示繪製於圖 15.22，完成所需解答。

範例 15.8

試施加單位步階函數 $x(t) = u(t)$ 充當某系統之輸入，而該系統之脈衝響應為 $h(t) = u(t) - 2u(t-1) + u(t-2)$，試求相應的輸出 $y(t) = x(t) \times h(t)$。

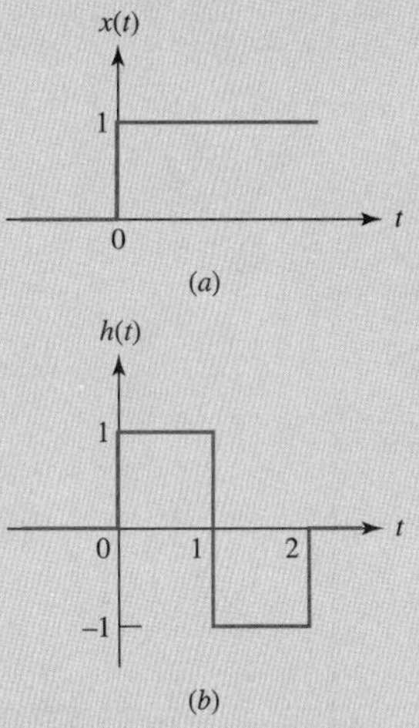

◆**圖 15.23** 某一線性系統之 (a) 輸入訊號 $x(t) = u(t)$ 圖示；以及 (b) 單位脈衝響應 $h(t) = u(t) - 2u(t-1) + u(t-2)$ 圖示。

第一個步驟為繪製 $x(t)$ 與 $h(t)$，如圖 15.23 所示。

任意選擇求解方程式 [11] 之第一個積分式，

$$y(t) = \int_{-\infty}^{t} x(z)h(t-z)\,dz$$

再準備一系列的繪圖，藉以輔助選擇正確的積分上下限。圖 15.24 依序顯示所需的函數：為 z 函數之輸入 $x(z)$、脈衝響應 $h(z)$、恰為 $h(z)$ 以垂直軸旋轉之 $h(-z)$ 曲線，以及將 $h(-z)$ 向右滑動 t 單位所得到之 $h(t-z)$。就此一圖示而言，其中已經選擇了範圍 $0 < t < 1$ 之 t 數值。

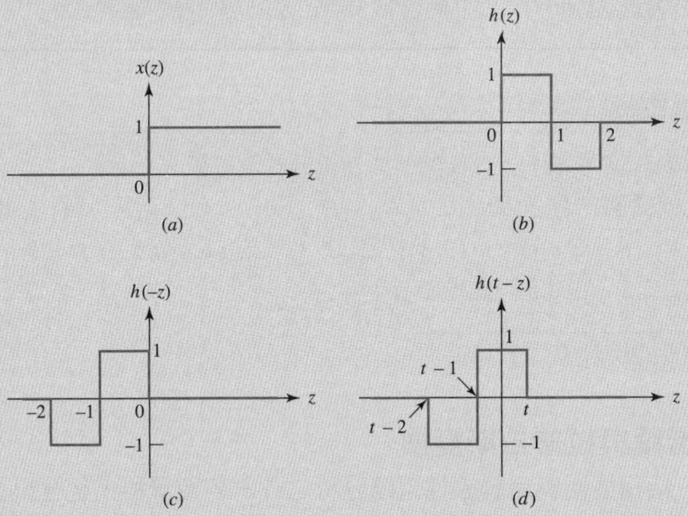

◆**圖 15.24** 以 z 函數所繪製的 (a) 輸入訊號；(b) 脈衝響應；(c) 以垂直軸將 $h(z)$ 翻轉所得到的 $h(-z)$；以及 (d) 當 $h(-z)$ 向右滑動 t 單位所產生的 $h(t-z)$。

此時可就不同的 t 範圍，觀察第一個圖形 $x(z)$ 與最後一個圖形 $h(t-z)$ 之乘積。當 t 小於零時，不會有交疊發生，因此

$$y(t) = 0 \qquad t < 0$$

就圖 15.24d 所繪製的狀況而言，從 $z = 0$ 至 $z = t$，$h(t-z)$ 與 $x(z)$ 具有非零的交疊，且 $h(t-z)$ 與 $x(z)$ 在數值上皆為 1。因此，

$$y(t) = \int_{0}^{t} (1 \times 1)\,dz = t \qquad 0 < t < 1$$

當 t 位於 1 與 2 之間，則 $h(t-z)$ 已經向右滑動而足以位於步階

函數之下方，且其負方波之部分會從 $z=0$ 延伸至 $z=t-1$。所以得到

$$y(t)=\int_0^{t-1}[1\times(-1)]\,dz+\int_{t-1}^{t}(1\times 1)\,dz=-z\Big|_{z=0}^{z=t-1}+z\Big|_{z=t-1}^{z=t}$$

因此，

$$y(t)=-(t-1)+t-(t-1)=2-t \qquad 1<t<2$$

最後，當 t 大於 2 時，$h(t-z)$ 已經向右滑動而足以整個函數皆位於 $z=0$ 的右邊。與單位步階函數的交越完成，且

$$y(t)=\int_{t-2}^{t-1}[1\times(-1)]\,dz+\int_{t-1}^{t}(1\times 1)\,dz=-z\Big|_{z=t-2}^{z=t-1}+z\Big|_{z=t-1}^{z=t}$$

或者

$$y(t)=-(t-1)+(t-2)+t-(t-1)=0 \qquad t>2$$

將此四個 $y(t)$ 區段集合成為圖 15.25 之連續曲線。

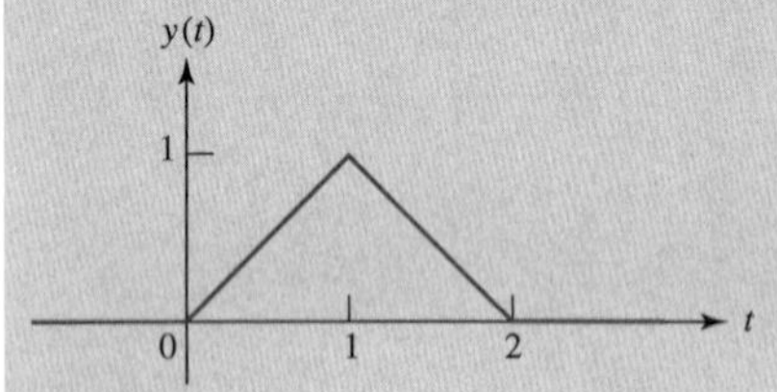

◆ **圖 15.25** 圖 15.23 所示的 $x(t)$ 與 $h(t)$ 摺積結果。

練習題

15.8 試使用方程式 [11] 的第二個積分式重複範例 15.8。

15.9 網路的脈衝響應給定為 $h(t)=5u(t-1)$。若施加輸入訊號 $x(t)=2[u(t)-u(t-3)]$，試求 t 等於 (a) -0.5；(b) 0.5；(c) 2.5；(d) 3.5 時之輸出 $y(t)$。

解答：15.9：0，0，15，25。

■摺積與拉普拉斯變換

摺積廣泛應用於線性電路分析之外的各種學科，包含影像處理、通訊，以及半導體傳輸理論。因此摺積經常使用於得到基本處理過程的直觀圖解，即使是方程式 [10] 與 [11] 的積分表示式也不一定是最佳的解決方式。使用拉普拉斯變換特性其中一種極為實用的替代方法——亦即本章介紹摺積之原因。

令 $\mathbf{F}_1(\mathbf{s})$ 與 $\mathbf{F}_2(\mathbf{s})$ 分別為 $f_1(t)$ 與 $f_2(t)$ 之拉普拉斯變換，在此並且考慮 $f_1(t)*f_2(t)$ 之拉普拉斯變換，

$$\mathscr{L}\{f_1(t)*f_2(t)\}=\mathscr{L}\left\{\int_{-\infty}^{\infty}f_1(\lambda)f_2(t-\lambda)\,d\lambda\right\}$$

其中一個時間函數一般為施加至線性電路輸入端的強制函數，而另一個則為電路的單位脈衝響應。

由於此時所處理的時間函數在 $t=0^-$ 之前並不存在 (拉普拉斯變換的定義造成如此之假設)，因此積分下限可改變為 0^-。接著，使用拉普拉斯變換之定義，得到

$$\mathcal{L}\{f_1(t) * f_2(t)\} = \int_{0^-}^{\infty} e^{-\mathbf{s}t}\left[\int_{0^-}^{\infty} f_1(\lambda) f_2(t-\lambda)\,d\lambda\right] dt$$

由於 $e^{-\mathbf{s}t}$ 與 λ 無關，因此可將此一因數移入內積分之中，並且改變積分順序，所得到的結果為

$$\mathcal{L}\{f_1(t) * f_2(t)\} = \int_{0^-}^{\infty}\left[\int_{0^-}^{\infty} e^{-\mathbf{s}t} f_1(\lambda) f_2(t-\lambda)\,dt\right] d\lambda$$

繼續使用相同的策略，注意到 $f_1(\lambda)$ 與 t 無關，也可將之移出內積分：

$$\mathcal{L}\{f_1(t) * f_2(t)\} = \int_{0^-}^{\infty} f_1(\lambda)\left[\int_{0^-}^{\infty} e^{-\mathbf{s}t} f_2(t-\lambda)\,dt\right] d\lambda$$

之後再將 $x=t-\lambda$ 代入方括號中的積分 (其中可將 λ 視為常數)：

$$\begin{aligned}\mathcal{L}\{f_1(t) * f_2(t)\} &= \int_{0^-}^{\infty} f_1(\lambda)\left[\int_{-\lambda}^{\infty} e^{-\mathbf{s}(x+\lambda)} f_2(x)\,dx\right] d\lambda \\ &= \int_{0^-}^{\infty} f_1(\lambda)e^{-\mathbf{s}\lambda}\left[\int_{-\lambda}^{\infty} e^{-\mathbf{s}x} f_2(x)\,dx\right] d\lambda \\ &= \int_{0^-}^{\infty} f_1(\lambda)e^{-\mathbf{s}\lambda}[\mathbf{F}_2(\mathbf{s})]\,d\lambda \\ &= \mathbf{F}_2(\mathbf{s})\int_{0^-}^{\infty} f_1(\lambda)e^{-\mathbf{s}\lambda} d\lambda\end{aligned}$$

由於所剩的積分為簡單的 $\mathbf{F}_1(\mathbf{s})$，因此得到

$$\boxed{\mathcal{L}\{f_1(t) * f_2(t)\} = \mathbf{F}_1(\mathbf{s}) \cdot \mathbf{F}_2(\mathbf{s})} \qquad [12]$$

換言之，可推論兩個拉普拉斯變換乘積的逆變換為個別逆變換之摺積，此一結果可有效應用於得到逆變換。

範例 15.9

給定 $\mathbf{V}(\mathbf{s}) = 1/[(\mathbf{s}+\alpha)(\mathbf{s}+\beta)]$，應用摺積的技巧試求 $v(t)$。

在 14.5 節已使用部分分式展開求得了此一特定函數的逆變換。此時將 $\mathbf{V}(\mathbf{s})$ 視為兩個變換的乘積，

$$\mathbf{V}_1(\mathbf{s}) = \frac{1}{\mathbf{s}+\alpha}$$

以及

$$\mathbf{V}_2(\mathbf{s}) = \frac{1}{\mathbf{s}+\beta}$$

其中

$$v_1(t) = e^{-\alpha t}u(t)$$

以及

$$v_2(t) = e^{-\beta t}u(t)$$

所求的 $v(t)$ 可表示為

$$\begin{aligned} v(t) &= \mathcal{L}^{-1}\{\mathbf{V}_1(\mathbf{s})\mathbf{V}_2(\mathbf{s})\} = v_1(t) * v_2(t) = \int_{0^-}^{\infty} v_1(\lambda)v_2(t-\lambda)\,d\lambda \\ &= \int_{0^-}^{\infty} e^{-\alpha\lambda}u(\lambda)e^{-\beta(t-\lambda)}u(t-\lambda)\,d\lambda = \int_{0^-}^{t} e^{-\alpha\lambda}e^{-\beta t}e^{\beta\lambda}\,d\lambda \\ &= e^{-\beta t}\int_{0^-}^{t} e^{(\beta-\alpha)\lambda}\,d\lambda = e^{-\beta t}\frac{e^{(\beta-\alpha)t}-1}{\beta-\alpha}u(t) \end{aligned}$$

使用摺積得到所求結果並非較簡易的方法，除非喜歡摺積積分！若假設展開本身不會太累贅，則部分分式展開的方法通常較為簡單。然而，由於僅需要乘法，因此摺積的運算在 **s** 域中較為簡單。

或者更簡潔地描述為

$$v(t) = \frac{1}{\beta-\alpha}(e^{-\alpha t} - e^{-\beta t})u(t)$$

此與先前使用部分分式展開所得到的結果相同。應注意由於所有的 (單邊) 拉普拉斯變換僅對非負值的時間有效，因此需要將單位步階函數 $u(t)$ 插入於該結果之中。

練習題

15.10 試執行 **s** 域之摺積，重複範例 15.8。

■ 轉移函數之其他註釋

如同先前已數次提及的，能夠藉由輸入 $v_i(t)$ 與單位脈衝響應 $h(t)$ 之摺積運算而得到線性電路的某一點上的電壓 $v_o(t)$。然而，必須記住脈衝響應乃是在 $t = 0$ 施加單位脈衝所產生的結果，同時所有的初始條件皆為零。在這些條件下，$v_o(t)$ 的拉普拉斯變換為

$$\mathcal{L}\{v_o(t)\} = \mathbf{V}_o(\mathbf{s}) = \mathcal{L}\{v_i(t) * h(t)\} = \mathbf{V}_i(\mathbf{s})[\mathcal{L}\{h(t)\}]$$

因此，$\mathbf{V}_o(\mathbf{s})/\mathbf{V}_i(\mathbf{s})$ 的比值等於脈衝響應的變換，此後將標記為 $\mathbf{H}(\mathbf{s})$，

$$\mathcal{L}\{h(t)\} = \mathbf{H}(\mathbf{s}) = \frac{\mathbf{V}_o(\mathbf{s})}{\mathbf{V}_i(\mathbf{s})} \qquad [13]$$

經由方程式 [13]，可知脈衝響應與轉移函數組成拉普拉斯變換對，

$$h(t) \Leftrightarrow \mathbf{H(s)}$$

此為重要的結果，在熟悉極-零點繪圖與複數頻率平面之後，15.7 節將進一步探討之。但此時已能夠將此一新的摺積觀念利用於電路分析。

範例 15.10

試求圖 15.26a 電路的脈衝響應；若輸入為 $v_{in}(t) = 6e^{-t}u(t)$ V，試使用此脈衝響應計算強制響應 $v_o(t)$。

先將脈衝電壓 δ(t) V 連接至圖 15.26b 所示的電路。雖然可在時域分析 $h(t)$ 或者是在 **s** 域分析 **H(s)**，但在此選擇後者，所以接著考慮圖 15.26b 的 **s** 域表示方式，如圖 15.27 所描述。

脈衝響應 **H(s)** 給定為

$$\mathbf{H(s)} = \frac{\mathbf{V}_o}{1}$$

所以目前的目標為求得 $\mathbf{V}_o$——藉由簡單的分壓定理即可執行的簡易工作：

$$\mathbf{V}_o\Big|_{v_{in}=\partial(t)} = \frac{2}{2/\mathbf{s}+2} = \frac{\mathbf{s}}{\mathbf{s}+1} = \mathbf{H(s)}$$

此時可使用摺積求得當 $v_{in} = 6e^{-t}u(t)$ 時之 $v_o(t)$ 為

$$v_{in} = \mathcal{L}^{-1}\{\mathbf{V}_{in}(\mathbf{s}) \cdot \mathbf{H(s)}\}$$

由於 $\mathbf{V}_{in}(\mathbf{s}) = 6/(\mathbf{s}+1)$，

$$\mathbf{V}_o = \frac{6\mathbf{s}}{(\mathbf{s}+1)^2} = \frac{6}{\mathbf{s}+1} - \frac{6}{(\mathbf{s}+1)^2}$$

取拉普拉斯逆變換，得到

$$v_o(t) = 6e^{-t}(1-t)u(t) \qquad \text{V}$$

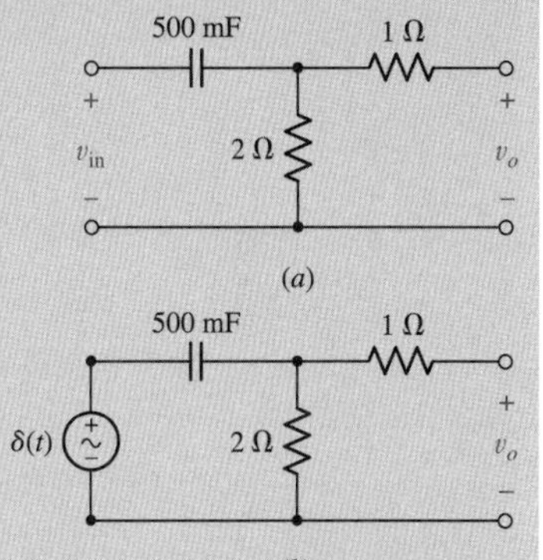

◆ **圖 15.26** (a) 在 $t = 0$ 時施加指數輸入訊號之簡單電路；(b) 用以求得 $h(t)$ 之電路。

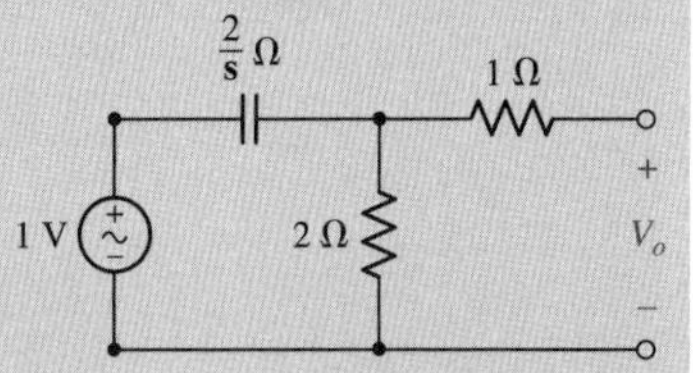

◆ **圖 15.27** 用以求得 **H(s)** 之電路。

練習題

15.11 參照圖 15.26a 電路，若 $v_{in} = tu(t)$ V，試使用摺積求得 $v_o(t)$。

解答：$v_o(t) = (1 - e^{-t})u(t)$ V。

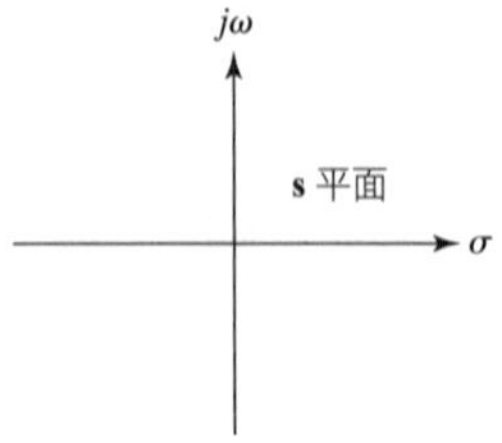

◆**圖 15.28** 複數頻率平面，也稱為 **s** 平面。

15.6 複數頻率平面

在過去幾個範例中可以看出，即使電路具有相對較少數目的元件，仍會導致龐大而複雜的 **s** 域表示式。在如此狀況下，特定電路響應或者轉移函數的圖解表示方式能夠提供甚為有用的觀點。在本節中，將介紹其中一種技巧，其乃是基於複數頻率平面的概念 (圖 15.28)。複數頻率平面具有兩個構成要素 (σ 與 ω)，所以自然傾向於使用三維模型來表示所求函數。

由於 ω 代表振盪函數，因此正負頻率之間並沒有實質的不同。然而，在 σ 的狀況下，可視為指數項，正的數值會使振幅增加，反之負的數值則會遞減。**s** 平面的原點相應於 dc (不隨時間變動)。這些概念的圖形總結於圖 15.29。

雖然相位也與複數頻率極為相關，並且可以相似的方式繪製，但為了建構某一函數 **F(s)** 的適當三維表示方式，應先注意其振幅。因此，先以 $\sigma + j\omega$ 取代函數中的 **s**，再進行判斷 |**F(s)**| 表示式。接著，繪製垂直於 **s** 平面的座標軸，並且利用此一座標軸以每個 σ 與 ω 的數值繪製 |**F(s)**|。基本處理程序闡述於以下的範例中。

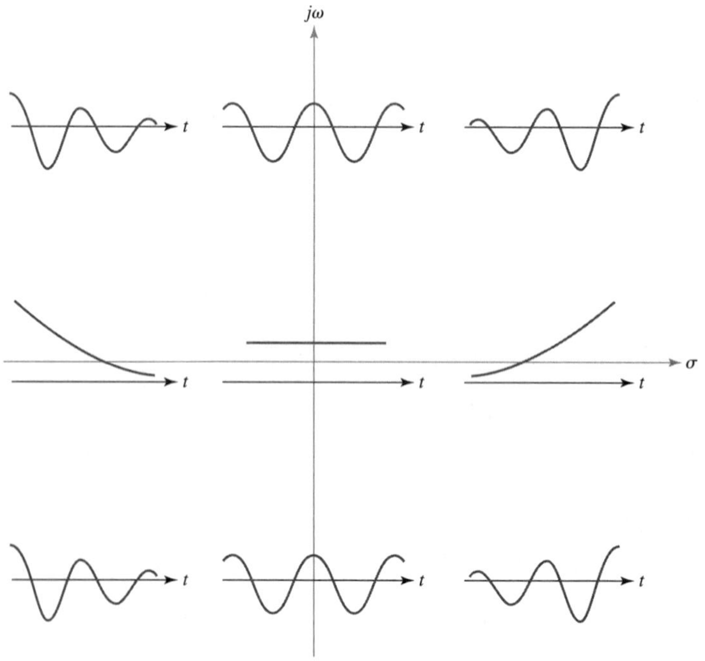

◆**圖 15.29** 根據複數頻率平面所表示的 σ 與 ω 正負數值之物理意義圖示。當 $\omega = 0$，函數不具有振盪成分；當 $\sigma = 0$，除非 ω 也為零，否則函數必為純弦波。

範例 15.11

試以 $j\omega$ 與 σ 兩者為函數，繪製 1 H 電感器與 3 Ω 電阻器串聯組合之導納。

該兩串聯元件的導納給定為

$$\mathbf{Y}(\mathbf{s}) = \frac{1}{\mathbf{s}+3}$$

將 $\mathbf{s}=\sigma+j\omega$ 代入，得到函數的振幅為

$$|\mathbf{Y}(\mathbf{s})| = \frac{1}{\sqrt{(\sigma+3)^2+\omega^2}}$$

當 $\mathbf{s}=-3+j0$，響應的振幅為無限大；當 $\mathbf{s}$ 為零，則 $\mathbf{Y}(\mathbf{s})$ 的振幅為零。因此，所求的模型在 $(-3+j0)$ 點上必具有無限大的高度，且在所有距離原點無限遠的點上必具有零高度。如此模型的剖視圖闡述於圖 15.30a。

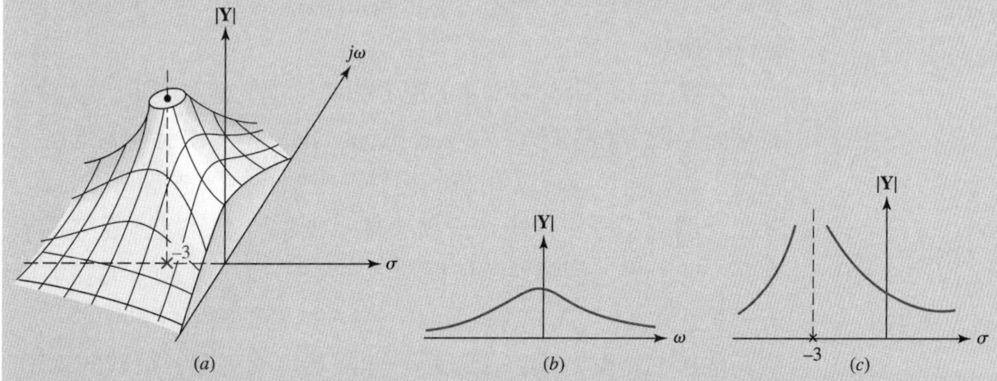

◆ **圖 15.30** (a) 頂部表面代表 1 H 電感器與 3 Ω 電阻器串聯組合的 $|\mathbf{Y}(\mathbf{s})|$ 之模型剖視圖；(b) ω 函數之 $|\mathbf{Y}(\mathbf{s})|$；(c) σ 函數之 $|\mathbf{Y}(\mathbf{s})|$。

建構了該模型之後，便可得到由 $j\omega$ 軸所延伸的垂直平面所切割之 $|\mathbf{Y}|$ 模型，且為 ω 函數 (令 $\sigma=0$)，簡單觀察得知 $|\mathbf{Y}|$ 的變化。將圖 15.30a 所示的模型沿著此一平面切割，則能夠得到所需的 $|\mathbf{Y}|$ 對 ω 圖示；所得到的曲線也繪製於圖 15.30b。同理，藉由 σ 軸的垂直平面可得到 $|\mathbf{Y}|$ 對 σ (令 $\omega=0$) 之圖示，如圖 15.30c 所示。

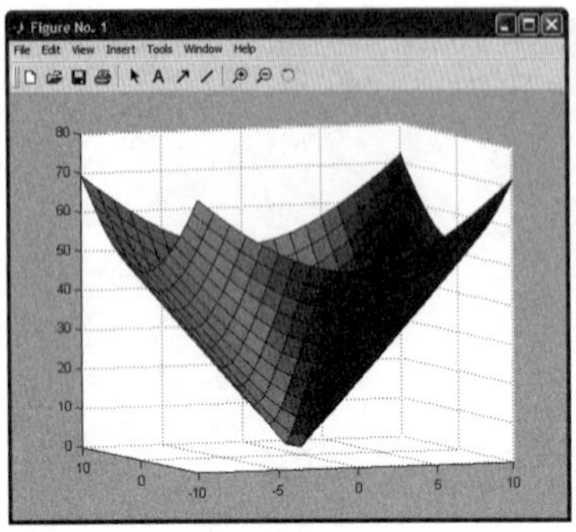

◆ **圖 15.31** 練習題 15.12 之解答，以下列程式碼所產生：

```
EDU» sigma = linspace( − 10,10,21);
EDU» omega = linspace( − 10,10,21);
EDU» [X, Y] = meshgrid (sigma,
        omega);
EDU» Z = abs(2 + 5*X + j*5*Y);
EDU» colormap(hsv);
EDU» s = [ − 5 3 8];
EDU» surfl(X,Y,Z,s);
EDU» view ( − 20,5)
```

練習題

15.12 試以 σ 與 $j\omega$ 函數繪製阻抗 $\mathbf{Z(s)} = 2 + 5\mathbf{s}$ 之振幅。

解答：如圖 15.31。

■極零點之座標

在此將要介紹的分析方式可應用於較為簡單的函數，但對於一般的函數則仍需要更為實用的方法。再次將 **s** 平面設想為地板，想像一個極大的彈性薄板置於該地板上，此時關注響應所有的極點與零點之位置。在每個零點上，薄板的高度必為零，因此薄板貼在地板上。在相應於每個極點的 **s** 數值上，可想像以薄型垂直桿將薄片撐起。必須分別使用極大半徑的夾緊圈或者極高的圓形柵欄來設想無限大的零點與極點。若使用了無限大、無重量之理想彈性薄板，且該薄板以極細微的圖釘貼近地板，並以無限長、零直徑的長桿所撐起，則可假設彈性薄板的高度完全正比於響應的振幅。

考慮可決定所有頻率量的臨界頻率位置之極點與零點配置，有時稱為**極零點座標** (Pole-zero Constellation)，便能夠闡述這些特性；例如阻抗 **Z(s)**。阻抗的極零點座標範例闡述於圖 15.32；在如此的圖示中，以十字記號來標示極點，並且以圓圈來標示零點。若設想一個彈性薄板模型，在 $\mathbf{s} = -2 + j0$ 向下貼在地板上，並且在 $\mathbf{s} = -1 + j5$ 以及 $\mathbf{s} = -1 - j5$ 將之撐高，則應該可看到其地形的特點為兩座山以及一個隕石坑或窪地。模型的 LHP 上部顯示於圖 15.32b。

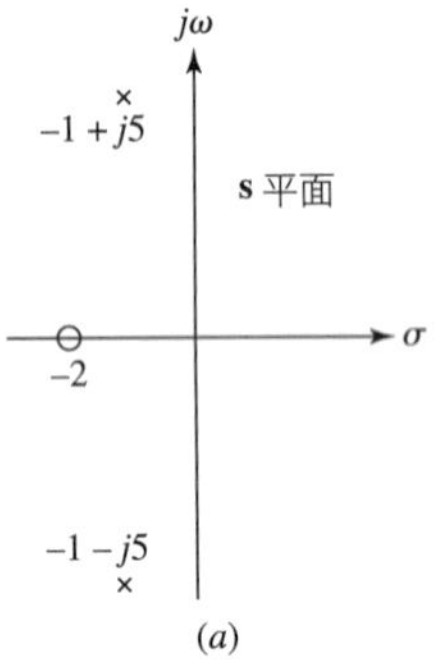

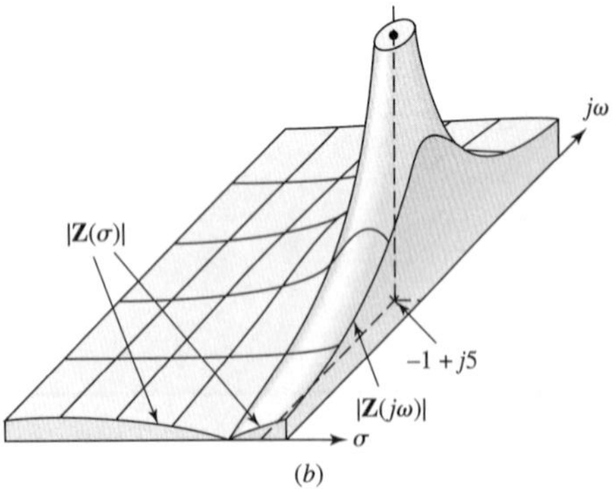

◆ **圖 15.32** (a) 某一阻抗 **Z(s)** 的極零點座標；(b) **Z(s)** 振幅的彈性薄板模型之一部分。

此時將建立可導致如此極零點配置之 **Z(s)** 表示式。零點需要分子 $(\mathbf{s} + 2)$ 的因數，而兩極點則需要分母 $(\mathbf{s} + 1 - j5)$ 與 $(\mathbf{s} + 1 + j5)$ 的因數。除了常數 k 之外，得知 **Z(s)** 的型式為：

$$\mathbf{Z(s)} = k\frac{\mathbf{s} + 2}{(\mathbf{s} + 1 - j5)(\mathbf{s} + 1 + j5)}$$

或者

$$\mathbf{Z(s)} = k\frac{\mathbf{s} + 2}{\mathbf{s}^2 + 2\mathbf{s} + 26} \qquad [14]$$

為了判斷 k，需要在除了臨界頻率之外的某一 **s** 上之 **Z(s)** 數值。就此一函數而言，假設 $\mathbf{Z}(0) = 1$，將之直接代入方程式

[14]，得到 k 為 13，因此

$$\mathbf{Z}(\mathbf{s}) = 13\frac{\mathbf{s}+2}{\mathbf{s}^2+2\mathbf{s}+26} \tag{15}$$

經由方程式 [15] 完整得到 $|\mathbf{Z}(\sigma)|$ 對 σ 的圖示以及 $|\mathbf{Z}(j\omega)|$ 對 ω 的圖示，但經由極零點的配置以及彈性薄板的比喻，函數的一般型式卻是顯而易見的。這兩個曲線的部分出現在圖 15.32b 的模型之側面。

練習題

15.13 0.25 mH 與 5 Ω 的並聯組合再串聯 40 μF 與 5 Ω 的並聯組合。(a) 試求該串聯組合的輸入阻抗 $\mathbf{Z}_{\text{in}}(\mathbf{s})$；(b) 具體指出 $\mathbf{Z}_{\text{in}}(\mathbf{s})$ 所有的零點；(c) 具體指出 $\mathbf{Z}_{\text{in}}(\mathbf{s})$ 所有的極點；(d) 繪製極零點配置。

解答：$5(\mathbf{s}^2+10{,}000\mathbf{s}+10^8)/(\mathbf{s}^2+25{,}000\,\mathbf{s}+10^8)$ Ω；$-5\pm j8.66$ krad/s；-5，-20 krad/s。

15.7 自然響應與 s 平面

在本章一開始，已探討拉普拉斯變換在頻域中之分析可廣泛地考量各種時變電路，捨棄微積分方程式並以代數分析取代。此一方法雖然極為有用，但並無很直觀的處理過程。相反的是，在強制響應的極零點圖示中具有相當大量的資訊。在本節中，將考慮如此的圖示如何能夠用來得到電路的完整響應——自然響應加上強制響應——假設初始條件為已知。如此方式的優點為更具臨界頻率以及所求響應之間的關連性，其中的臨界頻率可簡易地透過極零點圖示而得知。

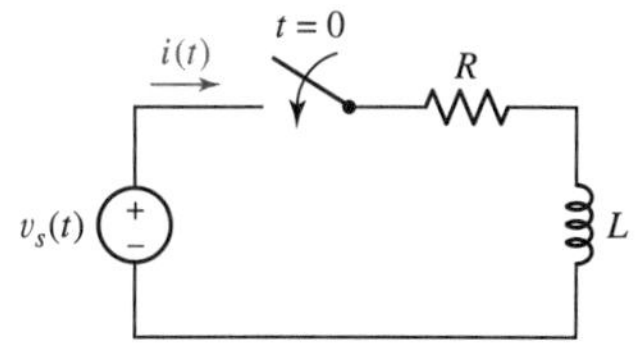

◆**圖 15.33** 闡述透過電源所面對的阻抗之臨界頻率資訊來判斷完整響應之範例。

藉由考慮最簡單的範例來介紹此一方法，亦即圖 15.33 所示的串聯 RL 電路。一般的電壓源 $v_s(t)$ 致使電流 $i(t)$ 在 $t=0$ 開關閉合之後流動。完整響應 $i(t)$ 由自然響應與強制響應所構成：

$$i(t) = i_n(t) + i_f(t)$$

進行頻率分析即可得到強制響應，當然其中的 $v_s(t)$ 假設具有能夠轉換頻域的函數型式；例如，若 $v_s(t)=1/(1+t^2)$，經由圖 15.33 的電路可知

$$\mathbf{I}_f(\mathbf{s}) = \frac{\mathbf{V}_s}{R+\mathbf{s}L}$$

或者

$$\mathbf{I}_f(\mathbf{s}) = \frac{1}{L}\frac{\mathbf{V}_s}{\mathbf{s}+R/L} \qquad [16]$$

接著考慮自然響應。經由先前的經驗，已知自然響應的型式將是具有時間常數 L/R 之遞減指數函數，但假設此時為第一次得知此一結果。藉由定義，自然 (無源) 響應的型式與強制函數無關；強制函數僅對自然響應的振幅有所貢獻。為了找出適當的型式，將所有的獨立電源關閉；此時以短路取代 $v_s(t)$。接著，嘗試得到自然響應，是為強制響應的受限特例。回到方程式 [16] 之頻域表示式，令 $\mathbf{V}_s = 0$。表面上，此呈現 $\mathbf{I}(\mathbf{s})$ 必也為零，但若操作在 $\mathbf{I}(\mathbf{s})$ 的簡單極點之複數頻率，卻不一定真實。亦即，分母與分子兩者可同時為零，所以 $\mathbf{I}(\mathbf{s})$ 不必為零。

此時將從略微不同的角度來檢視此一新觀念。將焦點置於所求強制響應對強制函數的比值。將此一比值指定為 $\mathbf{H}(\mathbf{s})$，並且定義 $\mathbf{H}(\mathbf{s})$ 為電路的轉移函數，則

$$\frac{\mathbf{I}_f(\mathbf{s})}{\mathbf{V}_s} = \mathbf{H}(\mathbf{s}) = \frac{1}{L(\mathbf{s}+R/L)}$$

在此一範例中，轉移函數為 $\mathbf{V}_s$ 兩端的輸入導納。藉由設定 $\mathbf{V}_s = 0$ 來求得自然 (無源) 響應。然而，$\mathbf{I}_f(\mathbf{s}) = \mathbf{V}_s\mathbf{H}(\mathbf{s})$，且若 $\mathbf{V}_s = 0$，則僅能夠藉由操作在 $\mathbf{H}(\mathbf{s})$ 的極點電路，方能得到非零的電流數值。轉移函數的極點因此呈現特殊的意義。

在此一特殊的範例中，可知轉移函數的極點發生在 $\mathbf{s} = -R/L + j0$，如圖 15.34 所示。若選擇操作在此一特定的複數頻率上，則所能夠產生的唯一有限電流在 $\mathbf{s}$ 域中必為常數 (亦即，與頻率無關)。因此得到自然響應為

$$\mathbf{I}\left(\mathbf{s} = -\frac{R}{L} + j0\right) = A$$

其中的 A 為未知常數。接著希望將此一自然響應變換至時域。在如此狀況下，本能反應可能是嘗試應用拉普拉斯逆變換技巧。然而，已經指定了 $\mathbf{s}$ 的數值，因此如此的方法無效。反而應注意一般函數 e^{st} 的實數部分，所以

$$i_n(t) = \mathrm{Re}\{Ae^{st}\} = \mathrm{Re}\{Ae^{-Rt/L}\}$$

在此一範例中，得到

$$i_n(t) = Ae^{-Rt/L}$$

"操作" 在複數頻率之意義為何？在實際的實驗室中如何得以實現？在此一狀況，重要的是記得先前發明複數頻率的源由：一種描述頻率 ω 的弦波函數乘以指數函數 $e^{\sigma t}$ 之工具。如此型式的訊號極易以實際的 (亦即，並非想像的) 實驗室設備產生。因此，僅需要設定 σ 的數值以及 ω 的數值，便可 "操作" 於 $\mathbf{s} = \sigma + j\omega$。

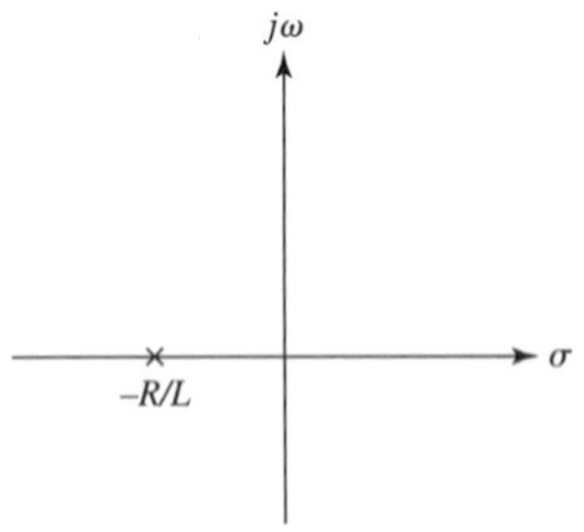

◆圖 15.34 轉移函數 $\mathbf{H}(\mathbf{s})$ 的極零點座標顯示位於 $\mathbf{s} = -R/L$ 的單一極點。

因此總響應為

$$i(t) = Ae^{-Rt/L} + i_f(t)$$

而且只要指定了此一電路的初始條件，A 便可決定。藉由找出 $\mathbf{I}_f(\mathbf{s})$ 的拉普拉斯逆變換，便可得到強制響應 $i_f(t)$。

■ 更全面的觀點

圖 15.35 闡述單一電源連接至一個不具有獨立電源的網路。所求的響應可能是某一電流 $\mathbf{I}_1(\mathbf{s})$ 或某一電壓 $\mathbf{V}_2(\mathbf{s})$，以顯示所有臨界頻率的轉移函數來表示之。具體而言，在圖 15.35a 中選擇 $\mathbf{V}_2(\mathbf{s})$ 為所求響應：

$$\frac{\mathbf{V}_2(\mathbf{s})}{\mathbf{V}_s} = \mathbf{H}(\mathbf{s}) = k\frac{(\mathbf{s}-\mathbf{s}_1)(\mathbf{s}-\mathbf{s}_3)\cdots}{(\mathbf{s}-\mathbf{s}_2)(\mathbf{s}-\mathbf{s}_4)\cdots} \qquad [17]$$

$\mathbf{H}(\mathbf{s})$ 的極點發生在 $\mathbf{s} = \mathbf{s}_2, \mathbf{s}_4, \ldots$，因此在每個頻率下的有限電壓 $\mathbf{V}_2(\mathbf{s})$ 必為自然響應其中一種可能的函數型式。因此，想像一個零伏特的電源 (如同短路) 施加至輸入端；輸入端短路所得到的自然響應因而必具有型式

$$v_{2n}(t) = \mathbf{A}_2 e^{\mathbf{s}_2 t} + \mathbf{A}_4 e^{\mathbf{s}_4 t} + \cdots$$

其中每個 $\mathbf{A}$ 必須依據初始條件求得 (包含施加於輸入端的任何電壓源之初始值)。

為求得圖 15.35a 的 $i_{1n}(t)$ 自然響應的型式，應先判斷轉移函數 $\mathbf{H}(\mathbf{s}) = \mathbf{I}_1(\mathbf{s})/\mathbf{V}_s$ 的極點。應用於圖 15.35b 之轉移函數應是 $\mathbf{I}_1(\mathbf{s})/\mathbf{I}_s$ 以及 $\mathbf{V}_2(\mathbf{s})/\mathbf{I}_s$，而其極點則分別決定 $i_{1n}(t)$ 與 $v_{2n}(t)$。

若某不包含任何獨立電源的網路所求為自然響應，則可在任何方便的接點上安插電源 $\mathbf{V}_s$ 或 $\mathbf{I}_s$，僅受限於原有網路當電源設為零時所得到的條件。接著判斷相應的轉移函數，且其極點可用以指明自然響應。應注意對任何可能的電源位置而言，必得到相同的頻率。若網路已經包含一個電源，則可將該電源設為零，並且在更方便的接點上，安插另一個電源。

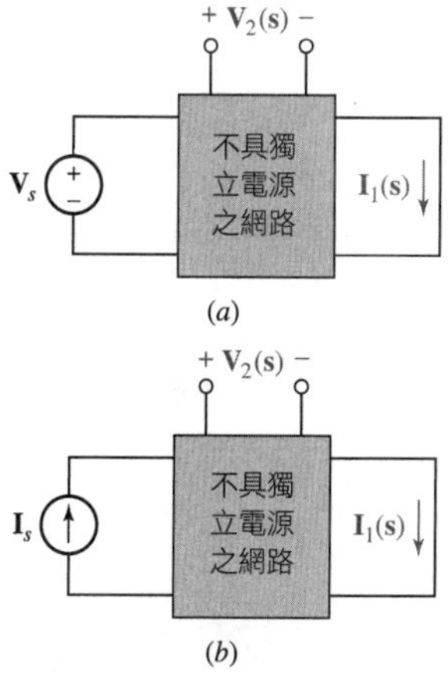

◆ **圖 15.35** 藉由 (a) 電壓源 $\mathbf{V}_s$ 或者 (b) 電流源 $\mathbf{I}_s$ 所產生的響應 $\mathbf{I}_1(\mathbf{s})$ 或 $\mathbf{V}_2(\mathbf{s})$ 之極點。極點決定自然響應 $i_{1n}(t)$ 或 $v_{2n}(t)$ 的型式，其乃是當以短路取代 $\mathbf{V}_s$，或者以開路取代 $\mathbf{I}_s$ 時發生，並且可得到某些初始能量。

■ 特例

在以範例闡述此種方法之前，需要先認識一種可能出現的特例。此特例發生在圖 15.35a 或圖 15.35b 網路包含兩個或者多個彼此隔離的部分之時。例如，可能會有三個網路的並聯組合：R_1 串聯 C、R_2 串聯 L，以及短路。顯然，電壓源串聯 R_1 與 C 並不能在 R_2 與 L 上產生任何電流；該轉移函數必為零。例如，為

了得到電感器電壓的自然響應型式，電壓源必須安裝在 R_2L 網路中。通常在電源安裝之前檢視該網路，便能夠確認此類型的範例；否則將會得到等於零的轉移函數。當 $\mathbf{H(s)} = 0$，得不到任何描述自然響應有關的頻率之資訊，且必須使用其他更適當的電源位置。

範例 15.12

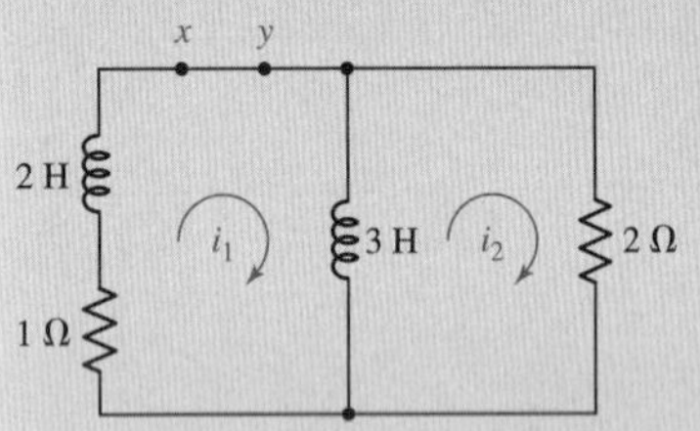

◆ **圖 15.36** 自然響應 i_1 與 i_2 為所求之電路。

考慮圖 15.36 之無源電路，試求 i_1 與 i_2 在 $t > 0$ 之表示式，其中給定初始條件 $i_1(0) = i_2(0) = 11$ A。

將電壓源 $\mathbf{V}_s$ 安裝於接點 x 與 y 之間，並且所求為轉移函數 $\mathbf{H(s)} = \mathbf{I}_1(\mathbf{s})/\mathbf{V}_s$，此恰為電源兩端的輸入導納。得到

$$\mathbf{I}_1(\mathbf{s}) = \frac{\mathbf{V}_s}{2\mathbf{s} + 1 + 6\mathbf{s}/(3\mathbf{s} + 2)} = \frac{(3\mathbf{s} + 2)\mathbf{V}_s}{6\mathbf{s}^2 + 13\mathbf{s} + 2}$$

或者

$$\mathbf{H(s)} = \frac{\mathbf{I}_1(\mathbf{s})}{\mathbf{V}_s} = \frac{\frac{1}{2}\left(\mathbf{s} + \frac{2}{3}\right)}{(\mathbf{s} + 2)\left(\mathbf{s} + \frac{1}{6}\right)}$$

經由先前的經驗，大略掃視一下上述方程式，已知 i_1 的型式必為

$$i_1(t) = Ae^{-2t} + Be^{-t/6}$$

使用所給定的初始條件來建立 A 與 B 之數值，並完成解答。由於 $i_1(0)$ 給定為 11 安培，

$$11 = A + B$$

寫出環繞電路周邊的 KVL 方程式，藉以得到所需的額外條件：

$$1i_1 + 2\frac{di_1}{dt} + 2i_2 = 0$$

並且求解該導數：

$$\left.\frac{di_1}{dt}\right|_{t=0} = -\frac{1}{2}[2i_2(0) + 1i_1(0)] = -\frac{22 + 11}{2} = -2A - \frac{1}{6}B$$

因此，$A = 8$ 且 $B = 3$，所以所求的解答為

$$i_1(t) = 8e^{-2t} + 3e^{-t/6} \quad \text{安培}$$

構成 i_2 的自然頻率與構成 i_1 者相同，並且使用類似求解任意常數的處理程序得到

$$i_2(t) = 12e^{-2t} - e^{-t/6} \quad \text{安培}$$

練習題

15.14 若電流源 $i_1(t) = u(t)$ A 存在於圖 15.37 的 a-b，電流源箭頭進入 a，試求 $\mathbf{H(s)} = \mathbf{V}_{cd}/\mathbf{I}_1$，並且具體指出 $v_{cd}(t)$ 所相應的自然頻率。

解答：120 s/(s + 20,000)Ω，−20,000 s^{-1}。

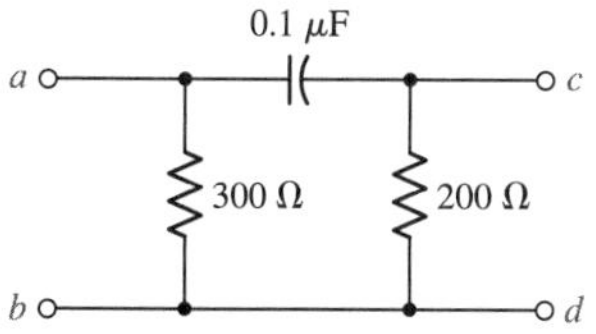

◆ **圖 15.37**

除了所求響應的初始值與其導數的明顯範例之外，求解自然響應振幅係數必須依循的處理程序複雜而冗長。然而，應關注於能夠得到自然響應型式之簡易與快速過程。

15.8 合成電壓比值 $\mathbf{H(s)} = \mathbf{V}_{out}/\mathbf{V}_{in}$ 之技巧

本章大部分探討有關轉移函數之極點與零點，其中已將極點與零點定位於複數頻率平面，並使用極零點將轉移函數表示為 **s** 因式或多項式的比值，亦已藉此計算強制響應，且在 15.7 節中，已使用極點來建構自然響應之型式。

此時將說明如何決定可提供所需的轉移函數之網路。僅考慮一小部分的常見問題，以 $\mathbf{H(s)} = \mathbf{V}_{out}(\mathbf{s})/\mathbf{V}_{in}(\mathbf{s})$ 型式的轉移函數進行分析，如圖 15.38 所示。為簡單起見，限制 **H(s)** 的臨界頻率位於負 σ 軸 (包含原點)。因此，所要考慮的轉移函數如

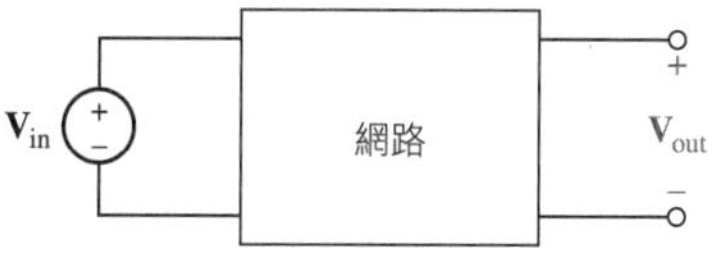

◆ **圖 15.38** 給定 $\mathbf{H(s)} = \mathbf{V}_{out}/\mathbf{V}_{in}$，尋求具有已指定 **H(s)** 之網路。

$$\mathbf{H}_1(\mathbf{s}) = \frac{10(\mathbf{s}+2)}{\mathbf{s}+5}$$

或

$$\mathbf{H}_2(\mathbf{s}) = \frac{-5\mathbf{s}}{(\mathbf{s}+8)^2}$$

或者

$$\mathbf{H}_3(\mathbf{s}) = 0.1\mathbf{s}(\mathbf{s}+2)$$

先求得圖 15.39 網路的電壓增益，此網路以理想運算放大器組成。運算放大器兩輸入端之間的電壓必為零，且運算放大器的輸入阻抗必為無限大。因此可設流進反相輸入端的電流總和為零：

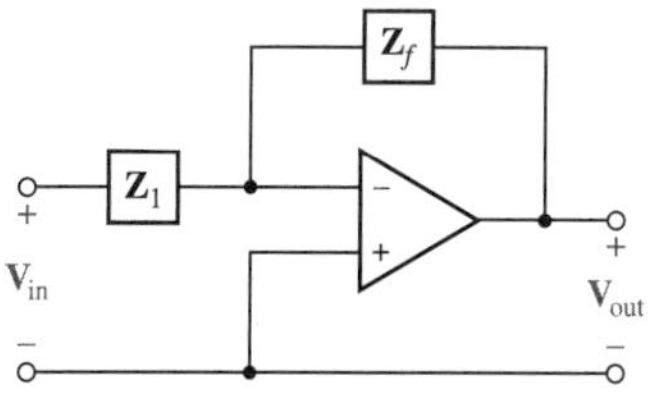

◆ **圖 15.39** 使用理想的運算放大器實現 $\mathbf{H(s)} = \mathbf{V}_{out}/\mathbf{V}_{in} = -\mathbf{Z}_f/\mathbf{Z}_1$。

$$\frac{\mathbf{V}_{in}}{\mathbf{Z}_1} + \frac{\mathbf{V}_{out}}{\mathbf{Z}_f} = 0$$

或者

$$\frac{\mathbf{V}_{\text{out}}}{\mathbf{V}_{\text{in}}} = -\frac{\mathbf{Z}_f}{\mathbf{Z}_1}$$

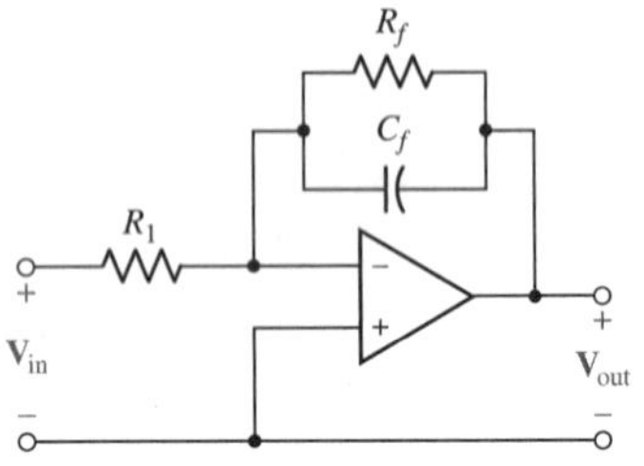

(*a*)

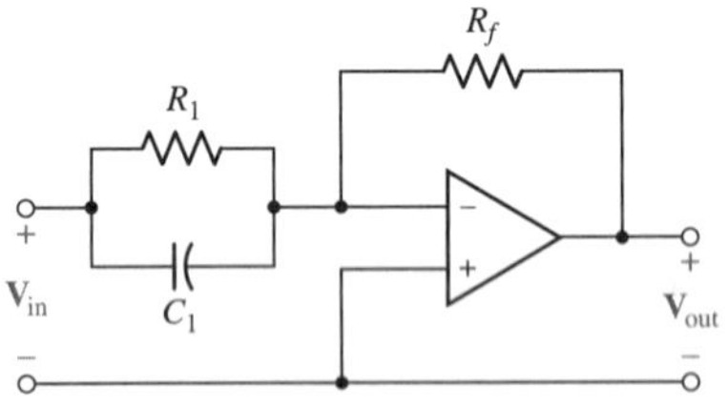

(*b*)

◆ **圖 15.40** (a) 轉移函數 $\mathbf{H(s)} = \mathbf{V}_{\text{out}}/\mathbf{V}_{\text{in}}$ 具有位於 $\mathbf{s} = -1/R_f C_f$ 的極點；(b) 此時轉移函數具有位於 $\mathbf{s} = -1/R_1 C_1$ 之零點。

若 $\mathbf{Z}_f$ 與 $\mathbf{Z}_1$ 兩者皆為電阻，則電路充當一反相放大器，或者可能是**衰減器** (Attenuator) (若比值小於 1)；但此時的電路其中一個阻抗為電阻，而另一個阻抗為 *RC* 網路。

在圖 15.40a 中，令 $\mathbf{Z}_1 = R_1$，同時 $\mathbf{Z}_f$ 為 R_f 與 C_f 之並聯組合。因此，

$$\mathbf{Z}_f = \frac{R_f/\mathbf{s}C_f}{R_f + (1/\mathbf{s}C_f)} = \frac{R_f}{1 + \mathbf{s}C_f R_f} = \frac{1/C_f}{\mathbf{s} + (1/R_f C_f)}$$

且

$$\mathbf{H(s)} = \frac{\mathbf{V}_{\text{out}}}{\mathbf{V}_{\text{in}}} = -\frac{\mathbf{Z}_f}{\mathbf{Z}_1} = -\frac{1/R_1 C_f}{\mathbf{s} + (1/R_f C_f)}$$

得到具有單一個 (有限的) 臨界頻率轉移函數，極點位於 $\mathbf{s} = -1/R_f C_f$。

接著談到圖 15.40b，此時令 $\mathbf{Z}_f$ 為電阻，而 $\mathbf{Z}_1$ 為 *RC* 並聯組合：

$$\mathbf{Z}_1 = \frac{1/C_1}{\mathbf{s} + (1/R_1 C_1)}$$

且

$$\mathbf{H(s)} = \frac{\mathbf{V}_{\text{out}}}{\mathbf{V}_{\text{in}}} = -\frac{\mathbf{Z}_f}{\mathbf{Z}_1} = -R_f C_1 \left(\mathbf{s} + \frac{1}{R_1 C_1}\right)$$

唯一的有限臨界頻率為位於 $\mathbf{s} = -1/R_1 C_1$ 之零點。

理想運算放大器的輸出或者戴維寧阻抗為零，因而 $\mathbf{V}_{\text{out}}$ 與 $\mathbf{V}_{\text{out}}/\mathbf{V}_{\text{in}}$ 皆非跨於輸出端上的任意阻抗 $\mathbf{Z}_L$ 之函數。此亦包含了另一個運算放大器之輸入，因而能夠以**串接** (Cascade) 方式連接該電路，使之具有特定位置上的極點與零點，其中的串接方式乃是將某一運算放大器的輸出端直接連接至下一個運算放大器的輸入端，因此可產生任何所需的轉移函數。

範例 15.13

試合成可得到轉移函數 $\mathbf{H(s)} = \mathbf{V}_{\text{out}}/\mathbf{V}_{\text{in}} = 10(\mathbf{s}+2)/(\mathbf{s}+5)$ 之電路。

藉由圖 15.40a 型式的網路可得到在 $\mathbf{s} = -5$ 的極點。將之稱為網路 *A*，得到 $1/R_{fA}C_{fA} = 5$。任意選擇 $R_{fA} = 100\ \text{k}\Omega$；因此，$C_{fA} = 2\ \mu\text{F}$。就完整電路的此一部分而言，

$$\mathbf{H}_A(\mathbf{s}) = -\frac{1/R_{1A}C_{fA}}{\mathbf{s}+(1/R_{fA}C_{fA})} = -\frac{5\times 10^5/R_{1A}}{\mathbf{s}+5}$$

接著，考慮在 $\mathbf{s} = -2$ 的零點。經由圖 15.40b，$1/R_{1B}C_{1B} = 2$，且若選擇 $R_{1B} = 100\ \mathrm{k}\Omega$，則得到 $C_{1B} = 5\ \mu\mathrm{F}$。因此

$$\mathbf{H}_B(\mathbf{s}) = -R_{fB}C_{1B}\left(\mathbf{s}+\frac{1}{R_{1B}C_{1B}}\right)$$
$$= -5\times 10^{-6}R_{fB}(\mathbf{s}+2)$$

且

$$\mathbf{H}(\mathbf{s}) = \mathbf{H}_A(\mathbf{s})\mathbf{H}_B(\mathbf{s}) = 2.5\frac{R_{fB}}{R_{1A}}\frac{\mathbf{s}+2}{\mathbf{s}+5}$$

令 $R_{fB} = 100\ \mathrm{k}\Omega$ 以及 $R_{1A} = 25\ \mathrm{k}\Omega$，便完成所需設計。設計結果闡述於圖 15.41。電路中的電容器相當大，此為選擇 $\mathbf{H}(\mathbf{s})$ 低頻的極點與零點得到的後果。若將 $\mathbf{H}(\mathbf{s})$ 改變為 $10(\mathbf{s}+2000)/(\mathbf{s}+5000)$，則可使用 2 與 5 nF 的數值。

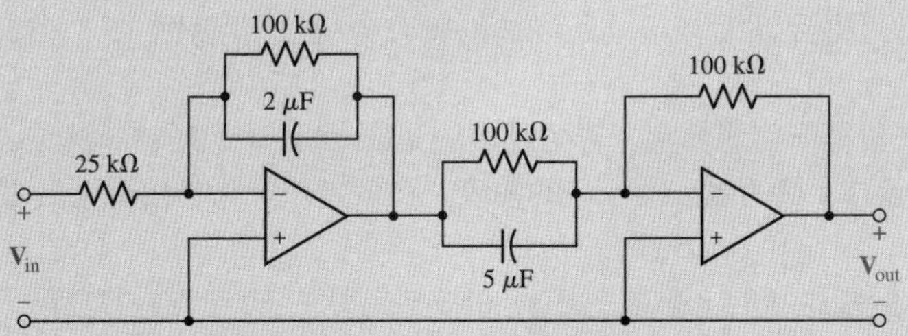

◆ **圖 15.41** 此一網路包含兩個理想運算放大器，並且給定電壓轉移函數 $\mathbf{H}(\mathbf{s}) = \mathbf{V}_{out}/\mathbf{V}_{in} = 10(\mathbf{s}+2)/(\mathbf{s}+5)$。

練習題

15.15 試具體指出三個串接級每一個的 $\mathbf{Z}_1$ 與 $\mathbf{Z}_f$ 之適當元件數值，藉以實現轉移函數 $\mathbf{H}(\mathbf{s}) = -20\mathbf{s}^2/(\mathbf{s}+1000)$。

解答：$1\ \mu\mathrm{F} \parallel \infty$，$1\ \mathrm{M}\Omega$；$1\ \mu\mathrm{F} \parallel \infty$，$1\ \mathrm{M}\Omega$；$100\ \mathrm{k}\Omega \parallel 10\ \mathrm{nF}$，$5\ \mathrm{M}\Omega$。

總結與回顧

在第十四章揭露複數頻率的觀念之後，本章將此觀念應用於電路分析。第一個標題為阻抗——也許對已經閱讀過第十章的讀者而言相當熟悉。阻抗 (或者導納) 的觀念可直接建構 **s** 域的方程式，藉以描述節點電壓、網目電流等等，而不必依賴取微積分方程式中每項的拉普拉斯變換。較令人驚訝的是，發現電感器與電容器的阻抗包含了元件的初始條件。之後則運用所熟知的所有電路分析技巧。所遭遇的唯一困難是需要因式分解高次的多項式，以便執行逆變換。本章也介紹了系統轉移函數的概念，此一概念可簡易地變動網路之輸入，並預測新

的輸出。本章也證明了 **s** 域之分析極為合理，並且得知了可簡易地將兩個 **s** 域等效函數相乘便能夠執行兩時域函數的摺積。

本章第三個主要標題為複數頻率平面，可藉以產生任何的 **s** 域表示式之圖解表示方式。特別的是，此種方式提供了一種有條理的機制，可藉以簡易地辨識出極點與零點。由於連接至電路的電源僅決定暫態響應的振幅，而不是暫態響應本身的型式，因此發現了 **s** 域的分析能夠揭露與網路的自然響應以及強制響應有關的細節。本章最後說明如何使用運算放大器來合成所需的轉移函數，透過串接級的方式來設置所需的極點與零點。

未來在研讀訊號分析時將會再次回顧此一主題，特別是摺積的觀念應用相當廣泛。然而，此時應暫停深入探討，使讀者能夠將焦點放在關鍵問題上，開始回顧本章所討論的主題並且確認適切的相關範例。

- ❑ 可使用具有相同大小的阻抗來表示頻域中的電阻器。(範例 15.1)
- ❑ 可使用阻抗 $\mathbf{s}L$ 來表示頻域中的電感器。若初始電流非零，則該阻抗必須與電壓源 $-Li(0^-)$ 串聯，或者與電流源 $i(0^-)/\mathbf{s}$ 並聯。(範例 15.1)

以上的模型歸納於表 15.1。

- ❑ 可使用阻抗 $1/\mathbf{s}C$ 來表示頻域中的電容器。若初始電壓非零，則該阻抗必須與電壓源 $v(0^-)/\mathbf{s}$ 串聯，或者與電流源 $Cv(0^-)$ 並聯。(範例 15.2)
- ❑ **s** 域中的節點與網目分析可得到以 **s** 多項式所描述的聯立方程式。(範例 15.3、15.4 與 15.5)
- ❑ 重疊定理、電源變換以及戴維寧與諾頓定理皆可應用於 **s** 域分析。(範例 15.6 與 15.7)
- ❑ 電路的轉移函數 **H(s)** 定義為 **s** 域的輸出對 **s** 域的輸入之比值。任一物理量皆可為電壓或電流。(範例 15.8)
- ❑ **H(s)** 的*零點*為導致 **H(s)** 振幅為零的 **s** 數值。**H(s)** 的*極點*為導致 **H(s)** 振幅為無限大的 **s** 數值。
- ❑ 摺積提供經由電路的脈衝響應 $h(t)$ 判斷電路輸出之分析與圖解工具。(範例 15.8、15.9 與 15.10)
- ❑ 有數種可根據極點與零點來描述 **s** 域表示式的圖解方式。能夠使用如此的圖示合成某一電路，藉以得到所需的響應。(範例 15.11)
- ❑ 能夠使用 **s** 域技巧來分析無源電路，藉以得到其暫態響應。
- ❑ 能夠使用單一運算放大器級來合成具有任一零點或極點之轉移函數。能夠藉由串接多數電路級來合成更複雜的函數。

延伸閱讀

使用拉普拉斯變換進行系統的 **s** 域分析以及轉移函數的特性之更多細節，能夠在以下書籍中得到：

K. Ogata, *Modern Control Engineering*, 4th ed. Englewood Cliffs, N.J.: Prentice-Hall, 2002.

各種型式的振盪器電路之深入探討能夠在以下書籍中得到：

R. Mancini, *Op Amps for Everyone*, 2nd ed. Amsterdam: Newnes, 2003.

G. Clayton and S. Winder, *Operational Amplifiers*, 5th ed. Amsterdam: Newnes, 2003.

習題

15.1 Z(s) 與 Y(s)

1. 若唯一所求為 $v(t)$，試繪製圖 15.42 所描述的電路之 s 域等效電路。(提示：省略電源，但不要忽略。)
2. 考慮圖 15.43 之電路，試繪製 s 域等效電路並且分析該等效電路，若 $i(0)$ 等於 (a) 0；(b) 3 A，藉以得到 $v(t)$ 之數值。

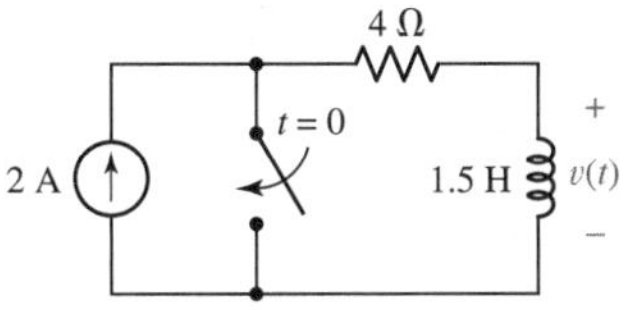

◆ **圖 15.42**

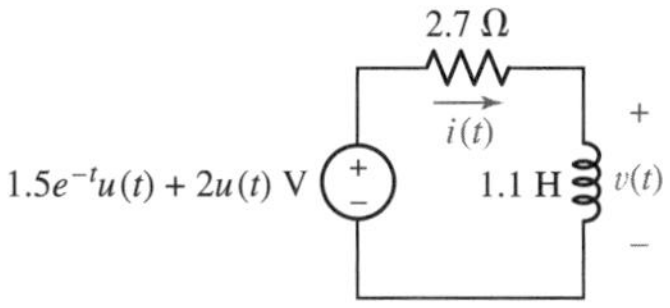

◆ **圖 15.43**

3. 考慮圖 15.44，(a) 試繪製兩 s 域等效電路；(b) 試選擇其中一個等效電路，求解 **V(s)**；(c) 試求 $v(t)$。

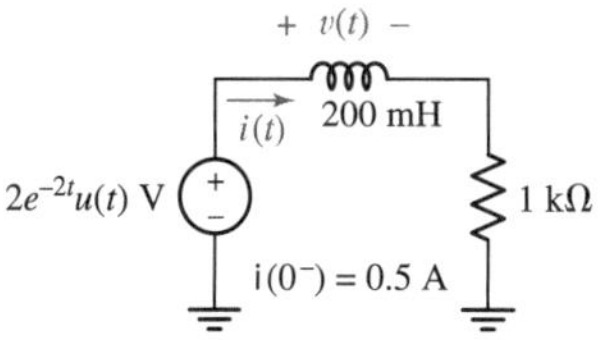

◆ **圖 15.44**

15.2 s 域之節點與網目分析

4. 考慮圖 15.45 所給定之電路，(a) 試繪製 s 域等效電路；(b) 試寫出三個 s 域之網目方程式；(c) 試求 i_1、i_2 與 i_3。
5. 考慮圖 15.46 所示之電路，令 $i_{s1} = 3u(t)$ A 且 $i_{s2} = 5 \sin 2t$ A。以 s 域進行分析，試求 $v_x(t)$ 之表示式。

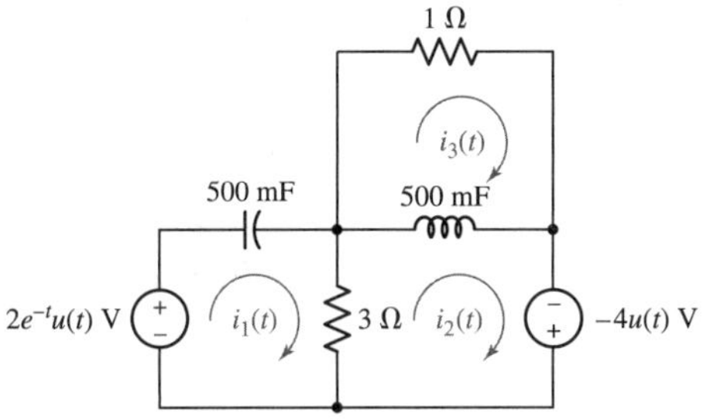

◆ **圖 15.45**

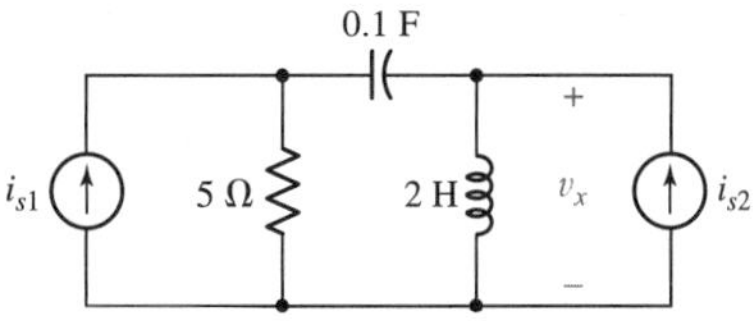

◆ **圖 15.46**

6. 假設無任何初始能量儲存於圖 15.47 之電路，試求在 t 等於 (a) 1 ms；(b) 100 ms；(c) 10 s 時之 v_2 數值。

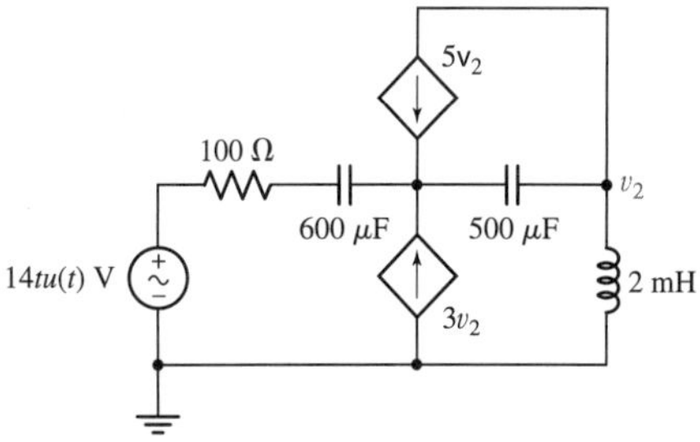

◆ **圖 15.47**

15.3 其他電路分析技巧

7. 試使用重複的電源變換，得到圖 15.48 電路中標示為 **Z** 的元件兩端之戴維寧等效電路 s 域表示式。

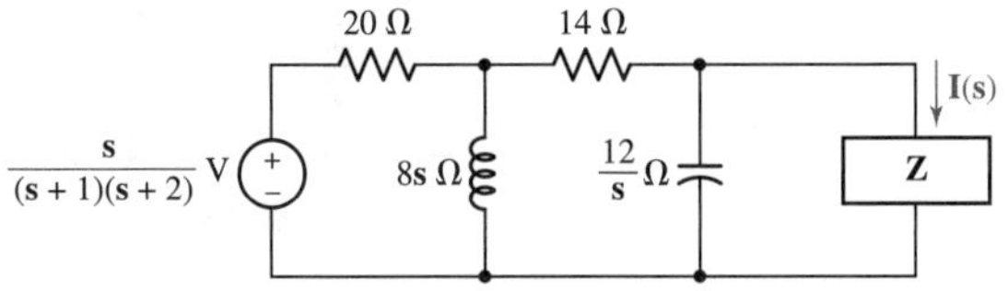

◆ **圖 15.48**

8. 考慮圖 15.49 之 **s** 域電路，試求標示為 *a* 與 *b* 兩端之戴維寧等效電路。
9. 若圖 15.50 右上方的電壓源開路，試求標示為 *a* 與 *b* 兩端之戴維寧等效電路。

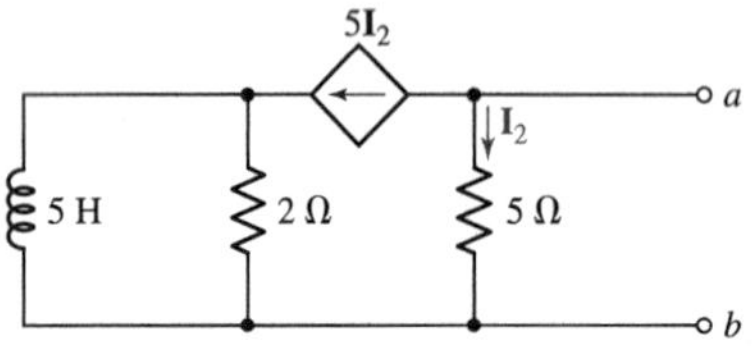

◆ **圖 15.49**

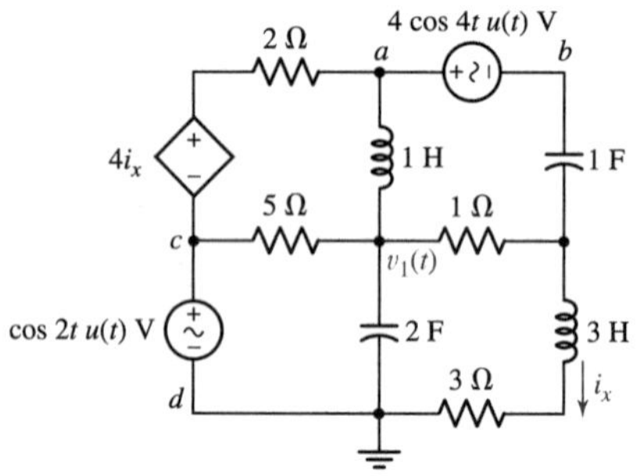

◆ **圖 15.50**

15.4 極點、零點以及轉移函數

10. 試求以下 **s** 域函數之極點與零點：

(a) $\dfrac{\mathbf{s}}{\mathbf{s}+12.5}$；(b) $\dfrac{\mathbf{s}(\mathbf{s}+1)}{(\mathbf{s}+5)(\mathbf{s}+3)}$；(c) $\dfrac{\mathbf{s}+4}{\mathbf{s}^2+8\mathbf{s}+7}$；(d) $\dfrac{\mathbf{s}^2-\mathbf{s}-2}{3\mathbf{s}^3+24\mathbf{s}^2+21\mathbf{s}}$。

11. 考慮圖 15.51 所示之兩個網路，(a) 試寫出轉移函數 $\mathbf{H(s)} \equiv \mathbf{V}_{\text{out}}(\mathbf{s})/\mathbf{V}_{\text{in}}(\mathbf{s})$；(b) 試求 **H(s)** 的極點與零點。
12. 考慮圖 15.52 所示電路，試求 $\mathbf{Z}_{\text{in}}(\mathbf{s})$ 之臨界頻率。

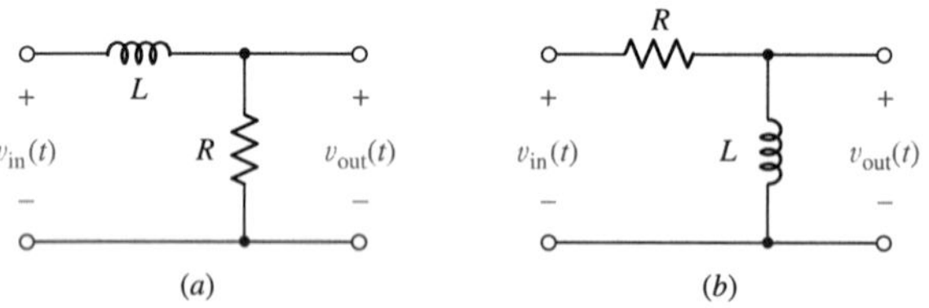

◆ **圖 15.51**

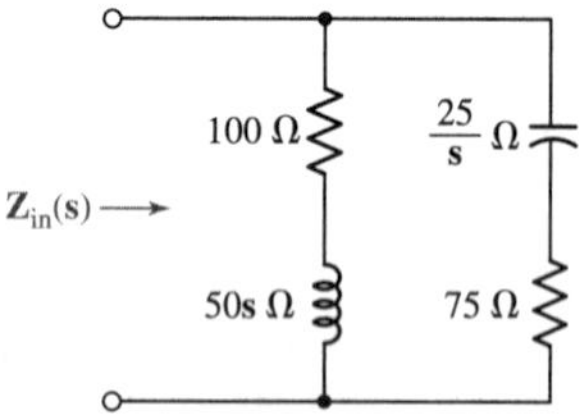

◆ **圖 15.52**

15.5 摺積

13. 參照圖 15.53，試利用方程式 [11] 求得 $x(t) * y(t)$。
14. 若 $f(t) = 5u(t)$ 且 $g(t) = 2u(t) - 2u(t-2) + 2u(t-4) - 2u(t-6)$，試利用圖解摺積技巧求得 $f * g$。
15. (a) 試求圖 15.54 所示網路之脈衝響應 $h(t)$；(b) 若 $v_{\text{in}}(t) = 8u(t)$ V，試使用摺積求得 $v_o(t)$。

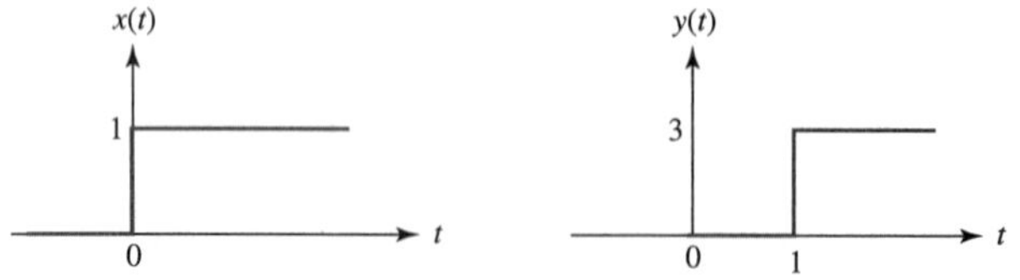

◆ **圖 15.53**

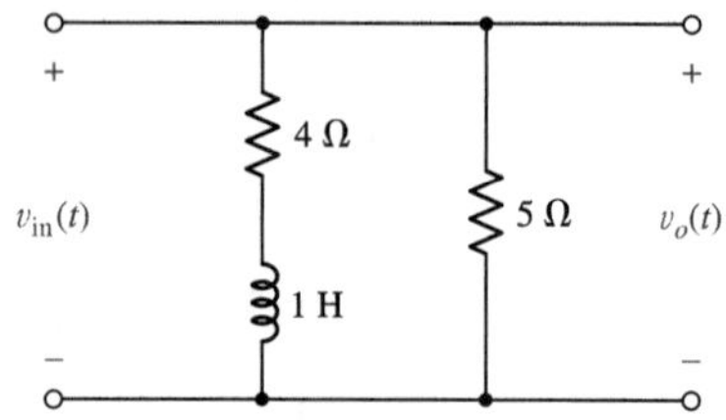

◆ **圖 15.54**

15.6 複數頻率平面

16. 特定的轉移函數 **H(s)** 之極零點座標標示於圖 15.55。若 **H**(0) 等於 (a) 1；(b) −5，試求 **H(s)** 之表示式；(c) 試解釋系統 **H(s)** 是否穩定。

17. 圖 15.56 所示之三元件網路具有輸入阻抗 $\mathbf{Z}_A(\mathbf{s})$，該阻抗在 $\mathbf{s} = -10 + j0$ 時為零。若將一 20 Ω 電阻器與該網路串聯，則新的阻抗之零點會移到 $\mathbf{s} = -3.6 + j0$。試計算 R 與 C。

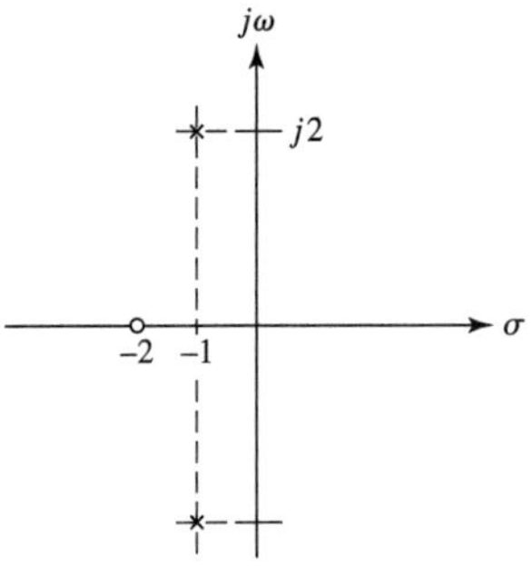

◆ 圖 15.55

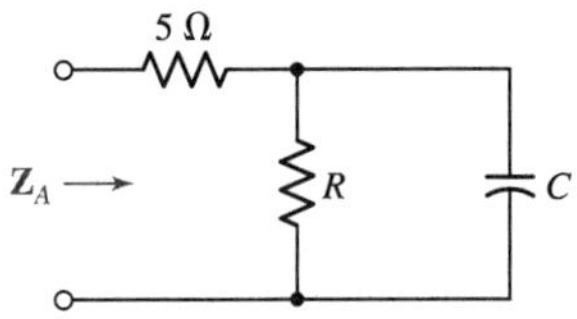

◆ 圖 15.56

15.7 自然響應與 s 平面

18. 若假設 $v_1(0^-) = 2\text{V}$ 且 $v_2(0^-) = 0\text{ V}$，試求圖 15.57 電路之 $i_1(t)$ 與 $i_2(t)$ 之表示式。
19. 考慮圖 15.58 所示之電路，令 $i_1(0^-) = 1\text{ A}$ 且 $i_2(0^-) = 0$。(a) 試求 $\mathbf{I}_{in}(\mathbf{s})/\mathbf{V}_{in}(\mathbf{s})$ 之極點；(b) 試使用此一資訊求得 $i_1(t)$ 與 $i_2(t)$ 之表示式。

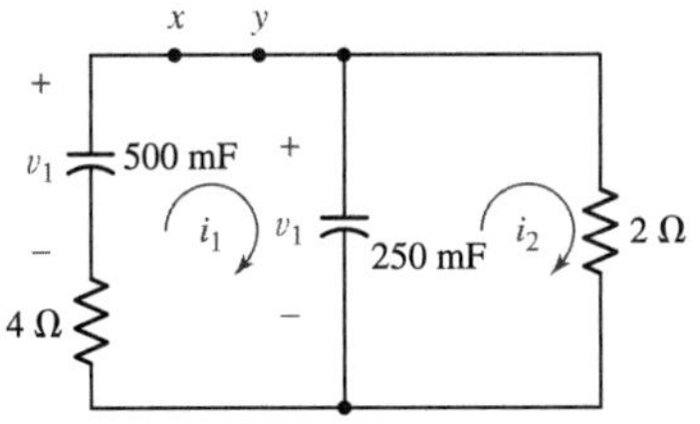

◆ 圖 15.57

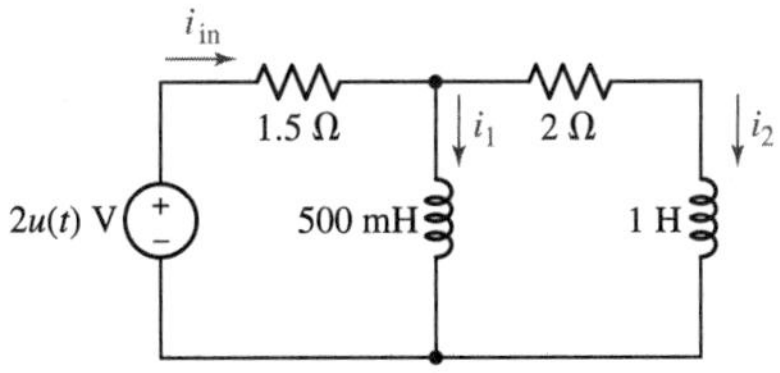

◆ 圖 15.58

15.8 合成電壓比值 $\mathbf{H(s)} = \mathbf{V}_{out}/\mathbf{V}_{in}$ 之技巧

20. 試設計可得到轉移函數 $\mathbf{H(s)} = \mathbf{V}_{out}/\mathbf{V}_{in}$ 等於 (a) $5(\mathbf{s}+1)$；(b) $\dfrac{5}{(\mathbf{s}+1)}$；(c) $5\dfrac{\mathbf{s}+1}{\mathbf{s}+2}$ 之電路。

21. 試求圖 15.39 運算放大器的 s 多項式比值 $\mathbf{H(s)} = \mathbf{V}_{out}/\mathbf{V}_{in}$，給定阻抗數值 (以 Ω 為單位)：(a) $\mathbf{Z}_1(\mathbf{s}) = 10^3 + (10^8/\mathbf{s})$、$\mathbf{Z}_f(\mathbf{s}) = 5000$；(b) $\mathbf{Z}_1(\mathbf{s}) = 5000$、$\mathbf{Z}_f(\mathbf{s}) = 10^3 + (10^8/\mathbf{s})$；(c) $\mathbf{Z}_1(\mathbf{s}) = 10^3 + (10^8/\mathbf{s})$、$\mathbf{Z}_f(\mathbf{s}) = 10^4 + (10^8/\mathbf{s})$。

Chapter 16

頻率響應

主要觀念

- 電感器與電容器電路之諧振頻率
- 品質因數
- 頻寬
- 頻率與振幅之定標
- 波德圖技巧
- 低通與高通濾波器
- 帶通濾波器設計
- 主動式濾波器

簡介

先前已介紹了頻率響應的觀念，亦即電路的行為會根據某一操作頻率 (或者多數操作頻率) 而明顯改變——與簡單的 dc 電路之經驗完全不同。在本章中，主題將更為細微，即使是針對特定頻率所設計的簡單電路對於廣泛的日常應用亦極為有用。實際上，在日常生活中每天都會使用頻率選擇電路，但甚至可能完全沒有意識到如此電路的存在。例如，切換至個人所喜愛的收音機電台實際上即是調整收音機有所選擇地將某一窄頻帶頻率的信號放大；由於每個裝置的頻率能夠彼此隔離，因此可一邊看電視或以手機通話、一邊加熱微波爆米花。此外，研讀頻率響應與濾波器特別可提供現有電路的先前分析方式之進步性，並且致使複雜電路的設計從無開始而最後能夠符合嚴格的規範。藉由簡要地探討**諧振**、**損失**、**品質因數**，以及**頻寬**開始本章一系列的講解——濾波器以及任何具有能量儲存元件的電路 (或者系統) 之重要觀念。

16.1 並聯諧振

假設已知某一強制響應具有 10 至 100 Hz 頻率範圍的弦波成分。此時若想像將此一強制函數施加至某一網路，且該網路在輸入端所具有的特性為所有弦波電壓的頻率範圍從零至 200 Hz，而在輸出端的振幅則為兩倍，相位並無改變。輸出函數因此具有與輸入函數一致之不失真波形，但振幅為兩倍。然而，若網路所具有的頻率響應會導致 10 與 50 Hz 之間的輸入弦波之振幅需乘以某一不同因數，且該因數大於 50 與 100 Hz 之間所倍乘的因數，則輸出即會發生失真；輸出不再是輸入的等比例放大波形。但在某些狀況中，可能需要如此的失真輸出，而在其他狀況下，則非所需。亦即可謹慎選擇網路的頻率響應，藉以拒斥強制函數的某些頻率成分，或者藉以增強其他的頻率成分。

如本章將要介紹的，上述的某些行為是調諧電路或諧振電路之特性。能夠應用先前描述頻率響應的所有方法來探討諧振的意義。

■ 諧振

本節將開始探討電感器與電容器電路中所發生之重要現象。此一現象稱為**諧振** (Resonance)，諧振較不嚴謹的描述為當任何物理實體系統中的固定振幅弦波強制函數產生最大振幅響應時所存在之狀態。然而，通常所謂的諧振甚至是可以在強制函數並非弦波時所發生的現象。諧振系統可以是電氣、機械、液壓、聲學，或其他類型之系統，但在此將侷限於多數狀況的電氣系統。

諧振為一種常見的現象。例如，若以適當的頻率跳躍 (大約每秒跳躍一次)，且若震動吸收器有點老舊，則汽車緩衝器上竄下跳的動作便會使車輛產生相當大的振盪運動。然而，若跳躍的頻率增加或減少，則汽車的振動響應將會明顯降低。另一個範例為歌劇演唱者能夠以一個適當頻率所形成的音符粉碎一個水晶高腳杯。在每個範例中，皆可想像能夠調整其中的頻率一直到諧振發生；也可調整所要振動的機械物件之尺寸、形狀以及材質，但在實務上，此並不容易實現。

諧振的條件不一定為實際系統所需的，端視系統之目的而定。在汽車的範例中，較大振幅的振動可輔助分離已鎖住的緩衝器，但在 65 英里 / 小時 (105 公里 / 小時) 下則令人感到不快。

此時將更為仔細地定義所謂的諧振。在具有至少一個電感器

與至少一個電容器的兩端電氣網路中，諧振的定義即是網路的輸入阻抗為純電阻性時所存在的狀態。因此，

當網路輸入端的電壓與電流同相時，則網路處於諧振狀態。

也可從而得知當網路處於諧振狀態時，網路中會產生最大振幅的響應。

先將諧振的定義應用於弦波電流源所驅動的並聯 RLC 網路，如圖 16.1 所示。在許多實務狀況下，此一電路可在實驗室中藉由連接實體電感器與實體電容器並聯，再使用一個具有極高輸出阻抗的電源來驅動該並聯組合所構成。提供給理想電流源的穩態導納為

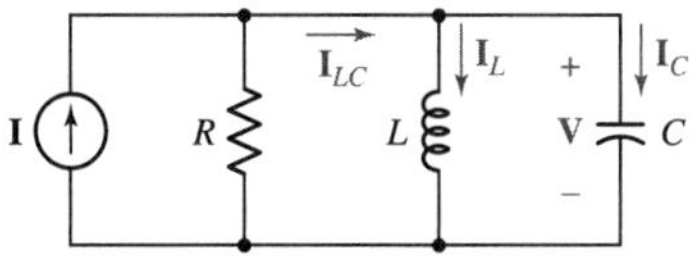

◆**圖 16.1** 電阻器、電感器與電容器之並聯組合，通常稱為並聯諧振電路。

$$\mathbf{Y} = \frac{1}{R} + j\left(\omega C - \frac{1}{\omega L}\right) \qquad [1]$$

諧振發生在輸入端電壓與電流同相之時。此相應於純實數之導納，故所需的條件給定為

$$\omega C - \frac{1}{\omega L} = 0$$

可藉由調整 L、C 或 ω 來實現此一諧振條件；此時將專注於 ω 為可變變數的狀況。因此，諧振頻率 ω_0 為

$$\omega_0 = \frac{1}{\sqrt{LC}} \qquad \text{rad/s} \qquad [2]$$

或者

$$f_0 = \frac{1}{2\pi\sqrt{LC}} \qquad \text{Hz} \qquad [3]$$

此一諧振頻率等於第九章的方程式 [10] 所定義的諧振頻率。

在此也能夠使用導納函數的極零點配置來得到明顯的優勢。給定 $\mathbf{Y(s)}$，

$$\mathbf{Y(s)} = \frac{1}{R} + \frac{1}{\mathbf{s}L} + \mathbf{s}C$$

或者

$$\mathbf{Y(s)} = C\frac{\mathbf{s}^2 + \mathbf{s}/RC + 1/LC}{\mathbf{s}} \qquad [4]$$

可藉由分子的因式分解顯示出 $\mathbf{Y(s)}$ 的零點：

$$\mathbf{Y(s)} = C\frac{(\mathbf{s} + \alpha - j\omega_d)(\mathbf{s} + \alpha + j\omega_d)}{\mathbf{s}}$$

其中的 α 與 ω_d 表示相同於 9.4 節所探討的並聯 *RLC* 電路之自然響應物理量。亦即，α 為**指數阻尼係數** (Exponential Damping Coefficient)，

$$\alpha = \frac{1}{2RC}$$

而 ω_d 則為**自然諧振頻率** (並非諧振頻率 ω_0)，

$$\omega_d = \sqrt{\omega_0^2 - \alpha^2}$$

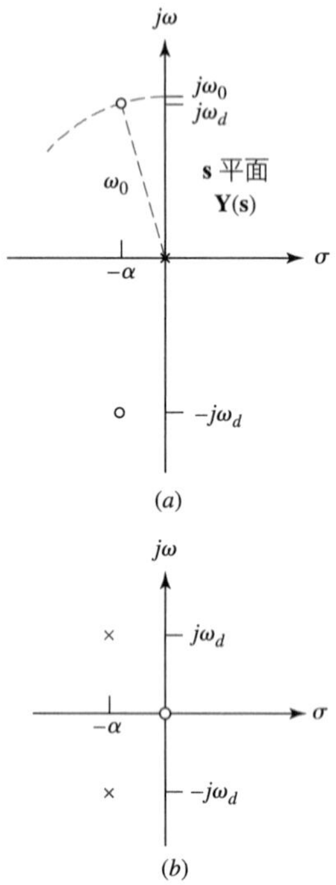

◆**圖 16.2** (a) 將並聯諧振電路輸入導納的極零點座標顯示於 **s** 平面；$\omega_0^2 = \alpha^2 + \omega_d^2$；(b) 輸入阻抗的極零點座標。

圖 16.2a 所示的極零點座標可直接從已因式分解的方程式得到。有鑑於 α、ω_d 以及 ω_0 之間的關係，從 **s** 平面的原點至導納其中一個零點的距離在數值上顯然等於 ω_0。給定極零點的配置，便能夠藉由純圖解的方式得到諧振頻率。僅藉由擺動一條弧線，使用 **s** 平面的原點為中心點，經過其中一個零點即可繪製之。此弧線與正 $j\omega$ 軸的交點位於 $\mathbf{s} = j\omega_0$ 點上。顯然，ω_0 略大於自然諧振頻率 ω_d，但隨著 ω_d 對 α 的比值增加，ω_d 對 ω_0 的比值將越趨近於 1。

■諧振與電壓響應

接著，隨強制函數的頻率 ω 變動來討論響應之振幅，亦即圖 16.1 所示的電壓 **V(s)** 之振幅。若設想一個固定振幅的弦波電流源，則電壓響應會正比於輸入阻抗。能夠經由圖 16.2b 所示的阻抗極零點圖示得到此一響應

$$\mathbf{Z(s)} = \frac{\mathbf{s}/C}{(\mathbf{s}+\alpha - j\omega_d)(\mathbf{s}+\alpha + j\omega_d)}$$

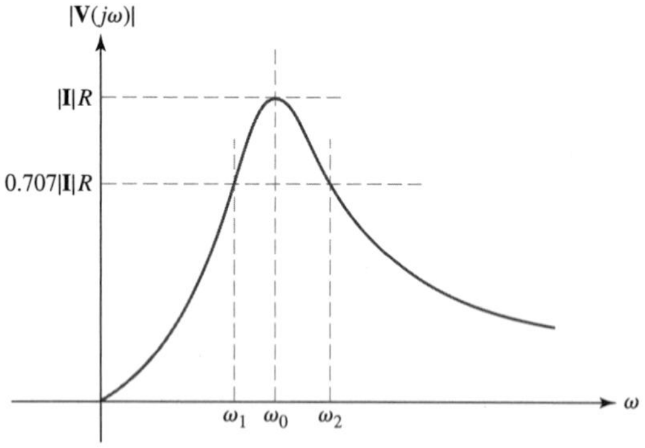

◆**圖 16.3** 將並聯諧振電路的電壓響應振幅描述為頻率之函數。

該響應必從零開始，而在自然諧振頻率附近 (實際為諧振頻率 ω_0) 達最大值，之後則隨著 ω 遞增至無限大而再次降至零。該電壓之頻率響應繪製於圖 16.3。響應的最大值為電流源振幅的 R 倍，此暗示該電路的阻抗之最大值為 R；再者，圖 16.3 顯示響應的最大值恰發生於諧振頻率 ω_0 上，且標示了之後要用來估測響應曲線頻寬的兩個頻率 ω_1 與 ω_2。此時將先證明最大的阻抗數值為 R，且此一最大值會在諧振時產生。

以方程式 [1] 所述，導納在諧振時呈現最小振幅 (零) 之常數電導與電納。最小的導納振幅因此發生於諧振時，且為 $1/R$。是以，**最大的阻抗振幅為 R，且發生於諧振時。**

因此在諧振頻率上，圖 16.1 的並聯諧振電路跨壓可簡單描述為 $\mathbf{I}R$，且整個電流源 $\mathbf{I}$ 流經該電阻器。然而，電流也會出現在 L 與 C 中。就電感器而言，$\mathbf{I}_{L,0} = \mathbf{V}_{L,0}/j\omega_0 L = \mathbf{I}R/j\omega_0 L$，且在諧振狀態下的電容器電流為 $\mathbf{I}_{C,0} = (j\omega_0 C)\mathbf{V}_{C,0} = j\omega_0 CR\mathbf{I}$。由於諧振 $1/\omega_0 C = \omega_0 L$ 時，得到

$$\mathbf{I}_{C,0} = -\mathbf{I}_{L,0} = j\omega_0 CR\mathbf{I} \qquad [5]$$

以及

$$\mathbf{I}_{C,0} + \mathbf{I}_{L,0} = \mathbf{I}_{LC} = 0$$

因此，流進 LC 組合的淨電流為零。然而。並不一定能夠如此簡易地得到響應振幅的最大值以及所發生的頻率。在非標準諧振電路中，通常需要將解析型式的響應振幅表示為實數部分平方與虛數部分平方相加後的平方根；接著再將此一表示式對頻率微分，令此一導數為零，求解最大響應的頻率，最後再將此一頻率代入振幅的表示式中，方能得到響應的最大振幅。考慮用以佐證練習的簡單範例，便可實現此一處理程序；但如同一般的認知，而無此必要。

■品質因數

在此所要強調的是，雖然就常數振幅的激勵而言，圖 16.3 響應曲線的高度僅視 R 的數值而定，但曲線的寬度或者兩側的陡度則是端視其他兩個元件的數值而定。接下來將探討“響應曲線的寬度”與一個更審慎定義的物理量之關係，此物理量即是所謂的頻寬，而另一個極為重要的參數——**品質因數** (Quality Factor) Q——則有助於描述此一關係。

在此應特別謹慎地不要將品質因數與電荷或虛功率混淆，此三者皆以字母 Q 來表示。

將會發現任意諧振電路的響應曲線之陡峭程度是由能夠儲存於電路中的最大能量相較於響應一個完整週期期間中所損失的能量所決定。

定義 Q 為

$$\boxed{Q = \text{品質因數} \equiv 2\pi \frac{\text{所儲存的最大能量}}{\text{每週期所損失的總能量}}} \qquad [6]$$

在此一定義中包含比例常數 2π，藉以簡化 Q 較常使用的表示式。由於能量僅能夠儲存於電感器與電容器中，而且僅能夠消耗在電阻器上，因此可將 Q 表示為與每一個電抗元件相關的瞬時能量以及電阻器所消耗的平均功率 P_R 之比值：

$$Q = 2\pi \frac{[w_L(t) + w_C(t)]_{\max}}{P_R T}$$

其中的 T 為求解 Q 值的弦波週期。

此時將此一定義應用於圖 16.1 之並聯 RLC 電路並且判斷諧振頻率下的 Q 值；將此一 Q 值標示為 Q_0。選擇電流強制函數

$$i(t) = \mathbf{I}_m \cos \omega_0 t$$

並且得到諧振狀態所相應的電壓響應，

$$v(t) = Ri(t) = R\mathbf{I}_m \cos \omega_0 t$$

儲存在電容器中的能量則為

$$w_C(t) = \frac{1}{2}Cv^2 = \frac{\mathbf{I}_m^2 R^2 C}{2} \cos^2 \omega_0 t$$

儲存在電感器中的瞬時能量可給定為

$$w_L(t) = \frac{1}{2}Li_L^2 = \frac{1}{2}L\left(\frac{1}{L}\int v\,dt\right)^2 = \frac{1}{2L}\left[\frac{R\mathbf{I}_m}{\omega_0}\sin \omega_0 t\right]^2$$

所以

$$w_L(t) = \frac{\mathbf{I}_m^2 R^2 C}{2} \sin^2 \omega_0 t$$

總瞬時儲存能量因此為固定的常數：

$$w(t) = w_L(t) + w_C(t) = \frac{\mathbf{I}_m^2 R^2 C}{2}$$

且此一常數必也為最大值。為了得到一個週期內損失在電阻器中的能量，計算電阻器所吸收的平均功率 (參考 11.2 節)，

$$P_R = \tfrac{1}{2}\mathbf{I}_m^2 R$$

將之乘以一個週期，得到

$$P_R T = \frac{1}{2f_0}\mathbf{I}_m^2 R$$

因此得到諧振狀態下的品質因數：

$$Q_0 = 2\pi \frac{\mathbf{I}_m^2 R^2 C/2}{\mathbf{I}_m^2 R/2f_0}$$

或者

$$Q_0 = 2\pi f_0 RC = \omega_0 RC \qquad [7]$$

此一方程式 (在方程式 [8] 的任一表示式) 僅在圖 16.1 的簡單並聯 RLC 電路成立。可藉由簡單的代入整理，得到一般極為常用

的 Q_0 等效表示式：

$$Q_0 = R\sqrt{\frac{C}{L}} = \frac{R}{|X_{C,0}|} = \frac{R}{|X_{L,0}|} \qquad [8]$$

所以可知就此一特定的電路而言，降低電阻值便會降低 Q_0；電阻值越低，損失在該元件中的能量也越大。有趣的是，增加電容量將會**增加** Q_0，但增加電感量則會導致 Q_0 的**降低**。當然，電路操作在諧振頻率時，這些描述方成立。

Q 的其他詮釋

當檢視處於諧振狀態下的電感器與電容器電流時，便會得到 Q 值另一種實用的詮釋，如方程式 [5] 所給定的，

$$\mathbf{I}_{C,0} = -\mathbf{I}_{L,0} = j\omega_0 CR\mathbf{I} = jQ_0\mathbf{I} \qquad [9]$$

應注意每一個電流之振幅皆為電流源的 Q_0 倍，且彼此相差 180°。因此，若在諧振頻率下將 2 mA 施加至某一具有 Q_0 等於 50 的並聯諧振電路，則可得到電阻器的電流為 2 mA，而電感器與電容器上的電流皆為 100 mA。並聯諧振電路因此能夠充當電流放大器，但由於並聯諧振電路為被動網路，因此並不能夠充當功率放大器使用。

由於根據弦波穩態觀念的 (純電阻性) 輸入阻抗來定義諧振，因此藉此定義可知，諧振基本上與強制響應有關。諧振頻率 ω_0 與品質因數 Q_0 也許是諧振電路最重要的兩個參數。指數阻尼係數與自然諧振頻率兩者可以 ω_0 與 Q_0 來表示之：

$$\alpha = \frac{1}{2RC} = \frac{1}{2(Q_0/\omega_0 C)C}$$

或者

$$\alpha = \frac{\omega_0}{2Q_0} \qquad [10]$$

且

$$\omega_d = \sqrt{\omega_0^2 - \alpha^2}$$

或者

$$\omega_d = \omega_0\sqrt{1 - \left(\frac{1}{2Q_0}\right)^2} \qquad [11]$$

■阻尼因數

在此將闡述 ω_0 與 Q_0 之額外關係，有助於往後討論的參考。方程式 [4] 分子中所出現的二次方因數為

$$\mathbf{s}^2 + \frac{1}{RC}\mathbf{s} + \frac{1}{LC}$$

可依據 α 與 ω_0 而將之改寫為：

$$\mathbf{s}^2 + 2\alpha\mathbf{s} + \omega_0^2$$

傳統上在系統理論或自動控制理論之領域中，會以些微不同的型式來描述此一因式，亦即利用稱為**阻尼因數** (Damping Factor) 的無單位參數 ζ：

$$\mathbf{s}^2 + 2\zeta\omega_0\mathbf{s} + \omega_0^2$$

比較以上所闡述的表示式，可得到 ζ 與其他參數之關係：

$$\zeta = \frac{\alpha}{\omega_0} = \frac{1}{2Q_0} \qquad [12]$$

範例 16.1

考慮某一並聯 RLC 電路，其中 $L = 2$ mH，$Q_0 = 5$，且 $C = 10$ nF。試求 R 的數值以及穩態導納在 $0.1\omega_0$、ω_0 與 $1.1\omega_0$ 下的振幅。

先前已在電路中推導了 Q_0 與能量損失直接相關的參數，以及電阻之數個表示式。重新整理方程式 [8]，計算得到

$$R = Q_0\sqrt{\frac{L}{C}} = 2.236 \text{ k}\Omega$$

接著，計算 ω_0，可回顧第九章，

$$\omega_0 = \frac{1}{\sqrt{LC}} = 223.6 \text{ krad/s}$$

或者，也可利用方程式 [7]，得到相同的解答，

$$\omega_0 = \frac{Q_0}{RC} = 223.6 \text{ krad/s}$$

任意並聯 RLC 網路之導納可簡單描述為

$$\mathbf{Y} = \frac{1}{R} + j\omega C + \frac{1}{j\omega L}$$

因而，

$$|\mathbf{Y}| = \frac{1}{R} + j\omega C + \frac{1}{j\omega L}$$

在三個指定的頻率下求解得到

$$|\mathbf{Y}(0.9\omega_0)| = 6.504 \times 10^{-4}\ \mathrm{S} \qquad |\mathbf{Y}(\omega_0)| = 4.472 \times 10^{-4}\ \mathrm{S}$$
$$|\mathbf{Y}(1.1\omega_0)| = 6.182 \times 10^{-4}\ \mathrm{S}$$

因此得到在諧振頻率下的最小阻抗，或者對特定輸入電流而言之最大電壓響應。若快速計算此三個頻率下之電抗，則得到

$$X(0.9\omega_0) = -4.72 \times 10^{-4}\ \mathrm{S} \qquad X(1.1\omega_0) = 4.72 \times 10^{-4}\ \mathrm{S}$$
$$X(\omega_0) = -1.36 \times 10^{-7}$$

在此將留給讀者證明此處的 $X(\omega_0)$ 數值之所以不為零乃是因四捨五入的誤差所致。

練習題

16.1 一並聯諧振電路由元件 $R = 8\ \mathrm{k\Omega}$、$L = 50\ \mathrm{mH}$ 以及 $C = 80\ \mathrm{nF}$ 所構成。試計算 (a) ω_0；(b) Q_0；(c) ω_d；(d) α；(e) ζ。

16.2 試求某一並聯諧振電路之 R、L 與 C 之數值，其中在諧振狀態下 $\omega_0 = 1000$ rad/s，$\omega_d = 998$ rad/s，且 $\mathbf{Y}_{\text{in}} = 1$ mS。

解答：16.1：15.811 krad/s；10.12；15.792 krad/s；781 Np/s；0.0494。
16.2：1000 Ω；126.4 mH；7.91 μF。

接著，以並聯 RLC 電路的導納 $\mathbf{Y(s)}$ 之極零點位置來闡述 Q_0。將 ω_0 保持為常數；例如藉由改變 R，同時保持 L 與 C 為常數，即可實現。隨著 Q_0 增加，α、Q_0 與 ω_0 的關係便會顯示該兩個零點必向 $j\omega$ 軸移近。這些關係同樣也顯示零點必同時移離 σ 軸。若仍記得可以原點為中心，經過其中一個零點並超過正 $j\omega$ 軸來擺動該弧線，而將 $\mathbf{s} = j\omega_0$ 點設置於 $j\omega$ 軸上時，則移動的確切性質則變得更為清楚；由於 ω_0 保持為固定常數，因此弧線的半徑必為常數，且零點必因此隨著 Q_0 增加而順著該弧線向正 $j\omega$ 軸移動。

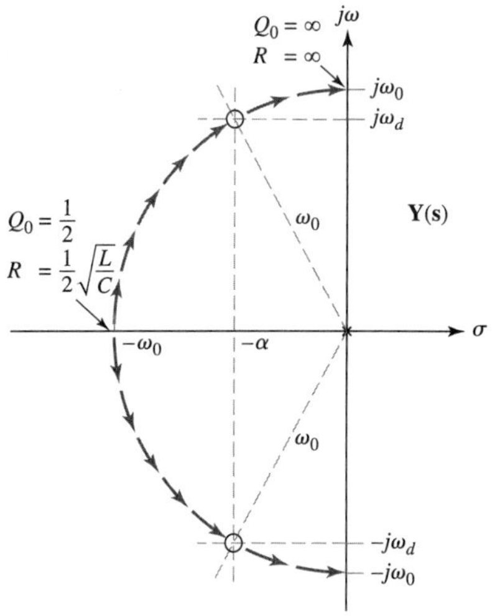

◆**圖 16.4** 導納 $\mathbf{Y(s)}$ 的兩個零點位於 $\mathbf{s} = -\alpha \pm j\omega_d$，設想隨著 R 從 $\frac{1}{2}\sqrt{L/C}$ 增加至 ∞ 之半圓形軌跡。

兩零點標示於圖 16.4，而箭頭則是顯示隨著 R 增加所行進的路徑。當 R 為無限大時，Q_0 同樣也為無限大，而且發現兩零點位於 $j\omega$ 軸的 $\mathbf{s} = \pm j\omega_0$ 上。隨著 R 值降低，兩零點沿著圓形軌跡移向 σ 軸，當 $R = \frac{1}{2}\sqrt{L/C}$ 或者 $Q_0 = \frac{1}{2}$ 時，在軸 σ 的 $\mathbf{s} = -\omega_0$ 上結合成為雙零點。回顧此一條件為臨界

阻尼之條件，所以 $\omega_d = 0$ 且 $\sigma = \omega_0$。較低的 R 數值以及較低的 Q_0 數值會導致零點彼此分離並且向負 σ 軸的相反方向移動；再者，低 Q_0 值並非諧振電路之實際典型，因此不需要進一步追蹤之。

此後將使用準則 $Q_0 \geq 5$，藉以描述所謂的高 Q 值電路。當 $Q_0 = 5$ 時，零點位於 $\mathbf{s} = -0.1\ \omega_0 \pm j0.995\ \omega_0$，因而 ω_0 與 ω_d 的差異僅 0.5%。

16.2 頻寬與高 Q 值電路

本節將藉由定義半功率頻率與頻寬，繼續探討並聯諧振，之後則將充分利用這些新觀念，得到高 Q 值電路近似的響應資料。此時可更謹慎地定義諧振響應曲線與 Q_0 有關的"寬度"，如圖 16.3 所示。先定義兩個半功率頻率 ω_1 與 ω_2，在兩頻率下，並聯諧振電路的輸入導納振幅大於諧振狀態下的振幅的因數 $\sqrt{2}$。由於圖 16.3 的響應曲線顯示並聯電路因弦波電流源所產生的跨壓為頻率的函數，半功率頻率也位於電壓響應為最大值的$1/\sqrt{2}$ 或者 0.707 倍之位置。類似的關係對阻抗振幅亦成立。將 ω_1 指定為**低頻半功率頻率** (Lower Half-power Frequency)，而 ω_2 為**高頻半功率頻率** (Upper Half-power Frequency)。

低頻半功率頻率與高頻半功率頻率名詞乃是基於 $1/\sqrt{2}$ 倍的諧振電壓等效於某一平方電壓而產生，該平方電壓則為諧振狀態下的平方電壓之一半。因此，在半功率頻率下，電阻器吸收諧振時功率的一半。

■ 頻寬

諧振電路之 (半功率) **頻寬** (Bandwidth) 定義為兩半功率頻率之差值，

$$\mathcal{B} \equiv \omega_2 - \omega_1 \qquad [13]$$

在此傾向於將頻寬視為響應曲線的"寬度"，甚至實際上從 $\omega = 0$ 延伸至 $\omega = \infty$ 的曲線。更確切來說，以相應曲線等於或者大於最大值 70.7% 的部分來估測半功率頻寬，如圖 16.5 所示。

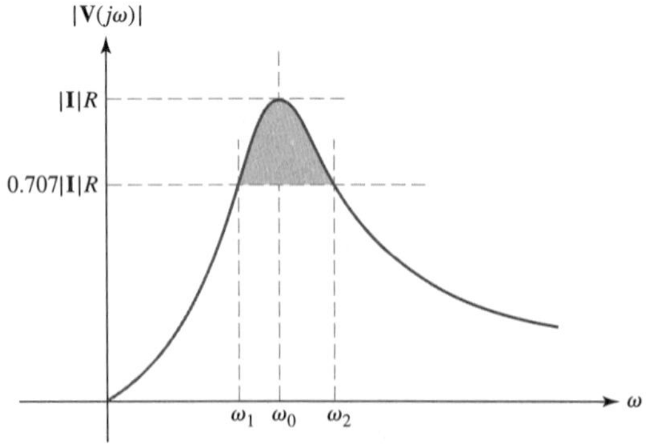

◆ **圖 16.5** 以陰影區域凸顯電路響應的頻寬；頻寬相應於響應曲線大於或等於最大值 70.7% 之部分。

能夠以 Q_0 以及諧振頻率來描述頻寬。為此，先將並聯 RLC 電路之導納描述為

$$\mathbf{Y} = \frac{1}{R} + j\left(\omega C - \frac{1}{\omega L}\right)$$

以 Q_0 表示：

$$\mathbf{Y} = \frac{1}{R} + j\frac{1}{R}\left(\frac{\omega\omega_0 CR}{\omega_0} - \frac{\omega_0 R}{\omega\omega_0 L}\right)$$

或者

$$\mathbf{Y} = \frac{1}{R}\left[1 + jQ_0\left(\frac{\omega}{\omega_0} - \frac{\omega_0}{\omega}\right)\right] \qquad [14]$$

再次說明在諧振狀態下導納的振幅為 $1/R$，且可了解到 $\sqrt{2}/R$ 的導納振幅僅會發生在選擇頻率而使方括號內的虛數部分具有振幅為 1 之時。因此

$$Q_0\left(\frac{\omega_2}{\omega_0} - \frac{\omega_0}{\omega_2}\right) = 1 \qquad 且 \qquad Q_0\left(\frac{\omega_1}{\omega_0} - \frac{\omega_0}{\omega_1}\right) = -1$$

請記住 $\omega_2 > \omega_0$，且 $\omega_1 < \omega_0$。

求解得到

$$\omega_1 = \omega_0\left[\sqrt{1 + \left(\frac{1}{2Q_0}\right)^2} - \frac{1}{2Q_0}\right] \qquad [15]$$

$$\omega_2 = \omega_0\left[\sqrt{1 + \left(\frac{1}{2Q_0}\right)^2} + \frac{1}{2Q_0}\right] \qquad [16]$$

雖然以上的表示式有些龐大，但差值可提供極為簡單的頻寬公式：

$$\mathcal{B} = \omega_2 - \omega_1 = \frac{\omega_0}{Q_0}$$

可將方程式 [15] 與 [16] 相乘，藉以證明 ω_0 恰等於半功率頻率的幾何平均數：

$$\omega_0^2 = \omega_1\omega_2$$

或者

$$\omega_0 = \sqrt{\omega_1\omega_2}$$

呈現較高 Q_0 的電路具有較窄的頻寬，或者呈現較為陡峭的響應曲線；此類電路具有較大的**頻率選擇性** (Frequency Selectivity)，或較高的品質 (因數)。

■高 *Q* 值電路之近似

許多諧振電路刻意設計具有較大數值的 Q_0，藉以取得窄頻寬以及高頻率選擇性的優點。當 Q_0 大於 5 左右時，可針對高頻與低頻半功率頻率採取某種有用的近似表示式，以及針對諧振附近的響應之一般表示式採取近似。此時任意指稱所謂的 "高 Q 值電路" 即是 Q_0 等於或大於 5 之電路。Q_0 大約等於 5 的並聯 RLC 電路之 $\mathbf{Y(s)}$ 極零點配置闡述於圖 16.6。由於

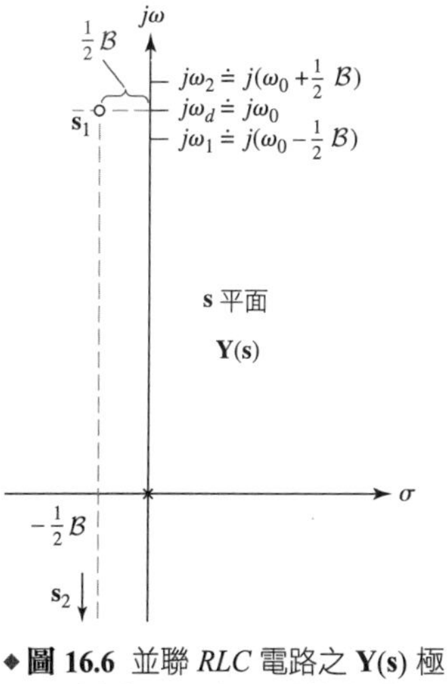

◆**圖 16.6** 並聯 RLC 電路之 $\mathbf{Y(s)}$ 極零點座標。兩個零點恰位於 $j\omega$ 軸左邊 $\frac{1}{2}\mathcal{B}$ Np/s (或 rad/s) 且大約距離 σ 軸 $j\omega_0$ rad/s (或 Np/s)。高頻與低頻半功率頻率之差距恰為 $\mathcal{B}$ rad/s，兩頻率皆距離諧振頻率與自然諧振頻率大約 $\frac{1}{2}\mathcal{B}$ rad/s。

$$\alpha = \frac{\omega_0}{2Q_0}$$

則

$$\alpha = \tfrac{1}{2}\mathcal{B}$$

且兩個零點 $\mathbf{s}_1$ 與 $\mathbf{s}_2$ 的位置可趨近於：

$$\mathbf{s}_{1,2} = -\alpha \pm j\omega_d$$
$$\approx -\tfrac{1}{2}\mathcal{B} \pm j\omega_0$$

再者，也可使用餘弦近似式來決定兩個半功率頻率之位置 (在正 $j\omega$ 軸上)：

$$\omega_{1,2} = \omega_0\left[\sqrt{1+\left(\frac{1}{2Q_0}\right)^2} \mp \frac{1}{2Q_0}\right] \approx \omega_0\left(1 \mp \frac{1}{2Q_0}\right)$$

或者

$$\omega_{1,2} \approx \omega_0 \mp \tfrac{1}{2}\mathcal{B} \qquad [17]$$

因此，在高 Q 值電路中，每個半功率頻率皆大約位於諧振頻率加上一半頻寬之位置上；此顯示於圖 16.6。

方程式 [17] 中的 ω_1 與 ω_2 之近似關係可證明 ω_0 大約等於高 Q 值電路的 ω_1 與 ω_2 之算數平均值：

$$\omega_0 \approx \tfrac{1}{2}(\omega_1 + \omega_2)$$

此時可想像一個位在 $j\omega$ 軸上而略高於 $j\omega_0$ 之測試點。為了判斷並聯 *RLC* 網路在此一頻率下所提供之導納，建構三個從臨界頻率到測試點之向量。若測試點接近 $j\omega_0$，則來自極點的向量趨近於 $j\omega_0$，且來自較低零點之向量接近 $j2\omega_0$。導納因此近似地給定為

$$\mathbf{Y}(\mathbf{s}) \approx C\frac{(j2\omega_0)(\mathbf{s}-\mathbf{s}_1)}{j\omega_0} \approx 2C(\mathbf{s}-\mathbf{s}_1) \qquad [18]$$

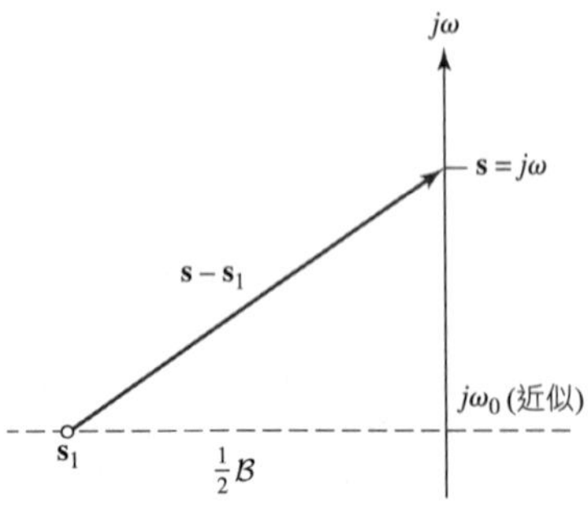

◆ **圖 16.7** 高 Q_0 並聯 *RLC* 電路的 $\mathbf{Y}(\mathbf{s})$ 極零點座標之放大部分。

其中的 C 為電容量，如方程式 [4] 所示。為了得到向量 $(\mathbf{s}-\mathbf{s}_1)$ 之有效近似，將零點 $\mathbf{s}_1$ 附近的 $\mathbf{s}$ 平面圖示放大 (圖 16.7)。

有鑑於其直角座標之成分，可知

$$\mathbf{s} - \mathbf{s}_1 \approx \tfrac{1}{2}\mathcal{B} + j(\omega - \omega_0)$$

其中若以 ω_d 取代 ω_0，則此一表示式便是精準不誤的。此時可將此一方程式代入方程式 [18] 之 $\mathbf{Y}(\mathbf{s})$ 近似式，並且分解出 $\frac{1}{2}\mathcal{B}$：

$$\mathbf{Y}(\mathbf{s}) \approx 2C\left(\frac{1}{2}\mathcal{B}\right)\left(1 + j\frac{\omega - \omega_0}{\frac{1}{2}\mathcal{B}}\right)$$

或者

$$\mathbf{Y}(\mathbf{s}) \approx \frac{1}{R}\left(1 + j\frac{\omega - \omega_0}{\frac{1}{2}\mathcal{B}}\right)$$

分數 $(\omega - \omega_0) / (\frac{1}{2}\mathcal{B})$ 意謂“失諧振之半頻寬數”，縮寫為 N。因此，

$$\mathbf{Y}(\mathbf{s}) \approx \frac{1}{R}(1 + jN) \qquad [19]$$

其中

$$N = \frac{\omega - \omega_0}{\frac{1}{2}\mathcal{B}} \qquad [20]$$

在高頻半功率頻率上，$\omega_2 \approx \omega_0 + \frac{1}{2}\mathcal{B}$，$N = +1$，且大於諧振一半的頻寬。對低頻半功率頻率而言，$\omega_1 \approx \omega_0 - \frac{1}{2}\mathcal{B}$，所以 $N = -1$，位置在小於諧振一半的頻寬上。

相較於目前已知的精準關係，方程式 [19] 甚為簡單；所顯示的導納振幅為

$$|\mathbf{Y}(j\omega)| \approx \frac{1}{R}\sqrt{1 + N^2}$$

同時角度 $\mathbf{Y}(j\omega)$ 給定為 N 之反正切數值：

$$\text{ang } \mathbf{Y}(j\omega) \approx \tan^{-1} N$$

範例 16.2

試估算並聯 RLC 網路的電壓響應之兩個半功率頻率點位置，其中 $R = 40\ \text{k}\Omega$，$L = 1\ \text{H}$，且 $C = \frac{1}{64}\ \mu\text{F}$，且試求操作頻率為 8200 rad/s 之導納近似值。

▶確定問題的目標

所求為電壓響應之低頻與高頻半功率頻率以及 $\mathbf{Y}(\omega_0)$。由於需要“估算”以及“近似”的含義為高 Q 值電路，因此，應先驗證此一假設。

▶蒐集已知的資訊

已知 R、L 與 C 之數值，因此能夠計算 ω_0 與 Q_0。若 $Q_0 \geq 5$，則可引用半功率頻率之近似表示式以及接近諧振時之導納，但若有需要，仍須精確地計算這些物理量。

▶**擬訂求解計畫**

為了使用近似表示式，必須先決定在諧振狀態下的品質因數 Q_0，以及頻寬。

藉由方程式 [2] 得到諧振頻率 ω_0 為 $1/\sqrt{LC} = 8$ krad/s。因此，$Q_0 = \omega_0 RC = 5$ 且頻寬為 $\omega_0/Q_0 = 1.6$ krad/s。此一電路之數值足以利用“高 Q 值”近似。

▶**建立一組適當的方程式**

頻寬可簡單描述為

$$\mathcal{B} = \frac{\omega_0}{Q_0} = 1600 \text{ rad/s}$$

所以

$$\omega_1 \approx \omega_0 - \frac{\mathcal{B}}{2} = 7200 \text{ rad/s} \qquad \omega_1 \approx \omega_0 + \frac{\mathcal{B}}{2} = 8800 \text{ rad/s}$$

方程式 [19] 敘述

$$\mathbf{Y(s)} \approx \frac{1}{R}(1 + jN)$$

所以

$$|\mathbf{Y}(j\omega)| \approx \frac{1}{R}\sqrt{1 + N^2} \qquad \text{且} \qquad \text{ang } \mathbf{Y}(j\omega) \approx \tan^{-1} N$$

▶**判斷是否需要額外的資訊**

此時仍需要 N，可藉以得知 ω 與諧振頻率 ω_0 之間的半頻寬數：

$$N = (8.2 - 8)/0.8 = 0.25$$

▶**嘗試解決方案**

此時已經利用網路導納的振幅與角度之近似關係，

$$\text{ang } \mathbf{Y} \approx \tan^{-1} 0.25 = 14.04°$$

以及

$$|\mathbf{Y}| \approx 25\sqrt{1 + (0.25)^2} = 25.77\ \mu\text{S}$$

▶**驗證解答是否合理或符合所預期的結果**

使用方程式 [1] 精確計算導納，得到

$$\mathbf{Y}(j8200) = 25.75\underline{/13.87°}\ \mu\text{S}$$

因此就此一頻率而言，該近似方法會得到合理準確 (優於 2%) 的導納振幅與角度之數值。留給讀者判斷所預測的 ω_1 與 ω_2 之準確度。

練習題

16.3 一高 Q 值之並聯諧振電路具有 $f_0 = 440$ Hz 以及 $Q_0 = 6$。試使用方程式 [15] 與 [16] 求得準確的 (a) f_1；(b) f_2 之數值。試在此使用方程式 [17] 計算 (c) f_1；(d) f_2 之近似值。

解答：404.9 Hz；478.2 Hz；403.3 Hz；476.7 Hz。

藉由審視以上所介紹的關鍵推論，對並聯諧振電路所涵蓋之範疇提出結論：

- 諧振頻率 ω_0 為輸入導納之虛數部分或者該導納角度為零時之頻率。就並聯諧振電路而言，$\omega_0 = 1/\sqrt{LC}$。
- 並聯諧振電路的質量指標定義為電路中所能儲存的最大能量對電路中每週期所損失的能量比值之 2π 倍。就並聯諧振電路而言，$Q_0 = \omega_0 RC$。
- 定義兩個半功率頻率 ω_1 與 ω_2 為導納振幅等於最小導納振幅的 $\sqrt{2}$ 倍時之頻率。(此亦為電壓響應等於最大響應之 70.7% 時之頻率。)
- ω_1 與 ω_2 之精確表示式為

$$\omega_{1,2} = \omega_0 \left[\sqrt{1 + \left(\frac{1}{2Q_0} \right)^2} \mp \frac{1}{2Q_0} \right]$$

- ω_1 與 ω_2 之近似 (高 Q_0) 表示式為

$$\omega_{1,2} \approx \omega_0 \mp \tfrac{1}{2}\mathcal{B}$$

- 半功率頻寬 $\mathcal{B}$ 給定為

$$\mathcal{B} = \omega_2 - \omega_1 = \frac{\omega_0}{Q_0}$$

- 高 Q 值電路之輸入導納也可以近似式表示為：

$$\mathbf{Y} \approx \frac{1}{R}(1 + jN) = \frac{1}{R}\sqrt{1 + N^2}\underline{/\tan^{-1} N}$$

其中的 N 為失諧振之半頻寬數，或者

$$N = \frac{\omega - \omega_0}{\frac{1}{2}\mathcal{B}}$$

此一近似在 $0.9\omega_0 \leq \omega \leq 1.1\omega_0$ 時成立。

16.3 串聯諧振

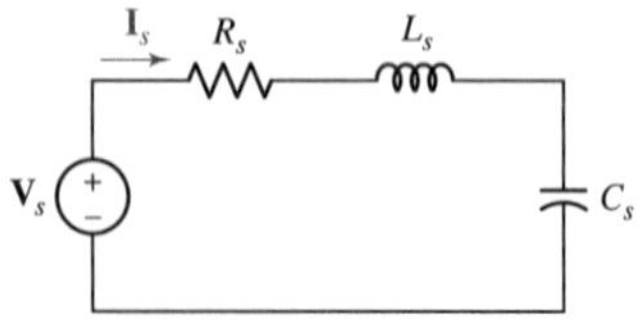

◆ **圖 16.8** 串聯諧振電路。

雖然相較於並聯 *RLC* 電路，較少使用串聯 *RLC* 電路，但串聯 *RLC* 電路仍值得學習。以下將考慮圖 16.8 所示之電路。應注意此時給定元件的下標為 *s* (串聯)，避免在與並聯電路比較時而與並聯元件混淆。

並聯諧振電路之探討佔用了相當冗長的兩節。此時將對串聯 *RLC* 電路進行相同的處理，但避免不必要的重複，並且使用對偶的觀念。為了簡便起見，將焦點集中於前一節的並聯諧振之最後一段結論，其中包含了重要的結果，而且使用對偶的描述來轉述本段落，藉以呈現串聯 *RLC* 電路之重要結果。

再一次說明，此一段落相同於 16.2 節之最後一段，使用對偶性質，將並聯 *RLC* 之描述轉換成為串聯 *RLC* 之描述 (因此，使用引號標注)。

"藉由審視已介紹的某些關鍵推論，提出串聯諧振電路所涵蓋範疇之結論："

- 諧振頻率 ω_0 為輸入阻抗之虛數部分或者該阻抗角度為零時之頻率。就串聯諧振電路而言，$\omega_0 = 1/\sqrt{C_s L_s}$。
- 串聯諧振電路的質量指標定義為電路中所能儲存的最大能量對電路中每週期所損失的能量比值之 2π 倍。就串聯諧振電路而言，$Q_0 = \omega_0 L_S/R_S$。
- 定義兩個半功率頻率 ω_1 與 ω_2 為阻抗振幅等於最小阻抗振幅的 $\sqrt{2}$ 倍時之頻率。(此亦為電流響應為最大響應之 70.7% 時之頻率。)
- ω_1 與 ω_2 之精確表示式為

$$\omega_{1,2} = \omega_0\left[\sqrt{1+\left(\frac{1}{2Q_0}\right)^2} \mp \frac{1}{2Q_0}\right]$$

- ω_1 與 ω_2 之近似 (高 Q_0) 表示式為

$$\omega_{1,2} \approx \omega_0 \mp \frac{1}{2}\mathcal{B}$$

- 半功率頻寬 $\mathcal{B}$ 給定為

$$\mathcal{B} = \omega_2 - \omega_1 = \frac{\omega_0}{Q_0}$$

- 高 Q 值電路之輸入導納也可以近似式表示為：

$$\mathbf{Y} \approx \frac{1}{R}(1+jN) = \frac{1}{R}\sqrt{1+N^2}\underline{/\tan^{-1} N}$$

其中的 N 為失諧振之半頻寬數，或者

$$N = \frac{\omega - \omega_0}{\frac{1}{2}\mathcal{B}}$$

此一近似在 $0.9\omega_0 \leq \omega \leq 1.1\omega_0$ 時成立。

以此一角度觀之，此後將不再特別使用下標 s 來強調串聯諧振電路，除非需要明確要求。

範例 16.3

將電壓 $v_s = 100 \cos \omega t$ mV 施加至 10 Ω 電阻器、200 nF 電容器以及 2 mH 電感器所構成之串聯諧振電路。試使用精確與近似兩種方法計算 $\omega = 48$ krad/s 時之電流振幅。

該電路之諧振頻率給定為

$$\omega_0 = \frac{1}{\sqrt{LC}} = \frac{1}{\sqrt{(2 \times 10^{-3})(200 \times 10^{-9})}} = 50 \text{ krad/s}$$

由於操作於 $\omega = 48$ krad/s，在於諧振頻率的 10% 之內，可合理應用近似關係來估算網路之等效阻抗，設想進行高 Q 值電路之分析：

$$\mathbf{Z}_{eq} \approx R\sqrt{1 + N^2}\underline{/\tan^{-1} N}$$

一旦決定了 Q_0，便可計算其中的 N。此為串聯電路，所以

$$Q_0 = \frac{\omega_0 L}{R} = \frac{(50 \times 10^3)(2 \times 10^{-3})}{10} = 10$$

符合高 Q 值電路之條件。因此，

$$\mathcal{B} = \frac{\omega_0}{Q_0} = \frac{50 \times 10^3}{10} = 5 \text{ krad/s}$$

失諧振之半頻寬數 (N) 因此為

$$N = \frac{\omega - \omega_0}{\mathcal{B}/2} = \frac{48 - 50}{2.5} = -0.8$$

所以，

$$\mathbf{Z}_{eq} \approx R\sqrt{1 + N^2}\underline{/\tan^{-1} N} = 12.81\underline{/-38.66^\circ} \ \Omega$$

近似的電流振幅則為

$$\frac{|\mathbf{V}_s|}{|\mathbf{Z}_{eq}|} = \frac{100}{12.81} = 7.806 \text{ mA}$$

使用精確表示式，可得 $\mathbf{I} = 7.746\underline{/39.24^\circ}$ mA，因此

$$|\mathbf{I}| = 7.746 \text{ mA}$$

練習題

16.4 某一串聯諧振電路具有 100 Hz 頻寬，並且包含一個 20 mH 電感以及一個 2 μF 電容。試求 (a) f_0；(b) Q_0；(c) 諧振狀態下之 $\mathbf{Z}_{\text{in}}$；(d) f_2。

解答：796 Hz；7.96；12.57 + j0 Ω；846 Hz (近似)。

串聯諧振電路之特性為在諧振狀態下具有最小的阻抗，反之並聯諧振電路在諧振狀態下則會產生最大的諧振阻抗。且在諧振狀態下，並聯諧振電路提供具有電源電流 Q_0 倍振幅之電感器電流與電容器電流；串聯諧振電路提供具有電源電壓 Q_0 倍振幅之電感器電壓與電容器電壓。串聯諧振電路因此在諧振狀態下提供了電壓之放大作用。

串聯與並聯諧振之結果比較、以及所推導的精確與近似表示式呈現於表 16.1。

16.4 其他的諧振型式

先前兩節所介紹的並聯與串聯 RLC 電路皆是闡述理想之諧振電路。理想模型符合實際電路之準確程度端視操作頻率的範圍、電路的 Q 值、實體元件所採用的材質、元件的大小以及諸多其他的因素而定。由於需要某些電磁場理論以及材料特性之知識，因此本章並非要探討如何判斷已知實體電路的最佳模型之技巧；而是將焦點集中於如何簡化較複雜模型成為較為熟悉的簡單並聯或串聯 RLC 模型。

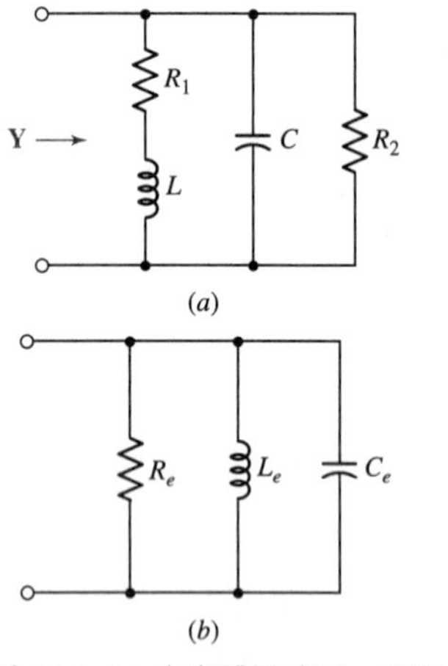

◆ **圖 16.9** (a) 由實體電感器、電容器與電阻器並聯所構成的實體網路之有效模型；(b) 在窄頻帶中可等效於 (a) 電路之網路。

圖 16.9a 所示之網路為實體電感器、電容器與電阻器並聯組合之較合理且準確之電路。標示 R_1 的電阻器為假設的電阻器，用以考慮實體線圈之歐姆、鐵芯以及輻射損失。在所給定的 RLC 電路中，以標示為 R_2 之電阻器來描述實體電容器內的介質損失以及實體電感器的電阻。在此一模型中，*無法*將元件組合，並且無法*針對所有的頻率*產生等效於原模型之較簡單模型。然而，在此將證明仍可建構較簡單的等效電路，該等效電路通常可有效於足夠大的頻帶訊號，並且包含所關注的所有頻率。該等效電路為圖 16.9b 所示的網路。

在學習如何推演如此的等效電路之前，先考慮圖 16.9a 所給定的電路。此一網路的諧振角頻率*並非* $1/\sqrt{LC}$，即使倘若 R_1 極

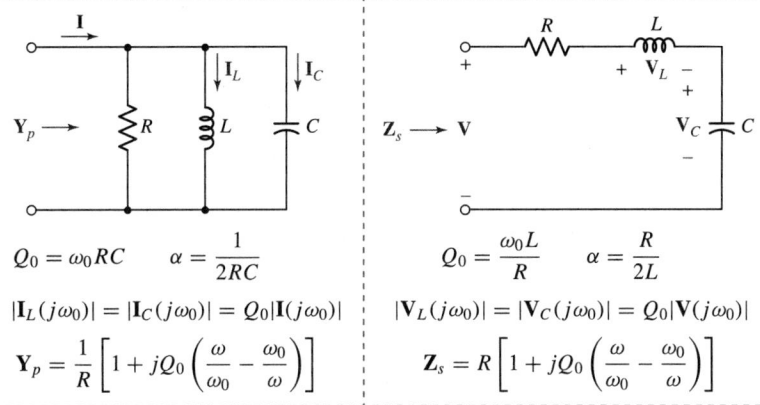

表 16.1　諧振之簡短總結

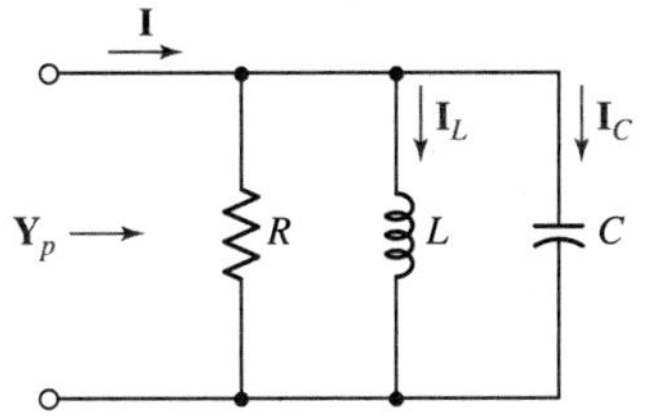

$$Q_0 = \omega_0 RC \qquad \alpha = \frac{1}{2RC}$$

$$|\mathbf{I}_L(j\omega_0)| = |\mathbf{I}_C(j\omega_0)| = Q_0|\mathbf{I}(j\omega_0)|$$

$$\mathbf{Y}_p = \frac{1}{R}\left[1 + jQ_0\left(\frac{\omega}{\omega_0} - \frac{\omega_0}{\omega}\right)\right]$$

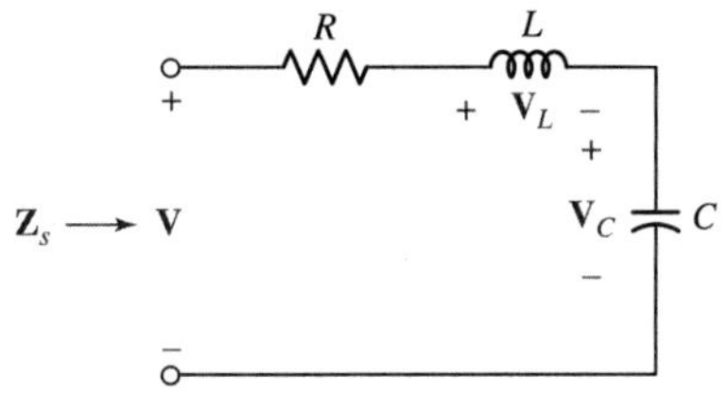

$$Q_0 = \frac{\omega_0 L}{R} \qquad \alpha = \frac{R}{2L}$$

$$|\mathbf{V}_L(j\omega_0)| = |\mathbf{V}_C(j\omega_0)| = Q_0|\mathbf{V}(j\omega_0)|$$

$$\mathbf{Z}_s = R\left[1 + jQ_0\left(\frac{\omega}{\omega_0} - \frac{\omega_0}{\omega}\right)\right]$$

精準表示式

$$\omega_0 = \frac{1}{\sqrt{LC}} = \sqrt{\omega_1\omega_2}$$

$$\omega_d = \sqrt{\omega_0^2 - \alpha^2} = \omega_0\sqrt{1 - \left(\frac{1}{2Q_0}\right)^2}$$

$$\omega_{1,2} = \omega_0\left[\sqrt{1 + \left(\frac{1}{2Q_0}\right)^2} \mp \frac{1}{2Q_0}\right]$$

$$N = \frac{\omega - \omega_0}{\frac{1}{2}\mathcal{B}}$$

$$\mathcal{B} = \omega_2 - \omega_1 = \frac{\omega_0}{Q_0} = 2\alpha$$

近似表示式

$$(Q_0 \geq 5 \qquad 0.9\omega_0 \leq \omega \leq 1.1\omega_0)$$

$$\omega_d \approx \omega_0$$

$$\omega_{1,2} \approx \omega_0 \mp \tfrac{1}{2}\mathcal{B}$$

$$\omega_0 \approx \tfrac{1}{2}(\omega_1 + \omega_2)$$

$$\mathbf{Y}_p \approx \frac{\sqrt{1 + N^2}}{R}\underline{/\tan^{-1} N}$$

$$\mathbf{Z}_s \approx R\sqrt{1 + N^2}\underline{/\tan^{-1} N}$$

小，則諧振頻率僅極接近此一數值。諧振的定義不變，可藉由設定輸入導納的虛數部分等於零來決定諧振頻率：

$$\text{Im}\{\mathbf{Y}(j\omega)\} = \text{Im}\left\{\frac{1}{R_2} + j\omega C + \frac{1}{R_1 + j\omega L}\right\} = 0$$

或者

$$\text{Im}\left\{\frac{1}{R_2}+j\omega C+\frac{1}{R_1+j\omega L}\frac{R_1-j\omega L}{R_1-j\omega L}\right\}$$

$$=\text{Im}\left\{\frac{1}{R_2}+j\omega C+\frac{R_1-j\omega L}{R_1^2+\omega^2L^2}\right\}=0$$

因此，得到諧振條件為

$$C=\frac{L}{R_1^2+\omega^2L^2}$$

所以

$$\omega_0=\sqrt{\frac{1}{LC}-\left(\frac{R_1}{L}\right)^2} \qquad [21]$$

應注意 ω_0 小於 $1/\sqrt{LC}$，但若比值 R_1/L 夠小，則 ω_0 與 $1/\sqrt{LC}$ 之間的差異即可忽略。

輸入阻抗的最小振幅也值得考慮，其數值並非 R_2，亦非發生在 ω_0 (或者在 $\omega=1/\sqrt{LC}$)。由於證明過程為相當累贅的代數表示式，在此並無證明以上的敘述；然而，其理論相當直觀。此時先考慮一個數值範例來說明之。

範例 16.4

試使用數值 $R_1=2\ \Omega$、$L=1$ H、$C=125$ mF 以及 $R_2=3\ \Omega$ 為圖 16.9a 電路之元件值，試求諧振頻率諧振阻抗。

將適當的數值代入方程式 [21] 中，得到

$$\omega_0=\sqrt{8-2^2}=2\text{ rad/s}$$

藉此便可計算輸入導納，

$$\mathbf{Y}=\frac{1}{3}+j2\left(\frac{1}{8}\right)+\frac{1}{2+j(2)(1)}=\frac{1}{3}+\frac{1}{4}=0.583\text{ S}$$

且諧振之輸入阻抗為

$$\mathbf{Z}(j2)=\frac{1}{0.583}=1.714\ \Omega$$

若 R_1 為零，則諧振頻率為

$$\frac{1}{\sqrt{LC}}=2.83\text{ rad/s}$$

輸入阻抗變為

$$\mathbf{Z}(j2.83)=1.947\underline{/-13.26^\circ}\ \Omega$$

然而，如圖 16.10 所示，能夠判斷最大阻抗振幅相應之頻率 $\omega_m = 3.26$ rad/s，且最大阻抗振幅為

$$\mathbf{Z}(j3.26) = 1.980\underline{/-21.4^\circ}\ \Omega$$

諧振時之阻抗振幅與最大振幅之差異約為 16%。雖然實務上經常可忽略如此的誤差，但在考試中卻常因過大而難以忽略。(本節之後的分析將顯示電感器-電阻器組合在 2 rad/s 下之 Q 為 1；此一低數值會導致 16% 之差異。)

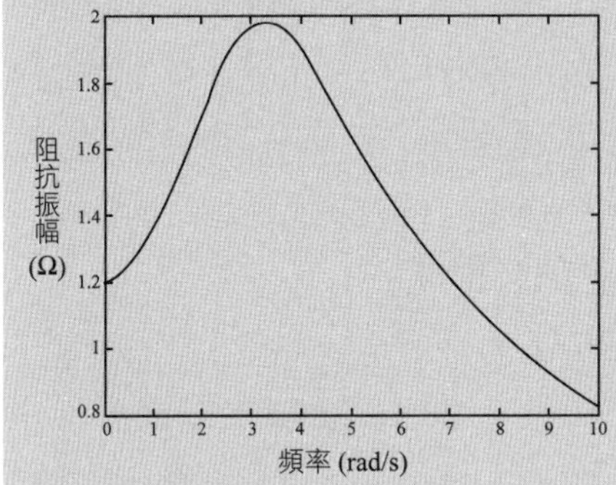

◆ **圖 16.10** 使用以下的 MATLAB 程式所產生的 |**Z**| 對 ω 圖示：

```
EDU» omega = linspace(0,10,100);
EDU» for i = 1:100
Y(i) = 1/3 + j*omega(i)/8 + 1/(2 + j*omega(i));
Z(i) = 1/Y(i);
end
EDU» plot(omega,abs(Z));
EDU» xlabel('frequency (rad/s)');
EDU» ylabel('impedance magnitude (ohms)');
```

練習題

16.5 參照圖 16.9a，令 $R_1 = 1$ kΩ 且 $C = 2.533$ pF。試求可構成諧振頻率為 1 MHz 所需之電感值。(提示：回顧 $\omega = 2\pi f$。)

解答：10 mH。

■ 等效串聯與並聯組合

為了將圖 16.9a 所給定的電路變換成為圖 16.9b 所示的等效型式，必須探討簡單的電阻器與電抗元件 (電感器或電容器) 組合之 Q 值。先考慮圖 16.11a 所示之串聯電路；再次將該網路的 Q 值定義為最大儲存能量對每週期所損失的能量比值之 2π 倍，可以在所選擇的任意頻率下計算 Q 值；亦即，Q 為 ω 之函數。實際上，將選擇具有串聯臂的某一網路之諧振頻率來估算 Q 值。然而，在提供更完整的電路之前，尚未能得知此一頻率。讀者可自行證明串聯臂的 Q 值為 $|X_s|/R_s$，而圖 16.11b 的並聯網路之 Q 值則為 $R_p/|X_p|$。

此時將說明求得 R_p 與 X_p 數值所需之細節，藉此在某單一特定頻率下，圖 16.11b 的並聯網路可等效於圖 16.11a 之串聯網路。令 $\mathbf{Y}_s$ 與 $\mathbf{Y}_p$ 相等，

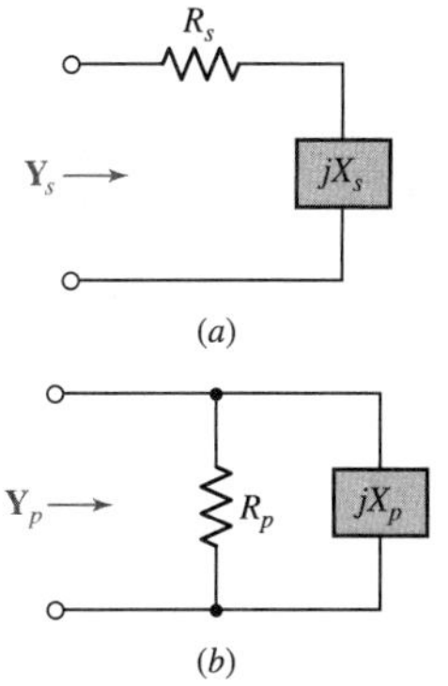

◆ **圖 16.11** (a) 串聯網路，由一個電阻 R_s 以及一個電感性或電容性電抗 X_s 所構成，可變換至 (b) 並聯網路，致使在某一特定頻率下，$\mathbf{Y}_s = \mathbf{Y}_p$。逆變換同樣可行。

$$\mathbf{Y}_s = \frac{1}{R_s + jX_s} = \frac{R_s - jX_s}{R_s^2 + X_s^2}$$
$$= \mathbf{Y}_p = \frac{1}{R_p} - j\frac{1}{X_p}$$

且得到

$$R_p = \frac{R_s^2 + X_s^2}{R_s}$$
$$X_p = \frac{R_s^2 + X_s^2}{X_s}$$

將兩表示式相除，得到

$$\frac{R_p}{X_p} = \frac{X_s}{R_s}$$

由此可知，串聯與並聯網路之 Q 值必相等：

$$Q_p = Q_s = Q$$

因此可將變換方程式簡化為：

$$R_p = R_s(1 + Q^2) \qquad [22]$$

$$X_p = X_s\left(1 + \frac{1}{Q^2}\right) \qquad [23]$$

同理，若 R_p 與 X_p 為已知數值，則可得到 R_s 與 X_s；雙向的變換皆可執行。

若 $Q \geq 5$，則因使用近似的關係而引進少許誤差

$$R_p \approx Q^2 R_s \qquad [24]$$

$$X_p \approx X_s \qquad (C_p \approx C_s \quad 或 \quad L_p \approx L_s) \qquad [25]$$

範例 16.5

試求 100 mH 電感器與 5 Ω 電阻器串聯組合操作在 1000 rad/s 頻率之並聯等效電路。此一串聯組合所連接的網路為未知。

在 $\omega = 1000$ rad/s 之條件下，$X_s = 1000(100 \times 10^{-3}) = 100$ Ω。此一串聯組合之 Q 值為

$$Q = \frac{X_s}{R_s} = \frac{100}{5} = 20$$

由於 Q 值夠高 (20 遠大於 5)，因此可使用方程式 [24] 與 [25]，得到

$$R_p \approx Q^2 R_s = 2000\ \Omega \quad 及 \quad L_p \approx L_s = 100\ \text{mH}$$

藉此推論在頻率 1000 rad/s 之下，100 mH 電感器串聯 5 Ω 電阻器必提供相同於 100 mH 電感器並聯 2000 Ω 電阻器之輸入阻抗。

為檢查等效電路之準確度，先求解每個網路在 1000 rad/s 時之輸入阻抗。得到

$$\mathbf{Z}_s(j1000) = 5 + j100 = 100.1\underline{/87.1^\circ}\ \Omega$$

$$\mathbf{Z}_p(j1000) = \frac{2000(j100)}{2000 + j100} = 99.9\underline{/87.1^\circ}\ \Omega$$

並且推論變換頻率下的近似準確度相當高。由於

$$\mathbf{Z}_s(j900) = 90.1\underline{/86.8^\circ}\ \Omega$$
$$\mathbf{Z}_p(j900) = 89.9\underline{/87.4^\circ}\ \Omega$$

因此，900 rad/s 之準確度也相當高。

練習題

16.6 在 $\omega = 1000$ rad/s 之條件下，試求等效於圖 16.12a 串聯組合之並聯網路。

16.7 試求圖 16.12b 所示的並聯網路之串聯等效電路，其中假設 $\omega = 1000$ rad/s。

解答：16.6：8 H，640 kΩ。
16.7：5 H，250 Ω。

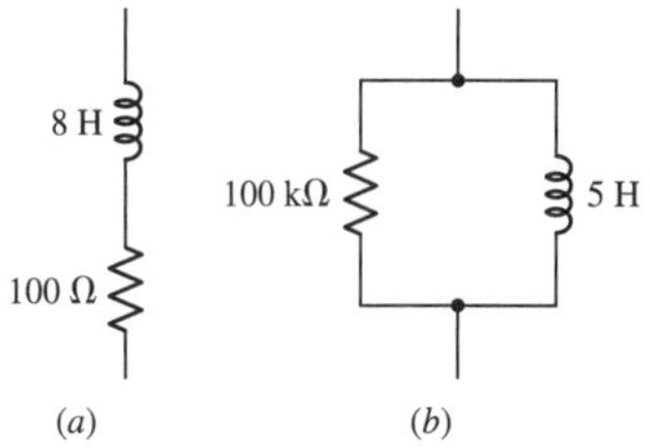

◆ **圖 16.12** (a) 等效並聯網路為所求之串聯網路 (在 $\omega = 1000$ rad/s 之條件下)；(b) 等效串聯網路為所求之並聯網路 (在 $\omega = 1000$ rad/s 之條件下)。

另一個範例為使用等效串聯或並聯 *RLC* 電路來取代更為複雜的諧振電路，其中考慮電子儀器之測量問題。圖 16.13a 所示的簡單串聯 *RLC* 網路由操作於該網路的諧振頻率之弦波電壓源所激勵。弦波電源的有效 (rms) 值為 0.5 V，並且期望使用某一具有內阻 100,000 Ω 的電子式伏特計 (VM) 來測量電容器跨壓之有效值。亦即，伏特計的等效表示方式為一個理想伏特計並聯一個 100 kΩ 電阻器。

"理想" 電錶為一種測量特定物理量而不會干擾待測電路之儀器。雖然不可能不影響待測電路，但現代化的儀器在此一方面已極為接近理想。

在伏特計連接之前，計算諧振頻率為 10^5 rad/s，$Q_0 = 50$，電流為 25 mA，而 rms 電容器電壓為 25 V。(如 16.3 節末所說明的，此一電壓為所施加的電壓之 Q_0 倍。) 因此，若伏特計為理想，則當跨於電容器連接時，讀值將為 25 V。

然而，當連接實際的伏特計時，便會產生圖 16.13b 所示之電路。為了得到串聯 *RLC* 電路，此時需要以串聯 *RC* 網路來取代並聯 *RC* 網路。假設此一 *RC* 網路之 *Q* 值夠大，因此等效的

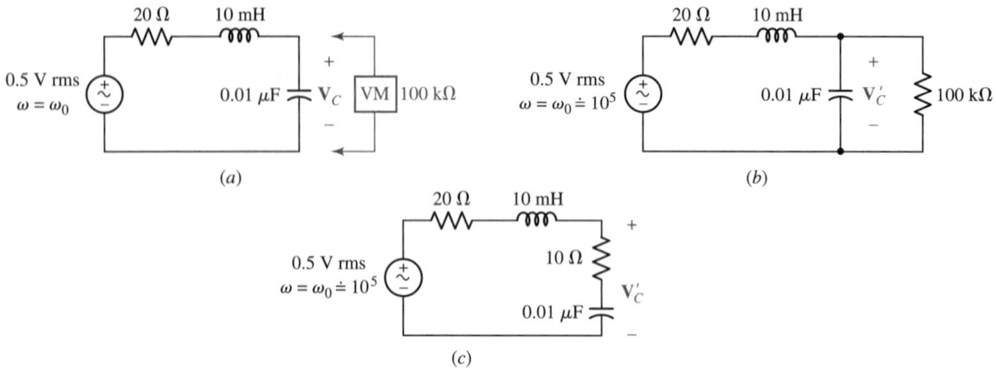

◆ **圖 16.13** (a) 給定的串聯諧振電路，其中要以非理想電子式伏特計來測量電容器電壓；(b) 在電路中考慮伏特計效應；其讀值為 V_c'；(c) 以在 10^5 rad/s 下等效的串聯 *RC* 網路取代 (b) 的並聯 *RC* 網路所得到之串聯諧振電路。

串聯電容器將等於所給定的並聯電容器，藉以趨近最終的串聯 *RLC* 電路之諧振頻率。因此，若串聯 *RLC* 電路也具有 0.01 μF 的電容器，則諧振頻率便會維持 10^5 rad/s。需要計算得知此一估算的諧振頻率，方能計算並聯 *RC* 網路之 Q 值；亦即

$$Q = \frac{R_p}{|X_p|} = \omega R_p C_p = 10^5(10^5)(10^{-8}) = 100$$

由於此一數值大於 5，因此所形成的假設合理，且等效串聯 *RC* 網路包含電容器 $C_s = 0.01\ \mu$F 以及電阻器

$$R_s \approx \frac{R_p}{Q^2} = 10\ \Omega$$

是以，得到圖 16.13c 之等效電路。該電路的諧振 Q 值此時僅為 33.3，因此圖 16.13c 電路之電容器跨壓為 $16\frac{2}{3}$ V。但需要計算 $|\mathbf{V}_C'|$，亦即串聯 *RC* 組合之跨壓；得到

$$|\mathbf{V}_C'| = \frac{0.5}{30}|10 - j1000| = 16.67\ \text{V}$$

由於 10 Ω 電阻器上的跨壓相當小，因此電容器電壓與 $|\mathbf{V}_C'|$ 基本上相等。

最後的結論為顯然良好的伏特計仍可能會對高 Q 值諧振電路產生嚴重的影響。類似的效應也可能發生在非理想的安培計安插於電路之時。

以一個技術寓言來結束本節。

從前有位名為 Sean 的學生，以及一位簡稱為 Abel 博士的教授。

某天下午在實驗室中，Abel 博士給 Sean 三個實體電路元

件：一個電阻器、一個電感器以及一個電容器，各元件的額定數值分別為 20 Ω、20 mH 以及 1 μF，並要學生 Sean 將一個變頻的電壓源連接至三個元件的串聯組合，藉以測量以頻率為函數所產生的電阻器跨壓，之後再計算諧振頻率、諧振 Q 值，以及半功率頻寬之數值。也要學生 Sean 在進行測量之前先預測實驗的結果。

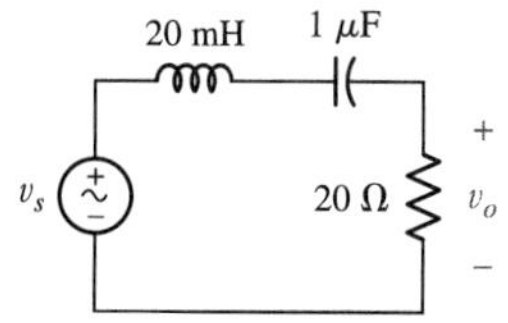

◆**圖 16.14** 20 mH 電感器、1 μF 電容器以及 20 Ω 電阻器串聯電壓產生器之第一個模型。

Sean 先繪製此一問題的等效電路，如圖 16.14 所示，之後再計算

$$f_0 = \frac{1}{2\pi\sqrt{LC}} = \frac{1}{2\pi\sqrt{20\times10^{-3}\times10^{-6}}} = 1125\text{ Hz}$$

$$Q_0 = \frac{\omega_0 L}{R} = 7.07$$

$$\mathcal{B} = \frac{f_0}{Q_0} = 159\text{ Hz}$$

接著，Sean 進行 Abel 博士所要求的測量，與所預測的數值比較，結果令 Sean 強烈想要轉到商業學校就讀。所得到的實驗結果為

$$f_0 = 1000\text{ Hz} \qquad Q_0 = 0.625 \qquad \mathcal{B} = 1600\text{ Hz}$$

Sean 了解不可將如此明顯的差異解釋為“在工程的準確度內”，或者“因電錶誤差所致”。他難過地將此一結果遞交給 Abel 博士。

回憶起過去許多錯誤的判斷，其中某些甚至 (可能) 是自造的，Abel 博士親切地微笑並且請 Sean 注意最完善的實驗室所配備之 Q 值錶 (或者阻抗電橋)，並且建議可使用該儀器來找出這些實體電路元件在接近諧振狀態的某方便頻率下之真實數值，例如 1000 Hz。

據之進行實驗後，Sean 發現電阻器的數值為 18 Ω，在 Q 等於 1.2 條件下之電感器為 21.4 mH，同時電容器具有 1.41 μF 之電容值，而且損耗因數 (Q 的倒數) 等於 0.123。

所以，在每位工程學科的本科生內心湧出希望，Sean 推論該實體電感器較佳的模型為 21.4 mH 串聯 $\omega L/Q = 112\ \Omega$，同時電容器較為適當的模型為 1.41 μF 串聯 $1/\omega CQ = 13.9\ \Omega$。Sean 使用這些資料準備好已修正後的電路模型，如圖 16.15 所示，並且計算一組新的預測數值：

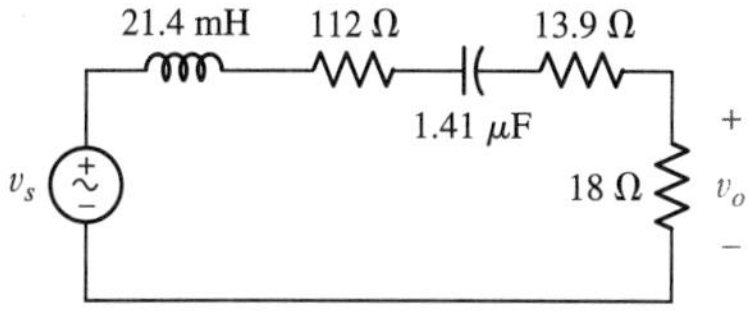

◆**圖 16.15** 已改良的模型；其中使用較為準確的數值，且確認了電感器與電容器中的損失。

$$f_0 = \frac{1}{2\pi\sqrt{21.4\times 10^{-3}\times 1.41\times 10^{-6}}} = 916\text{ Hz}$$

$$Q_0 = \frac{2\pi\ \times 916\times 21.4\times 10^{-3}}{143.9} = 0.856$$

$$\mathcal{B} = 916/0.856 = 1070\text{ Hz}$$

由於結果較為接近測量的數值，因此 Sean 很高興。然而 Abel 博士很講究細節，琢磨著 Q_0 與頻寬兩者預測與實測數值之間的差異。Abel 博士詢問："你是否曾考慮電壓源的輸入阻抗？" Sean 回答："還沒"，並且小跑回到實驗室之工作台。

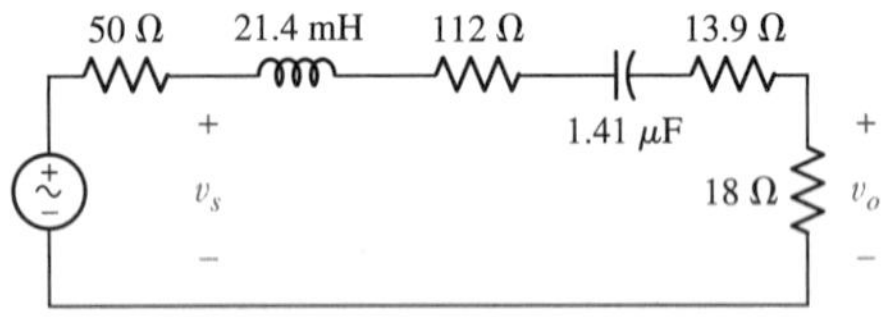

◆**圖 16.16** 最終的模型也包含電源之輸出電阻。

原來問題是輸出阻抗為 50 Ω，所以 Sean 將此一數值增加至電路圖中，如圖 16.16 所示。使用新的等效電阻值 193.9 Ω，得到改進後之 Q_0 與 $\mathcal{B}$ 數值：

$$Q_0 = 0.635 \qquad \mathcal{B} = 1442\text{ Hz}$$

此時所有的理論與實驗數值之誤差皆在 10% 之內。Sean 再次成為一個熱情、有自信的工程學生，受此激勵而提早寫作業並且課前預習。[1] Abel 博士對此僅點點頭並和藹地訓示：

當使用實際的元件時，
應注意所選擇的模型；
在計算之前先設想好，
並且留心 Z 與 Q！

練習題

16.8 10 Ω 和 10 nF 串聯組合並聯著 20 Ω 和 10 mH 之串聯組合。(a) 試求該並聯諧振網路的近似諧振頻率；(b) 試求 RC 分支的 Q 值；(c) 試求 RL 分支的 Q 值；(d) 試求原網路之三元件等效電路。

解答：10^5 rad/s；100；50；10 nF || 10 mH || 33.3 kΩ。

16.5 定標

先前已經求解的某些範例與問題涵蓋具有被動元件數值之電路，範圍大約在幾歐姆、幾亨利與幾法拉。所施加的頻率為每秒幾個弳度。使用這些特定的數值並非是在實務上經常會遇到，而是由於較為簡單的算術運算，否則可能在整個計算中皆需要帶著

1 是的，此最後部分有些過分。對此感到抱歉。

10 的各次方。本節所要探討的定標程序可將元件數值定標成為較為方便的數值，藉以分析由實際尺度的元件所構成之網路。在此將考慮**振幅定標** (Magnitude Scaling) 以及**頻率定標** (Frequency Scaling)。

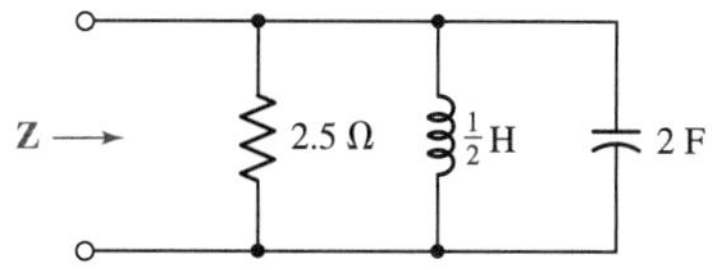

(a)

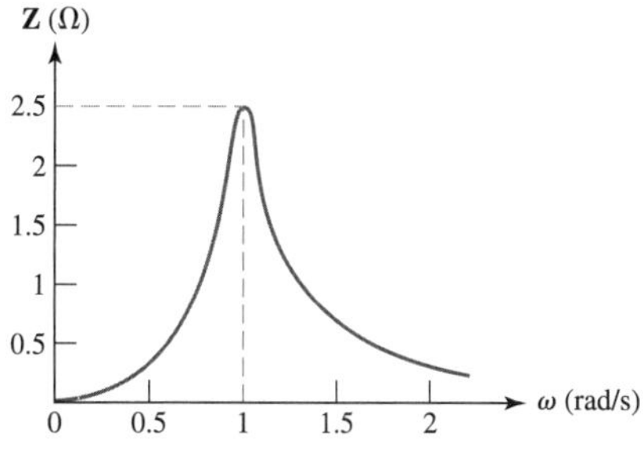

(b)

◆ **圖 16.17** (a) 充當範例藉以闡述振幅與頻率定標之並聯諧振電路；(b) 顯示輸入阻抗之振幅為頻率之函數。

先以圖 16.17a 所示的並聯諧振電路為分析範疇。不實際的元件數值導致圖 16.17b 所示的響應曲線可行性極低；最大的阻抗為 2.5 Ω，諧振頻率為 1 rad/s，Q_0 為 5，且頻寬為 0.2 rad/s。這些數值較類似於某機械系統的電氣比擬特徵，而非任何一種基本電氣裝置之特徵。計算方便的數字經常會建構出不實際的電路。

此時的目標為將此一網路定標，藉以在 5×10^6 rad/s 或者 796 kHz 的諧振頻率下可提供 5000 Ω 的阻抗最大值。亦即，若將*縱座標*刻度上的每個數字皆以 2000 的因數放大，並且將*橫座標*上的每個數字皆以 5×10^6 的因數放大，則可使用相同於圖 16.17b 所示的響應曲線。此為兩個問題：(1) 以 2000 的因數進行振幅的定標；以及 (2) 以 5×10^6 的因數進行頻率之定標。

回顧“縱座標”稱為垂直軸，而“橫座標”稱為水平軸。

“振幅定標”定義為將兩端網路的阻抗放大 K_m 因數之處理程序，頻率則維持為常數。因數 K_m 為正實數；可以大於或者小於 1。應了解到較簡潔的敘述“*以 2 的因數將網路振幅定標*”意指在任意頻率下，新網路的阻抗為原網路的兩倍。接著，將判斷如何將每種型式的被動元件定標。以 K_m 因數提升網路的阻抗，則足以增加網路中每個元件的阻抗相同的因數。因此，必須以電阻 K_mR 來取代電阻 R。在任意頻率下，每個電感也必呈現 K_m 倍大的阻抗。當 **s** 保持常數時，為了以 K_m 因數提升阻抗 sL，必須以電感值 K_mL 取代電感值 L。同理，必須以電容值 C/K_m 取代每個電容值 C。總之，這些改變將造成網路以 K_m 因數進行振幅定標：

$$\left.\begin{aligned} R &\to K_m R \\ L &\to K_m L \\ C &\to \frac{C}{K_m} \end{aligned}\right\} \quad \text{振幅定標}$$

當圖 16.17a 網路中的每個元件以 2000 因數振幅定標時，便產生圖 16.18a 所示之網路。圖 16.18b 之響應曲線表示除了縱座標刻度之外，不需要改變先前所繪製的響應曲線。

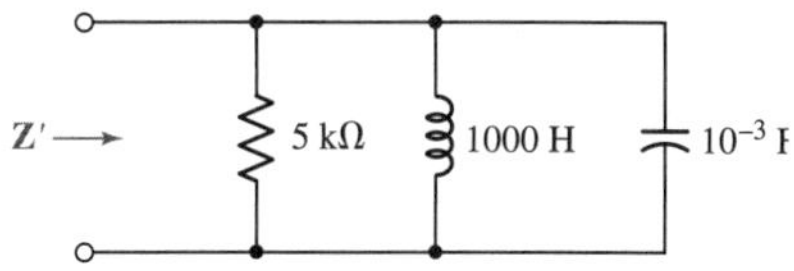

(a)

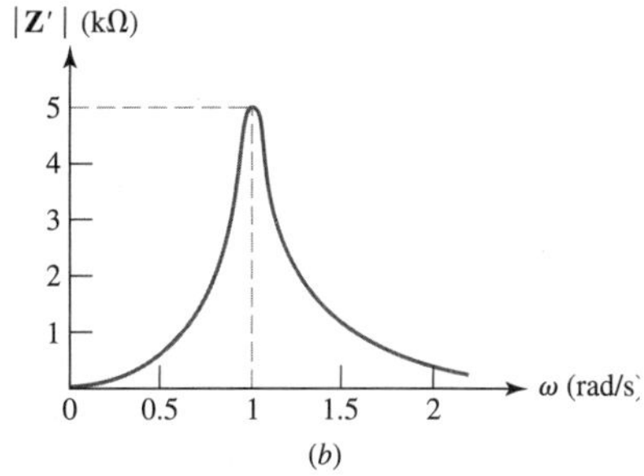

(b)

◆ **圖 16.18** (a) 圖 16.17a 以因數 $K_m = 2000$ 振幅定標之後的網路；(b) 相應的響應曲線。

此時將以頻率定標得到新的電路。定義頻率定標任意阻抗所相應的頻率放大 K_f 因數之處理程序。將再次使用較簡潔的描述 “*以 2 的因數將網路頻率定標*” ，意指此時在兩倍大的頻率下得到相同的阻抗。以頻率定標每個被動元件來實現頻率定標。顯然，電阻器不受影響。任何電感器的阻抗為 sL，且若在 K_f 倍大的頻率下仍得到此一相同的阻抗，則必須以電感值 L/K_f 來取代電感 L。同理，以電容值 C/K_f 取代電容值 C。因此，若以 K_f 因數對某一網路進行頻率定標，則每個被動元件需要的改變為

$$\left.\begin{aligned} R &\rightarrow R \\ L &\rightarrow \frac{L}{K_f} \\ C &\rightarrow \frac{C}{K_f} \end{aligned}\right\} \quad \text{頻率定標}$$

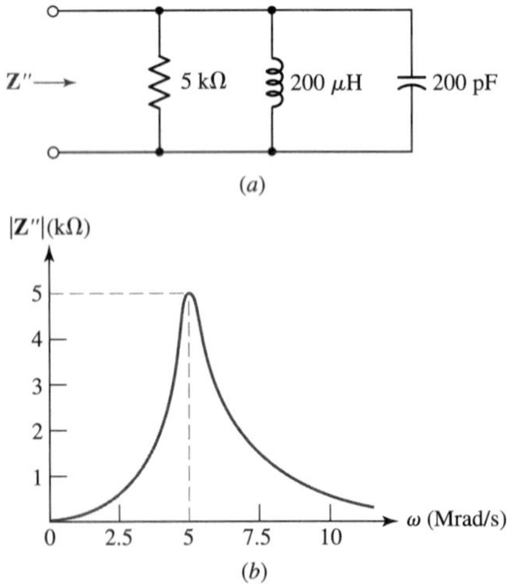

◆ **圖 16.19** (a) 圖 16.18a 以因數 $K_f = 5\times10^6$ 進行頻率定標之後的網路；(b) 相應的響應曲線。

當圖 16.18a 以振幅定標後的網路之每個元件再以 5×10^6 的因數進行頻率定標，便得到圖 16.19a 的電路。相應的響應曲線闡述於圖 16.19b。

最終網路之電路元件具有容易在實體電路上實現的數值；能夠實際地建構並且測試該網路。因此可認為若圖 16.17a 之原網路實際上乃是模擬某一種機械諧振系統，則此時已將之以振幅與頻率定標，藉以實現可在實驗室中建構的網路；機械系統上昂貴或不方便的測試即能夠以定標後的電氣系統進行，再將結果轉換成為機械單元，便完成分析。

也可將給定為 **s** 函數的阻抗振幅或頻率定標，而不需要組成兩端網路的特定元件之任何資訊。為了以振幅定標 **Z(s)**，振幅定標的定義顯示僅需要將 **Z(s)** 乘以 K_m，便可得到振幅定標後的阻抗。是故，振幅定標後的網路之阻抗 **Z′(s)** 為

$$\mathbf{Z}'(\mathbf{s}) = K_m\mathbf{Z}(\mathbf{s})$$

若此時將 **Z′(s)** 以 5×10^6 的因數進行頻率定標，且若 **Z″(s)** 以 **Z′(s)** 頻率的 K_f 倍計算，則 **Z″(s)** 與 **Z′(s)** 具有相同的阻抗數值，或者

$$\mathbf{Z}''(\mathbf{s}) = \mathbf{Z}'\left(\frac{\mathbf{s}}{K_f}\right)$$

雖然定標的處理一般應用於被動元件，但也可使用振幅與頻率來進行相依電源之定標。假設任意電源的輸出給定為 $k_x v_x$ 或者

$k_y i_y$，其中的 k_x 對相依電流源而言，具有導納的單位，且對相依電壓源而言無單位；k_y 對相依電壓源而言則具有歐姆的單位，且對相依電流源而言無單位。若將具有相依電源的網路以 K_m 進行振幅定標，則僅需要將視為 k_x 或 k_y 猶如與其單位一致的元件型式即可。亦即，若 k_x (或 k_y) 無單位，則保持不變；若是導納，則將之除以 K_m；而若是阻抗，則將之乘以 K_m。頻率的定標並不影響相依電源。

範例 16.6

試以 $K_m = 20$ 以及 $K_f = 50$ 來定標圖 16.20 所示之網路，並試求定標後的網路之 $\mathbf{Z}_{in}(\mathbf{s})$。

將 0.05 F 除以定標因數 $K_m = 20$，實現電容器的振幅定標，並且將之再除以 $K_f = 50$，實現頻率定標。同時進行這兩個運算，

$$C_{\text{scaled}} = \frac{0.05}{(20)(50)} = 50\ \mu\text{F}$$

也將電感器定標為

$$L_{\text{scaled}} = \frac{(20)(0.5)}{50} = 200\ \text{mH}$$

在定標相依電源上，由於頻率定標並不會影響相依電源，因此僅需要考慮振幅定標。由於此為電壓控制電流源，所以倍乘常數 0.2 具有 A/V 或者 S 之單位。由於該因數具有導納的單位，因此將之除以 K_m，得到新的一項為 0.01 $\mathbf{V}_1$。所產生 (定標後) 的結果如圖 16.20b 所示。

為求得新網路的阻抗，需要將一個 1 A 的測試電源施加至輸入端。可以任一電路進行分析；然而，在此先求得圖 16.20a 未定標網路之阻抗，再將所得到的結果定標。

參照圖 16.20c，

$$\mathbf{V}_{in} = \mathbf{V}_1 + 0.5\mathbf{s}(1 - 0.2\mathbf{V}_1)$$

且

$$\mathbf{V}_1 = \frac{20}{\mathbf{s}}(1)$$

執行所指示的代換之後，些微的代數運算即得到

$$\mathbf{Z}_{in} = \frac{\mathbf{V}_{in}}{1} = \frac{\mathbf{s}^2 - 4\mathbf{s} + 40}{2\mathbf{s}}$$

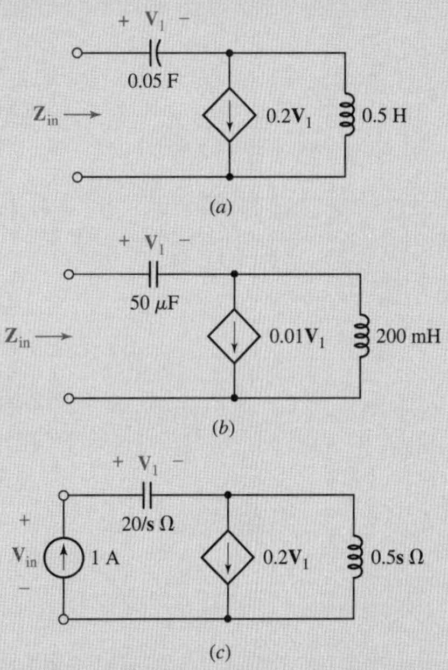

◆**圖 16.20** (a) 要以因數 20 振幅定標，且以因數 50 頻率定標之網路；(b) 定標後之網路；(c) 將 1 A 測試電源施加至輸入端，藉以得到 (a) 部分的未定標網路之阻抗。

為了相應於圖 16.20b 電路，將此一阻抗量定標，先將之乘以 $K_m = 20$，並且以 $\mathbf{s}/K_f = \mathbf{s}/50$ 來取代 $\mathbf{s}$。因此，

$$\mathbf{Z}_{\text{in}_{\text{scaled}}} = \frac{0.2\mathbf{s}^2 - 40\mathbf{s} + 20{,}000}{\mathbf{s}} \qquad \Omega$$

練習題

16.9 以 $C = 0.01$ F、$\mathcal{B} = 2.5$ rad/s，以及 $\omega_0 = 20$ rad/s 來定義某一並聯諧振電路。若 (a) 以因數 800 振幅定標該網路；(b) 以因數 10^4 頻率定標該網路；(c) 以因數 800 振幅定標並且以因數 10^4 頻率定標該網路，試求 R 與 L 之數值。

解答：32 kΩ，200 H；40 Ω，25 μH；32 kΩ，20 mH。

16.6 波德圖

在本節中，將探討一種快速得到轉移函數 (ω 之函數) 的振幅與相位*近似*圖示之方法。當然使用程式計算器或電腦來計算所需的數值，便可以繪製準確的曲線；也可直接在電腦上產生所要的曲線。本節的目的為得到較佳的響應圖示，而不是從極零點圖示來想像之，也不安裝任何電腦程式。

■ 分貝 (dB) 刻度

所要建構的近似響應曲線稱為漸近線圖，或者**波德圖** (Bode Plot 或 Bode Diagram)，以其開發者 Hendrik W. Bode 為名，其為貝爾電話實驗室 (Bell Telephone Laboratories) 之電機工程師與數學家。橫座標使用對數頻率刻度來描述振幅與相位兩曲線，並且也以稱為**分貝** (Decibels, dB) 之對數單位來描述其振幅本身。以 dB 定義 $|\mathbf{H}(j\omega)|$ 的數值為：

分貝的命名乃是紀念 Alexander Graham Bell。

$$H_{\text{dB}} = 20 \log |\mathbf{H}(j\omega)|$$

其中使用常用的對數 (基底 10)。(*功率轉移函數使用乘數 10，而非 20，然在此並不需要。*) 逆運算為

$$|\mathbf{H}(j\omega)| = 10^{H_{\text{dB}}/20}$$

在開始詳細討論波德圖的繪製技巧之前，此將有助於對分貝單位的大小感受、學習一些重要的數值，以及回顧對數的某些特性。由於 $\log 1 = 0$、$\log 2 = 0.30103$，且 $\log 10 = 1$，因此其中的

對應關係為：

$$|\mathbf{H}(j\omega)| = 1 \Leftrightarrow H_{\text{dB}} = 0$$
$$|\mathbf{H}(j\omega)| = 2 \Leftrightarrow H_{\text{dB}} \approx 6 \text{ dB}$$
$$|\mathbf{H}(j\omega)| = 10 \Leftrightarrow H_{\text{dB}} = 20 \text{ dB}$$

$|\mathbf{H}(j\omega)|$ 以 10 的因數增加即相應於 H_{dB} 以 20 dB 增加。再者，$\log 10^n = n$，因而 $10^n \Leftrightarrow 20n$ dB，所以 1000 相應於 60 dB，而 0.01 則代表 -40 dB。僅使用這些已知的數值，便可得知 $20 \log 5 = 20 \log \frac{10}{2} = 20 \log 10 - 20 \log 2 = 20 - 6 = 14$ dB，因而 $5 \Leftrightarrow 14$ dB。同理，$\log \sqrt{x} = \frac{1}{2} \log x$，因而 $\sqrt{2} \Leftrightarrow 3$ dB，且 $1/\sqrt{2} \Leftrightarrow -3$ dB。[2]

以 $\mathbf{s}$ 描述所需的轉移函數，當需要求得振幅或者相位時，將 $\mathbf{s} = j\omega$ 代入轉移函數中。若有需要，可使用 dB 描述其振幅。

練習題

16.10 若 $\mathbf{H}(\mathbf{s})$ 等於 (a) $20/(\mathbf{s}+100)$；(b) $20(\mathbf{s}+100)$；(c) $20\mathbf{s}$，試計算 $\omega = 146$ rad/s 時之 H_{dB}。若 H_{dB} 等於 (d) 29.2 dB；(e) -15.6 dB；(f) -0.318 dB，試計算 $|\mathbf{H}(j\omega)|$。

解答：-18.94 dB；71.0 dB；69.3 dB；28.8；0.1660；0.964。

■漸近線之確定

下一步則是將 $\mathbf{H}(\mathbf{s})$ 因式分解，藉以顯示其極點與零點。先考慮在 $\mathbf{s} = -a$ 的零點，寫出標準式為

$$\mathbf{H}(\mathbf{s}) = 1 + \frac{\mathbf{s}}{a} \qquad [26]$$

此一函數的波德圖包含 H_{dB} 在極大與極小的 ω 數值所趨近的兩條漸近線。因此，得到

$$|\mathbf{H}(j\omega)| = \left|1 + \frac{j\omega}{a}\right| = \sqrt{1 + \frac{\omega^2}{a^2}}$$

因而

$$H_{\text{dB}} = 20 \log \left|1 + \frac{j\omega}{a}\right| = 20 \log \sqrt{1 + \frac{\omega^2}{a^2}}$$

當 $\omega \ll a$，

$$H_{\text{dB}} \approx 20 \log 1 = 0 \qquad (\omega \ll a)$$

2 應注意在此所使用的 $20 \log 2 = 6$ dB 有些不正確，應是 6.02 dB。然而，習慣將 $\sqrt{2}$ 表示為 3 dB；由於 dB 的刻度本質上為對數，因此微小的誤差並不顯著。

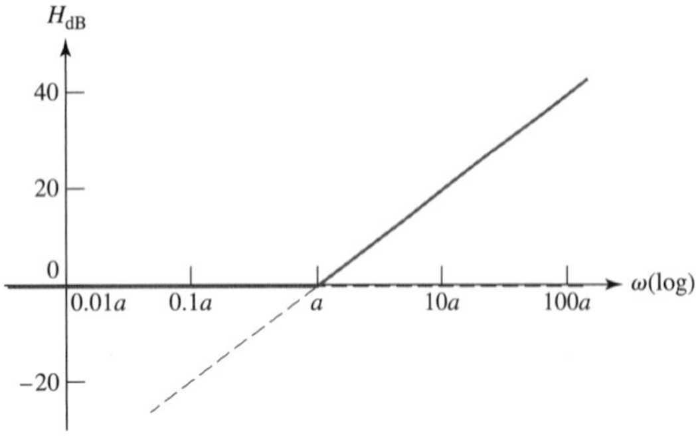

◆ **圖 16.21** $\mathbf{H(s)} = 1 + \mathbf{s}/a$ 之波德圖振幅響應，由低頻與高頻漸近線所組成，如虛線所示。兩條漸近線之橫座標交點在於轉折頻率。此一波德圖顯示由兩條漸近線所構成之響應，兩漸近線皆以直線簡易繪製。

此一簡單的漸近線如圖 16.21 所示。以實線繪製 $\omega < a$ 所對應之漸近線；且以虛線繪製 $\omega > a$ 所對應之漸近線。

當 $\omega \gg a$ 時，

$$H_{dB} \approx 20 \log \frac{\omega}{a} \qquad (\omega \gg a)$$

在 $\omega = a$ 時，$H_{dB} = 0$；在 $\omega = 10a$ 時，$H_{dB} = 20$ dB；在 $\omega = 100a$ 時，$H_{dB} = 40$ dB。因此，頻率每增加 10 倍，則 H_{dB} 的數值增加 20 dB；是以該漸近線具有 20 dB/decade 之斜率。由於當 ω 增加為兩倍時，H_{dB} 增加 6 dB，因此斜率亦可為 6 dB/octave。高頻漸近線也顯示於圖 16.21，其中 $\omega > a$為實線，$\omega < a$ 則為虛線。應注意兩條漸近線之交點在 $\omega = a$，亦即零點的頻率。此一頻率亦稱為**轉折頻率** (Corner Frequency)、**拐點頻率** (Break Frequency)、**3 dB 頻率**，或者**半功率頻率** (Half-power Frequency)。

十頻程 (Decade) 為以因數 10 所定義的頻率範圍，例如 3 Hz 至 30 Hz，或者 12.5 MHz 至 125 MHz。**倍頻程** (Octave) 為以因數 2 所定義的頻率範圍，例如 7 GHz 至14 GHz。

■ 波德圖之平滑處理

此時將檢視漸近線響應曲線中的誤差。在轉折頻率 ($\omega = a$)，

$$H_{dB} = 20 \log \sqrt{1 + \frac{a^2}{a^2}} = 3 \text{ dB}$$

應注意在此持續採用將 $\sqrt{2}$ 對應於 3 dB 之慣例。

相較於 0 dB 之漸近線數值。在 $\omega = 0.5a$ 時，得到

$$H_{dB} = 20 \log \sqrt{1.25} \approx 1 \text{ dB}$$

因此，可以一條平滑的曲線來表示精確的響應，該平滑曲線在 $\omega = a$ 時大於漸近線 3 dB，且在 $\omega = 0.5a$ 時則大於漸近線 1 dB ($\omega = 2a$ 時亦同)。若在工程上需要較為精準的結果時，此一資訊便能夠用於轉折點的平滑處理。

■ 多重項

大多數的轉移函數是由超過單一個零點 (或者單一個極點) 所構成。然而，由於實際上是以對數進行分析，因此能夠以波德圖的方法簡易地處理之。例如，考慮某一函數

$$\mathbf{H(s)} = K\left(1 + \frac{\mathbf{s}}{s_1}\right)\left(1 + \frac{\mathbf{s}}{s_2}\right)$$

其中的 K 為常數，且 $-s_1$ 與 $-s_2$ 代表函數 $\mathbf{H(s)}$ 的兩個零點。此一函數的 H_{dB} 可描述為

$$H_{dB} = 20\log\left|K\left(1+\frac{j\omega}{s_1}\right)\left(1+\frac{j\omega}{s_2}\right)\right|$$
$$= 20\log\left[K\sqrt{1+\left(\frac{\omega}{s_1}\right)^2}\sqrt{1+\left(\frac{\omega}{s_2}\right)^2}\right]$$

或者

$$H_{dB} = 20\log K + 20\log\sqrt{1+\left(\frac{\omega}{s_1}\right)^2} + 20\log\sqrt{1+\left(\frac{\omega}{s_2}\right)^2}$$

此為常數項 20 log K 與兩個零點項之簡單相加，而其中的兩個零點項則與先前所考慮的型式相同。亦即，**可將各項的圖示以簡單的圖形相加來建構 H_{dB} 之圖示**。將在以下的範例探討之。

範例 16.7

試求圖 16.22 所示網路的輸入阻抗之波德圖。

已知輸入阻抗為

$$\mathbf{Z}_{in}(\mathbf{s}) = \mathbf{H}(\mathbf{s}) = 20 + 0.2\mathbf{s}$$

將之改寫為標準式，得到

$$\mathbf{H}(\mathbf{s}) = 20\left(1+\frac{\mathbf{s}}{100}\right)$$

構成 $\mathbf{H}(\mathbf{s})$ 的兩個因式為導致拐點頻率 $\omega = 100$ rad/s 之零點 $\mathbf{s} = -100$ 以及一個等效於 20 log 20 = 26 dB 之常數，每個因式皆以輕描方式繪製於圖 16.23a。由於以 $|\mathbf{H}(j\omega)|$ 的對數進行分析，因此接著將相應於個別因式的波德圖相加。所產生的振幅波德圖如圖 16.23b 所示。在此尚未嘗試以 $\omega = 100$ rad/s 之 +3 dB 修正量來平滑處理轉折處；此一處理留待讀者練習。

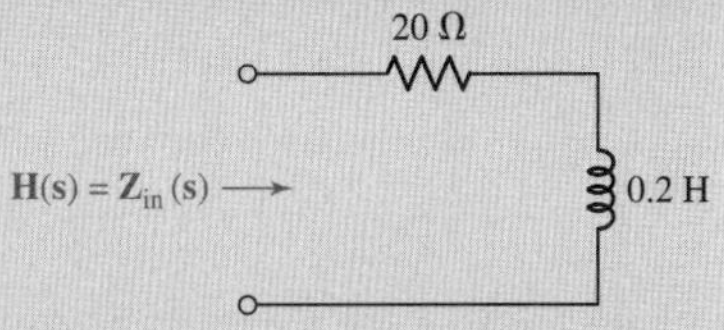

◆ **圖 16.22** 若選擇此一網路的 $\mathbf{H}(\mathbf{s})$ 為 $\mathbf{Z}_{in}(\mathbf{s})$，則 H_{dB} 之波德圖闡述於圖 16.23b。

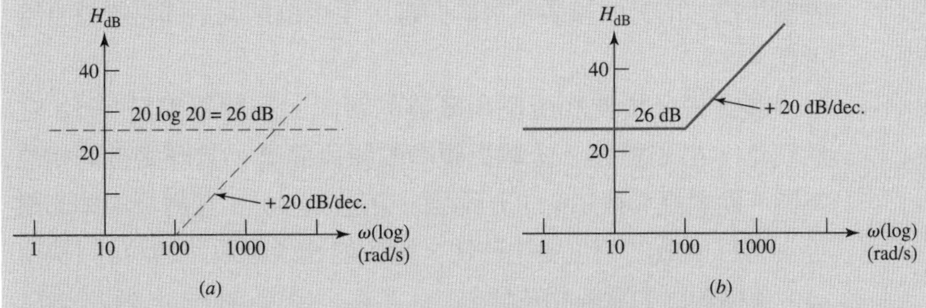

◆ **圖 16.23** (a) 個別繪製 $\mathbf{H}(\mathbf{s}) = 20(1 + \mathbf{s}/100)$ 的各因式之波德圖；(b) 將部分 (a) 之曲線相加得到合成的波德圖。

練習題

16.11 試建構 $\mathbf{H(s)} = 50 + \mathbf{s}$ 之振幅波德圖。

解答：34 dB，$\omega < 50$ rad/s；斜率＝＋20 dB/decade，$\omega > 50$ rad/s。

■相位響應

回到方程式 [26] 之轉移函數，此時將判斷簡單零點的**相位響應** (Phase Response)，

$$\text{ang } \mathbf{H}(j\omega) = \text{ang}\left(1 + \frac{j\omega}{a}\right) = \tan^{-1}\frac{\omega}{a}$$

也可以其漸近線來呈現此一表示式，雖然需要三條直線的區段。若 $\omega \ll a$，則 $\mathbf{H}(j\omega) \approx 0°$，且當 $\omega < 0.1a$ 時，以此為漸近線：

$$\text{ang } \mathbf{H}(j\omega) = 0° \qquad (\omega < 0.1a)$$

在高頻段，$\omega \gg a$，得知 $\mathbf{H}(j\omega) \approx 90°$，且以此為 $\omega = 10a$ 以上的漸近線：

$$\text{ang } \mathbf{H}(j\omega) = 90° \qquad (\omega > 10a)$$

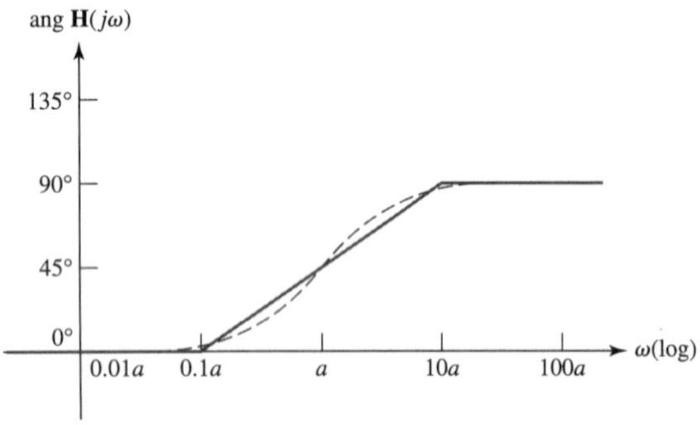

◆ **圖 16.24** 以三條實線之直線區段來描述 $\mathbf{H(s)} = 1 + \mathbf{s}/a$ 之漸近線角度響應。斜線的末端分別為 $0.1a$ 所對應之 0° 以及 $10a$ 所對應之 90°。虛線表示較為準確 (平滑) 的響應。

由於在 $\omega = a$ 時，角度為 45°，因此繪製一條直線的漸近線，從 $\omega = 0$ 之 0°，經過 $\omega = a$ 之 45°，而至 $\omega = 10a$ 之 90°。此一直線具有 45°/decade 之斜率。在圖 16.24 中，以實線描述之，而精確的角度響應則以虛線描述之。漸近線與實際響應之間最大的差異為 $\omega = 0.1a$ 與 $10a$ 之 $\pm 5.71°$。在 $\omega = 0.394a$ 與 $2.54a$，產生 $\mp 5.29°$ 的誤差；在 $\omega = 0.159a$、a 與 $6.31a$ 之誤差為零。雖然也能夠使用類似於圖 16.24 以虛線所描述的方式繪製平滑的曲線，但相位角圖示通常維持直線近似。

在此先分析此相位圖所闡述的資訊。在簡單零點 $\mathbf{s} = a$ 之狀況下，得知對甚小於轉折頻率的頻段而言，響應函數的相位為0°。而對高頻段 ($\omega \gg a$) 而言，相位為 90°。在轉折頻率的附近，轉移函數的相位變化較快。因此能夠透過電路的設計 (決定 a)，選擇響應的實際相位角。

練習題

16.12 試繪製範例 16.7 的轉移函數之相位波德圖。

解答：0°，$\omega \leq 10$；90°，$\omega \geq 1000$；45°，$\omega = 100$；斜率為 45°/dec，$10 < \omega < 1000$ (ω 以 rad/s 為單位)。

■ 波德圖之其他考量

接著考慮單一個極點，

$$\mathbf{H}(\mathbf{s}) = \frac{1}{1 + \mathbf{s}/a} \qquad [27]$$

由於此為零點的倒數，因此對數運算會使得波德圖為先前所得到的負值。在 $\omega = a$ 之前，振幅為零，而當 $\omega > a$，斜率為 −20 dB/decade。若在 $\omega < 0.1a$，角度圖為 0°；在 $\omega > 10a$，為 90°；而在 $\omega = a$，為 −45°；且當 $0.1a < \omega < 10a$，則具有 −45°/decade 之斜率。讀者可以直接以方程式 [27] 繪製此一函數的波德圖。

可能出現在 **H(s)** 中的另一項為分子或分母的 **s** 因式。若 $\mathbf{H}(\mathbf{s}) = \mathbf{s}$，則

$$H_{\text{dB}} = 20 \log |\omega|$$

因此，得到在 $\omega = 1$ 時穿過 0 dB 且具有 20 dB/decade 斜率之無限長直線，如圖 16.25a 所示。若 **s** 因式發生在分母，則得到具有 −20 dB/decade 斜率且在 $\omega = 1$ 時穿過 0 dB 之直線，如圖 16.25b 所示。

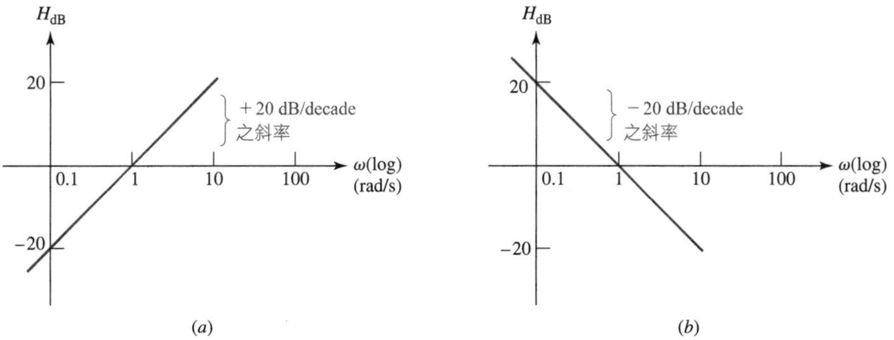

◆ **圖 16.25** 描述 (a) $\mathbf{H}(\mathbf{s}) = \mathbf{s}$；(b) $\mathbf{H}(\mathbf{s}) = 1/\mathbf{s}$ 之漸近線圖示。兩圖示皆為 $\omega = 1$ 時穿過 0 dB 且具有 ±20 dB/decade 斜率之無限長直線。

H(s) 中的另一個簡單項為倍乘常數 K。所得到的波德圖為位於橫座標之上 $20 \log |K|$ dB 的水平直線。若 $|K| < 1$，則位於橫座標下方。

範例 16.8

試求圖 16.26 所示電路之增益波德圖。

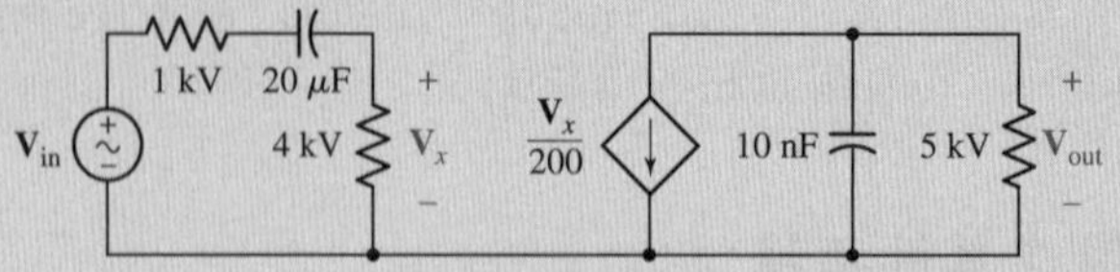

◆ **圖 16.26** 若 $\mathbf{H(s)} = \mathbf{V}_{out}/\mathbf{V}_{in}$，得知此一放大器具有圖 16.27b 所示的振幅波德圖以及圖 16.28 所示的相位波德圖。

由左至右分析此一電路，並且寫出電壓增益之表示式，

$$\mathbf{H(s)} = \frac{\mathbf{V}_{out}}{\mathbf{V}_{in}} = \frac{4000}{5000 + 10^6/20\mathbf{s}}\left(-\frac{1}{200}\right)\frac{5000(10^8/\mathbf{s})}{5000 + 10^8/\mathbf{s}}$$

將之化簡為

$$\mathbf{H(s)} = \frac{-2\mathbf{s}}{(1 + \mathbf{s}/10)(1 + \mathbf{s}/20{,}000)} \qquad [28]$$

得到常數 $20 \log|-2| = 6$ dB、在 $\omega = 10$ rad/s 及 $\omega = 20{,}000$ rad/s 之拐點，以及直線因式 **s**；每個皆繪製於圖 16.27a，並且將四條曲線相加，得到圖 16.27b 之振幅波德圖。

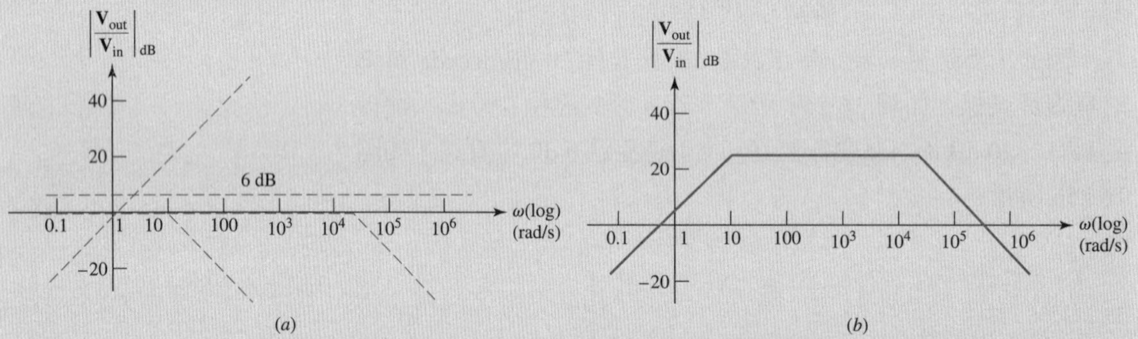

◆ **圖 16.27** (a) 個別因式 (−2)、(**s**)、$(1+\mathbf{s}/10)^{-1}$ 以及 $(1+\mathbf{s}/20{,}000)^{-1}$ 的振幅波德圖；(b) 將部分 (a) 的四條個別曲線相加，得到圖 16.26 的放大器之振幅波德圖。

練習題

16.13 若 **H(s)** 等於 (a) $50/(\mathbf{s}+100)$；(b) $(\mathbf{s}+10)/(\mathbf{s}+100)$；(c) $(\mathbf{s}+10)/\mathbf{s}$，試繪製各振幅波德圖。

解答：(a) −6 dB，$\omega < 100$；−20 dB/decade，$\omega > 100$；(b) −20 dB，$\omega < 10$；+20 dB/decade，$10 < \omega < 100$；0 dB，$\omega > 100$；(c) 0 dB，$\omega > 10$；−20 dB/decade，$\omega < 10$。

在建構圖 16.26 放大器的相位圖示之前，先檢視振幅響應圖示之細節。

首先，不要太依賴個別振幅圖示之相加圖解方式。反而可以藉由考慮 **H(s)** 每個因式問題點上的漸近數值簡易地得到在所要選擇的點上之振幅組合圖示。例如，在圖 16.27a 中 $\omega = 10$ 與 $\omega = 20{,}000$ 之間的平坦區域中，若在 $\omega = 20{,}000$ 的轉折點之下，則以 1 來表示 $(1 + \mathbf{s}/20{,}000)$；但在 $\omega = 10$ 之上，則將 $(1 + \mathbf{s}/10)$ 表示為 $\omega/10$。所以，

$$H_{\text{dB}} = 20\log\left|\frac{-2\omega}{(\omega/10)(1)}\right|$$
$$= 20\log 20 = 26\ \text{dB} \qquad (10 < \omega < 20{,}000)$$

也希望得知在高頻段的漸近線響應與橫座標之交點之頻率。在此將兩個因數表示為 $\omega/10$ 以及 $\omega/20{,}000$；因此

$$H_{\text{dB}} = 20\log\left|\frac{-2\omega}{(\omega/10)(\omega/20{,}000)}\right| = 20\log\left|\frac{400{,}000}{\omega}\right|$$

由於在橫座標交點上 $H_{\text{dB}} = 0$，$400{,}000/\omega = 1$，因而 $\omega = 400{,}000$ rad/s。

並不常需要在印刷半對數紙上繪製準確的波德圖。反而，通常在簡式橫格紙上建構概略的對數頻率軸。在選擇每十頻程的時間區間後——約莫 L 從 $\omega = \omega_1$ 延伸至 $\omega = 10\omega_1$ 之距離 (其中 ω_1 通常為 10 的整數次方) ——令 x 位置的距離在於 ω_1 右邊，所以 $x/L = \log(\omega/\omega_1)$。其中較有效用的知識是當 $\omega = 2\omega_1$，則 $x = 0.3L$；在 $\omega = 4\omega_1$，$x = 0.6L$，以及在 $\omega = 5\omega_1$，$x = 0.7L$。

範例 16.9

試繪製方程式 [28] H(s) = − 2s/[(1 + s/10)(1 + s/20,000)] 所給定的轉移函數之相位圖。

先檢視 $\mathbf{H}(j\omega)$：

$$\mathbf{H}(j\omega) = \frac{-j2\omega}{(1 + j\omega/10)(1 + j\omega/20{,}000)} \qquad [29]$$

分子的角度為常數 −90°。

所剩的因數即表示 $\omega = 10$ 與 $\omega = 20{,}000$ 轉折點所貢獻的角度。此三項以圖 16.28 中虛線的漸近線呈現，且其總和以實線曲線描述。若將曲線向上移動 360°，則可得到等效的表示方式。

同樣也能夠得到漸近線相位響應之精確數值。例如，在

$\omega = 10^4$ rad/s，經由方程式 [29] 中的分子與分母項，得到圖 16.28 中的角度。分子的角度為 $-90°$。由於 ω 大於 10 倍的轉折頻率，因此在 $\omega = 10$ 的極點角度為 $-90°$。在 0.1 與 10 倍的轉折頻率之間，回顧就單一個極點而言，斜率為 $-45°$/decade。考慮在 20,000 rad/s 的轉折點，計算角度為 $45° \log(\omega/0.1a) = -45° \log[10{,}000/(0.1 \times 20{,}000)] = -31.5°$。

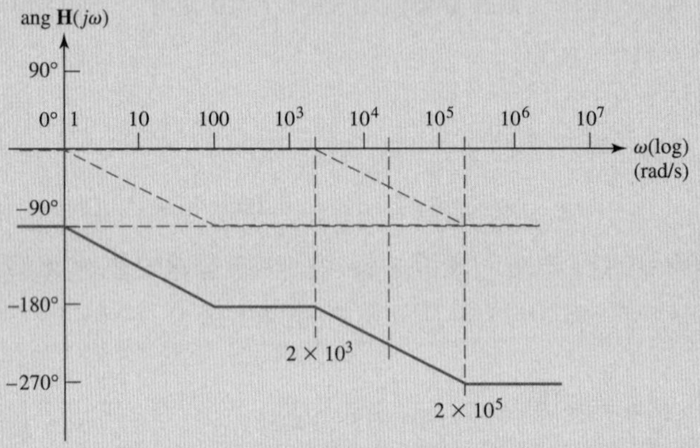

◆ **圖 16.28** 以實線曲線顯示圖 16.26 所示的放大器之漸近線相位響應。

此三者貢獻之代數和為 $-90° - 90° - 31.5° = -211.5°$，此一數值出現在圖 16.28 漸近線相位曲線之中段附近。

練習題

16.14 若 $\mathbf{H}(\mathbf{s})$ 等於 (a) $50/(\mathbf{s}+100)$；(b) $(\mathbf{s}+10)/(\mathbf{s}+100)$；(c) $(\mathbf{s}+10)/\mathbf{s}$，試繪製相位波德圖。

解答：(a) $0°$，$\omega < 10$；$-45°$/decade，$10 < \omega < 1000$；$-90°$，$\omega > 1000$；(b) $0°$，$\omega < 1$；$+45°$/decade，$1 < \omega < 10$；$45°$，$10 < \omega < 100$；$-45°$/decade，$100 < \omega < 1000$；$0°$，$\omega > 1000$；(c) $-90°$，$\omega < 1$；$+45°$/decade，$1 < \omega < 100$；$0°$，$\omega > 100$。

■ 高階項

先前已考慮的零點與極點皆為一階項，例如 $\mathbf{s}^{\pm 1}$、$(1+0.2\mathbf{s})^{\pm 1}$ 等等。此時可簡易地將先前的分析延伸至較高階的極點與零點。$\mathbf{s}^{\pm n}$ 項得到以 $\pm 20n$ dB/decade 斜率穿過 $\omega = 1$ 之振幅響應；而相位響應則是常數角度 $\pm 90n°$。同理，多重零點 $(1+\mathbf{s}/a)^n$ 必代表單一個零點的 n 條振幅響應曲線，或者 n 條相位響應曲線之總和。因此可得到當 $\omega < a$ 時為 0 dB，且當 $\omega > a$ 時具有 $20n$ dB/decade 斜率之漸近線振幅圖示；在 $\omega = a$ 之誤差為 $-3n$ dB，且

在 $\omega = 0.5a$ 與 $2a$ 則為 $-n$ dB。相位圖在 $\omega < 0.1a$ 為 0°、在 $\omega > 10a$ 為 90°、在 $\omega = a$ 為 45°，且在 $0.1a < \omega < 10a$ 則為具有 $45n$°/decade 斜率之直線，且相位圖在兩個頻率下具有大至 $\pm 5.71n$° 之誤差。

藉由以上的分析，可快速地繪製出與諸如 $(1 + \mathbf{s}/20)^{-3}$ 的因式相關之漸近線振幅與相位曲線，但應牢記較高階項相關的誤差相對較大。

■ 共軛複數對

最後一種型式的因式應該考慮極點與零點的共軛複數對。採用以下標準型式之一對零點；

$$\mathbf{H}(\mathbf{s}) = 1 + 2\zeta\left(\frac{\mathbf{s}}{\omega_0}\right) + \left(\frac{\mathbf{s}}{\omega_0}\right)^2$$

ζ 為 16.1 節所介紹的阻尼因數，而 ω_0 則為漸近線響應之轉折頻率。

若 $\zeta = 1$，可知 $\mathbf{H}(\mathbf{s}) = 1 + 2(\mathbf{s}/\omega_0) + (\mathbf{s}/\omega_0)^2 = (1 + \mathbf{s}/\omega_0)^2$，如先前所考慮的二階零點。若 $\zeta > 1$，則可將 $\mathbf{H}(\mathbf{s})$ 因式分解為兩個簡單的零點。因此，若 $\zeta = 1.25$，則 $\mathbf{H}(\mathbf{s}) = 1 + 2.5(\mathbf{s}/\omega_0) + (\mathbf{s}/\omega_0)^2 = (1 + \mathbf{s}/2\omega_0)(1 + \mathbf{s}/0.5\omega_0)$，再次得到熟悉的狀況。

當 $0 \leq \zeta \leq 1$ 時，則產生新的狀況。在此並不需要求出共軛複數根之數值，而是期望能夠判斷振幅與相位響應的低頻與高頻之漸近數值，並且應用取決於 ζ 數值，加以修正。

考慮振幅響應，得到

$$H_{\text{dB}} = 20\log|\mathbf{H}(j\omega)| = 20\log\left|1 + j2\zeta\left(\frac{\omega}{\omega_0}\right) - \left(\frac{\omega}{\omega_0}\right)^2\right| \qquad [30]$$

當 $\omega \ll \omega_0$，則 $\mathbf{H}_{\text{dB}} = 20 \log |1| = 0$ dB，此為低頻漸近線。接著，若 $\omega \gg \omega_0$，則僅有平方項較為重要，且 $\mathbf{H}_{\text{dB}} = 20 \log |-(\omega/\omega_0)^2| = 40 \log(\omega/\omega_0)$，具有 +40 dB/decade 之斜率，此即為高頻漸近線。低頻與高頻兩條漸近線之交點位於 $\omega = \omega_0$ (0 dB)。圖 16.29 之實線曲線顯示此振幅響應之漸近線表示方式。然而，在轉折頻率附近必須進行修正。令方程式 [30] 中 $\omega = \omega_0$，得到

$$H_{\text{dB}} = 20\log\left|j2\zeta\left(\frac{\omega}{\omega_0}\right)\right| = 20\log(2\zeta) \qquad [31]$$

若在限制狀況 $\zeta = 1$，修正量為 +6 dB；若 $\zeta = 0.5$，則不需要任何修正量；而若 $\zeta = 0.1$，則修正量為 −14 dB。已知通常此一修正量數值即足以繪製符合要求的漸近線振幅響應。依據方程式

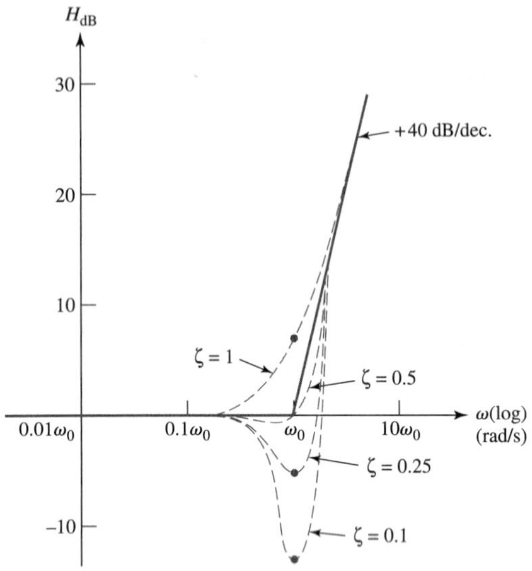

◆ **圖 16.29** 闡述不同阻尼因數 ζ 之 $\mathbf{H}(\mathbf{s}) = 1 + 2\zeta(\mathbf{s}/\omega_0) + (\mathbf{s}/\omega_0)^2$ 振幅波德圖。

[30] 所計算的數值，ζ = 1、0.5、0.25 與 0.1 之較準確曲線闡述於圖 16.29。例如，若 ζ = 0.25，則 H_{dB} 在 $\omega = 5\omega_0$ 的精確數值為

$$H_{dB} = 20\log|1 + j0.25 - 0.25|$$

$$= 20\log\sqrt{0.75^2 + 0.25^2} = -2.0\ \text{dB}$$

從 ζ = 0.5 的曲線可知，負的峰值證明最小值並非出現在 $\omega = \omega_0$；最低值必發生在略低頻率之處。

若 ζ = 0，則 $\mathbf{H}(j\omega_0) = 0$，且 $H_{dB} = -\infty$。波德圖通常不會繪製此一狀況。

最後一個工作為繪製 $\mathbf{H}(j\omega) = 1 + j2\zeta(\omega/\omega_0) - (\omega/\omega_0)^2$ 之漸近線相位響應。若小於 $\omega = 0.1\omega_0$，令 ang $\mathbf{H}(j\omega) = 0°$；若大於 $\omega = 10\omega_0$，則得到 $\mathbf{H}(j\omega) = \text{ang}[-(\omega/\omega_0)^2] = 180°$。在轉折頻率上，ang $\mathbf{H}(j\omega_0) = \text{ang}\,(j2\zeta) = 90°$。在 $0.1\omega_0 < \omega < 10\omega_0$ 的區間中，以圖 16.30 實線曲線所示的直線開始，從 $(0.1\omega_0, 0°)$ 經過 $(\omega_0, 90°)$ 延伸終至 $(10\omega_0, 180°)$，且具有 90°/decade 之斜率。

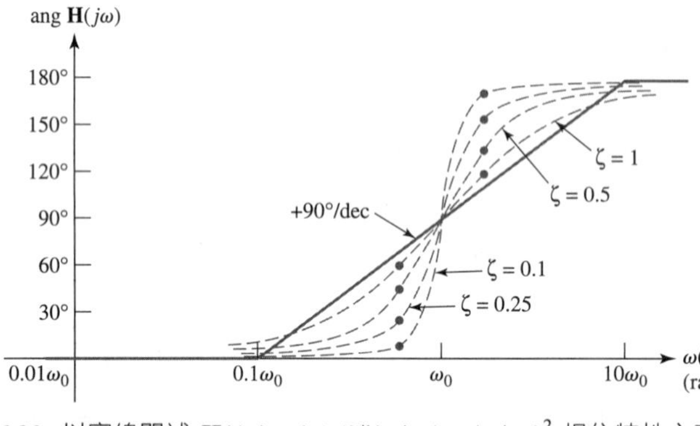

◆ **圖 16.30** 以實線闡述 $\mathbf{H}(j\omega) = 1 + j2\zeta(\omega/\omega_0) - (\omega/\omega_0)^2$ 相位特性之直線近似曲線，並且以虛線闡述 ζ = 1、0.5、0.25 與 0.1 之實際相位響應。

此時必須提供某一修正量給予各種不同 ζ 數值之基本曲線。經由方程式 [30]，得知

$$\text{ang}\,\mathbf{H}(j\omega) = \tan^{-1}\frac{2\zeta(\omega/\omega_0)}{1 - (\omega/\omega_0)^2}$$

其中一個準確值在 $\omega = \omega_0$ 之上方，而另一個則在 $\omega = \omega_0$ 之下方，兩者皆足以給定該曲線之近似形狀。若取 $\omega = 0.5\omega_0$，則得到 $\mathbf{H}(j0.5\omega_0) = \tan^{-1}(4\zeta/3)$，同時在 $\omega = 2\omega_0$ 之角度為 $180° - \tan^{-1}(4\zeta/3)$。ζ = 1、0.5、0.25 與 0.1 之各相位曲線以虛線闡述於

圖 16.30；點記號乃是用來確認在 $\omega = 0.5\omega_0$ 以及 $\omega = 2\omega_0$ 之準確值。

若二階因式出現在分母，則振幅與相位兩條曲線皆為先前所探討的曲線之**負數**。最後闡述具有一階與二階因式之範例。

範例 16.10

試繪製轉移函數 $\mathbf{H(s)} = 100{,}000\mathbf{s}/[(\mathbf{s}+1)(10{,}000+20\mathbf{s}+\mathbf{s}^2)]$ 之波德圖。

先考慮二階因式並且將之整理為可判斷 ζ 數值之型式。先將二階因式除以其常數項 10,000：

$$\mathbf{H(s)} = \frac{10\mathbf{s}}{(1+\mathbf{s})(1+0.002\mathbf{s}+0.0001\mathbf{s}^2)}$$

接著檢視 $\mathbf{s}^2$ 項，顯示 $\omega_0 = \sqrt{1/0.0001} = 100$。再者，描述二階因式中的一階項，使之具有因式 2、因式 $(\mathbf{s}/\omega_0)$ 以及因式 ζ：

$$\mathbf{H(s)} = \frac{10\mathbf{s}}{(1+\mathbf{s})[1+(2)(0.1)(\mathbf{s}/100)+(\mathbf{s}/100)^2]}$$

由此可知 $\zeta = 0.1$。

以虛線將振幅響應之漸近線繪製於圖 16.31：因式 10 對應 20 dB，因式 **s** 對應以 +20 dB/decade 經過 $\omega = 1$ 之無限長直線，單一極點對應 $\omega = 1$ 之轉折點，而分母的二階項則對應斜率 −40 dB/decade 之 $\omega = 100$ 轉折點。將此四條曲線相加並且將 +14 dB 之修正量應用於二階因數，得到圖 16.31 之實線。

相位響應包含三個成分：因式 **s** 所對應的 +90°，$\omega < 0.1$ 所對應之 0°，$\omega > 10$ 所對應之 −90°，單一個極點所對應之 −45°/decade；以及 $\omega < 10$ 所對應之 0°，$\omega > 1000$ 所對應之 −180°，以及二階因式所對應之 −90°/decade。此三條漸近線與 $\zeta = 0.1$ 之修正量相加以實線曲線闡述於圖 16.32。

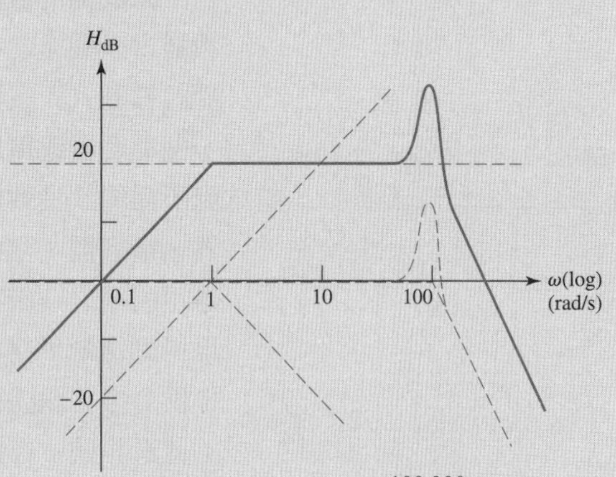

◆ **圖 16.31** 轉移函數 $\mathbf{H(s)} = \dfrac{100{,}000\mathbf{s}}{(\mathbf{s}+1)(10{,}000+20\mathbf{s}+\mathbf{s}^2)}$ 之振幅波德圖。

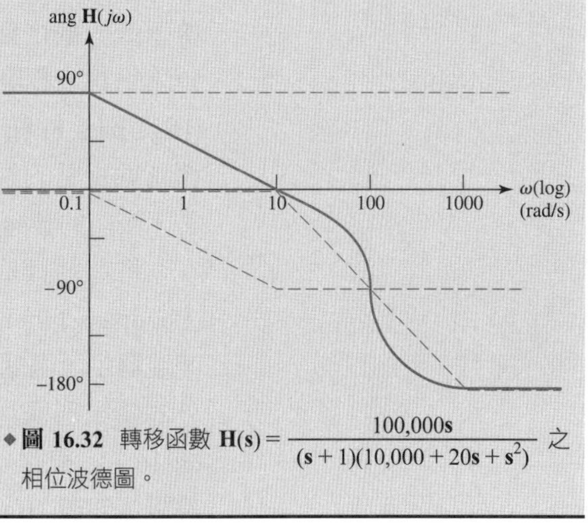

◆ **圖 16.32** 轉移函數 $\mathbf{H(s)} = \dfrac{100{,}000\mathbf{s}}{(\mathbf{s}+1)(10{,}000+20\mathbf{s}+\mathbf{s}^2)}$ 之相位波德圖。

練習題

16.15 若 $\mathbf{H}(\mathbf{s}) = 1000\mathbf{s}^2/(\mathbf{s}^2 + 5\mathbf{s} + 100)$，試繪製振幅波德圖，並且計算 (a) 當 $H_{dB} = 0$ 之 ω 數值；(b) $\omega = 1$ 之 H_{dB} 數值；(c) $\omega \to \infty$ 時之 H_{dB} 數值。

解答：0.316 rad/s；20 dB；60 dB。

16.7 基本濾波器設計

濾波器的設計為非常實用 (且有趣) 的主題，值得以個別的教科書來闡述之。在本節中，將介紹濾波的某些基本觀念，並且探討被動式與主動式濾波器電路。此類電路可能相當簡單，由單一個電容器或電感器所構成，可將之附加至所給定的網路，而得到所需的改良效能。濾波器電路也可能相當複雜，由許多的電阻器、電容器、電感器以及運算放大器所構成，藉以得到已給定的應用所需之精確響應曲線。濾波器用於現代化的電子裝置中，藉以得到電源供應器之 dc 電壓、消除通訊頻道之雜訊、從天線所提供的多工訊號分離出無線電與電視頻道，以及提升汽車音響中的低音訊號，在此僅試舉幾種應用範例。

濾波器的基本概念為選擇可通過網路的頻率。濾波器具有數種型式，根據特定應用需求而定。**低通濾波器** (Low-pass Filter) 傳遞低於截止頻率之頻段訊號，同時明顯衰減截止頻率以上的頻段訊號，響應曲線如圖 16.33a 所示。另一方面，**高通濾波器** (High-pass Filter) 恰好相反，如圖 16.33b 所示。濾波器主要的指標為截止點的銳度，或者在轉折頻率附近的曲線陡度。一般而言，較陡的響應曲線需要較為複雜的電路。

將低通與高通濾波器組合便能夠得到所謂的**帶通濾波器** (Bandpass Filter)，如圖 16.33c 所示的響應曲線。在此種型式的濾波器中，兩個轉折頻率之間的區域稱為**通帶** (Passband)；通帶外的區域則稱為**阻帶** (Stopband)。這兩個專有名詞也可使用於圖 16.33a 與圖 16.33b 所示的低通與高通濾波器。也可產生一種**帶阻濾波器** (Bandstop Filter)，可允許高頻段與低頻段之訊號通過，但衰減兩轉折頻率之間的頻段之任何訊號 (圖 16.33d)。

陷波濾波器 (Notch Filter) 為一種專門的帶阻濾波器，以狹窄響應特性來設計之，可阻擋訊號的單一頻率成分。**多頻帶濾波器** (Multiband Filters) 為具有多數通帶與阻帶之濾波器電路。此類濾

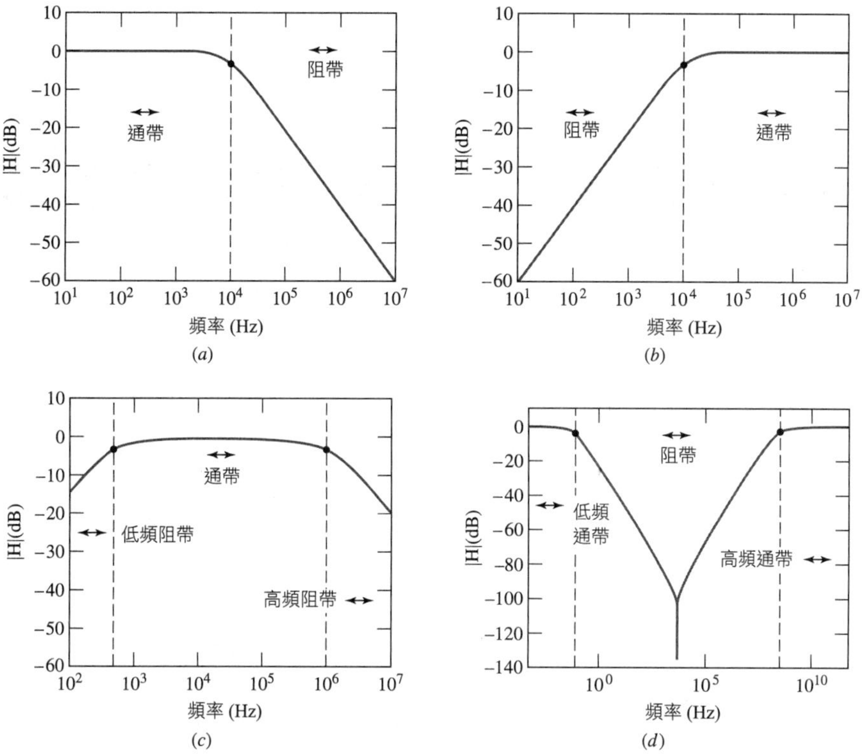

◆ **圖 16.33** (a) 低通濾波器；(b) 高通濾波器；(c) 帶通濾波器；(d) 帶阻濾波器之頻率響應曲線。在每個圖示中，實點相應於 − 3 dB。

波器的設計相當簡單，但已超出本書範圍。

■被動式低通與高通濾波器

能夠簡單使用單一個電容器與單一個電阻器來建構一個濾波器，如圖 16.34a 所示。此一低通濾波器電路之轉移函數為

$$\mathbf{H(s)} \equiv \frac{\mathbf{V}_{\text{out}}}{\mathbf{V}_{\text{in}}} = \frac{1}{1 + RC\mathbf{s}} \qquad [32]$$

H(s) 具有發生於 $\omega = 1/RC$ 的單一個轉折頻率以及一個位於 $\mathbf{s} = \infty$ 的零點，藉以產生“低通”之濾波行為。低頻段 ($\mathbf{s} \to 0$) 具有接近最大值 (1 或者 0 dB) 之 $|\mathbf{H(s)}|$，而高頻段 ($\mathbf{s} \to \infty$) 則會得到 $|\mathbf{H(s)}| \to 0$。考慮電容器的阻抗，便能夠定性地了解此一行為：隨著頻率增加電容器開始呈現對 ac 訊號類似短路之行為，導致輸出電壓降低。具有 $R = 500\ \Omega$ 與 $C = 2$ nF 的低通 RC 濾波器範例之響應曲線如圖 16.34b 所示；將游標移動至 − 3 dB 便能夠得到 159 kHz (1 Hrad/s) 的轉折頻率。若電路具有更多的電抗 (亦即，電容性及／或電

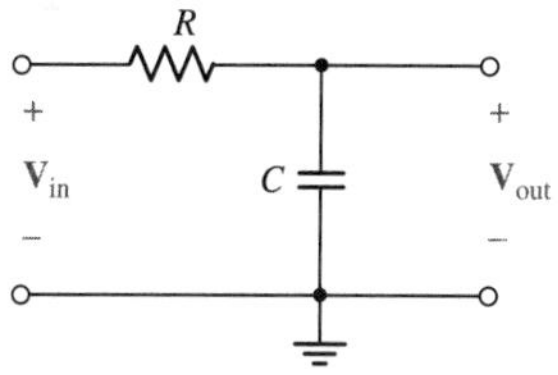

(a)

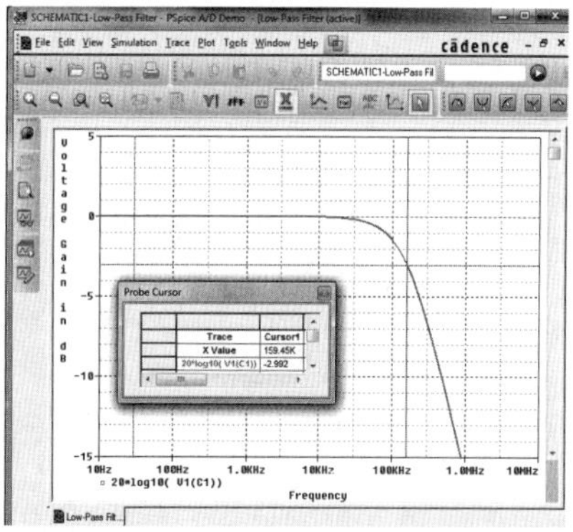

(b)

◆ **圖 16.34** (a) 簡單的低通 RC 濾波器；(b) 以 $R = 500\ \Omega$ 與 $C = 2$ nF 所模擬的頻率響應，顯示轉折頻率位於 159 kHz。

感性) 元件，便能夠改善在截止頻率附近的響應曲線之陡度。

藉由簡單地置換圖 16.34a 的電阻器與電容器之位置，便能夠建構高通濾波器，如下一個範例所要說明的。

範例 16.11

試設計一具有 3 kHz 轉折頻率之高通濾波器。

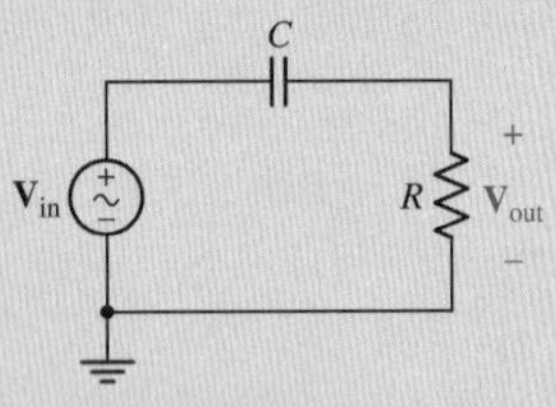

◆**圖 16.35** 簡單的高通濾波器電路，其中必須選擇 R 與 C 數值，以得到 3 kHz 之截止頻率。

先選擇電路之架構。由於並給定響應陡度之需求，因此選擇圖 16.35 之簡單電路。

簡易地得到電路之轉移函數為

$$\mathbf{H(s)} \equiv \frac{\mathbf{V}_{\text{out}}}{\mathbf{V}_{\text{in}}} = \frac{RC\mathbf{s}}{1+RC\mathbf{s}}$$

此轉移函數具有一個 $\mathbf{s}=0$ 之零點以及一個 $\mathbf{s}=-1/RC$ 之極點，得到高通濾波器之行為 (亦即，隨著 $\omega \to \infty$，$|\mathbf{H}| \to 0$)。

該濾波器電路的轉折頻率為 $\omega_c = 1/RC$，且 $\omega_c = 2\pi f_c = 2\pi(3000) = 18.85$ krad/s。再者，必須選擇 R 或者 C 之數值。實務上，最有可能根據手邊的電阻器與電容器數值來決定之，但由於題目並沒有提供如此的資訊，所以可任意選擇之。

因此，選擇標準的電阻器數值 $R = 4.7$ kΩ，得到 $C = 11.29$ nF 之需求。

所剩下的唯一步驟為使用 PSpice 等模擬軟體來驗證以上之設計；所預測的頻率響應曲線如圖 16.36 所示。

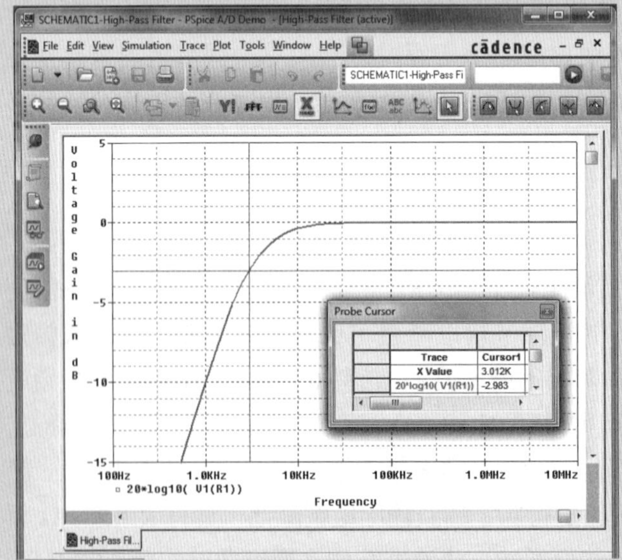

◆**圖 16.36** 最終濾波器設計之模擬頻率響應，顯示截止 (3 dB) 頻率為所預期的 3 kHz。

練習題

16.16 試設計具有 13.56 MHz (一般 RF 電源供應器之頻率) 截止頻率之高通濾波器。

■帶通濾波器

能夠將本章先前所介紹數種電路歸類為“帶通”濾波器 (例如，圖 16.1 與圖 16.8)。此時考慮圖 16.37 之簡單電路，其中取電阻器之跨壓為輸出。簡易地得到該電路之轉移函數為

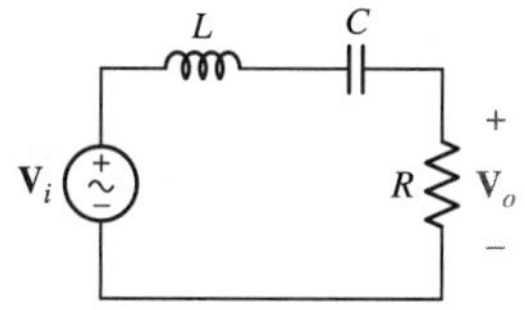

◆**圖 16.37** 使用串聯 *RLC* 電路所建構之簡單帶通濾波器。

$$\mathbf{A}_V = \frac{\mathbf{s}RC}{LC\mathbf{s}^2 + RC\mathbf{s} + 1} \qquad [33]$$

此一函數的振幅為 (在一些代數運算之後)

$$|\mathbf{A}_V| = \frac{\omega RC}{\sqrt{(1 - \omega^2 LC)^2 + \omega^2 R^2 C^2}} \qquad [34]$$

取 $\omega \to 0$ 之極限值，變成

$$|\mathbf{A}_V| \approx \omega RC \to 0$$

而取 $\omega \to \infty$ 之極限值，成為

$$|\mathbf{A}_V| \approx \frac{R}{\omega L} \to 0$$

從分析波德圖的經驗已知方程式 [33] 呈現三個臨界頻率：一個零點以及兩個極點。為了得到峰值為 1(0 dB) 的帶通濾波器響應，兩極點頻率必大於 1 rad/s，亦即零點項之 0 dB 交越頻率。能夠藉由因式分解方程式 [33] 或者判斷方程式 [34] 等於 $1/\sqrt{2}$ 時之 ω 數值，得到兩臨界頻率此一濾波器的中心頻率則發生於 $\omega = 1/\sqrt{LC}$。因此，設方程式 [34] 等於 $1/\sqrt{2}$ 之後，使用一些代數處理，可得到

$$\left(1 - LC\omega_c^2\right)^2 = \omega_c^2 R^2 C^2 \qquad [35]$$

兩邊取平方根，得到

$$LC\omega_c^2 + RC\omega_c - 1 = 0$$

應用二次方程式，可得

$$\omega_c = -\frac{R}{2L} \pm \frac{\sqrt{R^2C^2 + 4LC}}{2LC} \qquad [36]$$

負頻率並非原方程式之實際解，所以僅有方程式 [36] 之正開方數適合。然而，取方程式 [35] 兩邊的正方根可能有些草率。若

也考慮同樣有效的負方根，得到

$$\omega_c = \frac{R}{2L} \pm \frac{\sqrt{R^2C^2 + 4LC}}{2LC} \qquad [37]$$

由此顯示亦僅有正開方數合理。因此，經由方程式 [36] 得到 ω_L，且經由方程式 [37] 得到 ω_H；由於 $\omega_H - \omega_L = \mathcal{B}$，因此藉由簡單的代數運算得到 $\mathcal{B} = R/L$。

範例 16.12

試設計以 1 MHz 頻寬以及 1.1 MHz 高頻截止頻率為特徵之帶通濾波器。

選擇圖 16.37 之電路架構，並且先判斷所需的轉折頻率。頻寬給定為 $f_H - f_L$，所以

$$f_L = 1.1 \times 10^6 - 1 \times 10^6 = 100 \text{ kHz}$$

且

$$\omega_L = 2\pi f_L = 628.3 \text{ krad/s}$$

簡單得到高頻截止頻率 (ω_H) 為 6.912 Mrad/s。

為了設計具有題目所提特徵之電路，需要得到由變數 R、L 與 C 所描述之每個頻率表示式。

令方程式 [37] 等於 $2\pi(1.1 \times 10^6)$，可求解 $1/LC$，且已知 $\mathcal{B} = 2\pi(f_H - f_L) = 6.283 \times 10^6$。

$$\frac{1}{2}\mathcal{B} + \left[\frac{1}{4}\mathcal{B}^2 + \frac{1}{LC}\right]^{1/2} = 2\pi(1.1 \times 10^6)$$

求解便可得知 $1/LC = 4.343 \times 10^{12}$。任意設定 $L = 50$ mH，則可得到 $R = 314$ kΩ 以及 $C = 4.6$ pF。應注意的是，就此一“設計”問題而言，並沒有唯一的解答—— R、L 或 C 皆可選擇為設計之基礎。

設計結果之 PSpice 驗證闡述於圖 16.38。

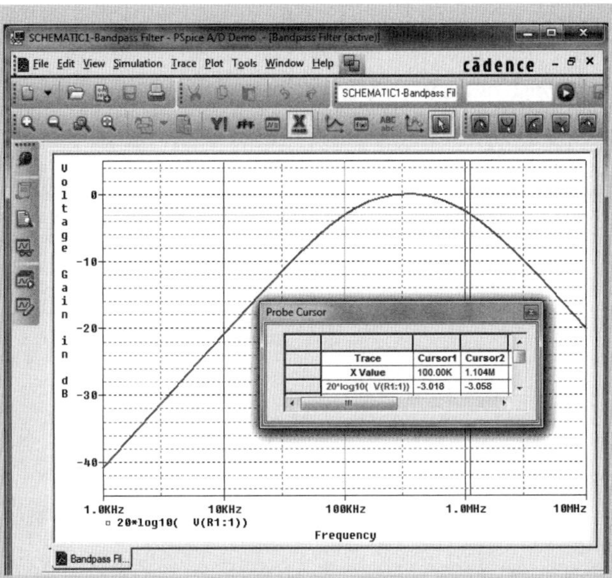

◆**圖 16.38** 帶通濾波器設計之模擬響應，顯示所需的 1 MHz 頻寬以及 1.1 MHz 的高頻截止頻率。

練習題

16.17 試設計低頻截止頻率為 100 rad/s 且高頻截止頻率為 10 krad/s 之帶通濾波器。

解答：其中一種可能的解答為 $R = 990\ \Omega$，$L = 100$ mH 以及 $C = 10\ \mu$F。

先前所考慮的電路型式稱為**被動式濾波器** (Passive Filter)，僅由被動元件所構成 (亦即，並無電晶體、運算放大器或者其他“主動”元件)。雖然被動式濾波器較為常見，但並非適用於所有的應用。被動式濾波器的增益 (定義為輸出電壓除以輸入電壓) 設定困難，而放大倍率通常是濾波器電路所需的。

■ 主動式濾波器

使用諸如運算放大器之主動元件來設計濾波器通常能夠解決被動式濾波器的許多缺點。如第六章所得知的，能夠簡易地設計運算放大器電路，藉以提供所需的增益。經由策略性地設置電容器之位置，運算放大器電路同樣也呈現類似電感器的行為。

運算放大器之內部電路包含極小的電容 (典型為 100 pF 等級)，而這些電容會限制運算放大器正常操作之最高頻率。因此，任何一個運算放大器之行為皆類似於一個低通濾波器，先進的元件之截止頻率也許在於 20 MHz 或者更高 (根據電路的增益而定)。

範例 16.13

試設計一具有截止頻率 10 kHz 以及電壓增益 40 dB 之主動式低通濾波器。

就甚小於 10 kHz 之頻段而言，需要能夠提供 40 dB 增益或者 100 V/V 之放大器電路。此能夠藉由簡單地使用非反相放大器來實現之 (其中一種如圖 16.39a 所示)，其中

$$\frac{R_f}{R_1}+1=100$$

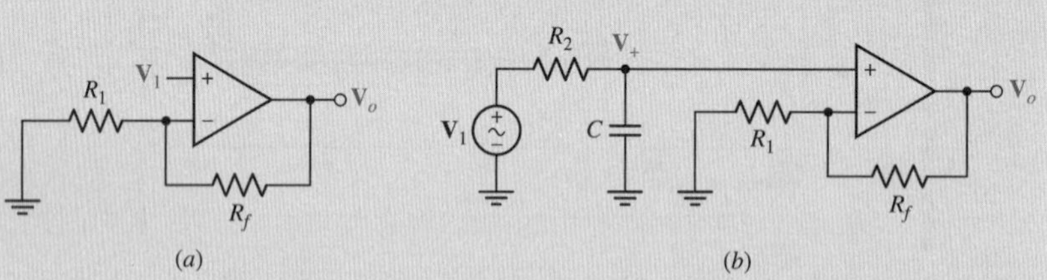

◆ **圖 16.39** (a) 簡單的非反相運算放大器電路；(b) 已將電阻器 R_2 與電容器 C 所組成的低通濾波器附加至輸入端。

為了提供 10 kHz 之高頻轉折頻率，需要在運算放大器的輸入端加裝一低通濾波器 (如圖 16.39b 所示)。為了推導轉移函數，先處理非反相輸入端，

$$\mathbf{V}_+=\mathbf{V}_i\frac{1/\mathbf{s}C}{R_2+1/\mathbf{s}C}=\mathbf{V}_i\frac{1}{1+\mathbf{s}R_2C}$$

在反相輸入端得到

$$\frac{\mathbf{V}_o-\mathbf{V}_+}{R_f}=\frac{\mathbf{V}_+}{R_1}$$

將兩方程式組合，並且求解 $\mathbf{V}_o$，得到

$$\mathbf{V}_o=\mathbf{V}_i\left(\frac{1}{1+\mathbf{s}R_2C}\right)\left(1+\frac{R_f}{R_1}\right)$$

增益的最大值 $\mathbf{A}_V=\mathbf{V}_o/\mathbf{V}_i$ 為 $1+R_f/R_1$，所以將此一數值設為等於 100。由於兩電阻皆無出現在轉折頻率 $(R_2C)^{-1}$ 的表示式中，因此可先選擇任一電阻器數值。在此選擇 $R_1=1\text{ k}\Omega$，所以 $R_f=99\text{ k}\Omega$。

任意選擇 $C=1\ \mu\text{F}$，得到

$$R_2=\frac{1}{2\pi(10\times10^3)C}=15.9\ \Omega$$

此時所需設計完成，以此一電路之模擬頻率響應驗證於圖 16.40a。

但顯然設計結果實際上並不符合 10 kHz 的截止頻率規格。

謹慎檢視其中的代數運算並沒有任何錯誤，所以必是在某處的假設錯誤。使用 μA741 運算放大器來執行模擬，而非推導過程中所假設的理想運算放大器。事實證明此即為錯誤的來源——以 LF411 運算放大器取代 μA741 所構成的相同電路會得到所需的 10 kHz 截止頻率；相應的模擬結果如圖 16.42b 所示。

由於 μA741 運算放大器在 10 kHz 附近的轉折頻率具有 40 dB 的增益，因此在此一範例中，不可忽略。而 LF411 的第一個轉折頻率達 75 kHz，距離 10 kHz 足夠大，所以不會影響所需設計。

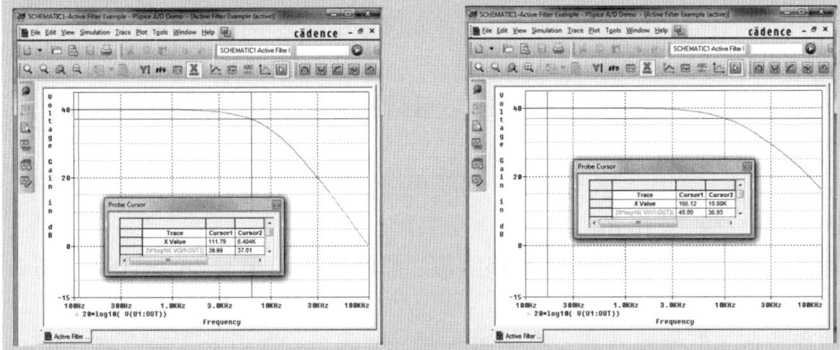

(a) (b)

◆ **圖 16.40** (a) 使用 μA741 運算放大器的濾波器電路之頻率響應，顯示轉折頻率為 6.4 kHz；(b) 相同濾波器的頻率響應，但此時使用 LF411 運算放大器。此一電路的截止頻率為所需數值 10 kHz。

練習題

16.18 試設計一具有增益 30 dB 與截止頻率 1 kHz 之低通濾波器。

解答：其中一種可能的解答為：$R_1 = 100\ \text{k}\Omega$，$R_f = 3.062\ \text{M}\Omega$，$R_2 = 79.58\ \Omega$ 以及 $C = 2\ \mu\text{F}$。

總結與回顧

本章一開始先簡要地探討所謂的諧振。當然，讀者可能已經直觀地了解諧振的基本觀念——當孩童時期在鞦韆上依時序節奏而踢腳；觀看水晶杯在訓練有素的女高音之聲音力量下被擊破的影片；在波紋表面上本能放慢駕駛速度。在本書的線性電路內容中，已知即使是具有電容器與電感器的網路，也能夠選擇一特定頻率使得電壓與電流同相 (網路藉此在特定頻率下呈現純電阻性)。隨著離開諧振狀態，電路響應改變的快速程度涉及一個新的專有名詞——電路之品質因數 (Q)。在定義了電路響應的臨界頻率之後，介紹了頻寬的觀念，並且發現能夠明顯簡化高 Q 電路 ($Q > 5$) 所得到的表示式。將此一探討簡要地延伸，以考慮串聯與並聯電路在接近諧振時之差異，乃至於不能歸類於串聯或並聯電路之更實際的電路。

本章最後的部分則是有關濾波器電路的分析與設計。在進入主題之前，“定標”電路元件的主題處置頻率與振幅定標，以為方便的設計工具。本章也介紹了波德圖之方便方法，提供快速地以頻率為函數，繪製合理的濾波器電路之近似響應。接著考慮被動式與主動式濾波器，先使用單一個電容器簡單設計低通與高通濾波器。之後研讀帶通濾波器之設計。雖然簡單進行分析，但如此簡單電路之響應並不特別突兀。

- ❑ 諧振為固定振幅弦波強制函數產生最大振幅響應之狀態。(範例 16.1)
- ❑ 當某一電氣網路輸入端之電壓與電流同相時，則該電氣網路處於諧振狀態。(範例 16.1)
- ❑ 品質因數正比於儲存在網路中的最大能量除以每週期所損失的總能量。
- ❑ 半功率頻率定義為電路響應函數的振幅降至最大值 $1/\sqrt{2}$ 倍之頻率。
- ❑ 高 Q 值電路為一種諧振電路，其中的品質因數 ≥ 5。(範例 16.2)
- ❑ 諧振電路的頻寬定義為高頻與低頻半功率頻率之間的差值。
- ❑ 在高 Q 值電路中，每個半功率頻率大約位於距離諧振頻率一半頻寬之位置。(範例 16.2)
- ❑ 串聯諧振電路之特徵為諧振時具有低阻抗，反之並聯諧振電路之特徵為諧振時具有高阻抗。(範例 16.1 與 16.3)
- ❑ 若 $R_p = R_s(1 + Q^2)$且 $X_p = X_s(1 + Q^{-2})$，則串聯諧振電路與並聯諧振電路彼此等效。(範例 16.4 與 16.5)
- ❑ 不切實際的元件數值通常能使設計較為容易。可使用適當的元件取代數值進行網路轉移函數之振幅或頻率定標。(範例 16.6)
- ❑ 波德圖可經由極點與零點提供快速繪製的轉移函數之簡略輪廓。(範例 16.7、16.8、16.9 與 16.10)
- ❑ 四種基本型式的濾波器為低通濾波器、高通濾波器、帶通濾波器，以及帶阻濾波器。(範例 16.11 與 16.12)
- ❑ 被動式濾波器僅使用電阻器、電容器以及電感器；主動式濾波器則是以運算放大器或其他主動元件為建構基礎。(範例 16.13)

延伸閱讀

濾波器之更多研討細節能夠在以下書籍中得到：

J. T. Taylor and Q. Huang, eds., *CRC Handbook of Electrical Filters*. Boca Raton, Fla.: CRC Press, 1997.

各種主動式濾波器電路與設計程序更為全面的編輯書籍為：

D. Lancaster, *Lancaster's Active Filter Cookbook*, 2nd ed. Burlington, Mass.: Newnes, 1996.

對讀者有用的其他濾波器參考文獻包含：

D. E. Johnson and J. L. Hilburn, *Rapid Practical Design of Active Filters*. New York: John Wiley & Sons, Inc., 1975.

J. V. Wait, L. P. Huelsman, and G. A. Korn, *Introduction to Operational Amplifier Theory and Applications*, 2nd ed. New York: McGraw-Hill, 1992.

習題

16.1 並聯諧振

1. 若 (a) $R = 1$ kΩ、$C = 10$ mF，且 $L = 1$ H；(b) $R = 1$ Ω、$C = 10$ mF，且 $L = 1$ H；(c) $R = 1$ kΩ、$C = 1$ F，且 $L = 1$ H；(d) $R = 1$ Ω、$C = 1$ F，且 $L = 1$ H，試計算簡單的並聯 *RLC* 網路之 Q_0 與 ζ。

2. 使用 $R = 5\ \Omega$、$L = 100$ mH，以及 $C = 1$ mF 來建構一並聯 RLC 網路。(a) 試計算 Q_0；(b) 試求阻抗振幅降至最大值 90% 時所對應之頻率。
3. 考慮圖 16.41，試推導穩態輸入阻抗之表示式，並試求該阻抗最大振幅所對應之頻率。

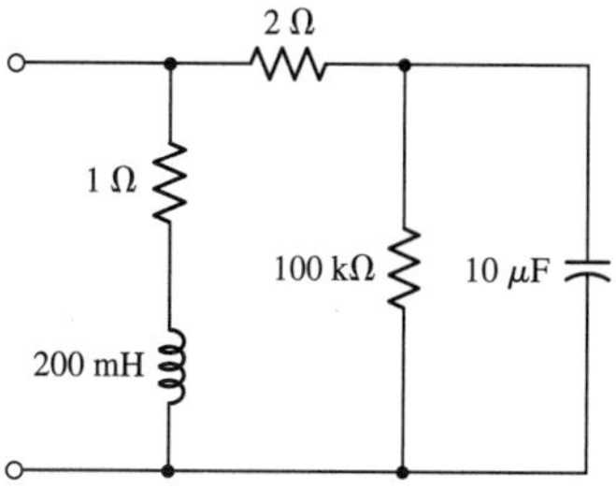

◆ 圖 16.41

16.2 頻寬與高 Q 值電路

4. 使用元件數值 $L = 1$ mH 與 $C = 100\ \mu$F 來建構圖 16.1 之電路。若 $Q_0 = 15$，試求頻寬並且評估操作於 (a) 3162 rad/s；(b) 3000 rad/s；(c) 3200 rad/s；(d) 2000 rad/s 的輸入阻抗之振幅與角度；(e) 試使用 $\mathbf{Y}(j\omega)$ 之精確表示式來驗證評估結果。
5. 試求圖 16.42 所示各響應曲線之頻寬。

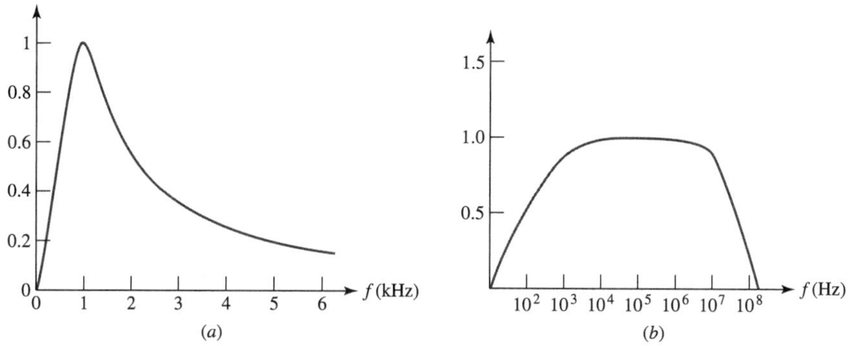

◆ 圖 16.42

16.3 串聯諧振

6. 利用元件數值 $R = 100\ \Omega$ 與 $L = 1.5$ mH 以及弦波電壓源 v_s 來建構一串聯 RLC 電路。若 $Q_0 = 7$，試求 (a) 阻抗在 500 Mrad/s 之振幅；(b) 相應於電壓 $v_s = 2.5 \cos(425 \times 10^6 t)$ V 所流動之電流。
7. 在推導圖 16.43 的 $\mathbf{Z}_{in}(\mathbf{s})$ 之後，試求 (a) ω_0；(b) Q_0。

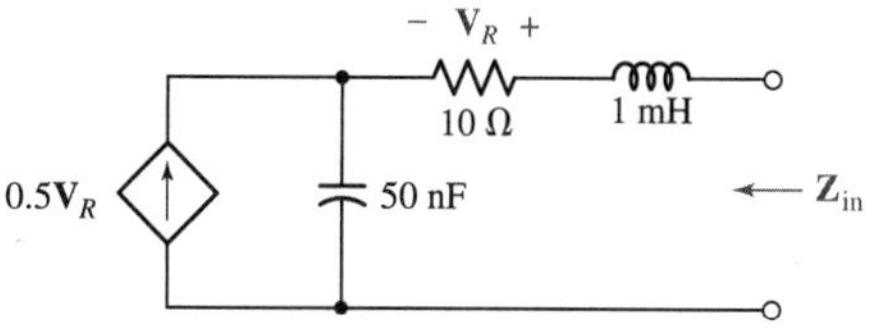

◆ 圖 16.43

16.4 其他的諧振型式

8. 考慮圖 16.9a 之網路，選擇 $R_1 = 100\ \Omega$、$R_2 = 150$、$L = 30$ mH，以及 C，使得 $\omega_0 = 750$ rad/s。試計算 (a) 相應於 $R_1 = 0$ 時的諧振狀態之頻率；(b) 700 rad/s；(c) 800 rad/s 之阻抗振幅。
9. 考慮圖 16.44 所示之網路，試求諧振頻率與所相應之 $|\mathbf{Z}_{in}|$ 數值。

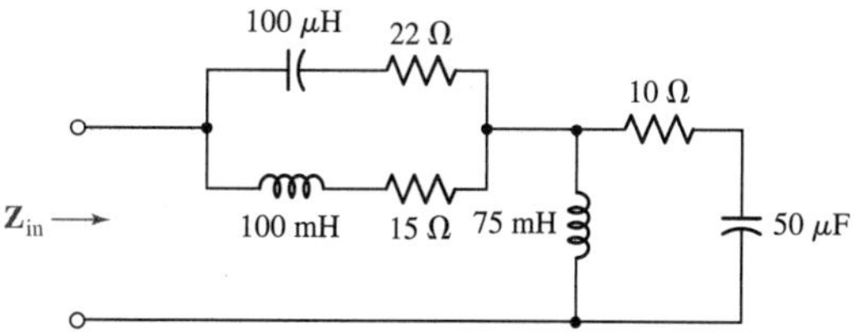

◆ 圖 16.44

16.5 定標

10. 試使用 $K_m = 200$ 與 $K_f = 700$ 進行圖 16.45 所示網路之定標，並且試求新阻抗 $\mathbf{Z}_{in}(\mathbf{s})$ 之表示式。
11. 圖 16.46a 所示之濾波器具有如圖 16.46b 所示的響

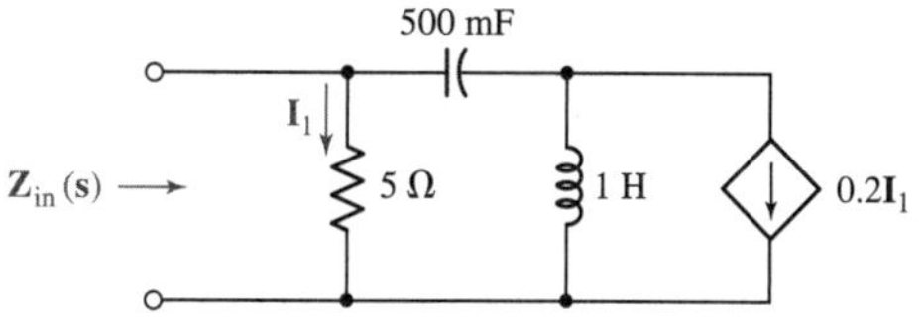

◆ 圖 16.45

應曲線。(a) 試定標此一濾波器，使之操作於 50 Ω 電源與 50 Ω 負載之間，並且具有 20 kHz 之截止頻率；(b) 試繪製新的響應曲線。

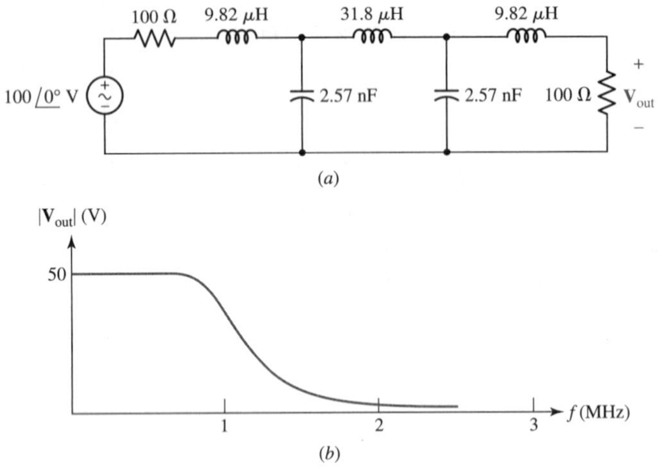

◆ 圖 16.46

12. (a) 以 $K_m = 250$ 與 $K_f = 400$ 對圖 16.47 網路定標之後，試繪製新網路配置；(b) 試求已定標後的網路在 $\omega = 1$ krad/s 之戴維寧等效電路。

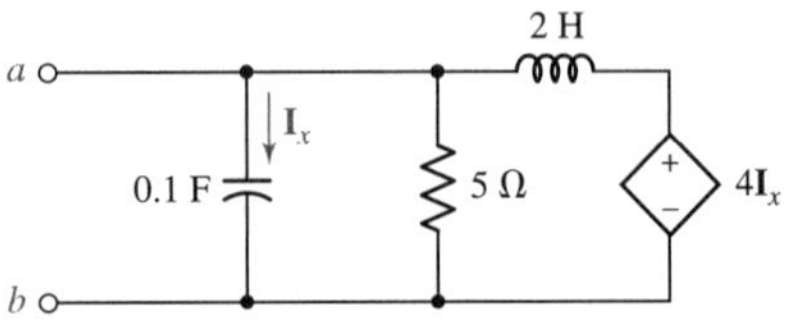

◆ 圖 16.47

16.6 波德圖

13. 試繪製以下函數之振幅與相位波德圖：(a) $3 + 4\mathbf{s}$；(b) $\dfrac{1}{3 + 4\mathbf{s}}$。

14. 試繪製以下各轉移函數之相位圖：(a) $\dfrac{\mathbf{s}+1}{\mathbf{s}(\mathbf{s}+2)^2}$；(b) $5\dfrac{\mathbf{s}^2+\mathbf{s}}{\mathbf{s}+2}$。

15. 考慮圖 16.48 之電路，(a) 試推導轉移函數 $\mathbf{H}(\mathbf{s}) = \mathbf{V}_{out}/\mathbf{V}_{in}$ 之表示式；(b) 試繪製相應的振幅與相位波德圖。

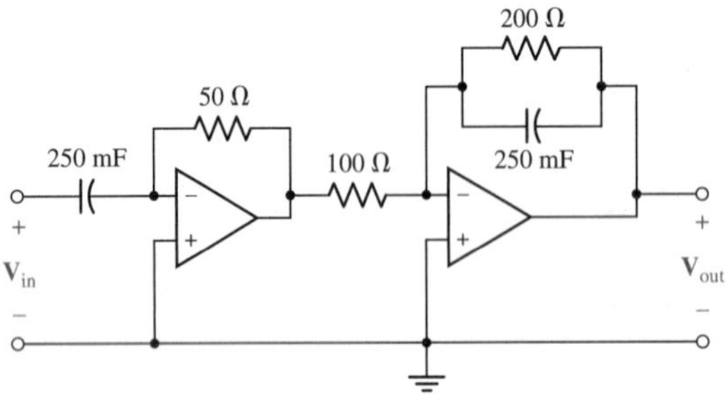

◆ 圖 16.48

16.7 基本濾波器設計

16. 試設計一具有低頻截止頻率 500 Hz 與高頻截止頻率 1580 Hz 之帶通濾波器。
17. 試設計一特徵為電壓增益 25 dB 以及轉折頻率 5000 rad/s 之低通濾波器。
18. 試設計可將整個音頻範圍 (以人類的聽覺而言，大約 20 Hz 至 20 kHz) 排除，但可將其他頻率的訊號之電壓放大 15 倍之電路。

Chapter 17

雙埠網路

主要觀念

- 單埠與雙埠網路之區別
- 導納 (y) 參數
- 阻抗 (z) 參數
- 混合 (h) 參數
- 傳輸 (t) 參數
- y、z、h 與 t 參數之間的變換方法
- 使用網路參數之電路分析技巧

簡介

一般的網路具有兩對終端，其中一對終端通常標示為“輸入端”，而另一對則標示為“輸出端”；此為極重要的系統區塊，包含電子系統、通訊系統、自動控制系統、輸配電系統，或者其他系統，只要電氣信號或電能可進入輸入端、由該網路作用，並且由輸出端離開。輸出端對很可能與另一個網路的輸入端對連接。在第五章研讀戴維寧與諾頓等效網路的觀念時，曾介紹到不一定需要得到電路部分的工作細節之概念。本章將此一觀念延伸至線性網路，藉此產生某些參數，並藉以預測任何網路將如何與其他網路進行互動。

17.1 單埠網路

訊號可進入或離開網路之一對終端稱為**埠** (Port)，而僅具有一對終端之網路則稱為**單埠網路** (One-port Network)，或者簡稱為單埠。由於沒有與單埠網路內部的其他任何節點有所連接，

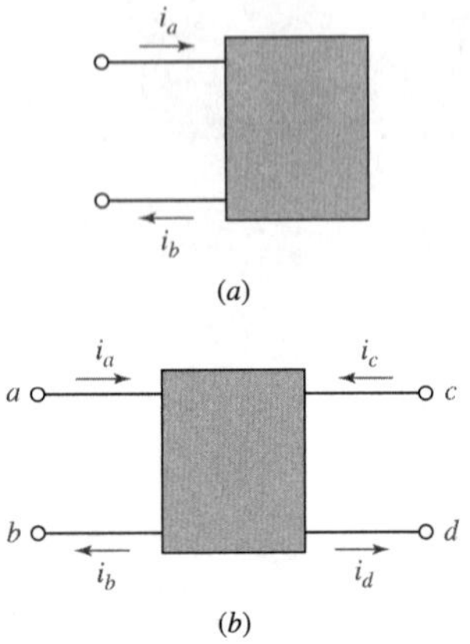

◆ **圖 17.1** (a) 單埠網路；(b) 雙埠網路。

因此在圖 17.1a 所示的單埠網路中，顯然 i_a 必等於 i_b。若某一網路具有超過一對的終端，則該網路稱為**多埠網路** (Multiport Network)。本章所要闡述的雙埠網路如圖 17.1b 所示。組成每埠的兩條導線電流必相等，所以得到所示兩埠中的 $i_a = i_b$ 且 $i_c = i_d$，如圖 17.1b 所示。若使用本章的系統表示方法，則電源與負載必直接連接而跨於每埠的兩端。亦即，每埠僅能夠連接至一個單埠網路或者另一個多埠網路之其中一埠。例如，並無任何裝置可連接於圖 17.1b 的雙埠網路之終端 a 與 c 之間。若要分析如此電路，應先寫出一般的網路或節點方程式。

藉由使用廣義網路表示方式所介紹的行列式縮寫原則來進行單埠或雙埠網路的某些介紹性質之研究。因此，若寫出某一被動網路之迴路方程組，

$$\begin{aligned}
\mathbf{Z}_{11}\mathbf{I}_1 + \mathbf{Z}_{12}\mathbf{I}_2 + \mathbf{Z}_{13}\mathbf{I}_3 + \cdots + \mathbf{Z}_{1N}\mathbf{I}_N &= \mathbf{V}_1 \\
\mathbf{Z}_{21}\mathbf{I}_1 + \mathbf{Z}_{22}\mathbf{I}_2 + \mathbf{Z}_{23}\mathbf{I}_3 + \cdots + \mathbf{Z}_{2N}\mathbf{I}_N &= \mathbf{V}_2 \\
\mathbf{Z}_{31}\mathbf{I}_1 + \mathbf{Z}_{32}\mathbf{I}_2 + \mathbf{Z}_{33}\mathbf{I}_3 + \cdots + \mathbf{Z}_{3N}\mathbf{I}_N &= \mathbf{V}_3 \\
\cdots\cdots\cdots\cdots\cdots\cdots\cdots\cdots\cdots\cdots \\
\mathbf{Z}_{N1}\mathbf{I}_1 + \mathbf{Z}_{N2}\mathbf{I}_2 + \mathbf{Z}_{N3}\mathbf{I}_3 + \cdots + \mathbf{Z}_{NN}\mathbf{I}_N &= \mathbf{V}_N
\end{aligned} \qquad [1]$$

每一電流之係數皆為阻抗 $\mathbf{Z}_{ij}(\mathbf{s})$，而電流的行列式或係數的行列式為

$$\Delta_{\mathbf{Z}} = \begin{vmatrix}
\mathbf{Z}_{11} & \mathbf{Z}_{12} & \mathbf{Z}_{13} & \cdots & \mathbf{Z}_{1N} \\
\mathbf{Z}_{21} & \mathbf{Z}_{22} & \mathbf{Z}_{23} & \cdots & \mathbf{Z}_{2N} \\
\mathbf{Z}_{31} & \mathbf{Z}_{32} & \mathbf{Z}_{33} & \cdots & \mathbf{Z}_{3N} \\
\cdots & \cdots & \cdots & \cdots & \cdots \\
\mathbf{Z}_{N1} & \mathbf{Z}_{N2} & \mathbf{Z}_{N3} & \cdots & \mathbf{Z}_{NN}
\end{vmatrix} \qquad [2]$$

在此假設 N 個迴路，電流以每個方程式中的下標順序呈現，且方程式的順序相同於電流之順序。在此也假設應用 KVL，使得每個 $\mathbf{Z}_{ii}$ 項 ($\mathbf{Z}_{11}, \mathbf{Z}_{22}, \ldots, \mathbf{Z}_{NN}$) 皆為正；任何共有項 $\mathbf{Z}_{ij}(i \neq j)$ 之正負號則可為正或負，端視 $\mathbf{I}_i$ 與 $\mathbf{I}_j$ 所指定的參考方向而定。

若網路中具有相依電源，則迴路方程式中並非所有的係數皆為電阻或者阻抗。但即使如此，仍將該電路的行列式稱為 $\Delta_{\mathbf{Z}}$。

使用較為簡略的書寫表示方式可非常簡明地表示出單埠網路終端上之輸入或驅動端點阻抗。若雙埠網路其中一埠之終端為被動阻抗，則上述的結果也可應用於雙埠網路。

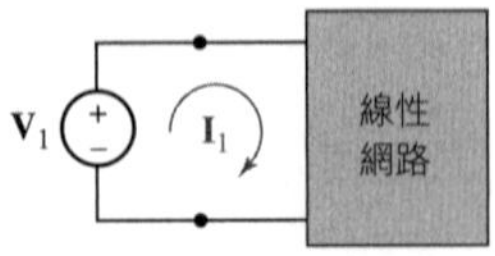

◆ **圖 17.2** 將一理想電壓源 $\mathbf{V}_1$ 連接至不具獨立電源之線性單埠網路；$\mathbf{Z}_{\text{in}} = \Delta_{\mathbf{z}} / \Delta_{11}$。

假設圖 17.2 所示的單埠網路整體皆由被動元件與相依電源所構成；也假設具有線性性質。將一理想電壓源 $\mathbf{V}_1$ 連接至該單埠網路，並將電源電流視為迴路 1 之電路。利用克拉瑪法則，則

$$\mathbf{I}_1 = \frac{\begin{vmatrix} \mathbf{V}_1 & \mathbf{Z}_{12} & \mathbf{Z}_{13} & \cdots & \mathbf{Z}_{1N} \\ 0 & \mathbf{Z}_{22} & \mathbf{Z}_{23} & \cdots & \mathbf{Z}_{2N} \\ 0 & \mathbf{Z}_{32} & \mathbf{Z}_{33} & \cdots & \mathbf{Z}_{3N} \\ \cdots & \cdots & \cdots & \cdots & \cdots \\ 0 & \mathbf{Z}_{N2} & \mathbf{Z}_{N3} & \cdots & \mathbf{Z}_{NN} \end{vmatrix}}{\begin{vmatrix} \mathbf{Z}_{11} & \mathbf{Z}_{12} & \mathbf{Z}_{13} & \cdots & \mathbf{Z}_{1N} \\ \mathbf{Z}_{21} & \mathbf{Z}_{22} & \mathbf{Z}_{23} & \cdots & \mathbf{Z}_{2N} \\ \mathbf{Z}_{31} & \mathbf{Z}_{32} & \mathbf{Z}_{33} & \cdots & \mathbf{Z}_{3N} \\ \cdots & \cdots & \cdots & \cdots & \cdots \\ \mathbf{Z}_{N1} & \mathbf{Z}_{N2} & \mathbf{Z}_{N3} & \cdots & \mathbf{Z}_{NN} \end{vmatrix}}$$

或者，更簡潔地描述為

$$\mathbf{I}_1 = \frac{\mathbf{V}_1 \Delta_{11}}{\Delta_{\mathbf{Z}}}$$

因此，

$$\mathbf{Z}_{\text{in}} = \frac{\mathbf{V}_1}{\mathbf{I}_1} = \frac{\Delta_{\mathbf{Z}}}{\Delta_{11}} \qquad [3]$$

範例 17.1

試計算圖 17.3 所示電阻性單埠網路之輸入阻抗。

先指定圖 17.3 所示的四個網目電流，並且藉由檢視該網路，寫出相應的網目方程式：

$$\begin{aligned} \mathbf{V}_1 &= 10\mathbf{I}_1 - 10\mathbf{I}_2 \\ 0 &= -10\mathbf{I}_1 + 17\mathbf{I}_2 - 2\mathbf{I}_3 - 5\mathbf{I}_4 \\ 0 &= -2\mathbf{I}_2 + 7\mathbf{I}_3 - \mathbf{I}_4 \\ 0 &= -5\mathbf{I}_2 - \mathbf{I}_3 + 26\mathbf{I}_4 \end{aligned}$$

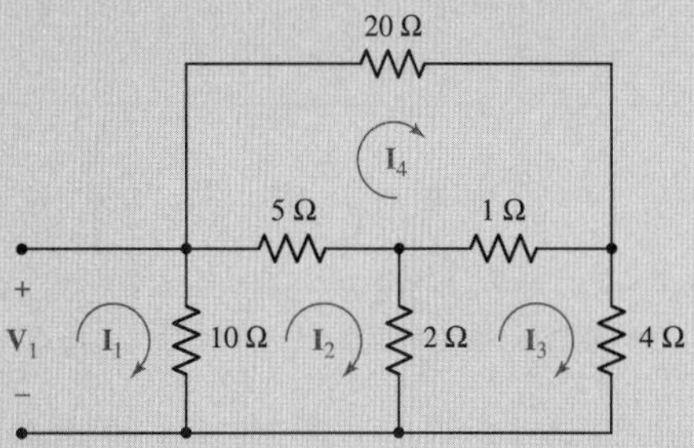

◆ **圖 17.3** 僅具有電阻性元件之單埠網路範例。

電路之行列式給定為

$$\Delta_{\mathbf{Z}} = \begin{vmatrix} 10 & -10 & 0 & 0 \\ -10 & 17 & -2 & -5 \\ 0 & -2 & 7 & -1 \\ 0 & -5 & -1 & 26 \end{vmatrix}$$

得到之數值為 9680 Ω^4。移除第一列與第一行，得到

$$\Delta_{11} = \begin{vmatrix} 17 & -2 & -5 \\ -2 & 7 & -1 \\ -5 & -1 & 26 \end{vmatrix} = 2778\ \Omega^3$$

因此，採用方程式 [3] 得到輸入阻抗之數值為

$$\mathbf{Z}_{\text{in}} = \frac{9680}{2778} = 3.485\ \Omega$$

練習題

17.1 若斷開圖 17.4 之兩個終端 (a) a 與 a'；(b) b 與 b'；(c) c 與 c'，試求圖 17.4 所示的網路之輸入阻抗。

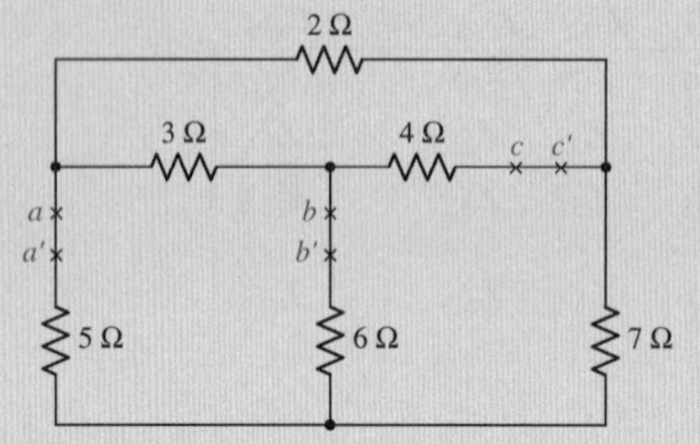

◆ **圖 17.4**

解答：9.47 Ω；10.63 Ω；7.58 Ω。

範例 17.2

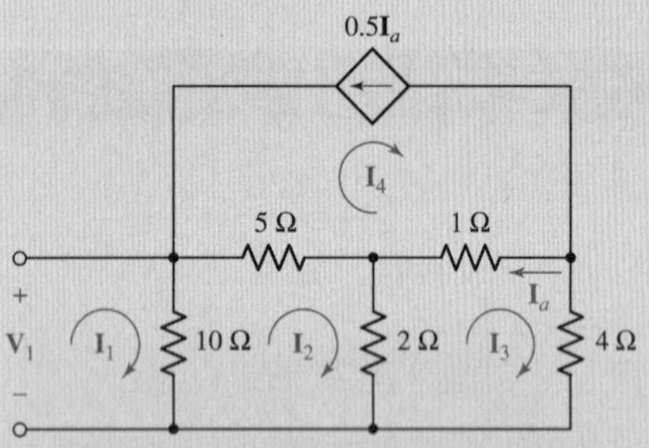

◆ **圖 17.5** 具有相依電源之單埠網路。

試求圖 17.5 所示網路之輸入阻抗。

先依據所指定的四個網目電流，寫出四個網目方程式：

$$\begin{aligned} 10\mathbf{I}_1 - 10\mathbf{I}_2 \qquad\qquad\qquad &= \mathbf{V}_1 \\ -10\mathbf{I}_1 + 17\mathbf{I}_2 - 2\mathbf{I}_3 - 5\mathbf{I}_4 &= 0 \\ -\ 2\mathbf{I}_2 + 7\mathbf{I}_3 - \mathbf{I}_4 &= 0 \end{aligned}$$

以及

$$\mathbf{I}_4 = -0.5\mathbf{I}_a = -0.5(\mathbf{I}_4 - \mathbf{I}_3)$$

或者

$$-0.5\mathbf{I}_3 + 1.5\mathbf{I}_4 = 0$$

因此，可寫出

$$\Delta_{\mathbf{Z}} = \begin{vmatrix} 10 & -10 & 0 & 0 \\ -10 & 17 & -2 & -5 \\ 0 & -2 & 7 & -1 \\ 0 & 0 & -0.5 & 1.5 \end{vmatrix} = 590\ \Omega^4$$

同時

$$\Delta_{11} = \begin{vmatrix} 17 & -2 & -5 \\ -2 & 7 & -1 \\ 0 & -0.5 & 1.5 \end{vmatrix} = 159\ \Omega^3$$

得到

$$\mathbf{Z}_{\text{in}} = \frac{590}{159} = 3.711\ \Omega$$

也可選擇使用節點方程式得到類似的處理過程，其輸入導納為

$$\mathbf{Y}_{in} = \frac{1}{\mathbf{Z}_{in}} = \frac{\Delta_\mathbf{Y}}{\Delta_{11}} \qquad [4]$$

其中的 Δ_{11} 在此稱為 $\Delta_\mathbf{Y}$ 之子行列式。

練習題

17.2 寫出圖 17.6 電路之節點方程式並計算 $\Delta_\mathbf{Y}$，試求 (a) 節點 1 與參考節點；(b) 節點 2 與參考節點之間的輸入導納。

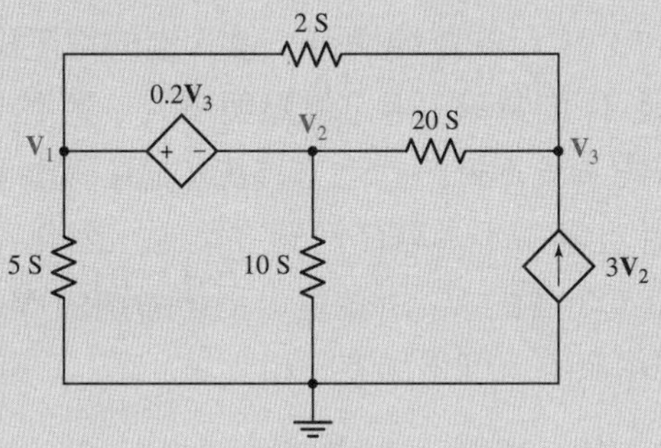

◆**圖 17.6**

解答：10.68 S；13.16 S。

範例 17.3

試再次使用方程式 [4] 求得圖 17.3 所示網路之輸入阻抗，在此重複繪製於圖 17.7。

先從左至右考慮節點電壓 $\mathbf{V}_1$、$\mathbf{V}_2$ 與 $\mathbf{V}_3$，選擇下方節點為參考節點，再藉由檢視電路，寫出系統的導納矩陣：

$$\Delta_\mathbf{Y} = \begin{vmatrix} 0.35 & -0.2 & -0.05 \\ -0.2 & 1.7 & -1 \\ -0.05 & -1 & 1.3 \end{vmatrix} = 0.3473\ \text{S}^3$$

$$\Delta_{11} = \begin{vmatrix} 1.7 & -1 \\ -1 & 1.3 \end{vmatrix} = 1.21\ \text{S}^2$$

所以

$$\mathbf{Y}_{in} = \frac{0.3473}{1.21} = 0.2870\ \text{S}$$

相應於

$$\mathbf{Z}_{in} = \frac{1}{0.287} = 3.484\ \Omega$$

在預期的捨入誤差內，與先前的解答一致 (在整個計算中，僅保留 4 個位數)。

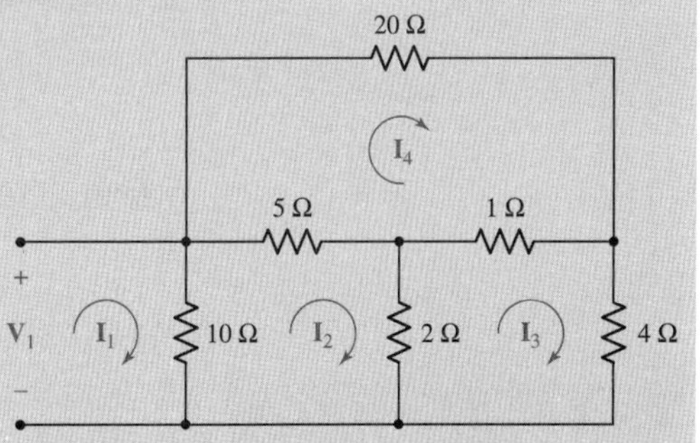

◆**圖 17.7** 範例 17.1 之電路，在此重複繪製，以方便分析。

本章末的習題 9 與 10 闡述使用運算放大器所建構的單埠網路。此類習題說明此類網路所包含的被動電路元件僅為電阻器，卻可得到負電阻，而且僅以電阻器與電容器便可模擬電感器。

17.2 導納參數

此時將焦點集中於雙埠網路。假設所有的網路皆由線性元件所構成，並且不具有任何獨立電源；而相依電源則可允許存在網路中。在某些特殊狀況之網路中，也可設置其他條件。

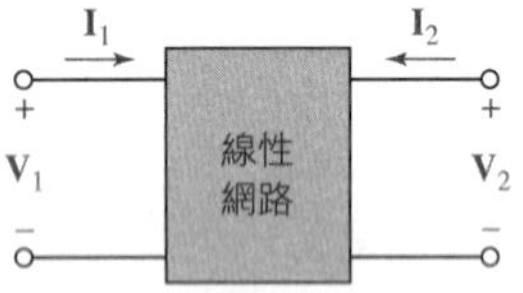

◆ **圖 17.8** 一般型式的雙埠網路，其中已指定端電壓與端電流。該雙埠網路由線性元件所構成，可能包含相依電源，但不具有任何的獨立電源。

在此將考慮圖 17.8 所示的雙埠網路；輸入端的電壓與電流為 $\mathbf{V}_1$ 及 $\mathbf{I}_1$，而 $\mathbf{V}_2$ 及 $\mathbf{I}_2$ 則為輸出埠之電壓與電流。習慣上選擇兩電流 $\mathbf{I}_1$ 與 $\mathbf{I}_2$ 的方向為流進網路的上方導線 (並且流出下方導線)。由於網路為線性且其中不具有任何獨立電源，因此可將 $\mathbf{I}_1$ 視為兩個成分之疊加，一者由 $\mathbf{V}_1$ 所產生，另一者則由 $\mathbf{V}_2$ 所產生。將相同的論點應用於 $\mathbf{I}_2$，則得到方程組

$$\mathbf{I}_1 = \mathbf{y}_{11}\mathbf{V}_1 + \mathbf{y}_{12}\mathbf{V}_2 \qquad [5]$$

$$\mathbf{I}_2 = \mathbf{y}_{21}\mathbf{V}_1 + \mathbf{y}_{22}\mathbf{V}_2 \qquad [6]$$

其中的 $\mathbf{y}$ 在此僅為比例常數或者未知係數；且顯然其單位必為 A/V 或者 S。因此，稱之為 $\mathbf{y}$ (或者，導納) 參數，由方程式 [5] 與 [6] 所定義。

在此簡要地以矩陣來描述 $\mathbf{y}$ 參數以及本章之後將會定義的其他各組參數。此時定義 (2×1) 的行矩陣 $\mathbf{I}$，

$$\mathbf{I} = \begin{bmatrix} \mathbf{I}_1 \\ \mathbf{I}_2 \end{bmatrix} \qquad [7]$$

$\mathbf{y}$ 參數之 (2×2) 方陣，

$$\mathbf{y} = \begin{bmatrix} \mathbf{y}_{11} & \mathbf{y}_{12} \\ \mathbf{y}_{21} & \mathbf{y}_{22} \end{bmatrix} \qquad [8]$$

本文使用矩陣之標準表示方式，但容易與先前的相量與複數量之表示方式混淆。應由當時的文脈來區別此類符號。

以及 (2×1) 的行矩陣 $\mathbf{V}$，

$$\mathbf{V} = \begin{bmatrix} \mathbf{V}_1 \\ \mathbf{V}_2 \end{bmatrix} \qquad [9]$$

因此，可寫出矩陣方程式 $\mathbf{I} = \mathbf{y}\mathbf{V}$，或者

$$\begin{bmatrix} \mathbf{I}_1 \\ \mathbf{I}_2 \end{bmatrix} = \begin{bmatrix} \mathbf{y}_{11} & \mathbf{y}_{12} \\ \mathbf{y}_{21} & \mathbf{y}_{22} \end{bmatrix} \begin{bmatrix} \mathbf{V}_1 \\ \mathbf{V}_2 \end{bmatrix}$$

上述方程式右邊的矩陣相乘得到等式

$$\begin{bmatrix}\mathbf{I}_1\\ \mathbf{I}_2\end{bmatrix}=\begin{bmatrix}\mathbf{y}_{11}\mathbf{V}_1+\mathbf{y}_{12}\mathbf{V}_2\\ \mathbf{y}_{21}\mathbf{V}_1+\mathbf{y}_{22}\mathbf{V}_2\end{bmatrix}$$

此兩個 (2×1) 矩陣必須元素對元素相等，因而得到定義的方程式 [5] 與 [6]。

直接檢視方程式 [5] 與 [6]，便可有效地將物理意義賦予 **y** 參數。例如，考慮方程式 [5]，若令 $\mathbf{V}_2$ 為零，則可知 $\mathbf{y}_{11}$ 必為 $\mathbf{I}_1$ 對 $\mathbf{V}_1$ 之比值。因此，將 $\mathbf{y}_{11}$ 描述為輸出端*短路* ($\mathbf{V}_2=0$) 時輸入端所量測到的導納。由於輸出端短路，因此 $\mathbf{y}_{11}$ 的最佳描述方式為*短路輸入導納*。或者，可將 $\mathbf{y}_{11}$ 描述為輸出端短路所量測到的輸入阻抗之倒數，但導納之描述顯然較為直接。參數的*名稱*並不是很重要，重要的是所要應用於方程式 [5] 與 [6]，乃至應用於網路的條件，此條件最具意義；當條件決定時，便能夠直接由電路的分析得到所求的參數 (或者藉由實體電路的實驗)。在 $\mathbf{V}_1=0$ (輸入端短路) 或者 $\mathbf{V}_2=0$ (輸出端短路) 之條件下，每個 **y** 參數皆可描述為電流對電壓之比值：

$$\mathbf{y}_{11}=\left.\frac{\mathbf{I}_1}{\mathbf{V}_1}\right|_{\mathbf{V}_2=0} \qquad [10]$$

$$\mathbf{y}_{12}=\left.\frac{\mathbf{I}_1}{\mathbf{V}_2}\right|_{\mathbf{V}_1=0} \qquad [11]$$

$$\mathbf{y}_{21}=\left.\frac{\mathbf{I}_2}{\mathbf{V}_1}\right|_{\mathbf{V}_2=0} \qquad [12]$$

$$\mathbf{y}_{22}=\left.\frac{\mathbf{I}_2}{\mathbf{V}_2}\right|_{\mathbf{V}_1=0} \qquad [13]$$

由於每個參數皆為輸入埠或輸出埠短路所得到的導納，因此 **y** 參數又稱為**短路導納參數** (Short-circuit Admittance Parameters)。$\mathbf{y}_{11}$ 的具體名稱為**短路輸入導納** (Short-circuit Input Admittance)，$\mathbf{y}_{22}$ 為**短路輸出導納** (Short-circuit Output Admittance)，而 $\mathbf{y}_{12}$ 與 $\mathbf{y}_{21}$ 則為**短路轉移導納** (Short-circuit Transfer Admittance)。

範例 17.4

試求圖 17.9 所示的電阻性雙埠網路之四個短路導納參數。

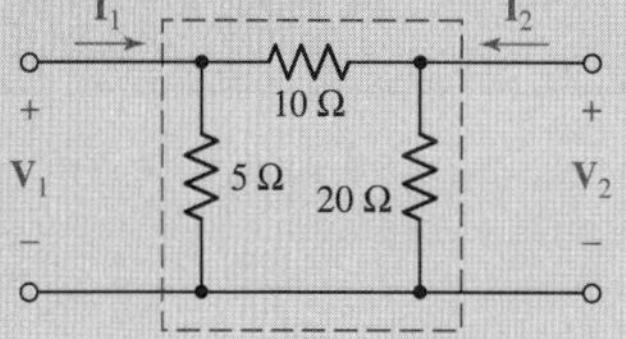

◆**圖 17.9** 電阻性雙埠網路。

應用方程式 [10] 至 [13] 便可簡易地求得參數之數值，或可經由方程式 [5] 與 [6] 直接得到。為了判斷 $\mathbf{y}_{11}$ 之數值，將輸出端短路，並且計算 $\mathbf{I}_1$ 對 $\mathbf{V}_1$ 之比值。可令 $\mathbf{V}_1=1$ V，則 $\mathbf{y}_{11}=\mathbf{I}_1$。檢視圖 17.9，顯然將輸出端短路且在輸入端施加 1 V 將會得到 ($\frac{1}{5}$

$+\ \frac{1}{10}$) 或者 0.3 A 之輸入電流。所以，

$$\mathbf{y}_{11} = 0.3 \text{ S}$$

為了求得 $\mathbf{y}_{12}$，將輸入端短路，並且施加 1 V 於輸出端。輸入電流會流經短路之路徑，且為 $\mathbf{I}_1 = -\frac{1}{10}$ A。因此

$$\mathbf{y}_{12} = -0.1 \text{ S}$$

同理，

$$\mathbf{y}_{21} = -0.1 \text{ S} \qquad \mathbf{y}_{22} = 0.15 \text{ S}$$

因此，依據導納參數描述此一雙埠網路的方程式，得到

$$\mathbf{I}_1 = 0.3\mathbf{V}_1 - 0.1\mathbf{V}_2 \qquad [14]$$

$$\mathbf{I}_2 = -0.1\mathbf{V}_1 + 0.15\mathbf{V}_2 \qquad [15]$$

以及

$$\mathbf{y} = \begin{bmatrix} 0.3 & -0.1 \\ -0.1 & 0.15 \end{bmatrix} \qquad \text{(單位皆為 S)}$$

以上需要使用方程式 [10] 至 [13] 一次一個求得這些參數。然而，亦可一次全部求得所有參數——如下一個範例所要闡述的結果。

範例 17.5

試指定圖 17.9 雙埠網路之節點電壓 $\mathbf{V}_1$ 與 $\mathbf{V}_2$，並藉以寫出 $\mathbf{I}_1$ 與 $\mathbf{I}_2$ 之表示式。

由電路分析可知

$$\mathbf{I}_1 = \frac{\mathbf{V}_1}{5} + \frac{\mathbf{V}_1 - \mathbf{V}_2}{10} = 0.3\mathbf{V}_1 - 0.1\mathbf{V}_2$$

以及

$$\mathbf{I}_2 = \frac{\mathbf{V}_2 - \mathbf{V}_1}{10} + \frac{\mathbf{V}_2}{20} = -0.1\mathbf{V}_1 + 0.15\mathbf{V}_2$$

上述方程式等同於方程式 [14] 與 [15]，因此可直接得到四個 $\mathbf{y}$ 參數。

練習題

17.3 將適當的 1 V 電源與短路應用於圖 17.10 所示的電路，試求 (a) $\mathbf{y}_{11}$；(b) $\mathbf{y}_{21}$；(c) $\mathbf{y}_{22}$；(d) $\mathbf{y}_{12}$。

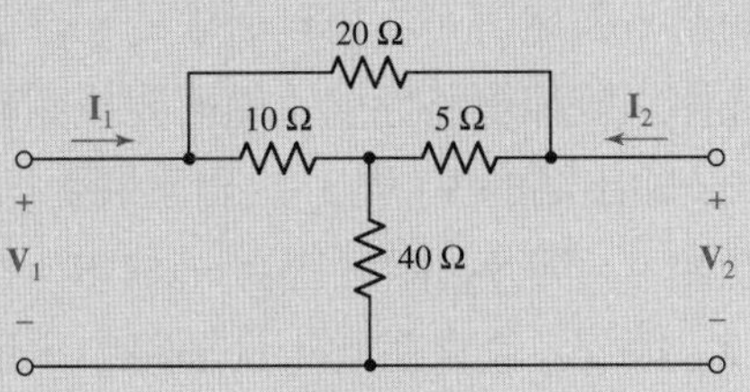

◆ **圖 17.10**

解答：0.1192 S；－0.1115 S；0.1269 S；－0.1115 S。

一般而言，若僅需要求得一個參數，則使用方程式 [10]、 [11]、[12] 或 [13] 較為簡單。而若需要求得全部的參數，則通常較為簡單的求解步驟為指定輸入與輸出節點上的 $\mathbf{V}_1$ 與 $\mathbf{V}_2$、指定內部任意節點上的其他節點對參考點電壓，並且以通解計算之。

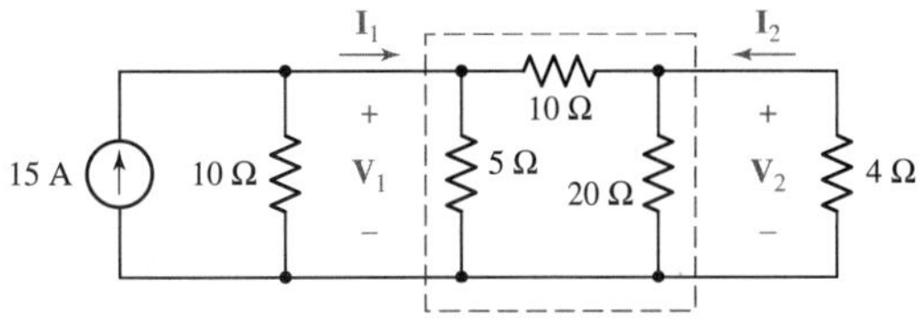

◆ **圖 17.11** 圖 17.9 之電阻性雙埠網路，其終端連接著具體的單埠網路。

此時將雙埠網路每埠的終端連接某具體的單埠網路，以應用如此的方程組。考慮範例 17.4 之簡單雙埠網路，如圖 17.11 所示，其中的實際電流源連接至輸入埠，而電阻性負載則連接於輸出埠。$\mathbf{V}_1$ 與 $\mathbf{I}_1$ 之間必存在某種與該雙埠網路無關的關係。可單獨經由外部電路來判斷此一關係。若應用 KCL (或者寫出輸入端之單一節點方程式)，

$$\mathbf{I}_1 = 15 - 0.1\mathbf{V}_1$$

對輸出端而言，藉由歐姆定律得到

$$\mathbf{I}_2 = -0.25\mathbf{V}_2$$

將上述表示式代入方程式 [14] 與 [15] 之 $\mathbf{I}_1$ 與 $\mathbf{I}_2$，得到

$$\begin{aligned} 15 &= 0.4\mathbf{V}_1 - 0.1\mathbf{V}_2 \\ 0 &= -0.1\mathbf{V}_1 + 0.4\mathbf{V}_2 \end{aligned}$$

藉此得到

$$\mathbf{V}_1 = 40 \text{ V} \qquad \mathbf{V}_2 = 10 \text{ V}$$

也可簡易地求得輸入與輸出電流：

$$\mathbf{I}_1 = 11\text{ A} \qquad \mathbf{I}_2 = -2.5\text{ A}$$

得到了此一雙埠網路完整的終端特性。

在如此簡單的範例中，無法明顯顯示雙埠網路分析之優點，但對於較為複雜的雙埠網路，顯然可一次得到所求的 **y** 參數，進而簡易地判斷不同終端條件之雙埠網路性能；僅需要找到輸入端的 $\mathbf{V}_1$ 與 $\mathbf{I}_1$ 之對應關係以及輸出端的 $\mathbf{V}_2$ 與 $\mathbf{I}_2$ 之對應關係即可。

在之前的範例中，已知 $\mathbf{y}_{12}$ 與 $\mathbf{y}_{21}$ 兩者皆為 − 0.1 S。不難證明若三個一般阻抗 $\mathbf{Z}_A$、$\mathbf{Z}_B$ 與 $\mathbf{Z}_C$ 包含在此一Π網路中，也可得到此一等式。有時較難判斷 $\mathbf{y}_{12} = \mathbf{y}_{21}$ 所需的具體條件，但使用行列式的表示方式則具有一定的幫助。接著判斷是否能夠依據阻抗的行列式及其子行列式來描述方程式 [10] 至 [13] 的關係。

由於焦點在於雙埠網路，而非其終端所連接之具體網路，因此以兩個理想電壓源來代表 $\mathbf{V}_1$ 與 $\mathbf{V}_2$。令 $\mathbf{V}_2 = 0$ (因此輸出端短路) 以及求得輸入導納，藉以應用方程式 [10]。而此時網路為簡單的單埠網路，且在 17.1 節已知其輸入阻抗。選擇包含輸入端的迴路 **1**，並且令 $\mathbf{I}_1$ 為迴路電流；將 $(-\mathbf{I}_2)$ 視為迴路 **2** 中的迴路電流，並且以任何一種方便的方式來指定所剩的其他迴路電流。所以，

$$\mathbf{Z}_{\text{in}}\big|_{\mathbf{V}_2=0} = \frac{\Delta_\mathbf{Z}}{\Delta_{11}}$$

因而，

$$\mathbf{y}_{11} = \frac{\Delta_{11}}{\Delta_\mathbf{Z}}$$

同理，

$$\mathbf{y}_{22} = \frac{\Delta_{22}}{\Delta_\mathbf{Z}}$$

為了求得 $\mathbf{y}_{12}$，令 $\mathbf{V}_1 = 0$，並且得知 $\mathbf{I}_1$ 為 $\mathbf{V}_2$ 之函數。得到可給定 $\mathbf{I}_1$ 之比值為

$$\mathbf{I}_1 = \frac{\begin{vmatrix} 0 & \mathbf{Z}_{12} & \cdots & \mathbf{Z}_{1N} \\ -\mathbf{V}_2 & \mathbf{Z}_{22} & \cdots & \mathbf{Z}_{2N} \\ 0 & \mathbf{Z}_{32} & \cdots & \mathbf{Z}_{3N} \\ \cdots & \cdots & \cdots & \cdots \\ 0 & \mathbf{Z}_{N2} & \cdots & \mathbf{Z}_{NN} \end{vmatrix}}{\begin{vmatrix} \mathbf{Z}_{11} & \mathbf{Z}_{12} & \cdots & \mathbf{Z}_{1N} \\ \mathbf{Z}_{21} & \mathbf{Z}_{22} & \cdots & \mathbf{Z}_{2N} \\ \mathbf{Z}_{31} & \mathbf{Z}_{32} & \cdots & \mathbf{Z}_{3N} \\ \cdots & \cdots & \cdots & \cdots \\ \mathbf{Z}_{N1} & \mathbf{Z}_{N2} & \cdots & \mathbf{Z}_{NN} \end{vmatrix}}$$

因此，

$$\mathbf{I}_1 = -\frac{(-\mathbf{V}_2)\Delta_{21}}{\Delta_\mathbf{Z}}$$

以及

$$\mathbf{y}_{12} = \frac{\Delta_{21}}{\Delta_\mathbf{Z}}$$

同理，可證明

$$\mathbf{y}_{21} = \frac{\Delta_{12}}{\Delta_\mathbf{Z}}$$

$\mathbf{y}_{12}$ 與 $\mathbf{y}_{21}$ 的等式因此由 $\Delta_\mathbf{Z}$ 的兩個子行列式——Δ_{12} 與 Δ_{21} 所決定。兩子行列式為

$$\Delta_{21} = \begin{vmatrix} \mathbf{Z}_{12} & \mathbf{Z}_{13} & \mathbf{Z}_{14} & \cdots & \mathbf{Z}_{1N} \\ \mathbf{Z}_{32} & \mathbf{Z}_{33} & \mathbf{Z}_{34} & \cdots & \mathbf{Z}_{3N} \\ \mathbf{Z}_{42} & \mathbf{Z}_{43} & \mathbf{Z}_{44} & \cdots & \mathbf{Z}_{4N} \\ \cdots & \cdots & \cdots & \cdots & \cdots \\ \mathbf{Z}_{N2} & \mathbf{Z}_{N3} & \mathbf{Z}_{N4} & \cdots & \mathbf{Z}_{NN} \end{vmatrix}$$

以及

$$\Delta_{12} = \begin{vmatrix} \mathbf{Z}_{21} & \mathbf{Z}_{23} & \mathbf{Z}_{24} & \cdots & \mathbf{Z}_{2N} \\ \mathbf{Z}_{31} & \mathbf{Z}_{33} & \mathbf{Z}_{34} & \cdots & \mathbf{Z}_{3N} \\ \mathbf{Z}_{41} & \mathbf{Z}_{43} & \mathbf{Z}_{44} & \cdots & \mathbf{Z}_{4N} \\ \cdots & \cdots & \cdots & \cdots & \cdots \\ \mathbf{Z}_{N1} & \mathbf{Z}_{N3} & \mathbf{Z}_{N4} & \cdots & \mathbf{Z}_{NN} \end{vmatrix}$$

先將其中一個子行列式 (例如，Δ_{21}) 之行列對換，再以 $\mathbf{Z}_{ji}$ 取代每一個互阻抗 $\mathbf{Z}_{ij}$，便可驗證其等式。因此，設定

$$\mathbf{Z}_{12} = \mathbf{Z}_{21} \qquad \mathbf{Z}_{23} = \mathbf{Z}_{32} \qquad \text{等等}$$

對於熟悉的三種被動元件而言——電阻器、電容器與電感器，此一 $\mathbf{Z}_{ij}$ 與 $\mathbf{Z}_{ji}$ 等式顯而易見，且對互感而言亦成立。然而，對安裝於雙埠網路內的**每一種**型式之元件**並非**皆成立。特別的是，對相依電源則通常不成立，對迴轉器亦不成立；在此所謂的迴轉器一般為霍爾元件以及含有鐵氧體的波導部分之有效模型。在狹窄的角頻率範圍中，相較於直接方向上的訊號，迴轉器提供輸出到輸入之訊號額外的 180° 相位移，因此，$\mathbf{y}_{12} = -\mathbf{y}_{21}$。而一般會導致 $\mathbf{Z}_{ij}$ 與 $\mathbf{Z}_{ji}$ 不相等之被動元件則為非線性元件。

$\mathbf{Z}_{ij}$ 與 $\mathbf{Z}_{ji}$ 之任何裝置皆稱為**雙向元件**，而僅含有雙向元件的電路則稱為**雙向電路**。因此已證明了雙向雙埠電路之重要特性為

$$\mathbf{y}_{12} = \mathbf{y}_{21}$$

而且此一特性美其名為互易定理：

此一定理的另一種描述方式為在任何被動、線性、雙向電路中理想電壓源與理想安培計之交換並不會改變安培計之讀值。

在任何線性雙向網路中，若分支 x 上的單一電壓源 $\mathbf{V}_x$ 會在分支 y 上產生電流響應 $\mathbf{I}_y$，則從分支 x 將該電壓源移除，並且將之插入分支 y 中，便會在分支 x 上產生電流響應 $\mathbf{I}_y$。

若已經以電路的導納行列式進行分析，並且已經證明了導納行列式 $\Delta_\mathbf{Y}$ 的子行列式 Δ_{21} 與 Δ_{12} 相等，則應可得到互易定理之對偶型式：

亦即，在任何被動、線性、雙向電路中理想電流源與理想伏特計之交換並不會改變伏特計之讀值。

在任何線性雙向網路中，若節點 x 與 x' 之間的單一電流源 $\mathbf{I}_x$ 會在節點 y 與 y' 之間產生電壓響應 $\mathbf{V}_y$，則從節點 x 與 x' 將該電流源移除，並且將之插入節點 y 與 y' 之間，便會在節點 x 與 x' 上產生電壓響應 $\mathbf{V}_y$。

練習題

17.4 在圖 17.10 電路中，令 $\mathbf{I}_1$ 與 $\mathbf{I}_2$ 代表理想電流源。指定輸入端上的節點電壓為 $\mathbf{V}_1$、輸出端上的節點電壓為 $\mathbf{V}_2$，以及中心節點至參考節點之電壓為 $\mathbf{V}_x$。試寫出三個節點方程式，再消去 $\mathbf{V}_x$ 以得到兩個方程式，之後再將這些方程式重新整理成為方程式 [5] 與 [6] 之型式，而可直接從方程式中得到所有四個 $\mathbf{y}$ 參數。

17.5 試求圖 17.12 所示雙埠網路之 $\mathbf{y}$ 參數。

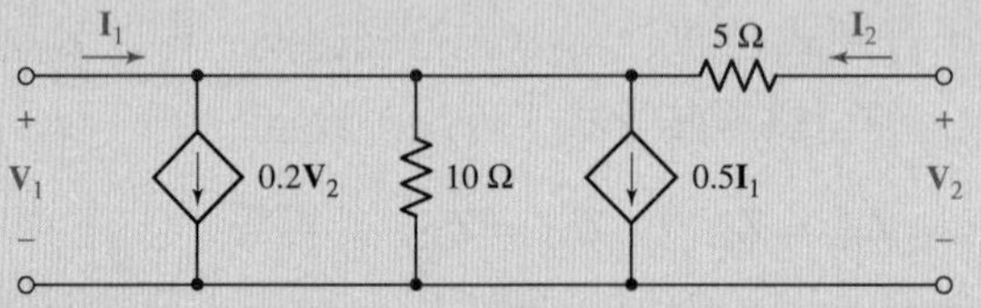

◆ **圖 17.12**

解答：17.4：$\begin{bmatrix} 0.1192 & -0.1115 \\ -0.1115 & 0.1269 \end{bmatrix}$ (單位皆為 S)。

17.5：$\begin{bmatrix} 0.6 & 0 \\ -0.2 & 0.2 \end{bmatrix}$ (單位皆為 S)。

17.3 等效網路

當分析電子電路時，通常需要以僅具有三個或四個阻抗的等效雙埠網路來取代主動元件 (也許還有某些相關的被動電路)。等效電路的有效性可能會受限於小訊號振幅以及單一振幅，或者也許是有限範圍的頻率。等效電路也為非線性電路之線性近似。然而，若面臨具有某些電阻器、電容器與電感器，以及 2N3823 電晶體之網路，則無法藉由先前所研讀的任何一種技巧來分析電路；必須先以線性模型來取代電晶體，恰如第六章以線性模型取代運算放大器一般。**y** 參數可提供常用於高頻的雙埠網路型式之如此模型。電晶體另一種常見的線性模型闡述於 17.5 節。

決定短路導納參數的兩個方程式，

$$\mathbf{I}_1 = \mathbf{y}_{11}\mathbf{V}_1 + \mathbf{y}_{12}\mathbf{V}_2 \qquad [16]$$

$$\mathbf{I}_2 = \mathbf{y}_{21}\mathbf{V}_1 + \mathbf{y}_{22}\mathbf{V}_2 \qquad [17]$$

此為一對節點方程式，乃是針對兩個非參考節點的電路所寫出。一般藉由 $\mathbf{y}_{12}$ 與 $\mathbf{y}_{21}$ 之不等式來判斷可導出方程式 [16] 與 [17] 之等效電路較為困難；其乃是有助於得到一對呈現相等共有係數之方程式。此時，加上並減去 $\mathbf{y}_{12}\mathbf{V}_1$ 項 (希望出現在方程式 [17] 之右邊)：

$$\mathbf{I}_2 = \mathbf{y}_{12}\mathbf{V}_1 + \mathbf{y}_{22}\mathbf{V}_2 + (\mathbf{y}_{21} - \mathbf{y}_{12})\mathbf{V}_1 \qquad [18]$$

或者

$$\mathbf{I}_2 - (\mathbf{y}_{21} - \mathbf{y}_{12})\mathbf{V}_1 = \mathbf{y}_{12}\mathbf{V}_1 + \mathbf{y}_{22}\mathbf{V}_2 \qquad [19]$$

方程式 [16] 與 [19] 的右手邊此時顯示雙向電路之正當對稱；可將方程式 [19] 的左手邊敘述為兩電流源之代數和，其中一個為流進節點 **2** 之獨立電源 $\mathbf{I}_2$，而另一個則為流出節點 **2** 之相依電源 $(\mathbf{y}_{21} - \mathbf{y}_{12})\mathbf{V}_1$。

此時將從方程式 [16] 與 [19] 求得等效網路。先決定參考節點，之後再提供標示為 $\mathbf{V}_1$ 之節點與標示為 $\mathbf{V}_2$ 之節點。經由方程式 [16]，建立流進節點 **1** 之電流 $\mathbf{I}_1$，在節點 **1** 與 **2** 之間提供互導納 $(-\mathbf{y}_{12})$ 並且在節點 **1** 與參考節點之間提供導納 $(\mathbf{y}_{11} + \mathbf{y}_{12})$。若 $\mathbf{V}_2 = 0$，則 $\mathbf{I}_1$ 對 $\mathbf{V}_1$ 之比值應為 $\mathbf{y}_{11}$。此時考慮方程式 [19]；使電流 $\mathbf{I}_2$ 流進第二個節點，並使電流 $(\mathbf{y}_{21} - \mathbf{y}_{12})\mathbf{V}_1$ 流出該節點，應注意適當的導納 $(-\mathbf{y}_{12})$ 存在於兩節點之間，接著再將導納 $(\mathbf{y}_{22} + \mathbf{y}_{12})$ 安裝於節點 **2** 至參考節點之間，該電路便完成。已完成的電路如圖 17.13a 所示。

方程式 [16] 增減 $\mathbf{y}_{21}\mathbf{V}_2$ 即可得到的另一種型式之等效網路；此一等效電路如圖 17.13b 所示。若雙埠網路為雙向的網路，則 $\mathbf{y}_{12} = \mathbf{y}_{21}$，且任一等效電路皆可簡化為簡單的被動 Π 網路；亦即相依電源消失。雙向雙埠網路此一等效電路如圖 17.13c 所示。

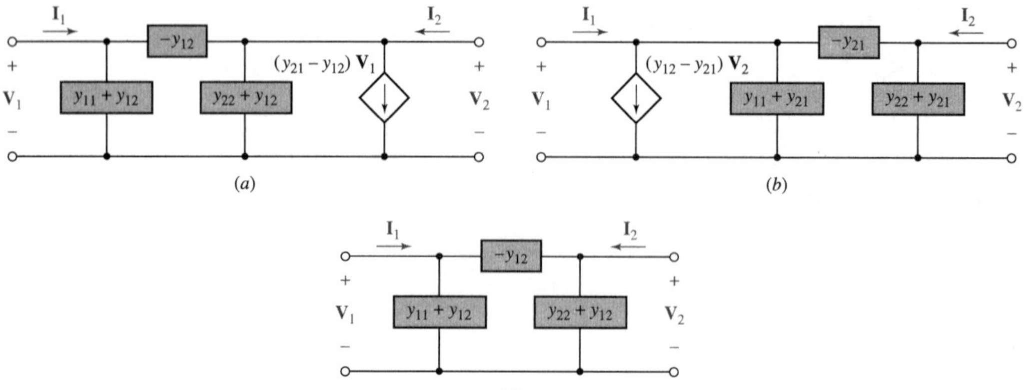

◆ **圖 17.13** (a) 與 (b) 等效於任何一般線性雙埠網路之雙埠網路。部分 (a) 中的相依電源由所決定 $\mathbf{V}_1$，而部分 (b) 之相依電源則由 $\mathbf{V}_2$ 所決定；(c) 雙向網路之等效電路。

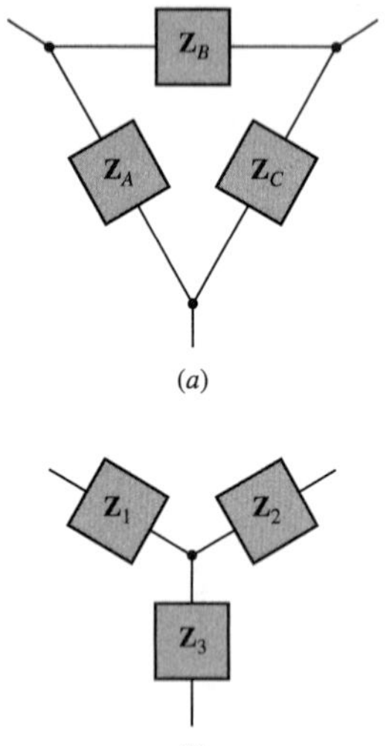

◆ **圖 17.14** 若六個阻抗滿足方程式 [20] 至 [25] 之 Y-Δ 變換 (或 Π-T 變換)，則三端 Δ 網路 (a) 以及三端 Y 網路；(b) 相互等效。

有數種用法可設置這些等效電路。首先，已成功證明任何複雜的線性雙埠網路之等效電路存在。網路中具有多少個節點與迴路並無關緊要；等效電路並不會比圖 17.13 之電路更複雜。若僅關注於所給定的網路之終端特性，則其中一個電路相較於所給定的電路甚為簡單。

圖 17.14a 所示的三端網路通常稱為 Δ 阻抗，而圖 17.14b 則稱為 Y 阻抗。若滿足阻抗之間某些具體的關係，則兩網路彼此可相互取代，而且可使用 **y** 參數來建立相互的關係。得到

$$\mathbf{y}_{11} = \frac{1}{\mathbf{Z}_A} + \frac{1}{\mathbf{Z}_B} = \frac{1}{\mathbf{Z}_1 + \mathbf{Z}_2\mathbf{Z}_3/(\mathbf{Z}_2 + \mathbf{Z}_3)}$$

$$\mathbf{y}_{12} = \mathbf{y}_{21} = -\frac{1}{\mathbf{Z}_B} = \frac{-\mathbf{Z}_3}{\mathbf{Z}_1\mathbf{Z}_2 + \mathbf{Z}_2\mathbf{Z}_3 + \mathbf{Z}_3\mathbf{Z}_1}$$

$$\mathbf{y}_{22} = \frac{1}{\mathbf{Z}_C} + \frac{1}{\mathbf{Z}_B} = \frac{1}{\mathbf{Z}_2 + \mathbf{Z}_1\mathbf{Z}_3/(\mathbf{Z}_1 + \mathbf{Z}_3)}$$

此方程式可根據 $\mathbf{Z}_1$、$\mathbf{Z}_2$ 與 $\mathbf{Z}_3$ 求解 $\mathbf{Z}_A$、$\mathbf{Z}_B$ 與 $\mathbf{Z}_C$：

$$\mathbf{Z}_A = \frac{\mathbf{Z}_1\mathbf{Z}_2 + \mathbf{Z}_2\mathbf{Z}_3 + \mathbf{Z}_3\mathbf{Z}_1}{\mathbf{Z}_2} \quad [20]$$

$$\mathbf{Z}_B = \frac{\mathbf{Z}_1\mathbf{Z}_2 + \mathbf{Z}_2\mathbf{Z}_3 + \mathbf{Z}_3\mathbf{Z}_1}{\mathbf{Z}_3} \quad [21]$$

$$\mathbf{Z}_C = \frac{\mathbf{Z}_1\mathbf{Z}_2 + \mathbf{Z}_2\mathbf{Z}_3 + \mathbf{Z}_3\mathbf{Z}_1}{\mathbf{Z}_1} \quad [22]$$

或者，其逆關係為：

$$\mathbf{Z}_1 = \frac{\mathbf{Z}_A\mathbf{Z}_B}{\mathbf{Z}_A + \mathbf{Z}_B + \mathbf{Z}_C} \quad [23]$$

$$\mathbf{Z}_2 = \frac{\mathbf{Z}_B\mathbf{Z}_C}{\mathbf{Z}_A + \mathbf{Z}_B + \mathbf{Z}_C} \quad [24]$$

$$\mathbf{Z}_3 = \frac{\mathbf{Z}_C\mathbf{Z}_A}{\mathbf{Z}_A + \mathbf{Z}_B + \mathbf{Z}_C} \quad [25]$$

讀者可經由第五章回顧這些有效的關係，其中說明了推導過程。

這些方程式可簡易地變換於 Y 及 Δ 網路之間，稱為 Y-Δ 變換 (或者，稱為 Π-T 變換) 之處理方式。在進行 Y-Δ 變換時，亦即方程式 [20] 至 [22]，則先要求得共同的分子數值，亦即網路中的兩兩阻抗乘積加總。之後再將分子除以 Y 網路中與所求 Δ 元件沒有任何共同節點的元件阻抗，以求得 Δ 網路中的每個阻抗。反之，若已給定 Δ 網路，則先取 Δ 網路的三個阻抗之總和；再除以與所求 Y 元件具有共同節點的兩阻抗之乘積。

這些變換對於簡化被動網路通常相當有幫助，特別是電阻性網路，藉此避免需要任何的網目或節點分析。

範例 17.6

試求圖 17.15a 所示電路之輸入電阻。

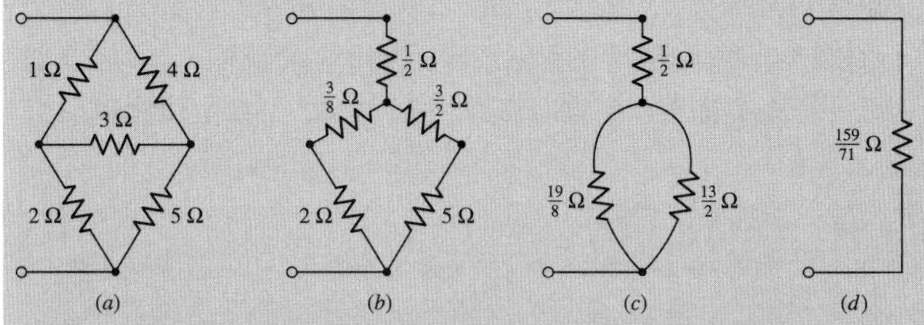

◆ **圖 17.15** (a) 輸入電阻為所求的電阻性網路。此一範例重複自第五章；(b) 以 Y 網路取代上方的 Δ 網路；(c) 與 (d) 串聯與並聯組合給定等效的輸入阻抗 $\frac{159}{71}$ Ω。

先進行圖 17.15a 上方的 Δ 網路之 Δ-Y 變換。形成此一 Δ 網路的三個電阻總和為 $1+4+3=8$ Ω。連接至上方節點的兩個電阻器乘積為 $1\times4=4$ Ω^2。因此，Y 網路的上方電阻器為 $\frac{4}{8}$ 或 $\frac{1}{2}$ Ω。對另外兩個電阻器重複此一程序，得到圖 17.15b 所示之網路。

接著使用所得到的串、並聯組合，成功得到圖 17.15c 與圖 17.15d 所示之電路。因此，求得圖 17.15a 電路之輸入電阻為 $\frac{159}{71}$ 或 2.24 Ω。

此時，將闡述較為複雜之範例，如圖 17.16 所示。應注意該電路具有相依電源，因而不可應用 Y-Δ 變換。

範例 17.7

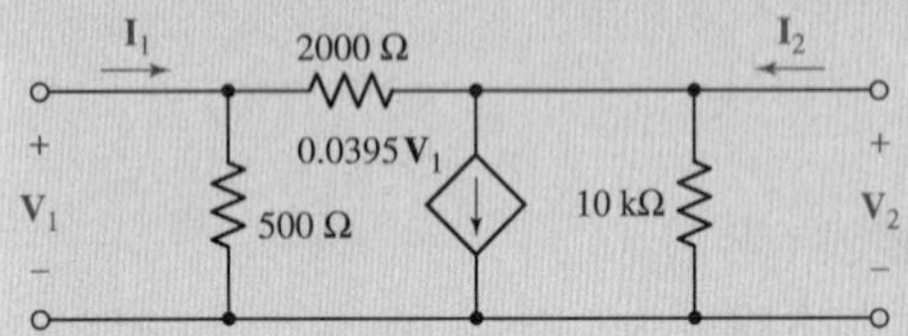

◆ **圖 17.16** 共射極配置之電晶體線性等效電路，在集極與基極之間具有電阻性回授網路。

圖 17.16 所示電路為電晶體放大器之近似線性等效電路，其中的射極端位於下方節點，基極端位於上方輸入節點，而集極端則位於上方輸出節點。由於某種特殊的應用，因此將一個 2000 Ω 的電阻器連接於集極與基極之間，而導致該電路的分析更為困難。試求此一電路之 y 參數。

▶確定問題的目標

經由此特定問題之簡述，了解到所要分析的電路為雙埠網路，且需要求得 **y** 參數。

▶蒐集已知的資訊

圖 17.16 顯示此一雙埠網路，其中已標示了 $\mathbf{V}_1$、$\mathbf{I}_1$、$\mathbf{V}_2$ 與 $\mathbf{I}_2$，且每個元件的數值皆已提供。

▶擬訂求解計畫

有多種方式來思考此一電路。若已意識到圖 17.13a 等效電路之型式，則可立即判斷出 **y** 參數之數值。若無法立即意識到等效電路之型式，則可針對此一雙埠網路應用方程式 [10] 至 [13] 之關係來決定 **y** 參數。也可直接寫出電路所主張之方程式，而避免使用任何雙埠網路之分析方法。在此一範例中，第一種選擇似乎較好。

▶建立一組適當的方程式

藉由檢視電路，得到 $-\mathbf{y}_{21}$ 相應於 2 kΩ 電阻器之導納，$\mathbf{y}_{11}+\mathbf{y}_{12}$ 相應於 500 Ω 電阻器之導納，相依電流源之增益相應於 $\mathbf{y}_{21}-\mathbf{y}_{12}$，以及 $\mathbf{y}_{22}+\mathbf{y}_{12}$ 相應於 10 kΩ 電阻器之導納。於是，可寫出

$$\mathbf{y}_{12}=-\frac{1}{2000}$$
$$\mathbf{y}_{11}=\frac{1}{500}-\mathbf{y}_{12}$$
$$\mathbf{y}_{21}=0.0395+\mathbf{y}_{12}$$
$$\mathbf{y}_{22}=\frac{1}{10{,}000}-\mathbf{y}_{12}$$

▶判斷是否需要額外的資訊

根據已列出的方程式，可知只要計算了 $\mathbf{y}_{12}$ 之數值，同樣也可得到所剩的 **y** 參數。

▶嘗試解決方案

將這些數值輸入計算機，可得到

$$\mathbf{y}_{12} = -\tfrac{1}{2000} = -0.5 \text{ mS}$$

$$\mathbf{y}_{11} = \tfrac{1}{500} - \left(-\tfrac{1}{2000}\right) = 2.5 \text{ mS}$$

$$\mathbf{y}_{22} = \tfrac{1}{10{,}000} - \left(-\tfrac{1}{2000}\right) = 0.6 \text{ mS}$$

以及

$$\mathbf{y}_{21} = 0.0395 + \left(-\tfrac{1}{2000}\right) = 39 \text{ mS}$$

則以下的方程式必適用：

$$\mathbf{I}_1 = 2.5\mathbf{V}_1 - 0.5\mathbf{V}_2 \qquad [26]$$

$$\mathbf{I}_2 = 39\mathbf{V}_1 + 0.6\mathbf{V}_2 \qquad [27]$$

其中使用 mA、V，與 mS 或 kΩ 之單位。

▶驗證解答是否合理或符合所預期的結果

從此一電路直接寫出兩個節點方程式，得到

$$\mathbf{I}_1 = \frac{\mathbf{V}_1 - \mathbf{V}_2}{2} + \frac{\mathbf{V}_1}{0.5} \quad \text{或} \quad \mathbf{I}_1 = 2.5\mathbf{V}_1 - 0.5\mathbf{V}_2$$

以及

$$-39.5\mathbf{V}_1 + \mathbf{I}_2 = \frac{\mathbf{V}_2 - \mathbf{V}_1}{2} + \frac{\mathbf{V}_2}{10} \quad \text{或} \quad \mathbf{I}_2 = 39\mathbf{V}_1 + 0.6\mathbf{V}_2$$

此方程式與直接從 **y** 參數所得到的方程式 [26] 與 [27] 一致。

此時使用方程式 [26] 與 [27] 來分析圖 17.16 的雙埠網路在數種不同的操作條件下之性能。先在輸入端提供 $1\underline{/0^\circ}$ mA 之電流源，並且將一個 0.5 kΩ (2 mS) 的負載連接至輸出端。因此，兩終端網路皆為單埠網路，並且給定以下 $\mathbf{I}_1$ 對 $\mathbf{V}_1$ 以及 $\mathbf{I}_2$ 對 $\mathbf{V}_2$ 有關的具體資訊；

$$\mathbf{I}_1 = 1 \text{ (對任何 } \mathbf{V}_1 \text{ 而言)} \quad \mathbf{I}_2 = -2\mathbf{V}_2$$

此時已得到四個變數 $\mathbf{V}_1$、$\mathbf{V}_2$、$\mathbf{I}_1$ 與 $\mathbf{I}_2$ 所描述之四個方程式。將兩個單埠網路的關係代入方程式 [26] 與 [27]，得到與 $\mathbf{V}_1$ 以及 $\mathbf{V}_2$ 有關的兩個方程式：

$$1 = 2.5\mathbf{V}_1 - 0.5\mathbf{V}_2 \qquad 0 = 39\mathbf{V}_1 + 2.6\mathbf{V}_2$$

求解，得到

$$\mathbf{V}_1 = 0.1 \text{ V} \qquad \mathbf{V}_2 = -1.5 \text{ V}$$
$$\mathbf{I}_1 = 1 \text{ mA} \qquad \mathbf{I}_2 = 3 \text{ mA}$$

將此四個數值應用至操作於先前所描述的輸入 ($\mathbf{I}_1 = 1$ mA) 以及具體負載 ($R_L = 0.5$ kΩ) 之雙埠網路。

通常以給定新的具體數值來描述放大器的性能。此時以其結果來計算此一雙埠網路其中的四個數值。接著將定義並且估算電壓增益、電流增益、功率增益，以及輸入阻抗。

電壓增益 $\mathbf{G}_V$ 為

$$\mathbf{G}_V = \frac{\mathbf{V}_2}{\mathbf{V}_1}$$

經由數值的結果，簡易地得到 $\mathbf{G}_V = -15$。

電流增益 $\mathbf{G}_I$ 定義為

$$\mathbf{G}_I = \frac{\mathbf{I}_2}{\mathbf{I}_1}$$

且得到

$$\mathbf{G}_I = 3$$

定義並且計算所假設的弦波激勵之**功率增益** G_P。得到

$$G_P = \frac{P_{\text{out}}}{P_{\text{in}}} = \frac{\text{Re}\left\{-\frac{1}{2}\mathbf{V}_2\mathbf{I}_2^*\right\}}{\text{Re}\left\{\frac{1}{2}\mathbf{V}_1\mathbf{I}_1^*\right\}} = 45$$

由於所有的增益皆大於 1，因此該裝置可以稱為電壓、電流或者功率放大器。若將 2 kΩ 的電阻器移除，則功率增益將提升至 354。

通常需要求得放大器的輸入與輸出阻抗，以實現鄰近雙埠網路之間的最大功率傳輸。定義**輸入阻抗** $\mathbf{Z}_{\text{in}}$ 為輸入電壓對電流之比值：

$$\mathbf{Z}_{\text{in}} = \frac{\mathbf{V}_1}{\mathbf{I}_1} = 0.1\text{ k}\Omega$$

此為當 500 Ω 的負載連接至輸出端時，電流源所提供的阻抗。(若輸出端短路，則輸入阻抗必為 $1/\mathbf{y}_{11}$ 或 400 Ω。)

應注意**不能夠**以電源的內部阻抗取代每一個電源及之後再將電阻值或電導值組合來判斷輸入阻抗。在所給定的電路中，如此的程序將會得到 416 Ω 的數值。當然，此一錯誤為將**相依**電源視為**獨立**電源所致。若將輸入阻抗的數值想像為等於 1 A 輸入電流所產生的輸入電壓，則應用 1 A 的電源會產生某一輸入電壓 $\mathbf{V}_1$，且相依電源的強度 ($0.0395\mathbf{V}_1$) 必不為零。應可回顧當得到具有相依電源以及一個或者多個獨立電源的電路之戴維寧等效阻

抗時，必須以短路或開路取代獨立電源，但必不可停止相依電源之作用。當然，若相依電源上的電壓或電流為零，則相依電源本身便無效；若偶爾意識到如此狀況，便可簡化電路。

除了 $\mathbf{G}_V$、$\mathbf{G}_I$、G_P 與 $\mathbf{Z}_{\text{in}}$ 之外，尚有另一個性能參數相當重要，亦即**輸出阻抗** $\mathbf{Z}_{\text{out}}$，且需針對不同的電路配置來決定之。

輸出阻抗即為負載所面對的網路部分之戴維寧等效電路中所呈現的戴維寧阻抗。在已假設 $1\underline{/0^\circ}$ mA 電流源為所驅動的電路中，以開路來取代此一獨立電源，將相依電源單獨保留，並且尋求輸出端上所等效的**輸入**阻抗 (將負載移除)。是以，定義

$$\mathbf{Z}_{\text{out}} = \mathbf{V}_2|_{\mathbf{I}_2=1\text{ A 關閉所有其他的獨立電源並且移除 } R_L}$$

因此將負載電阻器移除，在輸出端上應用 $1\underline{/0^\circ}$ mA (由於以 V、mA 與 kΩ 進行分析)，並求解 $\mathbf{V}_2$。將上述需求代入方程式 [26] 與 [27]，並得到

$$0 = 2.5\mathbf{V}_1 - 0.5\mathbf{V}_2 \qquad 1 = 39\mathbf{V}_1 + 0.6\mathbf{V}_2$$

求解，

$$\mathbf{V}_2 = 0.1190\text{ V}$$

因而

$$\mathbf{Z}_{\text{out}} = 0.1190\text{ k}\Omega$$

另一種處理程序為找出開路輸出電壓以及短路輸出電流。亦即，戴維寧阻抗為輸出阻抗：

$$\mathbf{Z}_{\text{out}} = \mathbf{Z}_{th} = -\frac{\mathbf{V}_{2oc}}{\mathbf{I}_{2sc}}$$

進行此一程序要先啟動獨立電源，使得 $\mathbf{I}_1 = 1$ mA，並且將負載開路，使得 $\mathbf{I}_2 = 0$。已知

$$1 = 2.5\mathbf{V}_1 - 0.5\mathbf{V}_2 \qquad 0 = 39\mathbf{V}_1 + 0.6\mathbf{V}_2$$

因而

$$\mathbf{V}_{2oc} = -1.857\text{ V}$$

再者，設定 $\mathbf{V}_2 = 0$，藉以應用短路條件，並且再次令 $\mathbf{I}_1 = 1$ mA。得到

$$\mathbf{I}_1 = 1 = 2.5\mathbf{V}_1 - 0 \qquad \mathbf{I}_2 = 39\mathbf{V}_1 + 0$$

因而

$$\mathbf{I}_{2sc} = 15.6\text{ mA}$$

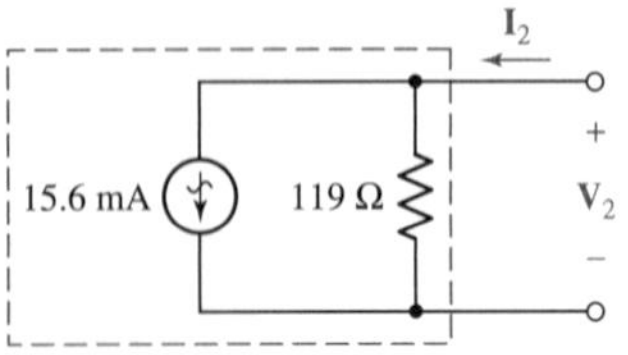

(a)

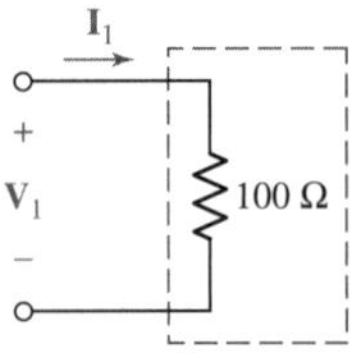

(b)

◆ **圖 17.17** (a) 圖 17.16 網路輸出端左邊的諾頓等效電路，$\mathbf{I}_1 = 1\underline{/0°}$ mA；(b) 若 $\mathbf{I}_2 = -2\mathbf{V}_2$ mA，網路該部分的輸入端右邊之戴維寧等效電路。

根據 $\mathbf{V}_2$ 與 $\mathbf{I}_2$ 所假設的方向，得到戴維寧或輸出阻抗為

$$\mathbf{Z}_{\text{out}} = -\frac{\mathbf{V}_{2oc}}{\mathbf{I}_{2sc}} = -\frac{-1.857}{15.6} = 0.1190\ \text{k}\Omega$$

一如先前的結果。

此時已經具有足夠的資訊以繪製圖 17.16 的雙埠網路在受到電流源 $1\underline{/0°}$ mA 驅動、並且終端連接 500 Ω 負載時之戴維寧或諾頓等效電路。因此，對負載所呈現的諾頓等效電路必包含等於短路電流 $\mathbf{I}_{2sc}$ 的電流源並聯輸出阻抗；此一等效電路如圖 17.17a 所示。同理，提供給輸入電源 $1\underline{/0°}$ mA 的戴維寧等效電路必完全由輸入阻抗所構成，如圖 17.17b 所示。

在結束 **y** 參數的說明之前，應先認識 **y** 參數在說明雙埠網路的並聯連接之效用，如圖 17.18 所示。當在 17.1 節先行定義終端埠的意義時，已注意到了流進與流出一個埠的兩個終端之電流必相等，且沒有橋接於兩埠之間的外部連接。顯然圖 17.18 所示的並聯連接違反此一條件。然而，若每個雙埠網路皆具有輸入埠與輸出埠所共有參考節點，且若雙埠網路並聯連接因而具有共同的參考節點，則所有的輸入與輸出埠皆在連接之後保留。因此，對 *A* 網路而言，

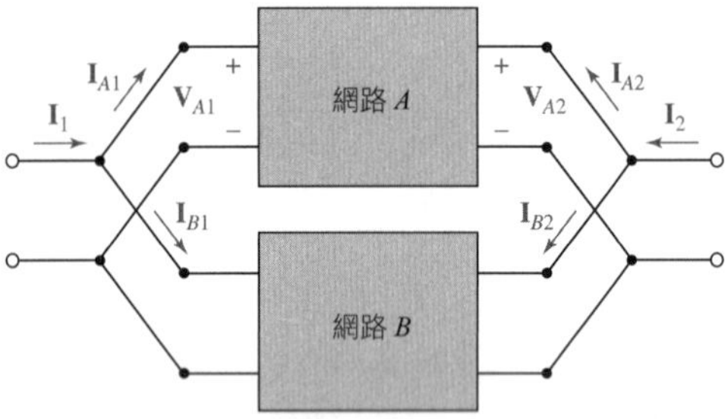

◆ **圖 17.18** 兩個雙埠網路之並聯連接。若兩網路之輸入端與輸出端皆具有相同的參考節點，則導納矩陣 $\mathbf{y} = \mathbf{y}_A + \mathbf{y}_B$。

$$\mathbf{I}_A = \mathbf{y}_A \mathbf{V}_A$$

其中

$$\mathbf{I}_A = \begin{bmatrix} \mathbf{I}_{A1} \\ \mathbf{I}_{A2} \end{bmatrix} \quad \text{以及} \quad \mathbf{V}_A = \begin{bmatrix} \mathbf{V}_{A1} \\ \mathbf{V}_{A2} \end{bmatrix}$$

且對 *B* 網路而言，

$$\mathbf{I}_B = \mathbf{y}_B \mathbf{V}_B$$

但是

$$\mathbf{V}_A = \mathbf{V}_B = \mathbf{V} \quad \text{以及} \quad \mathbf{I} = \mathbf{I}_A + \mathbf{I}_B$$

因此，

$$\mathbf{I} = (\mathbf{y}_A + \mathbf{y}_B)\mathbf{V}$$

可得知該並聯網路的每個 **y** 參數皆給定為個別網路所相應的參數之總和，

$$\mathbf{y} = \mathbf{y}_A + \mathbf{y}_B \qquad [28]$$

此一結果可延伸至任意數目之並聯連接雙埠網路。

練習題

17.6 試求圖 17.19 所示的終端連接雙埠網路之 **y** 與 $\mathbf{Z}_{out}$。

17.7 試使用 Δ-Y 與 Y-Δ 變換來決定 (a) 圖 17.20a 與 (b) 17.20b 所示網路之 R_{in}。

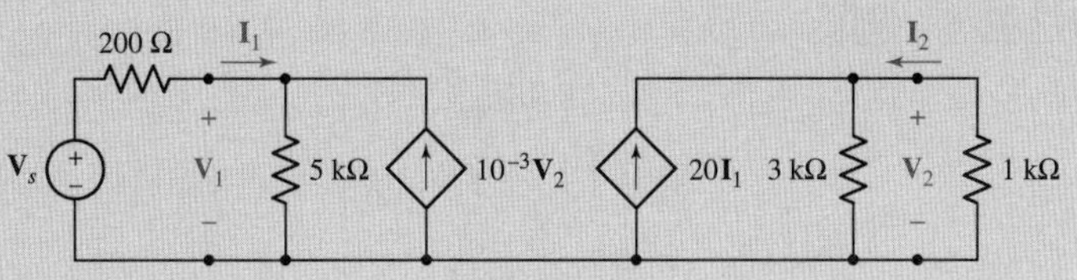

◆ **圖 17.19**

解答：17.6：$\begin{bmatrix} 2\times10^{-4} & -10^{-3} \\ -4\times10^{-3} & 20.3\times10^{-3} \end{bmatrix}$ (S)；51.1 Ω。
17.7：53.71 Ω，1.311 Ω。

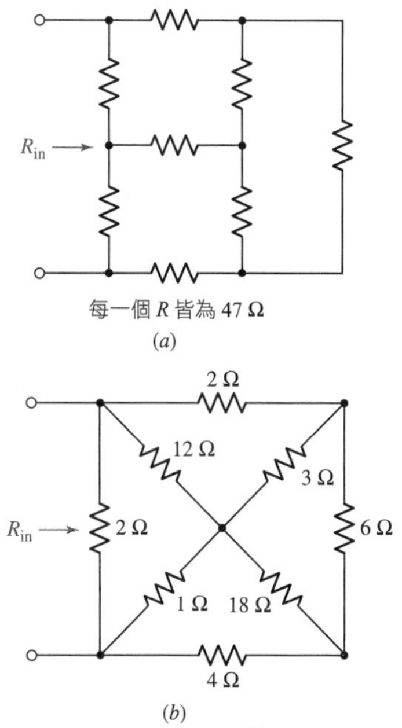

◆ **圖 17.20**

17.4 阻抗參數

上一節已經依據短路導納參數介紹了雙埠網路參數之觀念。然而，尚有其他的參數組可供使用，而且每組參數皆與特定的網路類型相關，藉以提供最簡單的分析。此時將考慮其他的三種參數，包含本節主題的開路阻抗參數，以及以下各節將要探討的混合參數與傳輸參數。

再次以不具任何獨立電源的一般線性雙埠網路開始進行分析；電流與電壓一如先前所指定 (圖 17.18)。此時將電壓 $\mathbf{V}_1$ 視為兩個電流源 $\mathbf{I}_1$ 與 $\mathbf{I}_2$ 所產生的響應。因此可寫出 $\mathbf{V}_1$ 之方程式

$$\mathbf{V}_1 = \mathbf{z}_{11}\mathbf{I}_1 + \mathbf{z}_{12}\mathbf{I}_2 \qquad [29]$$

以及 $\mathbf{V}_2$ 之方程式

$$\mathbf{V}_2 = \mathbf{z}_{21}\mathbf{I}_1 + \mathbf{z}_{22}\mathbf{I}_2 \qquad [30]$$

或者

$$\mathbf{V} = \begin{bmatrix} \mathbf{V}_1 \\ \mathbf{V}_2 \end{bmatrix} = \mathbf{zI} = \begin{bmatrix} \mathbf{z}_{11} & \mathbf{z}_{12} \\ \mathbf{z}_{21} & \mathbf{z}_{22} \end{bmatrix} \begin{bmatrix} \mathbf{I}_1 \\ \mathbf{I}_2 \end{bmatrix} \qquad [31]$$

當然，在使用這些方程式上，$\mathbf{I}_1$ 與 $\mathbf{I}_2$ 並不需要皆為電流源；$\mathbf{V}_1$ 與 $\mathbf{V}_2$ 亦不需要皆為電壓源。一般而言，可在雙埠網路的任一終端上連接任意網路。隨著所寫出的方程式，可想像 $\mathbf{V}_1$ 與 $\mathbf{V}_2$ 為已給定的物理量或者獨立變數，並可將 $\mathbf{I}_1$ 與 $\mathbf{I}_2$ 想像為未知數或者因變數。

可描述此四個變量關係的兩方程式共有六種方式，而此六種方式則定義出不同的參數系統，而本章僅研讀其中四種最重要的參數系統。

設定各電流等於零，得到方程式 [29] 與 [30] 所定義的 **z** 參數之描述。因此

$$\mathbf{z}_{11} = \left.\frac{\mathbf{V}_1}{\mathbf{I}_1}\right|_{\mathbf{I}_2=0} \qquad [32]$$

$$\mathbf{z}_{12} = \left.\frac{\mathbf{V}_1}{\mathbf{I}_2}\right|_{\mathbf{I}_1=0} \qquad [33]$$

$$\mathbf{z}_{21} = \left.\frac{\mathbf{V}_2}{\mathbf{I}_1}\right|_{\mathbf{I}_2=0} \qquad [34]$$

$$\mathbf{z}_{22} = \left.\frac{\mathbf{V}_2}{\mathbf{I}_2}\right|_{\mathbf{I}_1=0} \qquad [35]$$

由於零電流起因於終端的開路，因此 **z** 參數稱為**開路阻抗參數**。**z** 參數與短路導納參數之關係可藉由求解方程式 [29] 與 [30] 的 $\mathbf{I}_1$ 與 $\mathbf{I}_2$ 得到：

$$\mathbf{I}_1 = \frac{\begin{vmatrix} \mathbf{V}_1 & \mathbf{z}_{12} \\ \mathbf{V}_2 & \mathbf{z}_{22} \end{vmatrix}}{\begin{vmatrix} \mathbf{z}_{11} & \mathbf{z}_{12} \\ \mathbf{z}_{21} & \mathbf{z}_{22} \end{vmatrix}}$$

或者

$$\mathbf{I}_1 = \left(\frac{\mathbf{z}_{22}}{\mathbf{z}_{11}\mathbf{z}_{22} - \mathbf{z}_{12}\mathbf{z}_{21}}\right)\mathbf{V}_1 - \left(\frac{\mathbf{z}_{12}}{\mathbf{z}_{11}\mathbf{z}_{22} - \mathbf{z}_{12}\mathbf{z}_{21}}\right)\mathbf{V}_2$$

使用行列式表示方式，並且注意下標為 **z**，假設 $\Delta_{\mathbf{z}} \neq 0$，可得到

$$\mathbf{y}_{11} = \frac{\Delta_{11}}{\Delta_{\mathbf{z}}} = \frac{\mathbf{z}_{22}}{\Delta_{\mathbf{z}}} \qquad \mathbf{y}_{12} = -\frac{\Delta_{21}}{\Delta_{\mathbf{z}}} = -\frac{\mathbf{z}_{12}}{\Delta_{\mathbf{z}}}$$

並且經由求解 $\mathbf{I}_2$，

$$\mathbf{y}_{21} = -\frac{\Delta_{12}}{\Delta_{\mathbf{z}}} = -\frac{\mathbf{z}_{21}}{\Delta_{\mathbf{z}}} \qquad \mathbf{y}_{22} = \frac{\Delta_{22}}{\Delta_{\mathbf{z}}} = \frac{\mathbf{z}_{11}}{\Delta_{\mathbf{z}}}$$

同理，可以導納參數來表示 **z** 參數。可執行各種參數系統之間的任意變換，並可得到有用的公式集合。**y** 與 **z** 參數之間的變換 (乃至以下各節所要探討的 **h** 與 **t** 參數) 如表 17.1 所列，以為輔助參考之用。

若雙埠網路為雙向網路，則存在互易定理；可簡易地證明 $\mathbf{z}_{12}$ 與 $\mathbf{z}_{21}$ 等式之結果。

表 17.1　y、z、h 與 t 參數之間的變換

	y		z		h		t	
y	$\mathbf{y}_{11}$	$\mathbf{y}_{12}$	$\frac{\mathbf{z}_{22}}{\Delta_\mathbf{z}}$	$\frac{-\mathbf{z}_{12}}{\Delta_\mathbf{z}}$	$\frac{1}{\mathbf{h}_{11}}$	$\frac{-\mathbf{h}_{12}}{\mathbf{h}_{11}}$	$\frac{\mathbf{t}_{22}}{\mathbf{t}_{12}}$	$\frac{-\Delta_\mathbf{t}}{\mathbf{t}_{12}}$
	$\mathbf{y}_{21}$	$\mathbf{y}_{22}$	$\frac{-\mathbf{z}_{21}}{\Delta_\mathbf{z}}$	$\frac{\mathbf{z}_{11}}{\Delta_\mathbf{z}}$	$\frac{\mathbf{h}_{21}}{\mathbf{h}_{11}}$	$\frac{\Delta_\mathbf{h}}{\mathbf{h}_{11}}$	$\frac{-1}{\mathbf{t}_{12}}$	$\frac{\mathbf{t}_{11}}{\mathbf{t}_{12}}$
z	$\frac{\mathbf{y}_{22}}{\Delta_\mathbf{y}}$	$\frac{-\mathbf{y}_{12}}{\Delta_\mathbf{y}}$	$\mathbf{z}_{11}$	$\mathbf{z}_{12}$	$\frac{\Delta_\mathbf{h}}{\mathbf{h}_{22}}$	$\frac{\mathbf{h}_{12}}{\mathbf{h}_{22}}$	$\frac{\mathbf{t}_{11}}{\mathbf{t}_{21}}$	$\frac{\Delta_\mathbf{t}}{\mathbf{t}_{21}}$
	$\frac{-\mathbf{y}_{21}}{\Delta_\mathbf{y}}$	$\frac{\mathbf{y}_{11}}{\Delta_\mathbf{y}}$	$\mathbf{z}_{21}$	$\mathbf{z}_{22}$	$\frac{-\mathbf{h}_{21}}{\mathbf{h}_{22}}$	$\frac{1}{\mathbf{h}_{22}}$	$\frac{1}{\mathbf{t}_{21}}$	$\frac{\mathbf{t}_{22}}{\mathbf{t}_{21}}$
h	$\frac{1}{\mathbf{y}_{11}}$	$\frac{-\mathbf{y}_{12}}{\mathbf{y}_{11}}$	$\frac{\Delta_\mathbf{z}}{\mathbf{z}_{22}}$	$\frac{\mathbf{z}_{12}}{\mathbf{z}_{22}}$	$\mathbf{h}_{11}$	$\mathbf{h}_{12}$	$\frac{\mathbf{t}_{12}}{\mathbf{t}_{22}}$	$\frac{\Delta_\mathbf{t}}{\mathbf{t}_{22}}$
	$\frac{\mathbf{y}_{21}}{\mathbf{y}_{11}}$	$\frac{\Delta_\mathbf{y}}{\mathbf{y}_{11}}$	$\frac{-\mathbf{z}_{21}}{\mathbf{z}_{22}}$	$\frac{1}{\mathbf{z}_{22}}$	$\mathbf{h}_{21}$	$\mathbf{h}_{22}$	$\frac{-1}{\mathbf{t}_{22}}$	$\frac{\mathbf{t}_{21}}{\mathbf{t}_{22}}$
t	$\frac{-\mathbf{y}_{22}}{\mathbf{y}_{21}}$	$\frac{-1}{\mathbf{y}_{21}}$	$\frac{\mathbf{z}_{11}}{\mathbf{z}_{21}}$	$\frac{\Delta_\mathbf{z}}{\mathbf{z}_{21}}$	$\frac{-\Delta_\mathbf{h}}{\mathbf{h}_{21}}$	$\frac{-\mathbf{h}_{11}}{\mathbf{h}_{21}}$	$\mathbf{t}_{11}$	$\mathbf{t}_{12}$
	$\frac{-\Delta_\mathbf{y}}{\mathbf{y}_{21}}$	$\frac{-\mathbf{y}_{11}}{\mathbf{y}_{21}}$	$\frac{1}{\mathbf{z}_{21}}$	$\frac{\mathbf{z}_{22}}{\mathbf{z}_{21}}$	$\frac{-\mathbf{h}_{22}}{\mathbf{h}_{21}}$	$\frac{-1}{\mathbf{h}_{21}}$	$\mathbf{t}_{21}$	$\mathbf{t}_{22}$

對所有的參數組而言：$\Delta_\mathbf{p} = \mathbf{p}_{11}\mathbf{p}_{22} - \mathbf{p}_{12}\mathbf{p}_{21}$。

經由檢視方程式 [29] 與 [30]，便可再次得到等效電路；藉由方程式 [30] 加減 $\mathbf{z}_{12}\mathbf{I}_1$，或者藉由方程式 [29] 加減 $\mathbf{z}_{21}\mathbf{I}_2$，即可促成如此之等效電路。每一個等效電路皆包含一個相依電壓源。

此時先偏離等效電路之推衍，暫且考慮較為一般性的範例。能夠從雙埠網路輸出端得到一般的戴維寧等效電路，但需要先假設具體的輸入電路配置，而且需要選擇獨立電壓源 $\mathbf{V}_s$ (上端為正) 串聯電源產生器阻抗 $\mathbf{Z}_g$。因此

$$\mathbf{V}_s = \mathbf{V}_1 + \mathbf{I}_1\mathbf{Z}_g$$

將此一結果與方程式 [29] 及 [30] 組合，可消去 $\mathbf{V}_1$ 與 $\mathbf{I}_1$，並且得到

$$\mathbf{V}_2 = \frac{\mathbf{z}_{21}}{\mathbf{z}_{11} + \mathbf{Z}_g}\mathbf{V}_s + \left(\mathbf{z}_{22} - \frac{\mathbf{z}_{12}\mathbf{z}_{21}}{\mathbf{z}_{11} + \mathbf{Z}_g}\right)\mathbf{I}_2$$

可經由此一方程式而直接繪製戴維寧等效電路；如圖 17.21 所示。以 **z** 參數所表示的輸出阻抗為

$$\mathbf{Z}_{\text{out}} = \mathbf{z}_{22} - \frac{\mathbf{z}_{12}\mathbf{z}_{21}}{\mathbf{z}_{11} + \mathbf{Z}_g}$$

若電源產生器的阻抗為零，則得到較簡單的表示式

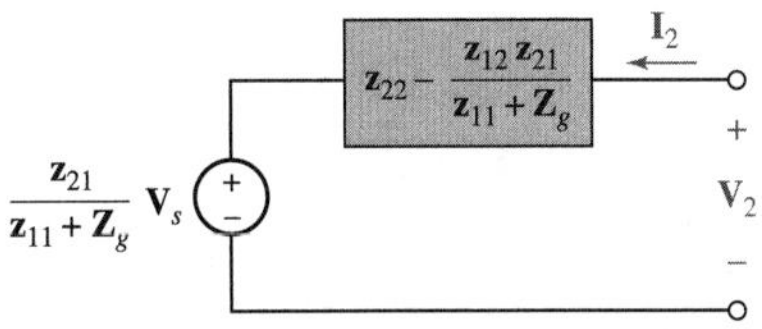

◆ **圖 17.21**　一般雙埠網路輸出端之戴維寧等效電路，以開路阻抗參數表示之。

$$\mathbf{Z}_{out} = \frac{\mathbf{z}_{11}\mathbf{z}_{22} - \mathbf{z}_{12}\mathbf{z}_{21}}{\mathbf{z}_{11}} = \frac{\Delta_{\mathbf{z}}}{\Delta_{22}} = \frac{1}{\mathbf{y}_{22}} \qquad (\mathbf{Z}_g = 0)$$

考慮特殊之狀況，根據方程式 [13] 的基本關係，輸出導納等於 $\mathbf{y}_{22}$。

範例 17.8

給定參數組

$$\mathbf{z} = \begin{bmatrix} 10^3 & 10 \\ -10^6 & 10^4 \end{bmatrix} \qquad (\text{單位皆為 } \Omega)$$

此代表操作於共射極配置之雙極性接面電晶體，試求電壓、電流與功率增益，以及輸入與輸出阻抗。以理想弦波電壓源 $\mathbf{V}_s$ 串聯 500 Ω 電阻器來驅動該雙埠網路，且該雙埠網路之終端連接一個 10 kΩ 之負載電阻器。

描述該雙埠網路的兩個方程式為

$$\mathbf{V}_1 = 10^3\mathbf{I}_1 + 10\mathbf{I}_2 \qquad [36]$$

$$\mathbf{V}_2 = -10^6\mathbf{I}_1 + 10^4\mathbf{I}_2 \qquad [37]$$

且描述輸入與輸出網路特性之方程式為

$$\mathbf{V}_s = 500\mathbf{I}_1 + \mathbf{V}_1 \qquad [38]$$

$$\mathbf{V}_2 = -10^4\mathbf{I}_2 \qquad [39]$$

經由以上四個方程式，可簡易地得到 $\mathbf{V}_s$ 所描述之 $\mathbf{V}_1$、$\mathbf{I}_1$、$\mathbf{V}_2$ 與 $\mathbf{I}_2$ 表示式：

$$\mathbf{V}_1 = 0.75\mathbf{V}_s \qquad \mathbf{I}_1 = \frac{\mathbf{V}_s}{2000}$$

$$\mathbf{V}_2 = -250\mathbf{V}_s \qquad \mathbf{I}_2 = \frac{\mathbf{V}_s}{40}$$

藉由此一資訊，便可簡單求得電壓增益，

$$\mathbf{G}_V = \frac{\mathbf{V}_2}{\mathbf{V}_1} = -333$$

電流增益，

$$\mathbf{G}_I = \frac{\mathbf{I}_2}{\mathbf{I}_1} = 50$$

功率增益，

$$G_P = \frac{\text{Re}\left\{-\frac{1}{2}\mathbf{V}_2\mathbf{I}_2^*\right\}}{\text{Re}\left\{\frac{1}{2}\mathbf{V}_1\mathbf{I}_1^*\right\}} = 16{,}670$$

以及輸入阻抗，

$$\mathbf{Z}_{\text{in}} = \frac{\mathbf{V}_1}{\mathbf{I}_1} = 1500\ \Omega$$

藉由參考圖 17.21，便可得到輸出阻抗：

$$\mathbf{Z}_{\text{out}} = \mathbf{z}_{22} - \frac{\mathbf{z}_{12}\mathbf{z}_{21}}{\mathbf{z}_{11} + \mathbf{Z}_g} = 16.67\ \text{k}\Omega$$

根據最大功率傳輸定理之預測，當 $\mathbf{Z}_L = \mathbf{Z}^*_{\text{out}} = 16.67\ \text{k}\Omega$ 時，功率增益達最大值；該最大值為 17,045。

當多數雙埠網路相互連接時，**y** 參數相當具有效用，且以對偶的方式而言，**z** 參數則可簡化圖 17.22 所示的網路串聯連接問題。應注意串聯連接 (Series Connection) 與串接 (Cascade Connection) 並不相同，串接將於之後的傳輸參數探討之。若每個雙埠網路之輸入與輸出端皆具有共同的參考節點，且若各參考節點連接在一起，如圖 17.22 所示，則 $\mathbf{I}_1$ 會流經兩網路串聯之輸入埠。同理，對 $\mathbf{I}_2$ 亦成立。因此，各埠在相連接之後仍維持 $\mathbf{I} = \mathbf{I}_A = \mathbf{I}_B$ 以及

$$\begin{aligned}\mathbf{V} = \mathbf{V}_A + \mathbf{V}_B &= \mathbf{z}_A\mathbf{I}_A + \mathbf{z}_B\mathbf{I}_B \\ &= (\mathbf{z}_A + \mathbf{z}_B)\mathbf{I} = \mathbf{z}\mathbf{I}\end{aligned}$$

其中

$$\mathbf{z} = \mathbf{z}_A + \mathbf{z}_B$$

所以 $\mathbf{z}_{11} = \mathbf{z}_{11A} + \mathbf{z}_{11B}$，其他參數依此類推。

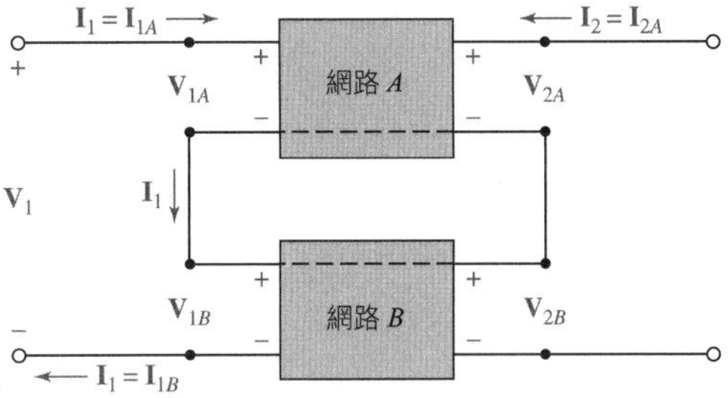

◆ **圖 17.22** 將四個共同節點連接在一起，進而串聯連接兩個雙埠網路；所得到的矩陣為 $\mathbf{z} = \mathbf{z}_A + \mathbf{z}_B$。

練習題

17.8 試求 (a) 圖 17.23a；(b) 圖 17.23b 的雙埠網路之 **z**。

17.9 試求圖 17.23c 的雙埠網路之 **z**。

解答：17.8：$\begin{bmatrix} 45 & 25 \\ 25 & 75 \end{bmatrix}$ (Ω)，$\begin{bmatrix} 21.2 & 11.76 \\ 11.76 & 67.6 \end{bmatrix}$ (Ω)。

17.9：$\begin{bmatrix} 70 & 100 \\ 50 & 150 \end{bmatrix}$ (Ω)。

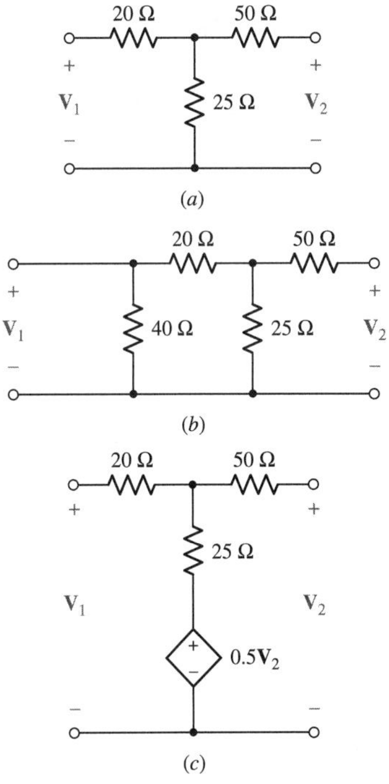

◆ **圖 17.23**

17.5 混合參數

當必須測量諸如 $\mathbf{z}_{21}$ 的參數時，便會出現需要測量開路阻抗參數等變量之困難。雖然已知可在輸入端簡易地供應弦波電流，但由於電晶體電路過高的輸出阻抗，因此難以將輸出端開路，而且尚需提供所需的 dc 偏壓電壓並測量弦波之輸出電壓。輸出端上的短路電流之測量則較容易實現。

藉由寫出一對與 $\mathbf{V}_1$、$\mathbf{I}_1$、$\mathbf{V}_2$ 與 $\mathbf{I}_2$ 有關的方程式來定義混合參數，若 $\mathbf{V}_1$ 與 $\mathbf{I}_2$ 為自變數：

$$\mathbf{V}_1 = \mathbf{h}_{11}\mathbf{I}_1 + \mathbf{h}_{12}\mathbf{V}_2 \qquad [40]$$

$$\mathbf{I}_2 = \mathbf{h}_{21}\mathbf{I}_1 + \mathbf{h}_{22}\mathbf{V}_2 \qquad [41]$$

或者

$$\begin{bmatrix} \mathbf{V}_1 \\ \mathbf{I}_2 \end{bmatrix} = \mathbf{h} \begin{bmatrix} \mathbf{I}_1 \\ \mathbf{V}_2 \end{bmatrix} \qquad [42]$$

藉由設定 $\mathbf{V}_2 = 0$ 來釐清參數之本質。因此，

$$\mathbf{h}_{11} = \left.\frac{\mathbf{V}_1}{\mathbf{I}_1}\right|_{\mathbf{V}_2=0} = \text{短路輸入阻抗}$$

$$\mathbf{h}_{21} = \left.\frac{\mathbf{I}_2}{\mathbf{I}_1}\right|_{\mathbf{V}_2=0} = \text{短路正向電流增益}$$

令 $\mathbf{I}_1 = 0$，得到

$$\mathbf{h}_{12} = \left.\frac{\mathbf{V}_1}{\mathbf{V}_2}\right|_{\mathbf{I}_1=0} = \text{開路反向電壓增益}$$

$$\mathbf{h}_{22} = \left.\frac{\mathbf{I}_2}{\mathbf{V}_2}\right|_{\mathbf{I}_1=0} = \text{開路輸出導納}$$

由於此組參數代表了阻抗、導納、電壓增益以及電流增益，因此稱為“混合”參數。

當混合參數使用於電晶體時，通常會簡化這些參數的下標名稱；因此，$\mathbf{h}_{11}$、$\mathbf{h}_{12}$、$\mathbf{h}_{21}$ 與 $\mathbf{h}_{22}$ 分別變成為 $\mathbf{h}_i$、$\mathbf{h}_r$、$\mathbf{h}_f$ 及 $\mathbf{h}_o$，其中的下標表示輸入、反向、正向，以及輸出。

範例 17.9

試求圖 17.24 所示的雙向電阻性電路之 h 參數。

將輸出短路 ($\mathbf{V}_2 = 0$)，在輸入端施加 1 A 電源 ($\mathbf{I}_1 = 1$ A) 產生 3.4 V ($\mathbf{V}_1 = 3.4$ V) 之輸入電壓；因此，$\mathbf{h}_{11} = 3.4\ \Omega$。在相同的條件下，藉由分流定理便可簡易地得到輸出電流：$\mathbf{I}_2 = -0.4$ A，因此，$\mathbf{h}_{21} = -0.4$。

將輸入端開路 ($\mathbf{I}_1 = 0$)，便可得到所剩的兩個參數。施加 1 V 至輸出端 ($\mathbf{V}_2 = 1$ V)，在輸入端的響應為 0.4 V ($\mathbf{V}_1 = 0.4$ V)，因而 $\mathbf{h}_{12} = 0.4$。此一電源傳送至輸出端的電流為 0.1 A ($\mathbf{I}_2 = 0.1$ A)，因而 $\mathbf{h}_{22} = 0.1$ S。

因此得到 $\mathbf{h} = \begin{bmatrix} 3.4\ \Omega & 0.4 \\ -0.4 & 0.1\ \text{S} \end{bmatrix}$。對雙向網路而言，$\mathbf{h}_{12} = -\mathbf{h}_{21}$ 為互易定理之結果。

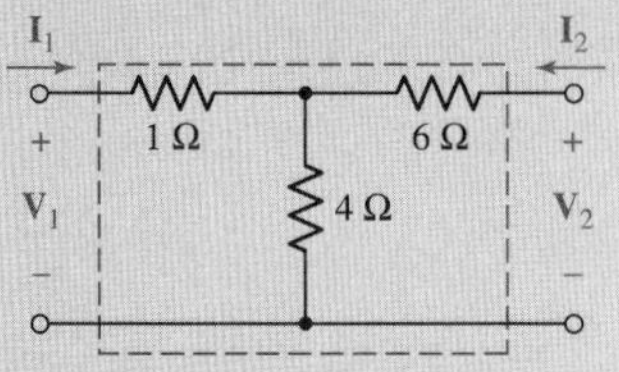

◆ **圖 17.24** 範例 17.9 之雙向網路，得知在 h 參數中 $\mathbf{h}_{12} = -\mathbf{h}_{21}$。

練習題

17.10 試求 (a) 圖 17.25a；(b) 圖 17.25b 之雙埠網路之 **h** 參數。

17.11 若 $\mathbf{h} = \begin{bmatrix} 5\ \Omega & 2 \\ -0.5 & 0.1\ \text{S} \end{bmatrix}$，試求 (a) **y** 參數；(b) **z** 參數。

解答：17.10：$\begin{bmatrix} 20\ \Omega & 1 \\ -1 & 25\text{ ms} \end{bmatrix}$，$\begin{bmatrix} 8\ \Omega & 0.8 \\ -0.8 & 20\text{ ms} \end{bmatrix}$。

17.11：$\begin{bmatrix} 0.2 & -0.4 \\ -0.1 & 0.3 \end{bmatrix}$ (S)，$\begin{bmatrix} 15 & 20 \\ 5 & 10 \end{bmatrix}$ (Ω)。

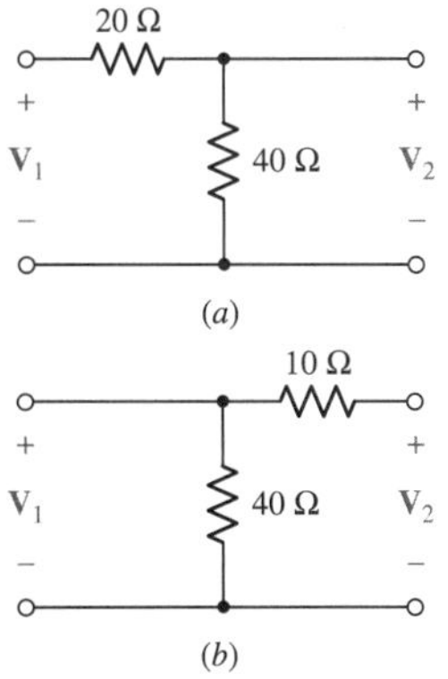

◆ **圖 17.25**

兩定義方程式 [40] 與 [41] 可直接描述圖 17.26 所示之電路。第一個方程式代表與輸入迴路有關的 KVL，而第二個方程式則是由上方輸出節點上的 KCL 所得到。此一電路也是一種常用的電晶體等效電路。針對共射極配置，假設某些合理的數值：$\mathbf{h}_{11} = 1200\ \Omega$、$\mathbf{h}_{12} = 2 \times 10^{-4}$、$\mathbf{h}_{21} = 50$、$\mathbf{h}_{22} = 50 \times 10^{-6}$ S，電壓產生器 $1\underline{/0^\circ}$ mV 串聯 800 Ω，以及一 5 kΩ 負載。在輸入端，

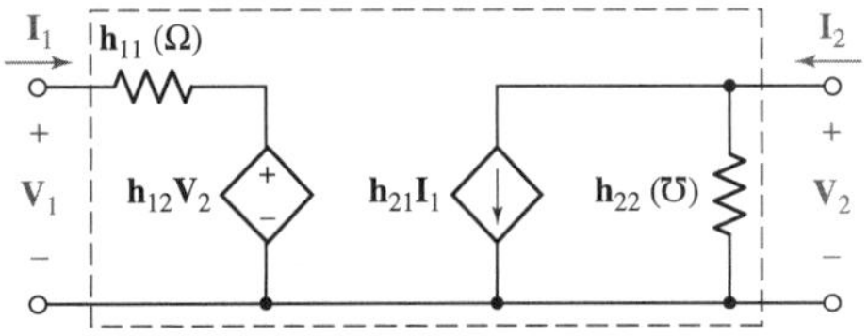

◆ **圖 17.26** 雙埠網路之四個 **h** 參數。相關的方程式為 $\mathbf{V}_1 = \mathbf{h}_{11}\mathbf{I}_1 + \mathbf{h}_{12}\mathbf{V}_2$ 以及 $\mathbf{I}_2 = \mathbf{h}_{21}\mathbf{I}_1 + \mathbf{h}_{22}\mathbf{V}_2$。

$$10^{-3} = (1200 + 800)\mathbf{I}_1 + 2 \times 10^{-4}\mathbf{V}_2$$

以及輸出端，

$$\mathbf{I}_2 = -2 \times 10^{-4}\mathbf{V}_2 = 50\mathbf{I}_1 + 50 \times 10^{-6}\mathbf{V}_2$$

求解

$$\mathbf{I}_1 = 0.510\ \mu\text{A} \qquad \mathbf{V}_1 = 0.592\ \text{mV}$$
$$\mathbf{I}_2 = 20.4\ \mu\text{A} \qquad \mathbf{V}_2 = -102\ \text{mV}$$

經由此一電晶體，得到電流增益為 40，電壓增益為 − 172，且功率增益為 6880。此電晶體的輸入阻抗為 1160 Ω，且經由較多的計算可顯示輸出阻抗為 22.2 kΩ。

當雙埠網路之輸入端串聯且輸出端並聯連接時，則可直接增加混合參數。此稱為串並聯相互連接，但並不經常使用。

17.6 傳輸參數

本章所要介紹的最後一種雙埠網路稱為 **t 參數** (t Parameters)、**ABCD 參數** (ABCD Parameters) 或者簡稱為**傳輸參數** (Transmission Parameters)。傳輸參數定義為

$$\mathbf{V}_1 = \mathbf{t}_{11}\mathbf{V}_2 - \mathbf{t}_{12}\mathbf{I}_2 \qquad [43]$$

以及

$$\mathbf{I}_1 = \mathbf{t}_{21}\mathbf{V}_2 - \mathbf{t}_{22}\mathbf{I}_2 \qquad [44]$$

或者

$$\begin{bmatrix} \mathbf{V}_1 \\ \mathbf{I}_1 \end{bmatrix} = \mathbf{t} \begin{bmatrix} \mathbf{V}_2 \\ -\mathbf{I}_2 \end{bmatrix} \qquad [45]$$

其中 $\mathbf{V}_1$、$\mathbf{V}_2$、$\mathbf{I}_1$ 與 $\mathbf{I}_2$ 的定義一如往常 (圖 17.8)。方程式 [43] 與 [44] 中的負號與輸出電流相關，如 $(-\mathbf{I}_2)$。因此，$\mathbf{I}_1$ 與 $-\mathbf{I}_2$ 兩電流的方向為向右，亦即能量或訊號傳輸的方向。

此組參數其他廣泛使用的命名原則為

$$\begin{bmatrix} \mathbf{t}_{11} & \mathbf{t}_{12} \\ \mathbf{t}_{21} & \mathbf{t}_{22} \end{bmatrix} = \begin{bmatrix} \mathbf{A} & \mathbf{B} \\ \mathbf{C} & \mathbf{D} \end{bmatrix} \qquad [46]$$

應注意在 **t** 或 **ABCD** 矩陣中並沒有負號。

再次檢查方程式 [43] 至 [45]，得知左邊的變量通常視為所給定或自變數，亦即輸入電壓與電流 $\mathbf{V}_1$ 及 $\mathbf{I}_1$；因變數 $\mathbf{V}_2$ 與 $\mathbf{I}_2$ 則為輸出之變量。因此，傳輸參數提供輸入與輸出之間的直接關係。傳輸參數主要的使用於傳輸線分析以及串接網路。

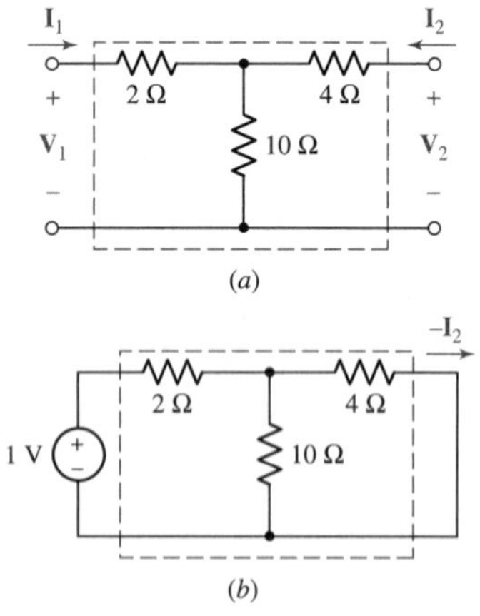

◆**圖 17.27** (a) 需要求得 **t** 參數之雙埠網路；(b) 為了求得 $\mathbf{t}_{12}$，設 $\mathbf{V}_1 = 1$ V 且 $\mathbf{V}_2 = 0$；則 $\mathbf{t}_{12} = 1/(-\mathbf{I}_2) = 6.8\ \Omega$。

此時將分析圖 17.27a 的雙向電阻性網路之 **t** 參數。為了闡述其中一種可求得單一參數的處理程序，考慮

$$\mathbf{t}_{12} = \left.\frac{\mathbf{V}_1}{-\mathbf{I}_2}\right|_{\mathbf{V}_2=0}$$

因此將輸出端短路 $(\mathbf{V}_2 = 0)$，並且設 $\mathbf{V}_1 = 1$ V，如圖 17.27b 所

示。應注意的是，由於在輸出端已是短路，所以不能夠將 1 A 電流源設置於輸出端而使分母等於 1。提供給 1 V 電源的等效電阻為 $R_{eq} = 2 + (4 \parallel 10)\ \Omega$，且使用分流定理，得到

$$-\mathbf{I}_2 = \frac{1}{2 + (4\|10)} \times \frac{10}{10 + 4} = \frac{5}{34}\ \text{A}$$

所以，

$$\mathbf{t}_{12} = \frac{1}{-\mathbf{I}_2} = \frac{34}{5} = 6.8\ \Omega$$

若需要求得全部四個參數，則需使用全部四個終端變量 $\mathbf{V}_1$、$\mathbf{V}_2$、$\mathbf{I}_1$ 與 $\mathbf{I}_2$，寫出任何一對方便的方程式。經由圖 17.27a，可得到兩個網目方程式：

$$\mathbf{V}_1 = 12\mathbf{I}_1 + 10\mathbf{I}_2 \quad [47]$$

$$\mathbf{V}_2 = 10\mathbf{I}_1 + 14\mathbf{I}_2 \quad [48]$$

求解方程式 [48] 之 $\mathbf{I}_1$，得到

$$\mathbf{I}_1 = 0.1\mathbf{V}_2 - 1.4\mathbf{I}_2$$

所以 $\mathbf{t}_{21} = 0.1$ S 且 $\mathbf{t}_{22} = 1.4$。將之代入方程式 [47] 之 $\mathbf{I}_1$，得到

$$\mathbf{V}_1 = 12(0.1\mathbf{V}_2 - 1.4\mathbf{I}_2) + 10\mathbf{I}_2 = 1.2\mathbf{V}_2 - 6.8\mathbf{I}_2$$

以及 $\mathbf{t}_{11} = 1.2$ 與 $\mathbf{t}_{12} = 6.8\ \Omega$。

就互易網路而言，$\mathbf{t}$ 矩陣之行列式等於 1：

$$\Delta_{\mathbf{t}} = \mathbf{t}_{11}\mathbf{t}_{22} - \mathbf{t}_{12}\mathbf{t}_{21} = 1$$

在圖 17.27 的電阻性範例中，$\Delta_{\mathbf{t}} = 1.2 \times 1.4 - 6.8 \times 0.1 = 1$。

雙埠網路的探討最後將以串接連接兩個雙埠網路總結，如圖 17.28 的兩個網路。終端電壓與電流皆已標示於每個雙埠網路，且網路 A 所相應的 $\mathbf{t}$ 參數關係為

$$\begin{bmatrix} \mathbf{V}_1 \\ \mathbf{I}_1 \end{bmatrix} = \mathbf{t}_A \begin{bmatrix} \mathbf{V}_2 \\ -\mathbf{I}_2 \end{bmatrix} = \mathbf{t}_A \begin{bmatrix} \mathbf{V}_3 \\ \mathbf{I}_3 \end{bmatrix}$$

且對應於網路 B 則為

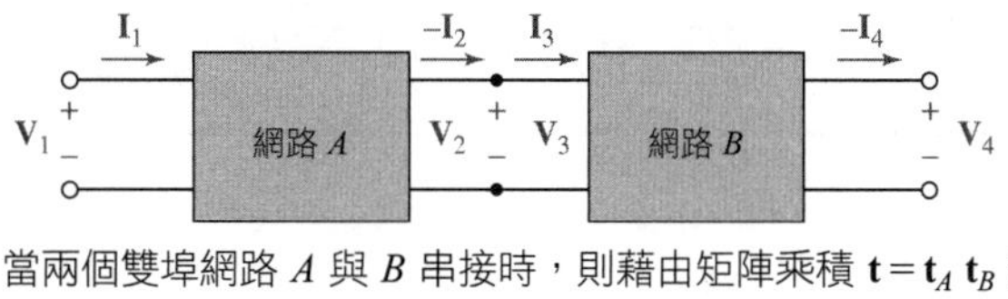

◆ **圖 17.28** 當兩個雙埠網路 A 與 B 串接時，則藉由矩陣乘積 $\mathbf{t} = \mathbf{t}_A\,\mathbf{t}_B$ 來給定組合後的 $\mathbf{t}$ 參數矩陣。

$$\begin{bmatrix} \mathbf{V}_3 \\ \mathbf{I}_3 \end{bmatrix} = \mathbf{t}_B \begin{bmatrix} \mathbf{V}_4 \\ -\mathbf{I}_4 \end{bmatrix}$$

將這些結果組合，得到

$$\begin{bmatrix} \mathbf{V}_1 \\ \mathbf{I}_1 \end{bmatrix} = \mathbf{t}_A\mathbf{t}_B \begin{bmatrix} \mathbf{V}_4 \\ -\mathbf{I}_4 \end{bmatrix}$$

因此，藉由矩陣乘積得到兩串接網路的 **t** 參數，

$$\mathbf{t} = \mathbf{t}_A\mathbf{t}_B$$

此一乘積**並非**藉由兩個矩陣所對應的元素相乘所得到。

範例 17.10

試求圖 17.29 所示的串接網路之 t 參數。

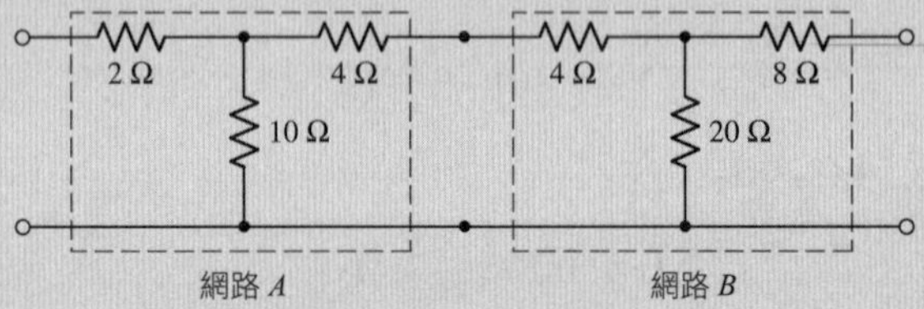

◆ **圖 17.29** 串接連接之兩個網路。

網路 A 為圖 17.29 之雙埠網路，因而

$$\mathbf{t}_A = \begin{bmatrix} 1.2 & 6.8\ \Omega \\ 0.1\ \text{S} & 1.4 \end{bmatrix}$$

而網路 B 具有兩倍大的電阻值，所以

$$\mathbf{t}_B = \begin{bmatrix} 1.2 & 13.6\ \Omega \\ 0.05\ \text{S} & 1.4 \end{bmatrix}$$

就已組合後的網路而言，

$$\mathbf{t} = \mathbf{t}_A\mathbf{t}_B = \begin{bmatrix} 1.2 & 6.8 \\ 0.1 & 1.4 \end{bmatrix} \begin{bmatrix} 1.2 & 13.6 \\ 0.05 & 1.4 \end{bmatrix}$$
$$= \begin{bmatrix} 1.2 \times 1.2 + 6.8 \times 0.05 & 1.2 \times 13.6 + 6.8 \times 1.4 \\ 0.1 \times 1.2 + 1.4 \times 0.05 & 0.1 \times 13.6 + 1.4 \times 1.4 \end{bmatrix}$$

以及

$$\mathbf{t} = \begin{bmatrix} 1.78 & 25.84\ \Omega \\ 0.19\ \text{S} & 3.32 \end{bmatrix}$$

練習題

17.12 給定 $\mathbf{t} = \begin{bmatrix} 3.2 & 8\,\Omega \\ 0.2\,\text{S} & 4 \end{bmatrix}$，試求兩相同網路串接之 (a) **z**；(b) **t**；(c) 兩相同網路串接之 **z**。

解答：$\begin{bmatrix} 16 & 56 \\ 5 & 20 \end{bmatrix}(\Omega)$；$\begin{bmatrix} 11.84 & 57.6\,\Omega \\ 1.44\,\text{S} & 17.6 \end{bmatrix}$；$\begin{bmatrix} 8.22 & 87.1 \\ 0.694 & 12.22 \end{bmatrix}(\Omega)$。

總結與回顧

本章以比較抽象的方式來描述一般的網路。對於以某種方式連接至其他網路而或許其中的元件數值會經常改變之**被動**網路而言，此種表示方式特別實用。本章透過**單埠網路**之闡述而引進了雙埠網路之觀念，其中所進行的分析皆以判斷戴維寧等效電阻 (或者，更一般而言為阻抗) 為主。本章所說明的第一個雙埠網路概念為導納參數也稱為 **y** 參數，所得到結果為一個矩陣，將之乘以終端電壓的向量，便可得到流進每埠的電流向量。少量的運算處理便即得到第五章所謂的 Δ-Y 等效電路。直接對應於 **y** 參數的是 **z** 參數，而 **z** 參數其中的每個矩陣元素皆為電壓對電流之比值。**y** 與 **z** 參數在電路分析上有時並不方便，所以本章也介紹了“混合”或者 **h** 參數，以及“傳輸”或 **t** 參數，**t** 參數也稱為 *ABCD* 參數。

表 17.1 總結了 **y**、**z**、**h** 與 **t** 參數之間轉換方式；不論是對特定分析偏愛使用何種型式矩陣，得到一組可完整描述網路的參數就已足夠。

為了方便讀者整理與閱讀，此時將直接列出本章的關鍵觀念以及相應之範例。

- ❑ 要利用本章所說明的分析方法之關鍵，是要記住每一埠僅能夠連接至單埠網路或其他多埠網路之其中一埠。
- ❑ 使用節點或網目分析便能夠得到單埠 (**被動**) 線性網路之輸入阻抗。(範例 17.1、17.2 與 17.3)
- ❑ 依據導納 (**y**) 參數分析雙埠網路的定義方程式為：

$$\mathbf{I}_1 = \mathbf{y}_{11}\mathbf{V}_1 + \mathbf{y}_{12}\mathbf{V}_2 \quad \text{以及} \quad \mathbf{I}_2 = \mathbf{y}_{21}\mathbf{V}_1 + \mathbf{y}_{22}\mathbf{V}_2$$

其中

$$\mathbf{y}_{11} = \left.\frac{\mathbf{I}_1}{\mathbf{V}_1}\right|_{\mathbf{V}_2=0} \qquad \mathbf{y}_{12} = \left.\frac{\mathbf{I}_1}{\mathbf{V}_2}\right|_{\mathbf{V}_1=0}$$

$$\mathbf{y}_{21} = \left.\frac{\mathbf{I}_2}{\mathbf{V}_1}\right|_{\mathbf{V}_2=0} \quad \text{以及} \quad \mathbf{y}_{22} = \left.\frac{\mathbf{I}_2}{\mathbf{V}_2}\right|_{\mathbf{V}_1=0}$$

(範例 17.4、17.5 與 17.7)

- ❑ 依據阻抗 (**z**) 參數分析雙埠網路的定義方程式為：

$$\mathbf{V}_1 = \mathbf{z}_{11}\mathbf{I}_1 + \mathbf{z}_{12}\mathbf{I}_2 \quad \text{以及} \quad \mathbf{V}_2 = \mathbf{z}_{21}\mathbf{I}_1 + \mathbf{z}_{22}\mathbf{I}_2$$

(範例 17.8)

- ❑ 依據混合 (**h**) 參數分析雙埠網路的定義方程式為：

$$\mathbf{V}_1 = \mathbf{h}_{11}\mathbf{I}_1 + \mathbf{h}_{12}\mathbf{V}_2 \quad \text{以及} \quad \mathbf{I}_2 = \mathbf{h}_{21}\mathbf{I}_1 + \mathbf{h}_{22}\mathbf{V}_2$$

(範例 17.9)

- ☐ 依據傳輸 (**t**) 參數 (也稱為 **ABCD** 參數) 分析雙埠網路的定義方程式為：

$$\mathbf{V}_1 = \mathbf{t}_{11}\mathbf{V}_2 - \mathbf{t}_{12}\mathbf{I}_2 \quad \text{以及} \quad \mathbf{I}_1 = \mathbf{t}_{21}\mathbf{V}_2 - \mathbf{t}_{22}\mathbf{I}_2$$

  (範例 17.10)
- ☐ 可直接轉換 **h**、**z**、**t** 與 **y** 參數，端視電路分析之需求而定；轉換的資訊總結於表 17.1。(範例 17.16)

延伸閱讀

矩陣之電路分析方法的細節與內容能夠在以下書籍中得到：

R. A. DeCarlo and P. M. Lin, *Linear Circuit Analysis*, 2nd ed. New York: Oxford University Press, 2001.

使用網路參數的電晶體電路分析說明於：

W. H. Hayt, Jr., and G. W. Neudeck, *Electronic Circuit Analysis and Design*, 2nd ed. New York: Wiley, 1995.

習題

17.1 單埠網路

1. 考慮圖 17.30 所示的被動網路，(a) 試求四個網目方程式；(b) 試計算 $\Delta_\mathbf{Z}$；以及 (c) 試計算輸入阻抗。
2. 參考圖 17.31 之單埠網路，該網路包含一個受控於電阻器電壓之相依電流源，(a) 試計算 $\Delta_\mathbf{Z}$；(b) 試計算 $\mathbf{Z}_{\text{in}}$。

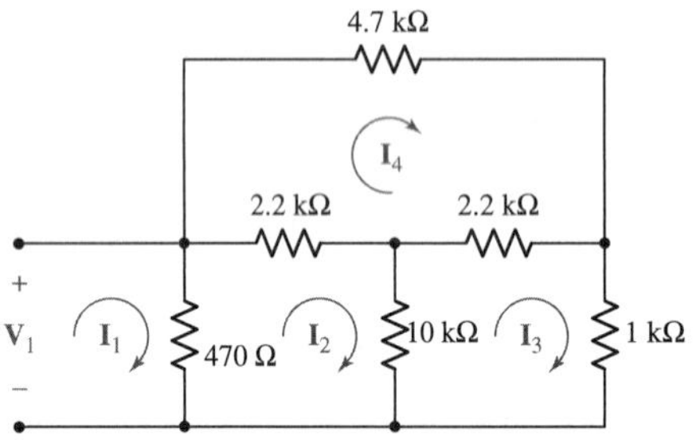

◆ **圖 17.30**

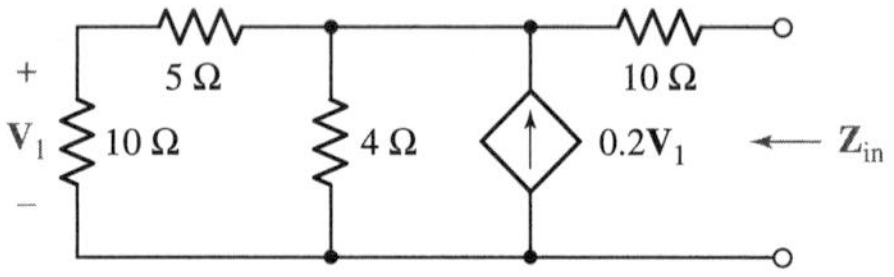

◆ **圖 17.31**

3. (a) 若假設圖 17.32 電路中所示的兩運算放大器皆為理想 ($R_i = \infty$、$R_o = 0$，且 $A = \infty$)，試求 $\mathbf{Z}_{\text{in}}$；(b) 若 $R_1 = 4\ \text{k}\Omega$、$R_2 = 10\ \text{k}\Omega$、$R_3 = 10\ \text{k}\Omega$、$R_4 = 1\ \text{k}\Omega$，以及 $C = 200$ pF，試證明 $\mathbf{Z}_{\text{in}} = j\omega L_{\text{in}}$，其中 $L_{\text{in}} = 0.8$ mH。

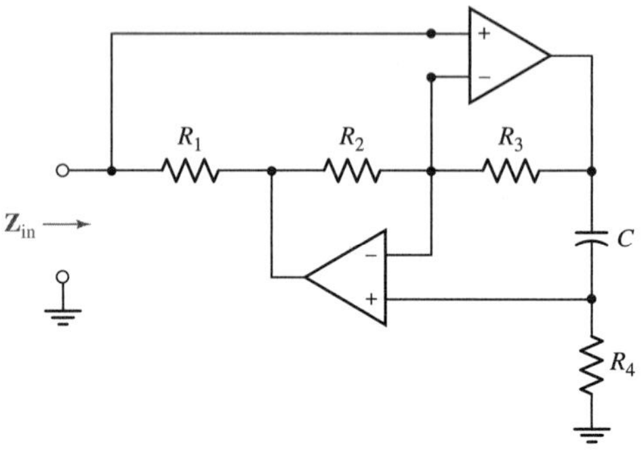

◆ **圖 17.32**

17.2 導納參數

4. 試求一組可描述圖 17.33 所示的雙埠網路之完整 **y** 參數。
5. 試求一組可描述圖 17.34 所示的雙埠網路之完整 **y** 參數。

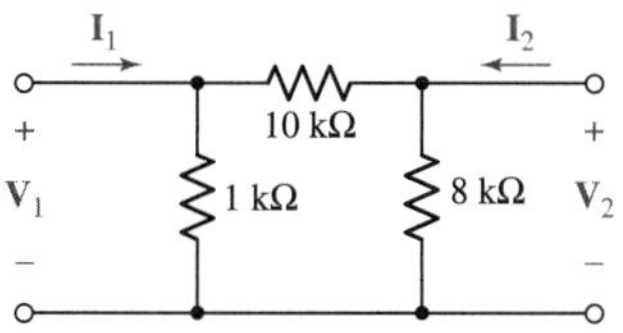

◆圖 17.33

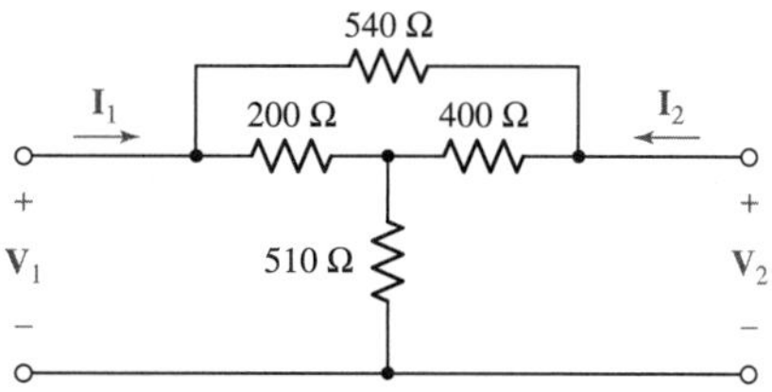

◆圖 17.34

6. 若 (a) $\mathbf{V}_1 = 0$、$\mathbf{V}_2 = 1$ V；(b) $\mathbf{V}_1 = -8$ V、$\mathbf{V}_2 = 3$ V；(c) $\mathbf{V}_1 = \mathbf{V}_2 = 5$ V，試求圖 17.35 所示網路之 **y** 參數，並且藉以求得 $\mathbf{I}_1$ 與 $\mathbf{I}_2$。
7. 試利用適當的方法求得圖 17.36 網路之 **y** 參數。

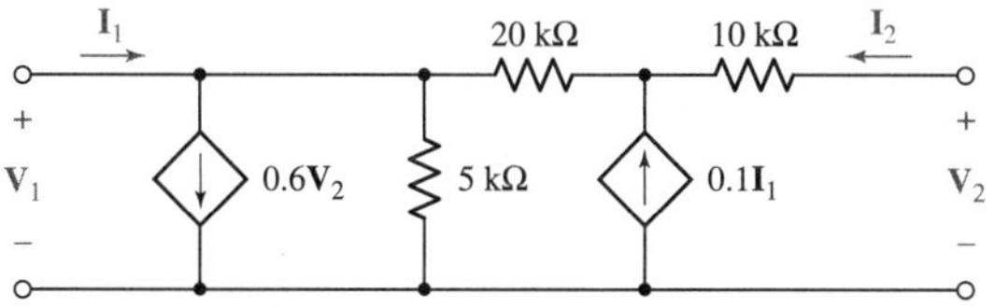

◆圖 17.35

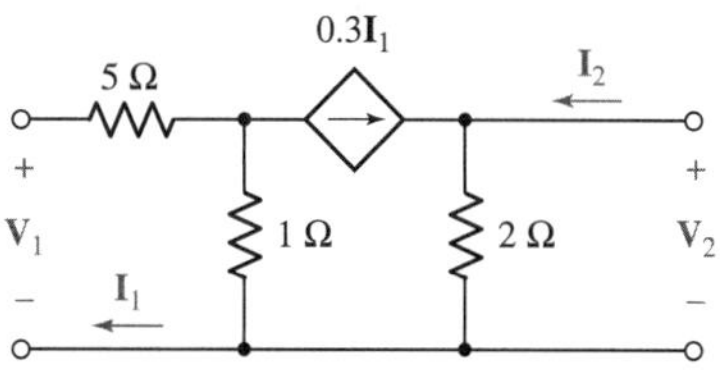

◆圖 17.36

17.3 等效網路

8. 參照圖 17.37 之兩網路，試將 Δ 連接網路轉換成為 Y 連接網路，反之亦然。

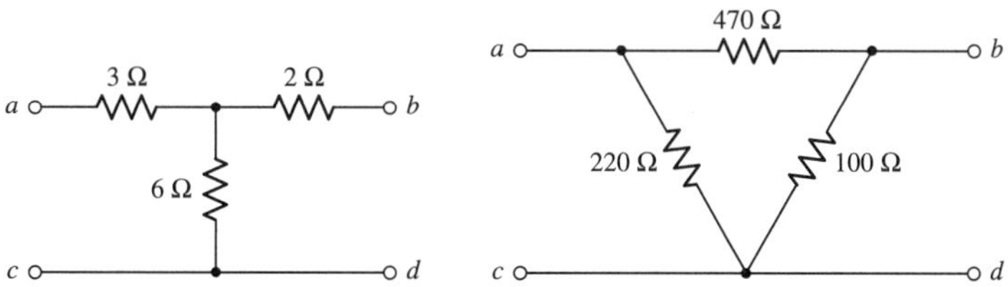

◆圖 17.37

9. 若 ω 等於 (a) 50 rad/s；(b) 1000 rad/s，試求圖 17.38 所示單埠網路之輸入阻抗 $\mathbf{Z}_{in}$。
10. 試利用適當的 Δ-Y 轉換技巧，求得圖 17.39 所示單埠網路之輸入電阻 R_{in}。

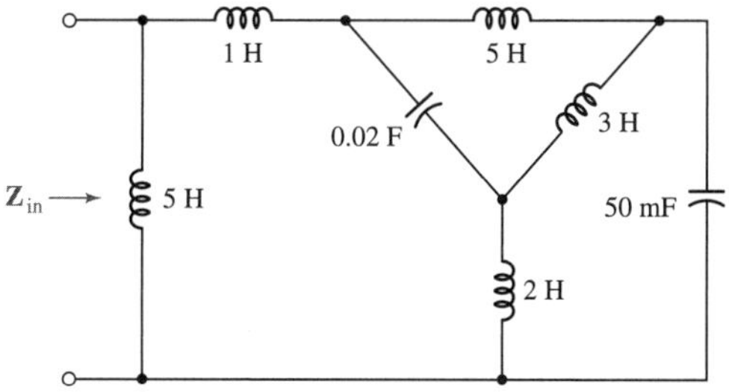

◆圖 17.38

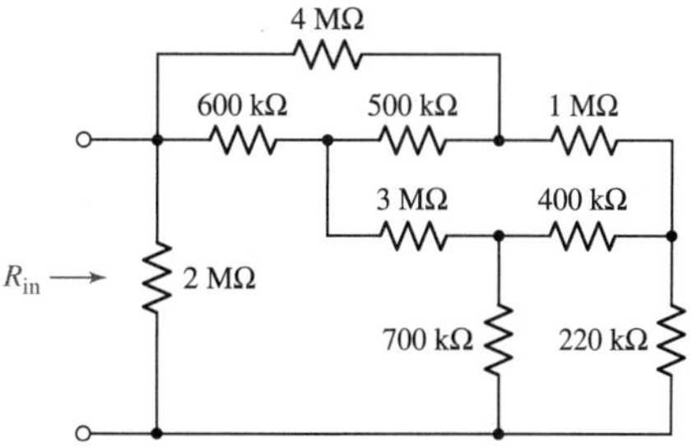

◆圖 17.39

11. 試利用適當的技巧求得圖 17.40 電路所示單埠網路之輸入電阻值。

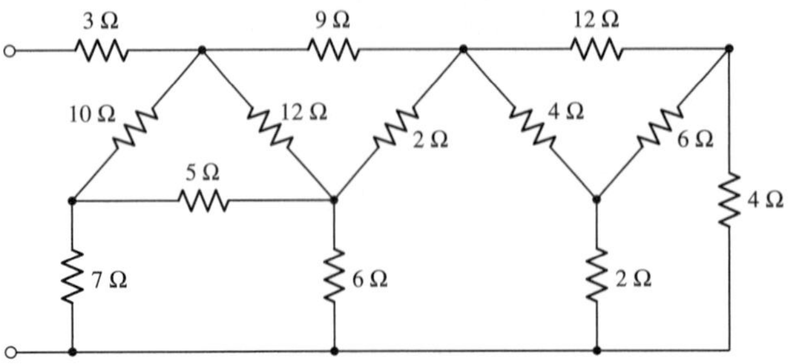

◆圖 17.40

17.4 阻抗參數

12. 藉由利用方程式 [32] 至 [35]，試求圖 17.41 所示網路之完整 **z** 參數。
13. 試求圖 17.42 所呈現的雙埠網路之阻抗參數。

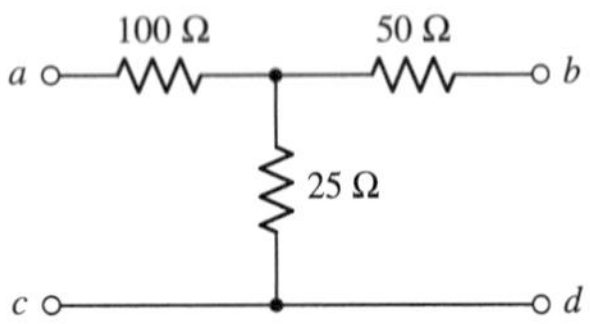

◆圖 17.41

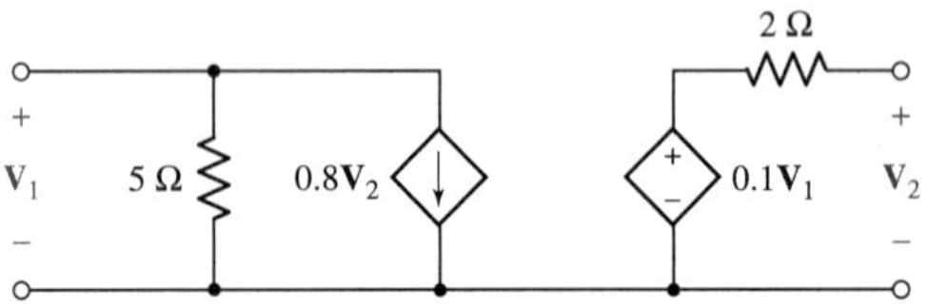

◆圖 17.42

14. 試求圖 17.43 的雙埠網路之阻抗與導納參數。

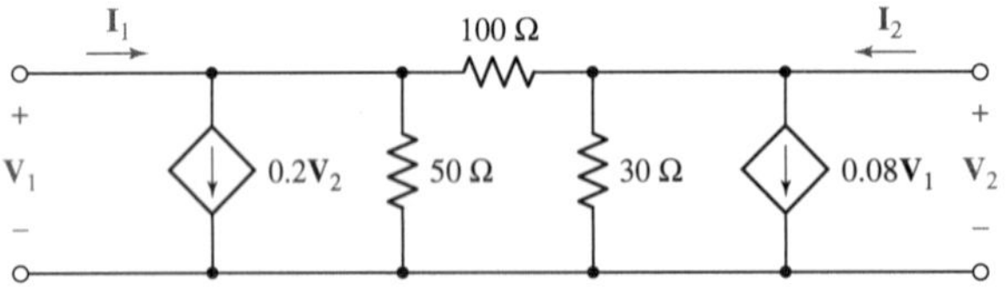

◆圖 17.43

15. 試求圖 17.44 所示的電晶體高頻等效電路在 $\omega = 10^8$ rad/s 時之四個 **z** 參數。

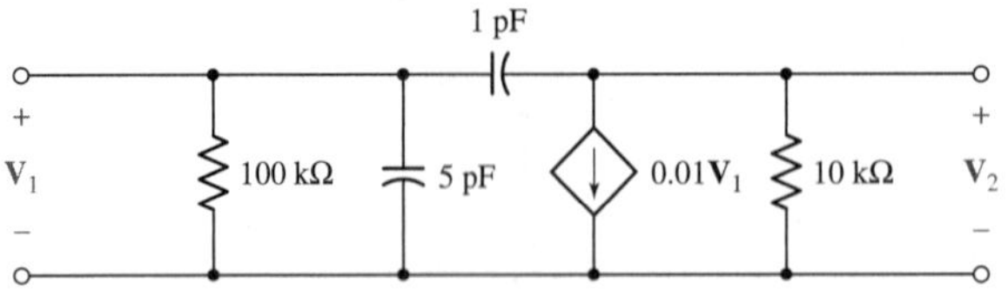

◆圖 17.44

17.5 混合參數

16. 試求圖 17.45 的雙埠網路之 **h** 參數。

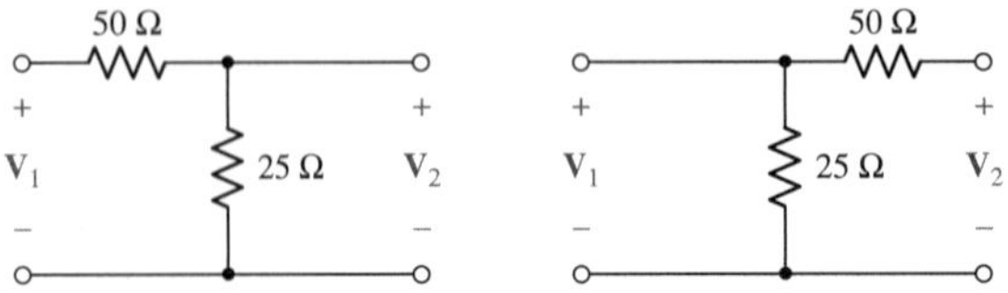

◆圖 17.45

17. 某一雙極性電晶體以共射極配置連接，且已知 **h** 參數 $h_{11}=5\ \text{k}\Omega$、$h_{12}=0.55\times10^{-4}$、$h_{21}=300$，以及 $h_{22}=39\ \mu\text{S}$。(a) 試以矩陣型式描述 **h** 參數；(b) 試求小訊號電流增益。(c) 試求輸出電阻 (kΩ)；(d) 若將串聯 100 Ω 電阻器，且具有頻率 100 rad/s 以及 5 mV 振幅之弦波電壓源連接至輸入端，試計算跨於輸出端之峰值電壓。
18. 試求圖 17.46 所示兩個雙埠網路之 **y**、**z** 與 **h** 參數。若任一參數為無限大，則略過該參數組。
19. (a) 試求圖 17.47 的雙埠網路之 **h** 參數；(b) 若輸入端包含 $\mathbf{V}_s$ 串聯 $R_s=200\ \Omega$，試求 $\mathbf{Z}_{\text{out}}$。

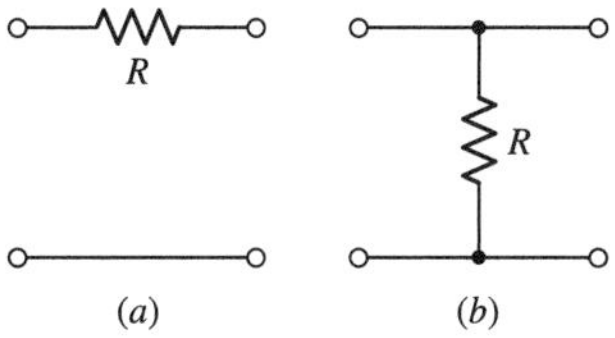

◆ 圖 17.46

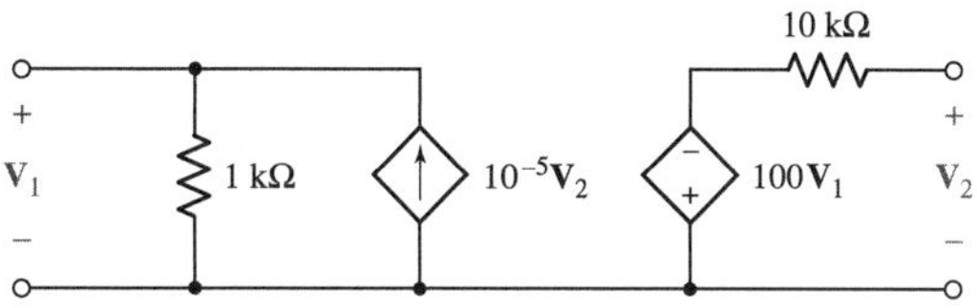

◆ 圖 17.47

17.6 傳輸參數

20. 能夠將圖 17.48 之雙埠網路視為三個各別的串接雙埠網路 *A*、*B* 以及 *C*。(a) 試計算每個網路之 **t** 參數；(b) 試求整體串接網路之 **t** 參數；(c) 試藉由分別標示出兩個中間節點 V_x 與 V_y、寫出節點方程式、經由該節點方程式求得導納參數，以及使用表 17.1 將之轉換成為 **t** 參數來驗證解答。

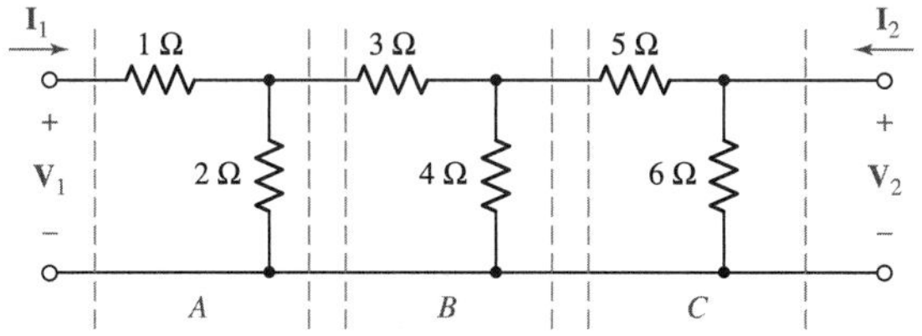

◆ 圖 17.48

21. 考慮圖 17.45 之兩個別雙埠網路。試求可描述將 (a) 左手邊網路輸出端連接至右手邊網路輸入端；(b) 右手邊網路輸出端連接至左手邊網路輸入端所得到的串接網路特性之 *ABCD* 矩陣。
22. (a) 試求圖 17.49a、b 與 c 所示各網路之 **t** 參數 $\mathbf{t}_a$、$\mathbf{t}_b$ 及 $\mathbf{t}_c$；(b) 試使用各雙埠網路之相互連接規則，求得圖 17.49d 網路之 **t** 參數。

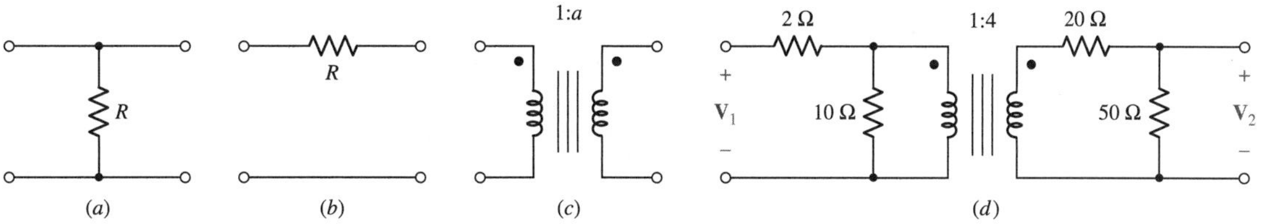

◆ 圖 17.49

Chapter 18

傳立葉電路分析

主要觀念

- 將週期性函數表示為正弦與餘弦函數之加總
- 諧波頻率
- 奇偶對稱
- 半波對稱
- 傅立葉級數之複數型式
- 離散線頻譜
- 傅立葉變換
- 使用傅立葉級數與傅立葉變換技巧之電路分析
- 頻域之系統響應與摺積

簡介

本章將藉由研讀時域與頻域中的週期性函數以持續進行電路之分析。特別的是，本章將考慮**週期性**之強制函數，該函數並具有滿足某些數學限制的函數本質，而在此所謂的數學限制則為能夠在實驗室中產生的任何函數之特性。可將如此的函數表示為無限多的諧波相關正弦與餘弦函數之總和。由於能夠藉由弦波穩態分析簡易地得到每個弦波成分的強制響應，因此藉由疊加各部的響應，便可得到線性網路對一般週期性強制函數的響應。

在許多領域中，傅立葉級數之主題相當重要，特別是通訊系統領域。而傅立葉基礎技巧已逐年發展於輔助電路分析上。隨著現今全球用電量越來越多的部分來自利用脈波調變之電源供應器 (例如，電腦)，電力系統與電力電子電路中的諧波課題因而已快速成為裝置運作中的嚴重的問題，即使是在大型的發電廠中。僅使用傅立葉基礎分析，便能夠了解到潛在的問題以及可能的解答。

18.1 傅立葉級數之三角型式

已知線性電路對任意強制函數之完整響應由**強制響應**與**自然響應**之總和所構成，且已經以時域 (第七、八與九章) 與頻域 (第十四與十五章) 考慮了自然響應；也已由數個方面考慮了強制響應，包含第十章的相量基礎技術。正如已得知的，在某些狀況下，需要某特定電路總響應之**兩個**成分，而在其他狀況下，可能僅需要自然響應或者強制響應。本節中，再一次將焦點放在以弦波為本質的強制函數，並可發現如何將一般的週期性函數描述為此類函數之**加總**——亦即探討一種新的電路分析處理程序。

■諧波

在此考慮一個簡單的範例，可能會有助於認知：以正弦與餘弦函數的無限累加來表示一般**週期性**函數之有效性。先假設角頻率為 ω_0 之餘弦函數

$$v_1(t) = 2\cos\omega_0 t$$

其中

$$\omega_0 = 2\pi f_0$$

且週期 T 為

$$T = \frac{1}{f_0} = \frac{2\pi}{\omega_0}$$

雖然 T 通常不會具有 0 的下標，但其確實為基本頻率之週期。此一弦波的各**諧波** (Harmonic) 具有頻率 $n\omega_0$，其中的 ω_0 為基本頻率，且 $n = 1, 2, 3, \ldots$。第一次諧波的頻率即為**基本頻率** (Fundamental Frequency)。

接著，選擇第三次諧波電壓

$$v_{3a}(t) = \cos 3\omega_0 t$$

圖 18.1a 闡述三個時間的函數，包含基本波 $v_1(t)$、第三次諧波 $v_{3a}(t)$，以及這兩個波形的加總波形 $v(t)$。應注意到其總和亦為具有週期 $T = 2\pi/\omega_0$ 之週期性函數。

所產生的週期性函數 $v(t)$ 之型式會隨著第三次諧波成分的相位與振幅不同而有所改變。因此，圖 18.1b 顯示 $v_1(t)$ 與較大振幅的第三次諧波之組合效應，

$$v_{3b}(t) = 1.5\cos 3\omega_0 t$$

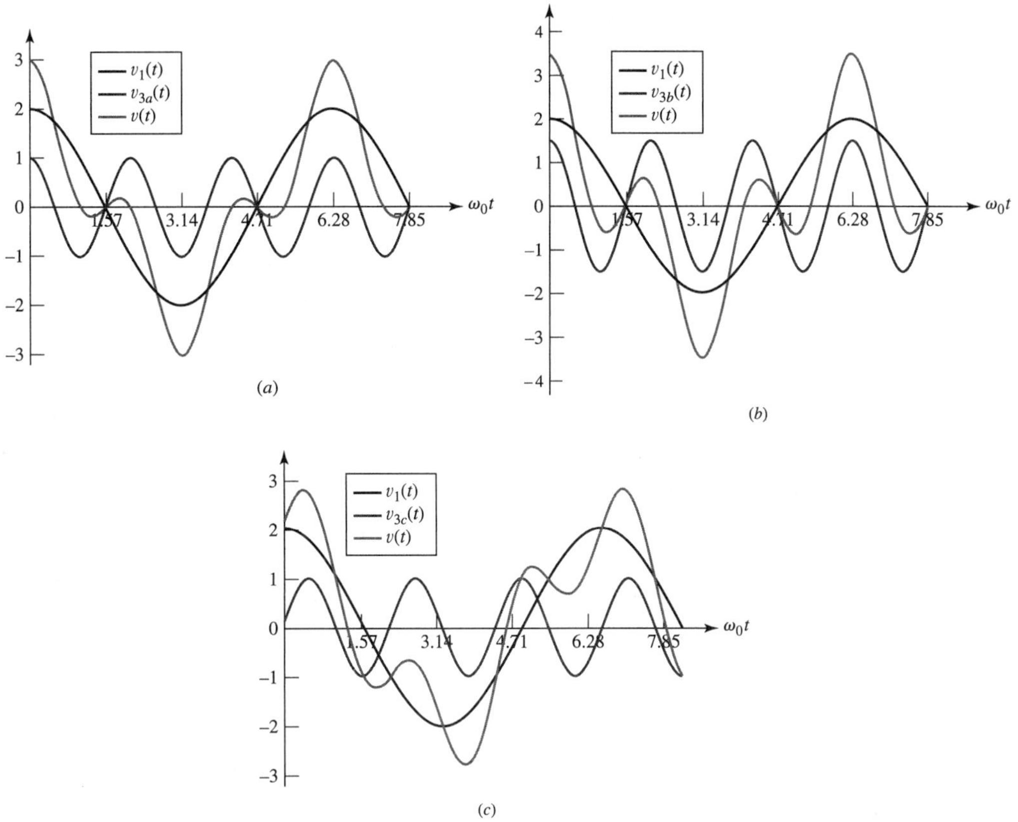

◆**圖 18.1** 可藉由組合基本波與第三次諧波所得到的某些不同波形。基本波為 $v_1 = 2\cos\omega_0 t$，而第三次諧波為 (a) $v_{3a} = \cos 3\omega_0 t$；(b) $v_{3b} = 1.5\cos 3\omega_0 t$；(c) $v_{3c} = \sin 3\omega_0 t$。

將第三次諧波的相位位移 90 度，亦即

$$v_{3c}(t) = \sin 3\omega_0 t$$

則其總和具有更為不同的輪廓，如圖 18.1c 所示。在任何狀況下，所產生的波形之週期皆等於基本波之週期。波形的性質端視每個可能的諧波成分之振幅與相位而定，且將會發現藉由適當組合各種弦波函數，便能夠產生具有極度非弦波特性之波形。

在已熟悉使用無限多個正弦與餘弦函數之加總來表示一個週期性波形之後，將以類似於拉普拉斯變換的方式考慮一般非週期性波形之頻域表示方式。

練習題

18.1 將第三次諧波電壓加上基本波，藉以得到 $v = 2\cos\omega_0 t + V_{m3}\sin 3\omega_0 t$，圖 18.1c 所示波形為 $V_{m3} = 1$。(a) 試求可使 $v(t)$ 在 $\omega_0 t = 2\pi/3$ 具有零斜率之 V_{m3} 數值；(b) 試求 $\omega_0 t = 2\pi/3$ 之 $v(t)$。

解答：0.577；−1.000。

■傅立葉級數

先考慮某一週期性函數 $f(t)$，在 11.2 節所定義的函數關係為

$$f(t) = f(t+T)$$

其中的 T 為週期。進一步假設函數 $f(t)$ 滿足以下的特性：

1. $f(t)$ 為單值的函數；亦即 $f(t)$ 滿足函數的數學定義。
2. 對任意選擇的 t_0 而言，積分 $\int_{t_0}^{t_0+T} |f(t)|\,dt$ 皆存在 (亦即，並非無限大)。
3. 在任一週期中，$f(t)$ 具有有限數目的不連續點。
4. 在任一週期中，$f(t)$ 具有有限數目的最大值與最小值。

使用 $f(t)$ 來代表電壓或電流波形，且實際能夠產生的任何一種波形皆必須滿足此四個條件；然而，應注意某些數學函數也許並不滿足此四個條件。

給定某一週期性函數 $f(t)$，則傅立葉定理敘述 $f(t)$ 可以無限級數來表示之，

$$\begin{aligned} f(t) &= a_0 + a_1\cos\omega_0 t + a_2\cos 2\omega_0 t + \cdots \\ &\quad + b_1\sin\omega_0 t + b_2\sin 2\omega_0 t + \cdots \\ &= a_0 + \sum_{n=1}^{\infty}(a_n\cos n\omega_0 t + b_n\sin n\omega_0 t) \end{aligned} \qquad [1]$$

其中的基本頻率 ω_0 與週期 T 之關係為

$$\omega_0 = \frac{2\pi}{T}$$

且其中的 a_0、a_n 與 b_n 皆為常數，由 n 與 $f(t)$ 所決定。方程式 [1] 為 $f(t)$ 的**傅立葉級數** (Fourier Series) 之三角型式，而求解常數 a_0、a_n 與 b_n 數值之處理方式則稱為傅立葉分析。本章之目的並非是要證明此一定理，但仍會介紹傅立葉分析的簡單推導過程並且認知該定理的合理性。

■某些實用的三角積分

在探討求解傅立葉級數的常數之前，先蒐集一組常用的三角積分。令 n 與 k 代表整數集合 1, 2, 3, ... 之任何元素。在以下的積分中，使用 0 與 T 為積分上下限，但應理解任何一個週期的區間皆同樣正確。

$$\int_0^T \sin n\omega_0 t\,dt = 0 \qquad [2]$$

$$\int_0^T \cos n\omega_0 t\,dt = 0 \qquad [3]$$

$$\int_0^T \sin k\omega_0 t \cos n\omega_0 t\, dt = 0 \qquad [4]$$

$$\int_0^T \sin k\omega_0 t \sin n\omega_0 t\, dt = 0 \qquad (k \neq n) \qquad [5]$$

$$\int_0^T \cos k\omega_0 t \cos n\omega_0 t\, dt = 0 \qquad (k \neq n) \qquad [6]$$

也可簡易地估算除了方程式 [5] 與 [6] 之外的狀況，得到

$$\int_0^T \sin^2 n\omega_0 t\, dt = \frac{T}{2} \qquad [7]$$

$$\int_0^T \cos^2 n\omega_0 t\, dt = \frac{T}{2} \qquad [8]$$

■傅立葉係數之計算

此時可簡易地完成傅立葉級數中未知常數之計算。先計算 a_0；若將方程式 [1] 的兩邊積分一整個週期，得到

$$\int_0^T f(t)\, dt = \int_0^T a_0\, dt + \int_0^T \sum_{n=1}^{\infty} (a_n \cos n\omega_0 t + b_n \sin n\omega_0 t)\, dt$$

但總和中的每一項皆為方程式 [2] 或 [3] 之型式，因而

$$\int_0^T f(t)\, dt = a_0 T$$

或者

$$a_0 = \frac{1}{T}\int_0^T f(t)\, dt \qquad [9]$$

此常數 a_0 即為 $f(t)$ 在一個週期內的平均值，因而可將 a_0 描述為 $f(t)$ 之 dc 成分。

若要計算 $\cos k\omega_0 t$ 之係數 a_k，先將方程式 [1] 的兩邊乘以 $\cos k\omega_0 t$，再將所產生的方程式兩邊積分一個完整的週期：

$$\int_0^T f(t) \cos k\omega_0 t\, dt = \int_0^T a_0 \cos k\omega_0 t\, dt + \int_0^T \sum_{n=1}^{\infty} a_n \cos k\omega_0 t \cos n\omega_0 t\, dt + \int_0^T \sum_{n=1}^{\infty} b_n \cos k\omega_0 t \sin n\omega_0 t\, dt$$

經由方程式 [3]、[4] 與 [6]，應注意除了 $k = n$ 所對應的單一 a_n 項之外，此一方程式右手邊中的每一項皆為零。使用方程式 [8]

計算 a_n 所對應的各項，藉以求得 a_k 或者 a_n：

$$a_n = \frac{2}{T}\int_0^T f(t)\cos n\omega_0 t\, dt \tag{10}$$

此一結果為 $f(t)\cos n\omega_0 t$ 乘積在一個週期內的平均值之兩倍。

同理，將方程式 [1] 乘以 $\sin k\omega_0 t$、積分一個週期、注意除了右手邊的其中一項之外其他皆為零，以及執行方程式 [7] 之單一積分，便可得到 b_k。結果為

$$b_n = \frac{2}{T}\int_0^T f(t)\sin n\omega_0 t\, dt \tag{11}$$

此為 $f(t)\sin n\omega_0 t$ 在一個週期內的平均值之兩倍。

此時可使用方程式 [9] 至 [11] 求得方程式 [1] 的傅立葉級數之 a_0 以及所有的 a_n 與 b_n 數值，總結於下：

$$f(t) = a_0 + \sum_{n=1}^{\infty}(a_n\cos n\omega_0 t + b_n \sin n\omega_0 t) \tag{1}$$

$$\omega_0 = \frac{2\pi}{T} = 2\pi f_0$$

$$a_0 = \frac{1}{T}\int_0^T f(t)\, dt \tag{9}$$

$$a_n = \frac{2}{T}\int_0^T f(t)\cos n\omega_0 t\, dt \tag{10}$$

$$b_n = \frac{2}{T}\int_0^T f(t)\sin n\omega_0 t\, dt \tag{11}$$

範例 18.1

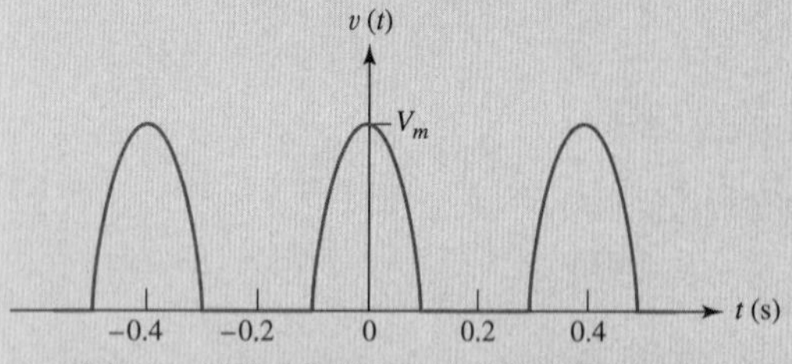

◆ **圖 18.2** 以弦波為輸入的半波整流器之輸出。

圖 18.2 所示的半弦波波形代表在半波整流器電路之輸出端上所得到的電壓響應，其中的半波整流器電路為一種非線性電路，目的是將弦波輸入電壓轉換成為近似 dc (脈動) 之電壓。試求此一波形之傅立葉級數表示式。

▶確定問題的目標

題目中的波形呈現一個週期性函數，並且需要求得此函數之傅立葉級數表示式。若未移除所有的負電壓，此一問題將非常簡易，亦即僅有一個正弦波。

▶蒐集已知的資訊

為了將此一電壓表示為傅立葉級數，必先判斷該電壓波形之週期，再將圖示中的電壓表示為可解析的時間函數。經由所給定的圖形，得知週期為

$$T = 0.4 \text{ s}$$

因而

$$f_0 = 2.5 \text{ Hz}$$

且

$$\omega_0 = 5\pi \text{ rad/s}$$

▶擬訂求解計畫

最直接的方法為應用方程式 [9] 至 [11] 來計算係數 a_0、a_n 與 b_n 之集合。為此，需要 $v(t)$ 之函數表示式，直接針對時間區間 $t=0$ 至 $t=0.4$ 進行定義，

$$v(t) = \begin{cases} V_m \cos 5\pi t & 0 \le t \le 0.1 \\ 0 & 0.1 \le t \le 0.3 \\ V_m \cos 5\pi t & 0.3 \le t \le 0.4 \end{cases}$$

然而，選擇從 $t=-0.1$ 延伸至 $t=0.3$ 之週期將產生較少的方程式以及較少的積分：

$$v(t) = \begin{cases} V_m \cos 5\pi t & -0.1 \le t \le 0.1 \\ 0 & 0.1 \le t \le 0.3 \end{cases} \qquad [12]$$

方程式 [12] 為最佳之型式，但任何一種描述皆會得到正確的結果。

▶建立一組適當的方程式

可簡易地得到零頻率成分：

$$a_0 = \frac{1}{0.4}\int_{-0.1}^{0.3} v(t)\,dt = \frac{1}{0.4}\left[\int_{-0.1}^{0.1} V_m \cos 5\pi t\,dt + \int_{0.1}^{0.3} 0\,dt\right]$$

應注意一整個週期內的積分必須分成為各子區間的積分，且每個區間內的 $v(t)$ 函數型式皆為已知。

餘弦代表項之振幅為

$$a_n = \frac{2}{0.4}\int_{-0.1}^{0.1} V_m \cos 5\pi t \cos 5\pi n t\,dt$$

而正弦代表項之振幅為

$$b_n = \frac{2}{0.4}\int_{-0.1}^{0.1} V_m \cos 5\pi t \sin 5\pi n t\,dt$$

實際上，正弦代表項之振幅皆為零，因此不再考慮之。

▶判斷是否需要額外的資訊

當 n 為 1 或者其他數值時，則藉由積分所得到的函數型式並有所不同。若 $n=1$，得到

$$a_1 = 5V_m \int_{-0.1}^{0.1} \cos^2 5\pi t\, dt = \frac{V_m}{2} \qquad [13]$$

反之，若 n 不等於 1，則得到

$$a_n = 5V_m \int_{-0.1}^{0.1} \cos 5\pi t \cos 5\pi n t\, dt$$

▶嘗試解決方案

求解即可得到

$$a_0 = \frac{V_m}{\pi} \qquad [14]$$

$$a_n = 5V_m \int_{-0.1}^{0.1} \frac{1}{2}[\cos 5\pi(1+n)t + \cos 5\pi(1-n)t]\, dt$$

應附帶指出將 $n \neq 1$ 的 a_n 表示式取 $n \to 1$ 之極限，將會產生 $n=1$ 之正確結果。

或者

$$a_n = \frac{2V_m}{\pi}\frac{\cos(\pi n/2)}{1-n^2} \qquad (n \neq 1) \qquad [15]$$

(類似的積分驗證對任意數值之 n 而言，$b_n=0$，而該傅立葉級數因此不具有正弦項)。所以可經由方程式 [1]、[13]、[14] 與 [15] 得到傅立葉級數：

$$v(t) = \frac{V_m}{\pi} + \frac{V_m}{2}\cos 5\pi t + \frac{2V_m}{3\pi}\cos 10\pi t - \frac{2V_m}{15\pi}\cos 20\pi t + \frac{2V_m}{35\pi}\cos 30\pi t - \cdots \qquad [16]$$

▶驗證解答是否合理或符合所預期的結果

將所有的數值代入方程式 [16]，並且保留某些特定項之後其他捨去，便可檢視解答。而另一種檢視的方式為分別以 $n=1$、2 與 6 來繪製圖 18.3 所示的函數。從圖 18.3 可知，若包含更多項，則與圖 18.2 越相似。

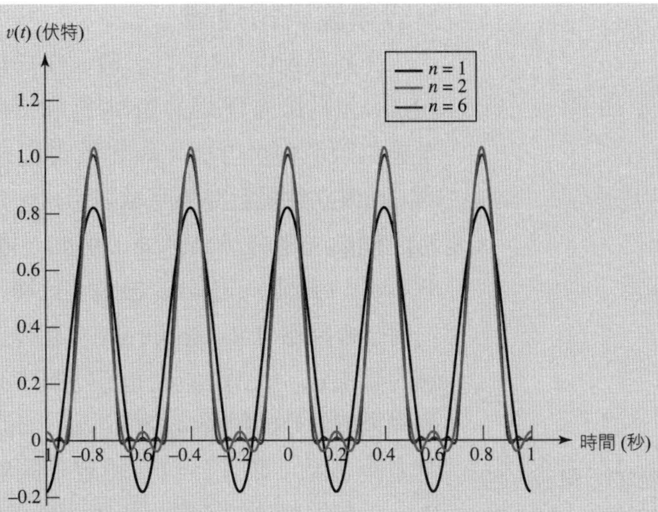

◆ **圖 18.3** 將方程式 [16] 保留 $n=1$ 項、$n=2$ 項以及 $n=6$ 項後其他捨去之圖示，顯示了半弦波 $v(t)$ 之收斂性質。為方便描繪，在此已選擇了 $V_m=1$。

練習題

18.2 週期性波形 $f(t)$ 描述如下：$f(t)=-4$、$0<t<0.3$；$f(t)=6$、$0.3<t<0.4$；$f(t)=0$、$0.4<t<0.5$；$T=0.5$。試求 (a) a_0；(b) a_3；(c) b_1。

18.3 試寫出圖 18.4 所示的三個電壓波形之傅立葉級數。

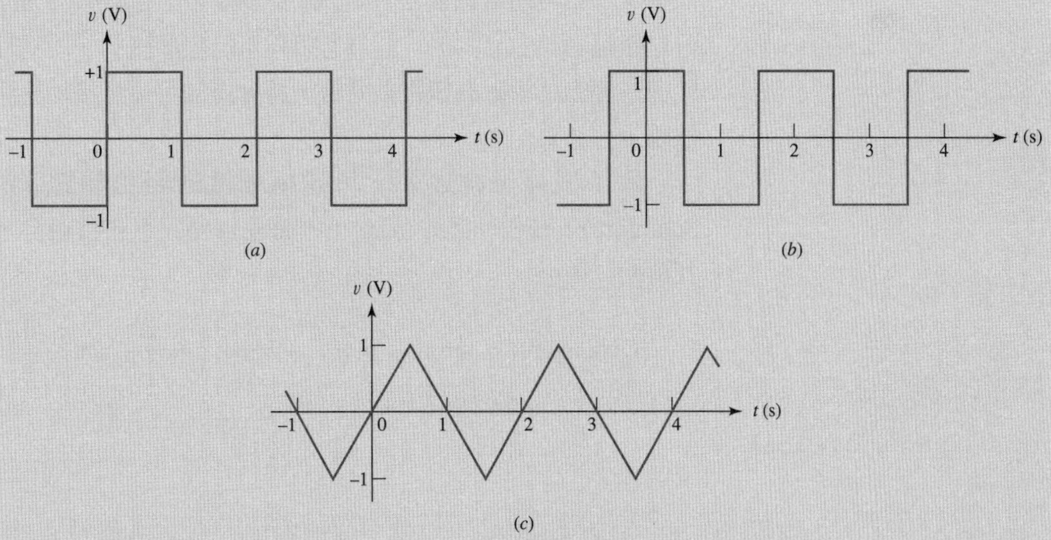

◆ **圖 18.4**

解答：18.2：−1.200；1.383；−4.44。
18.3：$(4/\pi)\,(\sin \pi t + \frac{1}{3}\sin 3\pi t + \frac{1}{5}\sin 5\pi t + \cdots)$ V；$(4/\pi)\,(\cos \pi t - \frac{1}{3}\cos 3\pi t + \frac{1}{5}\cos 5\pi t - \cdots)$ V；$(8/\pi^2)\,(\sin \pi t - \frac{1}{9}\sin 3\pi t + \frac{1}{25}\sin 5\pi t - \cdots)$。

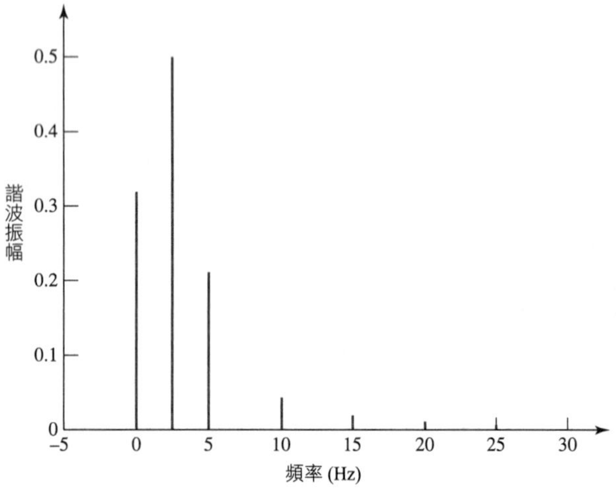

◆ **圖 18.5** 方程式 [16] 所表示的 $v(t)$ 離散線頻譜，顯示前七個頻率成分。為方便起見，在此已選擇了振幅 $V_m = 1$。

■線頻譜與相頻譜

先前將範例 18.1 之函數 $v(t)$ 描繪於圖 18.2，並且以方程式 [12] 進行解析——兩者皆為時域表示方式。給定於方程式 [16] 的 $v(t)$ 傅立葉級數亦為時域表示式，但也可將之變換成為頻域表示式。例如，圖 18.5 顯示 $v(t)$ 每個頻率成分之振幅，此種繪圖型式稱為**線頻譜** (Line Spectrum)。在此以相對應的頻率 (f_0、f_1 等) 上之垂直線長度來指示每個頻率成分的振幅 (亦即，$|a_0|$、$|a_1|$ 等)；為方便起見，取 $V_m = 1$。給定不同數值之 V_m，以新的數值簡單標繪 y 軸的數值。

如此圖示有時稱為**離散頻譜** (Discrete Spectrum)，其中提供了大量明顯的資訊。特別的是，能夠得知需要多少的級數項方能得到原波形之合理近似。在圖 18.5 中的線頻譜中，應注意第 8 與第 10 次諧波 (分別為 20 與 25 Hz) 僅會產生小幅的修正。因此，將第 6 次諧波之後的級數捨去會得到合理的近似；讀者能夠藉由考慮圖 18.3 來判斷之。

必須注意其中一個要點。所考慮的範例並無包含正弦項，因而第 n 次諧波之振幅為 $|a_n|$。若 b_n 不為零，則在頻率為 $n\omega_0$ 的成分之振幅必為 $\sqrt{a_n^2 + b_n^2}$。此為必須顯示於線頻譜的一般物理量。當探討傅立葉級數的複數型式時，將會得知可更直接地得到此一振幅。

除了振幅頻譜之外，可建構離散的**相位頻譜** (Phase Spectrum)。在任何頻率 $n\omega_0$ 下，將餘弦項與正弦項組合，藉以判斷相位角 ϕ_n：

$$a_n \cos n\omega_0 t + b_n \sin n\omega_0 t = \sqrt{a_n^2 + b_n^2} \cos\left(n\omega_0 t + \tan^{-1}\frac{-b_n}{a_n}\right)$$

$$= \sqrt{a_n^2 + b_n^2} \cos(n\omega_0 t + \phi_n)$$

或者

$$\phi_n = \tan^{-1}\frac{-b_n}{a_n}$$

在方程式 [16] 中，對每一個 n 而言，$\phi_n = 0°$ 或者 $180°$。

此一範例所得到的傅立葉級數並不包含正弦項，在餘弦項之間亦不包含奇次諧波 (除了基本波之外)。在執行任何的積分運算之前，藉由檢視所給定的時間函數之對稱性質，便可先預期傅立葉級數中會缺少某些諧波項。下一節將探討對稱性質之應用。

18.2 對稱性質之應用

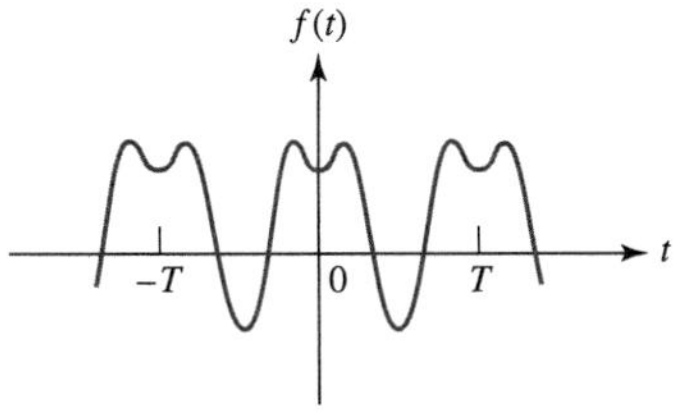

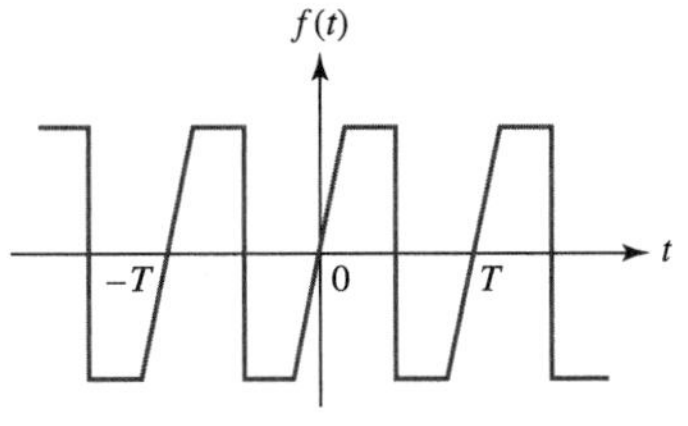

◆ **圖 18.6** (a) 闡述偶對稱之波形；(b) 闡述奇對稱之波形。

■ 奇偶對稱

最容易識別的兩種型式之對稱為*偶函數對稱*與*奇函數對稱*，或者簡稱為*偶對稱*與*奇對稱*。若

$$f(t) = f(-t) \qquad [17]$$

則稱 $f(t)$ 具有偶對稱性質。例如，t^2、$\cos 3t$、$\ln(\cos t)$、$\sin^2 7t$ 以及常數 C 等函數皆具有偶對稱性質；以 $(-t)$ 取代 t 皆不會改變函數的任何數值。也可採用圖形方式來確認此種型式的對稱，即若 $f(t)=f(-t)$，則存在 $f(t)$ 軸之鏡像對稱。圖 18.6a 所示的函數具有偶對稱；若將圖示沿著 $f(t)$ 軸折疊，則圖形的正時間與負時間部分將會完全吻合。

奇函數之定義為若 $f(t)$ 具有奇對稱性質，則

$$f(t) = -f(-t) \qquad [18]$$

亦即，若以 $(-t)$ 取代 t，則得到所給定的函數之負值；例如，t、$\sin t$、$t\cos 70t$、$t\sqrt{1+t^2}$ 以及繪製於圖 18.6b 之函數，皆為奇函數，並且具有奇對稱之性質。若 $f(t)$ 之 $t>0$ 部分以正 t 軸轉動，再將所產生的圖示以 $f(t)$ 軸轉動，則明顯具有奇函數之圖形特性，亦即兩曲線將會完全吻合。奇函數具有原點之對稱，而非偶函數之 $f(t)$ 軸對稱。

定義奇偶對稱之後，應注意兩個具有偶對稱的函數，或者兩個具有奇對稱的函數之乘積會得到具有偶對稱之函數。再者，偶函數與奇函數之乘積會得到具有奇對稱性質之函數。

■ 對稱性質與傅立葉級數項

此時將探討偶對稱在傅立葉級數中所產生的效應。若考慮等於某一偶函數 $f(t)$ 之表示式，並且將之視為無限多正弦與餘弦函數之總和，則顯然其總和必亦為偶函數。而正弦波為奇函數，且*除了零之外* (既為偶函數，亦為奇函數)，*各正弦波的任意加總皆不能夠產生任何偶函數*。因此，任何偶函數的傅立葉級數皆僅為常數與餘弦函數所構成。此時將謹慎證明 $b_n=0$。已知

$$b_n = \frac{2}{T}\int_{-T/2}^{T/2} f(t)\sin n\omega_0 t\,dt$$
$$= \frac{2}{T}\left[\int_{-T/2}^{0} f(t)\sin n\omega_0 t\,dt + \int_{0}^{T/2} f(t)\sin n\omega_0 t\,dt\right]$$

以 $-\tau$ 或者 $\tau=-t$ 取代第一個積分項的變數 t，並且應用 $f(t)=f(-t)=f(\tau)$ 之事實：

$$b_n = \frac{2}{T}\left[\int_{T/2}^{0} f(-\tau)\sin(-n\omega_0\tau)(-d\tau) + \int_{0}^{T/2} f(t)\sin n\omega_0 t\,dt\right]$$
$$= \frac{2}{T}\left[-\int_{0}^{T/2} f(\tau)\sin\, n\omega_0\tau\,d\tau + \int_{0}^{T/2} f(t)\sin n\omega_0 t\,dt\right]$$

但用來識別積分變數的符號不會影響積分的數值。因此

$$\int_{0}^{T/2} f(\tau)\sin n\omega_0\tau\,d\tau = \int_{0}^{T/2} f(t)\sin n\omega_0 t\,dt$$

且

$$b_n = 0 \qquad \text{(偶對稱)} \qquad [19]$$

無任何正弦項存在。因此，若 $f(t)$ 顯示偶對稱，則 $b_n=0$；反之，若 $b_n=0$，則 $f(t)$ 必具有偶對稱性質。

類似於 a_n 表示式的檢視方式可得到從 $t=0$ 延伸至 $t=\frac{1}{2}T$ 之半週期積分：

$$a_n = \frac{4}{T}\int_{0}^{T/2} f(t)\cos n\omega_0 t\,dt \qquad \text{(偶對稱)} \qquad [20]$$

基於取偶函數“一半範圍積分之兩倍”合於邏輯之事實而得到 a_n。

具有奇對稱的函數之傅立葉展開不會包含常數項或餘弦項。在此將證明此一描述中的餘弦項的第二部分，亦即餘弦項。已知

$$a_n = \frac{2}{T}\int_{-T/2}^{T/2} f(t)\cos n\omega_0 t\,dt$$
$$= \frac{2}{T}\left[\int_{-T/2}^{0} f(t)\cos n\omega_0 t\,dt + \int_{0}^{T/2} f(t)\cos n\omega_0 t\,dt\right]$$

且令第一個積分項之 $t=-\tau$：

$$a_n = \frac{2}{T}\left[\int_{T/2}^{0} f(-\tau)\cos(-n\omega_0\tau)\,(-d\tau) + \int_{0}^{T/2} f(t)\cos n\omega_0 t\,dt\right]$$
$$= \frac{2}{T}\left[\int_{0}^{T/2} f(-\tau)\cos\, n\omega_0\tau\,d\tau + \int_{0}^{T/2} f(t)\cos n\omega_0 t\,dt\right]$$

但由於$f(-\tau) = -f(\tau)$，因此

$$a_n = 0 \qquad (\text{奇對稱}) \qquad [21]$$

同理，亦可證明

$$a_0 = 0 \qquad (\text{奇對稱})$$

由於奇對稱性質，$a_n = 0$ 且 $a_0 = 0$；反之，若 $a_n = 0$ 且 $a_0 = 0$，則呈現奇對稱性質。

進行半範圍之積分，便可再次得到 b_n 之數值：

$$b_n = \frac{4}{T}\int_0^{T/2} f(t)\sin n\omega_0 t\, dt \qquad (\text{奇對稱}) \qquad [22]$$

■ 半波對稱

方波的傅立葉級數具有一個特別的特性：不具有任何的偶次諧波。[1] 亦即，僅具有基本頻率奇數倍之頻率成分會出現在傅立葉級數中；對偶數的 n 而言，a_n 與 b_n 皆為零。此一結果為另一種對稱性質所造成，稱為半波對稱。$f(t)$ 具有半波對稱之條件為

$$f(t) = -f\left(t - \tfrac{1}{2}T\right)$$

或者等效的表示式，

$$f(t) = -f\left(t + \tfrac{1}{2}T\right)$$

除了正負號的改變之外，每個半週期皆相似於鄰近的半週期。半波對稱並不像是奇偶對稱，並非 $t = 0$ 點之選擇函數。因此，方波 (圖 18.4a 與圖 18.4b) 顯示半波對稱。圖 18.6 所示的波形皆不具有半波對稱，但圖 18.7 兩個有些相似的函數則具有半波對稱。

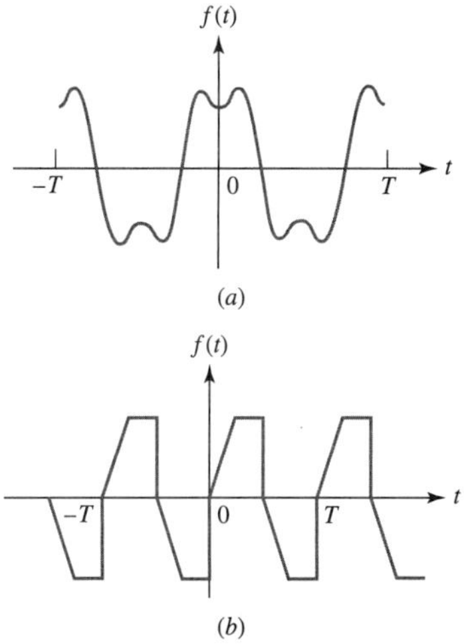

◆ **圖 18.7** (a) 與圖 18.6a 波形有些相似的波形，但具有半波對稱；(b) 與圖 18.6b 波形有些相似的波形，但具有半波對稱。

也可證明任何具有半波對稱的函數之傅立葉級數皆僅包含奇次諧波。若考慮係數 a_n，則再次得到

$$a_n = \frac{2}{T}\int_{-T/2}^{T/2} f(t)\cos n\omega_0 t\, dt$$

$$= \frac{2}{T}\left[\int_{-T/2}^{0} f(t)\cos n\omega_0 t\, dt + \int_0^{T/2} f(t)\cos n\omega_0 t\, dt\right]$$

可將之表示為

$$a_n = \frac{2}{T}(I_1 + I_2)$$

1 需要經常保持警惕的是，應避免混淆偶函數與偶次諧波，或者混淆奇函數與奇次諧波。例如，b_{10} 為偶次諧波的係數，而若 $f(t)$ 為偶函數，則 b_{10} 為零。

將新的變數 $\tau = t + \frac{1}{2}T$ 代入積分項 I_1 之中：

$$I_1 = \int_0^{T/2} f\left(\tau - \frac{1}{2}T\right) \cos n\omega_0 \left(\tau - \frac{1}{2}T\right) d\tau$$

$$= \int_0^{T/2} -f(\tau)\left(\cos n\omega_0\tau \cos \frac{n\omega_0 T}{2} + \sin n\omega_0\tau \sin \frac{n\omega_0 T}{2}\right) d\tau$$

但 $\omega_0 T$ 為 2π，因而

$$\sin \frac{n\omega_0 T}{2} = \sin n\pi = 0$$

由此

$$I_1 = -\cos n\pi \int_0^{T/2} f(\tau) \cos n\omega_0\tau \, d\tau$$

檢視 I_2 的型式之後，可寫出

$$a_n = \frac{2}{T}(1 - \cos n\pi) \int_0^{T/2} f(t) \cos n\omega_0 t \, dt$$

其中的因數 $(1 - \cos n\pi)$ 顯示若 n 為偶數，則 a_n 為零。因此，

$$a_n = \begin{cases} \dfrac{4}{T}\displaystyle\int_0^{T/2} f(t)\cos n\omega_0 t\, dt & n \text{ 為奇數} \\ 0 & n \text{ 為偶數} \end{cases} \qquad (\tfrac{1}{2}\text{ 波對稱}) \quad [23]$$

類似的檢視可驗證對所有偶數的 n 而言，b_n 亦為零，因而

$$b_n = \begin{cases} \dfrac{4}{T}\displaystyle\int_0^{T/2} f(t)\sin n\omega_0 t\, dt & n \text{ 為奇數} \\ 0 & n \text{ 為偶數} \end{cases} \qquad (\tfrac{1}{2}\text{ 波對稱}) \quad [24]$$

應注意半波對稱可存在於同時呈現奇對稱或偶對稱之波形。例如，圖 18.7a 所示的波形同時具有偶對稱與半波對稱。當某一波形具有半波對稱以及奇偶對稱其中一種性質時，若任何四分之一週期間隔的函數為已知，則可重新建構此一波形。也可藉由積分任意的四分之一週期，得到 a_n 或 b_n 之數值。因此，

$$\left.\begin{aligned} a_n &= \frac{8}{T}\int_0^{T/4} f(t)\cos n\omega_0 t\, dt && n \text{ 為奇數} \\ a_n &= 0 && n \text{ 為偶數} \\ b_n &= 0 && \text{所有 } n \end{aligned}\right\} (\tfrac{1}{2}\text{ 波對稱與偶對稱}) \quad [25]$$

當某一函數之傅立葉級數為所求，總是值得花幾分鐘來檢視該函數之對稱性質。

$$\left.\begin{aligned} a_n &= 0 && \text{所有 } n \\ b_n &= \frac{8}{T}\int_0^{T/4} f(t)\sin \omega_0 t\, dt && n \text{ 為奇數} \\ b_n &= 0 && n \text{ 為偶數} \end{aligned}\right\} (\tfrac{1}{2}\text{ 波對稱與奇對稱}) \quad [26]$$

表 18.1 闡述所探討的各種對稱型式所得到之化簡。

表 18.1 以對稱為基礎化簡傅立葉級數之總結

對稱型式	特徵	簡化
偶對稱	$f(t) = -f(t)$	$b_n = 0$
奇對稱	$f(t) = -f(-t)$	$a_n = 0$
半波對稱	$f(t) = -f\left(t - \frac{T}{2}\right)$ 或 $f(t) = -f\left(t + \frac{T}{2}\right)$	$a_n = \begin{cases} \frac{4}{T}\int_0^{T/2} f(t)\cos n\omega_0 t\,dt & n \text{ 為奇數} \\ 0 & n \text{ 為偶數} \end{cases}$ $b_n = \begin{cases} \frac{4}{T}\int_0^{T/2} f(t)\sin n\omega_0 t\,dt & n \text{ 為奇數} \\ 0 & n \text{ 為偶數} \end{cases}$
半波與偶對稱	$f(t) = -f\left(t - \frac{T}{2}\right)$ 且 $f(t) = -f(t)$ 或 $f(t) = -f\left(t + \frac{T}{2}\right)$ 且 $f(t) = -f(t)$	$a_n = \begin{cases} \frac{8}{T}\int_0^{T/4} f(t_1)\cos n\omega_0 t\,dt & n \text{ 為奇數} \\ 0 & n \text{ 為偶數} \end{cases}$ $b_n = 0$ 所有 n
半波與奇對稱	$f(t) = -f\left(t - \frac{T}{2}\right)$ 且 $f(t) = -f(-t)$ 或 $f(t) = -f\left(t + \frac{T}{2}\right)$ 且 $f(t) = -f(-t)$	$a_n = 0$ 所有 n $b_n = \begin{cases} \frac{8}{T}\int_0^{T/4} f(t)\sin n\omega_0 t\,dt & n \text{ 為奇數} \\ 0 & n \text{ 為偶數} \end{cases}$

練習題

18.4 試繪製以下所描述的每個函數，並敘述各函數是否為偶對稱、奇對稱，以及半波對稱，且判斷其週期：(a) 在 $-2 < t < 0$ 以及 $2 < t < 4$，$v = 0$；在 $0 < t < 2$，$v = 5$；在 $4 < t < 6$，$v = -5$；依此重複；(b) 在 $1 < t < 3$，$v = 10$；在 $3 < t < 7$，$v = 0$；在 $7 < t < 9$，$v = -10$；依此重複；(c) 在 $-1 < t < 1$，$v = 8t$；在 $1 < t < 3$，$v = 0$；依此重複。

18.5 試求練習題 18.4a 與 b 波形之傅立葉級數。

解答：18.4：非偶對稱，非奇對稱，是半波對稱，週期為 8；非偶對稱，非奇對稱，非半波對稱，週期為 8；非偶對稱，是奇對稱，非半波對稱，週期為 4。

18.5：$\sum_{n=1(\text{odd})}^{\infty} \frac{10}{n\pi}\left(\sin\frac{n\pi}{2}\cos\frac{n\pi t}{4} + \sin\frac{n\pi t}{4}\right)$；

$\sum_{n=1}^{\infty} \frac{10}{n\pi}\left[\left(\sin\frac{3n\pi}{4} - 3\sin\frac{n\pi}{4}\right)\cos\frac{n\pi t}{4} + \left(\cos\frac{n\pi}{4} - \cos\frac{3n\pi}{4}\right)\sin\frac{n\pi t}{4}\right]$。

18.3 週期性強制函數之完整響應

透過傅立葉級數之應用，便可將任意週期性強制函數表示為無限多弦波強制函數之加總。可藉由傳統的穩態分析來求得每個週期性強制函數之強制響應，且可經由適當的網路轉移函數之極點來求得自然響應之型式。網路中所存在的初始條件，包含強制響應之初始值，可用來選擇自然響應之振幅；之後便得到完整響應為強制響應與自然響應之總和。

範例 18.2

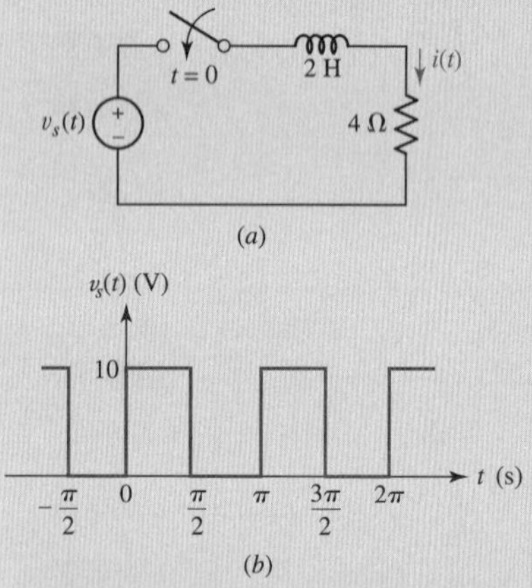

◆ **圖 18.8** (a) 由週期性強制函數 $v_s(t)$ 所激勵之簡單串聯 RL 電路；(b) 強制函數 $v_s(t)$ 之型式。

考慮 18.8a 之電路，若 $i(0)=0$，試求相應於圖 18.8b 所示的強制函數之週期性響應 $i(t)$。

強制函數具有基本頻率 $\omega_0 = 2$ rad/s，且可藉由比較練習題 18.3 解答中針對圖 18.4b 所推導的傅立葉級數，寫出 $v_s(t)$ 之傅立葉級數，

$$v_s(t) = 5 + \frac{20}{\pi}\sum_{n=1(\text{odd})}^{\infty}\frac{\sin 2nt}{n}$$

將藉由頻率分析，得到第 n 次諧波之強制響應。以如此方式，便可得到

$$v_{sn}(t) = \frac{20}{n\pi}\sin 2nt$$

且

$$\mathbf{V}_{sn} = \frac{20}{n\pi}\underline{/-90^\circ} = -j\frac{20}{n\pi}$$

此 RL 電路在此一頻率下所提供的阻抗為

$$\mathbf{Z}_n = 4 + j(2n)2 = 4 + j4n$$

所以此一頻率下的強制響應成分為

$$\mathbf{I}_{fn} = \frac{\mathbf{V}_{sn}}{\mathbf{Z}_n} = \frac{-j5}{n\pi(1+jn)}$$

回顧 $V_m \sin \omega t$ 等於 $V_m \cos(\omega t - 90^\circ)$，相應於 $V_m\underline{/-90^\circ} = -jV_m$。

將之變換至時域，得到

$$i_{fn} = \frac{5}{n\pi}\frac{1}{\sqrt{1+n^2}}\cos(2nt - 90^\circ - \tan^{-1} n)$$

$$= \frac{5}{\pi(1+n^2)}\left(\frac{\sin 2nt}{n} - \cos 2nt\right)$$

由於 dc 成分之響應可簡單描述為 5 V/4 Ω = 1.25 A，因此強制響

應可表示為加總方程式

$$i_f(t) = 1.25 + \frac{5}{\pi}\sum_{n=1(\text{odd})}^{\infty}\left[\frac{\sin 2nt}{n(1+n^2)} - \frac{\cos 2nt}{1+n^2}\right]$$

先前已相當熟悉此一簡單電路的自然響應，即為單一指數項 [其特性為單一個極點的轉移函數，$\mathbf{I}_f/\mathbf{V}_s = 1/(4+2\mathbf{s})$]

$$i_n(t) = Ae^{-2t}$$

完整響應因此為強制響應與自然響應之總和

$$i(t) = i_f(t) + i_n(t)$$

令 $t=0$，使用 $i(0)=0$ 求得 A：

$$A = -1.25 + \frac{5}{\pi}\sum_{n=1(\text{odd})}^{\infty}\frac{1}{1+n^2}$$

雖然所得到的 A 正確，但使用單一個數值來表示其中的加總方程式則更為方便。$\Sigma\, 1/(1+n^2)$ 前 5 項的總和為 0.671，前 10 項的總和為 0.695，前 20 項的總和為 0.708，以三個明顯位數之精確總和為 0.720。因此

$$A = -1.25 + \frac{5}{\pi}(0.720) = -0.104$$

且

$$i(t) = -0.104e^{-2t} + 1.25 + \frac{5}{\pi}\sum_{n=1(\text{odd})}^{\infty}\left[\frac{\sin 2nt}{n(1+n^2)} - \frac{\cos 2nt}{1+n^2}\right] \quad \text{安培}$$

在此一範例的求解過程中，已使用了許多在本章與第十七章所介紹的最普遍觀念。由於此一特殊電路的本質較為簡單，因此並不需要使用到先前所介紹的某些觀念，但在一般的分析中則會有所指示。就此而言，可將此一問題的解答視為電路分析入門學習之重大進展。然而，必須指出範例 18.2 中以解析方編程所得到的完整響應並沒有太大的價值，也沒有提供響應本質的清楚輪廓；因此需要將 $i(t)$ 繪製成為時間的函數，可藉由足夠數量的時間瞬間之繁複計算得到此圖形；在此使用桌上型電腦或可編程計算機將會有很大的幫助。可藉由自然響應、dc 項以及前幾次諧波之圖形相加來近似此一圖形；但收效甚微。

在所有的方式皆嘗試過之後，便可能需要藉由重複的暫態分析來得到最翔實的解答。亦即，必能計算從 $t=0$ 至 $t=\pi/2$ s 區

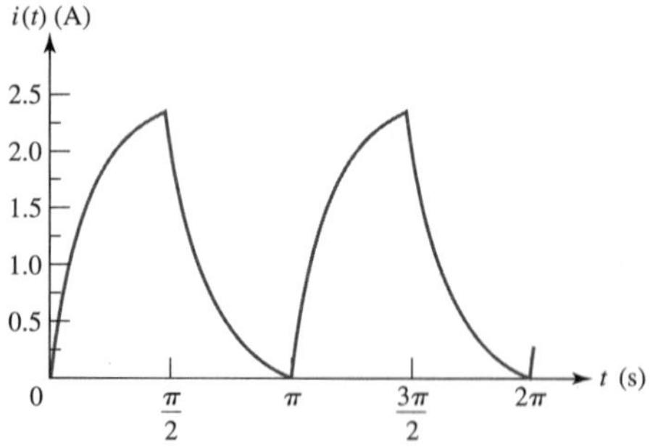

◆ **圖 18.9** 圖 18.8a 電路對圖 18.8b 強制函數的完整響應之初始部分。

間內的響應型式；其為遞增至 2.5 A 之指數函數。在判斷了第一個區間終點之數值後，便得到下一個 $(\pi/2)$ 區間之初始條件。重複此一處理程序，直到響應呈現總體週期性的本質為止。由於在連續週期 $\pi/2 < t < 3\pi/2$ 與 $3\pi/2 < t < 5\pi/2$ 內電流波形的變化可忽略不計，此方法特別適用於此一範例。完整的電流響應繪製於圖 18.9。

練習題

18.6 若 t 等於 (a) $\pi/2$；(b) π；(c) $3\pi/2$，試使用第八章之方法求得圖 18.9 所示的電流數值。

解答：2.392 A；0.1034 A；2.396 A。

18.4 傅立葉級數之複數型式

在得到頻譜的過程中，已知每個頻率成分之振幅皆由 a_n 與 b_n 所決定；亦即，正弦項與餘弦項兩者對該振幅皆有所貢獻。振幅之精確表示式為 $\sqrt{a_n^2 + b_n^2}$。也可直接藉由使用其中每項皆為具有相位角的餘弦項之傅立葉級數型式得到此一振幅；而振幅以及相位角皆為 $f(t)$ 與 n 之函數。若將正弦與餘弦表示為具有複數倍乘常數之指數函數，便可得到更為方便且簡潔的傅立葉級數。

讀者可回顧恆等式

$$\sin\alpha = \frac{e^{j\alpha} - e^{-j\alpha}}{j2}$$

以及

$$\cos\alpha = \frac{e^{j\alpha} + e^{-j\alpha}}{2}$$

先取傅立葉級數之三角型式：

$$f(t) = a_0 + \sum_{n=1}^{\infty}(a_n \cos n\omega_0 t + b_n \sin n\omega_0 t)$$

再將指數式代入其中的正弦與餘弦。重新整理之後，得到

$$f(t) = a_0 + \sum_{n=1}^{\infty}\left(e^{jn\omega_0 t}\frac{a_n - jb_n}{2} + e^{-jn\omega_0 t}\frac{a_n + jb_n}{2}\right)$$

此時定義複數常數 $\mathbf{c}_n$：

$$\mathbf{c}_n = \tfrac{1}{2}(a_n - jb_n) \qquad (n = 1, 2, 3, \ldots) \qquad [27]$$

a_n、b_n 與 c_n 之數值皆由 n 與 $f(t)$ 所決定。假設此時以 $(-n)$ 取代 n；則 a_n、b_n 與 c_n 之數值或有改變；係數 a_n 與 b_n 定義於方程式 [10] 及 [11]，顯然

$$a_{-n} = a_n$$

但是

$$b_{-n} = -b_n$$

經由方程式 [27]，則

$$\mathbf{c}_{-n} = \tfrac{1}{2}(a_n + jb_n) \qquad (n = 1, 2, 3, \ldots) \tag{28}$$

因此，

$$\mathbf{c}_n = \mathbf{c}_{-n}^*$$

也可令

$$\mathbf{c}_0 = a_0$$

因而可將 $f(t)$ 表示為

$$f(t) = \mathbf{c}_0 + \sum_{n=1}^{\infty} \mathbf{c}_n e^{jn\omega_0 t} + \sum_{n=1}^{\infty} \mathbf{c}_{-n} e^{-jn\omega_0 t}$$

或者

$$f(t) = \sum_{n=0}^{\infty} \mathbf{c}_n e^{jn\omega_0 t} + \sum_{n=1}^{\infty} \mathbf{c}_{-n} e^{-jn\omega_0 t}$$

最後，加總從 -1 至 $-\infty$ 之負整數的第二個級數，取代加總從 1 至 ∞ 之正整數：

$$f(t) = \sum_{n=0}^{\infty} \mathbf{c}_n e^{jn\omega_0 t} + \sum_{n=-1}^{-\infty} \mathbf{c}_n e^{jn\omega_0 t}$$

或者

$$\boxed{f(t) = \sum_{n=-\infty}^{\infty} \mathbf{c}_n e^{jn\omega_0 t}} \tag{29}$$

已知從 $-\infty$ 至 ∞ 之總和包含 $n = 0$ 項。

方程式 [29] 為 $f(t)$ 傅立葉級數之**複數型式**；此方程式相當簡明，且使用方便。為了得到此一可求解特定的複數係數 $\mathbf{c}_n$ 之表示式，將方程式 [10] 與 [11] 代入方程式 [27]：

$$\mathbf{c}_n = \frac{1}{T}\int_{-T/2}^{T/2} f(t)\cos n\omega_0 t\, dt - j\frac{1}{T}\int_{-T/2}^{T/2} f(t)\sin n\omega_0 t\, dt$$

之後再使用正弦與餘弦函數之指數等效式，並且化簡：

$$\boxed{\mathbf{c}_n = \frac{1}{T}\int_{-T/2}^{T/2} f(t) e^{-jn\omega_0 t}\, dt} \tag{30}$$

因此，可使用單一簡潔等式來取代傅立葉級數三角型式所需的兩個方程式。如此僅需要一個積分式，而不需要求解兩個積分式方能得到傅立葉係數。應注意方程式 [30] 之積分包含倍乘因數 1/T，而 a_n 與 b_n 之積分則皆包含因數 2/T。

指數型式的傅立葉級數之兩個基本關係為

$$f(t) = \sum_{n=-\infty}^{\infty} \mathbf{c}_n e^{jn\omega_0 t} \qquad [29]$$

$$\mathbf{c}_n = \frac{1}{T}\int_{-T/2}^{T/2} f(t)e^{-jn\omega_0 t}\,dt \qquad [30]$$

其中 $\omega_0 = 2\pi/T$。

指數傅立葉級數在 $\omega = n\omega_0$ 之振幅為 $|\mathbf{c}_n|$，其中 $n = 0$、± 1、± 2、⋯。使用顯示正負數值之橫軸，即可繪製所給定的 $|\mathbf{c}_n|$ 對 $n\omega_0$ 或 nf_0 之離散頻譜；且繪圖之後由於方程式 [27] 與 [28] 顯示 $|\mathbf{c}_n| = |\mathbf{c}_{-n}|$，因此圖形對稱於原點。

從方程式 [29] 與 [30] 也可注意到 $\omega = n\omega_0$ 之弦波成分振幅為 $\sqrt{a_n^2 + b_n^2} = 2|\mathbf{c}_n| = 2|\mathbf{c}_{-n}| = |\mathbf{c}_n| + |\mathbf{c}_{-n}|$，其中 $n = 1$、2、3、⋯。以 dc 成分而言，$a_0 = \mathbf{c}_0$。

$f(t)$ 中所出現的某些對稱性質也會影響方程式 [30] 所給定之指數傅立葉係數。因此，$\mathbf{c}_n$ 的適當表示式為

$$\mathbf{c}_n = \frac{2}{T}\int_0^{T/2} f(t)\cos n\omega_0 t\,dt \qquad \text{(偶對稱)} \qquad [31]$$

$$\mathbf{c}_n = \frac{-j2}{T}\int_0^{T/2} f(t)\sin n\omega_0 t\,dt \qquad \text{(奇對稱)} \qquad [32]$$

$$\mathbf{c}_n = \begin{cases} \dfrac{2}{T}\displaystyle\int_0^{T/2} f(t)e^{-jn\omega_0 t}\,dt & (n\text{ 為奇數，}\tfrac{1}{2}\text{ 波對稱}) \quad [33a] \\ 0 & (n\text{ 為偶數，}\tfrac{1}{2}\text{ 波對稱}) \quad [33b] \end{cases}$$

$$\mathbf{c}_n = \begin{cases} \dfrac{4}{T}\displaystyle\int_0^{T/4} f(t)\cos n\omega_0 t\,dt & (n\text{ 為奇數，}\tfrac{1}{2}\text{ 波對稱且偶對稱}) \quad [34a] \\ 0 & (n\text{ 為偶數，}\tfrac{1}{2}\text{ 波對稱且偶對稱}) \quad [34b] \end{cases}$$

$$\mathbf{c}_n = \begin{cases} \dfrac{-j4}{T}\displaystyle\int_0^{T/4} f(t)\sin n\omega_0 t\,dt & (n\text{ 為奇數，}\tfrac{1}{2}\text{ 波對稱且奇對稱}) \quad [35a] \\ 0 & (n\text{ 為偶數，}\tfrac{1}{2}\text{ 波對稱且奇對稱}) \quad [35b] \end{cases}$$

範例 18.3

試求圖 18.10 方波之 $\mathbf{c}_n$。

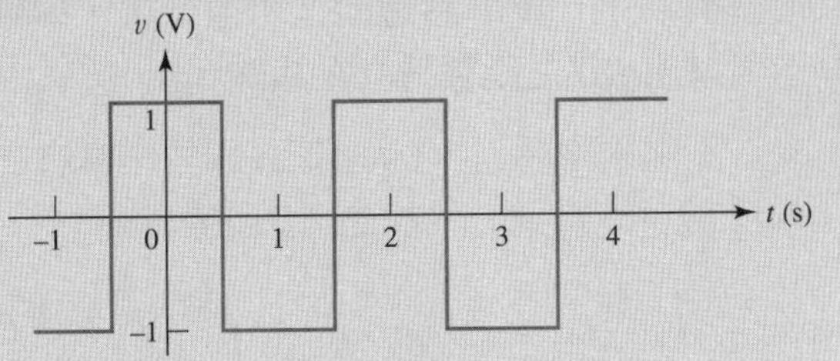

◆**圖 18.10** 同時兼具偶對稱與半波對稱之方波。

此一方波同時兼具偶對稱與半波對稱。若忽略對稱性質並且使用一般的方程式 [30]，且 $T=2$ 及 $\omega_0=2\pi/2=\pi$，得到

$$\begin{aligned}
\mathbf{c}_n &= \frac{1}{T}\int_{-T/2}^{T/2} f(t)e^{-jn\omega_0 t}\,dt \\
&= \frac{1}{2}\left[\int_{-1}^{-0.5} -e^{-jn\pi t}\,dt + \int_{-0.5}^{0.5} e^{-jn\pi t}\,dt - \int_{0.5}^{1} e^{-jn\pi t}\,dt\right] \\
&= \frac{1}{2}\left[\frac{-1}{-jn\pi}(e^{-jn\pi t})\Big|_{-1}^{-0.5} + \frac{1}{-jn\pi}(e^{-jn\pi t})\Big|_{-0.5}^{0.5} + \frac{-1}{-jn\pi}(e^{-jn\pi t})\Big|_{0.5}^{1}\right] \\
&= \frac{1}{j2n\pi}(e^{jn\pi/2} - e^{jn\pi} - e^{-jn\pi/2} + e^{jn\pi/2} + e^{-jn\pi} - e^{-jn\pi/2}) \\
&= 2\,\frac{e^{jn\pi/2} - e^{-jn\pi/2}}{j2n\pi} - \frac{e^{jn\pi} - e^{-jn\pi}}{j2n\pi} \\
&= \frac{1}{n\pi}\left[2\sin\frac{n\pi}{2} - \sin n\pi\right]
\end{aligned}$$

因此得到 $\mathbf{c}_0=0$、$\mathbf{c}_1=2/\pi$、$\mathbf{c}_2=0$、$\mathbf{c}_3=-2/3\pi$、$\mathbf{c}_4=0$、$\mathbf{c}_5=2/5\pi$ 等等。若仍記得當 $b_n=0$、$a_n=2\mathbf{c}_n$，則這些數值與練習題 18.3 針對圖 18.4b 的解答所給定之三角傅立葉級數一致。

利用此波形的對稱性質 (偶對稱與半波對稱)，且應用方程式 [34a] 與 [34b]，則分析較為簡單，得到

$$\begin{aligned}
\mathbf{c}_n &= \frac{4}{T}\int_0^{T/4} f(t)\cos n\omega_0 t\,dt \\
&= \frac{4}{2}\int_0^{0.5}\cos n\pi t\,dt = \frac{2}{n\pi}(\sin n\pi t)\Big|_0^{0.5} \\
&= \begin{cases} \dfrac{2}{n\pi}\sin\dfrac{n\pi}{2} & (n \text{ 為奇數}) \\ 0 & (n \text{ 為偶數}) \end{cases}
\end{aligned}$$

與先前不考慮對稱性質所得到的結果相同。此時考慮較為困難、較為有趣的範例。

範例 18.4

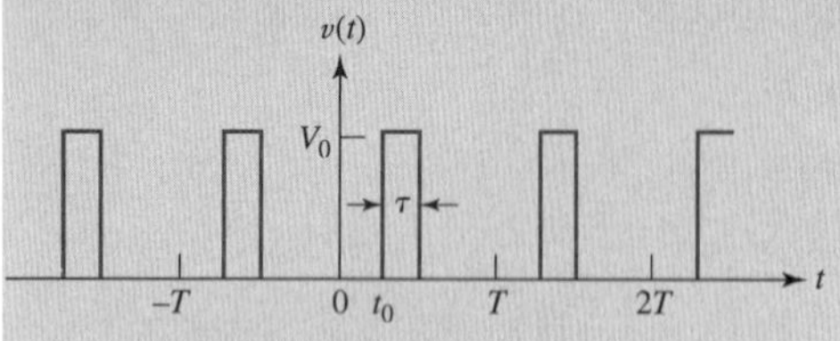

◆ **圖 18.11** 週期性矩形脈波序列。

某一函數 $f(t)$ 為一連串之矩形脈波，振幅為 V_0，且脈波區間為 τ，每 T 秒週期性重複一次，如圖 18.11 所示。試求 $f(t)$ 之指數傅立葉級數。

基本頻率為 $f_0 = 1/T$。無任何對稱存在，且可經由方程式 [30] 得到一般複數係數之數值：

$$\mathbf{c}_n = \frac{1}{T}\int_{-T/2}^{T/2} f(t)e^{-jn\omega_0 t}\,dt = \frac{V_0}{T}\int_{t_0}^{t_0+\tau} e^{-jn\omega_0 t}\,dt$$

$$= \frac{V_0}{-jn\omega_0 T}(e^{-jn\omega_0(t_0+\tau)} - e^{-jn\omega_0 t_0})$$

$$= \frac{2V_0}{n\omega_0 T}e^{-jn\omega_0(t_0+\tau/2)}\sin\left(\frac{1}{2}n\omega_0\tau\right)$$

$$= \frac{V_0\tau}{T}\frac{\sin\left(\frac{1}{2}n\omega_0\tau\right)}{\frac{1}{2}n\omega_0\tau}e^{-jn\omega_0(t_0+\tau/2)}$$

$\mathbf{c}_n$ 之振幅因此為

$$|\mathbf{c}_n| = \frac{V_0\tau}{T}\left|\frac{\sin\left(\frac{1}{2}n\omega_0\tau\right)}{\frac{1}{2}n\omega_0\tau}\right| \qquad [36]$$

且 $\mathbf{c}_n$ 之角度為

$$\text{ang }\mathbf{c}_n = -n\omega_0\left(t_0 + \frac{\tau}{2}\right) \quad (\text{可加上 } 180°) \qquad [37]$$

方程式 [36] 與 [37] 代表此一指數傅立葉級數問題之解答。

■ 取樣函數

方程式 [36] 的三角函數因數經常出現在現代的通信理論中，稱為**取樣函數** (Sampling Function)。“取樣”乃是指稱圖 18.11 之時間函數；若 τ 很小，且 $V_0 = 1$，則此脈波序列與任何其他的函數 $f(t)$ 之乘積代表 $f(t)$ 每 T 秒之樣本。定義

$$\text{Sa}(x) = \frac{\sin x}{x}$$

由於此一方式可輔助判斷 $f(t)$ 各種頻率成分的振幅，因此值得繼續探討此一函數的重要特性。首先，應注意只要為 π 的整數倍，則 Sa(x) 為零；亦即

$$\text{Sa}(n\pi) = 0 \qquad n = 1, 2, 3, \ldots$$

當 x 為零，則函數值未定，但可簡易地證明此時的數值為 1：

$$\mathrm{Sa}(0)=1$$

Sa(x) 的振幅因此會從 $x=0$ 時之數值 1 遞減至 $x=\pi$ 時之數值 0。隨著 x 從 π 遞增至 2π，|Sa(x)| 會從 0 遞增至一個小於 1 的極大值，之後再次遞減至 0。由於 Sa(x) 的分子不會超過 1，而且分母會逐漸遞增，因此隨著 x 持續遞增，逐次的極大值會持續變小。Sa(x) 也呈現偶對稱性質。

此時將建構所謂的線頻譜。先考慮 $|\mathbf{c}_n|$，根據基本循環頻率 f_0 描述方程式 [36]：

$$|\mathbf{c}_n|=\frac{V_0\tau}{T}\left|\frac{\sin(n\pi f_0\tau)}{n\pi f_0\tau}\right| \qquad [38]$$

使用已知的數值 τ 與 $T=1/f_0$，並且選擇所需的數值 $n=0$、±1、±2、⋯，再經由方程式 [38] 得到任何 $\mathbf{c}_n$ 之振幅。將頻率 nf_0 視為連續的變數，繪製 $|\mathbf{c}_n|$ 之包絡線，而不是在這些離散頻率下求解方程式 [38]。亦即，實際上，f 能夠僅擷取諧波頻率 0、$\pm f_0$、$\pm 2f_0$、$\pm 3f_0$ 等的離散數值，但此時可將 n 視為連續的變數。當 f 為零，$|\mathbf{c}_n|$ 顯然為 $V_0\tau/T$，且當 f 已經遞增為 $1/\tau$，則 $|\mathbf{c}_n|$ 為零。先將所產生的包絡線繪製於圖 18.12a。之後再於每個諧波頻率下簡單地豎立垂直線，得到線頻譜，如圖 18.12a 所示。所示的振幅亦即 $\mathbf{c}_n$ 之振幅。將所繪製的特定實例應用至 $\tau/T=1/(1.5\pi)=0.212$ 之實例。在此一範例中，沒有任何諧波確實存在於包絡線振幅等於零之頻率；τ 或 T 的另一種選擇也會發生此類的事件。

在圖 18.12b 中，將弦波成分的振幅繪製為頻率之函數。再次注意到 $a_0=\mathbf{c}_0$，以及 $\sqrt{a_n^2+b_n^2}=|\mathbf{c}_n|+|\mathbf{c}_{-n}|$。

接著將闡述對圖 18.12b 所示的矩形脈波週期性序列的線頻譜之觀察與結論。對於離散頻譜的包絡線而言，顯然包絡線的"寬度"是由 τ 所決定，而非 T。所以，設計用以傳遞週期性脈波的濾波器頻寬為脈波寬度 τ 之函數，而非脈波週期 T；檢視圖 18.12b，指出所需的頻寬大約為 $1/\tau$ Hz。若增加脈波週期 T (或者減小脈波重複的頻率 f_0)，頻寬 $1/\tau$ 並不會改變，但零頻率與 $1/\tau$ Hz 之間的頻譜線條即使間斷，然數目仍會因此有所增加；每線條的振幅皆反比於 T。最後，時間原點之位移並不會改變線頻譜；亦即，$|\mathbf{c}_n|$ 並非 t_0 之函數。各頻率成分之間的相對相位則會隨 t_0 之選擇而有所改變。

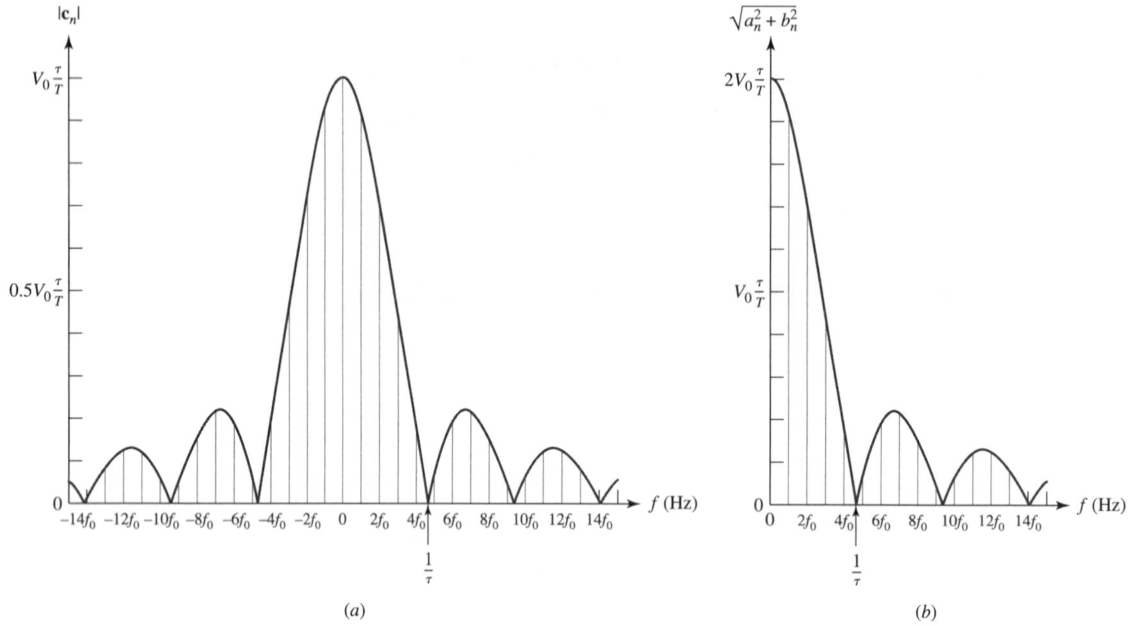

◆ **圖 18.12** (a) $|\mathbf{c}_n|$ 對 $f=nf_0$ 之離散線頻譜，$n=0$、± 1、± 2、⋯，相應於圖 18.11 所示的脈波序列；(b) 相同脈波序列之 $\sqrt{a^2+b^2}$ 對 $f=nf_0$，$n=0$、1、2、⋯。

練習題

18.7 試求 (a) 圖 18.4a；(b) 圖 18.4c 所示波形的複數傅立葉級數之一般係數 $\mathbf{c}_n$。

解答：對奇數 n 而言為 $-j2/(n\pi)$，對偶數 n 而言為 0；對所有的 n 而言為 $-j[4/(n^2\pi^2)]\sin n\pi/2$。

18.5 傅立葉變換之定義

此時已熟知了週期性函數的傅立葉級數表示方式之基本觀念，因此接著將先回顧 18.4 節所得到的矩形脈波週期性序列頻譜來定義傅立葉變換。該頻譜為**離散的**線頻譜，亦即必須是以時間的週期性函數所得到的型式。在某種意義上，頻譜為離散的，並非平滑或連續的頻率函數；而是僅在某些特定頻率下具有非零的數值。

然而許多重要的強制函數並非時間的週期性函數，例如單一個矩形脈波、步階函數、斜坡函數，或者第十四章所定義而有些奇特的**脈衝函數**。可得到此類非週期性函數之頻譜，但是所得到的頻譜將是**連續**的頻譜，通常可在任何微小的非零頻率間隔中得到某能量。

此時將以週期性函數開始並且之後令週期為無限大來闡述此一觀念。先前的矩形脈波經驗應可指出包絡線振幅將會降低，而形狀不會改變，並且指出在任何所給定的頻率間隔內能夠得到更多的頻率成分。在極限的狀況下，應期望得到一條振幅微乎其微之包絡線，並以極微小頻率間隔之無限多頻率成分來填充此包絡線。例如，在 0 與 100 Hz 之間的頻率成分之數目為無限多，但每一個成分的振幅皆為零。乍想之下，會認為振幅為零的頻譜是一種令人費解的概念。已知週期性強制函數之線頻譜可顯示每個頻率成分之振幅。但非週期性強制函數的零振幅連續頻譜之意義為何？此一問題將在下一節解答；此時將繼續進行先前所建議的極限運算程序。

以傅立葉級數的指數型式開始著手：

$$f(t) = \sum_{n=-\infty}^{\infty} \mathbf{c}_n e^{jn\omega_0 t} \qquad [39]$$

其中

$$\mathbf{c}_n = \frac{1}{T}\int_{-T/2}^{T/2} f(t)e^{-jn\omega_0 t}\, dt \qquad [40]$$

以及

$$\omega_0 = \frac{2\pi}{T} \qquad [41]$$

此時令

$$T \to \infty$$

因此，經由方程式 [41]，ω_0 必變成極微小之數值。以微分來取代此一極限：

$$\omega_0 \to d\omega$$

因此

$$\frac{1}{T} = \frac{\omega_0}{2\pi} \to \frac{d\omega}{2\pi} \qquad [42]$$

最後，任何"諧波"$n\omega_0$ 的頻率此時必相應於描述連續頻譜的一般頻率變數。亦即，n 必隨著 ω_0 趨近於零而趨近於無限大，所以其乘積為有限值：

$$n\omega_0 \to \omega \qquad [43]$$

將此四個極限值之運算應用於方程式 [40]，得到 $\mathbf{c}_n$ 必趨近於零，如同先前已經推測的結果。若將方程式兩邊乘以週期 T，並且進行極限之處理，便可得到一個重要的結果：

$$\mathbf{c}_n T \to \int_{-\infty}^{\infty} f(t) e^{-j\omega t} dt$$

此一表示式的右手邊為 ω 之函數 (並非 t)，並且以 $\mathbf{F}(j\omega)$ 表示之：

$$\mathbf{F}(j\omega) = \int_{-\infty}^{\infty} f(t) e^{-j\omega t} dt \qquad [44]$$

此時將極限的處理應用於方程式 [39]。先將加總結果乘以並除以 T，

$$f(t) = \sum_{n=-\infty}^{\infty} \mathbf{c}_n T e^{jn\omega_0 t} \frac{1}{T}$$

接著以新的符號 $\mathbf{F}(j\omega)$ 來取代 $\mathbf{c}_n T$，再使用表示式 [42] 與 [43]。取極限後，將加總變成積分，且

$$f(t) = \frac{1}{2\pi} \int_{-\infty}^{\infty} \mathbf{F}(j\omega) e^{j\omega t} d\omega \qquad [45]$$

讀者可能已經注意到傅立葉變換與拉普拉斯變換之間的相似性。兩者主要的差異包含使用傅立葉變換不易將初始的儲存能量合併於電路分析中，而使用拉普拉斯變換則相當容易。而且，某些時間函數 (例如，遞增的指數函數) 之傅立葉變換並不存在。然而，若主要的焦點在於頻譜資訊而非暫態響應，則傅立葉變換便可為所需工具。

方程式 [44] 與 [45] 統稱為**傅立葉變換對**。函數 $\mathbf{F}(j\omega)$ 為 $f(t)$ 之**傅立葉變換**，而 $f(t)$ 則為 $\mathbf{F}(j\omega)$ 之傅立葉**逆**變換。

此一變換對之關係極為重要！應牢記。使用方塊將之重複敘述於下，藉以強調其重要性：

$$\mathbf{F}(j\omega) = \int_{-\infty}^{\infty} e^{-j\omega t} f(t)\, dt \qquad [46a]$$

$$f(t) = \frac{1}{2\pi} \int_{-\infty}^{\infty} e^{j\omega t} \mathbf{F}(j\omega)\, d\omega \qquad [46b]$$

兩方程式中的指數項之指數正負號相反。為了記憶，可注意正號與 $f(t)$ 之表示式有關，如同方程式 [39] 之複數傅立葉級數。

此時適合提出一個問題。就方程式 [46] 之傅立葉變換之關係而言，是否能夠得到任意選擇的 $f(t)$ 之傅立葉變換？事實證明，幾乎對可實際產生的所有電壓或電流而言答案是肯定的。$\mathbf{F}(j\omega)$ 存在的充分條件為

$$\int_{-\infty}^{\infty} |f(t)|\, dt < \infty$$

然而，由於某些不符合此一條件的函數仍具有傅立葉變換，因此此一條件並非**必要的**；步階函數即為其中一個範例。再者，之後

將可得知 $f(t)$ 並不一定是非週期性的，才具有傅立葉變換；週期性時間函數的傅立葉級數表示式只不過是更一般的傅立葉變換表示式之特例。

如同先前所指出的，傅立葉變換對的關係為唯一的；亦即若給定 $f(t)$，則具有一個特定的 $\mathbf{F}(j\omega)$；且若給定 $\mathbf{F}(j\omega)$，則具有一個特定的 $f(t)$。

範例 18.5

試使用傅立葉變換求得圖 18.13a 的單一矩形脈波之連續頻譜。

此一脈波為先前圖 18.11 所考慮的脈波序列之捨去變化型式，且可描述為

$$f(t) = \begin{cases} V_0 & t_0 < t < t_0 + \tau \\ 0 & t < t_0 \text{ 及 } t > t_0 + \tau \end{cases}$$

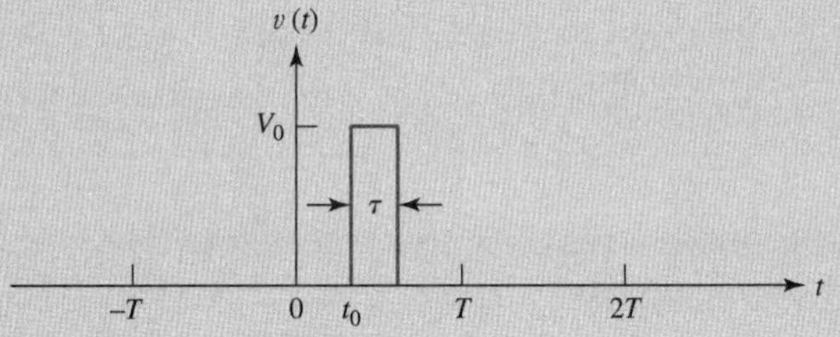

(a)

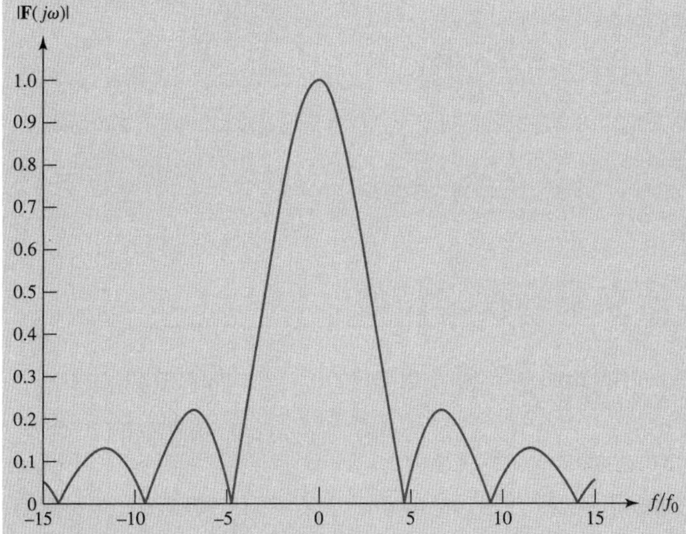

(b)

◆ **圖 18.13** (a) 與圖 18.11 序列中的派波相同之單一矩形脈波；(b) 相應於該脈波之 $|\mathbf{F}(j\omega)|$ 圖示，其中 $V_0 = 1$、$\tau = 1$，且 $t_0 = 0$。相應於圖 18.12a，頻率軸已正規化為 $f_0 = 1/1.5\,\pi$ 之數值，以為比較之用；應注意在 $\mathbf{F}(j\omega)$ 的脈絡中 f_0 不具意義或相關性。

可經由方程式 [46a] 得到 $f(t)$ 之傅立葉變換：

$$\mathbf{F}(j\omega) = \int_{t_0}^{t_0+\tau} V_0 e^{-j\omega t}\,dt$$

並且將之簡單積分與簡化：

$$\mathbf{F}(j\omega) = V_0\tau \frac{\sin \frac{1}{2}\omega\tau}{\frac{1}{2}\omega\tau} e^{-j\omega(t_0+\tau/2)}$$

$\mathbf{F}(j\omega)$ 的振幅可導出連續頻譜，且為取樣函數之型式。$\mathbf{F}(0)$ 之數值為 $V_0\tau$。頻譜的形狀相同於圖 18.12b 之包絡線。ω 函數之 $|\mathbf{F}(j\omega)|$ 圖示並不會指出任何給定的頻率所呈現之電壓振幅。檢視方程式 [45] 即可驗證之，若 $f(t)$ 為電壓波形，則 $\mathbf{F}(j\omega)$ 的單位為"每單位頻率之伏特"，亦即 15.1 節所介紹的觀念。

練習題

18.8 若在 $-0.2 < t < -0.1$ s，$f(t) = -10$ V；在 $0.1 < t < 0.2$ s，$f(t) = 10$ V；且對其他所有的 t，$f(t) = 0$；且若 ω 等於 (a) 0；(b) 10π rad/s；(c) -10π rad/s；(d) 15π rad/s；(e) -20π rad/s，試求 $\mathbf{F}(j\omega)$。

18.9 若在 $-4 < \omega < -2$ rad/s，$\mathbf{F}(j\omega) = -10$ V/(rad/s)；在 $2 < \omega < 4$ rad/s，$\mathbf{F}(j\omega) = +10$ V/(rad/s)；且對所有其他的 ω 而言，$\mathbf{F}(j\omega) = 0$。試求在 t 等於 (a) 10^{-4} s；(b) 10^{-2} s；(c) $\pi/4$ s；(d) $\pi/2$ s；(e) π s 時之 $f(t)$ 數值。

解答：18.8：0；$j1.273$ V/(rad/s)；$-j1.273$ V/(rad/s)；$-j0.424$ V/(rad/s)；0。
18.9：$j1.9099 \times 10^{-3}$ V；$j0.1910$ V；$j4.05$ V；$-j4.05$ V；0。

18.6 傅立葉變換之特性

本節的目的在於建立傅立葉變換之特性，而更重要的是要了解其物理意義。先使用尤拉恆等式取代方程式 [46a] 中的 $e^{-j\omega t}$：

$$\mathbf{F}(j\omega) = \int_{-\infty}^{\infty} f(t)\cos\omega t\,dt - j\int_{-\infty}^{\infty} f(t)\sin\omega t\,dt \qquad [47]$$

由於 $f(t)$、$\cos\omega t$ 以及 $\sin\omega t$ 皆為時間的實數函數，故方程式 [47] 中的兩個積分式皆為 ω 之實數函數。因此，令

$$\mathbf{F}(j\omega) = A(\omega) + jB(\omega) = |\mathbf{F}(j\omega)|e^{j\phi(\omega)} \qquad [48]$$

得到

$$A(\omega) = \int_{-\infty}^{\infty} f(t) \cos \omega t \, dt \qquad [49]$$

$$B(\omega) = -\int_{-\infty}^{\infty} f(t) \sin \omega t \, dt \qquad [50]$$

$$|\mathbf{F}(j\omega)| = \sqrt{A^2(\omega) + B^2(\omega)} \qquad [51]$$

以及

$$\phi(\omega) = \tan^{-1} \frac{B(\omega)}{A(\omega)} \qquad [52]$$

以 $-\omega$ 取代 ω 便可驗證 $A(\omega)$ 與 $|\mathbf{F}(j\omega)|$ 兩者皆為 ω 的偶函數，而 $B(\omega)$ 與 $\phi(\omega)$ 兩者則皆為 ω 的奇函數。

此時，若 $f(t)$ 為 t 的偶函數，則方程式 [50] 之被積函數便為 t 的奇函數，且對稱的極限會迫使 $B(\omega)$ 為零；因此，若 $f(t)$ 為偶函數，則其傅立葉變換 $\mathbf{F}(j\omega)$ 為 ω 的實數偶函數；且相位函數 $\phi(\omega)$ 對所有的 ω 而言為零或者 π。然而，若 $f(t)$ 為 t 的奇函數，則 $A(\omega)=0$，而 $\mathbf{F}(j\omega)$ 為奇函數且為 ω 的純虛數函數；$\phi(\omega)$ 為 $\pm\pi/2$。然而，一般而言，$\mathbf{F}(j\omega)$ 為 ω 之複數函數。

最後，應注意以 $-\omega$ 取代方程式 [47] 中的 ω 會形成 $\mathbf{F}(j\omega)$ 之共軛複數。因此，

$$\mathbf{F}(-j\omega) = A(\omega) - jB(\omega) = \mathbf{F}^*(j\omega)$$

並且得到

$$\mathbf{F}(j\omega)\mathbf{F}(-j\omega) = \mathbf{F}(j\omega)\mathbf{F}^*(j\omega) = A^2(\omega) + B^2(\omega) = |\mathbf{F}(j\omega)|^2$$

■ 傅立葉變換之物理意義

已知傅立葉變換之基本數學特性之後，此時將考慮其物理意義。假設 $f(t)$ 為跨於 1 Ω 電阻器之電壓或者所流經之電流，因此 $f^2(t)$ 為以 $f(t)$ 傳送至此 1 Ω 電阻器之瞬時功率。將此一功率對所有的時間積分，得到以 $f(t)$ 傳送至 1 Ω 電阻器之總能量，

$$W_{1\Omega} = \int_{-\infty}^{\infty} f^2(t) \, dt \qquad [53]$$

此時採用一些運算的技巧。將方程式 [53] 之被積函數視為本身的 $f(t)$ 倍，以方程式 [46b] 取代其中的一個函數 $f(t)$：

$$W_{1\Omega} = \int_{-\infty}^{\infty} f(t) \left[\frac{1}{2\pi} \int_{-\infty}^{\infty} e^{j\omega t} \mathbf{F}(j\omega) \, d\omega \right] dt$$

由於 $f(t)$ 並非積分變數 ω 之函數，可將之移入括號內的積分式，之後再交換積分的順序：

$$W_{1\Omega} = \frac{1}{2\pi}\int_{-\infty}^{\infty}\left[\int_{-\infty}^{\infty}\mathbf{F}(j\omega)e^{j\omega t}f(t)\,dt\right]d\omega$$

再者，將 $\mathbf{F}(j\omega)$ 移出內積分，使得該積分變成 $\mathbf{F}(-j\omega)$：

$$W_{1\Omega} = \frac{1}{2\pi}\int_{-\infty}^{\infty}\mathbf{F}(j\omega)\mathbf{F}(-j\omega)\,d\omega = \frac{1}{2\pi}\int_{-\infty}^{\infty}|\mathbf{F}(j\omega)|^2\,d\omega$$

將所得到的結果集中，

$$\int_{-\infty}^{\infty}f^2(t)\,dt = \frac{1}{2\pi}\int_{-\infty}^{\infty}|\mathbf{F}(j\omega)|^2\,d\omega \qquad [54]$$

Marc Antoine Parseval-Deschenes 為默默無聞的法國數學家、地理學家，以及業餘詩人，他在 1805 年發表這些結果，比傅立葉發表其定理要早了 17 年。

方程式 [54] 為極常用的表示式，稱為巴色法定理 (Parseval's Theorem)。此一定理以及方程式 [53] 闡述：能夠在時域中經由對所有時間積分，或者在頻域中對所有 (角) 頻率積分再乘以 $1/(2\pi)$ 倍以得到與 $f(t)$ 相關的能量。

經由巴色法定理能夠更了解並更能夠詮釋傅立葉級數之意義。考慮電壓 $v(t)$，傅立葉變換為 $\mathbf{F}_v(j\omega)$，且 1 Ω 能量為 $W_{1\Omega}$：

$$W_{1\Omega} = \frac{1}{2\pi}\int_{-\infty}^{\infty}|\mathbf{F}_v(j\omega)|^2\,d\omega = \frac{1}{\pi}\int_{0}^{\infty}|\mathbf{F}_v(j\omega)|^2\,d\omega$$

其中最右邊的恆等式得自 $|\mathbf{F}_v(j\omega)|^2$ 為 ω 的偶函數之事實。再者，由於 $\omega = 2\pi f$，因此能夠描述為

$$W_{1\Omega} = \int_{-\infty}^{\infty}|\mathbf{F}_v(j\omega)|^2\,df = 2\int_{0}^{\infty}|\mathbf{F}_v(j\omega)|^2\,df \qquad [55]$$

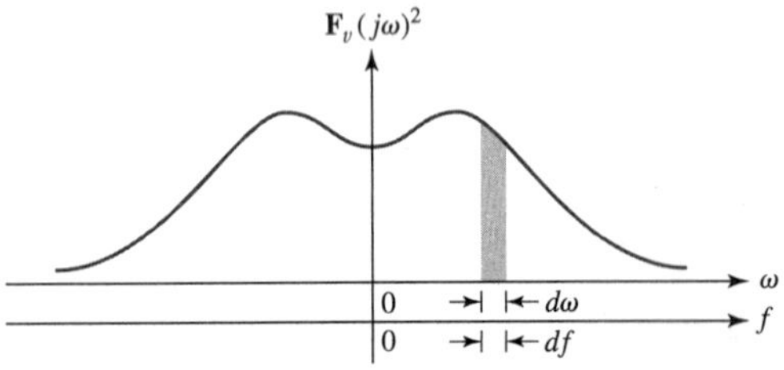

◆ **圖 18.14** $|\mathbf{F}_v(j\omega)|^2$ 的片段面積為與頻寬 df 內的 $v(t)$ 有關之 1 Ω 能量。

圖 18.14 闡述 $|\mathbf{F}_v(j\omega)|^2$ 為 ω 與 f 函數之典型圖示。若將頻率細分為極微小的增量 df，則方程式 [55] 便會顯現出在 $|\mathbf{F}_v(j\omega)|^2$ 曲線下的微分片段之面積為 $|\mathbf{F}_v(j\omega)|^2\,df$，具有寬度 df。此一面積即為圖 18.14 中的陰影部分。隨著 f 的範圍從負到正無限大，所有此類面積的總和即是 $v(t)$ 所有的 1 Ω 能量。因此，$|\mathbf{F}_v(j\omega)|^2$ 為 (1 Ω) **能量密度** (Energy Density)，或者為 $v(t)$ 每單位頻寬之能量(J/Hz)，且此一能量密度必為 ω 之實數函數、偶函數、非負函數。對 $|\mathbf{F}_v(j\omega)|^2$ 積分一個適當的頻率區間，便能夠計算在所選擇的區間內之總能量。應注意能量密度並非 $\mathbf{F}_v(j\omega)$ 的相位之函數，因此有無限多的時間函數與傅立葉變換具有相同的能量密度函數。

範例 18.6

將單邊 [亦即，在 $t<0$，$v(t)=0$] 指數脈波

$$v(t)=4e^{-3t}u(t) \qquad \text{V}$$

施加至某一理想帶通濾波之輸入端。若濾波器的通帶定義為 $1<|f|<2$ Hz，試計算總輸出能量。

將濾波器的輸出電壓命名為 $v_o(t)$。$v_o(t)$ 之能量因而等於 $v_o(t)$ 具有區間 $1<f<2$ 與 $-2<f<-1$ 的頻率成分之部分能量。計算 $v(t)$ 之傅立葉變換，

$$\mathbf{F}_v(j\omega)=4\int_{-\infty}^{\infty}e^{-j\omega t}e^{-3t}u(t)\,dt$$

$$=4\int_{0}^{\infty}e^{-(3+j\omega)t}dt=\frac{4}{3+j\omega}$$

接著可計算輸入訊號之總 1 Ω 能量，

$$W_{1\Omega}=\frac{1}{2\pi}\int_{-\infty}^{\infty}|\mathbf{F}_v(j\omega)|^2\,d\omega$$

$$=\frac{8}{\pi}\int_{-\infty}^{\infty}\frac{d\omega}{9+\omega^2}=\frac{16}{\pi}\int_{0}^{\infty}\frac{d\omega}{9+\omega^2}=\frac{8}{3}\text{ J}$$

或者

$$W_{1\Omega}=\int_{-\infty}^{\infty}v^2(t)\,dt=16\int_{0}^{\infty}e^{-6t}\,dt=\frac{8}{3}\text{ J}$$

而 $v_o(t)$ 之總能量較小：

$$W_{o1}=\frac{1}{2\pi}\int_{-4\pi}^{-2\pi}\frac{16\,d\omega}{9+\omega^2}+\frac{1}{2\pi}\int_{2\pi}^{4\pi}\frac{16\,d\omega}{9+\omega^2}$$

$$=\frac{16}{\pi}\int_{2\pi}^{4\pi}\frac{d\omega}{9+\omega^2}=\frac{16}{3\pi}\left(\tan^{-1}\frac{4\pi}{3}-\tan^{-1}\frac{2\pi}{3}\right)=358\text{ mJ}$$

一般而言，理想的帶通濾波器可將所預定的頻率範圍之能量移除，同時仍保留其他的頻率範圍內所包含的能量。傅立葉變換可描述定量的濾波行為，而不需要實際地求解 $v_o(t)$，然之後將得知傅立葉變換也能夠用來求得所需的 $v_o(t)$ 表示式。

練習題

18.10 若 $i(t)=10e^{20t}[u(t+0.1)-u(t-0.1)]$ A，試求 (a) $\mathbf{F}_i(j0)$；(b) $\mathbf{F}_i(j10)$；(c) $A_i(10)$；(d) $B_i(10)$；(e) $\phi_i(10)$。

18.11 試求在區間 (a) $-0.1<t<0.1$ s；(b) $-10<\omega<10$ rad/s；(c) $10<\omega<\infty$ rad/s 中與 $i(t)=20e^{-10t}u(t)$ A 相關之 1 Ω 能量。

解答：18.10：3.63 A/(rad/s)；$3.33\underline{/-31.7^\circ}$ A/(rad/s)；2.83 A/(rad/s)；-1.749 A/(rad/s)；-31.7°。
18.11：17.29 J；10 J；5 J。

18.7 簡單時間函數之傅立葉變換對

■ 單位脈衝函數

此時將求解單位脈衝函數 $\delta(t-t_0)$ 之傅立葉變換，單位脈衝函數曾在 14.4 節介紹。亦即，將焦點放在此一奇異函數之頻譜特性或頻域描述。若使用記號 $\mathcal{F}\{\}$ 來表示“{} 之傅立葉變換”，則

$$\mathcal{F}\{\delta(t-t_0)\}=\int_{-\infty}^{\infty}e^{-j\omega t}\delta(t-t_0)\,dt$$

經由先前對此類型的積分之討論，得知

$$\mathcal{F}\{\delta(t-t_0)\}=e^{-j\omega t_0}=\cos\omega t_0-j\sin\omega t_0$$

此 ω 複數函數可導出 1 Ω 能量密度函數，

$$|\mathcal{F}\{\delta(t-t_0)\}|^2=\cos^2\omega t_0+\sin^2\omega t_0=1$$

此一顯著的結果闡述在*所有頻率下*每單位頻寬之 (1 Ω) 能量為 1，且單位脈衝之總能量為無限大。此並不足為奇，已知單位脈衝在某種意義上並不實際，亦即不能夠在實驗室中產生。再者，即使可提供如此波形，在受到任何實際實驗室儀器的有限頻寬影響之後，也必產生失真。

由於時間函數與其傅立葉變換具有唯一的一對一之對應關係，因此 $e^{-j\omega t_0}$ 之傅立葉逆變換為 $\delta(t-t_0)$。利用符號 $\mathcal{F}^{-1}\{\ \}$ 來表示逆變換，則

$$\mathcal{F}^{-1}\{e^{-j\omega t_0}\}=\delta(t-t_0)$$

因此，此時已知

$$\frac{1}{2\pi}\int_{-\infty}^{\infty}e^{j\omega t}e^{-j\omega t_0}\,d\omega=\delta(t-t_0)$$

即使嘗試直接求解此一不適當的積分，將會失敗，但可象徵性地寫出

$$\delta(t-t_0) \Leftrightarrow e^{-j\omega t_0} \qquad [56]$$

其中的 $\Leftrightarrow$ 指示兩個函數建立一傅立葉變換對。

將繼續考量單位脈衝函數，此時考慮其傅立葉變換，

$$\mathbf{F}(j\omega) = \delta(\omega-\omega_0)$$

此為頻域中位於 $\omega = \omega_0$ 之單位脈衝。則 $f(t)$ 必為

$$f(t) = \mathcal{F}^{-1}\{\mathbf{F}(j\omega)\} = \frac{1}{2\pi}\int_{-\infty}^{\infty} e^{j\omega t}\delta(\omega-\omega_0)\,d\omega = \frac{1}{2\pi}e^{j\omega_0 t}$$

其中已經使用了單位脈衝的篩選特性。因此，此時可寫出

$$\frac{1}{2\pi}e^{j\omega_0 t} \Leftrightarrow \delta(\omega-\omega_0)$$

或者

$$e^{j\omega_0 t} \Leftrightarrow 2\pi\delta(\omega-\omega_0) \qquad [57]$$

同理，藉由簡單的正負號改變，得到

$$e^{-j\omega_0 t} \Leftrightarrow 2\pi\delta(\omega+\omega_0) \qquad [58]$$

顯然在表示式 [57] 與 [58] 中的時間函數為複數函數，且並不存在於真實世界的實驗室中。

然而，已知

$$\cos\omega_0 t = \tfrac{1}{2}e^{j\omega_0 t} + \tfrac{1}{2}e^{-j\omega_0 t}$$

且從傅立葉變換的定義，可簡易地得知

$$\mathcal{F}\{f_1(t)\} + \mathcal{F}\{f_2(t)\} = \mathcal{F}\{f_1(t) + f_2(t)\} \qquad [59]$$

因此，

$$\begin{aligned}\mathcal{F}\{\cos\omega_0 t\} &= \mathcal{F}\left\{\tfrac{1}{2}e^{j\omega_0 t}\right\} + \mathcal{F}\left\{\tfrac{1}{2}e^{-j\omega_0 t}\right\}\\ &= \pi\delta(\omega-\omega_0) + \pi\delta(\omega+\omega_0)\end{aligned}$$

上述方程式闡述 $\cos\,\omega_0 t$ 頻域之描述為一對位於 $\omega = \pm\,\omega_0$ 之脈衝。由於先前在第十四章對複數頻率的探討，已注意到了必可使用一對位於 $\mathbf{s} = \pm\, j\omega_0$ 的虛數頻率來表示時間的弦波函數，所以對此一結果並不意外。因此，得到

$$\cos\omega_0 t \Leftrightarrow \pi[\delta(\omega+\omega_0) + \delta(\omega-\omega_0)] \qquad [60]$$

■常數強制函數

為了求得時間的常數函數之傅立葉變換，令 $f(t)=K$，一開始可能會想要將此一常數代入傅立葉變換之定義方程式，並且求解所產生的積分。但若此，將會得到一個不確定的表示式。然而，所幸此一問題已有解答，由於經由表示式 [58]，

$$e^{-j\omega_0 t} \Leftrightarrow 2\pi\delta(\omega+\omega_0)$$

藉此得知若簡單地令 $\omega_0=0$，則所產生的變換對為

$$1 \Leftrightarrow 2\pi\delta(\omega) \qquad [61]$$

得到

$$K \Leftrightarrow 2\pi K\delta(\omega) \qquad [62]$$

因而此一問題得解。時間的常數函數之頻譜僅為 $\omega=0$ 之成分。

■正負號函數

接著將說明另一個範例，欲得到稱為**正負號函數** (Signum Function) sgn(t) 之奇異函數，其定義為

$$\text{sgn}(t)=\begin{cases}-1 & t<0\\ 1 & t>0\end{cases} \qquad [63]$$

或者

$$\text{sgn}(t)=u(t)-u(-t)$$

再者，若嘗試將此一時間函數代入傅立葉變換之定義方程式中，則會依據積分上下限之代入，而面臨一個不確定的表示式。每次嘗試要得到某時間函數之傅立葉變換，且該時間函數並不會隨著 $|t|$ 趨近無限大而趨近於零，皆會產生相同的問題。所幸的是，由於**拉普拉斯變換**包含一個內建的收斂因數，可解決許多在求解某些傅立葉變換上不方便的問題，因此能夠使用**拉普拉斯變換**來避免此種狀況發生。

據此，所考慮的正負號函數能夠描述為

$$\text{sgn}(t)=\lim_{a\to 0}[e^{-at}u(t)-e^{at}u(-t)]$$

應注意方括號內的表示式會隨著 $|t|$ 變得非常大而趨近於零。使用傅立葉變換之定義，得到

$$\mathcal{F}\{\text{sgn}(t)\}=\lim_{a\to 0}\left[\int_0^\infty e^{-j\omega t}e^{-at}\,dt-\int_{-\infty}^0 e^{-j\omega t}e^{at}\,dt\right]$$
$$=\lim_{a\to 0}\frac{-j2\omega}{\omega^2+a^2}=\frac{2}{j\omega}$$

由於 sgn(t) 為 t 的奇函數，因此實數成分為零。所以，

$$\mathrm{sgn}(t) \Leftrightarrow \frac{2}{j\omega} \qquad [64]$$

■ 單位步階函數

本節的最後一個範例將闡述所熟悉的單位步階函數， $u(t)$。使用先前對正負號函數之分析，將單位步階表示為

$$u(t) = \tfrac{1}{2} + \tfrac{1}{2}\mathrm{sgn}(t)$$

並得到傅立葉變換對

$$u(t) \Leftrightarrow \left[\pi\delta(\omega) + \frac{1}{j\omega}\right] \qquad [65]$$

表 18.2 闡述本節所探討的範例之結論，其中亦包含某些其他未詳細說明之函數。

範例 18.7

試使用表 18.2 求得時間函數 $3e^{-t}\cos 4t\, u(t)$ 之傅立葉變換。

經由表 18.2 中倒數第二個關係，得到

$$e^{-\alpha t}\cos\omega_d t\, u(t) \Leftrightarrow \frac{\alpha + j\omega}{(\alpha + j\omega)^2 + \omega_d^2}$$

因此將 α 視為 1，且將 ω_d 視為 4，得到

$$\mathbf{F}(j\omega) = 3\frac{1 + j\omega}{(1 + j\omega)^2 + 16}$$

練習題

18.12 考慮時間函數 (a) $4u(t) - 10\delta(t)$；(b) $5e^{-8t}\,u(t)$；(c) $4\cos 8tu(t)$；(d) $-4\,\mathrm{sgn}(t)$，求解在 $\omega = 12$ 之傅立葉變換。

18.13 若 $\mathbf{F}(j\omega)$ 等於 (a) $5e^{-j3\omega} - j(4/\omega)$；(b) $8[\delta(\omega-3) + \delta(\omega+3)]$；(c) $(8/\omega)\sin 5\omega$，試求 $t = 2$ 之 $f(t)$。

解答：18.12：$10.01\underline{/-178.1^\circ}$；$0.347\underline{/-56.3^\circ}$；$-j0.6$；$j0.667$。
18.13：2.00；2.45；4.00。

表 18.2 彙整傅立葉變換對

$f(t)$	$f(t)$	$\mathcal{F}\{f(t)\}=\mathbf{F}(j\omega)$	$\lvert\mathbf{F}(j\omega)\rvert$
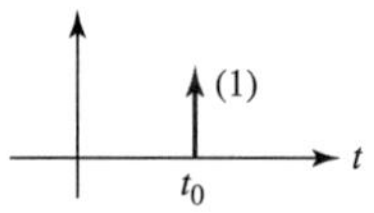	$\delta(t-t_0)$	$e^{-j\omega t_0}$	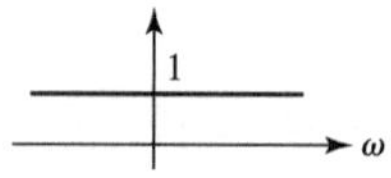
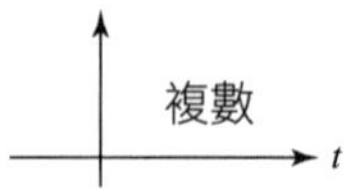	$e^{j\omega_0 t}$	$2\pi\delta(\omega-\omega_0)$	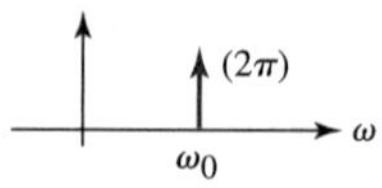
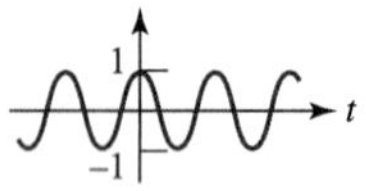	$\cos\omega_0 t$	$\pi[\delta(\omega+\omega_0)+\delta(\omega-\omega_0)]$	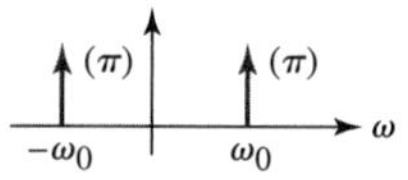
	1	$2\pi\delta(\omega)$	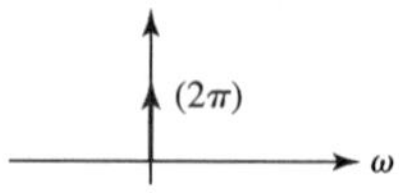
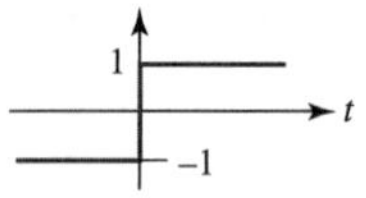	$\text{sgn}(t)$	$\dfrac{2}{j\omega}$	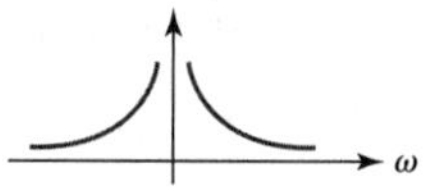
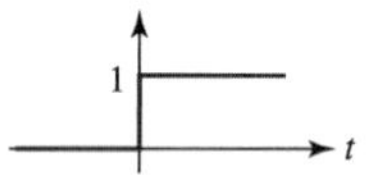	$u(t)$	$\pi\delta(\omega)+\dfrac{1}{j\omega}$	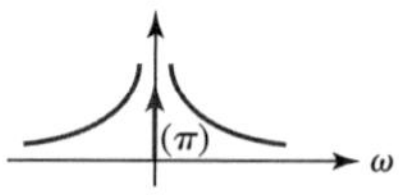
	$e^{-\alpha t}u(t)$	$\dfrac{1}{\alpha+j\omega}$	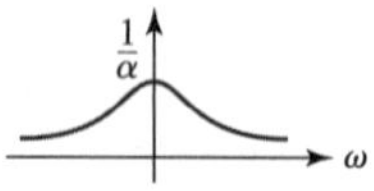
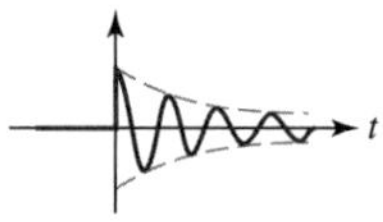	$[e^{-\alpha t}\cos\omega_d t]u(t)$	$\dfrac{\alpha+j\omega}{(\alpha+j\omega)^2+\omega_d^2}$	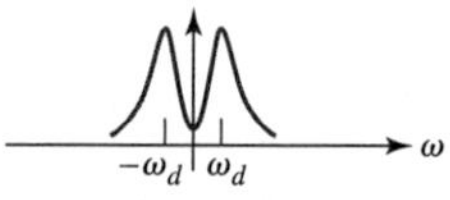
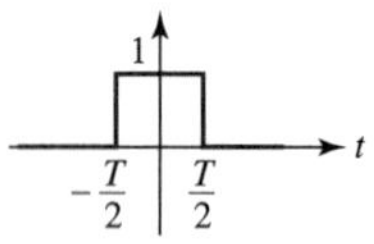	$u(t+\frac{1}{2}T)-u(t-\frac{1}{2}T)$	$T\dfrac{\sin\frac{\omega T}{2}}{\frac{\omega T}{2}}$	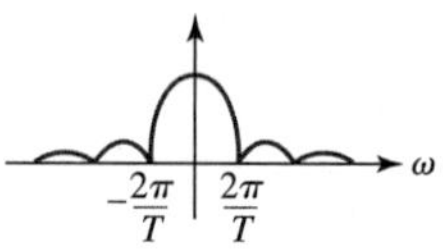

18.8 一般週期性時間函數之傅立葉變換

在 18.5 節中，已指出了能夠證明週期性時間函數以及非週期性時間函數皆具有傅立葉變換。此時將在更嚴謹的基礎上建立此一事實。考慮週期為 T 之週期性時間函數 $f(t)$ 以及傅立葉級數展開，如方程式 [39]、[40] 與 [41] 所概述的結果，在此為方便起見，重複列出：

$$f(t) = \sum_{n=-\infty}^{\infty} \mathbf{c}_n e^{jn\omega_0 t} \tag{39}$$

$$\mathbf{c}_n = \frac{1}{T}\int_{-T/2}^{T/2} f(t)e^{-jn\omega_0 t}\,dt \tag{40}$$

以及

$$\omega_0 = \frac{2\pi}{T} \tag{41}$$

銘記加總後的傅立葉變換恰為其中每項的變換之總和，且 $\mathbf{c}_n$ 並非時間的函數，能夠寫出

$$\mathcal{F}\{f(t)\} = \mathcal{F}\left\{\sum_{n=-\infty}^{\infty} \mathbf{c}_n e^{jn\omega_0 t}\right\} = \sum_{n=-\infty}^{\infty} \mathbf{c}_n \mathcal{F}\{e^{jn\omega_0 t}\}$$

經由表示式 [57] 得到 $e^{jn\omega_0 t}$ 的變換之後，得到

$$f(t) \Leftrightarrow 2\pi \sum_{n=-\infty}^{\infty} \mathbf{c}_n \delta(\omega - n\omega_0) \tag{66}$$

方程式 [66] 顯示 $f(t)$ 具有 ω 軸各點 $\omega = n\omega_0$ 上之脈衝所構成的離散頻譜，其中 $n = \cdots$、-2、-1、0、1、$\cdots$。每個脈衝的強度為相應的複數傅立葉級數展開式係數之 2π 倍數值。

檢視以上分析，驗證表示式 [66] 右邊的傅立葉逆變換是否仍為 $f(t)$。能夠將此一逆變換描述為

$$\mathcal{F}^{-1}\{\mathbf{F}(j\omega)\} = \frac{1}{2\pi}\int_{-\infty}^{\infty} e^{j\omega t}\left[2\pi \sum_{n=-\infty}^{\infty} \mathbf{c}_n \delta(\omega - n\omega_0)\right] d\omega \stackrel{?}{=} f(t)$$

由於指數項並不包含加總的指標 n，因此能夠交換積分與加總運算之順序：

$$\mathcal{F}^{-1}\{\mathbf{F}(j\omega)\} = \sum_{n=-\infty}^{\infty} \int_{-\infty}^{\infty} \mathbf{c}_n e^{j\omega t}\delta(\omega - n\omega_0)\, d\omega \stackrel{?}{=} f(t)$$

由於 $\mathbf{c}_n$ 並非積分變數之函數，因此能夠將之視為常數。再者，

使用脈衝的篩選特性，得到

$$\mathcal{F}^{-1}\{\mathbf{F}(j\omega)\} = \sum_{n=-\infty}^{\infty} \mathbf{c}_n e^{jn\omega_0 t} \stackrel{?}{=} f(t)$$

此完全相同於方程式 [39] 的 $f(t)$ 傅立葉級數展開。此時可移除前面的方程式之問號，並且確立週期性時間函數之傅立葉變換存在。在最後一節將估算餘弦函數的傅立葉變換，雖然沒有直接提及週期性，但餘弦函數確為週期性函數。然而，以上在進行變換時，乃是採用間接的方式。而此時已知能夠藉由數學工具更直接地得到其變換。為了說明此一程序，再次考慮 $f(t) = \cos\,\omega_0 t$。首先求解傅立葉係數 $\mathbf{c}_n$：

$$\mathbf{c}_n = \frac{1}{T}\int_{-T/2}^{T/2} \cos\omega_0 t\, e^{-jn\omega_0 t}\,dt = \begin{cases} \frac{1}{2} & n = \pm 1 \\ 0 & \text{其他} \end{cases}$$

則

$$\mathcal{F}\{f(t)\} = 2\pi \sum_{n=-\infty}^{\infty} \mathbf{c}_n \delta(\omega - n\omega_0)$$

僅當 $n = \pm 1$，此一表示式具有非零的數值，因而整個加總可化簡為

$$\mathcal{F}\{\cos\omega_0 t\} = \pi[\delta(\omega - \omega_0) + \delta(\omega + \omega_0)]$$

與先前所得到的表示式完全相同。

練習題

18.14 試求 (a) $\mathcal{F}\{5\sin^2 3t\}$；(b) $\mathcal{F}\{A\sin\omega_0 t\}$；(c) $\mathcal{F}\{6\cos(8t + 0.1\pi)\}$。

解答：$2.5\pi[2\delta(\omega) - \delta(\omega+6) - \delta(\omega-6)]$；$j\pi A[\delta(\omega+\omega_0) - \delta(\omega-\omega_0)]$；$[18.85\underline{/18^\circ}]\,\delta(\omega-8) + [18.85\underline{/-18^\circ}]\delta(\omega+8)$。

18.9 頻域之系統函數與響應

在 15.5 節中，使用時域的摺積積分與分析，並依據輸入與脈衝響應求解實際系統輸出之問題，其中的輸入、輸出與脈衝響應皆為時間函數。根據兩函數摺積的拉普拉斯變換可簡化為在頻域每個函數的乘積，因此會發現在頻域中執行運算通常更為方便。據此，可得知當以傅立葉變換進行分析時亦成立。

為此，將檢視系統輸出的傅立葉變換。任意假設輸入與輸出為電壓，應用傅立葉變換之基本定義，並且以摺積積分來表達輸

出電壓：

$$\mathcal{F}\{v_0(t)\} = \mathbf{F}_0(j\omega) = \int_{-\infty}^{\infty} e^{-j\omega t}\left[\int_{-\infty}^{\infty} v_i(t-z)h(z)\,dz\right]dt$$

其中再次假設系統沒有初始能量。乍看之下，此一表示式似乎相當艱鉅，但可將之簡化成極為簡單的結果。由於指數項並不包含積分變數 z，因此可將之移至內積分之內。接著，將積分順序調換，得到

$$\mathbf{F}_0(j\omega) = \int_{-\infty}^{\infty}\left[\int_{-\infty}^{\infty} e^{-j\omega t} v_i(t-z)h(z)\,dt\right]dz$$

由於 $h(z)$ 並非 t 的函數，因此將之從內積分提出，並且藉由改變變數 $t-z=x$，簡化對 t 之積分：

$$\mathbf{F}_0(j\omega) = \int_{-\infty}^{\infty} h(z)\left[\int_{-\infty}^{\infty} e^{-j\omega(x+z)} v_i(x)\,dx\right]dz$$

$$= \int_{-\infty}^{\infty} e^{-j\omega z}h(z)\left[\int_{-\infty}^{\infty} e^{-j\omega x} v_i(x)\,dx\right]dz$$

其中的內積分此時僅為 $v_i(t)$ 之傅立葉變換。再者，此變換並不包含任何的 z 項，而在任何涵蓋 z 的積分中，能夠將之視為常數。因此，能夠將此一變換 $\mathbf{F}_i(j\omega)$ 完全移出所有的積分符號：

$$\mathbf{F}_0(j\omega) = \mathbf{F}_i(j\omega)\int_{-\infty}^{\infty} e^{-j\omega z}h(z)\,dz$$

最後，所剩下的積分式再次呈現另一個傅立葉變換，亦即脈衝響應之傅立葉變換，以符號 $\mathbf{H}(j\omega)$ 指定之。因此，將所有的分析歸納為簡單的結果：

$$\mathbf{F}_0(j\omega) = \mathbf{F}_i(j\omega)\mathbf{H}(j\omega) = \mathbf{F}_i(j\omega)\mathcal{F}\{h(t)\}$$

此為另一個重要的結果：**系統函數** $\mathbf{H}(j\omega)$ 定義為響應函數的傅立葉變換對強制函數的傅立葉變換之比值。再者，系統函數與脈衝響應建立了傅立葉變換對：

$$h(t) \Leftrightarrow \mathbf{H}(j\omega) \qquad [67]$$

前一段的推導也證明了一般性的描述：兩個時間函數摺積的傅立葉變換為兩個別傅立葉變換之乘積，

$$\boxed{\mathcal{F}\{f(t) * g(t)\} = \mathbf{F}_f(j\omega)\mathbf{F}_g(j\omega)} \qquad [68]$$

上述的意見不禁令人懷疑為何總是要選擇在時域分析，但必須要記住很少有不勞而獲的事情發生。一位詩人曾說過“我們誠摯的

扼要重述，若已知強制函數與脈衝響應的傅立葉變換，則響應函數的傅立葉變換為兩者之乘積。此結果為響應函數在頻域中的描述；可簡單地取逆變換而得到響應函數之時域描述。因此可得知時域中摺積的運算等效於頻域中相對較簡單的相乘運算。

笑聲中充滿著某些痛楚"。[2] 由於數學上的複雜度，在此所要付出的代價為有時會難以得到響應函數之傅立葉逆變換。另一方面，簡單的桌上型電腦能夠以極快的速度計算兩時間函數之摺積。對此一問題而言，也能夠極快速地得到 FFT (快速傅立葉變換)。所以在時域與頻域分析之間並沒有明確的優勢。每次出現新的問題時，便必須做出決定，且應基於可得到的資訊以及手邊的計算設備而定。

考慮某一強制函數的型式為

$$v_i(t) = u(t) - u(t-1)$$

以及某一單位脈衝響應定義為

$$h(t) = 2e^{-t}u(t)$$

需先得到相應的傅立葉變換。強制函數兩個步階函數之差值。除了其中一個步階函數在另一個的 1 s 後啟動之外，該兩個函數相同。將求解由 $u(t)$ 所產生的響應；而除了在時間上延遲 1 s 之外，$u(t-1)$ 所產生的響應相同於 $u(t)$ 所產生的響應。兩部分響應之間的差值即為 $v_i(t)$ 所產生的總響應。

在 18.7 節中已得到了 $u(t)$ 之傅立葉變換：

$$\mathcal{F}\{u(t)\} = \pi\delta(\omega) + \frac{1}{j\omega}$$

取 $h(t)$ 之傅立葉變換，便可得到系統函數，如表 18.2 所示，

$$\mathcal{F}\{h(t)\} = \mathbf{H}(j\omega) = \mathcal{F}\{2e^{-t}u(t)\} = \frac{2}{1+j\omega}$$

兩函數的乘積之逆變換可導出 $u(t)$ 所產生的 $v_o(t)$ 成分，

$$v_{o1}(t) = \mathcal{F}^{-1}\left\{\frac{2\pi\delta(\omega)}{1+j\omega} + \frac{2}{j\omega(1+j\omega)}\right\}$$

使用單位脈衝的篩選特性，第一項的逆變換恰為等於 1 的常數。因此，

$$v_{o1}(t) = 1 + \mathcal{F}^{-1}\left\{\frac{2}{j\omega(1+j\omega)}\right\}$$

第二項包含分母項的乘積，每個型式為 $(\alpha + j\omega)$，且可使用 14.5 節所推導的部分分式展開，極簡易地得到其逆變換。選擇得到部分分式展開的技巧具有很大的優勢——雖然在大多數的狀況

2 P. B. Shelley, "To a Skylark," 1821.

下通常使用較快速的方式，但部分分式展開的技巧始終有效。對每個分式的分子指定一個未知量，在此兩者皆為數字，

$$\frac{2}{j\omega(1+j\omega)} = \frac{A}{j\omega} + \frac{B}{1+j\omega}$$

再代入 $j\omega$ 所相應的簡單數值。在此令 $j\omega = 1$：

$$1 = A + \frac{B}{2}$$

接著令 $j\omega = -2$：

$$1 = -\frac{A}{2} - B$$

得到 $A = 2$ 以及 $B = -2$。因此，

$$\mathcal{F}^{-1}\left\{\frac{2}{j\omega(1+j\omega)}\right\} = \mathcal{F}^{-1}\left\{\frac{2}{j\omega} - \frac{2}{1+j\omega}\right\} = \text{sgn}(t) - 2e^{-t}u(t)$$

所以

$$\begin{aligned} v_{o1}(t) &= 1 + \text{sgn}(t) - 2e^{-t}u(t) \\ &= 2u(t) - 2e^{-t}u(t) \\ &= 2(1 - e^{-t})u(t) \end{aligned}$$

因此 $u(t-1)$ 所產生的 $v_o(t)$ 之另一成分 $v_{o2}(t)$ 為

$$v_{o2}(t) = 2(1 - e^{-(t-1)})u(t-1)$$

所以，

$$\begin{aligned} v_o(t) &= v_{o1}(t) - v_{o2}(t) \\ &= 2(1 - e^{-t})u(t) - 2(1 - e^{-t+1})u(t-1) \end{aligned}$$

敘述 $t = 0$ 與 $t = 1$ 之不連續性呈現三個時段：

$$v_o(t) = \begin{cases} 0 & t < 0 \\ 2(1 - e^{-t}) & 0 < t < 1 \\ 2(e-1)e^{-t} & t > 1 \end{cases}$$

練習題

18.15 某線性網路之脈衝響應為 $h(t) = 6e^{-20t}u(t)$。輸入訊號為 $3e^{-6t}\,u(t)$ V。試求 (a) $\mathbf{H}(j\omega)$；(b) $\mathbf{V}_i(j\omega)$；(c) $V_o(j\omega)$；(d) $v_o(0.1)$；(e) $v_o(0.3)$；(f) $v_{o,\max}$。

解答：$6/(20+j\omega)$；$3/(6+j\omega)$；$18/[(20+j\omega)(6+j\omega)]$；0.532 V；0.209 V；0.5372。

18.10 系統函數之物理意義

本節將嘗試連結先前章節中所完成的幾個傅立葉變換觀念。

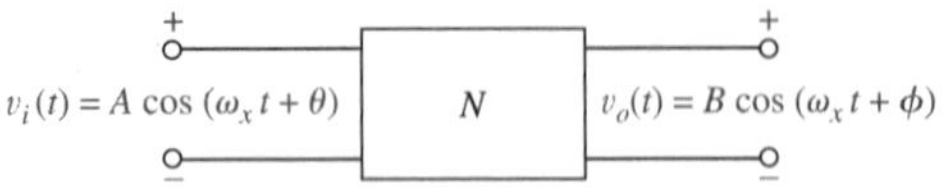

◆ **圖 18.15** 能夠使用弦波分析來求得轉移函數 $\mathbf{H}(j\omega_x) = (B/A)e^{j(\phi-\theta)}$，其中的 B 與 ϕ 為 ω_x 之函數。

給定不具有任何初始儲存能量的一般線性雙埠網路 N，假設弦波強制函數與響應函數，任意取為電壓，如圖 18.15 所示。令輸入電壓為簡單的 $A\cos(\omega_x t+\theta)$，因此能夠將輸出以一般型式描述為 $v_o(t) = B\cos(\omega_x t + \phi)$，其中的振幅 B 與相位角 ϕ 皆為 ω_x 之函數。在相量型式中，能夠將強制函數與響應函數描述為 $\mathbf{V}_i = Ae^{j\theta}$ 以及 $\mathbf{V}_o = Be^{j\phi}$。相量響應函數對相量強制函數之比值為 ω_x 的複變函數：

$$\frac{\mathbf{V}_o}{\mathbf{V}_i} = \mathbf{G}(\omega_x) = \frac{B}{A}e^{j(\phi-\theta)}$$

其中的 B/A 為 $\mathbf{G}$ 之振幅，而 $\phi-\theta$ 則為其相位角。在實驗室中能夠藉由改變大範圍數值的 ω_x，並且針對每個數值 ω_x 測量振幅 B/A 以及相位 $\phi-\theta$，而得到此一轉移函數 $\mathbf{G}(\omega_x)$。若接著將每個參數之圖形繪製為頻率之函數，則所產生的一對曲線將可完整地描述轉移函數。

此時採用上述的意見，考慮相同的分析問題但些微不同的方面。

考慮圖 18.15 所示的弦波輸入與輸出之電路，試求該電路之系統函數 $\mathbf{H}(j\omega)$。先使用 $\mathbf{H}(j\omega)$ 之定義，亦即輸出與輸入之傅立葉變換之比值。輸出與輸入之時間函數牽涉到 $\cos(\omega_x t+\beta)$ 之函數型式，雖然能夠處理 $\cos\omega_x t$，但仍未求解其傅立葉變換。在此所需的變換為

$$\mathcal{F}\{\cos(\omega_x t + \beta)\} = \int_{-\infty}^{\infty} e^{-j\omega t}\cos(\omega_x t + \beta)\,dt$$

若將 $\omega_x t + \beta = \omega_x \tau$ 代入，則

$$\begin{aligned}\mathcal{F}\{\cos(\omega_x t + \beta)\} &= \int_{-\infty}^{\infty} e^{-j\omega\tau + j\omega\beta/\omega_x}\cos\omega_x\tau\,d\tau \\ &= e^{j\omega\beta/\omega_x}\mathcal{F}\{\cos\omega_x t\} \\ &= \pi e^{j\omega\beta/\omega_x}[\delta(\omega-\omega_x) + \delta(\omega+\omega_x)]\end{aligned}$$

此一新的傅立葉變換對為

$$\cos(\omega_x t + \beta) \Leftrightarrow \pi e^{j\omega\beta/\omega_x}[\delta(\omega-\omega_x) + \delta(\omega+\omega_x)] \qquad [69]$$

能夠使用此變換對來求解所需的系統函數，

$$\mathbf{H}(j\omega) = \frac{\mathcal{F}\{B\cos(\omega_x t + \phi)\}}{\mathcal{F}\{A\cos(\omega_x t + \theta)\}}$$
$$= \frac{\pi B e^{j\omega\phi/\omega_x}[\delta(\omega - \omega_x) + \delta(\omega + \omega_x)]}{\pi A e^{j\omega\theta/\omega_x}[\delta(\omega - \omega_x) + \delta(\omega + \omega_x)]}$$
$$= \frac{B}{A} e^{j\omega(\phi-\theta)/\omega_x}$$

接著回顧 $\mathbf{G}(\omega_x)$ 之表示式，

$$\mathbf{G}(\omega_x) = \frac{B}{A} e^{j(\phi-\theta)}$$

其中在 $\omega = \omega_x$ 求解 B 與 ϕ，並且可知求解在 $\omega = \omega_x$ 之 $\mathbf{H}(j\omega)$，得到

$$\mathbf{H}(\omega_x) = \mathbf{G}(\omega_x) = \frac{B}{A} e^{j(\phi-\theta)}$$

由於 x 下標並沒有特別的意義，因此總結而言，系統函數與轉移函數相同：

$$\mathbf{H}(j\omega) = \mathbf{G}(\omega) \qquad [70]$$

事實上，其中一個幅角為 ω，而另一個幅角則為 $j\omega$；j 只是為可直接比較傅立葉變換與拉普拉斯變換之間的不同。

方程式 [70] 直接連結傅立葉變換技巧與弦波穩態分析之間的關係。而先前使用相量的穩態弦波分析為傅立葉變換分析之特例。輸入與輸出皆為弦波為一種“特例”，反之，使用傅立葉變換與系統函數能夠處理非弦波的強制函數與響應。

因此，為了得到某一網路之系統函數 $\mathbf{H}(j\omega)$，所需的工作為判斷相應的弦波轉移函數為 ω (或者 $j\omega$) 之函數。

範例 18.8

當輸入電壓為簡單的指數遞減脈波時，試求圖 18.16a 所示電路的電感器跨壓。

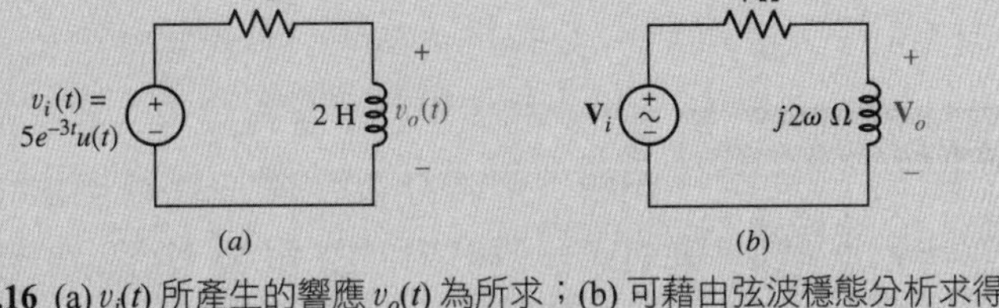

◆ **圖 18.16** (a) $v_i(t)$ 所產生的響應 $v_o(t)$ 為所求；(b) 可藉由弦波穩態分析求得系統函數 $\mathbf{H}(j\omega) = \mathbf{V}_o/\mathbf{V}_i$。

系統函數為題目所求；但並不需要施加一個脈衝、求得脈衝

響應，之後再計算其逆變換。而是假設輸入與輸出電壓兩者皆為相對應的相量所描述之弦波，並使用方程式 [70] 來得到系統函數 $\mathbf{H}(j\omega)$，如圖 18.16b 所示。使用分壓定理，得到

$$\mathbf{H}(j\omega) = \frac{\mathbf{V}_o}{\mathbf{V}_i} = \frac{j2\omega}{4 + j2\omega}$$

強制函數之變換為

$$\mathcal{F}\{v_i(t)\} = \frac{5}{3 + j\omega}$$

因而 $v_o(t)$ 之變換可給定為

$$\begin{aligned}\mathcal{F}\{v_o(t)\} &= \mathbf{H}(j\omega)\mathcal{F}\{v_i(t)\}\\ &= \frac{j2\omega}{4 + j2\omega}\frac{5}{3 + j\omega}\\ &= \frac{15}{3 + j\omega} - \frac{10}{2 + j\omega}\end{aligned}$$

其中最後一個步驟所呈現的部分分式可輔助計算傅立葉逆變換

$$\begin{aligned}v_o(t) &= \mathcal{F}^{-1}\left\{\frac{15}{3 + j\omega} - \frac{10}{2 + j\omega}\right\}\\ &= 15e^{-3t}u(t) - 10e^{-2t}u(t)\\ &= 5(3e^{-3t} - 2e^{-2t})u(t)\end{aligned}$$

問題解答完成，而不需要特別處理、摺積，或者微分方程式。

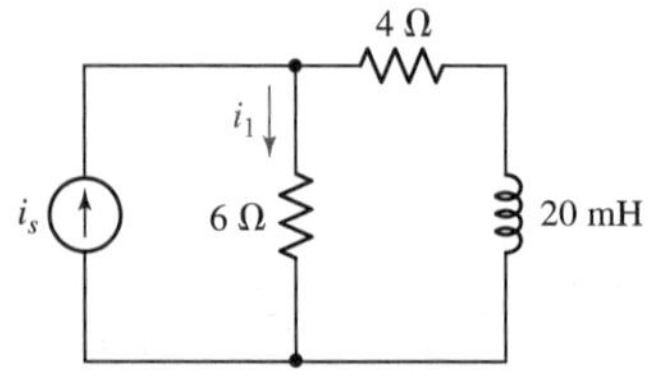

◆ **圖 18.17**

練習題

18.16 試使用傅立葉變換技巧分析圖 18.17 之電路，若 i_s 等於 (a) $\delta(t)$ A；(b) $u(t)$ A；(c) cos 500*t* A，求得在 $t = 1.5$ ms 之 $i_1(t)$。

解答：−141.7 A；0.683 A；0.308 A。

■結語

再次回到方程式 [70]，亦即系統函數 $\mathbf{H}(j\omega)$ 與弦波穩態轉移函數 $\mathbf{G}(\omega)$ 之間的等式，此時可將系統函數視為輸出相量對輸入相量之比值。假設輸入相量的振幅為 1 且相位角為零；則輸出相量為 $\mathbf{H}(j\omega)$。在這些條件下，若針對所有 ω 將輸出振幅與相位表示為 ω 之函數，則表示已經針對所有 ω 將 $\mathbf{H}(j\omega)$ 表示為 ω 之函數。因此，已得知了在無限多弦波相繼施加至輸入端的條件下之系統響應，其中每個弦波之振幅為 1 且相位為零。此時假設

輸入為單一個單位脈衝，並且注意脈衝響應 $h(t)$。所得到的此一資訊實際上與先前所得到的資訊有何不同？單位脈衝的傅立葉變換為等於 1 的常數，亦即所有的頻率成分皆存在、皆具有相同的振幅，並且皆具有零相位。系統響應則是對這些所有成分的響應之總和，其結果可在示波器上觀視。顯然，系統函數與脈衝響應函數具有與系統的響應相關之同等資訊。

因此得到兩種不同的方法，皆可描述系統對一般強制函數之響應；其中一種為時域的描述，而另一種則為頻域的描述。在時域分析時，需計算強制函數與系統的脈衝響應之摺積，藉以得到響應函數。如所得知的結果，當先考慮摺積時，則可將輸入視為不同強度與時間的脈衝連續體；所產生的輸出則為脈衝響應的連續體。

然而在頻域中，將強制函數的傅立葉變換乘以系統函數，便可得到所求響應。在此一狀況下，將強制函數的變換詮釋為頻譜，或者弦波的連續體；若將之乘以系統函數，便可得到響應函數，同樣也是弦波的連續體。

總結與回顧

無論選擇是將輸出視為脈衝響應之連續體，或是視為弦波響應的連續體，使用網路的線性性質與重疊定理，皆能夠判斷出總輸出為所有頻率加總後之時間函數 (傅立葉逆變換)，或者是所有時間加總後之頻率函數 (傅立葉變換)。

但是，此兩種技巧具有與其使用時的某些困難或限制。在使用上，當出現複雜的強制函數或脈衝響應函數時，積分本身的求解通常可能相當困難。再者，從實驗的觀點而言，由於不能實際地產生脈衝，因此並不能夠實際地測量系統的脈衝響應。即使以狹窄寬度的高振幅脈波來近似脈衝，仍可能促使系統進入飽和，而脫離其線性操作範圍。

至於頻域，則會遇到一個絕對的限制，可能簡易地推測理論上所要施加的強制函數不具有傅立葉變換。再者，若希望得到響應函數之時域描述，則必須求解傅立葉逆變換，而某些逆變換卻是非常困難。

最後，對於初始條件而言，在此沒有任何一種技巧可提供極為方便之處理方法。對此，拉普拉斯變換具有明顯的優越性。

使用傅立葉變換所得到的最大優點為可得到與訊號頻譜特性有關的大量有用資訊，特別是每單位頻寬之能量或功率。透過拉普拉斯變換，也可簡易地得到其中某些資訊；須將每種分析方式的相對優點留待更高階的訊號與系統課程再詳細探討之。

但是，這些功能強大的技巧可能會使簡單的求解過程複雜化，且往往會使較簡單的網路效能之實際意義模糊。例如，若僅要求得強制響應，則使用拉普拉斯變換且在辛苦進行困難的逆變換之後才得到強制與自然響應便無意義。

此時將直接列出本章的關鍵觀念以及相應之範例，以方便讀者整理與閱讀。

- ❑ 具有基本頻率 ω_0 的弦波之諧波頻率為 $n\omega_0$，其中的 n 為整數。(範例 18.1 與 18.2)

- 傅立葉定理闡述若函數 $f(t)$ 滿足某些關鍵特性，便能夠以無限級數 $a_0 + \sum_{n=1}^{\infty} (a_n \cos n\omega_0 t + b_n \sin n\omega_0 t)$ 來表示之，其中 $a_0 = (1/T)\int_0^T f(t)\,dt$，$a_n = (2/T)\int_0^T f(t)\cos n\omega_0 t\,dt$，且 $b_n = (2/T)\int_0^T f(t)\sin n\omega_0 t\,dt$。(範例 18.1)
- 若 $f(t)=f(-t)$，則函數 $f(t)$ 具有偶對稱。
- 若 $f(t)=-f(-t)$，則函數 $f(t)$ 具有奇對稱。
- 若 $f(t)=-f(t-\frac{1}{2}T)$，則函數 $f(t)$ 具有 $\frac{1}{2}$ 波對稱。
- 偶函數的傅立葉級數僅由常數函數與餘弦函數所構成。
- 奇函數的傅立葉級數僅由正弦函數所構成。
- 任何具有半波對稱的函數之傅立葉級數僅包含奇次諧波。
- 也可使用複數或指數型式來表示某函數的傅立葉級數，其中 $f(t) = \sum_{n=-\infty}^{\infty} \mathbf{c}_n e^{jn\omega_0 t}$，且 $\mathbf{c}_n = (1/T)\int_{-T/2}^{T/2} f(t)e^{-jn\omega_0 t}\,dt$。(範例 18.3 與 18.4)
- 傅立葉變換能夠以類似於拉普拉斯變換的方式將時變函數表示於頻域中。定義的方程式為 $\mathbf{F}(j\omega) = \int_{-\infty}^{\infty} e^{-j\omega t} f(t)\,dt$ 以及 $f(t) = (1/2\pi)\int_{-\infty}^{\infty} e^{j\omega t}\mathbf{F}(j\omega)\,d\omega$。(範例 18.5、18.6 與 18.7)
- 能夠以類似於拉普拉斯變換的方式，使用傅立葉變換來分析具有電阻器、電感器及／或電容器的電路。(範例 18.8)

延伸閱讀

建議閱讀的傅立葉分析書籍：

A. Pinkus and S. Zafrany, *Fourier Series and Integral Transforms*. Cambridge: Cambridge University Press, 1997.

習題

18.1 傅立葉級數之三角型式

1. 試計算以下函數之 a_0：(a) $4\sin 4t$；(b) $4\cos 4t$；(c) $4+\cos 4t$；(d) $4\cos(4t+40°)$。
2. (a) 試計算部分繪製於圖 18.18 的週期性函數 $g(t)$ 之傅立葉係數 a_0、a_1、a_2、a_3、a_4、b_1、b_2、b_3 與 b_4；(b) 試繪製 $g(t)$ 以及傅立葉級數表示式，$n=4$ 之後捨去。
3. 若週期性波形 $g(t)$ 如圖 18.18 所定義，試求 $g(t-1)$ 之 a_n 與 b_n 表示式。

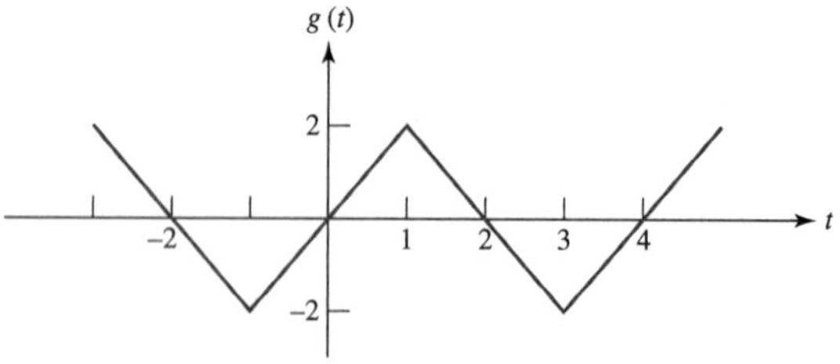

◆ **圖 18.18**

18.2 對稱性質之應用

4. 試判斷以下的函數為奇對稱、偶對稱及／或半波對稱：(a) $4\sin 100t$；(b) $4\cos 100t$；(c) $4\cos(4t+70°)$；(d) $4\cos 100t+4$；(e) 圖 18.4 中的每個波形。
5. 試計算圖 18.19 所示的週期性波形 $v(t)$ 之 a_0、a_1、a_2、a_3 以及 b_1、b_2、b_3。

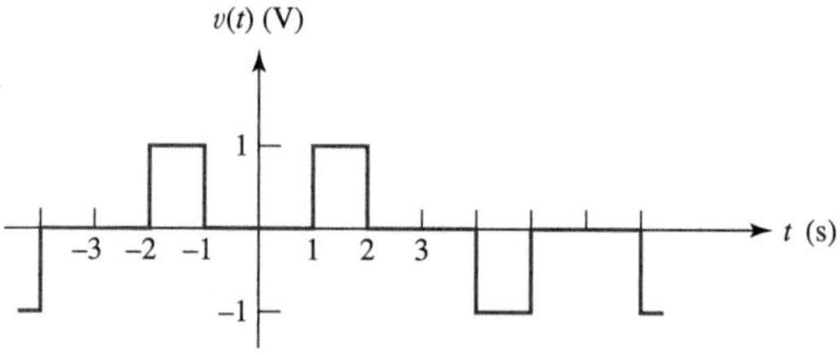

◆ **圖 18.19**

6. 考慮圖 18.20 所示之波形，盡可能使用對稱性質，試求 a_0、a_n，以及 b_n 之數值，$1 \le n \le 10$。

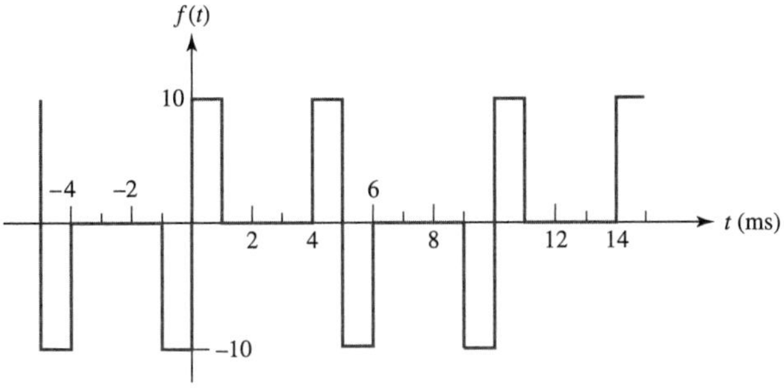

◆ 圖 18.20

18.3 週期性強制函數之完整響應

7. 考慮圖 18.21a 之電路，若 $i_s(t)$ 給定於圖 18.21b，且 $v(0) = 0$，試計算 $v(t)$。

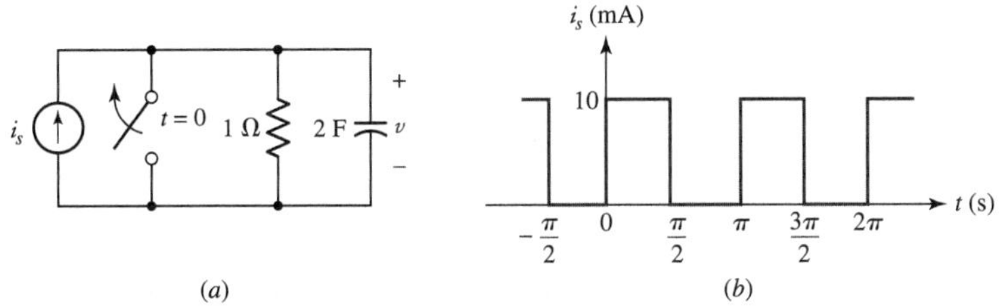

◆ 圖 18.21

8. 圖 18.22a 電路受圖 18.22b 所示波形所激勵。試求穩態電壓 $v(t)$。

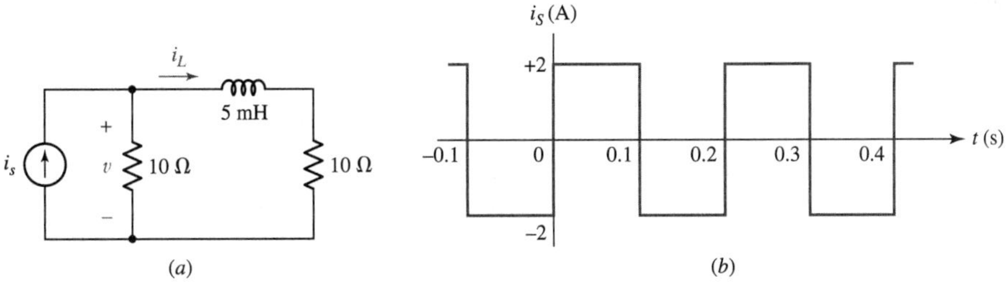

◆ 圖 18.22

9. 將圖 18.23 之波形施加至圖 18.22a 之電路，試求穩態電流 $i_L(t)$。

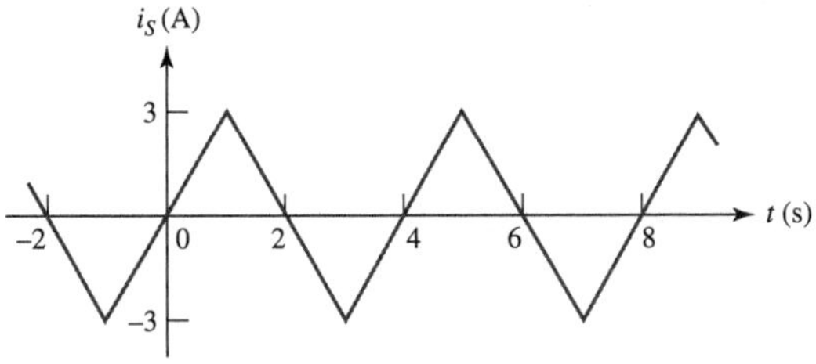

◆ 圖 18.23

18.4 傅立葉級數之複數型式

10. 考慮圖 18.24 所示之週期性波形，試求 (a) 週期 T；(b) $\mathbf{c}_0$、$\mathbf{c}_{\pm 1}$、$\mathbf{c}_{\pm 2}$ 以及 $\mathbf{c}_{\pm 3}$。
11. 考慮圖 18.25 所示之週期性波形，試計算 (a) 週期 T；(b) $\mathbf{c}_0$、$\mathbf{c}_{\pm 1}$、$\mathbf{c}_{\pm 2}$ 以及 $\mathbf{c}_{\pm 3}$。

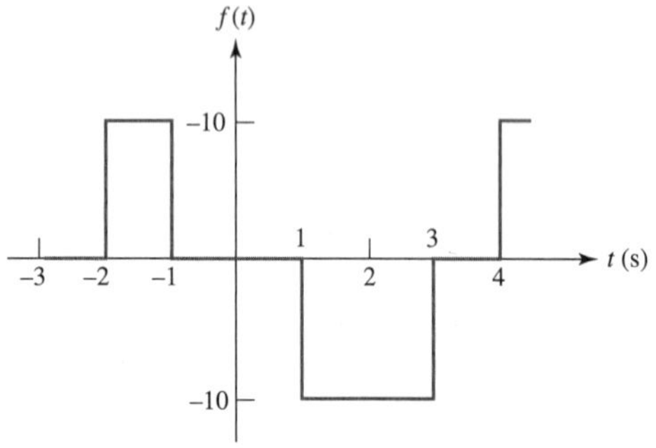

◆ 圖 18.24

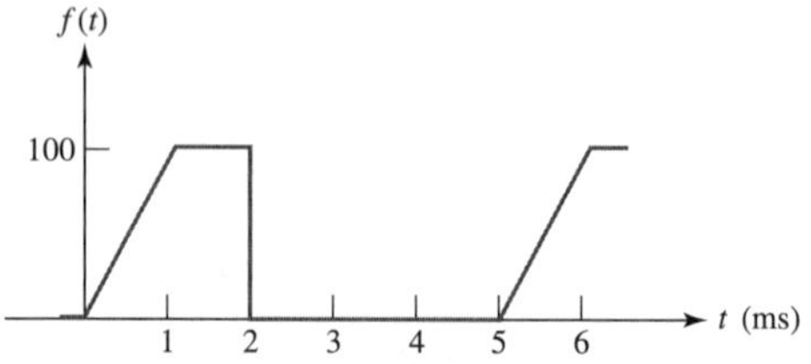

◆ 圖 18.25

18.5 傅立葉變換之定義

12. 給定

$$g(t) = \begin{cases} 5 & -1 < t < 1 \\ 0 & \text{其他} \end{cases}$$

試繪製 (a) $g(t)$；(b) $\mathbf{G}(j\omega)$。

13. 試求圖 18.26 所示的單一弦波脈波波形 $\mathbf{F}(j\omega)$ 之傅立葉變換。

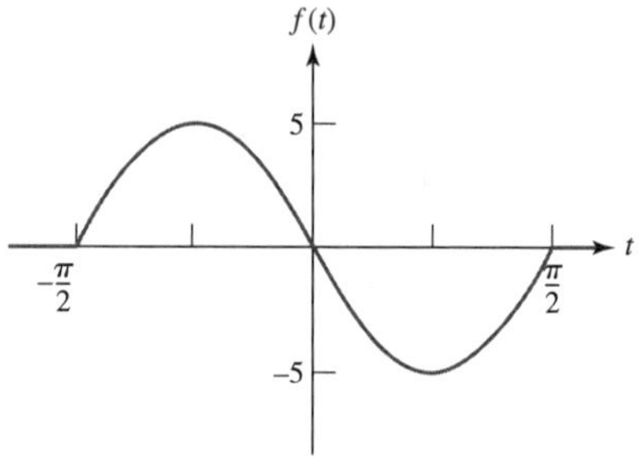

◆ 圖 18.26

18.6 傅立葉變換之特性

14. 將電壓脈波 $2e^{-t}u(t)$ V 施加至理想帶通濾波器之輸入端。該電通濾波器之通帶定義為 $100 < |f| < 500$ Hz。試計算總輸出能量。
15. 試使用傅立葉變換證明以下的結果，其中 $\mathcal{F}\{f(t)\} = \mathbf{F}(j\omega)$：(a) $\mathcal{F}\{f(t-t_0)\} = e^{-j\omega t_0}\mathcal{F}\{f(t)\}$；(b) $\mathcal{F}\{df(t)/dt\} = j\omega\mathcal{F}\{f(t)\}$；(c) $\mathcal{F}\{f(kt)\} = (1/|k|)\ \mathbf{F}(j\omega/k)$；(d) $\mathcal{F}\{f(-t)\} = \mathbf{F}(-j\omega)$；(e) $\mathcal{F}\{tf(t)\} = j\ d[\mathbf{F}(j\omega)]/d\omega$。

18.7 簡單時間函數之傅立葉變換對

16. 試求以下各函數之傅立葉變換：(a) $5u(t) - 2\ \mathrm{sgn}(t)$；(b) $2\cos 3t - 2$；(c) $4e^{-j3t} + 4e^{j3t} + 5u(t)$。
17. 若 $f(t)$ 給定為 (a) $2\cos 10t$；(b) $e^{-4t}u(t)$；(c) $5\ \mathrm{sgn}(t)$，試繪製 $f(t)$ 與 $|\mathbf{F}(j\omega)|$。
18. 若 $\mathbf{F}(j\omega)$ 給定為 (a) $4\delta(\omega)$；(b) $2/(5000 + j\omega)$；(c) $e^{-j120\omega}$，試求 $f(t)$。

18.8 一般週期性時間函數之傅立葉變換

19. 試計算以下函數之傅立葉變換：(a) $2\cos^2 5t$；(b) $7\sin 4t\cos 3t$；(c) $3\sin(4t - 40°)$。
20. 給定圖 18.27 所示之波形，試求其傅立葉變換。

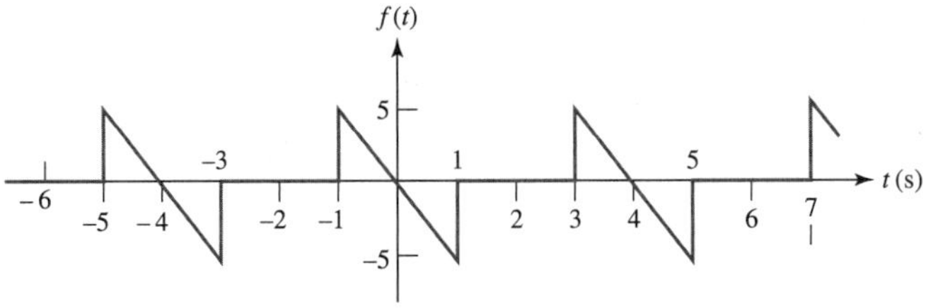

◆ **圖 18.27**

18.9 頻域之系統函數與響應

21. 若某一系統之轉移函數描述為 $h(t)=2u(t)+2u(t-1)$，且若輸入為 (a) $2u(t)$；(b) $2te^{-2t}u(t)$，試使用摺積計算輸出訊號。
22. 給定輸入函數為 $x(t)=5e^{-5t}u(t)$，若系統轉移函數 $h(t)$ 給定為 (a) $3u(t+1)$；(b) $10te^{-t}u(t)$，試利用摺積得到時域之輸出。

18.10 系統函數之物理意義

23. 針對圖 18.28 之電路，若 $v_i(t)=2te^{-t}u(t)$ V，試使用傅立葉技巧計算 $v_o(t)$。
24. 若 $v_i(t)$ 等於 (a) $2u(t)$ V；(b) $2\delta(t)$ V，試利用傅立葉基礎技巧計算圖 18.29 中所標示的 $v_C(t)$。
25. 若 $v_i(t)$ 等於 (a) $5u(t)$ V；(b) $3\delta(t)$ V，試利用傅立葉基礎技巧計算圖 18.30 中所標示的 $v_o(t)$。

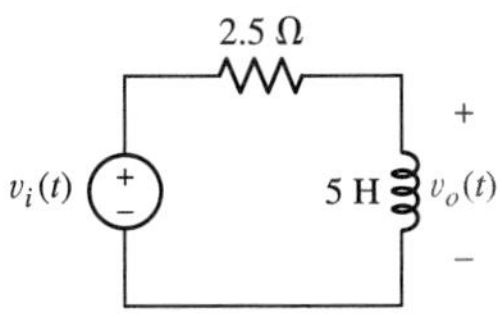

◆ **圖 18.28**

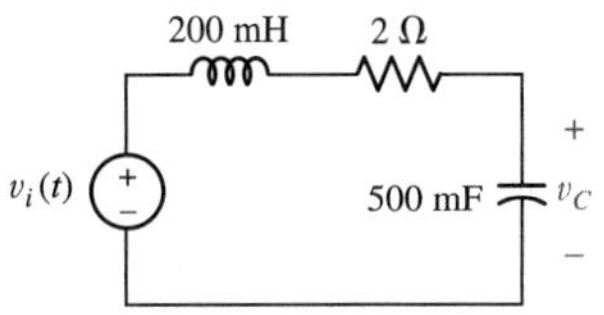

◆ **圖 18.29**

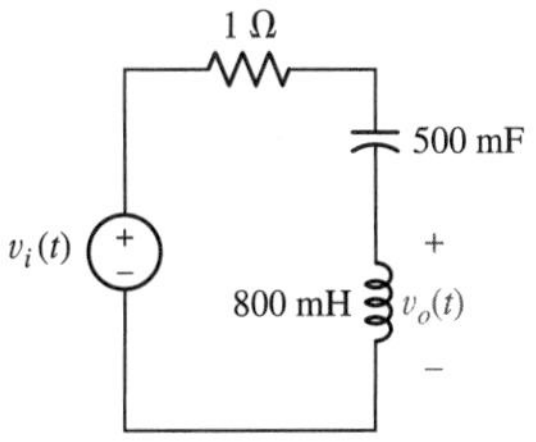

◆ **圖 18.30**

Appendix

附錄

積分簡表

$$\int \sin^2 ax\,dx = \frac{x}{2} - \frac{\sin 2ax}{4a}$$

$$\int \cos^2 ax\,dx = \frac{x}{2} + \frac{\sin 2ax}{4a}$$

$$\int x \sin ax\,dx = \frac{1}{a^2}(\sin ax - ax\cos ax)$$

$$\int x^2 \sin ax\,dx = \frac{1}{a^3}(2ax\sin ax + 2\cos ax - a^2x^2\cos ax)$$

$$\int x \cos ax\,dx = \frac{1}{a^2}(\cos ax + ax\sin ax)$$

$$\int x^2 \cos ax\,dx = \frac{1}{a^3}(2ax\cos ax - 2\sin ax + a^2x^2\sin ax)$$

$$\int \sin ax \sin bx\,dx = \frac{\sin(a-b)x}{2(a-b)} - \frac{\sin(a+b)x}{2(a+b)};\ a^2 \neq b^2$$

$$\int \sin ax \cos bx\,dx = -\frac{\cos(a-b)x}{2(a-b)} - \frac{\cos(a+b)x}{2(a+b)};\ a^2 \neq b^2$$

$$\int \cos ax \cos bx\,dx = \frac{\sin(a-b)x}{2(a-b)} + \frac{\sin(a+b)x}{2(a+b)};\ a^2 \neq b^2$$

$$\int xe^{ax}\,dx = \frac{e^{ax}}{a^2}(ax-1)$$

$$\int x^2e^{ax}\,dx = \frac{e^{ax}}{a^3}(a^2x^2 - 2ax + 2)$$

$$\int e^{ax}\sin bx\,dx = \frac{e^{ax}}{a^2+b^2}(a\sin bx - b\cos bx)$$

$$\int e^{ax}\cos bx\,dx = \frac{e^{ax}}{a^2+b^2}(a\cos bx + b\sin bx)$$

$$\int \frac{dx}{a^2+x^2} = \frac{1}{a}\tan^{-1}\frac{x}{a}$$

$$\int_0^\infty \frac{\sin ax}{x}\,dx = \begin{cases} \frac{1}{2}\pi & a > 0 \\ 0 & a = 0 \\ -\frac{1}{2}\pi & a < 0 \end{cases}$$

$$\int_0^\pi \sin^2 x\,dx = \int_0^\pi \cos^2 x\,dx = \frac{\pi}{2}$$

$$\int_0^\pi \sin mx \sin nx\,dx = \int_0^\pi \cos mx \cos nx\,dx = 0;\ m \neq n, m \text{ 與 } n \text{ 為整數}$$

$$\int_0^\pi \sin mx \cos nx\,dx = \begin{cases} 0 & m - n \text{ 偶數} \\ \dfrac{2m}{m^2 - n^2} & m - n \text{ 奇數} \end{cases}$$

三角恆等式簡表

$\sin(\alpha \pm \beta) = \sin\alpha\cos\beta \pm \cos\alpha\sin\beta$

$\cos(\alpha \pm \beta) = \cos\alpha\cos\beta \mp \sin\alpha\sin\beta$

$\cos(\alpha \pm 90°) = \mp \sin\alpha$

$\sin(\alpha \pm 90°) = \pm \cos\alpha$

$\cos\alpha\cos\beta = \frac{1}{2}\cos(\alpha + \beta) + \frac{1}{2}\cos(\alpha - \beta)$

$\sin\alpha\sin\beta = \frac{1}{2}\cos(\alpha - \beta) - \frac{1}{2}\cos(\alpha + \beta)$

$\sin\alpha\cos\beta = \frac{1}{2}\sin(\alpha + \beta) + \frac{1}{2}\sin(\alpha - \beta)$

$\sin 2\alpha = 2\sin\alpha\cos\alpha$

$\cos 2\alpha = 2\cos^2\alpha - 1 = 1 - 2\sin^2\alpha = \cos^2\alpha - \sin^2\alpha$

$\sin^2\alpha = \frac{1}{2}(1 - \cos 2\alpha)$

$\cos^2\alpha = \frac{1}{2}(1 + \cos 2\alpha)$

$$\sin\alpha = \frac{e^{j\alpha} - e^{-j\alpha}}{j2}$$

$$\cos\alpha = \frac{e^{j\alpha} + e^{-j\alpha}}{2}$$

$e^{\pm j\alpha} = \cos\alpha \pm j\sin\alpha$

$$A\cos\alpha + B\sin\alpha = \sqrt{A^2 + B^2}\cos\left(\alpha + \tan^{-1}\frac{-B}{A}\right)$$

Index
索引

A

abc Phase Sequence　abc 相序　366
ABCD Parameters　ABCD 參數　572
Active Element　主動元件　164
Admittance　導納　184, 312
Analysis　分析　5
Anode　陽極　143
Apparent Power　視在功率　345, 346
Ampere　安培　12
Attenuator　衰減器　134, 486
Average Power　平均功率　333

B

Balanced Load　平衡負載　360
Bandstop Filter　帶阻濾波器　534
Bandpass Filter　帶通濾波器　534
Bandwidth　頻寬　502
Bode Plot 或 Bode Diagram　波德圖　522
Branch　分支　34
Break Frequency　拐點頻率　524
Buffer　緩衝器　136

C

Cascade　串接　486
Cathode　陰極　143
cba Phase Sequence　cba 相序　366
Characteristic Equation　特徵方程式　201, 247
Circuit Element　電路元件　18, 22
Circuit Transfer Function　功率增益　395
Circuit Transfer Function　電路轉移函數　395
Circuit　電路　22
Closed Path　封閉路徑　78
Closed-loop Voltage Gain　閉迴路電壓增益　147
Common-mode Rejection　共模拒斥　150
Comparator　比較器　155
Complex Frequency　複數頻率　249, 420
Complex Power S　複數功率 S　349
Complex Power　複數功率　348
Conductance　電導　312
Conjugates　共軛複數　422
Convolution Integral　摺積積分　470
Corner Frequency　轉折頻率　524
Coulomb, C　庫倫　12
Coupling Coefficient　耦合係數　400
Critical Dampling　臨界阻尼　258
Critical Frequency　臨界頻率　468
Critically Damped Response　臨界阻尼響應　250

D

Damping Factor　阻尼因數　500
Decibels, dB　分貝　522
Delta-wye　Δ-Y 轉換　121
Design　設計　5
Differential Input Voltage　差動輸入電壓　149
Discrete Spectrum　離散頻譜　590
Distributed-parameter Network　分佈參數網路　34
Dot Convention　標點慣例　391
Double-Subscript Notation　雙下標符號　361
Duality　對偶性　179, 187

E

Effective Value　有效值　342
Energy Density　能量密度　610

Exponential Damping Coefficient 指數阻尼係數 249

F

Fall Time, TF 下降時間 234
Farad, F 法拉 164
Final-value Theorem 終值定理 447, 448
Forced Response 強制響應 198
Fourier Series 傅立葉級數 584
Frequency Scaling 頻率定標 519
Frequency Selectivity 頻率選擇性 503
Frequency 頻率 290
Fundamental Frequency 基本頻率 582

G

Ground 接地點 360

H

Half-power Frequency 半功率頻率 524
Harmonic 諧波 582
Henry, H 亨利 171
High-pass Filter 高通濾波器 534

I

Ideal Op Amp 理想運算放大器 132
Ideal Transformer 理想變壓器 407
Impedance 阻抗 184, 308
Impulse Response 脈衝響應 469
Independent Current Source 獨立電流源 20
Independent Voltage Source 獨立電壓源 19
Inductance 電感 171
Initial-value Theorem 初值定理 447
Input Bias Current 輸入偏壓電流 150
Input Impedance 輸入阻抗 467
Input Offset Voltage 輸入抵補電壓 153
Instantaneous Power 瞬時功率 330
Instrumentation Amplifier 儀錶放大器 156
Inverse Laplace Transform 拉普拉斯逆變換 428
Inverting Amplifier 反相放大器 133

J

Joule, J 焦耳 10

K

Kilowatthour, kWh 千瓦小時 345

L

Laplace Transform 拉普拉斯變換 428
Line Spectrum 線頻譜 590
Line Voltages 線電壓 367
Linear Circuit 線性電路 96
Linear Dependent Source 線性相依電源 96
Linear Element 線性元件 96
Linearity Theorem 線性定理 432
Loop 迴路 34, 78
Lower Half-power Frequency 低頻半功率頻率 502
Low-pass Filter 低通濾波器 534
Lumped-parameter Network 集總參數網路 34

M

Magnetic Flux 磁通量 390
Magnitude Scaling 振幅定標 519
Matrix Form 矩陣式 70
Maximum Power Transfer Theorem 最大功率傳輸定理 118
Mesh Analysis 網目分析 65, 77
Mesh Current 網目電流 78
Mesh 網目 78
Multiband Filters 多頻帶濾波器 534
Multiport Network 多埠網路 546
Mutual Inductance 互感 390

N

Natural Resonant Frequency 自然諧振頻率 262
Natural Response 自然響應 198
Negative Feedback 負回授 151
Negative Phase Sequence 負相序 366
Neper Frequency 奈培頻率 249, 420
Network 網路 22
Neutral 中性點 360
Nodal Analysis 節點分析 65, 66
Node 節點 34
Notch Filter 陷波濾波器 534
Np 奈培 420

O

Ohm's Law 歐姆定律 23
One-port Network 單埠網路 545
Open-loop Voltage Gain 開迴路電壓增益 147
Overdamped Response 過阻尼響應 249

P

Parallel 並聯 44
Passband 通帶 534
Passive Element 被動元件 164
Passive Filter 被動式濾波器 539
Path 路徑 34, 78
Period 週期 234, 290
PF Angle PF 角 346
Phase Response 相位響應 526

Phase Spectrum 相位頻譜 590
Phase Voltage 相電壓 366
Phasor 相量 301
Physically Realizable System 實際可實現系統 471
Planar Circuit 平面電路 77
Pole 極點 434, 447, 468
Pole-zero Constellation 極零點座標 480
Polyphase 多相 360
Port 埠 545
Positive Feedback 正回授 151
Positive Phase Sequence 正相序 366
Power Factor 功率因數 345, 346
Power Gain 功率增益 395
Power Triangle 功率三角形 350
Practical Voltage Sourco 實際電壓源 103
Primary 一次側 401
Pulse Width 脈波寬度 234

Q

Quadrature Component 正交分量 350
Quadrature Power 正交功率 350
Quality Factor 品質因數 497

R

Rational Function 有理函數 434
Reactance 電抗 309
Reactive Power 無效功率 348
Reference Node 參考節點 66
Reflected Impedance 反射阻抗 402
Resonance 諧振 494
Resonant Frequency 諧振頻率 249
Rise Time, TR 上升時間 234
Root-Mean-Square 均方根 343

S

Sampling Function 取樣函數 602
Saturation 飽和 152
Secondary 二次側 401
Series 串聯 41
Settling Time 安定時間 256
Sequentially Switched Circuits 循序切換電路 234
Short-circuit Admittance Parameters 短路導納參數 551
Short-circuit Input Admittance 短路輸入導納 511
Short-circuit Output Admittance 短路輸出導納 511
Short-circuit Transfer Admittance 短路轉移導納 511
Sifting Property 篩選特性 431
Signum Function 正負號函數 614
Single-phase 單相 363
Singularity Function 奇異函數 216
Slew Rate 轉換率 153
Step-down Transformer 降壓變壓器 411
Step-up Transformer 升壓變壓器 411
Stopband 阻帶 534
Supermesh 超網目 83
Supernode 超節點 74
Superposition Theorem 重疊定理 97
Superposition 重疊定理 95, 96
Susceptance 電納 312
System Function 系統函數 468

T

t Parameters t 參數 572
Thévenin Equivalent Resistance 戴維寧等效電阻 112
Time Constant 時間常數 205
Transfer Function 轉移函數 468
Transient Response 暫態響應 198
Transmission Efficiency 傳輸效率 365
Transmission Parameters 傳輸參數 572
Turns Ratio 匝數比 407
Two-wattmeter 二瓦特計法 381

U

Underdamped Response 欠阻尼響應 249
Underdamped 欠阻尼 262
Unit-impulse Function 單位脈衝函數 216
Unit-step Function 單位步階函數 216
Upper Half-power Frequency 高頻半功率頻率 502

V

Vector 向量 71
Volt-Ampere 伏安 346
Volt-Ampere-Reactive 無效伏安 349

W

Watt, W 瓦特 376
Wattmeter 瓦特計 376

Z

Zener Diode 稽納二極體 143
Zener Voltage 稽納電壓 143
Zero 零點 434, 468